Vorwort

Die Aufgabe, mit dem hauszuhalten und auszukommen, was uns die Natur an erneuerbaren Ressourcen gibt, und das Aufbrauchen nicht erneuerbarer Naturschätze auf ein Mindestmaß einzuschränken, ist in unserer Zeit eine Herausforderung auch an Bauherren, Architekten, Bauingenieure, Bauwirtschaft sowie Garten- und Landschaftsgestalter.

Dieses Handbuch soll helfen, die Herausforderung anzunehmen. Es ist ein Experiment, das zum Nachdenken anregen und niemanden zu ökologischen Einsichten zwingen will. Es gibt Informationen, Anregungen und damit die Chance, die eigene Entscheidungsfreiheit zu nutzen: zu erkennen, daß wir Menschen mit der Natur leben müssen und nicht gegen sie.

Das Skizzenhafte der Grafiken unterstreicht, daß es sich beim Inhalt dieses Werkes um Ideen, Vorschläge, Anregungen handelt, nicht um amtliche Empfehlungen oder gar Richtlinien. Das Umweltbundesamt stellt die Überlegungen zum ökologisch orientierten Bauen hiermit zur Diskussion.

Es soll Aufgabe dieses Handbuchs sein, das Spektrum dessen aufzuzeigen, was zum ökologischen Bauen gehören kann – einschließlich solcher Ansätze, die den Autoren plausibel erscheinen, sich aber vorerst einer wissenschaftlichen Überprüfung entziehen und daher teilweise umstritten sind.

Die Autoren waren an inhaltliche Weisungen nicht gebunden. Die Arbeit ist vom Umweltbundesamt als Auftraggeber mit den Autoren diskutiert, nicht aber zensiert worden. Gedanken, mit denen die Autoren gesellschaftliche Bezüge über das Thema Bauen hinaus herstellen, sind nicht herausgenommen worden. Es wäre „unökologisch", das vorliegende Handbuch auf rein technische Inhalte zurechtzustutzen.

Zu diesem Handbuch sollten all diejenigen greifen, die sich als Bauherr, Architekt, Ingenieur oder Garten- und Landschaftsgestalter anregen lassen möchten, die sich als Studierende auf zukünftige Entwicklungslinien einstellen müssen, und auch alle Stadtplaner, die mit den Festsetzungen der verbindlichen Bauleitplanung die Weichen für eine ökologisch verträgliche Bebauung stellen können. Damit darf das Werk auch den Kommunalpolitikern empfohlen werden.

Der interessierte Leser sollte sich die Zeit nehmen, das Einführungskapitel „Exkurs in die Ökologie" durchzulesen und zu durchdenken, auch wenn Zeitknappheit und Ungeduld dies erschweren. Zu einem ökologischen Bewußtsein gehört sicher auch, über Stellenwert und Einordnung des eigenen Tuns, des Bauens, innerhalb des Naturhaushaltes und der Gesellschaft nachzudenken.

Dr. Heinrich von Lersner
Präsident des Umweltbundesamtes

Ökologisches Bauen

Umweltschutz, so heißt es, sei eine Aufgabe für jeden einzelnen. Tatsächlich haben Behörden und Organisationen, Verbraucher, Hersteller und Handel, Verkehrsplaner und Energieversorgungsunternehmen und viele andere im vergangenen Jahrzehnt erheblich hinzulernen und umdenken müssen. Was bedeutet die Forderung nach umweltverträglichem Handeln für den Bereich des Bauens?
Architekten, Ingenieure, Heizungs- und Sanitärtechniker, Baustoffhersteller, Bauunternehmer und Handwerker – sie alle tragen eine bislang noch unterschätzte Verantwortung für unsere Umwelt. Sie können über die bloße Einhaltung der geltenden Vorschriften hinaus einen nennenswerten, aktiven Beitrag zur Umweltentlastung leisten.
Immerhin entfällt auf den Wohnungsbau rund die Hälfte des Bauvolumens von derzeit rund 260 Mrd. DM, das die Bauwirtschaft zum größten Wirtschaftszweig unserer Volkswirtschaft macht; aber auch die Anteile des öffentlichen Hochbaus und des Wirtschaftsbaus sind beachtlich.
Allein der Wohnungsneubau (Baugewerbe und Baustoffherstellung) verschlingt nach einer neueren Untersuchung[1] jedes Jahr rund ein Fünzehntel des Primärenergieverbrauchs der Industrie. Die jährliche Luftbelastung durch den Wohnungsneubau und die Nutzung (einschließlich Heizung) der Wohngebäude erreicht die Größenordnung bei Schwefeldioxid von einem Viertel, bei Stickoxiden von einem Sechstel, bei Kohlenmonoxid und Stäuben von einem Siebtel der Gesamtemissionen in der Bundesrepublik. Diesen Anteil zu vermindern ist sicherlich gleichermaßen Aufgabe der Gebäudenutzer (Haushalte) durch umwelt- und energiebewußtes Verhalten, wie der am Bauen Beteiligten durch sinnvollen Entwurf von Gebäudekonzept und haustechnischen Systemen.

Die Bauwelt sollte sich darüber im klaren sein:
Jedes Gebäude, jede Siedlung ist ebenso wie etwa ein Auto oder eine Industrieanlage ein umweltbelastendes Objekt. Herstellung und Transport der Baumaterialien verursachen ebenso wie der Bauvorgang selbst und die anschließende Benutzung der Gebäude Rohstoff- und Energieverbrauch, Luft- und Wasserverschmutzungen, Lärm, Abfälle, mikroklimatische und landschaftliche Veränderungen, Bodenversiegelung und Flächeninanspruchnahme. Die Summe aller Gebäude, aller Siedlungen hat wesentlichen Anteil an der Ressourcenverknappung und der Umweltbelastung.
Betrachtet man Gebäude als ‚black box', so wird erkennbar, daß sie als Subsysteme von vielfältigen Ressourcenströmen des ökologischen Gesamtsystems durchlaufen werden. Diese fließen in ihrer erwünschten Erscheinungsform in das Gebäude hinein und in unerwünschten, weil umweltbelastenden Formen wieder heraus. Das gilt nicht nur für Industriegebäude, in denen Materialien ver- und bearbeitet werden, sondern ebenso für Wohn-, Kauf-, Schul- und Bürohäuser. Das Gebäude mit seinen Materialien, mit seiner Gestaltung und seinen technischen Installationen, mit der inneren Organisation der Nutzungsabläufe trägt mit dazu bei, ob Ressourcen verschwendet oder sparsam verwendet, ob die Umwelt und damit unsere Gesundheit belastet oder geschont werden (s. Abb. 1).

Ökologisches Bauen bedeutet:
– umwelt- und energiebewußte Standortwahl, Gebäudekonzeption, -form, -stellung, Baustoffwahl, Raumprogramm und innere Funktionsorganisation, haustechnische Systeme und Einbeziehung von Vegetation mit dem Ziel,

Abb. 1

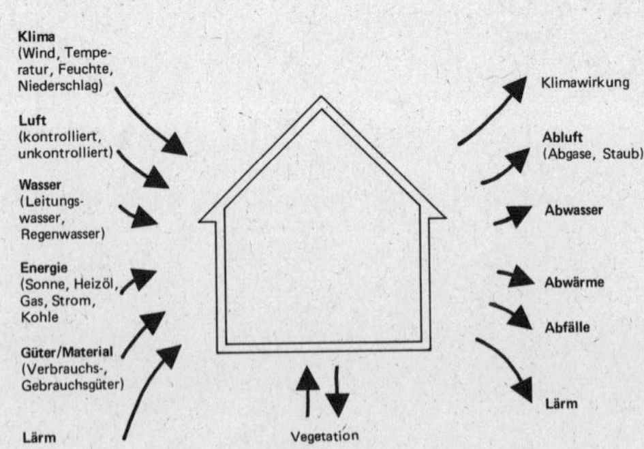

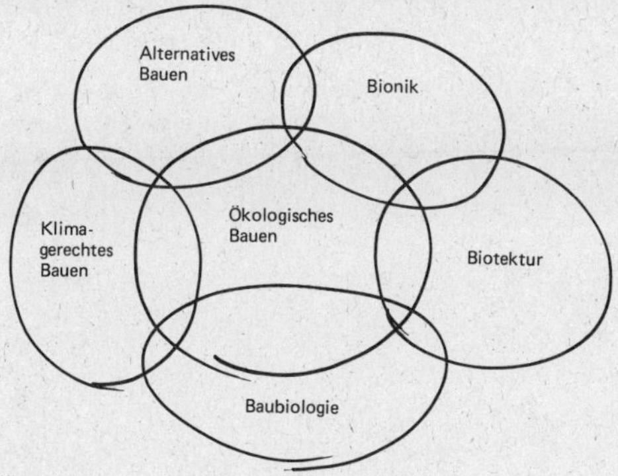

Abb. 2

– den Energie- und Ressourcenbedarf für die Gebäudeherstellung und -nutzung zu minimieren,
– natürliche Systeme und regenerierbare Ressourcen intelligent zu nutzen (passive Solarenergienutzung, natürliche Klimatisierung, Pflanzenkleid),
– Menge und Konzentration von Luft- und Wasserverunreinigungen, Abwärme, Abfällen, Abwässern und versiegelter Fläche gering zu halten,
– die Artenvielfalt der Tier- und Pflanzenwelt am Standort zu erhalten oder zu erhöhen,
– das Gebäude schonend in das Landschaftsbild einzufügen und damit letztlich auch gesundes Wohnen und Arbeiten zu ermöglichen.

Unter den verwandten Richtungen des Bauens – alternatives Bauen, klimagerechtes Bauen, Biotektur, Bionik, Baubiologie – hat das ökologische Bauen den umfassendsten Anspruch. Es versucht, die bereits genannten Ziele integriert zu verwirklichen. Dabei greift es Ansätze der unterschiedlichen Richtungen auf und führt sie zu gesamtheitlichen Konzeptionen zusammen, grenzt andererseits aber auch strittige oder fragwürdige Thesen aus (s. Abb. 2).
Diesen Anspruch kann das vorliegende Werk im ersten Schritt noch nicht hinreichend erfüllen; es fächert die Palette des Denkbaren, des Postulierten, des Wünschbaren und des Machbaren auf. Die Bewertung einzelner Vorschläge nach strengen gesamtökologischen Kriterien, die Integration der einzelnen Konzepte sowie ihre Optimierung mußten in den Anfängen bleiben und bedürfen weiterer Arbeiten.
Das Umweltbundesamt hat die Bedeutung des ökologischen Bauens erkannt. Verschiedene Aufträge und Anlässe sollten den Gedanken-, Informations- und Erfahrungsaustausch zwischen den Vertretern der unterschiedlichen Richtungen fördern und Gelegenheit zur Zusammenarbeit geben.
Der Auftrag zur Zusammenstellung dieses Handbuches erging an die Arbeitsgruppe für energie- und umweltbewußte Bauweisen in Hannover, um einmal die Fülle dessen, was zum ökologischen Bauen gedacht, geschrieben und projektiert wird, zu erfassen und systematisch aufzubereiten.
Um den Ansatz des ökologischen Bauens auf die wesentliche künftige Bau- und Planungsaufgabe, die Stadterneuerung, zu übertragen, erarbeitete die Berliner Gruppe Oekotop für das Umweltbundesamt und die Bauausstellung Berlin eine ökologische Systemstudie für einen innerstädtischen Gebäudekomplex am Beispiel des Blocks 108 in Berlin-Kreuzberg; auf ihrer Grundlage könnte eine modellhafte Blocksanierung bis zur Internationalen Bauaustellung 1986 mit dezentraler Abfallverwertung, Energiegewinnung, rationeller Wassernutzung und partieller Nahrungsmittel-Selbstversorgung realisiert werden[2]. Ein Workshop führte im Herbst 1980 internationale Experten in den Block 108, die den Planungsansatz als richtig und international beispiellos bestärkten.
Welch beachtlichen Beitrag zur Umweltentlastung ökologisch orientierte Bau- und Siedlungsweisen leisten können, geht aus den Ergebnissen einer Untersuchung hervor, die die Arbeitsgruppe für Regionalplanung, Berlin, für das Umweltbundesamt durchgeführt hat[1]. Die Kenndaten wurden für konkrete Planungsfälle (Reihenhausbebauung, Geschoßwohnungsbau) im Vergleich zu heute üblichen Bauweisen errechnet; sie lassen eine einfache generelle Hochrechnung des Nutzens von „ökologischem Bauen" nicht zu, geben aber Größenordnungen an, die erreichbar sein können.
Fünf nennenswerte Anlässe markierten die deutschen Diskussionen über das ökologische Bauen: Das Symposium „Natürlich Bauen" des Instituts für leichte Flächentragwerke der Universität Stuttgart (Frei Otto) vom Oktober 1979[3], das 3. Internationale Darmstädter Werkbundgespräch „Öko-Architektur/Bauen mit der Natur" 1979[4], das

Stadtökologische Symposium der Bauausstellung Berlin gemeinsam mit dem Umweltbundesamt Ende Oktober 1980 in Berlin[5], die Tagung „Ökologie und Bauen" der Evangelischen Akademie Arnoldshain im Februar 1980[6] und der Workshop „Ökologisches Bauen" des Umweltbundesamtes zusammen mit der Theodor-Heuss-Akademie in Gummersbach vom Mai 1981[7]. Letzterer hatte zum Ziel, die oben genannten verwandten Richtungen des Bauens ins Gespräch miteinander zu bringen und die Vereinbarkeit ihrer Ansätze zu diskutieren.
Noch einmal zu diesem Buch: wenn es vom Umweltbundesamt herausgegeben wird, so nicht als Empfehlung, Richtlinie oder gar Vorschrift. Es soll einen Überblick über die Gedanken und Konzepte liefern, die gegenwärtig zum ökologischen Bauen bestehen, und Ideen, Anregungen für Schritte in die richtige Richtung vermitteln.

Konrad Otto

---

1 Arbeitsgruppe für Regionalplanung (ARP): Untersuchung der Auswirkungen ökologisch orientierter Bau- und Siedlungsweisen anhand konkreter Planungsfälle für unterschiedliche Siedlungstypen und Planungsaufgaben. Forschungsvorhaben im Auftrag des Umweltbundesamtes. Bericht Berlin 1981. Veröffentlichung vorgesehen.

2 Oekotop GmbH: Ökologische Systemstudie für einen innerstädtischen Gebäudekomplex am Beispiel des Blocks 108 in Berlin Kreuzberg. Forschungsvorhaben im Auftrag des Umweltbundesamtes. Bericht Berlin 1981.

3 Natürlich Bauen. Beiträge des Symposiums „Natürlich Bauen", Reihe IL Band 27, hrsg. vom Institut für leichte Flächentragwerke (IL) der Universität Stuttgart, 1980.

4 Andritzky, M.; Burckhardt, L.; Hoffmann, Ot.: Für eine andere Architektur. Frankfurt a. M. 1981.

5 Bericht über das Symposium wird von der Bauausstellung Berlin GmbH herausgegeben werden.

6 Evangelische Akademie Arnoldshain: Ökologie und Bauen. Technologie, Erfahrungen, Ästhetik, Tendenzen. 20.–22. Februar 1981. Ein Tagungsbericht wurde nicht erstellt.

7 Materialien zum ökologischen Bauen. Dokumentation zum Workshop „Ökologisches Bauen" des Umweltbundesamtes zusammen mit der Theodor-Heuss-Akademie, Gummersbach, vom 13.–15. Mai 1981. Berlin 1981.

Teile dieses Kapitels wurden in veränderter Form vorabgedruckt in „analysen und prognosen" Heft 77–78/1981.

Einleitung

Dieser Arbeit liegt die Hypothese zugrunde, daß die Regeln und Mechanismen des über Jahrmillionen bewährten Naturhaushaltes, wie sie in der Ökologie aufgezeigt werden, auch auf menschliche Lebenssysteme anwendbar sind. Es wird versucht, Auswirkungen entsprechend neu gestalteter Haushaltungen auf das Bauen darzustellen.

Die Verknappung der Ressourcen an Energie und Rohstoffen bei weiter steigendem Verbrauch und zunehmender Umweltzerstörung durch Bebauung, Haushalts-, Produktions- und Verkehrsemissionen zwingt zur Suche nach neuen Lösungen. Städtische Kultursysteme und somit jede bauliche Anlage können einen Beitrag zur Lösung, oder zur Verschärfung dieser Probleme leisten.

Die Einschränkung auf das Thema Wohnhaus und -siedlung war für diese komplexe Aufgabe notwendig. Die aufgezeigten Prinzipien sind in mehr oder weniger abgewandelter Form auf alle Lebensbereiche anwendbar. Ein ganzheitlicher ökologischer Ansatz kann eine dauerhafte Stabilisierung der Umwelt bewirken; die hier dargestellten Vorschläge sollen dazu dienen.

In Anbetracht der mehrere Fachdisziplinen umfassenden Thematik kann die Arbeit nicht vollständig sein. Trotz der vielen Hinweise und Daten traten laufend weitere Fragen auf, so daß Anlaß zu Diskussion und Weiterentwicklung besteht.

Technisch sind alle Ideen und Vorschläge durchführbar. Auf neue Technologien wurde weitgehend verzichtet, da mit vorhandenen und zeitweilig vergessenen bereits ein genügend großes Potential für angemessene Lösungen besteht.

So wurde der heutige Stand der Technik soweit wie möglich eingearbeitet; die rasch fortschreitende Entwicklung – nicht nur bei Energieeinsparung und -gewinnung – verspricht weiterhin viele neue Erkenntnisse.

Die heute gültigen „allgemeinen Regeln der Baukunst", wie sie in der Fachliteratur zu finden sind, werden als bekannt vorausgesetzt. Damit gelten die hier gebotenen Ansätze, seien sie neu oder nur vergessen, zusätzlich oder alternativ zur heutigen „Baukunst".

Es sind weniger die technischen Aspekte, die manche Vorschläge utopisch erscheinen lassen. Vielmehr ist unser Bewußtseinsstand die bremsende Kraft. In dieser Arbeit wurde das sofort Machbare mit dem noch Ungewöhnlichen gemischt. Je nach Bereitschaft, die eigenen Lebensgewohnheiten zu verändern, könnte stufenweise ein Maßnahmenkatalog zusammengestellt werden, der zu ganzheitlichen Lösungen für Haus und Siedlung führen würde.

Durch Anwendung ökologischer Erkenntnisse könnten viele Probleme der heutigen Zivilisation gelöst werden.

Neue Funktionslösungen werden neue Bauformen zur Folge haben. So können ökologische Prinzipien einerseits an alte Bautradition anknüpfen, andererseits zu neuen spezifischen Lösungen führen. Im wesentlichen werden die gestalterische Freiheit und die vielschichtigen sozialen Aufgaben der Architektur nicht eingeschränkt, sondern erweitert. Die wichtigsten ökologischen Maßnahmen haben auf die Gestaltung wenig Einfluß; vielmehr ist zu befürchten, daß modisch „ökologisch gestaltete Architektur" die wesentlichen Probleme ungelöst umgeht.

Die Arbeit wurde in fünf Teile gegliedert, die jedoch aufeinander bezogen sind. Sie baut sich nach einem allgemeinen Einstieg vom kleinen Einzelnen zu größeren komplexen Zusammenhängen auf.

Über einen Exkurs in die Ökologie wird im ersten Teil versucht, die Übertragbarkeit auf menschliches Leben und Bauen herauszuarbeiten.
Im zweiten Teil werden Einflußfaktoren des Biotops und Beziehungen zu benachbarten natürlichen Ökosystemen dargestellt. Dabei wird die Harmonisierung von gebauter Umwelt mit der Natur in den Vordergrund gestellt. Miteinander und gegenseitige Aufwertung sind Ziele der Planung. Menschliche Ansiedlungen könnten ökologisch hochwertige Systeme sein.
Der dritte Teil umfaßt einen Katalog einzelner technischer Möglichkeiten, den Energiebedarf von Haus und Siedlung selbst zu decken. Die hier beschriebenen Maßnahmen und Einrichtungen sollen weitestgehend energieautonome Bauten ermöglichen.
Im vierten Teil werden die Haushalte für Luft, Energie, Wasser und Material dargestellt, wobei die in den Teilen zwei und drei aufgeführten Einzelmaßnahmen miteinander verbunden werden.
Im Teil fünf werden an zwei gebauten Beispielen und an einer Planung Lösungen gezeigt, bei denen die zuvor beschriebenen ökologischen Prinzipien umgesetzt werden.
Ökologisches Bauen hat nicht nur weitestgehend energieautonome und emissionsarme Gebäude zum Ziel, sondern versucht, menschliche Lebensräume in Harmonie mit der Natur zu gestalten.
Es ist kaum abzuschätzen, wie die aus solchen Bauweisen resultierende Eigenständigkeit und Unabhängigkeit neue Freiräume, Selbstverantwortung und Identität schaffen und so einen wesentlichen Beitrag zu einer hohen Lebensqualität leisten.

Exkurs in die Ökologie

Das Verständnis zur Grundidee des ‚ökologischen Bauens' setzt gewisse Kenntnisse der Ökologie voraus, die nicht jedem vertraut sind.
Ökologie, die Lehre vom Naturhaushalt, ist eine noch junge Wissenschaft, die die Wechselbeziehungen zwischen Organismen untereinander und zwischen ihnen und ihrer anorganischen Umwelt erforscht. Sie stellt so die Verbindung zwischen den bisherigen Naturwissenschaften Biologie, Physik und Chemie her (Synökologie). Die rasch fortschreitenden Erkenntnisse ermöglichen es erstmalig, auch die Wechselbeziehung des Menschen und seiner künstlich geschaffenen Umwelt mit dem Naturhaushalt exakt nachzuweisen. Ein erweitertes Ökologieverständnis schließt deshalb die technischen und Humanwissenschaften in die Betrachtung mit ein (Humanökologie).
Die Wechselbeziehungen ergeben insgesamt ein umfassendes System, in dem alle Organismen eine spezielle Teilfunktion übernehmen und durch ständigen Austausch mit der Biosphäre ihren Lebensraum selbst schaffen und erhalten. Energieversorgung und Steuerimpulse werden durch den Makrokosmos (Sonnensystem) gegeben.
Innerhalb der Biosphäre lassen sich mehr oder weniger eigenständige Teilsysteme abgrenzen, die Ökosysteme genannt werden. Sie entstehen in jeder spezifischen, klimatischen und topographischen Situation unterschiedlichster Größenordnung.
Gekennzeichnet sind sie durch eine auf die Situation spezialisierte selbstregelnde Lebensgemeinschaft, die einen weitgehend eigenständigen und stabilen Stoffkreislauf aufbaut.
Die Gesamtheit der organischen Teile des Ökosystems, die Lebensgemeinschaft (Biozönose), bildet ein Nahrungsnetz, das von der Urproduktion der grünen Pflanzen (Produzenten) über Pflanzenfresser (Konsumenten 1. Ordn.) und Fleischfresser (Konsumenten 2. Ordn.) zu den zersetzenden Kleintieren und Mikroorganismen (Reduzenten) geht, die alle abgestorbenen organischen Substanzen wieder in anorganische, für Pflanzen verfügbare Materie überführen. In einem Ökosystem ist dieser Kreislauf tausendfach vernetzt und kurzgeschlossen.
Tierarten wirken fördernd oder hemmend auf bestimmte Pflanzen; es pendelt sich ein Gleichgewichtszustand zwischen den Produzenten und Konsumenten 1. Ordn. sowie deren Jägern (Konsumenten 2. Ordn.) ein.
Die anorganischen und organischen Teile des Ökosystems bilden einen charakteristischen Lebensraum (Biotop), zu dem die geologischen und topologischen Gegebenheiten, die geographische Lage (Sonneneinstrahlung) und das Großklima mit Luft- und Wasserhaushalt gehören. Die Wechselbeziehungen zwischen Klima, Wasser und Topographie bewirken so lange eine gegenseitige Veränderung, bis ein optimierter Gleichgewichtszustand erreicht ist. Die Bedingungen des Biotops bestimmen einerseits die Vegetation mit ihren entsprechenden Tiergesellschaften, andererseits wirkt die Vegetation verändernd (ausgleichend) auf Klima, Wasserhaushalt, Boden und Topographie. So entsteht ein „dynamisches Gleichgewicht" zwischen Biotop und Biozönose.

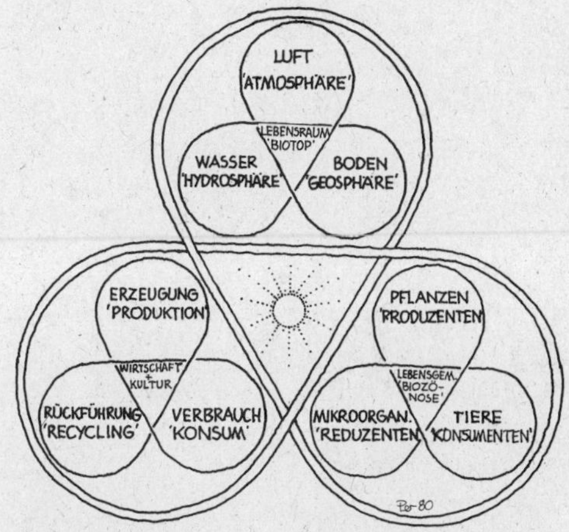

Vereinfachtes Schema eines anthropogenen Ökosystems. Symbolische Darstellung der dynamischen Beziehungen der natürlichen und menschlichen Haushalte untereinander und ihrer gegenseitigen Beeinflussung. Die Sonne bestimmt den Rhythmus und liefert die Energie.

LOS ANGELES FREE PRESS - JUNE 23, 1967.

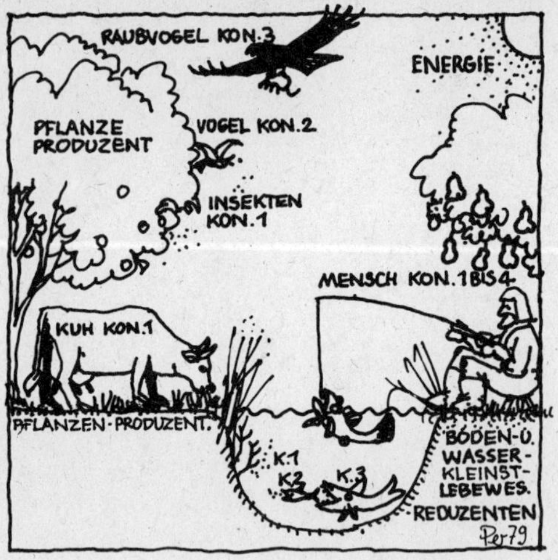

Der Mensch ist in die natürliche Nahrungskette vom Pflanzenfresser (Konsument 1. Ordnung) bis hin zum Jäger von Raubtieren (Konsument 4. Ordnung) einzustufen. Seine organischen Abfälle werden durch die Reduzenten wieder zu anorganischen pflanzenverfügbaren Nährstoffen verwandelt.

Auch menschliche Wirtschaftsformen können durch bestimmte Methoden der Vieh- und Ackerwirtschaft ein solches ökologisches Gleichgewicht schaffen und aufrechterhalten. Man bezeichnet dieses dann als anthropogenes Ökosystem. Die meisten heutigen Wirtschaftsformen sind jedoch nicht ausgewogen, so daß ein erheblicher Energieeinsatz notwendig ist, um die Stabilität dieser Ökosysteme zu gewährleisten.
Große, natürliche Ökosysteme sind z. B. die Ozeane und die tropischen Regenwälder, Steppen oder Wüsten. Weniger große Systeme sind Seen, Moore oder Wälder, deren spezifische Lebensbereiche sich von den sie umgebenden Biotopen abgrenzen.
An den Grenzen eines Ökosystems zeigt sich im allgemeinen ein starker Wechsel der Lebensbedingungen. Diese Übergangszonen sind oft von besonderen Arten belebt, deren Stärke und Schutz gerade die Fähigkeit des Überwechselns in das andere System ist. So gehören z. B. Amphibien als Wasser-Land-Tiere zu den ältesten Arten. Auch der Mensch kann zumindest in seiner Ansiedlungsphase als Grenzbewohner angesehen werden. Der Siedlungsort Waldrand bot Jagd- und Sammelgebiet wie auch Acker- und Weidefläche, Klima- und Feindesschutz.
Auch innerhalb eines Ökosystems können die Lebensbedingungen recht unterschiedlich sein. So zeigen z. B. Flachwasserzonen eines Sees ganz andere Floren und Faunen als tiefere Gewässer.
Im Laufe der Zeit ändern sich alle Einflußgrößen, so daß eine dynamische Entwicklung entsteht, deren einzelne Phasen in sich einmalig und nicht wiederholbar sind.
Aufbau und Funktion eines Ökosystems werden von den Umweltfaktoren des Biotops wie Temperatur, Licht, Boden sowie von den Beziehungen der Organismen untereinander geprägt.
Jeder Organismus hat den Faktoren des Biotops gegenüber einen Toleranzbereich, die ökologische Valenz. So können Pflanzen und Tiere z. B. nur in bestimmten Temperaturbereichen oder bei bestimmter Feuchtigkeit leben. Wird die zulässige Toleranz nach oben oder unten überschritten, sind diese Organismen an dieser Stelle nicht mehr lebensfähig. Innerhalb des Toleranzbereiches gibt es ein Optimum, in dem die bestmögliche Entwicklung stattfindet.
In einem Faktorengefälle (Beispiel: Sich ändernde Temperatur- und Lichtintensität bei wachsender Tiefe in Gewässern) wird sich ein Organismus dorthin bewegen, wo das für ihn günstige Optimum der Faktoren herrscht. Bei diesen „Vorzugsbedingungen" wird er sich ansiedeln und andere Organismen, die hier weniger gute Bedingungen vorfinden, verdrängen. Diese Vorzugsbedingungen können jedoch für verschiedene Entwicklungsstadien andere sein. (So benötigt z. B. die Libellenlarve andere Lebensbedingungen als die Libelle.) Verändert sich der Lebensraum durch Klima- und Wetterverhältnisse oder menschliche Eingriffe, so reagieren die betroffenen Organismen unterschiedlich. Auswanderung ist nur den mobilen Lebewesen möglich. Festgewachsene Organismen müssen sich anpassen, um zu überleben, mobile aber auch, wenn sie keine Ausweichmöglichkeit finden. Die Anpassung kann durch zwei Vorgänge erfolgen: Adaption und Emanzipation.
Adaption bedeutet die Annahme der neuen Bedingungen, d.h. die Anpassung der Toleranz (ökologische Valenz) an die neuen Biotopfaktoren. Dabei werden die eigenen Aktivitäten nicht eingeschränkt, und die Entwicklungsfähigkeit bleibt voll erhalten. Erfolgreiche Adaption haben z. B. die Pflanzen und Tiere geleistet, die im menschlichen Siedlungsbereich leben können (sog. Kulturfolger).
Emanzipation dagegen bedeutet Befreiung von den veränderten Biotopfaktoren, indem die Wirkung der veränderten Faktoren ausgeschlossen wird. Die Organismen werden resistent gegen die neuen Einflüsse. So haben sich die Warmblüter von äußeren Temperaturschwankungen freigemacht und ein eigenes System mit konstanter Körpertemperatur aufgebaut, während die Wechselblüter ihre Körpertemperatur

dem Außenklima angleichen. Mit zunehmender Emanzipation steigt jedoch die Empfindlichkeit und Anfälligkeit der Lebewesen. Steigert sich z. B. beim Menschen als Warmblüter die Körpertemperatur oder nimmt sie um nur wenige Grade ab, kann das bereits sehr bedrohlich werden.
Viele Arten reagieren auf schnelle und extreme Umweltveränderungen äußerst empfindlich, da eine Anpassung nur sehr langsam bzw. nur beschränkt möglich ist.
Ein Ökosystem durchläuft vom Beginn der Belebung des Biotops bis zum annähernd stabilen Zustand eine Reihe von Entwicklungsschritten. Diese Folge von Stadien, die langfristig und unabhängig von zeitrhythmisch immer wiederkehrenden Veränderungen abläuft, wird Sukzession genannt; der stabile Endzustand heißt Klimax.
Sukzession ist kein kontinuierlich ablaufender Prozeß, sondern eher eine Folge von in sich abgeschlossenen Einzelschritten, die jeweils eigene Lebensbedingungen und damit eigenständige Lebensgemeinschaften beinhalten. Jedes Stadium ist eine Einheit; trotz fließender Übergänge zwischen den Stadien entstehen neue Lebensgemeinschaften, die sich nicht aus dem Vorstadium entwickeln, sondern die vorhergehenden ablösen.
Eine neue Sukzessionsstufe tritt immer dann ein, wenn die bestehende Lebensgemeinschaft das Biotop soweit verändert hat, daß die neuen Lebensbedingungen für eine andere Lebensgemeinschaft besser geeignet sind.
So kann ein Teich durch Erosionsablagerungen und Pflanzenwuchs langsam verlanden und über Grasflur schließlich zu Wald werden. Die vorhandene Tier- und Pflanzenwelt muß beim Schwinden ihres Lebensraumes weichen, und neue Arten werden das entstandene Biotop besiedeln.
Sukzessionen können in mannigfacher Weise ihren Weg nehmen; zu ihrem Ablauf können aber einige allgemeine Grundsätze gesagt werden:

- Die Entwicklung tendiert zur Steigerung der Vielfalt und zur Bereicherung der Struktur des Ökosystems.
- Im Laufe der Sukzession nimmt die Biomasse ständig zu; die Zahl der Ernährungsstufen und Nahrungsketten wird größer, ohne daß die Urproduktion gefährdet wird.
- Die Lebensgemeinschaft strebt einen Zustand minimalen Energieverbrauchs bei maximaler Produktion von Biomasse an und erreicht darin eine hohe Effizienz.
- Arten mit langsamer Generationsfolge wie z. B. Bäume werden dominant und heben die Stabilität des Systems.
- Das biochemische Gefüge des Ökosystems wird zunehmend stabiler; die Nahrungsketten vernetzen und schließen sich immer weiter.

Die Sukzessionsstadien weisen im allgemeinen noch nicht geschlossene und selbstregelnde Kreisläufe auf. Vielmehr sind es oft die Folgen des nicht geschlossenen Systems, die die Veränderungen des Biotops bewirken wie z. B. die Pflanzenabfälle bei der Verlandung eines Teiches. Erst im Endstadium, dem Klimax, verändert sich das Ökosystem nicht mehr wesentlich. Es hat sich mit den Lebensbedingungen des Biotops eine Biozönose eingependelt, die in sich geschlossen funktioniert, sich selbst regelt und damit gegen äußere Einflüsse weitgehend unempfindlich ist. Um das Klimaxstadium zu erreichen, werden Zeitspannen von 500 bis 4000 Jahren genannt. Dabei wird das Endstadium jedoch nicht von allen Arten gleichmäßig schnell erreicht. Jüngere Arten können durchaus noch in Sukzession befindlich sein und in Teilen das System ändern, insgesamt aber bereits von der bestehenden Stabilität profitieren. Schließlich schwanken Population und Vielfalt des Ökosystems im Klimax um eine mittlere Einstellung, die als Reaktion auf äußere Veränderungen angesehen werden kann. Je vielfältiger die Lebensgemeinschaft und je geschlossener das System ist, desto stabiler ist es, und desto geringer werden die Schwankungen um einen Mittelwert. Auf diese Weise können Lebensgemeinschaften über Jahrhunderte und Jahrtausende andauern, bis z. B. durch Katastrophen oder Klimawechsel neue und unerwartete Gegebenheiten entstehen, auf die das Ökosystem von sich aus nicht eingestellt ist. Dann bilden sich neue Lebensgemeinschaften, und die Sukzession setzt wieder ein.

Der Mensch im ökologischen System

Der Mensch ist, biologisch gesehen, im ökologischen Gefüge eine Art wie jede andere auch und unterliegt den gleichen Verhaltensregeln. In der Nahrungskette gehört er zu den Konsumenten 1. bis 4. Ordnung, ist also nicht so unbedingt für die Erhaltung des Lebens auf der Erde notwendig wie z. B. die Pflanzen und die Bodenbakterien. Wie jede Art versucht er, sich weitmöglichst zu verbreiten, die Population zu erhöhen und andere zu verdrängen. Dabei hilft ihm besonders sein hohes Maß an Emanzipation von den Umweltfaktoren, das ihn befähigt, sich ungehindert überallhin auszubreiten – ökologisch gesehen eine die Stabilität des Naturhaushaltes potentiell gefährdende Fehlentwicklung.
Abgesehen von den Sammlern und Jägern der Vorzeit und den wenigen noch existierenden „Naturvölkern", die sich nahtlos in die natürlichen Ökosysteme einfügen, beeinflußten die Vieh- und Ackerbaukulturen die Ökosysteme rigoros nach ihren Bedürfnissen. Dabei entstanden einerseits antropogene Ökosysteme, die, den jeweiligen Standortgegebenheiten angepaßt, bei hoher Produktivität über Jahrtausende stabil blieben und somit einem Klimax-Zustand vergleichbar sind (z. B. ostasiatische, südamerikanisch-indianische und alte europäische Gartenbaukulturen). Andererseits bildeten sich instabile Systeme heraus, die in einer gewissermaßen negativen Sukzession ihre eigenen biologischen Grundlagen zerstörten (z. B. vorderasiatische, nordafrikanische und Mittelmeer-Kulturen).
Die heutige Wirtschaftsform ist ebenfalls nicht im ökologischen Gleichgewicht. Sie stellt eine lineare Verbrauchswirtschaft dar, die in immer stärkerem Maße Rohstoffe verbraucht, Boden und Landschaft ausbeutet und ihre Abfallstoffe weder zurückführt, noch im Sinne eines Ökosystems stabilisierend einbindet.
Waren früher instabile, antropogene Systeme regional beschränkt, so sind heute weltweit alle Ökosysteme von den Auswirkungen betroffen. Das Naturgleichgewicht ist tiefgreifend gestört, die menschliche Existenz selbst gefährdet.
Kurzfristiges wirtschaftliches Denken vernachlässigt alle Folgekosten. Würden alle langfristigen Wirtschaftsauswirkungen bilanziert, dann erwiese sich eine ökologisch eingebundene Kreislaufwirtschaft auch als ökonomisch.
Ökologie ist langfristige Ökonomie!
Ein Umdenken ist erforderlich. Lineare Fortschrittsgläubigkeit ist gegen ökologisches Gleichgewichtsdenken einzutauschen. Mit dem heutigen Wissen und den bekannten technischen Mitteln lassen sich nicht nur die Folgen der Umweltzerstörung beheben (Kontraproduktivität), sondern auch menschlich gesteuerte ökologische Systeme entwickeln, die weitgehend in sich geschlossen sind und mit den sie umgebenden natürlichen Ökosystemen harmonisieren.

Standardlauf des Weltmodells von Meadows unter der Annahme, daß die Weltvorräte auf der Verbraucherbasis von 1970 noch für ca. 250 Jahre ausreichen, wirtschaftliches Wachstum und Bevölkerungswachstum jedoch weitergehen. Absolutmaßstäbe auf der Ordinate sind weggelassen. Bevölkerung = Gesamtzahl aller Menschen; Industrieproduktion = Dollarwert pro Kopf und Jahr; Nahrungsmittel = kg Getreide pro Kopf und Jahr; Umweltverschmutzung = Vielfaches von 1970; Rohstoffvorräte = nicht regenerierbare, noch vorhandene Teilmenge gegenüber 1900. (Nach ‚Die Grenzen des Wachstums' 1972.) Nach diesem Modell wird „erst" in 30 Jahren mit dem Zusammenbruch im Weltmaßstab gerechnet. Heute gilt dies als optimistisch, da ganz abgesehen von „Entlastungskriegen" schon jetzt der Kippunkt der Systeme erreicht zu sein scheint.

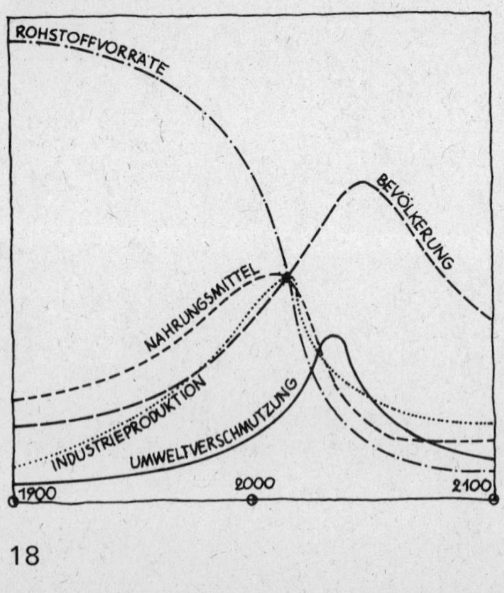

Ökologie in der Architektur

Die Erkenntnis, daß der Mensch selber Teil der Natur ist und so Verantwortung für diese mitträgt, zwingt auch in der Architektur und der gesamten Umweltplanung zu einem Umdenken.
Man betrachtet es als selbstverständlich, daß Bauen, wie anderes menschliches Tun, eher zu Lasten der Natur geht. Bestimmte früher die Natur stärker die Bau- und Lebensform, so ist heute die Lebens- und Bauform verbunden mit hoher Bevölkerungszahl tendenziell zum Zerstörer der Natur geworden.
Als der Entwicklungsstand der Technik noch nicht die heutigen konzeptionellen und Handlungsspielräume ermöglichte, waren die ökologischen Zusammenhänge eher Grundlage für das Leben und die Bauweisen.
So läßt sich vieles vom Wissen unserer Vorfahren als Anregung aufgreifen und in Verbindung mit dem heutigen Kenntnisstand zu wertvollen Beiträgen für ökologisch orientiertes Bauen übertragen.
Technik steht grundsätzlich nicht im Widerspruch zu ökologischen Bauweisen, sondern ihr angemessener Einsatz kann natürliche Vorgänge ergänzen oder ausgleichen.
Sie kann zu optimaler Nutzung von Naturkräften, Angleichen von Rythmen, Steuerung und Verteilung eine wesentliche Erleichterung bieten.
Die Anwendung technischer Hilfsmittel muß jedoch immer mit einer aus ihrer Herstellung resultierenden Naturbelastung in Einklang zu bringen sein.
Überschaubarkeit und Dimension sollten – Nutzen und Bewohnern angepaßt – mit dem örtlichen Ökosystem harmonieren.
Das bedeutet die Anwendung ökologischer Prinzipien in der Planung gebauter Umwelt, wobei Haus und Siedlung als Ökosysteme angesehen werden können, die nach den gleichen Gesetzmäßigkeiten funktionieren und gleiche Ziele verfolgen wie natürliche Systeme. Diese sind im wesentlichen:

- Anpassung an die Faktoren des Standortes;
- Nutzung des Naturpotentials an Energie und Materie;
- Kreislaufbildung mit intern ausgeglichenen Bilanzen und harmonischer Wechselbeziehung zur Umgebung;
- Vielfalt und Vernetzung zur Stabilisierung des Systems;
- Eigenständigkeit;
- Angemessene Dichte; Größe;
- Sukzession als Entwicklungsprozeß zum Optimum.

Die Natur ist grundsätzlich zur Gestaltung von Ökosystemen bereit.

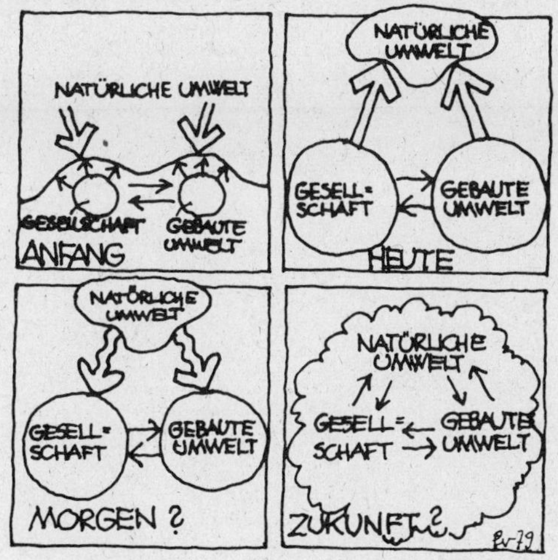

Da die menschliche Existenz nicht außerhalb der natürlichen Luft-, Wasser-, Energie- und Materialkreisläufe möglich ist, muß ein Umdenkungsprozeß einsetzen, der eine Harmonisierung der Gesellschaft und ihrer gesamten Umwelt mit der Natur anstrebt.

Ökologische Prinzipien

Anpassung

Einzelne Arten, aber auch ganze Ökosysteme passen sich den vorhandenen und ständig wechselnden Faktoren des Biotops an. Dabei spielen über die Existenzsicherung hinaus optimaler Energie- und Materialumsatz eine Rolle, d. h. mit geringstem

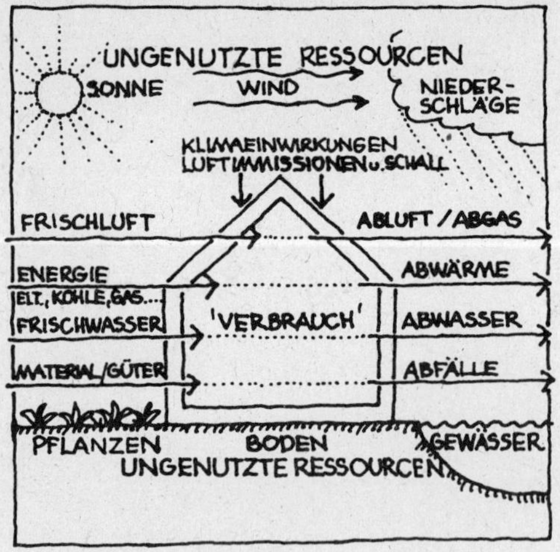

Das normale Haus nutzt die Umweltressourcen nicht, sondern verbraucht Energie und Materie und erzeugt Abfallstoffe. Es ist ein Abbild unserer linearen Verbrauchswirtschaft. Solche Häuser verursachen durch die notwendigen Ver- und Entsorgungseinrichtungen Kosten und Umweltprobleme.

Aufwand soll möglichst viel erreicht werden. Dies gilt auch für Bau- und Siedlungsweisen. Anpassung an die Gegebenheiten und Angemessenheit der Mittel sind Grundregeln der Ökonomie, deren Einhaltung bereits eine geringere Umweltbelastung zur Folge hätte.
Im groben müssen folgende Gegebenheiten Beachtung finden, um die jeweilige optimal mit der Natur harmonisierende Siedlungsstruktur zu entwickeln:

- Klima,
- Topographie,
- Boden,
- Wasser,
- Luft,
- Vegetation und Tierwelt.

Aus den entsprechenden Daten ergibt sich der spezielle Charakter des vorhandenen Biotops, der wiederum Rückschlüsse auf das optimale Ökosystem zuläßt. Erst dann sind die genauen Standorte, die Dichte und die Bauweisen benennbar, die die bestmögliche Einbindung menschlicher Nutzung ermöglichen. Für jeden Ort ergibt sich so eine spezielle Ausprägung. Die naturräumlichen Gegebenheiten sollten durch Baumaßnahmen nach Möglichkeit in ihrer Eigenart verstärkt und nicht nivelliert werden. Das bedeutet heute in den meisten Fällen auch Renaturalisierung der Naturelemente, wie etwa Freilegen von Bächen, Naturführung von Flüssen usw., d. h. gezielte Neuschaffung von Biotopen mit menschlicher Hilfe, um die Naturkräfte nicht zuletzt für den Menschen wieder wirksam werden zu lassen.

Ein ökologisches Haus ist vollständig in den Naturhaushalt eingebunden und nutzt diesen, ohne Schäden zu verursachen.
Vereinfachend kann man die klassischen vier Elemente Erde, Wasser, Feuer, Luft als Hauptkreislaufsysteme der Natur betrachten, die auch für Haus und Siedlung gelten.
Sie sind vielfach miteinander verknüpft und voneinander abhängig.

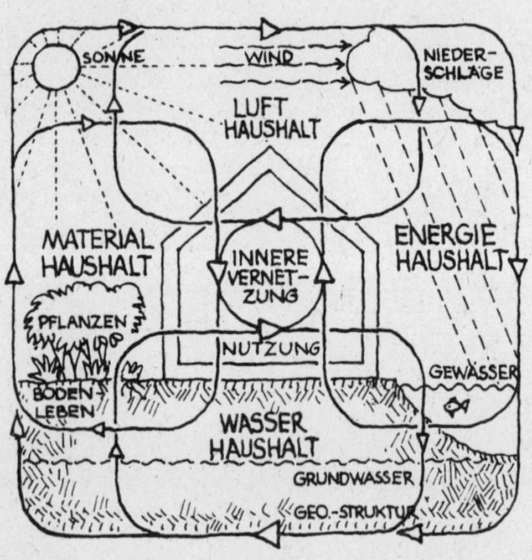

Nutzung des Naturpotentials

Architektur nach ökologischen Prinzipien gibt die Chance der langfristigen Versorgung mit Energie, Materialien und Nahrung. Wenn das Haus sich nahtlos in das örtliche Ökosystem einfügen soll, darf es nicht mehr Energie benötigen als die örtlichen Natursysteme bieten können. Sonnen- und Windenergie kommen neben Wasserkraft und Energie aus Biomassen vorrangig in Frage, in Küstenbereichen außerdem Gezeiten- und Wellenkraft. Formen der fossilen Energie sollten prinzipiell nur im Maße ihrer Regenerationszeit verwendet werden, da ein schnellerer Verbrauch zu ökologischem Ungleichgewicht führt.
Es gibt genügend Möglichkeiten, den Energiebedarf eines Gebäudes mit regenerativen Energieträgern abzudecken. Wärme- und sonstige Energieverluste müssen erst einmal minimiert werden, z. B. durch Klimaverbesserung am Haus, aktiven und passiven Wärmeschutz, Wärmerückgewinnung usw.
Die Energiegewinnung erfolgt über passive Maßnahmen (Glashauseffekt, Gebäudeform, -ausrichtung usw.) oder aktiv durch Sonnenkollektoren, Windkonverter, Wasserkraft- und Biogasanlagen, Einrichtungen zur Alkoholgewinnung aus Biomasse usw. Überschüsse müssen gepuffert und für Jahreszeiten mit niedrigerem Energieangebot gespeichert werden.
Durch gezielten Anbau bietet jeder Standort die Möglichkeit einer teilweisen oder sogar vollständigen Deckung des Ernährungsbedarfes.
Das örtliche Potential an Biomasse bildet in Verbindung mit standortspezifischen, leicht in den Naturhaushalt rückführbaren anorganischen Rohstoffen die Grundlage vieler Bau-, Arbeits- und Gebrauchsmaterialien, so daß in günstigen Fällen ein eigenständiger Materialkreislauf entstehen kann.

Auf diese Weise entfällt ein großer Anteil des Verkehrs- und Versorgungsnetzes mit allen Aufwendungen und Schäden, die auf Kosten der Allgemeinheit und zu Lasten der Natur entstehen.

Kreisläufe

Wie in der Natur die vorhandenen Quellen für Energie und Materie hocheffizient ausgenutzt werden, kann auch für menschliche Lebensbereiche ein Gefüge entstehen, das das gegebene Potential voll ausschöpft und nutzt, so daß keine andere Systeme belastenden Schadstoffe anfallen. Eine ausgeglichene Energie- und Materialbilanz verhindert gleichzeitig Luft-, Boden- und Gewässerbelastungen. Vor allem für Industrie und Verkehr muß die Forderung aufgestellt werden, daß insbesondere Luft und Wasser das System nur in der Form verlassen dürfen, in der sie aufgenommen wurden. Das gilt für ihre Zusammensetzung ebenso wie für Temperatur und Belebung. Gerade in der Industrie könnten die Prozesse im Sinne einer Nahrungskette so aufeinander abgestimmt werden, daß keine belastenden Stoffe entstehen. Filterung und Weiterverarbeitung des Filtergutes, geschlossene Kreisläufe, Abfallrecycling sowie Abwärmenutzung sind beispielhafte Möglichkeiten. Die Abfallbörse ist ein erster Schritt zur Kreislaufbildung und Vernetzung.
Es sind jedoch kleinteilige Produktions- und Verteilungsstrukturen anzustreben, die die Einbindung und Vernetzung mit den Wohnbereichen und dem Naturhaushalt ermöglichen, da erst durch die zentrale Ballung viele unlösbare Umweltprobleme entstehen.
Auf Haus- und Siedlungsebene sind eine Kreislaufbildung und Natureinbindung relativ einfach zu erreichen. So lassen sich Luftverschmutzung (Hausbrand und Verkehr), Hausmüll und Abwässer vermeiden, was zur Entlastung zentraler Ver- und Entsorgungssysteme beiträgt.
Dezentrale Einrichtungen schützen vor Fehlentwicklungen größeren Ausmaßes.

Energiehaushalt

Zur Bildung eines selbständigen Energiehaushaltes in Gebäuden ist eine Abstimmung des Energieverbrauchs mit dem örtlichen Energieangebot die wichtigste Maßnahme.
Der Wärmebedarf sollte vorrangig durch passive und aktive Sonnenenergienutzung gedeckt werden.
Wärme durch Verbrennung sollte nur zusätzlich und unter vollständiger Ausnutzung aller Eigenschaften des Verbrennungsvorgangs geschehen. So kann aus jeder Verbrennung zunächst mechanische Energie gewonnen werden, wie es z. B. in der Wärme-Kraft-Kopplung vorgeschlagen wird, in der ein Verbrennungsmotor Strom herstellt und seine Abgaswärme und die Motorkühlung zur Raumheizung, Warmwasserbereitung oder auch zum Backen und Kochen herangezogen werden. Die Abgase und Rückstände aus der Verbrennung dürfen keine Stoffe enthalten, die die Umgebung belasten. Eine relativ saubere Verbrennung liefern Erdgas und möglichst stickstoffarmes Biogas (Methan). Wo immer es geht, sind aber schadstofffreie Naturkräfte wie Sonnenenergie, Wasser- und Windkraft in kleinen, örtlich angemessenen Einheiten zur Energieversorgung heranzuziehen. Thermische Kraftwerke sind nur in verdichteten Gebieten mit gleichzeitiger Wärmenutzung als Wärme-Kraft-Kopplung einzusetzen. Kleine dezentrale Anlagen mit kurzen Versorgungswegen für die Wärme sind anzustreben. Sie könnten ihren Kraft-Anteil ebenfalls örtlich verbrauchen oder über ein Verbundnetz puffern.

Schematische Sonnenenergienutzung direkt und indirekt.

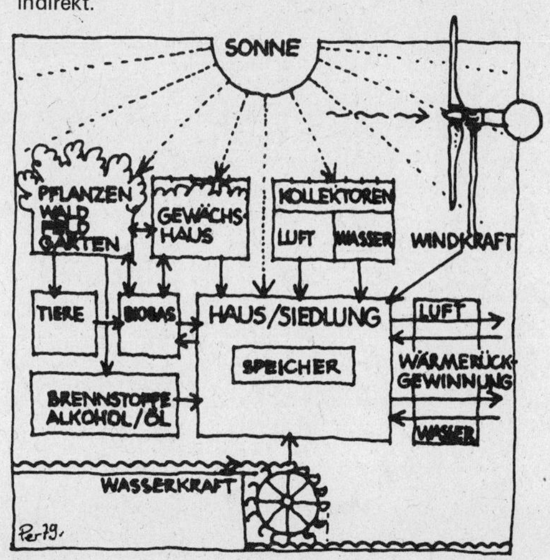

Materialhaushalt

Die Bildung von Materialkreisläufen hat weniger Einfluß auf das Haus selbst als auf Maßnahmen der „Input"- bzw. „Output"-Seite.
Der Input ist zu minimieren. Dies bezieht sich einerseits auf überflüssige Verpackungen, andererseits auf die Vermeidung von kurzlebigen Verbrauchsgütern. Die Anschaffung langlebiger, reparaturfreundlicher Gebrauchsgegenstände, die durch überschaubare Technik selber gepflegt und gewartet werden können, ist eine wichtige Voraussetzung, den Materialfluß zu reduzieren.
Für den nicht zu vermeidenden Hausmüll sollte durch Materialtrennung eine Weiternutzung ermöglicht werden. Eine Trennung sollte zuerst am Entstehungsort, in den Haushalten angestrebt werden. Die Rohstoff-Rückführung in die Wiederverarbeitung kann von dort aus erfolgen, in dezentralen, eigenständigen Einheiten.
Der Aufbau von Materialkreisläufen erfordert ein höheres Maß an ökologischem Bewußtsein als neue Energiekonzepte, da der Erfolg nicht so kurzfristig ablesbar ist und Bemühungen des Einzelnen notwendig werden.
Eine sorgfältige Planung und Detailausbildung des Hauses kann jedoch einen ökologischen Materialhaushalt ohne Komforteinbuße fördern.

Wasserhaushalt

Die Wasserver- und -entsorgung muß sich bei einer ökologischen Haus- oder Siedlungsanlage harmonisch in den natürlichen Wasserhaushalt einfügen.
Dezentrale Wassergewinnung über Speicherung, Filterung und Verteilung der anfallenden Niederschlagsmengen, des Grundwassers und des Oberflächenwassers bietet beste Möglichkeiten qualitätsvoller und energiesparender Wasserversorgung, da geringere Wassermengen und kurze Wege entsprechend wenig Aufwand verursachen und ökologisch ohne Folgeschäden sind. In den meisten Fällen ist dadurch eine Steigerung der Lebensqualität zu erreichen.
Die Wasseraufbereitung für Trinkwasser sollte sich an bester Quellwasserqualität orientieren. Dazu sind verschiedene biologische und physikalische Filter- und Aufbereitungsmethoden möglich. Diese können als Wassergewinnungs- und -aufbereitungssystem integrativer Bestandteil des Hauses sein. Das ist besonders naheliegend bei Regenwasser (Sammlung durch Dachflächen, Speicherung in Fisch-, Bade- oder Zierteichen).
Dezentrale Wasserrückführung setzt die Trennung von Brauchwasser und Fäkalien voraus und läßt die schwach verschmutzten Abwässer über Filtersysteme zu Gewächshaus- und Gartenbewässerung, Fischteichen usw. weiternutzen und die Fäkalien und sonstigen biologischen Abfälle über Kompostierungen, Biogasanlagen oder andere biologische Systeme zu Düngesubstanzen aufwerten.
Die Wasserver- und -entsorgungssysteme in Haus und Siedlung bieten so Anlaß zu einer neuen Art von Wasserbaukunst, in der sich Schönheit und Zweckmäßigkeit vereinen.

Nutzungsschema für dezentrale Wasserversorgung und Abwasserrückführung.

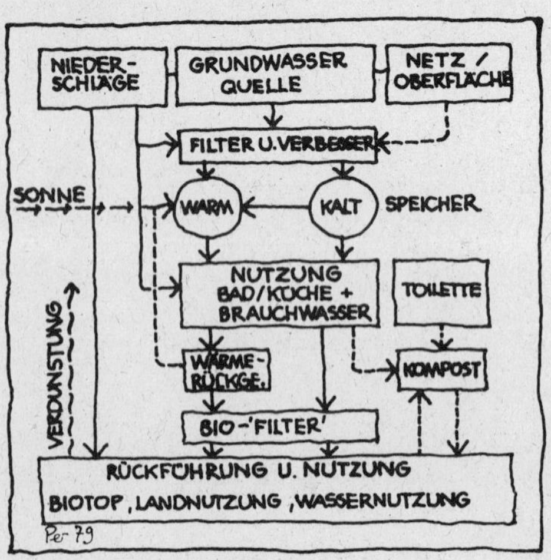

Lufthaushalt

Für den Lufthaushalt gilt, daß keine schädlichen Stäube und Gase aus Produktion, Haushalten und Verkehr frei werden, die zunächst die Luft, dann jedoch nachhaltiger Wasser und Boden beeinflussen. Ein ausgewogener CO_2-Haushalt ist anzustreben, d. h. das Maß der Verbrennung darf nicht das Maß der pflanzlichen CO_2-Umsetzung in

der Photosynthese überschreiten. Das Ungleichgewicht an CO_2 durch Verbrennung fossiler Stoffe einerseits und die reduzierte Umsetzung infolge pflanzlichen Raubbaus andererseits sollten Anlaß genug sein, in Zukunft jeden unnötigen Verbrennungsvorgang zu vermeiden.
Gegen die erhebliche Belastung der Luft durch Verbrennungsmotoren in Verkehrsmitteln sollte neben der Entwicklung oder Anwendung schadstoffreier und effizienter Fahrzeuge besonders an der Verminderung des Verkehrsaufkommens durch sinnvolle raumplanerische Maßnahmen gearbeitet werden. Dezentrale und eigenständige Siedlungseinheiten nach ökologischen Gesichtspunkten mit ausgeglichenen eigenen Bilanzen für Nahrung, Energie und die wesentlichen Gebrauchsgüter benötigen nur einen minimalen Aufwand an Material- und Personenverkehr, so daß bei solchen Projekten als Folgemaßnahme eher an eine Rekultivierung von Teilen des vorhandenen Verkehrsnetzes gedacht werden kann und weniger an dessen Ausbau. So können strukturelle Maßnahmen zur Luftreinhaltung beitragen.
Wo Abgase und Stäube nicht vermeidbar sind, müssen hochwertige Filtersysteme eingesetzt werden. Grundsätzlich sollte jedoch nach Zuordnungen und Technologien gesucht werden, bei denen solche Emissionen nicht auftreten.

Vielfalt und Vernetzung

Vielfalt und vielschichtige Vernetzung bewirken nicht nur in natürlichen Ökosystemen, sondern auch in künstlichen im Haus- und Siedlungsbereich eine hohe Effizienz und Stabilität.
So ermöglicht erst eine vielfältige Nutzung die gegenseitige und vollständige Verwertung von Energie, Nähr- und Gebrauchsstoffen.
Kleine vielseitige Einheiten können flexibel auf Schwankungen reagieren; sie bilden insgesamt ein stabiles System, das selbst dann im Gleichgewicht bleibt, wenn einzelne Glieder ausfallen.
Auch in den internen Kreisläufen des Hauses ist Vielfalt und Vernetzung Voraussetzung, um ein stabiles Versorgungssystem zu erhalten. Das gilt für Energie-, Material-, Nahrungs- und Wasserhaushalt gleichermaßen. Mehrere Quellen und vielfältige Nutzung geben Möglichkeiten zum Ausgleich. Der Ausfall einer Komponente läßt nicht den gesamten Komplex zusammenbrechen. Das Maß der Verzweigung und Kombination ist für jede Situation eigens zu entwerfen. Dabei sind haustechnische Systeme nicht von Baukonstruktion oder von Bauphysik und Entwurf zu trennen, so daß sich schließlich ein Gebäude als ein in allen Faktoren aufeinander abgestimmtes architektonisch-technisch-konstruktives System darstellt, das, je weiter es durchdacht ist, um so effizienter und kostengünstiger wird.
Solche vernetzten Haussysteme sind mit einfachen technischen Mitteln, vor allem jedoch durch die Kenntnis der ökologischen Zusammenhänge heute ohne weiteres möglich.
Haus und Garten bilden eine Einheit, die sich in den örtlichen Naturhaushalt einpaßt oder im Siedlungsverbund ein vernetztes System bildet, das sich mit dem Umland verknüpft.
Haus, Siedlungen oder Städte können durch entsprechende Gestaltung hervorragende Möglichkeiten bieten, die natürliche Vielfalt der Kleinklimate und Lebensräume zu bereichern. So können in Siedlungen eine Vielzahl verschiedener Biotope geschaffen werden, die – mit den künstlichen Strukturen verbunden – ein Ökosystem besonderer Art bilden.

Zentrale und dezentrale Ver- und Entsorgung. Ein Abwägen von Vor- und Nachteilen fällt zugunsten der dezentralen Strukturen aus, vorausgesetzt, daß Nutzer und Bewohner bereit sind, eigenverantwortlich und selbständig zu handeln. Sie entlasten damit nicht nur ihre Umwelt, sondern erhalten auch neue Qualitäten und Freiräume.

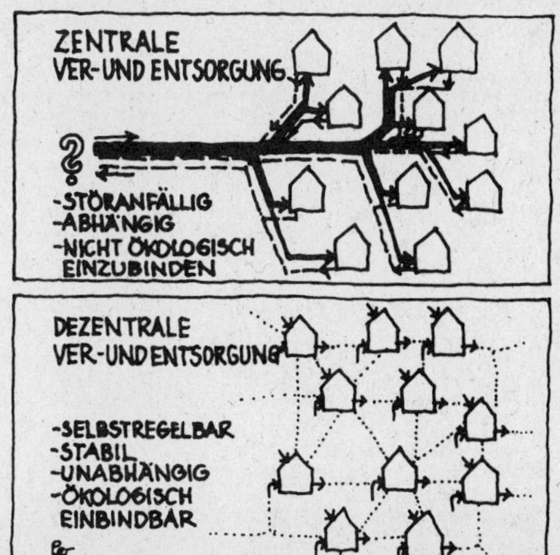

Menschliche Besiedlung müßte also nicht Naturzerstörung bedeuten, sondern könnte im Gegenteil eine Aufwertung durch Steigerung der Vielfalt anstreben. Es werden sich jedoch keine gleichmäßig besetzten Landschaften ergeben, da Siedlungsstandorte nach klimatischen und topographischen Gesichtspunkten sowie nach Wasservorkommen gezielt ausgesucht werden. Dazwischen können sich große, teils zusammenhängende Naturräume erstrecken, deren ökologische Stabilität Sicherheit für angrenzende kleinere Systeme bietet.
Selbst Ballungsgebiete können auf diese Weise „entballt" und in kleinere Zentren gegliedert werden, zwischen die naturnahe Rekultivierungsflächen gelegt werden, die vielfältigen Nutzen bringen können.
Ein stabiles Gesellschaftsgleichgewicht kann sich ebenfalls nur durch eine vielfältige Alters- und Sozialmischung einstellen, die ihrerseits eine entsprechend vielfältige Nutzungsstruktur voraussetzt.
Im Funktionssystem des menschlichen Körpers unterscheidet man die vegetative, d. h. selbstregelnde, automatische Steuerung und die bewußte, vom Individuum selbst geprägte Beeinflussung der Lebensabläufe. Vieles, besonders die lebenswichtigen Funktionen wie Kreislaufsteuerung u. a., erledigt sich in uns ohne bewußte Steuerung. Einiges, z. B. die Atmung, läuft zwar auch automatisch, ist aber von uns beeinflußbar. Andere Dinge müssen wir, wenn auch auf Signale des Körpers reagierend, ganz bewußt selbst regeln. Ähnliche Abläufe ergeben sich auf vielen anderen Gebieten, so auch im Bauen, wobei die Vitalität der auf natürliche Weise funktionierenden Selbststeuerung mit wachsender Technologie einem komplizierten Automationsaufwand gewichen ist, der oft nur Selbstzweck ist.
Durch Entwurfskonzeption, Materialauswahl und einfache Schwerkraftsysteme kann sich in einem Haus der Luft- und Wärmehaushalt selbsttätig besser regeln, als es z. B. eine automatisch gesteuerte Klimaanlage in einem modernen, hermetisch geschlossenen Bürohaus zu leisten vermag.
Die ökologisch orientierte Architektur strebt eine vegetative Steuerung der wichtigen Betriebssysteme des Luft-, Wasser-, Material- und Energiehaushaltes an, die die natürlichen, physikalischen u. biologischen Grundregeln nutzt und möglichst geringe technische Umwege beschreibt. Wo es jedoch notwendig wird, können auch komplizierte elektronische Steuerungselemente eingesetzt werden. Sie bleiben jedoch immer Hilfsmittel und dürfen nicht zum Selbstzweck werden.
Angestrebt werden standortangepaßte Häuser, die sich möglichst selbsttätig den wechselnden Bedingungen der Witterung und denen der Tages- und Jahreszeiten angleichen. Einfache und weniger häufig anfallende Anpassungsmaßnahmen sollten die Bewohner als bewußte Steuerung von Hand vornehmen.
Die Kenntnis der natürlichen Vorgänge sowie die Selbstverantwortlichkeit für den eigenen Lebensbereich sind Voraussetzung für alle Steuerungsvorgänge; beides muß bei den Bewohnern frühzeitig gefestigt werden. Positive und negative Rückkopplung sollten, wie bei den natürlichen Systemen, ökologisch angemessenes Verhalten belohnen und fördern, schädigendes Verhalten vom Bewohner sollte auf ihn selbst zurückwirken.

Eigenständigkeit und angemessene Dichte

Die Größe und das Artengefüge von ökologischen Systemen werden von den natürlichen Gegebenheiten bestimmt. Besiedlungsdichte und Eigenständigkeit streben immer nach Optimierung. Es entsteht eine Hierarchie von Autonomien, die vom

Individuum über gesellschaftliche Teilsysteme, über das Ökosystem bis hin zu den globalen Systemen zunimmt. Dabei fügt sich das kleinere System immer harmonisch in das nächstgrößere ein, ohne seine Eigenständigkeit aufzugeben.
So entsteht auch bei menschlichen Systemen durch Kreislaufbildung ein hohes Maß regionaler Eigenständigkeit, die sich auf ein Haus ebenso wie auf Siedlungen oder Städte bezieht. Die Bindung an örtliche Gegebenheiten bewirkt gleichzeitig Dezentralität.
Selbständigkeit und Selbstbestimmung der Bewohner werden gefördert. Mittleres und kleines Handwerk wachsen, die zahlreichen Arbeitsplätze am Ort selbst bringen Zeitgewinn. Durch die unmittelbare Grundversorgung werden weniger Aufwendungen für die materiellen Versorgungsnetze erforderlich.
Eine vielseitige Beschäftigung läßt die Grenze zwischen Arbeit und Freizeit verschwimmen. Ablesbare Erfolge, Überschaubarkeit des Ganzen und gegenseitige Anerkennung bewirken Initiative und Innovation und als Wichtigstes: Spaß und Freude an dem, was man tut. Dezentrale Eigenständigkeit bietet ein hohes Maß an Lebensqualität und Menschenwürde.
Eine Dezentralisierung im ökologischen Sinne ist das genaue Gegenteil von „Zersiedlung" und allen Folgeerscheinungen, die letztlich aus Funktionstrennung und Abhängigkeit von Ballungszentren entstehen.
Die Besiedlungsdichte definiert sich u.a. aus dem natürlichen Potential eines Standortes, d.h. die Menge der vorhandenen Energie (Sonne, Wind, Wasser usw.), die Vegetation, das Wasserangebot usw. bestimmen die Art und Dichte der Nutzung. Durch ökologische Aufwertung mittels Biotopgestaltung und optimierter Energie- und Materialnutzung kann die Dichte erhöht werden. So kann sich die Bewohnerdichte im Laufe einer gesteuerten Sukzession langsam erhöhen, bis sie ein Klimaxstadium erreicht.
Erreicht das Wachstum einer Art im Naturhaushalt den Sättigungsgrad innerhalb des umgebenden Systems, so stellen sich Mechanismen ein, die die weitere Vermehrung einschränken und die Populationsdichte um einen angemessenen Wert schwanken lassen.
Auch hier hat sich der Mensch von den natürlichen Steuerungsmechanismen weitgehend befreit, ohne allerdings neue, für ihn gültige Regeln zu setzen.
Im Sinne der Vielfalt und Ausgewogenheit dürfte das Wachstum der Bevölkerung ein für den Ort tragfähiges Maß nicht überschreiten. Selbst bei Wirtschaftsformen in ökologischen Systemen, die sicher mehr Menschen aufnehmen könnten, ist die Grenze der Population durch die Harmonisierung mit den natürlichen Ökosystemen gesetzt, letztlich hängt alles an den Primärproduzenten und dem Energiepotential der Sonne.
Die Grenzen muß sich der Mensch selbst auferlegen.
Niemals darf eine Erhöhung der Dichte die Grundsubstanzen des Ökosystems angreifen.
Je nach Standort ist also dichtere oder weniger dichte Besiedlung möglich.
Die Siedlungsformen können dabei durchaus unterschiedlich sein. Sie können von Verdichtungen mit städtischem Charakter bis zu aufgelockerten kleinen Siedlungen und Einzelhäusern reichen. Die ökologische Größenordnung städtischer Verdichtung wird aber die Größe vorhandener Ballungsgebiete in jedem Fall erheblich unterschreiten, da für den effizienten Betrieb eines Stadtsystems die eigenständige Grundversorgung gewährleistet sein muß.
Ein weiterer Steuerungsmechanismus für die Besiedlungsdichte kann das ausgewogene Verhältnis von kommunikativer Nähe und sozialer Distanz sein (vergleichbar der Territorialität in der Tierwelt). Die Sozialwissenschaften könnten hierzu sicherlich einen wertvollen Beitrag leisten.

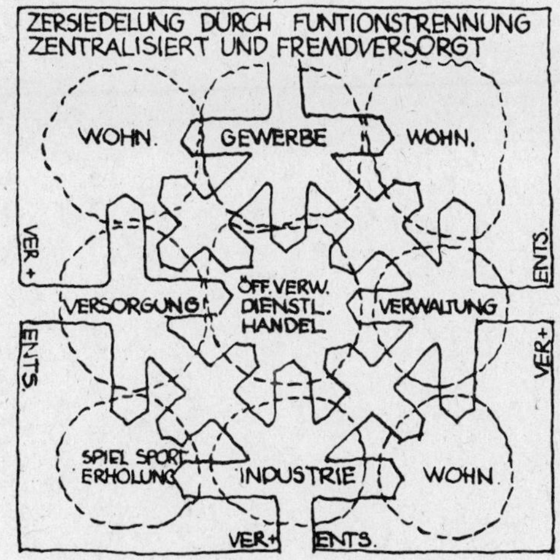

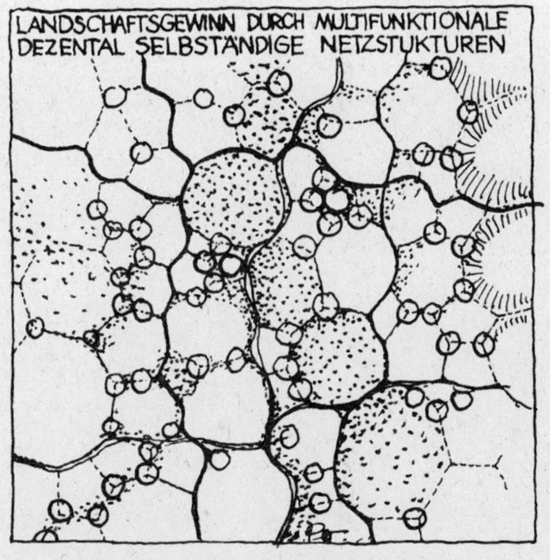

Die Eigenständigkeit sich dezentral selbstversorgender Einheiten ist das Gegenteil der Zersiedlung von Randbereichen in Ballungsgebieten, deren Folgen zu hohem und uneffektivem Aufwand in Versorgung, Verwaltung und Verkehr führen. Landschaft wird in dezentralen selbständigen Strukturen erhalten und in ihrer Eigenart eher unterstützt und verstärkt. Kopplung von Wohnen, Arbeit, Freizeit, Ver- und Entsorgung. Verkehr und Verwaltung sind minimiert.

Sukzession

Im Gegensatz zur langen sukzessiven Entwicklung natürlicher Ökosysteme könnte die gebaute Umwelt, ein von Menschen geplantes Ökosystem, in kürzerer Zeit das Klimaxstadium erreichen und in laufender Anpassung erhalten, wenn alle internen Faktoren aufeinander und mit der Umwelt abgestimmt würden. Das könnte für die einzelnen Bau- und Siedlungsformen recht unterschiedlich aussehen. Wie sich in der Natur der Haushalt eines Einzelbaums wesentlich von dem eines Waldbaums unterscheidet, so gelten auch für Gebäude und Gebäudegruppen andere Regeln für die ökologischen Betriebssysteme und Zuordnungen. Einzelhäuser werden weitgehend selbständige Systeme bilden, die mit ihrer Umgebung harmonisieren und in sich kleine Ökosysteme (Synusien) sind, jedoch in starker Wechselbeziehung mit der Umgebung stehen. Hausgruppen und Siedlungen bilden ein Gesamtsystem, in dem die einzelnen Häuser jeweils mehr oder weniger geschlossene Teilsysteme darstellen, die untereinander in vielfacher Weise verbunden sind und erst als Ganzes ein ökologisch abgerundetes System werden. Dieses grenzt sich gegen die Umgebung ab, steht aber mit ihr in Harmonie und kann an seinen Grenzen die gleichen lebensfreundlichen Übergangszonen und Vernetzungen haben, wie es bei vielen natürlichen Ökosystemen bekannt ist.
Bauen bedeutet also die Einleitung einer Sukzession in einem neuen Biotop. Je ökologischer die Planung ist, um so eher wird der Endzustand (Klimax) erreicht, der die optimale Ausnutzung der Gegebenheiten und damit die maximale Dichte darstellt.

Einbindung der Bewohner

Die komplexe, aber auch überschaubare Vielfalt ökologischer Haussysteme fordert vom Bewohner eine andere Einstellung zu seinem Haus als heute vielfach üblich. Die gebaute Umwelt und ihre Systeme allein bilden noch kein ökologisches System. Sie sind vielmehr das Gerüst für ein ökologisch orientiertes Leben, das erst im „Betrieb" mit den Bewohnern (Menschen, Tiere, Pflanzen und Mikroorganismen) ein dynamisches Kreilaufsystem erzeugt. Dabei muß der Mensch als Gestalter seiner Umwelt die „vegetativen" Steuerungsmechanismen kontrollieren und optimal einstellen, damit sie dann selbstregelnd richtig arbeiten. Darüber hinaus gibt es jedoch eine Vielzahl von Steuerungsmechanismen, die vom Bewohner selbst durchgeführt oder veranlaßt werden müssen, um die Haushaltssysteme in Betrieb zu halten. Diese Handlungen müssen gelernt und wie ein gutes Handwerk „im Schlafe" beherrscht werden. Erst dann können ökologische Haus- und Siedlungskreisläufe wirklich funktionieren.
Ökologische Wohn- und Lebensbereiche besitzen eine Technik, die wegen der angestrebten Eigenverantwortlichkeit einfach und überschaubar ist, so daß jeder technisch interessierte Bewohner, mindestens aber jeder benachbarte Handwerker die Systeme selbst reparieren kann, ohne einen Spezialisten zu benötigen. Es ist Ziel, den Bewohner auch mit seiner technischen Umwelt vertraut zu machen und seine Selbständigkeit zu fördern.
Technische Einrichtungen sollten immer der speziellen Situation angepaßt und vor Ort zu einem Gesamtsystem verbunden werden, das für die Nutzer zugänglich und verständlich bleibt.
Neben den technischen Einrichtungen muß auch die integrierte Natur („lebende Systeme") vom Bewohner verstanden werden, so daß er auch diese funktionsfähig erhalten kann.

Er muß das nötige Verständnis entwickeln, diese Tätigkeiten annehmen und die erhöhte Lebensqualität der ökologischen Bauweisen erkennen und nutzen.
Die Gestaltung neuer Architektur muß eine gleichgewichtige Ausbildung aller Sinne und menschlichen Fähigkeiten anregen, um so die Grundlage für ein maximales Wohlempfinden zu ermöglichen.
Bekannt ist, daß bei Einhaltung natürlicher Rhythmen der Tages- und Jahreszeiten das Wohlbefinden durch den Wechsel der Lichtintensität und der Temperatur positiv beeinflußt wird. Es gibt hier ein ganzes Spektrum von Hinweisen, die darauf hindeuten, daß das menschliche Wohlbefinden vor allem durch ein Leben in Harmonie mit der Natur zu erreichen ist, daß der menschliche Körper ein biologischer Organismus ist, der krank wird, wenn ihm seine natürliche Basis entzogen wird.
Auch sind längst Phänomene bekannt, die zeigen, daß allein schon durch den Blickkontakt mit Vegetationsbereichen die Krankheitsraten erheblich herabgesetzt werden, ganz abgesehen vom direkten Gesundheitswert naturreiner „Lebensmittel" wie Luft, Wasser, Nahrung usw.
Das sinnliche Wohlbefinden kann jedoch auch nur dann erreicht werden, wenn das psychische Wohlbefinden durch soziale Anerkennung und Sicherheit gewährleistet ist.
Da dies von den meist selbstzerstörerischen gesellschaftlichen Normen und Wertvorstellungen abhängt, wird soziale Anerkennung nur dem zuteil, der sich „normengerecht" verhält.
Auch hier wirkt die Architektur als Abbild der gesellschaftlichen Verhältnisse verstärkend auf das Sozialverhalten.
Architektur, die diese Abhängigkeit durchbricht, wird kaum in der Lage sein, soziale Normen zu ändern; sie kann aber Freiräume schaffen, in denen sich neue Ansätze entwickeln können. Häuser können mehr Autonomie, mehr individuellen Spielraum, mehr menschliches Miteinander ermöglichen als bisher.
Soziale Ziele ökologisch orientierter Architektur wären die Aufhebung monofunktionaler gesellschaftlicher Trennung in Altersstufen, Berufsgruppen, Bildungsgruppen, Kranke usw. Diese „gesellschaftliche Feinsortierung", in der jeweils die sozial stärksten Gruppen die Umwelt für ihre Bedürfnisse gestalten, könnte gegen gemeinschaftliche Modelle ausgetauscht werden, in die alle Gruppen und Altersstufen integriert sind.
Die Architektur muß dann gerade den jeweils sozial Schwächsten Raum für Sicherheit bieten und Selbständigkeit ermöglichen. Sie muß für jedes Individuum Orte schaffen, in denen eine freie Wahl zwischen Rückzug und Öffnung, zwischen Gemeinschaftsleben und Selbstbesinnung, zwischen Aktivität und Ruhe möglich wird.
Die Architektur muß den stabilen Rahmen bieten, in dem soziale Netze geknüpft werden können. Ökologische Architektur hilft, diese Netze zu erstellen und neue Freiräume zu schaffen.
Die starke Einbindung in die Umgebung und das Erleben natürlicher und technischer Kreisläufe bilden das ökologische Bewußtsein der Bewohner; sie werden eine besondere Bedeutung für den Sozialisierungsprozeß haben.

„Rekultivierung" vorhandener Bebauung

Die Anwendung ökologischer Prinzipien ist bei Neuplanung jederzeit möglich. Es stellt sich jedoch die Frage, ob Neubauten überhaupt noch sinnvoll sind und nicht vielmehr eine entsprechend intensive Aus- und Umnutzung vorhandener Bausubstanz notwendiger wäre.

Gebaute Umwelt kann als Biotop besonderer Art gesehen werden, deren derzeitige Funktionsweise allerdings nicht einem stabilen Ökosystem vergleichbar ist.
Solche Gebiete könnten rekultiviert werden, ähnlich wie Tagebaugruben in der Landschaft. Gezielte Biotopgestaltung und technisch-funktionelle Neuorganisation des Betriebssystems nach ökologischen Prinzipien müßten eingeleitet werden. Eine Rekultivierung gebauter Umwelt ist ungleich schwieriger und kompromißbeladener als neu zu bauen, insbesondere, wenn die vorhandene Substanz weit entfernt von Grundanforderungen wie Dichte, Bauhöhe, Funtionsmischung usw. ist. Um das dem Standort angemessene Maß an Gemeinschaftsanlagen und Größenordnungen technischer Versorgungsnetze anzulegen, sind ganzheitliche Ansätze einer Siedlung erforderlich; Einzelgebäude sollten daher immer im Verbund saniert werden.
Sorgfältige ökologische Siedlungsplanung muß für den ganzen Ort in kleine, machbare Schritte gegliedert werden, die langsam die bewohnten Gebiete durchdringen und von allen Bewohnern mitgetragen und möglichst selbst durchgeführt werden.
Ein Modell ökologischer Stadtsanierung könnte die Strukturierung einer amorphen Agglomeration in mehrere dichte, multifunktionale Einheiten sein, so daß die Gesamtfläche einer Stadt mit den zersiedelten Außenräumen nicht überschritten wird und zwischen den einzelnen Einheiten genügend Freifläche entsteht, um eine ökologische Einbindung zu erreichen. Das würde bedeuten, daß die verdichteten Stadtteile gegliedert und zum Teil aufgelockert werden und die weniger dichten und unbewohnten Stadtbereiche zu dichteren „städtischen Inseln" zusammengefaßt werden. So entsteht ein enges grünes Netz, das eine Vielzahl „kleiner Städte" umschließt, die weitgehend autark in ihrer Versorgung sind und geistig und kulturell spezielle Teile einer Einheit darstellen. Solche Modelle benötigen weitgreifende, langfristige Strukturpläne, die neben dem ökologischen Bestand die örtlichen, historischen, sozialen, kulturellen und stadträumlichen Gegebenheiten berücksichtigen, so daß dann Einzelmaßnahmen im Laufe mehrerer Generationen eine gezielte Umstrukturierung ergeben.
Dazu lassen sich folgende Forderungen aufstellen:

Dezentralisation der Stadt Nienburg/Weser in teilautonome Einheiten als Ökosystem. Zusammenlegen von Wohnen, Arbeit und Freizeit, Produktion und Verbrauch. Ernährung aus Stadtgärten und Umland, Energieversorgung aus Sonne, Wind- und Wasserkraft sowie Wärme-Kraft-Kopplung. Kleine Wasserver- und -entsorgungseinheiten, Regenwassernutzung. Materialhaushalt im Recycling-Verbund. Wiederherstellung natürlicher Landschaftselemente, Stadtklimaverbesserung, Ausprägung eigenständiger Stadtteile, Abstimmen der Siedlungsdichte und -einheiten auf soziale Selbststeuerung und Distanz.

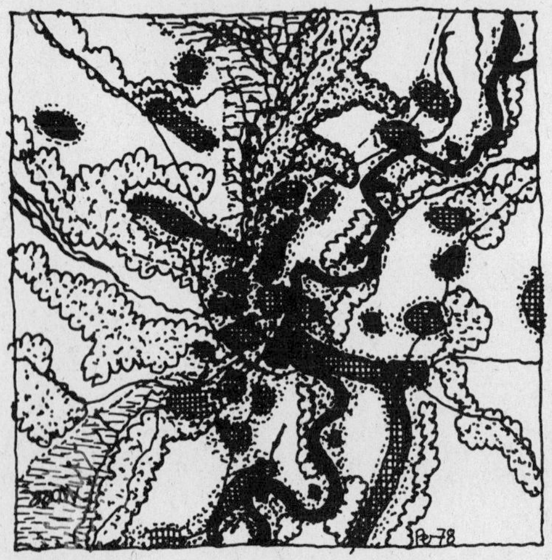

- Die lineare abhängige Ver- und Entsorgungsstruktur muß in eine weitgehend eigenständige Kreislaufwirtschaft umgewandelt und mit den örtlichen Ressourcen und Naturkräften verbunden werden (Wasser-, Energie-, Nahrungsmittel- und Materialversorgung). Dies führt außerdem zur Beseitigung negativer Stadtklimaerscheinungen, Normalisierung des Grundwasserhaushaltes und Vermeidung von Emissionen.
- Natureinbindung der Stadtbereiche und Wiederherstellung naturräumlicher Gegebenheiten (z. B. Topographie, Wasserläufe usw. mit ihrer typischen Vegetation).
- Verkehr und Transport müssen durch Zusammenlegen von Produktion und Verbrauch, von Wohnen und Arbeiten minimiert werden. Dadurch ergeben sich kleinteilige, multifunktionale Einheiten, deren Erscheinungsbild von den örtlichen Verhältnissen geprägt wird.
- Entwicklung und Einsatz integrierter Transportverbundsysteme, die alle Reichweiten und Nutzungen mit geringstem technischen Aufwand (angefangen beim Fahrrad) ohne Schadstofferzeugung abdecken.
  Eine Vielzahl neuer Entwicklungen ist denkbar, so daß bei minimierter Antriebsenergie die natürlichen Energiequellen ausreichen.
  Wo größere Verkehrsströme entstehen, müssen öffentliche Verkehrsmittel den Vorrang erhalten. Sie sollten so ausgebaut werden, daß ihre Benutzung ein positives Erlebnis bedeutet, daß sie Ort und Möglichkeit für Kommunikation sind.
- Selbstverwaltung und Selbstbestimmung müssen durch entsprechende Gruppengrößen und Organisationsformen ermöglicht werden. Ziel ist die Selbststeuerung

innerhalb der natürlichen und sozialen Grenzen sowie die Partizipation an allen Lebensbereichen.

- Neuformulierung der optimalen Bevölkerungsdichte. Minimierende Faktoren: Die soziale Distanz und Territorialität, die Gruppenbildung mit der sozialen Kontrolle, die Selbstversorgung und die ökologische Einbindung. Maximierende Faktoren: Die direkte Kommunikation und die soziale Freizügigkeit zur geistigen, kulturellen Weiterentwicklung.

Es wird notwendig sein, daß großzügige Demonstrationssanierungen vorgenommen werden, die Grundlage für eine Öffnung und Entwicklung des Baurechts bieten könnten und auch den Bewohnern konventioneller Gebäude die Möglichkeit geben, die hohe Lebensqualität ökologischer Bauweisen kennen und schätzen zu lernen.

Literatur

Ökologie

Farb, Peter: Die Ökologie. Reinbek 1976.
Gruhl, Herbert: Ein Planet wird geplündert. Frankfurt 1975.
Kühnelt, Wilhelm: Grundriß der Ökologie. Stuttgart 1970.
Lohmann, Michael: Ökofibel. München.
Stugren, Bogdan: Grundlagen der allgemeinen Ökologie. Jena 1974.
Tischler, W.: Einführung in die Ökologie. Stuttgart/New York 1976.

Ökologie in der Architektur

Amery, Carl: Natur als Politik. Reinbek 1976.
Arbeitsgemeinschaft Umwelt (Hrsg.): Umdenken, Umschwenken. Zürich 1975.
Bollnow, Otto Friedrich: Mensch und Raum Stuttgart/Berlin/Köln/Mainz 1976.
Borgest, Claus. Das sogenannte Schöne. Frankfurt 1977.
Dezentrale (Hrsg.): Alternativkatalog 1 + 2. Köniz (CH) 1976.
Fromm, Erich: Haben oder Sein. Stuttgart 1976.
Graffenberger, Günter: Schweden entdeckt das Auto als Staatsfeind in: Hannoversche Allgemeine Zeitung 26.2.1979.
Gruhl, Herbert: Ein Planet wird geplündert. Frankfurt 1975.
Hall, Edward T.: Die Sprache des Raumes. Düsseldorf 1976.
Landzettel, Wilhelm: Wege und Orte. Wiesbaden 1977.
Landzettel, Wilhelm: Häuser und Straßen. Wiesbaden 1979.
Mörk, Magnus: Die Autogesellschaft. Schweden 1979.
Morris, Desmond: Der nackte Affe. München/Zürich 1968.
Morris, Desmond. Der Mensch, mit dem wir leben. München/Zürich 1978.
Seymour, John: Das große Buch vom Leben auf dem Lande. Ravensburg 1978.
Tuiavii: Der Papalagi. Buchenbach 1920 – Adliswil (CH) 1979.

Teil II Klima und Vegetation

Klimagerechtes Bauen

Klimagerechtes Bauen bedeutet mehr als nur Anpassung an das örtliche und überörtliche Klima. Durch jede Art des Bauens wird auch das örtliche Klimagefüge verändert, neue Klimate werden geschaffen mit Auswirkungen auf Luft-, Wärme- und Wasserhaushalt sowie auf das Leben der dort ansässigen Menschen, Tiere und Pflanzen. Oft haben die neuen Klimate einen ungünstigeren Charakter, da mit dem Bauen meist eine Vereinheitlichung, Säuberung und Versiegelung der Umgebung einhergeht, wodurch die Vegetation als entscheidender Klimafaktor verdrängt wird. R. Geiger spricht von „Kleinklimazerstörung" durch den Menschen, die die klimatische Vielfalt und somit auch die Lebensvielfalt verringert.

Das Klima eines Ortes wird über verschiedene Maßstabsebenen abgeleitet. In der Zusammenschau ergibt sich annähernd das örtliche Klimabild. In ähnlicher Weise werden sich die Aussagen zur Architektur auf den verschiedenen Maßstabsebenen von groben bis zu sehr detaillierten gliedern. In der Überlagerung ergibt sich so das Bild einer „klimagerechten Architektur".

	Größenordnung	Klimabeeinfl. Faktoren	Aussagen zur Architektur
Zonenklima	– Mitteleuropa – Bundesrepublik Deutschland	– geographische Breite – Lage zum Meer	– Grobtypisierung d. Architektur-Formen – Hausanlage zum Freiraum
Regionalklima	– geographische Einheit, z. Norddeutschland – topographische Einheit, z. B. Flußregion	– geographische Breite – Kontinentalität – Lage zu sonstigen Gewässern – absolute Höhe – relative Höhe – luv-bzw. leeseitige Lage	– regionale Architektur-Hausformen Bauart
Lokalklima	– topographische Untereinheit, z.B. Tal – Siedlungseinheit – Bebauungsgebiet	– relative Höhe – Lage zu Gewässern – Vegetation – Bebauung/Dichte/Verkehr	– Haustyp (ortskl. angepaßt) Hausform, Standort Ausstattung Gruppierung Freiraumgestaltung
Kleinklima	– Baugrundstück – Hausstandort – Gartenbereiche – Detailgestaltung – Oberflächengestaltung	– Geländeform und -art – Bodenart – Vegetationsart – Bebauungsart – Gewässerart und -größe	– modifizierter Haustyp Bauelemente Detailgestaltung und Oberflächen Freiraumelemente

Kleinklimabereicherung durch eine Stein zwischen Pflanzen. Ähnlich bereichernd könnte ein Haus wirken.

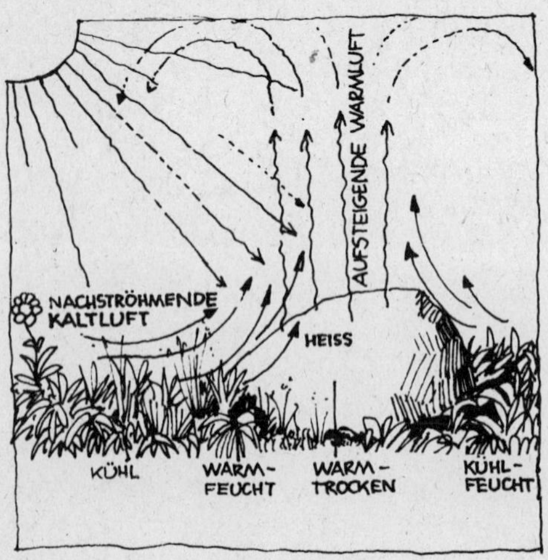

Klimatisch gesehen könnte das Haus einem Felsblock ähneln, der eine Bereicherung der örtlichen Klimate darstellen könnte mit Nischen, Höhlen, Warmplätzen, Schatten- und Kühlbereichen, Windzug- und Windruhebereichen, Regenschatten und Regensammlung usw.
Das setzt eine bewußte Gestaltung des örtlichen Klimas durch Bauen voraus. Klimagerechtes Bauen sollte dreierlei bedeuten:

- Anpassung der Bauten an das überregionale und lokale Klima;
- Gestaltung des Lokalklimas durch Veränderung des Siedlungsbereiches;
- Gestaltung des Kleinklimas durch Veränderung an Gebäude und Garten.

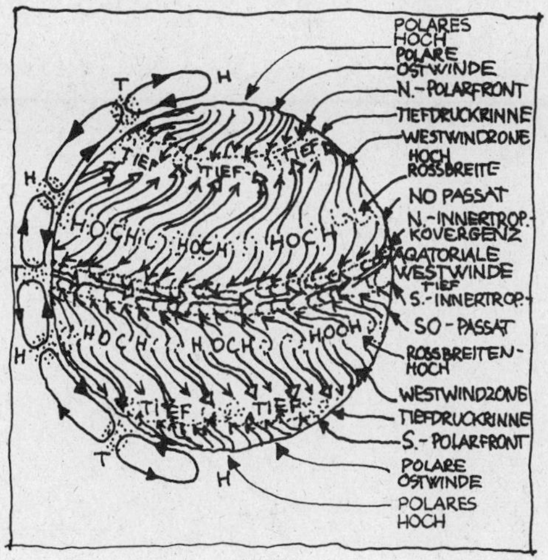

Die globalen Windsysteme und ihre Entstehung durch die Ausgleichsströmungen der Hoch- und Tiefdruckzone

Großklima

Merkmale

Das „immerfeuchte, gemäßigte Klima" unserer Breitengrade liegt im Bereich der Wanderstraße von Tiefdruckwirbeln (Zyklonen), die sich durch das Aufeinandertreffen von Ausgleichsströmungen aus der polaren Hochdruckzone einerseits und aus der subtropischen Hochdruckzone andererseits bilden. An den Ostseiten der Tiefdruck-Zyklone dringt warme Luft (Warmluftfront) aus dem südlichen Hoch nach Nord-Nordost ein, an den Westseiten Kaltluft aus dem nördlichen Hoch nach Süd. Dabei handelt es sich je nach Ursprungsgebiet um gemäßigte, feuchte Meeresluft (Azoren-Atlantik/Nordatlantik) oder um trockene, heiße bzw. kalte Kontinentalluft (Nordafrika/Nordskandinavien-Ural).
Abgetrennte Einzeltiefs erzeugen hinter sich Sog-Gebiete, in die Luftmassen höheren Drucks einfließen und die ihrerseits, abgetrennt, Hochdruckwirbel ergeben.
Das Wetter in Mitteleuropa wird also durch eine ständige Folge von Tiefdruck- und Hochdruckwirbeln, die nach Nordost wandern, bestimmt.
Der instabile Wechsel, der durch den jahreszeitlichen Wechsel noch verstärkt wird, läßt vielseitige Witterungslagen entstehen. Nach F. Wilmers, können fünf Hauptwettertypen charakterisiert werden, die sich je nach Großwetterlage abwechseln.

Strahlenwettertyp:	Schönwetter, Hochdruck, Windstille, geringe Konvektion, hohe Einstrahlung, keine Wolken, hohe Temperaturen (in Hannover z. B. häufig im März, Juni, September, Minimum im Dezember).
Warmluftböentyp:	starke Konvektion, geringer Wind, wechselnde bis hohe Strahlung, hohe Feuchte, Schwüle, wechselnde bis starke Bewölkung, häufig Schauer und Gewitter, abends Beruhigung, Aufklarung, fast nur im Sommerhalbjahr.
Kaltluftböentyp:	starke Advektion und Konvektion, wechselnde bis hohe Strahlung, wechselnde bis hohe Bewölkung, Anzeichen für Regenwetter (für Hannover häufig im April/Mai, Juni/August).
Zyklonaler Wettertyp:	Tiefdruck, Regenwetter, geringe Strahlung, starke, meist Westwinde, meist gefolgt von der Windnacht mit anhaltendem Wind und Regen.

Hoch- und Tiefdruckausgleichsströmungen

Neutraler Wettertyp (Inversionswetterlage):	Nebel, diesig, geringe Advektion und Konvektion, geringe Strahlung, keine Erwärmung, keine Niederschläge, besonders im Herbst und Winter, meist gefolgt von trüber Nacht mit geringen Nachttemperaturen.

Warmluft- und Kaltluftböentyp sind meist Übergangswetterlagen zum zyklonalen Wettertyp.
Treten beim Strahlungswettertyp die orts- und mikroklimatischen Unterschiede am stärksten auf, so werden sie beim Neutralen Wettertyp nahezu vollständig verwischt, da kaum ein Energieaustausch zwischen Erdoberfläche und Atmosphäre stattfindet. Der Zyklonale Wettertyp überlagert die kleinräumigen Unterschiede und schafft zusätzlich neue durch Regen- und Windexponiertheit.
Die Wetterlagen treten in ortstypischen Ausformungen und Häufigkeiten auf, was bei der Bestimmung regionaler und lokaler Klimate beachtet werden muß.
Die regionalen Unterschiede entstehen vor allem durch den Übergang von See- zu Binnenklima und durch die Höhenlage.
Im einzelnen werden sie bestimmt durch:

- Meeresnähe,
- geographische Breite,
- absolute Höhe (ü.N.N.) und relative Höhe (zur Umgebung),
- luv- bzw. leeseitige Lage (bei Gebirgen, Städten usw.),
- Nähe zu Binnengewässern.

Danach stellen sich Nordwestdeutschland unter maritimem Einfluß und Südostdeutschland unter kontinentalem Einfluß als gegensätzliche Gebiete dar, die wie folgt weiter unterschieden werden können in:

- Norddeutsche Küstenlandschaft (Küstenklima),
- Norddeutsche Tiefebene und Rheinebene (Flachland-Klima),
- Mittelgebirgslandschaften (unterschiedlichste Mittelgebirgsklimate),
- Alpenvorland,
- Alpen (Hochgebirgsklima).

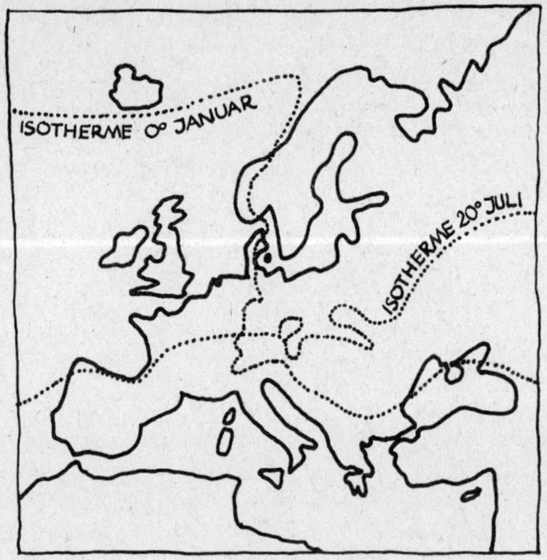

Die Lage der Bundesrepublik Deutschland im mitteleuropäischen Klimakreuz – Ausdruck der gegensätzlichen Meeres- und Kontinentalklimaeinflüsse.
Diese Klimaunterschiede, in traditionellen Bauformen zum Teil noch erkennbar, müssen in einer regionalen Architektur wieder berücksichtigt werden.

Folgerungen

Die Anpassung an das überregionale und regionale Großklima bedeutet in unseren Breitengraden eine Anpassung an die breite Skala der wechselhaften Wetterlagen sowie an die jahreszeitlichen Schwankungen. Das Haus muß also in seinen einzelnen Bauteilen und -elementen sowie als Ganzes wie ein Organismus anpassungsfähig sein: an kürzere Witterungswechsel (5 bis 8 Tage) und an die längeren jahreszeitlichen Perioden.
Das könnte neben den passiven Schutzmaßnahmen eine Reihe von aktiven Maßnahmen bedeuten, die die „Nachteile" der Wetterlagen nützen und in Vorteile umwandeln:

Neben Schutz vor Kälte –	Kältenutzung zur Kühlung und Lagerung;
neben Schutz vor Regen –	Regenwasserspeicherung zur Klimatisierung, Bewässerung, Wasserversorgung, Biotopbereicherung, Nahrungsmittelerzeugung;
neben Schutz vor Wind –	Windkraftnutzung, Lüftung, Trocknung;
neben Schutz vor Sonne –	Sonnenenergienutzung zur Wärme- und Elektrizitätserzeugung sowie zur Trocknung.

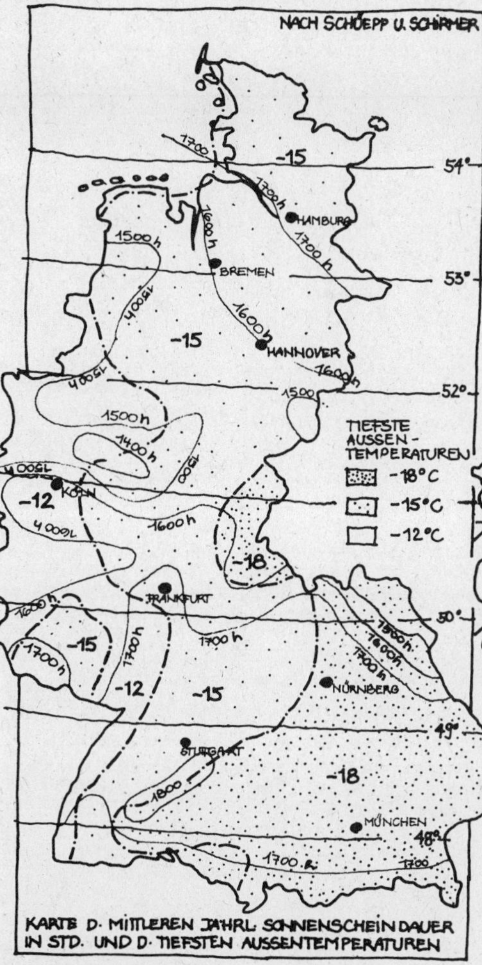

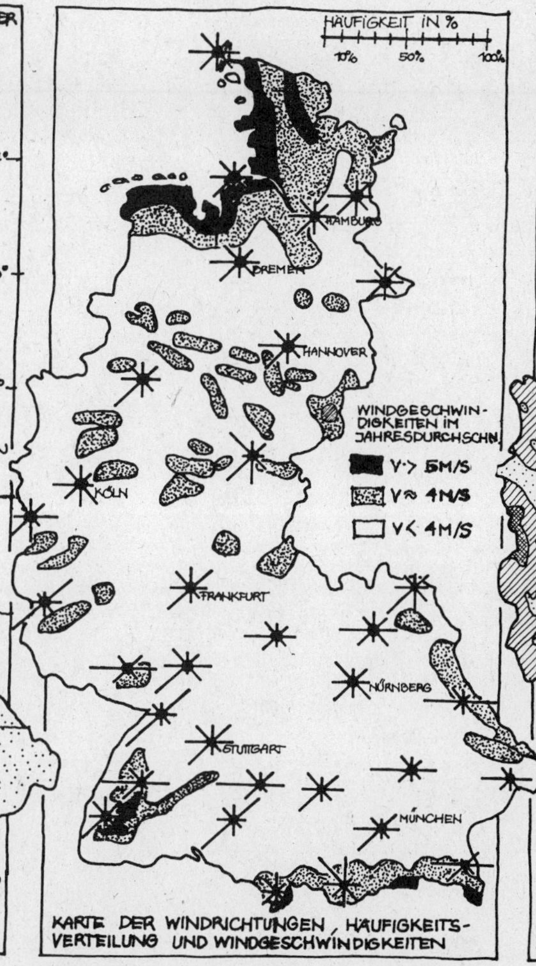

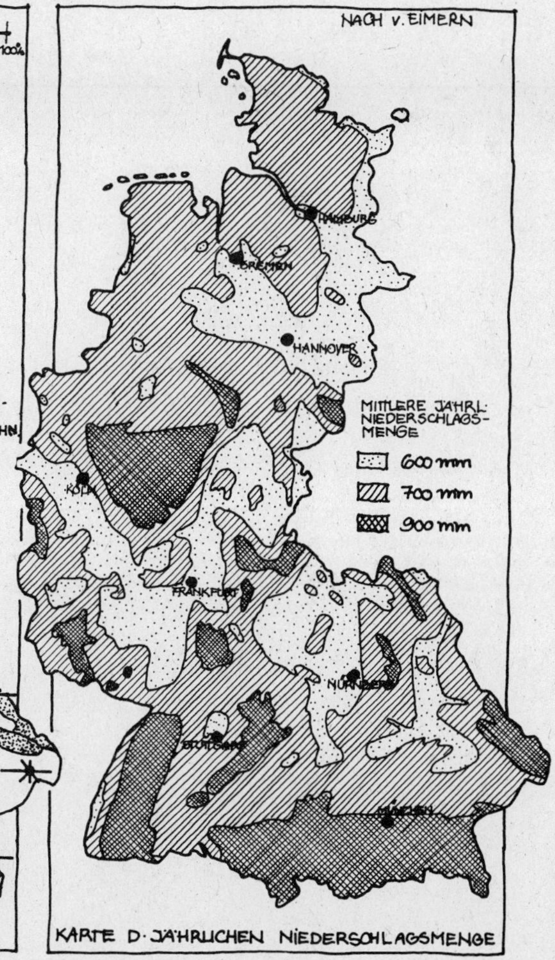

Sonneneinstrahlung
Die dirkte Einstrahlungsmenge nimmt mit Höhe und südlicher Lage, also binnenwärts zu. Ausnahmen bilden bestimmte bewölkungsreiche Mittelgebirgslagen, industiereiche Regionen und Städte. Der trübste Monat ist überall der Dezember, die sonnigsten Monate sind in Küstennähe April und Mai, im Binnenland Juni und September.

Temperaturen
Größere Temperaturschwankungen im Süden (20°C; 16 bis 18°C im N) mit härteren Wintern (60 Schneetage; 20 im N) und ausgeprägteren Sommerhitzeperioden. Mildere Winter im Norden, weniger Frosttage, verlängerte Vegetationsperiode und gemäßigtere Sommer.

Wind
Zusätzlich zu den überregionalen Unstetigkeiten bezügl. Windstärke, -richtung und -dauer sind die regionalen Unterschiede sehr stark ausgeprägt. Neben Windfeldveränderungen kommt es in Gebirgslagen zu eigenen thermischen Windsystemen, die die überregionalen beeinflussen und überlagern.

Niederschläge
Die jährlichen Niederschläge (500 bis 1200 mm) variieren in Menge und Art örtlich erheblich. (Besonders stau- und steigungsregenreiche Mittelgebirgsanlagen – regenarme Leeseiten, „Hagel- und Gewittergebiete") Der Juli ist normalerweise der regenreichste Monat; Spätwinter, frühes Frühjahr und September-Oktober-Perioden sind am regenärmsten.
Die Art des Niederschlags, insbesondere im Verbund mit Wind, muß örtlich ermittelt werden.

Ein sich den tages- und jahreszeitlichen Witterungs- und Klimaperioden anpassendes Haus.
Ähnlich der Tag-Nacht-Umrüstung gibt es bewegliche, addierbare und mehrfach nutzbare Bauteile, die eine witterungsbedingte Umrüstung des Hauses ermöglichen. Dadurch läßt sich der Wohnraum auf den Freiraum ausdehenen, das Hausinnenklima regulieren oder der Wärmeverlust minimieren.
Neben der ,,vegetativen" konstruktions- und baustoffinternen Selbststeuerung sollte in ähnlicher Art jedes Haus mit einfachen Mitteln, die in der Konzeption berücksichtigt werden müssen, in seiner Klimaanpassung optimierbar sein.
Dabei werden die Maßnahmen auch auf den Außenraum ausgedehnt, der als äußere Hülle ähnlich den hausinternen wärmehierarchischen Hüllen den Wärmehaushalt des Hauses mit beeinflußt.

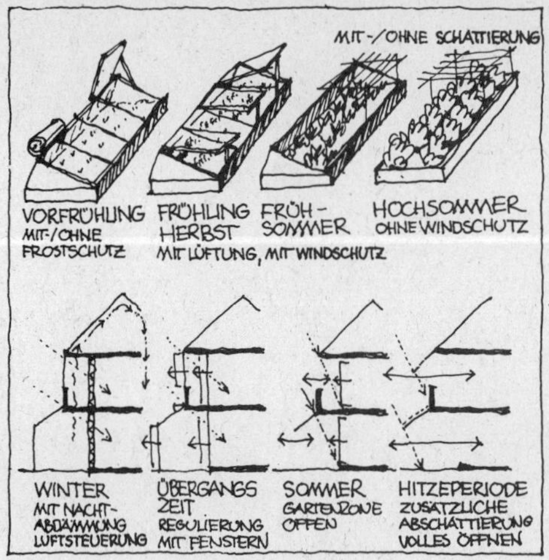

Vergleichbar einem Frühbeet oder einem Gewächshaus soll sich ein Wohnhaus den jahreszeitlichen Bedingungen anpassen können. Im Winter werden die Wärmeverluste minimiert und die Einstrahlungsgewinne sorgfältig gesteuert. Entsprechend der jahreszeitlichen Erwärmung kann sich das Haus zunehmend öffnen und sich in den Übergangszonen mit dem Garten verbinden.

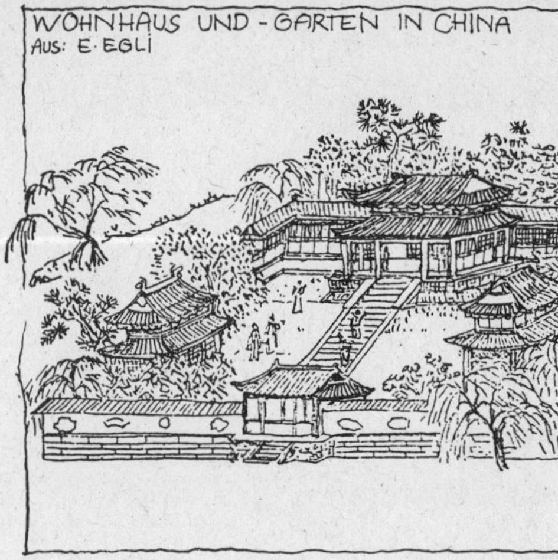

Die Idee des Chinesischen Gartens, der sowohl Teil des Hauses als auch der natürlichen Landschaft ist. Durch Pavillons, umgebende Mauern, Treppen, Veranden, überdachte Gänge sowie durch Wasseranlagen, Stein- und Erdmodellierung und ähnliche Maßnahmen wurde sein Mikroklima soweit verbessert, daß der Aufenthalt im Garten auch in Klimabereichen, die unseren vergleichbar sind, für den Großteil des Jahres ermöglicht wurde.

Ein Haus sollte sowohl im Tag-Nacht-Rhythmus als auch für längere Witterungsperioden und im Wechsel der Jahreszeiten gegensätzliche Funktionen übernehmen können:

- Sich öffnen und schließen;
- Sammeln und Speichern (Regen, Wärme, Windenergie);
- Schützen und Abschirmen (Regen, Wind, Sonne);
- Ausgleichen und Verzögern (Temperatur, Frost, Feuchte);
- Ableiten und Umwandeln (Regen, Wind, Sonne).

Gelingt es so, die kurz- und langfristigen Schwankungen und Extreme zu puffern, könnte ein Haus bei entsprechender Konzeption einen erheblichen Teil des winterlichen Wärmebedarfs und des sommerlichen Wasserdefizits ausgleichen und selbst Wärme- bzw. Wasserquelle werden.
In ähnlicher Weise können der Garten und der weitere Außenraum Klimapuffer- und Ausgleichsfunktionen übernehmen. Mikroklimagestaltung und -verbesserung durch Bepflanzung (insbesondere für Windschutz), Anbauten und Überdachungen, Schutz- und Wärmemauern, Stein- und Erdmodellierungen und vor allem Wasserflächen lassen ein Kleinklima entstehen, das die Gartennutzung verlängert sowie positiven Einfluß auf den Wärmehaushalt des Gebäudes hat.

Gestaltung des Lokalklimas

Mikroklimatische Grundlagen

Sonnenstrahlung kann selbst kaum Lufterwärmung herbeiführen. Erst die Umwandlung in Wärme an bestrahlten Oberflächen erwärmt die angrenzende Luftschicht und verteilt diese durch Konvektion. So prägt die Art der Oberflächen das örtliche Klima, das sich aus einer Vielzahl von Kleinklimaten mit eigenen Wärme-, Wasser- und Lichthaushalten zusammensetzt. Sie können in unmittelbarster Nachbarschaft Temperaturunterschiede von einigen 10°C aufweisen, windstille Bereiche können in direkter Nähe zu Winddüsen und -turbulenzen liegen. Sämtliche Energieumsätze der Sonneneinstrahlung finden an den bestrahlten Oberflächen statt, die je nach Art, Material, Form, Farbe und Anordnung die Haushaltsgrößen Feuchte, Reflexion, Wärmeleitung und Wärmestrahlung bestimmen (siehe Abbildungen).
Bauten üben damit einen erheblichen Einfluß auf das örtliche Klima aus. Eine bewußte Abstimmung ihrer Elemente kann kleinklimatische Vorteile und Begünstigungen schaffen, die der Wärmebilanz des Hauses zugute kommen und eine bessere Nutzung der Außenräume durch günstigeres Ortsklima zulassen. In günstigen Fällen können klimatische und thermodynamische Vorgänge durch die Gestaltung des Gebäudes nutzbar gemacht werden.
Die unterschiedlichen Kleinklima-Verhältnisse sind um so ausgeprägter, je ungetrübter die Sonneneinstrahlung ist. Bei Inversionswetterlagen, die in unserem Klima insbesondere in Tallagen, Städten und industriereichen Regionen relativ häufig auftreten, sind die kleinklimatischen Unterschiede verwischt. Trotzdem sind sie latent vorhanden. Die Architektur kann hier durch Speichermassen für den fehlenden Wärmenachschub sorgen und in Teilbereichen die Inversion eventuell sogar aufheben. Durch Anlagen wie Glashäuser, Kollektoren und Speichersysteme läßt sich auch geringere Sonneneinstrahlung gezielt nutzen und zeitlich steuern.

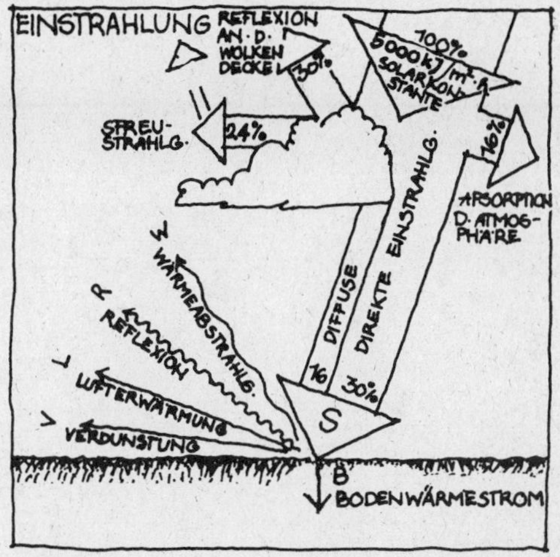

Einstrahlungsbilanz an einem Sommertag.
Je nach Art der bestrahlten Fläche wird die eingestrahlte Energiemenge an ihrer Oberfläche unterschiedlich umgesetzt.
Jede Fläche weist eine für sie charakteristische Wärmebilanz auf, die je nach Beschaffenheit unterschiedliche Energiemengen reflektiert, absorbiert, ableitet und speichert, zur Verdunstung benötigt oder zur Lufterwärmung abgibt.
Regen kann für die Wärmebilanz ja nach Witterung einen Wärmeverlust, aber auch einen Wärmegewinn bringen, ebenso können Winde abkühlen oder erwärmen.

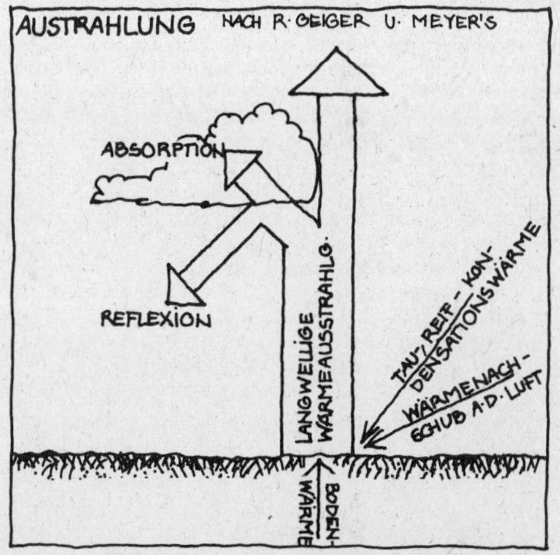

Ausstrahlungsbilanz in der Nacht.
Die nächtliche Wärmerückstrahlung kühlt die Oberfläche und durch Wärmenachschub das Bodeninnere und die angrenzenden Luftschichten aus. Sie beginnt bereits einige Stunden vor Sonnenuntergang und hält bis in die Morgenstunden an, bis die erneut eingestrahlte Energie die nächtliche Negativ-Bilanz wieder aufhebt.
Hoher Wasserdampfgehalt der Luft, insbesondere Wolken sowie hoher CO_2- und Staubgehalt vermindern durch Absorption und Reflexion die nächtliche Ausstrahlung. Ebenso können Geländeformationen, Bäume und Pflanzen, Gebäude und Abdeckungen durch Ausstrahlungsschutz die Abkühlung vermindern ebenso seitliche Horizontabschirmungen. Mehrfacher Schutz hat mehrfache Wirkung.

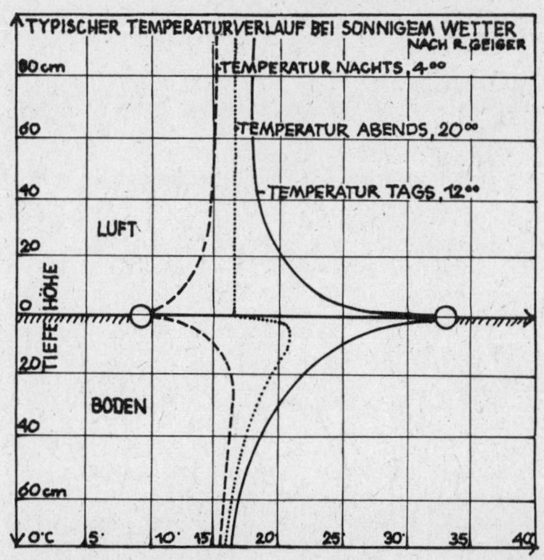

Temperaturen in Bodennähe.
Der Verlauf an jeder beschienenen Fläche ist diesem vergleichbar.
Die bestrahlte Fläche, an der sich der gesamte Wärmeumsatz abspielt, weist natürlicherweise die größten Temperaturgegensätze zwischen Tag und Nacht auf. Die Luft- und Bodentemperaturen nehmen zur Oberfläche hin extrem zu bzw. ab. Die tägliche Erwärmung bzw. die nächtliche Abkühlung erfaßt also zunächst die unteren Luftschichten und setzt sich zeitlich verzögert in die oberen fort.
In dieser nächtlichen Inversion setzt sich die schwere, kalte und feuchte Luft in einer sehr stabilen Schichtung nach unten ab, mit ihr alle Stäube, Kerne, Abgase und sonstigen Verunreinigungen.
Die Temperaturschwankungen im Boden spielen sich hauptsächlich in der oberen 20 bis 50 cm dicken Schicht ab. Bereits in geringen Tiefen hält sich also die Temperatur ziemlich konstant und weist nur geringe Jahresschwankungen auf.

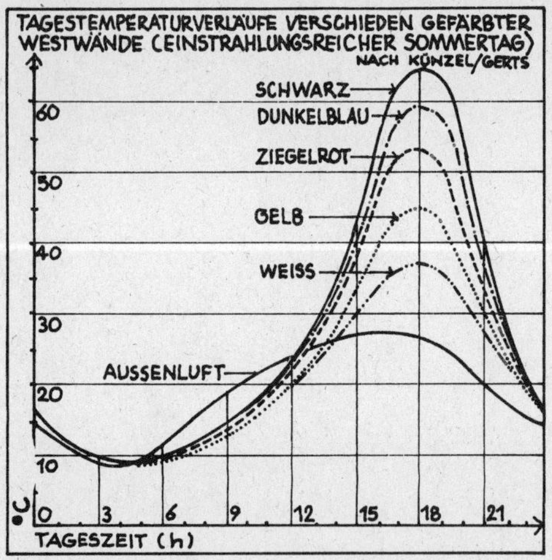

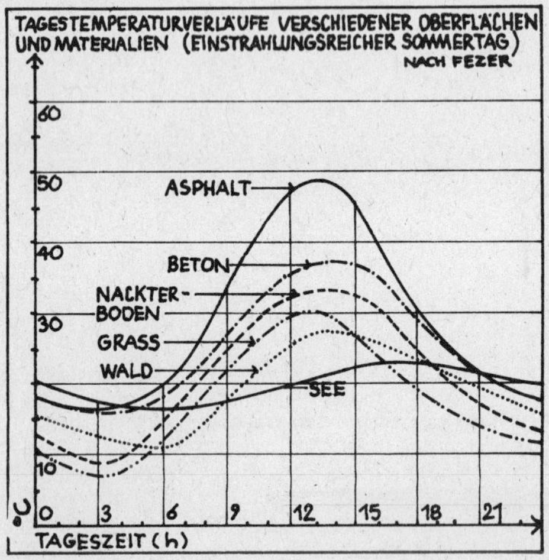

Oberflächenart

Folgende Eigenschaften natürlicher und künstlicher Oberflächen können Kleinklimate entscheidend beeinflussen:

- Farbe über Absorption und Reflexion;
- Materialart und -zusammensetzung über Wärmeleitung, Wärmespeicherung, Dämmung, Wassergehalt und Verdunstungsgröße;
- Struktur über Rauhigkeit und Windbremsung;
- Lage und Neigung zur Sonne.

Die Temperaturunterschiede, die dadurch erreicht werden, können enorme Ausmaße annehmen. Folgende Reihe soll einige günstige Effekte aufzeigen:

Reflexion/Absorption

- Helle Reflexionswände, vor allem zur Belichtung und Aufhellung dunkler Hinterhöfe und Gassenbereiche, gegebenenfalls sogar gesteuerte Lichtführung durch Glasverspiegelungen.
- Überwärmte Stadtbereiche können durch helle Fassadenanstriche ihre Temperaturen in gewissen Bereichen absenken (außerdem durch Wärmeableitung über Glashäuser, Kollektoren und Speicherung, vgl. auch Stadtklima).
- Helle Reflexionswände als Fruchtwände für Spalierobst, Wein, Tomaten u.ä. Durch das reflektierte „Unterlicht" wird die Fruchtbarkeit angeregt, im Gegensatz zur langwelligen Wärmereflexion einer dunklen Wand, die das Massenwachstum anregt.
- Helle Farben an Holzfenstern, Türen, Treppen usw., um Konstruktionen und Stoffe nicht durch unnötig hohe Temperaturen zu gefährden.
- Ausstrahlungsschutz für Haus und Gartenbereiche zur Reflexion der nächtlichen Wärmerückstrahlung durch Vordächer, Dachüberstände, Balkone, Anbauten und vor allem Bäume und Sträucher.
- Ausstrahlungsschutz der tagsüber reflektierten langwelligen Wärmerückstrahlung, insbesondere durch Glasanbauten, Glasdächer und Glashäuser. Besonders in den Übergangszeiten mit geringer Sonneneinstrahlung lassen sich dadurch wohltemperierte Außenbereiche schaffen. (s. Kap. Bauliche Energiebewahrung).

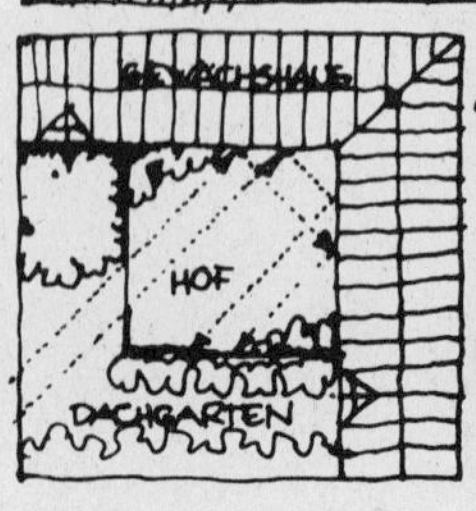

Tagestemperaturverläufe verschieden gefärbter Westwände mit gleichem konstruktiven Aufbau. Sie unterscheiden sich nur in der Farbe der Außenoberfläche.
Dunkle Farbgebung kann bis zu 25°C höhere Temperaturen bei entsprechendem strahlungsreichen Wetter hervorrufen.
Die Farbabstufung zwischen den beiden Farbextremen weiß-schwarz erfolgt nach dem Helligkeitsanteil.

Wärmeleitung und -speicherung, Absorption, Wassergehalt und Verdunstungsgröße bestimmen die Oberflächentemperaturen und die angrenzenden Lufttemperaturen. Je nach Größe und Ausformung lassen sich ausgesprochene Warmbereiche am Haus und im Garten schaffen – und damit thermische Kleinluftzirkulationen zur Frischluftversorgung.

Verbesserung der Einstrahlung in Hinterhöfen oder Straßenbereichen.
Erst dadurch gedeiht oftmals die Bepflanzung, die Wohnqualität der bislang dunklen Räume verbessert sich entscheidend, der Hofraum wird nutzbar. Es eignen sich alle hellen Farbanstriche sowie bei gezielter Reflexion Metalle oder Glasverspiegelungen. Diese müssen entsprechend der jahres- und tageszeitlichen Sonnenwanderung angebracht werden und eventuell nachstellbar sein. Sie können mit wärmetechnischen Sanierungsmaßnahmen kombiniert werden. Veränderungen im Dachbereich lassen im Extremfall bislang total verschattete Höfe angemessen besonnen.

Wärmeleitung/Wärmespeicherung

- Dunkle Absorptionswände und -böden, die als Speichermassen die Wärme zeitlich verzögert an die Freiräume wie Sitz- und Arbeitsbereiche, Hauseingänge, Gehwege u.ä. zurückgeben.
- Dunkle Wände als Speichermassen mit beweglichen Dämmelementen oder Glasvorbauten, auch als „Trombewand", lenken den Wärmefluß nach innen und schützen vor nächtlicher Wärmeabstrahlung.
- Speichermassen wie Steine, Gehbeläge, Stützmauern, sogar Holzpflöcke usw. als punktuelle nächtliche Wärmespender und Frostschutz im Garten, kombiniert mit Ausstrahlungsschutz durch Überdeckungen aller Art.
- Wärmestaubereiche mit hoher Absorption und geringer Wärmeleitfähigkeit führen bereits nach kurzer Besonnungszeit zu hohen Oberflächen- und Lufttemperaturen. Wärmedämmende Unterkonstruktionen verstärken den Effekt. Dieses „Kollektorprinzip" läßt sich insbesondere bei morgendlichen Aufenthalts- und Arbeitsbereichen, Tierausläufen und Trocknungs- und Dörrbereichen mit hohen Temperaturen anwenden. Sitzplätze werden so sogar bei nur kurzzeitiger Wintersonne angenehm warm (Skihütten). Wasser und Luft lassen sich bekanntlich auf diese Art in Kollektoren erwärmen, auch offene Gewässer können bei entsprechender Solenausbildung in ähnlicher Weise temperiert werden.

Klimatisierung im Garten
Wärmespeichernde Stützmauern und Wasserflächen sorgen für die Temperaturmäßigung in den Nächten, insbesondere bei Frostwetterlage. Gleichzeitig sind die weißgekalkten Mauern sowie die Wasserflächen Reflektoren, die durch „Unterlicht" entscheidend die Einstrahlung erhöhen. Rohrmatten, Berankungen etc. bieten Schattierungsmöglichkeiten und Frostschutz, Glasabdeckungen ermöglichen Früh- und Spätanbau. Die Berankungsstützen, auch als lebende Stützen möglich, sowie das insgesamt rauhe Gartenprofil sorgen für Kleinstwindschutz. Leichte Südwestneigung erzeugt Kleinklimate, die ein Vielfaches an Ertrag bieten können.

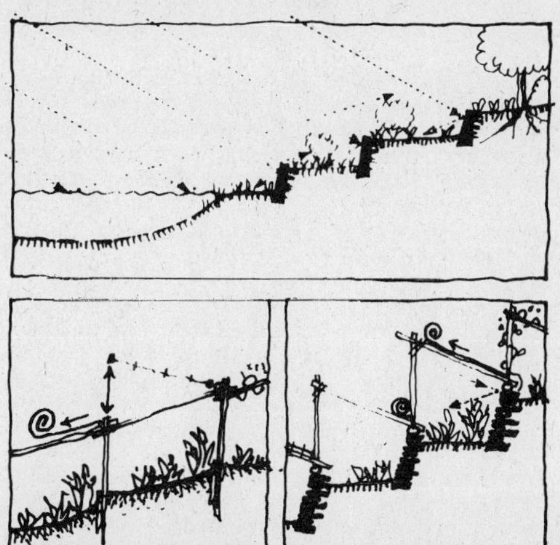

Günstige Kleinklimate durch spezielle Wand- und Oberflächengestaltung für Wärmestau- und Wärmespeicherbereiche.
Auf andere Weise lassen sich extrem kühle Bereiche durch Verschattung, Oberflächenart, Verdunstung, Windführung etc. erzeugen, die ohne weitere technische Hilfe Kühlraum- und Lagerfunktionen übernehmen.

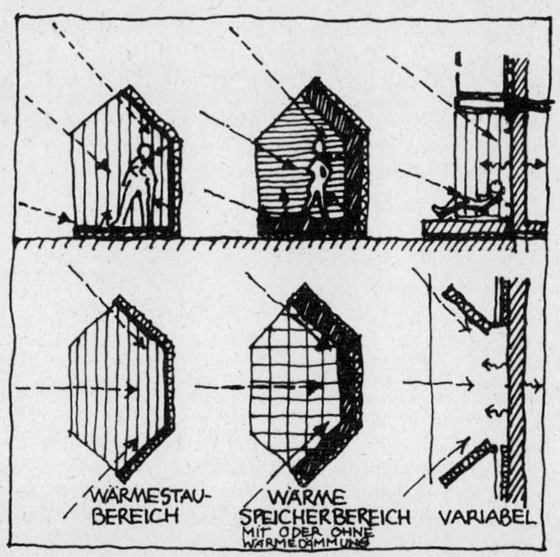

Verschiedene Außenraumklimatisierungen von Straßenbereichen.
Auch hier werden mit den Prinzipien der Wärmespeicherung, des Wärmestaus, der Reflexion, des Ein- und Ausstrahlungsschutzes, durch Farbe, Materialwahl und Konstruktion, mit Vegetation und Windschutzmaßnahmen klimatisierte, gern benutzbare Außenräume geschaffen.

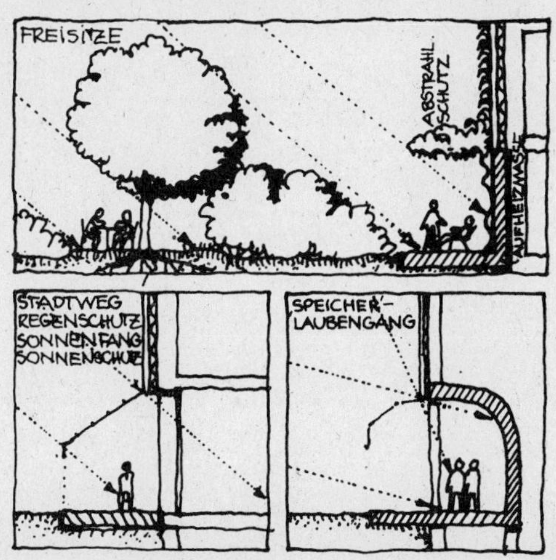

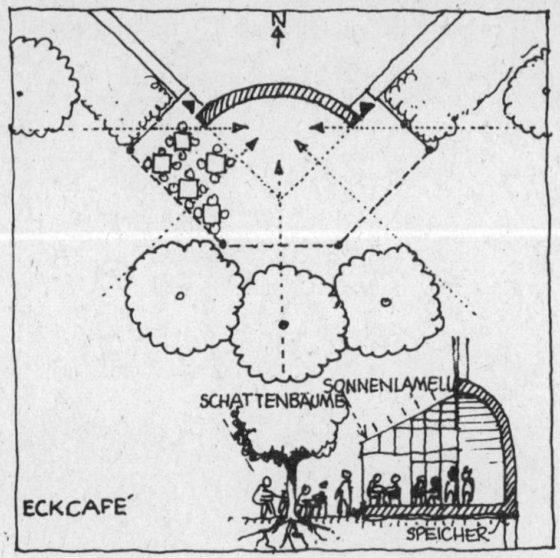

Öffentliche Bereiche in Siedlung und Stadt lassen sich mit ähnlich einfachen Mitteln je nach Benutzung und Funktion klimatisieren:

- Sitzcafés (mit Wärmestaubereichen vormittags, Speicherung für die Abendstunden, Ausstrahlungsschutz);
- Bushaltestellen, Warteplätze (bereits warm in den Morgenstunden, Speicherung für den Abend, Wind- und Wetterschutz);
- Schulhöfe und Spielbereiche (bereits morgens warm, Wetter- und Windschutz);
- Marktstände (warme und kühle Bereiche) u.ä.

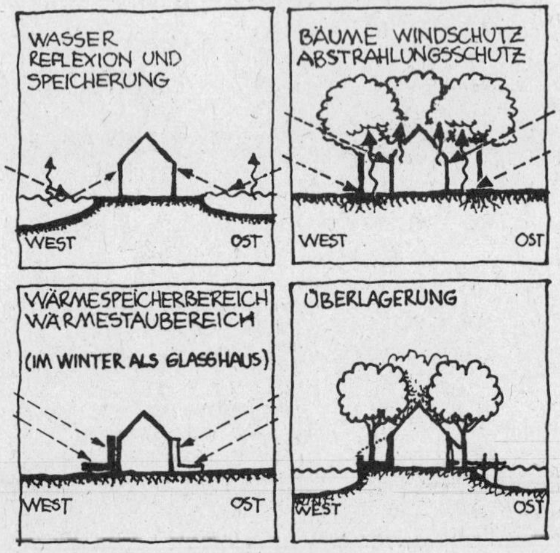

Wassergehalt/Verdunstung

Poröse, wasserdurchlässige und -speichernde Oberflächen weisen infolge des Verdunstungswärmeentzugs erheblich geringere Temperaturen auf (bis zu 25°C). Poröse Straßenbeläge (Kies, Sand, Pflastersteine usw.), wasserspeichernde Gründächer usw. sind Möglichkeiten, Stadtbereiche zu klimatisieren.
Wasserflächen wie Teiche, Gräben, Becken, Kaskaden erfüllen durch ihre hohe Wärmespeicherkapazität klimatische Ausgleichsfunktionen. Gleichzeitig können Kühlung und Entstaubung durch besondere Formen von fließenden Brunnen u.ä. erreicht werden.

Oberflächenstruktur/Rauhigkeit

Erhöhte Rauhigkeit der Oberflächenstrukturen vermindert durch Windbremsung oder -anhebung den Wärmeabtransport, beispielsweise an den Fassaden durch Bewuchs und Schindeln oder durch Aufrauhung des Landschaftsprofils durch Hecken und Gehölze. Zur Windbremsung ist eine poröse Struktur mit 50%iger Durchlässigkeit optimal. Windabhebung und -ablenkung geschehen durch eine relativ geschlossene Schutzdecke, die durch günstige Anordnung zu minimalen Verwirbelungen und Windverstärkungen an anderer Stelle führt (s. Kap.: Windschutz).

Freiraumcafé mit verschiedenen natürlichen Klimasituationen durch Schatten von Kühlbäumen, Glashaus und Sonnenschutz, Wärmespeicher, Reflexions- und Wärmestauwände.

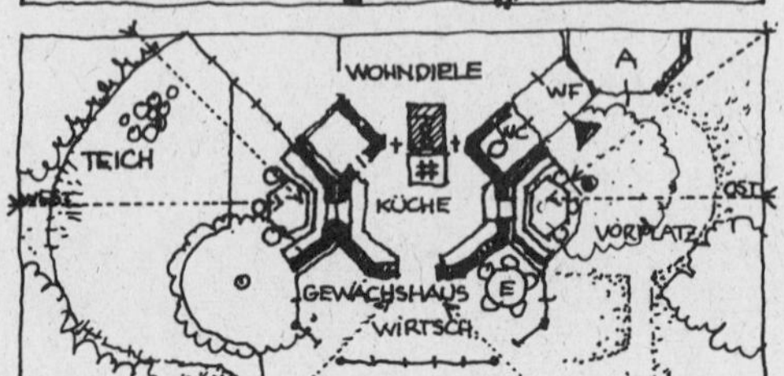

Verschiedene Klimatisierungseffekte, die in der Überlagerung je nach örtlichen Möglichkeiten und Nutzung zu optimalen Standortbedingungen kombiniert werden können. In ähnlicher Weise lassen sich jedes Standortklima und damit der Wärmehaushalt des Gebäudes sowie die Freiraumnutzung entscheidend verbessern.

Haus mit Wohnaußenbereichen, in natürlicher Weise mikroklimatisiert.
Die östliche Sitz- oder Arbeitsecke wird als „Wärmestaubereich" (dunkles Holz, Dämmung) ausgebildet und kann sich durch die Morgensonne (hochstämmiger Baum) sehr schnell erwärmen, unterstützt durch die Reflexionen des hellen, kiesbelegten Vorplatzes.
Der westliche Sitzbereich speichert durch seine dunklen massiven Wände und Böden lange die eingestrahlte Sonne, die durch die Wasserreflexion noch weiter intensiviert wird, und ist bis in die Nachtstunden angenehm temperiert und nutzbar. Die Wärmespeicherung des Wassers und der Ausstrahlungsschutz durch Vordächer verzögern ebenfalls die Abkühlung.
Das Gewächshaus im Süden temperiert die Wirtschaftsbereiche im Winter, die Bäume sorgen für schattige Plätze bei hochstehender Sommer-Mittagssonne.

Wasserflächen

Gewässer üben durch ihre hohe Wärmeleit- und -speicherfähigkeit eine außerordentlich wichtige Klimafunktion aus. Ihre phasenverschobene Erwärmung und Abkühlung mäßigen die Temperaturschwankungen innerhalb der direkten Umgebung. Hohe Luftfeuchte durch die Gewässerverdunstung bedeutet atmosphärischen Ausstrahlungsschutz und fördert bei unbewegter Luft nächtliche Tauniederschläge, die wiederum die Latentwärme des Wasserdampfes als Kondensationswärme an die Oberfläche zurückgeben. Das enorme „Wärmeaustauschvermögen" des Wassers zeigt u. a. das Beispiel von Wiepking-Jürgensmann. Danach kann 1 m^3 Wasser von 10°C 3000 m^3 Luft von -10°C auf $\pm$ 0°C erwärmen (aus: G. Olschowy).
Beispiele in der Landwirtschaft und im Gartenbau zeigen, daß Gräben oder Bäche die tiefen Nachttemperaturen mäßigen und insbesondere bei Frostwetterlagen die angrenzenden Anbauflächen schützen.
Nach Empfehlungen des „Deutschen Wetterdienstes" (Mitteilungen über Frostschutz) sollten künstliche Schutzteiche mit einer Oberfläche von mindestens einem Zehntel der zu schützenden Fläche und mindestens 1 m Tiefe angelegt werden, um einen ausreichenden Frostschutz für Spät- und Frühfröste in den Übergangszeiten zu gewährleisten. Bei tiefen winterlichen Temperaturen ist ihre Schutzwirkung natürlich beendet.
Mehrere kleine Wasserflächen sind ab einer gewissen Mindestgröße klimatisch wirksamer als eine große, da gerade in den Uferzonen der Luft- und der Temperaturaustausch stattfinden. Auch erhöht die Lage der Wasserflächen in Kaltluftstauzonen, also in Mulden, Tälern oder Senken, deren Wirksamkeit, da dort die Temperaturunterschiede extremer sind.
Lokale Land-Wasser-Luftzirkulationen bilden sich als spürbare Winde erst bei Gewässern mit einem Durchmesser von mindestens 300 m aus. Luftwanderungen sind aber auch bei kleinen Gewässern ständig vorhanden und gewährleisten einen kontinuierlichen Frischluftaustausch. Seitliche Dämme oder zu dichte Uferbepflanzung verhindern den Kaltluftzufluß und sollten beseitigt bzw. im Unterbau aufgelockert werden.
Flache Grabenprofile lassen eine größere Wasseroberfläche entstehen und ermöglichen den Wärmeaustausch in größerem Umfang. Durch Stauvorrichtungen können bei bevorstehenden Frösten größere Wassermengen aufgestaut werden; der Schutzbereich kann sich so entsprechend vergrößern.
Die Temperierung von in erster Linie stehenden Gewässern kann durch Ufergebüsch und Verschattung geschehen. Soll der Teich so viel und so lange wie möglich erwärmt werden, sollte das Ufergebüsch an der West- und Ostseite eine Verschattung vermeiden. Der Teichboden kann bei seichten Tiefen als zweite Oberfläche bestrahlt und erwärmt werden, er gibt vor allem nachts die Wärme an den Teich zurück (Teich als

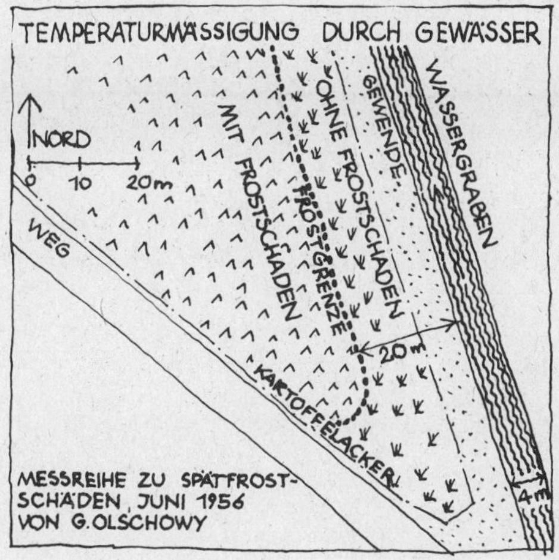

Die Untersuchung von G. Olschowy über Spätfrostschäden in Juninächten im Dachauer Moor bei München zeigt, daß ein 4 m breiter, mit Wasser angestauter Graben auf eine Breite von 20 m eine frostverhütende Wirkung ausübte.

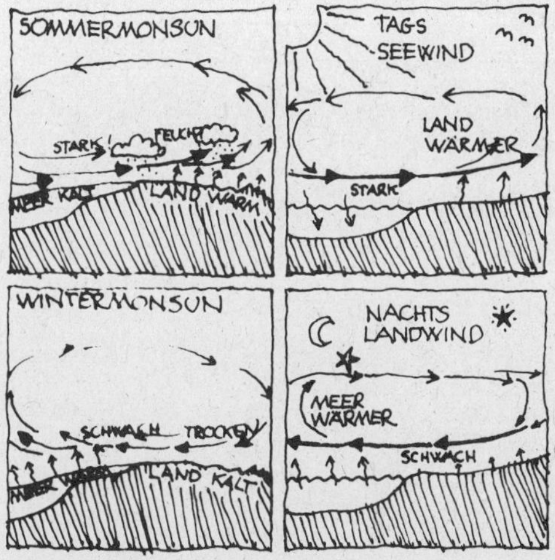

Tages- oder jahresperiodische Land-See-Winde im Wechsel.
Je nach Größe des Gewässers reichen die Luftbewegungen weiter oder weniger weit ins Land, dadurch läßt sich der Umkreis des Klimaausgleichs ermessen.

Zitronenkulturenanlagen am Gardasee, ein Beispiel eines ausgesprochen optimierten Klimabereichs.
Die Anlage nutzt die Temperaturerhöhung und den Klimaausgleich des Sees. Die Sonneneinstrahlung wird durch die Reflexion an der Wasseroberfläche und die der weißen Mauern erheblich erhöht; höhere Umfassungsmauern bieten Windschutz und lenken die am Hang abfließende nächtliche Kaltluft seitlich ab. Zusätzliche nächtliche Abdeckungen bei Frostgefahr sind leicht möglich.

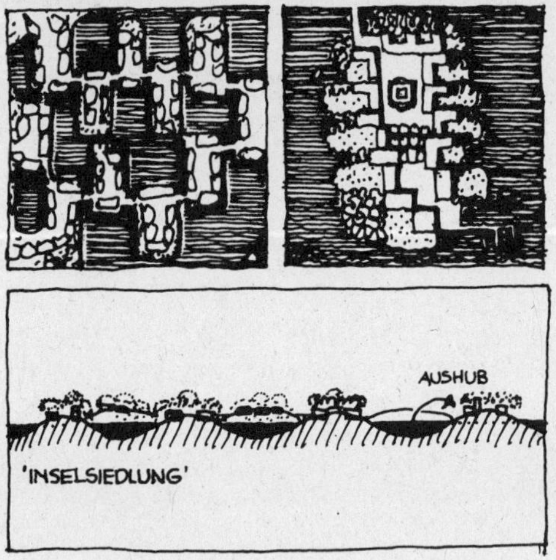

Die „Inselsiedlung" als klimagünstige Siedlungsform in Tiefebenen oder in Kiesabbaugebieten mit hohem Grundwasserstand. Entsprechend der geologischen Struktur formen sich die Inseln und das Seegebiet. Vollständig integrierte Bauweisen ohne Schadstoffabgaben lassen das gesamte Wassergebiet mit den Einzugsbereichen als Nahrungs- und Wasserpotential nutzen.

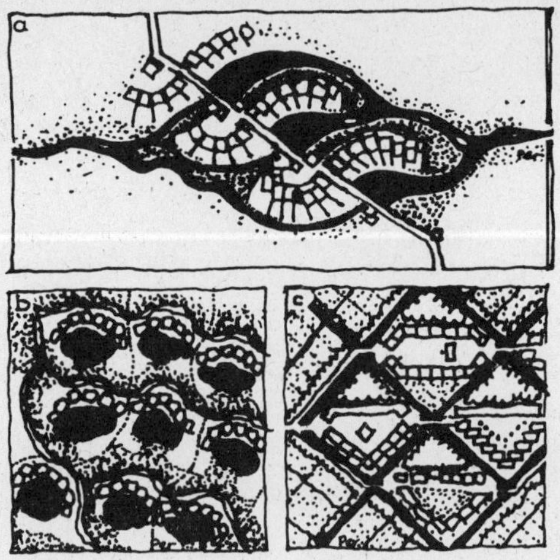

Weitere Möglichkeiten von Wassersiedlungen:

a Gestauter Fluß- oder Bachablauf im kleinen oder kleinsten Maßstab, mit Wasserkraftnutzung; insbesondere auch zur Belebung kanalisierter Bachläufe.

b Teich- und Weihersiedlungen, die die Niederschläge und die vorgereinigten Abwässer zur weiteren biologischen Reinigung und Nahrungsproduktion in Teichen sammeln.

c „Kanalsiedlungen", die ähnlich den niederländischen zudem Transport-, Bewässerungs- und Drainagefunktionen übernehmen können.

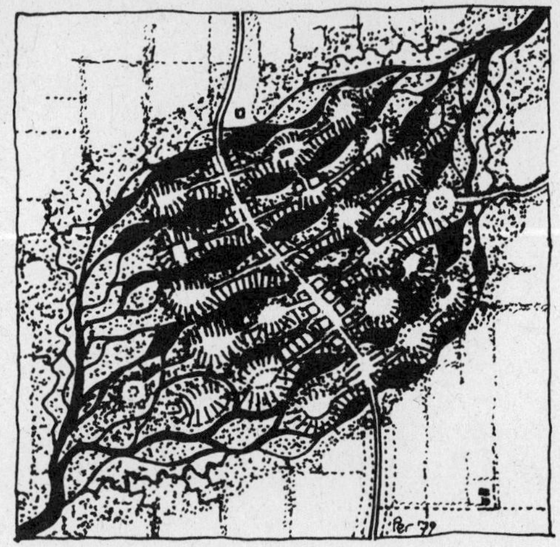

Die „Flußsiedlung" als Möglichkeit, durch aufgefächerte und gestaute Flußarme die klimagünstigen Standorte am Wasser zu Siedlungszwecken zu nutzen. Dies ist gleichzeitig eine Möglichkeit, begradigte tote Flußrinnen wieder zu beleben und naturähnlich zu gestalten.
Die Aushubmasse ließe sich für gezielte Erdmodellierungen und Erhöhungen der Siedlungsflächen verwenden; die Uferpartien selbst werden durch Lebendbaumethoden durch Vegetation befestigt und natürlichen Ufern nachgestaltet. Gezielte Staubereiche mit Becken und Abstimmung aller Wasserentnahme- und -einleitungsmaßnahmen usw. ließen ein Ökosystem entstehen, das auf lange Sicht Nahrung und Energie liefert.
Die Bebauung und Besiedlung selbst kann erst nach einer Stabilisierungsphase durch die Vegetation stattfinden.

Kollektor). Dabei sollte beachtet werden, daß warme Wassertemperaturen das Algenwachstum anregen, was im Extremfall zu Sauerstoffmangel im Wasser und somit zum Qualitätsabfall führen kann. Klare, reine Gewässer sind deshalb auch meist kalt und verschattet.
Lageplanmäßig abgestimmte Anordnung von Wasserflächen läßt das wassergespiegelte Sonnenlicht („Unterlicht") als Zusatzstrahlung nutzen. Die Reflexion ist um so höher, je tiefer der jahres- bzw. tageszeitliche Zenitstand der Sonne ist. So kommen also an Teichen die West-, Ost- und Nordufer durch die tiefe Morgen-, Abend- und Wintersonne in den Genuß zusätzlicher Reflexstrahlung. Traditionelle Weinbaugebiete wie z. B. das Maingebiet nutzen diese Zusatzstrahlung, die erhebliche Beträge annehmen kann. Durch die Wildflora lassen sich solche strahlungsbevorzugte Bereiche ausfindig machen.
Ein differenziertes Wasseradernetz mit gestauten Teichen und Terrassen entlang der topographischen Struktur und entsprechend den Quellvorkommen erinnert nicht nur an die Jahrhunderte hindurch praktizierte Wasser-Ackerbauwirtschaft der südamerikanischen Indianer oder anderer alter Kulturen, sondern zeigt uns Möglichkeiten, ähnliche Verbundsysteme in den integrierten Siedlungsgebieten anzuwenden. Ge-

speist aus Quell- oder Grundwasser, Abwässern oder Regenwasser (s. Kap. Wasserhaushalt) haben sie neben der klimatisierenden Wirkung noch weitere Vorteile: Nahrungsproduktion, Abwasserfilterung und -reinigung, Möglichkeit der Wasserkraftgewinnung, Biotope für Pflanzen- und Tiergemeinschaften.

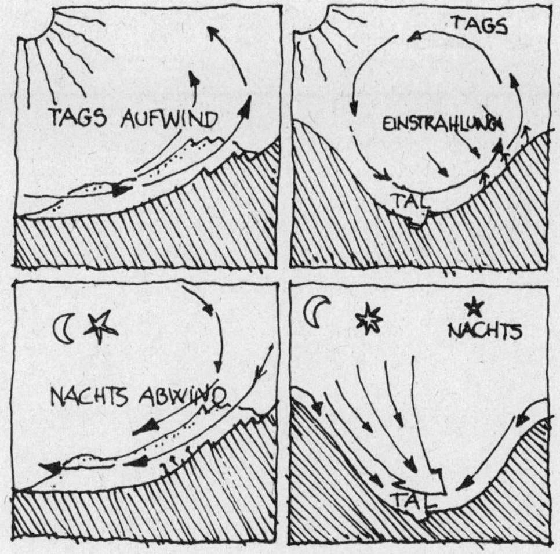

Berg- und Talwinde entstehen tagsüber durch die stärkere Erwärmung der Hangzonen bei Sonneneinstrahlung und nachts in umgekehrter Richtung durch die stärkere Auskühlung der Bergkoppen.

Geländeform

Einen wesentlichen Einfluß auf das regionale und lokale Klima üben natürlicherweise die topographischen Verhältnisse aus. Die Mittelgebirge weisen eine Reihe unterschiedlichster Klimate auf, von sehr günstigen Weinanbaulagen bis zu extrem kalten und zugigen Tälern und Wetterdurchzugsgebieten.
Die einzelnen Klimaelemente verändern sich mit zunehmender Höhe über N.N. So gilt im einzelnen:

- Zunahme der direkten Einstrahlung durch geringere Reflexion und Streuung in der Atmosphäre;
- Abnahme der Lufttemperaturen bei Einstrahlungswetterlagen („vertikaler Temperaturgradient": auf 100 m Höhenzunahme ca. 0,5 bis 0,8°C Temperaturabnahme; Temperaturzunahme in den Nächten und bei Inversionswetterlagen s. Schemazeichnung);
- Zunahme der Windgeschwindigkeiten;
- Zunahme der Niederschläge, die ebenso wie die Windverhältnisse durch Höhenunterschiede und luv- bzw. leeseitige Lage örtlich stark modifiziert werden.

Gerade in unseren Breitenlagen treten die Unterschiede der verschiedenen Hang- und Tal-Klimate besonders hervor. Sie sind in den Tropen kaum vorhanden und gleichen sich auch in nördlichen Breitengraden durch die vorwiegend diffus einfallende Strahlung wieder aus. In ähnlicher Weise verwischen sie sich bei trübem Wetter, sind aber dennoch vorhanden.

Orientierung/Neigung

Hänge erhalten je nach Orientierung und Neigung einen größeren bzw. kleineren Anteil an direkter Einstrahlung. Die optimale Neigung ändert sich mit dem jahreszeitlichen Zenitstand der Sonne; sie beträgt im Sommer ca. 16° und im Winter ca. 60°. Die wärmsten Hangorientierungen sind die Süd- und Westhänge. Hier kann bereits die gesamte eingestrahlte Sonnenenergie zur Erwärmung verwendet werden, da eine starke Verdunstung von Nachtniederschlägen wie an den Osthängen nicht mehr stattfindet. Die wärmste Hangzone ist im Winterhalbjahr SW, im Sommerhalbjahr S bis SO. Bei entsprechenden Bedingungen kann es an Sonnenhängen zu Bodentemperaturen bis zu 80°C kommen. Trocken- und Brandschäden sind oft bei jungen Pflanzen die Folge.
Der diffuse Anteil der Globalstrahlung (Helligkeit) nimmt mit dem Grad der Horizontabschirmung durch Berge, Hügel, Dämme, Vegetation und Bebauung ab. In ähnlicher Weise verringert sich die nächtliche Ausstrahlung.
Die unterschiedlichen Erwärmungs- bzw. Abkühlungsgrade führen zu ganz spezifischen Luftzirkulationen und Luftschichtungen, wie die Bilder auf S. 42 und 44 erläutern. Sie bilden sich bei entsprechenden Größenverhältnissen zu eigenen Windsystemen aus. Sie verändern oft das großräumige Klimabild und erfordern orographische Kenntnis, da es dazu oft keine meteorologischen Daten gibt.

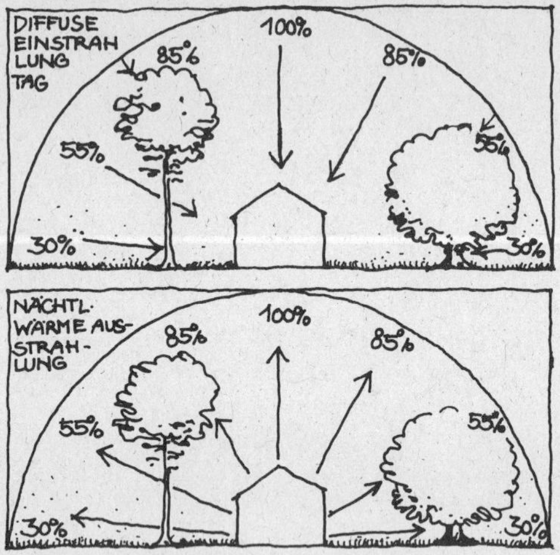

Horizontabschirmung
Die diffuse Einstrahlung vom Zenit ist rund dreimal so stark wie die Lichteinstrahlung vom Horizont. In ähnlicher Weise nimmt die nächtliche Ausstrahlung zum Horizont hin ab. Bäume, Gebäude, Hügel und Berge vermindern durch Horizontabschirmung die Wärmerückstrahlung in entsprechendem Maße.

Die „warme Hangzone"

Nachts weist das mittlere Hangdrittel – die „warme Hangzone" – höhere Temperaturen als die Talsohle und der Hangrücken auf. Dieser Bereich wurde von alters her bevorzugt zum Siedeln ausgewählt. Hier fließt nachts die Kaltluft ab und staut sich kaum bis in diese Höhe hoch, hier befindet sich eine Zone relativer Windruhe bei leeseitiger Lage, geschützt vor den starken Kamm- und Höhenplateauwinden. Durch Beobachten der Schneeschmelze, der Baumknospung und -blüte und der Bodenflora (Phänologie) läßt sich dieser Bereich genau orten. Je nach Reliefhöhe (absolut und relativ) befindet er sich je nach Gebirgszug in verschiedenen Höhen (nach R. Geiger):

- Schwarzwald ca. 300 m ü.NN,
- Bayr. Wald ca. 700 bis 850 m ü.NN,
- Teilbereiche der Allgäuer Alpen ca. 1100 m ü.NN.

Die Höhe variiert je nach Wetterlage und Jahreszeit. Im Sommer nimmt sie häufig eine tiefere Lage ein, sie kann aber in direkter Nachbarschaft wieder anders gelagert sein.
Tallagen und Senken weisen tagsüber im Vergleich zu Hanglagen bei Einstrahlungswetter höhere Temperaturen auf, sie sind trockener und staubreicher. Nachts schichtet sich die Kaltluft in den Tälern und führt zu extrem niedrigen Temperaturen.
Hänge und Höhenlagen hingegen werden tagsüber durch die Aufwinde gekühlt und mit Frischluft versorgt, nachts sind sie oberhalb des Kaltluftstaus relativ warm, unabhängig von ihrer Exposition.
Danach läßt sich als Faustregel zusammenfassen:

Konkave Formen (Mulden, Täler) zeigen extreme Tages-Klimawerte, haben kontinentalen Charakter, konvexe Formen (Hanglagen, Höhenlage) weisen gemäßigtere Züge auf.

Bei wolkenbedecktem Himmel oder windigem Wetter kommt es zu nur geringen Temperaturunterschieden.

Hangaufwinde/windstilles Strahlungswetter
Die besonnten Hanglagen erwärmen sich rascher als die Tallagen und Senken, die warme Luft steigt auf und zieht kühlere nach sich. Je steiler der Hang und je stärker die Sonneneinstrahlung sind, um so mehr prägen sich die Luftaufwärtsbewegungen aus und bilden den angenehm kühlenden Hangaufwind, der mit der Höhe an Stärke zunimmt.

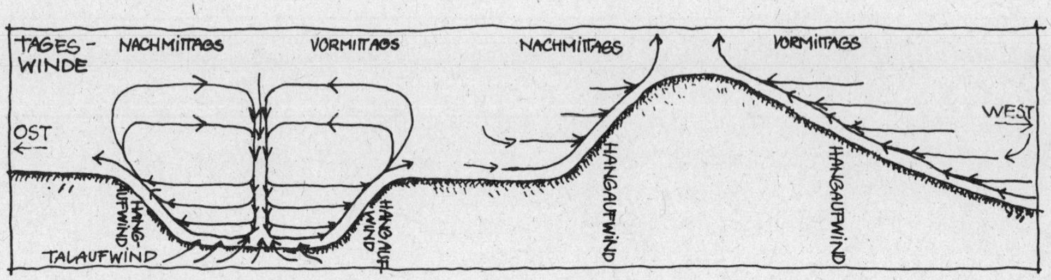

Nächtlicher Kaltluftfluß und Temperaturschichtung, windstille Ausstrahlungsnacht.
Nachts fließt schwere kalte Luft langsam („zähflüssig", unter 1 m/s) hangabwärts, nimmt nach unten an Mächtigkeit zu und bildet überall dort, wo sie am Abfließen gehindert wird, Kaltluftstaus. Im Tal oder in der Mulde selbst bleibt sie letztendlich liegen und sammelt sich zu Kaltluftseen an, die sehr stabil geschichtet sind und sich die ganze Nacht hindurch kaum verändern. In diesen Seen können Minustemperaturen von beträchtlichen Ausmaßen herrschen, die Gebiete sind extrem frostgefährdet und dehnen sich je nach Größenordnung bis ins untere Drittel der Hanglagen aus. Diese Kaltluftseen sind gleichzeitig Staubseen, hier sammeln sich auch die sonstigen Fremdstoffe und Gase der verunreinigten Luft an.

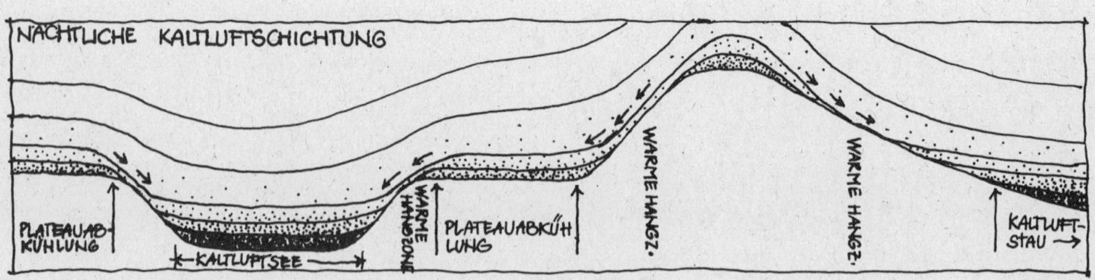

Kaltluftstaugebiete

Kaltluftstau- und Frostgefährdung sind in der Land-, Forst- und Gartenwirtschaft ausschlaggebende Standortkriterien und das Hauptanliegen der Agrarmeteorologie. Frostgebietskartierungen, Frostschutzmaßnahmen und -vorkehrungen lassen sich durchaus aufs Bauen übertragen, auch wenn es sich dabei nicht so sehr um den Gefrierschwellenwert, sondern generell um Tiefsttemperaturen aus energiewirtschaftlichen Gründen handelt.

- Eine Geländebeschreibung (Vorkommen von Nebelfeldern, Tau- und Reifniederschlägen und Frostschäden) ermöglicht die Frostkartierung eines Geländes. Gefährdete Gebiete sind soweit wie möglich von Bebauung, gärtnerischer oder landwirtschaftlicher Frühnutzung oder Nutzung mit empfindlichen Kulturen freizuhalten.
- Da die Kaltluft sehr langsam abfließt, können auch kleine Hindernisse wie Zäune, Böschungen und Hecken Staus verursachen. Diese kann man gegebenenfalls auflösen, indem man Abflußmöglichkeiten schafft durch Beseitigung oder Durchbrüche bei Mauern und Zäunen, Heckendurchlässe sowie Geländemodulierung und -veränderung.
- Kaltluftabflüsse können durch Abriegeln mit Schutzwald, Zäunen, Mauern, Hecken und Dämmen auch umgeleitet werden. Dabei muß immer ein weiterführender Abfluß vorhanden sein. Das Abriegeln kann nur oberhalb des Schutzobjektes geschehen und nicht, wie oft irrtümlich angenommen wurde, unterhalb gegen das Tal hin, weil man glaubte, von dort stiege die kalte Luft hoch.
- Das Kaltlufteinzugsgebiet eines Ortes kann genauso erfaßt und unterteilt werden wie ein Wassereinzugsgebiet. Viele kleinere Abflußmöglichkeiten können nie zu extrem großen Schäden und Auskühlungen führen.
- Baukörper dürfen keine Querriegel bilden. Hangbebauungen sollten durch entsprechende Stellung die geringstmögliche Staufläche bieten. Einbettung ins Erdreich, Erdwälle, Hecken, tiefgezogene Schutzdächer und Nebengebäude sorgen für seitlichen Abfluß.

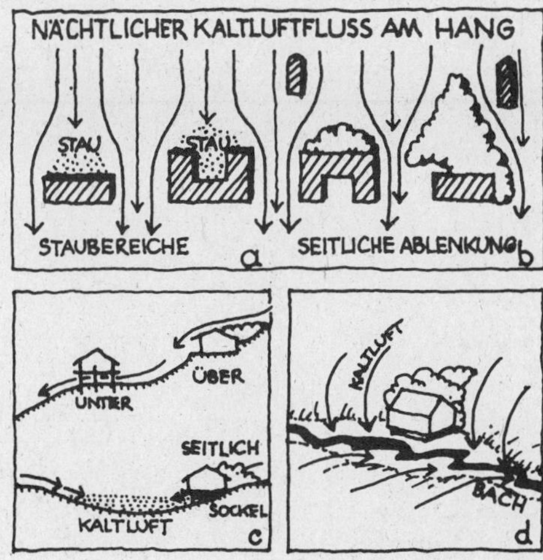

Geeignete Stellung und Vegetationsschutz schützen vor tiefen Außentemperaturen.

a Querstellung der Gebäude zum Hang lassen Kaltluftstaus entstehen.

b Längsstellung und geeignete Vegetation (gleichzeitig Windschutz usw.) lassen die Kaltluft abfließen und ablenken.

c Einbettung in den Hang oder in Vegetation, hochgeständerte Bauweisen lassen den Kaltluftabfluß zu. In Kaltluftmulden kann einmal das Gebäude durch Keller oder Nebenräume über den Staubereich hochgehoben werden.

d Mittels Wasserflächen oder Bächen können die tiefen Temperaturen gemäßigt werden, der Bachabfluß ist gleichzeitig der Kaltluftabfluß, der den Stau verhindert.

Kaltluftstaus

a Bereits Zäune, Gartenmauern o.ä. können Kaltluftstaus erzeugen und Obst- oder Gemüsekulturen erheblich schädigen.

b Pflanzreihen an Hängen müssen den Abfluß ermöglichen, Straßentrassen entsprechend gestalten, gegebenenfalls mit Trassendurchbrüchen als Abflußmöglichkeit.

c Der Tag/Nacht-Temperaturausgleich von Wasserflächen kommt dann besonders effektiv zustande, wenn die Kaltluft über die Wasserflächen zufließen kann. Keine abriegelnde Bebauung, Ufergebüsch im Unterholz auslichten! Die hohen Luftfeuchtewerte in Wassernähe bieten atmosphärischen Ausstrahlungsschutz, vergleichbar einer Wolkendecke.

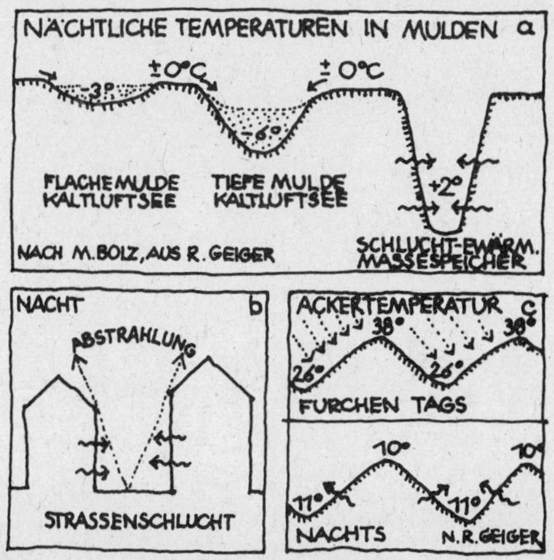

Muldenklimate

a Die Form der Mulde (Tiefe, Breite), ihre Orientierung und ihre Bodenart führen zu verschiedenen Klimaten und verschiedenen Tiefsttemperaturen in der Nacht.
Schluchten sind durch die abgestrahlte und abgeleitete Bodenwärme wärmer als die Ebene.

b Straßenschluchten sind dem vergleichbar (Wärmeabgabe der Hauswände und mindestens 60%ige Ausstrahlungsverminderung).

c In ähnlicher Weise profitieren Ackerfurchen von der Bodenwärme, sie sind rund 1°C wärmer als das ebene Feld.

- In überwärmten Stadtgebieten kann der nächtliche Kaltluftabfluß angenehme Kühlung und frische Luft bringen. Grünflächen können den Fluß lenken, auf übereinstimmende Lage zu den Hauptwindrichtungen und Lokalwinden muß geachtet werden.
- Wohngebäude in Staugebieten können gegebenenfalls um ein Stockwerk angehoben werden, um nur Keller und Nebenräume den niedrigen Temperaturen auszusetzen.
- Die Speicherfähigkeit „kalter Böden" in Hausumgebung kann durch bodenverbessernde Maßnahmen erhöht werden, z. B. Sand auf moorige Böden und Lehmböden, Torf auf schwere Böden. Humusböden weisen die günstigste Wärmebilanz auf.

Windverhältnisse

Bewegtes Gelände führt immer zur Veränderung großklimatischer Winde und Luftströme. Bremsungen und Ablenkungen an einem Ort haben Strömungsprofilverengungen an anderer Stelle zur Folge und erhöhen dort die Windgeschwindigkeit (Ausnahme: Bremsung durch lockere Vegetation).
Windgeschützte Bereiche liegen also oft in direkter horizontaler oder vertikaler Nachbarschaft zu extrem windstarken Gebieten. Dies wird die Lage, Stellung und Form der Gebäude sowie den Standort der Windkraftanlagen bestimmen.
Bereits geringe Geländeneigungen genügen, um die Windgeschwindigkeit zu ändern. So können bereits Hänge von 2 bis 4° Neigung mittlere Windgeschwindigkeiten von 3 bis 6 m/s um 50 bis 60% erhöhen. Zusammen mit den geländespezifischen thermody-

Windprofil senkrecht zu Hängen mit Kammwinden; das 1. Geschwindigkeitsmaximum rund 100 m nach dem Kamm mit der „Leeschutzzone", das 2. Windmaximum rund 600 m nach dem Kamm mit starken Wirbelbildungen. Derartige Überfallwinde treten auch bei kleinen Bergkuppen und Böschungen auf; sie erhöhen zwar die Böigkeit auf der Leeseite, diese bleibt aber trotzdem geschützter als die Luvseite.

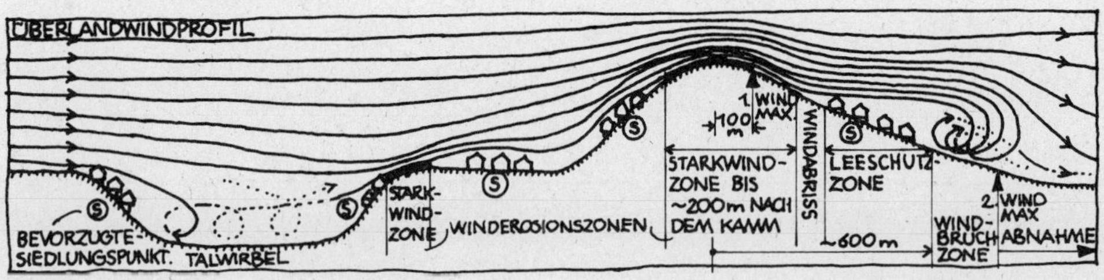

Talwinde
In direktem Zirkulationszusammenhang mit den Hangwinden bilden sich Talein- und Talauswinde, die sich nach gleichen thermodynamischen Gesetzen bilden und ein örtliches System im tageszeitlichen Rhythmus entstehen lassen, das mitunter Überlandwinde überlagert. Fluß- und Bachtäler, Straßen und Wegemulden sind die Schneisen für diese je nach Maßstab groß- oder kleinräumigen Windsysteme.

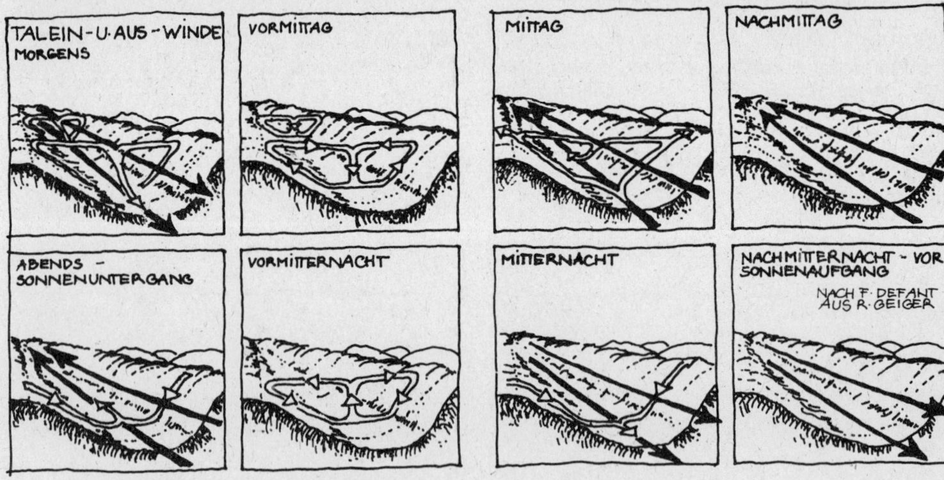

namischen Windsystemen, die sich oft sehr mächtig ausbilden, ist es relativ schwierig, die Windverhältnisse in gebirgigen Lagen zu orten. Sie ändern sich zudem im jahreszeitlichen Rhythmus und können nur über Befragung der Anwohner und längere Windmessungen eindeutig definiert werden. Traditionelle Architektur gibt oft klare Auskünfte.
Die hohe Turbulenz und Unstetigkeit des Windes ist bei der Installierung von Windkraftanlagen zu beachten. Eventuell muß eine geeignete windführende Bepflanzung vorgesehen werden.

Niederschläge

Bei höheren Gebirgszügen erhalten die Luvseiten bedeutend mehr Regen und Schnee als die Leeseiten (Abregnen durch Temperaturabnahme).
Bei kleinen Höhenunterschieden, bei denen keine Temperaturabnahmen mit der Höhe auftreten, werden schwache bis lebhafte Winde gebremst. Sie bilden langsamere Turbulenzen auf der Leeseite und regnen und schneien hier ab. Stärkere Winde mit tiefem Einfallswinkel regnen an der Luvseite ab. Dieses Phänomen nutzen Windschutzanlagen und Schneezäune aus, um ein Abschneien an gewünschter Stelle zu initiieren und benachbarte Bereiche zu entlasten (s. Kap. Windschutz). Ausgehend von den Hauptwindrichtungen lassen sich Haus- und Gartenbereiche so gestalten, daß Schnee oder Regen sich an gewünschten Stellen vermehrt oder vermindert niederschlagen. Geringfügige Änderungen (Strauch, Zaun, Spalier usw.) können große Wirkungen zeigen, die sich am besten in der Praxis oder gegebenenfalls im Windkanal erproben lassen.

Geländemodellierungen

Geländemodellierungen sollten sowohl im kleinen Bereich des Gartens und des Gemüsebeets als auch bei Haus- und Siedlungskonzeptionen als Mittel zur Klimagestaltung und Lebensraumschaffung angewendet werden.

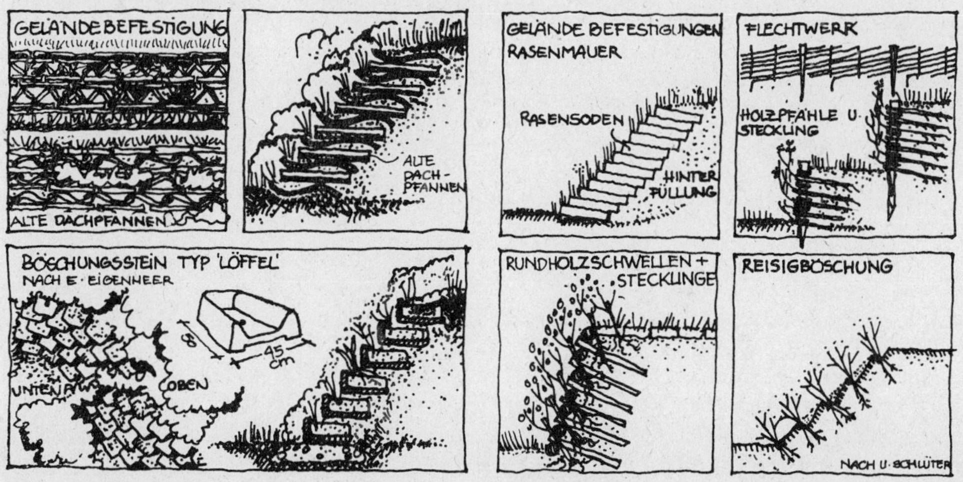

Beispiele für Böschungsbefestigungen. Sie bieten die Möglichkeit, auch auf kleinen Flächen Modellationen vorzunehmen.
Neben möglichen Arten von Trockenmauerwerk (Beispiele: Dachpfannen, Böschungssteine, Natursteine, Ziegel usw.), die ausgesprochen wichtige Habitate für alle möglichen Kleintiere bieten, eignen sich Lebendbaummethoden zur dauerhaften Befestigung durch Pflanzenwurzeln. Verschiedene Methoden gewährleisten dabei durch Schichtungen, Flechtwerke, Rundholzschwellen, Faschinen, Stecklinge usw. ab sofort Erosionsschutz, der zudem belastbar ist.

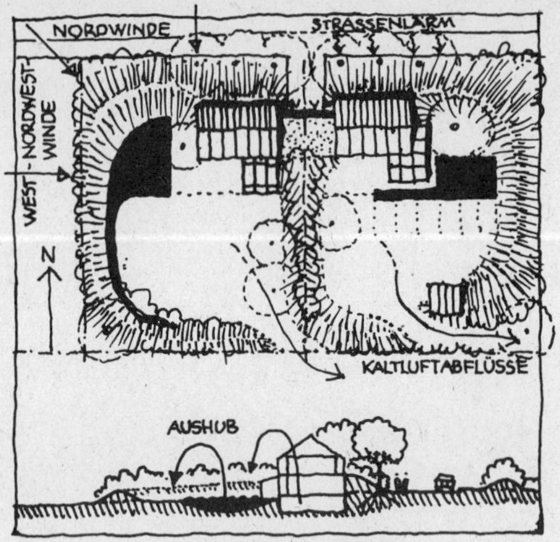

Geländemodellierungen und Wallhecken als Windschutz und insbesondere als Immissionsschutz im Maßstab des Baugrundstückes. Die Aushubmenge fällt durch die Anlage von Teichen und Kellergeschossen an und wird nach Schichten getrennt (Pflanzdecke, Mutterboden, Unterboden und nach Biotop- und Kleinklimagesichtspunkten modelliert (s. Kap. Naturgärten). Die leichte Terrassierung des Gartenbereichs verbessert die Sonneneinstrahlungsintensität und erleichtert die Bearbeitungsmethoden. Die Wälle oder Hügel selbst können neben Wildbereichen (Holz, Früchte) auch als Pflanzterrassen genutzt werden und ermöglichen bei entsprechender Orientierung ein ausgesprochen gutes Klima (Befestigungsmauern z. B. als Reflexionsmauern). Bei höheren Modellationen oder ohnehin abfallendem Gelände muß auf Abflußmöglichkeit der nächtlichen Kaltluft geachtet werden.

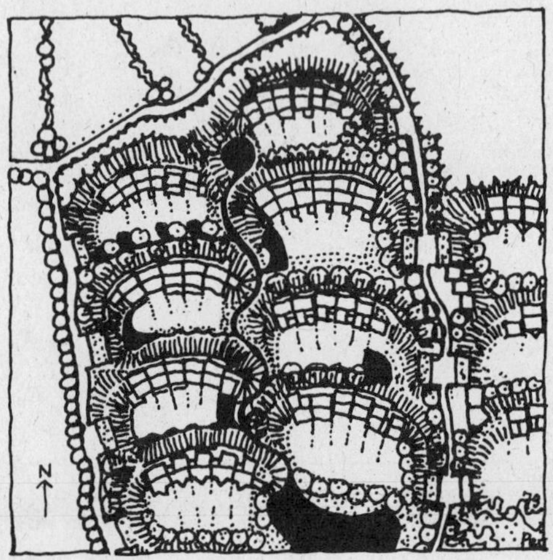

Eine Siedlung, vormals im ebenen Gelände, wird in künstliche „Aushub"-Hügel und Talmulden eingebunden. Der Aufwand ist bei einer guten Konzeption nicht höher als bei einem normalem Kelleraushub.
Durch die Hügel werden die West-, Nord- und Ostwinde abgelenkt und abgehoben, die Häuser selbst liegen an warmen „Südhängen", die vorgelagerten Gärten genießen durch leichte Absenkung und Terrassierung zum Bach hin erhöhte Einstrahlung. Die nächtliche Kaltluft fließt zu den Weihern und Teichen ab und wird dort erwärmt (Klimaausgleich der Wasserflächen). Das Wassernetz wird mit Regenwasser, Grundwasser und Brauchwasser gespeist.
Hecken und dichter Baumbestand auf den Hügeln umschließen die Wohnwege und ergeben mit Dachbegrünungen zusammen „grüne Nordflanken" mit vielfältigem Nutzen (Wasserspeicherung, Biotope, Frischluft, Früchte, Holz, Lagerfläche, Ställe, Spielfläche usw.).
Die Erschließungsstraßen sind abgesenkt, Hügel und Wallhecken bieten ausreichend Immissionsschutz.

Gelingt es, die Lokal-Klimaveränderungen durch Geländemodellierungen richtig abzuschätzen und zu handhaben, so lassen sich dadurch günstige Klimasituationen und eine Bereicherung der Lebensräume für alle Lebewesen erzielen. Sie können Wind- und Immissionsschutz bieten, warme Süd-Ost- oder Westhänge mit erhöhter Einstrahlungsintensität zur Gartennutzung oder zur Verbesserung des Wärmehaushaltes von Gebäudestandorten schaffen, schattige, feuchte Nordhänge, windgeschützte Terrassierungen, feuchte Mulden und Wasserflächen, trockene Kuppen usw. erzeugen und dabei die Grundfläche, die belebt und genutzt werden kann, vergrößern.

Vegetation

Es besteht eine passive und aktive Wechselbeziehung zwischen Klima und Vegetation, die sehr vielgestaltig ist. Einerseits paßt sich die Pflanze dem örtlichen Klima an und ist in ihrem Wachstum von den Witterungsbedingungen abhängig, andererseits wirkt sie auf das Klima ein und verändert es.

Einstrahlung und Temperatur

Je raumgreifender, also je höher und differenzierter eine Vegetation ist, desto gemäßigter bildet sich ihr Innenklima im Tages und Jahresverlauf aus. Boden, Keimlinge und Jungpflanzen werden geschützt, da sich die Temperaturextreme zum Boden hin hier immer mehr ausgleichen. Die eingestrahlte Sonnenenergie wird durch Mehrfachreflexion und -absorption auf verschiedenen Ebenen effektiv genutzt, und nur ein geringer Teil geht durch Reflexion in die Atmosphäre verloren. Der ständige Lichtwechsel zwischen Hell und Dunkel, der nur in hohen Beständen ausgeprägt ist, regt die Lebensprozesse an.
Grünflächen zeigen tagsüber zum Teil erheblich tiefere Temperaturen als bebaute Gebiete. Das ist wesentlich auf den hohen Wärmebedarf für Transpiration und Oberflächenverdunstung zurückzuführen. Je nach dem Vegetationsbestand wirken sich die Klimafaktoren unterschiedlich aus, wie die Bilder auf S. 47 und 48 zeigen.

Baum- und strauchbestandene Flächen kühlen tagsüber wesentlich mehr als Parkrasen, der sich mitunter sogar erwärmt und ähnlich hohe Temperaturen wie nackte Oberflächen annehmen kann (Verbrennungen und Trockenschäden). Nachts sind die Verhältnisse umgekehrt. Parkrasen und Wiesenflächen kühlen stark ab (Parknebel!), baumbestandener, hoher und vielseitiger Bewuchs hingegen bietet gegenseitigen Ausstrahlungsschutz und bleibt gemäßigt in seinen Temperaturen.
Lichte Wälder können sich im Gegensatz zu dichten Wäldern tagsüber etwas erwärmen (schräger Sonneneinfall), sie sind auch nachts durch Ausstrahlungsschutz der Bäume (Hauptabstrahlung zum Zenit!) und durch den Bodenwärmenachschub wärmer. Dichte Wälder hingegen weisen am Tage und in der Nacht sehr tiefe Temperaturen auf. Sie eignen sich insbesondere zur Kaltluftproduktion, lichte Bestände hingegen zum ausgesprochenen Klimaausgleich. Danach läßt sich zusammenfassen:

- Eine Grünfläche kann erst dann eine merkbare klimatisierende Wirkung erbringen, wenn sie die nötige Größe für Büsche und Bäume aufweist. Flächen mit geringer Bewuchshöhe (Rasen u.a.) verursachen mitunter sogar ungünstige Nebel- und Staubfelder.
- Art und Ausbildung der Pflanzenbestände beeinflussen entscheidend die klimatischen Auswirkungen. Je nach Dichte, Artenwahl, Anordnung, Geländeausformung, Bodenbeschaffenheit und Wasserhaushalt können spezifische Klima-Effekte geschaffen werden, die gezielt städtisches Klima verbessern können.
- Zum effektiven Klimaaustausch mit der bebauten Umgebung ist ein größeres Netz von Vegetationsflächen nötig, um einseitige Belastungen, vor allem auch der Pflanzungen, zu vermeiden. Dabei sind viele Einzelflächen im Verbund (Mindestgrößen, s. Kap. Bäume und Gehölze) sinnvoller als nur eine große zusammenhängende, da der Wärme- und Feuchteaustausch in den Randzonen stattfindet.
- Die Ausbildung der Grünflächen-Randzonenen beeinflußt die Klimawirkung: Dichte Ränder sind dann angebracht, wenn Windschutz für den Bestand oder die Umgebung erwünscht ist, wenn Abschirmung, Luftfilterung und Schalldämpfung zur Straße oder anderen Immissionsquellen hin nötig sind, zum Schutze des „Bestandinnenlebens" (Kinder, Besucher, Tiere) oder wenn in überhitzer, angrenzender Bebauung Schatten und Kühlung erwünscht sind. Lichte Ränder eignen

Ähnlich dem „Land-See-Windsystem" kann sich ein „Wald-Freiland-Windsystem" entwickeln, das tagsüber kühlende Waldluft ins angrenzende Freiland abgibt und nachts (bedeutend schwächer) die tiefen Temperaturen des Freilandes anhebt. Der Waldrand kühlt sich dadurch ab. Je nach Holzart, Artenmischung und Dichte sind die Jahresdurchschnittstemperaturen im gesamten etwas niedriger als die des Freilandes.
Dichte Wälder können tagsüber für kühle, frische Luft sorgen; lichte Wälder erfüllen insbesondere nachts die Temperaturmäßigung.

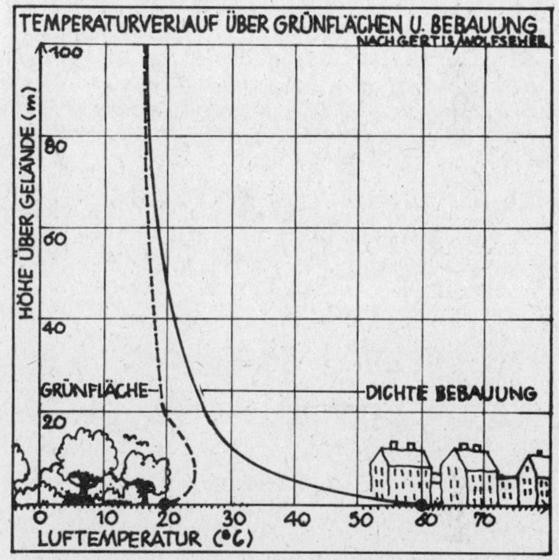

Temperaturunterschied von bebauten Flächen und Grünflächen. Bebauungen weisen gegenüber Grünflächen erheblich höhere Temperaturen auf (Extreme Unterschiede bis zu 40°C in der bodennahen Luftschicht und an den Oberflächen). Die Temperaturprofile der Grünflächen variieren je nach Vegetationsbild. Nur hohe Bepflanzungen können die Funktion des Klimaausgleichs übernehmen.

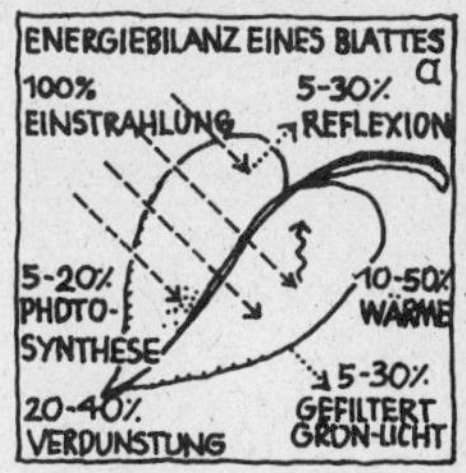

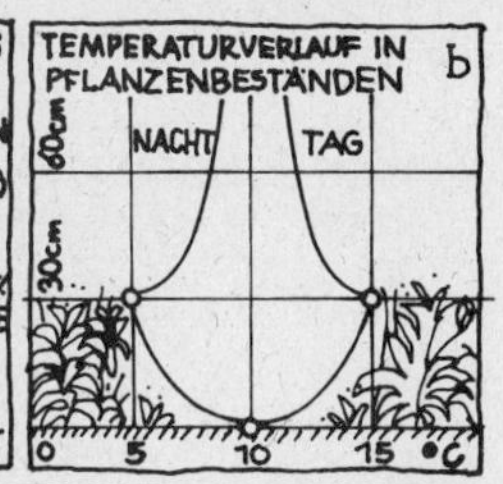

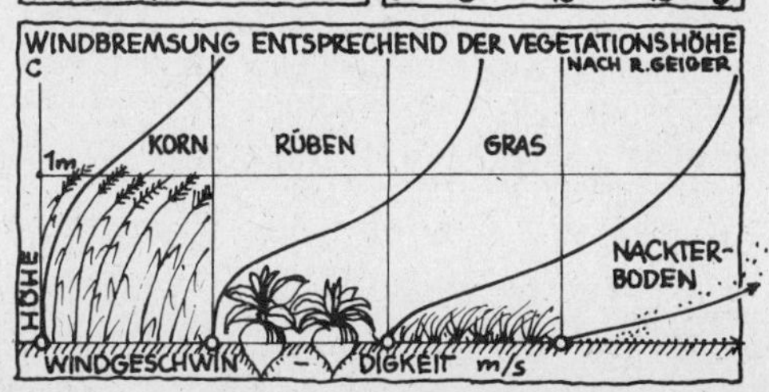

a Verteilung der Sonneneinstrahlung. Blätter können durch Farbe, Behaarung usw. ihren individuellen Wärmehaushalt zum Teil regeln.
b Günstiges Innenklima in Pflanzenbeständen. Die größten Tagestemperaturschwankungen sind an der „Oberfläche" des Bestands. Durch mehrfachen Ausstrahlungsschutz (gegenseitige Abdekkung) wird dem Boden nachts nur wenig Wärme entzogen („Pflanzen haben warme Füße").
c Windbremsung durch Pflanzen. Selbst der geringste Bewuchs (Getreidestoppel als Winterschutz) schützt vor starken Windabkühlungen und -erosionen.

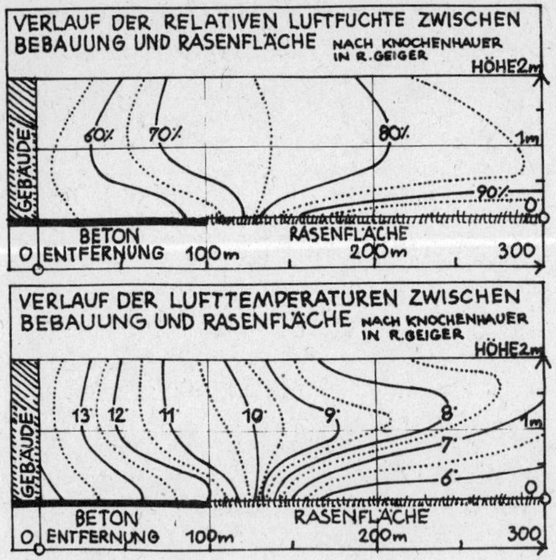

Temperaturabnahme über Grünflächen am Tage. Nach A. Bernatzky ergaben sich um 3,5° C geringere Lufttemperaturen in Stadtgebieten, die neben Grünflächen liegen, ebenso höhere Feuchtewerte der sonst trockenen, staubigen Stadtluft (Messungen in Frankfurt, im Sommer). Baumbestandene Straßen waren um 6° C kühler als baumlose Straßen.

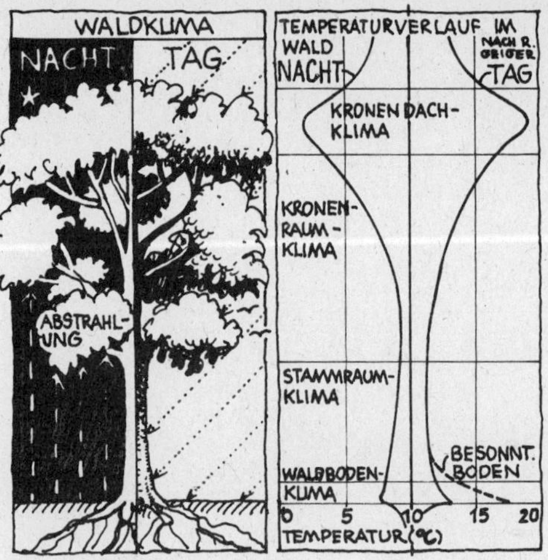

Lufttemperaturen im Walde
Bei direkter Einstrahlung treten an den Oberseiten der Baumkronen die höchsten Tagestemperaturen auf. Mit Verzögerung erwärmt sich der Kroneninnenraum (hier befinden sich vormittags alle Insekten), danach folgt der Stammraum. Der Boden bleibt bei hoher Walddichte kühl. In der Nacht liegt das Temperaturminimum im oberen Kronenraum, die Temperaturen nehmen zum Boden hin zu, dieser selbst bleibt relativ warm. Das Waldinnere reagiert auf Wetterumschwünge sowie auf die täglichen und jahreszeitlichen Schwankungen relativ träge.

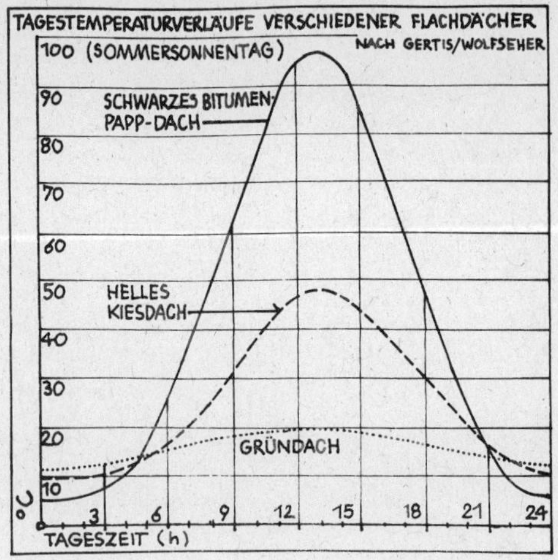

Temperaturverläufe von Flachdächern verschiedener Ausführungen (an strahlungsreichen Sommertagen).
Gründächer zeigen gemäßigtere Temperaturen, sie erhitzen sich tagsüber kaum und kühlen nachts weniger ab als „nackte" Dächer. Auch im Winter sind sie wärmer. Die Temperaturabsenkung der Umgebung ist stärker: tagsüber bis zu 5° C (s. Kap. Dachbegrünung).

sich, wenn insbesondere nächtliche Temperaturmäßigung nötig ist, wenn ein fließender Übergang Gärten und kleinere Grünflächen einbetten und schützen soll, wenn Bebauung selbst integriert werden soll (siehe „Waldrandsiedlung").

- Artenreiche Mischung bewirkt das optimale Innenklima einer Grünanlage. Dichte und lichte, niedrige und hohe, natürliche und kultivierte Bereiche mit verschiedenen Mikroklimaten sorgen für einen belebten und gesunden Bestand. Diese Vielfalt ist Voraussetzung, um die zahlreichen Aufgaben einer Grünanlage (besonders in Städten) erfüllen zu können (s. Kap. Naturgärten/Bäume und Gehölze).

Klimaausgleich und Mikroklimagestaltung werden erst mit ausreichendem Windschutz wirksam, da starke Winde alle kleinklimatischen Unterschiede verwischen (s. Kap. Windschutz).

Verdunstung und Wasserspeicherung

50% des Jahresniederschlags sickern in der freien Landschaft über die Vegetation zum Boden. Wälder halten 10% der Niederschläge zurück. 30% werden von den Pflanzen aufgenommen und transpiriert, 20% verdunsten oberflächlich.
In Städten hingegen fließen nahezu 80 bis 90% über die Kanalisation ab. Versiegelte Böden und fehlende Vegetation, nackte Dachflächen und rasche Zuleitung zu den

„Hinterhofparks"
Im Verbund mit Fassadenberankungen, Veranden, Balkonen Laubengängen, Regenwassersammelbekken, Erdmodellierungen und Begrünungen der Hofgebäude; als Mischung von Nutzgarten, Spiel- und Zierbereichen lassen sich Hinterhofgärten mit dem Erholungswert von Parkanlagen schaffen. Über Durchgänge miteinander verbunden, ergeben sich größere, zusammenhängende Grünbereiche direkt vor der Haustür.

Dunkle Hinterhöfe oder enge Straßen können durch Reflexionsanstriche oder Verspiegelungen gezielt erhellt und direkt beschienen werden, so daß auch hier Bepflanzung möglich ist.

Pappelarten als schnell- und schmalwüchsige Bäume eignen sich für enge Raumsituationen. Durch Schnitt und Führung lassen sich auch andere Baumarten zu hochstieligen, schmalen Formen drängen.

Gegebenenfalls „Schattenbäume" auswählen. Spalierobstbäume sollten an keiner besonnten Hauswand fehlen.

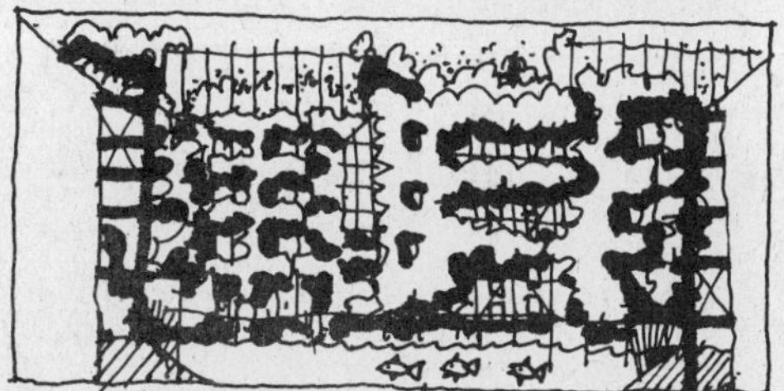

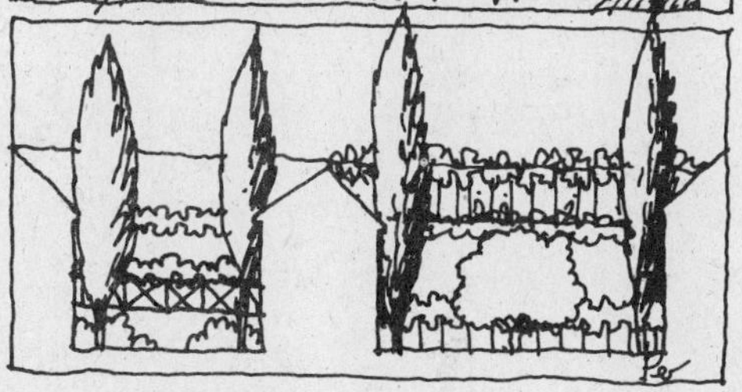

Kanälen sind die Ursache dafür. Das führt zu unterschiedlichen Schäden, wie Grundwasserverarmung, Flußerosionen, fehlende Selbstreinigung, Klimaverschlechterungen usw. (s. Kap. Naturgärten und Kap. Wasserhaushalt).
Vegetation verzögert und verringert den Abfluß. Je höher und gemischter sie ausgebildet ist, desto größer ist ihre Speicherkraft. Mischwälder sind auch hier optimal. So kann 1 m^2 Waldboden bis zu 200 l Wasser (200 mm Niederschlag) speichern. Tiefe Durchwurzelung schützt vor Bodenabschwemmungen und fördert das Durchsickern zum Grundwasser. Beschattung und Windstille verzögern die Verdunstung und verhindern die Austrocknung.
Wälder sind also Langzeit-Regenwasserspeicher und kontinuierlicher Wasserlieferant für Grundwasser und Quellen. Durch die Verdunstung sichern sie großklimatisch und regional die jährliche Niederschlagsmenge. Durch Abholzen von Wäldern kann es in unseren Regionen zu einer Verringerung des jährlichen Niederschlags bis zu 40% kommen (nach Geiger). Dies wird vor allem durch die verminderte Bremsung der herannahenden Wolken verursacht, die so nicht abregnen (s. Kap. Windschutz).

Lärmschutz, Luftreinigung und Luftverbesserung

Schallwellen werden durch Oberflächen der Vegetation geschluckt oder diffus reflektiert. In der neuen DIN 18005 wird mit 5–6 dB (A)/100 m hinsichtlich der Abschirmwirkung gerechnet. Der Schallschutzeffekt von Bewuchs vor einer harten Wand beträgt 1 dB (A) und steigert sich bei höheren Frequenzen. Die psychologische Wirkung eines grünen Sichtschutzes bewirkt eine weitere Minderung der Belästigungsreaktion. Artenauswahl, Anordnung und Dichte der Vegetation beeinflussen auch hier die Schutzwirkung.
Luftfilterung und -reinigung haben indirekt klimatische Auswirkung und sind zur Verbesserung des „Stadtklimas" unumgänglich. Nur die Vegetation, insbesondere Bäume und Wälder, können diese Funktionen übernehmen.
Ablagerungen von Stäuben auf den Blattflächen werden beim nächsten Regen gebunden und abgewaschen. Abgase werden, soweit sie an den Kernen abgelagert sind, ebenfalls reduziert. Kohlendioxid wird direkt aufgenommen, Sauerstoff wird produziert.
Über bestimmte Immissionsdichten hinaus helfen zur Filterung selbst dichte Baumbestände kaum noch. Sie sind ebenso gefährdet; selbst „immissionsresistente" Gehölze erkranken nach einer bestimmten Einwirkungsdauer und sterben ab („immissionsresi-

Bei R. Geiger werden 75%ige Staubfilterung und -reduzierung über Waldflächen in ländlichen Gebieten angegeben. In Städten ist der Prozentsatz noch höher (bis 85%), und selbst im Winter besteht noch eine Reinigungskraft durch unbelaubte Bäume von 60%.
Gas-, Schadstoff- (insbes. Blei) und Staubfilterung durch Heckenanlagen beidseitig der Straßen. Ihre Breite und ihre Höhe müssen sich nach der Immissionsdichte des Verkehrs richten.

Bei verkehrsreicheren Straßen und Autobahnen wird die Größe des beidseitigen Grünstreifens die Dimensionen von „Filterwäldern" annehmen, die ebenso wie entsprechende Lärmschutzmaßnahmen zur Genehmigungsauflage gemacht werden sollten. Der Verkehr darf nicht auf Kosten der Anwohner gehen.

Lebendverbau bietet gerade bei engen Verhältnissen und schmalen Straßenräumen gute Möglichkeiten zur Immissionsfilterung. Sie sind gleichzeitig Leitplanken und Fußgängerschutz. Bei stark frequentierten Straßen sind beidseitige Schutzwälle und tiefliegende Fahrbahnen unumgänglich. Dichter Unterwuchs und hohe Bäume, die die Straße einhüllen, sind zugleich Windschutz, Biotope und Wasserspeicherflächen. Mischwaldstreifen als Luftregeneratoren und Indikatoren im Industriebereich lassen durch ihren Flechtenbewuchs sichtbar den Grad der Verschmutzung erkennen.

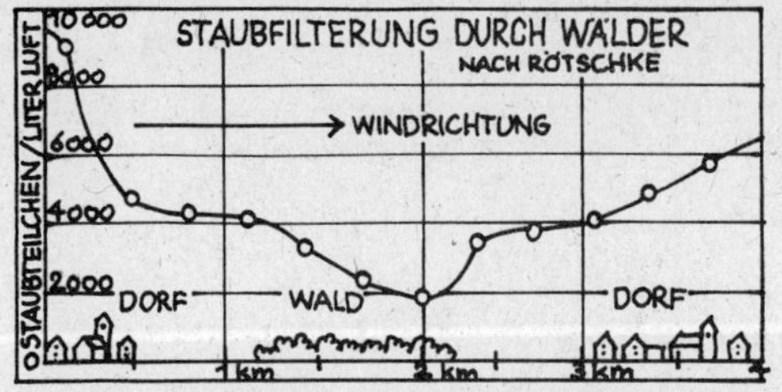

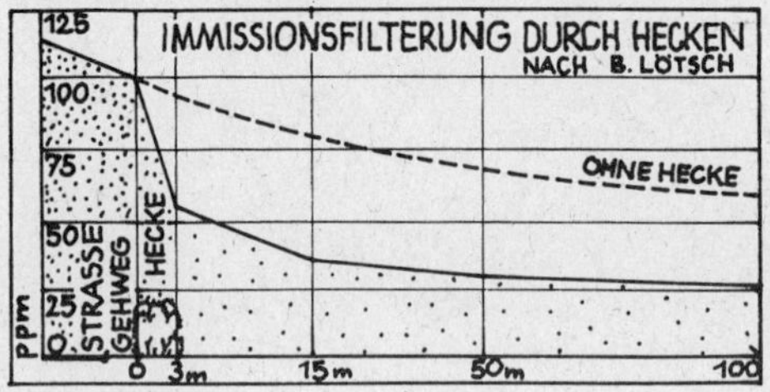

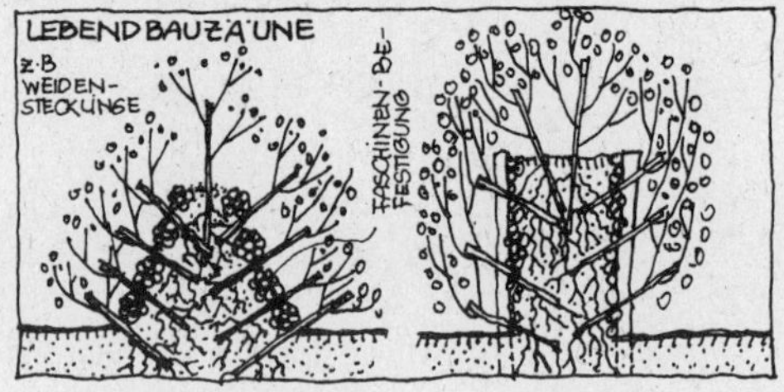

stent" bedeutet nur längeres Standhaltevermögen!). Die Vegetation wird insbesonderer durch Luftverunreinigungen wie Schwefeloxide (SO_2) Fluorverbindungen (HF) und Stickoxide (NO_2) gefährdet (s. Kap. Naturgärten/Bäume und Gehölze).
Zur Immisionsverminderung sollten vor allem in Industriegebieten und Ballungsräumen verstärkt Laubmischwälder angelegt werden. Aber gerade dicht besiedelte, industriereiche Gebiete sind durch extrem geringen Waldanteil gekennzeichnet (NRW 4,8 ha/100 Personen, Bundesdurchschnitt 11,8 ha/100 Personen).
Zwar wurde zwischen 1960 und 1970 ein Waldflächenzuwachs von 0,9% (63000 ha) verzeichnet; dies sind jedoch meist monokulturelle Nadelholz-Aufforstungen, die stärker als Mischlaubwälder durch Immissionen gefärdet werden. Sie besitzen zusätzlich eine geringere Filterwirkung, eignen sich weniger zur Klimatisierung und zur Stabilisierung des landschaftlichen Wasserhaushaltes und tragen kaum zur Biotopbereicherung bei.

Vegetation und Bebauung

Vegetation und Bebauung stellen in ihren klimatischen Auswirkungen Gegensätze dar, die zu vorteilhafter Ergänzung geführt werden können.
Einerseits ermöglichen höhere Verdunstungswerte, kühlere Lufttemperaturen und Staubfilterung der Vegetation die Klimatisierung von staubigen, überwärmten Stadtgebieten; andererseits begünstigen Gebäude durch Reflexion, Wärmespeicherung, Windschutz usw. die Wachstumsbedingungen der Pflanzen, bieten Frostschutz und eine bedeutend längere Vegetationsperiode. Diese wechselseitigen Begünstigungen sollten voll ausgenutzt werden.
Eine Siedlung müßte deshalb netzartig von Vegetation durchzogen sein, da erst viele kleine Flächen diesen positiven Austausch ermöglichen. Das bedeutet Schaffung von Vegetationsflächen, wo immer nur möglich. Jede Fläche, die sich irgendwie dazu

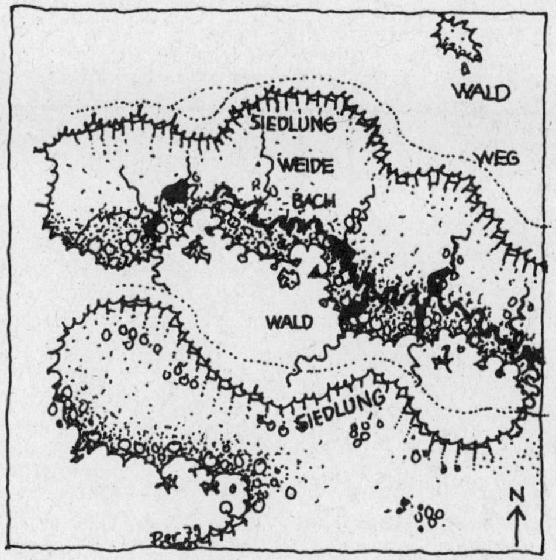

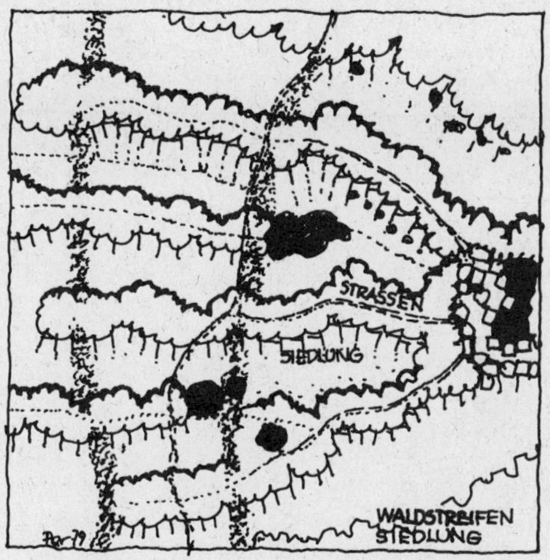

Die enge Haus-Vegetation-Beziehung zum gegenseitigen Vorteil stellt sich in der sog. „Waldrandsiedlung" sehr deutlich dar. Der Waldrand ist als windgeschützte Zone unabhängig von der Windrichtung, als Bereich des Klimaausgleichs und als nächtlicher Ausstrahlungsschutz ein besonders günstiger Standort. Die Siedlungskonzepte zeigen Beispiele mit künstlich angelegten Waldlichtungen, Waldstreifen und aufgelockerten „Dorfwäldchen". In natürlicher Art als artenreiche Mischwälder verschiedener Dichte (s. Kap. Naturgärten) angelegt, sind sie gleichzeitig Biotope für alle Wald- und Waldrand-Pflanzen- und -Tierarten, sind sie Regenwasserspeicher- und Quellgebiet zur dezentralen Wasserversorgung, sind sie Immissionsschutz für Lärm und Luftverunreinigungen, bieten sie Baustoffe und die verschiedensten Nahrungsmittel für Mensch und Tier und gewährleisten so die Einbindung der Siedlung in die Natur. Sie tragen zum Wohlempfinden bei, da der Wald das Gefühl des Schutzes und der Sicherheit vermittelt.

eignet, sollte begrünt werden: Dächer, Fassaden, Höfe, Eingänge, Mauern, Zäune, Parkplätze, Garagendächer, Schulhöfe, Wegränder, Böschungen, Balkone, Veranden, Treppenhäuser (als Glashäuser), Straßen, Wege, Plätze usw.

Windschutz

Windschutz ist in unserem windreichen Klima die wichtigste Klimagestaltungsmaßnahme. Schutzanlagen bieten nicht nur in windigen Küstengebieten und Mittelgebirgslagen, wo traditionelle Windschutzmaßnahmen auch heute noch anzutreffen sind, sondern nahezu überall große klimatische Vorteile.
Günstige Kleinklimate können sich am und um das Haus nur in relativ windruhigen Zonen ausbilden, starke Winde verwischen alle Unterschiede. Alle bereits angesprochenen Gestaltungsmaßnahmen sind nur im Verbund mit Windschutz sinnvoll.
Windschutz passiver und aktiver Art wurde jahrhundertelang bei Bauernhäusern angewendet, Ackerkulturen und Weidevieh genossen das günstige Klima im Schutz von Hecken- und Wallpflanzungen. Hecken prägten das Landschaftsbild in vielen Gegenden. Leider geht auch hier das Wissen um Nutzen und Notwendigkeit mehr und mehr verloren.

Klimatischer Nutzen

Abhängig von der Art des Windschutzes – Hügel, Wälle, Wälder, Bäume und Hecken, Gebäude, Zäune und Mauern etc. – bildet sich der Schutzbereich in Länge, Höhe und Wirkung unterschiedlich aus. Begünstigt werden in jedem Falle der Wärme- und der Feuchtehaushalt des geschützten Bereiches.

- Die Tagestemperaturwerte liegen im Jahresmittel um 2 bis 3°C höher, an sonnigen, aber windigen Tagen sogar um 10 bis 12°C (die Bodentemperaturen sind noch günstiger).
- Nachts sind die Lufttemperaturen im Mittel um 2°C, in Bodennähe bis 1°C höher (in der Nähe einer Hecke herrschen auch bei Windstille höhere Temperaturen, da sie Abstrahlungsschutz bietet).
- Advektive Fröste (bei starkem Wind) können durch Schutzanlagen vermieden werden. Norddeutsche „Knicks" zeigten auf 100 m Frostschutzwirkung mit bis zu 5°C höheren Temperaturen.
- Die mittlere jährliche Windgeschwindigkeit kann bedeutend herabgesetzt werden. (Buchwald und Engelhardt zeigen am Beispiel einer windgeschützten Gärtnerei eine 77%ige Windverminderung, von 1,5 m/s auf 0,4 m/s).

Für das Haus und seine Bewohner bieten Windschutzmaßnahmen neben dem Beitrag zur Wärmebewahrung auch Schutz vor mechanischen Windzerstörungen, Schlagregen, Zug-, Sog- und Wirbelbildungen, einschließlich ihrer Auswirkungen auf den Innenbereich. Ferner ist der Außenraum von Häusern und Siedlungen besser und länger nutzbar.
Für Ackerbau- und Gartenkulturen bietet der Windschutz folgende Vorteile:

- Luftruhe begünstigt das Ausregnen (10%ige Windbremsung bedeutet 15–20%ige Niederschlagserhöhung).
- Erhöhung der Bodenfeuchte und Bodenwärme, Schutz vor Winderosion, dadurch Förderung des Humusaufbaues und der Fruchtbarkeit, Schutz vor Abwehungen der Schneedecke.

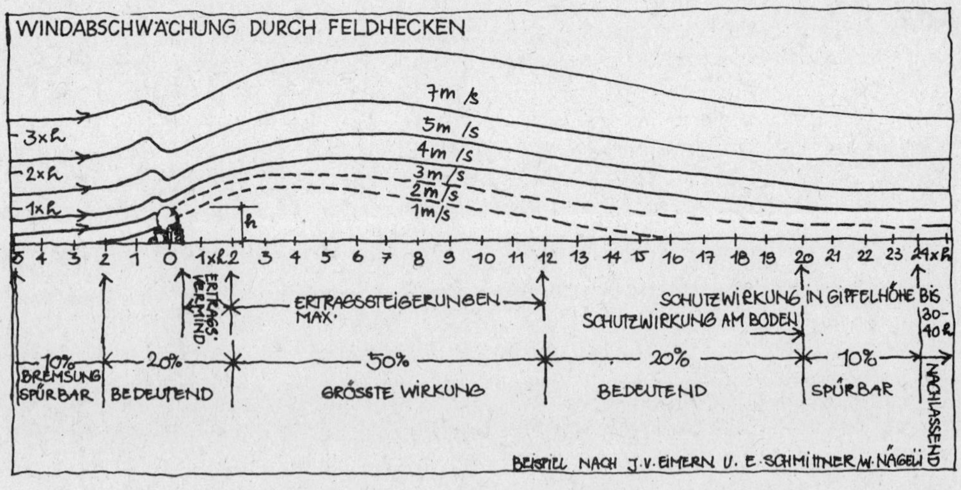

Windbremsung an einer Hecke im ebenen Gelände Luv- und Leeschutzzonen, bezogen auf die Höhe des Heckenzaunes, je nach dem Grad der Windabschwächung gegenüber dem Freiland. Der optimale Schutzbereich liegt zwischen 2 m bis 12 m; aber auch bis 20 bzw. 25 m ist die Wirkung zu spüren, die in Gipfelhöhe weiterreicht als in Bodennähe. Der Schutzbereich beginnt bereits 10 m bis 5 m vor dem Heckenzaun (ähnliche Wirkungen wie an Waldrändern).

- Erhöhung der Luftfeuchte und somit Verringerung der Verdunstungsleistung der Pflanzen und Schutz vor Austrocknung.
- Erhöhung des Tauniederschlags (dreifache Menge des Freilandes). Taukondensation mildert die niedrigen Blattemperaturen in den Nachtstunden: Durch die Spaltöffnungen der Blätter wird Tau aufgenommen und hilft so, längere Trockenperioden zu überstehen (besonders wichtig für junge Pflanzen, die noch kein ausgeprägtes Wurzelsystem haben).
- Schutz vor direkten mechanischen Zerstörungen und Windverletzungen.
- Keine Unterbrechung der pflanzlichen Produktion, da bei sehr starken Winden die Pflanzen ihre Spaltöffnungen schließen und die Ruhestellung einnehmen.

Wärmegewinnung und höhere Feuchtewerte sind wachstumsfördernde Faktoren, die die Vegetationsperiode um jährlich rund 20 Tage verlängern und zu Ertragssteigerungen von 50% (bis 400% nach A. Seifert) je nach Boden- und Schutzbedingungen führen können. Windschutzanlagen, insbesondere Heckenpflanzungen, sind Maßnahmen, die in Siedlung und freier Landschaft mehrfach direkten und indirekten Nutzen, vor allem auch ökologische Vorteile bieten (s. Kap. Naturgärten).
Die Anlage des Windschutzes hängt, wie die Bilder auf S. 52 und 53 zeigen, von seiner Art und Beschaffenheit ab. Poröse Anlagen haben den Vorteil, daß sie den Wind nicht ablenken, sondern durch Geäst, Blätter, Fasern und ähnliches bremsen und ihm Bewegungsenergie entziehen. So erklärt es sich auch, daß die größte Schutzwirkung erst in einiger Entfernung hinter der Hecke nach einer gewissen Abbremsphase eintritt.
Eine Porosität von 40 bis 50% erweist sich als optimal. Die Durchlässigkeit sollte dabei von unten nach oben zunehmen, da ansonsten Düsen mit erhöhten Windgeschwindigkeiten entstehen, ein gewünschter Effekt bei Straßenalleepflanzungen gegen Schneeverwehungen und bei Schneezäunen.
Überbreite Hecken oder Wälle können den eigentlichen Schutzbereich wieder verkleinern, da sich die Windströmung deren Formen angleicht und so eher in die Ausgangslage zurückkehren kann.
Flachansteigende Hecken oder ähnliche Anlagen bilden gegenüber steileren ebenso einen kleineren Schutzbereich aus. In Küstennähe und sonstigen windstarken Gebieten allerdings entsprechen flachansteigende Schutzwäldchen den natürlichen Ausbildungen, in denen Sträucher und Bäume sich im gegenseitigen Schutz in der Höhe steigern. Ganze Gehöfte können Schutz in solchen Wäldchen finden, wie dänische Beispiele zeigen.

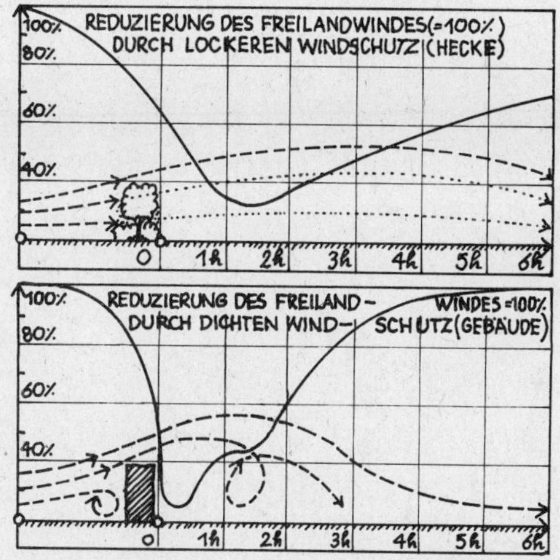

Die Windschutzwirkung hängt von der Art des Schutzstreifens ab.
Dichte Anlagen wie Mauern, Gebäude, Wälle führen zunächst zu stärkeren Windbremsungen, der Schutzbereich ist aber kürzer. Es kommt zu Luv- und Leewirbeln.
Lockere Heckenanlagen oder Zäune bremsen den Wind nicht so abrupt. Ihr Schutzbereich reicht bedeutend weiter nach Lee und ist auch in Luv größer.

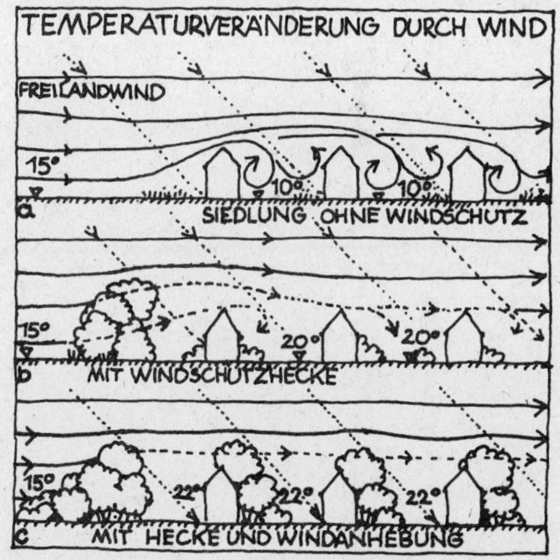

Temperaturerhöhung durch Windschutz (windiger Sonnentag)
a Rauhes Bebauungsprofil erhöht Windablenkung und Turbulenzen, niedrigere Temperaturen sind die Folge.
b Windschutzhecken bremsen beträchtlich,
c ebenso kann durch dichten Baumbestand der Wind über die Häuser angehoben werden. In beiden Fällen 5 bis 10° C höhere Temperaturen als im windigen Freiland.

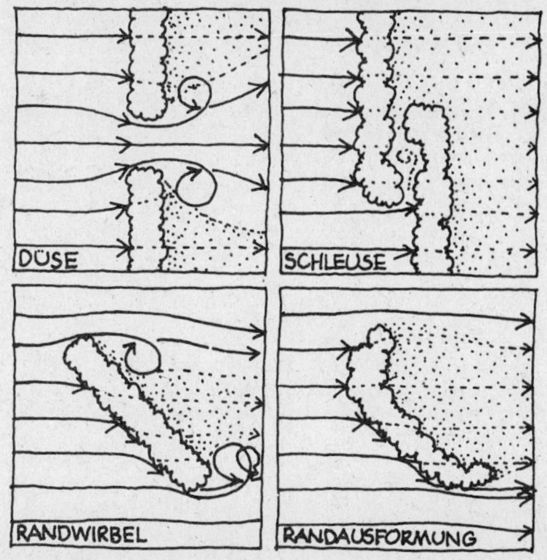

Windverstärkung und -düsen am Ende von Hecken, bei Wegdurchbrüchen oder schräger Lage zur Windrichtung. Überlappungen, verstärkte Enden und besondere Ausformungen schaffen Abhilfe.

Die größte Schutzwirkung ergibt sich bei senkrechter Lage zur Hauptwindrichtung. Bei einem Anströmwinkel von 45° können zwei Drittel der vollen Bremswirkung erzielt werden. Selbst Schutzstreifen parallel zur Windrichtung weisen noch eine gewisse Bremswirkung auf. Carrés- oder sonstige netzartige Anlagen werden mehreren sich verändernden Windrichtungen gerecht.
In ebenen Lagen reicht im allgemeinen die Kenntnis der Hauptwindrichtungen aus. Abzuwägen und wenn möglich zu verbinden sind Schutzmaßnahmen gegen sehr starke Winde mit Schlagregen, mit solchen gegen schwächere, dafür aber häufigere und stetige Winde verschiedener Richtungen. Immer sollte vor kühlen Winden des Winterhalbjahres geschützt werden.
In hügeligem Gelände oder in Gebirgslagen ist eine genaue Kenntnis der örtlichen Gegebenheiten unumgänglich, damit Windschutz am falschen Ort nicht zu übermäßigen, unerwünschten Schneeverwehungen, Kaltluftstauungen und somit zu Frostgefährdung und Staunässe führt.
Neben den überörtlichen Hauptwindrichtungen und der luv- bzw. leeseitigen Lage im Relief sind festzustellen: die örtlichen Winddüsen durch Geländeverengungen und -einschnitte, die täglichen Hangaufwinde und insbesondere die nächtlichen Kaltluftströme talwärts (selbst die kleinsten Schutzanlagen können Frostlöcher entstehen lassen), die Talein- und -auswinde, die verschiedenen Bewindungsstufen, die mit der Höhe zunehmen, sowie sonstige örtliche Fallwinde, Kammwinde oder Prallhangeffekte. Insbesondere darf es zu keiner Behinderung des nächtlichen Kaltluftflusses durch Querstellung zum Hang kommen. Wird für Abflußführung gesorgt, können gerade auch Windschutzhecken vor abfließender Kaltluft schützen (s. Kap.: Gestaltung des Lokalklimas). Ebenso können Windschutzpflanzungen gleichzeitig für Erosionsschutz an Hängen sorgen.
In Stadt- oder Siedlungsbereichen können Windverhältnisse kompliziert sein. Oft führen Veränderungen an einer Stelle zu Verschlechterungen an einer anderen. Ein mehr oder weniger dichtes Vegetationskleid mit üppigem Baumbestand ist auch hier der beste Schutz, er hebt die Großraumwinde ab und schwächt Winddüsen und Wirbel in den Freiräumen.

Schneezäune
a Sog- und Stauwehen am Windhindernis.
b, c Schneezäune sollten immer senkrecht zur Hauptwindrichtung stehen, örtliche Ablenkungen beachten.

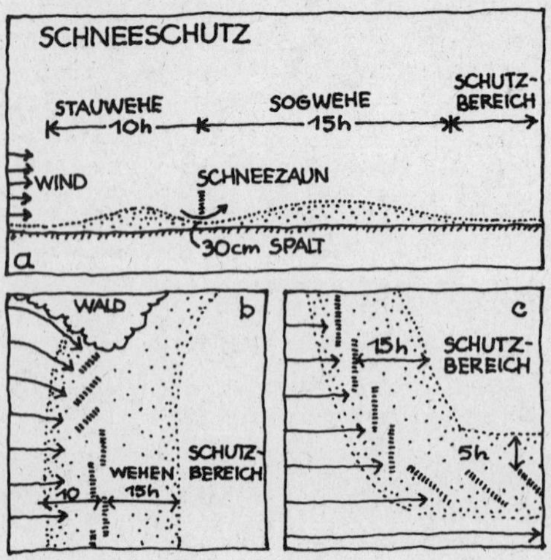

Schneeschutz

Schnee setzt sich bevorzugt in windberuhigten Zonen ab, ebenso wie Regen, Staub, Laub, Samen oder sonstige Luftbeimengungen (auch schädliche Verunreinigungen, die zum Teil aber gerade durch Hecken herausgefiltert werden).
Schneeverwehungen bilden sich an den Stellen, an denen sich der Wind staut (Stauwehen), sowie im Windschatten von Stauhindernissen (Sogwehen). Die angrenzenden Bereiche, nämlich die Schutzbereiche, erhalten weniger Schnee und vor allem weniger Verwehungen, da der Wind bereits geschwächt ist. Je mächtiger sich der Freilandwind in seiner Geschwindigkeit ausprägen kann (z. B. in kahlen, freien Landschaften), desto größer werden die Verwehungen. Heckenlandschaften schwächen die Gesamtwindgeschwindigkeit ab; auftretende Verwehungen werden nicht so extrem.
Schneezäune gehören zu den veränderbaren Maßnahmen, die entsprechend den jahreszeitlichen Witterungen das Haus und seine Umgebung im Wechsel schützen können. Dazu eignen sich alle möglichen Holzzäune, Kokosfasernetze, Draht- und Reisiggeflechte, sofern sie 50% durchlässig sind (übliche Höhe 1,0 bis 1,5 m). Zu anderen Jahreszeiten sind sie als Zaunteile, Tiergatter oder Rankgerüste im Garten verwendbar.

Windschutzmaßnahmen

Je nach Standort können eine Reihe verschiedener Schutzmaßnahmen im Außenbereich und am Haus selbst angemessen sein:

- Schutzwälder, Heckenanlagen, Geländeterrasierungen, Wall- und Steinmodellierungen im landschaftlichen Maßstab; sie bremsen die Überlandwinde und schützen vor Winderosionen etc.
- Auswahl windgeschützter Standorte für Siedlungen und für Einzelgebäude.
- Gehölze, Hecken und Hügelmodellierung im Siedlungsbereich für die Gesamtsiedlung wie für die Einzelhäuser in Hauptwindrichtungen.
- Windschutz für Garten- und Hausnahbereich durch Hecken verschiedener Größen und Staffelungen, durch Erd- und Steinmodellierung, Lebendverbaumaßnahmen, Mauern, Zäune, Matten, Pergolen, Lauben etc., durch höhengestaffelte Anbaukulturen, Beetmodellierung etc., durch Schuppen, Ställe, und Gewächshäuser.

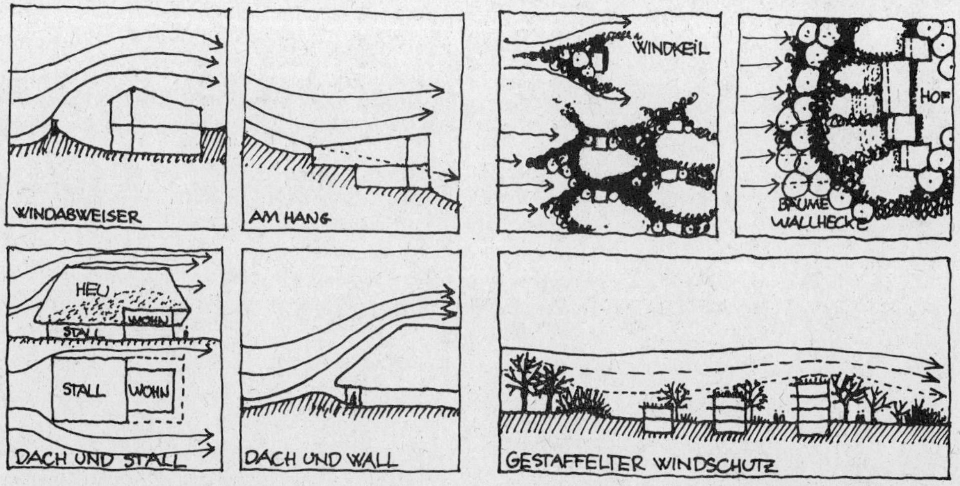

Maßnahmen am Haus:
Durch die Stellung des Hauses kann in Abwägung mit den anderen Gestaltungsfaktoren dem Wind die geringste Angriffsfläche geboten werden – traditionelle West-Ost-Stellung von Bauernhäusern in vielen Gebieten.
Windschlüpfige Formen – teilweise eingegraben – verringern die Angriffsfläche.

Anordnung von Nebenräumen, Wirtschafts- oder Kühlräumen an den windexponierten Seiten, auch Ställe bei Vermeidung von Zugerscheinungen. Traditionelle Stall- und Heulageranordnung bei Schwarzwaldhäusern.

Hecken sind die wichtigsten Windschutzanlagen, – in verschiedenen Höhen, Breiten, Ausformungen und Artenzusammensetzungen sind sie sowohl in die Landschaft (großräumige Erosionshecken, Wildhekken, Weidehecken etc.) als auch in die Siedlung zu integrieren.

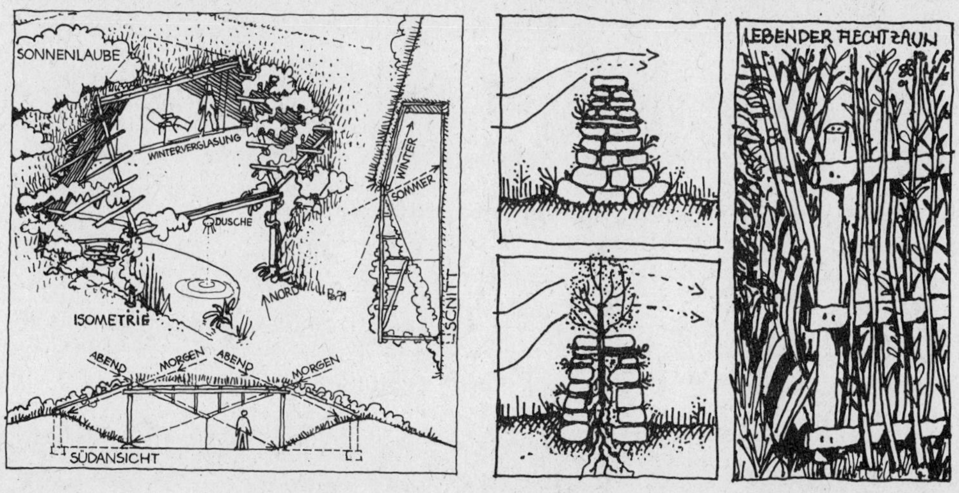

Beispiel einer kleinen Sonnenlaube mit optimalem Windschutz – in ähnlicher Weise könnte Haus und Siedlung in sich Windschutz sein bei voller Öffnung zur Sonne.

Möglichkeiten des kleinräumigen Windschutzes am Garten
Steinwall- oder Erdwallhecken bieten sofortigen Windschutz, die Jungpflanzen sind vor Tierverbiss zu schützen und müssen allerdings manchmal bewässert werden.

Lebende Zäune (geflochten, gesteckt, umgelegt, geschnitten usw.) in den verschiedensten Ausführungen bieten gerade auf minimalen Flächen in Siedlungen guten und ausreichenden Schutz.

- Windschlüpfrige Form des Hauskörpers in Grundriss- und Schnitt, Anordnung von Nebengebäuden, Kühl- und Trockenräumen an der Hauptwindseite.
- Pufferbereiche um das Haus in Form von Balkonen, Loggien, Pergolen, Hausumgängen und -lauben, die im Winterhalbjahr verschließbar sind; Windfänge an Außentüren.
- Spezielle Ausbildung der Wetterseiten.
- Fassadenberankung und Wandhecken (s. Kap: Biotopgestaltung).
- Optimale Fensterdichtung durch festverglaste Fenster mit kleinen Lüftungsöffnungen und Läden.

Um eine merkliche Auswirkung der Mikroklimagestaltung der Hausumgebung auf den Wärmehaushalt des Hauses zu erzielen, ist ein Maximum an Windschutz notwendig. Die Einzelmaßnahmen der verschiedenen Größenordnungen sollten je nach Situation kombiniert werden, um eine Steigerung in der Wirkung zu erhalten.
Die Siedlung selbst könnte so in sich ein optimales Windschutzsystem sein.

Stadtklima

Auswirkungen

Ab einem bestimmten Verhältnis bebauter Fläche zur Vegetationsfläche und einer bestimmten Größenausdehnung entsteht eine neue Einheit von Klima – das „Stadtklima" –. Obwohl die negativen Auswirkungen erst bei größeren Städten eindeutig als belastend empfunden werden, zeigen auch relativ kleine Orte bereits deutliche „Stadtklima"-Effekte. Die wesentlichen werden im folgenden angegeben.

Städtische Wärmeinsel

Städte sind im Jahresdurchschnitt um 1 bis 2° C wärmer als die ländliche Umgebung. Lokale Überwärmungen führen bei sonnigem Wetter zu 6 bis 12° C höheren Temperaturen, stellenweise zu noch mehr. Auch die nächtlichen Temperaturen sind um ähnliche Durchschnittstemperaturen (bis zu 6° C) höher. Im Zusammenhang mit Windstille, hohem Staubgehalt und hoher Feuchte der Luft wird dies als unerträgliche und extrem unangenehme Schwüle empfunden.
Die Ursachen für den Temperaturanstieg sind im wesentlichen:

- die Wärmespeicherkapazität der Häuser und Straßen, die nachts (einem Backofen vergleichbar) die Wärme zurückgeben;
- die erhöhte Aufnahme der Sonneneinstrahlung durch Mehrfachreflexion und -absorption, ohne das diese genutzt wird;
- die Verminderung der nächtlichen Wärmeabstrahlung durch gegenseitige Abschirmung und Reflexion an den Gebäuden sowie durch Reflexion an der stark verschmutzten Luft;
- die erheblich verringerte bzw. fehlende Vegetation, die kaum Wärme zur Verdunstung entzieht;
- die schnelle, unterirdische Abführung des Regenwassers und die fehlenden Wasserflächen;
- das stadteigene, stehende Luftkissen, das eine Durchlüftung und Abkühlung durch Freilandwinde verhindert;

- die hohe Eigenwärmeproduktion der Stadt durch Industrie, Verkehr, Hausbrand usw. (2°C höhere Temperaturen in einer Autokolonne), die in den Wintermonaten bereits denselben Betrag annimmt wie die natürliche eingestrahlte Energiemenge.

Dunstglocke und Stadtnebel

Überwärmung führt zu thermischen Luftzirkulationen (Aufwinden), die tagsüber gemeinsam mit der Luftverschmutzung über den Städten eine Dunstglocke hervorruft. Nachts oder bei Inversionswetterlagen (bei abgebrochenem Auftrieb) legt diese sich wie eine Decke über das Stadtgebiet. Dadurch werden die direkte Sonneneinstrahlung, die nächtliche Wärmeabstrahlung und der Luftaustausch mit dem Umland vermindert, Nebel und Nieselregen wegen des überhöhten Anteils von Kondensationskernen sowie die Gewitterhäufigkeit erhöht.
Bei Inversionswetterlagen, die in ihrer Häufigkeit über Städten zunehmen, kann sich der Stadtdunst zu dem extrem gesundheitsschädigenden „Smog" steigern.

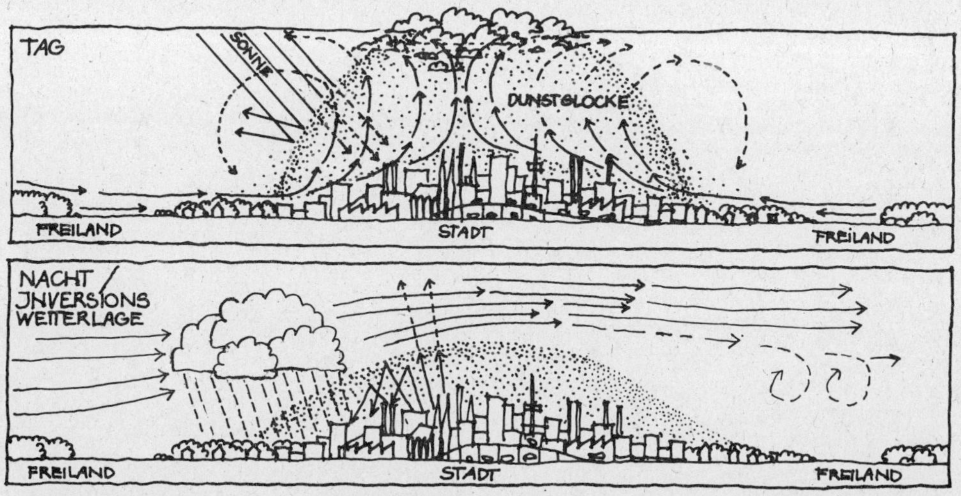

Die Erwärmung der Stadtluft nimmt zum Zentrum stetig zu, steigt dort auf und kondensiert an den zahlreichen Staubteilchen und Kernen. So bildet sie zusammen mit der Staubschicht eine Dunsthaube. Bei regem Luftauftrieb entsteht eine Wolkendecke mit geringerer direkter Sonneneinstrahlung, weniger Himmelsblau und Ortshelligkeit, verminderter Sichtweite, Bewölkungszunahme und Nieselregen (erleichtertes Abregnen durch Aerosole). Kühlere, frischere Freilandwinde erwärmen sich meist bereits auf dem Weg zur Innenstadt und steigen frühzeitig auf. Als verschmutzte Luft gelangen sie oftmals bereits in den Vororten wieder in den Kreislauf zurück.
Die nächtliche Ausstrahlung ist durch Gegenreflexion und Absorption an Staub, CO_2 und Wasserdampf vermindert. Eine ähnliche Dunstglocke ergibt sich bei Inversionswetterlagen. Viele Großstädte liegen aufgrund ihrer historischen Entwicklung in klimatisch ungünstigen Räumen wie Senken und Tälern, die besonders inversionsgefährdet sind und keinen vertikalen Luftaustausch mehr ermöglichen; Beispiel Oberrheingraben mit Mannheim, Ludwigshafen, Frankfurt usw.

Winde, die in das Stadtgebiet einfallen, erfahren oft durch Häuserfronten und Straßenschluchten eine Erhöhung ihrer Geschwindigkeit. Durch bauliche Verengungen bzw. querverlaufende Hausreihen werden sie gezwungen, ihre Richtung zu ändern, was zu Turbulenzen und Wirbelbildungen führt. Gerade bei Hochhäusern oder alleinstehenden und damit dem Wind extrem ausgesetzten Gebäuden kommt es zu „Wirbelzonen" im Erdgeschoßbereich, die kaum mehr begangen werden können (Sturmschäden, neu gepflanzte Vegetation wächst schwer an). Druck- und Soglasten sowie daraus resultierende Zugerscheinungen im Inneren der Gebäude sorgen für raschen Wärmeabtransport und Auskühlung. Andererseits bremst aber die rauhe Stadtoberfläche alle Luftströmungen erheblich. Die Reibung an und zwischen den Häusern verzehrt den Großteil der Energie der bewegten Luft (Windenergie), sie verlangsamt sich zum Stadtinneren immer mehr. So entsteht ein „Luftkissen" in der Stadt, über das Großraumwinde hochgehoben werden. Lokale Windturbulenzen oder hohe Windgeschwindigkeiten in Gassen und Straßen sind deshalb nicht einer guten Stadtbelüftung gleichzusetzen. Die Luft kann oft am „Ort kreisen" und nur einen Austausch zwischen oben und unten, aber keinen Abtransport vollziehen.

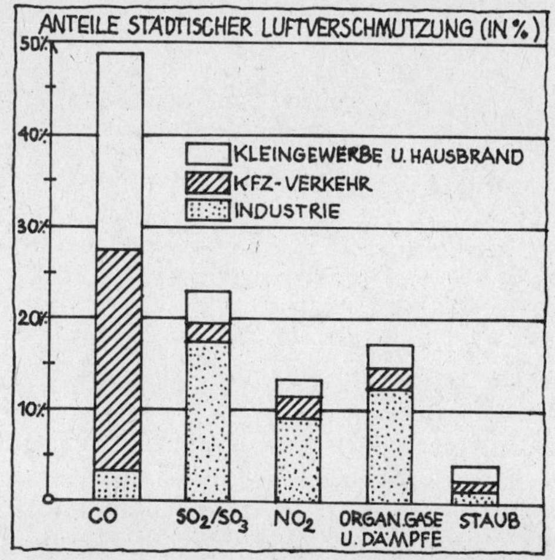

Prozentualer Anteil der verschiedenen Quellgruppen an den Emissionen in einem Teilgebiet (Emissionskataster Köln 1972) aus: Schilpköter/Goettert in: Buchwald/Engelhardt.

Die Tabelle zeigt die quantitativen Veränderungen des regionalen Klimas durch Städte. Lokale Gegebenheiten lassen die Werte um einiges höher steigen. Nach F. Vester zeigen Klimaveränderungen in großen Industriestädten (über 1 Mill.) noch extremere Werte:

- 1 Std. Sonnenschein täglich weniger
- 50% weniger UV-Einstrahlung,
- 10% mehr Regen,
- 25% weniger Wind,
- 100% mehr Nebel,
- 50000 t Luftverunreinigungen täglich durch Abgase, Öl- und Benzindämpfe usw.

Klimatische Änderungen durch Städte: nach H. C. Wohlers, aus F. Vester

Element	Vergleich mit ländlicher Umgebung Durchschnittswerte
Verunreinigung	
Staubpartikel	10mal mehr
Schwefeldioxid	5mal mehr
Kohlendioxid	10mal mehr
Kohlenmonoxid	25mal mehr
Strahlung	
Gesamtstrahlung auf horizontaler Oberfläche	15 bis 20% weniger
Ultraviolett im Winter	30% weniger
Ultraviolett im Sommer	5% weniger
Beleuchtung	
Sichtbares Licht Sommer	5% weniger
Sichtbares Licht Winter	15% weniger
Bewölkung	
Wolken	5 bis 10% mehr
Nebel Winter	100% mehr
Nebel Sommer	30% mehr
Inversionen	60% mehr
Niederschlag	
Gesamtbetrag/menge	5 bis 10% mehr
Tage mit mindestens 3 mm Niederschlag	10% mehr
Temperatur	
Jahresmittel	0,5 bis 1° höher
Winterminima	1 bis 2° höher
Relative Feuchtigkeit	
Jahresmittel	6% weniger
Wintermittel	2% weniger
Sommermittel	8% weniger
Windgeschwindigkeit	
Jahresmittel	20 bis 30% weniger
Spitzenböen	10 bis 20% weniger
Windstillen	5 bis 20% mehr
Sichtweite	80 bis 90% weniger

Gesundheitsschädigende Auswirkungen des Stadtklimas durch verminderte direkte Sonneneinstrahlung (besonders verminderter UV-Anteil), Abgase wie Kohlenmonoxid und -dioxid, Schwefelgase, Phosphorwasserstoffe usw., Stäube und Schwermetalle, Streßfaktoren wie Lärm- und Lichtbelästigungen, Störung des Ionen-Gleichgewichts (die biologische Relevanz der Ionenkonzentration ist umstritten) usw. können nach E. Franke zu Krankheiten führen:

- verzögerte Knochenreife bei Schulkindern;
- niedriger Haemoglobingehalt des Blutes;
- Rachitis- und Bronchitisanzeichen bei Kindern;
- Reizerscheinungen der Augen und der Luftwege durch Schwefeldioxide und Stickoxide;
- Entzündungen der Lungen durch Schwefeloxide und Staubpartikelchen;
- Zellschädigung durch Metalle und Ruß;
- Störung des Sauerstoffaustausches im Blut durch Kohlenmonoxid;
- Tumore als Folge der Einwirkung einiger Kohlenwasserstoffe;

- psychosomatische Schäden in Form allgemeiner Leistungs-, Konzentrations- und Schlafstörungen;
- Wachstumsstörungen und Tod von Pflanzen durch SO_2, sinkenden Grundwasserstand, Undichtigkeiten der Gasleitungen, Salzstreuung, Hitze, usw.

Die Liste ließe sich weiter fortsetzen. Eine gute Zusammenstellung der verschiedenen Verunreinigungen und ihrer krankhaften Auswirkungen auf den menschlichen Organismus findet sich im Beitrag von Schlipköter, H. W. und Goettert, L., in: Buchwald/Engelhardt.
Weitere Auswirkungen durch veränderte Luftionisation sowie durch unterschiedliche, künstlich hervorgerufene Strahlungsfelder sind noch nicht eindeutig nachgewiesen; es ist jedoch denkbar, daß die veränderte Luftionisation an vielen Gesundheitsstörungen beteiligt ist. Mit Rücksicht auf einzelne nachteilige Befunde, muß die Bestandsaufnahme noch verfeinert werden.
Das bei jedem Verbrennungsprozeß entstehende CO_2 kann derzeit schätzungsweise nur noch zu 50% (nach Meyer's) durch die Pflanzen assimiliert werden. Der Rest verbleibt in der Atmosphäre und hat wie der Wasserdampf die Fähigkeit, langwellige Wärmerückstrahlung der Erde zu absorbieren. Dadurch erwärmt sich die Atmosphäre („Glashauswirkung") und kann erhebliche Klimaveränderungen zur Folge haben mit schwerwiegenden, unvorhersehbaren Neben- und Langzeitwirkungen.
Seit Beginn der Industrialisierung hat sich der CO_2-Gehalt der Luft bereits um 15% erhöht; für das Jahr 1990 prognostiziert das Brookhaven National Laboratory die jährlichen CO_2-Emissionen auf 35–90% (nach Global 2000).

Folgerungen

Um negative „Stadtklima-Effekte" zu vermeiden, sollten im wesentlichen angestrebt werden:

- Vermeidung von Immissionen,
- Schaffung von ausreichenden Vegetations- und Wasserflächen,
- Schaffung von kleinräumigen Luftzirkulationen,
- Nutzung der Einstrahlungsenergie und Speicherkapazität der Bebauung.

Danach könnte sich wahrscheinlich ein städtisches Gefüge mit hoher biologischer Effizienz und gesundem, sogar milderem Klima als im Freiland entwickeln. Eine sich aus sich selbst heraus klimatisierende Stadt, die für ihr eigenes gesundes Klima sorgt, ist als langfristiges Ziel anzustreben.

Vermeidung von Immissionen

Die Vermeidung von Luftverunreinigungen, im wesentlichen Verkehrs-, Industrie- und gewerbliche Immissionen, ist eine Grundvoraussetzung, da sonst alle weiteren Maßnahmen nur geringen Erfolg aufweisen werden. Es gibt z. B. genügend praktikable und erprobte öffentliche Verkehrssysteme, die die Immission des Verkehrs und seinen Flächenbedarf auf einen Bruchteil reduzieren können.
Luftverunreinigungen, Abfallstoffe der Industrie und des Gewerbes, sind zum Teil „Rohstoffe am falschen Ort". Im Sinne von Kreisläufen und Produktionsketten muß ihre Weiternutzung gewährleistet werden.
Bei der Produktion freiwerdende, nicht vermeidbare Abgase und Stäube müssen durch Filter- und Neutralisierungssysteme gebunden werden. Zur Kompensation des CO_2-Anteils sollten entsprechende regenerierbare Vegetationsflächen nachgewiesen werden.

Die Leistungen der Grünflächen in Städten. Neben der Temperaturmäßigung verhelfen sie durch Staubfilterung indirekt zu weniger Dunst und Nebel und somit zu mehr Sonnenschein (direkte Strahlung). Über Waldflächen in Städten wurden 200 bis 1000mal weniger Staub gemessen, über einem innerstädtischem Park 5mal weniger und selbst in einer baumbestandenen Allee noch 3mal weniger als in einer baumlosen Straße (nach E. Franke).
100 bis 200 m^2 große Grünflächen genügen bereits zur Kühlung; sie haben 3 bis 4° C geringere Temperaturen und nur $^1/_6$ bis $^1/_8$ des früheren Staubgehalts.

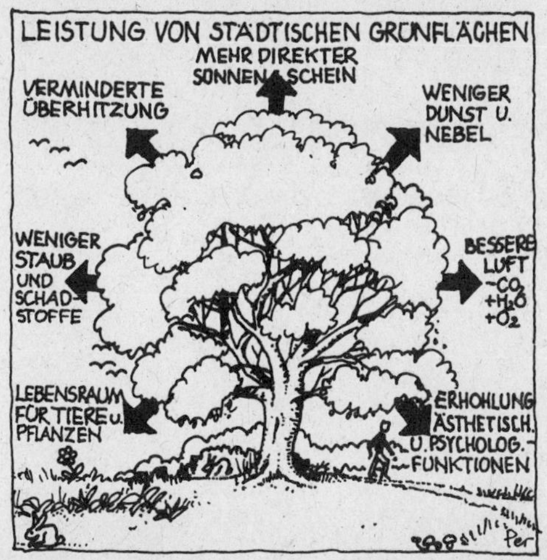

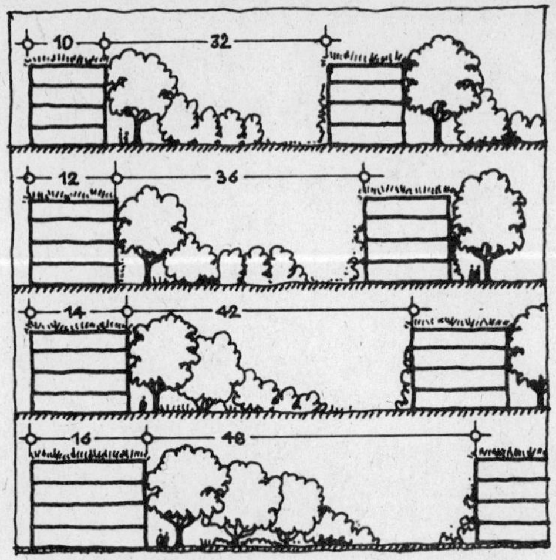

Im Mehrgeschoßbau könnte bei gleicher Höhe und gleicher Ausnützungsziffer (GFZ) die Freifläche vergrößert werden, indem die Gebäudetiefe vergrößert wird. Das würde bei gleichem Raumangebot weniger überbaute Fläche sowie eine Verbesserung der Wärmebilanz der Gebäude bedeuten.

Freiflächengewinn
Gebäudehöhen bis zur Baumgrenze sparen gegenüber Flachbauten erheblich an Freiflächen. Gebäudehöhen darüber jedoch bringen nur noch einen Bruchteil an Grünflächenzuwachs, entgegen der landläufigen Meinung, Hochhäuser würden Grünflächen schonen (nach R. Rainer).

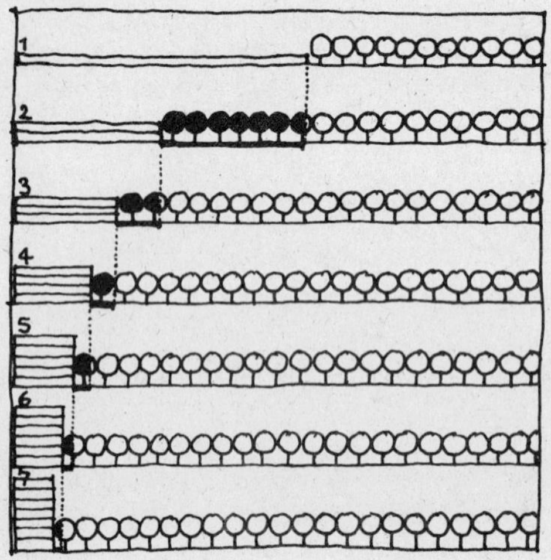

Schaffung ausreichender Vegetations- und Wasserflächen

Die negativen Klimaauswirkungen unbedeckter Gebäude- und Nutzflächen können durch Begrünung ausgeglichen oder sogar in klimaverbessernde Flächen umgewandelt werden.
Ab einer bestimmten Bebauungsdichte nimmt jedoch die Lebensfähigkeit der Grünflächen exponentiell ab, da Immissionseinflüße und Austrocknungsgefahr nicht mehr ausgeglichen werden können.
Die Dichte der Bebauung allein bestimmt noch nicht den Vegetationsanteil. So sind heute beispielsweise selbst in lockeren Vorstadtbereichen 40 bis 50% aller Freiflächen in irgendeiner Art für Straßen, Parkplätze, Garagen, Terrassen, Sitzplätze usw. versiegelt. Bezieht man alle nur möglichen Flächen in den Städten, die sich in verschiedenster Weise zur Bepflanzung eignen, mit ein, so könnte sogar bei relativ hoher Dichte für einen zusammenhängenden Pflanzenteppich gesorgt werden. Dazu gehört insbesondere die Verringerung der Straßen- und Erschließungsflächen (alternative Verkehrskonzepte), die auch nur zum geringen Teil versiegelt werden müssen. Die eigentliche Bebauungsfläche kann durch Dachbegrünung wiedergewonnen werden (insbesondere Garagen und Flachdächer). In vielen Fällen wird es möglich sein, durch die Gebäudeausbildung den begrünbaren Flächenanteil über die eigentliche Grundfläche hinaus zu vergrößern (Fassaden, Balkone, Pergolen usw.).
Flächenoptimierungen sollten bereits in der Planung berücksichtigt werden, um einerseits den Flächenverlust durch Bebauung so gering wie möglich zu halten und zum anderen, um den Nutzwert der Freiflächen so groß wie möglich zu gestalten.
Außer der Quantität der Grünflächen bestimmt auch die Qualität der Bepflanzung den klimatischen Nutzen.
Erst eine hohe, differenzierte, vor allem mit Bäumen durchsetzte Vegetation kann den Klimaausgleich schaffen. So muß in dichteren Stadtbereichen gegebenenfalls entdichtet, also abgerissen werden, um eine nachhaltige Wirkung zu erzielen.
Neben der Vegetation ist Wasser das wichtigste Element zur Klimaverbesserung (s. Kap. Wasserflächen und Wasserhaushalt). So sollte zumindest das gesamte abgeleitete Regenwasser in offenen Wasserflächen rückgehalten werden. Zusätzlich werden hierdurch der Grundwasserhaushalt verbessert und eine Gestaltungs- und Nutzungsbereicherung erzielt.

Schaffung von kleinräumigen Luftzirkulationen

Kleinräumige Luftzirkulationen sorgen an Ort und Stelle für Frischluftaustausch und Kühlung. Eine kritische Analyse klimaökologischer Einschätzungen und Empfehlungen bietet Gerhard Werner in Heft 6 des Infu Dortmund 1980. In Siedlungen mit entsprechender Grün- und Wasserflächendichte können sie durch den Wechsel von Warm- und Kühlbereichen in Gang gebracht werden. Die nachströmende kühle Luft ist durch die Vegetation und den Sauerstoff angereichert und staubgefiltert; ähnlich wirken Wasserflächen und fließende Brunnen.
Großräumige Maßnahmen (Windgassen und Kaltluftschneisen) zur Abkühlung und Frischluftversorgung weisen allein, wie sich in mehreren Städten gezeigt hat, nur geringe, manchmal sogar keine Wirkung auf. Oft erwärmen sich die Freilandwinde bereits in den Vorstädten und steigen auf, bevor sie das Stadtinnere erreichen. Sie durchlüften dabei zwar die breiten Schneisen und Straßen, dringen aber kaum in die stehenden Luftkissen der rechtwinkligen Nebenstraßen ein, schon gar nicht in die Höfe. Oft nehmen sie infolge unberechenbarer Eigendynamik ganz andere Wege als gewünscht und geplant (siehe F. Fezer in: E. Franke). Kleinteilige Klimaverbesserun-

gen auf Haus-, Block- und Straßenebene unterstützen die Wirksamkeit großräumiger Maßnahmen oder können diese bei konsequenter Durchführung sogar überflüssig machen. Durch gezielte Öffnungen, Straßenraumgestaltung oder ggf. Veränderung der Gebäudeprofile entstehen kleinräumige Luftzirkulationen, die im Zusammenhang mit klimaverbessernden Maßnahmen (s. Kap. Gestaltung des Lokalklimas) für ständige Erneuerung der Luft sorgen.

Nutzung der Einstrahlungsenergie

Die Überwärmung, die derzeit negative Effekte auslöst, könnte durch Nutzung der eingestrahlten Energie vermindert werden. Sie könnte nutzbringend in gespeicherte Wärmeenergie oder auch in elektrische Energie umgewandelt werden. Durch die abgeführte Einstrahlungswärme wird den Oberflächen Wärme entzogen; somit bleiben die angrenzenden Luftschichten kühl. Bei entsprechender Häufigkeit solcher Anlagen könnte so durchaus eine „Kühlung" von Stadtbereichen erfolgen. Es gibt dazu leider noch keine empirischen Untersuchungen, da die Solarnutzung (s. Kap. Sonnenenergie u. Bauliche Energiebewahrung) noch nicht verbreitet ist. Vermutlich kann sie die klimaausgleichende Wirkung von Pflanzen und Wasserflächen erheblich unterstützen.
Im Zusammenhang mit verbesserter Wärmedämmung und Nutzung der Restwärme aus Produktionsbetrieben können Hausbrand und andere Verbrennungsimmissionen vermindert oder ganz vermieden werden.
Es ist zu erwarten, daß alle bisher angeführten Maßnahmen in ihrer Verbundwirkung eine städtische Dunstglocke gar nicht erst entstehen lassen. Bei konsequenter Anwendung könnte in Städten sogar ein ausgesprochenes Vorzugsklima entstehen, welches neben den gesundheitlichen Vorteilen auch eine maximale Solarenergienutzung ermöglicht.

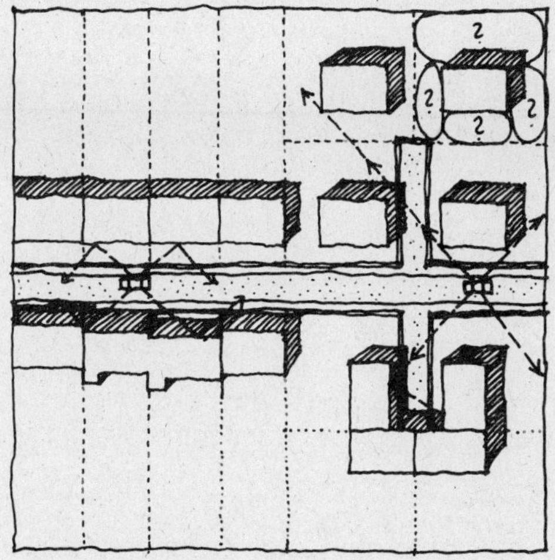

Reihenhausbebauungen ermöglichen bei gleicher Grundstücksgröße eine bessere Nutzung der Gärten. Es entstehen weniger Rest- und Verschnittflächen, die wegen der geringen Größe oft wenig Wert haben. Der Anteil der Gartenwege verringert sich, die Verschattungsflächen pro Hauseinheit sind erheblich geringer.

Literatur

Klima (Groß- und Lokalklima).
Aronin, J. E.: Climate and Architecture. Progressiv Architecture Book. New York 1953.
Berg, H.: Einführung in die Biometeorologie. Bonn 1947.
Bernatzky, A.: Ökologische Grundlagen der Stadtplanung. In: DBZ 9/75.
Blenck, H.; Trienes, H.: Strömungstechnische Beiträge zum Windschutz. Hrsg. Grundlagen der Landtechnik. VDI-Verlag, Düsseldorf.
Buchwald, K.; Engelhardt, W. (Hrsg.): Handbuch für Planung und Gestaltung und Schutz der Umwelt. Bd. 2. Die Belastung der Umwelt. München 1978.
Buchwald, K.; Engelhardt, W. (Hrsg.): Handbuch für Landschaftspflege und Naturschutz, Bd. 2. München 1968.
Bylund, E.; Sundborg, A.: Lokalklimatische Einflüsse auf die Platzwahl von Siedlungen etc. In: Ymer Stockholm 1, 1952.
Eimern, J. v.: Wetter- und Klimakunde für Landwirtschaft, Garten- und Weinbau, 1971.
Faust, V.: Biometeorologie. Stuttgart 1977.
Geiger, R.: Das Klima der bodennahen Luftschicht. Braunschweig 1951, 3. Aufl. 1961, 4. Aufl.
Grün, W.: Angewandte Klimatologie. In: DBZ 4/76.
Kasten, F.: Das Sonnenstrahlungsangebot in Deutschland. Aus: Sonnenenergie 3/4 1978.
Kempf, Chr.: Die Anpassung der Bauernhaustypen des Schwarzwaldes an das Klima ihrer Verbreitungsgebiete. Diss. an der TU Hannover 1973.
Kessler, D.; Kaempfert, W.: Wetterkunde für Gärtner, Weinbauern und Landwirte. 2. Aufl. 1948. Heft 13 in: Grundlagen und Fortschritte im Garten- und Weinbau.
Kessler, D.; Kaempfert, W.: Die Frostschadenverhütung. RWD, Nr. 2.
Kleinklima Merkblatt Nr. 18: Aus: „Boden und Gesundheit". Zeitschrift für angewandte Ökologie.
Lötsch, Dr. B.: Stadtökologie und Siedlungsraumgestaltung. Broschüre des österr. Jugendrotkreuzes.
Mitteilungen des dt. Wetterdienstes, Nr. 16 Bd. 3: Vorträge über Frostschutz. Bad Kissingen 1956.
Olschowy, G. (Hrsg.): Natur- und Umweltschutz in der Bundesrepublik Deutschland. Hamburg/Berlin 1978.
Schäfer, U.: Energie und Raumklima. Ansatzpunkte für eine neue Architektur. In: B + W 7/8/1977.
Scherhag; Blüthgen; Lauer: Klimatologie. Braunschweig, 1960.
Schlüter, U.: Lebendbau. München 1971.
Egli, E.: Die neue Stadt in der Landschaft Zürich, 1951.
Scultetus, R.: Klimatologie. Praktische Arbeitsweisen. In: Das geographische Seminar. Braunschweig 1969.
Wilmers, F.: „Klimatologie". Vorlesung, 5.11.1970, am Institut für Städtebau der Dt. Akademie für Städtebau und Landesplanung, Berlin.
Wilmers, F.: Planungsbezogene meteorologische Untersuchungen an Tagebaugruben. In: Landschaft + Stadt 6/1974.
Wilmers, F.: Temperaturstudien in Gartenhöfen. In: Das Gartenamt 12/72. Hannover.

Stadtklima

Ayoub, R.: Natürliche Klimatisierung. In: Glasforum 1/1966.
Buchwald, K.; Engelhardt, W. (Hrsg.): Handbuch für Planung, Gestaltung und Schutz der Umwelt. Bd. 2. Die Belastung der Umwelt. München 1978.
Doernach, R.: Bauklimatologie. In: db 12/1974.
Doernach, R.: Biotecture II. Green is beautiful. Biohaus-Verlag, Wildberg.
Franke, E. (Hrsg.): Stadtklima, Ergebnisse + Aspekte für die Stadtplanung. Mit 10 Beiträgen verschiedener Autoren. Stuttgart 1977.
Geiger, R.: Das Klima der bodennahen Luftschicht. Braunschweig, 1951, 1961.
Gertis, K.; Wolfseher, U.: Veränderung der Landschaftstemperatur durch Bebauung. In: Das Gartenamt Nr. 3/1977.
Gertis, K.; Wolfseher, U.: Veränderung des thermischen Mikroklimas durch Bebauung. Hrsg. Institut für Bauphysik der Fraunhofer Gesellschaft, 1976.
Gertis, K.; Wolfseher, U.: Bodennahe Aerodynamik. Hrsg. Institut für Bauphysik der Fraunhofer Gesellschaft, 1977.
Global 2000: Der Bericht an den Präsidenten. Verlag Zweitausendeins.
Kratzer, P. A.: Das Stadtklima. Braunschweig 1956.
Meyer's Lexikonverlag: „Die Umwelt des Menschen". Mannheim 1975.
Mies, M.: Planungsrelevante und kausalanalytische Aspekte der Stadtklimatologie. In: Landschaft und Stadt, 6/1974.
Mies, M.: Vergleichende Darstellungen von meteorologischen Meßergebnissen und Wärmehaushaltsuntersuchungen an drei unterschiedlichen Standorten in Nord-Deutschland. Beratendes Inst. Met. Klimat. TU Hannover 2/1968.
Neuwirth, R.: Bioklima. In: Die Stadt in der BRD. Hrsg. W. Pehnt, Stuttgart 1974.
Olschowy, G. (Hrsg.): Natur- und Umweltschutz in der Bundesrepublik Deutschland. Hamburg/Berlin 1978.
Quenzel, K. H.: Unterschiede zwischen Stadt- und Landklima. In: db 9/1968.
Rainer, R.: Lebensgerechte Außenräume. Zürich 1972.
Sperber, H.: Mikroklimatisch-ökologische Untersuchungen an Grünanlagen in Bonn. Dissertation Bonn 1974.
Vester, F.: Das Überlebensprogramm. München 1975.
Werner, G.: Ein Modellansatz zur Bewertung der klimaökologischen Nutzungsverträglichkeit. In: Infu, Werkstattreihe Heft 6. Dortmund 1980.
Wilmers, F.: Klimatologische Überlegungen zur Bebauung von Freiflächen in Stadtgebieten besonders am Rande von Flußniederungen. In: Neues Archiv für Niedersachsen, Bd. 24, Heft 3/1975.

Biotopgestaltung

Die „Roten Listen" auf Bundes- wie auf Landesebene bieten ein erschreckendes Bild bereits ausgestorbener bzw. stark gefährdeter Pflanzen- und Tierarten. Stirbt eine Art, so gehen nicht nur alle Entwicklungsmöglichkeiten verloren, die von dieser Art und ihrem spezifischen, genetischen Potential hätten ausgehen können; es entsteht auch eine Lücke in den Lebens- und Nahrungsketten, die weitreichende unvorhersehbare Folgen nach sich ziehen kann.
Die Gefährdung der Arten geschieht in erster Linie durch die Zerstörung ihrer spezifischen Standorte und Lebensräume. Auch das Bauen ist daran maßgeblich beteiligt. Täglich wird eine Fläche von rund 100 ha auf irgendeine Art durch Industrie, Tagebau, Straßenbau oder für Gebäude „verbraucht". Aber auch landschaftliche Umstrukturierungen, Begradigungen und Entwässerungen („Flurbereinigung") sowie monokulturelle Bewirtschaftungsmethoden reduzieren die Vielfalt der natürlichen Biotope. Kahle, ausgeräumte und vereinheitlichte Fluren sind die Folge.
Menschliche Eingriffe in die Natur hat es in der Geschichte immer gegeben. Sie waren zum Teil von verheerender Wirkung (Verkarstungen und Wüsten durch Raubbau), andere Eingriffe wiederum gefährdeten das biologische Gleichgewicht der Ökosysteme nicht grundsätzlich und konnten durch die natürlichen Regenerationskräfte kompensiert werden.
So ist nahezu unser gesamtes heutiges Landschaftsbild menschengeprägte Natur. Wir finden nur noch Reste natürlicher bzw. naturnaher Vegetation, die sich im Laufe der Zeit wieder stabilisiert hat. Sie wird weiter verdrängt und teilt sich bereits in einzelne, voneinander isolierte Inseln auf, die dadurch noch mehr gefährdet sind. So beträgt diese heute schätzungsweise nur noch 15% der Landesfläche (einschließlich Waldflächen), die jedoch 70 bis 80% der wildwachsenden einheimischen Tier- und Pflanzenarten beherbergen. In Ballungs- und Siedlungsräumen beträgt der Prozentsatz weit weniger und geht in vielen Bereichen gegen Null.

„Es ist Deine Pflicht, der Vegetation mit allen Mitteln zu ihrem Recht zu verhelfen."

„Freie Natur muß überall dort wachsen, wo Schnee und Regen hinfallen, wo im Winter alles weiß ist, muß im Sommer alles grün sein."

„Straßen und Dächer sollten bewaldet werden, in der Stadt muß man wieder Waldluft atmen können."

„Das Verhältnis Mensch – Baum muß religiöse Ausmaße annehmen."

„Die gerade Linie ist gottlos."

Friedensreich Hundertwasser

Anteil der verschollenen und gefährdeten Farn- und Blütenpflanzen in heimischen Pflanzenformationen (nach der „Roten Liste" der Gefäßpflanzen, 2. Fassung), Quelle: H. Sukopp in: G. Olschowy

Vegetationsarten	verschollen		akut bedroht		stark gefährdet		gefährdet		potentiell gefährdet		gesamt	
1. Trocken- und Halbtrockenrasen	8	(14%)	26	(16%)	34	(19%)	41	(19%)	27	(12%)	136	(17%)
2. Subalpine und alpine Vegetation	–	–	6	(4%)	10	(6%)	7	(3%)	79	(37%)	102	(12%)
3. Flußufer- und Teichvegetation, Quellfluren	9	(15%)	29	(18%)	24	(14%)	27	(13%)	8	(4%)	97	(12%)
4. Unkrautfluren der Äcker, Garten- und Weinberge	13	(22%)	21	(13%)	19	(11%)	25	(12%)	–	–	78	(9%)
5. Feuchtes Extensivgrünland	6	(10%)	21	(13%)	19	(11%)	25	(12%)	6	(3%)	77	(9%)
6. Moore	3	(5%)	20	(13%)	22	(13%)	24	(11%)	2	(1%)	71	(9%)
7. Thermophile Säume und Gebüsche	4	(7%)	5	(3%)	3	(2%)	15	(7%)	21	(10%)	48	(6%)
8. Wälder	3	(5%)	3	(2%)	5	(3%)	17	(8%)	19	(9%)	47	(6%)
9. Zwergstrauchheiden und Borstgrasrasen	4	(9%)	7	(4%)	10	(6%)	10	(5%)	8	(4%)	39	(5%)
10. Schlammbodenvegetation	4	(7%)	5	(3%)	14	(8%)	8	(4%)	3	(1%)	34	(4%)
11. Salzvegetation	2	(3%)	3	(2%)	5	(3%)	2	(1%)	15	(7%)	27	(3%)
12. Küsten und Binnendünen	–	–	11	(7%)	6	(3%)	3	(1%)	7	(3%)	27	(3%)
13. Ruderalfluren und nitrophile Säume	2	(3%)	4	(3%)	2	(1%)	8	(4%)	7	(3%)	23	(3%)
14. Felsspaltengesellschaften	–	–	–	–	2	(1%)	1	(1%)	13	(6%)	16	(2%)
Summe	58	(100%)	161	(100%)	175	(100%)	213	(100%)	215	(100%)	822	(100%)

Bebauungen, die in der derzeit üblichen Form immer noch ohne Kenntnis der natürlichen Zusammenhänge und Gegebenheiten am Ort geplant und durchgeführt werden, setzen sich meist über wertvolle Biotopbereiche hinweg, ohne dafür Ersatz zu schaffen. Neben dem massiven Eingriff in Wasser- und Lufthaushalt gefährden sie existentiell Tier- und Pflanzenleben und verändern oder zerstören das örtliche ökologische Gleichgewicht. Einmal verbaut, hat die Natur heute kaum eine Chance, in die Siedlung zurückzukehren.
Um einer solchen Entwicklung entgegenzuwirken, sollten folgende Ziele angestrebt werden:

- sparsame Verbauung und Versiegelung, Schonung aller noch bestehender Naturbereiche als wichtige, dicht belebte Ökosysteme;
- Schaffung neuer Naturbiotopbereiche verschiedener Art, Vernetzung untereinander und Anknüpfung an die Naturbereiche der freien Landschaft.

So verstandener aktiver Naturschutz wird aufwendige Artenschutzmaßnahmen nicht unnötig machen, trägt aber doch entscheidend zu deren Gelingen bei und erzielt letztendlich dauerhafte Erfolge.
Durch die Schaffung neuer Biotope läßt sich eine ökologische Aufwertung verarmter Landschaften und „Stadtwüsten" erreichen. Siedlungen und Städte können sogar als Biotope besonderer Art angesehen werden, die durch ihre reichhaltige Gestaltung (Formen, Materialien, Bauhöhen, Sonne/Schatten, Feuchte/Trockenheit, Wind/Windstille, usw.) vielfältige Vorzugsbedingungen aufweisen, die außer dem Menschen vielen Pflanzen und Tieren optimalen Lebensraum bieten könnten.
Folgende Biotopbereiche lassen sich in Gärten, an Häusern und in Gemeinschaftsbereichen (Spiel-, Sport- Erholungsflächen usw.) gestalten:

- Kleinbiotope, wie Wiesen, Raine, Böschungen,
- Heckenbiotope,
- Baum- und Gehölzbiotope,
- Gewässerbiotope,
- Fassaden- und Dachbegrünungen.

Auch bestehende Gärten, Haus- und Dachflächen eignen sich zur Umnutzung.
Die einzelnen Gestaltungsmaßnahmen können hier nur grob vermittelt werden. Sie bedürfen der persönlichen Ergänzung und des Experiments. Technisch stellen sie kein Problem dar, erfordern allerdings in ihrer Handhabung und Benutzung einige biologische Kenntnisse und vor allem Einfühlung in die Naturvorgänge.
Im übrigen sei auf die Veröffentlichungen von Dr. Urs Schwarz (CH), E. Neuenschwander (CH), L. G. Le Roy (NL), und E. Zimmerli (CH) verwiesen.

Biologische Grundlagen

Aufbauend auf ökologischen Grundzusammenhängen bilden im wesentlichen folgende Gesetzmäßigkeiten die Basis der Biotopgestaltung:

1. Natürliche Sukzession – dynamische Betrachtungsweise

Jede Pflanzengesellschaft mit der entsprechenden Tierwelt steht in einem ständigen Entwicklungs- und Veränderungsprozeß entsprechend den Bedingungen des Standortes. Wie bereits erwähnt, spricht man von einer primären Sukzession, wenn offener Rohboden besiedelt wird. Je nach Bodenzusammensetzung, Klima, Wasserhaushalt wird sich eine standortgemäße Sukzession ergeben.

Zunächst sorgen Pionierpflanzengesellschaften vor allem für den Aufbau von Humusstoffen und Stickstoffverbindungen, für eine Beschleunigung der Verwitterung und Veränderung des Bodens. Dieser kann dann von einer anspruchsvolleren Folgepflanzengesellschaft besiedelt werden. Wird dieser Vorgang der Bodenaufbereitung behindert (z. B. Ausrupfen des „Unkrauts"), so dauert diese Phase nur um so länger (Jäten ohne Ende). Diese ständige Umwandlung führt irgendwann einmal zu einem ganz spezifischen Zustand des Gleichgewichts zwischen Vegetation, Standort und den übrigen Umweltfaktoren; eine stabile Schlußgesellschaft hat sich eingestellt.
Menschliches Eingreifen an irgendeiner Stelle der Sukzession kann diese unerwünscht verzögern oder aber die Entwicklungsrichtung weg von der Schlußgesellschaft zu einer anderen, anthropogenen Ersatzgesellschaft lenken. Geschieht dieses regelmäßig, so wird sich auch hier ein gewisser Gleichgewichtszustand einstellen, der nur einen minimalen Arbeitsaufwand benötigt (z. B. Wiese, Mahd 1mal im Jahr).
Zusammenfassend heißt das:
Durch Gestaltung oder Veränderung des Standortes lassen sich bestimmte Sukzessionen initiieren. Diese erreichen über Bodenverbesserung einen mehr oder weniger gleichgewichtigen Endzustand, der kaum der Pflege bedarf und so die optimale Nutzung der Standortfaktoren durch die Vegetation darstellt.

2. Humus und Bodenleben

Der Erdradius beträgt rd. 6000 km. Nur die oberste Schicht von 10 bis 30 cm Dicke ist humushaltige Erde, die die Basis der gesamten Nährstoffversorgung für die Vegetation ist.
Humus ist das mit Erde vermischte Endprodukt des Umwandlungsprozesses aller abgestorbenen organischen Stoffe, durch Mikroorganismen, Bakterien, Insekten, Würmer usw. in für Pflanzen verfügbare mineralische Nährstoffe.
Mulchung und Düngung mit organischem Material oder Liegenlassen aller abgestorbenen und abgefallenen pflanzlichen Teile bedeutet „Fütterung" dieses Bodenlebens, das durch seine unterirdische Arbeit die Pflanzen ernährt.
Bewachsener Boden bedeutet nicht nur klimatischen Schutz, sondern aktiviert die Humusbildung an Ort und Stelle, da in durchwurzelten Bodenschichten 43mal soviel Mikroorganismen leben wie in unbewachsenen (nach Le Roy).
Im Umgang mit der Natur sollte dieser großartige Selbstversorgungskreislauf von Bodenleben und Vegetation im symbiotischen Zusammenwirken nicht beeinträchtigt oder gar unterbrochen werden.

3. Natürliche Vielfalt

Die natürlichen Ökosysteme bestehen aus zahlreichen Einzelelementen und Subsystemen. Je höher der Artenreichtum ist, desto vielschichtiger wird das Beziehungsgefüge. So können in einer einzigen Birke ca. 200000, in einer Eiche oder Ahorn bis zu 1000000 Gliederfüßler als Teil des Systems leben.
Viele Pflanzen-, Kleintier- und Mikroorganismen-Arten sind überhaupt noch nicht bekannt. Ihre Rolle im Ökosystem ist, wie auch bei den meisten geläufigen Arten unerforscht, so daß menschliche Eingriffe häufig unerwartete Folgen verursachen.
Die Stabilität eines Ökosystems steigt proportional zu seiner Artenvielfalt, bei Ausfall einer Art (z. B. durch Schädlinge oder menschlichen Eingriff) stehen viele Kompensationsmöglichkeiten bereit. Abnehmende Artenzahl führt zur Labilität, was bei allen Monokulturen deutlich wird.

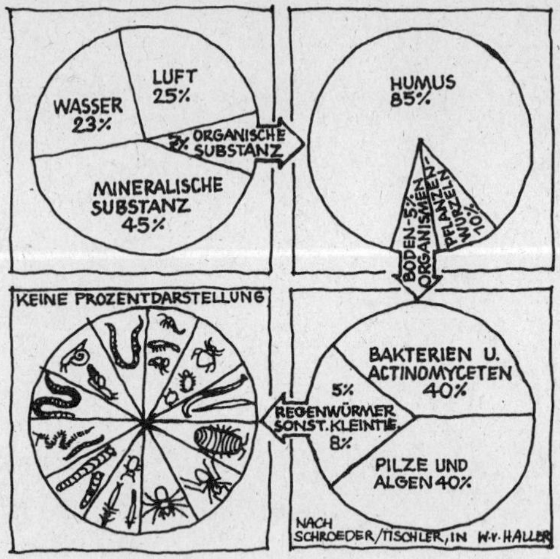

Zusammensetzung der organischen Substanzen eines Wiesenbodens.
Nach D. Schroeder, Tischler, aus: A. u. W. v. Haller
Man sagt, daß gewichtsmäßig genauso viele Regenwürmer unter der Erde „arbeiten" wie Kühe auf der Wiese weiden.

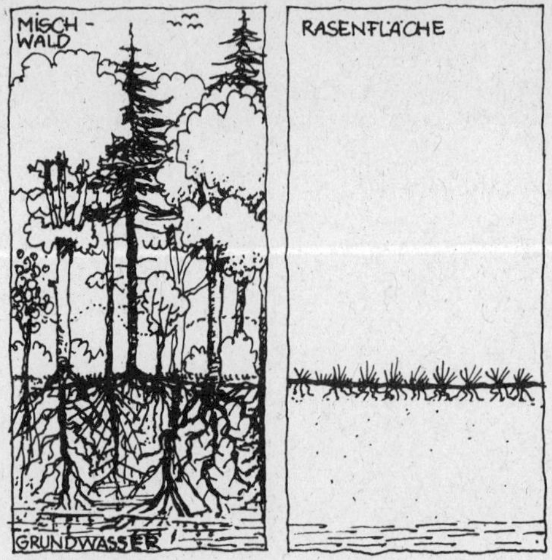

Vielfalt über dem Boden bedeutet auch Vielfalt im Boden.
Umfangreiches Wurzelwerk bedeutet verstärkte Humusbildung, gute Verbindung zum Grundwasser, Erosionsschutz usw.

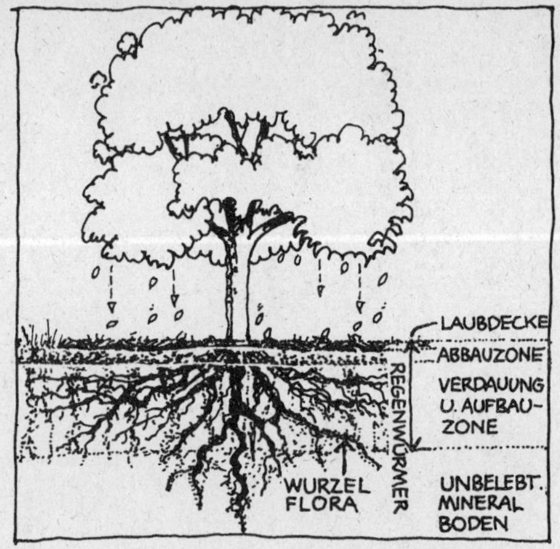

Kleinstlebewesen aller Art wandeln organische Abfall- oder Düngestoffe in pflanzenverfügbare mineralische Nährsubstanzen um. In den verschiedenen Erdschichten wechseln sich aerobe (obere 10 bis 15 cm) und anaerobische Mikroorganismen ab und bilden als Abbau-, Aufbau- und Wurzelflora die unterirdischen „Arbeiter", die die Pflanze versorgen. Ihre „Arbeitsleistung" kann bei biologischen Anbaumethoden unentgeltlich genutzt werden.

Die Vielfalt wird durch morphologische, geologische und hydrologische Gegebenheiten beeinflußt, so daß in direkter Nachbarschaft völlig unterschiedliche Vegetationsbilder vorhanden sein können.
Ein in der Höhe vielschichtiger und abwechslungsreicher Pflanzenaufbau nutzt die eingestrahlte Sonnenenergie nahezu vollständig (Folge von Licht-, Halbschatten- und Schattengewächsen). Der Wechsel von Licht und Schatten regt gleichzeitig den Fotosyntheseprozeß und damit das Wachstum an.
Vielfalt und Artenreichtum sollten entsprechend den biologischen Gesetzmäßigkeiten bei allen künstlich angelegten Grünanlagen und Nutzkulturen, bis hin zum einzelnen Gartenbeet, angestrebt werden.

Naturgärten

Naturgärten liegen die Ideen zugrunde, daß sich Bereiche in Garten und Siedlung als Wildzonen auf eigenständige, natürliche Weise entwickeln können oder sich durch Biotopgestaltung und sonstige menschliche Eingriffe in bestimmte Entwicklungsrichtungen führen lassen. Nutz- und Zierbereiche werden so angelegt, gepflegt und bearbeitet, daß sie den natürlichen, biologischen Gesetzmäßigkeiten entsprechen.
Bereits bei der Planung muß begonnen werden wertvolle Biotopbereiche von der Bebauung auszusparen. Das setzt eine entsprechend ausführliche ökologische Bestandsaufnahme voraus (s. Teil V). Der Bauprozeß selbst sollte einerseits schonend

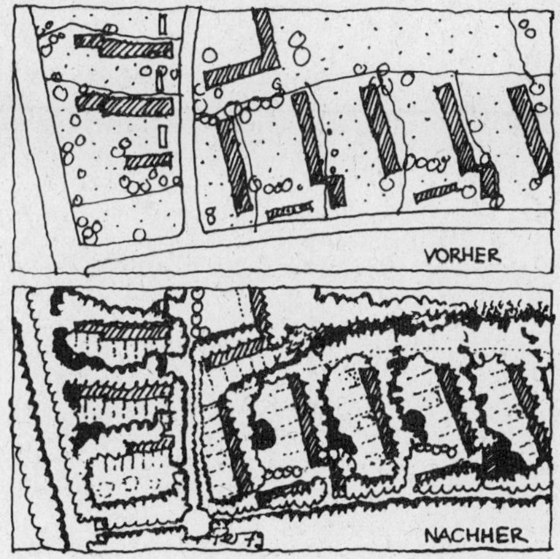

Verbesserungsvorschlag für eine Grünflächennutzung in einem typischen mehrgeschossigen Mietwohnungsbaugebiet.
Die monokulturellen, eintönigen Rasenflächen schöpfen das Vegetationspotential nur zu einem Bruchteil aus und werden in Vegetationsbereiche unterschiedlicher Bepflanzungs- und Nutzungsart aufgelöst. Dichte Mischhecken schirmen die Innenbereiche zur Straße hin ab, die Schattenbereiche werden für hohe Baum- und Heckenbepflanzung genutzt, die im Norden an die Fassadenberankung grenzen. Die besonnten Bereiche können je nach Bewohnerwünschen Nutzgärten, Wiesen, Blumenbeete, Wasserflächen (gesammeltes Regenwasser) sein. Die Südwände werden für Spalierobst und fruchttragende Berankung genutzt. Gewächshäuser, Spaliere, Terrassierungen, Geländemodellierungen lassen ein buntes Bild natürlicher Vegetationsbereiche und kultivierter, intensiv genutzter Bereiche entstehen. Der Erlebnis- und Erholungswert wird gesteigert, die Klimafunktionen und Luftqualität verbessert, Biotope für Tiere und Pflanzen geschaffen, Nahrung erzeugt, biologischer Abfall verwertet usw.

erfolgen, um unnötige Eingriffe in die lebende Natur zu vermeiden, andererseits ist die Baugrube eine Chance, daß natürliche Sukzessionen auf offenen Böden beginnen kann. Folgendes sollte beachtet werden:

- Einzäunung der schutzwürdigen Biotope, Abgrenzung aller nicht für den Bauprozeß benötigten Flächen;
- Schaffung von Ersatzhabitaten für seltene Tierarten und Errichtung von Schutzwänden während der Bauzeit;
- Baumschutz: Einzäunung der Wurzelbereiche, Sträucher und kleinere Bäume eventuell zurückschneiden und umpflanzen (während der Saftruhe);
- richtige Lagerung des Baugrubenaushubs, getrennte Mietenlagerung des Mutterbodens, Grassodenlagerung zur Wiederverwendung (Lebendverbau, Dach, Geländemodellierung usw.). Aushub zur Geländemodellierung sofort an der gewünschten Stelle auftragen;
- Vermeidung von Trockenschäden, bei Grundwasserabsenkung im Baugrubenbereich Wiedereinspeisung entsprechend der Grundwasserfließrichtung, Sauberhaltung des Pumpensumpfes;
- Bodenschutz, Vermeidung von Verdichtungen und Versiegelungen, Nutzung von Lochplatten, Knüppeldämmen, Kiesschüttungen, Schienen usw.;
- richtige Lagerung der Baustoffe und Baumaschinen, Vermeidung von Bodenpressung und Sickerstoffen (Tropföl usw.), Unterlüftung vorsehen;
- Sanierung bereits beschädigter Bodenbereiche, Tiefenauflockerung, Reaktivierung des Bodenlebens, Mulchung, Gründüngung und Kompostierung usw. schon während der Bauzeit;
- getrennte Sammlung der Abfallstoffe (bes. der flüssigen), Einsatz transportabler Kompost- oder Biogastoiletten oder Abtransport der Fäkalien in geschlossenen Behältern.

Grobanlage der Biotopbereiche

Der Bauprozeß ist als „Zerstörungsprozeß" bereits die erste Phase von Biotopneuschaffungen. Nach genauer Untersuchung der Bodenstruktur, des Wasserhaushalts und der Klimabereiche werden die möglichen Biotoparten und ihre Standorte festgelegt und durch einfache Maßnahmen gebildet:

- Anlegen möglichst unterschiedlicher Kleinklimate durch Steine, Aushub, Baumstämme, Äste, Bauschutt, Mauern und Gebäude;
- Aushub bzw. Aufstauung von Gräben, Teichen, Tümpeln sowie sonstigen Wasserflächen und Naßgebieten;
- Grobanlage der Wege und Nutzbereiche.

Ständerbauweise als eine Möglichkeit, wertvolle Pflanzenbiotope, Wasser- und Bodenstrukturen zu schonen.
Bodenversiegelung beim Weg- und Straßenbau sollte soweit wie möglich umgangen werden. Alternative Wegbeläge sind:

- offene Steinpflaster,
- Kies- und Schotterwege,
- Ziegel- und Schuttpflasterungen,
- Bohlen- und Knüppelholzwege,
- Borken-, Späne- und Reisigwege,
- Holzstege,
- Rasensteine und Grünwege, die bei Nichtbefahren wieder zuwachsen können.

Nach dieser ersten Festlegung bei der auch schon der Baustellen-Mutterboden aus den Mieten ausgebracht wurde, wird die gesamte Fläche mit einer Decklage aus Gras, Laub, Ästen und sonstigen organischen Abfällen usw. überdeckt, um die Humusbildung zu stimulieren. Die nicht zu dicke Lage sollte aus Grob- und Kleinteilen bestehen, um lockeres Aufbringen zu gewährleisten und den Humusbildungsprozeß zeitlich zu verlängern. Diese Decke wird sich im Laufe der Zeit verändern und immer mehr einer natürlichen Laubschicht ähneln. Ausgespart werden Biotopbereiche, die nährstoffarm wie Magerwiesen, Uferbereiche u. a. sind. Das Ansiedeln der verschiedenen Pflanzenarten kann man zum Teil völlig der Natur überlassen, oder man hilft mit Pflanz- und Saatgut nach, um den zeitlichen Prozeß etwas zu raffen. Die richtige Auswahl ist nicht einfach; Orientierungshilfen bieten ähnliche Standorte und Pflanzengesellschaften der näheren Umgebung.

Kleinbiotope

Dauerwiesen als Biotope

Der größte Teil der heutigen Wiesen verfügt infolge Überdüngung und einseitiger Nutzung nur noch über einen geringen Artenreichtum. Schnell und üppig wachsende Futterpflanzen sind in der Konkurrenz anderen Wiesenkräutern überlegen, die üppig blühende Sommerwiese ist verschwunden, mit ihr die verschiedenen Heilkräuter und das Artengemisch der Tierwelt. Nahezu künstliche und völlig monokulturelle Pflanzengemeinschaften bilden den Rasen in den Gärten.
Mit dem Typus der Magerwiese beispielsweise, einem besonders blumenreichen Wiesenbiotop, kann in Gärten und Siedlungen das bunte Bild der Naturwiesen wieder angesiedelt werden.
Dazu sollte der Untergrund gesteinsreich und nährstoffarm sein, denn je karger dieser ist, desto langsamer zwar, aber um so blumiger wird sich die Wiese entwickeln.
Der Boden muß wegen der einmal im Jahr notwendigen Mahd geebnet sein. Die Mahd sollte in der Regel im Juli durchgeführt werden, um dem Großteil der Arten Zeit zum Blühen und Fruchten zu lassen, das Schnittgut wird abtransportiert, um die Wiese selbst mager zu halten; es wird anderweitig zur Düngung verwendet (Baumscheiben, Mulchung, Kompost).
Die Wiese entwickelt sich selbständig aus dem anfänglichen Unkrautfeld, dem nur ein magerer Humusauftrag zugrunde liegt. Bereits im zweiten Jahr siedeln sich die ersten Wiesenkräuter an. Der jährliche Schnitt, das Säen von gesammeltem Samen und Früchten gewünschter Wiesenblumen von ähnlichen, nahegelegenen Magerwiesen bzw. die Aussaat spezieller Mischungen aus dem Handel kann die Bildung der Grasnarbe unterstützen und zeitlich beschleunigen.

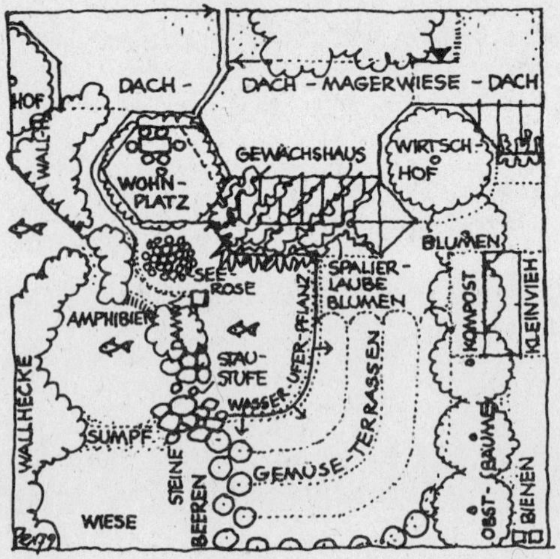

Integriertes Beispiel eines Reihenhauses mit Weiher, Nutz- und Naturgarten mit verschiedensten Biotopen wie:

- Bade- und Fischweiher mit verschiedenen Uferzonen und Tiefen, vielerlei Wassergetier, differenzierte Regensammlung mit Bachablauf;
- Naturwiese für Kleintierhaltung, Bienenweide usw.;
- Wallhecke sowie verschiedenste Kleinhecken;
- Obst- und Beerengarten;
- Gemüse- und Kräutergarten;
- Kompostanlagen;
- Hausbäume;
- Fassadenbewuchs, Spalierobst;
- Gründach als Magerwiese;
- Gewächshaus mit feuchten und trockenen tropischen und subtropischen Bereichen;
- vielfältige Kleinstbiotope;
- Habitate für Störche, Eulen, Fledermäuse, Singvögel, Schwalben usw.

Das Haus entwickelt sich aus klimatischen und landschaftlichen Gegebenheiten. Die natürlichen Biotope gehen in Nutzgärten und Tierhaltung über und vereinen sich mit dem Haus und seinen technischen Systemen zu einem Knoten im Netzwerk der Natur.

Pflanzungen von fünf Gruppen (als kleinste Fortpflanzungsgruppe) fördern den Artenreichtum. Auch hier sollten in naturschützerischer Verantwortung nur sehr häufig vorkommende Pflanzen von Rainen, Wegrändern oder Wiesen ausgegraben und umgesetzt werden (nahegelegene, ähnliche Standorte!).
Arten wie Wiesensalbei, Hornklee, Luzerne, Habichtskrautarten, Pippan-Arten, Pfaffenröhrlein, Zwenke, Aufrechte Trespe, Löwenzahnarten, Gemeine Flockenblume, Feldwitwenblume, Esparsette, Seggen-Arten, Flammhafer, Rauhhaariges Veilchen, Frühlingsschlüsselblumen, Gänseblümchen, Margeriten, Hahnenfuß, Glockenblumen usw. eignen sich gut für Magerwiesen. An besonnten Hängen gedeihen sie besonders gut; hier werden sich mit der Zeit wieder Ameisen, Heuschrecken, Schmetterlinge, Hummeln und andere Kleintiere ansiedeln.

Raine und Böschungen

Sie werden zunächst dem „Unkraut" überlassen und somit sofort vor Erosion geschützt. Je nach Bodenverhältnissen und Orientierung eignen sie sich für Magerwiesen, Gehölze, Heckenbiotope usw. Verzichtet man auf einen Humusauftrag, gedeihen Pionierpflanzen in allen Lagen besonders gut.
Zu den Pionierpflanzen gehören alle Weidenarten, Zitterpappel, Huflattich, Ackerdistel, Hornklee, Schachtelhalm, Wundklee, Skabiose, Ginster, Brombeere, Himbeere usw.

Weitere wichtige Kleinbiotope

Steinhaufen, Natursteinmauern, locker geschüttetes Abbruchmaterial, lose Trittplatten sind Habitate für Eidechsen, Salamander und weitere Reptilien. Ist das Gebiet noch nicht ganz verarmt, werden sich die Tiere wieder von selbst ansiedeln.
Orte der „Unordnung" wie Fallholzhaufen, Erdhaufen, Gestrüppe, hohle Baumstämme oder auch Hohlräume an den Gebäuden, Deponien, Lagerstellen und Komposthaufen haben als Schutz- und Fluchtzonen oder Überwinterungsorte besonderen Wert. Mit einfachen Mitteln lassen sich Nischen für Kleinsäuger, Kriechtiere und Insekten bilden, die für ihr Überleben in einer von Menschen besiedelten Umgebung notwendig sind.
In ähnlicher Weise lassen sich am Haus selbst Nist- und Bruthöhlen (z. B. Käuzchen) durch Mauernischen, Dachüberstände und Höhlen schaffen. Dach- und Fassadenbegrünungen bieten vielfältige Nist- und Schutzplätze.
Unwillkommene Tierarten können ferngehalten werden, indem man ihnen einerseits keine Nahrungsgrundlage bietet und andererseits deren „Freßfeinde" ansiedelt.

Nutzgärten

Naturgärten und biologischer Gartenbau ergänzen sich hervorragend, da sich beide an den gleichen natürlichen Gesetzmäßigkeiten orientieren. Vielfalt durch Mischkulturen, „Fütterung" des Bodenlebens durch organische Düngung (Mulchung, Kompost, usw.) und Vermeidung von künstlichen Eingriffen (Umgraben, Kunstdünger, Biozide usw.) ermöglichen eine harmonische Natureinbindung.
Die unmittelbar benachbarten Wildbereiche fördern die Nützlinge zur Schädlingsbekämpfung und stabilisieren den Boden- und Klimahaushalt (s. Kap. Nahrungsmittelselbstversorgung).
So kann auch ein Nutzgarten mit Biotopeinbindung als ökologische Ausgleichsfläche gezählt werden, die mithilft, verarmte Grünflächen in Siedlungen wieder zu bereichern.

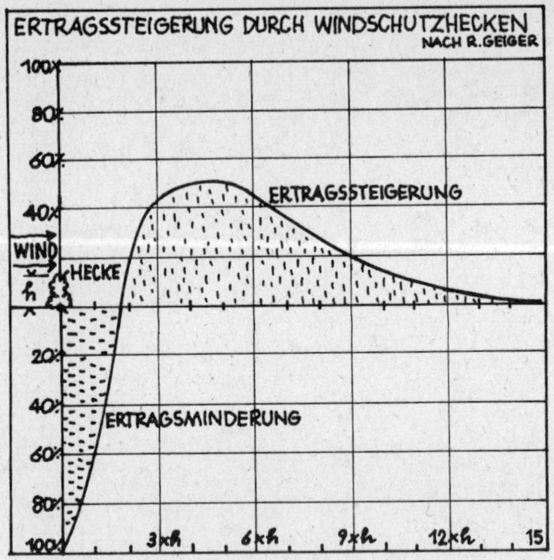

Ertragssteigerungen durch Windschutzhecken.
Der Bereich des erhöhten Ertrags reicht von rd. 2 h bis 15 h. Die Steigerung bis zu 50% kann örtlich höher sein. Ein netzartiger Verbund bei feinabgestimmten Abmessungen würde die Fruchtbarkeit weiter Landschaftsteile steigern.
Die Ertragsverminderungen kommen durch Verschattung durch die Hecke und Wurzelkonkurrenz zustande. Dieser Bereich kann für Wege, Ställe, Schuppen, Gebäude genutzt werden.

Heckenbiotope

Heckengestrüpp und -gehölze können mit ihrem dornigen, dichten und verwachsenen Zweig- und Astwerk eine natürliche, undurchdringliche Schranke für Menschen und die meisten größeren Tiere bilden. Kleinere Tiere können dort über Jahre ungestört ihre Behausung behalten und ausbauen. Je dichter die Hecken von Jahr zu Jahr werden, desto sicherer werden die Tierhabitate.

Hecken verfügen über ein geschütztes Innenklima und ideale Überwinterungsmöglichkeiten durch Wind-, Regen- und Sonnenschutz. Hier finden viele Kleinsäuger, Vögel, Reptilien, Amphibien, Insekten, Spinnen usw. unterschiedlichste Habitate und Existenzbedingungen vor. In den norddeutschen Knicks wurden bis zu 12000 Tierarten gezählt.

Hecken bieten Nist- und Höhlenplätze, willkommene Zufluchts- und Versteckmöglichkeiten, günstige Spähplätze für Lauerer und Fallensteller, leichtes Anschleichen für Pirschgänger und Deckungsgebüsch zur Vogelbrut.

Reichhaltige Nahrungsquellen wie Nektar- und Pollenspenderpflanzen für Bienen, Wespen, Schmetterlinge usw., Beeren und sonstige Früchte für Vögel, Laub und Rinde zur Äsung führen zu einem Lebensreichtum wie sonst nirgendwo in der Kulturlandschaft. Kleinvögel benötigen Hecken als Flugstationen, da sie nicht weiter als 50 m übers freie Land fliegen können. Der Vogelreichtum wird vermehrt und sorgt so für biologische Schädlings- und Ungeziefervertilgung.

Mit der Menge der Feldhecken steigt auch der Niederwildanteil, wodurch ein zusätzlicher Nutzungsvorteil entsteht.

Weidetiere erhalten durch Hecken Schutz vor Sonne, Wind und Regen sowie vor Insekten. Sie finden im Windschutzbereich der Hecken einen höheren Grasertrag (der Weidegang kann hier rund acht Tage früher beginnen), das Laubfutter der Hecken hat außerdem einen hohen gesundheitlichen Wert.

Hecken steigern die Ertragsfähigkeit von Ackerbau- und Gartenkulturen durch höhere Lufttemperaturen, verbesserte Feuchtewerte (Regen, Tau), Schutz des Bodens vor Auskühlung, Austrocknung und Erosion sowie vor direkten Windbeschädigungen (s. Kap. Windschutz).

Unkrautsamen, Krankheitskeime und Schädlinge, die durch Wind verweht werden, werden zum Teil in Hecken ausgesiebt. Der Samen fällt zu Boden, keimt, muß aber dann aus Lichtmangel eingehen. Hecken führen also nicht zur „Verunkrautung der Anbaufläche", da Feldunkräuter keine Schattengewächse sind.

Hecken bieten Früchte für Tier und Mensch (s. folgende Tabelle), Laubmasse als Futter und zur eigenen Humusbildung, sind Bienenweide schon zeitig im Frühjahr, und bieten in ihrem Unterbau Lebensraum für viele Heilkräuter. Hecken sind ertragreiche Holzlieferanten für vielseitig nutzbares Knüppel- und Stangenholz, da sie ähnlich wie Niederwald regelmäßig zurückgesetzt werden und dann schnell und kräftig nachtreiben.

Natürliche Hecken sind Artensammlungen, die sich in mehr oder weniger natürlicher Sukzession und mit nur geringen menschlichen Eingriffen zu äußerst vielfältigen und stabilen Lebensgemeinschaften entwickeln. Jede monokulturell angelegte Hecke würde sich im Laufe der Jahre in diese Richtung verändern, wenn man sie sich selbst überläßt. Die Vögel wirken dabei als Samenverbreiter. Unterwuchs, Mittelbau und hohe Gehölze stehen in einem, sich ständig neu bildenden Gleichgewicht.

Das Roden und Abbrennen von Heckengestrüpp, Rainen und Ackergehölzen ist Landschaftszerstörung, da Ökosysteme mit vielfältigem Nutzen und optimalen Lebensbedingungen vernichtet werden.

„So lieferten die Haselnußsträucher je nach Wachstum, wenn sie schlank und ebenmäßig entwickelte Vergabelungen besaßen, Rechenstiele, Bohnenstangen und Erbsenreisig.

Die Weide, die man sehr vielseitig verwenden konnte, Körbe der verschiedensten Art, Sensenbäume, Schaufel-, Forkenstiele, die Schacht- und Weidenhölzer für die Befestigung des Strohdaches, Pflöcke für die Rasenbleiche, Kienspäne, Peitschenstiele, Backofenholz u.a.m.

Aus Eschenholz verfertigte man Stiele für Beile, Äxte, Keulen, Beine für Hocker, Waschbänke, Eggenzinken und Leitersprossen.

Aus den harten Trieben des Spindelbusches ließen sich Eßlöffel und Heuharkenzinken schnitzen.

Der Weißdorn lieferte Hammerstiele, ferner, wie auch der Schlehdorn, Flechtmaterial für tote Zäune.

An daumendicken Holzstücken von Weide, Esche, Vogelbeere hängte man Würste, Speck und Schinken in den Rauchfang.

Eichenstämme wie auch solche der Esche im Alter von 24 bis 27 Jahren ließen sich gut zu Wagendeichseln verarbeiten, dünne Triebe zu Handstöcken, mittlere waren für die Stalljoche der Kühe geeignet.

Weiden-, Erlen-, Eschenstangen bildeten, wenn sie über 3 m lang waren, Material für den Bodenbelag über der großen Diele des Bauernhauses. Kürzere Stangen fanden Verwendung als Zaunpfähle, die, alle 40 cm gesteckt und mit Buschwerk durchflochten, Lücken im Knick und an anderen Stellen schließen mußten.

Aus dem Birkenreisig wurden die Besen gefertigt usw."

Aus: W. Scherer, Fruchttragende Hecken

In nahezu allen großen Kulturen prägten Heckenlandschaften das Landschafts- und Wirtschaftsbild. Heute sind sie überall durch die landwirtschaftliche Monokultivierung, verbunden mit großem Maschineneinsatz und kurzfristigem Landgewinnungsstreben, von der Ausrottung bedroht.
Hecken sind eine „ökologische Notwendigkeit", um einer weiteren Verarmung der Landschaft entgegenzuwirken. Sie haben nicht nur in besonders windexponierten Gegenden wie Küstenlandschaften und Mittelgebirgszonen ihre Berechtigung. Sie können die biologischen „Adern" sein, die die Landschaft als ökologisches Regenerationsnetz überziehen und Siedlungsbereiche mit natürlichen Vegetationsbereichen verbinden.

Heckenanlagen

Die Vielzahl von Heckenarten bietet unendlich viele Gestaltungs- und Kombinationsmöglichkeiten: als wilde oder geschnittene Hecken, fruchttragende, hohe und niedrige, dichte und lockere, breite und schmale, schnellwachsende, mit Erd- und Steinwällen oder Rankzäunen, als Spaliere oder lebende Zäune können sie als Wind- und Sichtschutz, Abgrenzung, Tiergatter oder zur Raumbildung dienen.
Die folgende Reihe verdeutlicht Beispiele in Art und Anlage von Hecken, der Größe nach geordnet:

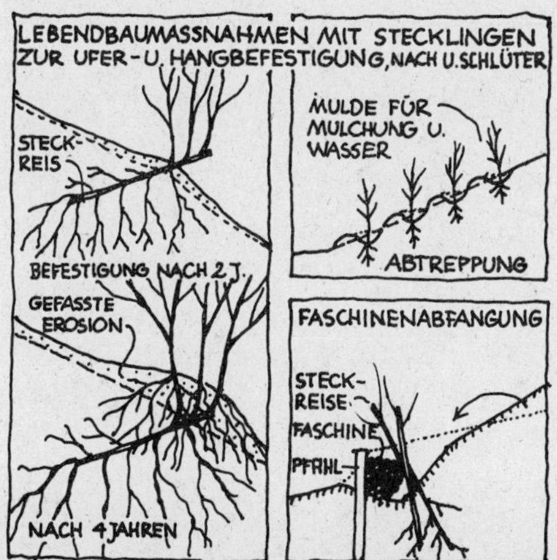

Waldstreifen

Mischwaldstreifen von 20 bis 50 m Breite, und 15 bis 20 m Höhe, beidseitig von Waldrandgebüsch gesäumt, für weiträumigen Landschaftsschutz, Verbindungen zu Wäldern, Immissionsschutz für Siedlungen. Sie können bereits ähnlichen Nutzen wie Wälder bieten (Holz, Früchte, Klima) und können als Nutz- oder Weidewälder zur Nahrungsproduktion einbezogen werden.

Wildhecken

Je nach Windstärke mehrreihig, bis zu Breiten von 5 bis 6 m und 3 bis 10 m Höhe, einzelne Gehölze bis 15 m und mehr.
Pflege und Schnitt nur zur Verdichtung, Verjüngung, Fruchtbarkeit einiger Arten (Belichten), Holzgewinnung und bei übermäßigem Breitenwachstum.
Möglichst viele verschiedene und fruchttragende Arten verwenden.

Ufergebüsch (s. Kap. Wasserbiotope)

Ufererosion und Beschattung gegen Verkrautung und schnelle Verlandung durch Uferpflanzen, wenn möglich zweiseitige, gelockerte und abwechslungsreiche Anordnung.
Abflußmöglichkeiten für die sich stauende nächtliche Kaltluft müssen vorgesehen werden, gegebenenfalls muß im Unterholz ausgelichtet werden.

Böschungshecken und Hanggebüsch

Eine Reihe von Heckenpflanzenarten (s. Artenliste) sind Pioniergehölze und eignen sich vorzüglich dazu, nackte Böschungen, Abtragungen und Geländemodellierungen zu besiedeln und vor Erosionen zu schützen. Sie verfestigen durch ihren schnellen Wuchs und ihr Rohboden-Wurzelwerk den Boden, verbessern die Qualität und das Klima für weitere Folgepflanzen, die sich meist von selber einstellen.
Durch spezielle Terrassierungen Flechtwerk- und Faschinenschwellen als Lebendbaumethoden (lebende Weidenstecklinge z. B.) lassen sich relativ steile Hänge befestigen und bewachsen.

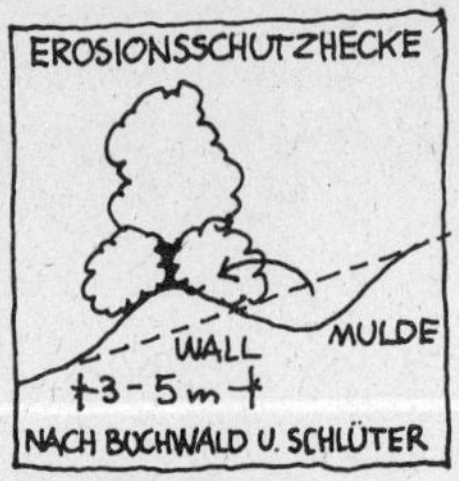

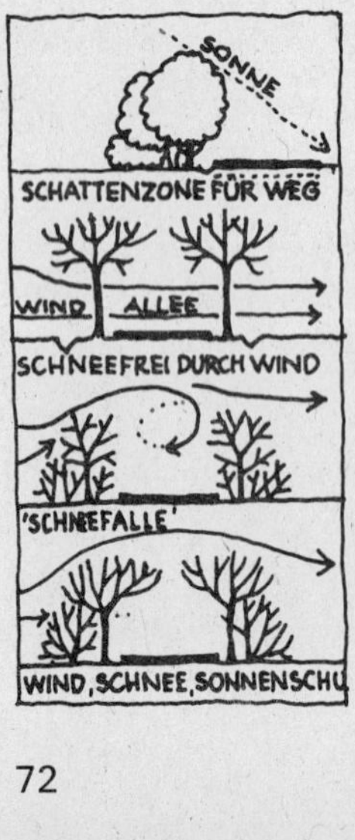

Wallhecken

Grabenaushub wird zum Wall aufgehäuft, durch diese Gräben werden das seitliche Wurzelwachstum zurückgehalten, das umgebende Land entlastet und auf natürliche Weise das Breitenwachstum gehemmt.
Abgesammelte Steine von den anliegenden Flächen verfestigen den Wall, Windschutz wird bereits bei der Anlage der Wälle erreicht.
Nur widerstandsfähige Wildarten anpflanzen, da exponiertes, trockenes Klima auf höheren Wällen härtere Bedingungen insbesondere für Jungpflanzen schafft.
Sie werden in der Regel 3 bis 5 m hoch und 2 m breit.
Wallhecken sind ausgezeichneter Erosionsschutz an Hängen.
Nach dem Beispiel des norddeutschen „Knicks" kann man, um besonders dichtes Heckengestrüpp zu erhalten, in mehrjährigen Intervallen die Zweige und Äste zum Boden „knicken" und sie ineinander verflechten. An den Umbiegungsstellen bilden sich neue senkrechte Austriebe und verdichten das Flechtwerk.
Nach einem weiteren Beispiel können die Hecken alle 7 bis 9 Jahre auf den „Stock gesetzt" werden. Sie werden sehr kurz abgehackt oder abgesägt und treiben sehr dicht wieder aus; man verhindert zu großen Wuchs und gewinnt Holz. Besonders in Gegenden ohne Wald ist dies üblich (Hecke = Waldersatz). Der Abstand der Pflanzungen muß in diesem Falle sehr gering sein (30 cm). Einige Bäume werden zur hochwertigeren Holzgewinnung stehengelassen (Verschattung!).
(Weitere Schnittmethoden siehe: Lebende Zäune)

Weidehecken

Sie bieten als Viehgatter Wetterschutz, Unterstand und Blattfutter (s. Artenliste), sind schmaler und nicht so hoch, um den Platzbedarf zwischen den Weiden gering zu halten.
Die Jungpflanzen müssen durch Zäune vor Verbiß geschützt werden.

Straßen- und Weghecken

Je nach der Verkehrsbelastung nehmen sie als Abgas-, Staub- und Lärmfilterhecken unterschiedliche Breiten an (an Autobahnen Waldstreifen!) und bieten für Fußgänger, Kinder und Radfahrer besseren Schutz als Straßenbäume.
Hecken an der Südseite von Straßen verschatten diese, aber nicht die Ackerflächen.
Zweiseitige Bepflanzung kann sich im Kronenraum schließen und bietet Regen-, Sonnen- und Schneeschutz; in ähnlicher Weise lassen sich Fuß- und Fahrradwege als Laubengänge möglichst mit Spalier- und Beerenobst formen.
Alleen halten durch ihre Winddüsenwirkungen die Straßen schneefrei, sind aber sehr stark seitenwindgefährdet.

„Natürliche" Haushecken

Das günstigere Klima in Siedlungen und Hausnähe ermöglicht auch Pflanzungen von empfindlicheren Kulturen, deren Pflege und Schnitt ähnlich den Wildhecken auch nur zur Verdichtung, Verjüngung, zur Fruchtbarkeitserhöhung und gegen zu üppiges Breitenwachstum nötig ist.
In der Regel sollten sie fruchttragende Hecken sein, die deswegen meist einreihig geplant werden, um optimalen Ertrag und leichte Ernte zu erhalten, insbesondere Arten mit Früchten, die direkt vom Baum genossen werden können und keine langen Transportwege vertragen (z. B. Beeren). Sie können verschiedene Höhen annehmen (2 bis 5 m) und werden als einreihige Pflanzung rund 2 m breit.
Als Naturhecken mit natürlicher Sukzession ist auf vielfältige und standortgemäße Artenmischung zu achten (Orientierung an Wildhecken ähnlicher Standorte).
Sie sind die Fortführung der natürlichen Vegetation in die Siedlungen hinein und sollten als Netzwerk mit Freilandanschluß angelegt werden (s. Verbundanlagen).

Weidegebüsch

Niedriges, nur 1 bis 2 m hohes Gebüsch, um Verschattungen zu vermeiden, mit vereinzelt höheren Bäumen, benötigt kaum Pflege, höchstens bei übermäßigem Breitenwuchs, und hat wegen ihrer „Unordentlichkeit" große ökologische Bedeutung.
Beispiel: Lebender Zaun für Kleinviehweide. Die Weide wird eingezäunt, dahinter die Hecke angepflanzt, die Beeren- und Blütensträucher für Vögel, Bienen und Menschen bietet. Schafe fressen die durchwachsenden Blätter ab, erhalten wertvolles Blattfutter und helfen so, eine dichte Hecke zu bilden. Der Zaun kann nach 5 Jahren entfernt werden, die Hecke ist ohne ihn dicht. Die Höhe kann durch gelegentlichen Schnitt reguliert werden; man hat Ruten, Knüppelholz, Windschutz und Tierbiotope.

Wandhecken

Geschnittene Hecken, die hauptsächlich als Wind-, Regen- und Sichtschutz dienen, werden als „grüne Mauern" vor den Fassaden oder freistehend hochgezogen. Die Öffnungen werden ausgeschnitten.
Sie können ganze Hofanlagen und Hausbereiche umschließen und sind besonders auf engen Abstandsflächen zwischen den Häusern oder zur Straße oder Weg von großer Bedeutung.
Ihre Form, Höhe und Breite kann ganz den Verhältnissen angepaßt werden (20 cm bis 2 m breit, bis 5 m hoch; s. Artenliste).

Lebende Zäune

Geschnittene Hecken zum Einzäunen von Gärten, Tierausläufen, Weiden, zur Garteneinteilung und zum kleinflächigen Windschutz, 1 bis 2 m hoch, 0,5 bis 1 m breit. Bei Bedarf kann man sie so dicht wachsen lassen, daß selbst kleinere Tiere nicht hindurch können. Mit entsprechendem Schnitt und Verflechten kann hier nachgeholfen werden.
Nach der in Großbritannien häufig verwendeten „cut and laid"-Art wurden, um dichte Hecken zu erhalten, im Wechsel junge Stämmchen angesägt oder angehackt, umgelegt und mit den stehengelassenen verflochten. Wichtig ist dabei die richtige Art des Ansägens, um ein Verfaulen zu verhindern.
Ähnlich ist eine andere Methode, die ausgelichtetes Schnittholz mit ebenfalls umgelegten Stämmchen verflechtet.
Jährliches Abbiegen der neuen Triebe, ohne sie anzuschneiden, stellt eine traditionelle norddeutsche Methode dar (bereits erwähnt).
Insbesondere schnellwachsende Arten wie Weiden können als Stecklinge verflochten werden. Die weiteren Austriebe werden immer enger miteinander verflochten und ergeben ein undurchdringliches Flechtwerk mit geringer Breite.
Weitere Möglichkeiten sind Zäune aller Art nach ingenieur-biologischen Lebendverbau-Methoden. Weidenstecklinge beispielsweise werden in Erdmauern gepflanzt, die durch Faschinen oder Drahtgeflechte gehalten werden.

Rankzäune

Ein Latten- oder Maschendrahtzaun bietet das Trag- und Klettergerüst für den dichten Rankenbewuchs. Damit ist von vornherein eine dichte Abgrenzung geschaffen, die aber gleichzeitig neben Windschutz auch Beerenfrüchte wie Himbeeren, Brombeeren, Hagebutten usw. liefert. Sie sind sehr schmal und 1 bis 1,5 m hoch und als Früchtezäune in jedem Garten, auch nachträglich, zu pflanzen.

Kleinsthecken

20 bis 50 cm hohe Hecken als Wind- und Schädlingsschutz (z. B. durch Duft) für die einzelnen Gartenbeete aus Buchsbaum, Rosmarin, Lavendel, Geißblatt, Kerbel, Salbai, Thymian, Gartenkresse usw.
Sie sind für die kleinklimatische Gartengestaltung sehr wichtig und bildeten in vielen traditionellen Bauerngärten die Gartenbeetbegrenzungen.
Ihre Schutzwirkung reicht bei nur 30 cm Höhe bereits 6 bis 7 m weit.

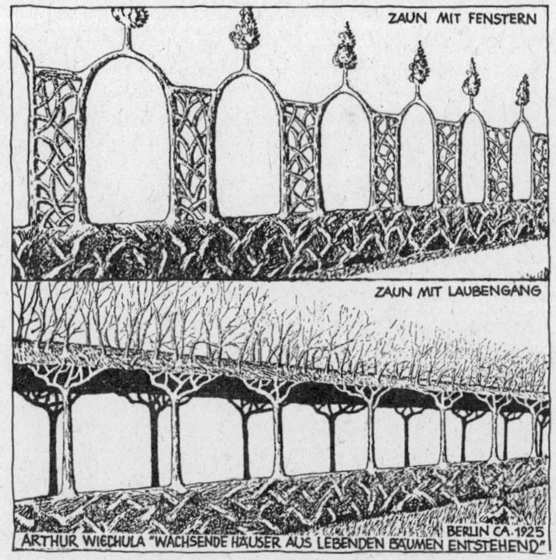

Kunstvoll verwachsene und geschnittene Heckensträucher und Bäume als raumbildende Bauten von Arthur Wiechula.

Pflege

Bodenpflege ist nur für junge Hecken wichtig; sie beschränkt sich auf flaches Hacken des angrenzenden Bodens zur Unkrautbeseitigung, Mulchung und auf gelegentliche Humuszuführung. Das Laub sollte unbedingt liegengelassen werden, um die eigene Nährstoffversorgung nicht zu unterbrechen. Bei Bäumen sollten Baumscheiben für Gras-, Laub- oder Kompostdecken freigehalten werden. Jungpflanzen müssen eventuell gegen Verbiß (Maschendraht) und durch Pfahlabstützung gegen Umdrücken geschützt und gesichert werden.
Um eine gleichmäßig dichte Hecke zu ziehen, ist regelmäßige Schnittpflege nötig. So ergibt sich ein besserer Schutz für die Tiere gegenüber einer verwilderten Hecke bei geringerem Raumbedarf, aber gleichem oder sogar gesteigertem Nutzen. Die Schnittzeit liegt zwischen Spätherbst und Frühling, auf keinen Fall zwischen März und Mitte August, um die Vogelbrut nicht zu stören.
Die Häufigkeit des Schnitts läßt sich nicht eindeutig festlegen. Er kann im Turnus von zwei Jahren oder beim Schwerpunkt Holznutzung in Abständen von zehn und mehr Jahren erfolgen.
Junge Hecken werden häufig im Mittsommer auf 40 cm über den Boden zurückgeschnitten, damit sich viele neue Seitentriebe ergeben und das lichte Hochschießen verhindert wird.
Überalterte Büsche werden verjüngt, indem man sie ebenfalls bis nahe an den Boden zurückschneidet und so neues Austreiben anregt.

Um eine ausreichende Belichtung des unteren Buschwerks zu gewährleisten und um das Lichtwerden im Unterbau zu verhindern, sollte die Hecke so geschnitten werden, daß sie sich nach oben hin verjüngt. Besonders hohe Hecken neigen oft dazu, unten licht zu werden.

Fruchttragende Hecken eignen sich nicht für geschnittene Formen; ihr Schnitt ist auf das Minimum zu reduzieren, im allgemeinen nur zur Verjüngung, zum Auslichten und bei übermäßigem Breitenwuchs. Ähnlich dem Obstbaumschnitt sind hier genaue Kenntnisse erforderlich.
Nadelbaumhecken haben den Nachteil, daß sie zum Teil zu dicht wachsen und dann den Wind eher ablenken als bremsen. Außerdem werden sie im Alter oft im unteren Teil licht. Sie lassen sich nicht verjüngen und nur bedingt schneiden. Eibe, Wachholder und Lärche bilden eine Ausnahme. Nadelgehölze sind deshalb in der Artenliste nicht angeführt, können aber durchaus im Siedlungsnetzwerk untermischt werden und behalten besonders auch im Winter ihre volle Windbremsungskraft bei.

Verbundnetze

Die zuvor beschriebenen Hecken haben in ihrer Vielfältigkeit große Bedeutung zur ökologischen Aufwertung von Siedlungen und Landschaft.
Die „Wildhecke" der freien Landschaft wird sich bis in die Siedlungsbereiche hineinziehen und sich dort mit den Garten- und Straßenhecken verknüpfen. Sie verbindet damit Siedlung und Umland. Im Inneren der Siedlung erfolgt eine weitere Abstufung. Die Hecken verbinden sich, der Größe nach gestaffelt, miteinander. So ergibt sich ein sich ständig verfeinerndes Heckennetz, das in unmittelbarem Austausch mit der freien Landschaft steht. Es dient den verschiedensten Pflanzen- und Tierarten als Wander- und Lebensraumnetz.

Beispiele für Heckennetzstrukturen:
Raster aus großen und kleinen Heckenstreifen nach Gesichtspunkten der Ertragssteigerung durch Windschutz optimiert.

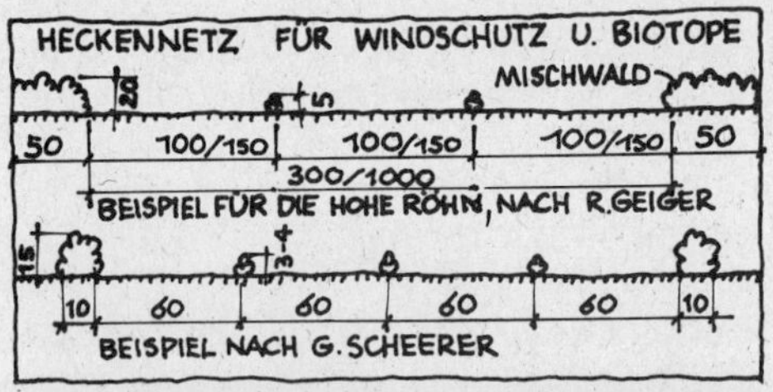

Hecken, die nach den naturräumlichen Gegebenheiten und den Erfordernissen des Immissionsschutzes angelegt werden, können Landschaftsteile klimatisch und in ihrem Vegetationspotential aufwerten.
Die Siedlungen bilden Knotenpunkte bei verfeinerten Heckennetzstrukturen.

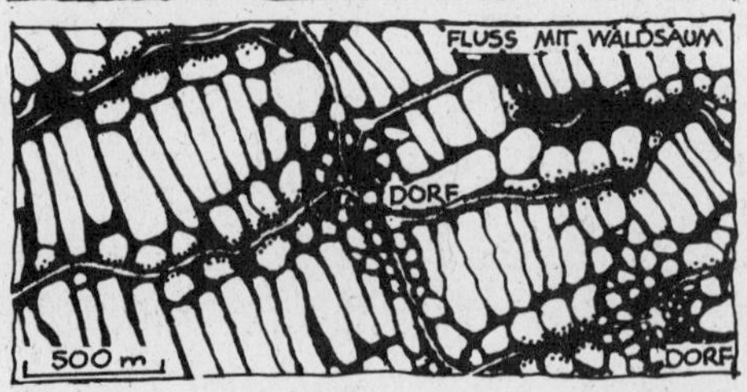

Maschinengerechte Heckenlandschaft.
Das Argument, Hecken behindern den effizienten Einsatz moderner Landmaschinen, könnte abgeschwächt werden, wenn der Feldzuschnitt mit den Heckenpflanzungen entsprechend der Topographie die Befahrbarkeit gewährleistet. So kann auch der mechanisierten Landwirtschaft der Vorteil der Ertragssteigerung durch Feldhecken zugute kommen. Zukünftige Flurbereinigung sollte diese Ziele verfolgen.

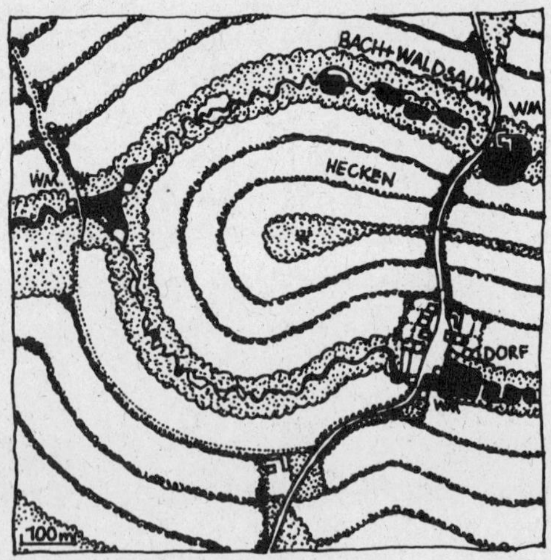

Artenauswahl

Hecken haben als Windschutzanlagen enormen Belastungen standzuhalten, denen eigentlich nur Wildarten gewachsen sind. Bei der Artenauswahl sollte man sich an Standorten orientieren, die ähnliche Bedingungen wie Klima, Exposition, Wasser- und Bodenverhältnisse aufweisen. In der folgenden Tabelle, die einen Überblick über geeignete einheimische Sträucher und Bäume gibt, wird deshalb auf diese sehr ortstypischen Anforderungen nicht weiter eingegangen.
Sträucher sollten zumindest zu fünf Stück, kleine Bäume zu zwei bis vier Stück und große Bäume teilweise paarweise nebeneinander gepflanzt werden um Ersatz beim Ausfall einer Jungpflanze zu haben.

Artenliste für Heckenpflanzungen, nach G. Scheerer und H. Göritz

Anwendung	besonders geeignete einheimische Laubbaum- und Straucherarten	Bemerkungen
Hecken an Weiden u. Hutungen	Eiche, Erbsensträucher, Hainbuche, Hartriegel, Haselnuß, schw. Holunder, Holzapfel, Holzbirne, Kastanie, Schlehe, Speierling, Vogelbeere, Weißdorn, Wildobstsorten usw.	Schutz vor Regen, Wind, keine Pflege, Vieh frißt niedrige Triebe weg, gut zur Verdauung
Hecken an Wegen, Straßen u. Flurbegrenzungen	Niedrig: Apfelrose, Weinrose Höher: Felsenbirne, Haferschlehe, Haselnuß, Holzapfel, Holzbirne, Kornelkirsche, Maulbeere, Mehlbeere, Mandel, Traubenkirsche, Vogelbeere, Vogelkirsche, Weißdorn	Widerstandsfähig, ohne Pflege, Wachstum übt keine zu starke Beeinträchtigung auf nebenstehende Flächen aus
Geschnittene Zaun- und Wandhecken	Niedrig: Apfelrose, Berberitze, Brombeere, Feuerdorn, Heidelbeere, Himbeere, Johannisbeere, Mahonie, jap. Quitte, Stachelbeere, Weinrose Mittel: Apfelbeere, Hainbuchen, Haselnuß, Hundsrose, Kornelkirsche, Mispel, Sauerkirsche, Weißdorn Hoch: Buche, Edelkastanie, Eiche, Felsenbirne, Holzapfel, Holzbirne, Linde, Maulbeere, Mehlbeere, Roßkastanie, Speierling, Vogelbeere, Vogelkirsche	Für Windschutz, Raumbildung u. Nutzung am Haus und im Garten. Regelmäßiger Schnitt
Rankzäune	Brombeere, Himbeere, Kletterrosen, Hopfen oder einjährige Kulturen wie: Erbsen, Bohnen, Tomaten usw.	müssen zum Teil angebunden werden
Uferbepflanzung	Mittel: Roter Hartriegel, Haselnuß, Heckenkirsche, schw. Holunder, Hundsrose, Korbweide, Mandelweide, Purpurweide, Pfaffenhütchen, Wasserschneeball, Weißdorn Hoch: Bergahorn, Bruchweide, Esche, Feldahorn, Flatterulme, Hainbuche, Roterle, Salweide, Silberpappel, Silberweide, Stieleiche, Vogelbeere, Zitterpappel	vertragen zeitweisen Überstau
Hang- u. Böschungspflanzen, auch sandige Böden	Brombeere, Grauweide, Ginster, Himbeere, Hundsrose, Purpurweide, Roterle, Robinie, Sandbirke, Sanddorn, Schlehe, Grauerle, Vogelbeere, Weißdorn, Zitterpappel	meist Pioniergehölze, wachsen auch auf schlechtesten Böden u. verbessern Standort
Halbschattengehölze	Brombeere, Elsbeere, Felsenbirne, Himbeere, Haselnuß, schw. Holunder, Johannisbeere, Kornelkirsche, Mahonie, Stachelbeere, Weichselkirsche, Weißdorn, Zwergmispel	für Hecken in Schattenzonen von Gebäuden, Hängen oder Wäldern
Unter- u. Füllpflanzen	Brombeere, Haselnuß, Himbeere, schw. Holunder, Johannisbeere, Traubenkirsche	bei lichtem Unterwuchs u. Winddüsen zur nachträglichen Füllung
Randpflanzungen	Felsenbirne, Heckenrose, Kornelkirsche, Maulbeere, Mispel, Schlehe, Weißdorn	für Ränder von Gehölzen oder Wäldern
Kleinsthecken	Buchsbaum, Rosmarin, Lavendel, Kerbel, Salbei, Thymian, Gartenkresse, usw.	Zur Mikroklimatisierung im Garten

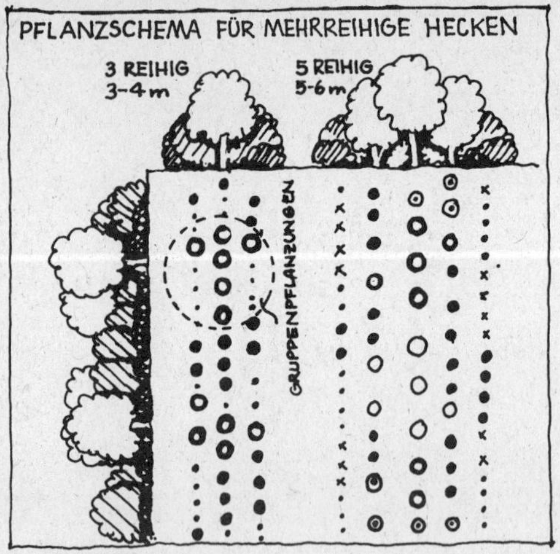

Die Pflanzungen können je nach örtlichen Platzgegebenheiten und Windstärken ein-, drei- bis fünfreihig sein. Bei einem Reihenabstand von 1 m ergeben sich Breiten von ungefähr 2 m, 3 bis 4 m und 5 bis 6 m.
Bei ausdrücklichem Augenmerk auf den Fruchtertrag sollte die Hecke einreihig angelegt werden, um eine ausreichende Besonnung und Nährstoffversorgung sowie leichtere Ernte zu gewährleisten. Diese Hecken benötigen intensivere Pflege (Auslichtung, Humusversorgung), um die Gefahr zu vermeiden, daß einige Pflanzungen eingehen und windstärkende Düsen und Lücken in der Hecke entstehen.
Bei entsprechenden Windstärken und topographischen Verhältnissen erweisen sich drei- bis fünfreihige Hecken als angebracht. Sie bieten sich bei besonders extremen Klimaten gegenseitig Schutz und erleichtern somit das Anwachsen.

Bei der Anpflanzung muß auf eine gute und vielfältige Mischung geachtet werden (nie monokulturelle Hecken!), um ein reichhaltiges Angebot für Tiere zu schaffen, vor Krankheitsbefall zu schützen und die Gefahr zu umgehen, daß eine lückenhafte Hecke entsteht, wenn bestimmte Arten nicht anwachsen bzw. entfernt werden müssen.
In einzelnen Bundesländern bestehen bereits ausgearbeitete Bepflanzungsvorschläge für Hecken, die sich nach pflanzensoziologischen Erkenntnissen an den standortspezifischen Pflanzengesellschaften orientieren.
Für die einzelnen Standorte lassen sich so Gruppenpflanzungen zusammenstellen, die den natürlichen Assoziationen an diesem Ort gleichkommen und die entsprechenden Wachstumsbedingungen vorfinden.

Bäume und Gehölzbiotope

Bäume sind nicht nur die größten Pflanzen, sondern erreichen von allen Lebewesen auch das höchste Alter. Sie sind unverzichtbarer Bestandteil des Naturhaushaltes. Entsprechend hatte der Baum in allen Kulturen eine hohe Bedeutung (Lebensbaum, Wohnort der Götter usw.). Dennoch wurde viel Raubbau getrieben, Verkarstungen und Wüsten sind solche Kulturfolgen.
Auch heute noch wird der Wert der Bäume meist unterschätzt; sie werden nur als Holzlieferant gesehen oder zur Dekoration benutzt.
Ihre eigentliche Qualität ergibt sich jedoch aus Wasserhaushalts- und Klimaausgleich, Luftaustausch und Filterung sowie Tierhabitat und Nahrungsmittelproduktion (s. Kap. Vegetation). Sie sind anderer Vegetation in diesen Leistungen um ein Vielfaches überlegen.
Bäume sollten daher wieder fester Bestandteil der gebauten Umwelt sein, die ihnen dauerhafte Standorte (mehrere hundert Jahre) und optimale Lebensbedingungen entsprechend ihren Bedürfnisse bieten muß.
Heute jedoch wird das Leben der Bäume in Siedlungen und Städten in starkem Maße behindert und gefährdet. Das massenweise Erkranken und Absterben nicht nur städtischer Bäume zeugt davon.
Die Lebensbeeinträchtigungen der Bäume in Städten haben folgende Ursachen:

- ungenügende und unterbrochene Nährstoffversorgung u. a. durch Versiegelung des Wuchsbereichs und durch Abtransport des Fallaubes;
- ungenügende Wasserversorgung durch Bodenversiegelung, geringere Luftfeuchtewerte in Städten (nahezu kein Tauniederschlag und abgesenkter Grundwasserspiegel);
- Verbrennungen durch Überwärmung;
- Verdichtung des Bodens führt zu Sauerstoffmangel und Absterben von Bodenleben und Wurzeln;

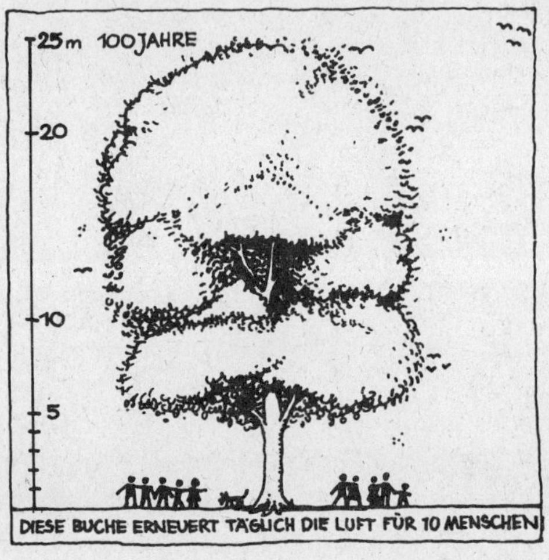

Eine ausgewachsene 100jährige, freistehende Buche mit einem Kronendurchmesser von 15 m und einer Höhe von 25 m besitzt eine äußere Blattfläche von 1600 m². Dies entspricht dem 10fachen der Fläche, die sie mit ihrer Krone überdeckt.

Geleistet wird:
Staubfilterung, Schadstoffminderung, Kühlung, Windschutz, Luftbefeuchtung usw. Außerdem erzeugt der Baum Biomasse und Holz, verbessert Boden und Grundwasserhaushalt und bietet Lebensraum für Vögel und anderes Getier.

Um die Funktion dieses Baumes zu erhalten, müßten bei seiner Fällung 5400 junge Bäume mit 0,5 m³ Kronenvolumen gepflanzt werden (Zahlenangaben nach A. Bernatzky).

- gasförmige Luftverunreinigungen, Staubablagerungen, die den Lichteinfall vermindern und deren Säurebestandteile, Fluorverbindungen, Stickoxide den Stoffwechsel und die Photosynthese beeinträchtigen und Schädlingsbefall oder Infektion begünstigen;
- Entweichen von Erd- und Stadtgas, Störung durch Kanalisation und Fernwärme;
- Anwendung von auslaufendem Öl aus Haushalten und Verkehr; Streusalz, Herbiziden;
- mechanische Verletzungen der Stammrinde, Kronenäste und Wurzeln durch Verkehr, Hoch- und Tiefbau usw.;
- Niveauveränderungen (Anschüttungen und Abtragungen);
- Verätzungen der jungen Bäume durch Hundeurin.

Sogenannte Stadtbäume, die relativ emissions-, trockenheits- oder salzresistent (Tiefenwurzler mit hohem Stamm und kleiner Krone) sind, sind nur kurzfristige Lösungsmöglichkeiten. Sie können den Belastungen auf Dauer auch nicht standhalten und erkranken meist ebenfalls nach einer gewissen Zeit.
Richtiger wäre, bereits bei der Gestaltung und Konzeption der Siedlung artengemäße Baumstandorte zu schaffen, die die meisten Gefährdungen ausschließen und die positive Wirkung der Gebäude und menschliche Pflege auf die Bäume wirksam werden läßt. Häuser können nämlich durch ihr windberuhigtes und wärmeres Lokalklima bessere Wachstumsbedingungen mit verlängerter Vegetationsperiode bieten. Außerdem ist eine Bewässerung bei längeren Trockenperioden möglich, indem Niederschlagsausgleich betrieben wird (Teiche, Speicher usw.). Neupflanzungen und altersschwachen Bäumen kann durch Bodenverbesserung, Stützung, Entlastung usw. gezielt geholfen werden.
So könnte sich im Siedlungsbereich eine Wechselbeziehung entwickeln, die nahezu eine Symbiose darstellt, in der sich Menschen und Bäume gegenseitig nutzen und fördern.

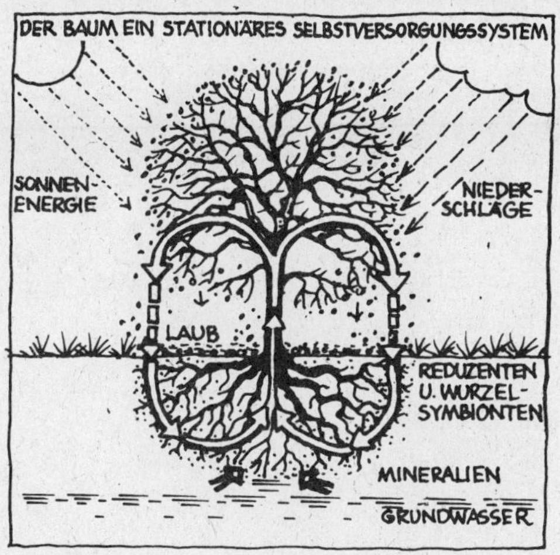

Der geschlossene Nährstoffkreislauf eines Baumes.
Abfallendes Laub wird über den Verrottungsvorgang im Boden mit Hilfe der Bodenlebewesen zersetzt und in mineralische Stoffe zurückgewandelt, die durch die Wurzeln aufgenommen werden können.
Der Durchmesser des Wurzelraumes entspricht etwa dem der Krone. Diese Fläche sollte daher für die „selbständige Nährstoffversorgung" freigehalten werden.

Nährstoffversorgung

Unter natürlichen Bedingungen ist ein Baum in der Lage, seine eigene Nährstoffversorgung zu gewährleisten. Versiegelung des Bodens und Abführen der Laubmenge (bei fast allen Stadtbäumen) unterbrechen den Versorgungskreislauf, das Baumwachstum leidet. Der Baum wird anfälliger für Umwelteinflüße und erkrankt leichter; künstliche Düngung und Pflege werden notwendig.
Es muß also gewährleistet sein, daß die Baumscheibe mindestens im Bereich des Kronenraums – wenn möglich darüber hinaus – unversiegelt bleibt und Kraut- und Strauchgesellschaften sich in natürlicher Weise ansiedeln können (keine Grasansaat!).

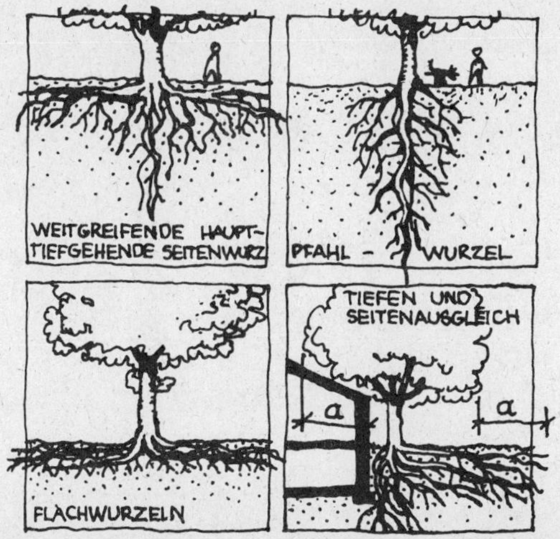

Für das Wurzelwachstum und somit für das Gesamtwachstum ist die Zusammensetzung und Konsistenz des Bodens ausschlaggebend. Der Gesundheitszustand der Bäume hängt entscheidend von den unterirdischen, nicht „offensichtlichen" Bodenverhältnissen ab!
Das Wurzelwachstum beginnt in unseren Breiten bei 2 bis 5°C. Die Ausbildung des Wurzelwerks ist stark abhängig von den vorhandenen Standortbedingungen. Eine scharfe Trennung von Tief- und Flachwurzlern ist daher nicht zweckmäßig. Man kann aber Tendenzen zu bestimmten Wurzelarten feststellen.

Pfahlwurzler sind viele Eichen, Kiefern, Weißtanne, Walnuß, echte Kastanie. Flachwurzler: Buche, Birke, Pappel, Fichte, Weide, Hainbuche, Erle. Dazwischen gibt es Bäume mit weit ausgebreiteten Haupt- und tiefgehenden Seitenwurzeln: Ulme, Linde, Platane, Roßkastanie, Esche, Robinie. Aufgabe der Wurzeln ist neben der Aufnahme von Wasser und Nährstoffen die Speicherung von Reservestoffen und die Verankerung und Befestigung im Boden, wobei die Standfestigkeit um so geringer ist, je flacher das Wurzelwerk ist.

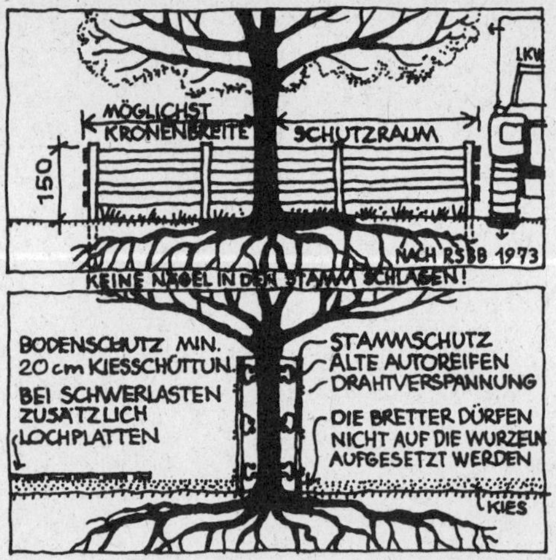

Durch Bodenverdichtungen (Verkehr, Lagerung usw.) oder Versiegelungen leidet neben der Wasserversorgung vor allem die Durchlüftung. Die mangelnde Sauerstoffversorgung bringt Wurzeln und Bodenlebewesen zum Absterben. Verdichtungen und Verseuchungen während des Bauprozesses oder der späteren Nutzung können durch Einzäunen des gesamten Wurzelbereichs verhindert werden.
Ist das Betreten des Wurzelbereiches zeitweise unvermeidbar, kann eine Schicht von mind. 20 cm eines luftdurchlässigen Materials (Kies, Bretter und Bohlen) aufgetragen werden, die nach Beendigung der Arbeiten wieder entfernt wird. In diesem Fall muß der Baumstamm vor Beschädigungen durch eine Ummantelung geschützt werden.
Parken unter Bäumen oder Lagerung von schweren Gütern sollte verhindert werden. Bereits verdichteter Boden muß z. T. ausgetauscht bzw. über Belüftungsrohre ausreichend mit Luft versorgt werden.

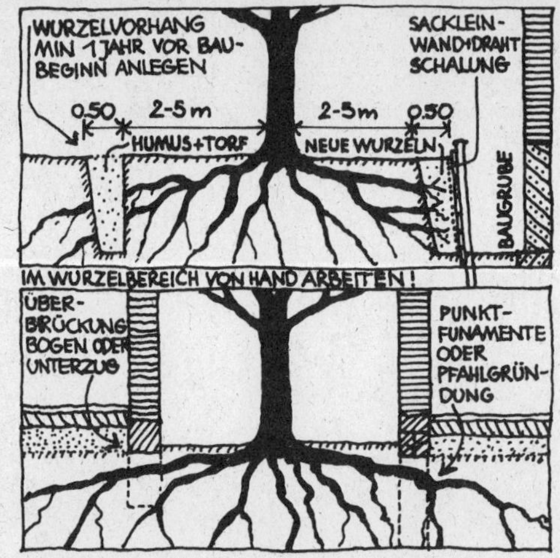

Soll in unmittelbarer Nähe des Wurzelbereichs eine Baugrube angelegt werden, so muß bereits eine Vegetationsperiode vor Baubeginn ein Wurzelvorhang angelegt werden; ebenso bei langwierigen Leitungsverlegungen.
Zwischen offener Baugrube und Stamm sollte ein Abstand von mindestens 2,50 m eingehalten werden.
Bodenabtrag ist im gesamten Wurzelbereich nicht möglich.
Abgrabungen für Fundamente, Leitungen oder Kanäle müssen sehr vorsichtig von Hand unter Anleitung des Gärtners vorgenommen werden.
Bei Gründungen im Wurzelbereich sollen möglichst keine durchlaufenden, die Wurzeln durchtrennende Fundamente angelegt werden. In besonderen Fällen sollten die Wurzeln überbrückt werden.
Bei jungen Bäumen ist der Wurzelzuwachs zu berücksichtigen.

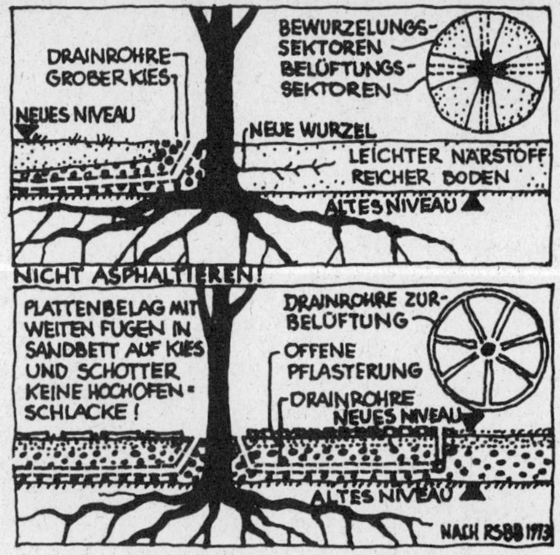

Bodenauffüllungen bei Niveauänderungen kommen in der Wirkung Bodenversiegelungen gleich.
Lassen sie sich nicht vermeiden (meist bei Straßen), sind Maßnahmen zur Erhaltung des alten Wurzelhorizontes notwendig. Alle aufgebrachten Materialien müssen locker und wasserdurchlässig sein (Sand, Kies, Schotter, Kleinpflaster usw.) mit Drainagerohren zur Belüftung. Pflanzendecken, Laub und sonstige organische Stoffe sind vorher zu entfernen, um Fäulnis zu vermeiden.
Das Aufbringen von leichtem, nährstoffreichem Mutterboden regt zwar zu neuem Wurzelaustrieb an, bringt aber ältere Wurzeln zum Absterben.

Bei sehr nahen Gebäuden sind gegebenenfalls Ausgleichsflächen mit intensiver Laubmulchung über den Kronenbereich hinaus ratsam.
Viele der einheimischen Baumarten haben ihre Nährstoff- und Wasserversorgung durch eine symbiotische Zusammenarbeit mit Pilzen verbessern können. Die Wurzelenden der Bäume werden dabei von feinstem Pilzgeflecht umsponnen, das mit seinen unzähligen Pilzfäden die Bodennährstoffe noch besser als die feinsten Haarwurzeln ausnutzen kann. Die Gegenleistung in dieser Symbiose (Mycorrhiza) ist die Versorgung des Pilzes mit gewissen Assimiliaten des Baumes.
An Standorten, bei denen das Fehlen von Mycorrhiza-Pilzen wahrscheinlich ist (Bauschutt, Auffüllungen, versiegelte Bereiche usw.), sollten diese bei Neuanpflanzungen mit eingebracht werden. Dies kann über Impfungen mit angereicherter Erde oder mit Pilzsporen geschehen.
Jährlich sterben 1% aller Straßenbäume (20000) durch die Verwendung von Tausalzen (Natriumchlorid, Magnesiumchlorid, Kaliumchlorid). Nach Bernatzky verdichten die Natrium-Ionen der Salze neben ihrer direkten Giftwirkung den Boden und

vermindern so die Bodenluft und das Wasserspeichervermögen. Die Schäden bedingen sich gegenseitig und sind um so verheerender, je trockener der vorangegangene Sommer war und je stärker die sonstigen Beeinträchtigungen sind.
Streusalze sollten durch Sand oder andere abstumpfende Streumittel ersetzt werden, da, wie sich vielfach gezeigt hat, Dosierungsbeschränkungen nicht eingehalten werden. Nicht versiegelnde Wegbeläge sind weitere Möglichkeiten, Glättebildung zu vermindern.

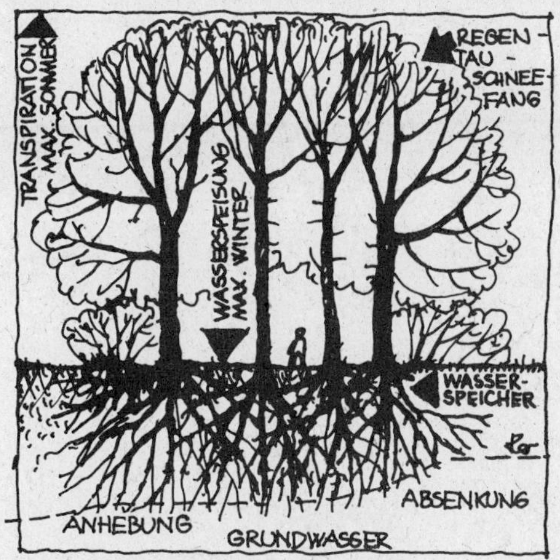

Wasserversorgung

Neben schlechter Nährstoffversorgung ist Wassermangel der wichtigste beeinträchtigende Faktor. Unter natürlichen Bedingungen bewirkt der lockere, humushaltige Boden im Wurzelbereich mit Laub- oder Unterwuchspflanzendecke die Wassersaug- und -speicherfähigkeit.
Bei zu geringer Baumscheibengröße müssen im Nahbereich Versickerungsmöglichkeiten geschaffen werden, um eine ausreichende Wasserversorgung zu gewährleisten. Die durch Bebauung verminderte Regenauffangfläche und Wasserspeicherung im Boden und im Grundwasser sollte durch Sammlung und Pufferung der Niederschläge ausgeglichen werden (s. Kap. Wasserbiotope). Stauende Nässe muß dabei vermieden werden.
Schwankende Grundwasserpegel können bei Trockenheit ein Absterben der Bäume zur Folge haben. Wasserversorgungssysteme dürfen daher keine Grundwasserabsenkungen verursachen. So sollten kleinere ausgeglichene Wasserver- und -entsorgungssysteme (Entnahme- = Rückführungsmenge) eingerichtet werden, die den Grundwasserstand konstant halten (s. Kap. Wasserhaushalt). Bei geringen Grundwasserschwankungen sind Bäume in der Lage, die Verbindung zwischen Grund- und Niederschlagswasser zu halten und selbst zur Stabilisierung des Grundwasserstandes beizutragen.

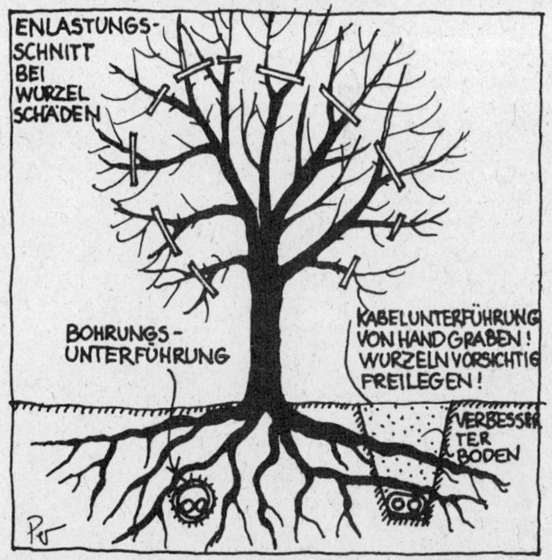

Je nach Verhältnissen regeln Bäume den Grundwasserstand. Sie können ihn durch ihre hohe Verdunstungsleistung absenken bzw. durch die kapillare Wirkung der Wurzelsysteme anheben. Beträgt das Maß der Grundwasserabsenkung nicht mehr als 30 bis 50 cm pro Jahr, so können die Wurzeln zusammen mit dem fallenden Wasserspiegel in die Tiefe wachsen. Bei ausgewachsenen Bäumen tritt dann Wipfeldürre auf.

Vor der Pflanzung sind je nach Bodengüte, mitunter bodenverbessernde Maßnahmen wie Lehm-, Sand-, Kompost- oder Torfzusätze notwendig; bei Verdichtung ist eine Tiefenlockerung unumgänglich.
Abstände: von Baum zu Baum rd. 10 m (je nach Verhältnissen) von Haus zu Baum je nach Art und örtlichen Verhältnissen mind. 2 bis 5 m, von:
Fahrbahnkante zu Mitte Baum ca. 1 m,
Freileitungsmast zu Mitte Baum ca. 4 m,
Straßenleuchten zu Mitte Baum ca. 10 m,
Entwässerungskanälen (Außenkante) zu Mitte Baum ca. 4 m,
Gasrohrleitungen zu Mitte Baum 2 bis 3 m,
Erdkabeln zu Mitte Baum 2 m.
Bei Untergrabung müssen Schutzrohre angebracht werden.
Unterfahren der Wurzeln für Leitungen, Punktfundamente oder Wurzelüberbrückungen sind Möglichkeiten, den Eingriff so gering wie möglich zu gestalten.
Wurzeln über 30 cm Dicke dürfen auf keinen Fall beschädigt werden. Bei bereits geschädigten Wurzelteilen muß ein Ausgleichsschnitt in die Krone vorgenommen werden.

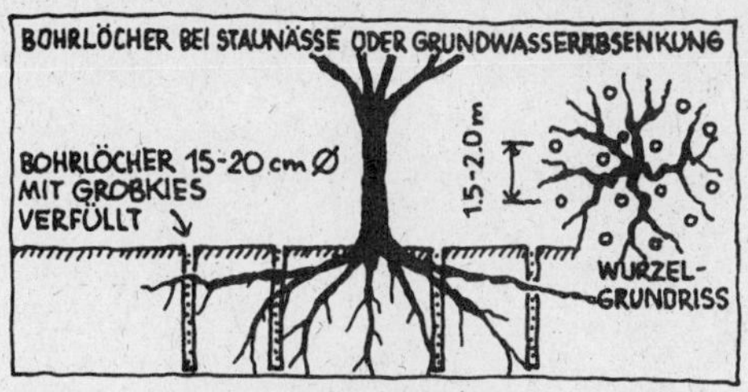

Während der Bauphase bei zeitweise stark abgesenktem Grundwasser ist eine Bewässerung über Bohrlöcher, die mit Kies gefüllt sind, erforderlich.
Staunässe als Folge von Verdichtungen läßt sich über ähnliche Bohrlöcher, die dann bis in den unverdichteten, sickerfähigen Untergrund reichen, aufheben.

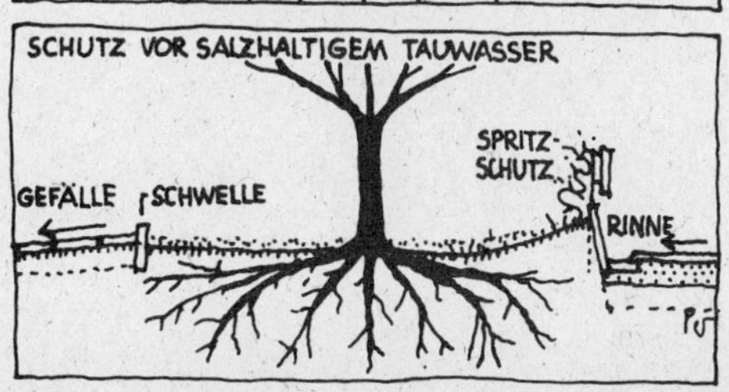

Neu- bzw. Umpflanzung.
Pflanzzeit: November bis April (außer in der Frostperiode); für manche Arten, z. B. Birke, ist der Frühling günstiger.
Jungpflanzen, aus Samen gezogen (Heister), sind widerstandsfähiger als Stecklinge; über günstige Größe und somit Alter zur Pflanzzeit läßt sich keine eindeutige Aussage machen, sie liegt zwischen 0,6 und 3,6 m. Mittlerweile sind Methoden bekannt, wie man Bäume mit einem Stammdurchmesser bis zu 75 cm verpflanzen kann. Dabei liegt die Ausfallquote angeblich bei nur 5%, wenn die Maßnahme sorgfältig durchgeführt wird.
Umgepflanzt werden sollten, soweit möglich, alle Bäume, die sonst Baumaßnahmen zum Opfer fallen würden.

Anzucht von Baumstecklingen.
Durch entsprechenden Schnitt entwickeln sich hochstämmige Bäumchen. Jede Siedlung sollte in eigenen Baumschulen ihren „Baumnachwuchs" bereits unter ähnlichen Bedingungen wie am späteren Standort heranziehen.
Pflege: Baumpfähle (am besten im Viererbock), Schutzkörbe gegen mechanische Beschädigungen, Verbiß und urinierende Hunde, öftere Bodenlockerung, Baumscheibensicherung (gegen Befahrung usw.), Mulchung und Bewässerung.

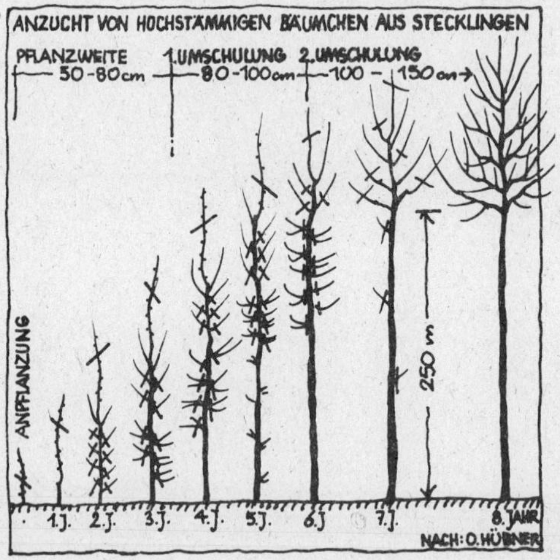

Da Bäume langsam wachsen, muß über mehrere Generationen vorausgeplant werden. Die Standorte sollten so sorgfältig gewählt werden, daß sich die Bäume, ohne sich zu stören, voll entfalten können. Selbst minderwertige Baugebiete gewinnen so an Lebensqualität.

Natürliche Standorte

Alle einheimischen Laubbäume sind Waldbäume, da Mitteleuropa aufgrund des gemäßigten, niederschlagsreichen Klimas von Natur aus ein Waldland ist. Nach A. Bernatzki entbehrt ein einzelner Baum die Hilfe und Ergänzung, die ein Waldverband bietet: gegenseitiger Windschutz, bessere Wasserversorgung durch gegenseitige Unterstützung in der Luftfeuchte, Grundwasserförderung usw. Das Bestandsinnere fördert die Nachkeimung junger Bäume, Lichtkonkurrenz und Lichtspiel regen zu stärkerem Wachstum an.
Obwohl bereits ein einzelner Baum eine erhebliche biozönotische Bereicherung insbesondere in Stadtgebieten mit einer äußerst vielfältigen Lebewelt darstellt, sollten Bäume immer im lockerem Gruppenverband als Gehölzbiotope oder in Reihen gepflanzt werden. Sie sind so den Umwelteinflüssen eher gewachsen. Dies führt aber

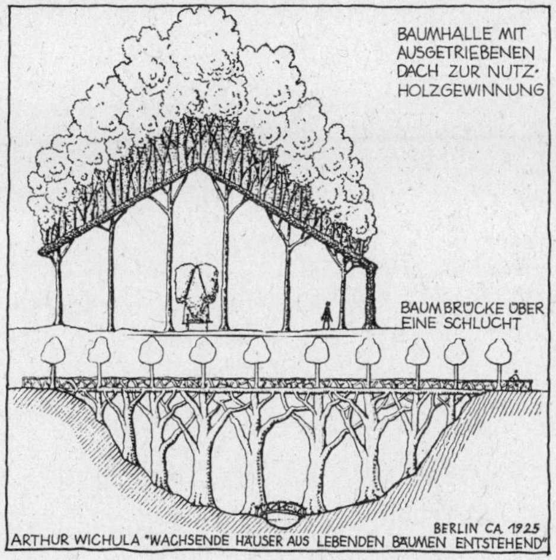

Mit jahrzehntelanger geduldiger Pflege ließen sich Bäume zu Bauwerken formen – etwa so, wie es Arthur Wiechula vorschlägt.

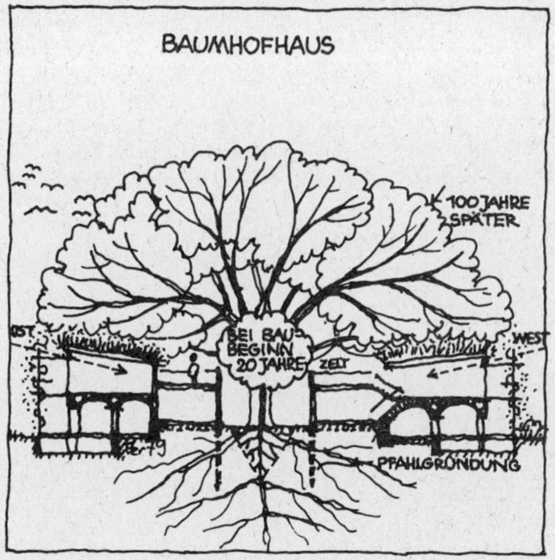

Bäume überdachen und umfassen Häuser, sie bieten Regen- und Windschutz, nächtlichen Ausstrahlungsschutz, Luftverbesserung, Tauniederschlag zur Wassergewinnung, Tierhabitate, Früchte, Laubmasse usw. Süd-, West- oder Ost-Orientierung der Häuser läßt die Sonneneinstrahlung voll nützen.

zu ganz spezifischen Siedlungskonzepten, in denen Bäume nicht Restflächen isoliert besiedeln, sondern im Verbund ähnlich den Heckennetzen die Siedlung durchziehen.

Es sollten nur einheimische Arten in Wildrassen angepflanzt werden, vorwiegend solche, die in nächster Umgebung in ähnlichen Biotopen wachsen.

Je mehr sich die Ansprüche der Bäume mit den Standortgegebenheiten decken, um so mehr können sie zu ihrer vollen Entfaltung kommen, und desto geringer wird der Pflegeaufwand sein. Offener Boden erlaubt die selbständige Entwicklung von Unterwuchs-Pflanzengesellschaften, die zusammen mit den Bäumen eine ausgesprochen artenreiche, selbständige Biozönose ergeben. Die sich als erste ansiedelnde Unkrautflora läßt man gewähren, sie lockt bereits als Futter die ersten Tiere an und verschwindet in der weiteren Sukzessionsfolge wieder. Wenn nötig, wird sie um die

Gehölzstecklinge niedergetrampelt (nicht entfernen!). Die Randzone kann als Strauchmantel ausgebildet werden. Eine spätere Pflege ist eventuell nur bei zu üppigem Wuchs nötig, die ausgeschnittenen Äste und Stämmchen bleiben liegen (Habitate für Tiere). Kein weiterer Eingriff sollte erfolgen, um das Innenleben und die gegenseitige Symbiose des Biotops nicht zu stören. Im Laufe der Zeit wird sich das Bild eines natürlich gewachsenen Waldes ergeben.
Schlag-Biotope als äußerst artenreiche Biotope im Innern von Gehölzen mit sehr windgeschütztem, sonnen- und lichtreichem Klima sind nach U. Schwarz auch in Gärten und Siedlungen durch dichte umgrenzende Bepflanzung möglich. Ähnlich den Ausholzungen sollte viel Abfallholz liegenbleiben, und der Boden sollte gelegentlich aufgerissen werden.
Natürliche Baum- und Gehölzbiotope bilden zusammen mit Hecken wichtige biologische Regenerationsflächen und Tierhabitate in den Siedlungen, die sich mit anderen Vegetationsbereichen abwechseln und diese in ihren Funktionen ergänzen.
Haus und Baum können sich zu gegenseitig fördernden Einheiten ausbilden, wenn die Bedürfnisse des Baumes respektiert werden. Der Baum kann ein Teil der menschlichen Behausung sein, der Naturnähe, Schönheit und Geborgenheit über Generationen vermittelt.

Arten und Wuchsformen

Von den wichtigsten einheimischen Bäumen wurde je eine Art in ihrem Habitus als ausgewachsener, einzeln stehender Baum dargestellt. In Konkurrenz und Gruppierung mit anderen Bäumen würden sie sich mehr zu schmalwüchsigen hochstämmigen Formen entwickeln.
Die Bäume sind zum Größenvergleich jeweils in junger sowie ausgewachsener Form im gleichem Maßstab dargestellt. So kann die endgültige Größe junger Bäume abgeschätzt werden. Die meisten Bäume können bei günstigen Bedingungen mehrere hundert Jahre alt werden, ihre Höhe bleibt dabei annähernd konstant.
Die Größe und Form ausgewachsener Bäume hängt sehr stark von den Niederschlägen, der Bodenart und den klimatischen Bedingungen ab. Die Abbildungen (Seite 83 bis 85) zeigen Bäume, wie sie bei günstigen Bedingungen im milden britischen Klima wachsen können. Bei Neupflanzungen ist unbedingt auf eine Auswahl standortgerechter Arten zu achten.
Die Abbildungen auf den Seiten 83 bis 85 sind entnommen aus „Trees for Town and Country" von Colvin Brenda, Lund Humphries 1935.

95 J.
28 J.
Lärche, Larix europea
100 JAHRE
25 J.
7 J.
Douglas-Fichte,
Pseudosuga
douglasii
80 JAHRE
30
18
10
Rotfichte,
Picea excelsa
Rotbuche,
Fagus sylvatica
110 JAHRE
16 J.
100 J.
35 J.
Hainbuche, Weißbuche,
Carpinus betulus
180 J.
28 J.
Eiche, Quercus pendunculata
70 J.
30
9
Kiefer, Pinus sylvestris
60 J.
15 J.
Birke, Betula alba
40 J.
12 J.
Wildkirsche, Prunus avium
80 J.
15 J.
Traubenkirsche, Sorbus avia
50 J.
6 J.
Robinie, Scheinakazie,
Robinia pseudoacacia
0 m

70 J.
15
6
Pyramidenpappel, Populus nigra italica
60 JAHRE
10
4
Schwarzpappel, Populus serotina
17 J.
60 J.
25 J.
Schwarzerle, Almus glutinosa
12 J.
40 J.
Weide, Salix alba
30 J.
Kopfweide
60 JAHRE
15 J.
5 J.
Silberpappel, Populus canescens alba
100 J.
20 J.
Eibe, Taxus baccata
70 J.
14 J.
Stechpalme, Ilex aquifolium
25 J.
15 J.
Trauerweide, Salix babylonica
50 J.
Weißdorn, Crataegus monogyna
30 J.
Goldregen, Laburnum vossii
12 J.
60 J.
Bergahorn, Acer pseudoplatanus
50 J.
10 J.
Feldahorn, Acer campestre
75 J.
12 J.
Spitzahorn, Acer dasycarpum
90 JAHRE
20 J.
Platane, Platanus acerifolia

Sommerlinde, Tilia platyphyllos
Trauerulme, Ulmus glabra pendula
80 JAHRE
30 J.
60 J.
100 JAHRE
27 J.
15
120 JAHRE
50 J.
10 J.
Bergulme, Ulmus glabra
Ulme, Ulmus procera
20 J.
100 JAHRE
80 JAHRE
20 J.
Walnuß, Juglans regia
Esche, Fraxinus excelsior
90 J.
20 J.
50 J.
15 J.
110 JAHRE
20 J.
12 J.
12 J.
50 J.
Edelkastanie, Castanea sativa
Wildapfel, Pyrus malus
Roßkastanie, Aesculus hippocastanum
Rote Roßkastanie, Aesculus carnea briotti

Zwei Drittel der Reptilien- und Amphibienarten gelten zur Zeit als gefährdet. Die Hauptursache liegt in der Zerstörung der Feucht- und Wasserlebensräume. Das trifft auch für 73 von 89 gefährdeten Vogelarten zu.
Die Pflanzenarten der Fluß- und Teichvegetation sowie der Quellflora stehen mit an der Spitze der gefährdeten einheimischen Pflanzenarten (neben Trocken- und Halbrasenvegetation auch subalpine und alpine Vegetation). 18% sind nach der „Roten Liste" akut bedroht, mehr als bei allen anderen Pflanzenarten.
Durch Trockenlegung der Feuchtgebiete, künstliche Wasserbaumaßnahmen und Gewässerverunreinigung werden die Überlebenschancen ständig geringer.
Teiche und Weiher ihrer vielgestaltigen Naturform zu berauben, Bäche und Flüsse zu begradigen und ihren Uferbewuchs abzuholzen, Tümpel und Sumpfwiesen trocken zu legen (wo Fischteiche das Naturpotential besser nutzen würden als drainierte, artenarme Futterwiesen), ist Landschaftszerstörung. So bestehen z. B. heute nur noch 10% aller alten Dorfteiche.
Die meisten Biotope der Fließgewässer sind durch den technischen Wasserbau zerstört worden. Begradigungen, Kanalisierung, Uferbefestigung (z. B. mit Stein, Beton, Stahl usw.) und Erhöhung der Fließgeschwindigkeit haben die besonders wertvollen Uferzonen mit ihrer Lebensvielfalt vernichtet. Hierdurch wird die Selbstreinigungskraft der Gewässer reduziert, und, im Gegensatz zum eigentlichen Ziel, oft sogar die Erosions- und Hochwassergefährdung verstärkt.
Die Gewässerverunreinigung durch Abwassereinleitung, Überdüngung und Biozide aus der Landwirtschaft (durch Grund- und Oberflächenwasser) führen zu überhöhtem Nährstoffangebot und Giftstoffakkumulationen in den Gewässern. Verringerung der Lebensvielfalt und explosionsartige Vermehrung einzelner Arten sind Anzeichen dafür. Bei Überschreiten gewisser Schwellenwerte kann der Sauerstoffgehalt soweit absinken, daß der biologische Tod des Gewässers eintritt („Umkippen" durch Eutrophierung).
Ökologische Wasserwirtschaft hat die Wasserreinhaltung, den Grundwasserausgleich sowie die Schaffung von Wasser- und Feuchtbiotopen zum Ziel. Dies erfolgt durch Verzögerung des Abflusses von Regen- und Oberflächengewässern über Teiche, Kaskaden, natürliche Bachläufe, usw. sowie durch neue Methoden der Wasser- und Abwassernutzung (s. Kap. Gestaltung des Lokalklimas, Wasserenergie, Wasserhaushalt und Materialhaushalt).
Bereits kleine Maßnahmen am Haus, im Garten- und im Siedlungsbereich können einen wirkungsvollen Beitrag leisten.
Die Größe eines Wasserbiotops ist nicht unbedingt ein Maßstab für eine artenreiche Belebung. Mitunter können kleinste Wasserflächen ein ähnlich vielfältiges Ökosystem ausbilden wie ein größerer Naturweiher.
Die Art und Entwicklung eines Wasser-Ökosystems läßt sich steuern und beeinflussen durch:

- Art und Herkunft des Wassers (kalt, warm, eutroph, oligotroph, ph-Wert usw.);
- Bodenart und Profilausformung (Mineralgehalt, tief, flach);
- mikroklimatische Lage und Gestaltung (Besonnung, Muldenlage, Steine, Äste);
- Ufergestaltung und Uferbewuchs.

Teichanlagen

a) Kombinierter Bade- und Pflanzteich von M. Landl/A. Roidinger, AGA Wien, mit Betonabdichtung
   - 3 cm Sauberkeitsschicht aus Beton (0 bis 16 mm Körnung, 1:6 Mischung) mit Schaufel aufbringen, mit Kelle modellieren;
   - Feinschicht, feiner Zementmörtel, 1 cm, glätten;
   - nach 4 Wochen Polyesterschicht 2 × 300 g Glasfaserwatte). Versiegelung;
   - Torf, Sand, lehmige Erde;
   - Bepflanzung;
   - mit Regenwasser füllen.
b) Folienabdichtung auf Schutzgitter mit Lehm-, Kies-, Sand- und evtl. Torfschüttungen bis über die Ränder, Bepflanzung direkt am Boden oder in Töpfen.

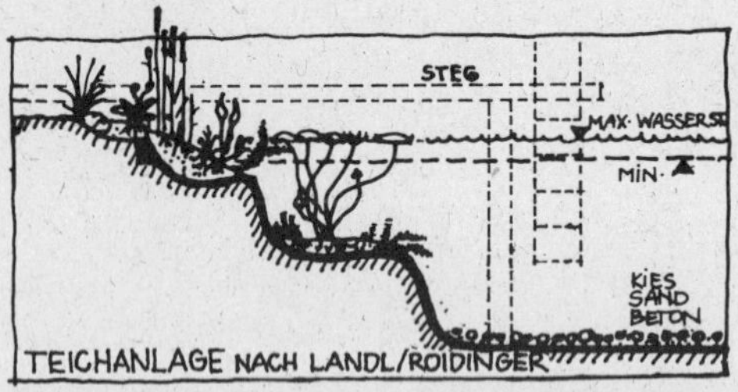

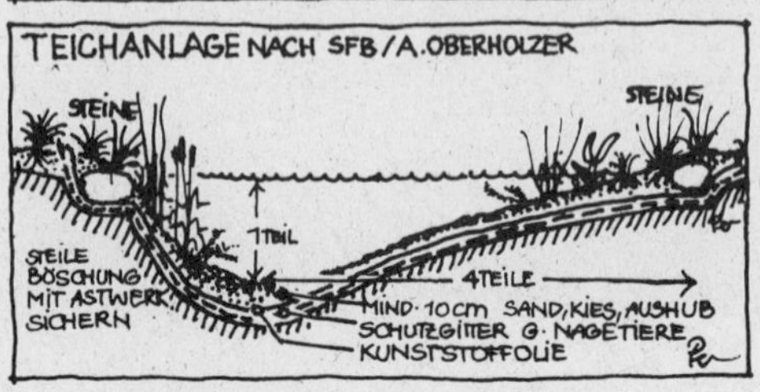

Tümpel

Tümpel sind kleine, seichte, stehende Gewässer, die auch teilweise austrocknen oder zufrieren können. Sie bieten, selbst wenn sie kleiner als 1 m² sind, bereits als Tränke und Badeteiche für Vögel, für Amphibien usw. wertvolle Lebensbereiche.
Durch die Standortwahl (sonnig, beschattet), durch Steine, Erdmodellierungen, Sand- und Kiesschüttungen kann auch bereits bei diesen Kleinanlagen auf die vielfältige mikroklimatische Gestaltung geachtet werden.
Die Besiedlung mit Pflanzen oder Tieren erfolgt bei diesen Kleinanlagen meist sehr schnell und auf natürliche Weise.
Im Winter sorgt ein handgroßes Loch in der Eisdecke für ausreichende Sauerstoffversorgung der verbliebenen Tiere. Die meisten Amphibienarten überwintern ohnehin außerhalb des Wassers; sehr viele wirbellose Tiere ertragen das Einfrieren. Flache Uferzonen oder Füllungen mit Laub, Ästen und Brettern schützen feste Becken vor Frostsprengungen.

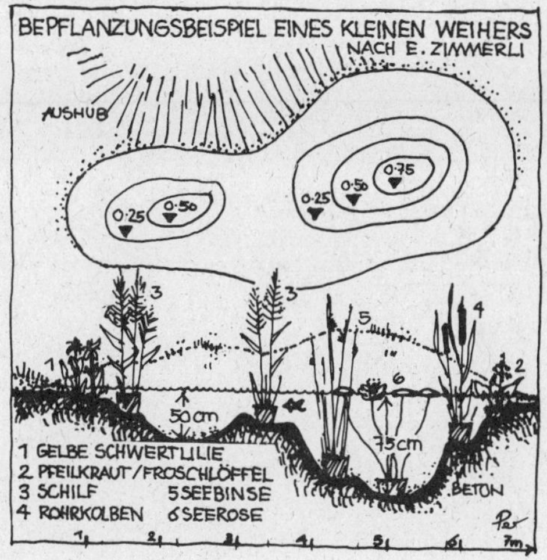

Bepflanzungsbeispiel
Pflanzungen in Blumentöpfen, alten Wäschekörben o. ä. können übermäßiges Wachstum etwas hemmen.
Vorsicht bei weißen Seerosen und Rohrkolben in kleinen Weihern, sie wachsen zu üppig.

Weiher und Teiche

Je nach Zulauf durch Bäche, Grundwasser, Quellen, Niederschläge oder Abwässer (s. Kap. Wasserhaushalt) bildet sich das Pflanzen- und Tierleben von Weihern und Teichen aus.
Quellen- oder Grundwasserteiche sind meist sehr kalt und klar mit geringem Tier- und Pflanzenleben. Bachteiche hingegen können mit bereits erwärmtem Wasser (gestaute Bäche, Bachabzweiger) gespeist werden, das mitunter je nach Einzugsgebiet sehr nährstoffhaltig sein kann. Durch verschattenden Uferbewuchs kann das überstarke Wachstum der Wasserpflanzen gedämpft, durch Fischzucht oder Abernten der Wasserpflanzen (Kompost o. ä.) das Nährstoffangebot genutzt werden.
Regenwasserteiche können je nach Luftverschmutzung ähnlich eutrophen Charakter annehmen (grüne Farbe durch Algen). Auch hier können durch gezielte Maßnahmen die Nährstoffe entzogen und genutzt werden (s. o.).
Bei Ausgewogenheit von Wasserzufluß, Tier- und Pflanzenbesatz, Erwärmung und Verschattung, Abfischen und Abernten der Wasserpflanzen und Tiere lassen sich natürliche Teiche schaffen, die durch menschliche Eingriffe einen Gleichgewichtszustand erreichen.

a) Regenwassertümpel in Badewannen, Emaille- oder Steingutgefäßen u. ä. Die Ränder werden mit Kies, Sand, Geäst usw. überdeckt, ein flaches Ufer oder Ausstieg für hineingefallene Landtiere modelliert.
Ist Grundwasser vorhanden, genügt ein einfacher Spatenaushub.

b) Regenwassertümpel, hier mit unterirdischem Zulauf. Der Tümpel kann ein Teil eines Regenwasserbachsystems sein.

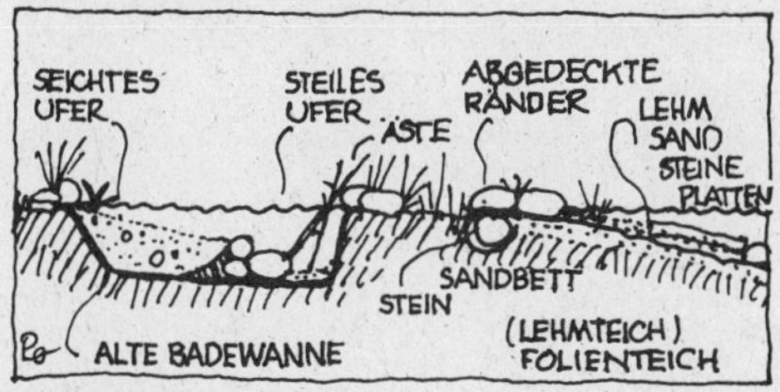

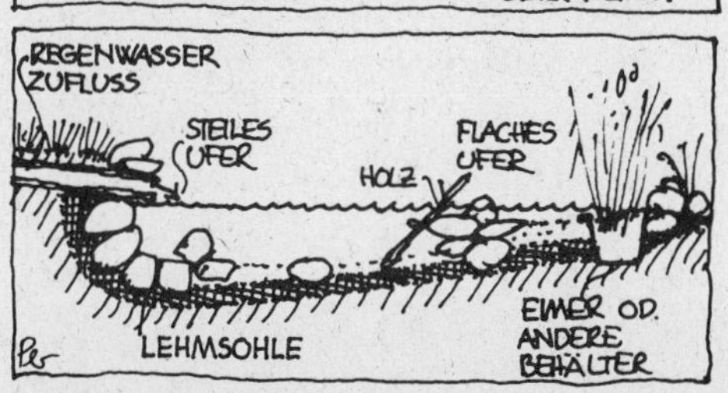

Weiherbau

Bei lehmhaltigem Unterboden braucht der Weiher nicht abgedichtet werden. Sonst sind Abdichtungen aus Lehm, Pappe, Folien oder Beton notwendig.
Eine Lehmdichtung (10 bis 20 cm) auf ein engmaschiges Drahtgeflecht gegen Ratten und Mäuse und eine 10 bis 15 cm dicke Kiesaufschüttung (gegen Aufwühlen und Trübung) stellt die natürlichste, aber vielleicht auch schwierigste Methode dar. Sie bedarf zwar in den ersten Jahren einer regelmäßigen Ausbesserung, ist danach aber sehr dauerhaft.
Für die gelegentlich notwendigen Entleerungen zwecks Abfischen, Neuanpflanzungen, Aushub von Faulschlamm usw. sollten Möglichkeiten des Wasserauslasses konstruktiv berücksichtigt werden. Bei geneigtem Gelände sind diese einfach durchführbar, bei ebenen Flächen bieten sich Stöpselauslässe in Verbindung mit Sickergruben an. Größere Weiher sollten durch Schwellen in einzelne Bereiche gegliedert werden, die eine etappenweise Entleerung zulassen (Rückzug für Tiere ermöglichen).

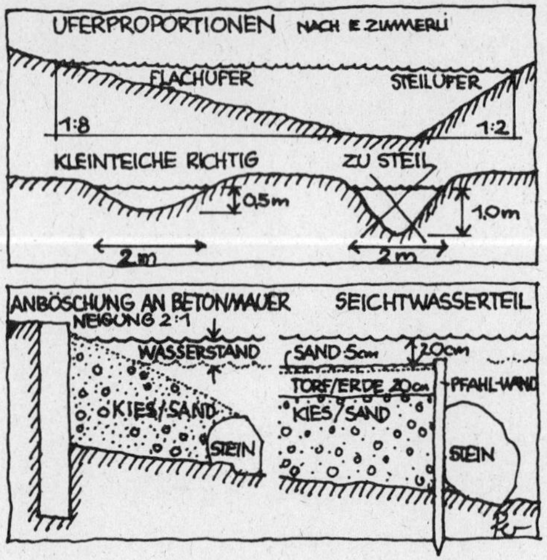

Das Teichprofil sollte in etwa nebenstehenden Proportionen entsprechen, zu steile Ufer fließen ab (Lehmböden ab 30°).
Für Fische, die im Weiher überwintern sollen, muß der Teich an der tiefsten Stelle mindestens 1 bis 1,2 m (Frosttiefe) sein. Soll ein Teil des Weihers frei von Bewuchs sein, so muß er tiefer als 3 m sein.
Beton- oder Spundwandufer können nachträglich für Naturufer angeböscht werden, in tiefen Gewässern können künstlich Seichtwasserbereiche geschaffen werden, die wichtige Spezialbiotope und Rückzugsorte darstellen.

Bepflanzung, Tiere und Pflege

Bei jung aufgeschlossenem Boden sollte wenig angepflanzt werden, da hier üppiges Wachstum wegen der guten Nährstoffversorgung schnelle Verlandung zur Folge hat.
Je nach Geduld kann einfach abgewartet werden, die Vegetation wird sich den Bedingungen entsprechend von selbst einstellen. Eingeworfene Samen und Früchte vermehren sich rasch. Anpflanzungen können mit sehr kleinen Exemplaren direkt auf den Teichboden oder in Blumentöpfen geschehen, die ein zu üppiges Wachstum hemmen.
Die Uferzonen sollten so modelliert werden, daß auch Moor- und Sumpfvegetationen gedeihen können.
Das Einsetzen von Tieren muß, wenn überhaupt, sehr vorsichtig geschehen, auch sollte der Weiher bereits einige Zeit bestehen. Einige Eimer Wasser aus nahegelegenen, ähnlichen Wasserbiotopen reichen bereits zur Ansiedelung von Kleinstgetier. Das Einbringen von Amphibien kann nur durch Laich oder Kaulquappen geschehen (keine naturgeschützten Arten rauben, sondern vom Züchter beziehen!), da erwachsene Tiere oft nicht bleiben. Eigentlich stellen sich die Tiere bei entsprechendem Pflanzenbewuchs von selber ein. Auf jeden Fall sollten „Habitate" für verschiedene Tiere angeboten werden, die die Überwinterung und Einnistung ermöglichen. Will man ausgesprochene Amphibienbiotope, sollte auf Fischhaltung verzichtet werden, damit die Larven nicht gefressen werden.
Die Pflege der Tümpel- und Weiherbiotope beschränkt sich in erster Linie auf die Beobachtung des „biologischen Gleichgewichts". Das bedeutet:

- Alle im Gewässer lebenden Tiere und Pflanzen müssen sich gegenseitig im Gleichgewicht halten (keine einseitige Vermehrung, kein Aussterben bestimmter Arten).
- Keine Düngung oder Fütterung bei Naturbiotopen (anders bei Fischzuchtbekken).
- Zeitweilige Algenteppiche möglichst nicht entfernen (Unterschlupf für viele Tiere).
- Entleerungen sind bei Verlandungsgefahr und starker Faulschlammbildung notwendig (in Abständen von 1 bis 50 Jahren). Dabei muß das Leben der Pflanzen und Tiere gesichert werden.
- Bei stehenden Gewässern sollte darauf geachtet werden, daß nicht zuviel Laub ins Wasser fällt (Versauerung des Wassers, Nährstoffüberangebot, Sauerstoffverminderung) und sollte gelegentlich abgefischt werden. Pflanzungen sollten deswegen auch mit Abstand vom Ufer und nicht in Hauptwindrichtung angelegt werden.
- Bei Lurchgewässern sollten unumgängliche Arbeiten in der Zeit vom 1.8. bis 15.9. durchgeführt werden (Ende der Laichzeit, noch keine Winterstarre).

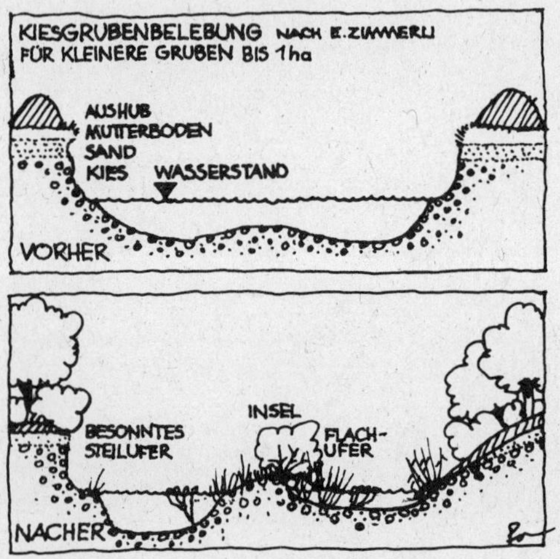

Erdmodellierungen für kleine Kiesgruben (bis 1 ha) nach E. Zimmerli
Die Aushubmenge gibt die Möglichkeiten, das angrenzende Umland zu gestalten – schattenspendender Hügel, Tierunterschlupf an der feuchten Nordseite, Warmplätze an der Südseite usw.
Der Teichgrund sollte vielfältig und abwechslungsreich modelliert werden. Flachuferzonen, steile Uferpartien, sandige-steinige, tiefere-seichtere Zonen, beschattete-besonnte, verschiedene Bodenarten, Schwellen, die die Weiherteile voneinander trennen, ergeben (20 cm unter Normalwasserstand) wärmere und kühlere Bereiche und Abtrennbecken bei Undichtigkeit oder Verunreinigungen.

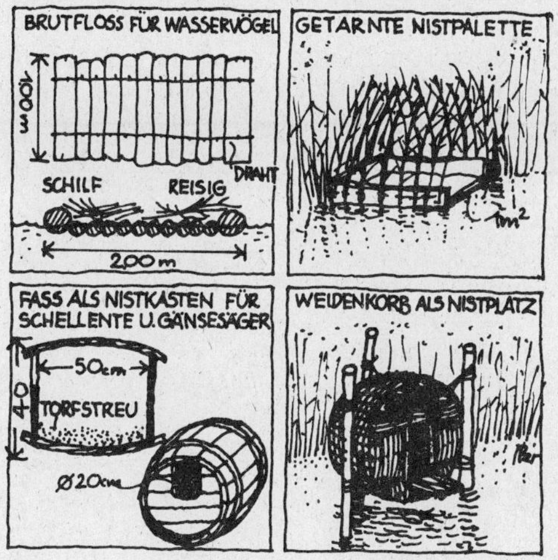

Nisthilfen für Wasservögel aller Art auf dem Wasser und an Land (nach E. Zimmerli) für größere Gemeinschafts- und Siedlungsteiche.

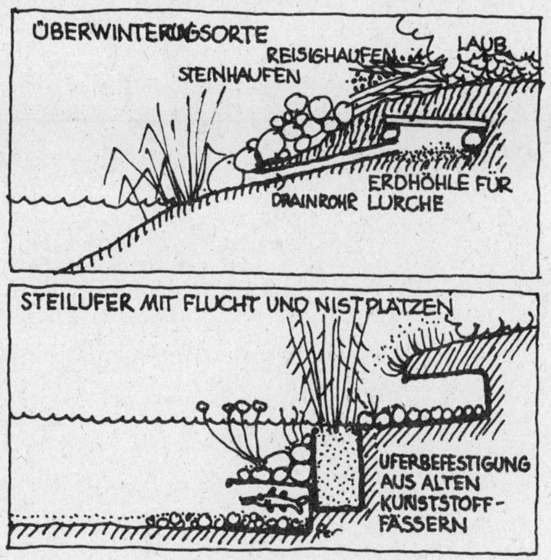

Verkriechhöhlen und -räume zur Überwinterung in Form von Steinhöhlen, Steinhaufen, Geästhaufen usw. sollten auch bei kleinsten Teichen und Weihern vorhanden sein, da viele Tiere außerhalb des Wassers überwintern.
Auch steile Ufer sollten möglichst über und unter Wasser differenziert gestaltet werden. Beispiel eines Steilufers, das aus alten Behältern gestaltet ist.

- Durch Mähen der angrenzenden Schilf-, Sumpf- und Riedwiesen und Abführen der Mahd kann der Verlandungsprozeß verlangsamt werden. Möglichst im Winter und immer nur parzellenweise im Zweijahresturnus, da oft vorjährige Bestände als Brutstelle und Nahrungsquelle dienen.
- Natürliche Mückenbekämpfung durch Schwimmkäfer, Wasserwanzen, Libellen und Libellenlarven, Fische usw.

Bäche und Gräben

Mit Steinen, Sand, Kies, Baumstämmen, Ästen und Grassoden lassen sich Kaskaden, Wasserfälle, Strudel, Unterspülungen, Sandbänke usw. gestalten. In Länge und Breite modelliert ergeben sich vielgestaltige Bachstufen mit unterschiedlichem Kleinklima, verschiedenen Bodenverhältnissen und artenreichem Tier- und Pflanzenbesatz. Auch Badebuchten, Wasserräder, Bewässerungszuflüsse und Zuchtbecken lassen sich integrieren.
Ähnliche Anlagen sind im Maßstab eines kleinen Rinnsals als Bewässerungs- oder Regenwassergräben im Garten denkbar. Aber auch größere Siedlungsbäche und Flüsse sind wieder naturnah zu gestalten und für vielfältige Nutzungen und Biotope zu untergliedern.

Gestaltung eines natürlichen Bachlaufs mit Wasserfällen zur Sauerstoffanreicherung, Ausspülbecken, unterspülten Uferpartien, mit Höhlen für Forellen und Krebse; Sandansammlungen durch Wiederläufe (Forellenlaichplätze).

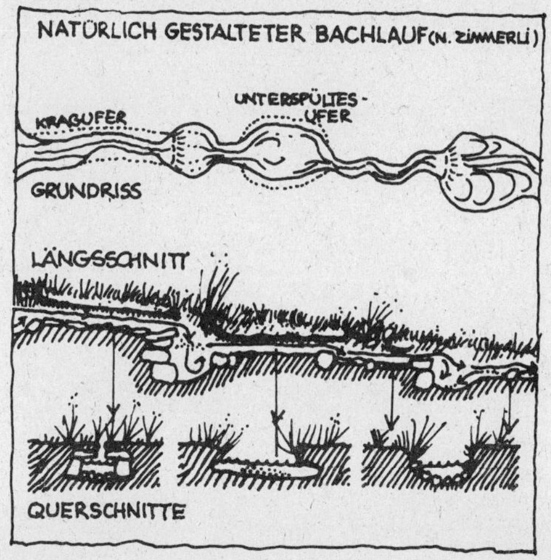

Uferbepflanzung

Der Uferbepflanzung und -gestaltung bei Bächen und Weihern kommt, wie bereits erwähnt, eine besondere Bedeutung zu.
Die Uferpartien sind die aktivsten Zonen. Sie sind die Laichplätze für viele Fische (Karpfen, Barsche, Schleie, Rotaugen, Hechte usw.), sie sind Lebensraum für Jungfische sowie Brutplatz und Lebensort für die meisten Wasservögel. Sie müssen Schutz vor Wassererosion bieten.
Das Wasser ist hier wärmer, nährstoff- und sauerstoffreicher, da organisches Material vom Festland eingeschwemmt wird. Hier leben deshalb auch unzählige Kleinstlebewesen, die das Aufwuchsfutter für die Jungfische darstellen und die wesentlich zur Selbstreinigung des Gewässers beitragen.

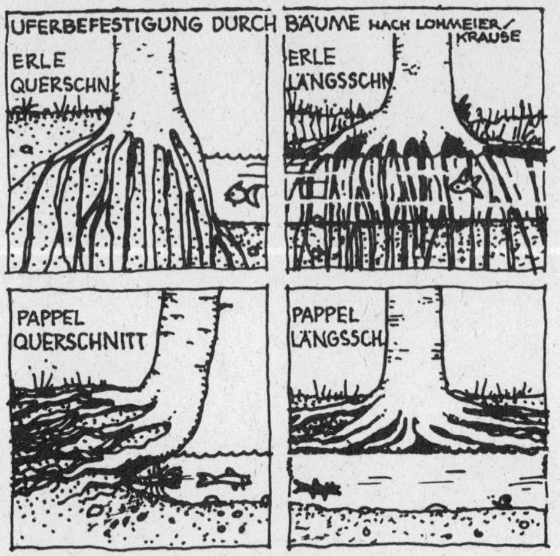

Uferbefestigung
Zur Uferbepflanzung eignen sich neben Erlen, Weiden- und Pappelarten:
Roter Hartriegel, Haselnuß, Heckenkirsche, schw. Holunder, Hundsrose, Wasserschneeball, Weißdorn als halbhohe Sträucher und
Bergahorn, Bruchweide, Esche, Feldahorn, Flatterulme, Hainbuche, Stieleiche, Vogelbeere als hohe Bäume.
Alle diese Arten vertragen zeitweise Wasserstau.

Entsprechend den vielfältigen Funktionen bildet sich eine spezielle, sehr artenreiche Uferflora, insbesondere mit Baum- und Strauchbestand. Sie wird derzeit überall abgeholzt, die Ufer werden „gesäubert". Stattdessen siedelt sich nun eine artenarme, einseitige Vegetation an (Pestwurz, Brennessel, Geißfußfluren, Knollensonnenblumen), die wegen der übermäßigen Nährstoffanreicherung durch Abwässer und Kunstdüngerauswaschungen konkurrenzlos zu Prachtexemplaren mit hoher Fortpflanzungskapazität gedeihen. Viele andere Arten und alle aufkommenden Gehölze werden unterdrückt und ersticken. Die Verlandung geht dadurch rasch voran.
Im Gegensatz zu Gehölzen gehen diese Pflanzen teilweise samt Wurzeln bei den ersten Herbstfrösten ein. Ein Erosionsschutz durch Bewuchs ist daher im hochwasserreichen Winterhalbjahr nicht mehr gewährleistet.
Der einzig wirksame Schutz gegen Ufererosion, Überwucherung und Verlandung sind Neuanpflanzung und Pflege von Ufergehölzen, vor allem von Erlen-, Weiden- und Pappelarten, Esche und Birke. Diese Arten vertragen zum Teil auch Überflutungen, befestigen mit ihren Wurzeln dauerhaft ganzjährig die Uferzonen, bieten Schatten und somit bewuchsfreie Wasserzonen.
Der Uferbewuchs sollte so vielgestaltig wie möglich sein; dichte Bepflanzung sollte sich mit lockerer abwechseln, die auch besonnte Wasserzonen frei lassen. Immer sollte auf den Abfluß von Kaltluft, die sich neben Ufergebüsch aufstauen kann, geachtet werden (Lücken im Gebüsch, gelegentliches Auslichten).

Vernetzung mit dem Umland

Ebenso wie die netzartige Verknüpfung im Inneren der Siedlung sollte die Vernetzung der Biotopbereiche zu den Wildbereichen der Landschaft hergestellt werden. Das Netz der technischen Infrastruktur droht selbst in der freien Landschaft die Wildbereiche zu zerstören (z. B. Autobahnen durch Moore und Wälder). Eine „Infrastruktur der Wildvegetation" aber ist überlebensnotwendig.
Gehölz-, Hecken-, Wasserbiotope netzartig aneinandergereiht und die großräumigen, noch vorhandenen Naturbereiche miteinander verbindend, sind die Lebensadern einer Landschaft. Sie sind nicht nur Regenerationsflächen monokultureller und anderweitig zerstörter Fluren, sondern auch Lebensorte und Wanderstraßen der meisten Tierarten.
Die Landschaft kann so gegliedert werden, daß naturbelassene mit den von Menschen genutzten Flächen ein Netz ergeben, das den wirtschaftlichen, topographischen, biologischen und ästhetischen Erfordernissen gleichermaßen gerecht wird. Das Netz der Naturbiotope wird zum Siedlungsbereich hin immer feingliedriger und verbindet sich mit Gärten und Gebäuden. Außerhalb der Siedlungen wird die Landschaft großräumiger, so daß weite zusammenhängende Natur- und Wirtschaftsbereiche entstehen.
Die Siedlungsstruktur selbst vollzieht eine enge Verknüpfung von Bebauung, Garten- und Anbauflächen. Hecken und Gewässer übernehmen die Verknüpfung, die Siedlung selbst wird Teil der Landschaft, da sich in jedem Garten die natürliche Vielfalt wiederfindet. Straßenflächen sollten verringert, jede kleinste Fläche optimal genutzt werden. Das Naturpotential, wie z. B. Regenwasser, Biomasse oder Wildfrüchte, wird ebenso wie das Potential der Siedlung selbst (Abwasser, biologische Abfälle usw.) voll ausgeschöpft und als Rohstoff weiter verwertet.
In dieser Art ist die Siedlung nicht nur ökologisch eingebunden, sondern sie stellt eine Bereicherung der Landschaft dar; für ausgeräumte, monokulturelle Fluren würde eine Besiedlung in dieser Form sogar eine Aufwertung bedeuten.

Beispiel einer Siedlung, die in ein feingliedriges Biotopnetz von Hecken-, Gehölz- und Wasserflächen eingebettet ist. Zur freien Landschaft hin werden die Netze der Wildbereiche großflächiger und lassen zusammenhängende Nutzbereiche für Anbau- und Weidewirtschaft entstehen.

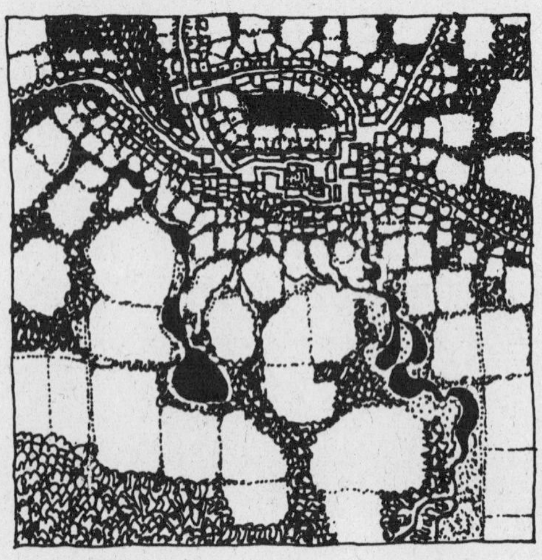

Wirkung und Nutzen

Wände, mit Ausnahme der Nordwände, werden im jahreszeitlichen Besonnungsrhythmus gegenläufig zu horizontalen Flächen bestrahlt und erwärmt. Am ausgeprägtesten zeigen sich diese Verhältnisse an Südwänden. Sie erhalten im Winter rund die drei- bis vierfache Wärmemenge einer waagerechten Fläche, im Sommer hingegen nur rund ein Drittel.

Neben Sonneneinfangflächen und Speichermassen zum Klimaausgleich sind Fassaden ideale Bewuchsflächen, die durch ihren günstigen Wärmehaushalt die Vegetationsperiode verlängern, vor starker nächtlicher Ausstrahlung, insbesondere vor Frost, schützen und durch Reflexion die Sonnenstrahlung erhöhen. Durch Bauteile wie Dachüberstände, Gesimse, Läden usw., kann Verschattung gesteuert und Überwärmung vermieden werden. Fassaden können direkt oder über ein Rankgerüst bewachsen werden.

Fassadenbewuchs wirkt auf das Klima der Hausumgebung als:

- Wärmedämmung,
- Windschutz,
- Regenschutz,
- Kühlung,
- Luftverbesserung,
- Schallabsorption.

Das Luftpolster zwischen Blattwerk und Wand verringert den Wärmetransport von Wand zur Außenluft. Eine 5 cm stehende Luftschicht entspricht in ihrer Wärmedämmung ungefähr einem K-Wert von 2,9 W/m² K und ist dem einer Doppelglasscheibe vergleichbar.

Eine dickere Luftschicht verbessert den Dämmwert nur unwesentlich oder hebt ihn auf, sobald Luftkonvektion entsteht.

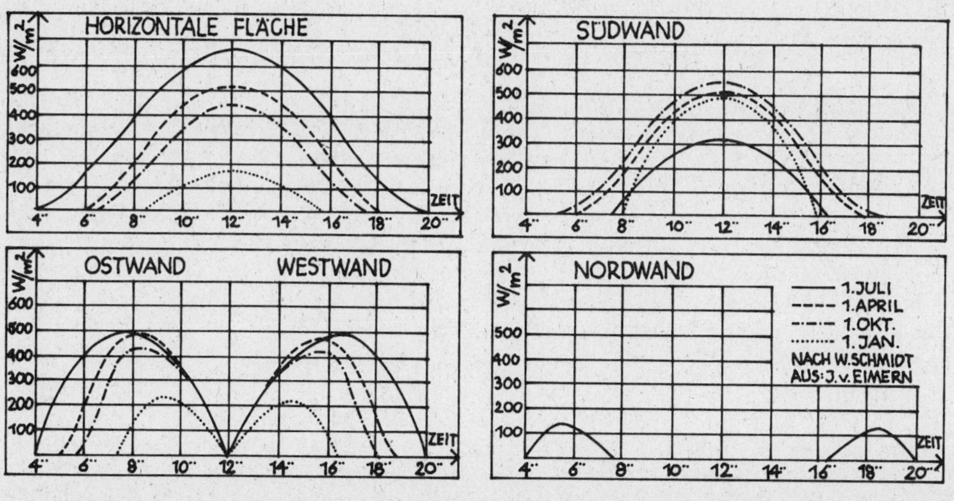

Die Tabellen zeigen den mittleren Tagesgang der Sonnenbestrahlung in W/m² für eine horizontale Fläche und verschieden orientierte Wände (Wien, 1926).

Ost/Westwände: Sie erhalten im Sommer mehr Strahlungsmenge und im Winter nahezu ähnlich viel wie die horizontale Fläche trotz kürzerer Besonnungszeit.

Südwand: Sie erhält im Winterhalbjahr die meiste Einstrahlungsmenge, mehr als die Ost- und Westwände und erheblich mehr als die horizontale Fläche, im Sommer hingegen weniger als die Ost- und Westwände und bedeutend weniger als die horizontale Fläche.

Die Südwand ist also nicht immer – wie oft irrtümlich angenommen wird, die am stärksten bestrahlte Wandseite zu jeder Jahreszeit. Die wechselnde Einstrahlungsintensität auf den verschiedenen Flächen kann so im Wechsel der Jahreszeiten zu interessanten Nutzungen führen.

Außenwand ohne Fassaden-bewuchs	Außenwand mit Fassaden-bewuchs	Verbesserung
K-Wert	K-Wert	%
1,5	1,0	33
1,0	0,75	25
0,6	0,5	16
0,3	0,27	10

Verbesserung des Wärmedämmwertes einer Außenwand durch dichten Fassadenbewuchs (5 cm stehendes Luftpolster) in Abhängigkeit vom K-Wert der Fassade.

Abhilfe schafft eine Unterteilung in Kammern durch das Gerüst oder durch den Bewuchs. Insbesondere an Windseiten nimmt dann die Schutzwirkung des Bewuchses mit der Tiefe zu. Fassadenbewuchs kann auch zur sommerlichen Kühlung und Luftverbesserung genutzt werden. Das kann durch gezielte Verschattung sowie durch den Kamineffekt der Luftschicht bei vorgelagertem Berankungsträger erreicht werden.
Blattwerfende Berankung, die im Sommer zur Verschattung dient, läßt im Winter die Einstrahlung ungehindert hindurch. Sie kann somit ein selbststeuerndes Element passiver Solararchitektur werden.
Fassadenberankung ist Windschutz für die Wand. Ein geschlossener, gleichmäßiger Bewuchs (z. B. „Selbstkletterer") hebt den Wind von der Fassade ab und läßt ihn an den Blattoberflächen vorbeistreichen. Ungleichmäßige, dichte Berankungen oder „Heckenwände" wirken direkt windbremsend und haben selbst im Winter ohne Blätter noch Schutzwirkung.
Begrünung schützt vor Schlagregen und Fassadenauswaschungen, insbesondere an den Wetterseiten. Bei schlechter Beschaffenheit der Fassade sollte für schnelle Trocknung eine Luftzirkulation zwischen Bewuchs und Wand hergestellt werden (Gerüstabstand mit Kaminluftzug bei entsprechenden Öffnungen oben und unten). Bei Regen ohne Wind bietet das Blattwerk völligen Regenschutz, und die Wand bleibt trocken.

R. Doernach führt Beispiele an, wo direkter Bewuchs nachweislich über 70 Jahre den Putz nicht geschädigt, sondern geschützt hat. Im selben Zeitraum wurden andere Häuser in gleicher Lage drei- bis viermal neu verputzt. Ebenso berichtet Dr. W. Grün von Efeuberankungen, die über zwei bis drei Jahrhunderte die Fassaden schützten.
Selbstkletternde Berankungen, die sich mit Haftscheiben statt mit kleinen Wurzeln verankern, dringen ohnehin nicht in die Putzzwischenräume ein. Sichtmauerwerk, Naturstein oder Beton läßt das Problem ebenfalls nicht entstehen. Putzfassaden in schlechter Qualität können mit Gerüstberankungen begrünt und dadurch auch geschützt werden. Ein Fassadenbewuchs schützt die Fassade und zerstört sie nicht.
In jedem Falle sollten die gewünschte Nutzung, Lage, Orientierung, sowie die Wirkungen von Wind, Regen und Sonnenstrahlung berücksichtigt werden. Eine sorgfältige Auswahl der Berankungsart ist dabei ebenso wichtig wie die Abstimmung auf eine eventuell notwendige Unterkonstruktion, Befestigung und Fassadenoberfläche.

Fassadenbegrünungen sind Möglichkeiten, ohne großen Flächenbedarf die Vegetation in den Städten zu vermehren. Insbesondere in dichten und verkehrsreichen Stadtbereichen ist es nahezu lebenswichtig, die Kühlung, Luftverbesserung und Schallabsorption der „grünen Fassaden" zu nutzen. Es gibt keinen Grund, die Hilfe der Pflanzen nicht anzunehmen. Sie produzieren Sauerstoff, konsumieren Kohlendioxide, binden Staub und andere Luftverunreinigungen. Durch Fassadenbegrünungen ließen sich das „biologische Netz" in den Städten wieder etwas flicken und Habitate für Tiere schaffen.
Die Furcht vor Ungeziefer im Fassadenbewuchs ist weit verbreitet; es leben dort jedoch nicht mehr Tiere als in jeder Grünanlage. Die Lebensgemeinschaften im Bewuchs bringen sich selbständig in ein Gleichgewicht (hauptsächlich durch Vögel), so daß einzelne Arten nicht in störenden Mengen auftreten. Außerdem läßt sich durch Detailausbildung am Fenster und im Sockelbereich ein Eindringen von Tieren in die Wohnungen vermeiden.

Bepflanzungsmöglichkeiten

Eine Wand kann auf verschiedene Art bewachsen werden. Durch

- selbständige Wurzelkletterer,
- Gerüstranker,
- Spalierbewuchs,
- Heckenwände,
- hängenden Bewuchs

kann sich je nach Anforderung und Möglichkeit ein vielfältiger „grüner Teppich" bilden.

1. Die „Selbstkletterer" oder Wurzelkletterer brauchen keine Gerüsthilfe. Sie klettern mit Hilfe kleiner Würzelchen, die selbst in die kleinsten Wandzwischenräume eindringen und anschwellen, oder mit Hilfe von Haftscheiben, mit der sich die Pflanzen verankern.
   Sie bilden einen gleichmäßigen, geschlossenen, schuppenartigen Blatteppich aus, der je nach Art auch immergrün sein kann. Sie wachsen langsamer als die Gerüstranker (besonders die immergrünen Arten) und müssen kaum geschnitten werden. Eine Führung der Triebe ist nicht nötig; durch Schnitt können sie in die gewünschte Form und Richtung gedrängt werden. Sie eignen sich deshalb auch besonders gut für die hohen, schwer erreichbaren Fassaden.
2. Gerüstranker werden unterteilt in:

Schlinger:	Der junge Trieb dreht sich um einen dünnen Gegenstand (Drähte, Schnüre, Latten usw.) und wächst an ihm hoch. Waagerechte oder nach unten geneigte Gegenstände werden nicht selbständig bewachsen, schwach nach oben geneigte nicht gern. Sie können jedoch gut geführt werden.
Ranker:	Sie halten sich mit bestimmten Organen (Ranken), mit Blatt oder mit Blütenstiel an geeigneten Gegenständen wie Drahtgewebe, Lattenkonstruktion u. ä. fest und neigen dazu, sehr wirr und wild zu wachsen.
Spreizklimmer:	Sie können sich ähnlich wie die Ranker mit Hilfe von Stacheln, Dornen und kurzen Seitentrieben auf Rankgerüste auflegen. Sie müssen oft geschnitten werden, da sie sehr üppig und wirr wachsen.

Alle Arten können geführt werden. Da sie meistens Blattwerfer sind, sollte auf eine dichte Verflechtung der Triebe geachtet werden, um auch im Winter ausreichenden Klimaschutz zu erhalten. Sie wachsen sehr schnell und üppig und eignen sich besonders gut für „lebende Wände" und „Zäune", Überdachungen, Abgrenzungen, Schattierungen oder für ähnliche Bereiche, in denen sie selbständige Gestaltungselemente sind.

Zu den selbständigen Gerüstrankern gehören auch eine Reihe einjähriger Gemüsekulturen wie Bohnen oder Erbsen. Sie wachsen sehr schnell und bringen durch das günstige Hauswandklima sehr guten Ertrag. Sie stellen keine großen Ansprüche an das Gerüst. Es kann auch verrottbares Schnur- oder Reisiggeflecht sein, das z. B. im Herbst zusammen mit dem Erbsenstroh kompostiert wird. Gut sind hier auch bewegliche Gerüstteile, die im Winterhalbjahr als Schnee- oder Windschutzzäune Verwendung finden und im nächsten Frühjahr an anderer Stelle aufgestellt werden.

Berankungen können unabhängig von der Fassade Lauben, Pergolen und Veranden mit einschließen und „grüne Räume" als Wärmepufferzonen und als wind- und regengeschützte Arbeits- und Sitzbereiche ausbilden. Je nach Rankwerk und Dichte der Verflechtungen bleiben diese auch im Winter bestehen.

Ein selbständiges Klettergerüst umhüllt das ganze Haus und bildet mit der Zeit eine grüne Kappe. Öffnungen werden da ausgeschnitten, wo sie gebraucht werden.

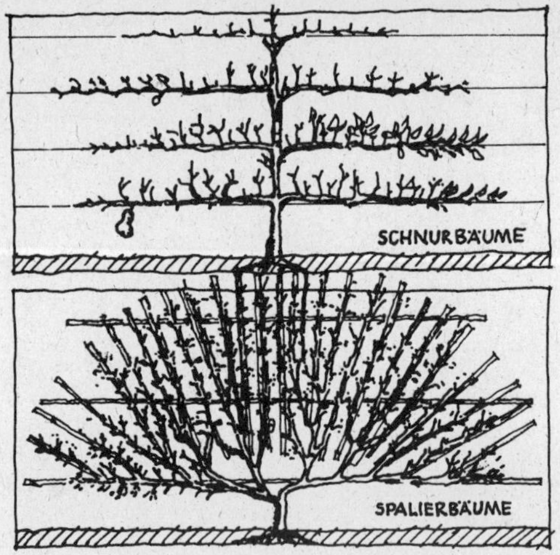

Spalierobstbäume in den verschiedensten Ausformungen sind eine ästhetische Bereicherung für das Haus.
Sie sind platzsparend und bringen mitunter höhere Erträge als freistehende. Sie sind eine Symbiose zwischen Pflanze und Haus zum gegenseitigen Nutzen.

Dichte, bis 1,50 m breite Wandhecken bilden ein dickes Wärmepolster. Sie können nachträglich ohne weitere baulichen Maßnahmen als Wärmedämmung überall angepflanzt werden.
Hecken können so angelegt und geschnitten werden, daß sie selbst einfache Gebäude bilden können.

3. Spalierbewuchs
   Im wesentlichen gehören dazu alle Obstbaumsorten und einjährige Gemüse- und Kräuterkulturen, die an Spalieren geführt und angebunden werden müssen. Das Gerüst hat kaum Gewichtslasten, aber oft große Windkräfte aufzunehmen. Entsprechend gut muß es an den Wänden verankert sein.
   Als Gerüste, Spaliere oder sonstige Kletterhilfen können verwendet werden:
   - Holzspaliere und Gitter, z. B. aus Dachlatten, beliebig oder im Raster angebracht, im Abstand von 10 bis 20 cm von der Wand;
   - Drahtverspannungen, im Raster oder beliebig, auf Rahmen oder vom Boden bis zur Traufe;
   - Gitterroste und Drahtnetze auf Abstandshalterungen, z. B. Baustahlgewebe, Zaunnetze usw.;
   - Schnurverspannungen und Schnurnetze, insbesondere bei einjährigen Kulturen;
   - Reisiggeflecht als Ausfachung usw.;
   - Treppen- und Balkongeländer, Pergolaverstrebungen, Holzgitterwände sowie Zäune und Mauern, die bei der Hauskonzeption als Rankgerüst eingeplant werden.

   Das Holz wird mit natürlichen Holzschutzmitteln (Holzteer, Holzöl, Soda s. Kap. Baustoffe) imprägniert, um das Verrotten zu verhindern. Metallgewebe brauchen Rostschutz durch Anstriche (ebenfalls nicht giftige). Diagonale Windverspannungen sollten nicht vergessen werden.
4. Heckenwände
   Heckensträucher und -bäume können selbständig eine zweite Mauer vor der Wand ausbilden, die ohne Kontakt mit der Wand hochwachsen und entsprechend den Fenster- und Türöffnungen ausgeschnitten werden (Traditionelle Beispiele in Dänemark).
   Sie können durch regelmäßigen Schnitt sehr dicht werden und Klein- und Nebengebäude, wie Schuppen, Unterstände, Wartehäuschen usw., ersetzen.
5. Hängende Fassadenberankungen
   Spezielle hängende Arten bieten die Möglichkeit, selbst dort, wo kein durchwurzelbarer Boden mehr zu finden ist oder aus anderen Gründen nicht angepflanzt werden kann, von oben die Fassade zu begrünen. Sie bilden damit den Übergang zu Dachbegrünungen und stellen ähnliche Ansprüche (s. Kap. Dachbegrünungen).

Für die vier grundsätzlichen Wandorientierungen erscheinen folgende Bewuchsarten geeignet:

Südseite:

- auf jeden Fall blattwerfender Bewuchs, um die Gebäudeerwärmung durch die Wintersonne zu ermöglichen;
- als „Fruchtmauer" sollte das außerordentlich günstige Klima genutzt werden durch Spalierobst, Wein, sonstige sonnenhungrige Fruchtsorten und einjährige Gemüse- und Kräuterkulturen.

Westseite, im allgemeinen Wetterseite:

- immergrüner, selbstkletternder Bewuchs als dichter Teppich;
- dichte Gerüstberankung mit Abstand vor der Fassade zur Durchlüftung (u. a. bei schlechter Wandqualität), gut verflechtend, um auch im Winterhalbjahr einen dichten Schutz zu erhalten;
- Heckenwände in entsprechender Tiefe bei starkem Wind;

● ist die Wand windgeschützt, eignen sich ähnliche Nutzbepflanzungen wie an der Südwand.

Ostseite:

● je nach den lokalen Klimaverhältnissen, bei starkem Ostwind ein ähnlicher Bewuchs wie an der Westwand;
● bei geschützter und auch im Winter verschattungsfreier Lage eine ähnliche Nutzbepflanzung wie an der Südwand;
● da diese Wände im Regenschatten liegen und durch die Morgensonne der nächtliche Tauniederschlag schnell verdunstet, sind sie trockenheitsgefährdet; die entsprechenden Arten sollten ausgewählt und im Aufwachsstadium gegebenenfalls bewässert werden.

Nordseite:

● immergrüne, selbstkletternde Arten;
● dichte Gerüstberankung;
● tiefe Heckenwände, um ein gutes Wind- und Wärmeschutzpolster zu erhalten, wenn möglich mit Windschutzheckenanlagen kombiniert (auch an Westseiten);
● nur Schattengewächse auswählen.

Hängende, lebendige „Fassadenvorhänge" in ihrer spezifischen Form; überall dort, wo Bepflanzung vom Boden her nicht möglich ist.

Pflege

Wegen des starken Wachstums und der großen Blattmassen ist eine gute Versorgung mit Wasser und Nährstoffen notwendig. Je nach Bodenqualität muß dieser mit Kompost aufgebessert werden, besonders, wenn Bauschutt anfällt und der Boden während des Bauprozesses verdichtet wird.
Die Pflanzen sollten mit Ballen in Löcher von mindestens 30 × 30 × 50 cm und mindestens 15 cm Abstand von der Wand eingesetzt werden. Die Wurzeln sollten ins umgebende Erdreich gelangen können, selbst wenn dieses aus Schutt besteht. Bei Bodenverdichtungen sind Belüftungslöcher notwendig.
Sämtliche Klettergehölzarten sind empfindlich gegen Bodenwärme und verlangen einen unbesonnten Wurzelbereich. Sie sollten deshalb am Stamm durch kleine immergrüne Stauden oder Gehölze und ständige Mulchdecke beschattet werden.
Der Schnitt ist wegen des üppigen und wilden Wachsens bei vielen Arten nötig, insbesondere dann, wenn sie im unteren Bereich kahl werden. Sie sind vom Laien jederzeit zu schneiden, nur bei allen Obstbaumsorten, bei Clematis, Jasmintrompete und Kletterhortensie sind Vorkenntnisse oder gärtnerischer Rat notwendig.

Artenliste

Die folgende Auswahl zeigt nur die üblichen einheimischen Arten (zum Teil auch Kultursorten), obwohl gerade an den besonnten Wänden südlichere Arten wachsen können. Die Nutzarten sind getrennt aufgeführt, um die Möglichkeiten und Bedeutung eigener, platzsparender Nahrungsmittelproduktion zu betonen.
Die Wuchskraft der Pflanzen läßt sich aus der Höhenangabe ablesen, die immergrünen Pflanzenarten wachsen meist langsamer. Stauden und einjährige Arten erreichen die angegebene Höhe in einem Jahr. Die Gehölze wachsen 2 bis 3 m, in Ausnahmefällen bei günstigen Bedingungen auch 5 m im Jahr. Zu Beginn wachsen sie langsam und blühen oft erst nach ein paar Jahren. Die Angaben der Standortansprüche stellen nur Richtwerte dar (gültig für das norddeutsche Flachland), und man sollte sich in Baumschulen in der Nähe des Bauplatzes nochmals erkundigen.

Artenliste für Fassadenbegrünung

Zeichenerklärung:

S = Schlingpflanze; schlingt mit dem ganzen Sproß
Sp = Spalierpflanze; muß überall angebunden werden
K = Spreizklimmer; muß geleitet werden
W = Wurzelkletterer; braucht keine Kletterhilfe
R = Rankpflanze; klettert mit Ranken
H = auch zum Herabhängen geeignet

Standortansprüche:

○ = Volle Sonne, Wand Exposition nach SO, S, SW
◐ = Halbschatten, Wand Exposition nach SW, W, NW oder NO, O, SO
● = Vollschatten, Wand Exposition nach NW, N, NO

Arten		max. Höhe in m	Nutzen/ Zierde	Blüten- farbe	Blüten- monat	Stand- ort	Besonderheiten
Zierpflanzen							
Gehölze/Stauden (St)							
Akebie (Akebia quintata)	S	3 bis 5	Blüten Früchte	purpur	4 bis 5	○ ●	
Baumwürger (Calastrus orbiculatus)	S	10	Früchte Herbstfärb.		6	○ ◐	Männliche u. weibliche Pflanzen auswählen
Blauregen (Wisteria floribunda „Macrobotrys")	S	8	Blüten Blätter	blau- violett	5 bis 6	○	Blütentrauben b. 60 cm, freihäng., wärmebedürftig
Blauregen (Wisteria sinensis)	S	6 bis 10	Blüten Blätter	violett weiß	5 bis 8	○	Kl. Blütentrauben, Duft, nicht so wärmebedürftig
Doldenrebe (Ampelopsis aconitifolia)	R	4	Blätter Früchte		7 bis 8	○ ●	
Efeu (Hedera helix)	W	30			9 bis 10	◐ ●	Immergrün, dicht, 1 bis 3 m/J.
Felsenmispel (Cotoneaster horizontalis)	K	1,5	Früchte		6	○ ●	Drückt sich auch ohne Stütze a.d. Wand hoch
Feuerdorn (Pyracantha coccinea)	Sp	3	Blüten Früchte	weiß	5 bis 6	○ ●	Immergrün
Geißblatt (Lonicera × heckrottii)	S	3 bis 4	Blüten	gelbl. purpur	6 bis 9	◐ ●	Duft
Heimisches Geißblatt (Lonicera xylosteum)	S W	3	Blüten	gelbl.	6 bis 9	◐ ●	Duft
Jasmintrompete (Campsis radicans)	S W	10	Blüten Blätter	orange rot	7 bis 9	○	Frostempfindlich
Kletterhortensie (Hydrangea anomala-petiolaris	W	17	Blüten	weiß	6 bis 7	◐ ●	auch auf dem Boden kriechend
Kriechspindel (Euonymus fortunei vegetus)	W	2				◐ ●	Immergrün
Pfeifenstrauch (Aristolochia durior)	S	10	Blüten Blätter	grün- gelb	5 bis 6	◐ ●	Seltsame Blütenform (siehe Namen)
Schlingenknöterich (Bilderdykia aubertii)	S	8 bis 15	Blüten	weiß	8 bis 10	○ ◐	2 bis 5 m/Jahr, blüht lange u. wuchert
Alpenwaldrebe (Clematis alpina)	R H	1 bis 2	Blüten Früchte	violett	5 bis 7	○ ◐	Hauptsächlich hängend
Einheimische Waldrebe (Clematis vitalba)	R H	10	Blüten Früchte	weiß	7 bis 9	○ ◐	Auch a. trockenem Boden, bildet hängend. Schleppen
Anemonenwaldrebe (Clematis montana)	R H	10	Blüten	rosa, weiß	5	○ ◐	Sehr frühe Blüten, dicht, beliebte Vögelnistplätze

Arten		max. Höhe in m	Nutzen/ Zierde	Blüten- farbe	Blüten- monat	Stand- ort	Besonderheiten
Winterjasmin (Jasminum nudiflorum)	K H	2 bis 5	Blüten	gelb	1 bis 3	○ ◐	Die ersten Blüten im Jahr
Staudenwicke (Lathyrus latifolius((St)	R	2	Blüten	rosa,	7 bis 9	○	Dauerblüher
Einjährige Kulturen z. B.							
Duftwicke (Lathyrus odoratus)	R	2	Blüten	bunt	6 bis 9	○	Duftend
Glockenrebe (Cobea scandens)	R	8	Blüten Blätter	violett	7 bis 10	○	
Prunkwinde (Ipomea tricolor)	S	5	Blüten	blau	6 bis 9	○	Ab Nachmittag verblüht, Ostseite!
Schwarzäugige Susanne (Thunbergia alata)	S	1,5	Blüten	gelb/ schwarz	6 bis 9	○	
Nutzpflanzen							
Gehölze/Stauden (St)							
Brombeere (Rubus fruticosus) und Kultursorten	K H	5	Blätter Blüten Früchte	blaß- rosa, weiß	6 bis 9	○ ◐	Kultursorten sind empfindlicher, auch dornenlose Sorten
Hundsrose (Rosa canina)	K H	3 bis 4	Blüten Früchte	weiß, rosa, gelb	5 bis 9	○	Hagebutten, viel Vitamin C
Apfelrose (Rosa rugosa) u. viele Kletterzuchtformen	K H	2	Blüten Früchte	weiß, rosa	5 bis 9	○	Gr. Hagebutten, viel Vitamin C u. P, Provit. Carotin
Strahlengriffel (Actinidia arguata)	S	4 bis 7	Früchte		6	○	Duft, viel Vitamin C, männl. u. Weibl. Pflanzen, 3 m/J.
Chin. Strahlengriffel (Actinidia chinensis)	S	8	Früchte	gelb, weiß	6	○	Kultursorte, kl. Kiwi, vitaminreich, frostempfindl.
Weinreben (Vitis vinifera) in vielen Kulturformen z. B. Früher Blauer Burgund. Früher Mallinger	R	2 bis 5	Blätter Früchte		6	○	Wärmebedürftig, bis 2 m/Jahr, Weintrauben! Frühreife Sorten auswählen
Jungerfernrebe (Parthenocissus quinquefolia)	R H	10 bis 16	Früchte Herbstfärb.		7 bis 8	○ ●	„Wilder Wein", kleine Beeren
Selbstkl. Jungfernrebe (Parthenocissus quinquefolia engelmannii)	W H	10 bis 12	Früchte Herbstfärb.		7 bis 8	○ ●	kleine Beeren
Obstbaumsorten aller Art	Sp	2 bis 5	Früchte	weiß rosa	4 bis 6	○	Wuchshöhe je n. Sorte, n. Standort u. Klima auswähl.
Hopfen (Humulus lupulus) (St)	S	10	Blüten			○ ●	Nur männliche Pflanzen, d. Ausläufer vermehren
Einjährige Kulturen z. B.							
Bohnen	S	3	Früchte	weiß	6 bis 9	○	
Feuerbohnen	S	3	Früchte	rot	6 bis 9	○	
Erbsen	R	2	Früchte	weiß	6 bis 9	○	
Flaschenkürbis	R	10	Früchte	gelbl.	6 bis 9	○	Reife Früchte trocknen
Gurken	R	3	Früchte	gelb		○	
Kapuzinerkresse	R	3	Blätter	orange	7 bis 9	○	
Passionsblume	R	3	Blüten Früchte	blau, weiß	7 bis 8	○	Nur für warme Gegenden, im Zimmer überwintern
Tomaten	Sp	2	Früchte	weiß	7 bis 10	○	

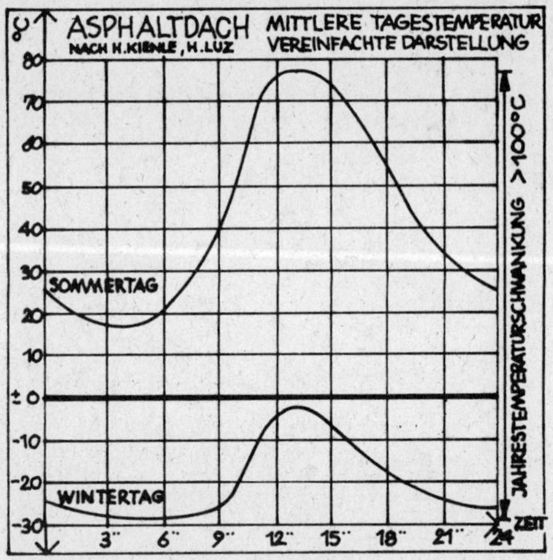

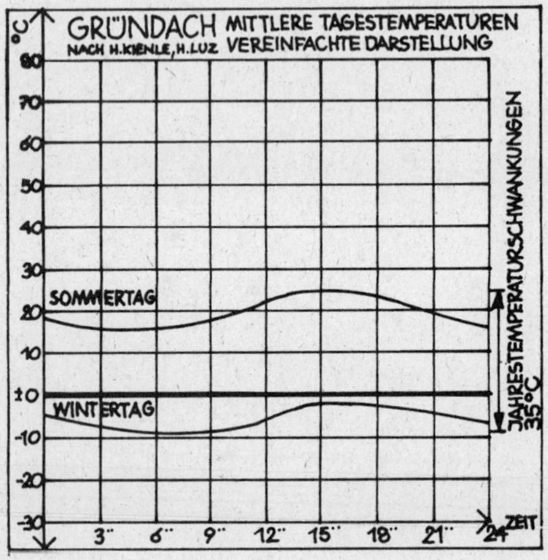

Nackte Asphaltdächer erreichen Oberflächentemperaturen bis zu 80°C (Sommertag), kühlen sich nachts auf 20°C ab und zeigen somit Tagestemperaturschwankungen von 60°C. Die winterliche Auskühlung erreicht sogar Werte von minus 20°C. Die Jahrestemperaturschwankungen betragen also 100°C und noch mehr.
Gründächer dagegen zeigen gemäßigte Temperaturverläufe mit sommerlichem Maximum von 25°C und winterlichem Minimum von nur minus 10°C, die Jahrestemperaturschwankungen reduzieren sich auf 35°C, die Tagesschwankungen betragen nur noch 10°C.

Dachbegrünung

Nutzen und Wirkung

Durch begrünte Dächer könnte nahezu flächengleich die verbaute Vegetationsfläche ersetzt werden. Auch wenn sie einen anderen Charakter erhält, ist sie trotzdem bzw. gerade deswegen von hohem biologischen Wert. Je dichter das menschliche Siedlungsnetz wird, desto reicher und vielfältiger sollten auch die Lebensräume für Pflanzen- und Tierarten sein, um ihre beeinträchtigten Lebenschancen auszugleichen.
Weitere Vorteile lassen eine Begrünung der Dächer geradezu zwingend erscheinen. Im wesentlichen sind es:

- Klimamäßigung,
- Wasserspeicherung,
- Luftverbesserung,
- Schallabsorption,
- Biotopwert,
- Erholungswert.

Klimamäßigung

Gründächer erwärmen sich bei heißen Witterungslagen wegen ihrer großen Verdunstungsleistung (bis zu 700 mm im Jahr bei ausreichender Wasserversorgung) und Wärmespeicherung der Erdschicht wesentlich weniger als „nackte" Dächer. Sie mindern die Lufttemperaturen in der Umgebung um einige Grade. Nachts hingegen kühlen sie nur verzögert ab, da die gespeicherte Bodenwärme vorhält und die Pflanzendecke Ausstrahlungsschutz bietet.
Ähnlich klimaausgleichend wirken sie im jahreszeitlichen Temperaturverlauf; im Winter können sie, insbesondere in den Nächten, bedeutend wärmer als Asphaltdächer sein.
Die Amplitudendämpfung des Temperaturverlaufs wirkt sich in zweierlei Hinsicht günstig aus:

- Dauerhafter Dachschutz durch Begrünung. Nackte Dächer, insbesondere ohne Kiesschüttung, sind einem enormen Hitzestau ausgesetzt, der zusammen mit der UV-Strahlung ein Ausdampfen von Ölen aus der Bitumenschicht bewirkt. Ausmagerung, Versprödung und kürzere Lebensdauer sind die Folge.
- Geringerer Wärmeverlust (bis zu 10%) in der Heizperiode; der Boden- und Vegetationsaufbau ist einer sich anpassenden Wärmedämmung vergleichbar.

Wasserspeicherung

Gründächer halten durch die „Schwammwirkung" der Pflanzen- und Bodenschicht das Regenwasser zurück und verzögern den Abfluß, der nur noch einen Bruchteil der normalen Abflußmenge ausmacht. Fließt bei einem nackten Dach nahezu die gesamte Niederschlagsmenge von durchschnittlich 750 mm pro Jahr sofort ab (100 bis 150 mm verdunsten an der Oberfläche), so kann eine 40 cm dicke Begrünungsschicht 150 mm speichern. Das entspricht der Niederschlagsmenge von etwa drei Monaten.

Grüne Dächer puffern starke Regengüsse und entlasten damit nicht nur das Kanalnetz, sondern verhindern auch Stauungen, Hochwasser und Überschwemmung der Flüsse. Über Gründächer vorgereinigt und über oberirdische Teich- und Gräbenabflüsse zusätzlich verzögert, gelangt nur noch ein Bruchteil des Regenwassers (unverschmutzt!) in den Vorfluter (s. Kap. Wasserhaushalt).

Luftverbesserung und Schallschutz

Im Gegensatz zu nackten Dächern, die wegen ihrer starken Aufheizung und der damit verbundenen thermischen Luftzirkulation den abgelagerten Staub ständig aufwirbeln und neu produzieren, filtern und binden Gründächer Luftverunreinigungen jeder Art bis zu 20% bei gleichzeitiger Abgabe von Sauerstoff.
Bei entsprechender Anzahl von Gründächern dürfte dieser Prozentsatz im Verbund mit Fassadenbegrünungen und Gärten noch größer sein, da ein gewisser Rückkopplungseffekt eintritt. Anstelle einer Schallreflexion an harten Dachoberflächen bewirkt eine weiche differenzierte Vegetationsschicht eine Absorption der Schallwellen. Diese vermindert den Lärmpegel z.B. gegenüber Kiesdächern um 2 bis 3 dB(A) (nach Höschele/Schmidt). Auch hier kann eine Häufung zu bedeutend höheren Werten führen.
Räume, die oberhalb von Gründächern liegen, erhalten durch diese ein wesentlich günstigeres Innenklima. Alle eingeschossigen flachen Gebäude wie Garagen, Schuppen, Werkstätten usw. können problemlos begrünt werden, so daß in vielen umliegenden Wohnungen diese Klimaverbesserung wirksam werden kann.
Neben den positiven physiologischen Auswirkungen einer Begrünung entsteht durch den stärkeren Naturbezug eine erhebliche, nicht meßbare psychologisch positive Wirkung. Außerdem können Gründächer nutzbare Flächen zur eigenständigen Gemüseversorgung, zur Blumen- und Obstzucht und bei entsprechender Größe auch zur Tierhaltung sein.

Vielfältige „Dachlandschaften" lassen sich durch das Zusammenspiel von Dachbegrünungen, Gewächshäusern, Pergolen, Pflanztrögen und Fassadenberankungen schaffen.

Standortbedingungen auf Dächern

Im Vergleich zu natürlichen Pflanzenstandorten weist das Dach neben extremeren klimatischen Bedingungen auch ungünstigere Bodeneigenschaften auf, die aus dem begrenzten Auftrag und seiner Isolierung vom natürlichen Landschaftsgefüge, insbesondere des Wasser- und Nährstoffkreislaufs, resultieren. So könnte man Dachstandorte mit Felsstandorten vergleichen, die dem Klima extrem ausgesetzt sind.
Das bedeutet zweierlei:

- Auswahl der Pflanzenarten, die sich den extremeren Bedingungen anpassen können;
- Milderung der Standortbedingungen durch entwurfliche und konstruktive Maßnahmen.

Strahlung/Neigung/Exposition

Süddächer erhalten mitunter zu starke Direkteinstrahlung. Trocken- und Verbrennungsschäden sind die Folge. Norddächer hingegen werden bereits ab einer Neigung von mehr als 20° in der Vegetationsperiode nicht mehr ausreichend beschienen. Auch

a) Begrünte Dächer, zusätzlich mit Berankungsträgern zur Schattierung überspannt.
b) und d) Steile Dächer umgewandelt in mehrfach nutzbare Dachterrassen bei zusätzlichem Innenraumgewinn.
c) Geneigtes Gründach mit verschieden starkem Erdaufgang schwächt die Neigung ab.

bei geringeren Neigungen ist die Intensität der Direktbestrahlung bedeutend geringer als auf ebenen Flächen. Im einzelnen ist zu beachten:

- Bei Südorientierung: Terrassierungen, die den Einfallswinkel schwächen und das Wasserrückhaltevermögen stärken.
  Strahlungsverträgliche Pflanzen ansiedeln.
  Beschattung der Süddächer durch Bäume, veränderbare Matten, Netze, Tücher, Rollos, Gitterwerke usw. („Dachzubehör" dient gleichzeitig als Windschutz) oder durch Kletterberankungen, besonders gut, wenn sie vom Erdboden hochwachsen.
- Bei Nordorientierung: Terrassierungen und Bodenmodellierungen, die die Neigung schwächen und dadurch die Einstrahlungsintensität erhöhen. Bei stärker geneigten Dächern nur Schattengewächse auswählen.
- Bei Ostorientierung führen die rasche Verdunstung des Tauniederschlages (Morgensonne) und der Regenschatten zu höherer Trockenheit, daher trockenfeste Pflanzen ansiedeln oder evtl. bewässern.
- Bei Westorientierung stärkere Wettergefährdung (Schlagregen, Wind). Nur niedrigen, erosionsfesten Bewuchs verwenden, bzw. für Windschutz oder für Verankerungen sorgen.

Windschutz

Die Windstärke ist abhängig von der Höhe des Hauses (Windzunahme mit Höhe) und den örtlichen Windfeldern. Je stärker die Windbelastung ist, desto weniger hoch wird sich die Vegetation entwickeln. Sie kann durch die austrocknende und auskühlende Wirkung des Windes sowie durch direkte mechanische Zerstörung stark gefährdet werden. Windschutz ist deshalb eine wichtige Maßnahme bei Dachbegrünung. Im einzelnen:

- Windschutz durch Bäume, Gebäudegruppierung und -staffelung;
- Dachaufbauten (Treppenausgänge, Abstellräume usw.), insbesondere Glashäuser, die eine gute Ergänzung bei Gemüseanbau ergeben;
- Spaliere, Brüstungen und Mauern, Kletterbewuchs vom Boden sowie Schattierungshilfen;
- gegenseitiger Windschutz durch sich steigernde Bepflanzung;
- keine hohe (Bäume, Sträucher) oder zu dichte Bepflanzung an besonders windexponierten Stellen;
- Windverankerung der höheren Gehölze (Anbinden an Pfahl in Steckhülse, Dreiecksverspannungen usw.);
- Vergrößerung ihres Wurzelraumes oder Beschweren des Wurzelballens mit Steinen.

Windschutz und Windverankerung
a) Windschutz durch hochgestaffelte, sich gegenseitig schützende Bepflanzung durch umstehende Bäume, berankte Pergolen u. ä.
b) bis d) Gehölze benötigen Verankerungen und Vergrößerungen des Wurzelraumes.

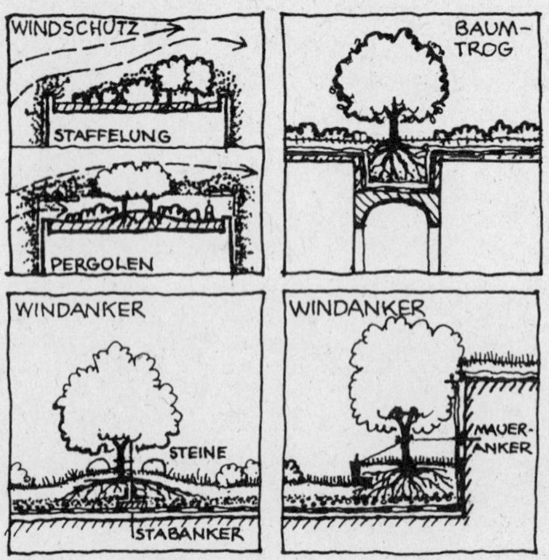

Wasserversorgung

Dachpflanzen müssen sich mit einer begrenzten Bodenschicht begnügen. Der kapillare Wassernachschub aus dem Grundwasserreservoir fehlt besonders in längeren Trokkenzeiten. Andererseits können starke Niederschläge zu Schäden durch Staunässe führen. Außer bei Sumpfvegetation (s. Kap. Bepflanzungsvorschläge) sollten eine Drainageschicht und eine leichte Neigung bei Flachdächern für den Abfluß des Wasserüberschusses sorgen.

Die Drainageschicht speichert zugleich das Regenwasser, so daß sie zu einem gewissen Maße die natürliche Wasserversorgung durch das Grundwasser ersetzen kann.
Durch folgende Maßnahmen kann die Wasserversorgung weiter verbessert werden:

- Dickerer Bodenauftrag, Erhöhung der Speicherfähigkeit und des Wasserrückhaltevermögens der einzelnen Schichten (mittelporige Konsistenz, humushaltig);
- Wind- und Sonnenschutzmaßnahmen;
- geschlossene Vegetationsdecke und ausgiebige Mulchung;
- Auswahl von Vegetation, die gegen Trockenheit relativ widerstandsfähig ist (Biotop für Trockenpflanzengesellschaften).

Je höher und vielschichtiger ein Pflanzbestand ist, desto größer sind auch seine Verdunstung und somit sein Wasserbedarf. Entscheidend ist hierbei die verfügbare Wassermenge während der Vegetationsperiode von Mai bis September. Nutzpflanzen und andere anspruchsvolle Vegetation benötigen während dieses Zeitraumes eine zusätzliche Bewässerung. Für diesen Zweck ist eine Reihe von Systemen entwickelt worden. Selbststeuernde, wartungsfreie Anlagen sind zu bevorzugen. So gibt es Bewässerungssysteme mit Tropfschläuchen, die sich, über Feuchtigkeitsfühler und Magnetventile gesteuert, selbsttätig zu- und abschalten, ohne daß ein elektrischer Anschluß erforderlich ist. Andere Anlagen werden über Schwimmerventile gesteuert.
Statt Leitungswasser sollte Regenwasser verwendet werden. Auch vorgereinigtes Grauwasser ohne pflanzenschädliche Bestandteile ist geeignet, da es das Nährstoffangebot verbessert.
Das über die Drainageschicht wieder abfließende überschüssige Sickerwasser kann als gereinigtes Wasser wieder benützt werden (kein Trinkwasser, s. Kap. Wasserhaushalt). So kann ein Gründach zugleich eine Wasserreinigungsanlage darstellen.

Nährstoffversorgung

Vegetationsschichten auf Dächern sind nicht nur vom natürlichen Nährstoffkreislauf getrennt, sondern sie können auch nur erschwert ein Bodenleben aufbauen, da die Erdschicht höhere Temperatur- und Feuchteschwankungen aufweist.
Alle bereits beschriebenen klimaverbessernden Maßnahmen begünstigen die Belebung des Bodens und somit seine eigene Nährstoffversorgung. Außderdem bieten sie Schutz vor Bodenerosion.
Sofern kein nährstoffarmes Dachbiotop gewünscht ist, können folgende Maßnahmen zur natürlichen Bodenverbesserung angewendet werden:

- humushaltiger Boden als Erstauftrag und Kompostgaben als langanhaltende Düngung;
- anfängliche Gründüngung mit Leguminosen als sofortiger Schutz vor Bodenerosion;
- kein Abräumen toten organischen Materials, keine Abführung der Mahd, wenn möglich zusätzliche Mulchung mit organischen Abfällen;
- Mischkulturpflanzungen, um einseitige Auslagerung zu vermeiden, laubwerfenden Bewuchs zur eigenen Nährstoffversorgung bevorzugen;
- Naturbewuchs und natürliche Sukzession ermöglichen, sie entsprechen einerseits dem Nährstoffangebot und wirken andererseits bodenverbessernd und aufbauend.

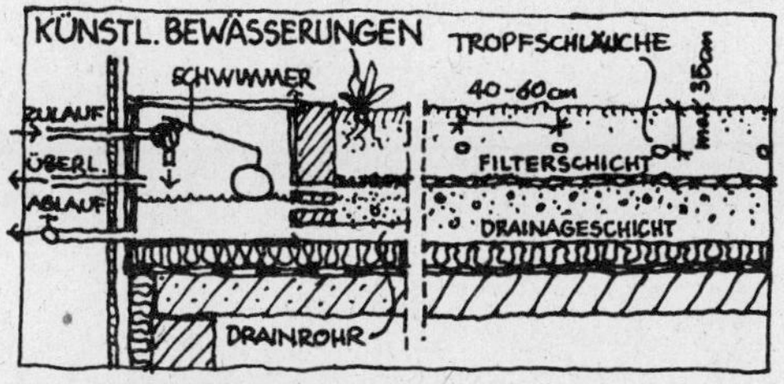

Automatische Bewässerungsmöglichkeiten

a) Ein Niveauregler achtet auf eine gleichbleibende Höhe des Wasserspiegels in der Dränschicht; bei Bedarf öffnet sich der Zufluß.
b) Bewässerung durch frostsichere Schläuche in der Vegetationsschicht. Öffnungen werden durch Wasserdruck geöffnet, um eine Verwurzelung zu verhindern; nur bei höheren Bodenaufträgen; nach G. Hartmann.
Vorteile:
Feine Verrieselung, lediglich die kleinsten Poren und Kapillaren nehmen Wasser auf und transportieren es weiter, die größeren Poren bleiben gut durchlüftet. Trockene 2- bis 5-cm-Schicht an der Bodenoberfläche, d. h. verringerte Oberflächenverdunstung, guter Gasaustausch, erschwerte Keimung von kurzwurzeligen Unkrautsamen; Regelung durch Bodenfeuchte-Meßsonde (auf Basis der Wärmeleitfähigkeitsmessung).

Offene Abflüsse außerhalb der Dachfläche vereinfachen die Konstruktionen und umgehen Undichtigkeitsprobleme, offene Überläufe gegen Frostgefahr schützen.

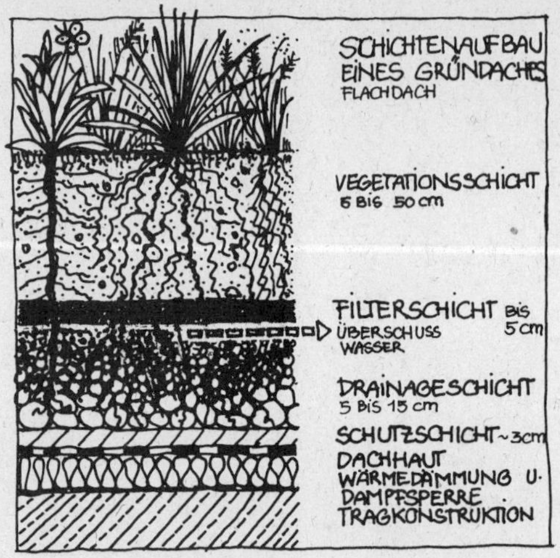

Bewährter Dachaufbau für Flachdachbegrünungen.
Die Drainageschicht als Wasserreservoir und zur Ableitung des Überschußwassers. Die Filterschicht verhindert das Abschwemmen von Bodenbestandteilen. Die Durchwurzelung reicht bis an die Schutzschicht, die das Eindringen der Wurzeln in die Dachhaut verhindern. Die Höhe der Vegetation ist von der Höhe der Erdschicht abhängig.

Beeinträchtigung durch Luftverschmutzung

Dachvegetation ist in besonderer Weise durch Luftverunreinigungen gefährdet, da die Abgase aus den Schornsteinen durch ihre unmittelbare Nähe besonders schädigend wirken. Die Schädigung beruht entweder auf direkter Giftwirkung der schwefel- und fluorhaltigen Abgase, die das Gewebe funktionsunfähig machen, oder auf der Bedeckung der Blätter durch Stäube. Diese können ihrerseits wieder eine Giftwirkung haben, zumindest aber die Belichtung des Blattes verschlechtern und somit die Assimilation und die Energieversorgung stark vermindern.
Außerdem wirken die sauren Bestandteile von Abgasen besonders schädigend auf die dünne Erdschicht ein, so daß diese schnell übersäuert. Durch Kalkgesteinsanteil im Boden und durch nachträgliche Kalkzufuhr kann neutralisiert werden.

Dachaufbau flacher Dächer

Gründachaufbauten sollten nur mit angemessenen Mitteln vorgenommen werden. Anspruchslosere, niedrigere Vegetation erfüllt gesamtökologisch den gleichen Zweck wie höhere Bepflanzungen, die jedoch nur durch aufwendige Baumaßnahmen möglich werden (stärkeres Tragwerk, aufwendigere Baustoffe, Verankerungs- und Bewässerungsanlagen). Dies mag in Einzelfällen gerechtfertigt sein; grundsätzlich muß jedoch der technische Aufwand (einschl. Energie- und Schadstoffbilanz, s. Kap. Baustoffe) im Verhältnis zum Nutzwert gesehen werden.
Im folgenden wird daher nur auf den klassischen Dachaufbau mit natürlichen, überall vorhandenen Materialien eingegangen. Auch bei den Bepflanzungsvorschlägen wird dieser Gesichtspunkt berücksichtigt.

Schichtaufbau

Ein Schichtenaufbau hat folgende Kriterien zu erfüllen: geringes Gewicht, wasserspeichernd, wasserabführend, belastbar und trittfest.
Wie jedes normale nackte Flachdach muß auch das Gründach völlig dicht sein.
Die Begrünung ersetzt die übliche Kiesschicht, wodurch die Dachhaut besser vor thermischen Einflüssen geschützt wird.
Neben dem bereits zu wertvollen Begrünungen führenden Einfachaufbau, Grassoden- oder Erdauftrag auf die übliche Flachdachpappe oder Kiesschüttung hat sich der folgende Aufbau als gut erwiesen.
Von unten nach oben:

- Die Schutzschicht soll vor allem die Dachhaut vor eindringenden Wurzeln schützen. Besteht diese aus verklebter Teerpappe, so kann die Schutzschicht wegen der bakteriziden Wirkung der Teerschicht entfallen. Ansonsten ist ein dünner Betonauftrag möglich, der gleichzeitig die Wanne für Stauwasser in der Drainageschicht bilden kann. Weitere Möglichkeiten sind Kunststoff- und Metallfolien verschiedener Art.
- Die Drainageschicht hat die Aufgabe, durchsickerndes Wasser zunächst zu speichern und bei Überschuß abzuführen. Sie übernimmt gewissermaßen die Funktion des wasserleitenden und speichernden Unterbodens im natürlichen Bodenaufbau. Ihre Porenvolumen- und Korngrößenverteilung muß einerseits der Wasserspeicherung (durch mittelgroße Poren) ermöglichen und andererseits die Wasserabführung (durch größere Poren) leisten (s. dazu Literatur von H.-J. Liesecke und DIN 18915, Teil 3).

Vegetationsart	Bodenauftrag im Mittel	Bodenauftrag, verschiedene Angaben in der Literatur
Rasen, Wiesen	10 cm	5 bis 15 cm
Bodenbedeckende Stauden	20 cm	15 bis 25 cm
Sträucher	25 cm	25 bis 45 cm
Kleinkronige Bäume	45 cm	
Kleinere Bäume	80 cm	75 bis 90 cm
Nutzgarten:		
Gemüsebeete	45 cm	keine Angaben
Hügelbeete	60 cm	
Wege	0 bis 10 cm	

Faustwerte für den Bodenauftrag je nach Bepflanzungsart.
Die Angaben in der Literatur weisen mitunter große Differenzen auf, die aus der Art und Zusammensetzung des Bodens und dem späteren Pflegeaufwand resultieren.

Sie kann aus Kiesgemisch und Sandzusätzen (Erhöhung der Speicherfähigkeit), Bimskies (geringeres Gewicht) o. ä. bestehen.
Mittlerweile ist eine Reihe synthetischer Produkte zur Gewichtsminimierung oder kombinierter Drainage-, Filter- und Speicherschichten entwickelt worden. Sie eignen sich oft für nachträgliche Begrünungen, weil dadurch evtl. keine Verstärkung der Tragkonstruktion erforderlich wird. Bei Neuplanungen sind jedoch die Vorteile des schwereren, konventionellen Gründachaufbaues (bessere Wurzelverankerung, geringer Energiebedarf, weniger Schadstoffe) zu nutzen. Der Mehraufwand für das Tragwerk ist dann nur geringfügig.

- Die Filterschicht soll verhindern, daß beim Versickern des Wassers Feinteile des Bodens in die Drainageschicht eingeschlämmt werden, sich in den Poren einlagern und die Schicht in ihrer Funktionsfähigkeit beeinträchtigen. Sie muß in ihrer Porenverteilung kapillares Aufsteigen und Durchsickern ermöglichen, um so den nötigen Wasserfluß von oben nach unten und umgekehrt zu ermöglichen.
  Die Filterschicht kann aus feinkörnigem Brechsand, aus Kies- oder Lavasanden, aus Torf oder auch aus synthetischen Materialien bestehen.
- Die Vegetationsschicht kann aus verschiedenen Bodenzusammensetzungen und -mischungen bestehen, die im Einzelfall mit dem Gärtner abgesprochen werden sollten.
  Ihre Höhe bestimmt entscheidend das Vegetationsbild, obwohl die Durchwurzelung auch bis in die Drainageschicht reichen kann (s. Tab.). Humushaltiger, belebter Boden bietet für alle Eigenschaften optimale Voraussetzungen. Hoher organischer Anteil zeigt bei geringerem Gewicht günstige Porengrößenverteilung; Bodenorganismen sorgen für eine krümelige Struktur, die einerseits für ausreichende Wasserspeicherung sorgt und andererseits die Belüftung des Bodens gewährleistet.
  Bimskies oder Schaumlava als Natursteinbeimengungen oder Torfbeimischungen können schwere Gartenerde leichter machen. Außerdem werden im Handel leichte Bodenersatzsubstrate oder Zusatzstoffe synthetischer Art angeboten bis hin zu Vegetationsfolien auf Kunststoffdrainplatten mit äußerst geringem Gewicht.

Einfachbegrünung eines bestehenden Kiesdaches.
Der vorhandene Kies wird modelliert; durch Zugabe von etwas Erde, Steinen, Ästen und kleinen Wasserflächen wird ein abwechslungsreiches Magerbiotop geschaffen. So läßt sich eine äußerst vielfältige Tier- und Pflanzenwelt ansiedeln, die keine Pflege und Kosten verursacht. Ein sonniger windgeschützter Standort oder nachträglicher Windschutz ist vorteilhaft.

Umgekehrtes Dach (Dämmung im Nassen als einfacherer Flachdachaufbau, leichter anzubringen, leichter zu reparieren) mit dickem Grassodenbelag. Traufpunkt mit Drainageentwässerung. Der Charakter eines Grasdaches wird durch die pilzförmige Traufausbildung verstärkt.

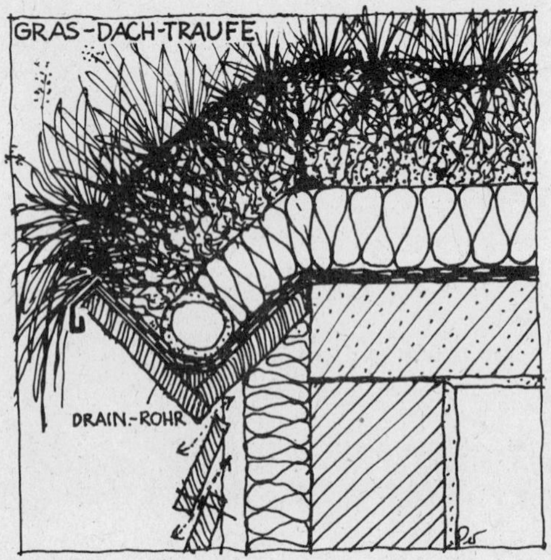

Neben den Schadstoff- und Energiebelastungen bei der Herstellung, die den ökologischen Nutzen schmälern, sind extrem leichte Aufbauten mit dem Nachteil verbunden, daß es bei Staunässe zu Auftriebserscheinungen und Aufschwimmen der Schichten kommen kann. Die Benutzung wird dann nicht mehr möglich.
Abfließendes Sickerwasser kann zu Nährsalzauswaschungen führen und so die Nährstoffversorgung der Dachvegetation gefährden. Deswegen sollte langanhaltende organische Düngung wie Mulchung und Kompost angewendet werden. Nicht in jedem Falle ist eine Zusatzdüngung sinnvoll, da sie die Stoffproduktion erhöht und die Dachbepflanzungen aus dem Gleichgewicht bringen kann. Vor allem ist darauf zu achten, daß der Bestandsabfall des Daches selber (Laub, Mahd u. ä.) nicht entfernt wird oder verwehen kann, um nicht die eigenständige Nährstoffversorgung durch die Bodenorganismen zu stören.

Einfachaufbau

Im Rahmen der statischen Möglichkeiten lassen sich durchaus dünne Erdschichten oder Grassoden von rund 5 cm auf bestehende Dächer aufbringen. Diese bilden in völlig eigenständiger Entwicklung oder bei etwas Nachhilfe mit Samen bereits wertvolle Naturvegetationen mit Gras-, Moos- und kleinen Staudengesellschaften, die, einem Felsen- oder Schotterstandort vergleichbar, austrocknen oder überschwemmt werden können.
Ersetzt man die Kiesschicht, so kann ebenfalls ohne statische Schwierigkeiten eine 10 bis 15 cm dicke Grassoden- oder Erdschicht aufgetragen werden. Bereits leichte Neigungen von 3 bis 5° können zumindest die Gefahr der Staunässe, die sonst durch die Drainagekiesschicht verhindert wird, umgehen. Zwar wird sich die Vegetation auch hier entsprechend niedrig entwickeln, bildet aber durchaus eine sinnvolle naturnahe Begrünung.
Sinnvoll erscheint eine Kombination beider Methoden. Dadurch lassen sich durch Kies- bzw. Erdmodellierung in abwechselnder Anhäufung zusammen mit Holzstükken, Ästen, kleinen Stämmen, Steinen oder auch kleinen Wassergefäßen vielfältige Mikroklimate und Kleinbiotope initiieren, die bereits wichtige biologische Funktionen übernehmen. Als Naturvegetation benötigt sie kaum Pflege.

Mehrschichtenaufbau

Beim klassischen höheren Schichtenaufbau ist bei Verwendung von natürlichen Materialien mit zusätzlichen Lasten von 3 MN/m^2 für niedrige Begrünung und mit 5 bis 8 MN/m^2 für höhere Strauch- und Baumvegetation zu rechnen.
Der Bodenauftrag liegt bei Nutzgärten mit 30 cm und einer 5 bis 10 cm starken Unterschicht (s. Nutzdachgärten) im Lastenbereich zwischen niedriger und mittelhoher Begrünung und bereitet somit keine weiteren Gewichtsprobleme.
Bei allen Neuplanungen sollten ähnliche Zusatzlasten in der Größenordnung von mindestens 2 bis 3 MN/m^2 vorgesehen werden, damit eine Begrünung zu einem späteren Zeitpunkt erfolgen kann.

Begrünung „umgekehrter" Dächer

Das umgekehrte Dach bietet viele Vorteile (bauphysikalisch und konstruktiv unproblematisch, reparaturfreundlich) und ist auch einfach zu bepflanzen. Alle im folgenden beschriebenen Begrünungsarten sind auch hier möglich. Der einfache Schichtaufbau (Grassoden usw.) ersetzt die sonst erforderliche Abdeckung der Wärmedämmung und stellt somit keinen Mehraufwand dar. Die Dämmschicht übernimmt geringfügige Drainagefunktion, die durch Aufbringen von Drainplatten bei Bedarf erhöht werden kann.

Schwachpunkte

Die Befürchtung, daß bepflanzte Flachdächer teurer sind und zu Bauschäden neigen, ist nicht gerechtfertigt, da einfache Begrünungen unproblematisch sind und an den Dachaufbau keine zusätzlichen Anforderungen stellen.
Höhere Begrünungen, vor allem Gehölze, erfordern einen Mehraufwand. Sie sollten daher nur in besonderen Fällen vorgesehen werden; meist können vom Boden hochgeführte Berankungen ihre Funktionen übernehmen. Sich wild ansiedelnde Gehölze (Birken, Weiden usw.) lassen sich problemlos entfernen, wenn der Dachaufbau nicht entsprechend ausgelegt ist.
Reparaturen an der Dachhaut werden vor allem bei einer hohen Vegetationsschicht erschwert; niedrige, festdurchwurzelte Begrünung ist unproblematisch. Sie kann abschnittsweise abgehoben oder -gerollt und nach Arbeitsbeendigung einfach wieder aufgebracht werden.
Undichtigkeitsprobleme treten wie bei allen Flachdächern meist an Anschlußstellen auf (Dachluken, Wänden, Brüstungen, Lüftungsschächten, Dachentwässerungen usw.). Werden solche Schwachpunkte bereits bei der entwurflichen Konzeption vermieden, lassen sich Schäden verhindern. So sollten Dachzugänge, notwendige Windverankerungen, Pergolen usw. die Dachhaut nicht durchdringen, sondern außerhalb des Daches angeordnet werden. Dies gilt ebenso für Attiken, Brüstungen u. ä., die z. B. frei mit Fassadenspalieren verbunden sein können. Verwinkelte Dachanschlüsse und übergroße Flächen (Dehnungsfugenproblem) sollten vermieden werden.
Die zur Dachbegrünung gehörende Kleintierwelt führt weder zur Gefährdung der Konstruktion noch zu Belästigungen in Wohnungen (nicht anders als der Gartenbezug im Erdgeschoß).
Sind Dichtung und Dämmung in Fassaden und auf Dächern für Nagetiere direkt erreichbar, so müssen sie durch konstruktive Maßnahmen geschützt werden. Besondere Sockel-, Gesims- und Traufausbildungen, Einbau von Drahtsperren sowie Auswahl abweisender Dämm- und Sperrstoffe dienen der Vorbeugung, so daß eine nachträgliche Bekämpfung nicht erforderlich wird.

Auflasten

Bei einer Begrünung fallen folgende zusätzliche Dachauflasten an:

Drainageschicht	eventuell als Kiesschicht bereits vorhanden
Filterschicht	bei Einfachaufbauten nicht unbedingt notwendig
Erdauftrag	s. Tabellen
Wassermenge	als Faustwert zusätzlich 30 Vol.-%;
Windlasten	erst bei höheren Gehölzen. Sie nehmen mit der Höhe des Gebäudes zu und betragen etwa 0,6 MN/m² in 8 m Höhe; 0,9 MN/m² in 20 m Höhe. Sie kann bei Bäumen, bezogen auf eine Flächeneinheit, ein Vielfaches des Gewichts vom Bodenauftrag und Bäumen selbst sein (Berechnung durch Statiker erforderlich, unterschiedliche Windfelder auf Dächern beachten).

Pflanzenmasse nach H.-J. Liesecke erst bei Bäumen ausschlaggebend und wird wie folgt berechnet:
Stamm- und Astholzvolumen (Höhe × Stammdurchmesser in 1 m Höhe) × 1000 kg/m³ plus 1/3 dieses Holzgewichts für nasses Laub. Dabei ist von der maximalen Größe des Baumes auszugehen, die er auf dem Dach erreichen könnte.

Auflasten durch die Begrünung im Vergleich zu den Eigenlasten konventioneller Beläge und Eindeckungen.

Schichten	Natürliche Materialien	Dichte bei Staunässe kg/m³	Höhe des Auftrags cm	Mittlere Eigenlast MN/m²
Flachdach				
ständige Last	Kiesschüttung	1850	5 bis 10	1,25 bis 2
Verkehrslasten	für begehbares Dach			2
(n. DIN 1055 Teil 3)	für befahrbares Dach			5
Drainage und Filterschicht	Kies	1850	5 bis 10	1,85
	Bimskies	1200	5 bis 10	1,20
	Schaumlavakies	1200	5 bis 10	1,20
	Sand	2000	bis 5	1,00
	Torf	700	bis 5	0,35
Vegetationsschicht	schwere Gartenerde	1800	je 10	1,80
	Kompost	1200	je 10	1,20
	Mulchung, Mist	600	je 10	0,60
	Boden-Torf-Gemisch (3:1)	1500	je 10	1,50
	reine Torfsubstrate	700	je 10	0,70
Geneigtes Dach	Dachziegel			0,50 bis 0,60
	Mönch und Nonne (Mörtel)			0,30
	Schiefer			0,45 bis 0,60
	Wellasbestzement			0,20
Begrünung durch Grassodenauftrag		1800	10	1,80

Schwedische Grassodendächer mit Birkenrinde als Dachhaut.
Stabile Traufkonstruktionen als Randbalken, verkeilt oder mit Riesenholznägeln verhindern ein Abrutschen des Großsodenbelags.

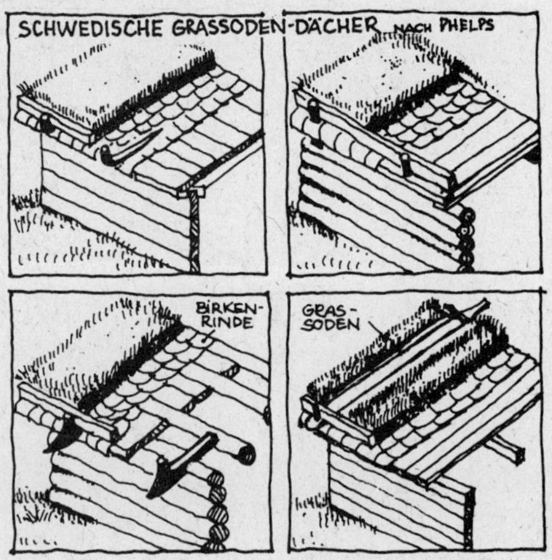

Dachaufbau geneigter Dächer

Das Problem der Staunässe tritt hier nicht auf; die Drainageschicht ist daher nicht erforderlich. Es entfällt somit auch ein bestimmter Anteil durchwurzelbarer Substrate, so daß sich die Vegetation entsprechend niedriger entwickeln wird.
Die Gefahr des Austrocknens erhöht sich, da außer der Bodenspeicherung selber keine weiteren Wasserreserven vorhanden sind. Es sollte eine entsprechend genügsame Bepflanzung ausgewählt werden bzw. sich selbst entwickeln können. Bei nordorientierten Dächern sind die Verhältnisse noch am günstigsten, da die geringere Sonnenbestrahlung die Verdunstung vermindert.
Das Abrutschen des Erdauftrags stellt bei geneigten Dächern das eigentliche Problem dar. Daher müssen Tragwerk und Dachtraufe konstruktiv so ausgebildet werden, daß sie die zusätzlichen Schubkräfte aufnehmen können. Eine erhöhte Dachrauhigkeit ist durch einen entsprechenden Dachbaustoff oder durch bauliche Maßnahmen zu erreichen. Eine Unterschicht aus Bodensubstraten trägt zur Rutschfestigkeit des Erdauftrags bei; die Haftung eines feinporigen Lehmsandes ist jedoch nur gering.
Die Bepflanzung sollte eine möglichst schnelle Bodenbedeckung ergeben. Grassoden, als bereits gut durchwurzelte und verfestigte schichtbare Vegetationsplatten, stellen

eine effektive, traditionelle Lebendbaumethode dar, die sofort gute Festigkeit und Erosionsschutz bietet. Ein Auftrag mit Erdsäcken, die mit Saatgut versehen sind, bieten ähnlich den Grassoden guten Halt.
Mit steigender Dachneigung sind die Befestigungen gegen Abrutschen aufwendiger und müssen sorgfältig geplant werden. Selbst steile Dächer können durch Einsatz verrottungsfester Erdsäcke oder Pflanzgefäße, aber auch durch Auftrag eines speziellen Schaumgemisches, das als Pflanzsubstrat den Erdauftrag ersetzt, nutzbringend begrünt werden.

Nachträgliche Begrünung

Die Möglichkeiten zur nachträglichen Begrünung sind konstruktiv und statisch begrenzt. Eine 10 cm starke Grassodenschicht hat zwar gegenüber einer Ziegeldekkung eine dreifache Eigenlast; die gesamte Dachlast wird dadurch jedoch nur um max. 30% (bei massiven Flachdächern nur um ca. 10%) erhöht.
Oft sind Dachkonstruktionen überdimensioniert, so daß die zusätzliche Belastung kein Problem darstellt. Ist jedoch eine Verstärkung des Tragwerks notwendig, so können die Sparren nach Entfernen der Dachhaut aufgedoppelt werden; Dämmung und Innenausbau bleiben dabei unberührt.
Ist die Dachneigung relativ gering, kann ähnlich skandinavischer Methoden der Grassodenbelag auch direkt auf die Ziegel oder Schiefereindeckung aufgebracht werden.
Eine Begrünung durch Kletterbewuchs mit Rankhilfe kann bei steilen Dächern, die sonst einen großen konstruktiven Stützaufwand gegen Abrutschen benötigen würden, unproblematischer und sinnvoller sein. Eine Berankung dieser Art hat einen ähnlichen klimatischen, biologischen und direkten Nutzen (Früchte) wie die aufwendigere Bepflanzung.

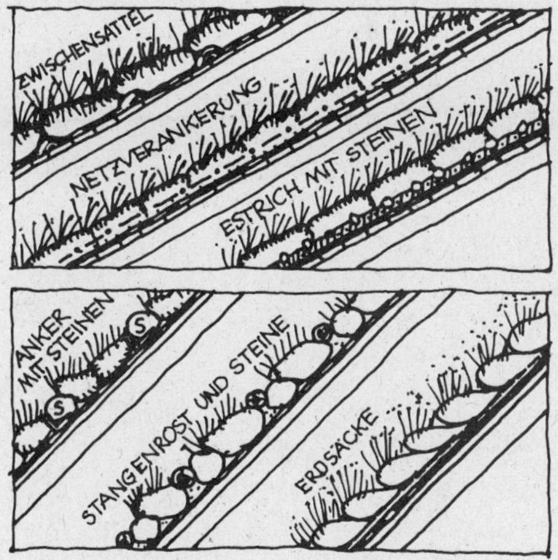

Erhöhung der „Dachrauhigkeit" durch:

- Zwischensattel (Leisten) unter der Dachhaut in verschiedenen Größen und Abständen.
- Einbettung von Steinen und Grobkies in eine Estrichschicht, die gleichzeitig Wurzel- und Gleitschutz bietet.
- Metall- oder Kunststoffnetze als durchwurzelbare Verankerungsschicht im Bodenauftrag.
- Stangenkonstruktionen, die als aufliegende, sichtbare Verstrebungen mit Hilfe von Steinen das Abrutschen der Soden verhindern.
- Schuppenförmig befestigte Erdsäcke oder Pflanzbehälter aus verrottungsfestem Material. Erdfüllung gleich mit Samen und Wurzeln aufbringen.

Bepflanzungsvorschläge

Bei alten skandinavischen Bauernhäusern entsprach die Dachvegetation mehr oder weniger derjenigen, die auch auf den umliegenden Wiesen und Rainen gefunden und als Soden abgestochen wurde. In anderen, meist südlichen und städtischen Beispielen wurden die Dachgärten mit besonders sorgfältig ausgewählten Liebhaberpflanzen in besonders liebevoll durchdachter Anordnung ausgestattet.
Es lassen sich unendlich viele Begrünungsarten vorstellen. Hier sollen nur zwei wesentliche Nutzungsarten angesprochen werden: das „Naturdach", um zu zeigen, daß auch schwer zugängliche Dächer in einer natürlichen Art ohne weitere Pflege begrünt werden können, und das „Nutzdach", um zu zeigen, daß Dächer eine weitere Möglichkeit sind, selbst in dichteren Wohngebieten Nahrung in direkter Nähe zu erzeugen.

Naturdächer

Naturdächern liegt die Idee zugrunde, daß sich die Dachvegetation durch natürliche Sukzession in ihrer Zusammensetzung eigenständig und ohne Pflege ihrem Standort (Dach) angleicht. Je nach der spezifischen Dachausbildung, Orientierung, Neigung, Größe, Umgebung und Wasserhaushalt wird sich eine spezifische Flora und Fauna mit stabilem Artengefüge ausbilden.

Dazu werden Pflanzengesellschaften ähnlicher Standorte aus der direkten Umgebung in Form von Soden, Stöcken, Setzlingen oder Samen aufgebracht.
Folgende Beispiele sind eine Auswahl der vielfältigen Möglichkeiten, die für flache oder geneigte Dächer geeignet sind.

„Moosdächer"

Ein sehr geringer Bodenauftrag ohne Unterschichten wird nur eine Moosvegetation zulassen. Schattige Lage (Norddächer) und hohe Luftfeuchte (unter Bäumen) begünstigen das Wachstum von feuchtigkeitsbedürftigen Moospolstern aller Art. Aber auch eine Reihe relativ trockenheitsresistenter Arten, die den Sommer über austrocknen können, sind möglich. Strohmatten, Äste, Rindenstücke usw. können eine natürliche Sukzession von Algen, Flechten und Moosschichten initiieren, wie an zahlreichen Strohdachbeispielen in Schleswig-Holstein beobachtet wurde (Frahm 1972, in: H. Ellenberg)
Hauswurz, Mauerpfeffer und andere Fettblattgewächse können die Moosschichten durchsetzen und wie diese die geringe Wasserspeicherfähigkeit des Bodens durch eigene Speicherung ausgleichen.

„Heidedächer"

Zwergstrauchheidearten werden auf nährstoffarmen, sandigen Böden (um einwandernden Konkurrenzarten vorzubeugen) in üblicher Schichtung aufgebracht. Sie benötigen keine zusätzliche Bewässerung, sofern eine vollständige Austrocknung vermieden werden kann. Je nach Lage, Klima und Bodenzusammensetzung können sich verschiedene Heidearten (Besenheide, Glockenheide) mit Gräsern, Moosen und bei genügend Bodenraum Ginster und Wacholder entwickeln. Das Heidekraut muß gelegentlich am Boden abgehackt („plaggen") werden; außerdem müssen seine grünen Triebe gekürzt werden, um eine kontinuierliche Verjüngung der Pflanzen zu ermöglichen. Heidedächer können dann Jahr für Jahr in voller Blüte stehen und zusätzlich Bienenweiden sein.
Torfzugaben lassen saueres Bodenmilieu entstehen, so daß sich Preiselbeeren, Moosbeeren und ähnliche Arten ansiedeln.

„Steppendächer"

Weitgehend trockenheitsresistente, sehr bunt und vielfältig blühende Arten wie Felsfluren oder flachgründige Trocken- oder Halbtrockenrasenvegetationen werden auf Normalbodenauftrag, wenn möglich im Regelprofil, aufgebracht. Sie benötigen keine zusätzliche Wasserversorgung (Bedarf nur 200 mm/Jahr), der Dachaufbau darf jedoch nicht ganz austrocknen.
Ausgesät oder angepflanzt werden:

- ausdauernde regenerationsfreudige Grassamenmischungen (z. T. im Handel erhältlich) wie Federgras, Blaustrahlhafer, Blauschwingel, Schafschwingel usw.;
- Stauden wie Silberdistel, Sonnenröschen (Helianthenum), Habichtskraut, Yson und Lavendel, Ziest, Stachelnüßchen, Kamille, Thymian usw. (zum Teil stark duftende Kräuter);
- Zwiebel- und Knollengewächse (Steppengewächse), wie Tulpen, Krokusse, Narzissen, Blausternchen, Puschkinien, Schneeglanz usw., die im Sommer ihre Austriebe einziehen.

Die Arten sollten, wenn nicht in Gärtnereien oder Baumschulen erhältlich, nur über Ausläufer oder Samen von ähnlichen natürlichen Standorten beschafft werden, um die ohnehin seltenen natürlichen Trockenstandorte zu schonen. Punktweises Einsetzen ermöglicht die Weiterentwicklung. Diese Dächer werden bald zahlreich von Kleininsekten belebt werden.

Durch die Abstützung entstehen vielseitig nutzbare Pufferbereiche, die zusammen mit dem durchlüfteten Kaltdach eine Verwendung natürlicher Wärmedämmaterialien erlaubt. Sonst ist nur aufwendiges synthetisches Material möglich.
Die Schubkräfte des Vegetationsbelags können direkt in den Boden abgeleitet werden.

„Wiesendächer"

Ein etwas dickerer Bodenauftrag sowie bessere Wasser- und Nährstoffversorgung lassen Wiesengesellschaften unterschiedlichster Zusammensetzung, Höhe und Farbe entstehen. Abhängig von der Bodenzusammensetzung (pH-Wert), von den klimatischen Bedingungen und von der Häufigkeit der Mahd bzw. Beweidung lassen sich spezielle Gräserarten fördern und so das Bild der Wiese bestimmen (häufige Mahd begünstigt „Untergräser" wie Kleearten, weniger häufigere die „Obergräser").
Die Mahd sollte liegen bleiben, Düngung ist bei Beweidung notwendig (Kompost, Mulchung, Mist). Der Bodenauftrag sollte aus der direkten Umgebung (Bauplatz) stammen, um ähnliche klimatische Bedingungen zu garantieren, Saatgutmischungen von Naturwiesen können z. T. im Handel beschafft werden. Die Pflanzengesellschaften werden sich in ihrer weiteren Entwicklung dem Standort anpassen.
Die Schönheit blühender Wiesendächer liegt vor allem in der Veränderung zu den verschiedenen Jahreszeiten – Frühlingsblumen wie Löwenzahn, Gänseblümchen, Schlüsselblumen, Wiesenschaumkraut (bei Staunässe) wechseln sich nacheinander ab mit Sommerblumen wie Margeriten, Hahnenfuß, Wiesensalbei, Sauerampfer, Glockenblumen usw., je nach Pflanzengemeinschaft und Standort.

„Sumpfdächer"

In wannenartiger Unterkonstruktion (Folie, Beton, abgeschrägte Ränder gegen Frostsprengungen) wird der Bodengrund mit kalkarmen, sandigen Lehmen, Sand, Kies und Steinen modelliert und eventuell mit reifem Kompost oder Torf aufgebessert.
Je nach Modellierung können sich offene Wasser- und bewachsene Sumpfflächen abwechseln.
Die Bepflanzung erfolgt wie bei den bereits geschilderten Teichanlagen mit Sumpfpflanzen (Froschlöffel, Binsen, Schwertlilien, Iris, Seggenarten), mit Schwimmpflanzen (Froschbiß, Wassernuß, Seerosen) und mit Unterwasserpflanzen (Tausendblatt, Hornblatt usw.) als Zweigeinwurf oder Ballenpflanzung zum Teil in Töpfen, um das starke Wachstum zu hemmen. Bei übermäßigem Wuchs der Wasserpflanzen kann man sie in der Vegetationsperiode unter Wasser abschneiden, nicht weiter düngen und nicht anwachsende Arten durch andere ersetzen (s. Kap. Naturgärten).
Wichtig erscheint in jedem Fall ausreichender Windschutz, da sonst die hohe Verdunstung den Wasserbedarf stark erhöhen kann. Er liegt bei rund 1600 mm/Jahr; Regenwassersammlung ist hier unbedingt erforderlich. Gegebenenfalls muß nachgefüllt werden, um ein Austrocknen zu vermeiden. Kleine Wasserbecken sind auch auf anderen Gründächern möglich und insbesondere auf Nutzdächern einzuplanen.
Für Naturdächer gibt es noch eine Vielzahl weiterer Möglichkeiten. Es sollten Pflanzengesellschaften angesiedelt werden, die dem Standort angemessen sind und eine stabile und natürliche Vegetationsdecke ergeben, ohne daß diese eine Pflege benötigt. Dächer können so Standorte für sehr selten gewordene Biotope bieten.

Nutzdächer

Da Nutzpflanzen mit zunehmender züchterischer Veredelung immer anspruchsvoller werden, muß eine geregelte Wasser- und Nährstoffversorgung gewährleistet werden. Es sollte daher eine Vegetationsschicht von mindestens 30 bis 50 cm Dicke auf die Drainageunterschicht aufgebracht werden, die einen hohen Gehalt an Humus und organischen Substanzen aufweist. Durch spezielle Anbaumethoden kann die Flächenbelastung etwas verringert werden.
Da Gemüse bei 300 mm Niederschlag in der Vegetationsperiode rund 200 mm zusätzlich benötigt, ist ein Wasserstau in der Drainageschicht unbedingt erforderlich, da so ein Teil des Regens gespeichert werden kann und die Nährstoffauswaschung geringer ist. Zusätzliche Bewässerung mit gesammeltem Regenwasser wird nötig sein. Möglichst geschlossene Bepflanzungen in Mischkultur, ausreichende Mulchung und Flächenkompostierung, entsprechender Windschutz und Beschattungsmöglichkeiten lassen günstige kleinklimatische Bedingungen entstehen.
In Verbindung mit Glashäusern, die gleichzeitig Windschutz- und Lagerfunktionen (im Winter) erfüllen, sind gute Ertragsergebnisse zu erzielen.
Scheut man den Aufwand für einjähriges Gemüse, so können mehrjährige Beerenobstsorten wie Stachelbeeren, Johannisbeeren, Himbeeren, Brombeeren usw. oder auch immer wiederkommende Kräuterstauden wie Pfefferminze und viele andere Arten die Dachflächen produktiv nutzen.
Freistehende Obstbäume eignen sich nur in kleinwüchsigen und niedrigen Arten, eventuell als Spalierbäume an Windschutzmauern, Brüstungen oder Aufbauten.
Bei zu starker Neigung sind fruchttragende Fassadenberankungen vom Boden, die auf die Dachfläche geführt werden, sinnvoller als aufwendige Terrassierungen (Stege zum Abernten vorsehen). Die Pflege beschränkt sich weitgehend auf die Führung der Triebe und auf den Schnitt.
Dachnutzgärten sind in emissionsgefährdeten Gebieten nicht bedenkenlos zu empfehlen, da besonders durch die relativ dünne Erdschicht eine stärkere Gift- und Schadstoffakkumulation erwartet werden kann als bei Anbau auf gewachsenem Boden.

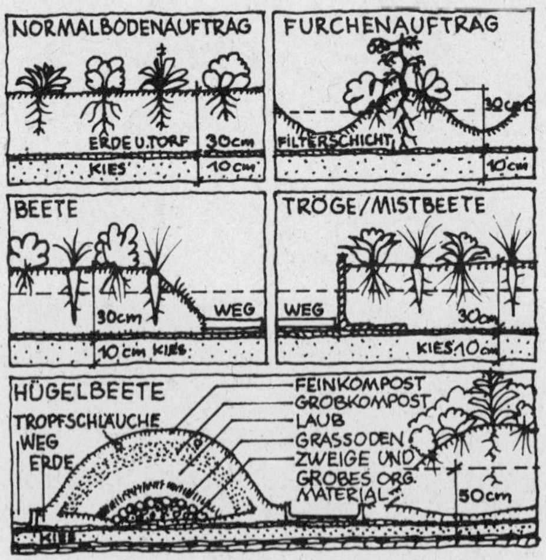

Erdmodellation für Gemüseanbau auf dem Dach.
Auflasten
Die Auflasten betragen bei 30 cm Erde oder Erde-Torfgemisch und 8 bis 10 cm Kies oder Bimskies rund 6 bis 7,5 MN/m² für Beete und rund 3 bis 4 MN/m² für Wege. Bei speziellen Beetmodellierungen, die auf die Unterkonstruktion ausgerichtet sind, kann im Mittel mit Auflasten von 4,5 bis 5,5 MN/m² gerechnet werden. Die Auflasten für Hügelbeete sind im Mittel rund 6 bis 9 MN/m².

a) Dachnutzgarten mit umgreifendem Windschutz durch Gewächshäuser und Pergolen bietet kleinklimatische Vorzugsbedingungen; Regenwasserspeicher (mit Fischzucht) und Intensivmischkulturen.
b) Windschutz des Dachgartens durch Bäume und vorgesetzte Brüstungen, Treppenhausausstieg als Gewächshaus.

Naturgärten, Hecken- und Wasserbiotope

Buchwald, K., Engelhardt, W. (Hrsg.): Handbuch für Planung, Gestaltung und Schutz der Umwelt. Bd. 1: Die Umwelt des Menschen. München 1978.
Buchwald, K., Engelhardt, W. (Hrsg.): Handbuch für Planung, Gestaltung und Schutz der Umwelt. Bd. 2: Die Belastung der Umwelt. München 1978.
Göritz, H.: Laub- und Nadelgehölze für Garten und Landschaft. Berlin (DDR) 1976.
Ellenberg, H.: Die Vegetation Mitteleuropas mit den Alpen. Stuttgart 1978, 2. Auflage.
Haller, A. v.: Die Wurzeln der gesunden Welt, Bd. 1. Langenburg 1976.
Haller, W. v.: Ökologie im Landbau, Bd. 2. Langenburg 1978.
Hansen, R., Stahl, F.: Bäume und Sträucher. Stuttgart 1976.
Hauser, A.: Die Bauerngärten der Schweiz. 1976.
Henning, E.: Die Bodenfruchtbarkeit im Kleingarten. München 1978.
Initiativkreis Biologischer Landwirtschaft (Hrsg.): Anregungen für eine zukunftsorientierte Landwirtschaft. Texte des Symposiums Biologische Landwirtschaft. Universität Göttingen 1977.
Land- und hauswirtschaftlicher Auswertungs- und Informationsdienst (AID): Flurgehölze und natürliche Tierwelt. Holzarten für die Landwirtschaft. Bonn-Bad Godesberg, 1975.
Mattern, H.: Gras darf nicht mehr wachsen. Berlin/Frankfurt/Wien 1964.
Meyers Lexikonverlag: „Die Umwelt des Menschen". Mannheim 1975.
Minke, G.: Biotektur. In: domus 8/1979.
Naturschutz aktuell, Nr. 1: Rote Liste der gefährdeten Tiere und Pflanzen der BRD. Bremen 1978.
Neuenschwader, E.: Natürliche Biotope im Siedlungsraum. In: Schweizerische Bauzeitung Nr. 16/1978.
Olschowy, G.: Natur- und Umweltschutz in der BRD. 1978.
Roy, L. G. le: Natur einschalten – Natur ausschalten. Stuttgart 1978.
Scheerer, G.: Fruchttragende Hecken. Berlin 1965.
Schlüter, U.: Lebendbau. München 1971.
Schwarz, Dr. U.: Naturnahe Bepflanzung im Siedlungsraum. In: Der Gartenbau (CH) Fortsetzungsreihe Nr. 21, 23, 29,35, 37/78.
Schwarz, Dr. U.: Naturnaher Garten. Publikation der WWF Schweiz. Zürich 1978.
Seifert, A.: Gärtnern, Ackern – ohne Gift. München 1977.
Seifert, A.: Im Zeitalter des Lebendigen. Dresden, Planegg 1941.
Seifert, A.: Die Heckenlandschaft. In: Potsdamer Vorträge VIII, 1944.
Seymour, J.: Leben auf dem Lande. Ravensburg 1978.
Zimmerli, E.: Freilandlabor Natur. WWV, Zürich.

sowie diverse Baumschulenkataloge.

Bäume

Bernatzky, A.: Baum und Mensch. Frankfurt/M. 1973.
Bernatzky, A.: Der Gartenratgeber. München 1977.
Bernatzky, A.: Grünplanung in Baugebieten. Wiesbaden 1972.
Bernatzky, A.: Bäume in der Stadt. In: Garten und Landschaft H. 10/74, 11/74, 12/74.
Chevallerie, H. de la: Ökologie der Straßenbäume. In: DBZ 7/76.
Colvin, Brenda: Trees for Town and Country, Lund Humphries. Publishers Ltd, SB, 85331, 1935.
DIN 18920: Schutz von Bäumen, Pflanzenbeständen und Vegetationsflächen bei Baumaßnahmen, Ausgabe 10/73, Berlin und Köln 1973.
Hofmeister, Dr. H.: Lebensraum Wald. Stuttgart 1974.
Hübner, O.: Der Straßenbaum in der Stadt und auf dem Lande. Berlin 1914.
Knapp, Prof. Dr. R.: Einführung in die Pflanzensoziologie. Stuttgart 1971.
Larcher, W.: Ökologie der Pflanzen. Stuttgart 1976.
Lyr, Polster, Fiedler: Gehölzphysiologie. Jena 1967.
Meyer, F. H.: Bäume in der Stadt. Stuttgart 1978.
Mitchell, A.: Die Wald- und Parkräume Europas. Berlin 1975.
Mitscherlich, G.: Wald, Wachstum und Umwelt, 1. Bd. Frankfurt/M. 1970.
RSBB, Richtlinien zum Schutz von Bäumen und Sträuchern im Bereich von Baustellen. Ausgabe 1973.
Schmitter, E. P.: Die ländliche Gemeinde. München 1965.
Walter, Heinrich: Allgemeine Geobotanik. Stuttgart 1973.
Wiebking, Heinrich: Umgang mit Bäumen. München 1963.

sowie diverse Baumschulenkataloge.

Fassadenbegrünung

Doernach, R.: Pflanzenfassaden – Pflanzenklimateppiche. Energiesparer: Biotektur. In: Ökojournal Nr. 4 und 5/78, Schweiz/Bächli/Hemberg.
Doernach, R.: Bauklimatologie. In: db 12/1974.
Göritz, H.: Laub- und Nadelgehölze für Garten und Landschaft. Berlin (DDR) 1976, 4. Auflage.
Grün, Dr. W.: Fassaden, Fenster, Flachdächer. In: DBZ 8/72.
Hansen, R., Stahl, Fr.: Bäume und Sträucher. Stuttgart 1976.
Kaempfert, Dr. W.: Zur Besonnung südseitiger Spaliermauern. In: Gartenbauwissenschaft, Bd. 17.
Reader's Digest: Das große Gartenbuch. Stuttgart 1965, 3 Bände.

sowie diverse Baumschulenkataloge.

Dachbegrünung

Beitz, E.: Gehölze für Dach- und Terrassengärten, Voraussetzungen und Sortenwahl. In: Das Gartenamt 22/1969.

Bornkamp, R., Grün, W.: Eine Versuchsanlage zur Frage der Flachdach-Begrünung. In: Landschaft + Stadt 3/73.

DIN 18916: Landschaftsbau, Pflanzen- und Pflanzenarbeiten.

DIN 18917: Landschaftsbau, Rasen.

Ellenberg, H.: Die Vegetation Mitteleuropas mit den Alpen. Stuttgart 1978, 2. Aufl.

Encke, F., Schiller, H.: Dachgärten, Terrassen und Balkone, Gestaltung und Bepflanzung. Stuttgart 1975.

Gollwitzer, G., Wirsing, W.: Dachflächen und Dachterrassen. Dachflächen – bewohnt, belebt, bepflanzt. München 1971.

Grün, Dr. W.: Grün an Fassaden und Dächern. In: DBZ 9/74, S. 1597.

Grün, Dr. W.: Meine Meinung: Mal wieder was Neues, das umgekehrte Gründach.

Grün, Dr. W.: Angewandte Ökologie. In: DBZ 5/72.

Grün, Dr. W.: Fassaden, Fenster, Flachdächer. In: DBZ 8/72.

Grün, Dr. W.: Balkone, Loggien, Terrassen. In: DBZ 5/71.

Grün, Dr. W.: Angewandte Klimatologie. In: DBZ 4/76.

Grün, Dr. W.: Meine Meinung: Sind Bäume unsere Rettung? In: Bauen + Wohnen 11/72.

Grün, Dr. W.: Angewandte Baubiologie, Wasser, Luft, Klima und Umweltschutz. In: DBZ 10/71.

Grün, Dr. W.: Baubiologie ist Umweltschutz, Referat vom 6. 12. 71, Industrie-Club, Düsseldorf. In: DBZ 10/71.

Grün, Dr. W.: Angewandte Synergetik. In: DBZ 3/73.

Hansen, R., Stahl, F.: Bäume und Sträucher im Garten. Stuttgart 1976.

Hartmann, G.: Ein neuartiges System zur Bewässerung von Vegetationsflächen auf Flachdächern. In: Das Gartenamt 3/77.

Henn, W.: Das flache Dach. München 1960

Heuerding, E.: Dachgartenbegrünung in Bern. In: Das Gartenamt 27/1977, Heft 3.

Höschele, K., Schmidt, H.: Klimatische Wirkung einer Dachbegrünung. In: Garten und Landschaft 84/1974, Heft 6.

Keller, H., u.a.: Grundlagen der Garten- und Freiraumplanung. Berlin 1974.

Kienle, H., Büro Prof. Luz und Partner: Dachbegrünung Luxus oder Notwendigkeit? (Broschüre). Stuttgart 1977.

Liesecke, H.-J.: Dach- und Terrassengärten. Schematische Darstellung der bau- und vegetationstechnischen Grundlagen. In: Das Gartenamt 22/1973 H. G., S. 321 bis 322.

Liesecke, H.-J.: Bau- und vegetationstechnische Grundlagen für Dach- und Terrassengärten. In: Detail 1973, Heft 3, S. 477 bis 484.

Liesecke, H.-J.: Vegetationstechnische Gesichtspunkte bei der Begrünung von Flachdächern. Artikelreihe in: Deutscher Gartenbau 29/1975, H. 32, H. 33, H. 34, H. 37, H. 38.

Liesecke, H.-J.: Zur Anlage von Vegetationsflächen auf Flachdächern. In: Neue Landschaft 21/1976, H. 6, H. 12.

Penningsfeld, P.: Kultursubstrate, Düngung, Bewässerung von Großcontainern und Dachgärten. In: Das Gartenamt 23/1974, H. 4.

Raalte, D. van: Dach- und Balkongärten. NL.

Rick, A. W.: Das flache Dach, baustoffliche, bauphysikalische und ausführungstechnische Gedanken zur Gestaltung flacher Dächer. Heidelberg 1973, 7. Aufl.

Schering AG, Berlin und Bergkamen. In: Industriebau 2/78.

Zimmermann, G.: Bepflanzte Flachdächer – Schichten, Funktionen, Stoffe. In: Deutsches Architektenblatt 7/76.

Zink, W.: Vom Flachdach zum Dachgarten, moderne Flachdachtechnik. Stuttgart 1976
mit Beiträgen u.a. von:
Liesecke, Dr. H.-J.: Grünflächen auf Flachdächern, Dach- und Terrassengärten.
Hoch, E.: Baupraktische Flachdachtechnik
Becker, M.: Auf Dächern wohnen.

sowie diverse Baumschulenkataloge.

Teil III Energiebewahrung und -gewinnung

In unseren Klimazonen ist Schutz vor Kälte und Feuchtigkeit eine der Hauptfunktionen des Hauses, um Vorzugsbedingungen für menschliches Leben zu erreichen. Dem Problem der Energiebewahrung und -gewinnung kommt deshalb eine Schlüsselfunktion in der Gestaltung von Haus und Siedlung zu. Ähnlich den natürlichen Ökosystemen, die in ihrem Klima-Zustand durch eine annähernd optimale Nutzung des Naturpotentials ihres Standortes gekennzeichnet sind, sollten Haus und Siedlung primär das örtliche Energiepotential in Form von Sonnenenergie und Wind, Wasser (Niederschlag), Biomasse usw. nutzen.
Ein Gebäude verbraucht keine Wärmeenergie, sondern verliert sie an die Außenwelt. Für das Heizsystem eines Hauses sind Maßnahmen zur Wärmebewahrung daher noch vor der Wärmegewinnung und -speicherung zu optimieren. Erst der Wärmeverlust, der dann noch entsteht und der Bedarf an Arbeitsenergie, sollten entsprechend dem örtlichen Energieangebot durch technische Einrichtungen über Kollektoren, Wind-, Wasser- und Biogasanlagen usw., gedeckt werden.
Auch für Baustoffe ist eine Bilanzierung des Energieverbrauchs notwendig. Hinzu kommt hier noch die Bilanz der Schadstoffe, die im derzeitigen Herstellungsprozeß anfallen.
Die Wahl ortsspezifischer, energiegünstiger und schadstoffarmer Baustoffe mit positiver Wirkung auf das Raumklima ist ebenso Teil des ökologischen Bauens.

Bauliche Energiebewahrung

Entwurfsprinzipien

Entwurfsmaßnahmen, die zum Ziel haben, daß ein Haus ohne spezielle Apparaturen bereits die eingestrahlte Sonnenenergie einfängt, speichert und bewahrt, werden heute üblicherweise passive Maßnahmen genannt. Sie stellen die eigentlichen architektonisch wichtigen Aussagen dar, die das ganzheitliche Konzept von Haus als „Sonnenkollektor" und „Speichersystem" zum Ziel haben. Sie gehörten z. T. jahrhundertelang zum Wissen über Bauen; ihre Zuordnung und ihre Kombination stellten einen Teil der „Kunst des Bauens" dar.
Häuser, die Energie gewinnen und speichern, setzen komplexe Entwurfs- und Planungsmaßnahmen voraus, die örtlich angemessen eingesetzt werden müssen. Zur Verdeutlichung werden im folgenden Einflußgrößen zur Energiebewahrung, -speicherung und -gewinnung dargestellt:

- Lage in der Topographie und der Einfluß des Mikroklimas;
- Lage zum Wind und Windschutz;
- Gebäudeform und Einbindung;
- Verhältnis von Volumen zu Oberfläche;
- Stärke der Dämmung;
- Orientierung und Öffnung zur Sonne;
- Größe und Ausstattung der Fensterflächen;
- Ausnutzung des „Treibhauseffektes" durch Glashäuser, Veranden usw.;

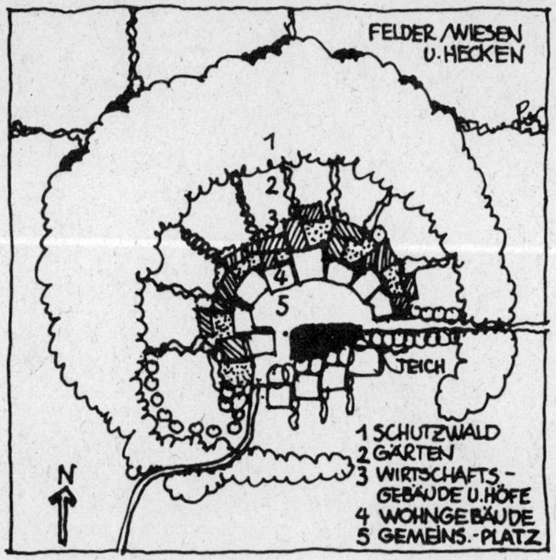

Klimaschutzzonen um ein Dorf ähnlich den Rundlingen im Wendland.
Schützende Wäldchen umfassen die Gärten; die Wohnhäuser werden durch die Wirtschaftsgebäude geschützt.
Der die Gemeinschaft betonende Dorfplatz im Zentrum hat so ein Vorzugsklima, das durch die besonnten Fassaden und den Dorfteich noch verbessert wird.
Der „Dorfwald" bietet außerdem:
Baustoffe und Brennstoffe, Waldhabitate, Beeren, Pilze, Wasser- und Lufthaushaltsregulierung, Freizeit- und Spielort sowie Sichtschutz und Landschaftsgestaltung.

- Aktivierung der massiven Bauteile als Speichermasse zur Pufferung des eingestrahlten Wärmeangebotes und zum jahreszeitlichen Ausgleich;
- Raumanordnung im Sinne einer Wärmehierarchie mit Pufferbereichen.

Die folgende vergleichende Betrachtung geht von einem „Standardbaukörper" aus, dessen Transmissionswärmeverlust mit 100% gleichgesetzt wurde.
Die Berechnungsdaten, die diesem Baukörper zugrunde liegen, sind:

Volumen V	= konst. = 108 m³
Innentemperatur t;	= konst. = + 20°C
Wärmedämmung k	= konst. = 0,6 W/m²K
Heiztage HT	= 300
Gradtage GT	= 3606.

Der Wärmeverlust der Varianten wurde prozentual errechnet, so daß Übertragungen für reale Bauten proportional möglich werden.

Lage in der Topographie und Einfluß des Mikroklimas

Natürliche Idealstandorte sind heute für Besiedlungen nicht mehr frei. Aber jeder übliche Bauplatz läßt sich in seinem Mikroklima entscheidend verbessern und gelegentlich in einen „Idealstandort" durch Erdmodulation, Wasserflächen, Bepflanzung und durch die Baumassen selbst verwandeln. Dies ist zum Teil auch bei vorhandenem Baubestand nachträglich möglich.

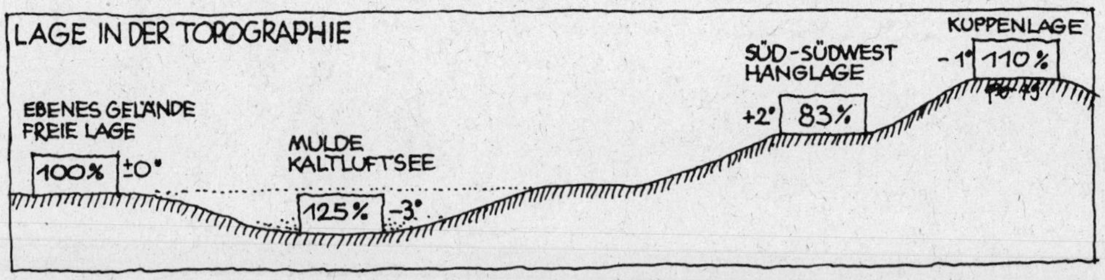

Die Abbildung zeigt den Wärmeverlust in Prozent eines Gebäudes in verschiedenen Standorten. Die freie Lage im ebenen, ungeschützten Gelände wird mit 100% Wärmeverlust angenommen (ohne Windeinfluß). Zur Verdeutlichung des veränderten Lokalklimas ist die Abweichung der Durchschnittstemperatur in der Heizperiode in °C angegeben. Die Temperaturwerte sind pauschal nach Geiger, R., Kessler, D., Kempfert, W., und Wilmers, F. gemittelt. Die tatsächlichen Klimaverhältnisse sind je nach Standort weitaus differenzierter und schwierig in der Summenwirkung zu definieren (s. Kap. Klimagerechtes Bauen).
Der Klimaeinfluß der Topographie wird bestimmt durch die Einstrahlungsintensität (Hanglagen) nächtlicher Abstrahlungsgröße und durch Kaltluftströme. Mulden und andere Kaltluftstaubereiche können bis zu 6°C geringere Temperaturen aufweisen. Südliche Hänge bis zu 2 bis 3°C höhere, Nordhänge, exponierte Lagen wie Kuppen (erhöhte nächtliche Abstrahlung) 1 bis 3°C niedrigere Temperaturen erreichen.
Vorhandene Vegetation oder Neuanpflanzung beeinflußt das Lokalklima. Das stehende Luftpolster einer dichten Berankung kann einem k-Wert von 2,5 entsprechen. Eine Lage, die einem lichten Laubwald entspricht hat rd. 2°C höhere, eine schattige Lage ca. 1°C niedrigere Temperaturen. Ideal durch Überlagerung der Klimaelemente ist die

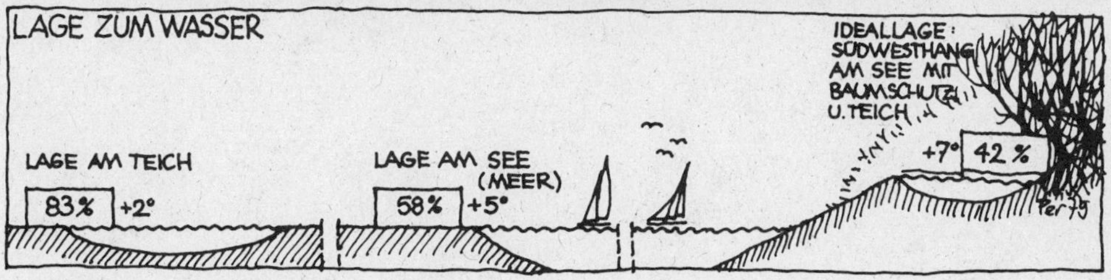

„Südhang-Lage mit Baumschutz" als geschützte Lage mit hoher Einstrahlung tagsüber, geringer Abstrahlung nachts und Windschutz. Ähnlich günstig ist eine geschützte Lage an südlichen Waldrändern.
Die klimaausgleichende Wirkung von Wasserflächen hebt vor allem die nächtlichen Temperaturen, z. T. auch im Minusbereich mit Eisdecke. Je größer die Wassermassen, desto milder werden die Wintermonate im jahreszeitlichen Wärmeausgleich. Ideallagen wie Südwesthang am See oder Meer mit Schutzpflanzungen ermöglichen sogar subtropische Vegetation in sonst harten Klimazonen wie z. B. an Alpenseen oder auf der Insel Bornholm.

„Wassersiedlung" nutzt die klimatischen Vorteile der Wasserlage. Ausgebildet als Pfahlsiedlung oder auf einem Schwimmkörper, der der Sonne nachgeführt werden kann. Die ökologisch besonders wertvolle Uferzone darf nicht besiedelt werden.

Lage zum Wind und Windschutz

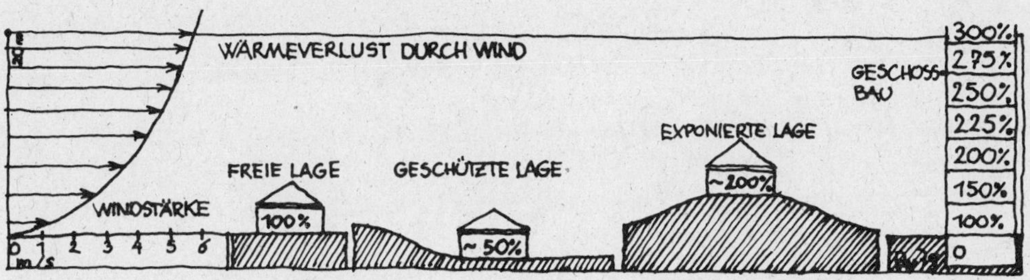

Je nach Ausführung des Gebäudes (Fugendurchlässigkeit, Material und Dämmungsstärke) kann der Wärmeverlust durch Wind bis zu 50% der Gesamtbilanz ausmachen. Der Wärmeverlust ist proportional zur Strömungsgeschwindigkeit, die in Abhängigkeit von der „Bodenrauhigkeit" mit der Höhe zunimmt, sofern nicht besondere Strömungsverdichtungen vorliegen.
Je nach Bauart und Lage können die Windschutzmaßnahmen so kombiniert werden, daß die Wärmeverluste durch Wind nahezu auf Null reduziert werden können.

Zur Verringerung der Windgeschwindigkeiten und damit zur Reduzierung der Wärmeverluste eines Hauses ist Vegetation am besten geeignet. Vegetation setzt die Windenergie in Bewegungsenergie um und führt so weniger zu Strömungsverdichtungen an anderer Stelle, wie sie bei dichtem und starrem Windschutz auftreten.

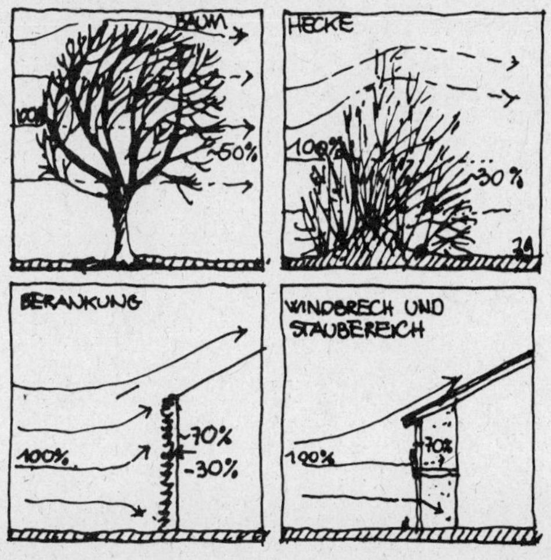

Gebäudeform und Einbindung, Volumen und Oberfläche

Die Abbildung zeigt die Veränderung des Transmissionswärmeverlustes Q durch die Gebäudeform bei gleichbleibenden äußeren und inneren Temperaturbedingungen und gleichem k-Wert. Der Wärmeverlust ändert sich proportional zur Oberfläche. Abweichungen ergeben sich durch unterschiedliche Grundflächen, da der Wärmeverlust zum Erdreich geringer ist. Die Halbkugel bildet die günstigste Form.

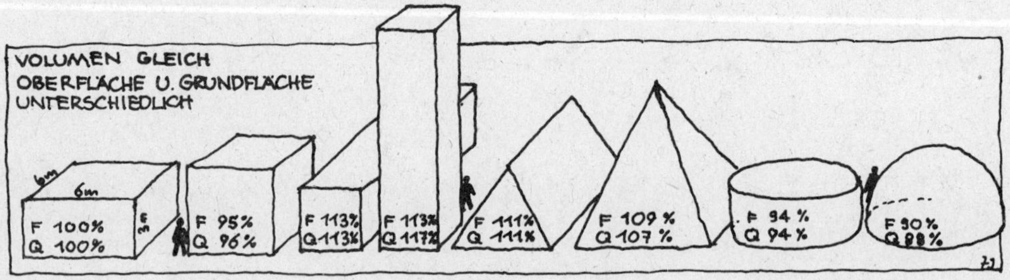

Die Halbkugel hat im Verhältnis zum Volumen eine geringe Oberfläche. Kuppelbauten nach Fuller ergeben so eine günstige Form. Der Leichtbau überspannt einen massiv gebauten Kern, der als Wärmeabstrahler und Rückzugsort zusammen mit dem Speicher eine Kugel bildet. Die Wohnebenen staffeln sich dreidimensional darüber.

Da bei steigendem Volumen der Oberflächenanteil bei kompakten Formen geringer wird, sinkt auch der Transmissionswärmeverlust, so daß z. B. die Volumeneinheit V mit 100% Oberfläche bei sechzehnfacher Vergrößerung nur noch einen Oberflächenanteil von 31% hat, d. h. nur 31% Wärmeverlust. Hieraus ergibt sich die Forderung, nach Möglichkeit Bauvolumen zusammenzufassen, um die Abkühlungsfläche gering zu halten und somit Energie zu sparen.

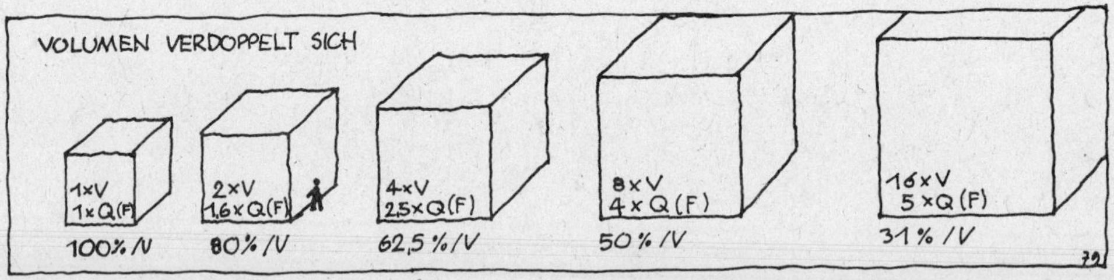

Grundriß und Schnitt von 3 sich durchdringenden Domen. Die Verschneidungen bilden die Kernbereiche mit „Wärmereduit", Küche, Wohn- und Schlafräumen. Die aufsteigende Warmluft ergibt so unterschiedliche Klimaräume; Gewächshäuser und Arbeitsbereiche bilden die Pufferbereiche.

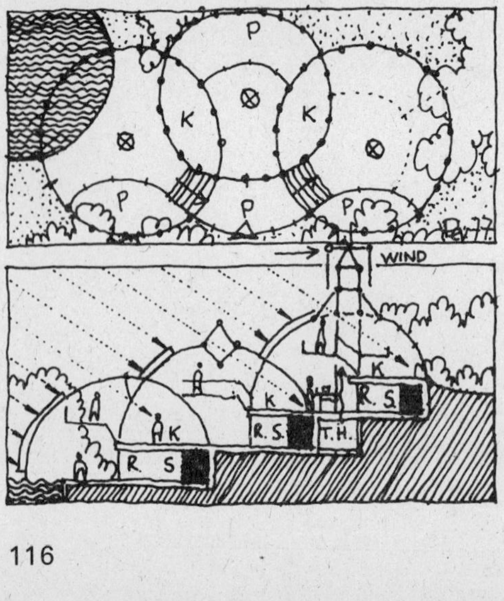

Bei der Addition von Baukörpern verringert sich die Abkühlungsfläche drastisch und damit der Wärmeverlust. Vorausgesetzt, daß alle Einheiten auf dem gleichen Temperaturniveau gehalten werden, hat z. B. die günstigste Lage nur 22% des Wärmeverlusts der freigestellten Einzellage. Der Wärmeverlust durch Wind ist normalerweise ebenfalls proportional zur Außenfläche; Ecklagen können jedoch durch Strömungsverdichtung erheblich höhere Verluste haben. Energiesparende Siedlungen sollten daher immer in geschlossener Bauweise erstellt werden.

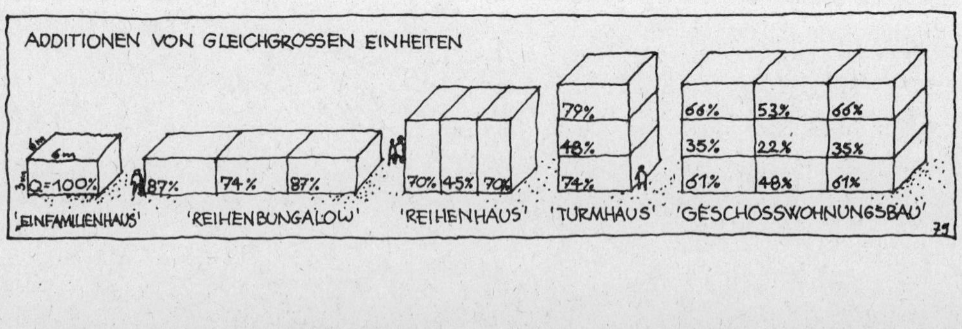

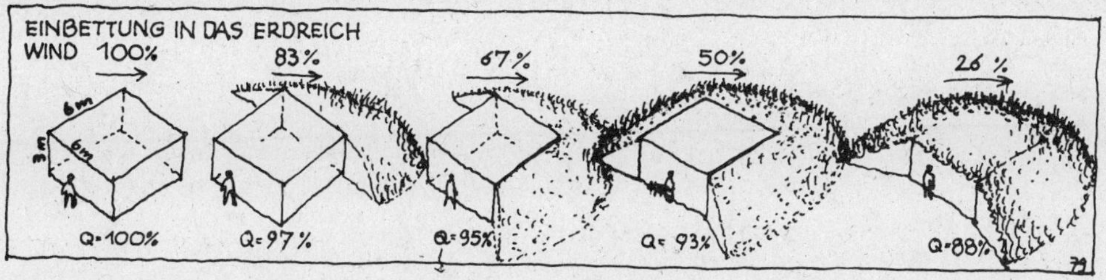

Bei der Einbettung in das Erdreich verringert sich der Transmissionswärmeverlust, da das Erdreich nicht so stark auskühlt. Zugleich wirkt eine starke Dämpfung der äußeren Temperaturschwankungen. Die Auskühlung durch Wind (Konvektion und Fugenlüftungsverluste) verringert sich stark bis auf 26% im gezeichneten Beispiel. Durch die Einbettung treten Probleme bei Dichtung und Statik sowie durch die verhinderte Wandatmung auf, so daß sie nur in Sonderfällen sinnvoll erscheint. In wärmeren Klimazonen ist der sommerliche Wärmeschutz von größerer Bedeutung.

Statt Walmdach-Vorstadt-Bungalow ein in die Erde versenktes, zur Sonne ausgerichtetes, seitlich belichtetes Sonnenhaus; im Winter warm, im Sommer kühl, kaum Abkühlungsflächen, kein Verlust an Gartenfläche.

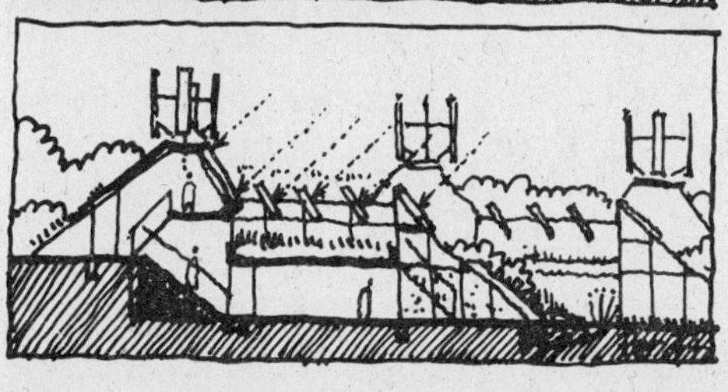

„Erdarchitektur": Die Gebäude sind teilweise ganz in die Geländemodellierungen eingebunden. Erdwälle, Dächer, Hecken, Wasserflächen und Nutzgärten bilden eine bewohnbare kleinräumige Landschaft, die ihr eigenes Vorzugsklima schafft. Die höchste Erhebung wird durch ein Gewächshaus mit Kollektoren und Windrotor gebildet.

Wärmedämmung

Erhöhte Wärmedämmung ist die effizienteste Maßnahme zur Energieeinsparung. Es gibt kaum eine Bauinvestition, deren Rentabilität größer ist als ein maximaler Wärmeschutz. Die energetische Amortisationszeit beträgt unter günstigen Bedingungen weniger als acht Wochen.
Es ist erforderlich, bei der Wärmedämmung mit neuen Größenordnungen zu rechnen. Anstelle der heute üblichen 4 oder 6 cm werden 15 oder sogar 20 cm in Zukunft als selbstverständlich gelten.
Die Abbildung zeigt prozentual die Verringerung des Wärmeverlustes mit abnehmendem k-Wert. Die Prozentangaben beziehen sich auf den „Standardbaukörper" mit 10% Fensteranteil und k = 0,6. Den vergleichenden Beispielen liegt eine Dämmung mit einem λ von 0,041 (Kork oder Glaswolle) zugrunde. Das gleiche Haus hat mit einem k-Wert von 0,2 nur noch 43% des ursprünglichen Wärmeverlustes.

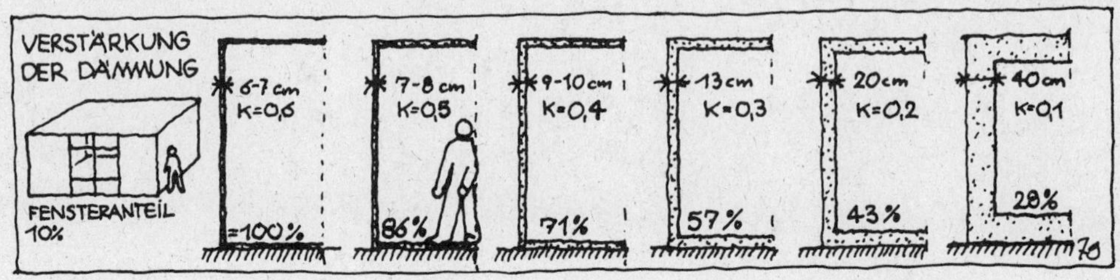

Wärmebilanz pro m² für südlich orientierte Außenwände vom 1.11.–31.3. Die gedämmte Wand ist der Trombewand ohne Dämmladen vorzuziehen. Einen deutlichen Wärmegewinn hat eine gedämmte Wand, die als Kollektor ausgebildet ist.

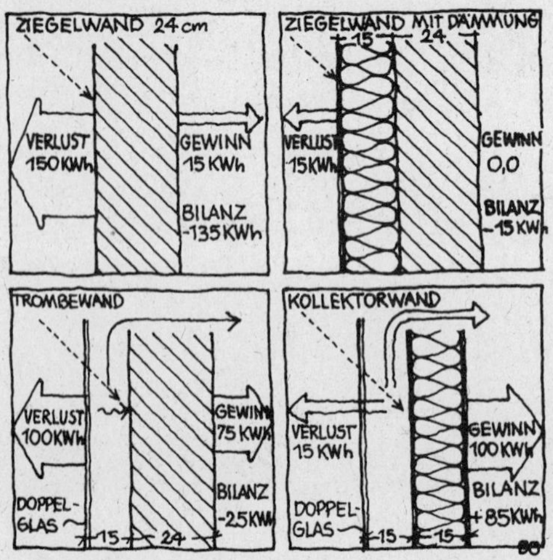

Jährlicher Wärmeverlust pro m² Außenwandfläche in Abhängigkeit vom k-Wert
Die Erhöhung des k-Wertes führt darüber hinaus zu einer höheren inneren Oberflächentemperatur (t_{io}), so daß bei gleichbleibender Behaglichkeit eine Senkung der Raumtemperatur erfolgen kann. Die Minderung um 1°C bringt eine Energieeinsparung von ca. 6%.

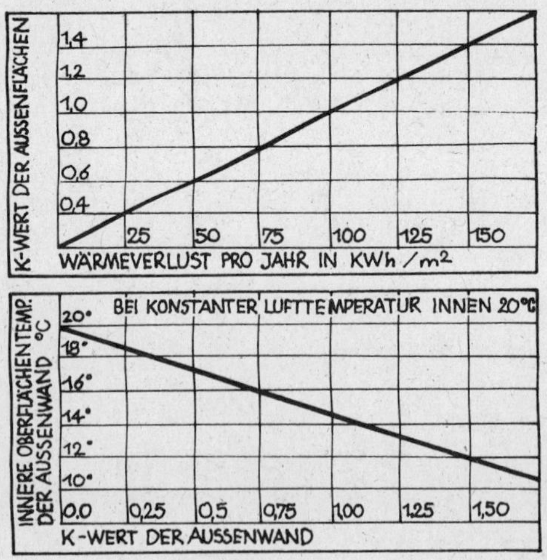

Vergleich von verschiedenen Materialstärken bei gleichem Dämmwert. Für einen k-Wert von 0,3 ergibt sich für Glaswolle eine Dicke von 13 cm, für Leichtziegel bereits eine von 1,18 m. Wärmedämmung sollte also mit angemessenen Dämmstoffen erfolgen. Materialien mit einer Wärmeleitzahl < 0,1 W/m² K eignen sich nur bedingt; Mauerwerk, auch Leichtmauerwerk, ist als Dämmstoff uneffektiv.

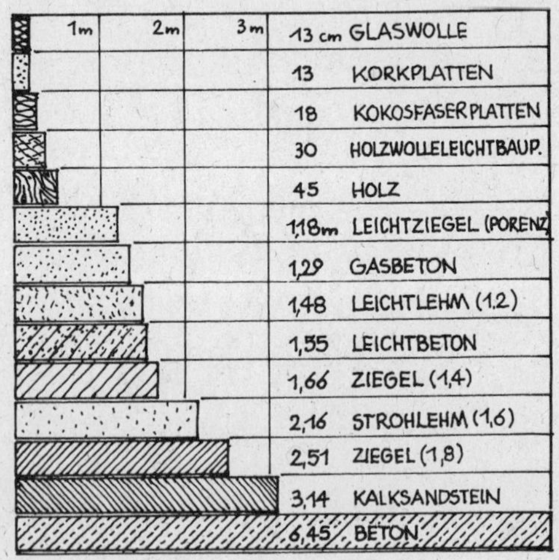

Orientierung und Öffnung zur Sonne

Die Nutzung der eingestrahlten Sonnenenergie, die überall möglich ist, beeinflußt als Hauptwärmequelle die Hausgestalt wesentlich. Dabei gilt es, die südlich orientierten Flächen zu maximieren und die sonnenabgewandten Flächen zu minimieren, was im idealisierten Falle eine trichterförmige Öffnung zur Sonne in Schnitt und Grundriß ergibt. Verschattungsfreiheit insbesondere der südlichen Fenster- und Kollektorenflächen sollte im Winter und in den Übergangszeiten gewährleistet sein, während im Sommer eine gezielte Verschattung notwendig ist.

Durch die ausgeprägte Sonnenorientierung könnte das Haus im Wechsel der Jahreszeiten den Charakter eines Kalendariums erhalten. Das bewußte Leben mit der Sonne im Rhythmus der Tages- und Jahreszeiten wird das Verhalten der Bewohner prägen.

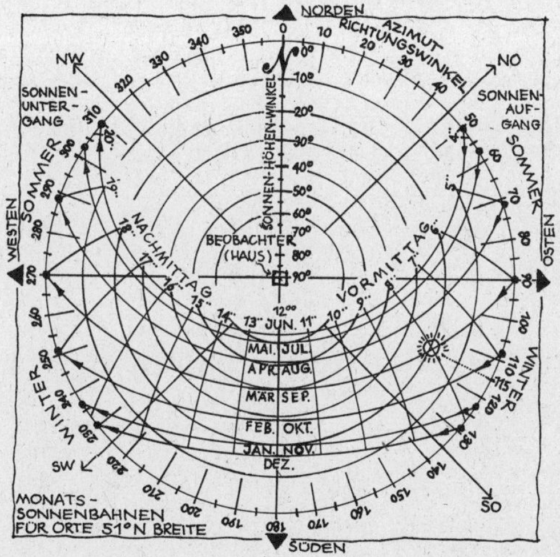

Sonnenbahndiagramm zur genauen Bestimmung von Besonnung und Beschaffung, für 51° nördl. Breite.

Anwendung: Der Standort des Beobachters bzw. das Haus oder der Raum liegen im Mittelpunkt der Himmelsrichtungsrosette, auf der der Richtungswinkel (Azimut) der Sonneneinstrahlung im Tages- und im Jahresverlauf abgelesen werden kann. Über diese Rosette ist eine Himmelshalbkugel gewölbt, auf der die monatlichen Sonnenbahnen von Ost nach West aufgezeichnet sind und die konzentrischen Kreise des Sonnenanstellwinkels mit 0° am Horizont und 90° direkt über dem Beobachter. Die Sonnenbahnen werden von Linien gleicher Uhrzeit von 4^{00} bis 20^{00} gekreuzt. Alle Linien sind als Projektion innerhalb des Kreises zu sehen, so daß auf jeder Sonnenbahn für jede Tageszeit Azimut und Anstellwinkel bestimmt werden können.

Beispiel (enggezeichnete Sonne): Mitte März scheint die Sonne um 8^{00} morgens von OSO 115° mit einem Einstrahlungswinkel von 20° über dem Horizont. Durch Einstrahlungswinkel und Verschattungszonen können Gebäudeabstände, Bepflanzungen, Lage der Fenster und Kollektoren, die Größe von Vordächern und Sonnenschutzmaßnahmen usw. ermittelt werden. Für jeden Ort existiert ein eigenes Sonnenbahndiagramm mit verändertem Breitengrad und veränderten Uhrzeiten. Vergleiche Abb. (Sonnenenergie).

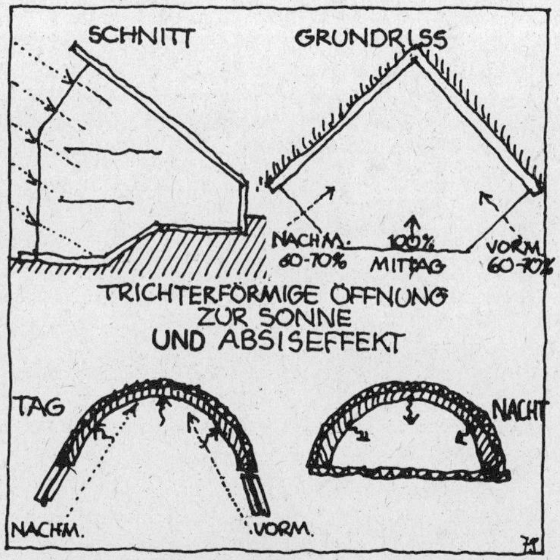

Prinzipien der passiven Sonnenenergienutzung.

Trichterförmige Orientierung zur Sonne in Grundriß- und Fensteranordnung, d. h. möglichst viel südorientierte Fensterflächen.

Südfenster, ergänzt durch Südost- und Südwestfenster, erlauben eine bessere Ausbeute der Vormittags- und der Nachmittagssonne (Verminderung des reflektierten Anteils); dadurch kann die Erwärmung durch Einstrahlung zeitlich gesteuert werden. Die Apsis dient zur Minimierung der sonnenabgewandten Gebäudefläche und zur Maximierung der sonnenzugewandten Gebäudefläche, Öffnungen, Direkterwärmung der Speichermassen und nächtliche Rückstrahlung.

Haus mit strenger trichterförmiger Öffnung zur Sonne im Schnitt und Grundriß. Der Breitseite des Hauses ist ein Glashaus über 2 Geschosse als Puffer vorgelagert, die eingestrahlte Überschußwärme wird in Massespeichern zurückgehalten. Dachüberstände, Verschattungsrollos und die Vegetation im Gewächshaus ermöglichen eine Schattierung. Die vorgelagerten Regenwasserteiche sowie die Reflektorenpaneele erhöhen die Einstrahlung im Winterhalbjahr; sie vermindern bei Schließung erheblich die nächtliche Abstrahlung. Die Anordnung der Räume entsprechend der Wärmehierarchie, die wärmespeichernden Massivwände sowie die offenen thermischen Umluftsysteme über 2 Geschosse ermöglichen eine gleichmäßige Wärmeverteilung.

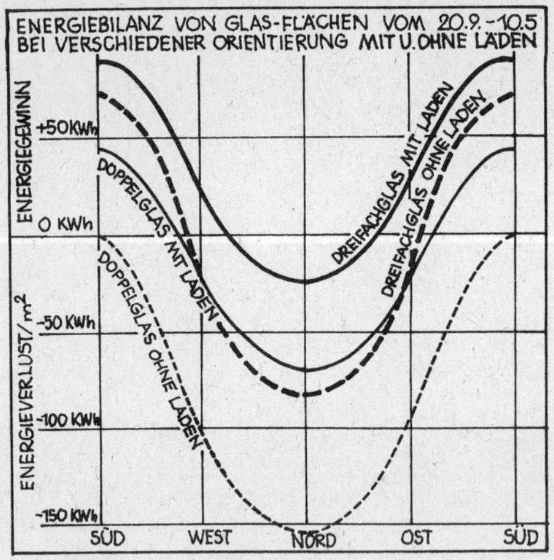

Die Gegenüberstellung von Wärmeverlust und Wärmegewinn während der Heizperiode ergibt bei Einfach- und Zweifachverglasung einen Wärmeverlust, ab Dreifachverglasung ist bei nach West-Südwest bis Ost-Südost ausgerichteten Fenstern sogar ein Energiegewinn möglich. Durch Läden verbessert sich noch die Energiebilanz. Die nächtliche Schließung wurde mit 9 Std. angenommen. Die Mehrfachverglasung sollte möglichst in Form von Doppel-, Verbund- oder Kastenfenstern erfolgen, die eine Addition von Einfachscheiben sind. Sie sind einfacher zu reparieren als Isoliergläser und können bei geeigneten Abständen bessere Schallschutzwirkungen sowie Wärmedämmung bewirken.

Fenstergrößen und Orientierung

Der Wärmeverlust eines Baukörpers ändert sich entscheidend mit dem Fensteranteil, der Fensterqualität (Mehrfachscheiben), der Fensterorientierung und der Nutzung von Fensterläden.
Die in DIN 4108 geforderte Zweifachverglasung vermindert gegenüber der Einfachverglasung den Wärmeverlust eines Fensters um 40%. Durch Dreifach- bzw. Vierfachverglasung läßt sich dieser Wärmeverlust um 64% bzw. 74% verringern. Der erhöhte Primärenergieaufwand für zusätzliche Verglasung amortisiert sich in jedem Falle innerhalb von maximal 8 Monaten. Bei einem Einfamilienhaus mit 40 m² Fensterfläche lassen sich durch Vierfachverglasung gegenüber Zweifachverglasung bis zu 5000 kwh pro Jahr einsparen.
Die in der folgenden Tabelle errechneten Prozentsätze beziehen sich auf den fensterlosen Standardkörper mit 100% Transmissionswärmeverlust. Die gedämmten Fensterläden werden nachts geschlossen und sind mit einem k-Wert von 0,6 (wie die Wand) angenommen worden.

WÄRMEVERLUST UND GEWINN DURCH FENSTER

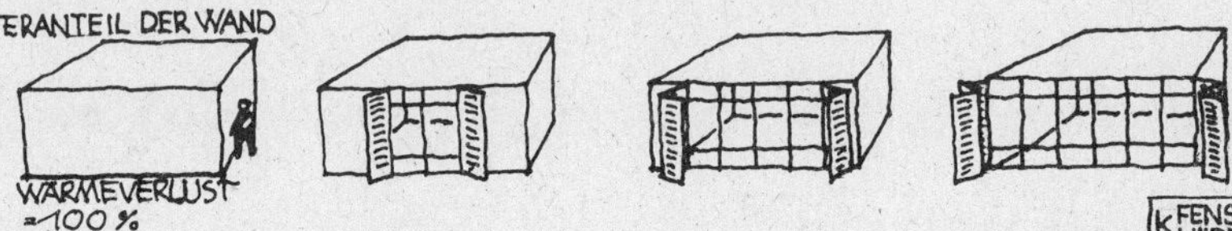

		10%	20%	30%	k	FENSTER OHNE LÄDEN
DOPPELGLAS OHNE LÄDEN		121 %	142 %	163%	3,0	ENTSPRICHT NORD-ORIENTIER.
DREIFACHGLASS OHNE LÄDEN		111 %	121 %	131 %	1,8	
DREIFACHGLASS MIT LÄDEN		107 %	113 %	121 %	1,8	
MIT WÄRMEGEWINN OHNE LÄDEN	DOPPELG.	93 %	87 %	80 %	3,0	ENTSPRICHT SÜD-ORIENTIER.
	DREIFACHG.	89 %	77%	66 %	1,8	
MIT WÄRMEGEWINN MIT LÄDEN	DOPPELG.	86 %	71%	59 %	3,0	
	DREIFACHG.	85 %	68%	55 %	1,8	

Südorientierte Fenster (auch Südost-Südwest) weisen, über die gesamte Heizperiode gerechnet, eine positive Wärmebilanz auf. Dadurch ergibt sich beispielsweise bei 30% Fensterfläche nach Süden mit Dreifachverglasung ohne Fensterläden ein Wärmeverlust im Winterhalbjahr, der nur noch 66% des fensterlosen Körpers ausmacht. Der Strahlungsgewinn ist nach Werten ermittelt, die für Hamburg-Fu. (53,63 NBr.) gelten (nach Krüger, E. H. und Schuh, U.).
Der Wärmegewinn (Treibhauseffekt von Glashäusern) kann den Transmissionswärmeverlust sogar übertreffen, wenn die vorher gezeigten Maßnahmen kombiniert

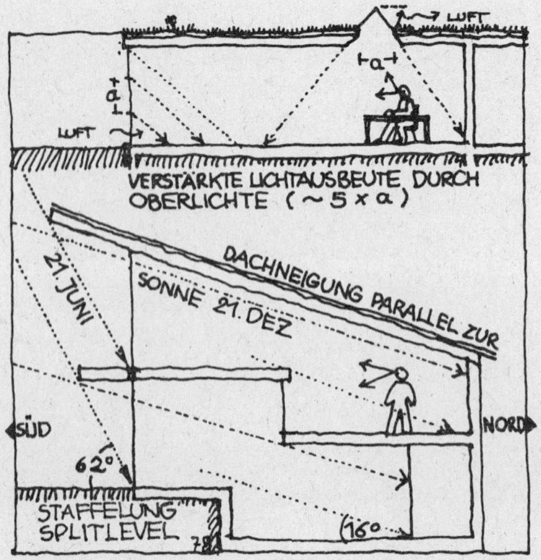

Die Belichtung der Räume läßt sich bei tiefen Grundrissen, die häufig bei kompakten Gebäuden mit geringer Oberfläche entstehen, durch Oberlichter und Schnittstaffelung, durch helle Innenraumfarben und durch Reflektion erreichen. Ein Oberlicht z. B. ergibt bei gleicher Entfernung zum Arbeitsplatz etwa fünfmal soviel Lichtausbeute wie ein gleichgroßes senkrechtes Fenster. Oberlichter können so zur Minimierung der Fensterflächen beitragen; allerdings ist der Wärmeverlust durch Oberlichter häufig größer als durch Normalfenster. Die Direkteinstrahlung für Sommer und Winter läßt sich am einfachsten durch Dachüberstände und andere Fassadenvorbauten regulieren, allerdings wird die diffuse Einstrahlung dadurch vermindert.

angewendet werden. So geplante Häuser können weitgehend energieautonom werden, wenn die inneren Bauteile genügend Speichermasse und Oberfläche besitzen, um die wetterbedingten Unregelmäßigkeiten zu puffern.

Fensterläden

Da die Wärmeverluste vorwiegend in den Nachtstunden stattfinden, verbessern einfache oder wärmegedämmte Läden die Gesamtbilanz erheblich. Bereits ein dicker Wollvorhang mindert die Energieverluste merklich (bis zu 5%). Die hohe Effizienz der Fensterläden zeigt sich auch dadurch, daß sich der Energiebedarf für ihre Herstellung bereits nach etwa einem halben Jahr amortisiert.
Die Entscheidung, ob stärkere Verglasung (z. B. 4fach) oder Fensterläden besser sind, wenn nur eine der beiden Möglichkeiten in Betracht kommt, wird zugunsten des Ladens ausfallen. Eine Vierfachverglasung bietet zwar einen gleichmäßig hohen Dämmwert; sie mindert jedoch auch den Wärmegewinn durch geringere Einstrahlung. In einem Schadensfalle ist das Ersetzen der Scheibe mit hohen Kosten verbunden.

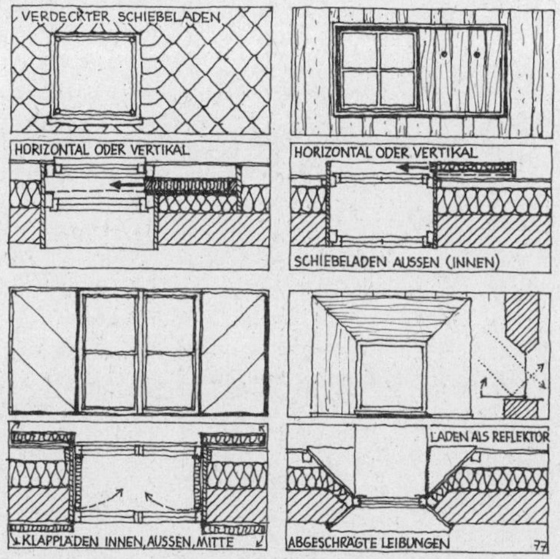

Gedämmte Läden können außen, innen und in der Mitte eines (z. B. Kasten-) Fensters angebracht werden.
Neben der Möglichkeit der Mehrfachnutzung (Sonnenschutz, Einbruchsicherung, Reflektor) sollten auch gestalterische Aspekte berücksichtigt werden.
Innenliegende Läden sind einfacher auszuführen, da der Wetterschutz entfällt. Bei Bedarf können Innenläden ein Fenster zum Luftkollektor machen.

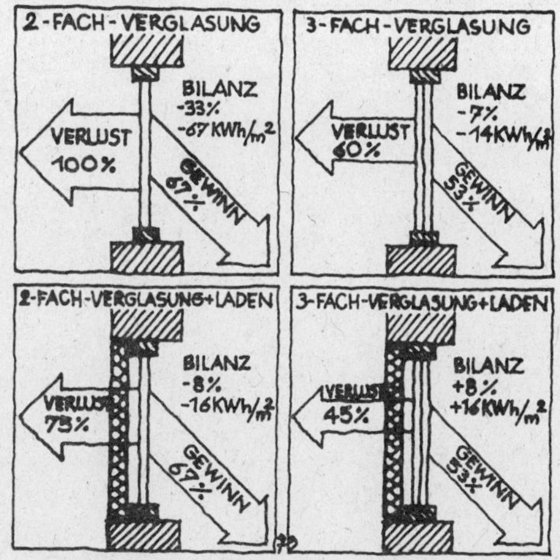

Energiebilanzen für den Zeitraum vom 1.11. bis 31.3. für verschiedene Verglasungsarten mit und ohne Läden bei Südausrichtung.

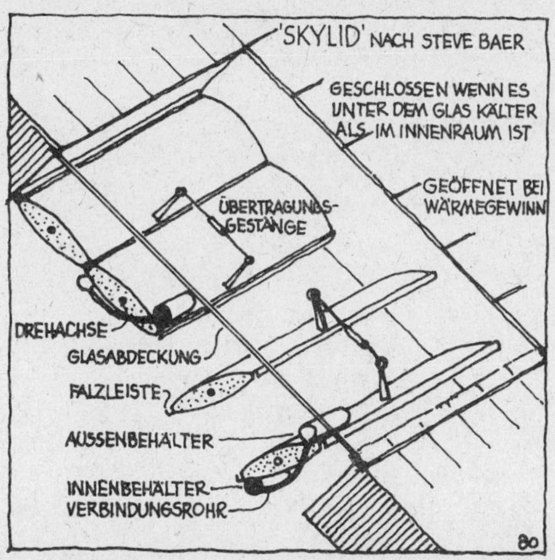

Das Skylid von Steve Baer ist ein temperaturgesteuertes Klappensystem zur automatischen Steuerung des Wärmehaushaltes im Gebäude. Ein äußerer und ein innerer Flüssigkeitsbehälter sind miteinander verbunden. Je nach Temperatur strömt durch Ausdehnung des Gases im warmen Bereich die Flüssigkeit von einem Behälter zum anderen. Die veränderten Gewichtsverhältnisse öffnen die Klappe bei Wärmegewinn bzw. schließen sie bei Wärmeverlust des Raumes.

Kollektorhaus
Gedämmte Wandpaneele steuern je nach Bedarf die Sonneneinstrahlung und bieten Möglichkeiten für Wärmegewinn, Wärmebewahrung, Sonnenschutz und Lüftung.

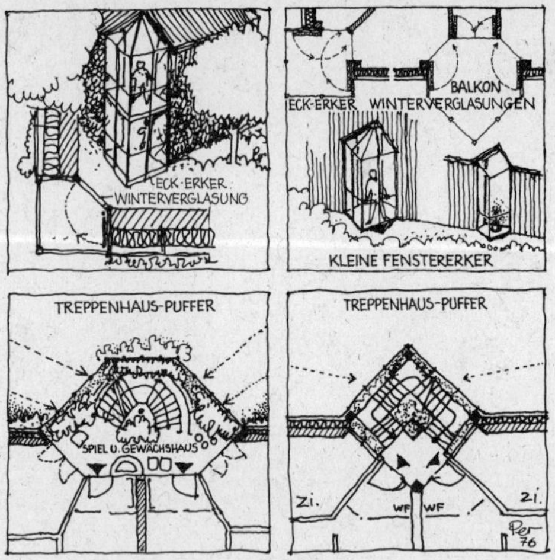

Eine nachträgliche Verbesserung des Wärmeschutzes läßt sich durch zusätzliches Anbringen von Glasscheiben mittels Aufsatzprofilen oder durch Erweiterung von Einfach- zu Kastenfenstern erreichen. Eine solche Maßnahme kann auch nur in den Wintermonaten erfolgen, so daß in der übrigen Zeit die Glasscheibe zur Abdeckung von Gemüsebeeten usw. dienen kann.
Winterfenster lassen sich auch in Verbindung mit Pufferbereichen, Balkonen, Veranden, Loggien anwenden.

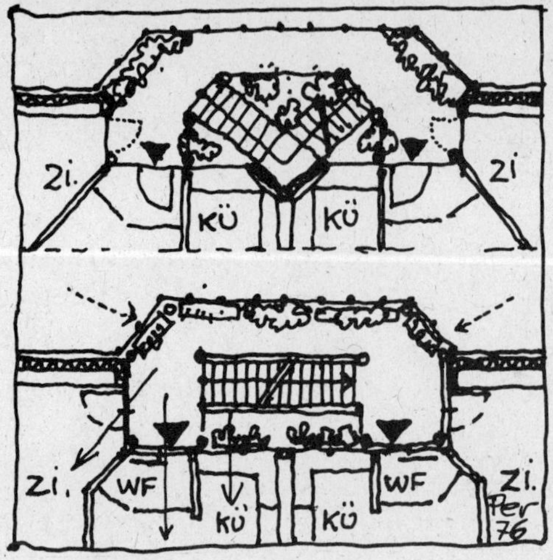

Beispiele für den Ausbau von Treppenhäusern in Geschoßbauten zu Wärmepufferbereichen, nutzbar für Pflanzenanbau, zur indirekten Belüftung, für Spiel- und Kommunikationsbereiche.

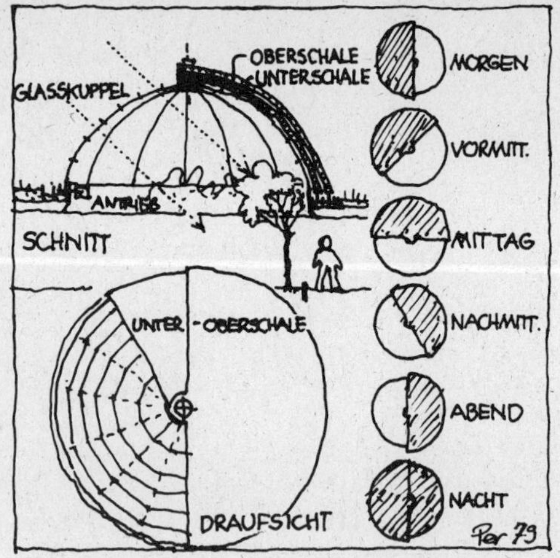

Glaskuppel mit Dämm- und Schattierungsschalen.
Die wie Bootskörper selbsttragenden und ausgeschäumten Halbschalen können handbetrieben oder durch Temperatur- und Lichtfühler motorbetrieben der Sonne nachgeführt werden; im Winter optimaler Sonneneinfang, im Sommer Schattierung möglich.

Läden bieten den Vorteil, daß sie handwerklich mit weitgehend regenerierbaren Materialien (Holz, Korkdämmung usw.) herstellbar sind, zusätzlich als Sonnen-, Einbruch-, Sicht- und Windschutz und bei extremer Kälte und langer Dunkelheit im Winter bis zu 16 Stunden geschlossen werden können, was ihre Effektivität erhöht.

Verglasung	Ohne Laden	Laden 4 cm Dämmung	Laden 6 cm Dämmung	Laden 8 cm Dämmung	Laden 10 cm Dämmung
1fach	167	120	118	116	115
2fach	**100**	75	73	72	71
3fach	60	47	45	44	43
4fach	43	35	34	33	32

2fach-Verglasung ohne Laden = 100%, K = 3,0 ≙ Wärmeverlust = 259,6 kWh/Jahr

Die Tabelle zeigt die Veränderung des Wärmeverlustes eines Fensters in Abhängigkeit von Verglasung und Dicke der Wärmedämmung (hier Kork) des Fensterladens. Dabei ist angenommen, daß der Laden im Durchschnitt 8 Stunden geschlossen ist. Im Vergleich zu der in DIN 4108 geforderten Zweifachverglasung (= 100%) kann durch Vierfachverglasung und durch 10 cm stark gedämmte Läden der Wärmeverlust auf weniger als ein Drittel gesenkt werden.
Für Außentüren kommen im wesentlichen die gleichen Maßnahmen wie für Fenster in Betracht. Bei nichtverglasten Eingängen sollte die Wärmedämmung reichlich bemessen werden. Das gilt auch für Innentüren, die zwischen verschiedenen Temperaturebenen liegen.

Glasanbauten und Glashäuser

Glashäuser üben eine entscheidende Funktion im Wärme- und Lufthaushalt wie auch im Wasser- und Materialhaushalt (siehe Teil IV) des Hauses aus. Erst durch ihre Funktion, die langwellige Sonneneinstrahlung einzufangen, die Wärmerückstrahlung aber zurückzuhalten (Treibhauseffekt), können viele Kreisläufe in Haus und Siedlung geschlossen werden.

Als „Sonnenkollektor-Räume" setzen Glashäuser Warmluft-Umlaufsysteme in Gang, die den Transport von Wärme an den gewünschten Ort ermöglichen. Sie bieten verschiedene Wärmepuffer- und Klimabereiche, die je nach Jahreszeit genutzt werden können. Sie sind Anbauflächen für Pflanzen und können so natürliche Staubfilterungs- und Luftverbesserungsfunktionen übernehmen. Sie sind Übergangszonen von Haus zum Garten und können auch noch in kälteren Jahreszeiten erweiterte Wohn- und Arbeitsflächen sein. Gewächshäuser können sinnvoll kombiniert werden mit Badetei-

Verschiedene Haus-Gewächshauskombinationen mit verschiedenen Klimabereichen und Nutzungsmöglichkeiten mit Wärmesammlung, -pufferung und -speicherung.

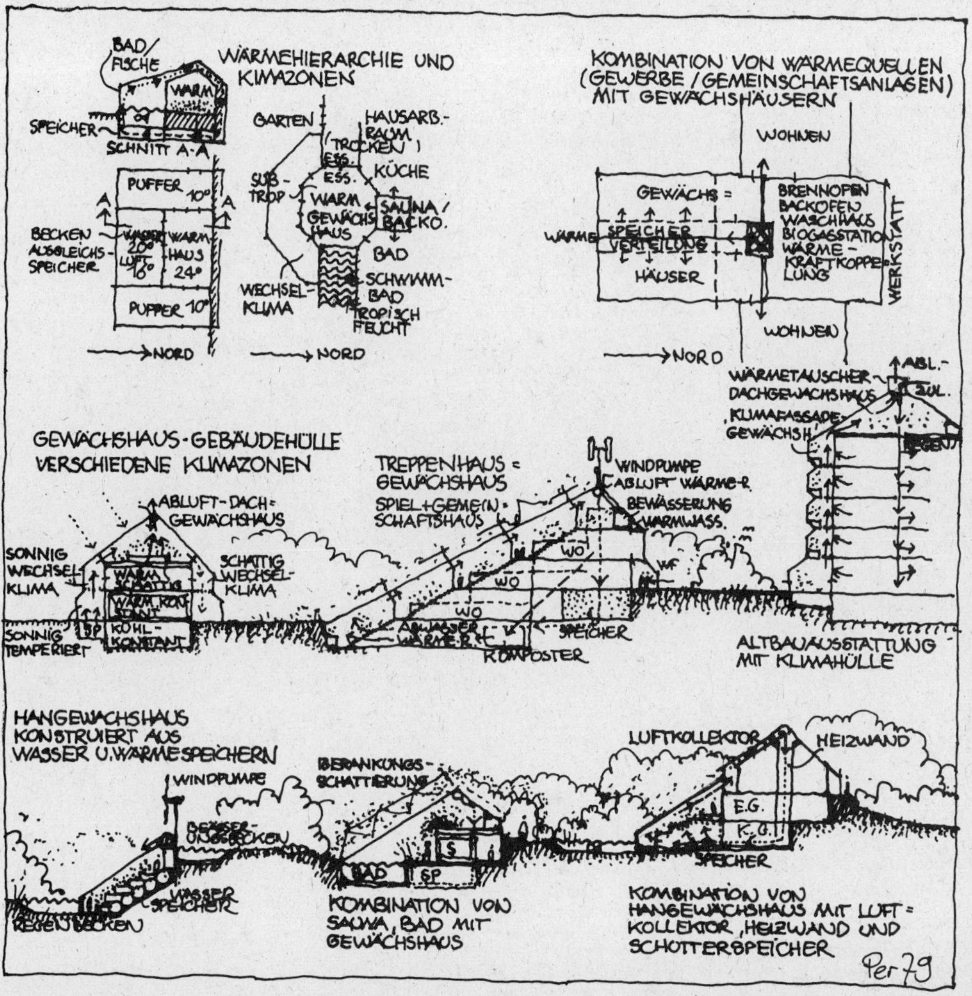

Das Haus im Haus – Beispiel für Temperaturhierarchie und Pufferbereiche durch ein Gewächshaus, das das eigentliche Haus umschließt; im Süden als Anbauzone, im Norden als Arbeits-, Wirtschafts- und Lagerzone genutzt. Der Solarenergiegewinn durch das Gewächshaus wird in den massiven Speicherwänden im kurzzeitigeren Ausgleich, und in den Langzeitspeichern für den jahreszeitlichen Ausgleich gespeichert. Je nach Jahreszeit und Witterung können die Innenräume geöffnet oder geschlossen werden.

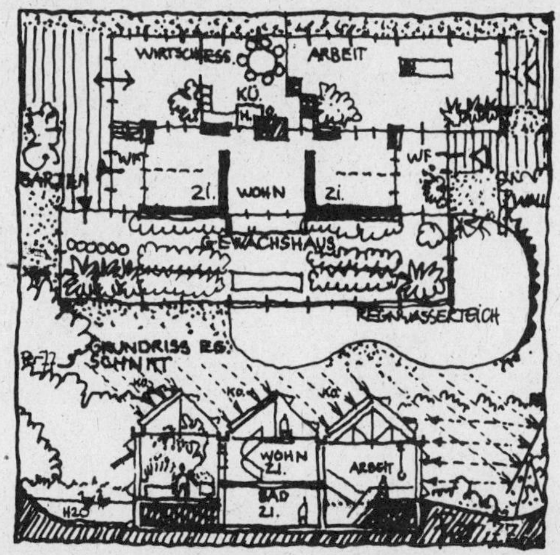

Wärmeausnutzung von Wintergärten – der Wärmeüberschuß bei Südorientierung kann unterschiedlich genutzt werden, die verschiedenen Nutzungsmöglichkeiten miteinander kombiniert werden. Einstrahlungsgewinn, Dämmung sowie Art und Größe der Wärmespeichermassen bestimmen die Beheizungsmöglichkeiten, -dauer und -leistung.

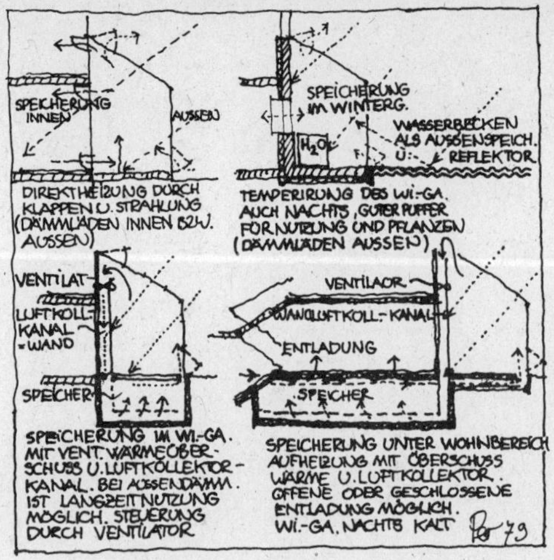

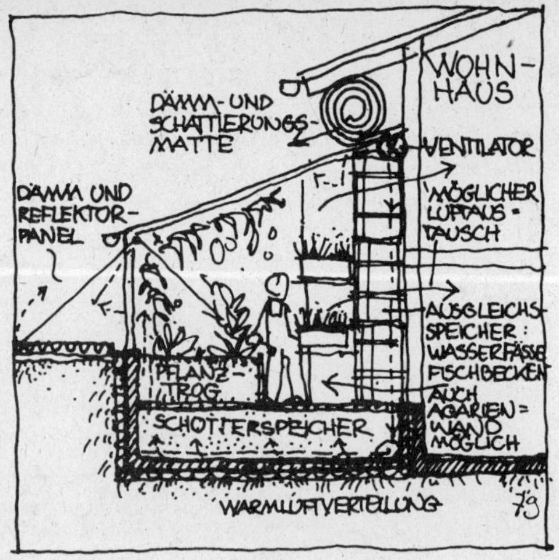

Einfaches Anlehngewächshaus mit Wasser- und Schotterspeicher sowie nächtlicher Abdämmung. Der Ventilator wird thermostatgesteuert zum Laden bzw. Entladen des Speichers. Anschließende Wohnräume können zugeschaltet werden.

chen, Badezimmer, Sauna, Wasch- und Trockenräumen, mit Küche, Eßplatz, Hausarbeitsraum, Kompostierungs- und Wasseraufbereitungsanlagen, mit Fischzucht, Kleintierhaltung und Winteranbau, mit Erschließung, Treppenhaus, Windfang, Balkon und Dachräumen usw.

Die verschiedenen Klimabereiche bieten je nach Orientierung, Größe, Form und Ausstattung mit Verschattungs- und Dämmvorrichtungen (gegen nächtliche Abkühlung) durch Berankung, Rollos, Matten, Lamellen usw. eine große Vielfalt von Nutzungsmöglichkeiten.

Massive Bauteile zum Wärmeausgleich

Durch unterschiedlich stark ausgebildete speicherfähige Baumassen, durch unterschiedlichen Außenflächenanteil sowie durch Orientierung und Materialwahl entstehen im Hause unterschiedliche Klimabereiche. Ein Haus sollte so konzipiert werden, daß für alle Nutzungen Idealklimate vorhanden sind.

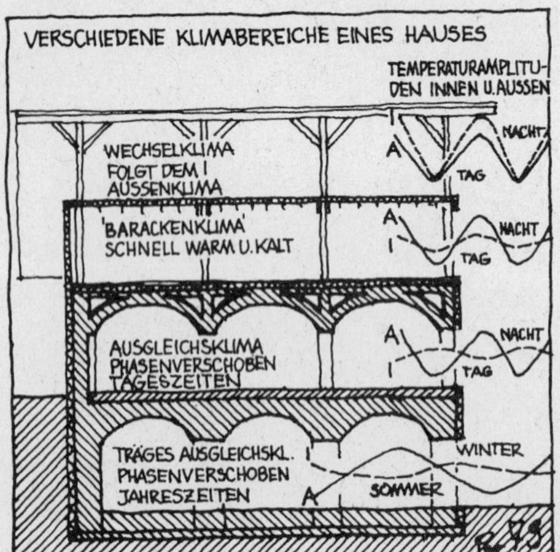

Das Wärmespeichervermögen des Gebäudes durch schwere massive Wände und Decken usw. kann den Wärmeausgleich für den Tag-Nacht-Rhythmus sowie für kürzere Witterungsabkühlungen gewährleisten. Im Sommer kann die „nächtliche Kühle" gespeichert und somit eine Überheizung tagsüber verhindert werden (sommerliche technische Raumkühlung erfordert die rd. 10fache Energie wie für die winterliche Beheizung).

Die Abbildung 1 zeigt ein Hausschema mit verschiedenen Klimabereichen durch unterschiedliche Speicherkapazitäten der Baumassen. Überschußwärme der Luft geht in die Baumassen und wird erst wieder abgegeben, wenn die Lufttemperatur unter die Wandtemperatur sinkt. Damit der Klimaausgleich den Innenräumen zugute kommt, muß außen gedämmt werden, und die Oberflächen müssen innen aufnahmefähig, d. h. unverkleidet sein. So werden Temperaturspitzen abgefangen, und der „passive" Einstrahlungsgewinn kann gespeichert werden. Der übliche Masseanteil von Wänden und Decken gleicht die Tag-Nacht-Unterschiede aus und ist für Wohnräume geeignet. Mit größerer Masse nimmt auch die Trägheit zu, so daß ein spürbarer Sommer-Winter-Ausgleich entstehen kann.

Räume ohne Speichermasse haben das bekannte „Barackenklima", das der Außenlufttemperatur folgt; bei guter Dämmung sind solche Räume jedoch rasch zu beheizen, da keine Baumasse miterwärmt werden muß. Durch entsprechende Bauweise kann so ein Haus für seine Bewohner unterschiedliche Klimabereiche bereithalten, die den verschiedenen Anforderungen entsprechen.

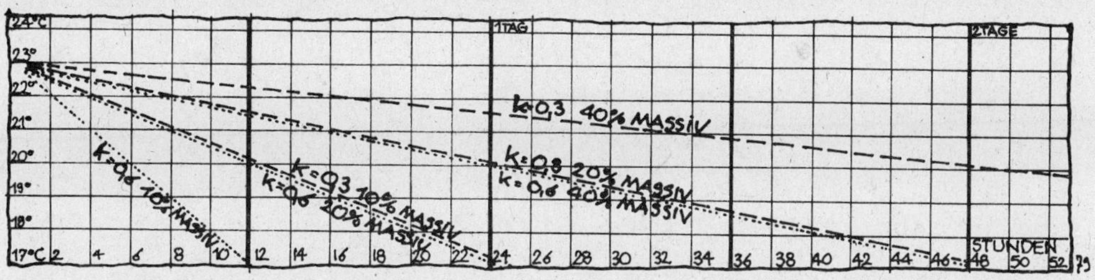

Diese vereinfachte graphische Darstellung zeigt den Temperaturverlauf bei Auskühlung des „Standardbaukörpers", ausgestattet mit zwei verschiedenen Dämmungsstärken (k = 0,6, k = 0,3) und drei verschieden großen Anteilen speicherfähiger Baumasse (z. B. Ziegel). Ausgangstemperatur des Raumes und der massiven Bauteile ist 23° C.
Da der Wärmeverlust ohne Fenster und Lüftungsverluste gerechnet ist, müssen die Werte entsprechend der Nutzung jeweils neu ermittelt werden (s. Wärmegewinn/-verlust durch Fenster). Nach dieser Graphik läßt sich die Menge der massiven Bauteile in Abhängigkeit von der Dämmstärke abschätzen, um die gewünschte Wärmepufferung zu erreichen (z. B. ein Tag-Nacht-Wärmeausgleich oder ein Wärmeausgleich über mehrere Tage).

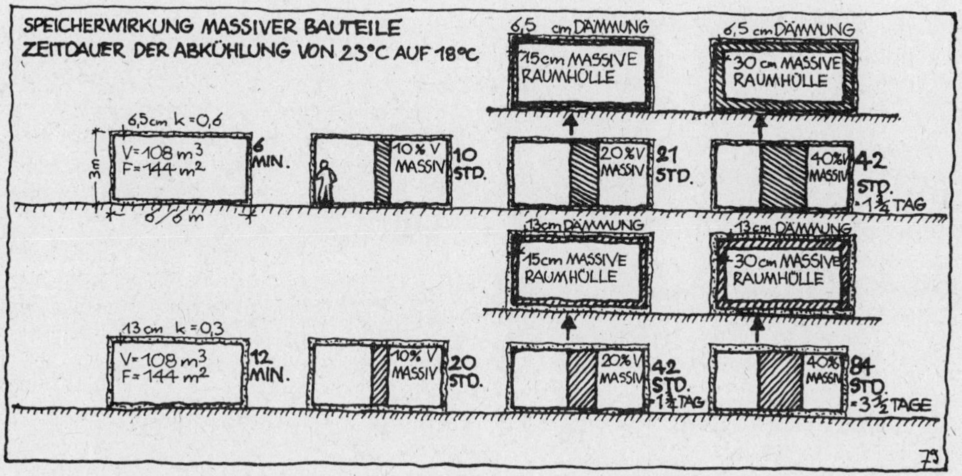

Die Darstellung verdeutlicht den Masseanteil des „Standardbaukörpers" und die unterschiedliche Dämmungsstärke. Ein Massivanteil von 20% des Volumens entspricht hier einer Dicke von 15 cm als massive Raumhülle. Bei 40% Massivanteil ist die Raumhülle 30 cm dick. Besonders deutlich wird die Wärmepufferung der massiven Bauteile, wenn man im Vergleich den Raum ohne massive Bauteile betrachtet, in dem die Abkühlung bereits nach 6 bzw. 12 Minuten erfolgt ist.

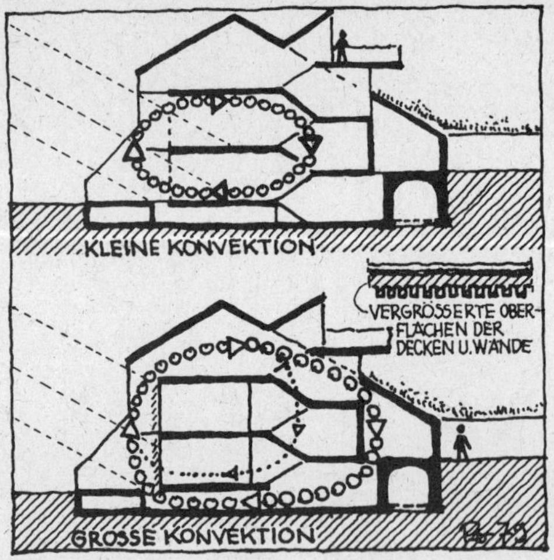

Die Überheizungsgefahr von passiven Sonnenhäusern wird durch hohe Räume und die Möglichkeit zur freien Konvektion herabgesetzt. Durch die Entwurfskonzeption kann erreicht werden, daß im besonnten Hausteil aufsteigende Warmluft im verschatteten kühleren Bereich herabsinkt und so in sehr langsamer Luftzirkulation alle massiven Bauteile erwärmt. Einfache Steuerung ist durch Fenster, Türen und Klappen möglich. Je größer die aktive Oberfläche der massiven Bauteile, desto besser reguliert sich die Raumlufttemperatur selbst (weniger träge).
Besonders die Raumdecken sollten gut die Wärme der aufsteigenden Luft abnehmen können, z. B. durch Profilierung oder Lochziegel (auch gute Raumakustik). Diese Maßnahmen ergeben zusammen mit absorbierenden Speicherflächen auch bei geringen Temperaturspreizungen (19 bis 25°C) eine hohe Speicherheizleistung.

Der Temperaturverlauf bei Abkühlung und analog bei Aufheizung der Bauteile und des Raumes ist abhängig vom Verhältnis des Volumens der massiven Bauteile zu ihrer Oberfläche und Wärmeleitfähigkeit. Das heißt, je größer die Oberfläche und die Wärmeleitfähigkeit sind, desto schneller kann Überschußwärme aufgenommen werden, und desto sicherer fließt die Wärmemenge entsprechend dem Wärmeverlust nach.
Die Trägheit des Raumklimas und der Zeitraum des Wärmeausgleichs können also gezielt durch Volumen, Materialwahl, Oberflächenanteil und Ausbildung der massiven Teile sowie durch die Dämmstärke des Hauses bestimmt werden. Wird dies auf die örtlichen Klimate zusammen mit Fenstergröße und Ausstattung (siehe „Fenstergröße und Orientierung") abgestimmt, so läßt sich ein weitgehend selbststeuerndes „Sonnenhaus" gestalten.
Der Zeitraum der Wärmepufferung ist außerdem von der Temperaturschwankung abhängig, die man für den Innenraum tolerieren will. Erhöht man z. B. die Schwankungsbreite auf 25° bis 17°C, so erhöht sich bei dem angeführten Beispiel (k = 0,3, 20% massive Bauteile) der Zeitraum auf 60 Stunden. Die Feinabstimmung des menschlichen Wärmehaushaltes müßte dann durch die Kleidung geschehen.
Zur Speicherung der geringen winterlichen Sonneneinstrahlung eignen sich den Fenstern gegenüber liegende Wände und Böden, die hinsichtlich Wärmeaufnahme und Speicherfähigkeit optimale Bedingungen erfüllen sollten.
Die Baustoffe und die Oberflächen (Putz, Anstriche, Beläge usw.) sollten dabei auf die kurze Zeit der intensiven winterlichen Strahlung (ca. 2 bis 4 Stunden) abgestimmt werden. Hohe Wärmeleitung und gute Speicherfähigkeit sollten die Materialwahl bestimmen.
Eine Optimierung könnte auch durch Verwendung von Wärmerohren (Heat Pipes) oder durch spezielle Putz- oder Belagarten erfolgen.
Wasserwände sind sehr leistungsfähig; sie könnten mit anderen Nutzungen kombiniert werden und zu interessanten Gestaltungen führen. Transparent oder durchsichtig ausgebildet können sie Belichtungsfunktionen übernehmen oder als Aquarien für Produktion als Schmuckelement oder zur Wasseraufbereitung dienen (s. Kap. Wasserhaushalt).
Fußböden als passive Speicher sind wegen der gewünschten Wärmeleiteigenschaften „fußkalt" und hart. Sie können zudem nicht als Fußbodenheizung ausgebildet werden, da sie sonst kaum Wärmeeinstrahlung aufnehmen könnten. Die nicht direkt bestrahlten Fußbodenflächen sollten daher zum Ausgleich mit dämmenden Belegen ausgestattet werden.
Der überwiegende Teil der eingestrahlten Wärme kann nicht direkt vom bestrahlten Bauteil absorbiert werden. Die angrenzende Luftschicht wird erwärmt und steigt auf, was bei anhaltendem Sonnenschein schnell zur Überhitzung führt. Decken und Innenwände müssen daher ebenfalls Wärme aufnehmen können.

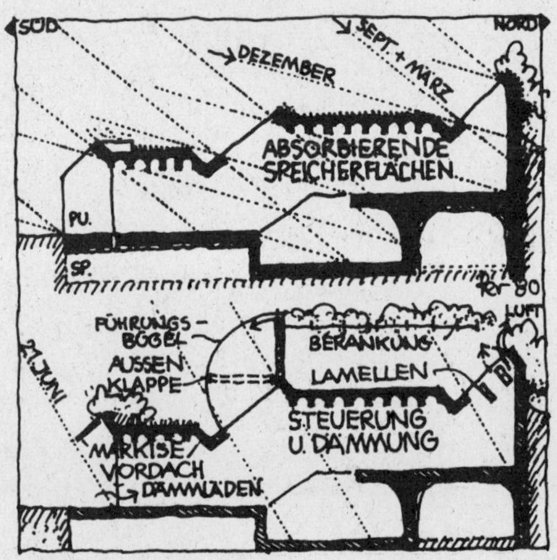

Bei „passiven Sonnenhäusern" sollten alle in der Heizperiode direkt bestrahlten Wände und Fußböden als wärmeabsorbierende Speichermassen ausgebildet werden – mit dunklen, gut wärmeableitenden Oberflächen, so daß ein Wärmeausgleich im Tag-Nacht-Rhythmus oder auch in längeren Intervallen entsteht. Die Sonneneinstrahlungswinkel bestimmen Lage und Abmessungen der Speichermassen und Fenster.

Zur Reduzierung der nächtlichen Abstrahlung sollten die Fenster mit Innen- und Außenläden, Klappen (auch als Reflektoren), Lamellen oder Skylids (nach Steve Bear) gedämmt werden.
Zusammen mit Vordächern, Markisen und Grünberankung sind sie gute Steuerungselemente, um die Einstrahlung im Sommer zu reduzieren.

Der Wärmeübergang von warmer Luft auf geringfügig kühlere Baumassen und umgekehrt ist ausgesprochen träge. Zur schnelleren Wärmeaufnahme und -abgabe muß daher die luftbestrichene Oberfläche erhöht werden. Das kann einerseits durch Profilierung von Wänden und besonders der Decken (zugleich bessere Raumakustik z. B. durch Lochziegel) und andererseits durch thermische Luftzirkulationen erreicht werden, die die Wärme in die kühleren Hausbereiche transportiert (s. Abb.).
Alle Einrichtungsgegenstände haben durch ihre Masse und ihre Oberfläche ebenfalls einen Einfluß auf das passive Speicherverhalten. Gegebenenfalls können sie dafür speziell optimiert werden.
Außenwände sind nur als mehrschalige Wände mit einer innenliegenden massiven Schicht für den passiven Wärmeausgleich geeignet. Einschalige Außenwände, selbst aus Leichtziegel, Gas- oder Leichtbeton usw. können den Anforderungen hinsichtlich Dämmen und Speichern nicht gerecht werden und stellen nur einen Kompromiß dar.
Mehrschalige Wände hingegen mit einem innenliegenden, speichernden, tragenden, schalldämmenden Mauerwerk, einer Dämmschicht und einer Wetterhaut können gleichzeitig hohe Dämm- und Speicherwerte erreichen. Sie erfüllen außerdem die Bedingungen des Brandschutzes (bei brennbaren Naturdämmstoffen) und der „Wandatmung", da die innenliegende Massivschale eine Dampfbremse darstellt und somit eine Dampfsperre entfallen kann.
Die einzelnen Funktionen können räumlich getrennt werden, beispielsweise in einen tragenden und speichernden Hauskern, in hochdämmende Leichtbauwände und in ein vorgelagertes Glashaus. Ein solcher „bewohnbarer Wandaufbau" bietet vielfältige Anpassungsmöglichkeiten an die täglichen und jahreszeitlichen Temperaturschwankungen, z. B. durch Veränderung der Dämmstärke, durch Öffnen und Schließen der Raumzonen sowie zum Aufbau einer räumlichen Wärmehierarchie.
Der Schritt von einer „passiven" zur „aktiven" Speicherwand ist fließend. In der folgenden Abbildung werden speichernde Bauteile verglichen, die über 20° C aufgeheizt werden und über unterschiedlich starke Dämmungen die Wärme langsam wieder an den Raum abgeben.
Der Vergleich gibt Hinweise auf die Oberflächentemperatur und die Wärmeflußmenge die zur Raumheizung genutzt werden kann.
Eine Speicherwand, die 20% des Raumvolumens ausmacht, kann z. B. nach dem Aufheizen auf 50° C mit gesteuerter Wärmeabgabe den Raum 14 Tage auf einer konstanten Temperatur von 20° C halten.

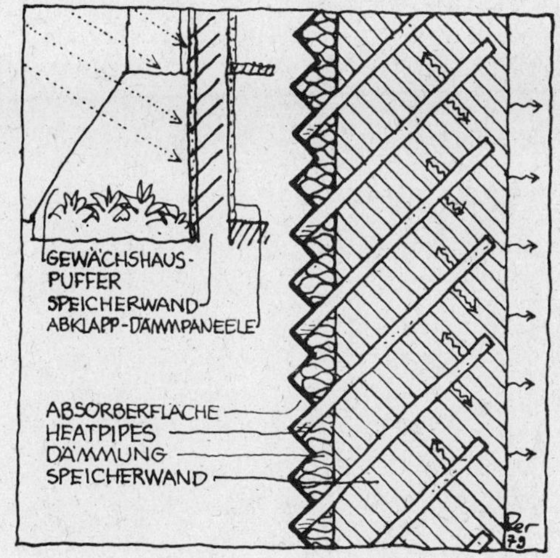

Heatpipe Speicherwand
Über eine Absorberfläche tragen die Heatpipes die Wärme durch eine Dämmschicht in eine Speicherwand. So kann eine tragende Außenwand zu einem Speicher verwendet werden, ohne daß die Wärme wieder nach außen abfließt.

OBERFLÄCHENTEMPERATUR UND WÄRMEFLUSMENGE VON AUFGEHEIZTEN BAUTEILEN (ZIEGEL, BETON)

OBERFLÄCHEN-TEMPERATUR UND WÄRMEFLUSS EINER SPEICHER-WAND BEI 20° RAUMTEMPERATUR		DÄMMUNGSTÄRKE BEI $\lambda = 0{,}041$	0,2 cm	0,5 cm	1,0 cm	5,0 cm	10,0 cm	15,0 cm	20,0 cm
		K-WERT	3,5	2,8	2,1	0,7	0,4	0,3	0,2
	50°	ta OBERFLÄCHE °C	32,5	30,0	27,4	22,5	21,3	20,9	20,7
		WÄRMEFLUSS Wh/m²h	103,9	82,9	62,0	20,6	11,2	7,7	5,9
	40°	ta °C	28,3	26,6	25,0	21,6	20,9	20,6	20,5
		W·h/m²h	69,3	55,3	41,3	13,7	7,5	5,1	3,9
	30°	ta °C	24,2	23,3	22,5	20,8	20,5	20,3	20,2
		W·h/m²h	34,6	27,6	20,7	6,9	3,7	2,6	2,0

So können massive Bauteile (Decken, Wände usw.) als Kurzzeitspeicher genutzt werden. Die Dämmstärke richtet sich nach der gewünschten Wärmemenge, die noch abfließen soll bzw. nach der gewünschten Speicherdauer. Schneller entladen werden kann der „Speicher" durch Abklappen von Dämmpaneelen oder durch Luftkanäle. Die

Putze, Fliesen, Verkleidungen, Wandbauplatten, tragende Wände	Stoffwerte Rohdichte kg/m³	spezifische Wärme C kJ/kgK	Wärmeleitfähigkeit W/mK
Dämmputz, für innen	600	0.92	0.19
Spanplatten, leicht	400	1.67	0.08
Gipskartonplatten	900	0.84	0.21
Tannen-, Fichtenholz	460	1.67	0.14
Asbestzement-Porenplatten	840	0.96	0.21
Gipsputz, leicht	1 000	0.92	0.47
Sperrholz	550	1.67	0.14
Gipsfaserplatten	1 200	0.84	0.58
Spanplatten, schwer	620	1.67	0.13
Eichenholz	700	1.67	0.21
Gips-, Kalkgipsputz	1 500	0.92	0.70
Kalkputz, hochhydraulisch	1 600	0.96	0.81
Fliesenbeläge	2 000	0.88	1.05
Pressplatten aus Zellulose	1 700	1.05	0.35
Kalkzementputz	1 900	1.05	0.87
Asbestzementplatten, dampfgehärtet	2 100	0.96	0.41
Zementputz	2 100	1.05	1.40
Gipsdielen, leicht	600	0.84	0.29
Holzwolle-Leichtbauplatten (35 mm)	420	1.59	0.09
Gipsdielen, schwer	1 000	0.84	0.47
Holzspanbeton	550	1.67	0.13
Gasbetonstein-Mauerwerk	600	1.05	0.35
Leichtziegel	800	0.92	0.33
Gasbeton, dampfgehärtet	800	1.05	0.29
Gasbetonstein-Mauerwerk	800	1.05	0.41
Leichtbetone aus Bims, Blähton	1 000	1.00	0.35
Leichtbetonstein-Mauerwerk	1 000	1.05	0.47
Ziegelmauerwerk	1 200	0.92	0.52
Leichtbetone aus Bims, Blähton	1 200	1.00	0.47
Kalksandsteinmauerwerk	1 400	0.88	0.70
Leichtbetonstein-Mauerwerk	1 200	1.05	0.52
Ziegelmauerwerk	1 400	0.92	0.60
Kalksandsteinmauerwerk	1 600	0.88	0.79
Leichtbetonstein-Mauerwerk	1 400	1.05	0.64
Ziegelsplittbeton, haufwerksporig	1 600	0.92	0.76
Kalksandsteinmauerwerk	1 800	0.88	0.99
Ziegelmauerwerk	1 800	0.92	0.79
Ziegelsplittbeton, als Stahlbeton	2 000	0.92	1.05
Schwerbeton, geschlossenes Gefüge	2 400	0.96	2.04
Stahlbeton-Fertigteile	2 500	0.96	2.33

Die Stoffwerttabellen
- Baustoffe für die tragende Wand
- Verkleidungen für die Außenwand
- Dämmstoffe für die Außenwand

enthalten weitere Werte über die Wärmespeicherzahl S und die Wärmeeindringzahl b

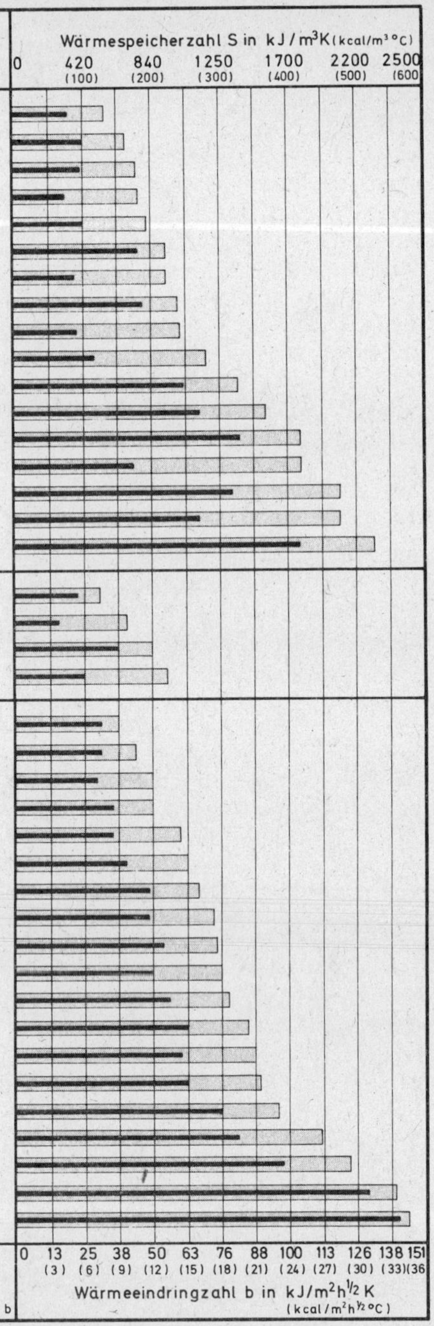

Wärmespeicherzahl S und Wärmeeindringzahl b für Baustoffe u. Verkleidungen Tabelle von Hebgen u. Heck zum Vergleich der Wärmeleit- und Speichereigenschaften verschiedener Baustoffe.

Nach den Werten können die Materialien, das Volumen und die notwendige Oberfläche zur passiven Solarspeicherung ermittelt werden.

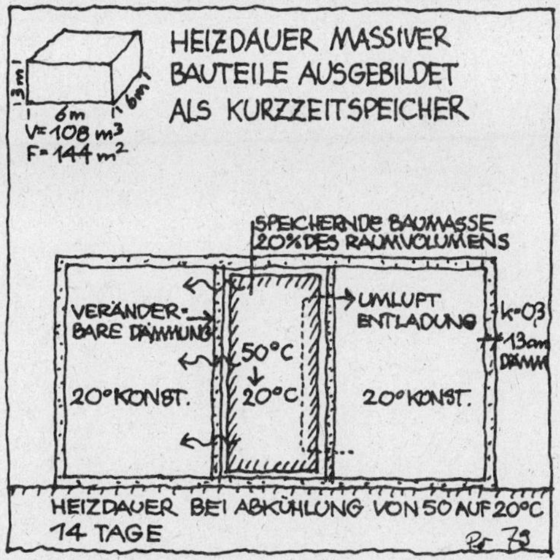

Beispiel für die Heizleistung massiver Bauteile, ausgebildet als Kurzzeitspeicher anhand des „Standardbaukörpers". Bei Abkühlung des Speichers von 50° auf 20°C kann die Innenraumtemperatur 14 Tage konstant auf 20°C gehalten werden. (Bei der Rechnung sind Lüftungsverluste, Wärmegewinn und -verlust der Fenster nicht berücksichtigt.) So kann kurzfristig anfallende Überschußwärme höheren Temperaturniveaus z. B. durch Backofen, Herdfeuer und Sauna sowie durch Kollektoren nutzbringend gespeichert werden. Die für unser Klima häufigen ein bis zwei Wochen dauernden Schlechtwetterintervalle können so überbrückt werden. Aufgeladen wird die Baumasse von innen (Rauchzüge, Rohrschlangen) und entladen durch schrittweises Abklappen von Dämmpaneelen, durch Luftkanalführungen (offenes oder geschlossenes System) oder durch Wasserrohranschluß an großflächige Fußboden- und Wandheizsysteme (s. Kap. Energiehaushalt und Sonnenenergie).

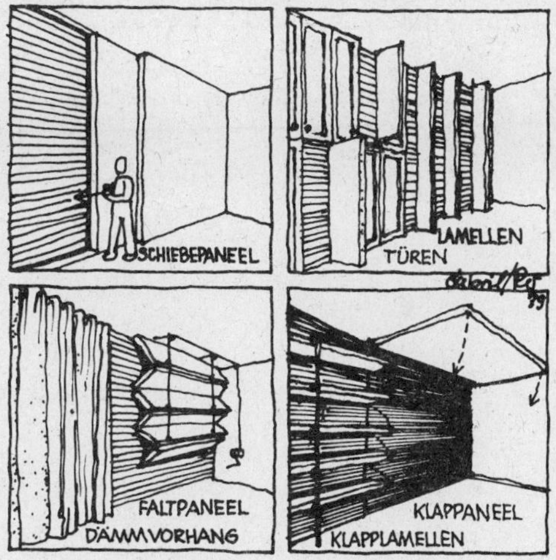

Durch bewegliche Dämmungen an Speicherwänden läßt sich die Raumtemperatur regeln. Beispiele verschiedener variabler Dämmungen.

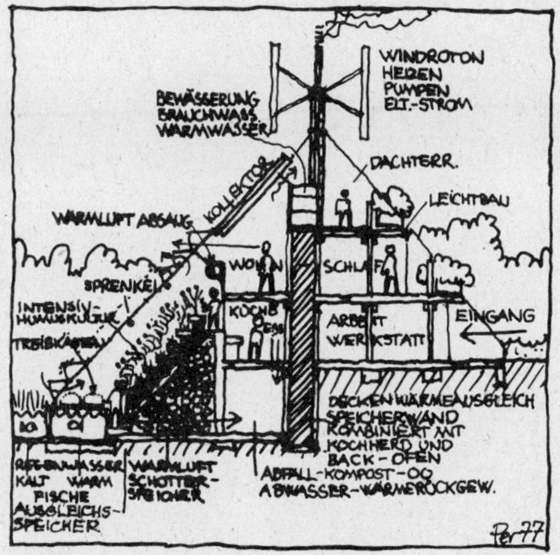

Schnittskizze eines autonomen Hauses mit zentraler tragender Speicherwand, mit dämmenden Leichtbauwänden und mit vorgelagertem Gewächshaus mit Warmluft-Schotterspeicher. Die tragende Speicherwand bildet das Heizsystem, in das die Warmwasseranlage, die Kochstelle und Zusatzheizung integriert sind.

Speicherkapazität (S) von massiven Steinwänden ist bei einer Dichte von $\rho = 1200$ kg/m^3 und einer spezifischen Wärme von $c = 0{,}25$ Wh/kg °C gleich: $S = \rho \cdot c = 306{,}67$ Wh/m^3 °C.

Solche aktiven Speicherwände, die von innen aufgeheizt werden (s. Kap. Sonnenenergie und Energiehaushalt), sollten dem Raumvolumen entsprechend mit „passiven" Bauteilen, die den Wärmehaushalt ausgleichen, kombiniert werden. Die passiven Bauteile müssen freie Oberflächen haben, wogegen die aktiven Speicherteile mit Dämmputz, Holzverkleidungen oder Einbauten bedeckt sind.

So läßt sich ein Massivbau ohne großen Aufwand in ein feinabgestimmtes Speichersystem verwandeln, das kurzfristige Wärmeüberschüsse ohne Überheizungsgefahr puffert.

Aktive Speicherwände können den Kern einer Wärmehierarchie bilden, wie sie im nächsten Kapitel dargestellt wird.

Temperaturhierarchien und Pufferhüllen

Die Schalen einer Pflanzenzwiebel und ein altes Kastenbett als ein durch Abwärme selbst beheizter Raum im Raum können Anregungen geben für neue Konzeptionen wärmebewahrender Häuser. Durch die Raumordnung im Haus entsprechend einer Temperaturhierarchie läßt sich der Transmissionswärmeverlust erheblich senken.

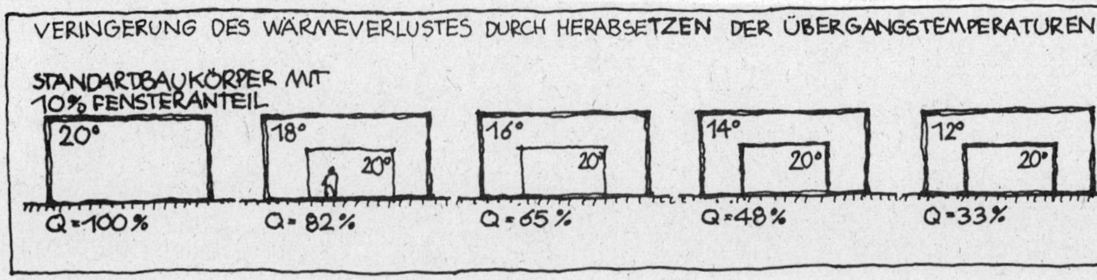

In dem dargestellten Beispiel, das sich auf den „Standardbaukörper" bezieht, wird der Wärmeverlust bei 20°C Innentemperatur gleich 100% gesetzt. Wird die äußere Raumhülle auf 16°C gehalten, so ist der Wärmeverlust nur noch 65%, bei 12°C der äußeren Hülle bereits nur noch 33%!

Diese Reduzierung des Wärmeverlustes und das geringe Temperaturniveau der Außenzone sind Voraussetzungen für die Nutzung von Sonnenheizsystemen.

Die folgenden Schemabilder zeigen verschiedene Heizungsmöglichkeiten eines Hauses, das nach einer Temperaturhierarchie geplant ist. Die äußerste „Hülle" wird durch den klimaverbesserten Außenbereich gebildet. Das Haus selbst ist von einer Pufferzone umgeben, die aus Keller, Dach und Anbauten besteht. An der Südseite sind sie zugleich als Sonnenfang (Gewächshaus, Veranden) und Kollektoren angebracht. Der Wohnbereich gliedert sich in zwei Temperaturbereiche, die dem Bedarf an unterschiedlich temperierten Räumen entsprechen. Durch die feingestaffelte Temperaturhierarchie wird der Wärmeverlust sehr gering, so daß er dem Einstrahlungsgewinn angeglichen werden kann.

Auch die Teilung von Haus und Garten in drei Aktivitäts- und Geräuschzonen greift das Stufenkonzept der Wärmehierarchie auf. Das bedeutet, daß alle unruhigen Geräte und Installationen im Bereich größerer menschlicher Aktivität zusammengefaßt werden sollten. Hier ist auch die wärmste Raumzone. Die für den Menschen äußerst wichtige Regenerationsphase verlangt einen besonders abgeschirmten sauerstoffreichen Haus- und Gartenbereich. Hier sollten störende Geräusche, Lärm und Erschütterungen, Luftbewegungen usw. vermieden bzw. abgeschirmt werden.

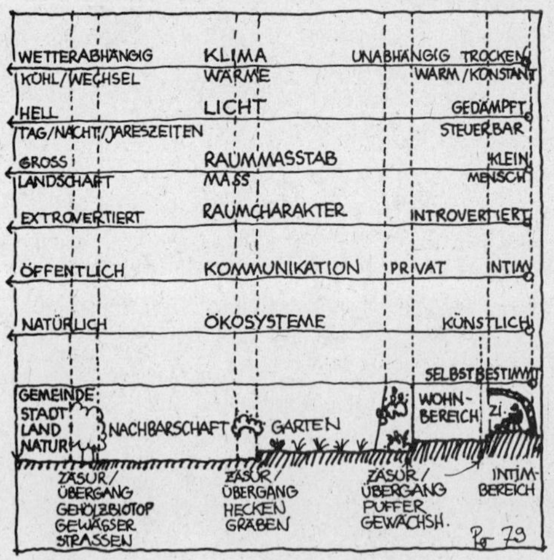

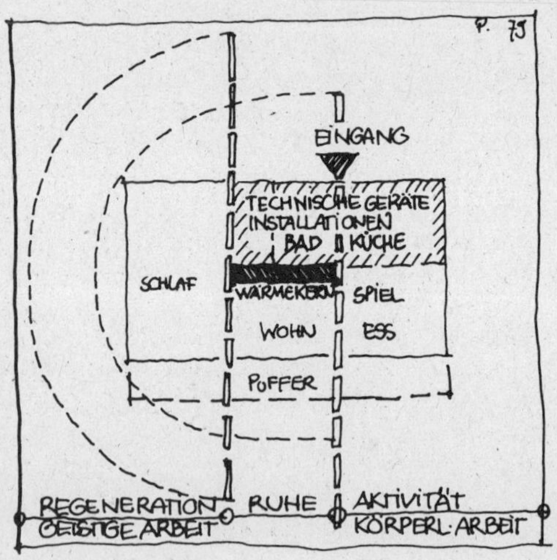

Die Wärmehierarchie als Basis der Grundrißgestaltung findet sich auch in anderen Gestaltungsprinzipien wieder, die sich stufenweise aus dem Intimbereich von Haus über Garten in die öffentlichen Bereiche entwickeln.

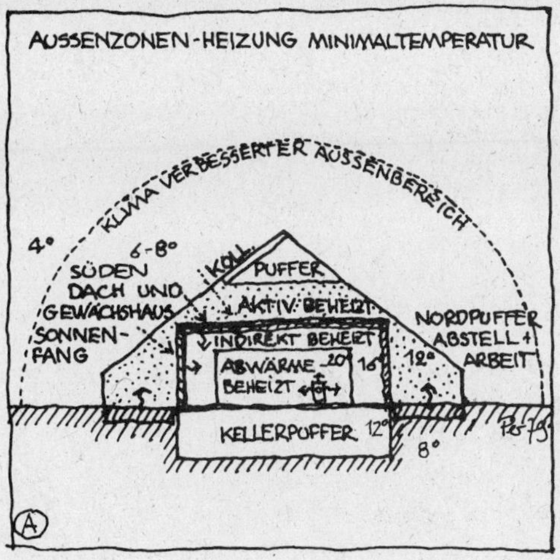

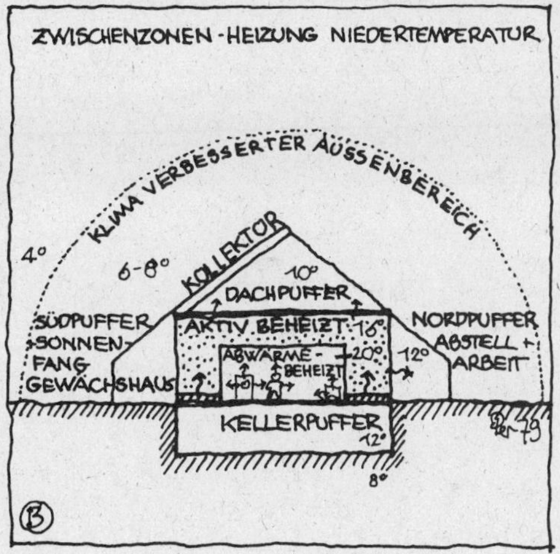

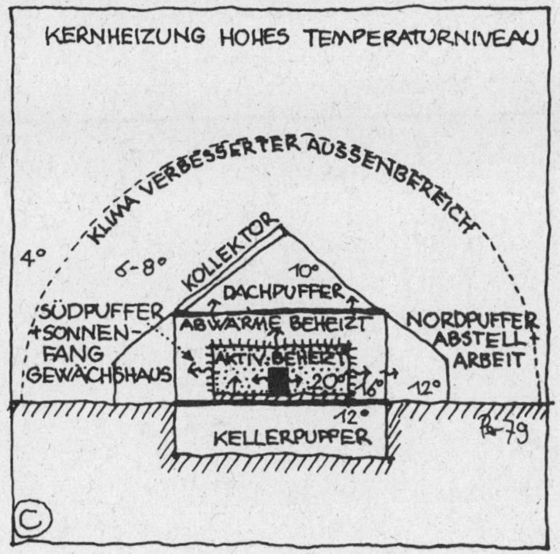

Beispiel A: Wird die Außenzone (Pufferbereich) auf 12 bis 14° C gehalten, so ist dieses Temperaturniveau für die „passiv" eingestrahlte Sonnenenergie durch Fenster und Gewächshaus, unterstützt mit Kollektoren, gut zu erreichen. Massive Bauteile puffern die Tag-Nacht-Unterschiede. Die Überschußwärme der Luft wird für Kälteeinbrüche in Speichern des Pufferbereichs gespeichert. Die direkte Einstrahlung (bei Strahlungswetterlage) heizt die speichernden Baumassen für den Zwischenbereich auf ein höheres Temperaturniveau, so daß er auf 16 bis 18° C gehalten werden kann. Durch die warme Umhüllung kann der Kernbereich allein durch die Abwärme (Menschen, Beleuchtung, Geräte und Warmwasser), die ein hohes Temperaturniveau hat, auf 20° C gehalten werden. Massive Bauteile sorgen auch hier für Pufferung. Defizite können mit einfachen Systemen (Herd) ausgeglichen werden. Überschüsse an Warmluft werden in den Außenpuffer geleitet.

Beispiel B: Wird die Zwischenzone ständig auf 16 bis 18°C geheizt, so ist dieses Temperaturniveau gut geeignet für großflächige Niedertemperaturheizsysteme mit Kollektoren. Der Kernbereich kann wie zuvor durch Abwärme auf 20°C gehalten werden. Der Außenbereich wird durch „passive" Einstrahlung und Transmissionswärmeverlust aus der Zwischenzone temperiert. Wenn hier keine ausgleichende Baumasse vorhanden ist, sind die Temperaturschwankungen entsprechend dem Wetterwechsel höher.

Beispiel C: Wird nur die Kernzone (z. B. 20° C konstant), so kann das Haus so gestaltet werden, daß der Transmissionswärmeverlust die jeweils umgebende Raumzone beheizt. Die Dämmstärke der Zwischenwände muß darauf abgestimmt werden. Die Feinsteuerung kann durch Türen und andere verschließbare Öffnungen geschehen.

Die Heiztemperatur im Kern muß ein relativ hohes Temperaturniveau haben, das bei Sonnenenergienutzung nur mit Wärmepumpen erreicht werden kann. Der Kern kann als massiver speichernder und heizender Baukörper ausgebildet werden, der wie ein Kachelofen strahlt. In ihm sind auch Zusatzheizsysteme integriert. Ist die Wärmestrahlung ausreichend, so braucht der Kernbereich nur eine Lufttemperatur von ca. 18° C; die folgende Wandzone wird durch die Strahlung aufgeheizt, so daß die Beheizung des Zwischenbereichs unterstützt wird. Die Außenzone weist, wie im Beispiel zuvor, stärkere Temperaturschwankungen auf.

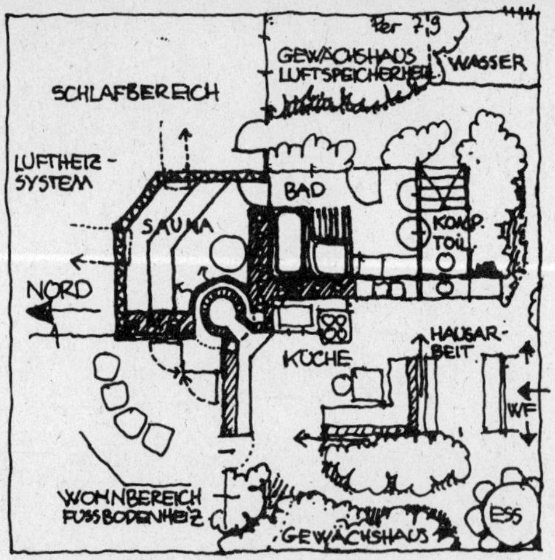

Der Wärmekern ist Zentrum der Wärmehierarchie. Er kann zu den Wohnbereichen geöffnet bzw. als Wärmerückzugsbereich geschlossen werden. Kamin, Saunaofen und Backofen bilden mit Speicherwärmewänden ein System, an das auch der Küchenherd mit Warmwasserbereitung angeschlossen ist. Im Untergeschoß befindet sich die Abwasserwärmerückgewinnung, im Dach das Abluftwärmetauschsystem. Küche, Bad, Hausarbeits- und Eßplatz sind in eine Gewächshauslandschaft eingebettet, die zugleich Puffer, Wohnraum, Zierde, Spielfläche und Anbaufläche ist. Entsprechend der Jahreszeit öffnet sich das Gewächshaus und geht in den Garten über.

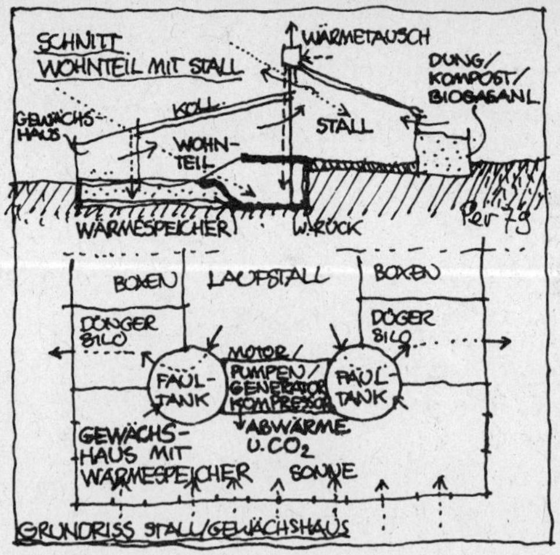

Reduzierung der Wärmeverluste durch Zusammenlegen von verschiedenen Wärmequellen mit Wärmebedarfszonen. Beispiel Landwirtschaftliche Gebäude. Oben: Wohnteil zwischen Stall und Gewächshaus mit Speicher; Stall durch Dungstelle gewärmt, gemeinsamer Abluftwärmetausch. Unten: Stall, Biogasanlage, Kraftwerk und Gewächshaus mit kurzen Arbeitswegen und gegenseitiger Wärmung.

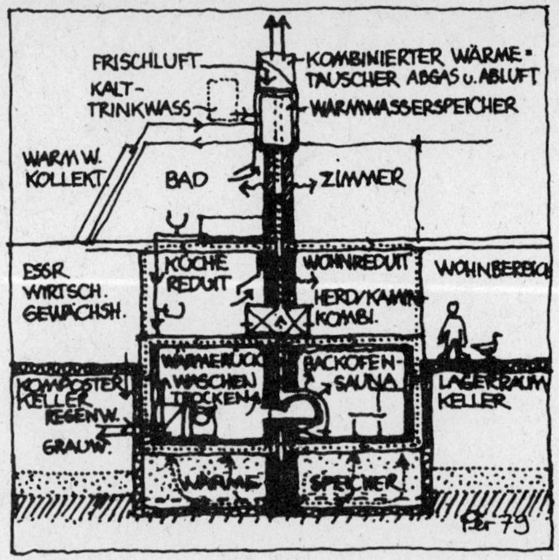

Beispiel eines Wärmekerns im vertikalen Aufbau. Alle Wärmeerzeuger- und Speicheranlagen, sowie die wärmsten Raumzonen, sind miteinander kombiniert und bilden ein kompaktes System, in dem Wärmeverluste rückgewonnen und Überschüsse gespeichert werden. Die Beheizung der Kernzone erfolgt durch Wärmestrahlung über die Speicherwand und durch ein im Tragsystem integriertes Hypocaustensystem. Die äußere Raumzone mit geringerem Temperaturniveau wird als passives Solarhaus und durch gesteuerte Wärmeverluste der Kernzone beheizt.

Einfaches Grundrißschema mit warmem Wohn-Reduit und kühleren Schlafzimmern; Pufferbereiche und Glasübergänge zum Garten.

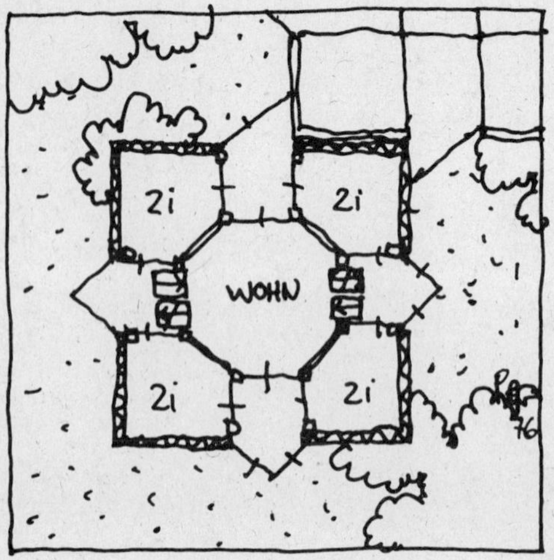

Die hier dargestellten Beheizungsarten eines Hauses mit Temperaturhierarchien können auch miteinander kombiniert werden, so daß vielseitige Möglichkeiten entstehen. Grundriß und Schnittlösungen können so leicht den Bedürfnissen der Bewohner bei verschiedenen Tätigkeiten angepaßt werden.

Die Temperaturzonen brauchen nur im Winter geschlossen gehalten werden. Sie können sich entsprechend den Außentemperaturen schrittweise öffnen, so daß im Sommer Übergangszonen entstehen und der Innenraum sich mit dem Garten verbindet.

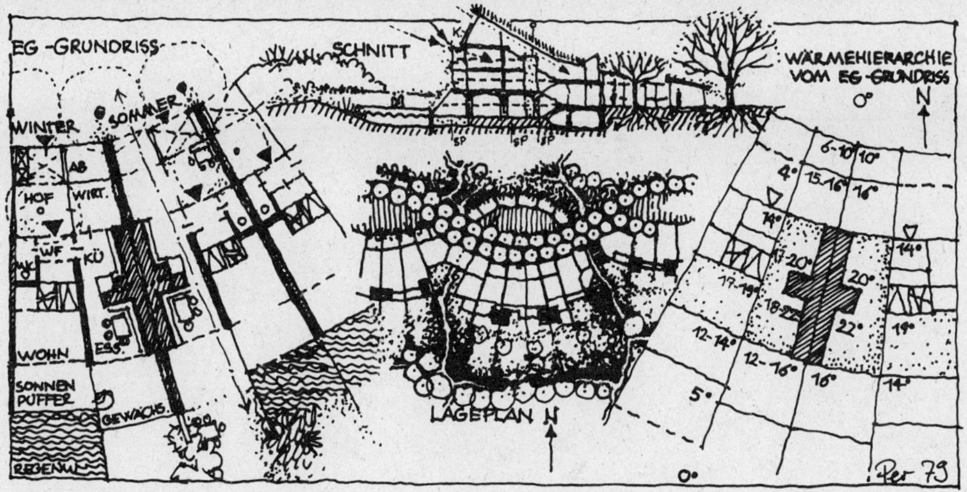

Wärmebilanz zweier Haustypen im Vergleich

Die Abbildung zeigt ein Reihenhausbeispiel, das verschiedene Prinzipien der Wärmebewahrung und Sonnenenergienutzung zusammenfaßt:
Der Außenwandanteil ist durch Addition der schmalen Baukörper minimiert. Die Fläche der Südfassade ist maximiert, so daß sich das Haus trichterförmig zur Sonne öffnet. Durch Anlehngewächshaus, Veranda und Loggien mit Winterverglasung, Kollektoren und Fenstern ist die Fassade zugleich Puffer und Kollektor im Winter, offene Übergangszone und Sonnenschutz im Sommer und in den Übergangszeiten je nach Bedarf zu verändern.
Die Häuser bilden paarweise eine Temperaturhierarchie. In der Mitte befindet sich eine geschoßübergreifende Speicherwand, die mit Kaminblock, Küchenherd, Back- und Kachelofen sowie Solarwarmwasseranlage ein kombiniertes Strahlungsheizsystem ergibt.
Die Wärmeüberschüsse werden in der Speicherwand, in der Speichersohle und im Steinspeicher der Glashäuser bewahrt. Die übrigen massiven Bauteile werden für einen kurzzeitigen Wärmeausgleich dimensioniert.
Küche und Eßplatz im EG, Bad und Kinderzimmer im OG bilden eine stabile Warmzone. Alle anderen Räume bilden in der Anordnung eine abgestufte Temperaturhierarchie, die sich im Außenraum durch Hof, Schutzpflanzung, Wasser und Erdmodellation fortsetzt (Mikroklimaverbesserung).
Das Haus ist gut wärmegedämmt ($k = 0{,}3$); alle Öffnungen sind dreifach verglast und fugendicht. Im Winter wird die Abwärme von Abluft und Abwasser durch Wärmetauscher zum Teil rückgewonnen.
In der Erdgeschoßzone entsteht eine vielseitig nutzbare Raumkombination, die vom Gemeinschaftsplatz mit Sondereinrichtungen über den Durchgang mit Materiallager und Abstellraum in den Hof mit Baum und Wirtschaftsraum führt. Dieser leitet über in die Küche, die über Eßplatz und Gewächshaus mit dem Garten verbunden ist. Der übrige Wohnteil kann separat genutzt werden.
Transmissionswärmeverlust und -gewinn dieses Hauses sollen mit denen eines konventionellen Einfamilien-Bungalows verglichen werden, wobei die Lüftungswärmeverluste in beiden Fällen aus dieser Rechnung ausgeklammert werden.

Überschlägige Vergleichsrechnung des Transmissionswärmeverlustes für den Zeitraum vom 1.11.–31.3.

Typ 1
Freistehender Bungalow in konventioneller Ausführung – Berechnungsgrundlagen:

- Wärmedämmwert k = 0,6 W/m² K für Wände/Dach/Sohle;
- 10%iger Südfensteranteil;
- ohne Wärmehierarchie in der Raumanordnung;
- ohne spezielle Außenklimaverbesserungen;
- Gradtage GT = 2340.
- Volumen V = 648 m³;
- Geographische Lage: Norddeutschland.

Typ 2
Reihenhausmitteltyp mit erhöhtem Wärmeschutz und beidseitig bewohnten Nachbarhäusern – Berechnungsgrundlagen:

- Wärmedämmwert k = 0,3 W/m² K für Wände/Dach/Sohle;
- 30%iger Südfensteranteil;
- mit Wärmehierarchie in der Raumanordnung;
- mit Außenklimaverbesserungen;
- Gradtage GT = 1290;
- Volumen V = 648 m³ (wie Typ 1);
- Geographische Lage: Norddeutschland (wie Typ 1).

Freistehender Bungalow	**Reihenhaus Mitteltyp**
Wärmeverlust durch Außenwände und Dach an die Außenluft:	
k = 0,6 W/m²/K F = 260 m² Q = 8760 kWh/Jahr	k = 0,3 W/m²/K F = 142,3 m² Q = 1320 kWh/Jahr
Wärmeverlust durch Wände und Sohle an das Erdreich:	
k = 0,6 W/m²/K F = 225 m² Q = 4860 kWh/Jahr	k = 0,3 W/m²/K F = 77 m² Q = 500 kWh/Jahr
Wärmeverlust durch Fenster an die Außenluft:	
2-Scheiben-Isolierverglasung ohne Läden	3-Scheiben-Isolierverglasung mit Läden
k = 3,0 W/m²/K F = 19 m² Q = 3200 kWh/Jahr	k = 1,3 W/m²/K gemittelt F = 46,8 m² Q = 1880 kWh/Jahr
Gesamtwärmeverlust: Q = 16820 kWh/Jahr	Gesamtwärmeverlust: Q = 3700 kWh/Jahr

Wärmegewinn durch Fenster in 150 Tagen (1. 11. – 31. 3.) nach Krüger, E. H. und Schuh, U.:

Nord: 57 kWh/m²	Nord: 44,5 kWh/m²
West: 89 kWh/m²	Süd: 107,8 kWh/m²
Süd: 136 kWh/m²	
Ost: 89 kWh/m²	

F_N = 2 m²		F_N = 3,6 m²	
Q =	231,4 kWh/240 Tage	Q =	160 kWh/240 Tage
F_W = 2 m²		F_S = 43,2 m²	
Q =	365,4 kWh/240 Tage	Q =	4660 kWh/240 Tage
F_S = 10 m²			
Q =	2785,2 kWh/240 Tage		
F_O = 2 m²			
Q =	365,4 kWh/240 Tage		
Gesamtwärmegewinn durch		Gesamtwärmegewinn durch	
Q =	1830 kWh/240 Tage	Q =	4820 kWh/240 Tage

Wärmebilanz für eine Heizperiode

Bungalow	Reihenhaus Mitteltyp
Verlust Q = – 16820 kWh	Verlust Q = – 3700 kWh
Gewinn Q = + 1830 kWh	Gewinn Q = + 4820 kWh
Bilanz Q = – 14990 kWh	Bilanz Q = + 1120 kWh

In der Wärmeberechnung ist der Wärmegewinn durch die Kollektoren zur Warmwassergewinnung, der zugleich ein Heizbeitrag ist, und die Wärmeabgabe der Bewohner, der Haushaltsgeräte, der Beleuchtung und der Kochstelle nicht enthalten. In einer Gesamtbilanzierung könnte er zusätzlich angerechnet werden.

Das Ergebnis des Vergleichs zeigt einen Wärmeüberschuß für das Reihenhaus in der Heizperiode, der vermutlich ausreicht, die Lüftungswärmeverluste auszugleichen, wenn im Winter über Wärmetauscher gelüftet wird. Der Wärmeüberschuß wird hauptsächlich im Herbst und Frühjahr erzielt, so daß die Speicher für die Überschüsse aus dem Spätsommer als zusätzliche Sicherheit ausgelegt sein sollten.

Die Kombination von wärmebewahrenden und wärmespeichernden Entwurfsprinzipien läßt das gesamte Haus zu einem bewohnten Kollektor- und Speichersystem werden, das weitgehend selbststeuernd seine Bewohner ohne Fremdenergie mit Wärme versorgen kann.

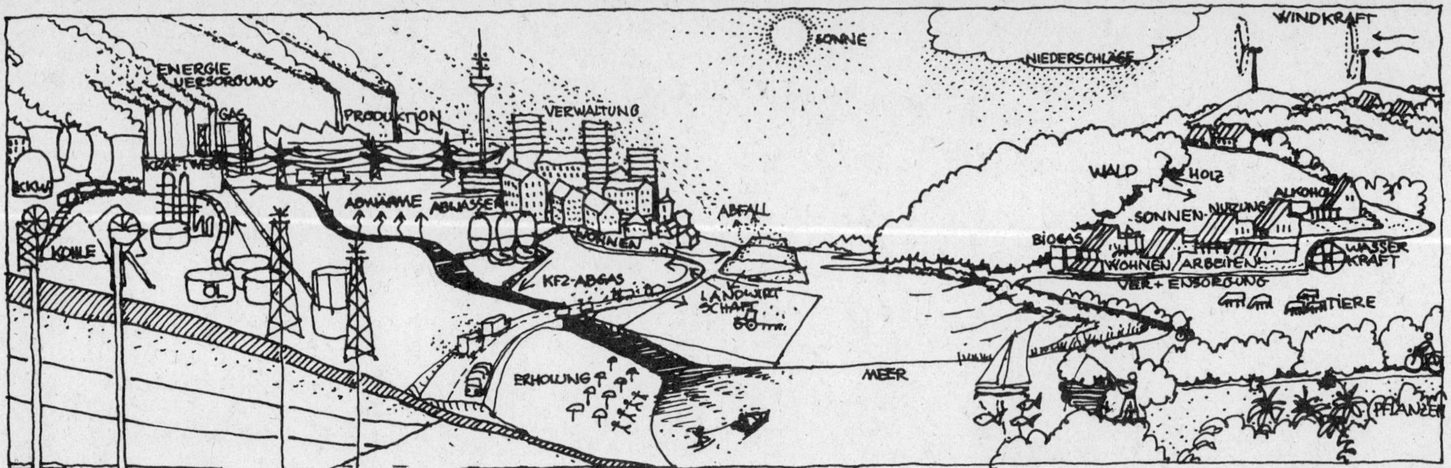

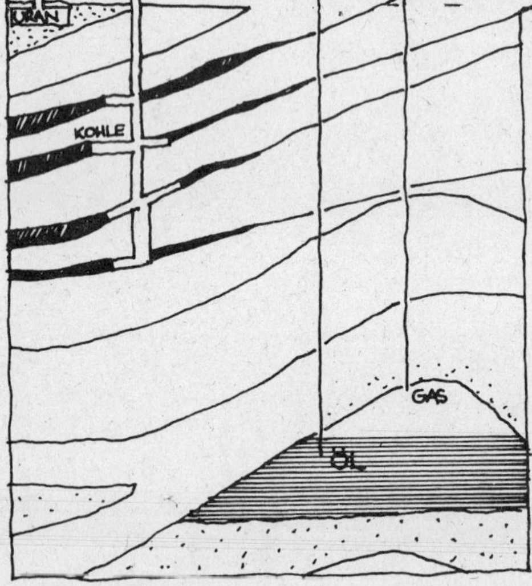

Natürliche Energiequellen

Regenerierbare Energiequellen

Für den Bestand des Lebens ist es notwendig, Energie und Materie nur in dem Maße zu nutzen, wie sie sich angemessen regenerieren können. Die Natur pendelt sich auf ein harmonisches Optimum ein.
Die Regenerationsfähigkeit der umgebenden Natur ist für das menschliche Leben von höchster Wichtigkeit. Erst sie ermöglicht eine Erhaltung der Art. Die Dichte von Energie und Materie und ihre Regenerationszeiträume bestimmen die Dichte menschlicher Ansiedlungen.
Regenerierbare Energieträger werden durch die Sonne erzeugt, die noch nahezu unbegrenzte Zeit zur Verfügung stehen wird.
Sonnenstrahlung, Wind- und Wasserkraft sowie die entstehende Biomasse und alle anderen Lebewesen sind kontinuierlich in ihren Wachstums- und Lebensrhythmen vorhanden. Auch hier greift die menschliche Nutzung heute zu weit ein, schneller als viele Regenerationsrhythmen, so daß selbst das bestehende Naturpotential und die damit verbundenen kleinklimatischen Erscheinungsformen in Frage gestellt werden.
Die Nutzung fossiler Energieträger wird späteren Generationen nicht mehr möglich sein, so daß nur die regenerierbaren natürlichen Energiequellen nutzbar bleiben, aus denen jedoch alle Energieformen erzeugt werden können, die für Haushalte, Produktion und Verkehr benötigt werden: Wärme, Treibstoffe, Elektrizität.
Eine rationelle Energieverwendung unter Vermeidung bzw. Nutzung von Umwandlungs- oder Wärmeverlusten ist Voraussetzung für eine Bedarfsdeckung mit regenerierbaren Energien.

Der Verbrauch der fossilen Vorräte, die sich erst in Millionen von Jahren regenerieren könnten, fand in der kurzen Zeit von 200 Jahren statt. Die freiwerdenden CO_2-Mengen könnten erst in Jahrtausenden abgebaut werden. Sie werden im Zusammenwirken mit anderen Emissionen ihre Auswirkungen zeigen. Zur Erhaltung des energetischen und des biologischen Gleichgewichts dürfen Energieträger nur in der Menge genutzt werden, die ihren Regenerationszeiträumen und der Abgas-Aufnahmefähigkeit der lebenden Systeme entspricht. Für den täglichen Bedarf sind kurzfristig regenerierbare schadstofffreie Energieformen auszuschöpfen.

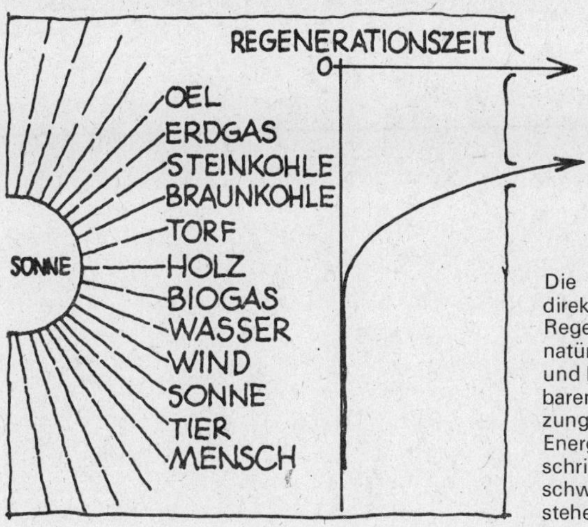

Die wichtigsten Energieträger der Erde stammen direkt oder indirekt von der Sonne ab. Lediglich ihr Regenerationszeitraum ist unterschiedlich. Nur die natürlichen Energien wie Sonne, Wind, Wasserkraft und Biomasse können sich in einem für uns vorstellbaren Zeitraum regenerieren. Die zusätzliche Nutzung der über Jahrmillionen entstandenen fossilen Energiequellen bringt nur einen scheinbaren Fortschritt, da ihre Rückstände durch leichtfertige Verschwendung starken negativen Einfluß auf das bestehende bio-klimatische Gefüge ausüben.

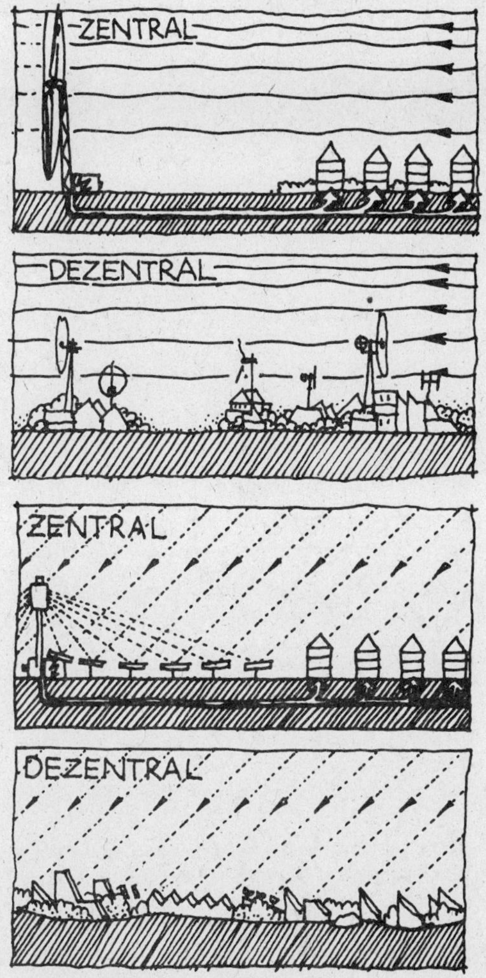

Es ist uneffektiv, dezentral einfallende Energie zu sammeln, zu bündeln, zu transportieren und wieder zu verteilen. Sinnvoll ist eine dezentrale Nutzung mit vielen kleinen Anlagen ohne Transport- und Verteileraufwand.
Auf gleichem Raum könnten Menschen vielfältiger und qualitätvoller leben.

Dezentrales Energieaufkommen

Natürliche Energieformen treten dezentral und in geringer Konzentration auf. Sie schwanken je nach Landschaft, Klima, Bodenverhältnissen usw.
Um die technische Nutzung dieser Energien zu ermöglichen, ist eine angemessene Konzentration erforderlich. Diese ist von den standortspezifischen Verhältnissen abhängig und sollte nur in dem Maße stattfinden, daß eine möglichst direkte Energienutzung bei minimiertem Verteilungsaufwand und somit geringsten Verlusten erfolgen kann.
Die Konzentration dezentral verfügbarer Energien mit anschließender Rückverteilung stellt einen Widerspruch in sich dar.
Mit steigender Zentralisierung erhöhen sich technischer Aufwand, Energieverluste und Anfälligkeit bei gleichzeitiger Verminderung der Überschaubarkeit.
Eine angepaßte Dezentralisierung verhindert landschaftliche Beeinträchtigungen durch riesige Energiegewinnungsanlagen wie Solar-, Wind- und Wasserkraftwerke und vermeidet ökologische Schäden durch monokulturelle Energiepflanzungen.
Dezentrale Energiegewinnung und -nutzung entsprechen einer Wirtschaftsform, die aus einem Netz kleiner und mittlerer Einheiten besteht und in ihrer Vielfalt Stabilität, ein hohes Maß an Selbstbestimmung und qualitativ höherwertige Arbeitsplätze bietet.
Die Energienutzung kann vielfältig sein, da ein breites Nutzungsspektrum mit unterschiedlichen Ansprüchen vorhanden ist. Abfälle und Abwärme würden minimiert.
Je nach Klima und Landschaft könnten sich gewisse Schwerpunkte bilden. Die Dichte bestimmt sich aus dem regenerierbaren Potential der Region. Bereits die dezentral hergestellte und am Ort verbrauchte Nahrung spart beispielsweise ein hohes Verpackungs- und Verkehrsaufkommen.

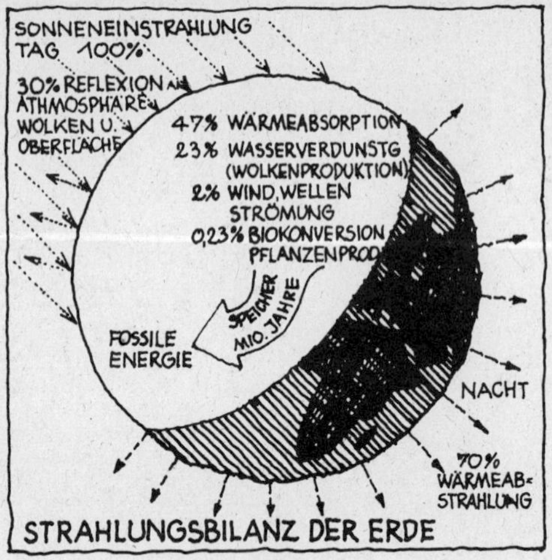

30% der Sonnenstrahlung werden an Atmosphäre und Erdoberfläche sofort reflektiert. Zur Erwärmung von Oberfläche, Gewässern und Atmosphäre werden 47% benötigt. 23% benötigt die Wasserverdunstung, die zusammen mit 2% für Wind und Meeresströmungen den globalen Wasserkreislauf bewegt. Nur 0,23% wird durch Photosynthese über die Pflanzen in Biomasse umgewandelt und stellt somit die Grundlage allen Lebens dar. Die fossilen Energieträger sind gespeicherte Sonnenstrahlung, die vor Millionen Jahren umgewandelt wurde.
Die nächtliche Abstrahlung entspricht der täglichen Einstrahlung abzüglich der Menge, die durch biologische und chemische Umwandlung zurückgehalten wird. Es entsteht somit ein Energiegleichgewicht, das durch die Nutzung der fossilen Energien und durch die Abgas-Verschmutzung der Atmosphäre nachhaltig gestört wird.

Die Schrägstellung der Erddrehachse zur Sonnenumlaufbahn um 23,5° bewirkt beim jährlichen Sonnenumlauf der Erde die Jahreszeiten mit den unterschiedlich langen Tagen und den Klimawechseln, die zu den Polen hin zunehmen.

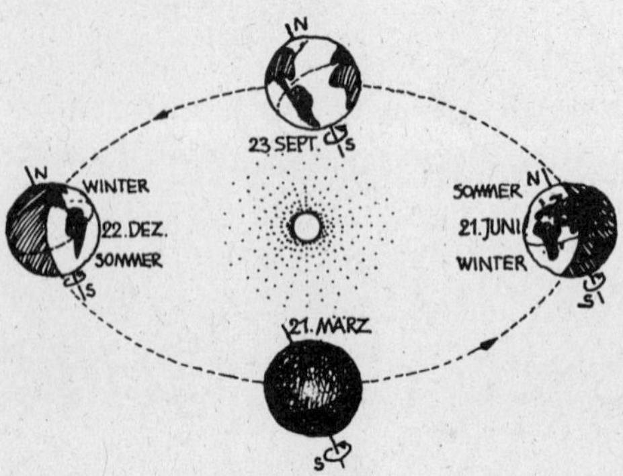

Sonnenenergie

Die Sonne ist die Hauptenergiequelle der Erde.
Ihre Strahlung erwärmt Atmosphäre und Erdoberfläche und löst Prozesse aus, die für Entstehung und Erhaltung von Leben notwendig sind.
Sie bewirkt Luftbewegungen (Wind) durch unterschiedliche Aufheizung und den dadurch notwendigen Druckausgleich, sie verdunstet Wasser zu Dampf, der, vom Wind transportiert, in höheren, kühleren Zonen abregnet und der Gravitation folgend in Bächen und Flüssen wieder der tiefsten Stelle zufließt. Dieser Umsatz von Wasser und Luft und die damit verbundene Selbstreinigung sind wesentlich für das gesamte Leben.
Die mit Sonnenenergie arbeitende Photosynthese als biochemischer Prozeß der Energiesammlung ist Basis allen Pflanzenlebens und damit auch Grundlage für den gesamten Nahrungskreislauf der Natur. Alle fossilen Energieträger sind über diesen Prozeß vor Jahrmillionen entstanden und durch verschiedene geophysikalische Veränderungen zu Kohle, Oel oder Gas geworden.
Die Sonne setzt durch Umwandlung von Wasserstoff in Helium Strahlungsenergie frei, die an ihrer Oberfläche eine Intensität von 70 000 bis 80 000 kW/m^2 besitzt.
Am Rande der Erdatmosphäre sind davon jedoch nur noch 1,35 kW/m^2 (Solarkonstante) verfügbar, an der Erdoberfläche beträgt die mittlere Strahlungsintensität noch 0,6 bis 1,2 kW/m^2 (nach R. Geiger).
Durch Umwandlung der Sonnenstrahlung ergeben sich folgende Nutzungsmöglichkeiten:

- Wärmegewinnung durch passive Maßnahmen (Glashaus, Südfenster usw.) und aktive Systeme (Kollektoren);
- Elektrizitätserzeugung durch photoelektrische Umwandlung (Solarzellen);
- Produktion von Biomasse durch Photosynthese.

Alle drei Nutzungsformen sind ökologisch vertretbar, da sie durch Bindung der Sonnenenergie deren Abstrahlung verhindern oder verzögern und dadurch einen Gewinn bringen.
Die technische Nutzung darf in keinem Fall zu ökologischen Belastungen führen. Selbst unter Berücksichtigung einer aus biologischen und klimatischen Gründen flächenmäßig eingeschränkten Nutzungsmöglichkeit und geringer Anlagenwirkungsgrade ergibt sich durch die Ausschöpfung mit technischen Mitteln (Kollektoren, Solarzellen usw.) noch ein großes Energiepotential.
In mitteleuropäischen Ländern entfällt auf jeden Einwohner anteilig ca. 20 m^2 Dachfläche, die ausreicht, um eine jährliche Energieausbeute von ca. 5000 bis 10 000 kWh zu erzielen.

Standortfaktoren

Die Nutzung der Sonnenenergie durch passive und aktive Systeme wird von einer Reihe standortabhängiger Faktoren beeinflußt. Nicht nur Bauart und Ausrichtung von Kollektoren usw., sondern die wirtschaftliche Anwendbarkeit bzw. Auslegung des gesamten Systems werden dadurch bestimmt.

Geographische Breite

Der Winkel zwischen Erddrehachse und Sonnenumlaufbahn bestimmt in Verbindung mit dem Jahresumlauf und der Entfernung vom Äquator die Sonnenscheindauer sowie

den jeweiligen Einstrahlungswinkel. So stehen z. B. auf der geographischen Breite von Hamburg (53°) im Juli ca. 500 Sonnenscheinstunden zur Verfügung, mehr als doppelt soviel wie im Dezember. Zum Äquator hin gleichen sich sommerliche und winterliche Sonnenscheindauer an.
Die folgenden Tabellen geben einen Überblick über die Sonnenscheindauer und Einstrahlungsmenge für verschiedene Breitengrade. Genaue örtliche Werte müssen bei den metereologischen Stationen erfragt werden.

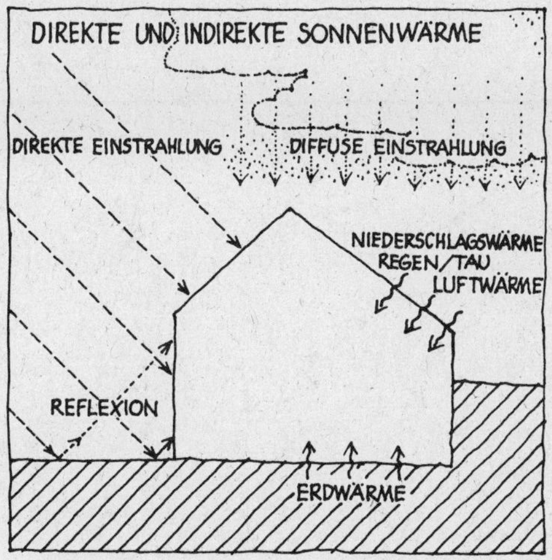

Nutzung der Sonnenenergie für Gebäude, direkte Einstrahlung und Reflexion von Süden zur passiven und aktiven Nutzung. Durch Reflektoren kann die Einstrahlung gesteuert werden, so ist z.B. auch Nordeinstrahlung möglich. Bei eingetrübtem oder bedecktem Himmel ist die Einstrahlung diffus, sie ist senkrecht zum Himmel am größten und beträgt rund $^1/_6$ der direkten Strahlung. Der Rest wird von den Wolken reflektiert und absorbiert.
Die Wärme der Luft und der Niederschläge kann über Absorber genutzt werden. Die Erdwärme (ab 1 m Tiefe etwa konstant 10°C) kann im Winter den Wärmeverlust reduzieren und im Sommer zur Kühlung genutzt werden. Der Wärmeentzug im Erdreich kann zu ökologischen Schäden führen.

Mittlere Globalstrahlungswerte in kWh/m²/Tag
Nach W. Diamant, aus „Techniques & Architecture", Sept.–Okt. 1974 (Transmissionskoeffizient 0,7)

Monate	Breitengrade									
	0°	10°	20°	30°	40°	50°	60°	70°	80°	90°
Januar	5,8	4,8	3,7	2,5	1,3	0,5	0			
Februar	6,1	5,3	4,3	3,2	2,0	1,0	0,2	0		
März	6,4	6,0	5,3	4,4	3,4	2,2	1,1	0,3	0	
April	6,3	6,3	6,1	5,6	4,9	3,9	2,8	1,7	0,6	0,1
Mai	5,9	6,3	6,5	6,4	6,1	5,5	4,6	3,6	2,9	2,3
Juni	5,5	6,2	6,6	6,8	6,7	6,4	5,9	5,2	4,7	4,7
Juli	5,4	6,1	6,6	6,8	6,8	6,3	6,0	5,3	5,0	4,9
August	5,7	6,2	6,3	6,5	6,2	5,7	5,0	4,0	3,2	3,0
September	6,1	6,3	6,2	5,8	5,1	4,3	3,2	2,1	1,0	0,4
Oktober	6,3	6,0	5,5	4,7	3,7	2,6	1,5	0,5	0	
November	6,1	5,4	4,5	3,5	2,3	1,2	0.4	0		
Dezember	5,8	4,9	3,8	2,6	1,5	0,5	0			

Mittlere mögliche Sonnenscheindauer in Stunden für die einzelnen Monate
(Nach „Meyers Handbuch über das Weltall")

Monat	nördl. geogr. Breite						
	47°	48°	49°	50°	51°	52°	53°
Januar	276	273	269	265	261	256	251
Februar	286	284	282	280	278	275	273
März	367	366	366	366	366	365	365
April	406	407	409	411	412	414	416
Mai	464	468	471	475	479	483	488
Juni	473	477	482	486	491	497	503
Juli	478	482	486	491	495	500	505
August	439	441	444	447	449	452	455
September	376	377	378	378	379	379	380
Oktober	337	335	334	333	331	330	328
November	281	277	274	271	268	264	260
Dezember	264	260	257	251	246	241	235

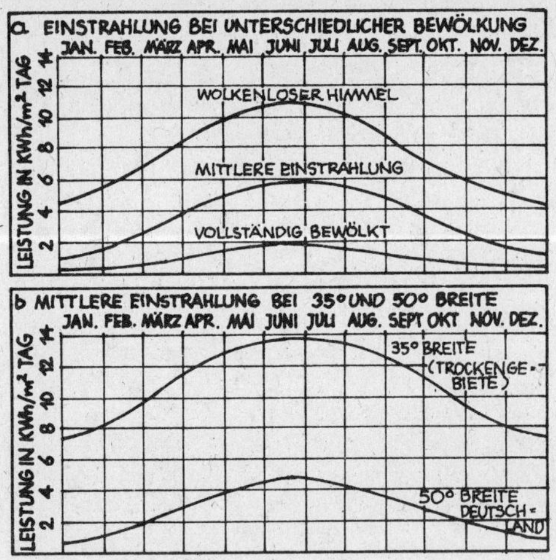

Die tägliche Einstrahlung in kWh/m² und Tag hängt von verschiedenen Faktoren ab:

a) Unterschiedliche Bewölkung bringt extreme Differenzen in der Energieausbeute.
b) Je nach Breitengrad ist durch die günstigen Winkel und veränderten Tageszeiten im südlichen Bereich mehr Energie zu gewinnen.

Nach Rouvels/Schäfer.

Die Sonnenstände der Jahreszeiten führen zu unterschiedlichen Einstrahlungswinkeln, Tageslängen und damit zu unterschiedlicher Energieausbeute.

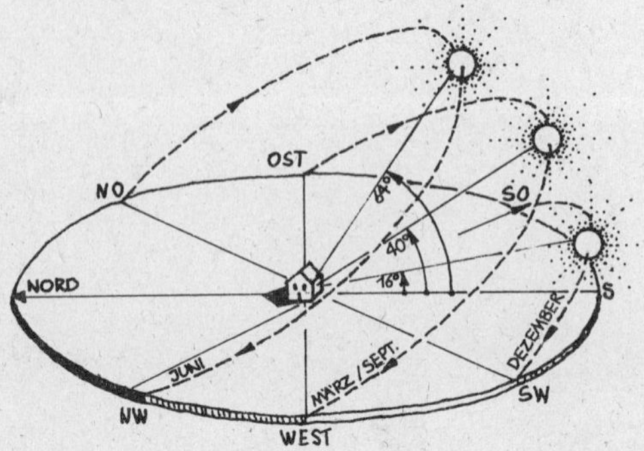

Klima

Die Zahl der tatsächlichen Sonnenscheinstunden mit direkter Strahlung ist vom regionalen Klima mit der örtlichen Wolken- und Nebeldichte und deren Häufigkeit sowie der Luftverschmutzung abhängig.
Bei bedecktem Himmel werden die Sonnenstrahlen durch Schwebeteilchen in der Atmosphäre gebrochen, gestreut und teilabsorbiert. Diese sogenannte diffuse Strahlung bietet ebenfalls verwertbare Wärmeenergie.
Die Summe aus direkter und diffuser Strahlung ist die Globalstrahlung, die die real verfügbare Energieleistung (W/m²) des Standortes liefert.
An sonnigen Tagen beträgt der diffuse Anteil der Globalstrahlung ca. 10% (100 W), bei stark dunstigem Wetter kann dieser bis auf 500 W ansteigen. Aber selbst an einem trüben Wintertag sind immer noch 30 bis 100 W diffuse Strahlung nutzbar.

Die nachfolgende Tabelle stellt eine grobe Einteilung von klimabestimmenden Faktoren dar, die Auswirkungen auf eine klimagerechte Architektur haben. Nach dieser Einteilung wären allein für Europa rund 1000 typische klimatische Regionen zu unterscheiden. Die örtlichen Bedingungen können in der Regel noch weiter differenziert werden (s. Kap. Klimagerechtes Bauen und Kap. Entwurfsprinzipien).
Die Klimareaktionen führen gemeinsam mit allen anderen typischen Bedingungen wie Topographie, Boden, Baustoffe, kulturelle und soziale Einflüsse zu einer unverwechselbaren ortsgebundenen Architektur.

Einstrahlungsart	Einstrahlungsmenge kWh/m²/Jahr	Lufttemperatur Wintermittel	Luftfeuchte, absolute Feuchte g/Wasser/kg Luft	Windgeschwindigkeit Jahresmittel in 10 m Höhe	Niederschläge Jahresmittel
überwiegend diffus	~900 (z.B. Norddeutschland	ausgeglichen mildes Küstenklima +5°C	feucht 12 g/kg (z.B. Regengebirge im Sommer)	stürmisch 7 m/s (z.B. Küsten u. Bergkämme)	regenreich über 1800 mm (z.B. Regenküsten und Gebirge)
ständig wechselnd	~1300 (z.B. Alpen)	wechselnd Kontinentalklima Sommer: warm, Winter: kalt, −5°C	ausgeglichen 8 g/kg (z.B. Deutschland)	windig 4 m/s (z.B. Küstenland u. Gebirge)	ausgeglichen ~900 mm (z.B. Mitteleuropa)
überwiegend direkt	~2000 (z.B. Mittelmeer)	überwiegend: warm, +10°C; kalt, −10°C	trocken 2 g/kg (z.B. Hochgebirge im Winter)	windarm 2 m/s (z.B. Binnenland-Mittelgebirge)	regenarm unter 300 mm (z.B. Zentralspanien)

STRAHLUNGSINTENSITÄT IN 400 METER HÖHE ü.M. NACH U. SCHÄFER, IN B+W 7/8 77

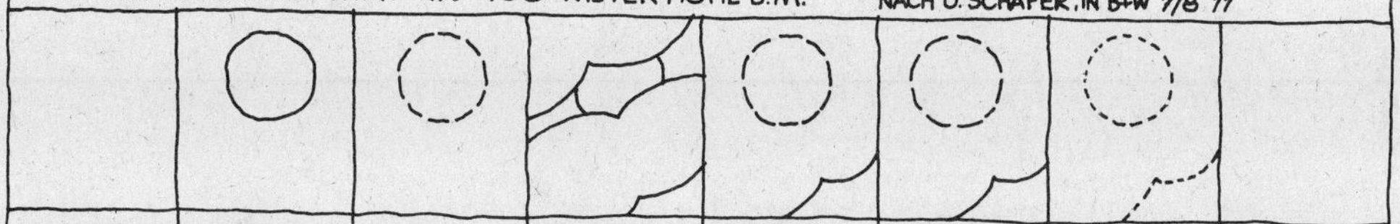

WETTER	KLAR BLAUER HIMMEL	DUNSTIG	SONNE BRICHT DURCH	GELBE SCHEIBE	WEISSE SCHEIBE	SONNE ERAHNBAR	TRÜBER WINTER TAG
GLOBAL	1000 W/qm	1000 W/qm	600 W/qm	450 W/qm	300 W/qm	200 W/qm	100 W/qm
DIFFUS	10%	50%	30%	50%	70%	100%	100%

Die Abbildung gibt einen Eindruck von der veränderten Strahlungsleistung bei verschieden stark bedecktem Himmel.

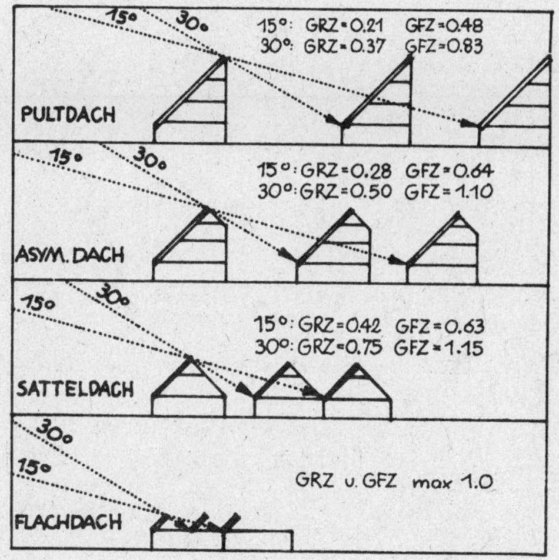

Die Verschattung der Gebäude untereinander erlaubt nur gewisse Bebauungsdichten. Auswirkungen verschiedener Kollektordachformen auf die Bebauungsdichte für zwei „tiefste" Winkel.
Nach: Hullmann, Solarenergieanlagen und Gebäude

Topografie

Mit steigender Höhe über dem Meeresspiegel nimmt die Strahlungsintensität zu. Höhenlagen sind deshalb besonders günstig für Sonnenenergienutzung.
Süd- bis Südwesthänge haben bei uns einen günstigen Einstrahlungswinkel und bieten bereits vom natürlichen Klima her besonders gute Ansiedlungspunkte.
In Tallagen wird die Zahl der Sonnenscheinstunden stark durch umgebende Höhenzüge reduziert, aber auch im Flachland können Nachbargebäude, Bäume usw. einen ungünstigen Besonnungshorizont bilden. Gerade im Winterhalbjahr wird dadurch die Sonnenstrahlung erheblich verringert.
Für künftige Siedlungsformen wird sich dieser Umstand auf die Bebauungsgebiete auswirken, und es wird sich ein Maß einpendeln, das dem örtlichen Energiepotential und seiner Ausnutzbarkeit angemessen ist. So könnte bei hoher Energiedichte auch eine höhere Bebauungsdichte möglich werden. Da hier gleichzeitig günstige Vegetationsbedingungen herrschen, könnte intensive Gartenwirtschaft betrieben werden und eine vielfältige Grünlandschaft entstehen.

Im Winter so besonnt wie möglich, im Sommer so schattig wie nötig. Verschattung durch Nachbargebäude ist nachteilig, aber durch belaubte Bäume, Sträucher und Ranken läßt sich gezielt klimatisieren. Auch Sauerstoffgehalt, Staubgehalt und Luftfeuchte lassen sich so regeln. In südlichen Ländern gehören die Schattenbäume zu jedem Gebäude.

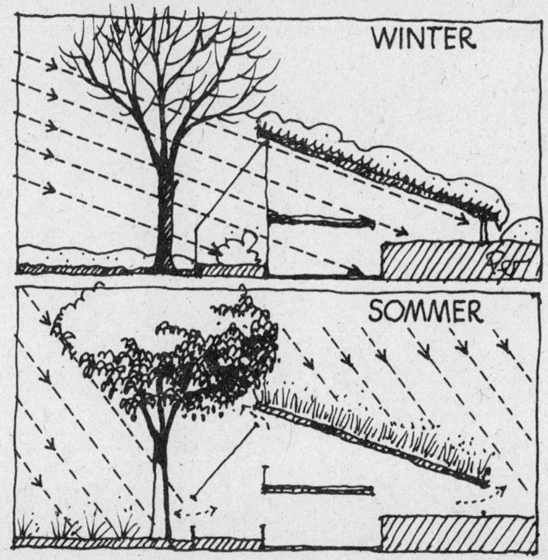

Die folgende Tabelle bietet einen Vergleich der Sonneneinstrahlung für verschiedene Orte (Tabelle aus: „Haus und Sonnenkraft", Sabady, P. R.)

Mittlere Jahressummen der Globalstrahlung für verschiedene Orte:

Hamburg	930 kWh/m²/Jahr	Ost-Sahara	2 550 kWh/m²/Jahr
Berlin	1 000 kWh/m²/Jahr	Marseille	1 860 kWh/m²/Jahr
Braunschweig	936 kWh/m²/Jahr	Paris	1 500 kWh/m²/Jahr
Würzburg	1 081 kWh/m²/Jahr	Florida	1 800 kWh/m²/Jahr
Trier	1 010 kWh/m²/Jahr	Graz	1 198 kWh/m²/Jahr
Zürich	1 160 kWh/m²/Jahr	Salzburg	1 086 kWh/m²/Jahr
Montana	1 300 kWh/m²/Jahr	Wien	1 120 kWh/m²/Jahr
Lugano	1 500 kWh/m²/Jahr	Kew (England)	927 kWh/m²/Jahr

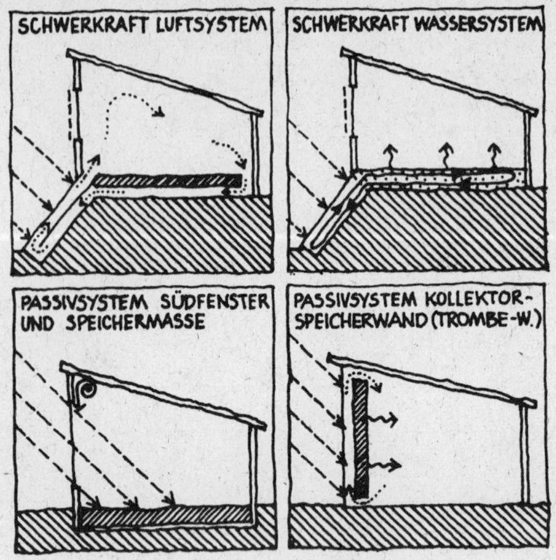

Grundsätzliche Möglichkeiten der passiven Nutzung von Sonnenenergie beim Hausbau. Die sog. Passiv-Systeme kommen mit weniger technischem Aufwand aus, da das Haus selber als Kollektor, Speicher und Heizsystem ausgebildet wird.

Solarsysteme

Passive Systeme

Die einfachste Form der Sonnenenergienutzung zur Raumheizung erfolgt in sog. passiven Systemen. Dabei wird die Sonnenstrahlung von nach Südwesten bis Südosten orientierten Fenstern oder Glasanbauten aufgenommen und von dahinter angeordneten massiven Bauteilen (Wände, Fußböden, Decken) absorbiert. Wärmeüberschüsse werden durch Schwerkraft oder Ventilator in nicht besonnten Räumen verteilt.
Passive Systeme sind ohne großen technischen Aufwand in jedem besonnten Gebäude anwendbar. Sie erfordern jedoch eine sorgfältige planerische Abstimmung der einzelnen Bauteille zueinander (Fenster- und Glasflächengröße und Ausrichtung, speichernde Bauteile, temporärer Wärmeschutz usw.).
Selbst in unseren Klimabereichen ist bei entsprechender Hauskonzeption bei gleichzeitiger Veränderung von Nutzergewohnheiten eine weitgehende Deckung des Heizenergiebedarfes möglich.
In südlicheren Klimaten ist die sog. Trombe-Wand als kompaktes passives System anwendbar. Unmittelbar hinter einer Glasscheibe ist eine schwarze Wand angeordnet. Diese nimmt tagsüber Sonnenstrahlung auf und gibt diese als Wärme nachts an die dahinterliegenden Räume ab. Die Wanddicke wird dabei auf die Sonnenstrahlung abgestimmt. Im Sommer kann ein solches System mittels einfacher Klappensteuerung auch zur Kühlung genutzt werden.

Die folgende Tabelle nach Chareyre (aus: „Biologischer Sonnenhausbau"; Sabady, P. R.) gibt Aufschluß über den Wärmehaushalt einer Trombe-Wand.

Einfache verglaste Südwand, 40 cm dick, mit natürlicher Luftführung nach innen, Luftschicht 10 cm

Äußere Oberflächentemperatur T_{AO} in °C	Solare Einstrahlung Q_s in W/m²	Absorbierte Wärmemenge Q_A in W/m²	Raumintern abgegebene Wärme Q_i W/m²	Wirkungsgrad W in %
60	630	420	170	27
50	500	374	124,5	25
40	370	278	78	21
30	248	186	36	14
25	183	137	17	9
20	134	100	0	0

Passive Solarsysteme arbeiten im Niedertemperaturbereich und eignen sich ausschließlich zur Raumerwärmung.
Die passive Solarnutzung bestimmt maßgeblich die Ausformung von Bauten, sie ist entwurfsbestimmend (s. Kap. Entwurfsprinzipien).

In das Erdreich gebaut und zur Sonne orientiert. Kollektorklappen dämmen des Nachts das Haus. Ein Wasserbecken reflektiert die Strahlung und bietet Kleinklimaausgleich.

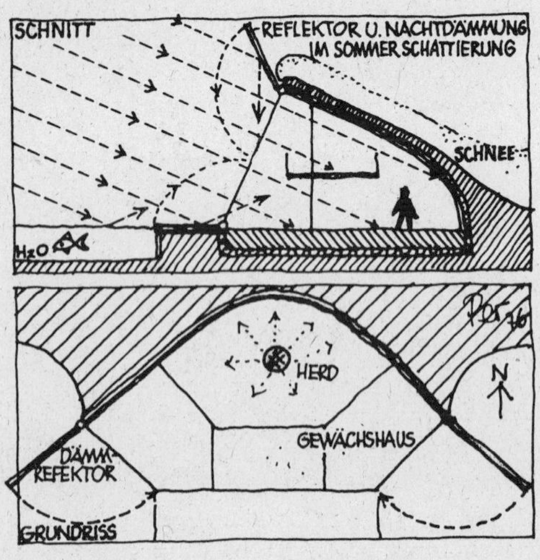

Aktive Systeme

Technische Einrichtungen für die Sonnenenergiegewinnung mit Kollektoren, Solarzellen usw. werden als aktive Solarsysteme bezeichnet. Diese ermöglichen die Nutzung der Sonnenstrahlung über die Raumheizung hinaus für Brauchwassererwärmung, Prozeßwärme und Elektrizitätserzeugung.
Je länger die Energiegewinnung über das Sommerhalbjahr hinausgeht, desto geringer ist der Anlagenwirkungsgrad bei gleichzeitig steigendem Aufwand für die Beibehaltung der gleichen Energiequalität.
Der Warmwasserbedarf eines Haushaltes läßt sich während der Monate Mai bis Oktober durch Flachkollektoren in Verbindung mit einem Ausgleichsspeicher decken. Der Wärmetransport kann bei einer solchen Anlage über ein einfaches selbststeuerndes Schwerkraftsystem (Thermosyphonprinzip) erfolgen, sofern der Speicher baulich höher als der Kollektor angeordnet ist.
In kühleren Jahreszeiten reagiert der Schwerkraftumlauf zu träge, um die verminderte Sonneneinstrahlung noch wirksam nutzen zu können.
Unter Verwendung einer steuerbaren Pumpe kann aber auch in den Wintermonaten die Sonnenstrahlung ausreichen, um kaltes Wasser vorzuwärmen. Das für Warmwasser oder Heizung erforderliche Temperaturniveau (ca. 40°C) ist dann direkt über Sonnenkollektoren nicht mehr zu erreichen.
In einem solchen Fall kann die Solaranlage durch eine Wärmepumpe ergänzt werden, die die geringen winterlichen Energiegewinne auf ein nutzbares Temperaturniveau transformiert.
Aufgrund der Diskontinuität von Energieangebot und Bedarf werden neben Sonnenkollektoren vor allem technische Einrichtungen und Geräte wie Wärmetauscher, Wärmepumpe, Wärmespeicher usw. zu wesentlichen Bestandteilen von aktiven Solarsystemen. Sie werden im Kapitel Haustechnische Einrichtungen ausführlich beschrieben.

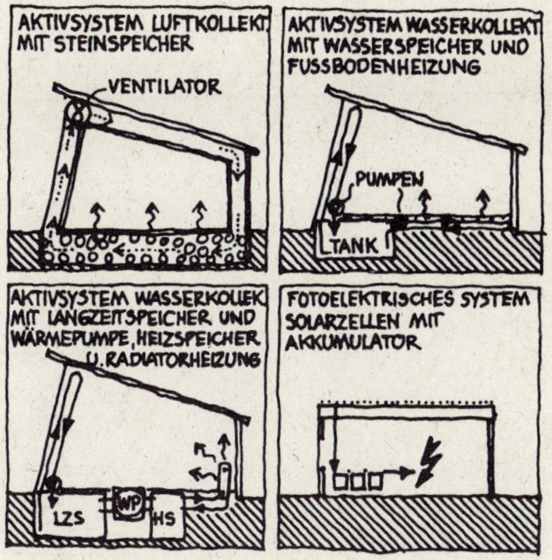

Grundsätzliche Möglichkeiten der Aktiven Sonnenenergienutzung beim Hausbau. „Aktiv" werden Systeme genannt, die als technische Installation mit mechanischen Antrieben in das Haus eingebaut werden. Thermische Schwerkraftsysteme ohne mechanischen Antrieb bilden den Übergang von Passiven zu Aktiven Systemen. Zwischen den Systemen sind vielfältige Kombinationen möglich.

Die verschiedenen Kollektorbauarten eignen sich zu unterschiedlichen Nutzungen.

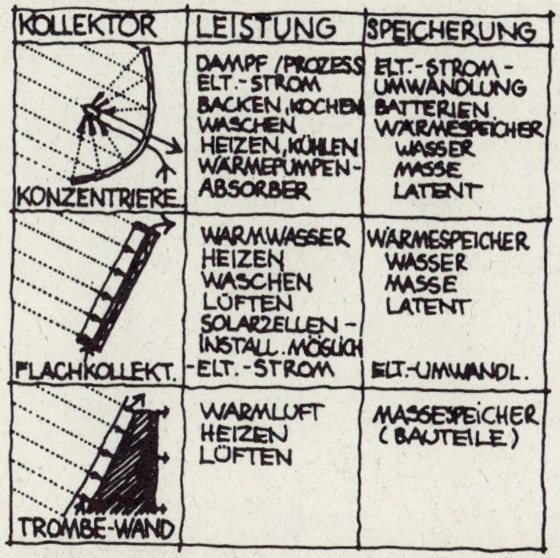

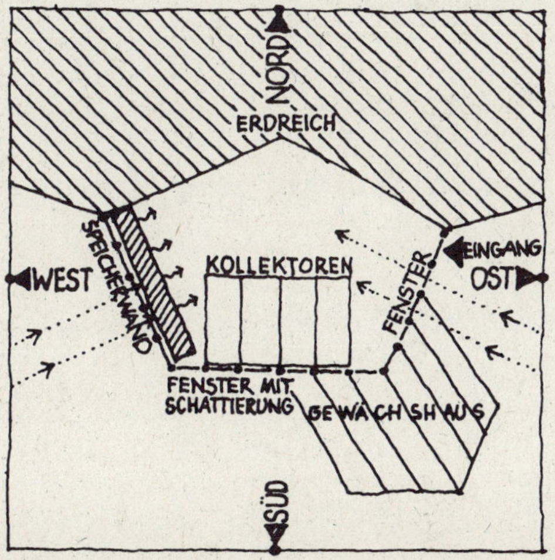

Optimale Orientierung der Sonnenenergienutzung am Haus

Süden	für Speicherung und Warmwasserbereitung und Fenster mit Schattierung,
Westen	Speicherwand zum Wärmeausgleich für die Nacht,
Osten	Fenster zur raschen Erwärmung am Morgen,
Südost	Gewächshaus,
Norden	Erdreich.

Ein schwarzer Gartenschlauch in die Sonne gehängt, erwärmt das langsam durchfließende Wasser. Genau so funktioniert jeder Flüssigkeitskollektor.

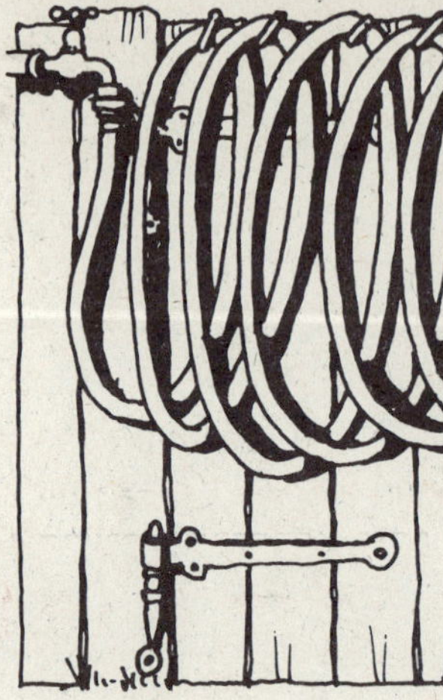

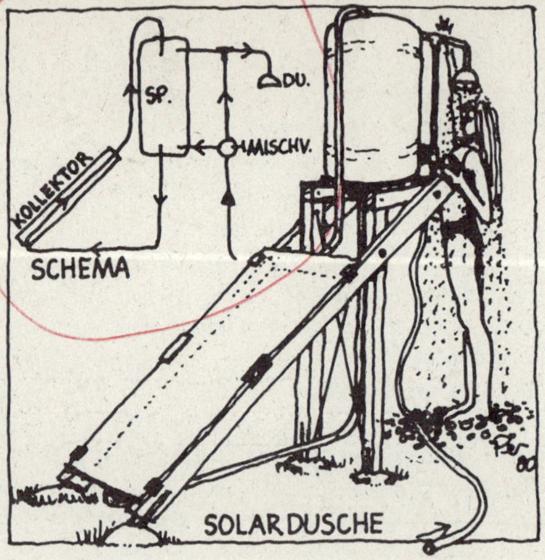

Einfache Solardusche, die mit wenigen Mitteln (gebrauchter Flachheizkörper, altes Ölfaß, Glasplatte, Holzgestell, schwarze Farbe usw.) einfach im Selbstbau hergestellt werden kann.

Kollektoren

Die Strahlungsenergie der Sonne wird im Grunde von jedem Materieteilchen empfangen, das von der Einstrahlung berührt wird. Es absorbiert die Strahlung mehr oder weniger, setzt diese in eigene Körperwärme um und strahlt sie wieder ab. In der Natur gibt es unzählige Kollektorformen, auch mit Nachführungsautomatik (Sonnenblumen usw.), und sogar Schließmechanismen, wenn die Sonne nicht mehr scheint.
Sonnenkollektoren sind einfach und teilweise sogar in Eigenarbeit herzustellen. Selbstbau-Systeme (z. B. Vorschläge von Dr. H. Schulz, Landtechnik-Institut Weihenstephan) sind zwar oft nicht so leistungsfähig wie industriell gefertigte Anlagen, dafür jedoch wesentlich preisgünstiger, so daß sie sich innerhalb kürzester Zeit energetisch wie betriebswirtschaftlich amortisieren.
Die Bauteile des Flachkollektors sind einfach zusammenzufügen und im allgemeinen auch gut in vorhandene Gebäude einsetzbar. Es besteht durchaus die Möglichkeit, Dach und Wände eines Gebäudes nach den Prinzipien des Kollektors zu bauen. Dazu

Selbstgebaute Schlauchkollektoren aus Plastikfolie für große Mengen Warmluft zum Trocknen für die Landwirtschaft.
Nach Dr. Schulz, Weihenstephan

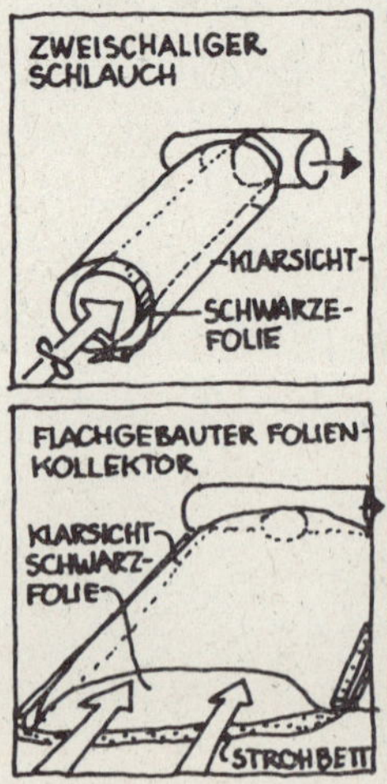

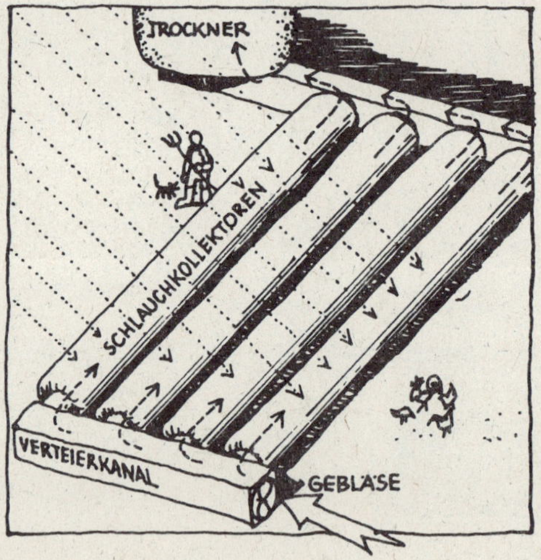

Luftkollektoren aus Folien: Transparentfolie als Abdeckung und schwarze Folie als Absorber. Mittels Ventilator wird die Luft transportiert und der Schlauch aufgeblasen. Zum Selbstbau in der Landwirtschaft für Trocknungsvorgänge. Ähnliche Systeme mit Wasserschläuchen werden auch zur Wassererwärmung benutzt.

ist ein Sortiment an Halbzeugen wie Absorber-Wärmetauscher, Abdecksysteme als Dachdeckung und eventuell Kombinationen mit tragenden Teilen erforderlich, das dem Planer genügend Variationsmöglichkeiten für technische und ästhetische Gestaltung bietet.

Flachkollektoren

Flachkollektoren absorbieren die Sonnenstrahlung und wandeln sie in Wärme um. Die eingestrahlte Energie wird an einen anderen Ort transportiert, wo sie direkt genutzt oder gespeichert werden kann. Sie nehmen direkte und diffuse Strahlung gleichermaßen auf und sind damit auch für Gebiete mit weniger direkter Strahlung geeignet.
Der Aufbau eines Flachkollektors ist sehr einfach. Als äußere Abdeckung dient eine durchsichtige Scheibe (Glas, Kunststoff), die als Einfach- oder Doppelverglasung ausgebildet wird. Dahinter ist die flache Absorberfläche angeordnet, die die Sonnenstrahlung absorbiert und in Wärme umsetzt. Sie wird von einem Transportmedium (meist Wasser oder Luft) durchströmt, das die eingestrahlte Wärme aufnimmt und weiterleitet.
Die Absorberplatine besteht meistens aus Aluminium, Stahl oder Kupfer. Kupfer ist sehr teuer; es hat aber von den hier genannten Metallen die größte Wärmeleitfähigkeit. Kunststoffe leiten relativ schlecht und finden nur in Einzelfällen Anwendung. Die Absorberfläche wird entweder schwarz oder selektiv beschichtet. Beide Beschichtungsarten absorbieren kurzwellige Sonnenstrahlung. Selektive Oberflächen (Galvanisierung von Metalloxiden, Sulfiden usw.) verhindern jedoch weitgehend die Reflektion der Wärmestrahlung, was gegenüber schwarzen Oberflächen zu einem größeren Wärmegewinn und zu einer Temperaturerhöhung im Kollektor von 20% und mehr führt.

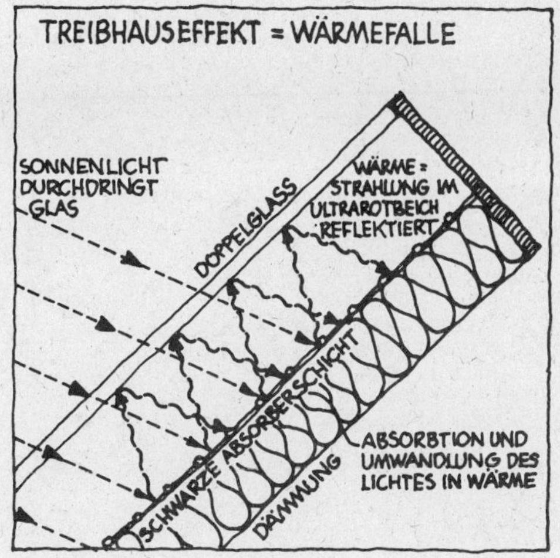

Treibhauseffekt als Kollektorwirkung, Glas läßt die Lichtstrahlen der Sonne weitgehend ungehindert hindurch. Durch das Auftreffen auf eine absorbierende Schicht (z.B. Mattschwarz) verwandelt sich die Lichtstrahlung in Wärme. Die längerwellige Wärmestrahlung durchdringt die Glasschicht nicht, so daß die Wärme im Inneren des Kollektors gefangen ist („Wärmefalle"). Durch Luft oder Wasser kann die Wärme abtransportiert werden.

Aufbau eines Wasserkollektors. Durch das von der Sonne aufgeheizte schwarze Absorberblech wird Wasser durch Kanäle geleitet und nimmt dabei die Wärme auf.

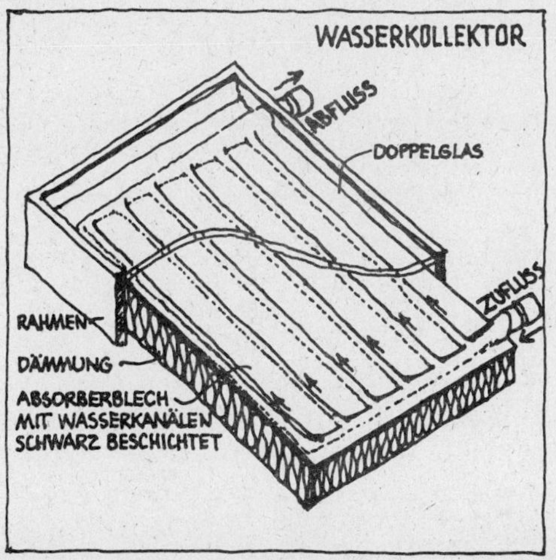

Aufbau eines Luftkollektors. Das schwarze Absorberblech wird durch die Sonne aufgeheizt und gibt die Wärme an die vorbeigeleitete Luft ab.

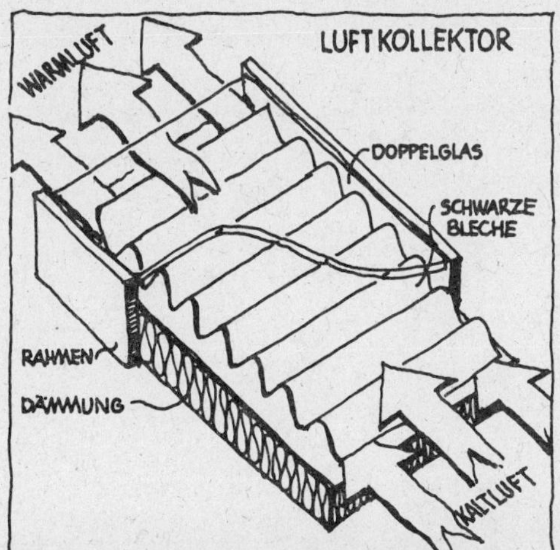

Energiebilanz eines Flachkollektors normaler Bauart. Die Effizienz kann verbessert werden durch:

- bessere Glasabdeckung (Selektivbeschichtung),
- isolierende Glasabdeckung,
- ideal schwarzer Absorber,
- gute Wärmetauschereigenschaften des Absorbers,
- gute Dämmung des Kollektors,
- hohe Temperaturdifferenz zwischen Einstrahlungstemperatur und zufließendem Medium.

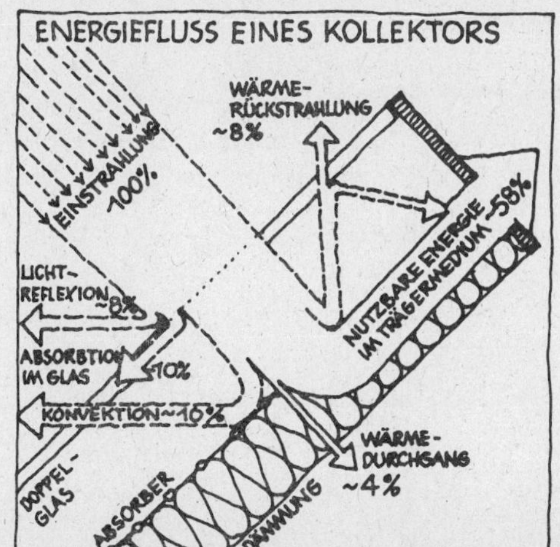

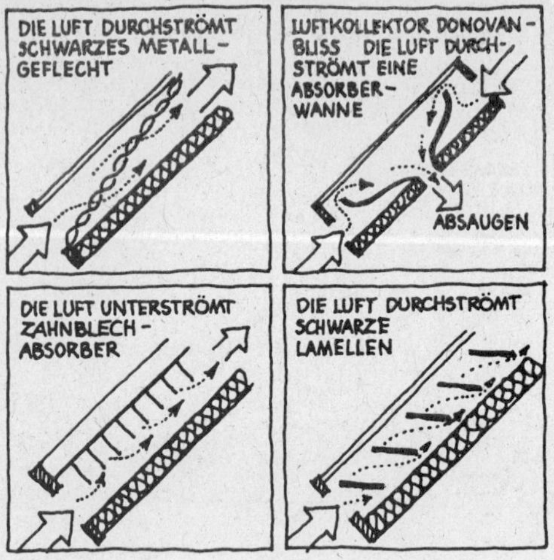

Luftkollektoren sind einfach im Aufbau und gut selbst zu installieren.

Als Transportmedium kommen überwiegend Wasser und Luft zur Anwendung. Bei höheren Temperaturen (über 100° C) müssen andere Flüssigkeiten wie Öle, Glyzerine o.ä. den Wasserkreislauf ersetzen. Sie sollten vor allem aber ungiftig sein und weder direkt noch bei ihrer Herstellung umweltbelastende Schadstoffe abscheiden. Schäden im Haus sind schon mit Wasser sehr unangenehm und sollten nicht noch unkontrollierbarere Reaktionen zur Folge haben. Wärmetechnisch ist Wasser mit seiner hohen spezifischen Kapazität am günstigsten.

Luft reagiert schnell als Transportmedium. Nachteilig sind allerdings die schlechten wärmetechnischen Daten der Luft, die einen hohen Umsatz erfordern und die Einspeicherung der Energie erschweren. Oft ist eine Kombination von Luft- und Flüssigkeitskollektoren angebracht.

Die hohe Wärmeausbeute der Flachkollektoren beruht zum Teil auf dem sog. Treibhauseffekt. Die abdeckende Glasscheibe ist für nahezu das gesamte Sonnenspektrum durchlässig, so daß Energie ungehindert einstrahlen und absorbiert werden kann. Die Rückstrahlung der Absorberfläche jedoch ist wesentlich langwelliger als das eingestrahlte Strahlungsspektrum. Sie dringt nicht mehr durch die Glasabdeckung nach außen, so daß eine Strahlenfalle im rückstrahlenden Infrarotbereich entsteht, die einen Großteil der eingestrahlten Energie im Kollektor bewahrt.

Eine Doppelverglasung reduziert die Wärmeverluste an die Außenluft, vermindert die Einstrahlungsgewinne jedoch um mehr als 10%.

Flüssigkeitskollektoren mit unterschiedlichem Aufbau
a) mit Teilvakuum (ein Vakuum ist die beste Form der Dämmung), die untere Verspiegelung reflektiert die Abstrahlungsverluste des Absorbers, durch die fehlende Dämmung ist der Kollektor sehr flach.
b) mit verspiegelten Waben, so werden die Konvektionsverluste reduziert.
c) mit gefalteten Transparentwaben.
d) mit verspiegelten Rohrabsorbern mit Teilvakuum; die Rohre sind vergleichbar mit Leuchtstoffröhren.

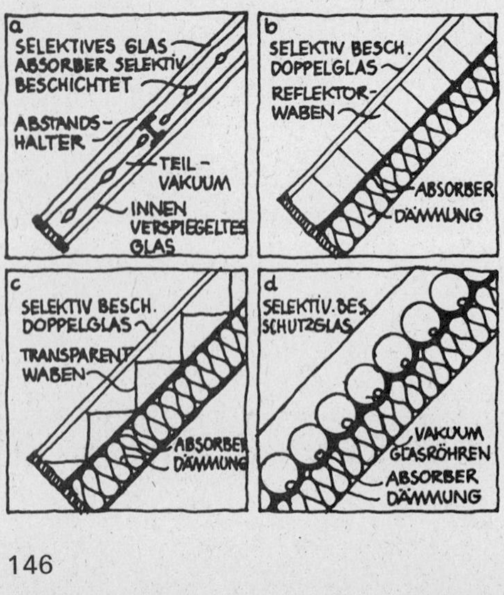

Verschiedene Absorbertypen, die sich in Material und Funktion unterscheiden.
a – c) Werden von einer Flüssigkeit durchströmt, die über Wärmeleitung die Energie der benachbarten Zonen mit aufnehmen.
d) Die Heat-Pipe (Wärmerohr) hat einen inneren Kreislauf und gibt Wärme über Verdunstung weiter (s. Kap. Wärmerohr).
e) Ein eher konzentrierender Kollektor mit Röhren in einem Vakuumglaszylinder, der rückseitig verspiegelt ist.
f) Einfache Mauer mit schwarzem Anstrich heizt die Baumasse auf.

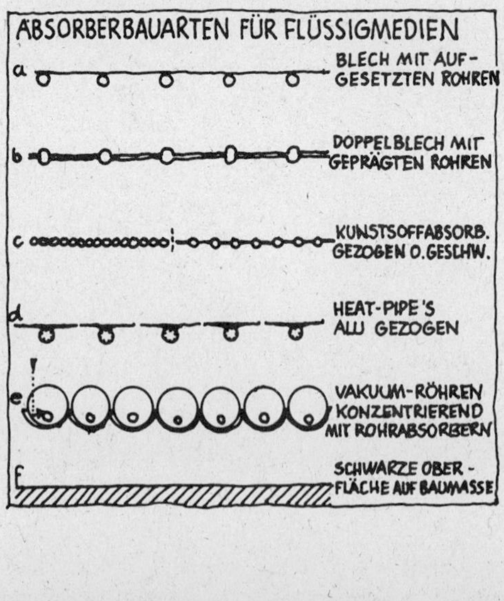

Zur Badeteicherwärmung können Kollektorfolien direkt das Wasser aufheizen und nachts gleichzeitig Wärmedämmung bieten.
a) Kollektor als aufblasbare Luftmatratze. Man kann auch darauf liegen.
b) Bläschenfolie, wie sie bereits auf dem Markt ist.
c) Kollektor-Kügelchen mit schwererem schwarzen Unterteil. Sie können notfalls im Wasser bleiben, wenn man schnell mal baden möchte.

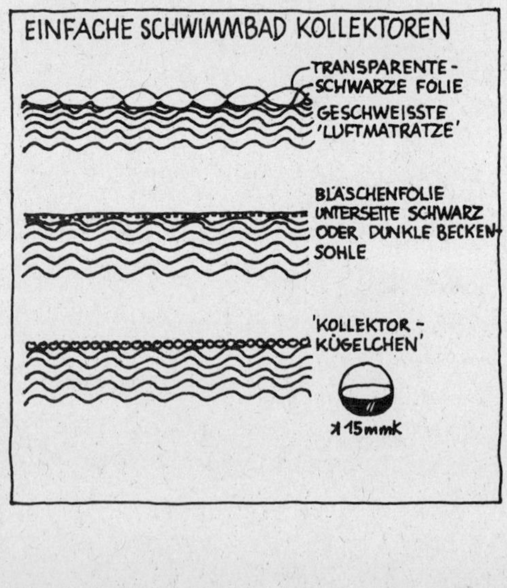

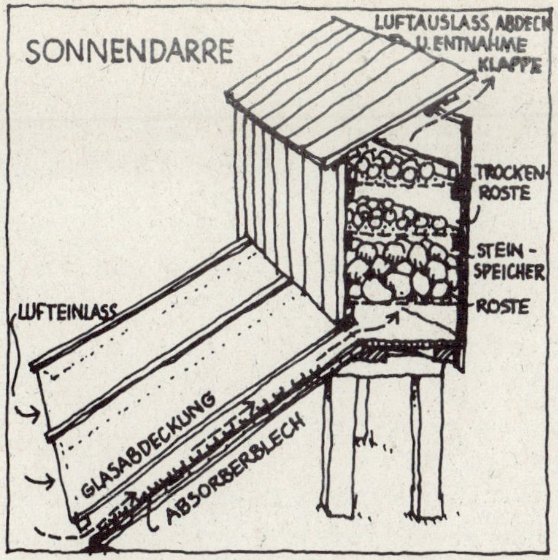

Sonnendarre zum Trocknen von Obst, Pilzen o. ä. Ein Luftkollektor erwärmt Luft, die im Aufsteigen Steinspeicher und Trockengut durchstreicht. Der Steinspeicher dient zum Ausgleich bei diskontinuierlichem Sonnenschein.

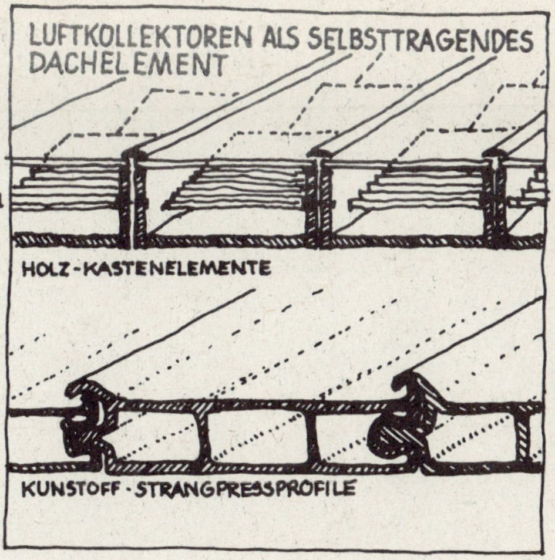

Kollektoren können selbsttragende Dachelemente sein.

a) Luftkollektor aus schwarz gestrichenen Holzbrettern mit einer Kunststoffabdeckung.
b) Luftkollektor aus Kunststoff-Strangpreßprofilen. Dachfläche ist klar, Stege und Boden sind schwarz durchgefärbt.

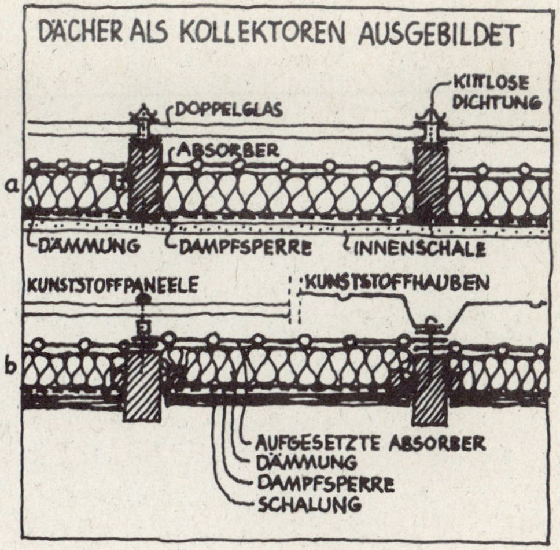

In ein normales Dach mit Sparren lassen sich auf einfache Weise Kollektoren integrieren:

a) eingelegt zwischen die Sparren mit einer Glasdeckung,
b) auf die Sparren gelegt, damit keine Verschattung durch die Sparren eintritt.

Luftkollektoren sind ähnlich, jedoch ohne die Absorberwärmetauscher.

Damit Kondenswasserschäden vermieden werden, muß innen vor der Dämmung eine Dampfsperre vorgesehen werden. Soll das Dach jedoch dampfdurchlässig bleiben, so muß der Zwischenraum zwischen Glaseindeckung und Absorber belüftet sein. Der entstehende Luftstrom kann zu Heizzwecken genutzt werden.

Der Anwendungsbereich für Flachkollektoren liegt im Niedertemperaturbereich unter 100° C. Das entspricht im Haushalt der Nutzung zur Warmwasserbereitung und Raumheizung und damit dem Hauptenergiebedarf in angemessener Qualität.
Der Wirkungsgrad von Flachkollektoren liegt bei 40 bis 50%, bei entsprechender Wärmespeicherung lassen sich pro m^2 Kollektorfläche jährlich bis zu 500 kWh an Wärme erzeugen. Dieser Wert kann durch eine Reihe von Einflüssen (z. B. Verschattung, Verschmutzung, Anlagenverluste usw.) wesentlich gemindert werden.

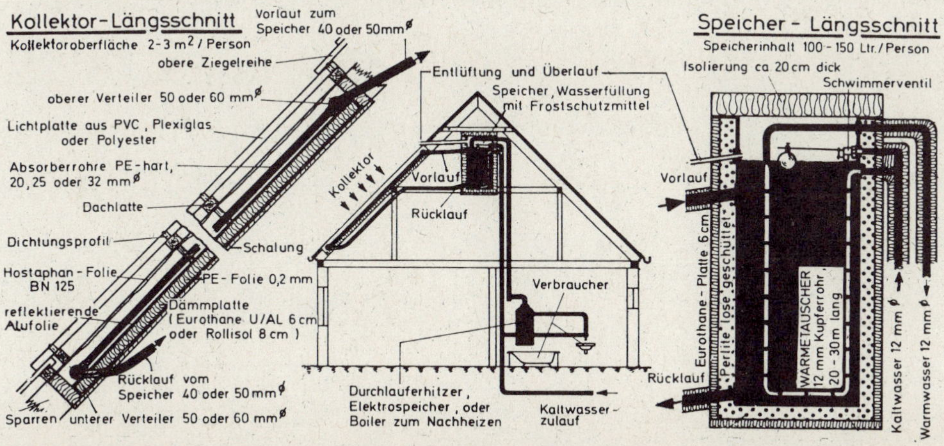

Eine Solaranlage für Brauchwasser zum Selbstbau mit einfachen Mitteln. Alle Einzelteile sind auf dem Markt zu haben. Bauanleitung von Dr. Schulz vom Landtechnik-Institut Weihenstephan.
Aus: Top agrar-extra, Sonnenenergie in Haus + Hof

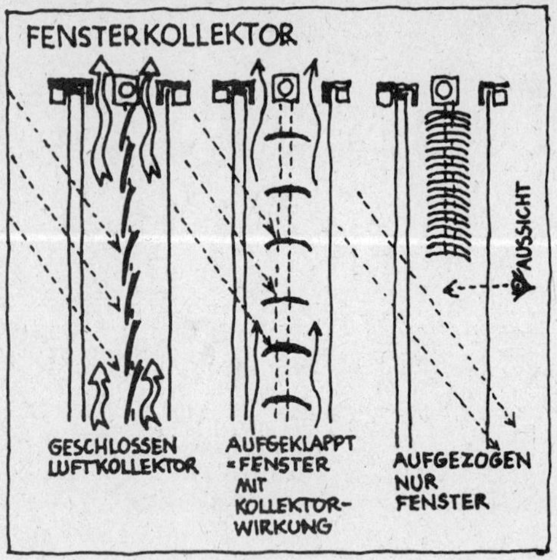

Ein Fenster als variabler Luftkollektor

Feste Dreifachverglasung mit schwarzer, verstellbarer Blechjalousie wirkt je nach Wunsch als Luftkollektor, als Abschattierung und Kollektor oder als Fenster.

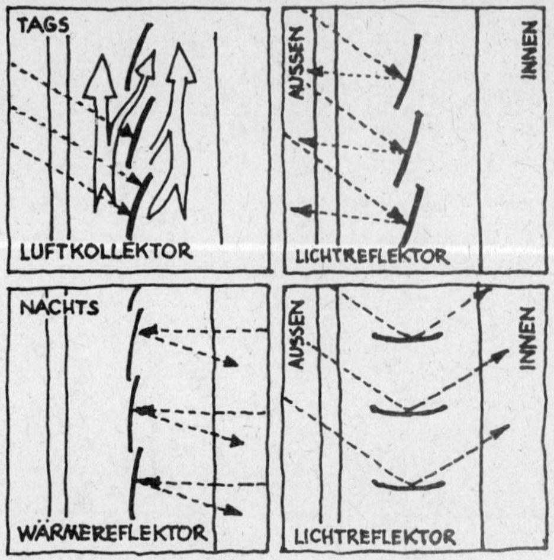

Das Anwendungsspektrum wird noch erweitert, wenn man die Blechjalousie unterschiedlich behandelt. Außenseite schwarz-absorbierend und Innenseite verspiegelt. Die verspiegelte Seite dient als Licht- oder Wärmereflektor.

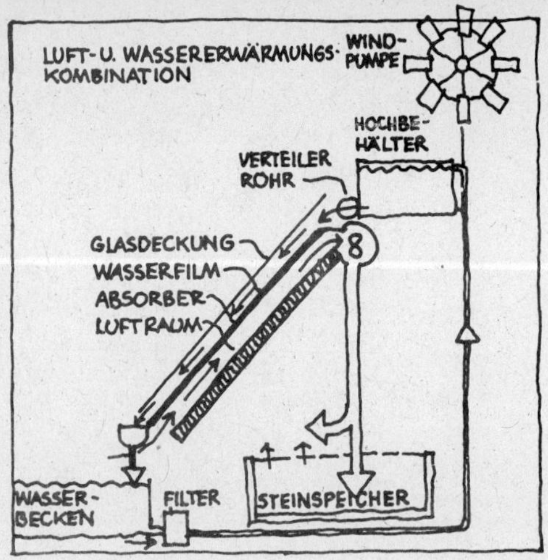

Luft- und Wasserkollektor wahlweise als einfaches Solarsystem. Das Wasser fließt über die Absorberplatte, darunter erwärmt sich die Luft, die als Umluftheizung oder zur Speicherung durch den Steinschotterspeicher geblasen wird. Die Anlage kann im Sommer zur Schwimmbeckenerwärmung und im Winter zur Warmlufterzeugung genutzt werden.

Jedes vorhandene Dach, das die Dachfläche zur Sonne orientiert, läßt sich leicht (auch in Selbsthilfe) in einen einzigen großen Luftkollektor verwandeln. Dabei braucht die alte Deckung nicht einmal entfernt zu werden, sie dient als Absorber, nachdem sie mit Absorptionsfarbe gestrichen wurde, darüber wird mit Abstandshaltern eine zweite transparente Dachhaut verlegt. Hierfür eignen sich alle Materialien von Glas bis zur transparenten Folie. Wenn die enorme Wärmeausbeute im Sommer nicht gebraucht wird, sollte man einen Teil der Dachfläche beschatten. Am besten durch Bäume oder Ranken, deren Laub Schatten spendet, jedoch im Winter die Sonne hindurchläßt.

Der Luftkollektor eines Daches läßt sich auch als Wasserkollektor benutzen, wenn man am First ein Verteilerrohr anbringt und das Wasser langsam herunterrinnen läßt. Dann läßt sich besonders die Sommerwärme gut verwerten (Schwimmbaderwärmung usw.).

Besonders einfach ist der Dachumbau bei einem Well- oder Trapezdach. Es wird das gleiche Profil mit Abstand aus durchsichtigem Material aufgebracht. Einige Anschlüsse müssen noch zusätzlich gesichert werden, da Nägel und Schrauben sich durch die große Hitze im Holz lösen.

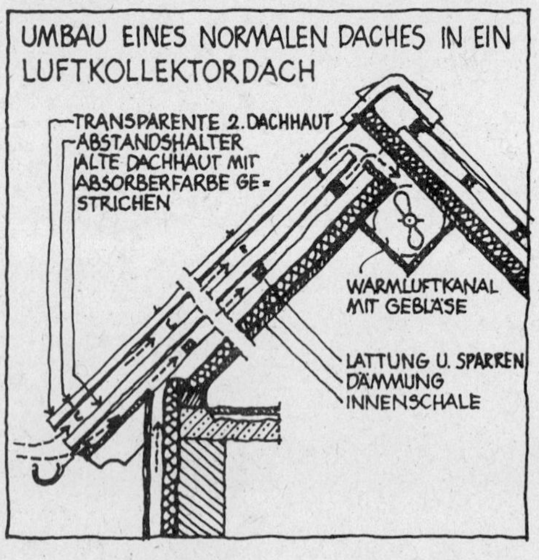

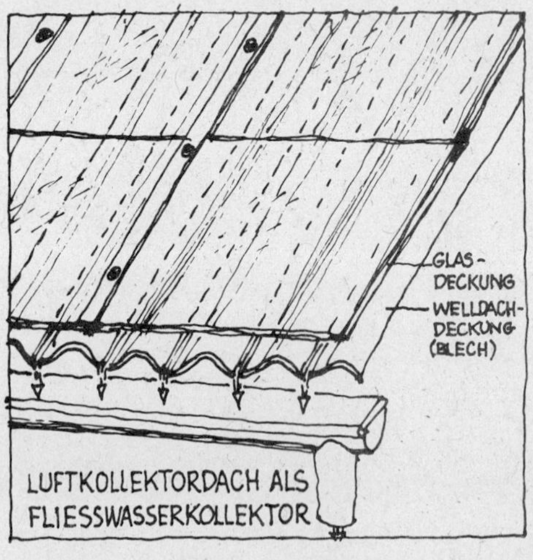

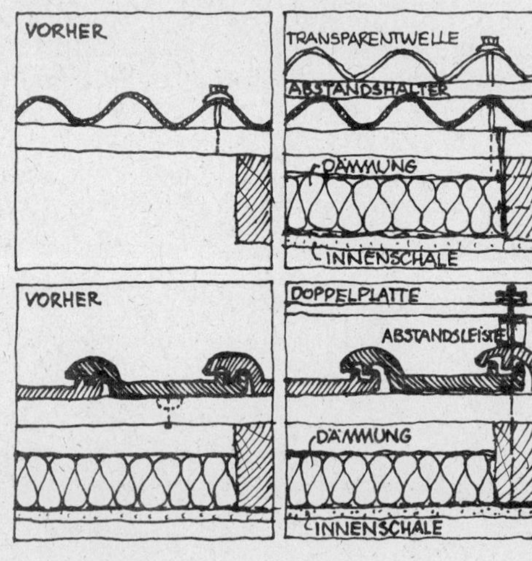

Wärmerohr (Heat Pipe)

Eine Besonderheit unter den Flachkollektoren stellt die Anwendung des Wärmerohr-Prinzips dar, bei dem im Kollektor selbst noch ein eigenständiger hermetischer Kreislauf existiert. Unter der Absorberfläche liegt ein Rohr mit einer Innenwandung aus Längskapillaren, in dem eine bestimmte Menge leichtverdunstender Flüssigkeit ist. Diese verdampft bei Wärmeeinstrahlung und steigt nach oben, wo sie an einem Wärmetauscher kondensiert und ihre Verdampfungswärme abgibt. Der Wärmetauscher ist Bestandteil des Kollektor-Haus-Kreislaufes und liefert seine Wärme dort ab. Das Kondensat fließt in den Längskapillaren herab oder verdunstet bereits wieder auf dem Wege nach unten. Wenn keine Wärme einstrahlt, sammelt sich die Flüssigkeit zum großen Teil im unteren Teil des Rohres und wird erst mit neuer Einstrahlung wieder aktiv. Damit ist für den Energiefluß eine Einbahnstraße vorgegeben, die durch die Einstrahlung gesteuert wird. Wärmeverluste sind minimierbar, da der Wärmetauscher bereits im gedämmten Bereich des Hauses liegen kann. Der kurze Kollektorkreislauf hat eine geringe Trägheit und reagiert schnell auf kurzfristige Einstrahlung. Fällt ein Bauteil aus, funktionieren die benachbarten Elemente noch weiter. Die verhältnismäßig großen Bauteile könnten selbsttragend ausgebildet werden, so daß es keiner Unterkonstruktion bedarf. Sie könnten in der Länge dem Bedarf anpaßbar gemacht werden.
Nachteilig ist die komplizierte Herstellung, die einen industriellen Betrieb erfordert. Erst die fertigen Elemente könnten im Selbstbau weiterverarbeitet werden.

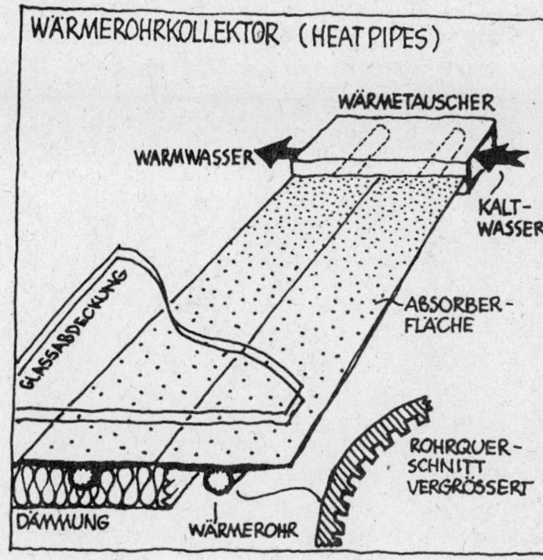

Wärmerohre sind stranggepreßte Aluminiumprofile, die mit etwas leicht verdampfender Flüssigkeit gefüllt sind. Die Flüssigkeit verdampft sowie die Absorberfläche durch die Sonne erwärmt wird. Der Dampf steigt auf und gibt die Wärme am Wärmetauscher ab, kondensiert dabei und rinnt als Flüssigkeit wieder herab.

Heat-Pipe-Einsatzmöglichkeiten:
a) direkte Warmwassererwärmung im Speichertank,
b) Umluftheizung mit direkter Wärmeabnahme am Kopf der Heat-Pipes,
c) Heat-Pipe als Wand- oder Dachkollektor für eine Luftheizung als Umluft- oder Frischluftsystem.
d) ‚Trombe Wand' mit Heat-Pipes ausgestattet verhindern die Wärmeabgabe nach außen. Außerdem sind Heat-Pipe-Systeme gut mit Wärmepumpenanlagen zu kombinieren.

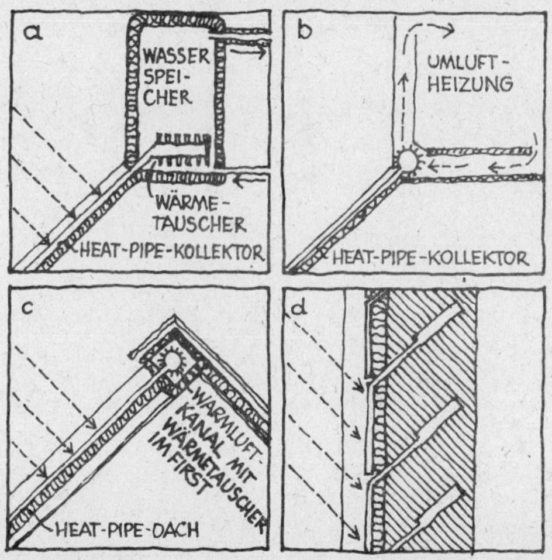

Vorschlag eines selbsttragenden Dachsystems aus Heat-Pipes
a) mit Glasabdeckung,
b) offen als Dachdeckung.

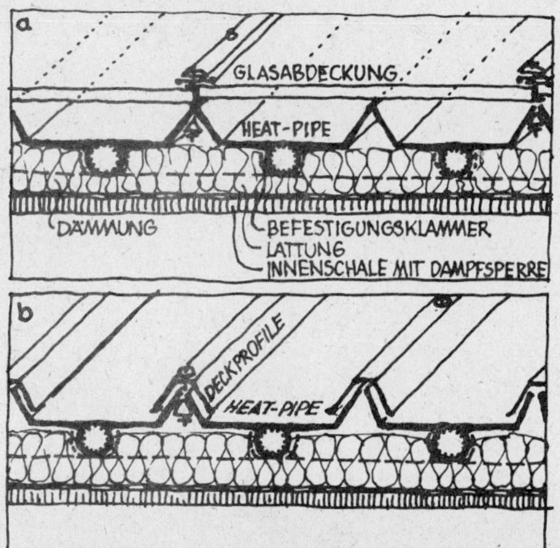

Berghaus mit Heat-Pipe-Kollektor zur direkten Warmwasserbereitung im Tank. Raumheizung über Luftkollektoren in geschlossenem Kreislauf, umschaltbar auf Speicherung oder Umluft.

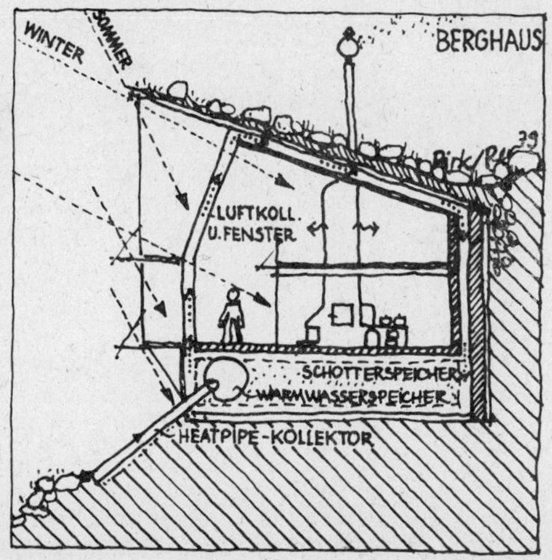

Konzentrierende Kollektoren

Konzentrierende Kollektoren bündeln nach dem Prinzip des Brennglases oder des Hohlspiegels die Strahlung auf einen Punkt oder eine Linie, wodurch eine Verdichtung der flächig eingefangenen Energie auf kleinstem Raum entsteht. Die höhere Dichte bewirkt ein höheres Temperaturniveau.

Als Konzentratoren eignen sich besonders verspiegelte parabolische Zylinder oder Rotationskörper, deren Achse in die Sonne gerichtet ist. Im Brennpunkt bzw. in der Brennlinie wird die Energie abgeführt. Um noch größere Sammelflächen zusammenzuhalten, werden ganze Felder aus nachführbaren Planspiegeln angelegt, die einen festen Parabolspiegel ausleuchten, in dessen Brennpunkt die gesamte Energie gebündelt wird.

Der Anwendungsbereich für konzentrierende Kollektoren liegt im Temperaturbereich über 100° C bis zu mehreren 1000° C. Ein Parabolspiegel von 2,4 m Durchmesser kann schon über 3000° C erzeugen, und Präzisionsgeräte erreichen die 250000fache Verdichtung der Sonnenstrahlung.

Die größte konzentrierende Anlage ist der in Odeillo/Pyrenäen gebaute Sonnenofen. Er hat einen 2000 m^2 großen festen Parabolspiegel und wird von einem großen Planspiegelfeld versorgt. Die Leistung liegt bei 1000 kW bei Temperaturen bis zu 4000° C.

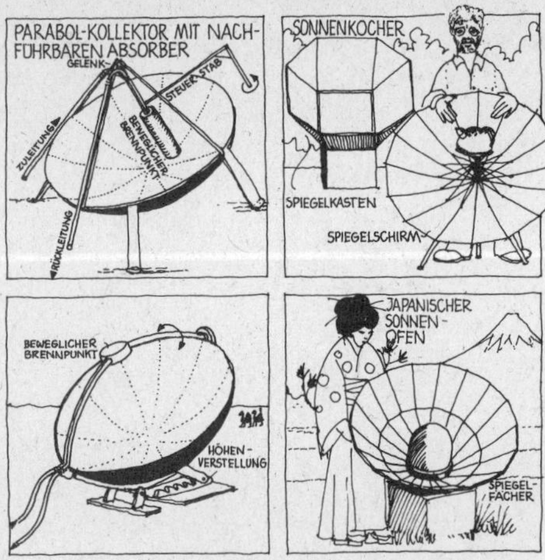

a
Parabolischer Kollektor mit nachführbarem Brennpunkt und fest installiertem Spiegel. Diese Anlagen sind baulich günstiger und leichter zu steuern. Die Energieausbeute wird durch die teilweise Schrägeinstrahlung gemindert.

b
Parabolischer Kollektor mit Nachführung des Absorbers über zwei Gelenke. Das untere wird jahreszeitlich eingestellt, das Drehgelenk am Spiegelkörper dreht in der Umlaufachse der Sonne.

c + d
Kleine Sonnenöfen in Schirmkonstruktion als Klappkasten oder zusammenfaltbar. Sie reichen bereits zum Kochen.

Kleiner Sonnenofen für dezentrale Nutzung. Nach dem Odeillo-Prinzip Backen, Schmelzen, Brennen, Schmieden, Kochen, Dampf usw. Der Parabolspiegel bildet, aus Einzelspiegeln geformt, eine Laube, die mit Glas geschlossen ist. Der Brennpunkt ist der Ofen. Die Umlenkspiegel werden der Sonne nachgeführt.

Die Einstrahlung kann durch die Zahl der Spiegel reguliert werden. Es sind auch mehrere Spiegelreihen denkbar.

Die Abwärme sollte zu Heizzwecken benutzt werden.

a) Schematischer Schnitt durch das Sonnen-Kraftwerk in Odeillo mit Strahlengang über das Planspiegelfeld zum Parabolspiegel und schließlich in den Brennpunkt, wo fast 4000° C erreicht werden können.
b) Konzentrierendes Spiegelfeld auf horizontaler Ebene zur Dampferzeugung im Kopf des Turmes für ein kleines Kraftwerk.

Nach: Energie richtig genutzt

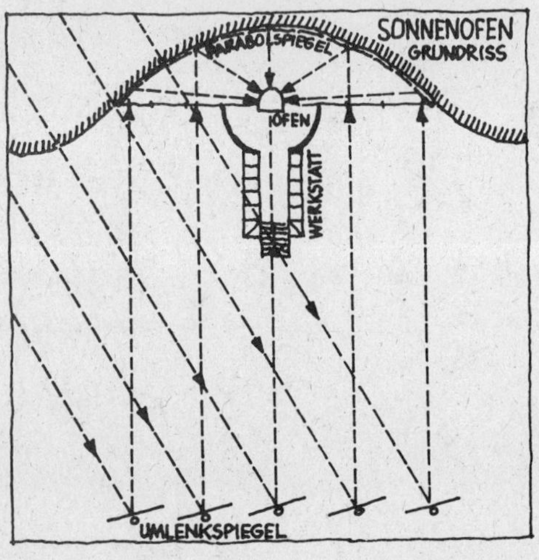

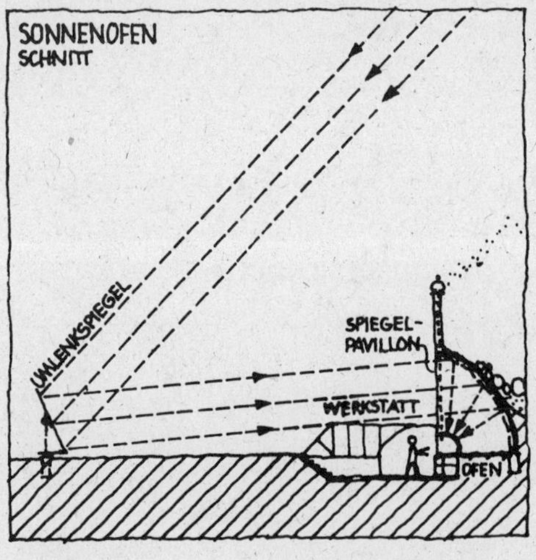

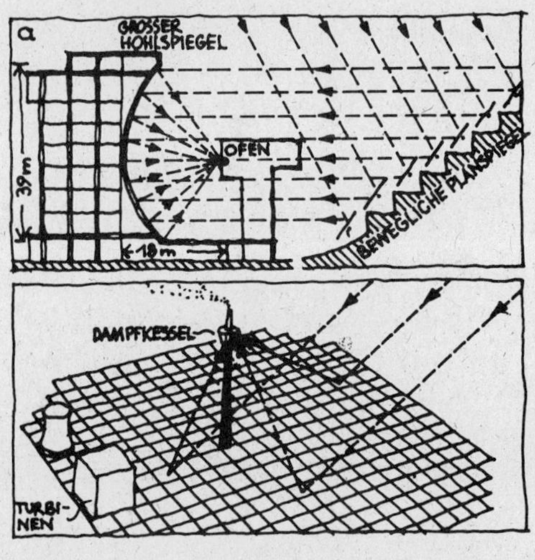

Bereits ein Hohlspiegel von 9 cm Durchmesser genügt, um eine Zigarette anzuzünden. Im Hausbereich können konzentrierende Kollektoren zum Kochen, Backen, Braten oder als Durchlauferhitzer eingesetzt werden. Sogar ein kleines Dampfkraftwerk könnte auf diese Weise eine Siedlung mit Strom und Wärme versorgen. Zeitunabhängige Arbeiten wie Waschen, Baden o. ä. könnten mit kleinen beweglichen Sonnenöfen durchgeführt werden.

Konzentrierende Kollektoren stellen eine Reihe von Anforderungen, die ihre Anwendung klimatisch und technisch einschränken. So ist für ihren Betrieb direkte Sonnenstrahlung notwendig, da sie auf die parallelen Strahlen der Sonne angewiesen sind. Das beschränkt ihren Einsatz auf Gebiete mit relativ klarer Witterung. Für weniger kontinuierlichen Energiebedarf sind sie auch bedingt in unseren Klimabereichen einsetzbar.

Da schon ein geringer Schmutzfilm den Wirkungsgrad der Spiegelflächen stark mindert, ist auch ein erhöhter Pflegeaufwand besonders in Gebieten mit hoher Luft- und Regenwasserverschmutzung zu erwarten.

Einen hohen technischen Aufwand erfordert die Nachführung der Spiegel, die die Brennachse in die Sonne lenkt. Sie muß die Tagesbahn der Sonne nachvollziehen und jahreszeitlich auf die Sonnenhöhe eingestellt werden. Das erfordert mechanische Einrichtungen mit vielen beweglichen Teilen, die meist der Witterung ausgesetzt sind und entsprechend pflegeintensiv sein können.

Die Steuerung erfolgt über Motoren, oft von Lichtsensoren gelenkt, wie sie bei Sonnenschutzlamellen üblich sind. Einfacher wäre z. B. ein Uhrwerk mit Kollektorsteuerung und gleichzeitiger Zeituhr, das über Hängegewicht oder Federwerk angetrieben würde. Über die Zeituhr wäre auch eine Kontrolle und Korrektur der Kollektorführung möglich.

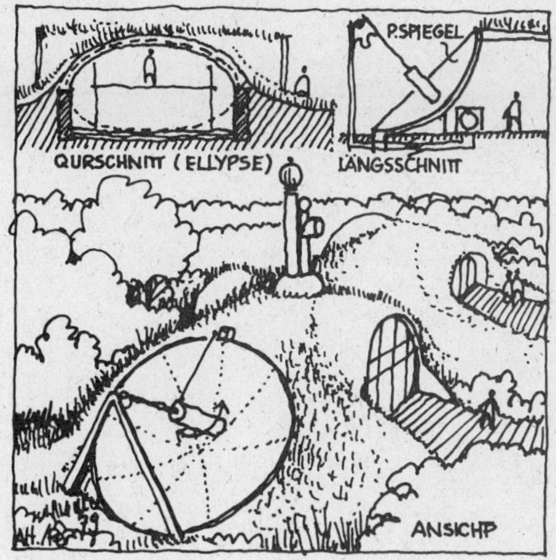

Erdhaus auf Basis eines elliptischen Zylinders, der im Anschnitt einen Kreis ergibt. Dieser Kreis ist als parabolischer Kollektor mit nachführbarem Absorber ausgebildet.

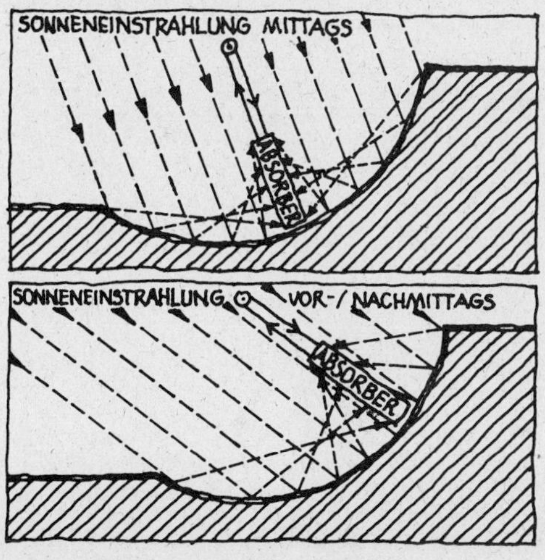

Parabolspiegel mit beweglichem Brennpunktabsorber, der dem jeweiligen Brennpunkt bei vertikaler oder schräger Einstrahlung folgt.

Reihe von geschlossenen zylindrischen Kollektoren, dem Sonnenstand nachführbar. Die Einstrahlung wird durch den parabolischen Querschnitt auf ein Dampfrohr konzentriert. Der Dampf kann zur Stromerzeugung genutzt werden.

Eine Anlage mit festen verspiegelten parabolischen Dächern, nach Süden ausgerichtet, mit beweglichem Absorber entsprechend dem Sonnenstand (nach Lambeth).

Bei Fabrikationsgebäuden in südlichen Ländern erzeugt das Dach Dampf für Kraft des Produktionsprozesses. Die Fabrikhalle ist zugleich Kraftwerk. Abwärme kann als Kühlenergie für Absorberwärmepumpen genutzt werden.

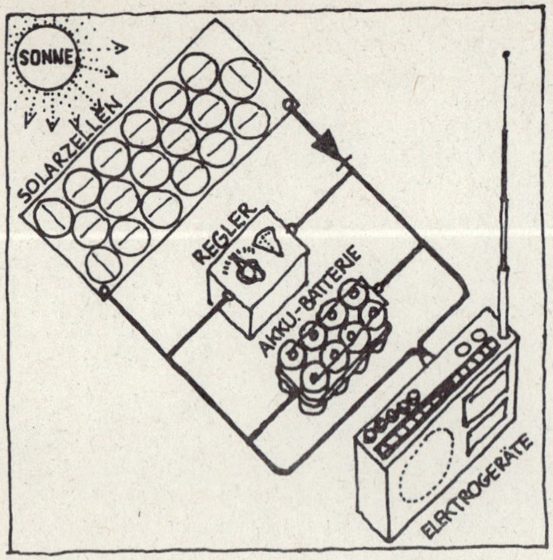

Schema einer Solarzellenanlage mit Akkumulator-Aufladestation und Direktanschluß. Solarzellen sind leicht zu installieren, wartungsfrei und langlebig, da kein Verschleiß auftritt. Ein interessantes Anwendungsgebiet ist die Wiederaufladung von Batterien für eine Vielzahl elektrischer Kleingeräte.

Aufbau eines doppelt wirksamen Hybrid-Kollektors. Die Solarzellenschicht wirkt zugleich als Absorberfläche wie beim thermischen Flach-Kollektor. Mit einer Ausnutzung von etwa 10% der Einstrahlung können heute ca. 100 W/m² elektrische Leistung erbracht werden. Der Rest ist Wärme.

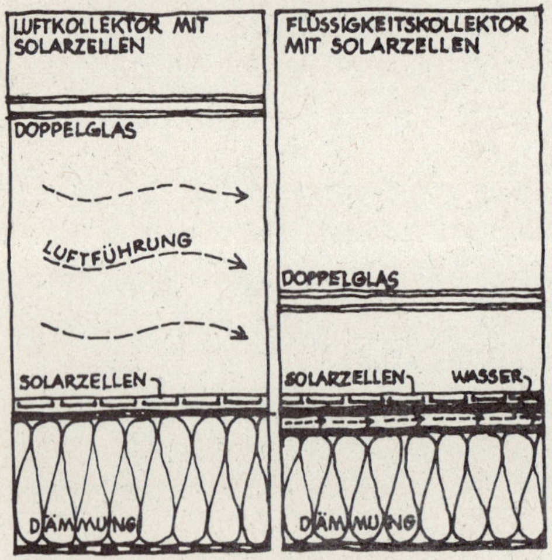

Solarzellen

Als Solarzellen werden Kollektoren bezeichnet, die die Sonnenstrahlung in elektrische Energie umsetzen.
Die einzelnen Solarzellen (Plättchen von 7 bis 10 cm ⌀) bestehen meist aus Silizium-Halbleiterschichten, an deren Grenzschicht bei Sonneneinstrahlung (auch diffuses Licht) eine Spannung entsteht. Eine Zelle erreicht ca. 0,5 Volt Spannung, die Stromstärke hängt von der Größe und Lichtintensität ab. Die einzelnen Zellen können in Reihe oder parallel geschaltet werden, so daß jeder gewünschte Spannungs- oder Strombedarf erreicht werden kann. Der entstehende Strom kann direkt genutzt oder in Batterien gespeichert werden.
Der Wirkungsgrad liegt derzeit bei 12 bis 15%, wird jedoch nur unter optimalen Bedingungen erreicht. Mit Hilfe von optischen Systemen (Linsen, Hohlspiegel usw.) und zweidimensionalen Nachführeinrichtungen sind insgesamt höhere Anlageneffizienzen zu erzielen. 1 m² Fläche dicht bestückt mit in Reihe geschalteten Solarzellen erreicht in voller Mittagssonne rund 100 W. Energetisch armortisieren sich Solarzellen innerhalb eines Jahres. (Verhältnis von Energieaufwand für die Herstellung zum Energiegewinn.)
Dem Nachteil der hohen Kosten und der geringen Leistung von Solarzellen stehen die Vorteile der Betriebssicherheit und hohen Lebensdauer (nahezu unbegrenzt, da keine beweglichen Teile und kein Verschleiß stattfindet) sowie der Wartungsfreiheit mit problemloser Montage und der Umweltfreundlichkeit (geräuschlos, keine Emissionen) gegenüber.
Minimiert man den Strombedarf eines Hauses durch Verwendung von Schwachstrom-Elektronik, fein abgestimmter Beleuchtung und Verzicht auf Wärmeerzeugung durch Strom, so läßt sich auch heute schon ein Haus wirtschaftlich elektrisch selbstversorgen. Leistungsstarke Arbeitsmaschinen sind mit Solarzellen nicht wirtschaftlich zu betreiben.
Ein besonderes Anwendungsgebiet für Solarzellen sind Zusatzantriebe für passive und schwerkraftbewegte Solarheiz- und Lüftungssysteme. Umwälzpumpen und Ventilatoren können dann mit geringster Leistung Wärme transportieren, wobei ein Direktanschluß die Leistungsabgabe synchron zur Einstrahlungsintensität selbst steuert.
Ein weiteres Anwendungsgebiet ist der Einsatz von langlebigen wiederaufladbaren Batterien (Akkumulatoren) für eine Vielzahl von elektrischen Kleingeräten, die normalerweise mit umweltfeindlichen und rohstoffvergeudenden Einwegbatterien betrieben werden. Für diesen Zweck reicht eine kleine Auflagestation, die mit 5 bis 20 (~0,1 m²) Solarzellen betrieben wird, aus.
Solarzellen lassen sich auch mit normalen Luft- oder Wasserkollektoren kombinieren. Diese sog. Hybrid-Kollektoren nutzen die entstehende Wärme.
Die Kosten von Siliziumzellen sind derzeit noch sehr hoch (20 bis 30 DM/W), hierdurch ist ein wirtschaftlicher Einsatz nur in seltenen Fällen möglich: z. B. bei Wochenendhäusern, Segelbooten, Wetter- und Funkstationen, Notrufanlagen usw., also überall dort, wo nur kleine Mengen Elektrizität kontinuierlich erforderlich sind und der Anschluß an ein Versorgungsnetz zu aufwendig ist.
Aufgrund fortschreitender Entwicklung ist in den nächsten Jahren mit wesentlich geringeren Kosten zu rechnen. Bis 1990 wird ein Preis von ca. 3 DM/W (0,45 DM/kWh) erwartet, für das Jahr 2000 sogar nur von 1 DM/W (0,14 DM/kWh), so daß dann auch die dezentrale Elektrizitätserzeugung für normale Privathaushalte in Betracht kommt.

Ausrichtung und Neigung

Flachkollektoren werden im allgemeinen fest installiert, so daß ihre Ausrichtung und Neigung zur Sonne von besonderer Bedeutung für die Energieausbeute ist. Je nach Klimazone, Breitengrad, Topografie und Nutzung kann die Ausrichtung recht unterschiedlich sein. Die Auslegung des gesamten Sonnenenergiesystems richtet sich meistens nach der optimal erreichbaren Energiemenge, wirkt aber auch ihrerseits auf die Kollektoranordnung. Besteht z. B. ein großvolumiger Langzeitspeicher, so kann die Kollektoranlage vorwiegend auf Sommernutzung ausgelegt werden. Bei kurzzeitigen Speichern ist eine universelle Brauchbarkeit über das Jahr besser.
Ein vorwiegend für Sommerbetrieb gedachtes System braucht eine flache Neigung (ca. 30°) und Südausrichtung. Bei Betonung des Winterbetriebs ist eine steile Neigung (ca. 60°) vorteilhaft, und mit etwa 45° kann eine ganzjährige Anlage laufen. Zonen mit vorwiegend diffuser Strahlung benötigen möglichst horizontale Lagerung der Kollektoren, die ein großes diffuses Feld erfassen müssen.
Eine präzise Einstellung der Kollektorneigung zur Horizontalen nach den Wendepunkten im Jahresverlauf ergibt sich aus dem Breitengrad des Standortes und der Differenz der Wendekreise des Krebses und des Steinbocks:

Sommersonnenwende: Breitengrad	−23,5°	z. B. Hannover 29°
Tag-Nacht-Gleiche: Breitengrad		z. B. Hannover 52,5°
Wintersonnenwende: Breitengrad	+23,5°	z. B. Hannover 76°.

Die Ausrichtung der Kollektoren geschieht im allgemeinen nach Süden, um das Tagesmaximum an Energieeinstrahlung möglichst gut abzuschöpfen. Mit Abweichungen von der Südausrichtung werden die Neigungswinkel der Kollektoren dem Tageskreislauf der Sonne gemäß steiler. Westliche Ausrichtung kann für die einfachen Masse-Kollektoren günstig sein, die ihr Wärmemaximum dann kurz vor den Abendstunden erreichen. Die direkte Fenstereinstrahlung aus dem Osten kann nach der kühlen Nacht physisch und psychisch wohltuend sein.

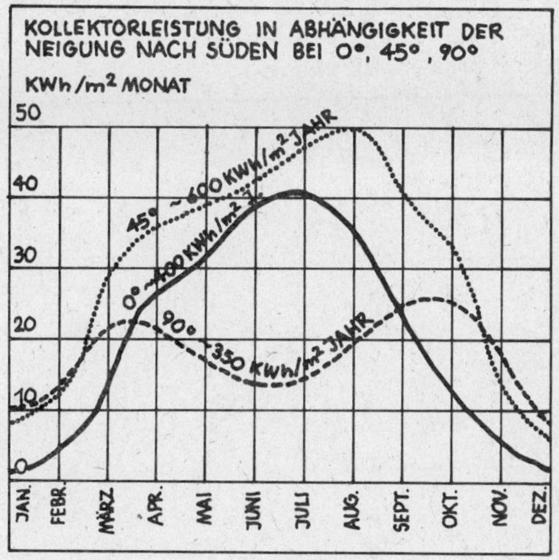

Die Wärmelieferung der Kollektoren hängt sehr von ihrer Neigung zur Sonneneinstrahlung ab. Die Kurven zeigen die Werte für senkrechte, waagerechte und 45° schräge Anordnung der Kollektoren. Andere Werte sind zu interpolieren.
Nach: VDI Berichte 306

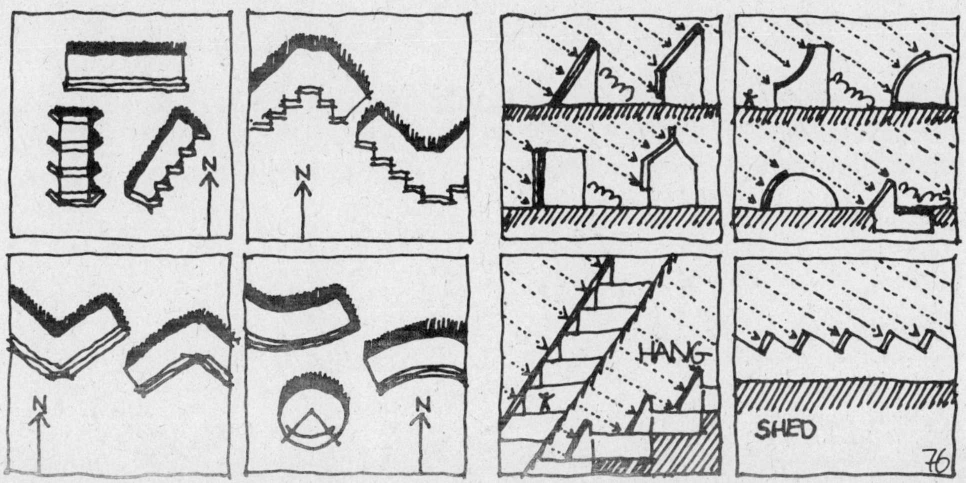

Die Ausrichtung der Kollektoren nach Süden stimmt nicht immer mit der Gebäudeorientierung überein. Durch Überlagerung und Staffelung der Kollektoren kann eine interessante neue Fassadenstruktur entstehen.

Die Neigung der Kollektoren richtet sich nach den Einstrahlungswinkeln. Für feste Kollektoren sollten die Fassaden günstige Bedingungen bieten können. Auch hier ergeben sich neue Gestaltungselemente.

Um trotz festen Einbaues der Kollektoren doch ein wenig steuern zu können, sind klappbare Reflektoren möglich, die die Einstrahlungsfläche vergrößern oder ungünstige Winkel ausgleichen können. Sie sind unter Umständen auch tageszeitlich steuerbar und könnten zur Nacht sogar den Kollektor wärmedämmend abdecken. Auch ohne Kollektorneigung können reflektierende Teile von Gebäuden mit zur Ausleuchtung verschatteter Zonen herangezogen werden.

Reflektorklappen für Sonnenfenster. Ein Dämmladen mit reflektierender Schicht kann maximal die Einstrahlung verdoppeln oder bei anderer Einstellung die Oberflächenreflexion des Fensters zurückwerfen. Reflektierende Läden können dem Sonnenstand nachgeführt werden, so daß die Vormittags- bzw. Nachmittagseinstrahlung geleitet wird.

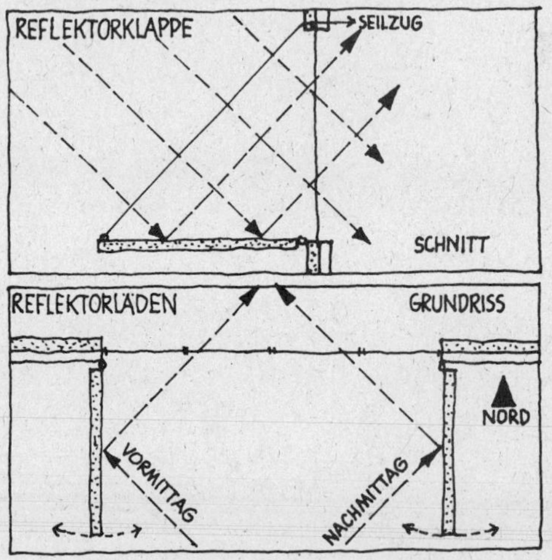

Sogenanntes Pyramidensystem von Eric Wormser fängt breit die Sonne ein und reflektiert sie auf einen kleinen Kollektor. Die Klappe ist je nach Sonnenstand einstellbar. Geschlossen (nachts) bildet das System ein Pultdach.

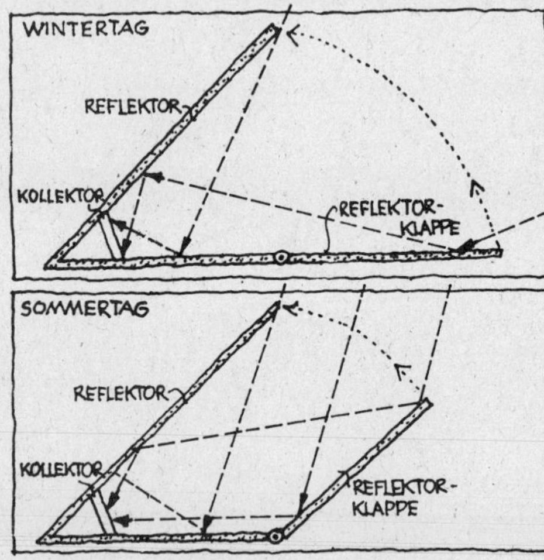

Reflektorklappen erhöhen die Einstrahlung und vermindern den Wärmeverlust bei Nacht und Schlechtwetter. Ein flacher Speicher mit gedämmter Reflektorklappe ergibt eine einfache Warmwasseranlage.

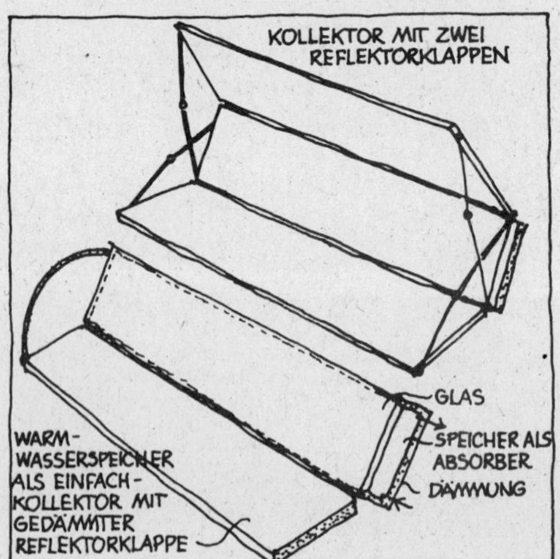

Kollektor mit halbparabolischem Spiegel, der im Winter die Einstrahlung vergrößert, im Sommer Sonnenschutz bietet. Der Spiegel kann auch aus einzelnen Planspiegelstreifen hergestellt werden.
Nach James Lambeth

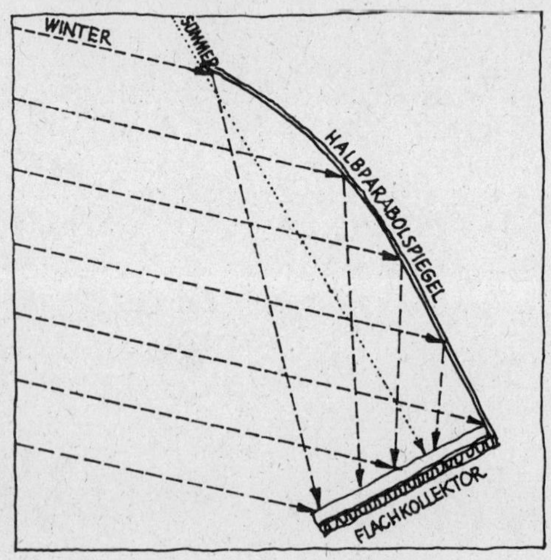

Nachträglicher Anbau einer Speicher- und Kollektoranlage. Ein Anbau erweitert die Wohnzone, und die oberen Zimmer haben Balkons.

Anbau einer Kollektor-Speicheranlage mit kleinem Gewächshaus und Balkon. So könnte man ein Einfamilienhaus vergrößern und aufwerten, ohne Veränderungen am Dach vorzunehmen.

Integration

Bei den bisherigen, meist nachträglich installierten Solaranlagen wirken die Kollektoren oft wie Fremdkörper und nicht als harmonischer Bestandteil des Gebäudes. Die skeptische Haltung seitens der Nutzer, Planer und Behörden ist verständlich und teilweise auch berechtigt.

Integration von Kollektoren bei terrassierter Bebauung.

a + b
Kollektoranordnung bei Terrassenbebauungen.

c + d
Kollektordach eines „Hügelhauses". Die unter den Kollektoren liegenden Räume werden jeweils von der seitlichen Terrasse belichtet. Jahreszeitliche Veränderbarkeit (Balkone zu Wintergärten).

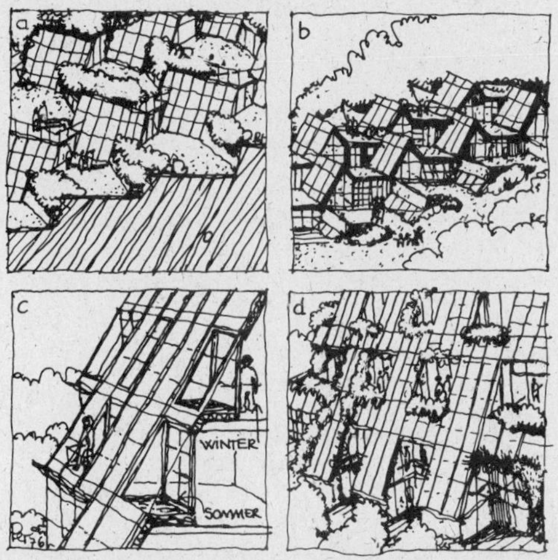

Hausgruppen mit Kollektoren und Gewächshäusern.

a + b
Konkave und konvexe Hausformen für unterschiedliche Kollektorneigungen.

c
Kleine Hausgruppen mit Kollektordächern und -Gewächshäusern.

d
Gestaffelt versetzte Gruppen mit Kollektordach und Fassaden.

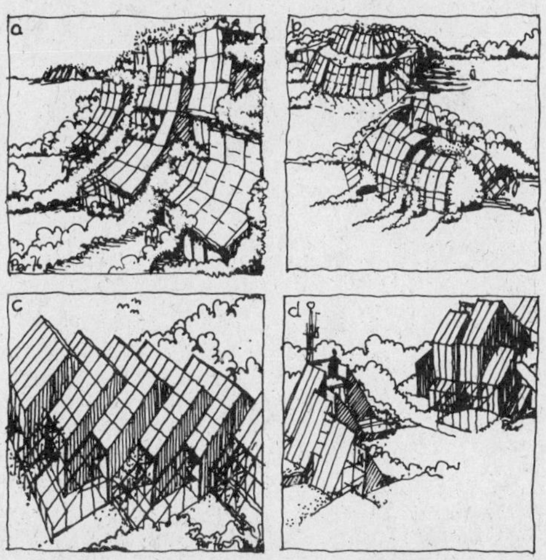

a) Kollektordach in einer Häuserreihe. Die andersartige Dachdeckung sollte mit den anderen Dächern harmonieren.

b) Bei der Dachsanierung wurde eine Terrasse gebaut. Als Brüstung wurden Warmwasserkollektoren für den Sommerbetrieb eingesetzt. Die steilere Rückwand liefert im Winter bei flacher Einstrahlung Zusatzwärme für die Heizung.

c) Kollektoren als Vordächer, Laubengänge und Wintergärten können eine Qualitätsverbesserung für das Haus bedeuten.

d) Kollektordach kombiniert mit einer Dachterrasse und einer Balkonfassade.

Kleines Sonnenhaus in Hanglage mit Dachterrasse und Pufferzonen. Rückzugsbereich am hangseitigen Speicher.

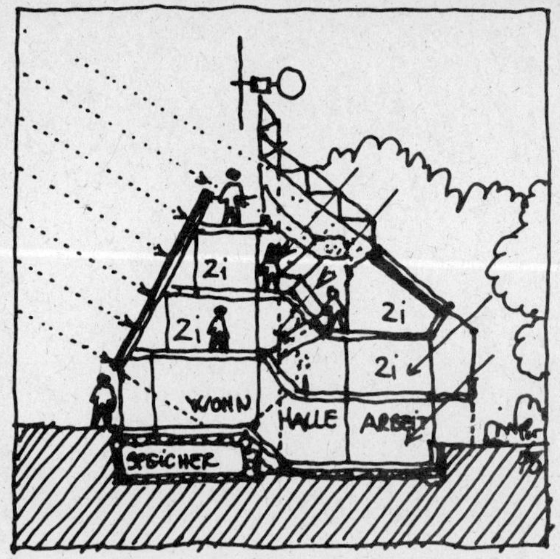

Sonnenreihenhäuser mit zusätzlicher Belichtung durch das verglaste Treppenhaus, das gleichzeitig ein kleines Windrad trägt.

So könnte eine Siedlung von Sonnenhäusern aussehen. Dazwischen Glashäuser zum Wohnen und als Gewächshaus. Windenergie bringt den Haushalten elektrischen Strom.

Die Nutzung der Sonnenenergie, insbesondere der Einbau von Kollektoren führt teilweise zu Haus- und Dachformen, deren Erscheinungsbild für heutige Vorstellungen ungewöhnlich sein mag; es lassen sich aber dadurch nicht nur die technischen Systeme optimieren, sondern auch gestalterisch ist eine Vielzahl neuer, ästhetisch befriedigender Lösungen möglich.
Im folgenden soll anhand von Beispielen dargestellt werden, welche Möglichkeiten bestehen, Sonnenkollektoren in neue oder vorhandene Gebäude einzupassen und welche Formenvielfalt sich daraus entwickeln kann.

Atriumhaus mit im Winter gedecktem Innenhof und Belichtung beider Geschosse über den Hof.

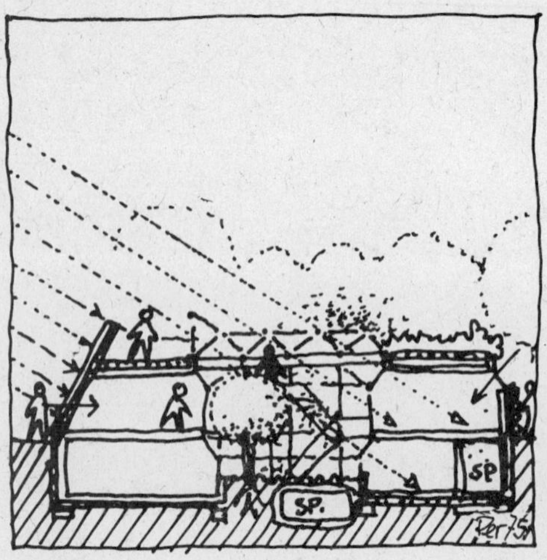

Split-Level-Atriumhaus. Der Innenhof kann im Winter geschlossen werden. Das Dach ist als Garten mit nutzbar.

Vorgelagerter Langzeitspeicher mit Kollektor bildet als Zwischenzone ein Gewächshaus. Regenwasser wird im Fischteich gesammelt, dessen Abwasser den Garten versorgt. Hier ergänzen sich alle Bauteile.

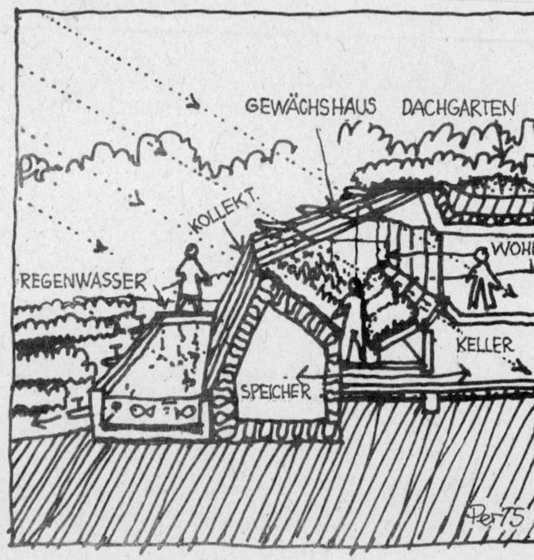

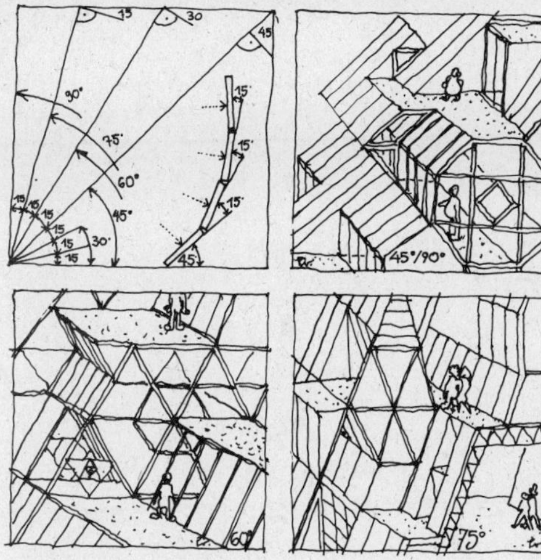

Kollektoren können innerhalb eines Bausystems tragende Funktionen übernehmen. Vielfältige Kombinationsmöglichkeiten ergeben 15°-Sprünge bei den Anschlußausbildungen

Vergleich der Gestaltsänderung bei der Ausstattung von alten Dachstrukturen mit Kollektoren. Absorberanlagen für Wärmepumpenbetrieb können ohne Gestaltsänderung in alte Dächer integriert werden.

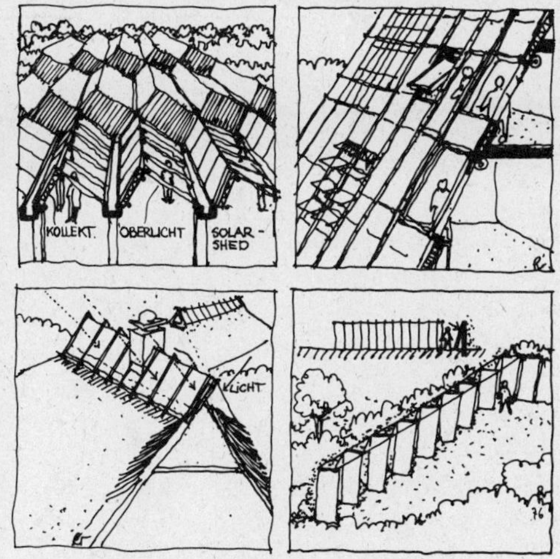

a) Shed-Kollektordächer über einer Halle. Nach Norden sind die Lichtöffnungen.
b) Dachstruktur aus Kollektor, Fenstern, Öffnungen. Ein Baukastensystem könnte harmonisch abgestimmte Bauteile anbieten.
c) Abdeckzone beim Weichdach aus Kollektoren und Glas für Oberlichte.
d) Kollektoren und Absorberelemente können als Sichtschutzzäume ausgebildet werden.

Nachträgliche Installation von Kollektoren bei mehrgeschossigem Wohnungsbau

a + c) Steht ein Haus nicht im günstigen Sonnenwinkel, kann eine diagonal darübergeführte zweite Struktur ein völlig neues Erscheinungsbild des Hauses bewirken.
b) Die Kollektoranlagen können den Charakter eines Hauses vollkommen verändern.
d) Fenster- und Kollektor-Fassade an einem städtischen Wohnhaus. Bei einer notwendigen Sanierung sollte die Fassade gleich als Energielieferant ausgebildet werden.
e) Süddach mit ungünstiger Neigung. Hier wird die Struktur an der Fassade bis zum Erdreich gezogen und dient als Kollektorhalterung und Rankgerüst.
f) Kollektor auf einem Nord-Süd-ausgerichtetem Dach. An der Fassade werden mit der gleichen Struktur Balkons und Gänge angeordnet. Sie können begrünt werden und dienen außerdem als Windschutz.
g) Verschiedene Kollektoranordnungen an der Fassade.
h) Vorgehängte Kollektorfassade als grüne Balkonzone geeignet für Wohn- und Bürohäuser.

Windenergie

Die natürliche Energiequelle Wind ist imstande, mechanische Arbeit zu verrichten, die in vielfältiger Weise auch vom Menschen genutzt werden kann. Windenergie ist schadstoffrei und regeneriert sich aus der Sonne. Deshalb ist im künftigen Energiekonzept dieser Möglichkeit wieder mehr Beachtung zu schenken.

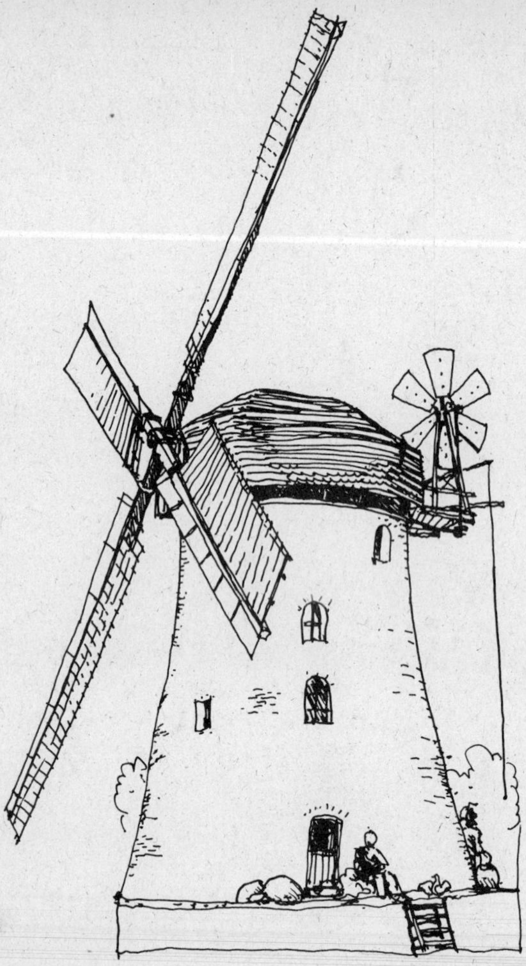

Als klassische Windmühle gilt die Holländermühle. Hier in Westfalen als Kornmühle. Der drehbare Kopf auf gemauertem Turm wird selbsttätig durch eine Windrosette über einen Zahnkranz dem Wind nachgeführt. Diese Mühlen mit langsamem Lauf und hohem Drehmoment der langen, schon aerodynamisch geformten Flügel sind zum Teil bis heute in Betrieb.

Eigenschaften des Windes

Wind entsteht durch die thermische Wirkung der Sonne, die die Luft aufheizt, so daß diese in die Höhe steigt. Es entsteht geringerer Luftdruck (Tief), und aus kühleren Zonen strömt Luft nach, die als Wind spürbar wird.
Dieser Druckausgleich (Wind) erfüllt als Transportsystem viele wichtige Aufgaben im Naturhaushalt. Er bewegt Wolken und Wasserdampf und sorgt so für die Verteilung der Niederschläge im Wasserkreislauf. Der regionale Luftwechsel mischt und verteilt die unterschiedlichen Luftqualitäten. Pflanzen und Tiere sind auf den Wind als Transportmedium, als Flughilfe oder als Luftaustauscher angewiesen. Selbst das Leben im Wasser ist durch Oberflächenumwälzung, Wellenbildung und Sauerstoffanreicherung vom Wind beeinflußt. Er sorgt auch für Bodenerosion und Verdunstung. Heute wird dem Wind der Abtransport von Staub, Gasen und Wärme aufgebürdet, da er die geballten Ladungen aus den Industrievierteln fein verteilt und so zunächst der Kontrolle und damit der Verantwortung entzieht. Leider wird die „reinigende" Feinverteilung des Windes oft überschätzt. Er bringt seine Fracht gleichmäßig auf Land und Stadt nieder und kann dadurch schwere Schäden verursachen.

Die großen Windsysteme

Zwischen dem Äquator und den Polen ziehen sich die großen Windsysteme ringförmig um den Erdball (s. Kap. Klima und Vegetation): Die Kalmenzone am Äquator als Aufwindgebiet mit stetigem Westwind; die Passate, die aus den nahezu windstillen Roßbreiten zum Äquatortief strömen und durch die Erddrehung eine Ablenkung (Corioliskräfte) erfahren (NO-Passat und SW-Passat); der Westwindgürtel, der die Tiefdruckrinne an der Polarfront auffüllt und in dem sich unsere gemäßigte Klimazone befindet.

Lokale Windsysteme

In bodennäheren Luftschichten treten örtliche Unterschiede auf, die durch Topografie, Wolkenbildung, Oberflächenbeschaffenheit, Wärmekapazität der Bodenzonen, Tag-Nacht-Rhythmus oder Sonnenein- und -abstrahlung geprägt werden. Bekannte Kleinsysteme sind das Land-Seewind-System sowie die Berg- und Talwinde, die jeweils im Tag-Nacht- und Jahreszeitenrhythmus durch unterschiedlichen Wärmehaushalt wechseln. In kleinerem Rahmen hat jede topografische Gegebenheit ihr Windsystem. Das geht bis in die kleinsten Bereiche am Boden, z. B. an einem Feldstein.

Windstärken

Die Wirkung des Windes hängt von der Masse der Luft und ihrer Geschwindigkeit ab (Arbeit = Masse × Geschwindigkeit zum Quadrat). Da die Masse relativ unveränderlich ist, werden Windstärken nach ihrer Geschwindigkeit in m/s gemessen (auch in

Knoten – Seemeilen pro h – und in km/h). Der englische Admiral Beaufort hat um 1800 eine Windstärkenskala aufgestellt, die noch heute in erweiterter Form Gültigkeit hat.
In hohen Luftschichten sind Windstärken vorwiegend abhängig vom Druckgefälle der benachbarten Zonen und von den Corioliskräften aus der Erddrehung. Näher am Boden wird Wind durch Reibung abgebremst und umgelenkt. Einengungen verstärken die Windgeschwindigkeit (Düsen); lange Täler, Flüsse und auch gerade Straßenzüge sind Windkanäle, die den Wind in ihre Längsrichtung zwingen. Jede Region hat ihre besonders „zugigen" Ecken, in denen man sich ungern aufhält, die aber gut zur Windkraftnutzung geeignet sind.
Meteorologische Beobachtungen über viele Jahre haben regionale Windgebiete durch Messungen festgehalten und in einer Karte (Isoventenkarte) dargestellt (s. Abb.). Diese Karte zeigt mittlere Werte, ohne Spitzen nach oben (Böen) oder nach unten (Flauten) und ohne Saisonunterschiede mitteilen zu können.

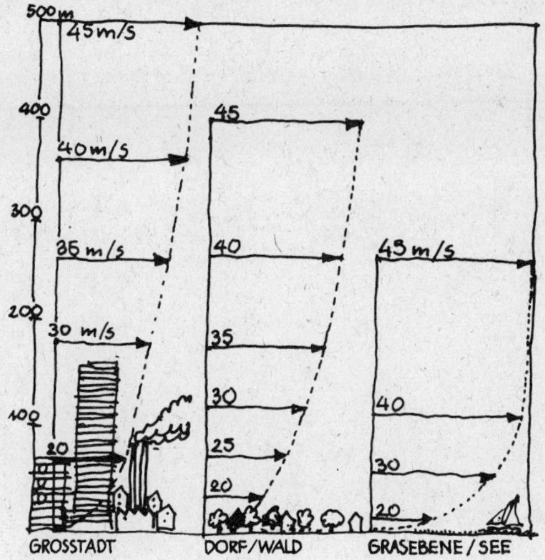

Winddiagramme nach einer amerikanischen Untersuchung. Der Wind wird mit zunehmender Bodenrauhigkeit abgebremst und umgeleitet, was sich auch noch stark in höheren Lagen bemerkbar macht.

Windstärkenskala nach Beaufort

Windstärke	Geschwindigkeit m/s	Auswirkungen
0	Windstille (bis 0,2)	–
1	0,3 bis 1,5	nur am Rauch erkennbar
2	1,6 bis 3,3	Blätter bewegen sich
3	3,4 bis 5,4	dünne Zweige bewegen sich
4	5,5 bis 7,9	dünne Äste bewegen sich
5	8,0 bis 10,7	kleine Bäume bewegen sich, Staub
6	10,8 bis 13,8	Pfeifen an Drähten
7	13,9 bis 17,1	Hemmung beim Gehen
8	17,2 bis 20,7	Zweige brechen, stürmisch
9	20,8 bis 24,4	kleine Schäden an Dächern
10	24,5 bis 28,4	entwurzelte Bäume, mittlere Schäden
11	28,5 bis 32,6	schwere Sturmschäden
12	32,7 bis 36,9	an Land äußerst selten, schwerste Schäden

Die Windstärkenskala nach Beaufort gibt anschauliche Vergleiche der Windauswirkungen (1 m/s ≙ 3,6 km/h).
Aus: König, Windenergie

Beispiel einer jährlichen Windkurve nach Aßmann, Observatorium Lindenberg (122 m ü. N.N.). Stärke und Angebot (zeitlich) lassen sich so ablesen. Nach diesem Beispiel könnte man einen Mühlentyp empfehlen, der zwischen 5 und 10 m/s maximale Leistung abgibt.

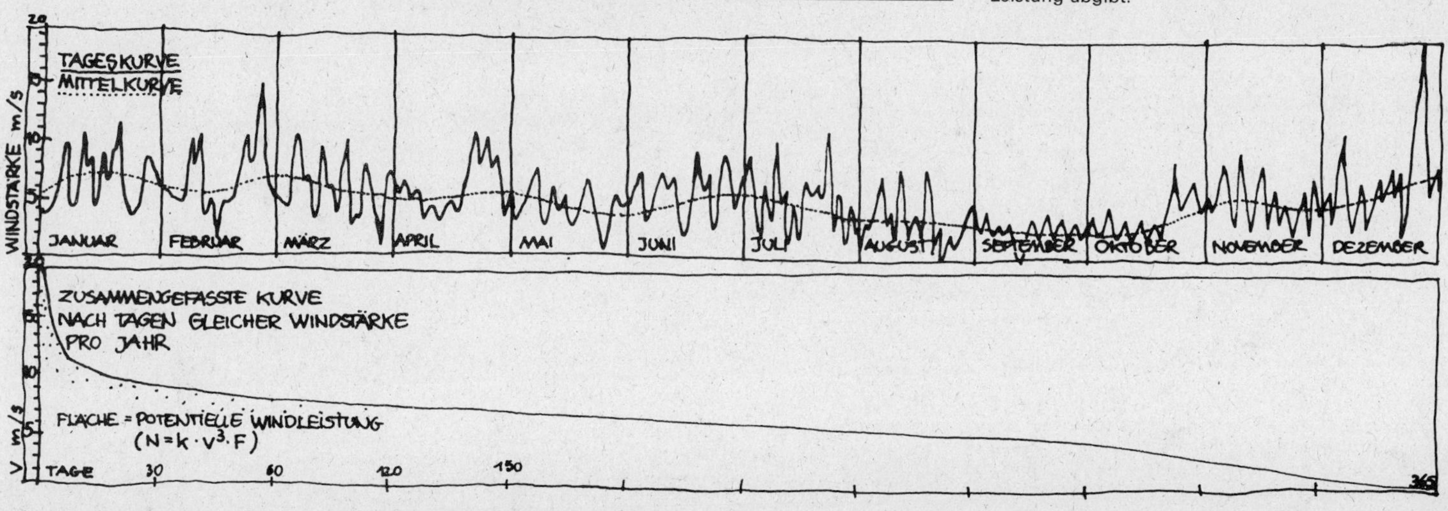

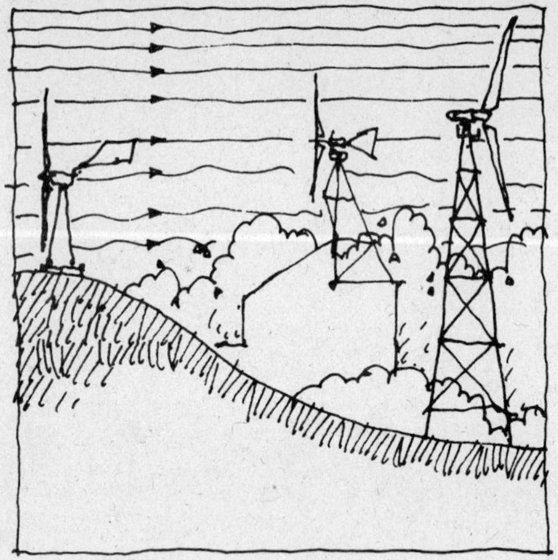

Die Geschwindigkeit und Wirbelfreiheit des Windes und damit seine Kraft nehmen mit der Höhe zu. So muß das Windrad möglichst hoch hinaufreichen. Damit das Windrad mindestens ausgewachsene Bäume überragt, sollten erhöhte Standorte gesucht werden:

- auf einem Berg,
- auf dem Haus,
- auf einem Mast.

Stetigkeit

Windenergie ist nicht kontinuierlich abrufbar. Sie ist insgesamt jedoch stetiger als Sonnenenergie, die den festen Tag-Nacht- und Sommer-Winter-Rhythmen unterliegt. Wind geht bei uns auch im Winter, an manchen Stellen sogar stärker, so daß die Saisonunterschiede geringer sind.
Sehr unangenehm wirkt sich beim Wind jedoch die Böigkeit gerade im bodennahen Bereich aus. Seiner Leistung sind dann kaum Grenzen gesetzt, und das Anwachsen der Kräfte in Sturmböen geht sehr schnell und ist äußerst zerstörerisch. So kann sich die Leistung in Böen innerhalb von 1 bis 2 Sekunden versechsfachen. Windkraftanlagen sind dann besonders gefährdet; die Sturmempfindlichkeit steigt mit wachsender Größe der Anlage. Die Böigkeit nimmt mit wachsendem Bodenabstand ab und vermindert sich bei 150 bis 200 m Höhe auf etwa ein Zehntel der Bodenwerte. Deshalb brauchen auch kleinere Anlagen hohe Türme, was sich in den Anlagenkosten niederschlägt.

Nutzbare Energie

Für die abrufbare Leistung gibt König eine sehr einfache Formel an:

$P = 0{,}000255 \cdot v^3 \cdot A$ in kW.

Darin ist P die Leistung in kW, v ist die Windgeschwindigkeit in m/s, und A ist die Rotorfläche des Windgenerators in m². Der Faktor 0,000255 beinhaltet bereits den aerodynamischen Wirkungsgrad der Windräder von ca. 50% und einen Flügelwirkungsgrad von 0,9. Für eine überschlägliche Berechnung der Leistung eines Windrades ist diese Formel anwendbar.
Es ist abzulesen, daß die Windgeschwindigkeit mit der dritten Potenz in die Leistungsformel eingeht. Durch Umstellen der Formel kann man eine flächenbezogene Leistung P/A in kW/m² errechnen. Stellt man diese der Beaufortskala gegenüber, so wird der Anstieg deutlich:

Windstärken nach Beaufort	Windgeschwindigkeit m/s	abrufbare Flächenleistung kW/m²
3	4,4	0,021
4	6,8	0,080
5	9,5	0,23
6	12,3	0,47
7	15,5	0,95
8	19,0	1,75
9	22,0	2,27
10	26,5	4,75
11	30,0	6,89
12	34,5	10,5

Für die verschiedenen Windräder sind diese Werte als Leistungsgrundlage aber nicht durchweg anwendbar, da sie je nach Bauart für bestimmte Geschwindigkeitsbereiche ausgelegt werden, in denen sie optimale Laufeigenschaften haben. Darunter und darüber ist ihr Wirkungsgrad nicht so hoch, da der Wind die Anlagen entweder durchströmt oder ihnen ausweicht.
Da Windkraft diskontinuierlich anfällt, ist eine Energiepufferung unter Umständen wichtig. Sie kann durch Pumpspeichersysteme oder elektrische Energiespeicherung erfolgen (siehe Kap. Speicherung mechanischer und elektrischer Energie).

Windräder

Windmühlen sind nachgewiesen 4000 Jahre alt. Mit der Erfindung des Rades wurden bald auch Windräder an verschiedenen Orten gleichzeitig entwickelt. Als eine der ersten technisch nutzbaren Energiemaschinen haben Windmühlen die Menschen von schwerer und stumpfsinniger Arbeit in Tretmühlen und Göpeln befreit und die Fron körperlicher Arbeit auf Naturkräfte übertragen. Windmaschinen mußten pumpen, mahlen, sägen, hämmern, pressen, heben und nach der Erfindung des Dynamos auch Strom erzeugen. Mit Windkraft wurden Geräusche erzeugt oder geheimnisvoll klingende Aeolsflöten betrieben, ja sogar Gebetsmühlen drehten sich im Wind zum geistlichen Wohle ihrer Besitzer. Viele Erfinder haben abenteuerliche Windkraftwerke konstruiert, die heute noch Anregungen bieten. Neue Erkenntnisse in der Aerodynamik haben insbesondere mit der Flugzeugtechnik immer bessere Systeme hervorgebracht. Wegen des Booms der fossilen Energieträger wurden sie nicht mehr weiterverfolgt. Heute ist das Interesse wieder angestiegen, und es ist anzunehmen, daß noch eine Reihe weiterer Ideen auf diesem Gebiet entwickelt werden.

Kornmühlen aus Rumänien mit einfachen Holzflügeln auf einem Hügelrücken in Reihe quer zur Hauptwindrichtung

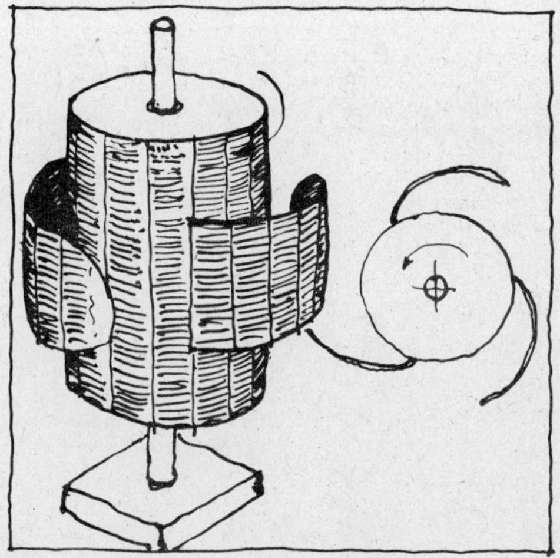

Tibetanische Gebetsmühle als Vorform des Savonius-Rotors. Die aufgedruckten Gebete waren durch die Windbewegung den gesprochenen gleich.

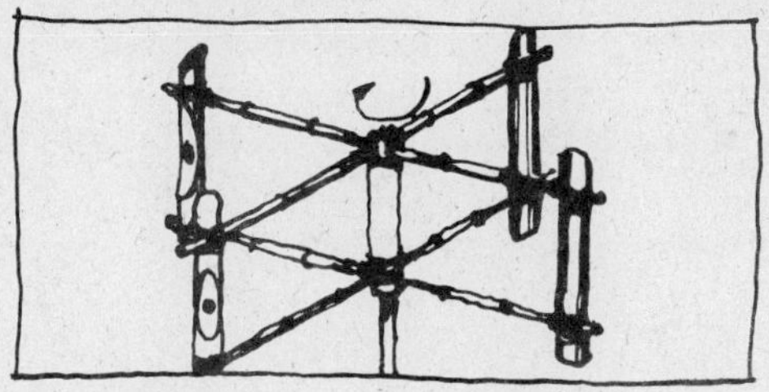

Aeolsflöte und Windratsche aus Malaysia

Der Windflügel nach Schmetterlingsart von Alban (1829) nutzt allein die Verdrängungskraft des Windes. Der gegenläufige Flügel schwenkte jeweils in die Horizontale. Im Betrieb muß diese Windmaschine sehr anregend ausgesehen haben.

Polnische Vertikal-Windmühle mit Durchströmtechnik, um 1862. Sie war sturmsicher und unkompliziert, leistete jedoch nur ein Drittel von Anlagen vergleichbarer Größe.

Abbildungen nach König, Windenergie

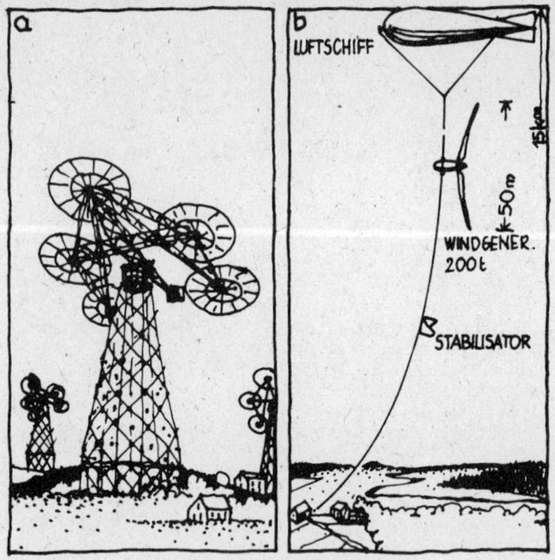

a) Honnefs 100-MW-Großanlagen von 1932 in waagerechter Sturmstellung. Eine Weiterentwicklung stellt die für den Golf of Maine vorgeschlagene Großanlage im Meer dar.
b) Nach einer neuen Idee von Prof. Oberth hängt eine Windturbine an einem Fesselballon, der in 15 km Höhe schwebt. So sollen mit einfachen Konstruktionen und wenig Aufwand die konstanten Höhenwinde genutzt werden.

Größenordnungen

Windkraftanlagen sind bereits in vielen Größen als Einzelanlagen oder in kleinen Serien gebaut worden. Der derzeit größte Windgenerator steht in Tvind, Dänemark, und verfügt über eine Nennleistung von ca. 1,7 MW bei einem Rotordurchmesser von etwa 54 m. Großanlagen mit einem Flügelkreisdurchmesser von mehr als 100 m (z. B. Projekt „Growian" des BMFT, Nennleistung 3 MW) sind geplant bzw. im Bau.
Das größte vorgeschlagene Projekt ist die Anlage im Golf von Maine, USA, als schwimmender Wald von Windtürmen. Der Aufwand dafür ist mit dem für Weltraumprojekte vergleichbar. Auch in der Sowjetunion werden Großanlagen geplant. Bis 1990 soll ein Netz von 150000 Windkraftwerken mit einer Gesamtleistung von 4500 MW installiert werden.
Bereits in den dreißiger Jahren gab es Ansätze für Großwindkraftwerke, wie die Pläne von H. Honnef für 100-MW-Windtürme zeigen.
Für eine Struktur mit zentral gesteuerter Energieversorgung ist es verständlich, daß gerade Großprojekte besonders gefördert werden. Grundsätzlich sind diese nicht mit den Grundsätzen einer angepaßten Technologie zu vereinbaren. Auch ökologische und landschaftsgestalterische Störungen sollten bei solchen Größen bedacht werden.
Kleinere Windkraftanlagen mit Nennleistungen von 10 W bis 15 kW bei Rotordurchmessern von 0,6 bis 15 m werden bereits seit Jahren serienmäßig produziert und sind weitgehend ausgereift. Schnelläufer erreichen die vom Hersteller angegebenen Leistungen jedoch erst bei hohen Windgeschwindigkeiten (8 bis 10 m/s). Im Bereich der bei uns vorhandenen Windverhältnisse, je nach Gebiet ca. 2 bis 7 m/s im Jahresdurchschnitt, werden diese Nennleistungen jedoch erheblich unterschritten.
In einem Gebiet mit einer mittleren Windgeschwindigkeit von 4 m/s (ca. 10% der Fläche der Bundesrepublik verfügt über derartige Windverhältnisse) versorgt eine Anlage mit 10 kW Nennleistung etwa 3 Einfamilienhäuser ganzjährig mit Elektrizität (bei angemessener Nutzung, s. Kap. Energiehaushalt), an der Nordseeküste (Jahresmittel ca. 7 m/s) könnte mit einer solchen Anlage sogar der Jahresstrombedarf von 20 Haushaltungen gedeckt werden.
Für die dezentrale Nutzung im Haus- und Siedlungsbereich sind Windgeneratoren in dieser Größenordnung angemessen. Kleinere Anlagen (1 bis 2 kW Nennleistung) vermögen in den meisten Fällen nur Wochenendhäuser oder nur zeitweise benutzte Gebäude u.ä. zu versorgen; Windkraftanlagen im 100-kW-Bereich könnten bereits die Versorgung von Dörfern in Verbindung mit öffentlichen Verbundnetzen übernehmen.
Langsamläufer, z. B. vom Typ „amerikanische Windturbine", geben bereits ab ca. 2 m/s eine spürbare Leistung ab und erreichen bei etwa 5 m/s ihren Energiehöchstwert, der auch bei höheren Windgeschwindigkeiten nicht mehr ansteigt. In Schwachwindgebieten sind sie eine kleine, aber relativ konstante Energiequelle.

Windgeschwindigkeit (Jahresmittel) m/s	Tatsächliche Leistung kW	Jährlicher Energieertrag kWh
3	0,2	1500
4	0,9	7000
5	2,0	15000
6	3,5	28000
7	6,5	50000
8	8,0	65000
9	10,0	80000

Jährlicher Energieertrag einer Windkraftanlage mit 10 kW Nennleistung bei 9 m/s und einem Rotordurchmesser von 10 m, in Abhängigkeit von der Jahresgeschwindigkeit

Größenvergleich von Windkraftwerken mit bekannten Großbauwerken. ▶
Großanlagen können zu Gestaltsproblemen im Orts- und Landschaftsbild führen; wogegen kleinere und mittelgroße Anlagen eine optische Bereicherung darstellen können.
Als Grenzgröße für gestalterische Einbindung sowie der kleintechnischen Herstellung, Wartung und Regelung können 100-kW-Anlagen gelten.

EIFFELTURM 300m
JUMBO
ULMER MÜNSTER 161m
130m
PROJEKT GROWIAN-3 MW
Ø 120m
3 MW
65
Ø 113m PROJEKT ULRIKE-HÜTTER
AERO TRANSFORM
5-20 kW
10-45 kW
12m
16m
52
Ø 80m 1 MW PROJEKT HÜTTER/FWE
RIESENRAD IN WIEN
64m
53m
Ø 54m
TVIND-MÜHLE
DARRIEUS
PROJEKT SYSTEM GOSLICH 250 KW 2
27m
35m
22
STGW/HÜTTER 100 KW
Ø 34m
ALLGAIER HÜTTER 6KW
Ø 10m
AMERIKANISCHE WINDMÜHLEN
30
HOLLÄNDER TYP
20m
ROTORTURM
Ø 20m

Funktion

Viele der alten Windmaschinen funktionierten allein nach dem Verdrängungsprinzip, und es gab die eigenartigsten Konstruktionen, um den Wirkungsgrad zu verbessern, indem besonders die dem Wind entgegenlaufende Seite in der Oberfläche verkleinert oder abgeschirmt wurde. Große Leistungen sind mit diesem Prinzip aber nicht zu erreichen.

Die neueren Windräder basieren alle mehr oder weniger auf den aerodynamischen Gesetzen, die auch für den Auftrieb des Flugzeugs und das Segeln auf Halbwindkurs gelten. Dabei strömt der Wind senkrecht zur Bewegungsrichtung des Windrades auf das ein wenig schräggestellte Profil an. So entsteht auf der Windseite des Profils ein Überdruck, auf der windabgekehrten Seite ein Unterdruck, die beide den Flügel in Drehrichtung drängen. Mit der Bewegung des Flügels steht „Fahrtwind" der Drehkraft entgegen. Der aus der Summe von Antriebswind (wahrer Wind) und Fahrtwind gebildete scheinbare Wind streicht im Idealfall glatt über das schräggestellte Profil. Da die Umlaufgeschwindigkeit des Flügels nach außen hin zunimmt, wächst dort auch der Fahrtwind und bekommt einen größeren Einfluß auf den scheinbaren Wind. Deshalb werden Windradflügel außen wesentlich flacher angestellt als in der Nähe des Drehpunkts. Oft sind entsprechend der Windgeschwindigkeit die Anstellwinkel verstellbar.

Neben Einflüssen aus Reibung, Trägheit, Übertragungsverlusten u. a., die die Energieausbeute mindern, wird die Leistung eines Windrades besonders von zwei Faktoren definiert: vom Leistungsbeiwert Cp und von der Schnellaufzahl λ. Der Leistungsbeiwert ist eine feste Größe in der Aerodynamik; er besagt, daß eine freifahrende Windturbine maximal 16/27 der theoretisch vorhandenen Windenergie nutzen kann ($Cp_{max} = 0{,}59$, nach Betz). Dieser Wert gilt für eine ideale Windmaschine und wird von den bekannten Windrädern nicht erreicht.

Aerodynamisch ausgeformter Flügel eines modernen Schnelläuferwindrades. Das Propellerprofil muß so eingestellt sein, daß der scheinbare Wind, der sich aus dem Antriebswind und dem Fahrtwind zusammensetzt, ideal am Profil abströmt. Mit Entfernung von der Achse vergrößert sich die Umlaufgeschwindigkeit und damit der Fahrtwind, so daß der Anstellwinkel flacher wird.

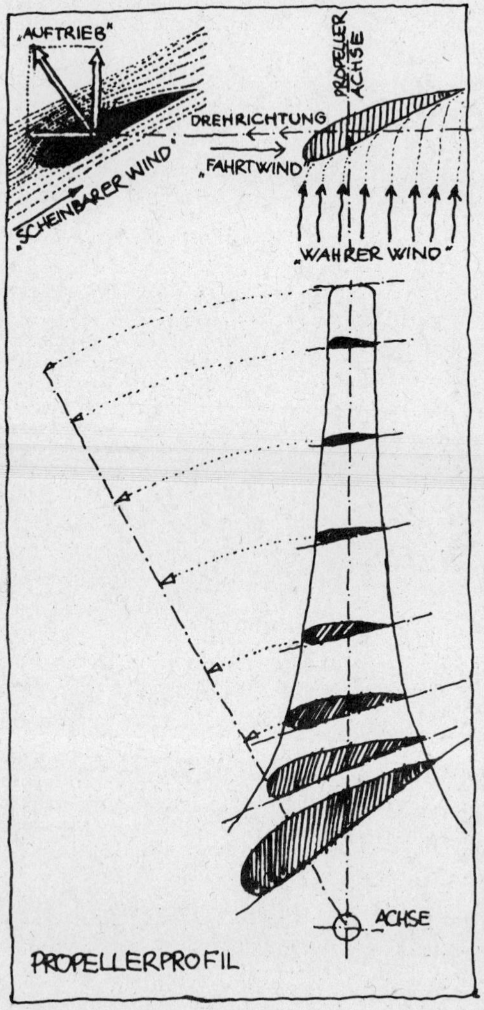

Das Jacksonsche Windrad mit vertikaler Achse zeigte schon Ansätze aerodynamischer Nutzung. Die Tafeln werden über eine Umlenkrolle während des Umlaufs so gedreht, daß ihr Anstellwinkel immer günstig zum Wind steht, so daß sie wie ein Segelschiff eine Art Manöverkreis fahren.

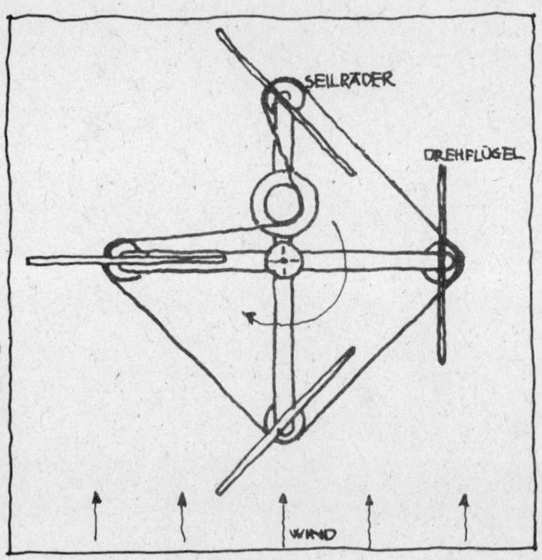

Persische Windmühle mit senkrechter Achse. Nutzung der Verdrängungskraft des Windes. Die gegenläufige Seite wurde abgeschirmt, wodurch eine Düsenwirkung entstand, die die Leistung erhöhte. Verdrängermühlen sind einfach zu bauen und robust. Solche Anlagen eignen sich nur bei einer ausgesprochenen Hauptwindrichtung.

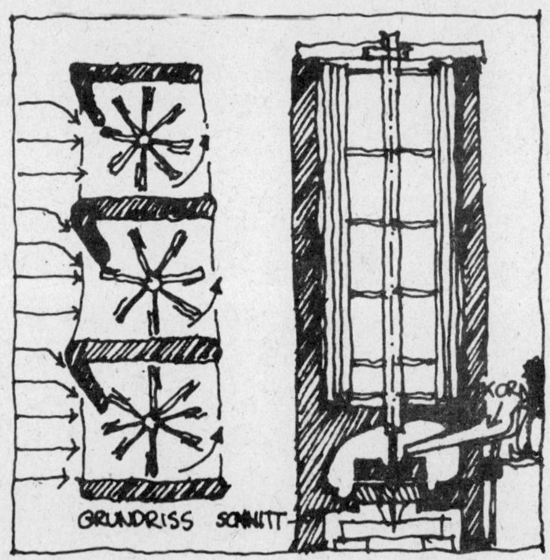

Bauweisen und Nutzung

Windräder werden unterteilt in Langsam- und Schnelläufer mit vertikaler oder horizontaler Achse. Bei den Horizontalläufern gibt es Front- und Heckläufer.
Die Schnellaufzahl λ stellt das Verhältnis zwischen der Umlaufgeschwindigkeit der Flügelspitze u und der Windgeschwindigkeit v dar.

$$\lambda = \frac{u}{v} \qquad \lambda = \frac{2 r \cdot n}{60 \cdot v} \qquad n = \text{Drehzahl} \qquad r = \text{Radius des Windrades}$$

Ist die Schnellaufzahl kleiner als 1, nennt man die Windräder Langsamläufer. Schnelläufer haben einen λ-Wert von 5 bis 10. Das Drehmoment der Langsamläufer ist bei $\lambda = 1$ bis 2 sehr hoch. Schnelläufer erreichen bei $\lambda = 6$ nur ca. $^1/_6$ des Drehmoments von Langsamläufern. Baulich unterscheiden sie sich insbesondere in der Flügelfläche.
Langsamläufer haben einen hohen Anteil Flügelfläche, der sie schon auf leichten Wind ansprechen läßt und das hohe Drehmoment bei geringer Drehzahl bewirkt. Bei stärkerem Wind bleibt ihre Leistung konstant, wenn der anströmende Wind nicht mehr durchströmt und seitlich ausweichen muß. Die großen Flügelflächen sind sturmgefährdet.
Schnelläufer haben zwei oder drei Flügel mit propellerähnlich ausgeformten Profilen. Ihre Leistung setzt erst bei Windgeschwindigkeiten von 3 bis 4 m/s ein, nutzt die Strömungsenergie aber wesentlich besser als Langsamläufer.
Horizontalläufer haben eine gleichmäßig hohe Auslastung der Flügel durch die bleibend optimale Stellung im „halben Wind". Nachteilig ist die Kraftumlenkung für mechanische Arbeit, da sie hohe Verluste verursacht.
Rotoren mit vertikaler Achse müssen bei Winddrehung nicht nachgeführt werden, was einen erheblichen Aufwand für die Steuerung der Windmaschinen erspart. Sie geben ihre Leistung ohne Kraftumlenkung direkt nach unten ab und sind so besonders für mechanische Arbeit geeignet. Diesen Vorteilen entgegen steht eine geringere Ausnutzung der Windkraft, da der windabgekehrte Teil des Rotors im Wirbel der vorderen Blätter läuft und im Rücklauf gegen den Wind eine Bremswirkung auftritt. Auch die modernen Vertikalrotoren beschreiben etwa einen „Segelmanöverkreis".

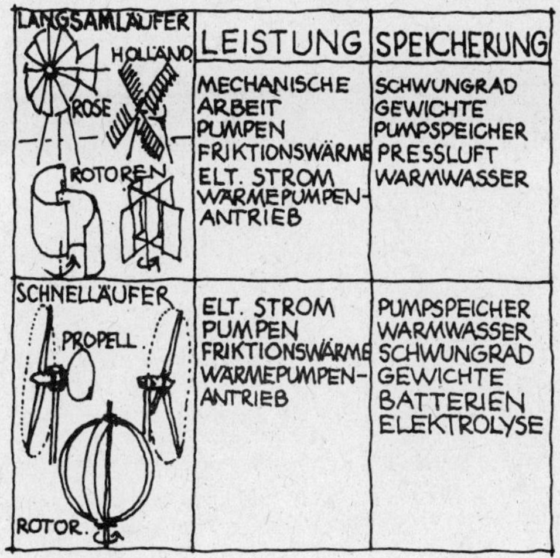

Windräder und ihre Nutzbarkeit. Bei Langsamläufern stehen mechanische Arbeiten an vorderster Stelle. Schnelläufer eignen sich besser zur Stromerzeugung.

Das Leistungsbild der verschiedenen Windräder zeigt den engen Bereich des besten Leistungsbeiwertes bezogen auf die Schnellaufzahl. Jedes Windrad ist auf eine optimale Windgeschwindigkeit eingestellt. Von der Idealkurve ist man noch weit entfernt. Mit mehreren unterschiedlichen Windmaschinen kann man eine gleichmäßigere Ausnutzung des Windangebotes erreichen. Das breiteste Nutzungsspektrum hat bisher der neu entwickelte Rotor von Aero Transform.

Nach: Carl Herforth & Claus Nybroe in Sol und Wind

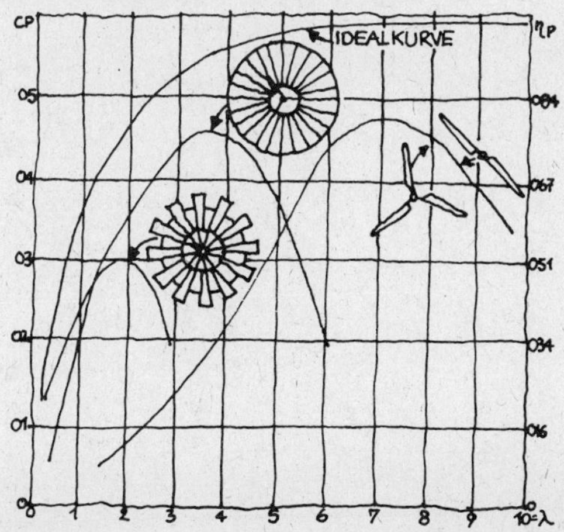

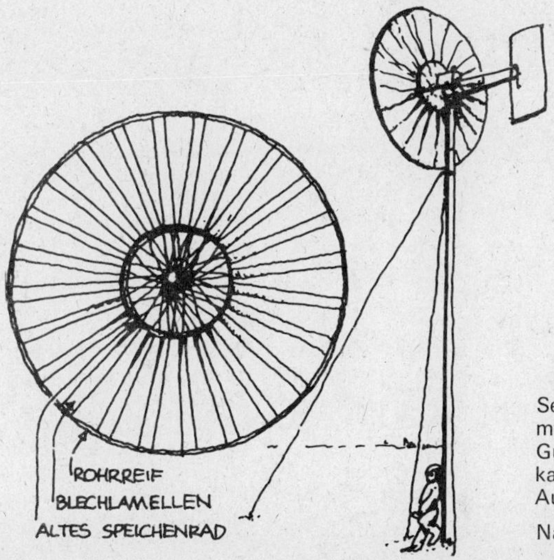

Selbstbau aus einem Speichenrad, auf dem Blechlamellen mit einem äußeren Ring befestigt wurden. Gut für Schwachwind. Es ist geeignet zum Pumpen, kann aber auch auf einfache Weise Strom mit einer Autolichtmaschine produzieren.

Nach: Carl Herforth und Claus Nybroe

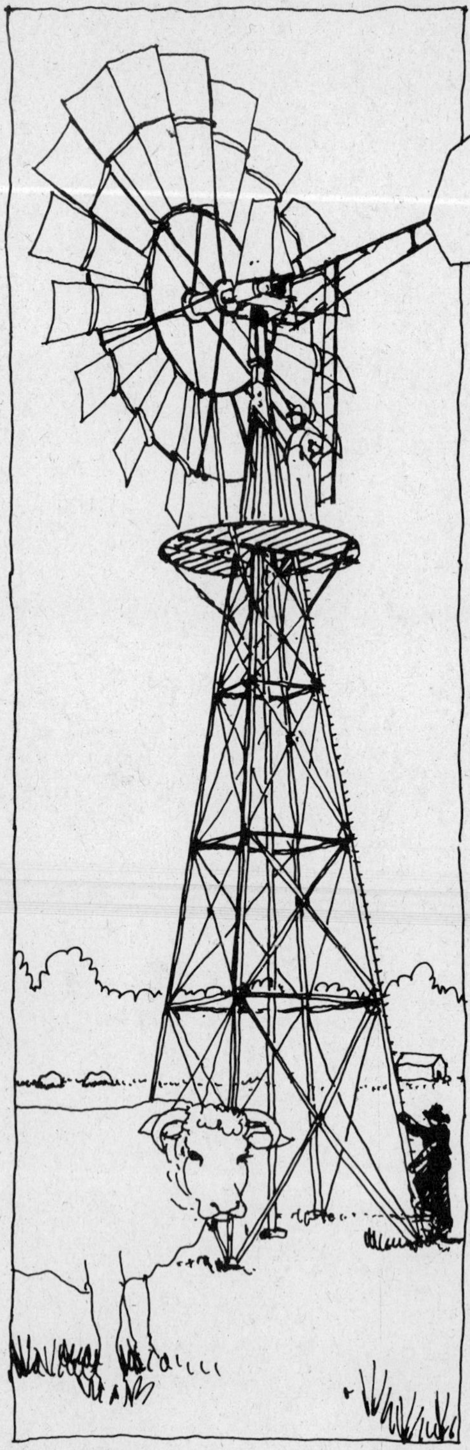

Die amerikanische Windturbine ist besonders für Schwachwind geeignet. Sie kann Rotoren mit über 100 Blättern haben. Als Wasserpumpen sind sie in der ganzen Welt verbreitet. Sehr robust und einfach.

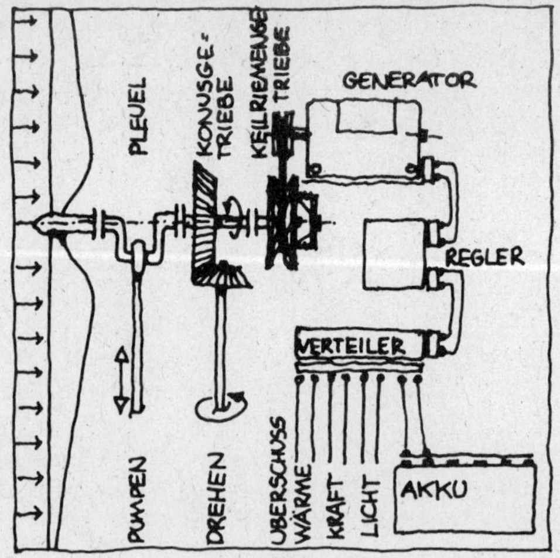

Die Strömungsenergie des Windes wird in mechanisches Drehmoment umgesetzt:

- Auf- und Ab-Bewegung mittels Pleuelstange zum Pumpen, Sägen, Hämmern u. a.;
- Drehkraft für mechanische Arbeit;
- Elektrischer Strom über Generatorantrieb.

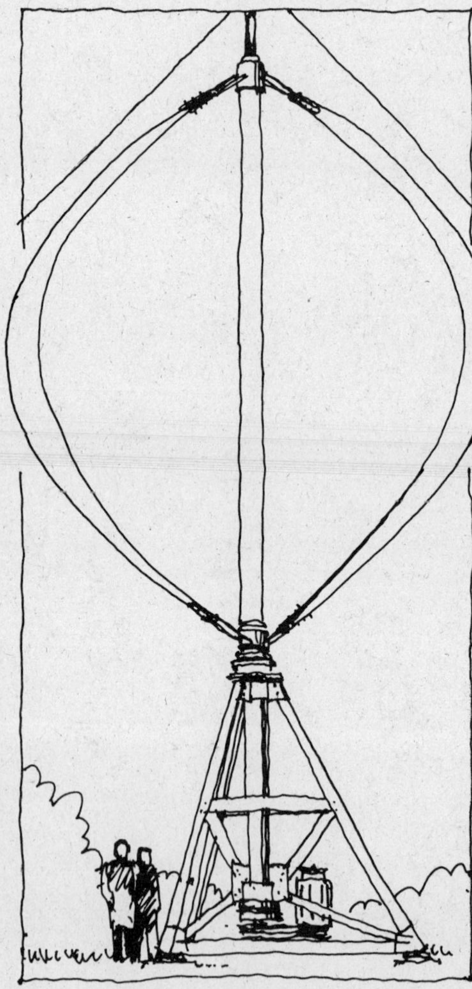

Der Darrieux-Rotor (nach seinem Erfinder) ist der bekannteste vertikale Schnelläufer mit aerodynamischen Profilen, die, in der Kettenlinie geformt, nur Zugkräfte aufnehmen. Das Profil hat konstanten Querschnitt und könnte stranggepreßt werden. Die unkomplizierte Bauweise und Wartung machen ihn trotz geringerer Leistung gegenüber Horizontalläufern interessant. Allerdings braucht der Darrieux-Rotor eine Starthilfe, die mit einem Savonius-Element oder über den Generator elektrisch erfolgen kann.

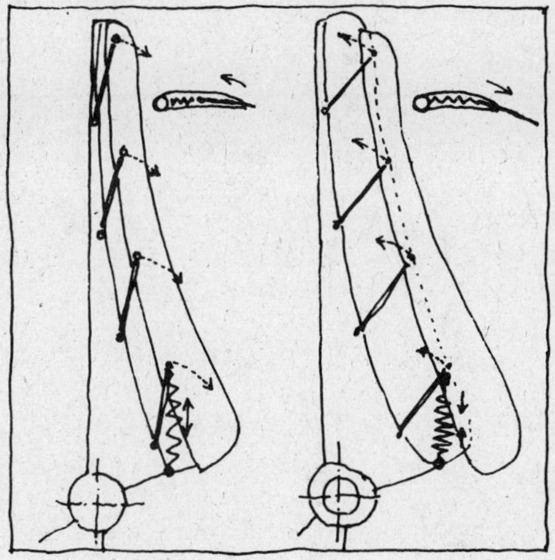

Neben der Blattverstellung zur Anpassung der Schnellaufzahl kann eine Flächenveränderung das Leistungsspektrum besonders bei Schwachwind oder zum Anlaufen verbessern. Hier eine Möglichkeit, wie sie im Flugzeugbau schon üblich ist. Für das Windrad wird mit Fliehkraft drehzahlabhängig die Fläche verstellt:

a) hohe Drehzahl
b) niedrige Drehzahl

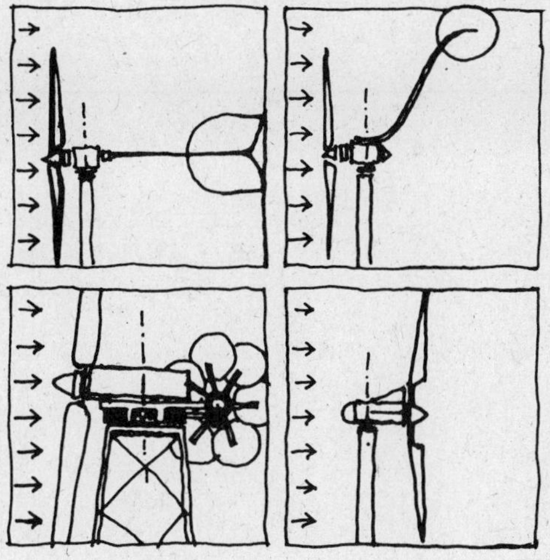

Prinzipien der Windnachsteuerung durch:

- große Windfahne als Schweif;
- verkröpfte Windfahne im Strömungsbereich; führt genauer nach,
- Nachsteuern durch Rosette,
- Selbststeuerung als Heckläufer mit stabilisierenden Leitblechen.

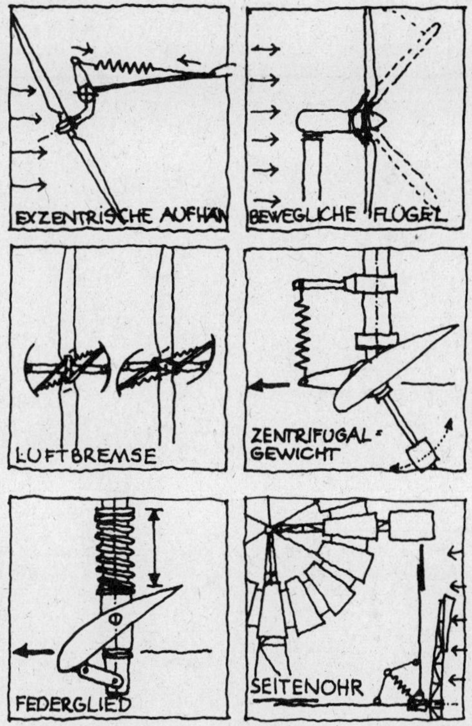

Verschiedene Prinzipien der Geschwindigkeitsregelung durch aus dem Winddrehen des Windrades oder der Blätter. Gleichzeitig Sturmsicherung und bei der Blattverstellung Anpassung des λ-Wertes und Verbreiterung des Leistungsbereiches.

Die Energieübertragung von der Achse aus sollte möglichst direkt ohne viel mechanische Umformung erfolgen. Einfache Antriebe wie Kurbelwellen- oder Nockenantrieb sind gut; Kegelräder und Getriebe „schlucken" allerdings schon Leistung. Generatoren sollten möglichst ohne Getriebe direkt auf der Achse liegen. Sie müssen eine für die Drehzahl abgestimmte Anzahl Wicklungen haben. Die Generatorenart richtet sich nach dem Zweck der Anlage.
Die Steuerung der Horizontalläufer erfordert einigen technischen Aufwand. Sie kann einfach mit einer Windfahne ähnlich dem Wetterhahn erfolgen. Für größere Mühlen wird zur Verstellung des Turmdrehkranzes eine senkrecht zur Drehebene aufgehängte Windrosette benutzt, die bei schrägem Windeinfall über Zahnantrieb den Turm in die Windrichtung dreht. Einfacher sind die sogenannten Heckläufer, bei denen das Windrad hinter dem Mast läuft und sich durch den Winddruck selbst einstellt. In Großanlagen wird die Steuerung auch mit Motoren vorgenommen, die nach Windmessungen die Ausrichtung übernehmen.
Ein weiterer wichtiger konstruktiver Faktor für alle Windanlagen ist die Sturmsicherung. Rotoren mit verstellbaren Flügeln können diese in den Wind stellen, andere haben Federmechanismen, die die Flügel einzeln oder den ganzen Rotor aus dem Wind drehen. Die alten Windmühlen hatten Lamellenflügel, die geöffnet werden konnten, oder Segel, die gerefft wurden. Windräder mit vertikaler Achse sind nur selten für Sturm umzustellen und müssen entsprechend robust konstruiert werden.
Neue Bauweisen oder Kombinationen von bestehenden Prinzipien sind hier mit Sicherheit noch zu erwarten. Die Einbeziehung in den Hausbau kann dazu auch neue Anforderungen bewirken.

Segelwindmühlen, wie diese aus Griechenland, sind seit 2000 Jahren unverändert im ganzen Mittelmeerraum verbreitet.

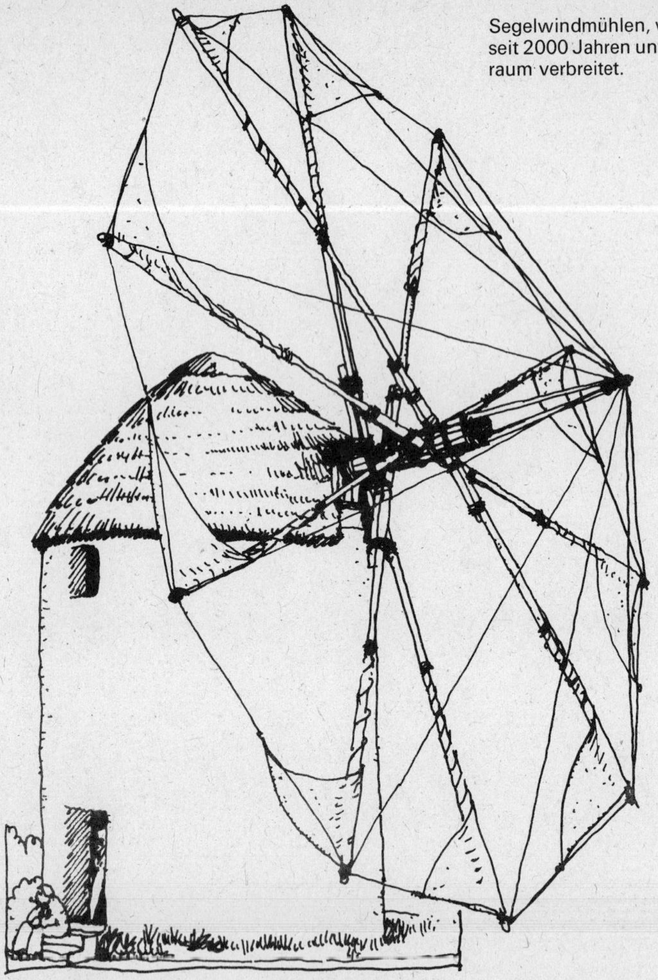

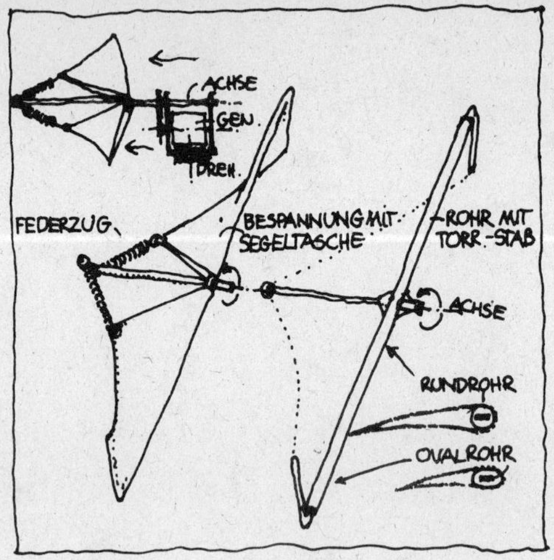

Vorschlag zum Bau einer Heckläufermühle mit elastisch bespannten Flügeln. Ein Torrosionsstab formt das Flügelprofil vor, welches durch eine plastisch geformte Segeltasche mit Federzug gebildet wird.

Pumpen mit einer Segel-Windmühle und archimedischer Spirale, zur Wasserförderung. Geeignet in „Entwicklungs"ländern zur Bewässerung von Feldern.

Nach: IPAT

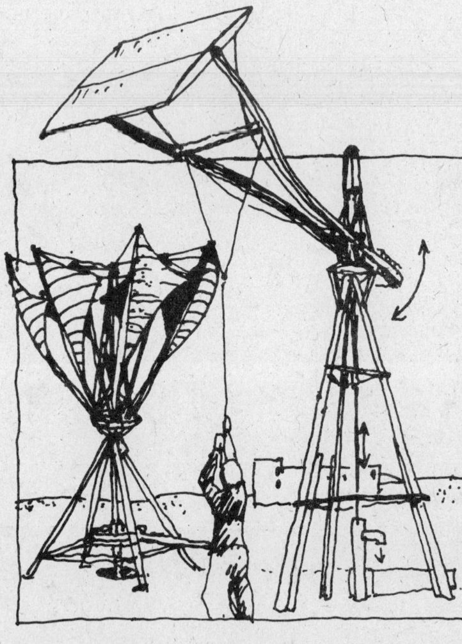

Die Schlagflügel-Windpumpe wurde von Jan Frels (IPAT-Berlin) für weniger technisierte Länder entwickelt. Sie läuft sehr sanft und ist für die Arbeit einer Kolbenpumpe ausgelegt, die aus großen Tiefen Grundwasser fördern kann. Bei Windstille ist durch den langen Hebelarm Handbetrieb möglich.
Die kleine vertikale Segelmühle nach dem Prinzip der Segeljollen stammt ebenfalls von der IPAT.

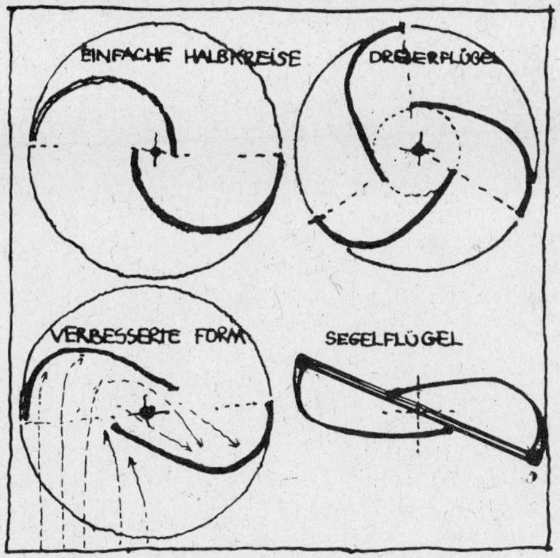

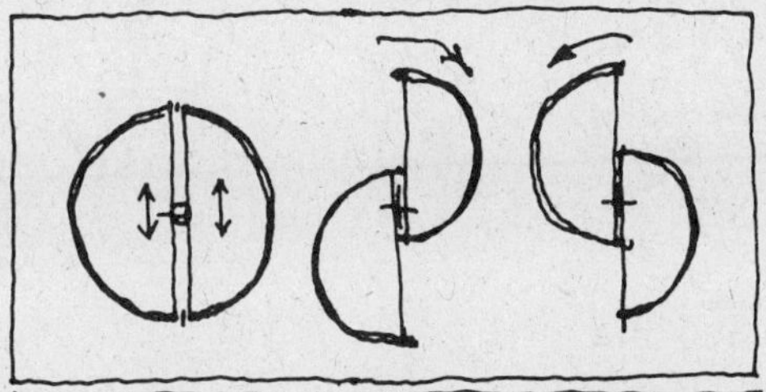

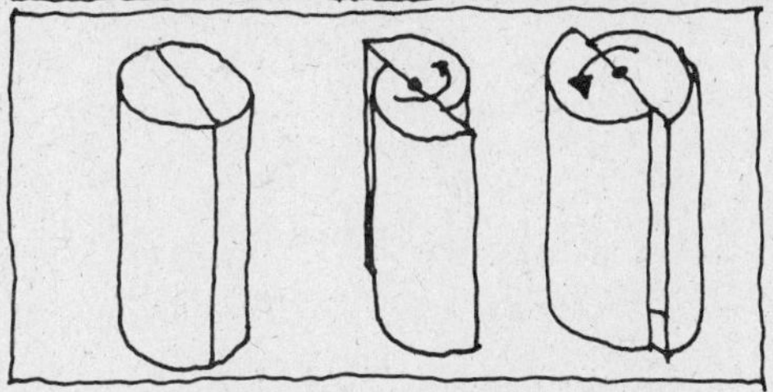

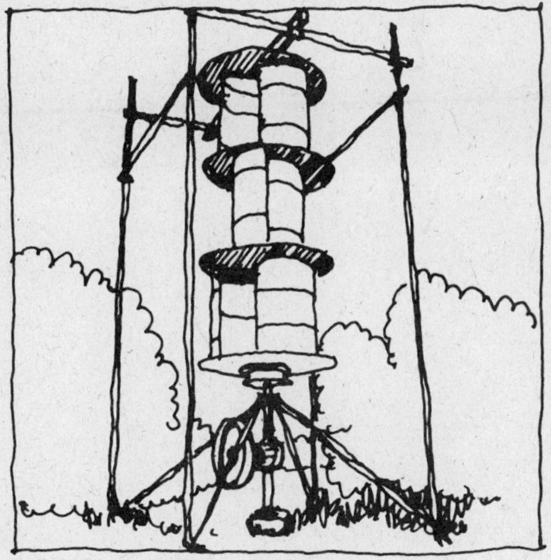

Der Savonius-Rotor ist das bekannteste vertikale Windrad unter den Langsamläufern. Er arbeitet mit Verdrängung und einer Umlenkung des Windstrahls, die auch der gegenläufigen Schale noch Schub verleiht.

Dreierkombination von Savonius-Rotoren in einfacher Selbstbauweise aus Holz. Die Schalen können aus Sperrholz gebogen oder mit schmalen Nut-Federbrettern hergestellt werden.

Alte aufgeschnittene Ölfässer sind Grundbestandteil dieser Windmaschine nach dem Savoniusprinzip. Eine Autohinterachse mit Differential überträgt die Kraft auf das Antriebsrad.

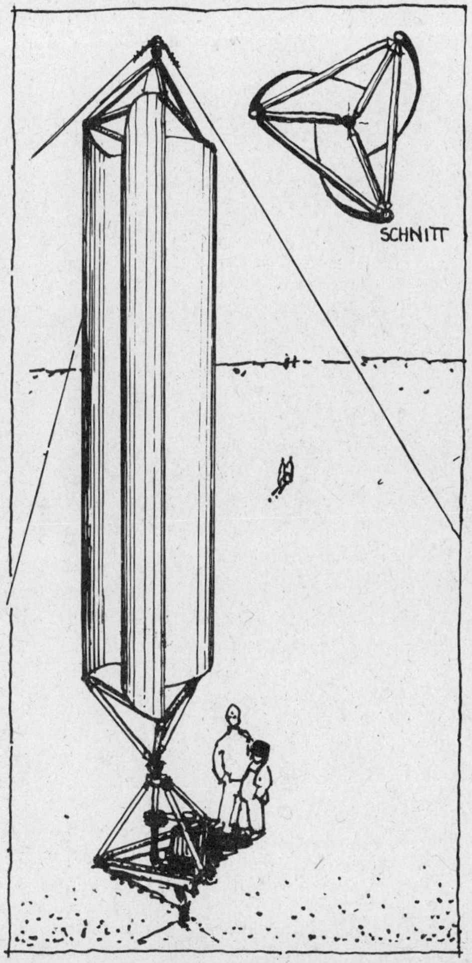

Abgespannter hoher Savonius-Rotor mit drei aerodynamisch ausgelegten Flügeln.

Verstellbarer Savonius-Rotor für Rechts- und Linkslauf und Ruhestellung bei Sturm.

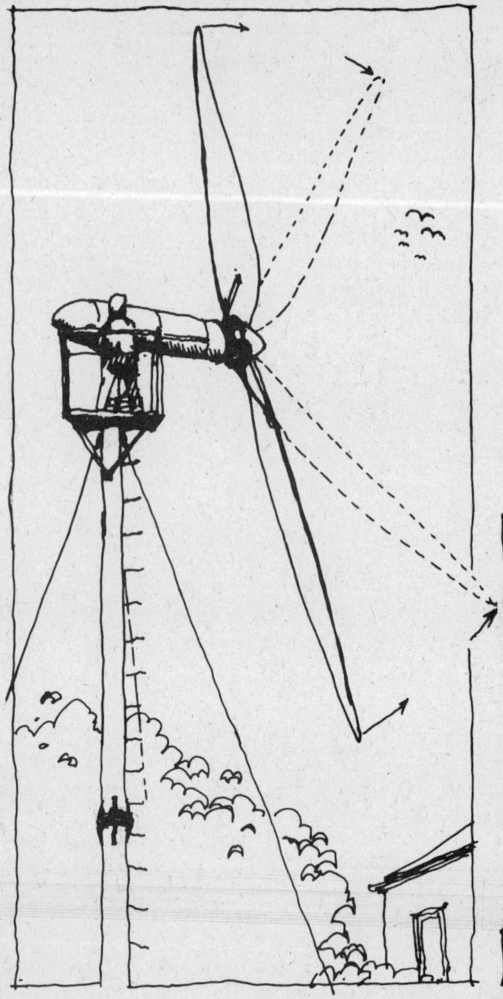

Zweiflügliger Schnelläufer nach H. D. Goslich mit 11 kW und 10 m Durchmesser. Einfache Steuerung durch Hecklauf. Die zurückfedernden Flügel lassen die Anlage auch bei stärkerem Wind Leistung abgeben und sind gleichzeitig Sturmsicherung. Konstruktiv tritt ein geringeres Biegemoment an der Rotorachse auf, und die Flügel sind einfacher zu konstruieren. Diese hocheffiziente Anlage ist einfach und verspricht hohe Betriebssicherheit und geringe Wartung. Der Generator kann direkt auf die Drehachse gesetzt werden.

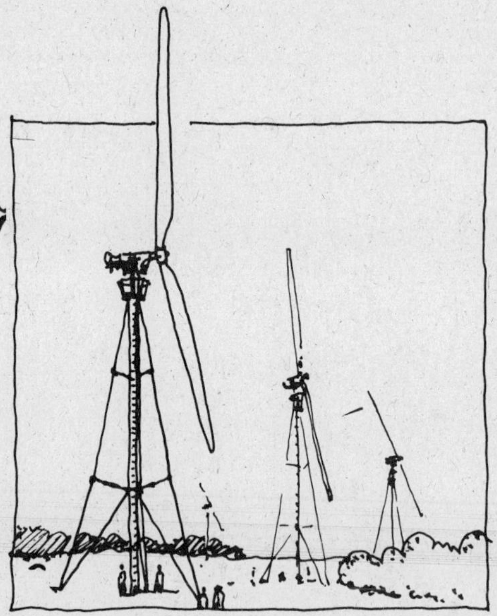

100-kW-Schnelläufer mit 34 m Durchmesser nach Hütter/Allgaier. Diese Anlage lief von 1959 bis 1968. Sie lieferte mit verstellbaren Rotorblättern ihre volle Leistung zwischen 9 und 15 m/s Windgeschwindigkeit. Mit starren Blättern geht die Leistung linear von 9 bis 15 m/s hoch und beträgt 10 bis 100 kW.

Dreiflügliger Schnelläufer zur Stromherstellung mit etwa 10 kW Leistung. Steuerung durch abklappbare Windfahne, die das Rad aus dem Wind dreht.

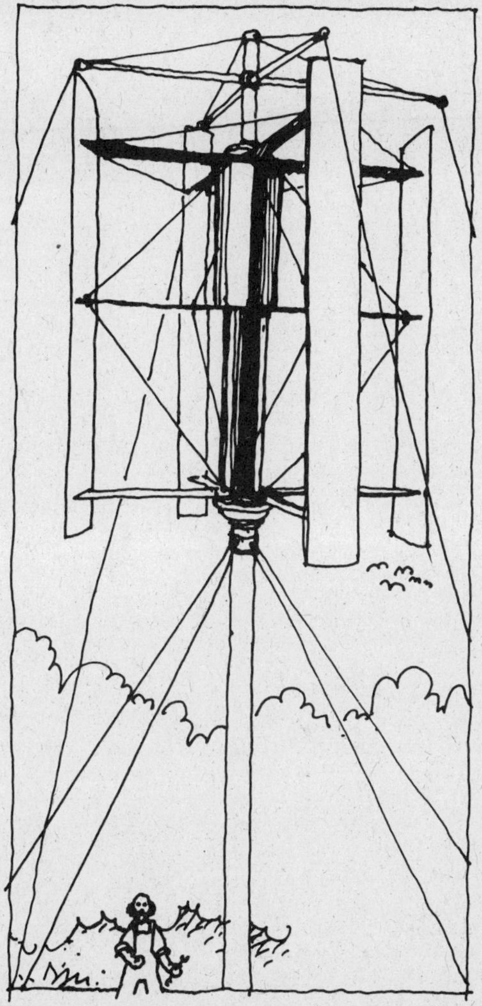

Darrieux-Rotoren mit geraden Blättern, die in einem Rahmen laufen, geben mehr Leistung ab, sind aber konstruktiv umständlicher. Hier dient ein zentraler Savoniusrotor als Starthilfe.

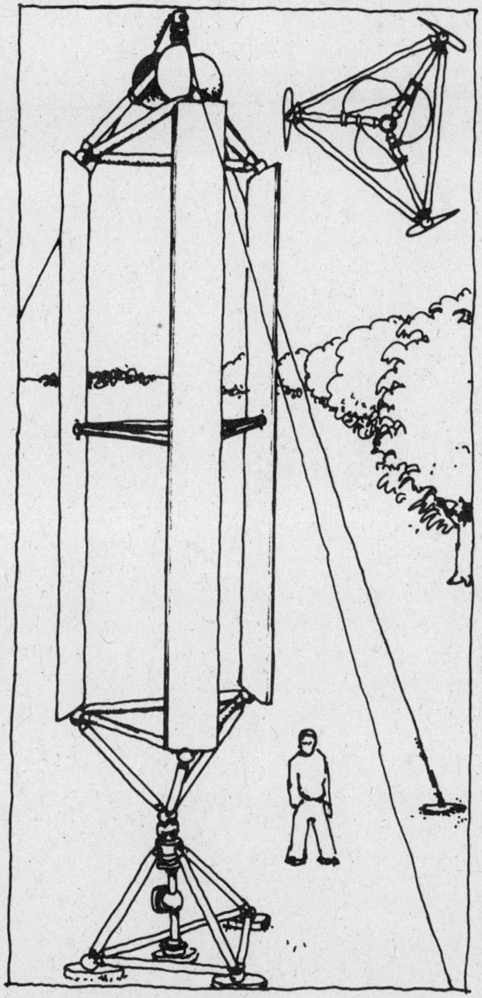

Darrieux-Rotor mit einem Turm aus Mero-Bauelementen o. ä. und einem Kugelschalenkreuz als Starthilfe. Der abgespannte Mast macht die Konstruktion leicht und weniger aufwendig. Der Rotor trägt sich selbst.

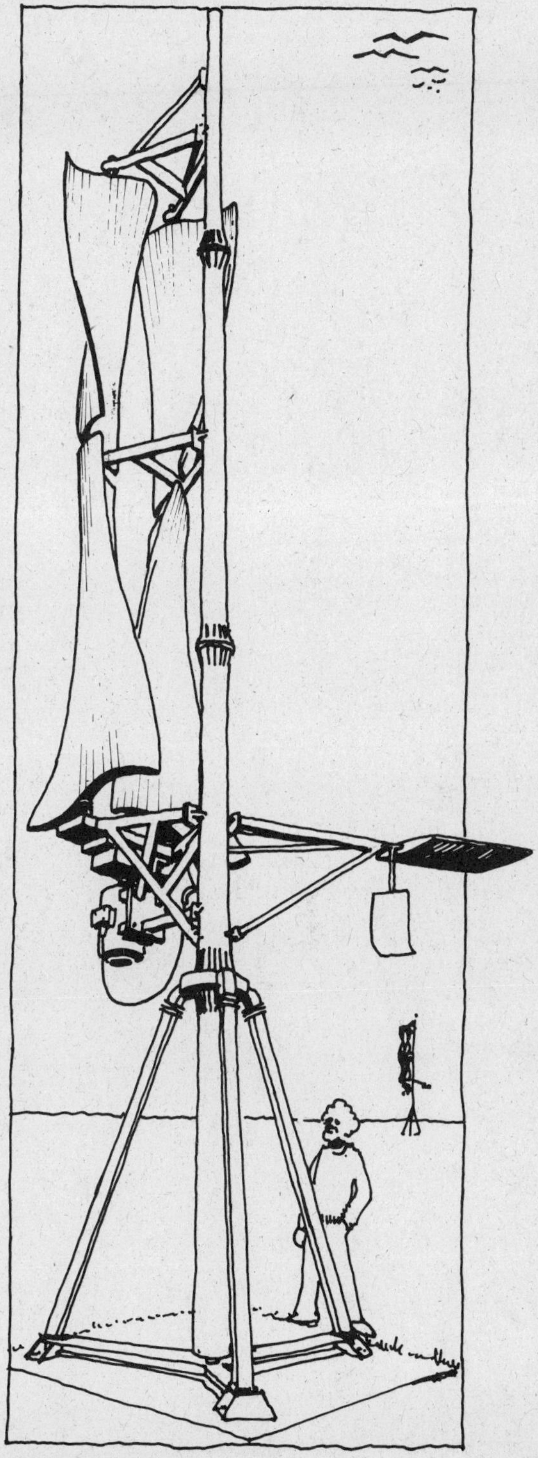

Neuartiger Vertikal-Doppel-Rotor mit verschraubten ineinandergreifenden Rotorflächen von „HSJ Aero Transform". Die gegenläufige Drehbewegung nutzt die Windkraft vom schwächsten bis zum stärkstem Wind gleichmäßig und stoßfrei aus. Getriebe und Drehmastkonstruktion bilden eine feste Einheit die ab Windgeschwindigkeit 17 m/sek die Angriffsfläche reduziert ohne die Leistungsabgabe zu reduzieren. Die Anlage wird bisher in zwei Größen angeboten:

12 m Höhe; Leistung bei 10 m/sek 5,00 kW
bei 16 m/sek 21,00 kW
16 m Höhe; Leistung bei 10 m/sek 10,00 kW
bei 16 m/sek 45,00 kW

Wo ein Wasserturm oder ein Hochsilo notwendig wird, kann er zugleich Turm für ein Windgerät sein, das die Pump- oder Förderleistung übernimmt und darüber hinaus noch Energie liefern kann.

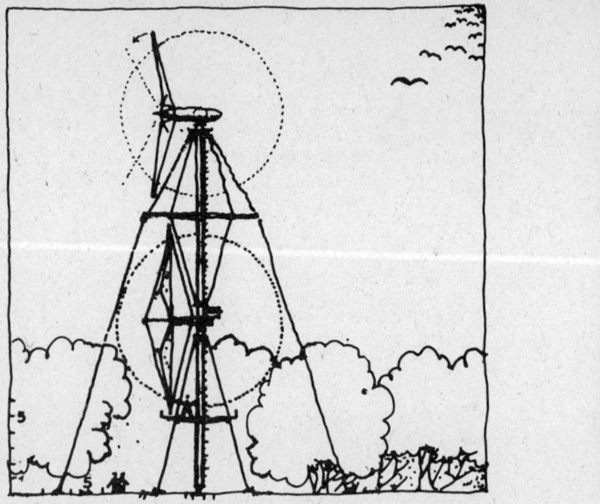

Ein Heckschnelläufer an der Mastspitze für hohe Windgeschwindigkeiten und eine Segelwindmühle darunter für geringere Windstärken. Die Langsamläufer sollten immer unter den Schnelläufern sitzen, da im oberen Bereich der Wind stärker ist.

Um eine breite Ausnutzung des Windangebotes zu gewährleisten und um Aufwand zu sparen, kann es günstig sein, mehrere Windräder an einer Turmanlage zu installieren. Je nach Spektrum des Windangebotes können es gleich- oder verschiedenartige Rotoren sein, die in der Summe aller Leistungen ein gleichmäßiges Energieangebot liefern. Auch Kombinationen von Vertikalrotoren und Horizontalläufern sind denkbar. Ein weiterer Vorteil wäre die Sicherheitsreserve bei Ausfall eines der Geräte.

Rotortürme mit gegenläufigen Rotoren und Ringgeneratoren. Die Seilkonstruktion des Turmes läßt Wirbelverluste gering erscheinen und ist materialsparend.

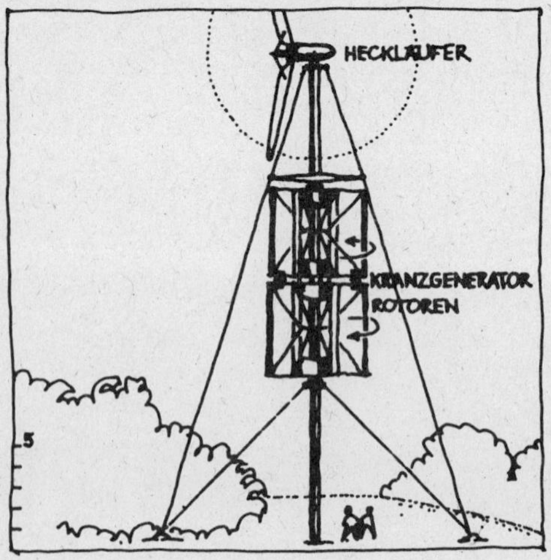

Verschiedene Masten mit Kombinationen von Darrieux-Rotoren und Heckläufer an der Mastspitze für Starkwind. Durch Mehrfachnutzung werden die Mastkosten besser ausgenutzt.

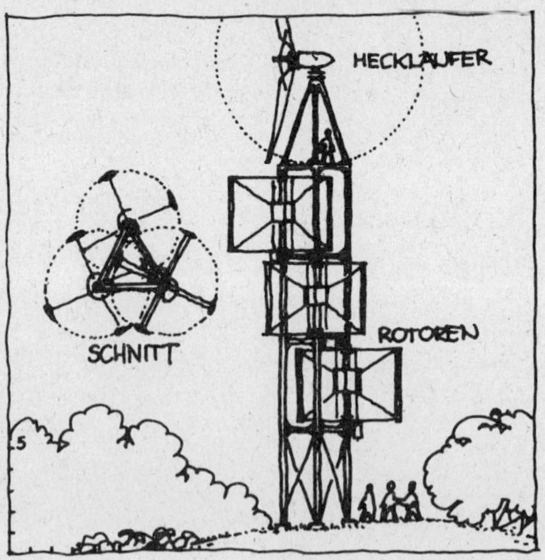

In einer Kombination verschiedener Windradprinzipien könnte ein Vertikalrotor mit breitem Leistungsspektrum etwa so aussehen. Der Generator ist als Außenkranz mit vielen Wicklungen auf relativ geringe Drehzahlen auslegbar.

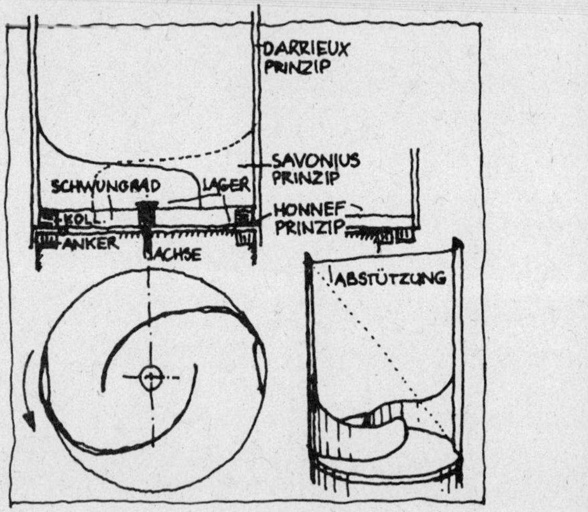

Hochspannungsleitungen verändern eine Landschaft oft tiefgreifend, ohne Rücksicht auf vorhandenes Naturpotential oder bestehende gebaute Umwelt zu nehmen. Trotzdem werden diese Bauwerke von allen Menschen akzeptiert oder zumindest geduldet.

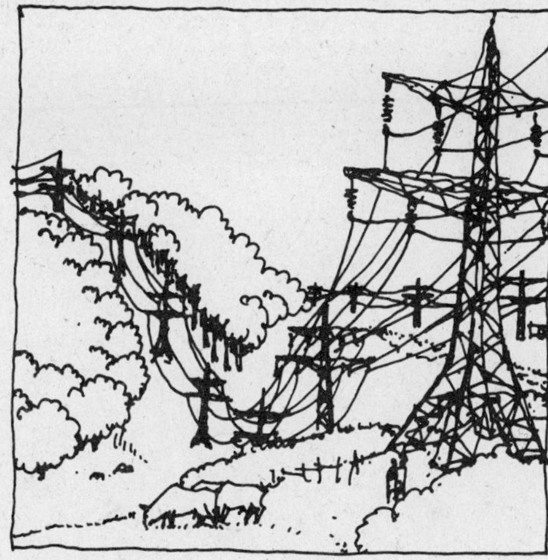

Die gleiche Landschaft, in der die Hochspannungsleitungen standen. Hier versorgt sie sich selbst. Das bedeutet ebenfalls eine eingreifende Veränderung, die aber auf die Landschaft und ihre Eigenarten eingeht, sie sogar hervorhebt.

Auswirkungen auf die Umgebung

Die Aufstellung von Windrädern bedeutet – wie jedes Bauwerk – einen Eingriff in das bestehende Naturgefüge, dessen Auswirkungen in Betracht gezogen werden müssen.

Gestalt

Wir haben uns daran gewöhnt, mit Überlandleitungen zu leben, deren Drähte tiefe Schneisen in die Wälder schlagen und deren Führung nicht unbedingt auf die Eigenheiten der Landschaft abgestimmt ist. Bei Windkraftanlagen wird jedoch behauptet, sie verschandelten die Landschaft.
Windkraftanlagen sind ein selbstbewußtes Zeichen direkter und umweltfreundlicher Energienutzung. Sie brauchen keine Überlandleitungen. Die Faszination der Bewegung und die Schönheit der aerodynamischen Gestalt könnten höchstens durch Ungeschicklichkeit beim Entwurf von Turm und Technik gestört werden. Wer die La-Sita-Ebene auf Kreta oder die Poldergebiete in Holland kennt, weiß, wie sehr Windräder die Landschaft prägen und mit ihr zu einer unverwechselbaren Einheit werden können.
Je nach regionalen Windverhältnissen müssen Windanlagen in Typ und Größe den Gegebenheiten angepaßt werden. Ihr Standort wird stets der windreichste sein. So sagen sie etwas über die Landschaft aus, in der sie stehen, und sie können landschaftstypisch ein weiteres Identifikationsmerkmal werden.

Windkraftanlagen eingebunden in Landschaften, Siedlungen, Hausgruppen.

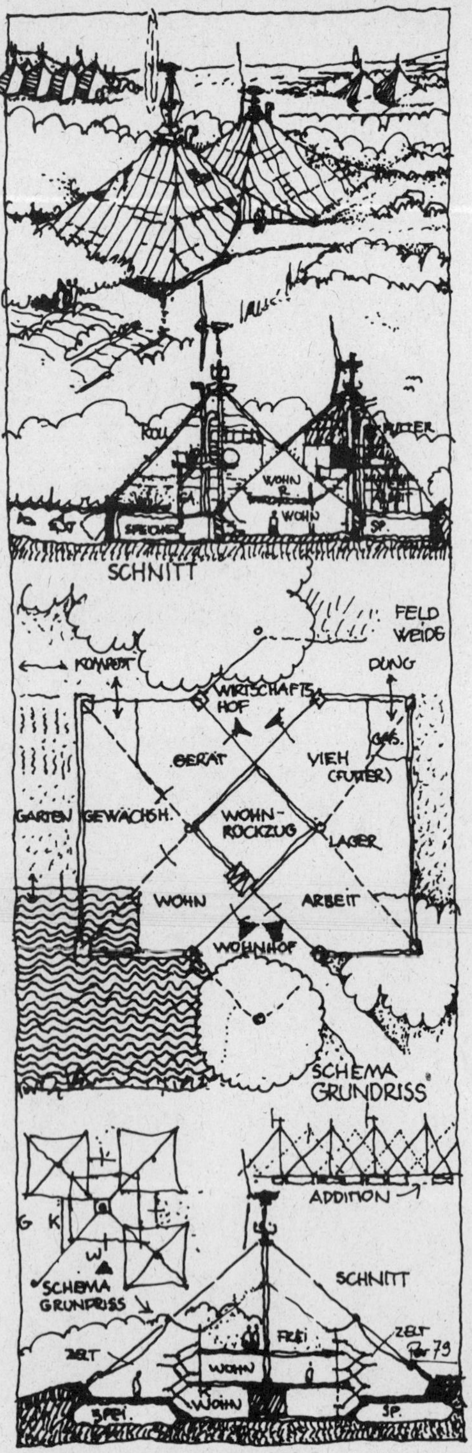

Kleines Windgerät als Gartenlaube. Ein Regendach ist zwischen die Abspannung gehängt, die vernetzten Spannseile werden berankt.

Zwei abgespannte Masten bilden das Traggerüst dieses autonomen landwirtschaftlichen Betriebes. Im Überschneidungsbereich liegt der massive warme Wohnbereich, an den die teilklimatisierten Zonen grenzen.

Besiedelung von alten Hochspannungsmasten nach der Dezentralisierung der Energieversorgung. Der Stromüberschuß wird in das wesentlich weniger aufwendige öffentliche Verbundnetz abgegeben. Die Bewohner sind Selbstversorger, zugleich Land- und Windwirte.

Konstruktiv ist es sinnvoll, ein gemeinsames Tragwerk für Haus und Windrad zu wählen und beide Dinge aufeinander abzustimmen. Der zu erwartenden Vibration kann durch schwere Massivbauteile entgegengewirkt werden, die auch aus raumklimatischen Gründen im Zentrum des Hauses vorhanden sein sollten. Die Windanlage für ein neu zu planendes Haus kann so zumindest in den Turmkosten reduziert werden.

Die Verbindung von Haus und Windmühle war früher schon üblich, wie hier die holländische Sägemühle zeigt, die direkt am Kanal liegt, um auch einen Transport mit Windkraft zu ermöglichen.

Typische dänische Hausmühle, wie sie auf vielen Höfen in Dänemark früher benutzt wurde, um alle am Hof anfallenden mechanischen Arbeiten zu leisten. Mit einem Generator könnte diese Arbeitskraft noch vielfältiger eingesetzt werden.

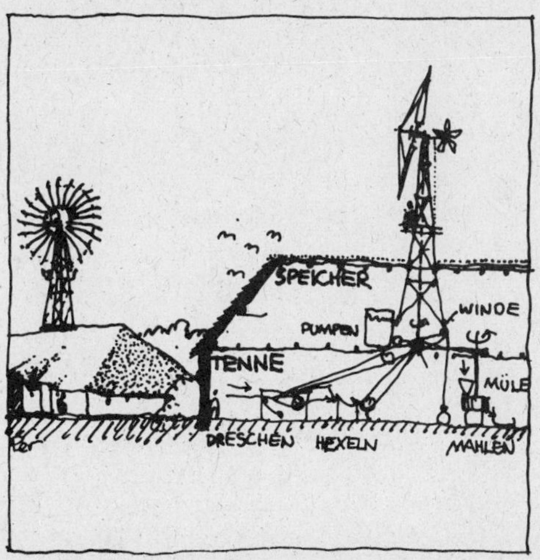

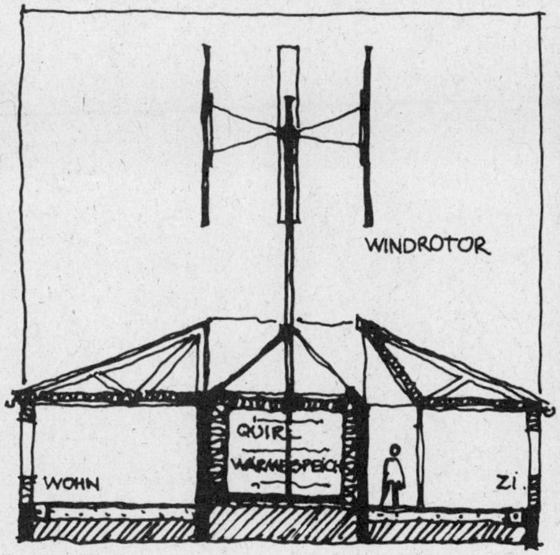

Haus von Torben Erbensen und Finn Strabo in Skive, Dänemark.

Der Wind-Rotor treibt eine Wasserwirbelbremse, die in einem 4-m^3-Tank durch Reibung Warmwasser erzeugt. Auf dem Dach sind 13 m^2 Sonnenkollektoren. Sonne und Wind liefern dem hochwärmegedämmten Haus 5000 kW/a und damit 50% des Gesamtwärmebedarfs für Heizung und Warmwasser.

Bauschritte für ein autarkes Haus, entwickelt aus einer Windkraftanlage.

1. Mast mit Windgenerator und kräftiger Abspannung, direkt betriebene Pumpe mit Brunnen und Hochbehälter.
2. Einhängen von Solarkollektoren in die Verspannung. Aufstellen eines Wärmespeichers. Bau der ersten Wohnzelle.
3. Leichtes Absenken und Anschütten eines Schutzwalles. Vernetzen der Abspannung, Bekleidung mit transparenten Materialien, Ergänzung des Wohngerüstes mit einer Kombination aus WC, Küche, Biogasanlage und Herd.
4. Weitere Ergänzung des Wohngerüsts nach freien Wünschen, die Wohnzellen werden je nach Bedarf wärmeisoliert oder durch feste Materialien schallgedämmt. Der Bereich zwischen Wohnbereich und Außenhülle ist ein Gesamtpufferbereich mit unterschiedlichen Mikroklimata. Ergänzung des Wohnbereichs durch eine Kombination von Bade- und Waschanlage mit Schmutzwasserbehälter und selbstregelnder Bewässerung zur Pflanzenzucht (Gewächshausbedingungen). Im Sommer lassen sich geeignete Teile der Dachhaut aufrollen. Weitere Elektrifizierung (außer Wind evtl. Solarzellenstrom) durch Verwendung kleiner Elt-Speicher.

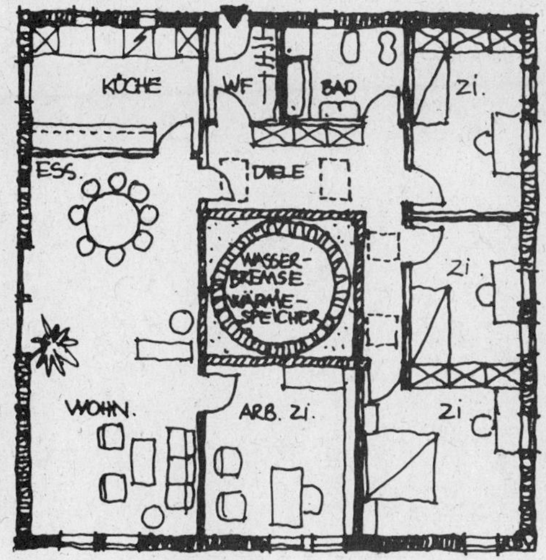

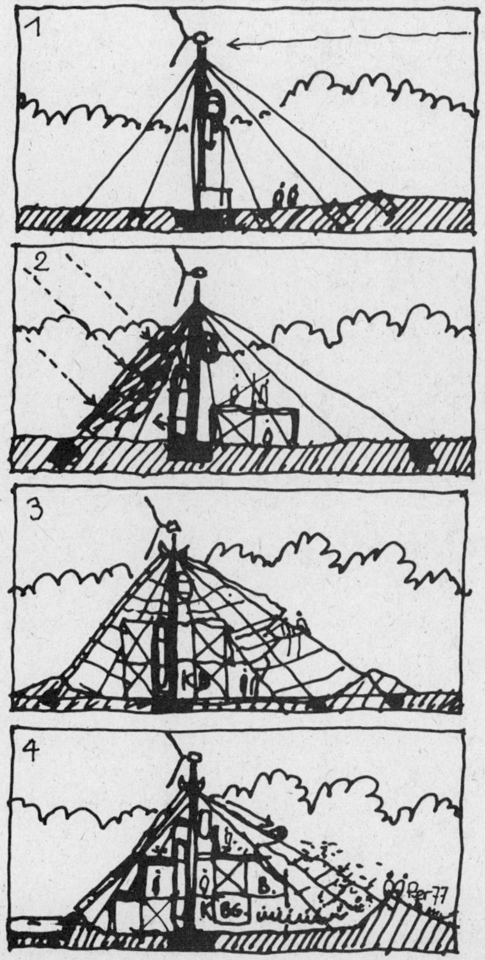

Windmühlen entstehen nach aerodynamischen Gesetzen und entwickeln so eine natürliche Schönheit. Als hoch aufragende Objekte können sie von zeichenhafter Bedeutung sein. Durch kleine formale Änderungen und Farbanstriche können diese Zeichen individuell variiert werden.
Gestaltung der Windrosette und des Turmes einer amerikanischen Windturbine.

Kleine Heckläufer mit aerodynamisch bis zur Achse ausgeformten Flügeln, die so auch gutes Anlaufvermögen haben können.
Die Formen erinnern an Vögel, Fische, Rochen. Stabilisierend wirkt eine zusätzliche Finne.

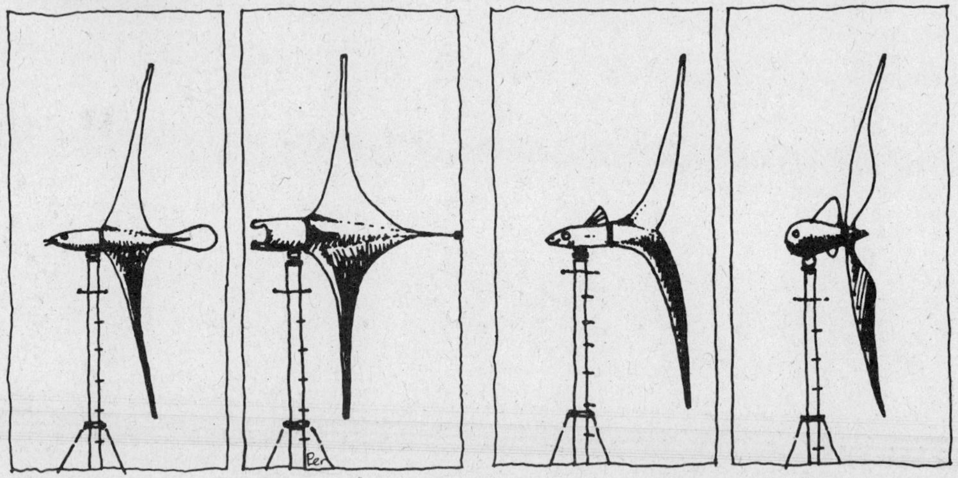

Gestalt des Generatorgehäuses und der Steuerung bei Frontläufern.
Wenn die Windfahne in den strömungsgünstigen Bereich nach oben gezogen wird, ergibt sich noch eine Vielzahl anderer Möglichkeiten.

Geräusche, Schwingungen

Windräder machen Geräusche, die bei den Menschen sicherlich unterschiedliche Empfindungen und Reaktionen hervorrufen können. Man kann sie, wenn die Anlage nicht schadhaft ist, allerdings kaum als Lärm betrachten. Sie entwickeln eher sanfte Geräusche, die dem weichen Gang in der Windströmung entsprechen. Harte Schallverdichtungen, wie sie an den Rotorblättern eines Hubschraubers auftreten können, sind hier nicht zu erwarten, da der Antrieb vom Wind ausgeht und das Windrad sich darauf einstellt. Eine Belästigung aus dieser Mischung von mechanischen und Strömungsgeräuschen ist kaum zu erwarten. Vielleicht wird der Besitzer eines Windrades sogar Genugtuung empfinden, wenn er draußen seine Anlage für sich arbeiten hört, ähnlich dem knisternden Feuer, das auch akustisch das Empfinden Wärme vermittelt.
Schwingungen, die nach unten übertragen werden, sind allerdings nicht auszuschließen. Bei Frontläufern bringt allein das Vorbeistreifen der Flügel vor dem Mast einen Lastwechsel der Windströmung auf den Mast mit sich, der Schwingungen verursacht. Heckläufer haben diese Schwingungslast an den Flügeln, die durch den Windschatten des Turmes laufen. Dazu kommen andere Vibrationen.
Die Schwingungsübertragung ist besonders bei der konstruktiven Verbindung mit Wohnhäusern zu berücksichtigen; gegebenenfalls ist es einfacher, Wohngebäude und Windanlage getrennt zu bauen als aufwendige Dämpfungsmaßnahmen vorzusehen.

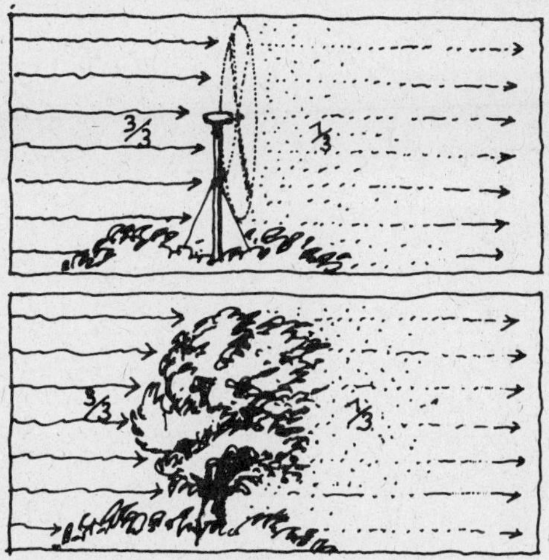

Windräder und Bäume nehmen dem Wind Bewegungsenergie ab und setzen sie in eigene Bewegung um. Windräder erzeugen ein Drehmoment, Bäume eine Federkraft. Auch die Geräuschstärke ist ähnlich. Die Windanlagen setzen etwa die Hälfte der Strömungsenergie um, Bäume zwei Drittel. Windschutz durch Windmühlen wäre denkbar, wenn diese nicht so hoch wie möglich im strömungsgünstigen Bereich stehen sollten.

Ökologische Aspekte

Windkraftwerke beeinflussen die normale Luftströmung und stellen ein Hindernis dar. Mittlere Windrotoren sind in ihrer Bremswirkung etwa mit ausgewachsenen Bäumen gleichzusetzen, deren Kronen Durchmesser um 20 m haben können. Dabei wird die Strömungsenergie vom Windrad in Drehkraft umgesetzt. Das bewirkt, wie auch bei Bäumen, einen Verbrauch der Energie und weniger eine Umlenkung und Verdichtung an anderer Stelle, wie das bei festen Hindernissen (Bergen und Häusern) der Fall ist. In besonderen Fällen könnten Windmühlen auf diese Weise als Windschutz dienen. Im allgemeinen wird man jedoch versuchen, den nicht von Häusern und Bäumen verwirbelten Wind in höheren Lagen für das Windrad auszunutzen, so daß die Windberuhigung am Boden kaum wirksam wird. Nach kurzer Entfernung, etwa dem vierfachen Rotordurchmesser, hat sich die Luftströmung wieder geschlossen. Selbst bei Großprojekten wie in der Bucht von Maine sind kaum tiefgreifende klimatische Folgen zu erwarten, wie sie etwa bei großflächigen Solaranlagen möglich wären. Der winderzeugende Luftdruckausgleich könnte sich allenfalls verzögern, wenn die „neue Topografie" durchströmt werden müßte.
Der Betrieb von Windkraftanlagen hat daher aus heutiger Kenntnis ökologisch weder im großen noch im kleineren Rahmen nachteilige Auswirkungen.

a) Wassermühle aus Ellested, Fünen
Vor der Ostwand zwei oberschlächtige Mühlräder, über die das Wasser, vom Mühlenteich über die Rinne aus Planken zugeleitet, hinwegströmt. Der Zustrom wird von einer Luke in der Hauswand aus mittels einer langen Stange und eines Schiebers reguliert.

b) Wassermühle aus Sand auf Sandö
Kleine Mühle mit senkrechter Achse und waagerecht rotierendem Rad, gemeinsames Eigentum mehrerer Höfe, die hier ihre Gerste selbst vermahlten.

c) Wassermühle aus Pedersker, Bornholm
Das Wasser treibt ein großes unterschlächtiges Mühlrad an der Giebelseite der Mühle. Die Kraft wird durch ein einfaches Getriebe auf den oberen Mühlstein („Läufer") übertragen.

Abb. aus: Frilandsmuseet Kopenhagen

Wasserenergie

Die Kraft des fließenden Wassers regeneriert sich aus Sonne und Wind. Der so entstehende Wasserkreislauf ist für das Leben auf der Erde von vielschichtiger Bedeutung. Die Nutzung der Wasserkraft ist nur eine Komponente in diesem Zusammenhang und muß mit allen anderen Aufgaben des Wasserkreislaufs gemeinsam gesehen und dort harmonisch eingefügt werden.
Wasserenergie wird wie Windenergie vorwiegend als Drehmoment in mechanische Arbeit umgesetzt, die vielfältige Verwendung finden kann und von hoher Qualität ist. Dem Wind gegenüber hat sie den Vorteil der größeren Dichte und damit auch der größeren Energiedichte. Wasser wiegt ca. 820mal mehr als Luft.

Nutzbare Energie

Energiepotential

Das Leistungspotential für Wasserenergie auf der Erde wird mit 2857000 MW angegeben. Davon sind gegenwärtig etwa 8,5% ausgenutzt. Die folgende Tabelle zeigt die Verteilung dieser Energiemengen und ihren Ausnutzungsgrad:

Gebiet	Leistungspotential 10^3 MW	Anteil %	ausgebaute Leistung 10^3 MW	Anteil der ausgebauten Leistung an der möglichen Leistung %
Nordamerika	313	11	76	23
Südamerika	577	20	10	1,7
Westeuropa	158	6	90	57
Afrika	780	27	5	0,6
Mittlerer Osten	21	1	1	4,8
Südostasien	455	16	6	1,3
Ferner Osten	42	1	20	48
Australien	45	2	5	11
UdSSR, China und Satelliten	466	16	30	6,4
Erde insgesamt	2857	100	243	8,5

(aus: Wie funktioniert das? Umwelt)

In unserem Lebenraum Westeuropa ist mit 57% die höchste Ausnutzung zu verzeichnen.
Sicher ist der großtechnische Anteil an der Wasserenergiegewinnung weitgehend erschöpft und aus dieser Sicht nicht mehr wirtschaftlich zu vertreten. Im kleineren Rahmen mit örtlichen Kraftanlagen von wenigen Megawatt oder kleinen Staustufen mit Energiegewinnung im Kilowattbereich ist noch ein großes Energiepotential offen, das der dezentralen Nutzung örtlicher Energiequellen offensteht und das in der o.a. Tabelle nicht einmal in den Zahlen enthalten ist.

Die Erschließung dieses Energieangebotes könnte gleichzeitig mit einem Wassersanierungsprogramm gekoppelt werden, das die Fehler unserer Wasserwirtschaft ausgleicht, Grundwasserabsenkungen und Überschwemmungen vermeidet, die biologische Selbstreinigungskraft der Gewässer erhöht und zugleich neue Biotope und Erholungsräume schafft (s. Kap. Gestaltung des Lokalklimas: Wasserflächen, Kap. Wasserhaushalt).
So könnte die Leistung eines kleinen Wasserkraftwerkes so bemessen werden, daß mit der Wasserbaumaßnahme der höchste ökologische Nutzen erzielt wird. Die Tendenz zu mehreren kleinen Staustufen statt einer großen käme der dezentralen Energienutzung und auch der gleichmäßigen Wasserverteilung entgegen.

Verfügbare Energie

Die nutzbare Energie des Wassers setzt sich aus seiner Masse und seiner Bewegung zusammen. Die Masse wird durch Niederschläge regeneriert und beinhaltet so transformierte Sonnen- und Windenergie. Beschleunigung erfährt das Wasser, wenn es aus einer hohen Lage (Lageenergie, potentielle Energie) der Schwerkraft folgend einem tieferen Standort zuströmt. Die Strömungsgeschwindigkeit ist abhängig von der Fallhöhe und der Gefällstrecke. Die Formel: Arbeit = Masse × Geschwindigkeit zum Quadrat wird für die Wasserkraft abgewandelt in: Arbeit = Volumenstrom × Fallhöhe.
Zur überschläglichen Berechnung der verfügbaren Leistung gilt die Formel:

$$P = \frac{\rho \cdot Q \cdot h}{102} \cdot \text{Wirkungsgrad in kW.}$$

Darin ist ρ die Dichte des Wassers, die mit 1000 kg/m^3 in die Formel eingeht. Q ist der Volumenstrom in l/s, der jeweils an der Energiequelle ermittelt werden muß. h ist die Nutzhöhe in m zwischen Ober- und Unterwasser.
Die jährliche Energieausbeute ist bereits bei kleinen Rinnsalen oder Bächen und geringer Nutzhöhe wegen des kontinuierlichen Wasserangebotes spürbar. So reicht z. B. ein Volumenstrom von 50 l/s und 1 m Nutzhöhe aus, um einen Einfamilienhaushalt ganzjährig mit Elektrizität zu versorgen, 1000 l/s Wasserdurchfluß und 5 m Höhenunterschied könnten sogar die Stromvollversorgung für ein 500-Einwohner Dorf gewährleisten. Ein angemessener Verbrauch (s. Kap. Energiehaushalt) ist dafür Voraussetzung.
Fließgewässer bieten gegenüber Sonne und Wind ein relativ konstantes Energieangebot, wobei im Frühjahr und Herbst die größten Wassermengen verfügbar sind. Durch Anstauen eines Gewässers erfolgt eine Speicherung (1000 m^3 Wasser verfügen über eine Speicherkapazität von ca. 2,8 kWh/m Fallhöhe). Somit kann das Energieangebot der Nutzung entsprechend gesteuert werden (Tageszeit- oder Wochenausgleich).

Örtliche Ermittlungen

Zunächst sollten über das Gewässer Auskünfte zur Stetigkeit des Wasserangebotes und zur Verschmutzung durch Geschiebe, Laub, Holz, Eisgang oder Chemikalien eingeholt werden. Die Wasserrechte sind zu klären. Geologische und hydrologische Folgen einer Veränderung sind abzuschätzen.
Zur Ermittlung der verfüglichen Energie sind der Volumenstrom Q in m^3/s und die Nutzhöhe h in m zu messen. Aus den vielen Methoden zur Ermittlung des Volumenstroms sind die Überfallmessung und die Schwimmermessung die einfachsten. Sie

Theoretisch nutzbare Leistung des Fließgewässers in Abhängigkeit von Nutzhöhe und Volumenstrom.

LEISTUNG kW		NUTZHÖHE m					
		0.5	1.0	2.0	5.0	10.0	20.0
VOLUMENSTROM l/s	10	0.05	0.1	0.2	0.49	0.98	1.96
	25	0.12	0.25	0.49	1.23	2.45	4.9
	50	0.25	0.49	0.98	2.45	4.9	9.8
	100	0.49	0.98	1.96	4.9	9.8	19.6
	200	0.98	1.96	3.92	9.8	19.6	39.2
	1000	4.9	9.8	19.6	49	98	196

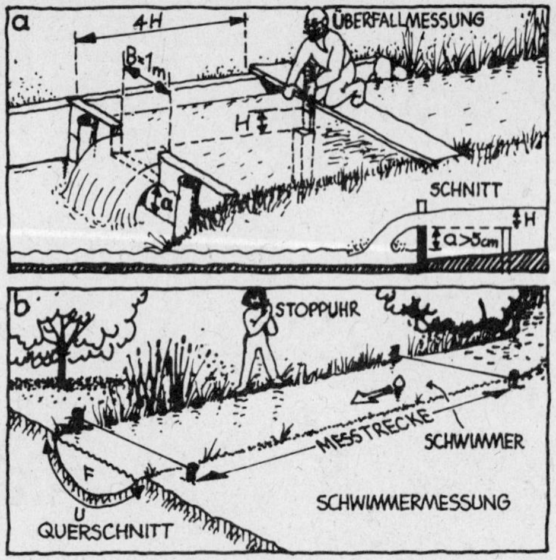

Messung des Volumenstroms:

a) Überfallmessung an einem Meßwehr von B = 1 m Breite. Die Werte für Q sind aus der entsprechenden Tabelle zu entnehmen. a soll mindestens 5 cm betragen.

b) Schwimmermessung an möglichst gerader Strecke mit gleichem Profil.
Die Geschwindigkeit der Flasche in m/s mindert sich durch den Reibungswiderstand A/U.
A = Fläche des Querschnitts
U = benetzter Umfang
Je nach Wandungsart sind die Minderungsfaktoren für die mittlere Geschwindigkeit v_m der entsprechenden Tabelle zu entnehmen.
$Q = A \cdot v_m$ in m^3/s.

sind ohne nennenswerte Geräteausstattung durchführbar. Die Nutzhöhe zwischen Oberwasser und Unterwasser ist am Wehr leicht zu ermitteln. Über längere Gefällestrecken muß mit Latte und Wasserwaage oder mit einem Nivelliergerät gemessen werden.

Werte für den Volumenstrom Q für Überfallmessung, Bild a nach W. Müller

h in m	Q in l/s	h in m	Q in l/s	h in m	Q in l/s	h in m	Q in l/s
0,01	1,7	0,22	185	0,58	792	1,15	2210
0,02	5	0,24	210	0,60	833	1,20	2360
0,03	9	0,26	237	0,62	875	1,25	2500
0,04	14	0,28	265	0,64	918	1,30	2660
0,05	20	0,30	294	0,66	961	1,35	2815
0,06	26	0,32	324	0,68	1005	1,40	2970
0,07	33	0,34	355	0,70	1051	1,45	3130
0,08	40	0,36	387	0,72	1095	1,50	3295
0,09	48	0,38	420	0,74	1141		
0,10	56	0,40	453	0,76	1188		
0,11	65	0,42	488	0,78	1235		
0,12	74	0,44	523	0,80	1283		
0,13	84	0,46	558	0,85	1404		
0,14	93	0,48	596	0,90	1530		
0,15	104	0,50	634	0,95	1660		
0,17	125	0,52	672	1,00	1793		
0,19	148	0,54	711	1,05	1930		
0,20	160	0,56	751	1,10	2069		

Q-Werte in Tabelle, gemessen in l/s, gelten für eine Überfallbreite von B = 1 m. Die Höhe „a" soll mindestens 5 cm betragen.

Werte für den Beiwert A/U zur Ermittlung der mittleren Strömungsgeschwindigkeit V_m, Bild b nach W. Müller

$\frac{A}{U}$	Holz, glatt oder Zementmauer	Holz, ungehobelt oder Ziegelmauer	Bruchsteinmauer	Erde
0,1	0,860	0,840	0,748	0,565
0,2	0,865	0,858	0,792	0,645
0,3	0,870	0,865	0,812	0,685
0,4	0,875	0,868	0,822	0,712
0,5	0,880	0,870	0,830	0,730
0,6	0,885	0,871	0,835	0,745
0,7	0,890	0,872	0,837	0,755
0,8	0,892	0,873	0,839	0,763
0,9	0,895	0,874	0,842	0,771
1,0	0,895	0,875	0,844	0,778
1,2	0,895	0,876	0,847	0,786
1,4	0,895	0,877	0,850	0,794

Beispiel:

Meßstrecke: 15 Meter.
Laufzeit des Schwimmers: 20 Sekunden.

Geschwindigkeit: $v = \frac{s}{t} = \frac{15}{20} = 0{,}75$ Meter pro Sekunde.

Das Gerinne hat rechteckigen Querschnitt, die Sohle ist 2 m breit, die Seitenwände 0,8 m hoch.
Der Wasserquerschnitt ist demnach $A = 2 \cdot 0{,}8 = 1{,}6\,m^2$.
Der benetzte Umfang ist $U = 2 + 0{,}8 + 0{,}8 = 3{,}6$ m.
Das Verhältnis $\frac{A}{U}$ beträgt $\frac{1{,}6}{3{,}6} = 0{,}445$.

Das Gerinne besteht aus Erde; damit ergibt sich für $\frac{A}{U} = 0{,}445$ ein Koeffizient von etwa 0,72.
Die mittlere Geschwindigkeit v_m beträgt demnach $v_m = 0{,}75 \cdot 0{,}72 = 0{,}54$ m/s.
Daraus errechnet sich die Wassermenge wie folgt: $Q = v_m \cdot A = 0{,}54 \cdot 1{,}6 = 864$ l/s (oder $0{,}864\,m^3/s$).

Wasserräder und Turbinen

Für jede Situation einer potentiellen Wasser-Energiequelle steht eine Reihe von Rad- und Turbinenkonstruktionen zur Verfügung, die die Gegebenheiten für Nutzhöhe und Volumenstrom optimal ausnutzen.

Wasserräder

Das älteste und einfachste Wasserrad ist das Stromrad oder Stoßrad. Es ist ein Radkranz mit radial angebrachten geraden Schaufeln, der in die Strömung gestellt wird und die tangentiale, geradlinige Bewegung des Wassers in eine Drehbewegung umsetzt. Der Wirkungsgrad ist relativ gering, zumal diese Räder oft am strömungsarmen Flußufer standen. Als Schöpfräder zur Bewässerung taten sie jedoch noch sehr lange Dienst.
Mit der Zeit paßten sich die Wasserräder mehr aus Erfahrung denn aus hydrodynamischen Kenntnissen den gegebenen Situationen besser an. Es wurden Radtypen entwickelt, deren Auslegung in Durchmesser und Schaufelform speziell auf Ober- und Unterwasserstand einging. Drei Grundtypen sind Basis für die vielfältige Gestaltung von Wasserrädern gemäß den örtlichen Anforderungen:

- Unterschlächtiges Wasserrad,
- Mittelschlächtiges Wasserrad,
- Oberschlächtiges Wasserrad.

Das unterschlächtige Wasserrad ist dem Stromrad am nächsten verwandt und nutzt vorwiegend die Bewegungsenergie des Wassers. Geringe Höhenunterschiede sind noch gut nutzbar. Die leicht gekrümmte Schaufelform ermöglicht stoßfreies Eintauchen ins Oberwasser und schubfreies Austauchen aus dem Unterwasser. Sie bringt dem Stromrad gegenüber einen höheren Wirkungsgrad.
Das mittelschlächtige Wasserrad nutzt auch die Schwerkraft des Wassers. Das Oberwasser tritt unterhalb der Radachse ein und drückt die Schaufeln bzw. Zellen nach unten.

Einfaches Stromrad; die geradlinige Strömungsbewegung wird in eine Drehung umgewandelt. Der Wirkungsgrad ist bescheiden.
Das unterschlächtige Rad ist ein verbessertes Stromrad; es nutzt die Stauenergie besser und läßt das Wassergewicht mitwirken.

Beim mittelschlächtigen Rad überwiegt die Wirkung der Schwerkraft, jedoch wird auch die Bewegungsenergie des Wassers erheblich ausgenutzt.
Beim oberschlächtigen Wasserrad wird die Hauptleistung aus der Wasserschwerkraft gewonnen; es kommt darauf an, die Schwerkraft durch die Schaufelform bis zum unteren Drehpunkt auszunutzen und das Rad im unteren Abfluß nicht durch Eintauchen abzubremsen.

Je sorgfältiger die Konstruktion, desto höher der Wirkungsgrad – so konnte das Sagebien-Rad als unterschlächtiges Rad sogar einen Wirkungsgrad von 70% erreichen. Die Vielzahl der Schaufeln bewirkt einen ruhigen Lauf, die Ausformung ein sauberes Aufnehmen und Abgeben (Austauchen) der Wasserkraft. Mit oberschlächtigen Rädern werden sogar 80% erzielt.

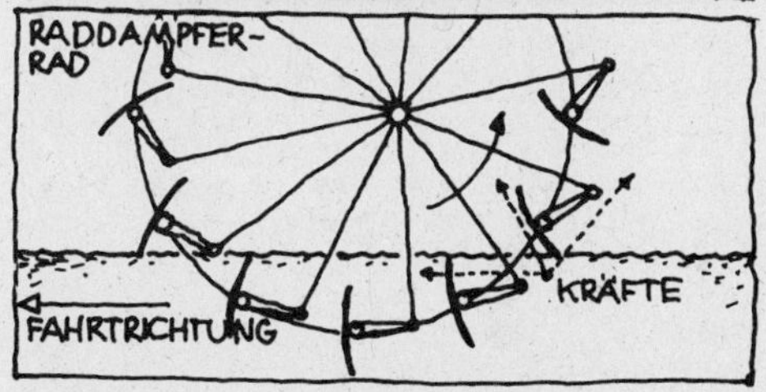

Das Raddampferrad erreicht durch eine exzentrische Schaufelaufhängung ein stoßfreies Eintauchen und schubloses Austauchen. Dieses Prinzip ließe sich auch für anspruchsvolle unterschlächtige Räder ausnutzen.

a) u. b) Front- und Seitenansicht eines Zuppinger Niedergefällerades für ca. 35 kW bei 0,75 m mittlerem Gefälle. Mäßige Drehzahl, aber hoher Wirkungsgrad mit 70 bis 75%.
c) Eine Wasserkaskade kann auch hohe Gefälle für Wasserräder nutzbar machen und ermöglicht so gleichzeitig alle Arten von Wassernutzung und eine ausgezeichnete ökologische Einbindung.

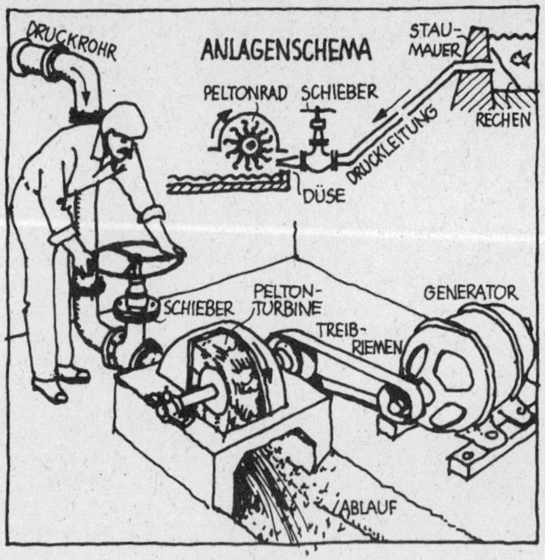

Kleine Pelton-Freistrahlturbine zur Stromerzeugung. Hier reichen schon geringe Wassermengen, um Leistung zu erbringen, wenn größere Fallhöhen zur Verfügung stehen.

Die Michell-Turbine eignet sich für mittleren Wasserdruck (Fallhöhe 4,5 bis 12 m) und geringe Wassermengen. Sie wird gebaut in Bayern als „Ossberger Turbine" für
Fallhöhen von 1 bis 300 m;
Volumenströme von 1 bis 10000 l/s;
Leistungen von 1 bis 1000 kW.
Der Wirkungsgrad beträgt bis zu 88%.
Das Wasser durchströmt den offenen Schaufelkranz und treibt das Rad so zweifach.

Das oberschlächtige Wasserrad nutzt vorwiegend die Schwerkraft des Wassers. Sein Durchmesser ist etwas kleiner als die Höhendifferenz zwischen Oberwasser und Unterwasser. Die Schaufeln sind als Zellen ausgebildet und so konstruiert, daß sie das oben eingefüllte Wasser erst möglichst tief wieder abgeben. Besonders wichtig ist hier die Regulierung des Unterwasserspiegels, der nie das Wasserrad berühren darf, da dann die Leistung erheblich absinkt (waten).
Erkenntnisse wie z. B. stoßfreies Einströmen, niedriges Ausströmen, senkrechtes Austauchen für die Zellen- und Schaufelkonstruktionen brachten immer bessere Wirkungsgrade. Verbesserung im konstruktiven Bereich, große Durchmesser und niedrige Drehzahlen bei großer Schaufelzahl brachten für alle Wasserradtypen Wirkungsgrade zwischen 65 und 85%. Große Fallhöhen könnten mit Wasserrädern nicht oder nur in Kaskaden ausgenutzt werden, was wiederum ökologisch wünschenswert sein kann.
Die einfache Technik und geringe Drehzahlen der Wasserräder lassen sie besonders geeignet zum Selbstbau erscheinen. Im Bereich kleiner Leistungen bis etwa 20 kW können Wasserräder zweckmäßiger sein als Wasserturbinen.

Turbinen

Wasserturbinen sind für Fallhöhen bis zu 2000 m geeignet und können große Volumenströme verarbeiten. Ihr Leistungsbereich geht in den Großkraftwerken bis zu 750 MW je Turbine. Aber auch im Kilowattbereich bis hin zu wenigen Megawatt sind Turbinen einsetzbar; bei höheren Leistungen sind sie den Wasserrädern überlegen.
Für die unterschiedlichen Wassermengen und Fallhöhen gibt es drei Grundtypen:

- Die Freistrahl-Turbine (Pelton-Rad),
- die Francis-Turbine,
- die Kaplan-Turbine.

Die Pelton-Turbine ist ein Freistrahlrad mit löffelartigen Schaufeln, das von einem oder mehreren Druckwasserstrahlen beaufschlagt wird und die Bewegungsenergie des Wassers fast vollständig in Drehkraft umsetzt. Diese Turbinen können einen Wirkungsgrad bis zu 90% erreichen. Sie sind für Fallhöhen von 500 bis 1800 m geeignet und können bis zu 250 MW leisten.
Die Francis-Turbine ist ein vollbeaufschlagtes horizontales Rad, dem das Wasser aus der Druckleitung in einer umlaufenden, sich verjüngenden Schnecke tangential zugewirbelt wird. Die radialen Turbinenschaufeln nehmen die Energie vollständig aus dem Wirbel, so daß das Wasser im Zentrum des Rades senkrecht nach unten fällt. Diese Turbine ist schon für geringe Fallhöhen geeignet, wird aber auch für Höhen bis zu 650 m eingesetzt, besonders wenn viel Wasser zur Verfügung steht. Die Francis-Turbine kann bis zu 750 MW leisten, wobei Wirkungsgrade über 90% erreicht werden.
Die Kaplan-Turbine arbeitet wie ein Schiffspropeller und ist besonders für niedrige Fallhöhen und große Wassermassen geeignet, wie sie in Fluß- oder Gezeitenkraftwerken anfallen. Als Rohrturbine mit dem Generator im Wasserstrom ist sie besonders für letztere geeignet, zumal sie in beiden Richtungen laufen kann. Kaplan-Turbinen arbeiten mit Fallhöhen von 10 bis maximal 45 m, Rohrturbinen nur bis 25 m. Sie können bis zu 180 MW leisten.
Aus Kaplan-Turbinen, später auch aus Francis-Turbinen wurden die heutigen Pumpturbinen der Pumpspeicherwerke entwickelt. Die hohe Effizienz der Turbinen und der Motor-Generatoren bieten die verlustärmste Möglichkeit für die Speicherung von Energie.

Im Kilowattbereich sind die Freistrahlturbine und die Francis-Turbine geeignet. Vielfach wird hier auch eine Durchström-Turbine eingesetzt, die in ihrer Bauweise dem Wasserrad ähnelt, das Banki-Rad (Michell-Turbine). Heute werden viele alte Wasserräder gegen kleine Turbinenanlagen ausgetauscht, die mit höherer Ausbeute Energie für Betriebe, Höfe und Dörfer liefern. Turbinen sind immer ein Industrieprodukt und für den Selbstbau nur bedingt geeignet. Wartung und Pflege sind ähnlich einfach wie beim Wasserrad.

Wasserrad oder Turbine

Die Entscheidung, ob Wasserrad oder Turbine angemessen ist, ist oft schwer zu treffen, da gerade im Kilowattbereich oft beide Anlagen gleich günstig sind. Als Hilfe kann eine Checkliste dienen, die besondere Eigenschaften der beiden Haupttypen gegenüberstellt und die Auswahl gemäß der vorhandenen Situation erleichtert. Welches spezielle Wasserrad oder welche Turbine zum Einsatz kommt, hängt dann von weiteren Detailinformationen zur Situation und vom Zweck im Verhältnis zum Aufwand ab.

Besondere Eigenschaften von Wasserrädern und Turbinen

		Wasserräder	Turbinen
Maschinendaten	Drehzahl	sehr langsam	höher
	Drehmoment	hoch	geringer
	Leistung	bis ca. 25 kW	von 1 kW bis ca. 700 MW
	Wirkungsgrad	bis ca. 75%	bis ca. 95%
	Eignung für	langsamdrehende Maschinen	schnelldrehende Maschinen
	Raddurchmesser	groß	kleiner
Gewässerdaten	Gefälle	ab 0,25 m bis ca. 10 m	ab 0,60 m bis 1800 m
	geringes Gefälle	gut geeignet	weniger geeignet
	hohes Gefälle	nicht geeignet	gut geeignet
	Wassermenge	beschränkt	beliebig (ab $Q \cdot h > 6$)
	Schwankende Gewässer	gut geeignet	weniger geeignet
	Verunreinigungen (Treibgut, Geschiebe)	wenig empfindlich	empfindlich
	Stau	nicht unbedingt notwendig	notwendig

Gnepfe (Anke) und hydraulischer Widder

Zwei besondere Arten der Wasserenergienutzung sollen noch beschrieben werden. Sie setzen beide die Wasserkraft nicht im Drehmoment um, sondern nutzen das Wasser auf andere Art.
Die Gnepfe ist ein sehr einfaches Hebelsystem, das Wasserenergie ohne Umwege über Drehkraft direkt in Auf- und Abbewegungen umsetzt. Sie funktioniert als Wippe, bei

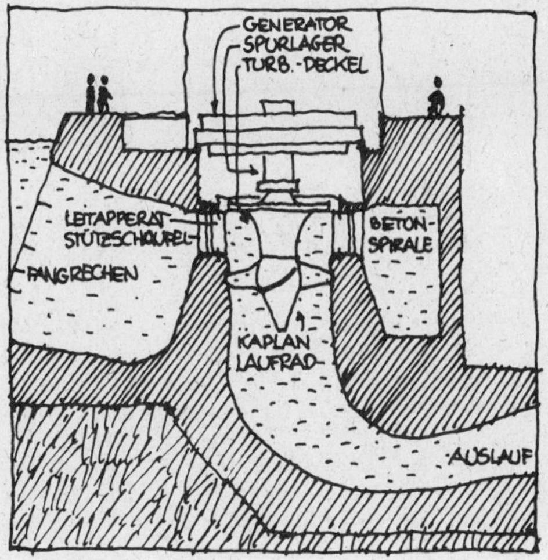

Typische Anordnungen von Kaplan-Turbinen als Fluß- und Gezeitenkraftwerke
1. Vertikalachse. Durch Betonschnecke und Leitapparate bekommt das Wasser einen Drall, der zusammen mit dem Druck das Turbinenrad antreibt.
2. Horizontalachse, heute gebräuchlicher; das Wasser umspült das Generatorgehäuse und bekommt seinen Drall durch ein Leitrad.

Diese Turbinen haben einen Wirkungsgrad bis zu 95%, so daß dem Wasser nahezu die gesamte Energie entzogen wird.
Diese Turbinentypen werden auch für kleine Wasserkraftanlagen von 10 bis 1000 kW angeboten.

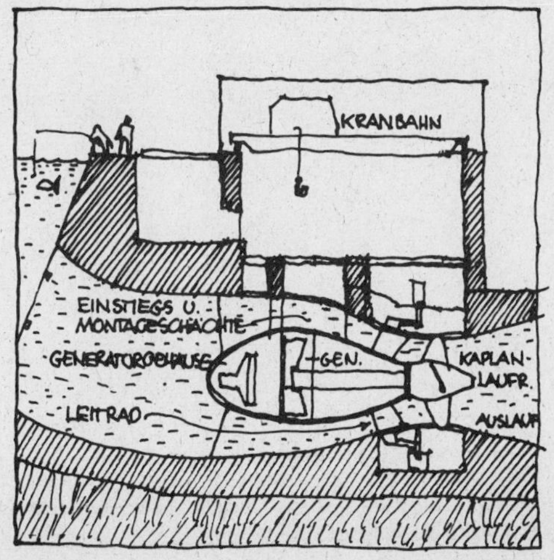

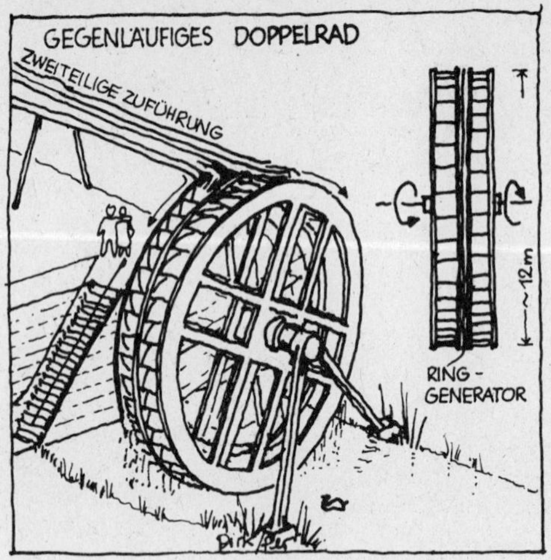

Zwei gegenläufige Wasserräder haben an ihrem Schaufelkranz einen Ringgenerator, der ohne Getriebeverluste direkt Strom herstellt. Dieses Generatorprinzip versuchte Honnef bei seinen Windkraftanlagen.

der der eine Arm einen Behälter trägt, der von einem Wasserlauf gefüllt wird, bis ihn das Übergewicht niederdrückt. Dann entleert sich der Behälter und saust wieder hoch, um erneut gefüllt zu werden. Der andere Wippenarm macht diese Bewegungen gegenläufig mit, wobei während des Hochschnellens eine Kraft entsteht, die zum Hämmern, Sägen oder Dreschen genutzt werden kann. Dieses Gerät ist funktionssicher und nutzt noch das kleinste Rinnsal aus.

Der hydraulische Widder ist eine Erfindung einer der Gebrüder Montgolfier. Er ist eine kolbenlose, nur von zwei Ventilen gesteuerte Pumpe, die sehr robust ist und lange Zeit zur Trinkwasserversorgung hochgelegener Orte aus niedrigeren Quellen gedient hat. Sein Prinzip basiert auf der als „Wasserschlag" gefürchteten starken Druckerhöhung bei plötzlichem Abbremsen eines Strömungsstrahls im Rohr. Aus einer höheren Quelle strömt Wasser in einem Rohr durch den Widder und spült durch ein offengehaltenes Federventil (Stopventil) ins Freie. Es baut sich im Rohr eine Strömung auf, deren wachsende Geschwindigkeit das offene Ventil plötzlich zudrückt, so daß Stillstand eintritt. Der damit verbundene Druckanstieg öffnet ein zweites Ventil (Steigventil), das in einen Windkessel führt, in den so lange Wasser einströmt, bis der Luftdruck im Windkessel mit dem Rohrdruck ausgeglichen ist. Das Steigventil schließt sich wieder, das Stoßventil öffnet sich und das Spiel beginnt von neuem. Im Windkessel indes befindet sich ein Steigrohr, durch das das eingeströmte Wasser mit dem hohen Druck der komprimierten Luft nach oben transportiert wird. Auf diese Weise kann eine gegenüber der Fallhöhe zwanzigmal so große Steighöhe erreicht werden.

Wasserkraftanlagen

Eine Wasserkraftanlage besteht im allgemeinen aus fünf Hauptteilen:

1. Speicherung als künstlicher oder natürlicher See bzw. aufgestauter Flußlauf. Kleine Stauwerke sind einfach und billig (Selbstbau) zu erstellen, lassen sich als Staukaskaden ökologisch besser einbinden als hohe Dämme und verursachen bei eventuellen Brüchen kaum Schäden.

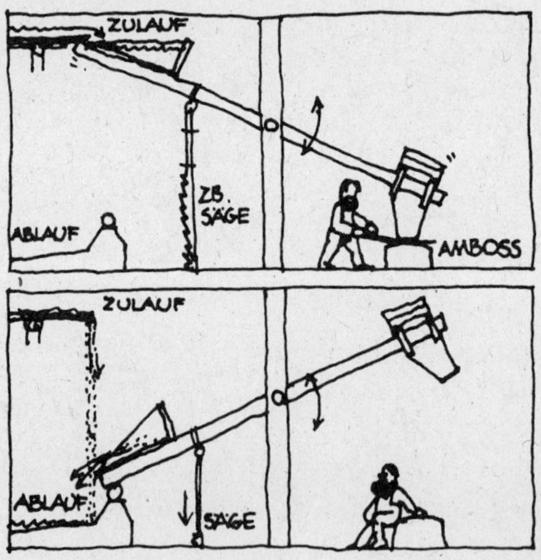

Die Gnepfe (Anke) ist ein Hebelmechanismus, der durch Wasser betrieben wird, indem sich ein Behälter füllt und bei Übergewicht abkippt, sich entleert und wieder in Ausgangsstellung zurückfällt. So wurden auch geringste Wassermengen ausgenützt für schwere Schmiedehämmer und Sägen .

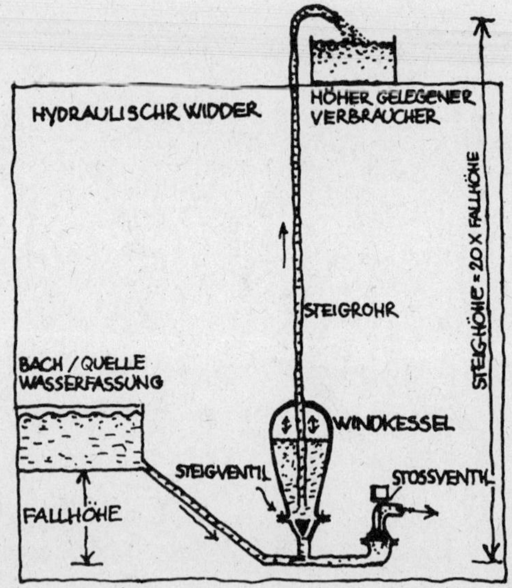

Der hydraulische Widder pumpt Wasser durch Luftkomprimierung bis zum Zwanzigfachen der Fallhöhe.

Der Wasserstrom aus einem Sammelbecken wird selbsttätig durch ein Stoßventil gestoppt. Der auftretende „Wasserschlag" öffnet das Steigventil und füllt den Windkessel (Druckkessel) bis zum Druckausgleich, der das Steigventil wieder schließt. Während sich jetzt ein neuer Fallstrom aufbaut, drückt der Luftdruck im Windkessel das Wasser durch das Steigrohr zum „Verbraucher".

2. Entnehmeanlage mit Überlauf, oft in Verbindung mit einem Dammbau. Gegen Verunreinigungen ist ein „Rechen" vor dem Einlauf zur Wasserkraftmaschine vorzusehen, der Eis, Laub und Holz zurückhält. Eine Absperrung am Einlauf (Schütz) ist angebracht. Führt das Gewässer Sand, Kies und Geröll, so ist im Staubereich ein Kiesfangbecken einzurichten, das über einen Freilaufkanal leergespült werden kann.
3. Zuleitung oder Obergraben ist erforderlich, wenn das Kraftwerk vom Staubereich weiter entfernt ist, was bei geringen Gefällen oft der Fall ist. Der Obergraben richtet sich in seiner Dimensionierung nach dem Volumenstrom Q. Er sollte so bemessen sein, daß die mittlere Geschwindigkeit etwa 0,5 m/s beträgt. Glatte Wandungen verbessern die Strömung. Das Sohlengefälle kann mit ca. 1 % angenommen werden. Größere Gefälle bewirken Verlust an Nutzhöhe und Erosion im Obergraben. Bei geschlossenen Leitungen muß ein Wasserschloß eingebaut werden, das – nach oben offen – bei Abstellen des Turbinenstroms das durch Trägheit weiterfließende Wasser als Puffer aufnimmt.
4. Wasserrad oder Turbine, oft mit Freilaßventil für schnelles Anhalten der Anlage ohne Stau oder Druckanstieg im Obergraben.
5. Rückgabeanlage im Untergraben, der zum schnellen Abtransport des Wassers breiter als der Obergraben dimensioniert sein sollte (mindestens 1/10). Sein Gefälle beträgt 1 bis 2 ‰. Bei Hochwasser kann der Wasserspiegel im Untergraben steigen, was die Leistung von Wasserrädern und Turbinen mindert.

Aus diesen Hauptkomponenten lassen sich eine Vielzahl von Konzeptionen zusammenstellen, die der jeweiligen Situation angepaßt werden können. Dabei sollten folgende Maximen beachtet werden:

- Volle Ausnutzung des Gefälles (Nutzhöhen);
- optimale Nutzung des Volumenstroms;
- einfache, wartungsarme Anlage;
- möglichst direkte Kraftübertragung auf das Nutzaggregat (Generator, Mühle usw.);
- Verbesserung des umliegenden Wasserhaushaltes durch die notwendigen Baumaßnahmen (Ufergestaltung, Lebendbaubefestigung usw.).

Angaben zur Dimensionierung von Speicherseen und elektrischen Batterien fanden sich im Kapitel „Speicherung mechanischer und elektrischer Energie".

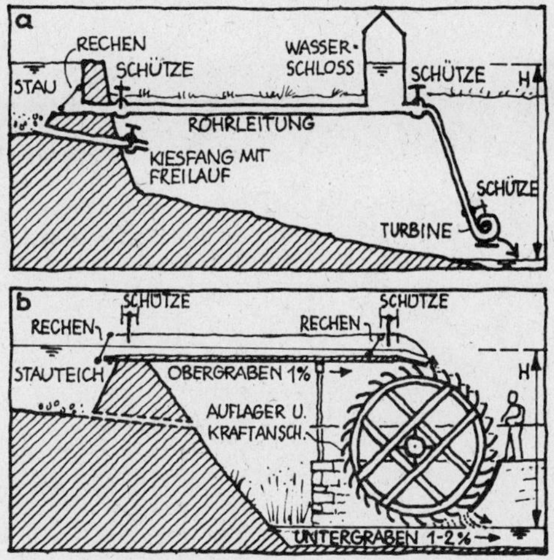

Aufbauprinzipien kleiner Wasserkraftanlagen:
a) Rohrleitungsführung mit Wasserschloß als Druckleitung zu einer Turbine. Staubereich mit Kiesfang und Freilauf zum Leerspülen des Bekkens.
b) Wasserradanlage mit Obergraben, der von einem Stau abzweigt. Der Rechen kann am Abzweig liegen.
Schütze sind jeweils am Einlaß aus dem Stau und am Wassermotoreingang anzuordnen. Auch hinter einem Wasserschloß

Die Konstruktion oberschlächtiger Räder ist einfach und dennoch sehr effizient (ca. 75% Energieausbeute).

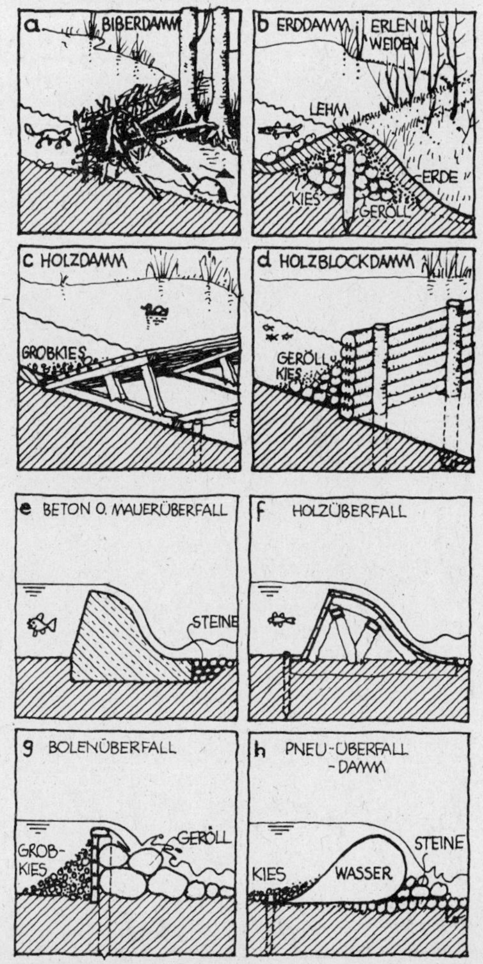

Dammbauten:
a) Mit einfachen Mitteln, aber handwerklich kunstvoll baut der Biber meterhohe Dämme oft mehrere hundert Meter lang.
Nach: Tiere als Baumeister
b) Erddamm mit Kies- und Geröllbasis. Durch Bepflanzung mit Erlen- und Weidenstecklingen wird ein solcher Damm mit den Jahren immer fester, bietet Holznutzung und ermöglicht eine hervorragende landschaftliche und ökologische Einbindung.
c) Einfacher Holzdamm
d) Damm in Blockbauweise
e) Beton od. Mauerwerküberfall bzw. Damm in Ortbauweise
f) Überfall in Holzkonstruktion. Das Holz hält sich lange, da es gleichbleibend naß ist.
g) Bohlendamm als Überfall mit Felsenbett zur Aufnahme der Wasserkräfte
h) Damm als wassergefüllter Pneu nach Frei Otto. Im kleinen Maßstab sind diese Dämme dauerhaft herzustellen. Leichte Verstellbarkeit mittels Pumpe und leichter Aufbau und Demontage sind ihre Vorteile.

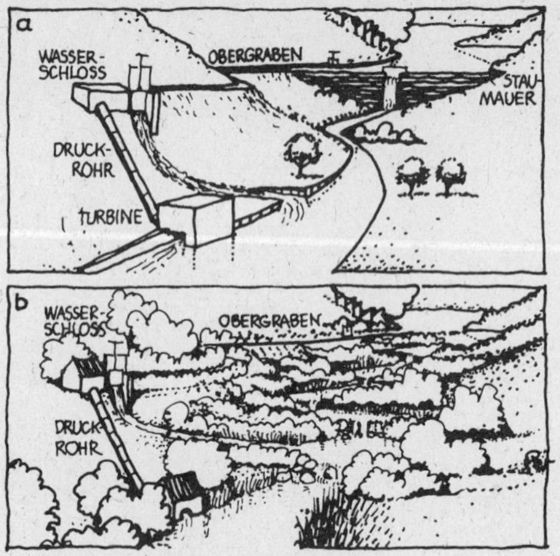

Energiegewinnung und Wasserhaushalt:
a) Größerer Anstau mit langer Führung des Obergrabens zu einer Druckleitung mit Turbine führt zu einer ökologischen Verarmung des Unterlaufs. Die Staumauer ist teuer und erfordert Pflege.
b) Mehrere kleine Staustufen statt einer großen. Die Energieanlage bleibt in diesem Fall zentral. Die kleinen Staustufen sind einfach mit Lebendbaumaßnahmen zu bauen. Sie bieten einen ausgeglichenen Wasserhaushalt und Fischreichtum. Der ökologische Eingriff ist weniger tiefgreifend und kann eine Verbesserung darstellen. Natürlich kann auch jede einzelne Staustufe genutzt werden, wenn entsprechender Bedarf vorhanden ist.

Stau in einer felsigen Verengung:
a) Holzbauweise in Art eines Sparrendaches. Ein eingefügtes Freistrahlrad kann doppelt beaufschlagt werden.
b) Mauerbogen mit dem gleichen doppelt beaufschlagten Wasserrad.

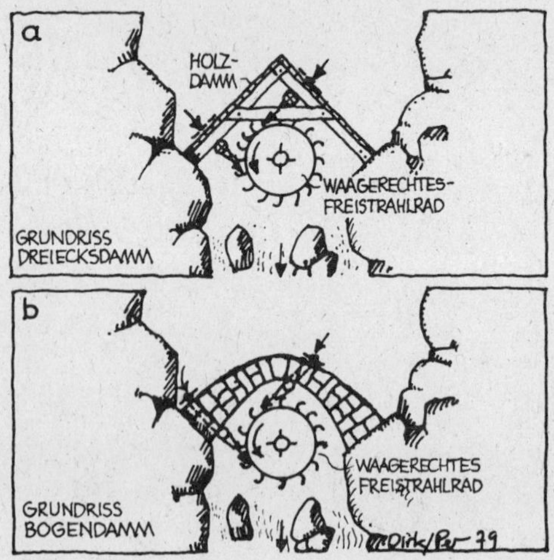

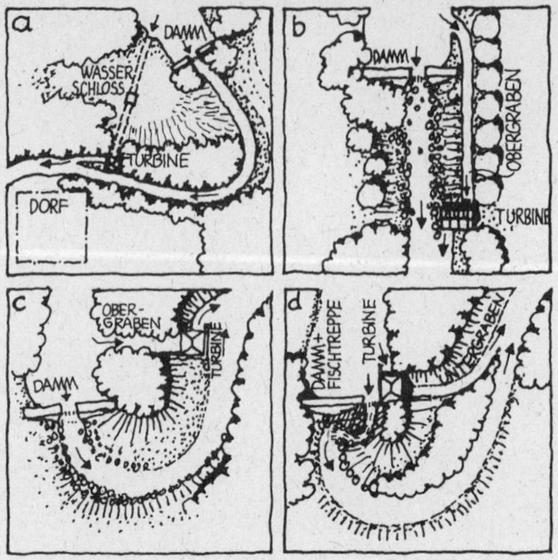

Wasserführung bei vom Damm getrennten Maschinenhaus:
a) Rohrleitung durch einen Berg. Kurze Leitung durch Ausnutzen eines Mäanders.
b) Parallelführung zum Strom und Nutzung des weiteren Gefälles. Das kann nützlich sein, wenn sich der Dammbau an bestimmter Stelle anbietet.
c) Mäandernutzung mit hohem Obergraben.
d) Mäandernutzung mit tiefliegendem Untergraben.

Kleine Wasserkraftanlagen im Selbstbau:
a) Doppel-Freistrahlräder einer Autohinterachse. Generator sitzt auf der Kardanwelle. Der Schaufelkranz wird auf die Felgen geschweißt.
b) Eine Kabeltrommel ist Basis für dieses Zellen-Wasserrad nach Zuppinger. Die Zellen werden eingeschweißt oder bei Holzkonstruktionen verschraubt.

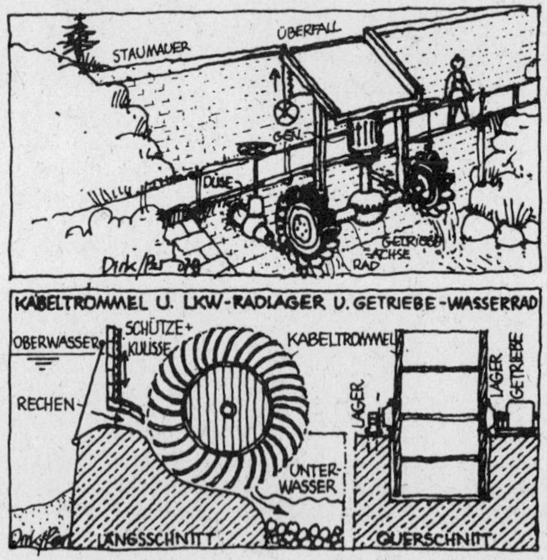

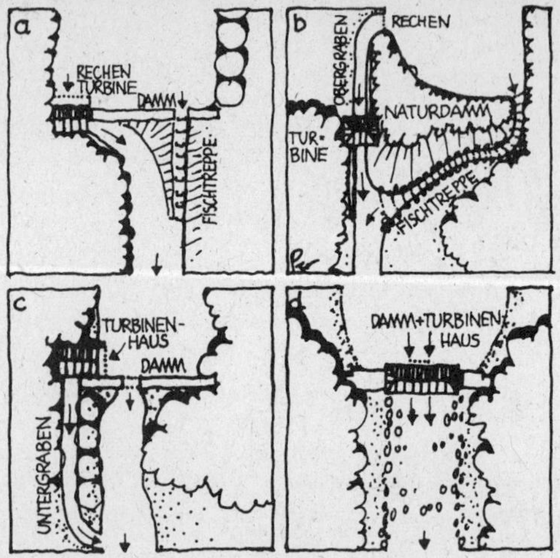

Verschiedene Ausbildung von Dämmen und Wasserführung im Turbinenhaus:
a) Turbinenhaus in Damm integriert und Fischtreppe.
b) Obergraben als Abstich, Rechen beim Einlaß. Naturdamm mit Weiden und Erlen befestigt. Überlauf als Wildbach bildet Fischtreppe.
c) Untergraben parallel geführt, um besseren Ablauf zu gewähren.
d) Turbinenhaus auf dem Damm.

Nutzung von Wind und Wasserkraft mit Darrieux-Rotor und Freistrahlrad. Beide sind an einer Autohinterachse montiert, auf deren Kardanwelle der Generator montiert ist.

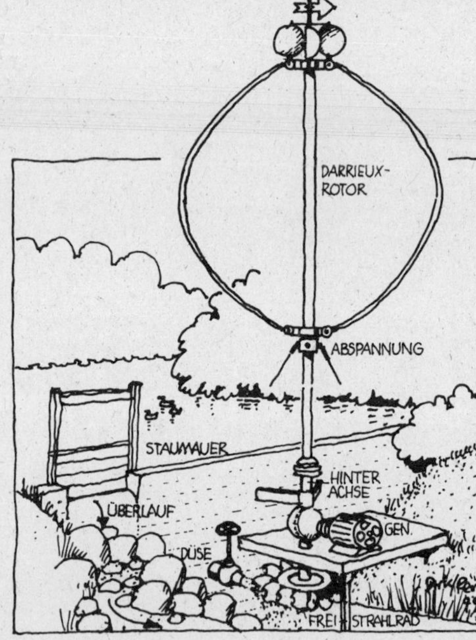

Ökologische und landschaftliche Einbindung

Die Nutzung der Wasserkraft ist abhängig von der Wassermenge und der Fallhöhe. Große Wasserkraftwerke erfordern daher riesige Stauseen und hohe Staumauern, so daß einschneidende Veränderungen der Topographie und des ökologischen Gefüges unvermeidbar sind.
So können in großen Stauseen wertvolle Landschaftsbereiche völlig verschwinden, ohne daß entsprechender Ersatz geschaffen wird. Die großen Pegelschwankungen ermöglichen keine natürlichen Uferbereiche. Auch am Unterlauf kann eine Verarmung eintreten, wie es am Beispiel des Assuan-Staudammes in Ägypten besonders deutlich wurde.
Mit abnehmender Anlagengröße verringern sich auch die ökologischen Probleme. Bei kleinen Staustufen läßt sich sogar eine ökologische Aufwertung erreichen wie:

- Stabilisierung des Grundwasserhaushaltes,
- Verbesserung des Kleinklimas,
- vielfältige Gestaltung von Feucht- und Wasserbiotopen,
- Erhöhung der Selbstreinigungs von Gewässern durch Belüftung und Belebung sowie Sedimentation.

Darüber hinaus ergibt sich noch ein erhöhter Nutzungswert durch Fisch- und Pflanzenreichtum und durch Erholungs- und Freizeitmöglichkeiten im Nahbereich.
Gerade die einfachsten Wasserbaumaßnahmen mit natürlichen Mitteln ermöglichen diesen vielfältigen Nutzen.
Die kaskadenartige Kopplung vieler kleiner Anlagen darf jedoch insgesamt den Charakter eines Fließgewässers nicht verändern. Es sollten zwischen den Staustufen verbindende Bachbiotope geschaffen werden und längere natürliche Bereiche erhalten bleiben.

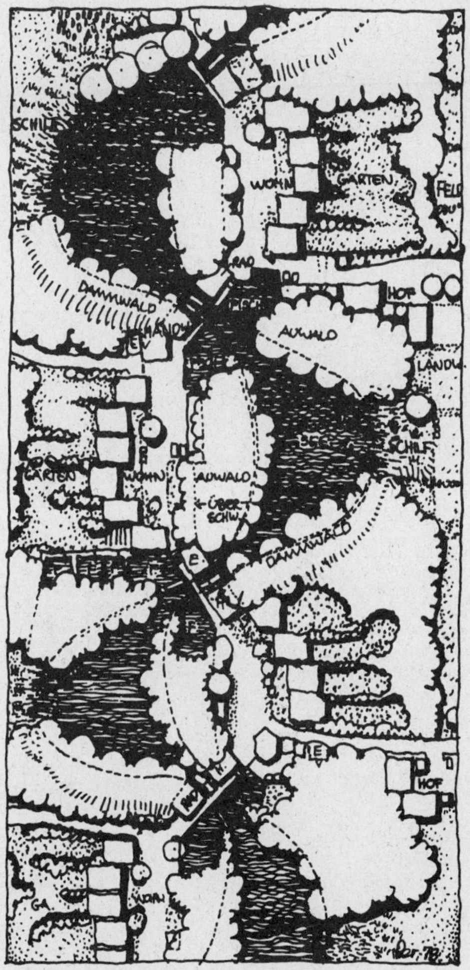

Bachsiedlung mit vollständiger Energieversorgung als ökologische Aufwertung eines verödeten Standortes.
Ein kanalisierter Bach wird aufgehoben und in Stufen gestaut. Die Energie wird durch Wasserräder gewonnen, der Aushub wird zur Mikroklimaverbesserung angeschüttet.
Naturufer zur Selbstbefestigung, zur ökologischen Selbsterhaltung, Auwald, Dammwald, Schilf und Sumpfufer vielfältig in allen Orientierungen. Gewässer selbstreinigend, dann geeignet zur intensiven und extensiven (ökologischen) Fischhaltung, Erholung und Schaffung stabiler Artenvielfalt. Autonome Besiedelung außerhalb des Feuchtebereichs in kleinen Gruppen. Mikroklimatisch vorteilhaft ist Garten, Haus und Gemeinschaftsfläche im Busch und Baum eingebunden und zur Sonne geöffnet. Wärmeausgleich von Wasser. Erschließung im gegenläufigen Mäander das Ufer schonend. Fahrerschließung als Stichweg nach außen führend.

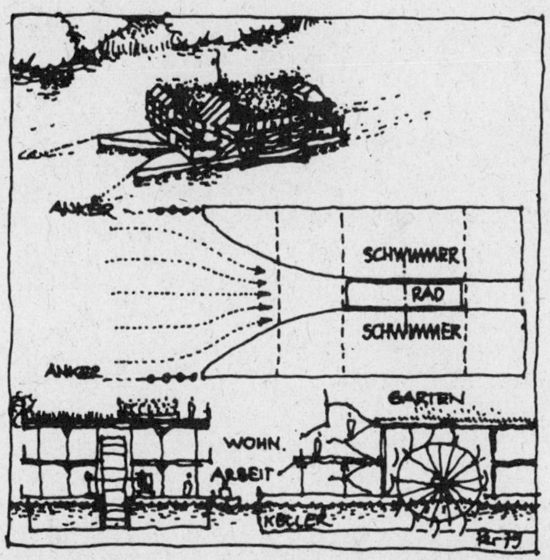

Flußmühle

Stromrad, zwischen zwei Bootskörpern in der Strömung verankert, bildet eine Düse.
Hier ausgebildet als Arbeits- und Wohnboot mit Dachgarten.

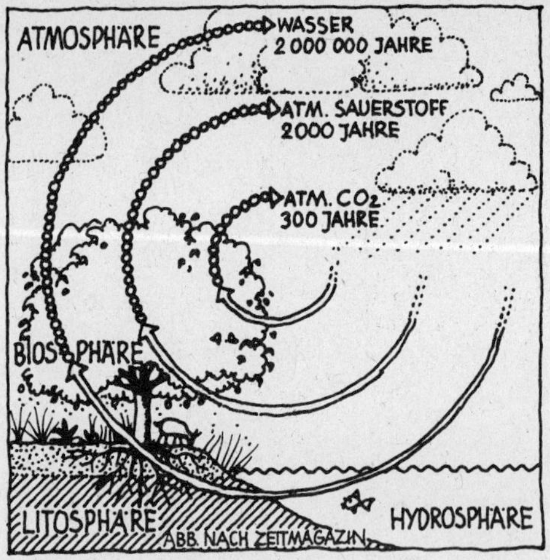

Die Pflanze als Stoffwechselorgane für den Wasser- und Lufthaushalt der Erde.
Jedes Wassermolekül durchläuft einmal in 2 Mio. Jahren eine Pflanze, jedes Sauerstoffmolekül einmal in 2000 Jahren und jedes Molekül Kohlendioxyd alle 300 Jahre. Dabei fixiert die Pflanzenwelt jährlich aus der Sonne eine Energiemenge von 687 Trillionen Kalorien, das sind etwa 800 Milliarden Terawattstunden und produziert 100 Milliarden Tonnen Biomasse an Land und 55 Milliarden Tonnen in den Ozeanen.

Biologische Energie

Pflanzen setzen Sonnenenergie chemisch durch Photosynthese in Kohlenhydrate um und vollziehen damit den wichtigsten Vorgang für das gesamte Leben der Erde. Der Anteil an der globalen Einstrahlung der Erde ist mit 0,23 ‰ zwar sehr gering, aber die Leistung allen pflanzlichen Lebens ist ernorm. Jährlich assimiliert die gesamte Erdvegetation insgesamt 100 Mrd. t Kohlenstoff. Die Gesamtleistungen sind höher als die Anlagenwirkungsgrade photochemischer und photoelektrischer Umsetzung.
Aus dem Kohlendioxid der Luft wird zusammen mit Wasser, das über die Pflanzenwurzeln aufgenommen wird, mit Hilfe des Sonnenlichts und des Blattgrüns (Chlorophyll) Traubenzucker hergestellt, eine Kohlenwasserstoffverbindung, die Basis aller organischen Stoffe ist. Stündlich produziert ein Quadratmeter Blattfläche etwa 1 g Zucker.
Die sehr komplizierten chemischen Vorgänge der Photosynthese lassen sich jedoch auf eine einfache Input-Output-Formel bringen:

$$6\ CO_2 + 12\ H_2O \rightarrow C_6H_{12}O_6 + 6\ O_2 + 6\ H_2O$$

Die Assimilation der Pflanze dient primär dem eigenen Wachstum und der Regeneration. Damit baut sie ein Energiereservoir auf, das in der Natur vielfältige Aufgaben hat. Als erstes Glied in der Nahrungskette trägt sie Wachstum und Regeneration aller tierischen Lebewesen mit. Aus den eigenen Abfällen trägt sie über die zersetzenden Bodenbakterien zu ihrer Ernährung bei. Baustoffe, Faserstoffe und Brennstoffe werden aus Pflanzen gewonnen. Schließlich stammen die immensen Lager fossiler Energieträger von der pflanzlichen Photosynthese ab. Pflanzen müssen ein hohes Maß an Überproduktion leisten, um sich selbst zu erhalten.

Verfügbare Energie

Die zur Energiegewinnung verfügbare Biomasse muß im Zusammenhang mit dem gesamten Pflanzenkreislauf gesehen werden. Sie kann nur in dem Maße genutzt werden, in dem sie jeweils örtlich als Überschuß nach Abdeckung von Nahrung und Regeneration vorhanden ist. Der Bestand an Biomasse darf in keinem Falle weiter reduziert werden.
Zur Energieerzeugung eignen sich:

- Holz: Verbrennung, Verkohlung, Holzgaserzeugung
- Pflanzen: Alkoholgewinnung
- org. Abfälle: Biogasgewinnung

Holz, lange Zeit wichtigster Energieträger, stellt auch heute noch eine kleine, aber sich ständig regenerierende Energiequelle dar. Derzeit entfallen in der Bundesrepublik ca. 0,12 ha Waldfläche auf jeden Einwohner; diese ist bei verantwortlicher Waldhaltung ständig verfügbar.
Derzeit wird jedoch vor allem in den Ländern der Dritten Welt ein bedrohlicher Raubbau an den Urwäldern betrieben, deren ökologische Schäden bereits in naher Zukunft irreparabel werden können.
Ein gezielter Pflanzenanbau zur Energiegewinnung oder Erzeugung von Rohstoffen (Öle, Fette, Fasern, Gerb- und Farbstoffe usw.) kann den Nahrungsmittelanbau im Sinne einer ökologisch ausgewogenen Landwirtschaft ergänzen, sollte diesen aber keinesfalls beeinträchtigen. Eine spezialisierte Energielandwirtschaft mit Monokultu-

„Mit dem Schlagen des ersten Baumes begann die Zivilisation, mit dem Fällen des letzten endet sie."

ren, hohem Anbau- und Transportaufwand ist keine angemessene Form der Energiegewinnung aus Biomasse und langfristig weder ökologisch noch ökonomisch zu vertreten.
Ein wichtiges weiteres Energiepotential stellen sämtliche organischen Abfälle aus Haushalten, Gewerbe, vor allem aber aus Land- und Forstwirtschaft dar. Die Energiegewinnung sollte dabei vorzugsweise dezentral (am Entstehungsort des Abfalls) und kleintechnisch erfolgen und immer im Zusammenhang mit der Weiterverwertung und Einbindung der Reststoffe (z. B. Faulschlamm) in biologische Kreisläufe stehen.

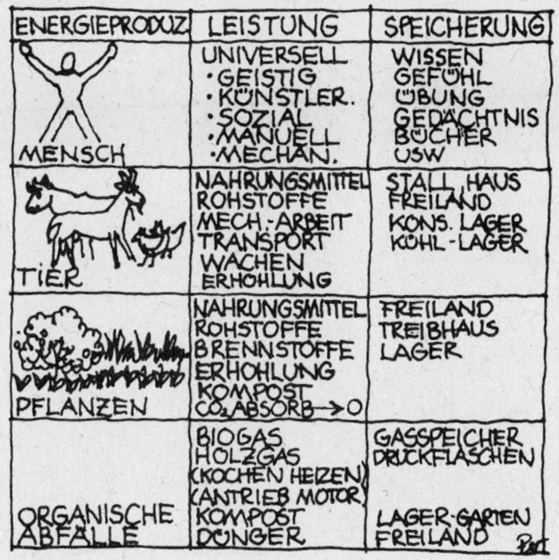

Übersicht der universellen Leistung verschiedener biologischer Energien.
Der gesamte Lebensvollzug von Mensch, Tier und Pflanze hängt von der Photosynthese ab, die mit Hilfe der Sonnenenergie alle primären Nahrungsmittel und Rohstoffe herstellt.

Verbrennung, Verkohlung, Vergasung

Die bekannteste und einfachste Form der Energiegewinnung aus Biomasse ist die Verbrennung, d. h. die Oxidation des durch Photosynthese reduzierten Kohlenstoffs als exothermer Prozeß.
Verkohlung und Vergasung sind spezielle Formen der Holzverbrennung, die dann sinnvoll werden, wenn entweder Holzkohle gewonnen werden soll, die als Rohstoff für nachfolgende hochwertige Produktionsprozesse wertvoll ist, oder andererseits Gas produziert werden soll, das sich dann zum Antrieb von Kraftmaschinen eignet.
Die Summe der freiwerdenden Energie ist bei allen drei Vorgängen gleich, sofern die Prozeßwärme genutzt wird.

Verkohlung

Bei der Verkohlung findet eine stufenweise thermische Zersetzung des Holzes unter Luftausschluß statt. Wichtigstes Produkt dieses Prozesses ist die Holzkohle. Diese kann vielseitig genutzt werden, z. B. als Aktivkohle, für chemische Prozesse, in der Metallurgie, aber auch als Zeichen- und Grillkohle. Ferner entstehen Wasser, Teer, Holzgas, Essigsäure und Holzgeist.
Die Verkohlung kann bei entsprechender Verfügbarkeit von Holz und Holzabfällen in kleineren dezentralen Anlagen durchgeführt werden. Die Größe der Retorte sollte so bemessen sein, daß die Prozeßabwärme direkt genutzt und alle entstehenden Stoffe örtlich verarbeitet bzw. veredelt werden können.

Vergasung

Ähnlich der Verkohlung findet die Vergasung durch partielle Oxidation statt. Das entstehende Holzgas enthält vor allem Kohlenmonoxid, -dioxid, Wasserstoff sowie Methan und andere Kohlenwasserstoffe in geringeren Mengen.
Je trockener das Holz ist, desto größer ist der Heizwert des Holzgases. Unter günstigen Bedingungen ist eine Gasmenge mit einem Heizwert von ca. 1,8 kWh/kg Holztrockenmasse erreichbar.
Holzgas eignet sich zum Antrieb von Verbrennungsmaschinen. Für eine direkte Wärmeerzeugung (Verbrennung) ist Holzgas zu hochwertig, allerdings wird beim Vergasungsprozeß und beim Kraftmaschinenantrieb Abwärme mit hohem Temperaturniveau frei, so daß sich daraus eine vielseitig nutzbare Wärme-Kraft-Kopplung entwickeln läßt. Anlagen dieser Art sind auf Siedlungsebene in Verbindung mit Gewerbebetrieben sinnvoll.

Eine Speicherung von Holzgas ist aufwendig, zumal die Energiedichte gegenüber Erd- und Biogas sehr gering ist und somit große Speicherbehälter erforderlich sind. Die Vorhaltung von Holztrockenmasse ist günstiger, zumal die Gasproduktion auf den Kraft- und Wärmebedarf abgestimmt werden kann, so daß nur eine minimierte Gasspeicherung als Ausgleichspuffer notwendig wird.

Verbrennung

Die Brennprozesse zur Raumheizung und Warmwassererzeugung sollten in jedem Falle durch bauliche Maßnahmen oder verbrennungsfreie Wärmeerzeugung (s. Kap. Bauliche Energiebewahrung, Sonnenenergie usw.) minimiert werden. Die Verbrennung selbst sollte möglichst schadstofffrei erfolgen, Ruß und Rauchgasentwicklung sind zu minimieren.
Die Restprodukte der Verbrennung sind Abgase und Asche. Wegen der starken CO_2-Anreicherung der Luft durch Verbrennung fossiler Energieträger ist heute jedoch jede Abgasmenge fragwürdig.
Die Asche ist ein hochkonzentriertes Oxidgemisch, das in geringen Mengen für die Kompostierung zwar gut ist, da sie Mineralstoffe enthält. Zuviel Asche aber macht eine Kompostanlage unbrauchbar. Die wertvollen Nähr- und Düngestoffe organischer Substanzen werden zerstört und können nicht mehr genutzt werden.
Verbrennungsanlagen sollten über die größtmögliche Effizienz verfügen.
Diese wird erreicht durch:

- minimieren der Abwärme (Wärmetauscher im Kamin usw.),
- kaskadenförmige Nutzung der Abwärme,
- optimieren des Brennvorganges, z. B. geschlossenes System, vorgewärmte Zuluft usw,
- Kombination mit Krafterzeugung wie Dampfmaschine, Stirling-Motor usw.

Als Brennmaterial eignen sich alle Holzarten. Laub-Niederwälder verfügen über einen hohen jährlichen Zuwachs und sind bei entsprechendem Artenreichtum auch von hohem ökologischen Wert. Laubholz verfügt gegenüber Nadelholz um eine ca. 30% höhere Energiedichte. Je nach Standortbedingungen und Baumart entspricht der jährliche Holzzuwachs ca. 1 bis 2 kWh/m² Waldfläche.
Auch Holz von Hecken, Sträuchern usw. könnte Teil einer ökologisch ausgeglichenen Energieforstwirtschaft sein.
Diese wird erreicht durch:

- eine dem jährlichen Zuwachs entsprechende Nutzung,
- gleichmäßige Holzentnahme (kein einseitiger Kahlschlag),
- dezentrale artenreiche Waldhaltung.

Der Wald produziert nicht nur Holz, sondern vermag dieses auch zu speichern. Eine Lagerung von geschlagenem Holz ist bei dezentraler Waldhaltung und -nutzung nur begrenzt erforderlich. Je besser die Trocknungsmöglichkeiten von frisch eingeschlagenem Holz sind, desto weniger muß direkt am Haus gelagert werden.
Die Größe der Holzstücke wird durch die Verfügbarkeit, Art und Größe der Feuerstelle sowie durch die Anforderungen an Arbeitsintensität und Steuerbarkeit bestimmt.
Insgesamt ist die Verbrennung von Biomasse kein positiver Beitrag zu einem harmonisch aufeinander abgestimmten Pflanzenkreislauf. Sie sollte in Maßen und zusätzlich zu anderen Systemen erfolgen, obwohl sie oft billiger ist und zunächst auch

Einfache chinesische Biogasanlage. Es sollen heute ca. 5 Millionen solcher Anlagen in China betrieben werden und gut funktionieren. Das entstehende Gas drückt den ausgefaulten Schlamm in das Entleerungsbecken. Wenn ein regelmäßiger Verbrauch stattfindet, wird kein zusätzlicher Gasbehälter benötigt.

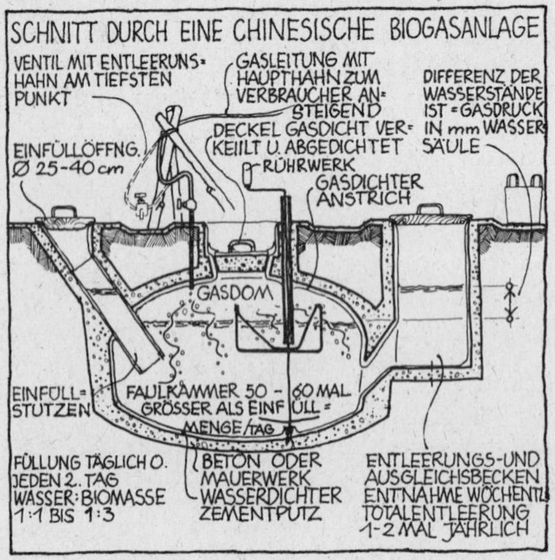

bessere Energieausbeute verspricht. So bringt die Verbrennung von Stroh die dreifache Energiemenge der Biogasgewinnung aus Stroh. Dafür bleiben Asche und Abgase, während das Biogas sozusagen als Nebenprodukt in dem Umwandlungsprozeß von Biomasse zu hochwertigem Dünger anfällt.

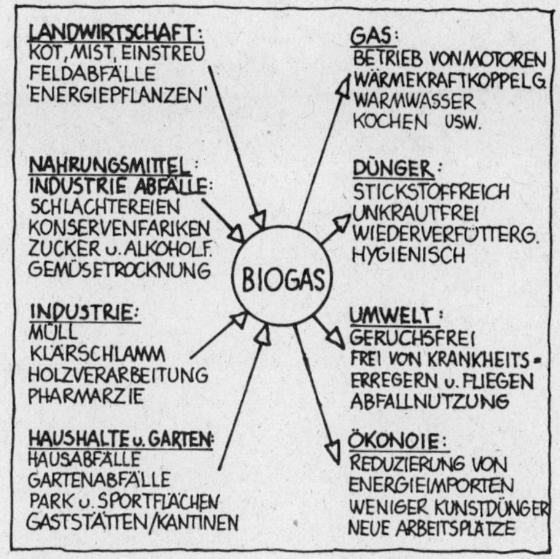

Übersicht der zum Ausgasen geeigneten organischen Abfallstoffe und Vorteile der Nutzung von Biogas.

(Quelle: H. A. Jespersen, DK)

Biogasgewinnung

Für den pflanzlichen Kreislauf ist Biogasgewinnung die günstigste Form der Energieausbeute von Biomasse. Der Energiegewinn, das Gas, ist nur ein Teilprodukt; die Reststoffe sind eine hochwertige Pflanzennahrung, die im Vergleich mit Rottemist gleich- oder sogar höherwertig ist. Es bleiben keine schädlichen Reststoffe.
Der Vorgang der Biogasbildung durch Zersetzung von Biomasse unter Luftabschluß (anaerobe Zersetzung) ist auch Basis für die Entstehung der fossilen Energieträger.
In der Natur kommt Methan überall vor, wo sich organisches Material anaerob zersetzt hat oder zersetzt. Bekannt ist Sumpfgas, das in Tümpeln und Mooren aufsteigt. Erdgas besteht vorwiegend aus Methan, ebenso Grubengas und das in Kläranlagen entstehende Faulgas.

Methangärung

Der biochemische Umwandlungsprozeß bei der anaeroben Fermentation geht in drei Stufen vor sich.
Zuerst werden die abbaubaren Bestandteile (Zellulose, Proteine, Fette usw.) des Faulgutes durch von Bakterien gebildete Enzyme in einfachere Substanzen umgewandelt. Diese werden nun von säurebildenden Bakterien in Alkohole, Kohlendioxid, Wasser und organische Säuren zersetzt; danach erzeugen methanbildende Bakterien Methan, Wasserstoff und Schwefelwasserstoff. Nur das Zusammenwirken beider Bakterienarten führt zur Biogasbildung.
Übrig bleibt der Faulschlamm, der aus anorganischen Bestandteilen, organischen Reststoffen sowie den Bakterien selbst besteht.
Biogasgewinnung ist mit einer Intensivtierhaltung zu vergleichen, die äußerst empfindlich auf schwankende Einflüsse reagiert. Umsicht und Pflege sind im Betrieb ebenso notwendig wie ein wohlausgewogener Futterplan, ein konstantes Klima im Faulraum, Dunkelheit und Luftabschluß.
Ausgangsstoff ist im Grunde alle organische Substanz. Da sich Tierdung je nach Art recht unterschiedlich zusammensetzt und wiederum anders ist als pflanzliche Abfälle aus Küche, Garten oder Landwirtschaft, kann das Angebot an Biomasse in seiner Substanz schwanken. Es ist jedoch notwendig, für den Ablauf des Prozesses den Faulrauminhalt in einer konstanten chemischen Zusammensetzung zu halten. Als optimal gelten für:

Alkalität	1500 bis 5000 mg $CaCO_3$/l,
pH-Wert	6,5 bis 7,5,
flüchtige Säuren	600 bis 1500 mg/l

(nach: Baader, Dohne, Brenndörfer).

Schwermetalle, organische Lösungsmittel, Detergentien und Antibiotika hemmen die Fermentation ebenso wie alle Pflanzengiftstoffe bereits in kleinsten Dosen. Auch Sauerstoff wirkt sich negativ auf auf die Methanbildung aus.

Gasausbeute je kg organischer Trockensubstanz bei 30°C Faultemperatur für typische organische Abfallstoffe in Abhängigkeit von der Ausfallzeit.

Aus: Biogas in Theorie und Praxis

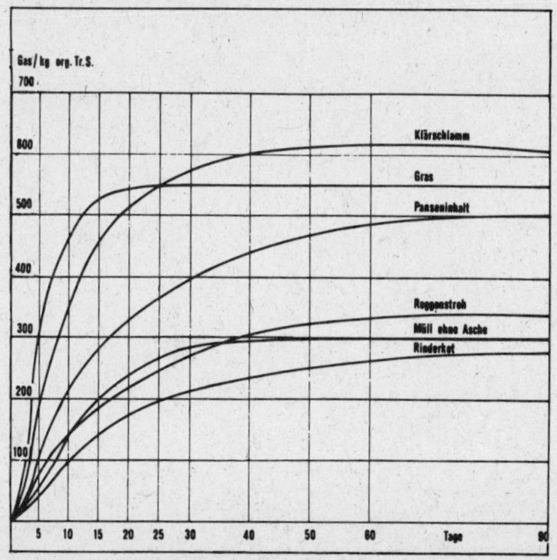

Zusammensetzung (in % der Trockenmasse) tierischer Exkremente bzw. von Getreidestroh und Zuckerrübenblatt mit Köpfen.

Aus: Biogas in Theorie und Praxis

	Exkremente von			
Inhaltsstoffe	Mastrindern	Milchkühen	Schweinen	Hühnern
org. Masse	77 –85	77 –85	77 –84	76 –77
Stickstoff	2,3–4,0	1,9– 6,5	4,0–10,3	2,3– 5,7
Phosphor	0,4–1,1	0,2– 0,7	1,9– 2,5	1,0– 2,7
Kalium	1,0–2,0	2,4	1,4– 3,1	1,0– 2,9
Calcium	0,6–1,4	2,3– 4,9		5,6–11,6
Magnesium	0,5–0,6			0,9– 1,1
C/N-Verhältnis	9 –15	9 –15	9 –15	9 –15
Rohfaser (Zell.)		27,6–50,3	19,5–21,0	13,0–17,8
Rohfett		2,9– 4,3	3,5– 4,0	2,4– 5,0
Rohprotein		9,3–20,7	16,4–21,5	20,5–42,1
Lignin	16–30	16 –30		9,6–14,3

Inhaltsstoffe	Gerstenstroh	Weizenstroh	Roggenstroh	Haferstroh	Maisstroh	Rübenblatt	Kartoffelkraut
organ. Masse	93,8	94,4	94,4	93,0	91,7	78,5	78,9
Stickstoff	0,56	0,46	0,46	0,54	1,20	2,00	2,34
Phosphor	0,08	0,09	0,12	0,19	0,16	0,26	0,20
Kalium	1,40	0,79	0,88	1,92	2,32	3,57	1,67
Calcium	0,29	0,14	0,19	0,29	0,69	1,40	2,57
Magnesium	0,10	0,07	0,05	0,09	0,30	0,60	0,83
C/N-Verhältnis	84	90–165	80–150	70–150	30–65	18	17
Rohfaser (Zell.)	43,5	45,5	47,5	44,5	33,3	11,5	23,8
Rohfett	1,7	1,6	1,5	1,9	1,7	1,5	3,2
Rohprotein	3,5	2,9	2,9	3,4	7,5	12,5	14,6
Lignin	15–20	15–20	15–20	15–20	5,5	–	–

Je nach Betriebstemperatur und Faulzeit setzt sich das Biogasgemisch unterschiedlich zusammen. Höhere Temperaturen bringen schnellere Ausfaulung und mehr Gasausbeute. Der für den Heizwert maßgebliche CH_4-Gehalt pendelt sich allerdings nach gewisser Zeit auf ein festes Maß ein.

Aus: Biogas in Theorie und Praxis

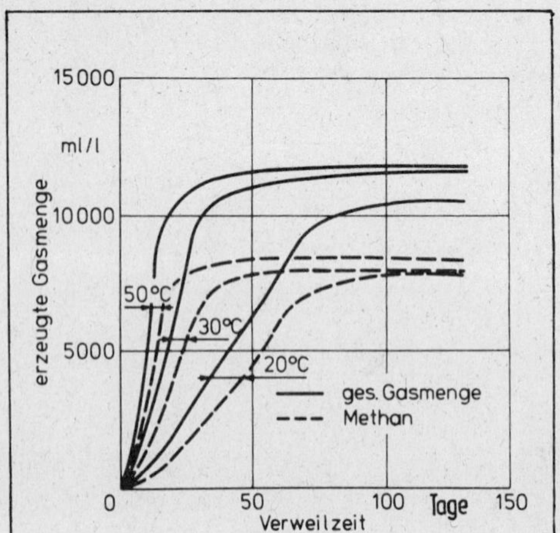

Die Faulzeit wird durch Faulraumtemperatur sowie Art und Konsistenz der Ausgangsstoffe bestimmt. Im allgemeinen wird das organische Gut nicht ganz ausgefault, um das Volumen der Fauläume kleiner zu halten (technische Faulzeit). Bei längeren Faulzeiten ist eine höhere Gasausbeute mit größerem CH_4-Anteil zu erwarten sowie ein weitgehend geruchloser, hygienisch unbedenklicher Faulschlamm, der durch die Anreicherung von Ammoniak und den Abbau von Kohlenstoff über hervorragende Düngequalitäten verfügt. Die Volumenverminderung gegenüber dem Ausgangsstoff beträgt 40 bis 55%. Schon nach einem Abbau von 30 bis 40% der organischen Substanz verliert die Masse den lästigen Geruch des Frischsubstrats. Eine ausreichende Hygienisierung findet bei Faulzeiten über 30 Tagen statt.
Der Faulschlamm enthält keine aeroben Bakterien. Er sollte daher in Silos oder Kompostmieten belebt werden oder fein verteilt direkt auf die Felder gebracht werden.

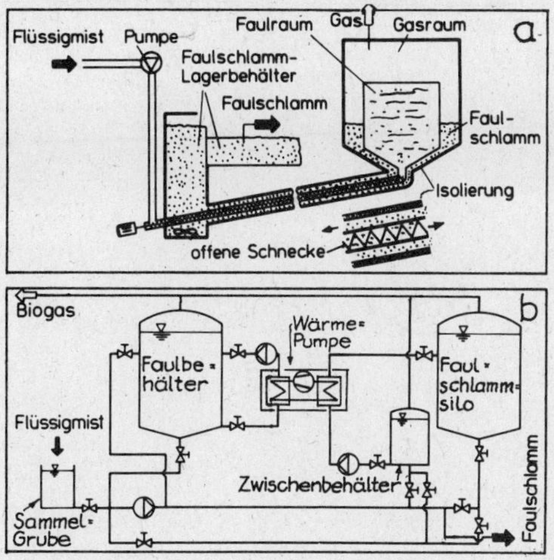

Wärmerückgewinnung aus dem Düngeschlamm

a) Vorwärmung des frischen Faulgutes durch Wärmetausch mit dem abfließenden Düngematerial im Durchflußverfahren (Schweden)

aus: Biogas in Theorie und Praxis

b) Eine Gasmotor-Wärmepumpe zur Beheizung des Faulgutes mit der Restwärme des Düngeschlamms. Der gleiche Motor kann auch noch einen Generator betreiben.

Aus: Biogas in Theorie und Praxis

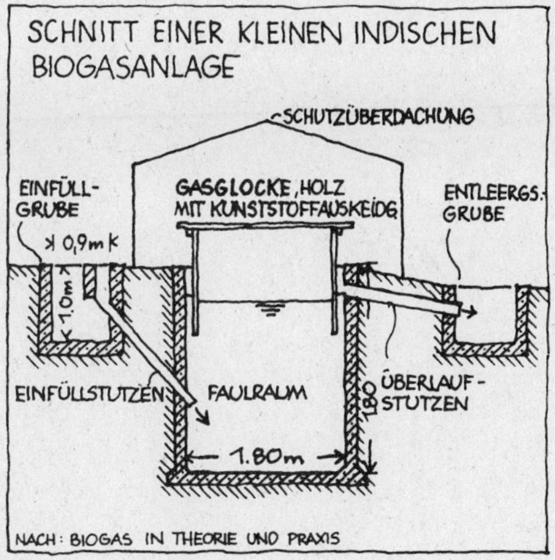

Typ einer einfachen indischen Biogasanlage für Kleinbauern. Der Faulbehälter ist zugleich Gasometer durch eine eingepaßte hölzerne Gasglocke. Ähnlich können auch herkömmliche Güllebehälter in Einfach-Biogasanlagen verwandelt werden. Die Ausfaulzeit läßt sich verlängern, wenn im Wechsel zwei Behälter beschickt werden. Ein Rührwerk ist wünschenswert.

Die Gasausbeute besteht zu 55 bis 70% aus Methan (CH_4) und 27 bis 44% Kohlendioxyd. Dazu kommen unter 1% Wasserstoff und unter 3% Schwefelwasserstoff (H_2S). Der Heizwert des Gasgemischs beträgt 6 kWh/m^3 (Erdgas: 10 kWh/m^3).

Zusammensetzung und Eigenschaften von Biogas:
(nach: Baader, Dohne, Brenndörfer)

	CH_4	CO_2	H_2	H_2S	Gemisch
Vol.-Anteil %	55 bis 70	27 bis 44	<1	<3	100
Heizwert kWh/m^3	10,0	–	3,0	6,3	6,0
Dichte g/l	0,72	1,98	0,09	1,54	1,2
Dichteverhältnis zu Luft	0,55	2,5	0,07	1,2	0,83

Ein angemessenes Nährstoffspektrum für die ungehinderte Reproduktion der Bakterien muß vorhanden sein. Wesentlich ist dabei das Kohlenstoff-Stickstoff-Verhältnis, das günstig bei C:N = 30:1 liegt.
Die Konsistenz der Ausgangsstoffe trägt wesentlich zu Gasausbeute und Faulzeit bei. Zerkleinerte Materialien beschleunigen die Umsetzung, gute Durchmischung im Faulraum ebenfalls. Bei der flüssigen Vergärung soll der Feststoffanteil 7 bis 12% nicht überschreiten. Trockene Vergärung ist unergiebig und langwierig.
Die Temperatur im Faulraum sollte möglichst konstant gehalten werden. Unter ca. 15° C kommt die Aktivität der Bakterien zum Stillstand. Mit wachsender Temperatur bis 54° C wächst die Gasausbeute, nicht jedoch der CH_4-Gehalt; die Ausfaulzeit nimmt ab. Als günstige Temperatur hat sich 33° C herausgestellt.

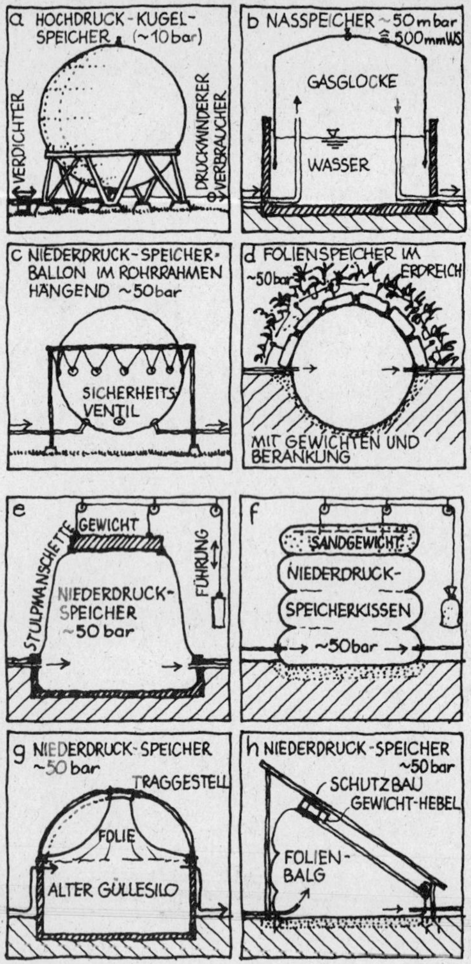

Gasspeicherung ist aufwendig, sie kann 20–30% der Anlagekosten ausmachen. Es sollte daher ein kontinuierlicher Verbrauch ohne Speicherung bzw. nur eine Kurzzeitpufferung angestrebt werden. Die Abbildungen geben einige Anregungen zur Gasspeicherung:

a) Der Hochdruckkugelspeicher ist als Pufferreservoir für größere Einheiten möglich.
b) Der normale Gasometer ist die übliche Art der Gasspeicherung auch in einfachsten Anlagen.
c u. d) Foliengasbehälter sind billig und leicht. Um den Druck zu erzeugen, müssen sie belastet werden.
c) Aufgehängter Speicherballon.
d) Erdspeicher mit Autoreifen und Berankung als Sonnenschutz und Kühlung.
e) Folienspeicher mit gasdichtem Boden versehen. Druckplatte über Rollen stabilisiert.
f) Folienkissenspeicher mit einem Sand-Kissen als Auflast
g) Alter Güllesilo mit Gasabdeckung aus Folie kann schon als „Speichersystem" funktionieren.
h) Folienspeicher im Gebäude mit Belastung über Hebelmechanismus.

Teilweise nach: Biogas in Theorie und Praxis

Aufbau der Anlage

Kernstück der Biogasanlagen ist der Faulraum, der luftdichte Eingangs- und Ausgangsschleusen sowie eine Entnahmestelle für das Gas hat. Er kann mit Rühr- und Mischsystemen ausgestattet sein, welche die Ausfaulung beschleunigen und die für den Prozeß ungünstige Schwimmdecke aus nicht abbaubaren Stoffen beseitigen. Zur Haltung der Betriebstemperatur ist eine Heizanlage notwendig, die möglichst gleichmäßig die Wärme einbringt. Gute Wärmedämmung des Behälters mindert den Heizenergieaufwand.

Der Eingabe vorgeschaltet sind oft ein Mischbehälter und ein Zerkleinerungsaggregat, um das Faulgut optimal vorzubereiten und zu dosieren.

Die Gasspeicherung kann in Naßspeichern oder Folienkissen und Ballons bei Niederdruck (< 50 mbar) erfolgen. Hochdruckspeicher mit 8 bis 10 bar Betriebsdruck sind aufwendig und unterliegen strengen Sicherheitsauflagen.

Bei ökologisch orientierter Viehwirtschaft (Weidehaltung im Sommer, Stallhaltung im Winter) ist die verfügbare Mistmenge im Winterhalbjahr größer und entspricht dann auch dem erhöhten Energiebedarf, so daß die Gasverwendung weitgehend direkt erfolgen kann und nur eine Kurzzeitspeicherung für Spitzenlasten erforderlich wird.

Betriebssysteme

Als Betriebssysteme haben sich drei Prinzipien entwickelt, die mit der flüssigen Vergärung arbeiten, aber auch für Trockenverfahren möglich sind.

Beim Durchflußsystem wird das Ausgangsmaterial dem Faulraum kontinuierlich oder rhythmisch zugeführt und entsprechend Faulgut abgezogen. Diese Anlage arbeitet stets mit voller Auslastung und ist deshalb besonders wirtschaftlich für kontinuierlichen Bedarf an Gas und Faulschlamm. Da aber gerade der Düngeschlamm saisonbedingt abgefragt wird, muß oft noch ein Speicher angelegt werden, wenn nicht eine Kompostierungsanlage kontinuierlich beschickt wird. Bei diesem System kann je nach Mischvorrichtung auch frisches Faulgut in die Entleerung gelangen, was geringere Gasausbeute, erhöhten Geruch und hygienische Mängel nach sich ziehen würde.

Das Wechselbehältersystem besteht aus zwei und mehr Faulräumen, von denen jeweils einer gefüllt wird, während der andere ausfault. Die Entleerung erfolgt bis auf eine Restmenge (Impfschlamm) in einem Zuge. Dieses System garantiert eine Mindestfaulzeit, die der Füllzeit des anderen Behälters entspricht. Die Entnahme des Faulgutes kann auf den Düngebedarf abgestimmt werden, um einen Schlammsilo einzusparen. Die Volumina der Anlage werden nicht so intensiv genutzt wie beim Durchflußsystem. Es wird mindestens doppelt so viel Raum benötigt.

Betriebssysteme für Biogasanlagen:

a) Durchflußsystem mit optimaler Faulraumausnutzung im kontinuierlichen Betrieb; Restausfaulung im Düngeschlammsilo mit Gasglocke.
b) Wechselbehältersystem ermöglicht vollständige Ausfaulung.
c) Einfachbiogasanlage aus offenen Faulbehältern (z.B. Güllesilos) mit eingesetzter Gasglocke als Gasspeicher. Der Faulschlammsilo ist zur Restausfaulung ebenfalls mit einer Gasglocke versehen. In Addition kann eine solche Anlage ebenfalls im Wechselbetrieb gefahren werden.

Schema eines Biogaskreislaufes für Haus und Garten im kleinen geschlossenen System.

Grundrißschema eines landwirtschaftlichen Betriebes mit Biogasanlage.
Die Anlage ist in einen sonnen- und windbeheizten Wärmespeicher integriert, der die Faultemperatur konstant hält und im Winter den Wohnteil beheizt. Durch Windkraft können Häckselpumpe und Kompressor betrieben werden, so daß der auf Flaschen gefüllte Gasüberschuß anderweitig genutzt werden kann.

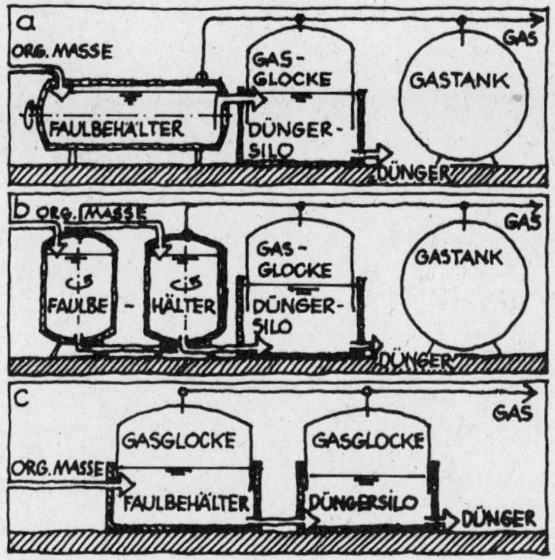

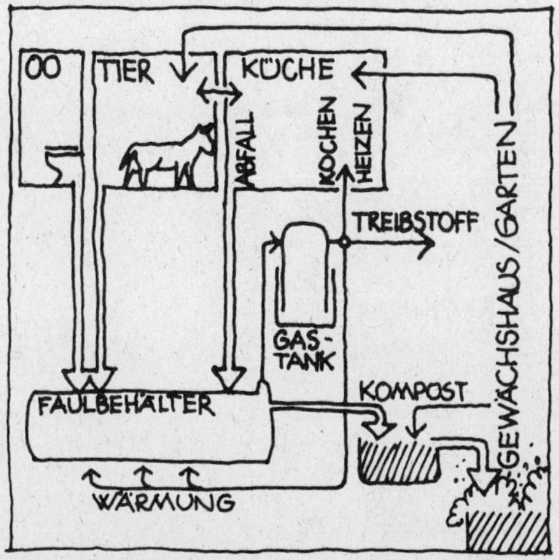

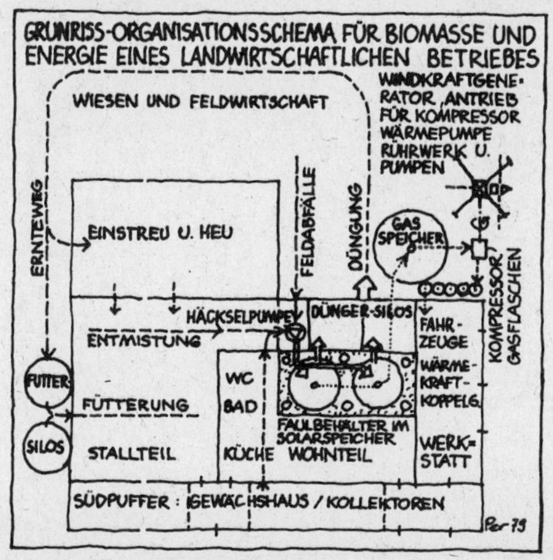

Das Speichersystem hat nur einen Faulraum, der gleichzeitig, Gärbehälter und Speicher ist. Bei Entleerung bleibt auch hier ein Rest als Impfmasse zurück. Dieses sehr einfache System eignet sich besonders für diskontinuierlichen Faulgutanfall und diskontinuierlichen Düngerbedarf. Die Gasproduktion muß der unregelmäßigen Produktion entsprechend gespeichert werden. Mehrere solcher Anlagen können im Wechsel betrieben werden, wodurch eine weitgehende Ausfaulung und eine gleichmäßige Gasproduktion erreicht werden können.
Die Wahl des richtigen Systems hängt stark von der Betriebsform ab, die durch Input und Output beeinflußt wird. Gründliche Ausfaulung und einfache Technik sind dabei zu empfehlen, auch wenn dafür ein größeres Volumen notwendig ist.
Die bei früheren Anlagen aufgetretenen Mängel sind mit den heutigen Kenntnissen über Wärmedämmung einerseits und Regelungstechnik andererseits soweit abzustellen, daß selbst unter den derzeitigen Bedingungen die Biogaswirtschaft als Betriebszweig in der Landwirtschaft günstig ist.

Anwendung

Biogas eignet sich zur Kraft- und Wärmeerzeugung.
In Verbindung einer Wärme-Kraft-Kopplungsanlage (s. Kap. Wärme-Kraft-Kopplung) können Strom und Wärme erzeugt werden. Besteht darüber hinaus die Möglichkeit der Stromeinspeisung ins öffentliche Netz bzw. der Wärmespeicherung, so kann auf eine Gasspeicherung ganz verzichtet werden.
Eine direkte Wärmenutzung ist nur für höhere Temperaturbereiche angemessen, z. B. für Kochen, Backen und Prozeßwärme.
Eine Gasverflüssigung (bei −161°C) ist zwar technisch machbar, allerdings erfordert die Kompression sehr viel Energie. Bei größeren Gemeinschaftsanlagen sowie der Möglichkeit der Drucklufterzeugung durch Windkraft ist eine Verflüssigung für mobile Antriebe jedoch denkbar.

Größenordnungen

Eine Kuh produziert täglich (bei einer Ausfaulzeit von 30 Tagen) ca. 200 l, ein Schwein ca. 250 l, ein Mensch bis zu 100 l Biogas. Ein landwirtschaftlicher Betrieb mit 50 GVE (Großvieheinheiten) könnte unter günstigen Bedingungen bis zu 120 000 kWh jährlich erzeugen (abzüglich der Energie, die zum Erwärmen der Anlage, für den Pumpenantrieb usw. erforderlich ist).

System Allerhop (Schmidt-Eggersglüß)

Ein technisch weit durchdachtes Wechselbehälter-System hat die Fa. Schmidt in den 50er Jahren auf ihrem Versuchsgut Allerhop (Lüneburger Heide) entwickelt. Diese Anlage eignet sich für Schwemmentmistung, da der gesamte Transport und die Umspülung über eine zentrale Pumpe laufen. Mehrere Fauläume werden drei Wochen lang täglich gefüllt, um dann einige Tage in Ruhe zu gären, während ein anderer Faulturm aufgefüllt wird. Danach werden $^2/_3$ des Schlamms in den Düngersilo gepumpt, das restliche Drittel bleibt als Impfmasse für die neue Beschickung. Zur Zerstörung der Schwimmdecke haben alle Behälter eine rotierende Strahldüse, die den gesamten Inhalt gut durchmischt und damit auch gute Faulzeiten bewirkt. Die Arbeitstemperatur liegt bei 30°C. Sie kann auf unterschiedliche Weise konstant gehalten werden. Die Anlage in Allerhop hatte ca. 50 Rinder, 180 Schweine und 650 Hühner zu entsorgen. Dazu kamen Abfälle von 100 ha Landwirtschaft. Die jährliche Gasleistung betrug 40000 m³. Der ausgefaulte Schlamm wurde als Dünger wieder auf die Felder gebracht und war eigentlich Hauptprodukt der Anlage, da die Erträge auf dem mit 20 bis 30 Punkten mäßigen Boden durch diese Anreicherung erheblich stiegen. Das Gas wurde für Haus und Hof, aber auch komprimiert auf 350 Atü für Fahrzeugantrieb genutzt. Allerhop zeigt auf, daß landwirtschaftliche Betriebe mit vielfältiger Betriebsstruktur und biologischer Humusdüngung autonom sein können.

Aus: Energie richtig genutzt

Beispiel: Benediktbeuern

1957 wurden 15 Anlagen nach Schmidt-Eggersglüß in der BRD betrieben. Heute läuft als letzte noch die Biogasanlage des Klostergutes Benediktbeuern in Oberbayern. Die 1955 errichtete Anlage war auf 160 Großvieheinheiten ausgelegt und kostete damals 145000 DM. In 23 Betriebsjahren sind fast keine Schäden aufgetreten. Zwischen zwei gut wärmegedämmten Beton-Faulräumen mit je 240 m³ Inhalt ist das Technik-Haus eingebettet, das Zentralpumpe, Gas-Dieselmotor und Elt-Generator enthält. Die Faulräume werden mit von der Restwärme des Gasmotors geheizt. Die Temperatur liegt bei 35 bis 37°C. In der Stallhaltung geht man auf die Schwemmentmistung und Pumpenförderung dadurch ein, daß gehäckseltes Stroh eingestreut wird. Das ist pumpenfreundlich und gibt auch eine bessere und schnellere Gasausbeute des Strohanteils. Je Großvieheinheit werden maximal 2 m³/Tag Methan gewonnen, und die Tagesausbeute bei 180 GVE beträgt etwa 300 m³. Ein Drittel wird zur Beheizung der Faulräume verwendet, ein Drittel dient dem 200 Personen-Haushalt, der Rest wird mit einem 70-PS-Dieselmotor, der auch die Zentralpumpe antreibt, in Elektrizität umgewandelt. Überschußstrom des 60-kW-Generators wird in das öffentliche Netz eingespeist.

Aber selbst ein 4-Personen-Haushalt könnte bei gleichzeitiger Ausgasung von Küchen- und Gartenabfällen die erforderliche Gasmenge für Kochen und Backen (0,4 bis 0,6 m³ täglich) selbst produzieren.
Die Bemessung einer Biogasanlage ist vor allem von der verfügbaren Menge des organischen Materials abhängig. Weitere Einflußfaktoren sind:

- Art und Zusammensetzung des Faulgutes,
- Temperaturniveau im Faulbehälter,
- Ausfaulzeit,
- Betriebssystem (Ein- oder Mehrkammersystem), Dämmung, Heizung,
- Nutzung des Gases und Speichermöglichkeiten,
- Verwendung des Faulschlammes.

Nach Erfahrungswerten aus Dänemark (Gron, Theilvig, Kryder) ergeben sich für Einkammersysteme folgende Größen:

Großvieheinheiten (Stück)	Faulbehälter (m³)	Vorbehälter (m³)
30	55	2
100	180	6
230	400	12

Mehrkammeranlagen müssen noch größer sein. Der bauliche Aufwand einer Biogasanlage nimmt zwar mit steigendem Faulbehältervolumen proportional ab; ihre Größe sollte jedoch immer auf eine dezentrale Land- und Viehwirtschaft abgestimmt werden.
Die Intensivwirtschaft zur Energieproduktion etwa durch Algenkulturen, Abernten eutrophierender Gewässer (z. B. Wasserhyazinthe) wäre als reiner Energie-Betrieb in großem Maßstab nicht vertretbar.

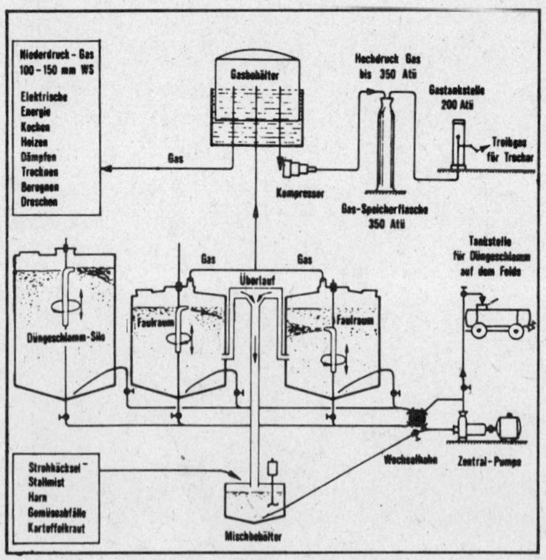

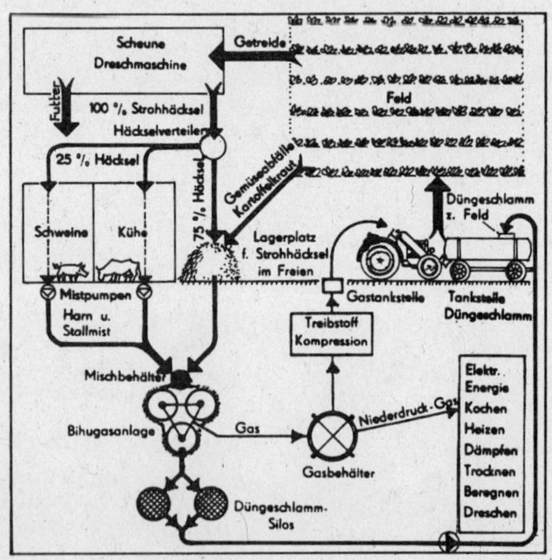

Kreislauf organischer Masse in einem landwirtschaftlichen Betrieb mit Biogasanlage nach Schmidt-Eggersglüß.

Aus: Eyser, Biogas...

Teufel beschreibt in „Energie richtig genutzt" sog. Methanökonomien, deren Energiegewinnung in den Nahrungskreislauf mit eingebunden ist. Ähnlich der Dreifelderwirtschaft werden mindestens 15% des Ackerlandes mit z. B. Leguminosen (Stickstoffanreicherung des Bodens) bebaut. Diese Pflanzen werden geerntet und der örtlichen Biogasanlage zugeführt, wo sie mit anderem organischen Material gemeinsam vergären. Die Anlage betreibt ein Heizkraftwerk, das Strom und Wärme bereitstellt. Ein Gasnetz sorgt für Kochwärme. Durch Kompression oder Verflüssigung können auch Fahrzeuge mit Biogas betrieben werden, Elektroantrieb ist auch möglich. Der Faulschlamm wird wieder auf die Felder ausgebracht. Eine biologische Landwirtschaft ohne Gifte oder Antibiotika ist für die Funktionstüchtigkeit der Anlage wesentlich. Im Winter könnte Stallhaltung mit Einstreu die Methananlage versorgen. Die sommerliche Überflußwärme betreibt in diesem Fall Trocknungsanlagen für Futtermittel usw.
Der Betrieb von Biogasanlagen ist von allen bekannten Systemen am weitesten in den Naturkreislauf zu integrieren. Selbst die Abgase bei Verbrennung des Gases können in Treibhäusern noch Wärme und CO_2-Anreicherung bringen. Es entstehen bei entsprechender Abstimmung keine unbrauchbaren Restmaterialien.

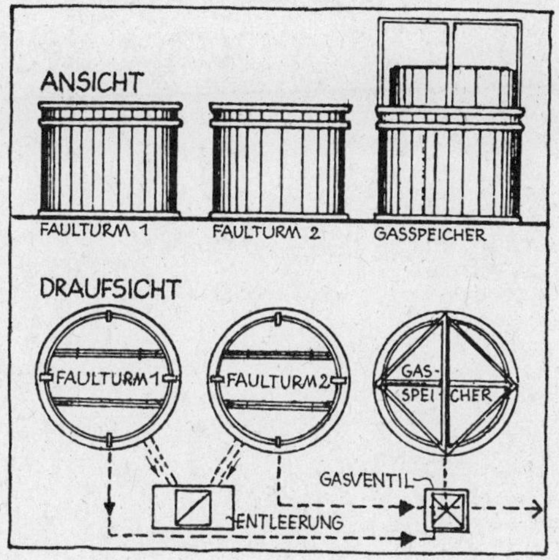

Ducellier u. Isman

Ein sehr einfaches System haben Ducellier u. Isman in Frankreich entwickelt, das im Mittelmeerraum verbreitet ist.
Die Anlage besteht aus mehreren Faultürmen, die nach Beschickung mit unverdünntem Material gasdicht verschlossen werden. Die Ausfaulung dauert ca. 3 Monate. Die Faulbehälter haben kein Rührwerk; eine gewisse Bewegung des Faulgutes wird dadurch erreicht, daß das Gasventil erst bei bestimmtem Druck öffnet, so daß sich der Spiegel des Faulgutes hebt und senkt.
Im Winter werden diese Anlagen dick mit Mist umpackt, um die bei der aeroben Zersetzung freiwerdende Wärme zur Heizung des Faulraumes zu benutzen, eine hervorragende Idee, wenn genügend Mist anfällt und das ausgefaulte Gut mit dem Wintermist nachkompostiert auf das Feld kommt. Die Beschikkung sollte wie bei allen diskontinuierlich arbeitenden Anlagen möglichst zügig erfolgen und hat somit Einfluß auf die Stallhaltung (z. B. Tieflaufstall mit monatlicher Entmistung o.ä.). Von Vorteil ist die einfache Addierbarkeit der Behälter und Abstimmung der Füllgrößen auf die Stallhaltung.

Aus: Eyser, Biogas...

System Berlin

An der TU Berlin wurde 1955 eine unterirdische Anlage entwickelt, die über den Gasdruck weitgehend selbstregelnd ist. Der Faulschlamm wird kontinuierlich über Einfüllschächte beschickt, die als Gasschleuse mit Tauchwand ausgebildet sind. Der Gasspeicher ist direkt über dem Faulgut. Darüber liegt trichterförmig der Raum mit ausgefaultem Gut, dessen Trichterrohr tief in den Faulraum ragt. Bei Gasproduktion wird das Faulmaterial nach unten gedrückt, so daß im Trichter die ausgefaulte Masse ansteigt und zum Überlauf hinaus in die Jauchegrube fließt. Wird das Gas in ein Reservoir abgelassen, drückt die Trichtermasse das Faulgut wieder in den Gasraum. Gleichzeitig durchbricht die Schwimmdecke jedesmal einen Rechen, der in dem Gasdruckraum fest montiert ist. Damit bleibt sie ohne großen mechanischen Aufwand porös.
Leider wurde nur eine Anlage gebaut, deren Ausbeute mit $0{,}27\,m^3/m^3$ Faulraum recht gering war. Die Idee, den Gasdruck mechanische Arbeit verrichten zu lassen, sollte Anstoß für neue Überlegungen sein.

Aus: Eyser, Biogas...

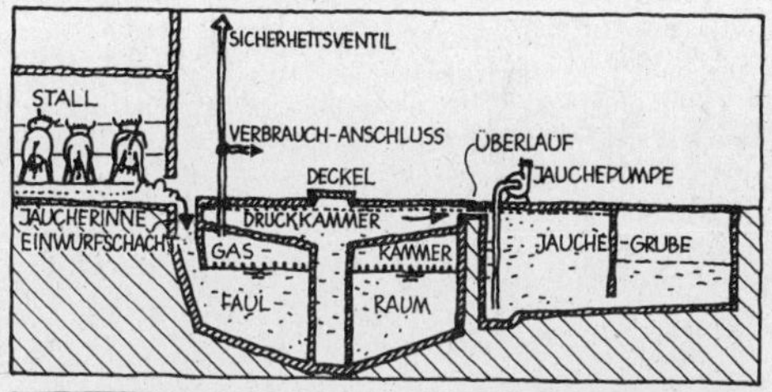

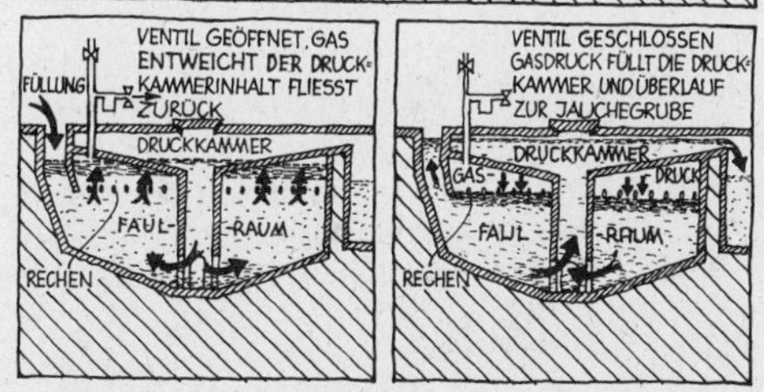

System Darmstadt

Ein System für kleine Durchlaufanlagen hat Prof. Reinold entwickelt und erstmals in Rohrbach/Darmstadt ausgeführt. Es handelt sich um einen unter der Erde liegenden Kanal von 4 m Länge, 2 m Breite und 2,20 m Höhe, der an den Kopfenden je eine Einfüll- und Entnahmeschleuse als Tauchwand ausgebildet hat. Die Einfüllschleuse im Stallgebäude selbst wird täglich von Hand beschickt, was auch bei zerkleinerter Einstreu recht mühsam sein kann. Ein motorgetriebenes Rührwerk zerteilt die Schwimmdecke und fördert gleichzeitig das Gut in Richtung Entnahmestelle. Der letzte Rührarm schiebt das ausgefaulte Gut unter der Tauchwand hindurch in den Ausgangsschacht, wo die Flüssigkeit in eine Jauchegrube fließt und das feste Material auf einer Dunglege gestapelt wird. Das Gas sammelt sich in einem Dom oberhalb des Kanals und wird von dort aus zum Gasbehälter weitergeleitet. Die Ausbeute ist mit 0,3 bis $0{,}4\,m^3$ Gas/m^3 Faulraumvolumen nur halb so groß wie beim System Allerhop. Die langgestreckte Form mit großer Abkühlungsfläche bedarf guter Wärmedämmung, oder der Heizaufwand benötigt den Großteil der Gasproduktion. Die Weiterentwicklung zu einer effizienteren Anlage ist jedoch durchaus möglich.

Nach: Eyser, Biogas...

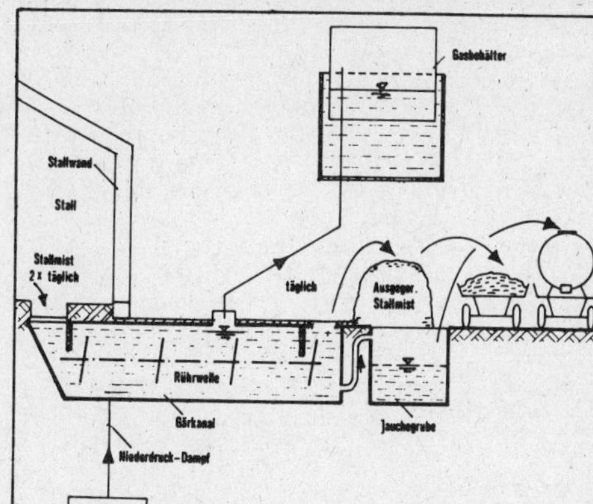

Ethanolgewinnung

Eine bisher wenig genutzte Möglichkeit der Energiegewinnung besteht in der Erzeugung von Ethanol durch Gärung. Die Verbindung von zuckrigen Lösungen, Hefen und Mineralstoffen bewirkt unter Luftabschluß einen Gärprozeß, so daß ein ethanolhaltiges Gemisch sowie Kohlendioxid entstehen. Durch anschließende Destillation wird reines Ethanol gewonnen; die extrahierten Rückstände (Fuselöle, Ballaststoffe usw.) können dabei noch als Brennstoff für die Wärmeerzeugung in Destillationsanlagen genutzt werden.

Als Grundstoffe dienen neben zuckerhaltigen Pflanzenarten auch solche mit hohen Stärke- oder Zelluloseanteilen. Der höchste Alkoholertrag läßt sich in mitteleuropäischen Klimazonen mit Futterrüben und Zuckerrüben (6000 l bzw. 4600 l/ha Anbaufläche; nach Dambroth) erzielen.

Ethanol hat im Vergleich mit anderen aus Biomasse gewonnenen Energiearten die höchste Energiedichte und läßt sich auch problemlos in Tanks o. ä. speichern. Es eignet sich aus diesem Grunde vor allem für mobile Antriebsmaschinen (Transport und Verkehr).

Alkohol und Biogas sind Energieformen, die sich ergänzen und die sich bei Gewinnung und Nutzung schadfrei in den Naturhaushalt einfügen können. Ökologische Schäden sind allerdings zu erwarten, wenn Energiepflanzen in riesigen Monokulturen angebaut werden, um Kraftstoffe zentral zu produzieren. Eine schadfreie Natureinbindung erscheint nur kleintechnisch dezentral und verbrauchernah möglich zu sein.

Beide Energieformen sind vielseitig verwendbar. Biogas eignet sich bei kontinuierlicher Erzeugung besonders zum Betrieb einer Kraft-Wärmekoppelung, da so eine aufwendige Gasspeicherung entfällt. Alkohol dagegen ist „energiedicht" und einfach zu speichern, so daß es besonders für Fahrzeuge interessant ist.

Abfälle der Alkoholerzeugung können als Futtermittel genutzt werden und tragen somit zur Biogaserzeugung bei.

Die Alkoholherstellung aus zucker- oder kohlehydrathaltigen Pflanzen besteht im wesentlichen aus zwei Stufen: Der Umwandlung der Stärke bzw. des Zuckers auf biochemischem Wege durch vergären und der Abscheidung des Alkohols durch Destillation.

Die zur Destillation benötigte Wärme kann durch Faserrückstände der Presse bzw. durch einen Teil des Alkohols erzeugt werden. Im Sommer oder in südlicheren Zonen könnte Solardestillation betrieben werden.

Die entstehende Abwärme kann zur Raumheizung, zur Wassererwärmung oder anders genutzt werden. Alkoholdestillation ist auch privat im kleintechnischem Maßstab einfach möglich, jedoch nicht erlaubt. Der Alkohol ist geeignet für Otto-Motoren, mit Zusätzen auch für Diesel-Motoren, so daß ein breites Nutzungsspektrum entsteht.

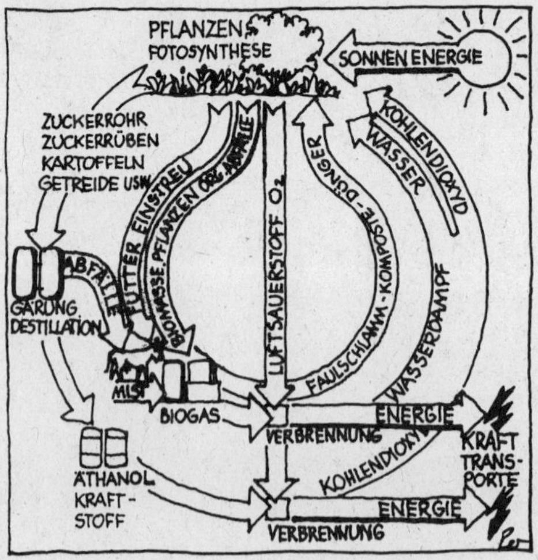

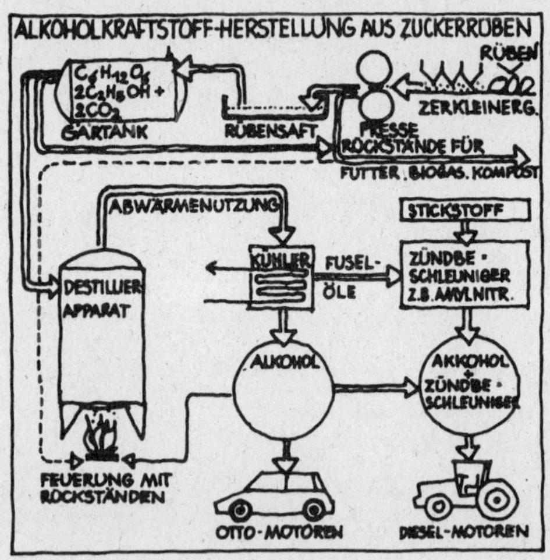

Literatur

Entwurfsprinzipien

Brunner, E. U.: Wirkung passiver solarer Maßnahmen. Vortrag Göttingen 1979.
Bundesministerium für Raumordnung, Bauwesen und Städtebau (Hrsg.): Energiesparbuch. Bonn-Bad Godesberg 1977.
Clegg, P.: Energy for the Home. Vermont/USA 1975.
Deutsche Gesellschaft für Sonnenenergie: Heizen mit Sonne. München 1977.
Eberspacher, J. (Hrsg.): Licht, Luft, Schall. Stuttgart 1977.
Esso A.G. (Hrsg.): Energie nach Maß. Januar 1975.
Fischer, R., Yanda, B.: Solar Greenhouse. Santa Fé, NM/USA 1976.
Geiger, R.: Das Klima der bodennahen Luftschicht. Braunschweig 1961.
Gropp, L.: Solar Houses. New York 1978.
Hebgen, H., Heck, F.: Außenwandkonstruktionen mit optimalem Wärmeschutz. Braunschweig 1977.
Kessler, D., Kaempfert, W.: Wetterkunde für Weinbauern, Gärtner und Landwirte. 2. Aufl. 1948. Heft 13 in: Grundlagen und Fortschritte im Garten- und Weinbau.
Krüger, E. H., Schuh, U.: Strahlungsgewinn bei Südfenstern. In: Sonnenenergie, Heft 3/1979.
Kunstakademie, Architekturschule Kopenhagen (Hrsg.): Freja 75. Kopenhagen 1975.
Lehrstuhl für Entwerfen und Gebäudelehre, Technische Universität München (Hrsg.): Seminarzwischenbericht. Umweltfreundliches Wohnen. München 1978.
McCullagh, J. C.: The Solar Greenhouse Book. Emmaus, PA/USA 1978.
Loewe, W.: Schlesische Holzbauten. Düsseldorf 1969.
Plenar: Planung, Energie, Architektur: Zürich 1975.
Prokol-Gruppe: Der sanfte Weg. Stuttgart 1976.
Turowski, R., Wagner, H. J: Energieanalyse für Sonnenenergieanlagen und verbesserte Wärmedämmung im Einfamilienhausbereich. In: BWK 9/78.
Willmer, F.: Planungsbezogene meteorologische Untersuchung an Tagebaugruben. In: Landschaft und Stadt 6/1974.

Natürliche Energiequellen

Akademischer Verein Hütte (Hrsg.): Hütte, Maschinenbau II A. Berlin 1954.
Arbeitsgemeinschaft Umwelt (AGU) (Hrsg.): Umdenken, Umschwenken. Zürich 1975.
Baer, Stephan; Edelmann, Werner (Hrsg.): Alternative Technologie. Berlin 1977.
Bossel, H. u. a.: Energie richtig genutzt. Karlsruhe 1976.
Boyle, Godfried; Harper, Peter (Hrsg.): Radical Technology. New York 1976.
Brockhaus der Naturwissenschaften und Technik: Wiesbaden 1955.
Clegg, Peter: Energy for the home. Charlotte, Vermont, USA 1975.
Dezentrale (Hrsg.): Alternativkatalog 1 und 2. Köniz/Ch 1977.
Duve, Freimut (Hrsg.): Technologie und Politik 11. Reinbeck 1978.
Eccli, Sandy (Hrsg.): Alternative Sources of Energy. New York 1975.
Frisch von, Karl: Tiere als Baumeister. Frankfurt 1974.
Meyer's Lexikonverlag (Hrsg.): Wie funktioniert das? Umwelt. Mannheim 1975.
Prokol-Gruppe Berlin: Der sanfte Weg. Stuttgart 1976.
Sass, Bouché, Leitner (Hrsg.): Dubbel Taschenbuch für den Maschinenbau. Berlin, Heidelberg, New York 1974.
Seymour, John: Das große Buch vom Leben auf dem Lande. Ravensberg 1978.
Steiger, Peter u. a.: Plenar. Niederteuffen/Ch 1975.
The Mother Earth News (Hrsg.): Handbook of home made Power. New York 1974.

Sonnenenergie

Bähr, Gansfort: Solararchitektur. Aus DBZ 4/76.
Brand, Hans: Möglichkeiten und Grenzen einer technischen Nutzung der Sonnenenergie. Aus: Rhein. Westf. Akademie der Wissenschaften, Vorträge N 267. Opladen 1977.
Deutsche Gesellschaft für Sonnenenergie (Hrsg.): Heizen mit Sonne 1 und 2 – Tagungsberichte. München 1976, 1977.
Deutsche Gesellschaft für Sonnenenergie (Hrsg.): Sonnenforum '78. Sonnenforum '79 – Tagungsberichte. München 1978, 1979.
Haaf, Günter: Herrn Ovshinskys gläserne Revolution. Aus: Die Zeit Nr. 31, 11. Juli 1977.
Hullmann, Heinz; Schmidt, Baldur: Solar-Kollektoren. Aus: DBZ 4/76.
Hullmann, Heinz: Solarenergieanlagen und Gebäude. Diss. TU Hannover 1977.
Kasten, Fritz: Das Sonnenstrahlungsangebot in Deutschland. Aus: Sonnenenergie 2/78.
Lambeth, James: Solar Designing. Lambeth, USA 1977.
Matthöfer, H. (Hrsg.): Sonnenenergie. Frankfurt/M. 1976.
Matthöfer, H. (Hrsg.): Sonnenenergie II. Frankfurt/M. 1977.
Rau, Hans: Heliotechnik. München 1975.
Schölkopf, Wolfgang: Test Sonnenkollektoren. Aus: Schöner Wohnen 9/78.
Schulz, Dr. Heinz: Sonnenenergie in Haus und Hof. In: Topagrar extra, Münster 1977.
Sabady, P. R.: Haus und Sonnenkraft. Zürich/Ch 1976.
Stoklas, Karlheinz: Heizen mit Sonnenwärme. Aus: Deutsche Bauzeitung 10/1977.
Twarowski, M.: Sonne und Architektur. München 1962.
VDI-Berichte 306: Sonnenenergieheizung im Bauwesen. Düsseldorf 1978.
Watson, Donald: Designing and building a Solarhouse. Vermont, USA 1977.
Winkler, Jean Pierre; Gygax, Peter: Sonnenenergie in Theorie und Praxis. Band 1 und 2. Karlsruhe 1976.

Windenergie

Bedijs, Eric: Wind-Häuser. Studienarbeit TU Hannover 1977.
Deutsche Gesellschaft für Sonnenenergie (Hrsg.): Energie vom Wind – Tagungsbericht. München 1977.
Dörner, H.: Gutachten über die Windkraftwerke nach Hermann Honnef. BMFT – FB T 77–35 1977.
Dornier Systems: Entwicklung einer Windkraftanlage mit vertikaler Achse (Phase I). BMFT – FB T 76–55.
Forschung Aktuell Bd. 3: Nutzung der Windenergie. Frankfurt 1977.
Herforth, Carl; Nybroe, Claus: Sol und Vind. DK 1976.
König von, Felix: Windenergie in praktischer Nutzung. München 1976. Wie man Windräder baut. München 1977.
Lausch, Erwin: Der Wind bläst gratis. In: Stern 8/1977.
Maass, Winfried. Prima Prima Strom aus Dänemark. In: Stern 50/1977.
Schulz, H.: Den Wind für sich arbeiten lassen. Aus: Top Agrar 12/1979.
Seidl, M.: Windenergie. In: TAB 8/78.
Torrey, Volta: Windcatchers. Vermont, USA 1976.
Wertvolle Winde: In: Spiegel 2/1979.

Wasserkraft

Forschung Aktuell Bd. 4: Nutzung der Meeresenergien. Frankfurt/M. 1977.
Forschung Aktuell Bd. 6: Nutzung der Wasserenergien. Frankfurt/M. 1977.
Meyer, Jürg H.: Kraft aus Wasser. Zürich/Ch 1975.
Müller, Wilhelm: Hydrometrie. Hannover 1903.
Müller, Wilhelm: Wasserkraft. Leipzig 1921.
Müller, Wilhelm: Die Wasserräder. Leipzig 1940.
Uhden, Otto: Taschenbuch landwirtschaftlicher Wasserbau. Stuttgart 1964.
Uldall, Kai u. a.: Frilandsmuseet. Kopenhagen 1971.

Biologische Energie

Baader, Wolfgang: Technische Voraussetzungen und Konsequenzen für Biogasgewinnung im landwirtschaftlichen Bereich. In: Landtechnik 2/1978.
Baader, Dohne, Brenndörfer: Biogas in Theorie und Praxis. Darmstadt 1978.
Biogasgruppe Hamburg: Biogas – wie geht denn das? Hamburg 1980.
Craens, Jan: Biogas. De Kleine Aarde, Holland 1976.
Dambroth, M: Ethanolgewinnung aus nachwachsender Biomasse. In: Sonnenenergie 3/1980.
Eyser, Helmut: Biogas – eine Studie über die Aktualität der Biogasgewinnung. Kassel 1976.
Fischer Alternativ, Autorengruppe: Bio-Energie. Frankfurt 1978.
Gottlieb-Duttweiler-Institut (Hrsg.): Bio-Energie. Rüschlikon-Zürich/Ch 1978.
Haaf, Günter: Am Anfang war die Pflanze. In: Zeitmagazin 16/1979.
Müller, Martin: Untersuchungen über die biologische Gaserzeugung bei der Methangärung von Stallmist und Stroh. Diss. Hohenheim 1955.
Stadlbauer, A., Strauss, E.: Biogas. In: Bild der Wissenschaft 10/77.

Haustechnische Einrichtungen

Über Entwurfskonzeptionen und bauliche Detailausbildung hinaus gewinnen zur Herstellung hausinterner Wärmekreisläufe technische Einrichtungen an Bedeutung, die im bisherigen Hausbau nicht oder nur sehr eingeschränkt Verwendung gefunden haben. Vier Prinzipien und ihre bauliche Auswirkung sollen hier besonders hervorgehoben werden:

- Wärmespeicher zum Ausgleich von Wärmeangebot und -bedarf.
- Wärmetauscher zur Wärmebewahrung, Wärmerückgewinnung, gezielter Wärmeverteilung und Steuerung des Speichers.
- Wärmepumpe als technisches Gerät zur Nutzung von Niedertemperatur- und Umweltwärme.
- Wärmekraftkopplung als technisches System zur Ausnutzung des hohen Abwärmeanteils bei der Kraft- und Elektrizitätserzeugung.

Die Einzeldarstellung der technischen Möglichkeiten geschieht zum besseren Verständnis. Ein gut durchdachtes Haus integriert diese Systeme in die bauliche Konzeption und überlagert sie mit anderen Funktionen. Jede einzelne technische Einrichtung sollte nicht nur in ihrer Einzelfunktion optimiert, sondern auf das Gesamtsystem des Hauses abgestimmt und integriert werden.

Wärmespeicher

Speicher sind notwendig, um Tag-Nacht- und Saisonunterschiede auszugleichen.
Die kurzzeitigen Tag-Nacht-Speicher, mitunter auch Wochenspeicher, können, wie bereits im Kapitel „Entwurfsprinzipien zur Energiebewahrung" angesprochen, als selbststeuernde Baumassen ausgebildet werden.
Langzeitspeicher zur Bewahrung von Überschußwärme bis in den Winter hinein sind ein neues, bestimmendes Element im Bauwesen. Da Niedrigwärme durch die geringe Energiekonzentration nur in relativ großen Massen zu speichern ist, stellt besonders die

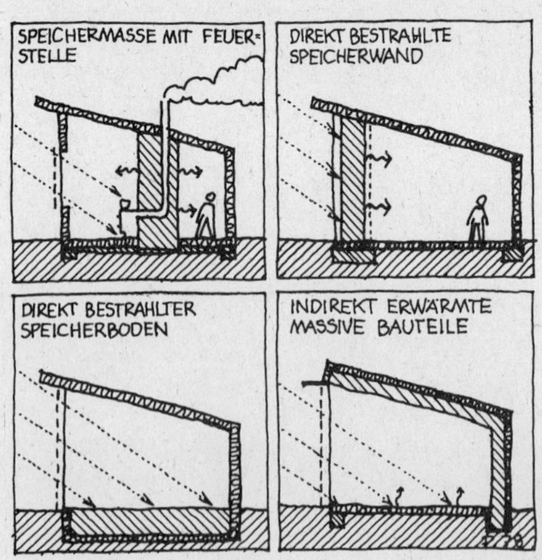

Sonnenhäuser mit direkter Nutzung der Sonnenenergie. Das Haus ist Kollektor.
Die Speichermassen für die Wärme können unterschiedlich angeordnet werden:

- zentral im Raum;
- an der Strahlungsquelle;
- als Fußboden;
- indirekt erwärmt in den Schattenzonen des Hauses.

Hier funktioniert das ganze Haus als Sonnenkollektor. Durch 2 Geschosse Glasfläche fällt die Sonne im Winter direkt auf Fußboden und Rückwand, die zugleich Absorber und Speicher sind. Die starke Sommersonne wird durch einen weiten Dachüberstand abgehalten.
Dies ist das älteste und beste Prinzip ohne Technik (siehe Haus des Sokrates), hier angewendet von David Wright, New Mexico. Es funktioniert hervorragend bei häufiger Direktbestrahlung; bei längerer Schlechtwetterperiode muß zugeheizt werden.

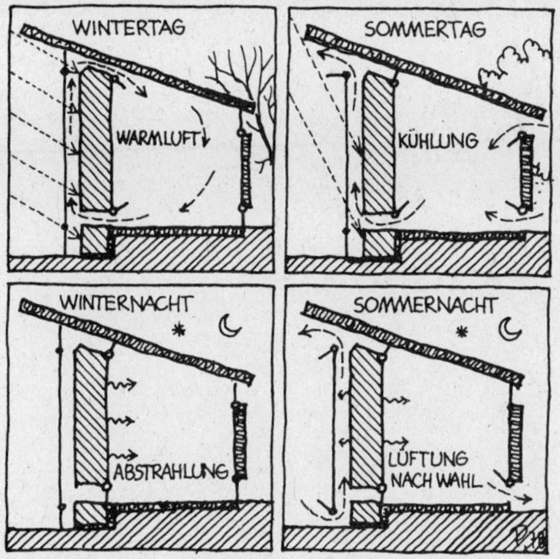

Systeme, in denen die Speichermasse direkt durch die Strahlung aufgeheizt wird (Trombe/Michel). Das gleiche System wird auch zum Kühlen und zum Lüften benutzt. Die Speicherwand überbrückt nur kurze Zeit.

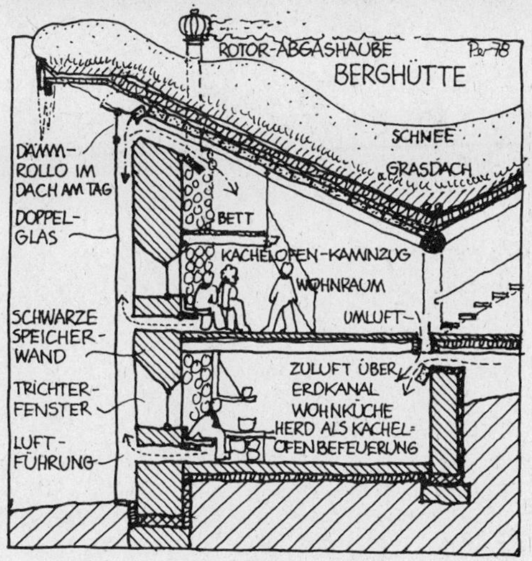

Schnitt durch ein Haus mit direkter Speicherwand (sog. Trombewand).
Zusätzlich mit Dämmrollo und Zusatzheizung mit Herd und Kachelofen für längere sonnenlose Zeit.

Heizwand von Steve Baer in New Mexico.
Hinter einer Glasscheibe sind schwarz gestrichene, mit Wasser gefüllte Ölfässer gestapelt.
Wintertags wird bei Sonne die Hauswand abgeklappt und die Speicherwand erwärmt, wobei die Innenseite der Hauswand verspiegelt ist und so die Einstrahlung erhöht wird. Nachts wird die Wand hochgeklappt, so daß nur nach innen Wärme abgestrahlt wird. Im Sommer wird das Prinzip umgekehrt zum Kühlen benutzt. Geeignet für kontinentales Klima mit höherer Direktstrahlung.

Großer Wassersack auf dem Dach als passives Sonnendach mit beweglicher Wärmedämmung. Beitrag zur natürlichen Klimatisierung von Harold Nay, Kalifornien. Nur für südliche Klimate geeignet. Im Winter wird das Dach nachts zugedeckt. Die tagsüber aufgenommene Energie gelangt als Wärme in die Räume.
Im Sommer ist das Dach nachts abgedeckt, so daß der Wassersack auskühlt, was tagsüber die Räume kühl hält.

Langzeitspeicherung eine erhebliche bauliche Maßnahme dar. Wärmespeicher sind ein Teil des Hauses und können über ihre Speicherfunktion hinaus noch andere Aufgaben erfüllen. Die Konzeption des Hausspeichers ist daher eng mit Entwurf, Gestaltung, Baukonstruktion und Tragsystem verknüpft. Im Idealfall liefert der Wärmespeicher den gesamten haustechnischen Wärmebedarf.
Nach der Art der Wärmebewahrung werden zwei Speicherungsarten unterschieden:

- Nutzung der spezifischen Wärme;
- Latentwärmenutzung.

Die spezifische Wärme gibt die Wärmemenge an, die ein Stoff je kg und °C Temperaturerhöhung aufnimmt. Sie ist je nach Stoffart unterschiedlich. Mit wachsendem Wärmeinhalt eines solchen Speichers wächst auch die Temperatur des Speicher-

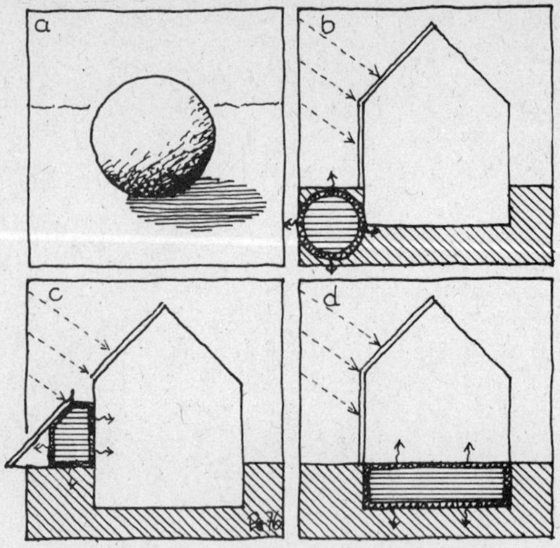

Zuordnung von Wärmespeichern in und am Haus:

a) geringste Wärmeverluste hat die Kugel, da so das Volumen die geringste Oberfläche hat.
b) Der Speicher außerhalb des Hauses verliert nach allen Seiten Wärme.
c) Der Speicher am Haus strahlt besonders nach innen. An seiner Außenseite kann Energie gewonnen werden.
d) Der Speicher unter dem Haus hat kaum Verluste. Selbst die ins Erdreich abwandernde Wärme kann zurückfließen.
e) Die Speicher und Kollektor direkt gekoppelt. Einstrahlung wird im Speicher gepuffert und mit steuerbarer Verzögerung an den Innenraum weitergegeben.
f) Zentrale Anordnung; alle Wärmeverluste kommen dem Haus zugute.
g) Speicher als konsequenter Mittelpunkt des Hauses in Kugelform.
h) Der Speicher im Dach ist vom Wärmefluß her richtig. Die Verluste sind aber hoch, und die Lasten führen zu unnötig aufwendigen Konstruktionen. Die Wärme muß auch mechanisch nach unten transportiert werden.

Der zentrale Speicher im Haus ist Mittelpunkt und tragendes Element. Von ihm aus entwickeln sich unterschiedliche Wärmezonen.

mediums. Die maximale Wärmemenge ergibt sich aus der Masse des Speichers und dem Temperaturunterschied zwischen geladenem und entladenem Zustand und ist folgendermaßen definiert:

$$Q = c \cdot G \cdot \Delta t$$

Dabei sind:

Q Wärmemenge in kWh
c spez. Wärme in kWh/kg °C
G Masse des Körpers in kg
Δt Temperaturunterschied in °C

Der hohe Temperaturunterschied dieser Speicher erschwert einerseits die Nutzung mit relativ gleichmäßigen Temperaturansprüchen und macht andererseits eine besondere Wärmedämmung notwendig, die den Speicher gegen Wärmeabfluß sichert.
Latentwärme wird von einem Stoff beim Wechsel seines Aggregatzustandes gespeichert. Beim Übergang vom festen zum flüssigen Zustand nimmt er Schmelzwärme auf; während des Übergangs vom flüssigen zum gasförmigen Zustand speichert er Verdampfungswärme.
Beim jeweils umgekehrten Vorgang wird die Wärme wieder frei.

Für Latentwärmespeicher ist der Übergang von fest in flüssig und umgekehrt von Bedeutung. Latentwärme ist die Wärmemenge, die ein Medium bei gleicher Temperatur aufnimmt bzw. abgibt, wenn es seinen Aggregatzustand wechselt. Sie wird in kWh/kg gemessen. Die Speicherwärmemenge ergibt sich aus der Latentwärme des Mediums und der Speichermasse. Sie ist folgendermaßen definiert:

$$Q = Q_L \cdot G$$

Dabei sind:
Q Wärmemenge in kWh
Q_L Latentwärme des Mediums in kWh/kg
G Masse des Mediums in kg

Die höchste Latentwärme hat Wasser bei Änderung des Aggregatzustandes von Wasser mit 0° C zu Eis mit 0° C (93,4 Wh/l). Würde man einen Wasserspeicher von 80° C bis 0° Eis ausnutzen, könnte die doppelte Wärmemenge gespeichert werden wie in einem Speicher mit der Ausnutzung von 80° C bis 0° Wasser. Dazu ist allerdings eine Wärmepumpe notwendig. Ein Vorteil dieses besonderen Speichers wäre neben dem kleinen Volumen auch die weit in den Sommer reichende Kühlmöglichkeit. Als Medien werden weiter Salzhydrate wie z. B. Glaubersalz mit Schmelzpunkten im Bereich von + 13 bis + 49° C und Paraffine mit Schmelzbereichen von − 5 bis + 40° C ausprobiert. Diese Technologie ist z. Zt. noch im experimentellen Stadium. Besonders das Einleiten des Kristallisationsprozesses im häufigen Wechsel bereitet bisher Schwierigkeiten. Außerdem können Undichtigkeiten des Speichers ökologische Schäden hervorrufen.

Speicher-Medium	Dichte kG/m³	Spez. Wärme kWh/t °C	Wärme-kapazität kWh/m³ °C
Luft	~ 1,2	0,279	0,000335
Wasser	1000	1,163	1,163
Kies, Erdreich	1400 – 1600	0,233	0,326 – 0,372
Naturstein	3100	0,232	0,684
Ziegel	~ 1500	0,233	0,419
Beton	2200	0,292	0,642
Holz (Farbe)	600	0,465	0,267
Sand	1500	0,233	0,350
Magnesit	3000	0,326	0,979
Eisen	7250	0,177	1,285

Verschiedene Speichermedien und ihre Wärmekapazität, bezogen auf Dichte und Volumen (nach Winkler, Gygax).

Feststoffspeicher

Jeder Gegenstand innerhalb der Klimahülle Haus ist Wärmespeicher mit einer Kapazität, die seiner spezifischen Wärme und seiner Masse entspricht. Große Massen erhöhen das Speichervermögen eines Hauses und bewirken durch ihre Trägheit eine Dämpfung extremer Klimaschwankungen. Für eine Kurzzeitspeicherung sind daher massive Wände und Decken gut geeignet. Die Speicherkapazität eines Hauses läßt sich nach der o.a. Formel mit Hilfe der Massenberechnung leicht ermitteln.
Für Langzeitspeicher werden große Volumina mit hoher Wärmedämmung benötigt.
Die Temperaturen von Feststoffspeichern können in einem sehr hohen Bereich liegen (max. bis zum Schmelzpunkt des Materials), um so die Wärme aus Abgas oder Elt.-Überschüssen (bei Erzeugung durch Windkraft) auf dem höchstmöglichen Temperaturniveau zu speichern. Hierbei muß jedoch die Hitzebeständigkeit von Dämmung und Installationen gewährleistet sein.
Als Speichermaterialien können viele Mineralstoffe verwendet werden: Sand, Kies, Bruchstein, Erde, Ton, Lehm u.a.; aber auch Baustoffe wie Ziegel, Beton, Schlacken, Magnesit, Metalle u.a. sind geeignet.
Der Wärmetransport in Feststoffspeichern erfolgt innerhalb des Speichers durch Wärmeleitung, so daß ein gleichmaßig verteiltes Temperaturniveau entsteht.
In homogenen Speichern aus Beton, Lehm, Sand oder feinem Kies müssen Rohrschlangen verlegt werden, um den Wärmetausch vollziehen zu können. Homogene

Bauarten für Wärmespeicher:

a) Kiesschüttung mit Luft als Wärmetransportmedium.
b) Homogener Speicher mit Flüssigkeits-Wärmetauscher für Ein- und Abgabe der Wärme.
c) Speicher mit gesetzten Steinen ähnlich den Elektro-Speicheröfen. Luft als Wärmetransportmedium.
d) Flüssigkeitsspeicher mit getrennten Eingabe- und Entnahmetauschern zur Ausnutzung der Wärmeschichtung.

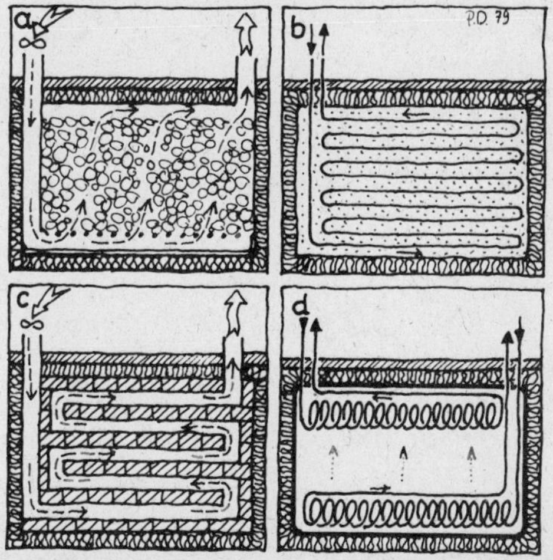

Zentraler Ofen zugleich zentraler Wärmespeicher sind alte Elemente im Hausbau und waren einst Mittelpunkt des häuslichen Lebens.

Zentraler Feststoffspeicher mit geschlossenem Luftkreislauf zum Laden mit Ventilator und offenen Entladungskreisläufen. Durch Abklappen der Dämmung kann auch durch Abstrahlung geheizt werden.
Das Speichermaterial sind die Wände und geschichtete Steine, die abschnittsweise abgefangen sind. Anstatt der Steine können auch wassergefüllte Behälter (Flaschen) verwandt werden, was die Kapazität erhöht.

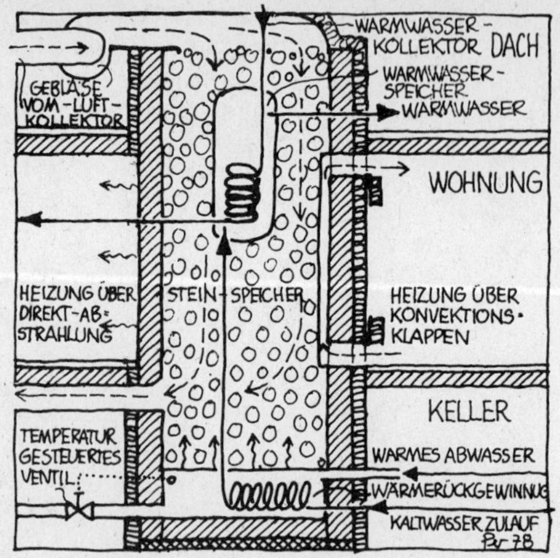

Speicherkombination
Steinschotterspeicher mit eingelagertem Warmwasserspeicher und Abwasserwärmerückgewinnung.
Aufsteigende Warmluft innerhalb der Steinschüttung sorgt für Wärmetransport und -schichtung.
Heizen durch Direktabstrahlung oder Luftführung.

Straßenspeichersysteme

a) Gemeinschaftlicher Wohnweg wird mit einer Glaspassage überdeckt, die im First gesammelte Warmluft wird in den darunter liegenden Steinspeicher geführt und mit Luftkollektor verstärkt. Beidseitig angeordnete Haustechnikräume mit Wärmepumpen, Trockenräume, Sauna usw.
Der Straßenraum wird so zu einem nahezu ganzjährig benutzbarem Außenraum mit Pflanzenanbau. Die Wohnräume sind beidseitig orientiert.
b) Anliegerstraße mit Straßenkollektor und Steinspeicher, ebenfalls beidseitig angeordnete Haustechnik- und Warmräume.
Garagen, Vorgärten, Werkstätten, Pergolen und Begrünungen schützen die Wohnbereiche zur Straße. Die Wohnräume sind zu den Gärten orientiert. Erweiterbar zur oberen Ausführung!

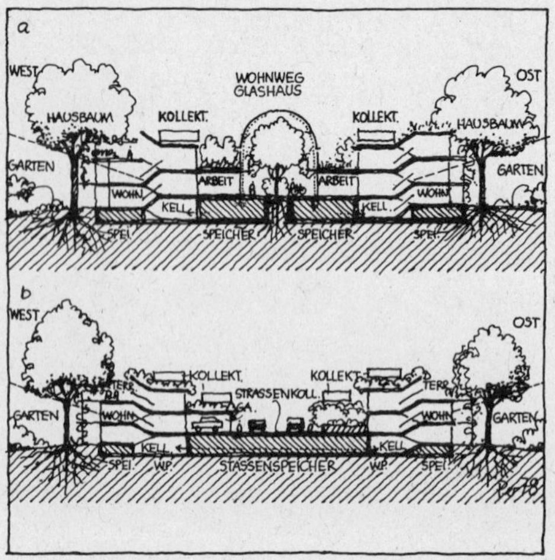

Zentraler Speicher mit rundum angeordneten Warmräumen und einem äußeren Kranz halbwarmer Räume; je nach Wärmeangebot kann das Haus voll oder reduziert beheizt werden.

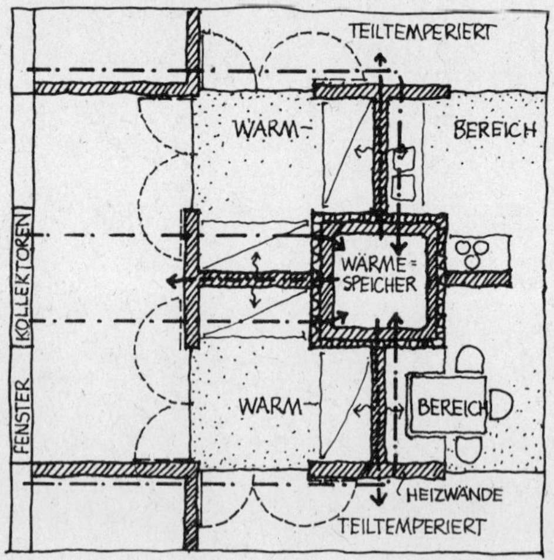

Wärmespeicher unter dem Atrium. Der Wärmeverlust kommt den Pflanzen zugute.

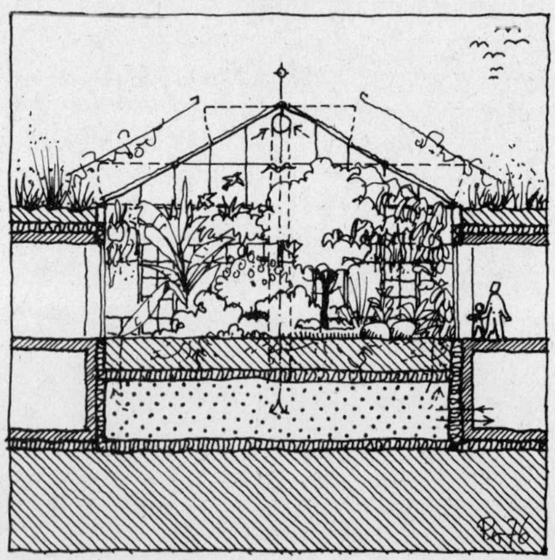

Speicher sollten so dicht wie möglich sein und engen Kontakt mit dem Wärmetransportsystem haben. Eingeschlossene Luftteilchen behindern den Wärmefluß und mindern die Wärmekapazität. Der Abstand der Rohre sowie die Fließgeschwindigkeit und die Menge des Mediums im jeweiligen Speichermaterial steuern die möglichen Eingabe- und Entnahmegeschwindigkeiten des Wärmeinhaltes. Durch Metallamellen und -stäbe kann die Wärmeleitung erhöht werden, so daß Wärmetausch und -verteilung schneller und gezielter vollzogen werden. In besonderen Fällen können Wärmerohre (Heatpipes) angemessen sein.

Bei porösen Speichern wird im allgemeinen Luft zum Wärmetransport benutzt. Sie können aus Kiesschüttungen mit ein bis drei Korngrößen, Steinschichtungen mit Hohlräumen oder Hohlblocksteinen u.a. bestehen. Eine gleichmäßige Porosität und ein gleichmäßiger Luftdurchsatz sind für die Ausnutzung des gesamten Speichers wichtig. Die Lade- und Entnahmegeschwindigkeiten werden über den Luftumsatz gesteuert; sie hängen von der Durchlässigkeit des Speichers und von der Wärmeleitfähigkeit des Speichermaterials ab. Vorteilhaft im porösen Speicher wirkt sich der direkte Kontakt des Transportmediums mit der Speichermasse aus, da die Wärmewanderung ohne Zwischenschicht eines medientrennenden Leitungssystems erfolgt.

Langzeitspeicher können so konzipiert werden, daß sie ähnlich wie Decken und Wände ihre Wärme über Konvektion und Strahlung an die Räume abgeben, wenn die Stärke der Dämmung entsprechend bemessen ist.

Eine Steuerung des Wärmeflusses ist z. B. mit veränderlichen Klappen zum Speicher möglich. Dämmelemente, die im Sommer am Speicher stehen, können in der Heizperiode als Fensterläden o. ä. genutzt werden. Solche einfachen Steuerungssysteme sind hochtechnischen Einrichtungen grundsätzlich vorzuziehen.

Ein Langzeitspeicher im Zentrum des Hauses kann über diese Funktion hinaus statisches Hauptglied sein und wird dann mit den um ihn herum angeordneten Räumen zum Entwurfsmerkmal.

Homogene Speicher mit speziellen Wärmetauschern können unveränderbar (Beton u. ä.) oder veränderbar (Sand, Lehm usw.) hergestellt werden. Günstig wäre bei aushärtenden Speichern, die hohlraumbildenden Kanäle wieder auszuschalen, wenn Luft als Wärmetransportmedium genutzt wird oder besonders gut leitendes „Schalungsmaterial" zu benutzen.

Poröse Speicher aus Einkornkies, Hohl- und Formsteinen o. ä. mit Luft als Trägermedium sind problemlos und kostengünstig auch im Selbstbau zu erstellen.

System eines Hauses mit Luftkollektorheizung. Alle Luftströme werden durch Schwerkraft geführt, oder auch durch Ventilatoren unterstützt. Überschußwärme wird in den Speicher geleitet, ebenfalls sollte Koch- und Abluftwärme den Speicher mitheizen.

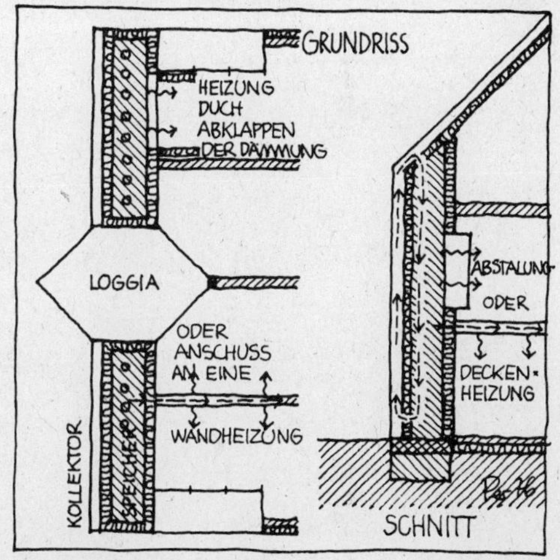

Außenwände mit Speicherelementen und Pufferzonen als Wintergarten. Kontinuierlicher Wärmefluß vom Kollektor in den Speicher und Klappengesteuerte Abstrahlung in die Räume.

Der zentrale Speicher ist im Sommer von Dämmelementen umgeben. Das Haus ist nach außen orientiert, der Speicher lädt sich auf. Im Winter werden die Dämmelemente an die Außenwände gestellt.

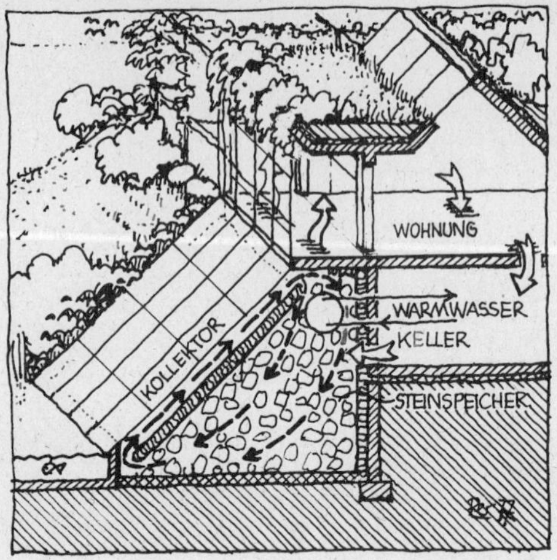

Direkte Koppelung von Luftkollektor und Steinspeicher. Laden und Heizen ist durch Schwerkraft möglich.

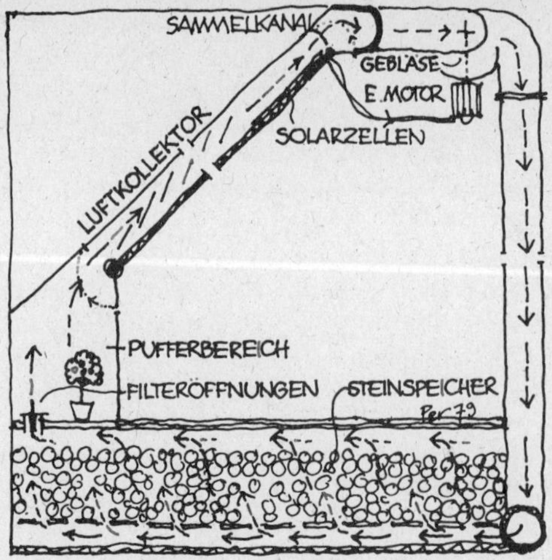

Schema einer Luftkollektor-Steinspeicheranlage mit einem durch Solarzellen betriebenen Gebläse. Die Sonne regelt so selbsttätig das Gebläse, lediglich ein Temperaturfühler im Steinspeicher sorgt für Abschaltung bei vollem Speicher.

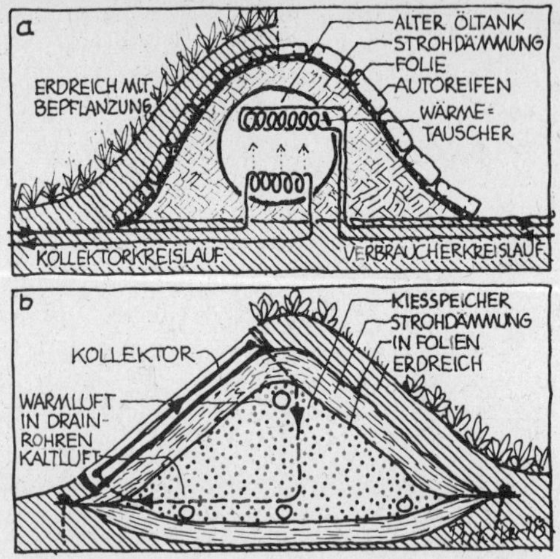

Selbstbauspeicher für die Landwirtschaft (a) oder im Garten (b). Wärmemieten wie Lösung b können auch saisonal im Frühjahr als Hügelbeet umgenutzt werden.

Nach: Dr. Schulz

Die Wärmedämmung bei Schüttgutspeichern muß bei senkrechten Seitenwänden die Seitendrucklast aufnehmen können oder außerhalb der Umfassungswände liegen. Bei günstiger Lage des Speichers kann oder sollte auf eine Bodendämmung verzichtet werden, andernfalls muß diese druckfest sein. Für alle Feststoffspeicher ist die Bewegung des Materials zu beachten. Besonders beim Wärmetauschsystem können sich Risse und Ablösungen ergeben, die den Wärmeübergang im Tauscher beträchtlich mindern.

Schema eines vertikalen Wasserspeichers
Laden im geschlossenen Kreislauf mit Wärmetauscher über Schwerkraft nach Thermosyphonsystem.
Heizungskreislauf ebenfalls über Schwerkraft als Wandstrahlungsheizung ausgebildet, dadurch geringer Temperaturbedarf. Steuerung über Verzweigungsventile.

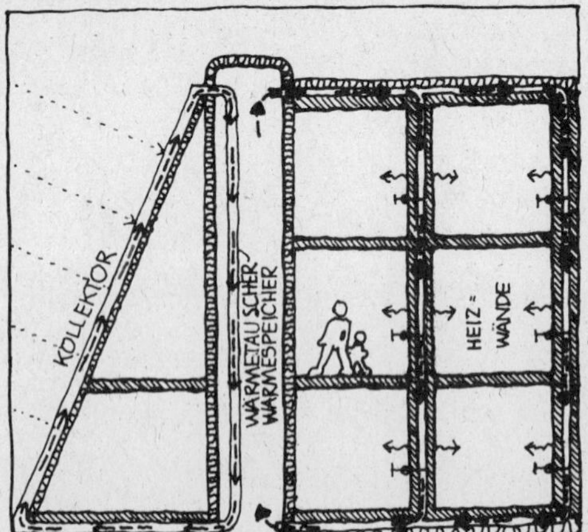

Flüssigkeitsspeicher

Wasser hat die höchste spezifische Wärme und kann auch die größte Wärmemenge je Volumeneinheit speichern. Andere Speicherflüssigkeiten können demgegenüber deshalb vernachlässigt werden; Wasser ist billig, unschädlich und verursacht im Gegensatz zu anderen Stoffen bei einem Speicherleck im Grundwasser keine Schäden. Ein Sonderfall wäre ein vorhandener Öltank, der im Frühsommer mit Heizöl gefüllt und mit Wärme aufgeladen wird, um so die Heizperiode mit Brennstoffen im Herbst zu verkürzen.
Die Temperaturdifferenz im Wasserspeicher wird bei normalem Druck – und das ist aus technischen und finanziellen Gründen für den „Hausgebrauch" angebracht – zwischen 0°C und 100°C liegen.
Warme Flüssigkeiten sind leichter als kalte. Dadurch entstehen bei teilgeladenen Speichern Temperaturschichtungen, die jedoch nur bei schlanken vertikalen Speichern ausgeprägt sind und somit nutzbar werden. Liegende Speicher zeigen diese Schichtung weniger deutlich, ebenso solche mit ständigem Durchfluß. Der Vorteil der

Wärmeschichten liegt in der Möglichkeit, an kühler Stelle Wärme eingeben zu können und in Zwischenschichten Wärme mit jeweils gewünschten Temperaturen entnehmen zu können. Beispiele: Warmwasser im oberen Bereich, Abwasserwärmetauscher tief im kühlen Bereich. Die Speicherkapazität ist dann aber nicht voll ausgenutzt. Zu Beginn der Heizperiode sollte ein Wärmespeicher in seiner ganzen Kapazität gefüllt sein.
Im Haus eingebaute Flüssigkeitsspeicher sind aus mehreren Gründen umstritten. So besteht bei einem Leck des Tanks die Gefahr von Folgeschäden infolge ausströmenden Wassers.
Wasserspeicher im Wohnbereich können nach Aussage von Radiästhesisten ähnlich negative Veränderungen des natürlichen Strahlungsfeldes verursachen wie Grundwasseradern. Feststoffspeicher oder die Anordnung des Flüssigkeitsspeichers außerhalb von Wohn- und Schlafbereichen umgehen solche Probleme.
Schwimm- und Fischzuchtbecken sind im Winter mit einer variablen Dämmabdeckung nutzbar. Die Aufwärmung von Naturteichen ist nur begrenzt möglich, da sonst die Wasserlebensgemeinschaft gestört wird. Es kann jedoch bei gezielter Wärmezufuhr eine verlängerte Wachstumsperiode erreicht werden, was gleichzeitig zu einer Klimaverbesserung im Außenbereich führen kann.
Temperierte Nutzbecken im Gewächshauspuffer wirken hervorragend als Ausgleichsspeicher.
Die Ausdehnung der Flüssigkeit bei hohen Temperaturen muß durch Überlaufgefäße aufgefangen werden. Bei Feststoffspeichern müssen die thermisch bedingten Bewegungen der Speicherwandungen baukonstruktiv berücksichtigt werden.

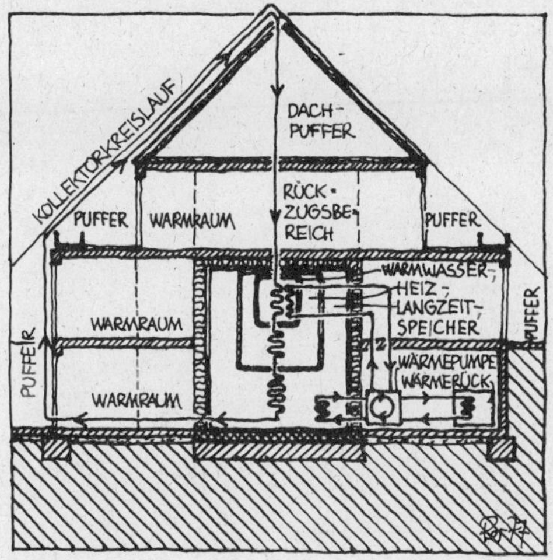

Auch innerhalb des Wärmespeichers können Temperaturzonen aufgebaut werden, um die Wärmeverluste zu reduzieren. Dieser Speicher (nach Plenar) hat unterschiedliche Temperaturen für Warmwasser, Heizungsverlauf und als Langzeitspeicher mit Wärmepumpe.

Eine Kombination von Speicher und Haustechnik garantiert kurze Leitungen und gute Wärmerückgewinnungsmöglichkeiten. Heiz- und Sanitäranlage wird ein System. Ausnutzung der natürlichen Wärmeschichtung, die sich durch die große Höhe extrem ausbildet. Unten: Wärmeeingabe. Oben: Wärmeabnahme.

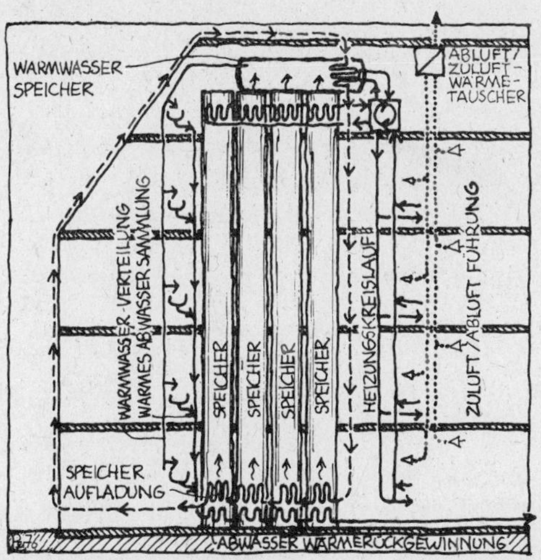

Die Warmräume und Installationen liegen direkt um die Speicherrohre (normale Großrohre). Die kurzen Leitungswege vermeiden Kosten u. Wärmeverluste. Eine direkte Beheizung der angrenzenden Räume ist möglich.

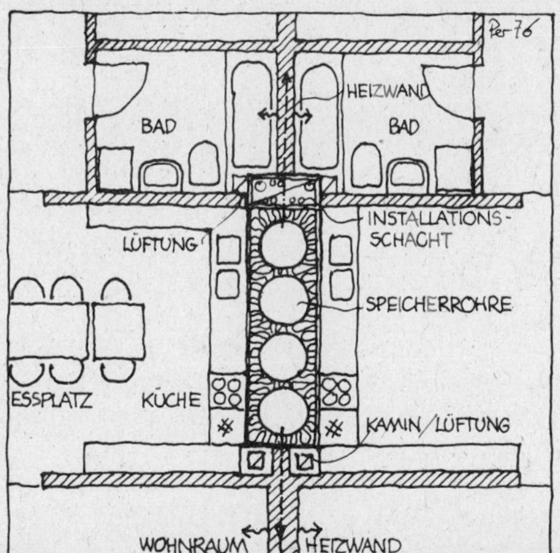

Erdspeicher als Wall im Garten: Er ist wie eine Miete angelegt und mit einfachen Mitteln selbst zu bauen, Sicht- und Schallschutz zugleich. Teich als Speicherpuffer, Niedertemperaturspeicher, Reflektor und zur Mikroklimatisierung.

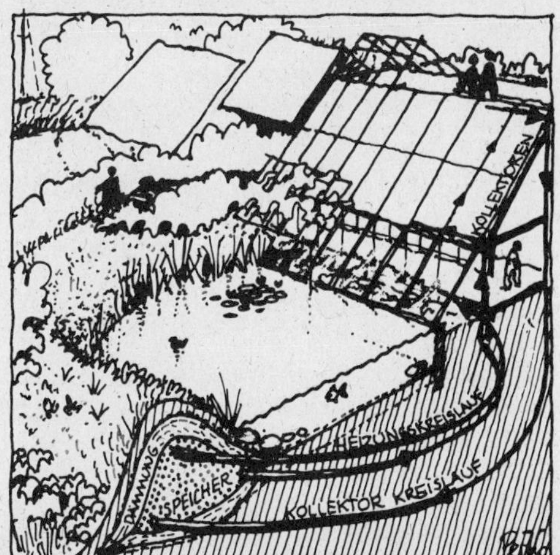

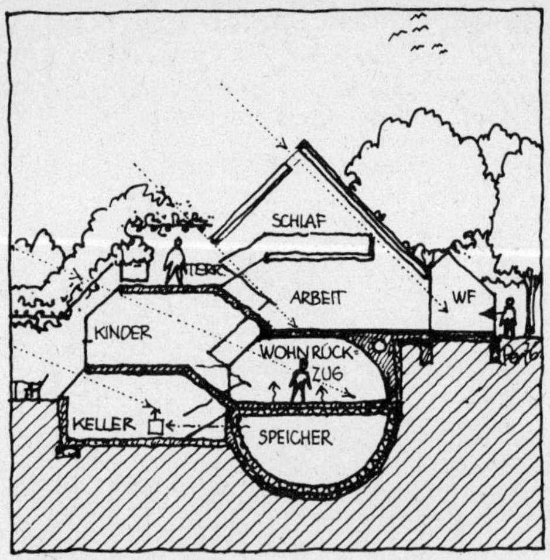

Schnitt durch ein Haus mit Rückzugszone als wärmster Bereich über dem Speicher. Ein Konzept ähnlich dem zentralen Kachelofen mit seinen Schlafplätzen.

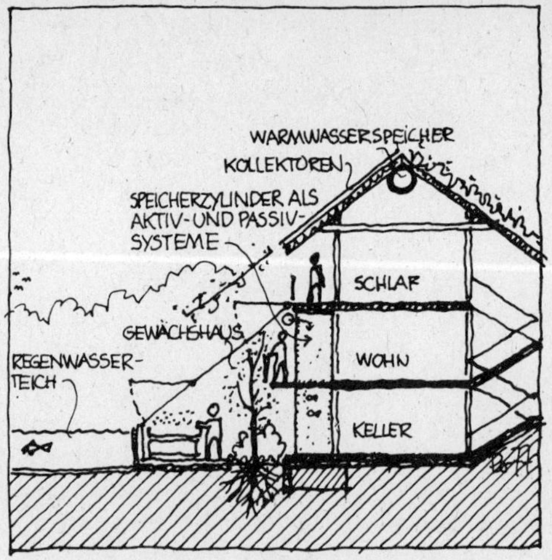

Schnitt durch ein Haus mit Kombination von Kollektordach, Gewächshaus und Wasserbecken. Der Speicher liegt zwischen Wohnbereich und Treibhaus.

Kollektor-Speicherkombination im Gartenbereich als Erdwall. Das Wasserbecken reflektiert zusätzlich Sonne und kann auch als Langzeitspeicher im Niedertemperaturbereich für eine Wärmepumpe dienen.

Leistungsvergleich verschiedener regenerativer Energien. Um das winterliche Sonnendefizit auszugleichen, müssen außer einer Langzeitspeicherung auch andere Quellen genutzt werden. Sie können entsprechend dem örtlichem Angebot das Solarsystem additiv ergänzen.

Regenerative Energien zum Ausgleich des winterlichen Sonnendefizites		Bedarf 1.11.–31.3.		
		2000 kWh	5000 kWh	10000 kWh
Wind 5 kW Anlage 10 kW Anlage 20 kW Anlage	Jahresmittel m/sec	4,7 3,7 2,8	6,6 4,9 3,6	8,4 6,0 4,5
Wasser 1 m Fallhöhe	Volumenstrom l/sec	60	150	300
Holz Mischwald	Waldfläche m^2	1200	3000	6000
Biogas Kuh Schwein	Stück	1,6 12	4 30	8 60

Dimensionierung

Die Minimierung der Wärmeverluste (Transmission, Lüftung) bzw. des Wärmebedarfes (Warmwasser usw.) ist Voraussetzung für eine wirtschaftliche Wärmespeicherung über einen längeren Zeitraum. Neben entwurflichen und baulichen Maßnahmen (s. Kap. Bauliche Energiebewahrung) können aber auch Veränderungen von Nutzerverhalten und Gewohnheiten eine spürbare Reduzierung des Wärmeumsatzes und somit des baulichen Aufwandes erreicht werden.

Jede Wärmequelle (Sonne, Abwärme usw.) ist dabei auf dem höchstmöglichen Temperaturniveau zu speichern. Eine Wärmehierarchie innerhalb des Speichers sollte baulich auf die unterschiedlichen Wärmeangebote abgestimmt werden, bei senkrechten Speichern mit natürlicher Wärmeschichtung sind entsprechende Eingabe- und Entnahmestellen oftmals ausreichend.

Die Größe des Speichers ist von der Temperaturdifferenz zwischen maximaler Aufladung und der niedrigsten Entnahmetemperatur abhängig. Eine direkte Nutzung ist ohne Wärmepumpe bis hin zur Raumlufttemperatur möglich. Ein Verzicht auf die Nutzung der Niedrigwärme hat zwar eine Erhöhung des Speichervolumens zur Folge, dieser bauliche Aufwand ist jedoch meist kostengünstiger als Anschaffung und Unterhaltung einer Wärmepumpe.

Ein wichtiges Bemessungskriterium ist die Verlustwärme des Speichers. Sie ist bei maximaler Aufladung des Speichers am höchsten und nimmt mit fallender Temperaturdifferenz zwischen Speichermasse und Umgebung ab.

Die Verlustwärme eines im Gebäude liegenden Speichers kann zur Raumheizung mitgenutzt werden; bei außerhalb des Hauses angeordneten Speichern muß das Volumen um die entsprechenden Werte erhöht werden. Es sind dabei folgende Faktoren zu berücksichtigen:

- Wärmedämmung des Speichers
  Bei minimierter Oberfläche verliert ein auf ca. 80°C aufgeladener, im Gebäude liegender Speicher mit 10 cm Wärmedämmung von September bis März etwa 50% seines Wärmeinhalts. Mit 40 cm Dämmung beträgt dieser Verlust nur 10%.
- Form des Speichers
  Optimale Form ist die Kugel mit geringster Außenfläche im Verhältnis zum Volumen. Ein flacher Quader hat demgegenüber die nahezu doppelte Oberfläche und entsprechend höhere Wärmeverluste.
- Material des Speichers
  Speichermaterialien mit hoher Wärmekapazität und hoher Dichte sind vorzuziehen. Steinschotterspeicher haben gegenüber Wasserspeichern gleicher Kapazität nahezu die doppelte Oberfläche. Ein Magnesitspeicher verfügt aufgrund seiner hohen Dichte trotz geringerer spezifischer Wärme über ein nahezu gleichgroßes Speichervermögen wie ein Wasserspeicher.

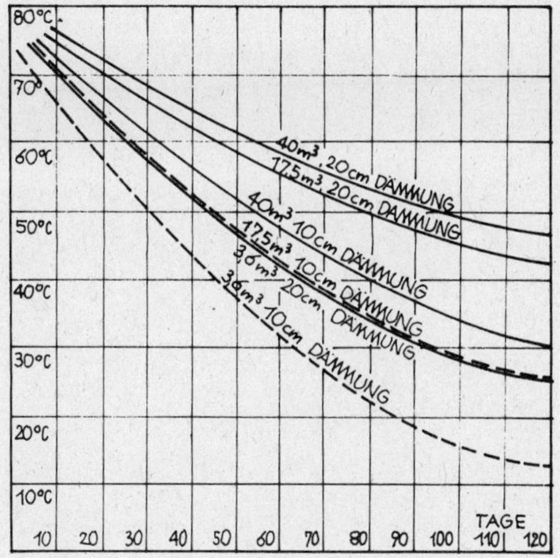

Zeitlicher Temperaturabfall in verschieden großen Wärmespeichern in Abhängigkeit von der Wärmedämmung. (Dämmung: PU-Hartschaum eingebettet im Erdreich +10°C) nach Tyssen AG

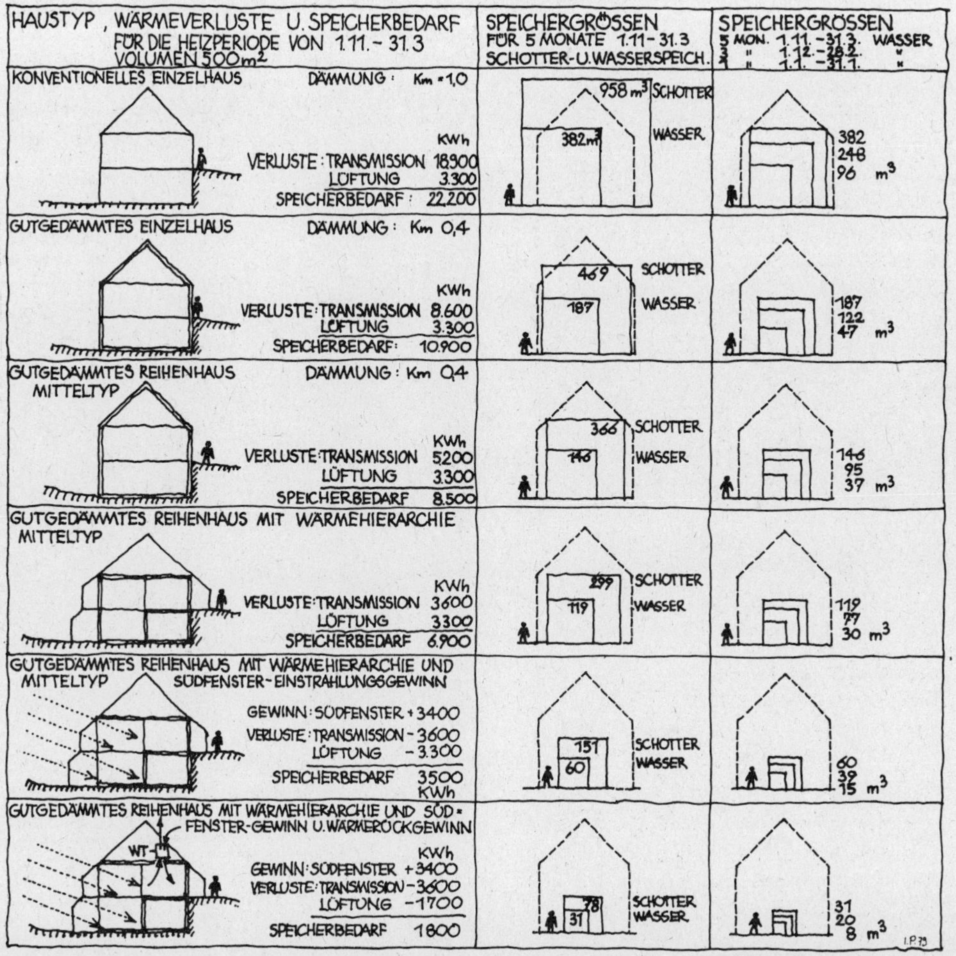

Wärmespeicher-Tabelle

Am Beispiel eines Einfamilienhauses mit der Nutzfläche von 386 m² und 500 m³ Volumen wird vergleichend ein Wärmespeicher dimensioniert. Dabei tritt deutlich hervor, welch große Bedeutung der Verminderung von Wärmeverlusten durch bauliche Maßnahmen und Entwurf für die Bemessung des Speichers zukommt.
Der Wärmeumsatz kann auf 10% eines gutgedämmten konventionellen Hauses reduziert werden. In diesem Falle kann die für die Wintermonate November bis März erforderliche Wärme in einem Wasserspeicher von 31 m³ untergebracht werden. Diese Größenordnung ist in jedem Haus unterzubringen.
Annahme: Der Speicher wird im Sommer auf 80°C aufgeladen und durch die Wärmeentnahme im winter auf 20°C abgekühlt.

Speichersee			Erforderliche Windgeschwindigkeit bei wöchentlicher Verfügbarkeit durch Windpumpen ⌀ 10 m	
Größe m^3 (L × B × H) (m)	Fallhohe m	Gespeicherte Energie kWh	1 Anlage m/sec	2 Anlagen m/sec
2000 (40 × 25 × 2)	4	17	4,5	3,5
	6	26	5	4
	8	35	5,5	4,5
5000 (50 × 50 × 2)	4	44	6	5
	6	66	7	5,5
	8	88	8	6,5
10000 (100 × 50 × 2)	4	88	7,5	6
	6	132	–	7
	8	176	–	8

Kapazität von Speicherseen als Pufferspeicher zum Ausgleich der Schwankungen von Wind oder Wasserfluß in Abhängigkeit von Größe und Fallhöhe. Die Tabelle gibt ferner die Windgeschwindigkeiten an, die erforderlich sind, um die jeweilige Speicherkapazität wöchentlich bereitzustellen.

Wer sich morgens auf seinem Heimtrainer bewegt, könnte z. B. ein Federwerk aufziehen, das die eingebrachte Energie speichert. Über einen Generator kann der Heimtrainierende abends das Fernsehprogramm aus eigener Kraft genießen. Federwerke sind Speicher ohne nennenswerte Verluste.

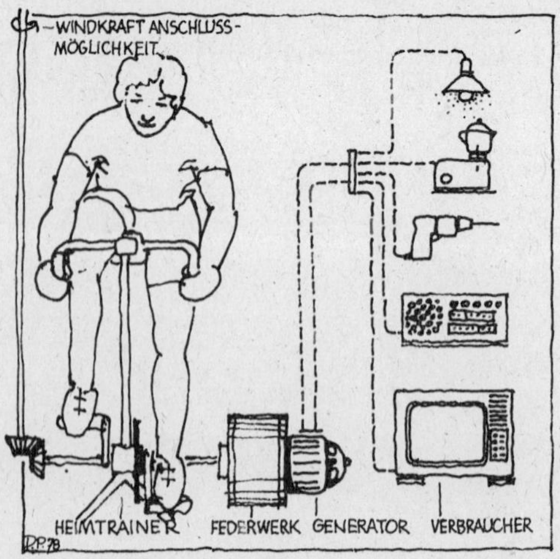

Speicherung mechanischer und elektrischer Energie

Der Bedarf an mechanischer und elektrischer Energie eines Haushaltes unterliegt im Gegensatz zum Wärmebedarf nur geringen Schwankungen, so daß ganzjährig ein nahezu gleichmäßiges Angebot verfügbar sein muß.
Das dezentrale Energieangebot (Windkraftanlagen, Solarzellen usw.) entspricht dem Bedarf nur in den seltensten Fällen, so daß Überangebote gespeichert werden müssen.
Elektrische Energie läßt sich durch Einspeisung in regionale Verbundnetze relativ einfach puffern. Sie läßt sich ohne große Verluste in mechanische Energie (Lageenergie, kinetische Energie) umwandeln und speichern. Andererseits ist mechanische Energie mit ebenso geringen Verlusten in elektrischen Strom umwandelbar und damit universell zu verwenden.

Lageenergie kann in Pumpspeicherwerken gepuffert werden. Diese sind bei entsprechend topographischer Lage dezentral möglich, jedoch flächenintensiv. In Verbindung mit Windpumpen können sie selbst in Schwachwindgebieten zu einer kleinen, aber ständig verfügbaren Energiereserve werden. Eine damit verbundene künstliche Flußbildung ermöglicht z. B. Fischzucht sowie Bewässerung der Umgebung. Speicherseen können auch als dezentrale Trinkwasserreservoirs dienen und bieten viele Freizeitmöglichkeiten, wie Baden, Segeln usw., ferner eine Mikroklimaverbesserung (s. Kap. Klima und Vegetation).
Lageenergie in kleinerem Maßstab speichert aber auch ein Hängegewicht in der Standuhr oder das Federwerk im Wecker. Viele kleine Haushaltsgeräte könnten auf diese Weise betrieben werden: Rasierapparat, Transistorradio, Küchengeräte usw. So sind auch pedalbetriebene Notstromaggregate mit Federwerk denkbar.
Überschüssige Windenergie könnte auch in Form von Druck- oder Preßluft in Behältern oder aber unterirdisch in porösen Schichten gespeichert werden. Ebenfalls in größerem Maßstab sind Schwungradspeicher möglich, für die jedoch große Massen und hohe Drehzahlen erforderlich sind. Der Bau solcher Anlagen erfordert einen hohen technischen Aufwand.
Eine elektrochemische Speicherung ist mittels Bleiakkumulatoren möglich. Diese verfügen jedoch nur über eine begrenzte Speicherkapazität bei relativ hoher Selbstentladung (bis zu 15%/Woche). Die Lebensdauer ist begrenzt, und ihre teilweise schädlichen Abgase erfordern besondere bauliche Maßnahmen im Haus.
Akkumulatoren mit geringster Selbstentladung (1 bis 2%/Woche) und höherer Speicherkapazität (Lithium-Eisensulfid-Batterien verfügen über die 6fache Speicherfähigkeit gegenüber Bleiakkumulatoren) sind in der Entwicklung bzw. Erprobung.
Derzeit sind marktgängige Autobatterien noch am preisgünstigsten. Legt man bei einer angemessenen Elektrizitätsnutzung (s. Kap. Energiehaushalt) für einen 4-Personenhaushalt einen Bedarf von 25 bis 30 kWh zugrunde, so wäre dieser in

30 Batterien 12 V 70 Ah (jeweils 0,84 kWh)
25 Batterien 12 V 90 Ah (jeweils 1,08 kWh)
9 Batterien 24 V 120 Ah (jeweils 1,88 kWh)

zu speichern. Eine Vollspeicherung in Batteriesätzen ist nur in seltenen Fällen (z. B. Wochenend- oder Ferienhäuser) angemessen und kostengünstig oder dort, wo die verfügbare Energie nicht in ein Verbundnetz eingespeist wird.
Eine aufwendige Energiespeicherung kann in vielen Fällen erheblich reduziert werden, wenn terminunabhängige und energieintensive Arbeiten auf die Verfügbarkeit natürlicher Energien abgestimmt werden und somit auch der Lebensrhythmus stärker in die natürlichen Umweltbedingungen eingebunden wird.

Wärmetauscher

Als Wärmetauscher kann allgemein jeder Gegenstand bezeichnet werden, der mittelbar oder unmittelbar eine Wärmemenge auf ein anderes Medium überträgt. So gesehen ist auch der Mensch Wärmetauscher oder das Haus, dessen Transmissionsverluste in die Umgebung abfließen.
Im Wärmehaushalt eines Gebäudes können Wärmetauscher folgende Funktionen übernehmen:

- Minimierung der Wärmeverluste durch Transmission, Lüftung, Abwasser, Abgas usw.;
- Gewinnung und Rückgewinnung von Umwelt- und Abwärme;
- Steuerung und Verteilung der Wärme.

Der Wärmetransport erfolgt dabei durch Konvektion, Leitung und Strahlung. Oftmals ist nur eine dieser Übertragungsarten für den Tauschvorgang maßgeblich.
Jedes Wärmesystem stellt unterschiedliche Anforderungen an einen Wärmetauscher. Seine Auslegung ist z. B. bei einem Niedertemperaturheizsystem völlig anders als bei einem Sonnenkollektor. Bauart und Größe sind dabei von folgenden Faktoren abhängig:

- Beschaffenheit der Medien,
- Material des Tauschers,
- Austauschfläche,
- Strömungsgeschwindigkeit,
- Temperaturdifferenz,
- Übertragungsmenge.

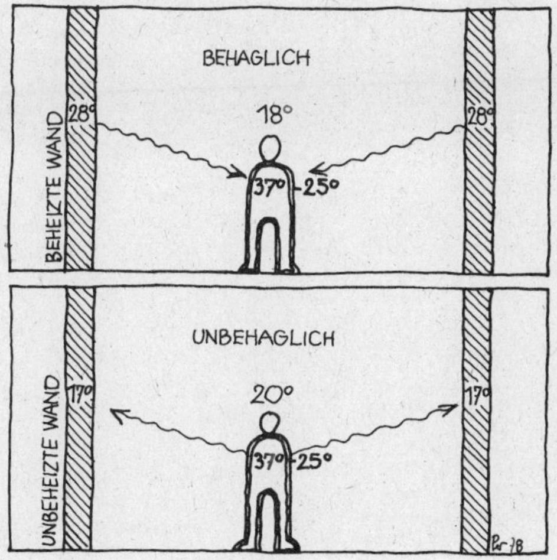

Wärmeabgebende Wände

Trotz der kälteren Lufttemperatur ist durch die Umkehrung des Wärmeflusses die Behaglichkeit größer.

Wärmetauscher als integriertes Bauteil

Großflächige, massive Bauteile wie Wände, Decken und Fußböden können in ihrer temperaturausgleichenden Funktion als Wärmetauscher bezeichnet werden. Der Wärmeaustausch bewegt sich dabei auf einem relativ niedrigen Temperaturniveau und kann zeitlich wie mengenmäßig durch Materialwahl, Oberflächenstruktur, Farbe usw. des Bauteiles gesteuert werden. In Verbindung mit integrierten Rohr- und Verteilungssystemen (Wandheizung, „Wärmerohr" usw.) kann der Wärmetausch intensiviert und beschleunigt werden.
Alle „passiven" Solarsysteme nutzen die massiven Bauteile des Gebäudes als klimaregulierende Kombination aus Kollektor, Wärmespeicher und -tauscher. In kompakter Form stellt die „Trombewand" (s. Kap. Sonnenenergie) ein solches System dar, das phasenverschoben den Tag-Nacht-Rhythmus verzögert, so daß bei Tageswärme gekühlt wird, während nachts die eingestrahlte Sonnenenergie den Raum erwärmt.

Großflächige Strahlungswände von einem zentralen Heizspeicher gespeist.
Ergeben Behaglichkeit bereits bei 18°C Lufttemperatur. Wärmeumlauf durch Schwerkraft.

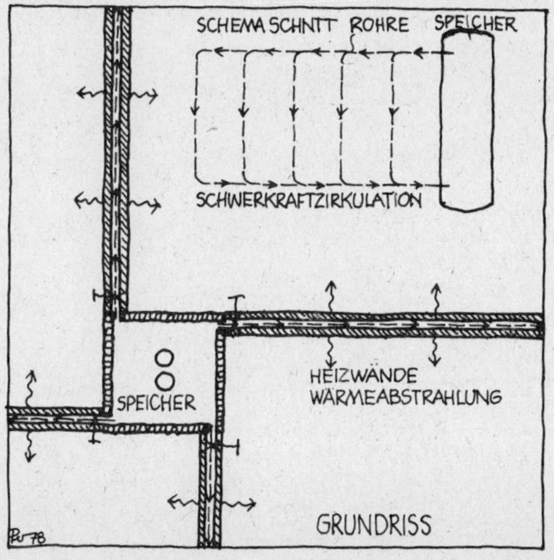

Wärmetauscher als technische Installation

Ein schneller Wärmetausch mit hohen Temperaturdifferenzen und größerer Energiedichte (Sonnenkollektor, Abwasserwärmerückgewinnung usw.) kann effizient nur durch technische Installation erreicht werden.
Als Transportmedium für Gebäudeheizung sind Wasser und Luft üblich. Auch heiße Verbrennungsgase werden direkt zum Wärmetransport genutzt. In Anlagen wie Kühlschrank oder Wärmepumpe sind besondere Substanzen wie Frigen oder Ammo-

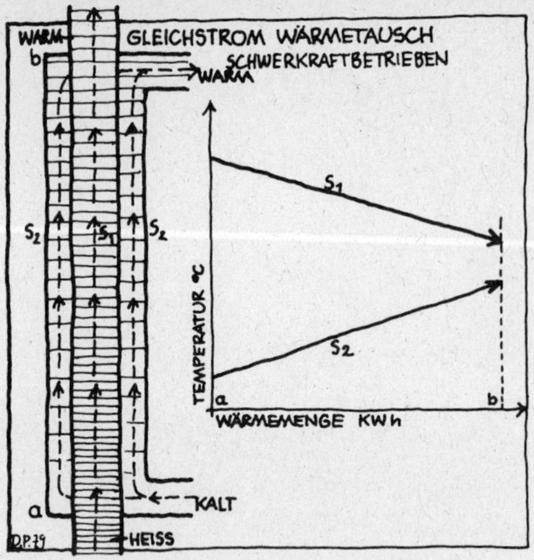

Der Gleichstrom ist die physikalisch natürliche Form des Wärmetauschers und kann in freier Konvektion erfolgen. Das kalte Medium wird vom heißen Medium erwärmt und steigt nach oben. Das heiße Medium kühlt dabei ab, das kalte erwärmt sich. Nach Verlassen des Tauschers ist im Idealfall ein Temperaturausgleich zwischen den Medien erreicht. Der Wärmetausch findet max. zu 50% statt.

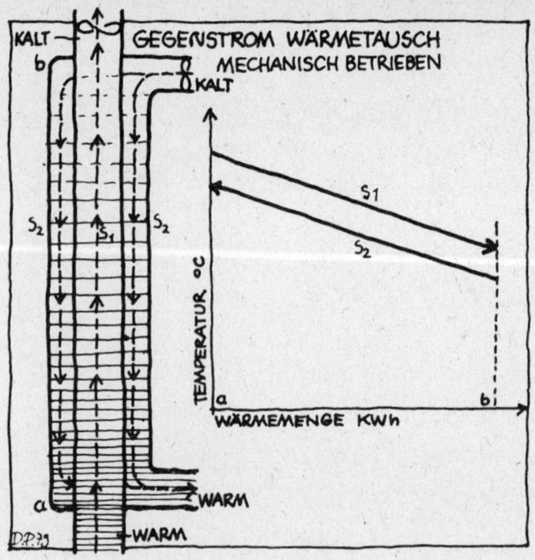

Das Gegenstromverfahren erfordert eine Zwangsströmung. Es hat den Vorteil, einen effizienteren Wärmeaustausch zu ermöglichen. Der Temperaturunterschied zwischen den Medien verläuft fast parallel, wobei die Trägheit der Übertragung den Abstand der Parallelen bestimmt. Im Idealfall hat das abkühlende Medium am Ausgangspunkt die Eingangstemperatur des aufzuheizenden Mediums, während dieses umgekehrt die Eingangstemperatur des heißen Mediums erreichen könnte. Für eine maximale Wärmerückgewinnung ist die Gegenstromanlage günstig.

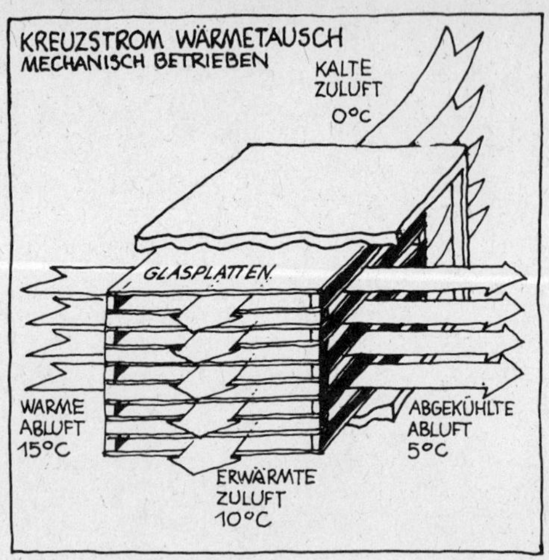

Kreuzstromanlagen haben einen eher punktförmigen Wärmetausch, und es bedarf immer eines relativ aufwendigen Bauteiles. Das Temperaturgefälle muß dabei möglichst hoch sein. Die Ausgangstemperaturen der Medien können gleich werden. Werden im Kreuzstrom Prinzipien des Gegenstroms mitbenutzt, kann auch hier eine höhere Effizienz erzielt werden. Wärmerückgewinnung im Kreuzstrom mit Glasplatten-Wärmetauscher. Solche Anlagen sind gut im Selbstbau zu erstellen. Glasplatten sind gute Wärmeleiter, einfach zu reinigen und korrosionsfest.

niak eingesetzt, deren Schädlichkeit bei einem Leck recht unterschiedlich sind. In Kreisläufen zur Erdwärmenutzung oder in Sonnenkollektoren sind Lösungen mit Frostschutzmitteln oder Solen üblich, deren Gefrierpunkt tief liegt.
Wo immer es geht, sollte auf die harmlosesten und ungiftigsten Mittel zurückgegriffen werden. Am effektivesten ist Wasser mit hoher spezifischer Wärme und günstigen Transporteigenschaften. Wer zuviel Wasser in seinem Haus ablehnt, sollte Luft als Transportmedium nehmen. Die sehr geringe Energiedichte erfordert hohe Umsätze oder Temperaturunterschiede.
Grundsätzlich sind drei Strömungskontakte zwischen den Medien möglich:

- Gleichstrom (Parallelstrom),
- Gegenstrom,
- Kreuzstrom.

Der Wärmetausch im Gleichstrom kann dabei mit einfachen Schwerkraftsystemen vollzogen werden. Dabei findet eine wärmebedingte Eigenbewegung statt, d. h. ein warmes Medium (z. B. Wasser) ist leichter als ein kühles und steigt auf, während das kühlere nach unten strömt.
Schwerkraftsysteme funktionieren mit einfachster Technik ohne zusätzliche Antriebsenergie und sind nahezu wartungsfrei. Sie reagieren relativ träge und sind an große Rohrquerschnitte gebunden.

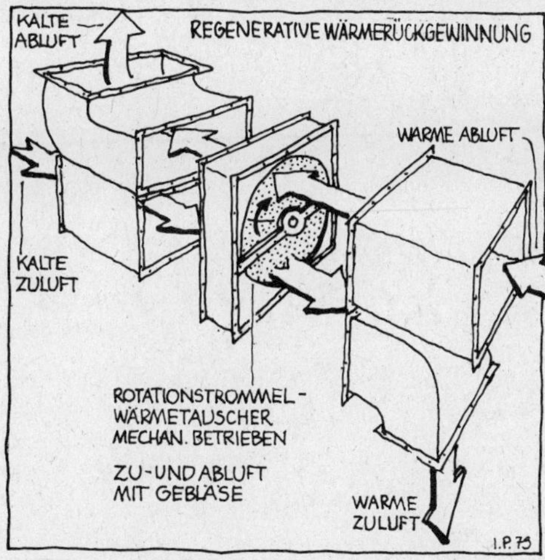

Regeneratives Wärmerückgewinnungssystem. Wärmespeichernde Metallwolle oder -waben werden durch Rotation abwechselnd mit kalter und warmer Luft in Berührung gebracht. Gleichzeitig findet ein Feuchtigkeitsaustausch statt, so daß hohe Wirkungsgrade zu erzielen sind. Dieses System ist jedoch nur bei großen Luftumsätzen rentabel und nicht für verschmutzte Luft geeignet.

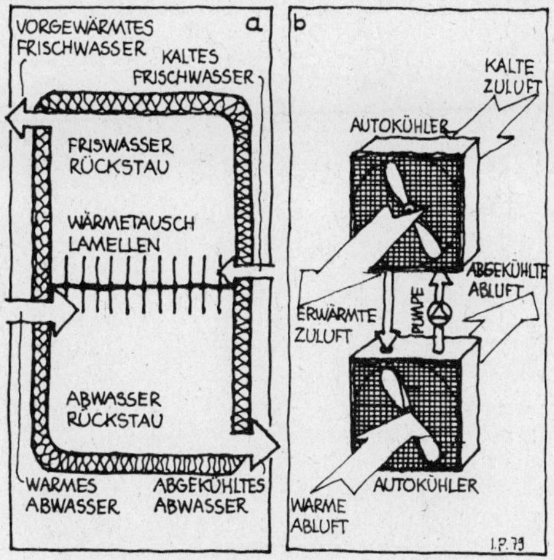

a) Wärmerückgewinnung aus dem Abwasser zur Frischwasservorwärmung. Wärmeschichtung im kombinierten Rückstausystem optimiert den Wärmetausch selbsttätig.
b) Ablufträckgewinnung mit serienmäßigen Autokühlern. Ausgereifte Einzelkomponenten, aber ständiger Energieverbrauch für Ventilation. Ein solches System ist nur für größere Wärmeumsätze geeignet.

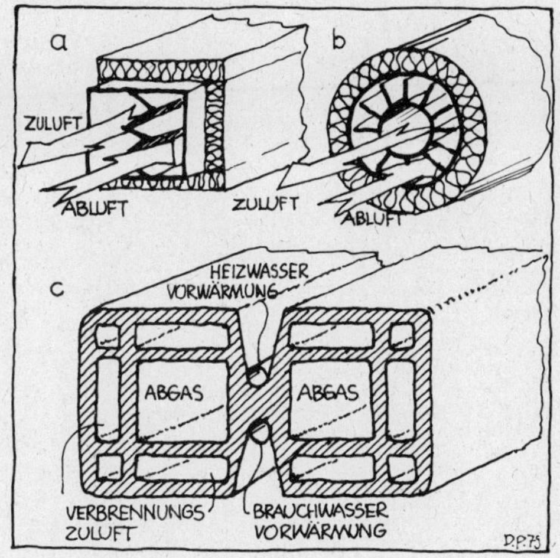

Rohr-im-Rohr-Wärmetauscher, auch zur handwerklichen Herstellung.
a) Gedämmtes Kastenprofil mit Faltblech als Kanaltrennung. Große Austauschfläche.
b) Zentrales Rohr mit Leitlamellen zur Wärmeabgabe an den Außenmantel.
c) Schornsteinprofil mit 2 Abgasrohren, Vorwärmung von Heizung und Brauchwasser sowie Zuluft.

Im Gegenstrom- und Kreuzstromwärmetausch ist ein Strömungszwang erforderlich, der bei Luft als Transportmedium durch Ventilatoren, bei Flüssigkeiten durch Pumpen erreicht wird. So läßt sich der Wärmestrom exakt steuern und in Abstimmung von Rohrquerschnitten, Tauscherflächen und Strömungsgeschwindigkeiten ein Wirkungsgrad von ca. 70% erzielen. Bei der Bilanzierung des Wärmetausches ist jedoch auch die erforderliche Zusatzenergie zu berücksichtigen. Selbst wenn ein Ventilator im Abluftwärmetauscher nur eine Leistungsaufnahme von ca. 60 W hat, so ergibt sich bei Dauerbetrieb ein jährlicher Energiebedarf von ca. 500 kWh.
Der Wärmetausch sollte stets auf einem hohen Temperaturniveau und möglichst schnell stattfinden, um so eine verlustarme Nutzung der übertragenen Wärme zu erreichen. Mit steigendem Wirkungsgrad erhöhen sich jedoch auch Technik und Unterhalt und damit die Kosten.
Wärmerückgewinnung ist unkompliziert, wenn die Austauschmedien zeitlich parallel laufen, wie z. B. in der Lüftung. Zuluft und Abluft müssen sich immer ergänzen. Bei Luftführung im Gegenstrom läuft der Temperaturunterschied zwischen den Medien fast parallel. Schon z. B. einfache „Rohr im Rohr"-Systeme (das warme Medium innen) bieten eine gute Vorwärmung der Frischluft durch die Abluft. Anders ist die Sache bei zeitlicher Verzögerung oder völliger Diskontinuität zwischen den Medien wie beim Abwasser, das immer erst nach Warmwassergebrauch anfällt. Das Zwischenschalten eines Wärmespeichers mit ablaufgesteuerter Nachfüllung ist eine Lösung für direkte Wärmeübertragung. Wird aus anderen Gründen bereits eine Wärmepumpe eingesetzt, ist es ratsamer, die Wasserrestwärme hierüber einem allgemeinen Wärmespeicher zuzuführen.

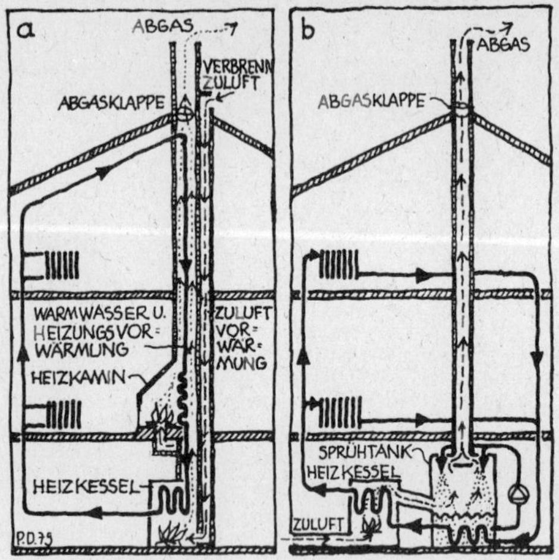

a) Der Heizungs- und Brauchwasserrücklauf wird in der Trennwand zwischen Kamin- und Kesselabzug geführt und langsam wieder vorgewärmt.
b) Recitherm-Anlage zum direkten Wärmegewinn aus den Abgasen durch Versprühen des umlaufenden Wassers im geschlossenen Kreislauf. Über Wärmetauscher werden Heizung und Brauchwasser gewärmt. Die Abgase müssen hier völlig schadstofffrei sein, um Korrosion zu vermeiden.

Nach: Erdgas Wärme

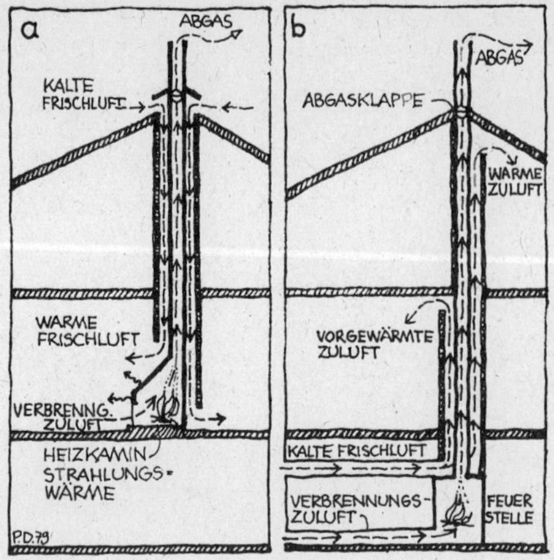

Rohr-im-Rohr-Wärmetauscher als Mantel um den Kamin.

a) Offener Kamin mit Zuluft im Gegenstrom. Die Feuerstelle schafft Unterdruck im Raum, wodurch die Frischluft angesogen wird. Steuerung über die Klappe mit Kellerfrischluft zur Verbrennung.
b) Hausheizung im Keller erwärmt die als Dauerlüftung notwendige Frischluft im Gleichstrom.

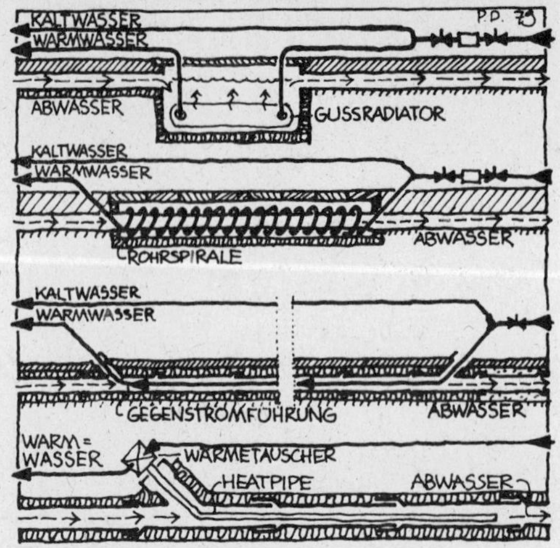

Abwasser-Wärmerückgewinnung mit Wärmetauschern:

- Schacht mit gebrauchtem Gußradiator;
- Schacht mit Spiralrohr;
- Rohr-im-Rohr-Führung mit einfachen Abzweigen;
- Heat-Pipe-Anlage (s. Sonnenenergie) und Wärmedämmung.

Das Kaltwasser sollte nicht mit erwärmt werden.

Wärmetauscher sind einfach zu installieren. Schon ein alter Autokühler erweist sich als möglicher Luft-Wasser-Wärmetauscher, „Rohr-im-Rohr"-Konstruktionen sind in Eigenbau maßgerecht herzustellen, ebenso einfache Plattenwärmetauscher. Ein Heizkörper (z. B. Radiator) kann Frischwasser vom Abwasser vorwärmen, kann aber auch, in eine Kaminwand integriert, den „normalen" Heizkreislauf mit Wärme versorgen. Einfache Rohr- und Schlauchspiralen reichen bereits als Wärmetauscher. Der Einsatz sinnvoller und kostengünstiger Einfachlösungen ist gegenüber technisch aufwendigen Konstruktionen sorgfältig abzuwägen. Ziel einer integrativen Vernetzung der Einzelkomponenten im Haussystem ist die Nutzung aller möglichen Eigenschaften des jeweiligen Bauteiles. So kann z. B. ein Dach als Solarkollektor, Wärmetauscher usw. konzipiert werden, eine tragende Wand Heizkörper und Speicher zugleich sein, der Abwasserwärmetauscher ist Revisionsschacht usw., ohne daß es zusätzlicher Hilfskonstruktionen bedarf. Dabei relativiert sich die Einzeloptimierung, und die Nützlichkeit im Gesamtsystem tritt in den Vordergrund.

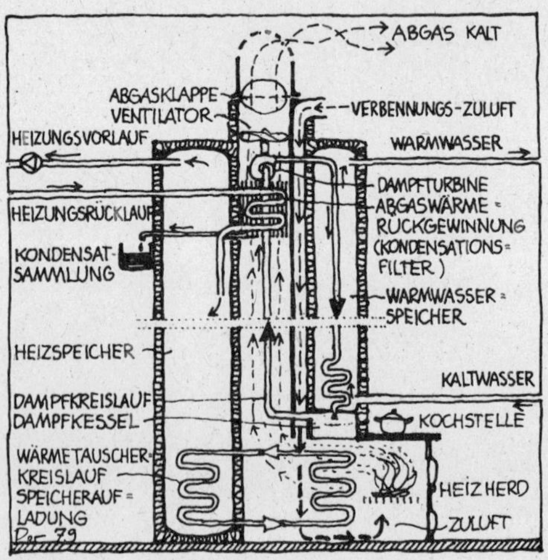

Schema einer Heizanlage mit vollständiger Wärmerückgewinnung aus den Abgasen. Zugleich werden die Abgase auskondensiert und Schadstoffe herausgefiltert. Der Ventilator könnte mit Dampf betrieben werden, die Wärme des Dampfes heizt das Brauchwasser.

Heizkessel und Abgaswärmetauscher laden den Heizspeicher auf.
Zum Anlaufen der Anlage muß zunächst ein offener Kamin benutzt werden, der sich später verschließt. Zuluft für die Flamme kommt von außen und wird vorgewärmt.

Wärmepumpe

Die Wärmepumpentechnik ermöglicht die Transformation von Wärme auf ein höheres oder geringeres Temperaturniveau. Das Prinzip ist nicht neu; es wird seit langem bei jedem Kühlschrank angewendet.
Bei der Nutzung für Raumheizung und Warmwassererzeugung wird einem Medium mit geringem Temperaturniveau Wärme entzogen und diese auf ein höheres „gepumpt". So läßt sich Umgebungs- und Abwärme verwerten, die sonst nicht nutzbar ist.

Energiequellen

Für den Einsatz einer Wärmepumpe sind zwei Energiequellen erforderlich:
1. ein Medium auf niedrigem Temperaturniveau, dem Wärme entzogen werden soll;
2. die notwendige „Pump"-Energie.

Das Verhältnis dieser Energiemengen wird als Leistungszahl bezeichnet. Bei heutigen Wärmepumpen ist dabei ein Wert von 3 bis 4 erreichbar, d. h. die durch Transformation nutzbare Wärmeenge ist drei- bis viermal so hoch wie die dafür benötigte Pumpenergie. Grundsätzlich gilt: Je höher die Temperaturdifferenz des Transformationsprozesses ist, desto geringer ist die Leistungszahl.
Prinzipiell sollte für die Wärmegewinnung im Gebäude der Umgebung nur dort Wärme entzogen werden, wo sie nicht von anderen Organismen benötigt wird bzw. andere Kreisläufe stört, so daß die in einer Hinsicht gute Maßnahme auf andere Weise Schäden verursacht wie es z. B. bei Wärmeentzug aus dem Erdreich oder aus Gewässern der Fall sein kann.
Folgende Wärmequellen sind nutzbar:

- Luft: Sonneneinstrahlung, Abluft, Außenluft, Kellerluft usw.;
- Wasser: Abwasser, Oberflächenwasser, Grundwasser usw.;
- Boden: Oberflächenwärme, Erdwärme, geothermische Quellen usw.;
- Feuerstätten und Krafterzeugung: Abgas, Abwärme usw.

Die Nutzung mehrerer, sich gegenseitig ergänzender Wärmequellen ist anzustreben, um nicht nur ein Medium übermäßig abzukühlen. Hierdurch verringert sich der Wirkungsgrad der Wärmepumpe, und die Umgebung wird evtl. einseitig belastet.
Bei der Abwärmebewahrung dient die Wärmepumpe dazu, die Restenergie aus Abluft, Abwasser, Abgas usw. in verdichteter Form in den Wärmehaushalt des Gebäudes zurückzuführen. Vorrangig sollte jedoch eine direkte Wärmerückgewinnung ohne Wärmepumpeneinsatz angestrebt werden.
Die Umgebungswärme sollte zum Zeitpunkt des Wärmeentzuges ein möglichst hohes Temperaturniveau haben. Alle Möglichkeiten der Vorwärmung sollten dabei ausgeschöpft werden. So können Luft, Wasser o.ä. im Gewächshaus, Kollektor oder Energiedach selbst in der kalten Jahreszeit um wenige Grade erwärmt werden, was den Wirkungsgrad der Wärmepumpe jedoch merklich erhöht.
Für den Antrieb benötigen Kompressorwärmepumpen mechanische Energie oder Elektrizität, verfügen aber über einen höheren Wirkungsgrad als Absorberanlagen; diese benötigen allerdings nur Wärme, also Energie mit geringerer Qualität für ihren Betrieb.

Die Nutzung der örtlichen Energiequellen kann recht unterschiedliche Folgen haben.
Die Tabelle unterscheidet besonders nach Auswirkungen auf Mikroklima und Vegetation sowie nach Aufwand für die Installation.

Energiequellen für Wärmepumpen

		gut geeignet	bedingt möglich	ungünstig
Natürl. Energie	Sonne	×		
	Erdwärme			×
	Grundwasser		(×)	×
	Außenluft	×	(×)	
	Oberfl. Wasser		(×)	×
	Geotherm. Wärme	×		
Abwärme	Abwasser	×		
	Abluft	×		
	Transmission	×		
	Motorkühlung	×		

Wärmeentzug für den Wärmepumpenkreislauf geschieht am besten dort, wo die Wärme nicht von anderen Lebewesen gebraucht wird. Dach und Fassade sind besonders gut geeignet, die Sonnenwärme auf den Wärmekreislauf zu übertragen.

Im Kreislauf einer Solarkollektoranlage verursacht die Wärmepumpe eine Erhöhung der Kollektoreffizienz durch Herabkühlung des Wärmetransportmediums und damit bessere Wärmewanderung. Das kann bei Anlagen für gleichmäßig geringe Einstrahlung z. B. in wolkenreichen Gegenden notwendig werden. Prinzipiell sollte die Sonnenenergiegewinnung jedoch ohne Wärmepumpe auskommen können.

Beim sog. Absorberdach wird die Dachfläche eines Gebäudes zur Wärmegewinnung mittels Wärmepumpe ausgenutzt. Die verlegten Kunststoffrohre erhalten Energie von der Sonne durch die Dachdeckung sowie Abwärme aus den Transmissionsverlusten des Hauses. Energiegewinn und -rückgewinn zugleich.

Die Kühlung der Außenluft zu Heizzwecken ist relativ ungünstig, da Gase schlechte Wärmeträger und Wärmeüberträger sind, so daß der Luftumsatz erheblich und der Wärmetauscher aufwendig ist. Der hohe Luftumsatz führt zu Geräuschbelästigungen, die bei der Konzeption solcher Anlagen bedacht werden müssen. Wenn solche Anlagen konzipiert werden, sollten sie mit Wärmerückgewinnung aus der Lüftung und aus dem Transmissionsverlust z. B. bei hinterlüfteten Fassaden gekoppelt werden. Der Vorteil bei allen Luftanlagen ist die Harmlosigkeit möglicher Lecks. Die Beeinflussung der Umgebung bei Luftabkühlung ist, gemessen an Erd- und Grundwasserwärmenutzung, geringer und weniger ortgebunden, da sich die kalte Luft sehr schnell wieder verteilt. In größerem Maßstab angewandt können allerdings auch hier Kleinklimaveränderungen auftreten.

Luftabsorber werden auch als „Energiefächer"-Zäune und ähnliche Anlagen angeboten. Sie können unabhängig vom Haus installiert werden.

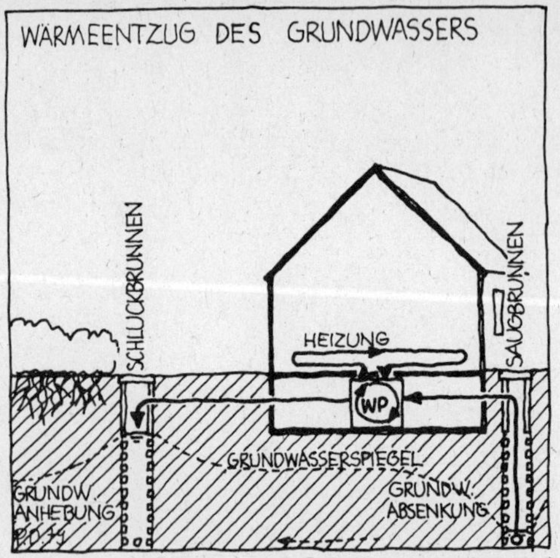

Wärmegewinnung aus Grundwasser setzt Strömung voraus. Wichtig ist die Beachtung der Strömungsrichtung für die Brunnen. Auch hier kann das Kleinklima verändert werden, indem Wasserstands- und Temperaturänderungen vorgenommen werden.

Der Wärmeentzug aus dem Grundwasser setzt ausreichende Wassermengen mit genügender Strömungsgeschwindigkeit des Grundwassers voraus. Es werden zwei Brunnen in Fließrichtung hintereinander gebohrt. Vom oberen Brunnen (Saugbrunnen) wird Grundwasser dem Verdampfer zugeführt und nach Auskühlung dem Schluckbrunnen zugeleitet, der es wieder dem Grundwasserstrom zuführt. Die Baumaßnahmen sind hier wesentlich weniger schädigend als bei der Erdwärmeausnutzung, und beim Unterschreiten der Frostgrenze würde die Anlage stehenbleiben. Aber auch hier sind Auswirkungen auf den Pflanzenwuchs und das Bodenklima zu befürchten, die besonders bei vielfacher Anwendung die Bodenwärme verringern und somit Schäden verursachen.

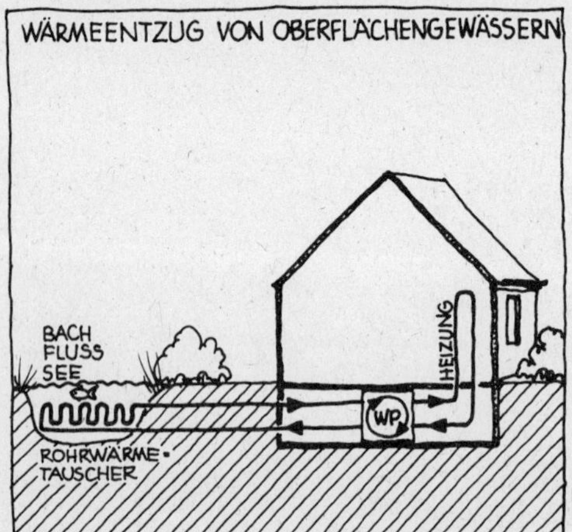

Der Wärmeentzug aus Oberflächengewässern ist nur günstig, wenn diese bereits mit Abwärme, z. B. aus Industrie- oder Kraftwerksanlagen, belastet sind. Besser wäre allerdings in diesem Falle ein direkter Verbund der industriellen Restwärme zu den Hausheizungen, ohne die Gewässer zu belasten. Im Prinzip gelten jedoch für stehende und fließende Oberflächengewässer ähnliche Empfehlungen wie beim Grundwasser. Günstiger ist die schnellere und direkte Aufheizung durch die Sonne. Als ausgleichende Wärmespeicher spielen sie jedoch im klimatischen Zusammenhang eine bedeutende Rolle. Eine dauernde Abkühlung würde sich auf den bestehenden Naturhaushalt verändernd auswirken.

Stehende Gewässer können als Wärmespeicher- und Energiequelle für Wärmepumpen dienen. Wenn sie für Sommer- und Winterbetrieb umfunktioniert werden, ist das Leben im Wasser nur im Sommer möglich. Es entwickelt sich kein natürliches Biotop. Im Sommer wird über Kollektor aufgeheizt, im Winter wird das Gewässer abgedeckt.

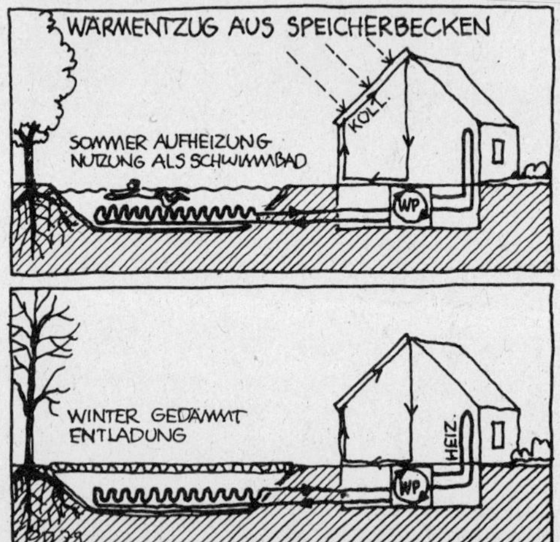

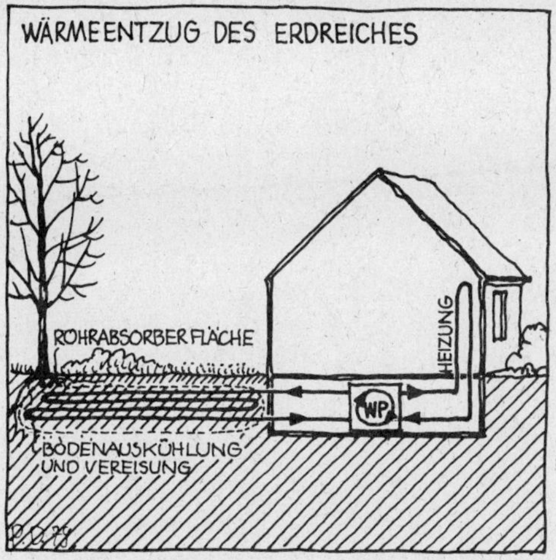

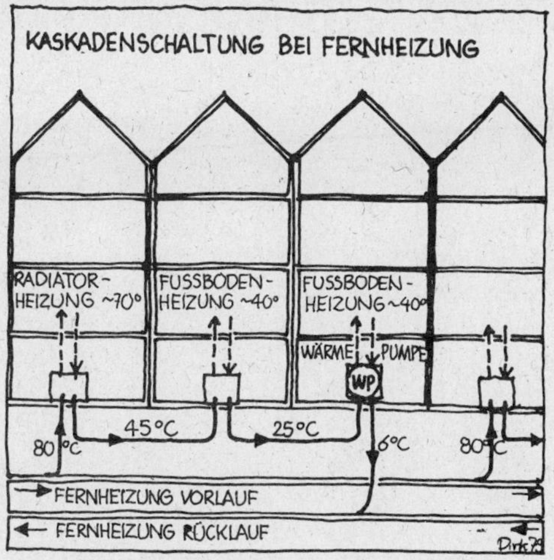

Die Auskühlung der Erdwärme wird heute dadurch erreicht, daß das Grundstück ums Haus bis zu 2,50 m Tiefe ausgebaggert und Rohrschlangen verlegt werden, die nach Wiederauffüllung dem Erdreich mittels eines Flüssigkeitskreislaufes Wärme entziehen und dem Verdampfer zuführen. Vorhandene Bäume und andere Gewächse müssen entfernt werden und der Boden braucht lange Zeit, um wieder ein belebtes biologisches System aufzubauen, selbst bei sorgfältiger Mutterbodenbehandlung. Der Betrieb einer solchen Anlage kann allerdings auch dauernde Störungen für das Gartenleben hervorrufen, da sich möglicherweise im Spätwinter bis weit in den Frühling hinein ein starrer Eisblock in der Tiefe bildet, der der oberen Zone Wärme entzieht und vor allem die kapillare Wasserzufuhr von unten abriegelt, so daß eine Pflanzendecke an dieser Stelle besondere Lebensbedingungen vorfindet, die nur wenigen Arten Existenzmöglichkeit bietet. Bäume mit tiefreichendem Wurzelwerk werden kaum überleben können.

Um den Energieverlust im Rücklauf der Fernwärmesysteme zu vermeiden, können Wärmepumpen eingesetzt werden, die die Restenergie des Netzes so weit herunterkühlen, daß kein Wärmeverlust entsteht.
So ist z. B. bei 80°C Fernwärmevorlauf eine hierarchische Reihe möglich, die zunächst ein Gebäude mit Radiatorheizung und Warmwasser versorgt, in zweiter Stufe mit ca. 40°C eine Fußbodenheizung durchläuft, um schließlich in dritter Stufe von einer Absorberwärmepumpe mit Gasbeheizung auf ca. 10°C als Rücklauftemperatur gekühlt zu werden. Solche Kaskadenschaltungen sind besonders in verdichteten Siedlungen möglich.

Die Kompressorwärmepumpe benötigt hochwertige mechanische Energie, um die Umkehrung des Wärmeflusses zu erreichen. Nicht jede Antriebsenergie ist dazu gleich gut geeignet. Technische Effizienz und vorheriger Aufwand zur Herstellung der genutzten Energieform sind in dieser Tabelle maßgebend berücksichtigt.
Absorberwärmepumpen benötigen Wärmeenergie für den Kocher des thermischen Verdichters. Im Prinzip ist jede Wärmequelle möglich. Die Tabelle unterscheidet die Energieformen nach Herstellungsaufwand, Erreichbarkeit und Schadstoffemission und gibt entsprechende Empfehlungen.

Antriebsenergie für Wärmepumpen			gut geeignet	bedingt möglich	ungünstig
Kompressor-WP	ELT	Netz			×
		WKK	×		
		Wind	×		
	Kraft	Diesel/Benzin		×	
		Erdgas		×	
		Bio-/Holzgas	×		
		Wind	×		
Absorber-WP	Wärme	Sonne	×		
		Öl		×	
		Erdgas		×	
		Bio-/Holzgas	×		
	Abwärme	WKK	×		
		Abgase	×		

Die Auswahl des Wärmepumpentyps sollte sich stets nach dem dezentralen Energieangebot richten; regenerative Quellen sind selbst bei geringen Anlageneffizienzen zu bevorzugen. Erdöl, Erdgas oder aus fossilen Energieträgern erzeugte Elektrizität sollte nur bei gleichzeitiger Abwärmenutzung eingesetzt werden.

Funktion

Die Wärmepumpe basiert vor allem auf zwei physikalischen Gesetzen:

1. Gase erwärmen sich bei Kompression und kühlen bei Expansion wieder ab.
2. Bei der Verdampfung von Flüssigkeiten wird latente Wärme aufgenommen (Verdampfungswärme), die bei Verflüssigung wieder abgegeben wird (Kondensationswärme).

Nach diesen Prinzipien arbeiten unterschiedliche technische Systeme, von denen die für die Wärmepumpe üblichen Lösungen das Kompressionsverfahren und das Absorptionsverfahren sind.

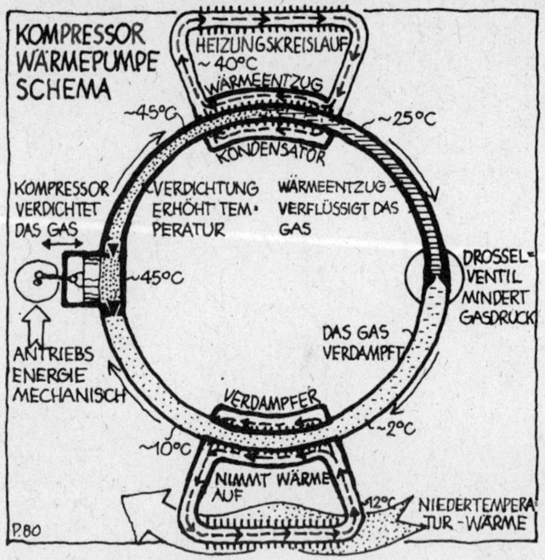

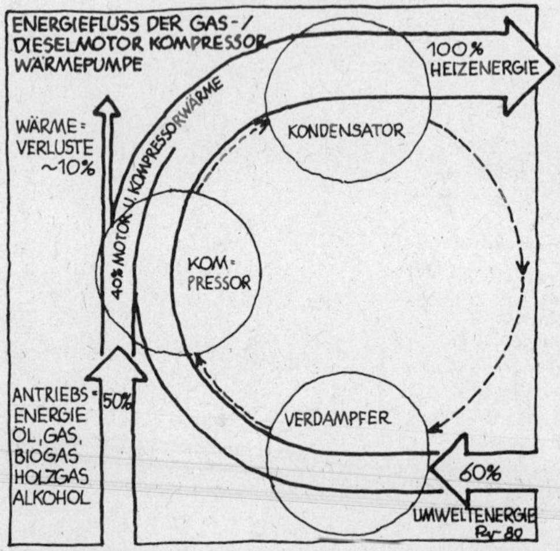

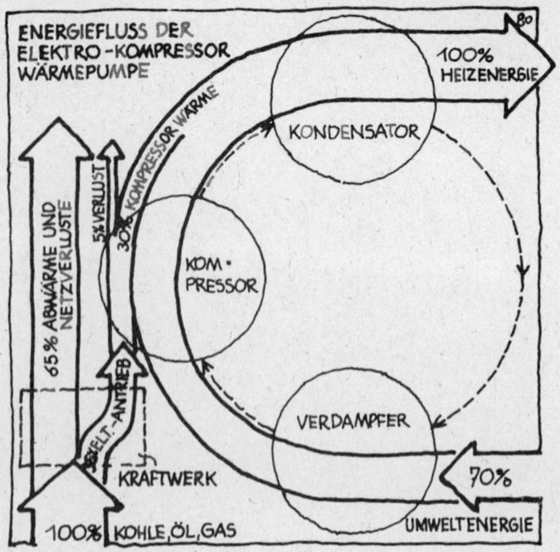

Bauarten

Kompressorwärmepumpe

Das Prinzip der Kompressorwärmepumpe ist heute das verbreitetste System.
Es arbeitet mit einem Kältemittel (meist Frigen), das bereits bei sehr niedriger Temperatur (z. B. 2° C) verdampft und damit seiner Umgebung Wärme entzieht, die für den Verdampfungsvorgang notwendig ist. Mit dieser latent gespeicherten Wärme wird das verdampfte Kältemittel einem Kompressor zugeführt, der den Dampf auf ca. 15 bar verdichtet, wodurch seine Temperatur erhöht wird (ca. 60° C). Die Wärme des Kompressionsvorganges ist darin enthalten. Der jetzt unter hohem Druck stehende Dampf wird über einen kühleren Wärmetauscher (Verflüssiger) geleitet (ca. 40° C) und kondensiert unter dem hohen Druck zu Flüssigkeit, wobei die latent angelagerte Verdampfungswärme und die Kompressorenergie im Verflüssiger abgegeben werden und einem Heizkreislauf als Wärmequelle zugeführt werden. Das abgekühlte und wieder verflüssigte Kältemittel wird nun über ein druckregelndes Expansionsventil wieder auf Niederdruck entspannt, und seine Temperatur sinkt wieder auf ca. + 2° C ab. Die entspannte Flüssigkeit fließt in den Verdampfer, und der Kreislauf beginnt von neuem.
Die elektrisch angetriebene Kompressorwärmepumpe ist mittlerweile in vielen Varianten und Größen auf dem Markt erhältlich. Elektroantriebe verfügen über einen hohen Wirkungsgrad, sind in ihrer Technik ausgereift, langlebig, wartungsfrei und relativ geräusch- und vibrationsarm. Selbst kleine Wärmepumpeneinheiten mit geringer Leistungsaufnahme sind mit Elektroantrieb möglich.
Die Gesamtenergiebilanz einer elektrisch angetriebenen Wärmepumpe ist jedoch entscheidend von der Herstellungsweise der Elektrizität abhängig. Optimal ist ein Antrieb mit Strom, der durch eine Windkraftanlage erzeugt wird. Bei Betrieb mit Netzstrom müssen die bei der Erzeugung im Kraftwerk entstehenden Verluste (60 bis 70%) berücksichtigt werden, so daß der Gesamtwirkungsgrad selbst im günstigsten Fall geringer ist als die eingesetzte fossile Primärenergie.
Bei Stromversorgung aus einer dezentralen Wärme-Kraft-Kopplungsanlage (s. Kap. Wärme-Kraft-Kopplung) werden die Abwärmeverluste der Elektrizitätserzeugung mitgenutzt, so daß der Gesamtanlagenwirkungsgrad bis zu 80% über der eingesetzten Primärenergie liegt. Ebenso hohe Effizienzen erreichen diesel- oder gasgetriebene Wärmepumpen bei entsprechender Abwärmenutzung. Beide Arten sind z. Z. noch in der Entwicklung bzw. Erprobung. Dieselwärmepumpen sind erdölabhängig, und ihre Größe kann aufgrund bisher ungelöster Abgasprobleme nicht minimiert werden, so daß ihr Einsatz auf Mehrfamilienhäuser und größere Gebäude beschränkt bleibt. Die

Prinzipskizze der Kompressorwärmepumpe mit Temperatur- und Druckverhältnissen.

Die Motor-Kompressorwärmepumpe nimmt für 100% Heizleistung weniger örtliche Energie auf, da die eigene Wärmeenergie des Verbrennungsmotors mit einfließt.
Bei der Nutzung mechanischer Wasser- und Windenergie entfällt dieser Wärmeanteil.

Die Wärmepumpe mit elektrisch betriebenem Kompressor benötigt für 100% Heizung ca. 70% örtliche Energie und 30% Antriebsenergie.

Mit Netzstrom gleicht sich die Bilanz mit Verlust und Gewinn an Energie gerade aus. Der technische Aufwand ist jedoch erheblich.
Örtlicher Strom aus Wind- oder Wasserkraft ist für diese Art der Wärmepumpe sehr günstig.

Schadstoffemissionen sind speziell bei Kleinanlagen relativ hoch, ihr Betrieb ist mit einem hohen Geräuschpegel und selbst bei regelmäßigen Wartungsintervallen mit begrenzter Lebensdauer des Aggregates verbunden. Ähnliches gilt auch für den Gasmotor, der bei Erd- oder Stadtgasbetrieb weniger Schadstoffe erzeugt als der Dieselmotor. Ein Biogasantrieb ist in jedem Falle günstig, da dieser regenerierbar ist und nahezu schadstofffrei verbrennt.

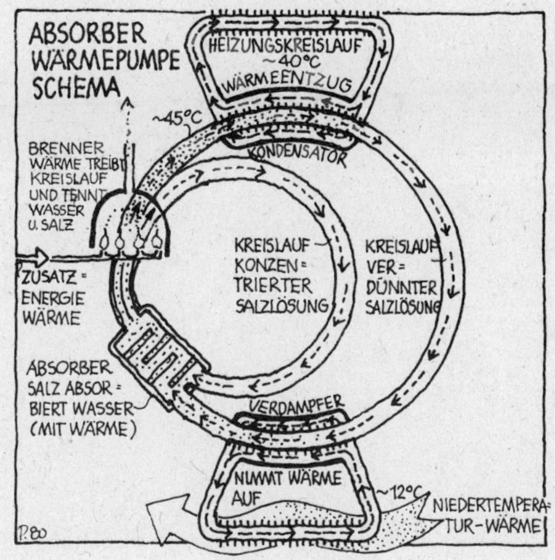

Prinzipskizze der Absorberwärmepumpe. Bis auf den Thermischen Verdichter unterscheidet sie sich nicht von der Kompressorwärmepumpe.

Absorberwärmepumpe

Die Absorberwärmepumpe benutzt zur Verdichtung und Wärmeübertragung den sog. „Thermischen Verdichter". Dieses Prinzip hat den Vorteil, allein mit Wärmeenergie und ohne bewegte Teile auszukommen, wie z. B. auch Gaskühlschränke für Camping-Zwecke.
Das Kältemittel, hier meist Ammoniak, verdampft im Verdampfer unter normalem Druck und entzieht dabei dem umgebenden Medium Wärmeenergie. Im Absorber wird dieser Dampf einem Lösungsmittel, meist Wasser, zugeführt, das den Ammoniakdampf auflöst (absorbiert). Diese konzentrierte Ammoniaklösung gelangt in einen weiteren Behälter (Kocher), wo durch Wärmezufuhr (> 100° C) der Ammoniakdampf wieder ausgetrieben und unter erhöhtem Druck dem Verflüssiger zugeführt wird. Dort gibt er seine Verdampfungswärme sowie die mit aufgenommene Wärmeenergie aus dem Kocher an den Heizungskreislauf ab. Die Ammoniak-Flüssigkeit wird dem Verdampfer zugeleitet und über ein Expansionsventil entspannt.
Das ganze System wird von der Wärmequelle am Kocher in Betrieb gehalten. Es entstehen drei Schwerkraft-Kreisläufe: Ammoniak, Lösungsmittel (starke und schwache Lösung) und Wasserstoffgas als Hilfsgas zur Druckregelung im Verdampfer. Wärmetauscher sind dazwischen geschaltet. Die Anlage arbeitet geräuschlos, nahezu verschleißarm und ist hermetisch abgedichtet. Als Stoffpaar werden z. B. auch Wasser als Kältemittel und eine Salzlösung, wie Lithium-Bromid, als Absorptionsmittel eingesetzt. In diesem Fall liegt die Kochertemperatur über 100° C.
Für die Hausheizung erscheint die Absorberwärmepumpe selbst bei geringerem Wirkungsgrad und geringen Temperaturdifferenzen zwischen Verdampfer und Verflüssiger die günstigste Lösung zu sein, da sie keine höherwertige mechanische oder elektrische Energie benötigt und von jeder Wärmequelle betrieben werden kann (auch z. B. vom Abgas eines Motor-Generators). Hier sind die Möglichkeiten der dezentralen Energienutzung auch für den Antriebsteil am größten.

Absorberwärmepumpen sind weniger effizient als Kompressor W.P.s. Der Anteil an Umweltenergie ist daher geringer, um 100% Heizleistung zu erzielen. Die für den Kocher benötigte Wärme fließt voll in das Heizsystem ein. Die Energiequellen sind sehr vielfältig.

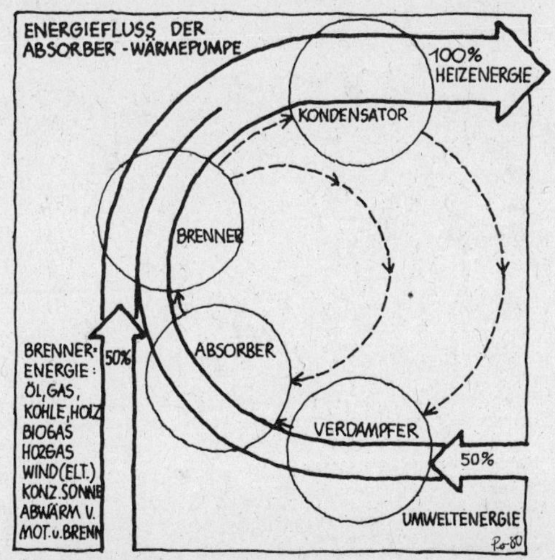

Thermoelektrische Wärmepumpe

Eine besondere Art der Wärmepumpe funktioniert auf Basis der Temperaturveränderung an Lötstellen in einem Gleichstromkreis. Je nach Stromrichtung erwärmt sich die Lötstelle bzw. sie kühlt ab. Mit der Entwicklung der Halbleiter hat die Kenntnis dieser Erscheinung für bestimmte Bereiche die Anwendung solcher Elemente als Wärmepumpe bereits möglich gemacht.
Für den Hausbau ist der Stand der Entwicklung noch nicht weit genug, da die Herstellungskosten hoch sind. In Verbindung mit Solarzellen, deren günstige Herstel-

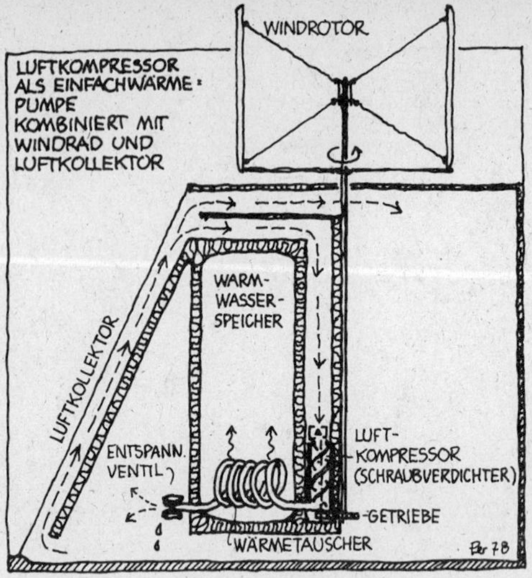

Die Wärmepumpe läuft nur bei Wind und speichert die Wärme im Tank. Die Kompressionswärme wird ebenfalls in den Tank abgeleitet. Ohne Wind arbeitet der Luftkollektor als normales Luftheizsystem.

Prinzipschaltung einer Wärme-Kraft-Kopplungsanlage. Ein Verbrennungsmotor erzeugt über einen Generator Strom, der den Haushalt versorgt oder ins Verbundnetz geleitet wird.
Kühlwasser und Abgaswärme des Motors werden in einem Wasser-Wärmespeicher gelagert, aus dem Brauchwasser und Raumheizung eines Hauses, einer Hausgruppe oder eines Blocks versorgt werden.

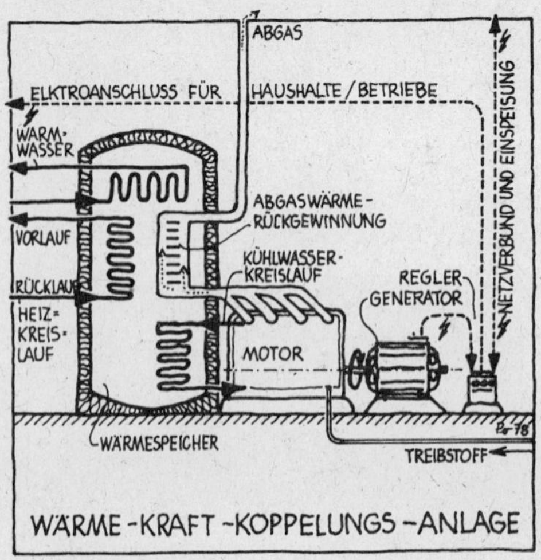

lung auch noch abgewartet werden muß, kann sich jedoch ein interessanter Wandaufbau ergeben, indem die thermoelektrischen Wärmepumpen-Einheiten von Solarzellen mit Strom versorgt werden und die Restwärme der Sonnenstrahlung direkt in das Haus oder in einen Speicher liefern. Durch einfaches Umschalten des Stromkreises kann das Haus auch gekühlt werden.

Luftexpansionverfahren

Ein Grundprinzip der Wärmepumpe ist die Temperaturerhöhung von Gasen bei Kompression. Es ist das einfachste Verfahren und wurde bereits in der Kaltluftmaschine von Gorrie 1844 genutzt. Die als Wärmeträger dienende Luft wird komprimiert, in einem Wärmetauscher gekühlt und anschließend wieder expandiert, wobei sie weiter abkühlt. Dieses Verfahren könnte direkt bei Luftkollektoren oder auch einfach bei der Kühlung der Außenluft eingesetzt werden. Der Wirkungsgrad hängt von der Energiequelle für die Kompression ab.

Bemessungskriterien

Für einen wirtschaftlichen Wärmepumpeneinsatz müssen folgende Voraussetzungen erfüllt werden:

1. Minimierung der Wärmeverluste (Transmission, Lüftung) durch sämtliche passiven Maßnahmen (s. Kap. Bauliche Energiebewahrung) und des Warmwasserbedarfes durch Reduzierung von Menge und Temperatur.
2. Erfassen aller verfügbaren Wärmequellen (Luft, Erdreich, Abwärme usw.) nach Menge, Zeit und nutzbaren Temperaturbereichen. Berücksichtigung aller Maßnahmen zur Temperaturerhöhung (Glashaus, Energiedach usw.) und Pufferung bei zeitlich begrenzter Verfügbarkeit.
3. Festlegung der Antriebsenergie unter Ausnutzung aller dezentralen, regenerierbaren Energien (Windkraft, Biogas usw.) und Einbeziehung sämtlicher, bei der Kraft- und Elektrizitätserzeugung entstehenden Abwärme in den Wärmehaushalt.

Gerade bei minimiertem Wärmebedarf und gezielter Umweltwärmenutzung sind die derzeit marktgängigen, für das normalgedämmte Einfamilienhaus dimensionierten Wärmepumpen mit Anschlußleistungen von 3 bis 10 kW (Heizleistung 10 bis 30 kW) bereits für Hausgruppen und Mehrfamilienhäuser einsetzbar. Für ein energieoptimiertes Einfamilienhaus genügt oft schon ein Kleinstaggregat mit 0,5 bis 1 kW Leistungsaufnahme.

Wärme-Kraft-Kopplung

Die Wärme-Kraft-Kopplung beruht auf den Grundideen,

- nur dann hochwertige Energie (z. B. elektrischen Strom) zu erzeugen, wenn die anfallende Abwärme noch genutzt werden kann,
- nur dann hochwertige Brennstoffe (Öl, Kohle, Gas usw.) zur Wärmeerzeugung heranzuziehen, wenn gleichzeitig alle Möglichkeiten zur Herstellung hochwertiger Energieformen (Elt., Kraft) ausgeschöpft werden.

Im Idealfall werden Kraft und Wärme an ihrem Nutzungsort erzeugt. Es sollte dabei jedoch nur soviel elektrischer Strom erzeugt werden, wie an Abwärme örtlich genutzt werden kann, da der Wärmetransport um ein mehrfaches aufwendiger ist als die Installation von Elt.-Leitungen.

Prinzip

Das Prinzip der Wärme-Kraft-Kopplung ist nicht neu. In allen Autos ist davon etwas zu spüren, da die Heizung des Fahrgastraumes mit der Abwärme des Motors gespeist wird. Allerdings werden beim Autor von 100% Energieeinsatz nur ca. 30% der Kraft und nur bis zu 10% der Wärme genutzt, während nahezu 60% als Wärme in die Umgebung gelangen.
Bei der stationären Wärme-Kraft-Kopplung läuft, wie im Auto, ein Verbrennungsmotor (Otto- bzw. Dieselmotor oder Turbine), der einen Generator betreibt. Aus Kühlung und Abgaswärme werden z. B. Warmwasserbereitung und Raumheizung betrieben. Alle Komponenten dieser Anlagen sind bereits langjährig im Gebrauch.
Ein gleichmäßiger Bedarf an Wärme und Strom in dem von der Anlage produzierten Verhältnis wäre ideal. Durch den diskontinuierlichen Bedarf von Kraft und Wärme müssen beide Energieangebote jeweils gepuffert werden.
Für den Wärmeanteil kann dieses z. B. in einem üblichen Warmwasserspeicher erfolgen. Der Stromanteil wird am besten im Verbundnetz (siehe Elt.-Speicher) gepuffert, kann aber bei autonomen Anlagen auch in Akkumulatoren gespeichert werden.

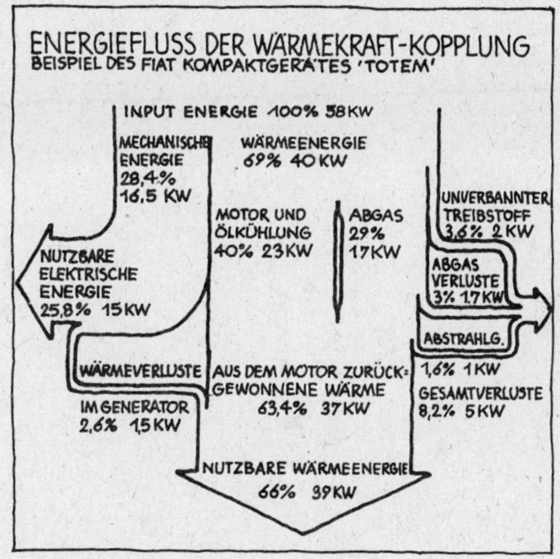

Energieflußbild der Wärme-Kraft-Kopplung. Die Nutzung der eingegebenen Primärenergie in zwei Stufen bringt eine Umsetzung von über 90% in gewünschte Nutzungen.

Nach IPAT, Berlin

Größere Wärme-Kraft-Anlagen können aus kleinen Einzelkomponenten bestehen, die unterschiedlich nach Bedarf zuschalten. Sie sind addierbar.

a) Reihenschaltung von in sich optimierten Geräten mit gleichbleibendem Verhältnis zwischen Strom- und Wärmeausbeute.
b) Serienschaltung mit Kupplungen. Hier kann das Wärme-Kraft-Verhältnis dem Bedarf entsprechend variiert werden.

Auch wenn ein Gerät ausfällt, bleibt die Anlage noch funktionsfähig.

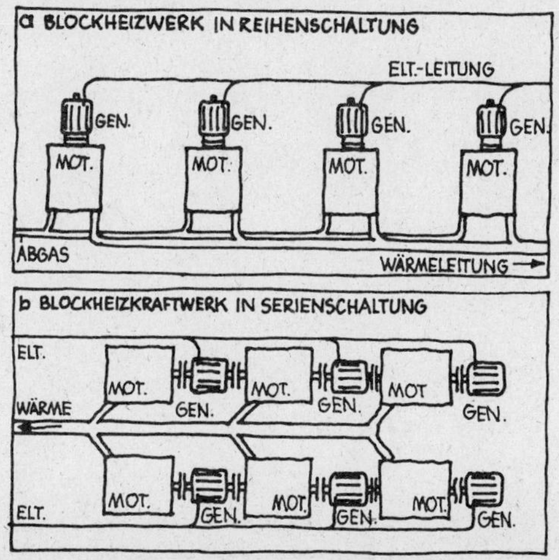

Versorgungssystem

Wärme-Kraft-Kopplung könnte von der Einzelhausversorgung über Hausgruppen- und Block-Wärme-Kraftwerke bis zur Versorgung von Stadtvierteln mit einer Anlage reichen. Im Prinzip könnten dann die thermischen Kraftwerke als reine Stromerzeuger entfallen, wenn ein Verbundnetz kleiner und mittlerer Wärme-Kraft-Werke aus Haushalt und Gewerbe entstünde.
Nach einer Studie von Günter Axt, Berlin, entspricht heute der Anteil der in Stromkraftwerken „vernichteten" Wärmeenergie mit 400 TWh/Jahr dem Wärmebedarf aller Wohnungen in der Bundesrepublik. Dabei ist jedoch nicht der hohe Wärmebedarf im Winter bedacht, der dem relativ gleichmäßigen Strombedarf übers gesamte Jahr entgegensteht.
Der Einsatz der Wärme-Kraft-Kopplung ist weniger ein technisches, als ein organisatorisches Problem, da die Elektro-Versorgungsunternehmen ihre Monopolstellung aufgeben müßten. Für den Einsatz dezentraler Wärme-Kraft-Kopplung sprechen jedoch folgende Gesichtspunkte:

- Optimale Nutzung der Brennstoffe und Einsparung großer Mengen Primärenergie.
- Hohe Stabilität eines Verbundnetzes, das durch viele kleine Anlagen gespeist wird und den Ausfall eines oder mehrerer Geräte ohne Schwankungen verkraftet. Die Spannungs- und Frequenzkonstanz des Netzes (220/380 V, 50 Hz) ist technisch problemlos zu regeln.

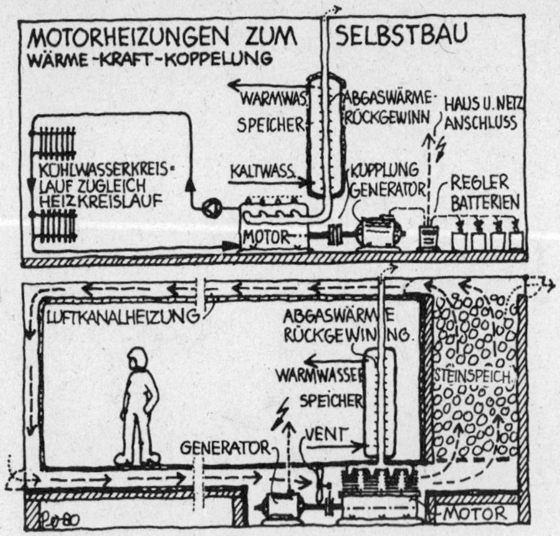

Motorheizung zum Selbstbauen. Luftgekühlte Motoren eignen sich für Luftheizung im geschlossenen Kreislauf und mit Steinschüttspeichern.

Komplettes Energiesystem auf Basis der Wärme-Kraft-Kopplung mit Biogas-Motor (CO_2-Düngung ist nur bei entschwefelten und schadstofffreien Brennstoffen möglich).
Eine dreistufige Energieausnutzung ist gegeben, wenn z. B. die Motorabgase zunächst den Kocherteil einer Absorberwärmepumpe betreiben, die die Wärmerückgewinnung des Hauses übernimmt.

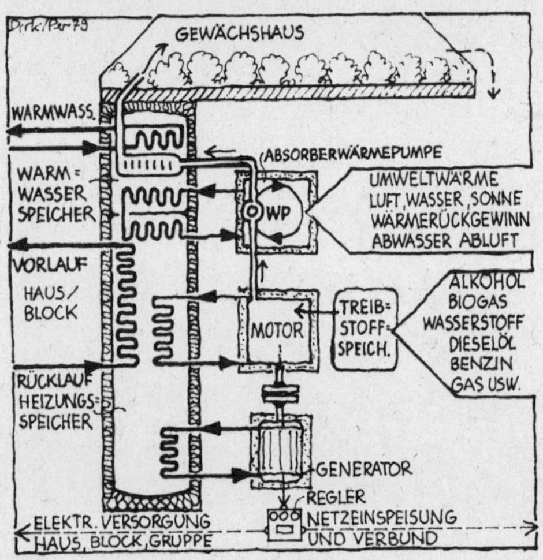

- Durch erhebliche Einsparung an Primärenergie werden die Schadstoffemissionen vermindert. Die dezentrale Abgasreinigung ist mit relativ geringem technischen Aufwand durchführbar.
- Geringerer Kapitaleinsatz gegenüber Großkraftwerken. Die höhere Arbeitsintensität fördert eine Arbeitsplatzverteilung zugunsten kleinerer und mittlerer Betriebe, was langfristig zur sozialen Stabilität und Eigenständigkeit beiträgt.
- Rentabler Speicher- und Verteilungsaufwand sommerlicher Überschußwärme. Bei dezentralen Anlagen wird die anfallende Wärme in Langzeitspeichern in der unmittelbaren Nähe der Verbraucher gepuffert.

Bereits das derzeit bestehende Wärme-Kraft-Potential von Gewerbe und Industrie würde bei vollständiger Ausnutzung weitere Kraftwerksneubauten überflüssig machen.
Trotz der offensichtlichen Vorteile benötigen Wärme-Kraft-Kopplungsanlagen einen hohen technologischen Kenntnisstand sowie für ihren Betrieb in der Regel auch fossile Brennstoffe.
Sie sollten daher erst nach Ausschöpfung sämtlicher Energieeinsparmaßnahmen und aller Möglichkeiten zur einfachen Gewinnung regenerativer Energien genutzt werden.

Anlagen

Für die Industrie sind Wärme-Kraft-Kopplungsanlagen schon vielfach ausgeführt und lange bewährt. Auch im größeren Maßstab als Heiz-Kraftwerke mit angeschlossenem Fernwärmenetz sind Anlagen gebaut. Reine Fernheizwerke sollten so schnell wie möglich auf Kopplungsbetrieb umgestellt werden.
Kleine Anlagen für den Hausbetrieb sind noch selten. Sie sind jedoch einfach selbst zu bauen, wenn man z. B. ein Diesel-Notstromaggregat über das Heizungssystem bzw. einen Wärmespeicher kühlen würde. Diese Geräte sind vielfach auf dem Markt. Aber auch Automotoren können, mit einem Generator gekoppelt, als Wärme-Kraft-Anlage genutzt werden.
Als Pionieranlage kleinerer Bauart kann das TOTEM (Total Energy Module) von FIAT gelten, bei dem ein serienmäßiger gedrosselter Kleinwagenmotor (Typ 127) einen 15-kW-Generator antreibt. Die Anlage nimmt einschließlich der schalldämmenden Ummantelung nur einen Raum von ca. 1 m^3 ein und verursacht dabei nicht mehr Geräusche als ein herkömmlicher Gasbrenner mit Kessel.
Für die Versorgung von Hausgruppen, Blocks oder kleineren Siedlungen können solche Anlagen bei minimiertem Wärme- und Eltbedarf bereits ausreichend sein. Zur besseren Anpassung an den wechselnden Bedarf sind aber auch Reihenschaltungen von noch kleineren Aggregaten durchaus denkbar.
Auch andere Hersteller arbeiten an der Entwicklung ähnlicher Anlagen, so daß schon bald mit einem vielfältigen Angebot gerechnet werden kann.
Die Lebensdauer einer Diesel-Anlage wird bei halb- bis vierteljährlicher Wartung mit 10000 bis 30000 Betriebsstunden angesetzt. Dann müssen in einer Generalüberholung die beweglichen Teile des Motors ausgewechselt werden. Bestehende Service-Einrichtungen der Kfz.-Werkstätten könnten genutzt werden.
Die Entwicklung der Wärme-Kraft-Kopplung für den Wohnbereich und Haushalte ist erst am Anfang. Der Kolbenmotor kann als stationäre Anlage mit konstanter Drehzahl auch durch andere Techniken ersetzt werden. Stirling- oder Wankelmotoren wären möglich, ebenso Turbinen oder sogar Dampfmaschinen, die mit allen Brennmaterialien

laufen könnten. Durch die Verbindung mit anderen Anlagen (Sonnenkollektoren, Windkraft-, Biogasanlagen usw.) kann für die jeweilige örtliche Situation ein feinabgestimmtes Energiesystem entstehen.
Die Kombination von Elektrofahrzeugen und Wärme-Kraft-Kopplung kann sinnvoll sein, wenn effiziente Elektrizitätsspeichersysteme billig hergestellt werden können. Die in Verbrennungsmotoren abfallende Wärme kommt so dem Hause zugute. Im Winter läuft Wärmebedarf mit Fahrenergiebedarf parallel. Im Sommer sollte das Fahrrad als Verkehrsmittel bevorzugt werden. Dann entspricht der geringere Strombedarf dem niedrigen Wärmebedarf. Der Standort der Wärmekraft-Werke wäre grundsätzlich in der Nähe der Wärmeverbraucher, da auf der Wärmeseite die Kosten für die Verteilung höher liegen als beim Strom und der Output mit über 60% Wärme größer ist als der Stromanteil. Die Größenordnung und Dimensionierung einer Anlage wird sich daher vorwiegend am Wärmehaushalt orientieren, insbesondere, wenn Strom in angemessener Weise im Hausgebrauch eingesetzt wird. Kostenaufwand für Anlage und Wärmeverteilungsnetz sind gegeneinander zu optimieren, um eine jeweils günstige Gesamtlösung zu finden.

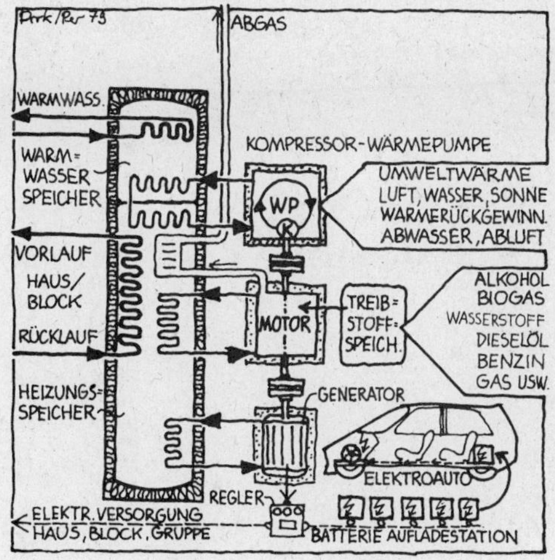

Wärme-Kraft-Kopplung mit Kompressorwärmepumpe. Wenn ohne Verbundnetz geplant wird, können Batteriesätze aufgeladen werden, die gleichermaßen für Haus und Fahrzeuge dienen können. Der Vorteil ist, daß die bisher uneffizienten Wärmeverluste des Autos weitgehend im Haus bleiben.
Die Entwicklung geeigneter Batteriesätze bleibt abzuwarten.

Literatur

Allgemein

Arbeitsgemeinschaft Umwelt (AGU) (Hrsg.): Umdenken Umschwenken. Zürich 1976.
Bauwelt 47/76: Einheizen.
Bossel, H. (Hrsg.): Energie richtig genutzt. Karlsruhe 1976.
Information Erdgas (Hrsg.): Erdgas Wärme. Stuttgart 1976.
Kernforschungsanstalt Jülich (Hrsg.): Jahresbericht zum Rahmenprogramm. Energieforschung (Auszug). Jülich 1976.
Rororo Technik Lexikon: Energietechnik und Kraftmaschinen. Hamburg 1972.
Seymour, John: Das große Buch vom Leben auf dem Lande. Ravensberg 1978.
Statusbericht 1976: Rationelle Energieverwendung (Auszug). BMFT (Hrsg.) 1976.
Stemmer, Klaus: Energieeinsparungsgesetz und Wärmeschutzverordnung. Bauwelt 6/78.
Wettbewerb Therma: BMWo, Schrift 2 1975.

Wärmespeicher

Knoche, Karl-Friedrich: Thermochemische Wasserzersetzungsprozesse aus: Rhein. Westf. Akademie der Wissenschaften, Vorträge N 267. Opladen 1977.
Kraft im Schwamm. In: Der Spiegel 48/1977.
Schulz, Dr. Heinz: Sonnenenergie in Haus und Hof. In: Top agrar extra 1977.
Steiger, Peter u. a.: Plenar. Niggli-Niederteuffen/Ch 1975.
Winkler, Jean; Pierre, Gygax, Peter: Sonnenenergie in Theorie und Praxis. Band 1 und 2. Karlsruhe 1976.
Wright, Frank Lloyd: Das natürliche Haus. München 1954.

Wärmetauscher

Bach, Schlapmann: Rationelle Energieverwendung – Wärmerückgewinnung –. BMFT FB T 77–45.
Drees, Heinrich: Kühlanlagen. Berlin 1974.
Eickenhorst, Paul: Jahrbauch der Wärmerückgewinnung. Karlsruhe 1977/78.
Goetz, Fridolin S.: Wärmeaustauscher. München 1964.
Gregorik, R.: Wärmeaustausch und Wärmetauscher 1973.
Hausen, Helmuth: Wärmeübertragung im Gegenstrom, Gleichstrom und Kreuzstrom. Berlin, Heidelberg, New York 1976.
Jüttemann: Wärmerückgewinnung. KWK Bd. 13. Karlsruhe 1977.

Wärmepumpe

Arbeitskreis F.T.A.: Beurteilungskriterien für Wärmepumpen zur Hausheizung. BMFT 1977.
Cube v., Steimle: Wärmepumpen. Düsseldorf 1978.
Cube v., H. L.: Kriterien für die Planung und Auslegung von Wärmepumpen – Heizanlagen und deren Wirtschaftlichkeit. in eta 35/1977.
Forschungsstelle für Energieverwendung: Technik und Anwendung von Wärmepumpen. München 1975.
Jurksch, G.: Meteorologische Grundlagen und Randbedingungen für die Raumheizung und die Anwendung der Wärmepumpe. In: eta 35/1977.
Kalischer, Peter: Die bivalente Wärmepumpenheizung. Technik, Wirtschaftlichkeit, Praxis. Aus: TAB 8/78.
Kirn, Hadenfeld: Wärmepumpen. KWK Bd. 12. Karlsruhe 1977.
Paul, J.: Wärmequellen für Wärmepumpen dargestellt in einer Matrix. In: eta 35/1977.
Wärmepumpe im Wohnungsbau: In: Bauwelt 4/77.

Wärme-Kraft-Kopplung

Axt, Günter: Konsequente Wärme-Kraft-Kopplung – eine Alternative zu Großkraftwerken – TU Berlin 1977.
Brandt, Gunther: Dezentrale Wärmekraftkopplung (WKK) statt Kernkraftwerke (KKW). In: Technologie und Politik 11. Reinbek 1978 und Prisma (GhK) Nr. 19. Kassel Febr. 1979.
Dampf ablassen: In: Der Spiegel 50/1977.
Forster, Fridolin: Kraft-Wärmekopplung als Übergangsstrategie. In Alternative Technologie. Berlin 1977.
Gibbins, Olaf: Dezentrale Energieversorgung durch Blockheizkraftwerke. Bauwelt 11/79.

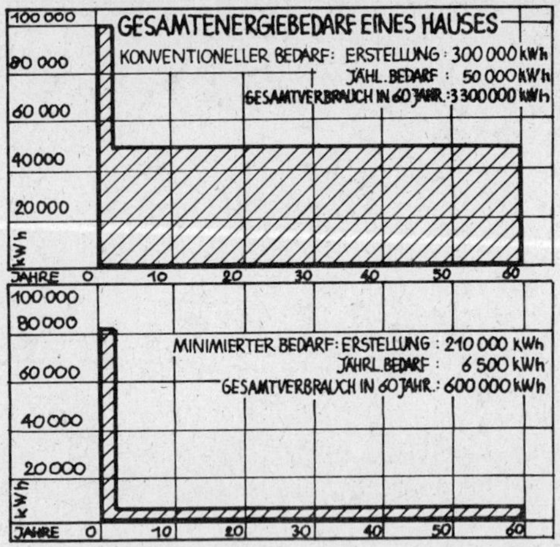

Auf einen Zeitraum von 60 Jahren gerechnet beträgt der Gesamtenergieaufwand eines konventionellen Hauses ca. 3300000 Wh; ca. 9% davon entfallen auf seine Erstellung. Bei Minimierung des Wärmeverlustes und bewußter Baustoffauswahl werden nur ca. 600000 kWh benötigt, 1/3 davon für die Baustoffe.

Baustoffe

In die Gesamtenergiebilanz eines Hauses fließt auch die Erstellungsenergie mit ein. Obwohl in den letzten Jahren immer mehr energieaufwendige Baustoffe verwendet werden, macht die Erstellungsenergie nur einen Bruchteil an der Gesamtbilanz aus. Der an sich hohe Erstellungsenergieaufwand wird jedoch dann deutlich, wenn die Betriebsenergie auf ein angemessenes Maß verringert wird.
Bei der Baustoffauswahl sind jedoch nicht nur der Herstellungsaufwand, sondern auch die durch Rohstoffabbau, Herstellung, Transport und Verarbeitung entstehenden Schadstoffe entscheidend, die meist unmittelbar mit dem Energieaufwand zusammenhängen. Vielfach veredelte Baustoffe mit hohen technischen Qualitäten, wie z.B. dampfdichte Kunststoffe haben evtl. sogar negative Einflüsse auf das Raumklima, das Wohlbefinden und auf die Gesundheit der Bewohner.

Prinzipien zur Herstellung und Anwendung

Folgende Prinzipien sollten bei der Baustoffauswahl berücksichtigt werden:

- positive Wirkung auf Wohlbefinden und Gesundheit;
- geringer Energieaufwand und schadstofffreie Herstellung;
- Regenerierbarkeit und Wiederverwendbarkeit;
- Angemessenheit von Material und Aufwand;
- dezentrale Herstellung.

Energie und Schadstoffe

Mit dem Grad der Baustoffveredelung und der industrialisierten Herstellung steigt der Energieaufwand. Dabei müssen Primär-, Sekundär-, Tertiärenergien usw. einbezogen werden. Der Primärenergiebedarf ist die Energiemenge, die für Abbau und Bereitstellung der Rohmaterialien, Herstellung und Transportwege erforderlich ist. Sekundärenergie wird für Herstellung und Transport von Maschinen und Fertigungsanlagen benötigt, Tertiärenergie für die Werkzeug-Maschinen zu deren Herstellung. Man könnte diese Reihe fortsetzen und käme letztlich bis zu der Energie, die notwendig ist, um Straßen und Infrastruktureinrichtungen zu bauen, Kohle, Erdöl usw. zu fördern, zu transportieren und zu raffinieren. Solche Analysen sind nur mit hohem Aufwand zu leisten, eine annäherungsweise Abschätzung sollte jedoch stattfinden.
Je mehr Energie ein Baustoff erfordert, desto höher ist auch seine Schadstoffemission. Allein die Verbrennung fossiler Energieträger erzeugt erhebliche Mengen von umweltschädlichen Stoffen wie Schwefeldioxid, -trioxid, Kohlenmonoxid und -dioxid, Blei usw., so daß auch hier die o.a. Sekundär- und Tertiärenergien in die Schadstoffbilanz einfließen.
Bei den Schadstoffen, die direkt beim Baustoffherstellungs- und -veredelungsprozeß frei werden, besteht eine Abhängigkeit vom Energieeinsatz. Je mehr ein Rohstoff bearbeitet und verändert wird, desto mehr Schadstoffe können bei den jeweiligen Bearbeitungsphasen entstehen. Da komplizierte chemische Reaktionen und Umwandlungsprozesse oft nur in der Großindustrie (Kunststoff- und Metallindustrie) stattfinden, ist diese im Vergleich zur Kleintechnik mit einem Vielfachen an der Gesamtschadstofferzeugung beteiligt. Großtechnisch hergestellte Baustoffe sind trotz eines erheblichen Energieaufwandes und großer Schadstoffemissionen oft billiger als ähnliche

Produkte kleintechnischer Fertigung. Die niedrigen Preise für „hohe technische Baustoffqualitäten" sind jedoch nur mit einem großen „Kredit" des Naturhaushaltes (Energie, Rohstoffe und Umweltverschmutzung) möglich. Die Rückzahlung dieses „Darlehens" wird um ein Vielfaches höher sein. Natürliche Baustoffe und eine weiterzuentwickelnde umweltverträgliche Kleintechnik können ein Beitrag zu einer langfristigen Ökonomie und zu einer rationellen Bauweise sein.

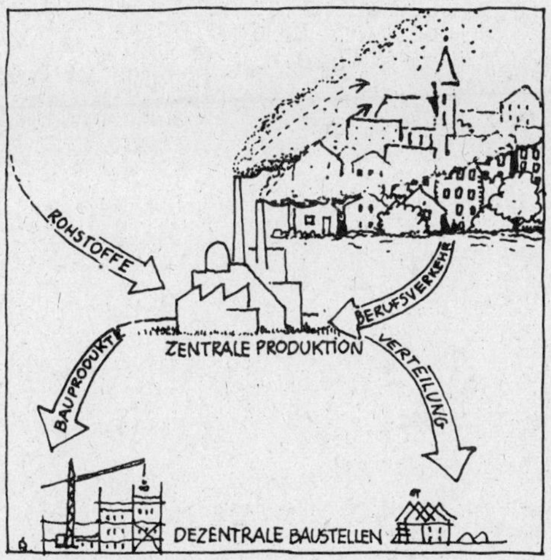

Fast alle in Luft und Wasser abgeleiteten Schadstoffe werden auf Kosten der Allgemeinheit umverteilt, so daß auch diejenigen belastet werden und Umweltschutzprogramme mitfinanzieren müssen, die keine schadstofferzeugenden Produkte benützen.

Regenerierbarkeit und Wiederverwendbarkeit

Bei dem Rohstoffverbrauch der Bauwirtschaft von derzeit nahezu 600 Millionen m^3/Jahr erscheint ein Materialkreislauf unbedingt erforderlich.
Bei den regenerierbaren pflanzlichen und tierischen Rohstoffen (Holz, Stroh, Reet, Kork, Kokos, Naturwachse, Leder, Filz, Wolle, Kasein usw.) könnte diese Kreislaufbildung nahezu völlig gewährleistet werden. Diese Stoffe sind nicht nur schadstofffrei, sondern absorbieren im lebenden Zustand sogar manche Schadstoffe.
Rohstoffbereitstellung und -verarbeitung sind mit geringem Energieaufwand durchzuführen und sehr handwerksfreundlich. Regenerierbare Materialien sind fast überall in großem Umfang vorhanden. Fast ein Drittel der Bundesrepublik Deutschland sind Waldflächen. Verantwortungsvolle Mischwaldwirtschaft erhält ein ständig verfügbares, hochwertiges Rohstoffpotential.
In Abstimmung mit anderen Funktionen (Klima, Abwasserreinigung usw.) könnten gezielt Pflanzen, wie Binsen, Reet, Weiden und andere Gehölze angebaut werden, die als Baustoffe zu nutzen sind.
Bei nicht regenerierbaren Baustoffen ist eine Erhaltung wertvoller Rohstoffe durch Wiederverwendung von Bedeutung. Es ist daher erforderlich, bereits bei der Produktion von Baustoffen ein späteres Recycling zu berücksichtigen wie z. B. die Verwendung von Baustoffen in möglichst reiner Form, ohne Beschichtungen, festverbundene Beläge usw. Einen Anfang können bereits Schraub-, Steck- oder ähnliche Verbindungen sein, die man relativ einfach lösen kann. Dadurch kann man einzelne Bauteile wiederverwenden. Für eine Baustoffweiter- oder -wiederverwendung ergeben sich folgende Möglichkeiten:
Ein Bauteil wird nach dem Ende seiner Nutzung ausgebaut und in gleicher Form und Größe seiner neuen Funktion zugeführt. So können z. B. Türen und Fenster im neuen Haus wieder eingebaut werden.
Ist eine direkte Weiternutzung nicht gegeben, so können Formänderungen eine Weiterverwendung ermöglichen.
Reste könnten gesammelt, sortiert und einem Recyclingprozeß zugeführt werden. Diese Form der Rückgewinnung kommt auch für Materialien in Frage, für die keine direkte Weiternutzung möglich ist. Es handelt sich dabei weitgehend um Einschmelzprozesse (z. B. Glas, Metall und Kunststoff) und anschließende Neuproduktion. Rücklauf und Wiederverwendbarkeit gebrauchten Materials werden allerdings auch durch hohen Verschmutzungsgrad und unterschiedliche Zusammensetzungen erschwert werden.
Ein anderes „Baustoffpotential" ergibt sich derzeit noch durch die in anderen Bereichen anfallenden Abfälle und Reststoffe (z. B. Flugasche, Gips usw.). Allein aus dem Verpackungsbereich fallen jährlich Millionen Tonnen von Dosen, Flaschen, Behältern, Kartons usw. an. Aber auch andere Kunststoff-, Metall-, Textilgegenstände, Autoreifen usw. lassen sich zu Baustoffen umnutzen. Viele phantasievolle Selbstbauprojekte sind bereits entstanden. Die Abfälle an sich sind jedoch nicht zu rechtfertigen.

Bei Metallen und Kunststoffen fällt vor allem der weite Rohstofftransport ins Gewicht, der in Einzelfällen bis zu 10000 km beträgt. Inländische Rohstoffe fallen zumeist dezentral an, so daß bei einer entsprechenden Nutzung fast keine Transportenergie benötigt würde.

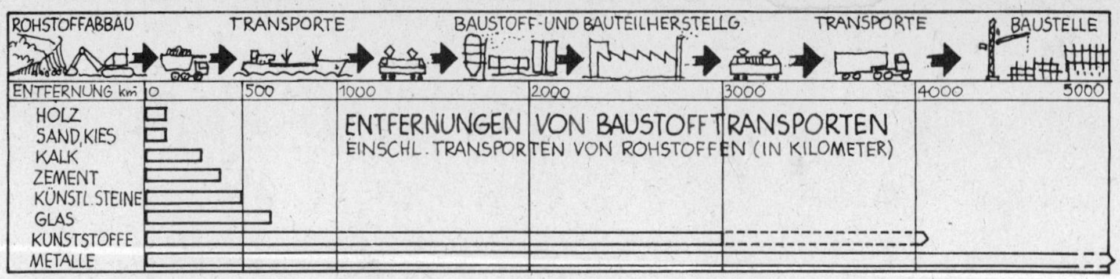

Dezentrale Herstellung und Nutzung örtlicher Vorkommen

Die steigende Zentralisierung von industriellen Fertigungsstätten führt neben dem konzentrierten Schadstoffanfall auch zu erhöhtem Verkehrsaufkommen, Straßenbedarf usw. Allein für den Transport der Baustoffe (Rohstoffabbau bis Verarbeitung auf der Baustelle) für ein konventionelles Einfamilienhaus müssen ungefähr 50000 Tonnenkilometer in Ansatz gebracht werden, was ca. 10% des Gesamtprimärenergiebedarfs zur Erstellung eines Gebäudes entspricht.
Die Anwendung ortsspezifischer Materialien und Bauweisen erfordert nur minimale Transporte. Das Bauen mit den dezentral verfügbaren, jahrhundertelang bewährten Rohstoffen, wie Holz, Lehm, Gesteine usw., muß vorrangig sein, und es sollten möglichst wenig energie-, schadstoff- und transportintensive Materialien benutzt werden.
Eine Reduzierung des Erstellungsenergieaufwandes eines Hauses um ca. 50% erscheint dann durchaus möglich.
Dezentrale Herstellung ermöglicht nicht nur, daß die im geringeren Maße anfallenden Schadstoffe von Mensch und Natur besser verkraftet werden können, sondern bedingt eine wirtschaftliche Entflechtung und damit größere Überschaubarkeit und Krisenfestigkeit. So lassen sich kleinere Kies-, Kalk- und Lehmgruben, gerade bei erhöhter Eigenverantwortlichkeit, besser renaturalisieren als riesige, landschaftszerstörende Abraumgruben. Eine Wiederverwendung gebrauchten Materials durch Bildung kleinerer Kreisläufe läßt sich einfacher durchführen.

Noch bis zum Beginn dieses Jahrhunderts wurden Häuser mit den örtlich verfügbaren Baustoffen erstellt.
Beispiel eines schlesischen Bauernhauses aus Naturstein, Holz, Lehm und Stroh.

Aus: Loewe, Schlesische Bauernhäuser

Angemessenheit von Material und Aufwand

Bei der breiten Palette der zur Zeit auf dem Markt befindlichen Baumaterialien ist zu bezweifeln, ob die teilweise hohen Materialqualitäten (Aluminium, Kunststoffe usw.) im Bauwesen überhaupt benötigt werden. Die meisten Funktionen – Tragen, Dämmen, Speichern, Dichten – lassen sich auch mit natürlichen oder naturnahen Materialien ausführen.
Veredelte Stoffe oder Kunststoffe haben nicht zu bezweifelnde Materialeigenschaften. Diese können aber gerade im Wohnbereich nicht entsprechend genutzt werden, und auch der mitunter geringere Pflegeaufwand und eine höhere Lebensdauer können den bis zum hundertfach größeren Energieaufwand gegenüber Holz nicht rechtfertigen.
Eine Verwendung von Aluminium bei Fensterrahmen, Profilen usw. stellt einen unnötigen Energie- und Rohstoffverbrauch dar. Holzfensterrahmen haben sich über Jahrhunderte bewährt. Auch andere energieintensive Bauteile, Beschichtungen und Dämmaterialien lassen sich durch natürlichere und weniger aufwendige Materialien ersetzen oder werden bei sorgfältiger Detailausbildung und gewissenhafter Ausführung oft ganz überflüssig.

Auswahl gesunder Baustoffe

Der Mensch hält sich heute bis zu 90% seiner Lebenszeit in geschlossenen Räumen auf, Grund genug, seine gebaute Umwelt gesund zu gestalten. Das Haus wird oft als die dritte Haut bezeichnet, davon ausgehend, daß die Kleidung als zweite Haut dient. Diese beiden Hüllen können, sofern sie ähnliche Funktionen wie die Körperhaut erfüllen, erheblich zum Wohlbefinden des Menschen beitragen. So lassen sich gerade für raumbegrenzende Baustoffe folgende Forderungen aufstellen:
Sie sollen neben der fast selbstverständlichen Schutzfunktion gegen chemische, mechanische, thermische Einflüsse eine möglichst große Atmungsfähigkeit besitzen, die einerseits frische, sauerstoffreiche Luft ins Haus, andererseits sauerstoffarme, verbrauchte Luft ins Freie gelangen läßt. Der damit verbundene Dampfdruckausgleich vermeidet Überfeuchtung bzw. Austrocknung. Dampfsperren in Decken und Wänden verhindern die natürliche Wandatmung und verschlechtern damit das Raumklima. Bei der zweiten Haut, der Kleidung, wird das deutlicher. Beim Tragen eines dichten Kunststoffmantels wird dieser innen naß, da das vom Körper verdunstete Wasser nicht entweichen kann. Im Gegensatz dazu transportieren natürliche Gewebe (z. B. ein Wollpullover) die Körperfeuchtigkeit als Wasserdampf nach außen und bleiben selbst trocken.
Baumaterialien und deren Oberflächen (speziell im Innenbereich) sollten darüber hinaus möglichst natürlich und unverfälscht sein. Die positive Wirkung des gesunden Baustoffes Holz kann durch falsche Oberflächenbehandlung vollkommen verloren gehen. Gerade die Oberflächen müssen unversiegelt und giftfrei sein und dürfen keine schädigenden Ausdünstungen oder Abriebe verursachen.
Angenehme Oberflächentemperaturen, unverfälschter Geruch (z. B. bei Holz) können wesentlich zum Wohlbefinden beitragen. Darüber hinaus sollten Baustoffe eine hohe Durchlässigkeit hinsichtlich atmosphärischer, kosmischer und terrestrischer Strahlung besitzen, um auch im Hausinneren möglichst natürliche Strahlungsverhältnisse zu schaffen. Eine Abschwächung oder einseitige Veränderung kann nach Aussage von Radiästhesisten zu gesundheitlichen Belastungen, Müdigkeit und Lustlosigkeit führen. Elektrostatische Aufladungen, z. B. bei Kunststoffen, können ein ungünstiges Raumklima herstellen und sollten daher möglichst vermieden werden.
Eine Gesundheitsgefährdung (Krebs, Erbschäden usw.) durch Verwendung radioaktivstrahlender Baustoffe kann nicht mit Sicherheit ausgeschlossen werden. Bei großflächiger Verwendung radioaktivstrahlender Baustoffe kann sich eine mehrfach höhere Strahlenbelastung ergeben als in der Umgebung von Kernkraftwerken. Da die natürliche Radioaktivität der Baustoffe regional unterschiedlich ist, z. B. bei Granit, Schiefer, Basaltlava, Bims- und Tuffstein, Zement, Ziegel, Fliesen, vor allem aber bei Chemiegips und Hochofenschlacken, ist also besondere Vorsicht angebracht.

Radioaktivität

Baumaterial	Spezifische Aktivität	
	Minimum	Maximum
Bausand, Baukies	0,03	0,37
Granit, Schiefer	0,13	2,78
Lava, Basalt	0,05	1,26
Sandstein, Kalkstein	0,04	0,97
Sonstige Natursteine	0,13	1,06
Ziegel, Lehm	0,15	1,48
Bimsstein, Tuffstein	0,30	1,91
Schlackensand u. Schlackenstein	0,18	3,40
Zement	0,08	1,39
Naturgips	0,00	0,04
Chemiegips	0,06	3,66
Fliesen u. Wandkeramik	0,20	1,22
Andere Kunststeine	0,06	1,12
Sonst. Zuschlagstoffe u. Putzmaterialien	0,06	0,58
Rohmaterialien für Baustoffe	0,07	6,22

Der Grenzwert 1 bedeutet, daß die natürliche Strahlenexposition um nicht mehr als maximal 100% überschritten wird, selbst dann, wenn alle Bestandteile eines in normaler Massivbauweise errichteten Gebäudes aus den betreffenden relativ stark radioaktiven Materialen bestehen würden.

Aus: Schriftenreihe Baubiologie. Inst. f. Baubiologie, Rosenheim

Forderungen und Möglichkeiten

Langfristig muß die Entwicklung einer Produktion energiesparender und umweltfreundlicher Baustoffe erfolgen. Ein erster Schritt kann durch Aufklärung zum Erkennen der Notwendigkeit und damit zu Konsequenzen bei Produzenten, Planern und Bauherren führen.
In diesem Zusammenhang erscheint eine Forderung nach Kennzeichnung von Baustoffen auf deren Verpackungen und Prospekten sinnvoll. Neben den üblichen, im allgemeinen bauphysikalischen Daten (Festigkeit, Wärmedämmeigenschaften usw.), sollten folgende Angaben wichtige Entscheidungshilfen zur Auswahl geben:

- Rohstoffbenennung (Grund- und Zusatzstoffe) sowie Abbau- bzw. Gewinnungsort;
- Energieaufwand (vom Rohstoffabbau bis zur Verarbeitung);
- Negative Eigenschaften während Abbau, Verarbeitung und Nutzung (Ausdünstung, Giftigkeit, gefährliche Stäube durch Abrieb, Strahlenverhalten und Radioaktivität, elektrostatische Aufladung usw.);
- Recycling (Möglichkeiten und Sammelstellen).

Diese Kennzeichnungspflicht wird teilweise im Lebensmittelbereich bei Zigaretten usw. angewandt und hat zu einem erhöhten Verbraucherbewußtsein geführt.
Es ist anzustreben, daß im Verbraucherendpreis sämtliche Kosten einschließlich aller Aufwendungen für emissionsvermeidende Maßnahmen bzw. Beseitigung produktionsbedingter Umweltschäden enthalten sind (verstärkte Anwendung des Verursacherprinzips).

Baustoffgruppen

Im folgenden werden einzelne Baustoffgruppen unter den Gesichtspunkten Verfügbarkeit, Energie, Schadstoffe, gesundheitliche Auswirkungen und Wiederverwendbarkeit problematisiert. Eine endgültige Bewertung einzelner Baustoffgruppen ist im Rahmen dieses Produktionsaufrisses nicht vorgenommen worden und kann erst bei der jeweiligen Anwendung erfolgen.

Natürliche Steine

Natursteine haben in der Regel eine sehr große Rohdichte (ca. 2800 bis 3000 kg/m³, ausgenommen Tuffe, Bims usw.). Sie verfügen damit über eine große Wärmespeicherfähigkeit und gute bis hervorragende Druckfestigkeit und Beständigkeit (z. B. Granit, Diabas, Gabbro usw.). Allerdings werden verschiedene Natursteinarten, Kalkstein, Sandstein usw. von Industrieluft und Autoabgasen stark angegriffen. So sind in den letzten Jahrzehnten mehr steinerne Kunstdenkmäler verwittert als in den vorangegangenen Jahrhunderten davor. Die heimischen Natursteinvorkommen sind umfangreich und vielfältig. Durch den stetig steigenden Absatz von Naturwerkstein entstehen riesige Steinbrüche, die langfristig eine Gefahr für vorhandene Landschaftsstrukturen bedeuten können, aber auch die Möglichkeit neuer Biotope bieten.
Der Primärenergieaufwand für dezentral genutzten, weitgehend unbearbeiteten Naturstein ist sehr gering (unter 100 kWh/t). Es ist jedoch davon auszugehen, daß durch schwieriger werdenden Abbau (Sprengen, Spalten, Sägen, Transport), aufwendige Bearbeitungsmethoden (Sägen, Schleifen, Polieren usw.) und erhöhte Transportkosten (z. B. Importe) ein höherer Energieaufwand als bei manchen künstlichen Steinen erforderlich ist.
Durch die mechanische Bearbeitung entstehen Lärm und silikogene Staube, letztere vor allem durch Sandstrahlen, Polieren usw., was gesundheitliche Schäden bei den Bearbeitern hervorrufen kann. Der Gebrauch von Naturstein ist jedoch nicht gesundheitsschädlich, sofern nicht so geringe Dampfdiffusionsfähigkeit oder erhöhte Radioaktivität, wie z.B. Fränkischer Granit und Buntsandstein die Verwendbarkeit einschränken.

Natursteine sollten gemäß ihrer örtlichen Verfügbarkeit genutzt werden (wie z. B. Schieferdächer und -wandbekleidungen im Rheinland). Anhaltspunkte für Arten und Umfang vorhandener Vorkommen werden z. B. an älteren Gebäuden und alten Friedhöfen sichtbar. Ebenso sollten geologische Karten und Erfahrungen alter Handwerksmeister herangezogen werden. Jahreszahlen von Grabsteinen können wichtige Verwitterungshinweise geben.
Naturstein wird seine Bedeutung als Baustoff (und nicht nur als Ziermaterial für Fassadenplatten u. ä.) wiedererlangen, wenn auf unnötige energieaufwendige Bearbeitungsmethoden, z. B. Sägen in künstliche Formate und Veredeln von Oberflächen, verzichtet wird und er nur dort eingesetzt wird, wo energieaufwendige Transporte entfallen.
Eine Weiternutzung von gebrauchtem Naturstein ist in den meisten Fällen möglich.

Die heimischen Natursteinvorkommen erstrecken sich überwiegend auf den Bereich der Mittelgebirge, West- und Süddeutschlands. Im Norden existieren keine überregionalen Natursteinreserven.

Lehm

Der Lehmbau ist eine der ältesten Bauarten und wurde in allen Erdteilen angewendet, wo geeigneter Lehm zu finden war. Der Rückgang dieser ausgesprochenen Handwerkskunst setzte am Ende des vorigen Jahrhunderts ein und kam mit der Industrialisierung des Baugeschehens mehr und mehr zum Erliegen.
Der Lehmbau hat im heutigen Bauwesen praktisch keine Bedeutung mehr. Allerdings lebte er bisher in Zeiten großen Baustoff-, Energie- und Facharbeitermangels immer wieder auf. Den letzten Aufschwung erlebte der Lehm am Ende der vierziger Jahre.
Lehm besteht in der Hauptsache aus Gesteinsschluff und Feinsand, der mit verwitterten (und durch Oxidation von Eisen braungefärbten) tonigen Bestandteilen durchsetzt ist. Lehm hat je nach Zuschlag (Fasern usw.) eine Dichte von 1200 bis 2000 kg/m, erreicht eine hohe Druckfestigkeit, geringe Zugfestigkeit und bei entsprechend sorgfältiger Verarbeitung und Mischung eine hohe Beständigkeit gegen Alterung, Verziehen und Schwinden.
Lehm ist im mitteleuropäischen Raum vielfach großflächig vorhanden und gut zugänglich. Da weder eine Erhitzung noch eine chemische Reaktion stattfindet, stellt seine Anwendung keine Belastung für die Umwelt dar, sofern Biotopzerstörung und Grundwasserabsenkungen vermieden werden. Er kann nach Gebrauch in gleicher Form an die Natur zurückgegeben werden. Lehm erfordert im günstigsten Fall (eigene Baugrube) keinen Primärenergiebedarf. Bei Transporten können ca. 1 bis 2 kWh/tkm in Ansatz gebracht werden.
Außenwände aus Lehm erfüllen die klimaausgleichenden Anforderungen hinsichtlich Feuchtigkeitsregulierung und Wärmespeicherung. Baukonstruktiv trockene Lehmbauten haben sich seit jeher als gesunde Aufenthaltsräume für Menschen erwiesen. Eine erhöhte Radioaktivität von örtlichen Lehmvorkommen kann diesen Wert einschränken. Für größere Mengen, besonders auch bei der Ziegelherstellung sollten Messungen vorgenommen werden.
Beim Lehmbau unterscheidet man zwei Grundarten:

- Massivlehmbau, wie Lehmwellerbau, Lehmstampfbau, Lehmquaderbau;
- Lehmständerbau, z. B. hölzernes Traggerippe, das mit Lehm und Flechtwerk ausgefacht wird.

Die Lehmauswahl muß sehr sorgfältig durchgeführt werden. Fette Lehme neigen zu Schwindrissen und Setzungen. Eine Abmagerung kann durch mineralische Beimengungen (Sand, Kies, Geröll, Schlacken, Trümmer oder regenerierbare Zuschläge wie

Die Qualität des örtlich verfügbaren Lehms bestimmt die Lehmbauart.

Aus: R. Niemeyer, Der Lehmbau und seine praktische Anwendung

Einige Prüfungsergebnisse

Fundort	Körnung Gefüge Farbe (erdf.)	Lehmart	Empfehlenswerte Verwendung
Düsseldorf-Eller	Schluff Gleichmäßig Braun	Lehmiger Sand	Noch eben brauchbar für den Naßbau mit Traggerippe, jedoch schlechte Putzhaftung
Kettwig	Schluff Fast gleichm. Braun	Sehr mager	Lehm-Naßbau mit Traggerippe. Schlechte Putzhaftung
Hiddestorf	Schluff-Fein Zieml. gleichm. Gelbbraun	Sehr mager	desgl.
Neuhof (Lamspringe)	Schluff Gleichmäßig Hellfahlgelb	Mager	desgl. (auch kleine Handstrichsteine in Kalkzementmörtel)
Faßdorf b. Lüneburg	Grob Wenig gleichm. Manganbraun	Mager	Kleine Handstrichsteine in Kalkzementmörtel
Travemünde	Fein-Grob Wenig gleichm. Dunkelbraun	Fast mager	Lehmpatzen in Kalk- oder Kalkzementmörtel
Linz a. d. Donau	Schluff Gleichmäßig Braun	Fast mager	desgl. (auch Quader in Kalkzement)
Hohenstein-Schlessinghs. Kr. Nienburg	Grob-Fein Ungleichmäßig Hellbraun	Fast fett	Quaderbau oder Stampfbau
Ernstthal (Sachsen)	Schluff Zieml. gleichm. Rotbraun	Fast fett	desgl. (auch Leichtlehm)
Crailsheim (Württemberg)	Schluff-Fein Gleichmäßig Braun	Fett	desgl. (gut für Leichtlehm)
Neustrelitz (Mecklenburg)	Fein Gleichmäßig Dklfahlbraun.	Fett	desgl.
Schwebda (Hessen)	Schluff Gleichmäßig Grau	Sehr fett	desgl.
Ellwangen (Württemberg)	Fein Ungleichmäßig Dklrotbraun	Sehr fett	desgl. (sehr gut für Leichtlehm)
Regensburg	Schluff Gleichmäßig Hellgrau	Ton, mager	desgl.
Detmold	Schluff Ungleichmäßig Hellgraubraun	Ton, fett	Schwer zu verarbeiten (vorzüglich für Leichtlehm)
Donau	Schluff Ungleichmäßig Fahlgelbbraun	Ton, sehr fett	desgl.

Stroh aller Art, Spreu, Häcksel, Flachsscheben, trockenes Wurzelwerk, Haare, Heidekraut, Reisig, Sägespäne usw.) erfolgen. Diese verbessern die Wärmedämmeigenschaften.
Der Lehmbau ist an die Sommerzeit gebunden. Es ist dabei wichtig, daß der Bau bis zum Beginn des Winters gleichmäßig austrocknen kann, um Frostaufbrüche zu vermeiden. Getrocknete Lehmquader können auch im Winter mit hydraulischem Mörtel vermauert werden. Lehmbauten sind auch während der Bauzeit sehr feuchtigkeitsempfindlich. Bauteile aus Lehm müssen durch Konstruktionsmaßnahmen und gegebenenfalls durch Oberflächenbehandlung sorgfältig geschützt werden (insbesondere Schlagregen, aufsteigende Feuchtigkeit und Kondensation).
Neue Techniken, wie bambusbewehrter Stampflehmbau usw., werden seit längerer Zeit bei Prof. G. Minke, GH Kassel, erprobt. Aus dem Betonbau übernommene Produktionsmethoden (z. B. Gleitschalung) schaffen Arbeitserleichterungen und ermöglichen neue Perspektiven für den Lehmbau.

Künstliche Steine

Der Rohstoffbedarf für künstliche Steine, Bindemittel und Zuschlagstoffe kann durch heimische Vorkommen gedeckt werden. Die dezentrale Produktion ist fast vollständig zum Erliegen gekommen. Durch ständige Vergrößerung der im Tagebau betriebenen Abraumgruben werden wertvolle Naturbereiche zerstört, was u. a. zu Grundwasserabsenkungen mit entsprechenden Folgeschäden führen kann. Sie sollten zur Schaffung neuer, artenreicher Biotope genutzt werden.

Gebrannte Steine

Ziegel ist der älteste von Menschen geschaffene Baustoff. Er wird aus Lehm und tonigen Massen nach entsprechender Aufbereitung bei 800 bis 1200° C gebrannt.
Für Rohstoffbereitstellung, Herstellung und Transport ergibt sich je nach Art folgender Primärenergiebedarf:

Hochlochziegel	ca. 450 kWh/t	(580 kWh/m³)
Leichtziegel	ca. 500 kWh/t	(450 kWh/m³)
Dachziegel und Klinker	ca. 550 kWh/t	(900 kWh/m³).

(Eigene Schätzungen)

Beim Brennen und Glasieren von Ziegelprodukten und Steinguterzeugnissen entstehen je nach Brennstoff, Luftverunreinigungen durch Kohlen- und Schwefeloxide, gasförmige Fluorverbindungen sowie silikogene Stäube (Lungenschädigungen).
Ziegel verfügen über gute Speicherfähigkeit. Durch unterschiedliche Rohdichten von 700 bis 2000 kg/m³ ist eine Feinabstimmung auf die Wärmespeicherung in massiven Bauteilen möglich.
Die überwiegend positive Wirkung von Ziegeln resultiert einerseits aus ihrer hervorragenden Eignung als Wand-, Decken- und Dachbaustoff (u. a. Dampfdiffusionsfähigkeit, Wärmespeicherungsfähigkeit) andererseits aus seiner Natürlichkeit, die sich in seinen Strukturen, Oberflächen und Farben widerspiegelt und durch Bindemittel oder Oberflächenbehandlung nicht gemindert werden sollte. Kalkputz und -mörtel bilden zum Ziegel eine sinnvolle Ergänzung.

Fliesen und Kacheln (einschl. Glasuren) weisen gelegentlich eine erhöhte Radioaktivität auf. Thoriumhaltige Rotschlammziegel (s. Kap. Metalle) werden nicht mehr hergestellt.
Eine Wiederverwendung von gebrauchtem (vor allem mit Kalkmörtel verbautem) Ziegel ist möglich, Ziegelsplitt und -bruch eignen sich zur weiteren Nutzung als Zuschlag- oder Füllstoff.

Mit Bindemitteln hergestellte Steine

Die wichtigsten Bindemittel sind Kalk und Zement, die in Verbindung mit einem Zuschlagstoff (z. B. Sand) als Beton, Kalksandstein, aber auch als Mauer- oder Putzmörtel oder bei Anstrichen (Kalkfarben, Zementschlämme usw.) Anwendung finden.
Sand und Kies sind vielfach dezentral, Bims, Lava, Tuff usw. nur vereinzelt verfügbar (z. B. in der Eifel).
Die Nutzung von Schlackensand aus Hochofen-, Müll, Steinkohlenschlacken usw. erscheint bei entsprechender Verfügbarkeit (Ruhrgebiet, Saarland) bedingt möglich (Radioaktivität beachten).
Bei Asbest besteht eine völlige Importabhängigkeit (Südafrika, Kanada, Sowjetunion).
Der Energiebedarf wird weitgehend von energieaufwendigen Materialien wie Zement, Stahl, Aluminiumpulver (für Gasbeton) bestimmt. Durch Beimischung hydraulischer Zusätze (Puzzolane), deren latente Bindekraft nur in Verbindung mit Kalk oder Zement wirksam wird, können eventuell Energieeinsparungen erzielt werden (z. B. Traß-, Eisen-, Portland-, Hochofenzement usw.).
Dabei ergeben sich folgende Werte:

Zement	1000 kWh/t	(1700 kWh/m³)
Kalk	1200 kWh/t	(1450 kWh/m³)
Sand	5 kWh/t	(10 kWh/m³)
Normalbeton	250 bis 300 kWh/t	(450 bis 500 kWh/m³)
Bimsbeton	300 bis 350 kWh/t	(250 bis 300 kWh/m³)
Gasbeton	750 kWh/t	(450 kWh/m³)
Stahlbeton und -fertigteile	450 bis 500 kWh/t	(800 bis 850 kWh/m³)
Kalksandstein	250 kWh/t	(350 kWh/m³)

(Eigene Schätzungen)

Für die Betonherstellung sind vor allem die Schadstoffe aus der Zementproduktion in Ansatz zu bringen. Dabei werden neben Kohlen- und Schwefeloxiden durch Verbrennung von fossilen Energieträgern riesige Mengen Staub (ca. 1 kg/t), Säuren und Chrombestandteile frei. Die Schadstoffe aus der Metallverwendung (Stahlbewehrung, Aluminiumpulver usw.) und Zusatzmitteln sind ebenfalls zu berücksichtigen (s. Kap. Metalle).
Die überwiegend negative Wirkung von Beton ist weitgehend auf seine praktizierte Anwendung zurückzuführen. Man verbindet Beton heute mit überdimensionalen, menschenfeindlichen Hochhäusern, Trabantenstädten usw., was weniger dem Baustoff als den Planern und Auftraggebern anzulasten ist.
Diese negativen Erscheinungen werden durch seine schlechte Dampfdiffusion und sehr langsame Feuchtigkeitsabgabe, monoton graue Farbe und den arteigenen Geruch noch verstärkt. Beton kann jedoch durch seine Formbarkeit und entsprechende Anwendung auch sinnvoll eingesetzt werden.

Als Wandbaustoff eignet sich Beton vor allem in Verbindung mit leichten Zuschlagstoffen (Ziegelsplitt, Bims, Blähbeton usw.) als Gasbeton oder kalkgebundener Beton (sog. Biobeton). Dadurch verringert sich zwar die Druckfestigkeit, jedoch sind Atmung und Austrocknung verbessert.
Kalksandstein (unter hohem Dampfdruck erhärtetes Gemisch aus Kalk und Sand) verfügt über ähnlich Diffusions- und Feuchtigkeitsverhalten wie Kiesbeton. Aufgrund seiner Speicher- und Tragfähigkeit erhält er einen ähnlichen Anwendungsbereich wie unbewehrter Beton. Auf Stahlbeton läßt sich gerade bei kleineren Gebäuden weitgehend verzichten.
Von einer Verwendung der Asbestzementerzeugnisse ist in jedem Falle abzuraten. Krebserregender Asbeststaub entsteht bei Herstellung und Verarbeitung, aber auch bei Asbestzementdächern durch Wind- und Regenerosion. Asbest erfordert einen hohen Transportaufwand und ist nahezu uneingeschränkt durch andere Stoffe zu ersetzen.

Glas

Glas, chemisch eine feste Flüssigkeit, besteht aus Quarzsand, Soda und Kalk.
Der Rohstoffbedarf wird weitgehend aus heimischen Vorkommen gedeckt, die Reserven werden jedoch zur Zeit übermäßig durch Wegwerfproduktionen (Einwegflaschen und -gläser) belastet. Ein Rücklauf von Altglas findet in steigendem Umfang statt.
Der Primärenergieaufwand für normales Flachglas (einschließlich Ziehen und Schneiden) beträgt ca. 6000 kWh/t (15000 kWh/m^3). Für die Herstellung von Spezialgläsern (Isolierglas, Farbglas oder bedampftes Glas) erhöht sich dieser Wert erheblich.
Bei der ausschließlich großtechnischen Glasproduktion werden folgende Schadstoffe frei:
Silikogener Staub, Schwefeldioxid, Kalziumchlorid und Stickoxide. Außerdem kann es bei entsprechender Oberflächenbehandlung (Polieren, Bedampfen) zur Emission giftiger Stoffe wie Blei und Fluor kommen.
Normales Bauglas absorbiert die UV-Strahlung fast völlig. Nur Quarzglas (aus reinem Quarzsand) und einige Kunststoffgläser lassen die bakterientötenden und für das menschliche Wohlbefinden wichtigen UV-Strahlen durch.
Glas sollte möglichst in der einfachsten Form verwendet werden. Aufwendige Isoliergläser wie farbig getöntes Absorptionsglas oder metallbedampftes Reflexionsglas sind energie- und schadstoffintensiver, erheblich teurer und wesentlich schlechter einem Recyclingprozeß zu unterziehen.
Sie können z. B. durch konstruktiven Sonnenschutz, Doppelfenster oder Läden weitestgehend ersetzt werden.
Im Bruchfalle lassen sich z. B. einfach verglaste Sprossenfenster relativ einfach auswechseln, da die Scheibenflächen kleiner sind und außerdem von der örtlichen Glaserei ersetzt werden können. Reststücke lassen sich dann ähnlich wie Einwegflaschen dem Recyclingprozeß unterziehen, wodurch sich gegenüber einer Neuproduktion eine Primärenergieersparnis von ca. 30% erzielen läßt.

Metalle

Neben Stahl sind Aluminium, Kupfer und Zink die wichtigsten Metalle im Bauwesen. Alle anderen Arten werden nur in kleinen Mengen oder zum Legieren benötigt.
Heimische Metallerzvorkommen sind nur in ganz geringem Umfang vorhanden. Es besteht daher eine fast völlige Importabhängigkeit. Die Rohstoffe werden vielfach aus außereuropäischen Ländern bezogen, was einen hohen Energieaufwand erfordert.

Importabhängigkeit der Bundesrepublik Deutschland in den Jahren 1953, 1963, 1974 in v. H. des Verbrauchs.

Aus: BMFT, Rahmenprogramm Rohstofforschung 1976–1979

Grundstoff (%)	1953 (%)	1963 (%)	1974 (%)
Eisen	73,5	90,7	93,0
Aluminium	100,0	100,0	100,0
Blei	57,7	80,7	76,0
Kupfer	99,1	99,6	99,0
Zink	31,4	63,1	70,0
Zinn	100,0	100,0	100,0
Molybdän	100,0	100,0	100,0
Chrom	100,0	100,0	100,0
Silber	100,0	100,0	100,0
Gold	100,0	100,0	100,0

Der Rücklauf von gebrauchtem Metall hat in den letzten Jahren erheblich zugenommen und wird in der nächsten Zukunft noch eine wesentliche Steigerung erfahren. Derzeit ergeben sich folgende Rücklaufquoten (bezogen auf den Gesamtverbrauch aller Industriezweige, nach Turowski):

Stahl	40%
Aluminium	25 bis 30%
Kupfer	40%
Zink	25%
Blei	45%.

Für die Bereitstellung der Rohstoffe (Erze), Transport und Herstellung von Halbzeugen ergibt sich folgender Primärenergiebedarf:

Eisen	3500 kWh/t	(25500 kWh/m³)
Stahl	8000 kWh/t	(63000 kWh/m³)
Aluminium	72500 kWh/t	(195000 kWh/m³)
Kupfer	15000 kWh/t	(133000 kWh/m³)
Zink	12000 kWh/t	(86000 kWh/m³)
Blei	10000 kWh/t	(114000 kWh/m³)
Zinn	6500 kWh/t	(48000 kWh/m³).

(Eigene Schätzungen)

Für die gebräuchlichsten Legierungen erhöhen sich diese Werte um ca. 3 bis 10%.

Die Schadstoffemissionen der Metallindustrie sind entscheidend an der heutigen Umweltbelastung beteiligt. Ein wesentlicher Teil resultiert dabei aus dem hohen Energieeinsatz bei der Metallerzeugung. Dabei werden Schwefeloxide, Stickoxide, Schwefelwasserstoff, Kohlenmonoxid, Fluorwasserstoff und ähnliche Verbindungen frei. Ferner entstehen bei Herstellung und Legierungen gefährliche und giftige Metallstäube (Blei, Beryllium, Mangan, Vanadium) sowie Fluoride. Die bei der Metallherstellung abfallenden Schlacken und Reststoffe werden größtenteils (Zement, Zuschlagstoff, Straßenbau usw.) verwertet. Neben einer teilweise hohen Radioaktivität enthalten diese Reststoffe auch oft schädliche Schwermetalle, was ihre Weiternutzung stark einschränkt.

Die übermäßige Metallverwendung am Bau sollte vermieden werden, wenngleich negative Auswirkungen gestörter elektromagnetischer Felder auf die Gesundheit nicht zweifelsfrei nachgewiesen sind.

Im kleineren Rahmen sind Konstruktionselemente und Verbindungsmittel aus Stahl dann sinnvoll, wenn Materialgerechtigkeit und direkte Wiederverwendung gewährleistet sind.

Beim Aluminium, dem wohl energieaufwendigsten Baustoff, ist eine Selbstbeschränkung ebenfalls dringend notwendig. Das wird an zwei Beispielen deutlich:

- Der Energieaufwand für einen Aluminiumfensterrahmen beträgt das Hundertfache des Energieaufwands für einen Holzrahmen.
- Die Aluminiumvorhangfassade eines achtstöckigen Verwaltungsgebäudes (900 m² Grundfläche, 50% Fensteranteil) benötigt den gleichen Primärenergieaufwand wie die Baustoffherstellung für ein komplettes Dreifamilienhaus (3 Wohnungen à 100 m²).

Kupfer als elektrischer Leiter bzw. als Wasser- oder Heizungsrohr ist kaum zu ersetzen, bei Dächern und Fassaden kann eine Verwendung unter Berücksichtigung der langen Lebensdauer (mehrere hundert Jahre) im Einzelfalle sinnvoll sein.

Zeitraum bis zur Erschöpfung wichtiger mineralischer Rohstoffe.

Aus: D. Meadows, Grenzen des Wachstums

Grundstoff	Wachstumsrate (%/a)	Exponent. Verbrauch (Jahre)	Exponent. Verbrauch bei 5fachen Vorräten (Jahre)	Gleichbleibender Verbrauch wie 1970 (Jahre)
Eisen	1,8	93	173	240
Aluminium	6,4	31	55	100
Blei	2,0	21	64	26
Kupfer	4,6	21	48	36
Zink	2,9	18	50	23
Zinn	1,1	15	61	17
Molybdän	4,5	34	65	79
Chrom	2,6	95	154	420
Silber	2,7	13	42	16
Gold	4,1	9	29	11

Zink wird als Korrosionsschutz (Feuerverzinken) für Dachrinnen, -profile und -eindeckungen benutzt, was seiner Lebensdauer und Haltbarkeit angemessen ist.
Blei findet seine Anwendung bei Dächern, Fassaden, Abdichtungen und im Schallschutz. Es kann in allen Bereichen ersetzt werden. Seine Giftigkeit, der hohe Energieaufwand und die sehr begrenzten Reserven sollten Grund genug sein, Blei nur dort einzusetzen, wo es unbedingt erforderlich ist (Akkumulatoren, Strahlenschutz usw.).
Die Wiederverwendung von Metallen gehört wohl zu den ältesten und bekanntesten Recyclingarten. Wenn eine immer anzustrebende direkte Weiternutzung nicht möglich ist, sollten Metalle in möglichst reiner Form dem Schmelzprozeß zugeführt werden. Verschmutzungen, Ummantelungen und Legierungen erhöhen den Aufwand wesentlich. Es ist z. B. nach dem heutigen Stand der Technik nicht machbar, den im Stahlbeton verbauten Stahl nach der Nutzung in den Materialkreislauf zurückzuführen. Aber vielleicht sind die Betonbauten (Stahlanteil bis max. 20%) von heute die Lagerstätten von morgen.
Am Beispiel des im Bauwesen verwendeten Aluminiums wird deutlich, daß nach einer durchschnittlichen Gebrauchszeit von 10 bis 30 Jahren etwa 40 bis 70% (nach Turowski) zum Einschmelzen zur Verfügung stehen.
Stahl, Kupfer, Zink und Blei aus Schrott lassen sich mit ca. 20 bis 40% der Primärenergie herstellen, die die Gewinnung auf Erzbasis erfordert.

Kunststoffe

In der Bundesrepublik werden derzeit jährlich mehr als sechs Millionen Tonnen Kunststoff hergestellt. Im Bauwesen wird davon etwa $^1/_4$ verwendet.
Die Rohstoffbasis für Kunststoff bilden derzeit die fossilen Kohlenstoffträger Erdöl, Erdgas und Kohle, mineralische Rohstoffe (Salze, Quarzsand, Kalk) sowie Rohstoffe pflanzlichen und tierischen Ursprungs (Kautschuk, Holz, Kasein, Öle und Fette usw.). Erdöl ist, bei einem Bedarf von augenblicklich ca. 12 Millionen Tonnen (das entspricht knapp 10% des Gesamterdölverbrauchs der Bundesrepublik) der mit Abstand wichtigste Rohstoff. Es besteht dabei eine nahezu völlige Importabhängigkeit. Die Verfügbarkeit ist ungewiß und von der gesamten Energieentwicklung abhängig. Die mineralischen Rohstoffe können weitgehend durch heimische Vorkommen gedeckt werden. Kautschuk u.ä. müssen aus außereuropäischen Räumen importiert werden. Ein Rücklauf von gebrauchtem Material ist langfristig zu erwarten.
Für die Bereitstellung der Rohstoffe, Transport und Herstellung ergibt sich im einzelnen folgender Primärenergiebedarf:

z. B. Polyäthylen (PE) Hochdruck	8200 kWh/t	(7600 kWh/m³)
Niederdruck	13700 kWh/t	(13100 kWh/m³)
Polypropylen (PP)	8200 kWh/t	(7400 kWh/m³)
Polyvenylchlorid (PVC)	9500 kWh/t	(13000 kWh/m³)
Polystyrol (PS)	18900 kWh/t	(20000 kWh/m³).

Der Heizwert des Grundstoffes Erdöl ist in den kWh-Angaben nicht enthalten. Bei einer eventuellen Berücksichtigung würden sich die Werte von 70% (PVC) bis 190% (PP) erhöhen.

Beispiele für den Widerstand von Baustoffen (Ω cm):

Holz (lufttrocken)	$10^8 - 10^{10}$
Linoleum	$10^9 - 10^{12}$
gebrannte Fliesen	$10^9 - 10$
Normalbeton	$10^7 -$
Terrazzoplatten	$10^7 - 10^9$
Asphalt	$10^{12} -$
Kunststoffbeläge	$10^9 - 10^{17}$
Anstrichstoffe	$10^{11} - 10^{15}$

Beispiele für gemessene Aufladungen an Baustoffen (V/m):

Eiche (unbehandelt)	0
Parkett (Eiche	
a) roh	−200
b) gewachst mit Bienenwachs	−200
c) DD-Lack-Versiegelung	−20000
d) DD-Lack nach 6 Jahren	−1500
Furniere (Fuma)	
a) unbehandelt	−110
b) gebeizt	+30
c) matt lackiert	−140
Weichfaserplatte	+50
Torfoleum	+120
Filz-Dämmplatte	+130
Spanplatte	
a) unbehandelt	−250
b) beschichtet mit Melamin	+4000
PVC	
a) Imitation	−34000
b) mit Antistatika	−1400
PE (transparent)	−65000
Resopal	+30
Acetat-Folie	−1100
Polystyrol	−660
Teppich-Beläge (Kunstfaser)	−20000
Sitzmöbel-Bezüge (Kunstfaser)	−20000
Vorhänge (Kunstfaser)	+20000

Quelle: Inst. f. Baubiologie, Rosenheim

Die Auswirkung der elektrostatischen Aufladungen sind noch nicht endgültig erforscht. Es besteht jedoch eine direkte Abhängigkeit zwischen Luftfeuchtigkeit, Ionisierung, elektrischem Gleichgewicht und der elektrostatischen Aufladung.

Bei der Herstellung von Kunststoffen werden wegen des hohen Energieeinsatzes und einer Vielfalt chemischer Reaktionen viele gesundheits- und umweltzerstörende Gase, Dämpfe und flüchtige Schwebstoffe frei wie Kohlenwasserstoffe, Sauerstoff-, Stickstoff-, Schwefelverbindungen, Schwefeloxide, Stickoxide, Chlorwasserstoff, Ammoniak, Phosphatwasserstoff usw.

Neben der Verunreinigung der Luft werden häufig auch Grund- und Oberflächenwasser belastet. Die Akkumulation über größere Zeiträume sowie die synergetischen Auswirkungen sind jedoch weder bekannt noch überschaubar.

Darüber hinaus werden zur Kunststoffherstellung eine Vielzahl von gefährlichen Arbeitsstoffen verwendet, die für am Herstellungsprozeß beteiligte Personen zu Krankheiten (Krebs usw.) führen können, wobei deren Schädlichkeit zwar mittlerweile bekannt ist, das Ausmaß der Langzeit-Wirkung auf Gesundheit und Wohlbefinden jedoch noch unübersehbar ist.

Viele Kunststoffe haben zum Ausgleich ihrer Sprödigkeit einen Zusatz an sogenannten physikalischen Weichmachern. Diese sind vielfach hochgiftig (z. B. PCB) und können über Jahre hinweg ausdünsten. Ähnliche Dämpfe entstehen auch durch giftige Lösungsmittel (z. B. Benzol, Glykole) in synthetischen Farb- und Anstrichstoffen sowie in Holzschutzmitteln (PCP). Darüber hinaus kann das Einatmen kleinster Kunststoffteilchen (z. B. auch durch Abrieb von synthetischen Fußbodenbelägen) Krebserkrankungen auslösen.

Im Brandfall werden bei Kunststoffen giftige und lebensbedrohende Gase frei. So wird z. B. bei der PVC-Verbrennung Chlorgas gebildet, das sich in Verbindung mit Löschwasser in Salzsäure umwandelt. Beim Entflammen von Polyurethan entstehen giftige Zyanverbindungen.

Kunststoffe laden sich aufgrund ihrer hohen elektrischen Isolierfähigkeit durch Reibung besonders stark elektrostatisch auf. Elektrische Schläge an den Fingerspitzen beim Berühren eines Metallteiles, nachdem man über einen Kunststoffußboden gegangen ist, oder das Knistern beim Ausziehen eines Kunstfaserpullovers sind bekannt. Durch elektrostatische Aufladungen entsteht eine Luftionisierung, die sich wie eine Gewitteratmosphäre auswirken kann. So können sich Kunststoffböden stark aufladen und dabei die normale Polarisierung (schwere negative Ionen unten, leichte positive Ionen oben) umdrehen, was gerade im Schlafbereich zu Gesundheitsstörungen führen soll.

Schadstoffemissionen, Energie- und Rohstoffbedarf sowie unübersehbare gesundheitliche Folgen sollten Anlaß genug sein, die Anwendung von Kunststoffen (insbesondere großflächig an Wand und Boden) auf ein sinnvolles Maß zu reduzieren oder ganz zu vermeiden. Kunststoffe haben in vielen Bereichen Holz und andere regenerierbare Materialien verdrängt, z. B. als Fassaden, Fenster, Türen, Möbel, Fußboden- und Wandbeläge, Deckenverkleidungen, Dämm-, Anstrich- und Klebstoffe. Es darf jedoch nicht vergessen werden, daß bei aller „Pflegeleichtigkeit", Dauerhaftigkeit, Form- und Farbvielfalt die Wohnqualität und das Raumklima von natürlichen atmungsaktiven Materialien nicht erreicht wird.

Kunststoffbauteile sollten nur dort verwendet werden, wo ein langfristiger Einsatz gewährleistet ist und wo erhebliche Vorteile gegenüber anderen Materialien gegeben ist (Gewicht, Verarbeitbarkeit, Energiebedarf im Installationsbereich, für Rohre, Tanks, Isolierungen usw.).

Aufgrund der unterschiedlichsten chemischen Zusammensetzung, Verschmutzung usw. ist ein Recycling von Kunststoffen ohne Material- bzw. Qualitätsverlust schwierig. Ein Abbau oder Zerfall auf biologischem Wege erfolgt nicht oder nur in begrenztem Maße und sehr langsam.

Verfahren der Rückgewinnung wie z. B. Einschmelzen, wobei Qualitätseinbußen in Kauf genommen werden müssen und damit die Anwendung auf Bereiche geringer mechanischer Belastung, z. B. Dämmplatten, eingeschränkt wird, sind geeignet. Der Primärenergiebedarf dieser erst am Anfang der Entwicklung stehenden Verfahren liegt bei ca. 10% (ungefähr 1000 kWh/t) des ursprünglichen Bedarfs, wobei sich das Verfahren bei ständiger Qualitätseinbuße nur begrenzt wiederholen läßt, da sich der Fremdstoffanteil jedesmal erhöht.
Eine andere Möglichkeit der Rückführung bietet die sog. Pyrolyse. Dabei erfolgt durch Druck und Hitze eine Zerlegung in gasförmige und flüssige Kohlenwasserstoffe, die dann wieder neu verarbeitet werden können. Der Primärenergieaufwand für dieses Verfahren ist insgesamt höher als bei der Schmelze; er liegt nur unwesentlich unter dem Bedarf, der für die Herstellung aus primären Quellen erforderlich ist.
Die ständig verbesserten Recyclingtechnologien sollten jedoch nicht dazu verleiten, Kunststoffe weiterhin so verantwortungslos anzuwenden wie bisher.

Regenerierbare Baustoffe

Holz und Holzwerkstoffe

Holz ist der wichtigste regenerierbare Baustoff.
Die Bundesrepublik Deutschland verfügt über einen Waldflächenanteil von ca. 30% ($^2/_3$ Nadelhölzer, $^1/_3$ Laubhölzer). Der heimische Holzeinschlag (1976: 26 Millionen m^3, davon 73% Nadelhölzer und 27% Laubhölzer) deckt ungefähr die Hälfte des derzeitigen Gesamtbedarfs; Importe erfolgen aus Nord-, Ost- und Südost-Europa, jedoch auch aus Afrika, Amerika und Asien. Hauptverbraucher sind Bauwirtschaft (einschl. Möbel) sowie Papier- und Pappindustrie, die jeweils zu ungefähr einem Drittel am Gesamtaufkommen beteiligt sind.
Bei sparsamem Umgang, Altpapierrecycling und entsprechend verantwortungsvoller Waldwirtschaft, die schon aus klimatischen Gründen unbedingt erforderlich ist, wäre eine eigenständige Holzversorgung möglich.
Ausländische Hölzer sollten wegen des erhöhten Energieaufwandes für den Transport nicht verwendet werden. Aus Ländern ohne verantwortungsbewußte ökologische Holzwirtschaft dürfte überhaupt kein Holzimport stattfinden. Das betrifft vor allem tropische Länder, da dort durch den Raubbau an den Regenwäldern irreversibele Schäden verursacht werden.
Für die Bereitstellung von inländischem Holz, Fällen, Entrinden, Trocknen, Sägen, Hobeln, Schleifen usw. und Transport muß ein Primärenergieeinsatz von ca. 300 kWh/t in Ansatz gebracht werden.
Für Holzwerkstoffe (Span- und Faserplatten) ergibt sich durch Pressen (Druck und Wärme) und die Verwendung von Kunstharzen ein Primärenergiebedarf von 800 bis 1500 kWh/t.
Die kleintechnische Verarbeitung ist weitgehend frei von schädlichen Emissionen, allerdings entstehen in der Holzwerkstoffindustrie durch Verarbeitung großer Mengen giftiger Bindemittel (z. B. Phenole, Formaldehyd) gefährliche Gase und Stäube.
Die Verwendung von Holz als Baustoff wirkt sich positiv auf das menschliche Wohlbefinden aus. Holz schafft nicht zuletzt wegen seiner Natürlichkeit, seiner angenehmen Farben und seines typischen Geruchs eine angenehme Atmosphäre.
Aufgrund seines Porensystems mit einer riesigen inneren Oberfläche (bis zu 2000 cm^2/Gramm) verfügt es über eine hohe Hygroskopizität, Diffusions- und Sorptionsfähigkeit. Holz gilt als der „gesündeste Baustoff". Falsche Oberflächenbehandlungen können die Qualitäten des Holzes mindern und sich im Extremfall sogar schädigend auswirken.

Holz kann aufgrund seiner dezentralen, regenerierbaren Verfügbarkeit, seines hohen gesundheitlichen Werts, sowie seiner energiesparenden, handwerklichen Be- und Verarbeitbarkeit bedenkenlos eingesetzt werden. Seine hochwertigen konstruktiven Eigenschaften (Holz trägt, bezogen auf das Gewicht, das 14fache von Stahl) lassen eine fast unbegrenzte Anwendung zu. 95% aller Baustoffe lassen sich durch Holz ersetzen. Holz kann sowohl zum Bau von Tragwerken als auch als Dach- und Wandbaustoff, Dämmaterial und Fußbodenbelag sowie für Verkleidungen, Fenster, Möbel usw. verwendet werden, wobei die Anforderungen des Brandschutzes die Bauweisen bestimmen.

Je einfacher das Holz verarbeitet wird, desto geringer ist der Energiebedarf. Die Verwendung von Rundholz, Stangenholz, Knüppelholz, Reisig, Ruten, Wurzeln usw. erfordert fast keine Primärenergie. Alte Techniken und neue Konstruktionsmethoden könnten zu einer interessanten Anwendung führen.

Neuere Techniken und Verfahren, wie z. B. der Holzleimbau, Binder- und Nagelwerke, lassen riesige Spannweiten zu (Hallenbauten usw.), Holzwerkstoffe bilden eine sinnvolle Ergänzung bei zusätzlicher Verwertung von Spänen und Schwarten. Leider werden diese mit giftigen Bindemitteln hergestellt. Durch Einsatz von Knochen-, Pflanzen- und Milchleimen oder holzeigenem Lignin ließen sich die natürlichen Holzeigenschaften auch bei den Holzwerkstoffen weitgehend erhalten.

Holz bedarf wegen der Anfälligkeit gegenüber Fäulnis, Insekten, Pilzen und Feuer entsprechender Schutzmaßnahmen.

Ein natürlicher Holzschutz kann bereits durch entsprechenden Waldbau, Fälltermin, Lagerung und Trocknung erreicht werden. Konstruktiver Holzschutz verhindert Feuchtigkeitsbildung durch Belüftung und Wasserableitung bei Holzbauteilen.

Eine Imprägnierung kann mit natürlichen Holzschutzmitteln erfolgen wie Holzöl und Holzteer (s. Kap. Biologische Energie) oder auch mit Leinöl, Firnis, Bienenwachs usw. Eine Verwendung von 10 bis 15% Borax oder von Sodalösungen ist ungefährlich, bietet Schutz gegen Pilz- und Insektenbefall und wirkt darüber hinaus auch feuerhemmend. Eventuellem Mehraufwand (Arbeit, Kosten) steht ein erheblich höherer gesundheitlicher Wert gegenüber. Die dadurch erreichte Dauerhaftigkeit macht die Verwendung heute üblicher, teilweise hochgiftiger Holzschutzmittel weitgehend überflüssig.

Holz läßt sich nach Gebrauch direkt wiederverwenden, als Brennholz nutzen oder durch biologischen Abbau in den Naturkreislauf zurückführen. Giftige Schutz- und Bindemittel dürfen dabei keine ökologischen Schäden (Verunreinigungen usw.) hervorrufen.

Weitere regenerierbare Baustoffe

Im Vergleich zu Holz haben alle anderen regenerierbaren Baustoffe derzeit nur geringe Bedeutung. Es kommen dabei folgende Rohstoffe in Betracht:

- pflanzliche Baustoffe: Stroh, Schilf, Reet, Seegras, Flachs, Jute, Hanf, Kork, Kokos, Sisal, Baumwolle, Naturharz, pflanzliche Öle und Fette;
- tierische Baustoffe: Kasein, Rinderblut, Leder, Haare, Wolle, Knochen, Bienenwachs, tierische Öle und Fette.

Die meisten Materialien sind dezentral verfügbar, werden jedoch kaum mehr genutzt und oft sogar als Abfall umweltbelastend beseitigt. Produkte aus regenerierbaren Rohstoffen können bei geringem Energieeinsatz kleintechnisch hergestellt werden, sind meist arbeitsintensiv, dafür schadstofffrei und verursachen keine Folgeschäden.

Der Transportaufwand für nur im Ausland wachsende regenerierbare Rohstoffe (Baumwolle, Kork, Kokos usw.) liegt immer noch weit unter dem Energiebedarf der Kunststoffproduktion.
Die Anwendungsmöglichkeiten sind vielfältig: Dämmung, Beläge, Oberflächenmittel, Leime usw. Sie ließen sich durch Neuentwicklungen regenerierbarer Baustoffe noch erweitern bzw. durch Schaffung entsprechender Produktionsbetriebe weiter verbreiten und kostengünstig herstellen.
Die Eigenschaften der regenerierbaren Materialien sollten, insbesondere was Herstellung, Nutzung und Weiterverwendung sowie die Gesundheit betrifft, Vorbild für künstlich hergestellte Produkte sein, die den Bedarf abdecken können, ohne das bereits sehr geschrumpfte Naturpotential weiter abzubauen. Eine solche Industrie sollte in sich ein ökologisches System darstellen, das mit seiner Umgebung harmoniert.
Die folgende Vergleichstabelle bewertet die üblichen Baustoffe und -materialien nach 7 Gesichtspunkten, die bei einer „ökologischen Baustoffauswahl" berücksichtigt werden sollten. Die Zeichen + oder – stehen für eindeutig positive bzw. negative Bewertungen, das Zeichen ○ wurde bei neutraler Bewertung bzw. bei unterschiedlichen Einschätzungen gesetzt. Die Angaben des Primärenergiebedarfs wie auch die Bewertungen basieren auf eigenen Berechnungen und Erkundungen, sie erheben keinen Anspruch auf Vollständigkeit.

Vergleich üblicher Baustoffe und Materialgruppen nach ökologischen Gesichtspunkten

Baustoffe und -materialien / Ökologische Gesichtspunkte	Primärenergiebedarf kWh/m³	Schadstoffe bei Herstellung	Regenerierbarkeit	Wiederverwendbarkeit	Heimische Verfügbarkeit	Möglichkeit dezentraler Herstellung und Anwendung	Auswirkung auf Gesundheit und Wohlbefinden
Außenhaut							
Wetterschutz							
Holz	5	+	+	+	+	+	unwesentlich
Schiefer	5 bis 10	+	–	○	○	+	
Vormauerziegel	40 bis 100	○	–	○	○	+	
Glas (einfach)	60	–	–	○	○	+	
Kunststoff	120 bis 150	–	–	○	○	○	
Aluminium	350	–	–	○	–	–	
Dämmung ($1/\Lambda = 0,3$)							
Stroh	5	+	+	+	+	+	+
Seegras	7	+	+	+	○	+	+
Holzwolle	13	+	+	+	+	+	+
Kokos, Sisal	13	+	+	+	–	–	+
Bläh-, Preßkork	18	+	+	+	–	–	+
Schlackenwolle	23	–	–	○	○	○	○
Glaswolle	26	–	–	○	○	○	–
Blähperlite	28	○	–	○	○	○	+
Preßstroh	30	○	+	+	+	+	+
Schaumglas	32	–	–	○	○	○	○
Holzwolleleichtbaupl.	35	○	+	+	+	+	+
Polystyrolschaum	65	–	–	○	–	–	–

Baustoffe und -materialien \ Ökologische gesichtspunkte	Primärenergiebedarf kWh/m³	Schadstoffe bei Herstellung	Regenerierbarkeit	Wiederverwendbarkeit	Heimische Verfügbarkeit	Möglichkeit dezentraler Herstellung und Anwendung	Auswirkung auf Gesundheit und Wohlbefinden
Wandbaustoff							
Holz	60	+	+	+	+	+	+
Leichtziegel	150	○	−	○	+	+	+
Gasbeton	225	−	−	○	○	−	○
Leichtlehm	30	+	−	+	+	+	+
Leichtbeton	70	○	−	+	+	○	○
Ziegel 1,2	130	○	−	○	+	+	+
Ziegel 1,4	140	○	−	○	+	+	+
Strohlehm	30	+	−	+	+	+	+
Kalksandstein 1,4	85	○	−	○	+	+	○
Ziegel 1,8	125	○	−	○	+	+	+
Kalksandstein 1,8	80	○	−	○	+	+	○
Beton (unbewehrt)	45	○	−	○	+	○	○
Stahlbeton (Fertigteil)	105	−	−	○	−	−	−
Granit	10	○	−	+	○	+	−
Dachhaut							
Stroh, Rohr	2 bis 4	+	+	+	+	+	+
Holzschindeln	5	+	+	+	+	+	+
Seegras	2 bis 4	+	+	+	○	+	+
Schiefer	5 bis 10	+	−	+	○	+	+
Betondachstein	25	○	−	○	+	○	○
Ziegel	30	○	−	○	+	+	+
Asbestzement	15	−	−	○	−	−	−
Verzinktes Stahlblech	70	−	−	○	−	−	○
Kupfer	100	−	−	○	−	−	○
Blei	250	−	−	○	−	−	−
Aluminium	350	−	−	○	−	−	○
Dichtung							
Kraftpapier	0,5 bis 1	○	+	+	+	+	unwesentlich
Bituminierte Pappe	1 bis 3	○	○	−	−	−	
Folie (PVC, PE)	2 bis 5	−	−	○	−	−	
Fensterrahmen							
Holz	8	+	+	+	+	+	
Kunststoff	250	−	−	+	−	−	
Aluminium	800	−	−	+	−	−	
Innenbereich							
Dach- und Deckentragkonstruktion							
Holz	20 bis 30	+	+	+	+	+	+
Ziegelgewölbe	60 bis 120	○	−	○	+	+	+
Stahlbeton	150 bis 200	−	−	○	−	−	○
Träger und Stürze							
Holz (12/20)	8	+	+	+	+	+	+
Stahl (I PB 220)	550	−	−	○	−	−	○

Baustoffe und -materialien \ Ökologische gesichtspunkte	Primärenergiebedarf kWh/m³	Schadstoffe bei Herstellung	Regenerierbarkeit	Wiederverwendbarkeit	Heimische Verfügbarkeit	Möglichkeit dezentraler Herstellung und Anwendung	Auswirkung auf Gesundheit und Wohlbefinden
Füll- und Dämmstoffe							
Sand	0 bis 5	+	−	+	+	+	○
Lehm	0 bis 5	+	−	+	+	+	○
Schlacke	0 bis 5	○	−	+	+	+	○
Ziegelsplitt	5 bis 20	○	−	+	+	+	○
Filz		+	−	+	+	+	+
Fußböden							
Lehm	0 bis 5	+	−	+	+	+	○
Holz	3 bis 10	+	+	+	+	+	+
Stein	5 bis 10	+	−	+	+	+	○
Linoleum	3 bis 5	+	+	+	+	+	+
Kunststoff	20 bis 40	−	−	○	−	−	−
Teppich							
Wolle, Flachs	2 bis 4	+	+	+	+	+	+
Kokos, Baumwolle	4 bis 6	+	+	+	−	−	+
Kunststoff	20 bis 35	−	−	○	−	−	−
Putz und Bekleidung							
Gipsputz 20 mm	5	○	−	−	+	○	+
Kalkputz 20 mm	5	○	−	−	+	○	+
Zementputz 20 mm	8	○	−	−	+	○	−
Fliesen	8 bis 16	○	−	○	+	+	○
Gipskarton 15 mm	12	○	−	−	+	○	−
Spanplatte 13 mm	13	○	+	○	+	+	○
desgl. kunststoffbesch.	25	−	−	−	−	−	−
Papiertapete	0,5	○	+	+	+	+	+
Kork	1 bis 2	+	+	+	−	−	+
Leinen, Bast	0,5 bis 1	+	+	+	+	+	+
Kunststofftapete	10 bis 25	−	−	−	−	−	−
Holz	3	+	+	+	+	+	+
Anstriche u. Farben							
Natürliche Anstriche	0,5 bis 2	+	○	+	+	+	+
auf Kunststoffbasis	20	−	−	−	−	−	−
Wasser- und Heizungsrohre DN 20							
Verzinkter Stahl	5	−	−	○	−	−	○
Kupfer	8	−	−	○	−	−	○
Kunststoff	2	−	−	○	−	−	−
Abwasserrohre DN 100							
Steinzeug	18	○	−	○	+	+	+
PVC	30	−	−	○	−	−	−
Gußeisen	55	−	−	○	−	−	○

Bilanz

Der folgende Vergleich stellt den Primärenergiebedarf für die Erstellung eines Hauses dar, bezogen auf die Bauteile und Gewerke. Durch entsprechende Material- und Konstruktionswahl kann der Primärenergieaufwand auf ein Drittel reduziert werden. Gleichzeitig werden erhebliche gesundheitliche Vorteile erreicht.
Dem Vergleich liegt der bekannte Reihenhausmitteltyp in vier verschiedenen Bauweisen zugrunde:

A industriell vorgefertigt,
B konventionelle Bauweise,
C wie B, jedoch mit „gesunden Baustoffen",
D „Naturhaus", jahrhundertelang bewährt, modifiziert nach heutigen Erkenntnissen.

Bauteil/Gewerk	Ausführung	Alle Angaben in kWh			
		A	B	C	D
40 m² Außenwand	Betonfertigteile (Sandwich), Hartschaumdämmung	10800			
	Kalksandstein, Hartschaumdämmung, Verblender		10000		
	Ziegel, Korkdämmung, Holzverkleidung			7000	
	Lehmfachwerk, Seegrasdämmung, Holzverkleidung				2000
250 m² Seitenwände	Betonfertigteil, Hartschaumdämmung	41500			
	Kalksandstein, Hartschaumdämmung		31000		
	Ziegel, Korkdämmung			37000	
	Lehmfachwerk, Seegrasdämmung				12500
100 m² Tragende Innenwände	Betonfertigteile	18000			
	Kalksandstein		10000		
	Ziegel			15000	
	Naturstein				4000
200 m² Nichttragende Innenwände	Gasbeton	12000			
	Kalksandlochstein		10000		
	Leichtziegel			10000	
	Holzfachwerk und Lehm				3600
100 m² Innendämmung (Wärmehierarchie)	Hartschaum	2500			
	Glaswolle		1000		
	Kork, Kokos			600	
	Stroh, Seegras o.ä.				300
Dachstuhl	Vollholz	2000	2000		
	optimale Querschnitte			1200	
	Rundholz, Knüppel, Schwarten				600
1000 m² Dacheindeckung einschl. Dämmung	Asbestzement und Hartschaum	4000			
	Ziegel und Glaswolle		4000		
	Stroh			1000	
	begrüntes Dach				400
80 m² Sohle	konventioneller Sohlenaufbau	9500	9500		
	50% konventionell 50% als biologischer Lagerkeller (ohne Grundwasser)			5500	5500
50 m² Fensterrahmen	Aluminium	40000			
	Kunststoff		12500		
	Holz (Verbundfenster)			500	500

Bauteil/Gewerk	Ausführung	Alle Angaben in kWh			
		A	B	C	D
50 m² Verglasung (3fach)	Isolierscheiben Einzelscheiben	10000	10000	9000	9000
Beschläge	konventionell (verdeckt) sichtbar, bei geringeren Flügelgrößen	1300	1300	500	500
200 m² Decken einschl. Treppen	Stahlbeton 1/3 Gewölbe (Ziegel) 2/3 Holzbalken Holzbalken	30000	30000	10000	6000
200 m² Fußböden	Kunststoff 1/2 Kunststoff, 1/2 Stein 1/3 Stein, 1/3 Holz, 1/3 Linoleum	7000	4500	1400	1400
100 m² Teppich	Kunststoff Wolle/Baumwolle	2500	2500	300	300
500 m² Innere Oberflächen (einschl. Tapeten bzw. Farben)	60% Gipskarton 40% Kalkgipsputz Tapeten	5300			
	50% Gipskarton 70% Kalkgipsputz Tapeten		3800		
	50% Holz 50% Kalkgipsputz und Kalkfarben			5300	
	70% Holz 30% Kalkgipsputz und Kalkfarben				900
Heizung	Wasserkreislauf und Heizkörper Luftkreislauf (Luftkanäle in Wänden und Decken)	10000	10000	1000	1000
20 m² Sonnenkollektoren	Aluminum und Isolierglas Stahl und Isolierglas Holz/Stahl und Isolierglas	16000	8000	8000	5000
Summe		**222400**	**160100**	**109300**	**53500**
Anteile in Prozent		138,9%	100%	68,2%	33,4%

Literatur

Bossel, H.: Energie richtig genutzt. Karlsruhe 1976.

Buchwald, K., Engelhard, W. (Hrsg.): Handbuch für Planung, Gestaltung und Schutz der Umwelt, Band II: Die Belastung der Umwelt. München 1978.

Bundesanstalt für Arbeitsschutz und Unfallforschung. Arbeitsstoffe. Dortmund 1976.

Bundesministerium für Forschung und Technologie (BMFT): Rahmenprogramm Rohstofforschung 1976–1979. Bonn 1976.

Bundesministerium für Forschung und Technologie (BMFT). Daten und Fakten. Bonn 1976.

Gottlieb-Duttweiler-Institut (Hrsg.): Kleintechnologie kontra Wirtschaft. Frankfurt 1976.

Gressel, P.: Herstellung und Eigenschaften der Holzwerkstoffe. Gießen 1976.

Informationsstelle Naturwerkstein: Bauen mit Naturwerkstein. Würzburg 1976.

Institut für Baubiologie: Schriftenreihe Gesundes Wohnen. Stephanskirchen 1978.

Loewe, L.: Schlesische Holzbauten. Düsseldorf 1969.

Lotz, K. E.: Willst Du gesund wohnen? Biberach 1975.

Meadows, D.: Grenzen des Wachstums. Stuttgart 1972.

Meier, K.: Energiehaushalt von Gebäuden. Vortrag Zürich 1978.

Minke, G.: Alternatives Bauen. Kassel 1980.

Niemeyer, R.: Der Lehmbau und seine praktische Anwendung Hamburg 1948.

Palm, H.: Das gesunde Haus. Dettingen 1975.

Piltz/Härig/Schulz: Technologie der Baustoffe. Heidelberg 1971.

Schneider, A.: Holz–Mensch–Gesundheit. In: Holz-Zentral

Scholz, W.: Baustoffkenntnis. Düsseldorf 1971.

Turowski, R.: Entlastung der Rohstoff- und Primärenergiebilanz der Bundesrepublik Deutschland durch Recycling von Hausmüll. Jülich 1977.

Verein Deutscher Zementwerke: Keine Gesundheitsschäden in Massivbauten. In: VDI Nachrichten Nr. 49/1975.

Wagner, J. J., Turowski, R.: Energieanalyse für elektrische Wärmepumpen und Wärmedämmung in Einfamilienhäusern. In: CCi 11/78.

Wanschura, W.: Beton erzeugt Krebs. In: Beratende Ingenieure 6/74.

Yeang, K.: Energeties of the Built Environment. In: AD 7/74.

Teil IV Kreisläufe in Haus und Siedlung

Die Verknüpfung aller bisher geschilderten Einzelmaßnahmen zu Kreisläufen und Ketten geschieht auf vielen Ebenen. Dies ergibt ein nur schwer überschaubares Netz von Zusammenhängen und Abhängigkeiten. Als Gliederung in besser faßbare Teilgebiete werden deshalb in Anlehnung an die vier klassischen Elemente Luft, Wasser, Feuer und Erde vereinfachend vier Haushalte dargestellt, die miteinander vernetzt zu ökologischer Ausgewogenheit führen können; es sind:

- Lufthaushalt,
- Wasserhaushalt,
- Energiehaushalt,
- Materialhaushalt.

Die Schließung der Kreisläufe, Vernetzung der Haushalte und Verbindung mit den örtlichen Ökosystemen führen einerseits zu völlig neuen Lösungen, andererseits können bewährte Methoden der Vergangenheit übernommen werden.
Die Vernetzung und ökologische Einbindung des menschlichen Lebensbereiches führt zu einer Sanierung der belasteten Umwelt gleichsam durch eine Verbesserung des unmittelbaren Wohn- und Lebensraumes selbst. Solche Maßnahmen sollten daher Vorrang haben vor den üblichen Umweltschutz- und Schadensbekämpfungsmaßnahmen, die kontraproduktiv Mittel und Arbeitszeit binden, ohne dadurch eine grundsätzliche Verbesserung schaffen zu können.
Erst nach der langsam wachsenden Einbindung in die Naturkreisläufe funktionieren die Haussysteme vollständig. Gleichsam als Nebenprodukt entsteht eine saubere Umwelt von hoher Lebensqualität, die die Bewohner mit reiner Luft, sauberem Wasser, Wärme und auch Nahrungsmitteln versorgen kann.
Voraussetzung dafür ist ein aktives Mitarbeiten der Bewohner und ein Verständnis für Naturvorgänge sowie eine von jedem Einzelnen verstehbare und beherrschbare Technik.
Der Planer und Architekt hat hier eine neue Aufgabe, Häuser, Siedlungen und Stadtbereiche so zu organisieren und zu gestalten, daß ein stabiles ökologisches System entsteht, das von den Bewohnern verstanden, mitgestaltet und weiterentwikkelt werden kann.
Alle vier Haushalte stehen in enger Wechselbeziehung und dürfen schon beim Entwerfen nicht isoliert behandelt werden, da bereits viele Teilfunktionen durch entwurfliche und konstruktive Maßnahmen gelöst werden können.

Lufthaushalt

Luft ist das Medium, in dem wir leben wie die Fische im Wasser. Luftdruck, Temperatur, Wassergehalt, Zusammensetzung und Strömung bestimmen in vielfältiger Weise unseren Lebensvollzug und unsere Wahrnehmung.
Allerdings gehen wir mit diesem uns hautnah berührenden Stoff recht achtlos um, vergiften und verschmutzen ihn und vergessen, daß die Luftschadstoffe mit jedem Atemzug über 100 m^2 unserer Lungenfläche berühren können. Redewendungen wie: „In Luft auflösen" oder „Ist Luft für mich" zeigen, wie gering wir dieses Medium schätzen.
Durch die derzeitige Produktions- und Versorgungsstruktur sind die Haushalte indirekt an der Luftverschmutzung der Industrie ebenso mitbeteiligt wie an dem durch Zentralisierung und Funktionstrennung entstandenen Verkehrsaufkommen.
Ökologische Bau- und Siedlungsweisen können durch ihre örtlich ausgeglichenen Energie- und Materialhaushalte und durch eine fein abgestimmte Funktionsmischung mit kurzen Verkehrswegen auch zur Luftreinhaltung einen wesentlichen Beitrag leisten.
Ein ökologisch optimaler Energie- und Materialhaushalt ist Vorausbedingung für einen ausgeglichenen Lufthaushalt. Ziele in Haus und Siedlung für den Lufthaushalt sind daher:

- Minimiertes Verkehrsaufkommen,
- Schadstofffreie Verkehrsmittel (z. B. Fahrrad),
- Vermeiden von schadstoffintensiven Prozessen,
- Entwicklung von Prozeßkreisläufen und -kaskaden,
- Nutzung natürlicher Energiequellen,
- Weitgehende Vermeidung von Verbrennungsvorgängen,
- Erhöhung der natürlichen Luftregeneration durch Vegetation in Haus und Siedlung, Anlegen von Wäldern zur Luftregeneration,
- Gesundung des Bodenlebens und der Gewässer.

Luft ist das Medium in dem wir leben, wie die Fische im Wasser.
An der Luftverunreinigung sind mit 50% der Verkehr, 20% die Haushalte, 19% die Kraftwerke und 11% die Produktion beteiligt. Die mengenmäßig geringen 11% der Industrie beinhalten die gefährlichsten Stoffe. Der Schadstoffanteil der Haushalte, zu dem noch 5% aus den Kraftwerken kommen, entsteht vorwiegend aus der Verbrennung zum Heizen und zur Stromproduktion.
Die Belastung der Luft ist Vorstufe zur Belastung von Boden und Wasser. Schadstoffe sammeln sich dort an und gelangen über die Nahrungskette zum Menschen zurück, mit entsprechenden Krankheitsfolgen.

Der Lufthaushalt von Gebäuden wird durch den Luftwechsel zwischen Innen- und Außenräumen bestimmt. Dabei muß einerseits ein Luftaustausch stattfinden, andererseits sollen die Temperaturschwankungen zu geschlossenen Räumen gepuffert werden, um so ein relativ konstantes Innenklima zu erreichen.
Voraussetzung für einen gesunden Lufthaushalt in einem Gebäude ist gute Luft in seiner Umgebung (s. Kap. Klima und Vegetation). Völlig eigenständige Luftkreisläufe, wie sie für die Raumfahrt unabdingbar sind, sind im normalen Gebrauch auf Dauer kaum möglich, sofern lebensbedrohende Luftverunreinigungen dieses nicht erforderlich machen. Den Luftwechsel Pflanze – Mensch – Tier kann man jedoch sehr gut auch für Gebäude ausnutzen, wobei der Lufthaushalt nur eine Komponente aus einer Reihe anderer Qualitäten darstellt, die die Verbindung Pflanze – Mensch wesentlich für das Wohlbefinden machen.
Der gebäudeinterne Lufthaushalt wird von folgenden verändernden Faktoren bestimmt:

- Atmung von Mensch, Tier und Pflanze,
- Ausdünstungen von Lebewesen, Baustoffen und Gegenständen,
- Raumheizung,
- Kochdunst,

- Verbrennungsrückstände,
- andere Einflüsse z. B. aus Arbeitsvorgängen.

Dadurch verändert die Innenluft gegenüber der Außenluft

- die Temperatur,
- den Wasserdampfgehalt,
- die Zusammensetzung (Sauerstoff-CO_2),
- die Geruchsintensität,
- den Staubgehalt,
- die elektrische Ladung.

Je nach Zusammentreffen der Faktoren, ihrer Aktivität und der Verträglichkeit der Bewohner (auch Tiere, Pflanzen und Gegenstände) muß zum Überleben, zur Gesundheit und zum Wohlbefinden die „verbrauchte" Luft regeneriert oder ausgetauscht werden. Je mehr die Innenluft dabei der guten Außenluftqualität gleicht, desto physisch und psychisch wohler fühlen sich die Bewohner.
Dem intensiven Luftwechsel stehen jedoch einige Einschränkungen entgegen:

– Erhöhter Luftaustausch hat Wärmeverluste zur Folge;
– stärkere Luftbewegungen schaffen Unruhe, verursachen Zugerscheinungen und Auskühlungen, was zu Krankheiten führen kann;
– große Luftzirkulationen wirbeln Staub auf, der maßgeblich zu den Reizungen der Atemwege beiträgt (evtl. krebsfördernd).

Für einen guten und gesunden Lufthaushalt ergibt sich die folgende Forderung:
Hohe Luftregeneration bei geringem Energieverlust und niedrigen Strömungsgeschwindigkeiten.
Als Luftwechselrate werden für die verschiedenen Hausräume von Grandjean folgende Mengen empfohlen:

Wohnräume:	2- bis 3fach,
Küche:	10- bis 20fach,
Bad:	4- bis 8fach,
WC:	4- bis 6fach.

Über Luftionisation und Gleichfelder gehen die Meinungen und Interessen weit auseinander. Es gibt Versuchsreihen, die sowohl Wirksamkeit als auch Nichtwirken aufzeigen. Auf diese Problematik kann hier vertieft nicht eingegangen werden. Allgemein kann man sagen, daß bei der Verwendung natürlicher Materialien (s. Kap. Baustoffe) und bei sinnvoller Zuordnung der Räume und Installationen die Störungen durch elektrostatische Aufladung, durch elektromagnetische Felder und druch Strahlungsunregelmäßigkeiten stark eingeschränkt werden können. Technische Geräte und Sender zur Verbesserung des elektrischen Raumklimas, wie sie in Schulen ausprobiert werden, erscheinen von der Grundkonzeption her recht fragwürdig. Die Erfahrungen der Radiästhesisten sollten beachtet werden, solange keine genaueren Kenntnisse vorhanden sind (siehe auch RWE Bauhandbuch Technischer Ausbau 1981/82).
Unbestritten dagegen ist der positive Einfluß einer guten Durchsonnung auf Luft und Raumklima. 5 bis 10 Minuten Sonnenbestrahlung desinfizieren bereits wirksam (Grandjean). Besonders Küche, Bad und WC sollten besonnt werden können.
Neben der Entkeimung wirkt Sonne auch geruchsneutralisierend und trägt besonders zum physischen und zum psychischen Wohlbefinden bei.

Vegetation im Außenbereich verbessert die Luftqualität des Innenraumes.
a) Zuführung der Frischluft über die Vegetation durch Wind oder thermische Zirkulation bei windstiller Strahlungswetterlage.
b) Durch gezielte Bepflanzung und Wasser sowie durch Anordnung von Luftzuführung und Abzügen entsteht durch Temperaturstaffelung ein natürliches Filter- und Luftverbesserungssystem.

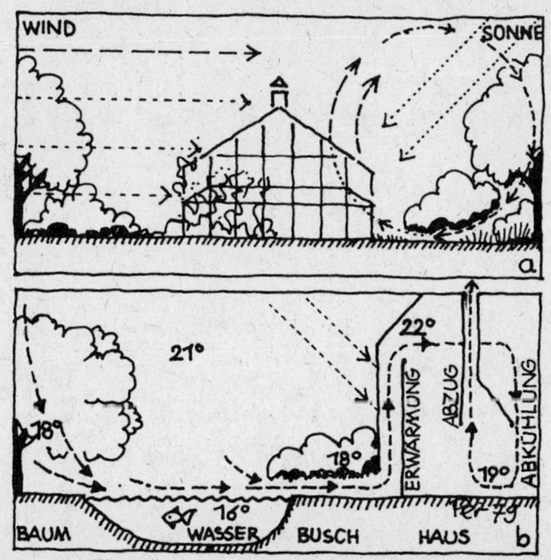

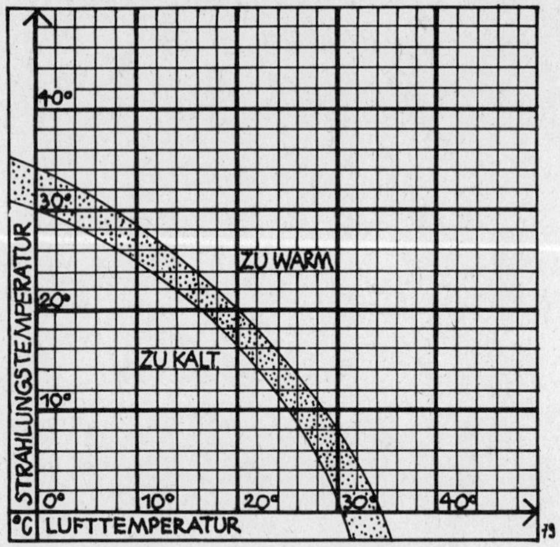

Die Kurve physiologischer Behaglichkeit zeigt den gesetzmäßigen Zusammenhang zwischen Strahlungstemperatur K (x-Achse) und der Lufttemperatur °C (y-Achse). Die Breite der Kurve ergibt sich aufgrund individueller Unterschiede, aus dem Grad körperlicher Anstrengung sowie der Wirksamkeit der Kleidung.

Nach Eisenschink

Das Wärmezentrum im Gehirn steuert Durchblutung, Schweißabsonderung und Muskeltätigkeit. Dadurch paßt es den Wärmehaushalt des Körpers an seine augenblickliche Tätigkeit und Befindlichkeit an. Behaglichkeit stellt sich ein, wenn die notwendige Wärmeabgabe des Körpers mit dem tatsächlichen Wärmeverlust an die Umgebung übereinstimmt.

Nach: Grandjean

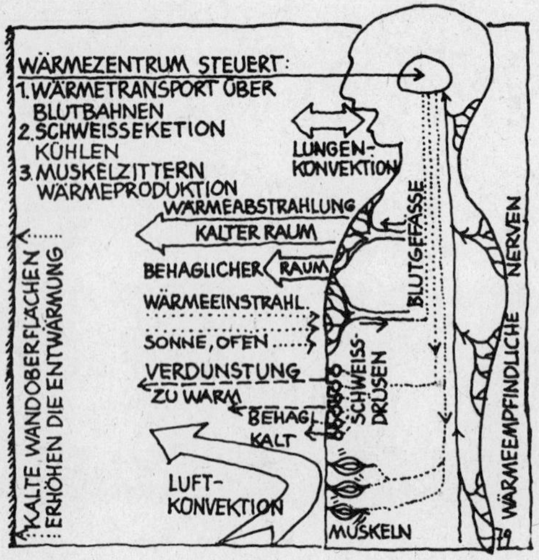

Raumklima

Das Raumklima wird als „behaglich" empfunden, wenn es sich in bestimmten Bereichen für Temperatur, Feuchtigkeit, Luftzusammensetzung und Staubgehalt bewegt. Die Gaszusammensetzung sollte der reinen Außenluft entsprechen, Geruchsstoffe dürfen in geringem Maße, Staub darf gar nicht enthalten sein. Die wichtigsten Faktoren sind Temperatur und Feuchtigkeit. Sie beeinflussen den Feuchtigkeits- und Wärmehaushalt der Bewohner und damit ihre körperliche Befindlichkeit.

Temperatur und Feuchtigkeit

Die Raumtemperatur setzt sich aus der Wärmestrahlung der Umfassungsflächen und der Lufttemperatur zusammen.
Raumluft- und Strahlungswärme können unterschiedliche Anteile an dem von dem Körper als behaglich empfundenen Temperaturniveau haben. Außerhalb dieses Behaglichkeitsbereiches können Kälte- und Hitzegefühle entstehen.
Die Körpertemperatur des Menschen beträgt im Inneren 37° C. Eine laufende Entwärmung des Körpers ist notwendig. Sie beträgt ca. 175 W. Der größte Anteil wird durch Konvektion an die Luft abgegeben. Atemluft, Verdunstung von Wasser über Atmung und Haut (Transpiration) sind die Hauptträger des Wärmetausches. Abstrahlung von Wärme nimmt, bedingt durch Kleidung, nur einen geringen Teil an der Entwärmung ein. Für das Wohlbefinden des Körpers ist es also vorteilhaft, im Rahmen der Behaglichkeitstemperaturen einen hohen Anteil an Strahlungswärme zu empfangen, um den Körper bei entsprechend geringerer Lufttemperatur besser entwärmen zu können.
Täglich scheidet der Mensch ca. 1 l Wasser in Form von Wasserdampf über Haut und Lunge aus. Diese „Entfeuchtung" muß ständig gewährleistet sein, da sie einen wesentlichen Faktor des Wohlbefindens und der Gesundheit darstellt. Die den Menschen umgebende Luft muß diese Feuchtigkeit aufnehmen können. Dabei ist die Aufnahmekapazität der Luft abhängig von der Temperatur, d. h. je höher die Lufttemperatur ist, desto mehr Wasser kann sie aufnehmen. Die ‚Relative Luftfeuchte', angegeben in %, umschreibt die Dampfsättigung im Verhältnis zur 100%igen Sättigung. Da die Körpertemperatur des Menschen weitgehend konstant bleibt, ist für das Wohlbefinden der absolute Wassergehalt entscheidend (gemessen in g auskondensiertem Wasser pro kg trockener Luft).
So beträgt z. B. bei einer Raumtemperatur von 18° C und einer rel. Luftfeuchte von 40% der absolute Wassergehalt ca. 4 g/kg. An der Hautoberfläche und in der Lunge erwärmt sich die Luft auf max. 37° C, die dann über eine rel. Luftfeuchte von 15% verfügt. Diese erhöht sich durch Feuchtigkeitsabgabe von Haut und Lunge auf max. 100%, so daß etwa 40 g Wasser/kg Luft abtransportiert werden können.
Das hohe Dampfdruckgefälle von 15% auf max. 100% rel. Luftfeuchte ermöglicht eine ausreichend rasche Feuchtigkeitsaufnahme während des Konvektionsvorganges an der Haut und in der Lunge. Diese schnelle Entfeuchtung wird als angenehmes Luftklima empfunden.
Bei einer hohen Umgebungslufttemperatur mit hohem Feuchtigkeitsgehalt (z. B. 35° C/80% rel. Luftfeuchte) erfolgt keine Aufwärmung an der Hautoberfläche und nahezu kein Feuchtigkeitsabtransport. In der Lunge wird die Luft nur noch um 2° C

erwärmt, wodurch die rel. Luftfeuchtigkeit auf ca. 70% reduziert wird, so daß dann nur noch etwa 5 bis 10 g Wasser/kg Luft abtransportiert werden können. Diese zu geringe Entfeuchtung bewirkt ein starkes Unbehaglichkeitsgefühl.
Die folgende Tabelle (nach Eisenschink) gibt Luftfeuchtewerte an, die eine Einschätzung der Wirkung auf das Wohlbefinden ermöglichen.

Wassergehalt der Luft g/kg	Eignung als Atemluft	Empfinden beim Atmen
0 bis 5	sehr gut	leicht, frisch
5 bis 8	gut	normal
8 bis 10	befriedigend	noch erträglich
10 bis 20	zunehmend schlecht	schwer, schwül
20 bis 25	schon gefährlich	feuchtheiß
über 25	ungeeignet	unerträglich
41	Wassergehalt der Ausatmungsluft 37°C (100%)	
über 41	Wasser kondensiert in Lungenbläschen	

Zum Vergleich einige relative Luftfeuchtewerte:

Absoluter Wassergehalt	rel. Luftfeuchte	Temp.	Beschreibung
2 g/kg	50%	0°C	schöner Wintertag, Lungenheilklima (Davos)
5 g/kg	100%	4°C	schöner Spätherbst
5 g/kg	40%	18°C	sehr gutes Raumklima
8 g/kg	50%	21°C	gutes Raumklima
10 g/kg	70%	20°C	zu feuchtes Raumklima
28 g/kg	100%	30°C	tropischer Regenwald

Es wird deutlich, daß für ein angenehmes Innenraumklima eine Lufttemperatur zwischen 16 und 20°C bei etwa 40% rel. Luftfeuchte, d. h. 4 bis 5 g Wassergehalt/kg Luft anzustreben ist.
Diese Forderung deckt sich mit den Vorteilen einer Strahlungsheizung, die bereits bei diesen Temperaturen eine Behaglichkeit für das Wärmeempfinden erreicht (s. Kap. Energiehaushalt).
Für den Lufthaushalt bietet ein solches Heizsystem zusätzlich den Vorteil der geringeren Staubaufwirbelung infolge verminderter Konvektion, für den Energiehaushalt wirken sich die reduzierten Wärmeverluste infolge niedriger Lufttemperaturen positiv aus.
Da bei ständiger Entfeuchtung des menschlichen Körpers der Wassergehalt der Innenraumluft allmählich ansteigt, sollte für gezielte Lüftung sowie für Feuchtigkeitsausgleich durch die Baustoffe gesorgt werden (s. Kap. Wandatmung und Lüftung).

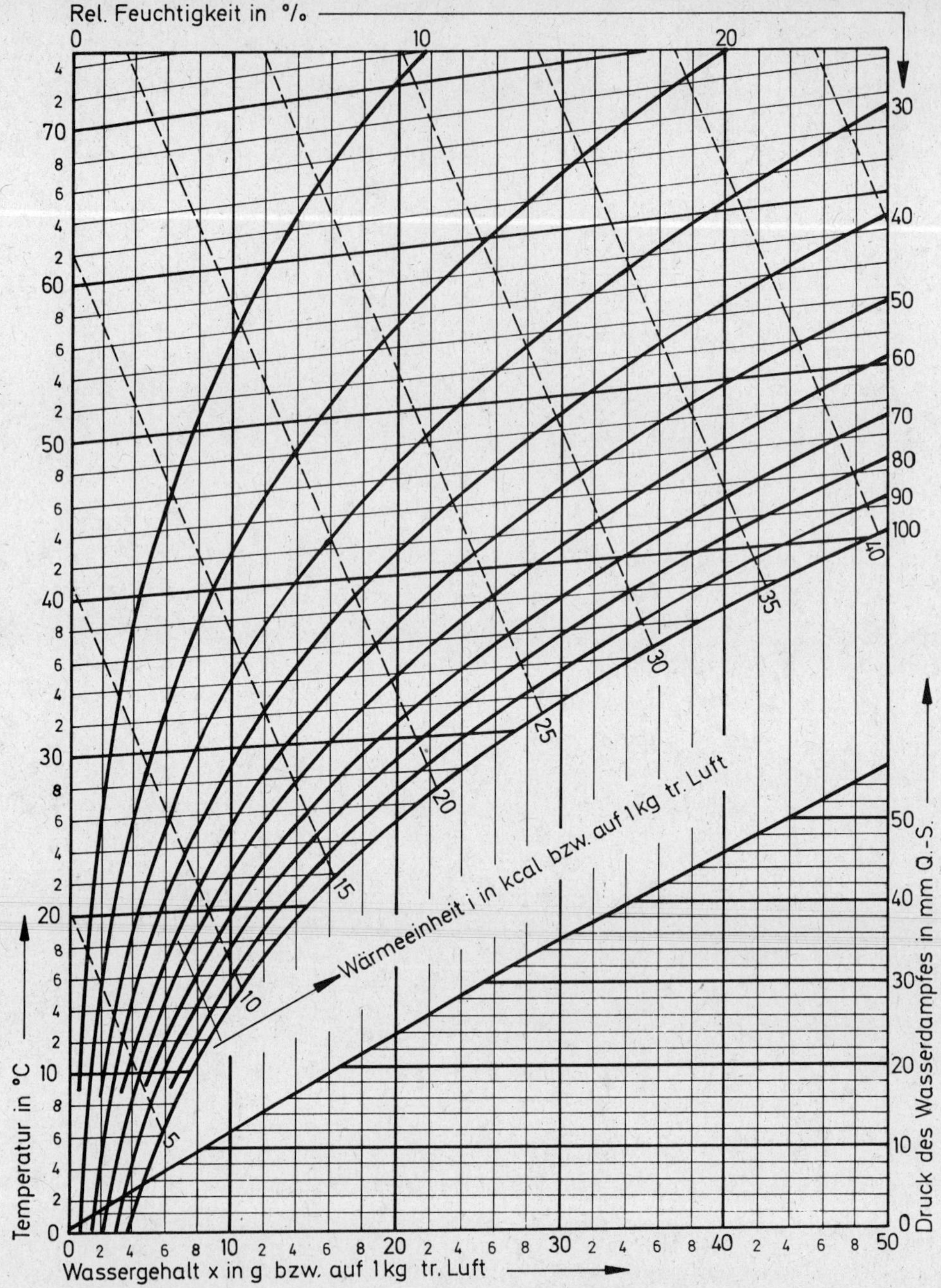

Das sog. i-x-Bild von Mollier (1906) veranschaulicht die Abhängigkeiten von Temperatur, Feuchtigkeit (relative und absolute), Wärmeinhalt und Dampfdruck der Luft.
Auf Basis der Temperatur (Ordinate) und des absoluten Wassergehaltes (Abzisse) werden die dazugehörigen Daten für Wärmeinhalt, Dampfdruck und relative Feuchtigkeit dargestellt.
So lassen sich für eine bestimmte Situation die Zusammenhänge zwischen Temperatur, rel. Luftfeuchte, Wassergehalt, Wärmeinhalt und Dampfdruck ablesen und vergleichen.

Tätigkeit und Befindlichkeit

Die individuelle Empfindung des Raumklimas wird durch folgende Faktoren bestimmt:

- Die Tätigkeit, den Stoffwechsel und die damit verbundene Atmungs- und Kreislaufgeschwindigkeit;
- die Kleidung und dem davon abhängigen Hautklimahaushalt;
- Gewohnheit, Erziehung und Veranlagung;
- momentane psychische Befindlichkeit.

In den heute üblichen kleinen, gleichmäßig klimatisierten Häusern und Wohnungen ist eine individuelle Anpassung vorwiegend durch die Kleidung als Pufferzone zwischen Hautklima und Raumklima zu erreichen. Mit einer Wolljacke bekleidet, kann man z. B. die Raumtemperatur um 2 bis 5°C senken. Das könnte dann bis zu 25% Heizkosten sparen.
Durch Schaffung von unterschiedlichen Klimazonen im Haus und einer entsprechenden Zuordnung von Tätigkeitsfeldern wird die Variationsbreite erhöht, und jede Person kann ihren Ort der derzeitigen Behaglichkeit wählen. Das kann durch Wärmehierarchien (s. Kap. Bauliche Wärmebewahrung), durch Strahlungsheizung (s. Kap. Raumheizung) und durch entsprechende Anordnung der Möblierung geschehen.
Behaglichkeit stellt sich jeweils ein, wenn das Wärmegefälle des Körpers zur Umgebung genau der notwendigen Entwärmung entspricht.
Je nach Erregungs-, Anspannungs- oder Ruhezustand wird ein spezifisches Raumklima bevorzugt. Hinzu kommen individuelle Eigenheiten aus Veranlagung, Erziehung und Gewohnheit.
Für die physikalische Beschaffenheit der Luft im Raum ergeben sich aus dem Vorangegangenen einige Hinweise:

- Nicht zu hoher Wasserdampfgehalt der Atemluft (maximal 10 g/kg),
- geringe Lufttemperatur, erhöhte Strahlungstemperatur,
- minimale Luftbewegung im Raum,
- unterschiedliche Klimazonen (räumlich und zeitlich),
- Luftbefeuchtung und Entstaubung durch Pflanzen,
- hoher Sauerstoffgehalt.

Raumklimazonen

Raumklima bedeutet aber noch mehr als nur physische Behaglichkeit. Es trägt einen großen Teil zur Orientierung in der Umwelt und damit zur Sicherheit und Geborgenheit des Menschen in seiner heimatlichen Umgebung bei. E. T. Hall beschreibt in seinem Buch „Die Sprache des Raumes“ die distanzregelnden Wirkungen von Gerüchen und Wärmestrahlung bei Tieren und Menschen. Aber gerade der Geruchssinn wird in unserer Zivilisation im Gegensatz zu anderen (z. B. arabischen) Kulturbereichen nur noch wenig genutzt.

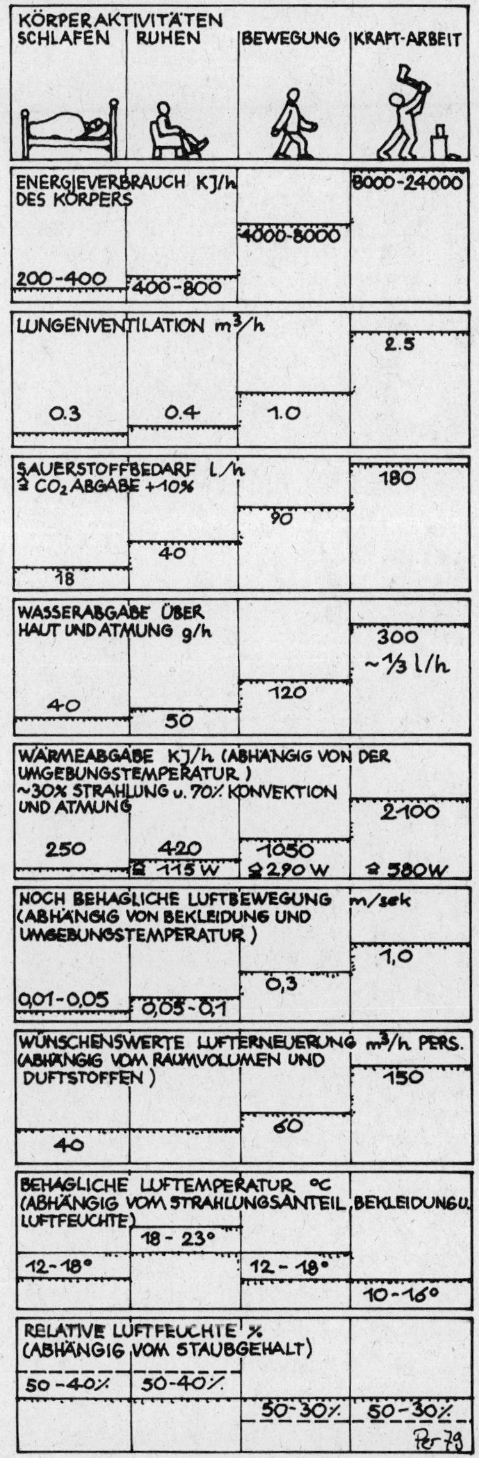

Einflußgrößen auf das Raumklima in Abhängigkeit von verschiedenen körperlichen Aktivitäten.

Nach: Grandjean, Barbei, Grün, Eisenschink, Brockhaus, Neufert u. a.

Ein Haus sollte durch natürliche Mittel für alle unterschiedlichen Aktivitäten optimale Klimabereiche bereithalten. Diese Forderung läßt sich durch eine Wärmehierarchie erfüllen, die die Energieverluste minimiert (s. Kap. Bauliche Energiebewahrung). Bestimmte Aktivitäten können zeitlich den wechselnden Außenklimaten angepaßt werden. Im Außenbereich sollten daher entsprechende Orte geschaffen werden.

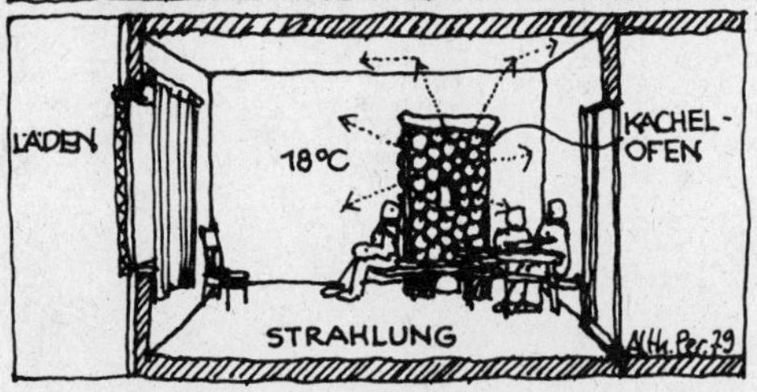

Der starke Konvektionsstrom der heutigen Heizung bringt Unruhe. Die Luftbewegung verursacht Auskühlung und läßt die Bewohner oft noch die Heizung höher stellen. Hohe Lufttemperaturen bewirken große Wärmeverluste.
Bei Heizungen mit hohem Strahlungsanteil, wie hier mit Kachelofen, kann die Lufttemperatur niedrig gehalten werden. Es entsteht kaum Luftbewegung durch Konvektion. Wärmeverluste werden geringer.
Der Raum hat unterschiedliche Klimabereiche für unterschiedliche Aktivitäten.

Im Haus markieren Wärmestrahlung, Lufttemperatur, Gerüche und Geräusche bestimmte Zonen. Eine Wohnung, die überall ein gleiches Raumklima hat, trägt ebenso wie eine monotone Beleuchtung zu Desorientierung und Unwohlsein bei.
Entsprechend den verschiedenen Nutzungen, Tages- und Jahreszeiten sollte eine Wohnung für alle Sinne unterschiedliche Reizzonen bereithalten.
Die folgenden Abschnitte geben einige Hinweise für Eigenheiten und besondere raumklimatische Anforderungen einzelner Wohnbereiche.

Wohnräume

Der Wohnraum im Haus soll allen Bewohnern angenehmen Aufenthalt ermöglichen. Er sollte jedem sein Klima und seinen Ort bieten, nicht ein neutrales gleichmäßiges Allgemeinklima, das niemandem voll gerecht wird. Die Bank am Ofen, der Lehnstuhl in der Leseecke oder der Korbsessel auf der Veranda sind Beispiele für besondere Klimasituationen. Physiologische Behaglichkeit und Orientierung sind Grundbedingungen für den optimalen Ort, den persönlichen Mittelpunkt im Raum.
Der Austritt ins Freie sollte überall angestrebt werden; er ist im Wohnbereich besonders wichtig. Grün- und Außenraumbezug sind für das Klimagefühl von außerordentlicher Wichtigkeit. Wintergärten sind als Vermittlerzonen zwischen innen und außen gut und bieten bei Sommer-Winter-Umbau gleichzeitig Pufferzone und „Sommerverlängerung", indem sie abwechselnd Garten, Wohnraum, Nebenraum oder auch Gewächshaus sein können.

Schlafräume

Kalt oder warm schlafen ist eine umstrittene Frage. Unumstritten ist jedoch, daß der Körper in seiner nächtlichen Regenerationszeit möglichst sauerstoffreiche, frische Luft braucht, zumal im tiefen Schlaf die Atmung auf unter $0{,}5\,m^3/h$ abflacht. Deshalb empfehlen z. B. Kneipp und Hufeland das Schlafen bei geöffneten Fenstern.
Ein kalter Schlafraum ist jedoch nicht unproblematisch, da der Luftaustausch mit den angrenzenden geheizten Räumen durch Wände, Decken und Türen evtl. zur Kondensatbildung führen kann. Dies tritt vor allem dann ein, wenn der Schlafraum durch Warmluft aus anderen Räumen beheizt wird. Die so entstehende feuchte Kälte ist oft Ursache von Erkältungskrankheiten und Rheuma.
Strahlungswärme und Frischluft sind die richtige Kombination für den Schlafraum. Eisenschink beschreibt in seinem Buch „Falsch geheizt ist halb gestorben ..." eine Klimalösung. Er schafft mit einer niedrig angeordneten „Klimaklappe" einen Frischluft-Kältesee in Atmungshöhe der Schlafenden. Darüber befindet sich die normal geheizte Luft (möglichst Strahlungsheizung). Die Atemluft ist in ständigem Austausch mit der Außenluft. Wenn sonst keine Öffnungen im Schlafraum sind, stabilisiert sich die

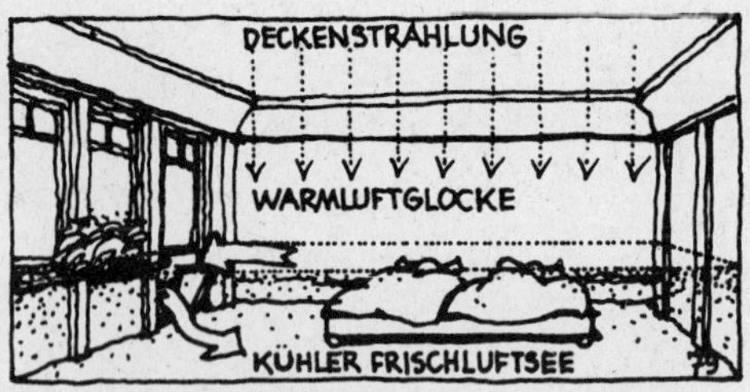

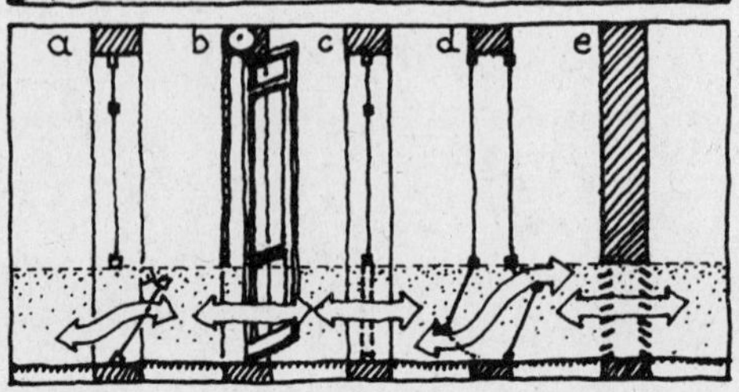

Eisenschinks „Klimaklappe" im Schlafzimmer ist eine einfache Möglichkeit, frische Luft und warme Strahlung zu erhalten. In der Atemzone bildet sich ein „Kältesee", darüber strahlen die Bauteile Wärme ab (Deckenheizung).
Klimaklappen können unterschiedlich ausgebildet werden:
a) Klappflügel im unteren Fensterbereich.
b) Rolladen in gewünschter Höhe arretiert durch Auflagerstifte.
c) Seitlich verschiebbare Lamellen lassen eine Feindosierung zu.
d) Bei Kastenfenstern können Umwege schallschützend und luftberuhigend sein.
e) Wandöffnung mit verschließbaren Lamellen.

Kaltluftschicht, und es entsteht kein Zug. Freigelegte Körperteile werden von der Strahlungswärme geschützt, ohne daß Kondensatfeuchte im Raum entsteht. Auch der durch Bewegung der Bettwäsche entstehende Feinstaub soll dadurch gemindert werden. An der oberen Grenze des Kaltluftsees wird der Staub gebremst und durch die Klappe gut abgelüftet.

Koch- und Speiseräume

Das Raumklima in der Küche ist besonderen Extremen ausgesetzt. Wasserdampf, Fette, Dünste und Gerüche gelangen in die Luft und müssen abgeführt werden, wenn sich nicht alles an Wänden und Einrichtung niederschlagen soll. Zusätzlich können Luftverbrauch oder Abgase durch die Kochstelle entstehen. Diese verursacht als punktuelle Wärmequelle eine verstärkte Luftkonvektion und damit auch die Schadstoffverteilung. Abluftsysteme direkt über der Kochstelle können die Belastung mindern.
Beim Einbau von Ventilatoren und Wärmetauschern sind evtl. Geräuschentwicklungen bzw. Verschmutzungen zu berücksichtigen. Filterung und der Wärmetausch können nutzbringend in den Gebäudehaushalt eingebracht werden. Trotzdem ist eine gute Lüftungsmöglichkeit nach außen für Küchen, in denen gekocht, gebacken und gebraten wird, unbedingt erforderlich; besser noch ist ein Ausgang. Innenliegende licht- und luftlose Küchen sind allenfalls als Tee- und Aufwärmküchen benutzbar, wenn nicht ein übermäßig hoher technischer Aufwand getrieben wird.
Speiseräume sind weniger stark belastet als Küchen. Längerer Luftaustausch ist jedoch erforderlich, wenn Wände und Gegenstände den Speiseduft wieder abgeben sollen. Das sollte vor der nächsten Mahlzeit geschehen sein. Nur in einem guten Raumklima wirkt der Speiseduft wohltuend. Das gilt besonders für Wohnküchen.

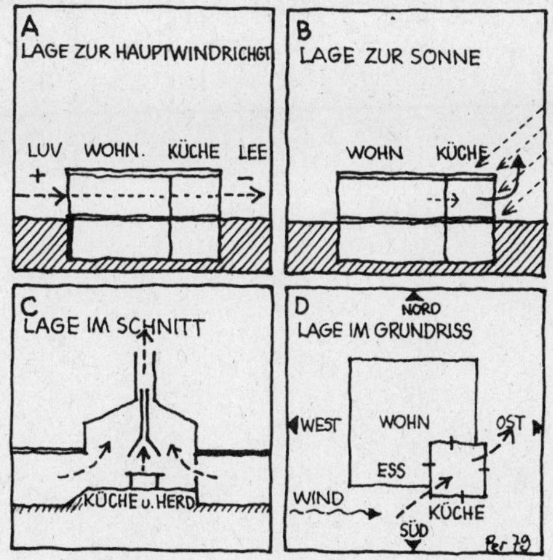

Die Lage von Küche und Bad muß so sein, daß geruchsintensive Luft auf natürliche Weise nicht in die Wohnräume gelangen kann.

a) Lage in Lee zur Hauptwindrichtung (bzw. im Sogbereich).
b) Lage zur aufsteigenden Warmluft (Süden).
c) Zentral und angehoben im natürlichen Warmluftstrom mit Kaminwirkung.
d) Südostecke mit Diagonallüftung.

Bäder

Auch Bäder haben Extrembelastungen, allerdings vorwiegend durch Wasserdampf und durch Düfte. Neben ebenfalls guter Lüftungsmöglichkeit sollten die Wände überall, wo nicht die Hygiene abwaschbare, glatte und dichte Oberfläche verlangt, aus sehr porigen, saugfähigen Materialien sein. Palm empfiehlt, auf die Wandziegel einen zementfreien dicken Kalkputz und offenporige Kalkfarben aufzubringen, so daß ein hoher und rascher Feuchtigkeitsausgleich stattfinden kann.
Weiter ist für das Raumklima wichtig, daß diese Räume ohne oder mit geringer Kleidung benutzt werden, also vorwiegend das Hautklima ausschlaggebend ist. Die vermehrte Wärmeabstrahlung des Körpers und die Wärmeverluste durch Verdunstung erfordern höhere Luft- und Strahlungstemperaturen. Daher empfiehlt sich für das Bad eine zentrale Lage in der Wärmehierarchie mit beheizten Wänden oder Böden.
Durch den hohen Wasserdampfgehalt enthält die Luft im Bad mehr Wärme als andere Abluft (bei 22°C und 100% rel. Feuchte, ca. 63 kJ). Daher ist an kalten Tagen der Luftaustausch über Wärmetauscher sinnvoll.
Geringe Luftbewegung während der Badbenutzung mindert die Verdunstungsauskühlung und verringert die Erkältungsgefahr. Eine schnellwirkende, individuell dosierbare Lüftung sollte jedoch stets vorhanden sein.
Frischluftorientierte Bäder mit Strahlungsheizung und direkter Gartenverbindung oder als Kombination mit Sauna, Gewächshaus und anderen Einrichtungen können neue ideale Lösungen darstellen.

Entlüftung von Hausräumen durch den Komposter (s. Kap. Wasserhaushalt). Abluft, Feuchtigkeit und Küchendünste fördern den Kompostierungsvorgang und werden nutzbringend gefiltert. Badentlüftung geht über den gleichen Wärmetauscher, der im Winter die Frischluft vorwärmt. Ein Ventilator im Abluftsystem sorgt für den Küchenabzug und gleichzeitig für die Kompostbelüftung.

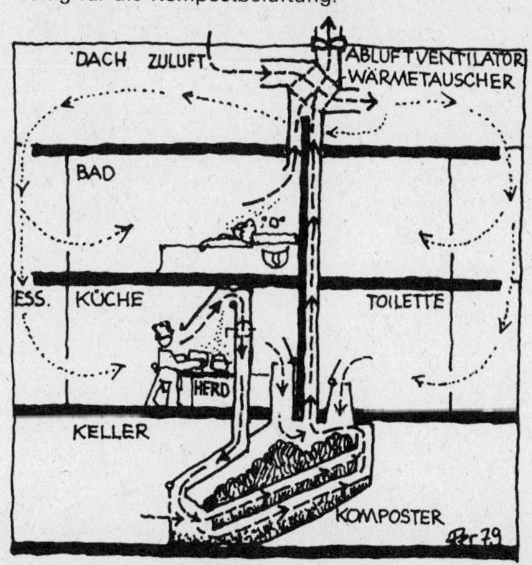

Keller

Die konstante Bodentemperatur (ca. +10° C) und der gleichmäßige Feuchtigkeitsgehalt ermöglichen es, den Keller für die Lagerung von Nahrungsmitteln auszubilden. Durch Lüftung über Erdkanäle läßt sich eine Überfeuchtung oder Erwärmung auch im Sommer vermeiden.
Der Boden sollte in direktem Kontakt mit dem Erdreich stehen, die Kapillarwirkung muß jedoch unterbunden werden. Dies geschieht am besten durch eine Sohlenausbildung mit grobem, porösem Schüttgut.
Zu angrenzenden Wohnräumen hin sollte sehr gut wärmegedämmt werden, Lagerräume unter Erdreichtemperatur (ca. +6° C) können den Kühlschrank ersetzen. Ein solches Temperaturniveau wird dann möglich, wenn Kellerluft oder -wände an einen Wärmepumpenkreislauf angeschlossen werden. Evtl. sind auch einfache Systeme mit Verdunstungskälte möglich.
Trockene, warme Räume sollten in Verbindung mit Heizung und Wärmespeicher geplant werden.
Die Sauna sollte wegen der mangelnden Atmungsfähigkeit der Außenwände nicht in den Keller. Einer umstrittenen Auffassung zufolge können große Flüssigkeitsbehälter und Schwimmbäder das elektromagnetische Feld verändern und sind daher im Keller unter Wohnräumen ebenfalls ungeeignet.
Die Feuchtigkeitssperre in den Außenwänden schränkt die Nutzung des Kellers für Wohnzwecke ein. In jedem Fall sollten Oberflächen aus feuchtigkeitsregulierenden Materialien verwendet werden.

Bauliche Anforderungen

Stellt man sich das Haus als Organismus vor, so kann man seinen Lufthaushalt mit der Atmung vergleichen. Einfach und bildhaft entspricht die Lüftung der Lungenatmung, während die Wände wie die Haut von Mensch und Tier den Stoffaustausch mitregeln.
Daraus ergeben sich für das Gebäude und seinen Haushalt eine Reihe von Maßnahmen baulicher und betrieblicher Art.
Das weitgehend vom Lufthaushalt bestimmte Raumklima ist ein Faktor in der Kette Außenklima – Raumklima – Kleidungsklima – Hautklima. Bauliche Maßnahmen können diese Kette beeinflussen und mit einfachen Mitteln Vorzugsbedingungen schaffen.
Eine festgelegte Lüftungsrate ist ebenso wie ein konstantes Temperaturniveau keine Garantie für ein gutes Raumklima. Vielmehr müssen Möglichkeiten vorhanden sein, auf jeden Nutzungs- und Wetterwechsel flexibel zu reagieren. So kann je nach momentaner Situation ein Frischluftbedarf von 0 bis hin zu 80 m^3/h Pers. eine angemessene Rate sein. Die zu Anfang des Kapitels angegebenen Luftwechselraten sind daher nur eine allgemeine Orientierung. Baulich muß ein Haus weit zu öffnen und gut zu schließen sein. Erst der Betrieb der baulichen Anlagen schafft das Raumklima entsprechend der derzeitigen Konstellation. Je weitergehender selbststeuernd, um so sicherer stellt sich das Klima ein.
Organismen in der Natur passen sich den Klimarhythmen Tag und Nacht, Sommer und Winter, Sonne und Regen usw. in ihrem Lebensvollzug an. Sie öffnen und schließen sich, verkleinern ihre Oberfläche im Winter, bekommen dickere Pelze oder ziehen sich zum Winterschlaf zurück.

Das Murmeltier wohnt im Sommer und im Winter in unterschiedlichen Höhlen. Während die Sommerunterkunft weit verzweigt und gut durchlüftet ist, wird der tiefliegende Winterbau zum halbjährlichen Schlaf wärmedämmend zugestopft (Nutzung der Erdwärme). Zusätzlich wächst dem Murmeltier noch ein dickerer Pelz.

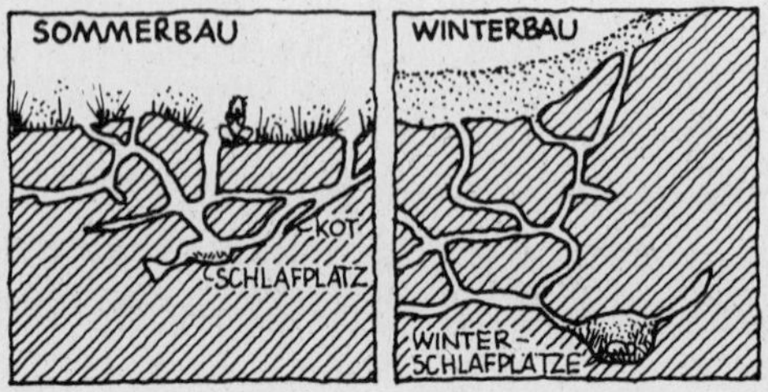

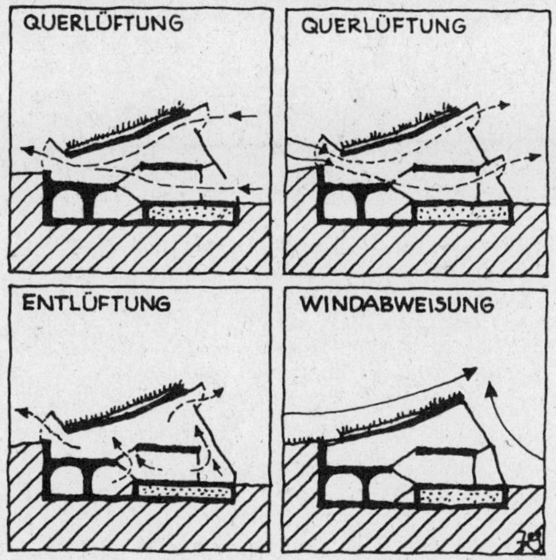

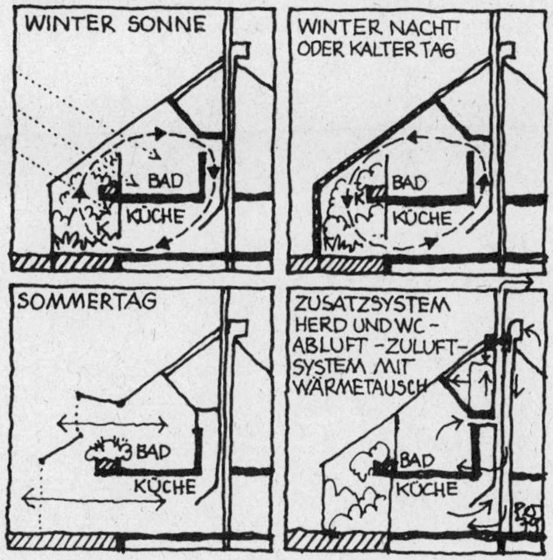

Ein Haus muß alle eintretenden Lüftungsgefälle durch Öffnen und Schließen von Klappen und Fenstern steuern können. Es muß sowohl weit zu öffnen als auch fest zu schließen sein.

Küche und Bad im Gewächshausverbund zur Luftregeneration über Pflanzen (zugleich winterliches Pflanzenreduit).
Die Wasserdampfkondensation K sollte möglichst immer im Gewächshaus erfolgen. Im Sommer vergrößern sich Küche und Bad und öffnen sich zum Garten.
Bei Herd- und WC-Benutzung tritt eine Zwangsentlüftung in Kraft, die im Winter die Zuluft über Gegenstromwärmetauscher erwärmt.

Häuser werden heute so gebaut, daß sie allen Extremklimata ohne Veränderung gewachsen sind. Dazu ist allerdings hoher technischer und energetischer Aufwand erforderlich. In exponierten Klimalagen gibt es allerdings seit jeher Nacht-Veränderungen am Haus (Fensterläden) oder auch Sommer-Winter-Veränderungen (s. Kap. Bauliche Energiebewahrung). Auch die Steuerung des Lufthaushaltes kann sich stark an die jeweilige Klimasituation anpassen. An extremen Tagen können interne Systeme geschlossen bleiben, deren kurzfristige Belastung zu günstigeren Zeiten ausgeglichen wird.
Weitergehend kann ein Gebäude die natürlichen Klimaschwankungen, insbesondere wenn sie rhythmisch sind, zur Innenklimagestaltung ausnutzen. Nächtliche Auskühlung zum Kühlen an heißen Tagen und Tagesaufheizung zum Wärmeausgleich für die Nacht sind Beispiele dafür, ebenso der Schutz vor Sommersonne und die Ausnutzung der Wintersonne für das Innenklima. Die Klimasteuerung der Innenräume beginnt bereits mit der Planung des unmittelbaren Umfeldes um das Haus. Bäume, Hecken, Wasser u. a. wirken bis in die Räume hinein (s. Kap. Klima und Vegetation).

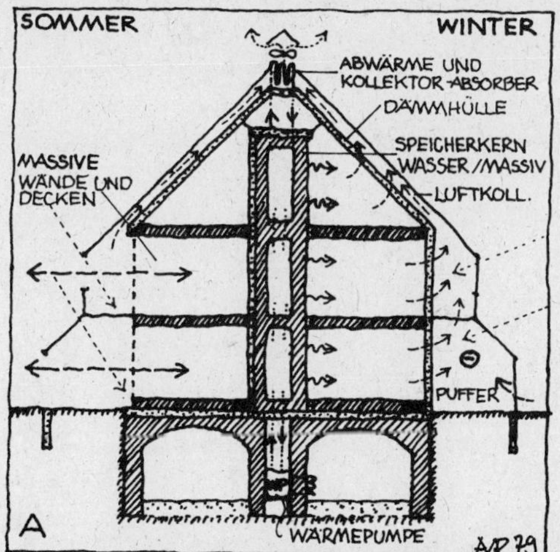

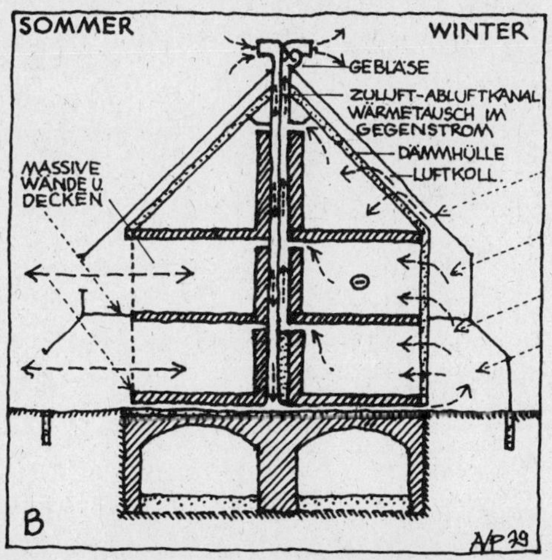

Klimatisierung eines Hauses über großflächige Außenwanddurchlüftung (luftdurchlässiges Dämmaterial). Wärmegewinn über Glaspuffer und Luftkollektoren. Klimaausgleich (Wärme, Feuchte, Geruchsstoffe) über „atmende" speicherfähige Baumaterialien. Unterschiedliche Temperaturen in Dach, Puffer, Kern und Keller (konstantes Kühlklima). Anpassung an Wetter und Jahreszeiten durch Öffnen und Schließen.

a) Massiver Speicherkern mit integrierter Wärmespeicherung, Heizen durch Direktabstrahlung (variable Dämmung). Großflächige Entlüftung über Außenwände (oder Fenster) in den Pufferbereich. Rückgewinnung der Wärme und solarer Einstrahlungsgewinn über Glashaus und Kollektor mit Absorber und Wärmepumpe.
b) Entlüften über zentrales Abluftsystem. Zuluft über Gegenstromwärmetausch und/oder über Pufferbereich großflächig durch die Außenwände. Lüftungsstrom entgegen dem Transmissionswärmestrom verhindert Wärmeverluste durch die Wand.

Beide Systeme sind miteinander und mit anderen Anlagen kombinierbar, so daß speziell angepaßte Systeme möglich werden.

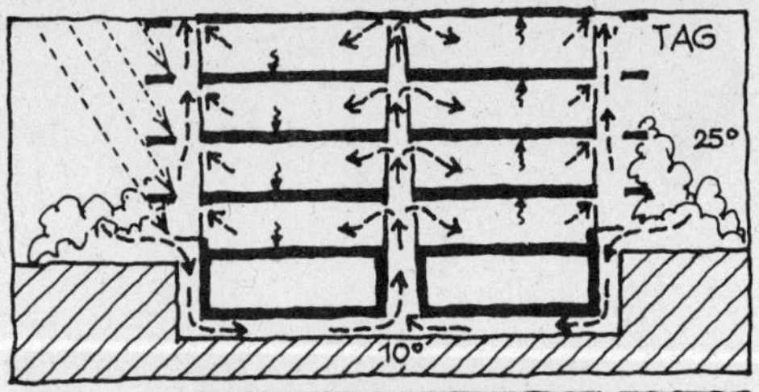

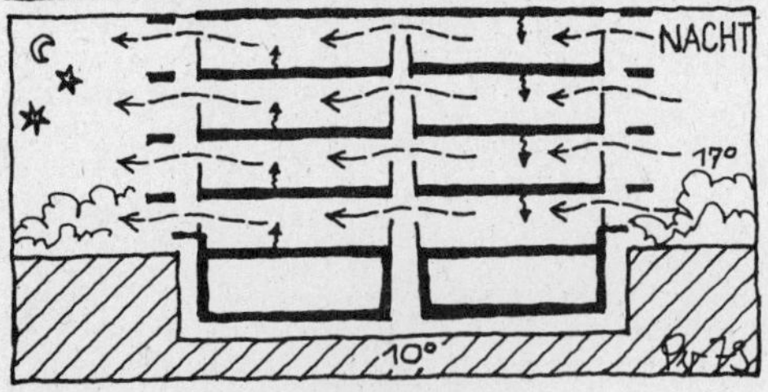

Kompakte städt. Gebäude überhitzen im Sommer leicht. Neben Sonnenschutz an den Fassaden ist die Massespeicherung im Tag-Nacht-Ausgleich auszunutzen. Nächtliche Querlüftung entzieht die gebäudeinnere Wärme. Tags kann die Baumasse neu entstehende Wärme aufnehmen. Die Lüftung sollte dann über Erdkanäle laufen, die die Luft abkühlen und entstauben.

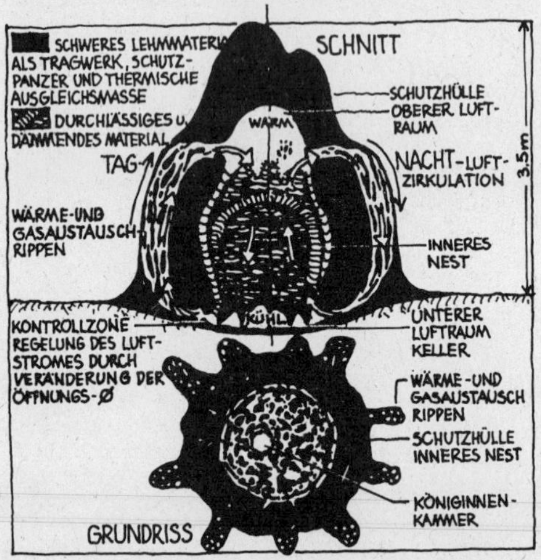

Quer- und Längsschnitt durch einen Termitenbau (Macrotermes bellicosus, Elfenbeinküste Afrika). Der Bau verzichtet fast vollkommen auf direkte Lüftung. Die Innenraumluft wird durch thermische Luftzirkulation durch die Wärme- und Gasaustauschrippen geführt, wo die Luft durch „Wandatmung" regeneriert wird. Dabei werden die natürlichen Gesetze von Temperatur und Dampfdruckausgleich genutzt. Die große Oberfläche der Luftkanäle garantiert eine ausreichende Lufterneuerung. Der Luftstrom wird durch Veränderung der Lufteinlaßquerschnitte gesteuert, Luftstrom und die große thermische Ausgleichsmasse garantieren ein konstantes Innenklima. Diese Termiten betreiben außerdem eine Selbstversorgung mit Pilzkulturgärten, die sie von der Außenwelt weitgehend unabhängig macht.

Nach: K. v. Frisch

„Wandatmung"

Unter „Wandatmung" werden Pufferung und Diffusion von Feuchtigkeit (Wasserdampf), Wärme, Geruchsstoffen usw. zusammengefaßt. Wichtige Grundkonzeption für den Lufthaushalt ist ein „atmungsfähiger" Wand-, Decken- und Dachaufbau. Porige Materialien wie Ziegel oder Holz sind dichten Baustoffen vorzuziehen. Sperrschichten an der Außenwand sollten möglichst vermieden werden, zumindest aber weit außen liegen. Da in unseren Breiten das Temperatur- und das Dampfdruckgefälle fast immer von innen nach außen läuft, diffundiert die Wand vornehmlich Stoffe nach außen. Dabei ist zu beachten, daß im Laufe des Transportes der Widerstand im Wandaufbau bis zur Außenluft bzw. Hinterlüftungsschicht abnimmt. Andernfalls kann für Bestandteile wie Feuchtigkeit oder Geruchsteilchen ein Stau oder Kondensation entstehen, wodurch die Wandqualität mit der Zeit stark gemindert wird und Bauschäden zur Folge hat, die wiederum die Luftqualität und das Raumklima verschlechtern. Ist ein austauschfähiger Wandaufbau nicht möglich, so sollte an der Innenseite der Wände eine möglichst starke porige Pufferschicht vorhanden sein, die im Innenraum Feuchtigkeit, Gerüche u. a. ausgleichend aufnehmen kann. Auch Einrichtungsgegenstände können solche Pufferfunktionen übernehmen und sind auch aus diesem Grund aus porigen, natürlichen Materialien zu wählen. Glatte, dichte Oberflächen sollten nur an hygienisch notwendigen Stellen sein. Große, hohe Räume sind klimatisch günstiger, da sie größere Austauschflächen und ein größeres Luftvolumen haben. Altbauwohnungen mit ihrem guten Luftklima beweisen das oft. Besonders wichtig für die inneren Räume ist eine ausreichende Lüftung zu gegebener Zeit. Ein einfacher Luftwechsel des Raumvolumens genügt nicht; den Wänden und Gegenständen muß vielmehr genügend Zeit gegeben werden, nach innen „auszuatmen".

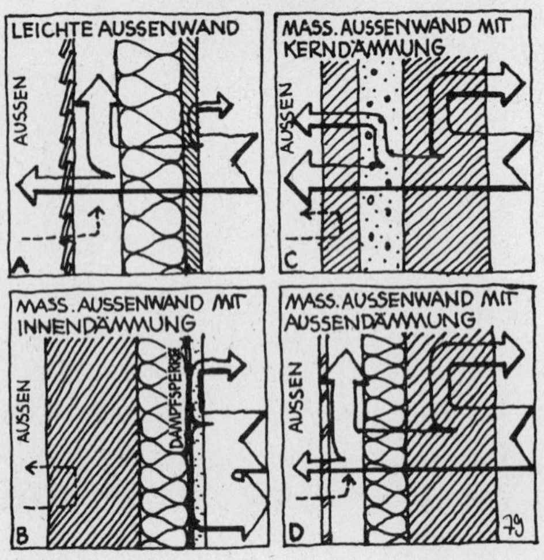

a) Leichte hinterlüftete Außenwände können ohne Dampfsperre ausgebildet werden und sind dann atmungsfähig. An der Innenseite muß die Wandbekleidung einerseits dampfbremsende Wirkung haben, um eine Überfeuchtung der Dämmung zu verhindern, andererseits muß sie hygroskopische Eigenschaften haben, damit sie zur Feuchtigkeitsregulierung des Innenraums beitragen kann.
b) Durch nachträgliche Wärmedämmung auf der Innenseite einer Außenwand geht die Atmungsfähigkeit durch die erforderliche Dampfsperre verloren. Eine feuchtigkeitsausgleichende Innenverkleidung sollte aber in jedem Falle vorgesehen werden.
c) Zweischalige Massivwände mit Kerndämmung sind bei sorgfältiger Materialauswahl (Dampfdiffusionswiderstand der Innenschale höher als der der Außenschale) atmungsfähig, wärmespeichernd und feuchtigkeitsregulierend.
d) Massive Außenwände mit Außendämmung und Hinterlüftung sind bauphysikalisch unproblematisch und erfüllen alle Anforderungen an eine gute Außenwand.

Lüftung

Fenster und Türen sollten in ihren Öffnungsmöglichkeiten den jeweiligen Lüftungsanforderungen anpaßbar sein. Nachteilig für eine gute Dosierbarkeit der Lüftung sind die heute üblichen großflächigen Fenster und Undichtigkeiten. Kleine Fensterteilung mit einfachen Klappen ermöglichen eine feine Steuerung der Lüftung. Kamine oder Luftkanäle arbeiten im allgemeinen als Abluftsysteme mit der Schwerkraft aufsteigender Warmluft aus den Innenräumen. Bei gleicher Luftwechselrate treten mehr Zugerscheinungen auf, je punktförmiger die Luftöffnungen sind.
Grundsätzlich können Lüftungsanlagen als Wärmetauscher ausgebildet werden, die die frische Zuluft vorwärmen. Parallelstrom- oder Kreuzstromtauscher können mit Schwerkraft laufen (s. Kap. Wärmetauscher). Die wärmetechnisch günstigen Gegenstromanlagen benötigen einen Ventilator. Dieser sollte immer im Abluftsystem liegen, um die Zuluft nicht stärker als notwendig zu verwirbeln, was Unruhe und erhöhten Staubgehalt mit sich bringt. Alle Kanäle und Wärmetauscher müssen gereinigt werden können. Zuluft soll möglichst kurze Wege von außen nach innen haben. Zum raschen Luftaustausch ist eine Querlüftungsmöglichkeit anzustreben, die bei intensiverer Luftbelastung (Staubsaugen, Kochen, Backen) für raschen Luftwechsel sorgt. Im normalen Gebrauch ist Querlüftung wegen der dadurch entstehenden Unruhe zu vermeiden.
Umluftsysteme sind ein weiterer Faktor im Lufthaushalt von Gebäuden. Die Luftbewegung durch Konvektion bei der heute üblichen Raumheizung ist das verbreitetste System. Andere sind Ventilatoren, Heizlüfter und sogenannte Raumklimageräte. Alle wälzen vorwiegend die Raumluft um. Dabei werden nicht unerhebliche Staubmengen aufgewirbelt; insbesondere von Ventilatoren. Kombiniert mit Vorrichtungen zur Lufterwärmung (Glühspiralen) entstehen kleine Rußteilchen, die in die Atemluft geraten und äußerst ungesund sind.
Umluft dieser Art ist nach Möglichkeit zu vermeiden. Keine Umluft- oder Zuluftventilatoren und ein geringer Anteil an Konvektion bei der Raumheizung (s. Kap. Raumheizung) sind entsprechende Maßnahmen. Wird so eine Staubaufwirbelung vermieden, sind auch keine Luftbefeuchter nötig, die zwar Staub binden, andererseits jedoch in Verbindung mit Wärme und Feuchtigkeit potentielle Bakterienherde sind. Das gilt auch für hochtechnische Klimaanlagen trotz Luft„wäsche" und Entkeimungsanlagen. Häuser, die solche Anlagen erfordern, sind falsch konzipiert.
In diesem Zusammenhang soll auf das Staubsaugen besonders hingewiesen werden. Staubsauger entfernen zwar den Grobstaub; der gefährliche Mikrostaub kann jedoch

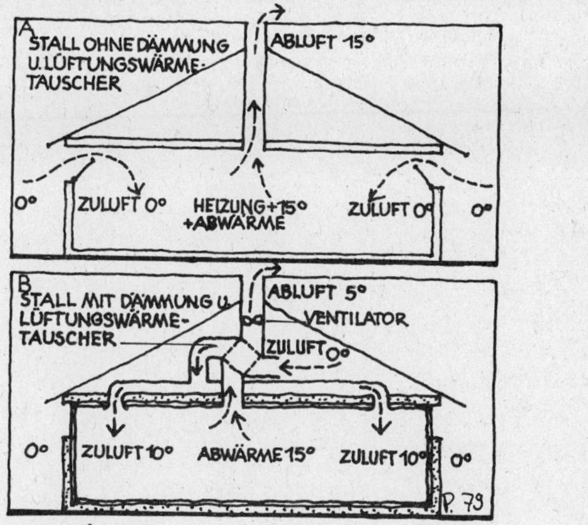

Wärmerückgewinnung im Lüftungssystem verbessert den Wärmehaushalt entscheidend.
Vergleich:

A) Stall ohne Wärmedämmung mit normaler Schwerkraftentlüftung. Die kalte Zuluft verursacht Zugerscheinungen. Die Abwärme der Tiere reicht bei Schweinen nicht aus; es muß geheizt werden.
B) Derselbe Stall mit Zwangsentlüftung über Plattenwärmetauscher und Dämmung hat keine Zugerscheinungen, und die Abwärme der Tiere reicht aus, so daß eine Heizanlage entfallen kann.
Bei noch besserer Dämmung und Nutzung einer Wärmepumpe reicht die Abwärme auch noch zur Beheizung eines Wohnhauses.
Kombinationen mit großflächiger Wanddurchlüftung und anderen Lüftungssystemen sind möglich.

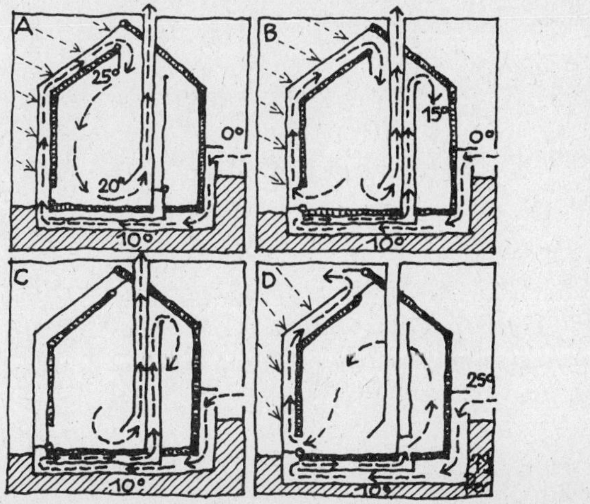

Natürliche Schwerkraft-Klimatisierungskombination aus Erdkanal, Luftkollektor, Abluftkanal und Zuluft über Parallelstrom-Wärmetauscher. Der Erdkanal nutzt die kontinuierliche Erd-Temperatur unter dem Haus (etwa 10° C) im Winter zum Vorwärmen und im Sommer zum Kühlen, außerdem zur Haus- und Lufttrocknung sowie zur Filterung.

A) Winter-Sonnenstrahlung / Durchlüftung und Heizung.
Die aufgeheizte Luft hat geringe rel. Luftfeuchte und trocknet so das Haus. Durch Zwischenschaltung eines Gewächshausteiles kann die Luft bei Bedarf wieder mit Feuchtigkeit angereichert werden (Luftverbesserung).
B) Winter-Sonnenstrahlung / Direktheizung über Luftkollektor.
Zugleich leichte Entlüftung. Zuluft über Erdkanal vorgewärmt über Parallelstrom-Wärmetausch eingeführt, leichter Trocknungseffekt.
C) Winter-Lüftung ohne Sonne bzw. bei Nacht. Entlüftung und Zuluft über Wärmetausch wie vor. Luftgeschwindigkeit kann über Drosselklappen reguliert worden.
D) Starke Lüftung und Kühlung im Sommer. Der Luftkollektor zieht die Luft durch den Erdkanal. Die warme Sommerluft kühlt ab, kondensiert und wird entstaubt. Im Haus nimmt die Luft wieder Wärme und Wasser auf (kühlt und trocknet).

Staubsauger vermehren gesundheitsschädigenden Feinstaub, da nur der grobe Staub im Staubsack abgefangen wird. Zentrale Saugsysteme haben diesen Nachteil nicht; sie lassen sich mit verschiedenen Anlagen kombinieren.

a) Staubsaugsystem gekoppelt mit Herd- und Toilettenabluft.
b) Staubsaugsystem gekoppelt mit Zu- und Abluft über Wärmetauscher.
c) Der Staub wird in einen Komposthaufen geleitet; die Abluft fördert die Kompostierung.
d) Der Staub wird in das Erdbett eines Gewächshauses geleitet (Förderung der Wachstumsbedingungen).
e) Der Staub wird in den Abwasserwärmerückgewinnungsbehälter geleitet und so zugleich das Abwasser mit Sauerstoff angereichert.
f) Der Staub wird in einen Komposter geleitet; die Durchlüftung fördert den Kompostierungsvorgang.

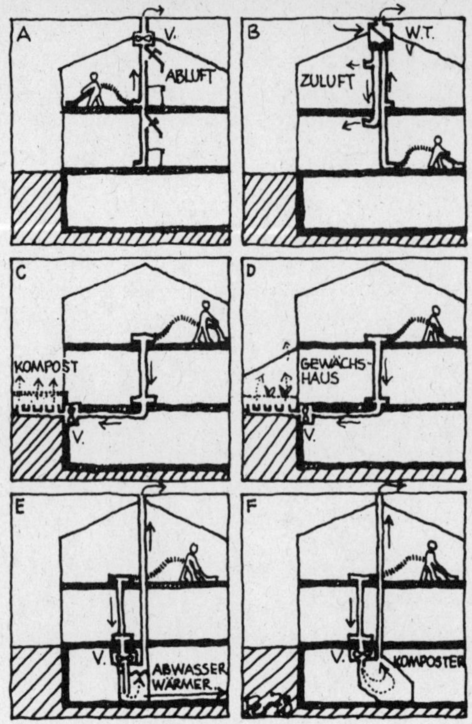

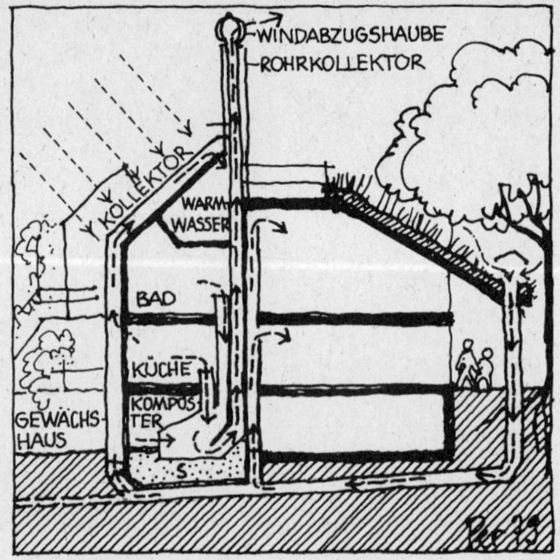

Schematischer Schnitt eines Gebäudes mit natürlicher Klimatisierung.
Hier ist auch der Komposter an die Unterdruckentlüftung angeschlossen. Der Kollektor ist seitlich versetzt neben den Räumen.
Die Erdkanäle können gleichzeitig als Drainage ausgebildet werden. Der Abzug kann verstärkt werden durch Ausbildung als Rohrkollektor oder durch Windabzugshaube.
Ein vorgelagertes Gewächshaus kann in das System integriert werden und weitere Klimafunktionen übernehmen.

Prozentuale Zusammensetzung der Luft in der Atmosphäre (Normalzustand). Hinzu kommen „Abfälle", besonders als Abgase und Staub, die bereits in Spuren zu starken Veränderungen der Lebensbedingungen führen können.

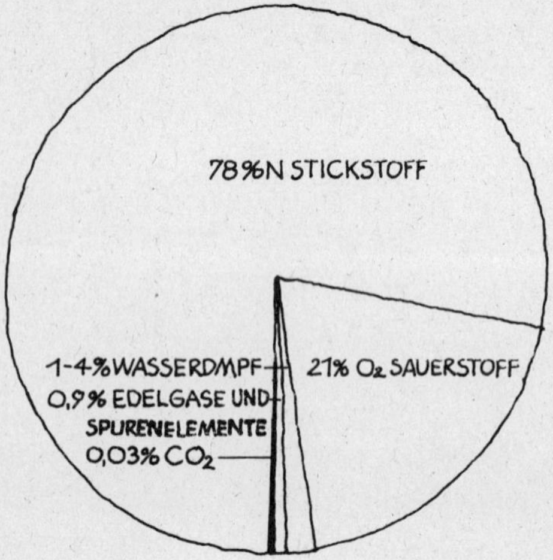

durch ihre Filter nicht abgefangen werden, sondern wird im Gegenteil in großen Mengen erzeugt. Nach dem Saugen ist die Atemluft für mehrere Stunden in extrem hohem Maße mit gesundheitsgefährdendem Feinstaub und mit Keimen angereichert. Es empfiehlt sich deshalb, bei starkem Durchzug zu saugen. Es werden aber auch schon zentrale Sauganlagen mit direktem Ausgang zur Außenluft und Wandsteckdosen angeboten. Solche Anlagen können einen Teil der Entlüftung und sogar der „Ausatmung" von Gegenständen, Teppichen und Bodenbelägen übernehmen.

Natürliche Regeneration

Anders als künstlich-technische Klimageräte kann der Nachvollzug des natürlichen Luftkreislaufes im Haus eine hohe Luft- und Lebensqualität bieten. Pflanzen sorgen für die Regeneration von Sauerstoff und benötigen dafür das von uns abgegebene CO_2. Sie entstauben die Luft und befeuchten sie. Dabei entstehen kaum Luftbewegungen. Der Feuchtigkeitshaushalt kann bei vielen Pflanzen im Raum überlastet werden, so daß geeignete Kondensationsflächen oder gute Dampfdiffusion gegeben sein müssen. Durch Pflanzen mit ihrer hohen Sauerstoffabgabe und ihrer geringen nächtlichen Atmung und Transpiration kann gezielt klimatisiert werden; außerdem sind zeitweise geschlossene Luftkreisläufe möglich. Pflanzen sind ein hervorragender Indikator für Luftqualität. Manche reagieren empfindlich auf Feuchtigkeit und Temperatur. Ihr duftendes Blatt- und Blütenwerk kann die Raumluft angenehm würzen und bestimmte Raumzonen schaffen.

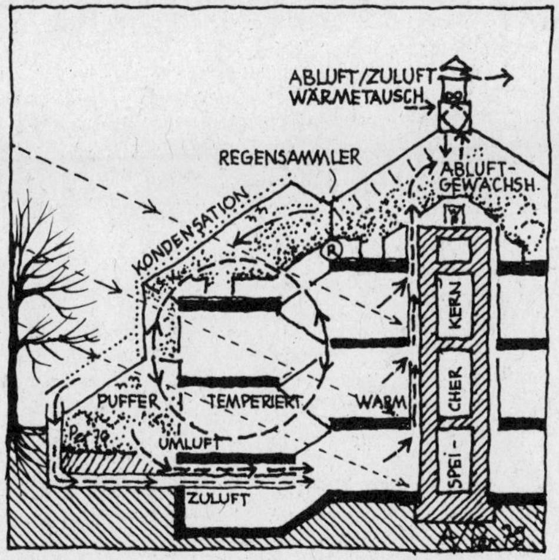

Nahezu jedes Dach läßt sich in ein Dachgewächshaus umbauen. Es ist Pufferzone, Nahrungsquelle, Luftregenerator und Sonnenkollektor zugleich.
Die Luftmenge ist durch Fenster oder Kanäle steuerbar. Nachts ist wegen der Pflanzenatmung der Umlauf zu reduzieren. Im Sommer öffnet sich das Haus. Es entstehen rundum überdachte Freiräume, die z. T. mit schattierender Berankung versehen sind.
Dachgewächshäuser können die Abluftwärme nutzen. Sogar Abgase aus Erdgas bzw. Biogas können als CO_2-Düngung mit eingeleitet werden. Die Wärme der Luft wird im First abgezogen und – eventuell über Wärmepumpe – gespeichert.
Zuluft im Sommer über Fenster. Im Winter keine Abgas-CO_2-Düngung, da reduzierte Assimilation der Pflanzen. Abluft und Abgas-Wärmetauscher temperieren das Gewächshaus.

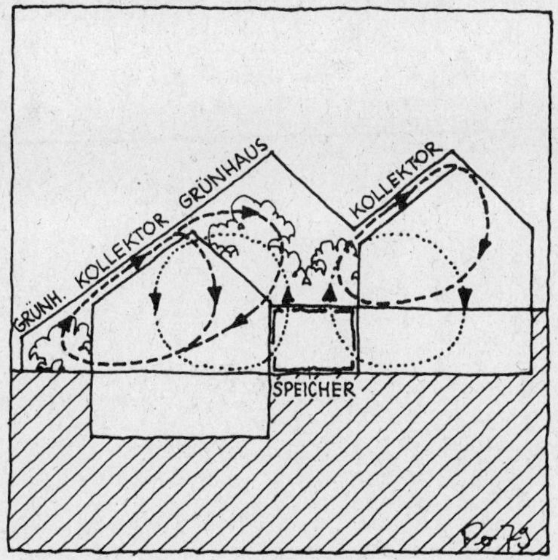

Zusammenwirkung von Luftkollektor, Gewächshaus und Speicher in unterschiedlichen Luft-Kreisläufen zur Heizung und zur Luftregeneration.

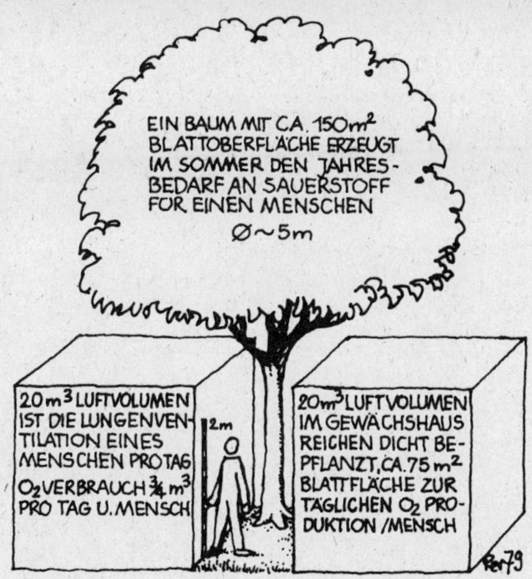

Etwa 20 m^3 Luft ventiliert ein Mensch in geschlossenem Raum pro Tag und entzieht ihr dabei $^3/_4\,m^3$ Sauerstoff, der durch CO_2 ersetzt wird. Der Sauerstoffgehalt der Luft reduziert sich dabei von 21 % auf 16 %.
An einem Sonnentag können 25 m^2 Blattoberfläche diesen Bedarf an Sauerstoff produzieren. Um den Jahresbedarf Tag und Nacht, im Sommer und im Winter decken zu können, wären rd. 150 m^2 Blattoberfläche pro Mensch notwendig (die Größenordnungen ändern sich je nach Art und Lichtintensität). Dies entspricht ungefähr einem Laubbaum mit 5 m Kronendurchmesser. In Gewächshäusern mit nahezu ganzjähriger Vegetationsperiode verringert sich die Anzahl der nötigen m^2 Blattoberfläche um ein Drittel, bei günstigen Verhältnissen auf die Hälfte, d.h. auf 75 m^2 Blattfläche, die in ca. 20 m^3 Gewächshausvolumen Platz finden.

Diese Art der Klimatisierung kann noch wesentlich weiterentwickelt werden. Intensive Luftaustauschsysteme könnten weitgehend selbststeuernd für gesunde natürliche Luft unter Ausnutzung der „verbrauchten" Luft mit ihrer „Belastung" und Wärme für die Pflanzen entstehen. Solche Systeme können durch thermische Luftzirkulationen im Winter oder bei starker Außenluftverseuchung im geschlossenen Kreislauf betrieben werden.
Arten und Menge der Pflanzen können gezielt nach der benötigten Feuchte und Sauerstoffmenge sowie nach Lichtintensität des Standortes (Licht-, Halbschatten- und Schattenpflanzen) ausgewählt werden. So gibt es Pflanzen, die bei hoher Sauerstoffproduktion nur eine geringe Transpirationsrate aufweisen und andere, deren Geruch (für Menschen angenehm) Insekten fernhält sowie eine große Zahl anderer Pflanzen mit jeweils „spezieller Arbeitsleistung".
Optimale Biotopbedingungen können für eine solche Pflanzenauswahl geschaffen werden, ebenso wie die dazugehörigen Arten zum Aufbau stabiler Pflanzengesellschaften ausgesucht werden können. Nach einer pflegeintensiven Anfangsphase, in der die Pflanzengesellschaften selektiert werden, entsteht ein stabiler Bestand, der außer gelegentlichem Auslichten keine weitere Pflege benötigt.

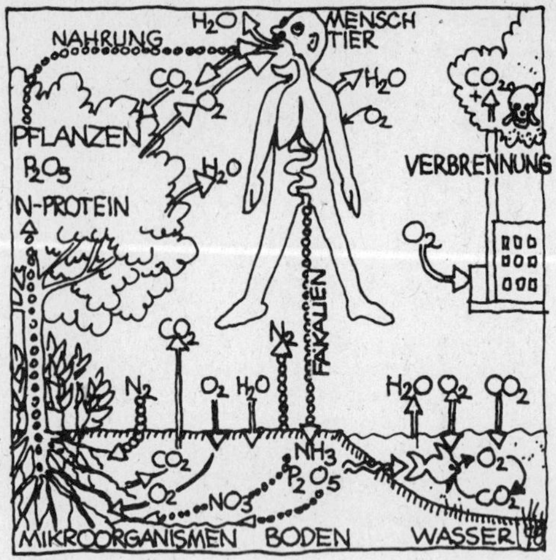

Schematisierter Gasaustausch zwischen Luft, Pflanze, Boden, Wasser, Mensch (Tier) und Verbrennungsanlagen. Der Nahrungskreis ist mit Stickstoff und Phosphor angedeutet.

(Zusammengestellt nach Meyer: Die Umwelt des Menschen)

Diese Beziehung sollte überall ausgewogen sein. Sie kann künstlich verbessert werden. Dies ist besonders wichtig bei Verbrennungsanlagen (abgesehen vom Schadstoffgehalt).
Ein Pkw benötigt pro Tag soviel Sauerstoff wie 800 Menschen. Ein Kleinkraftwerk soviel wie eine Million Menschen (Vester). Dies muß Konsequenzen für die Planung haben, etwa den Nachweis der entsprechenden regenerierenden Vegetation.

Schemata von geschlossenen Lüftungs- und Heizungssystemen bei einem Haus im Gewächshaus (Klimahülle). Heizung über Steinschotterspeicher.

a) Fensterlüftung im Kreislauf über regenerierende Pflanzen am Tage. Kreislauf läuft je nach Druckgefälle und Temperatur (Sonnenstand) rechts- oder linksdrehend. Heizung durch abstrahlenden Boden.
b) Fensterentlüftung. Die regenerierte Luft wird mit geringem Druck in den Speicher geleitet und wärmt die Zuluft. Steuerung über Fenster, Bodenklappen und Ventilator.
c) Zuluft über Fenster, Entlüftung über Deckenklappen. Luft wird zweimal gefiltert und erwärmt (Warmgewächshaus).
d) Im Sommer öffnet sich das Gewächshaus, so daß eine großzügige Verbindung mit dem Garten entsteht und zusätzlicher Lebensraum gewonnen wird. Der Südteil des Daches ist als Luftkollektor ausgebildet zum Aufladen des Speichers.

Wenn ganzjährige Pflanzen gehalten werden sollen, so ist der Wärmeverlust trotz Isolierverglasung relativ hoch. Nächtliche Zusatzdämmung wird dann erforderlich. Sollen die Pflanzen im Winter wachsen und „produzieren", so muß zusätzlich beleuchtet werden.

Solche Anlagen, die zugleich einen Beitrag zum Energiehaushalt leisten können (s. Kap. Glasanbauten und Glashäuser), können auch Nahrungsmittel erzeugen sowie Kompost und Grauwasser verwerten (s. Kap. Wasserhaushalt und Materialhaushalt).
Durch Ansiedeln von bestimmten Kleintieren, die die Stabilität weiter fördern, wird das Haus mit seinen Bewohnern zu einem kompletten Ökosystem. Der Mensch ist in ein solches System symbiotisch eingebunden; es verschafft ihm viele Vorteile, ist aber ohne ihn nicht lebensfähig.
Zur Regeneration der durch Menschen verursachten Luftbelastung und zum Ausgleich der durch Raubbau und Meeresverschmutzung ständig abnehmenden Lufterneuerungsflächen, sollte zukünftig für jeden „Luftverbrauch" das entsprechende regenerierende Vegetationsvolumen angepflanzt und nachgewiesen werden. Als Maß für diesen Nachweis kann der leicht zu ermittelnde Sauerstoffverbrauch angenommen werden.
Zur Regeneration des Sauerstoffverbrauchs eines Menschen werden ca. 150 m² Blattoberfläche benötigt. Also würde eine vierköpfige Familie schon einen respektablen Baum benötigen. Je Wohnung müßte ein Baum gepflanzt werden. Wenn mit Verbrennung geheizt wird, müßten noch 30 ausgewachsene Bäume dazukommen. Ein Mittelklassewagen braucht, über den Tag gefahren, soviel Sauerstoff wie 30 bis 40 Straßenbäume. Daraus ließe sich ein straßenbegleitender Waldstreifen hochrechnen. Ein kleines Heizkraftwerk braucht zur Luftregeneration einen 100jährigen lichten Laubwald mit 30000 Bäumen auf ca. 450 ha Land. Wegen der fehlenden Vegetation im

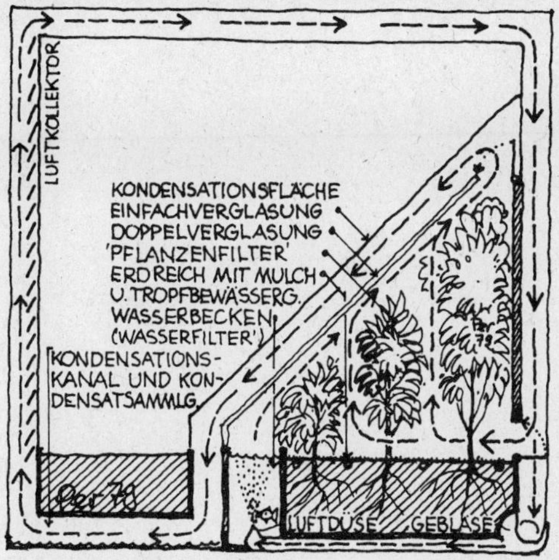

Experimenteller Luftkreislauf für geschlossene Haussysteme zur internen Luftregeneration, Heizung und Trocknung und zur Wasserrückgewinnung. Teilsystem des geschlossenen Nährstoff- und Wasserhaushaltes. Der Kreislauf kann durch Schwerkraft über Luftkollektor durch das Gewächshaus geleitet werden oder mit einem Gebläse durch ein Wasserbecken geperlt werden. Dabei werden die Luft und das Wasser verbessert sowie die Wärme gepuffert.

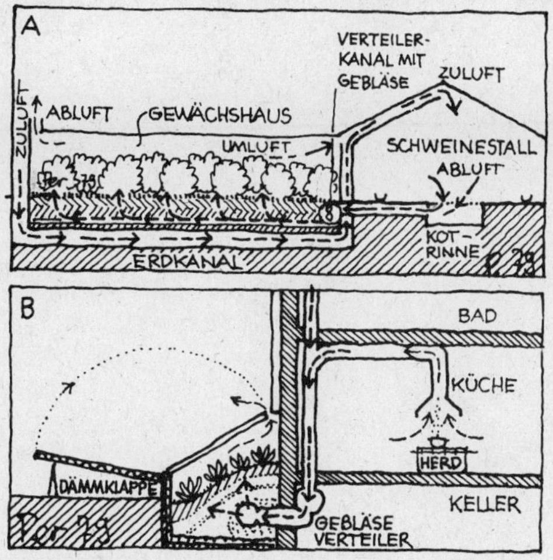

Nutzung der Abluft und Regeneration.
Erdfilter für belastete Abluft; Ausnutzen der Abwärme für die winterliche Gewächshaus-Produktion. Regeneration der Luft durch Bodenleben und Pflanzen, sie wird gereinigt und geruchsfrei.

a) Warme Luft eines Schweinestalls wird in ein Hügelbeet-Erdfilter eingeleitet. Bodenleben und Vegetation werden gefördert. Kann in der kalten Jahreszeit als Abluftgewächshaus betrieben werden. Die Wärme wird im Erdreich gepuffert. Kombination mit Erdkanal und Luftkollektor erhöht die Wärmeleistung und ermöglicht sommerliche Kühlung.
b) Ähnliche Kombination für ein abluftgewärmtes „Wintermistbeet". Weiße Reflektionswand und Klappe (nachts geschlossen). Im Sommer ist das Beet völlig geöffnet. Solche Kombinationen sind auch auf Dächern denkbar. Sie können gleichzeitig biologisch geringfügig belastete Abwässer nutzen.

Auf ähnliche Weise lassen sich in vielen Betrieben Abluft und Abwärme nutzbringend verwenden und zugleich regenerieren.

Winter erhöht sich der Regenerationsbedarf auf das Doppelte für das ganze Jahr. Grün im Haus, in der Siedlung und um die Siedlung ist eine unabdingbare Forderung. Fassaden und Dächer können begrünt sein und dadurch viele Vorteile bieten. Nahezu jedes Dach ist als Gewächshaus denkbar; es braucht keine zusätzliche Fläche, hat beste Belichtung und gezielte Erwärmung des Bodens aus den Transmissionsverlusten des Hauses.
Lichte Laubwaldstreifen um die Siedlung filtern die Luft und reichern sie mit Sauerstoff an. Der Wind tauscht die Luft aus. Bei Windstille entwickelt sich ein eigenes thermisches System (s. Kap. Klima und Vegetation).
Waldgürtel und Hügel entsprechen gleichzeitig den Forderungen nach Windschutz, Biotopgestaltung und Schallschutz.
Jede Maßnahme natürlicher selbststeuernder Luftregeneration ist langfristig ökonomisch und erfüllt darüber hinaus viele andere Forderungen.

Literatur

Ayoub, Dr.-Ing. Raymund: Natürliche Klimatisierung. In: Glasforum 1/1966.
Bahmann, Georg: Raumluft wie in den Bergen? In: Beratende Ingenieure 11/75.
Bobran, Hans W.: Handbuch der Bauphysik. Gütersloh 1972.
Boese, Peter: Planungsfaktor Umweltschutz. Grafenau 1976.
Eisenschink, Alfred: Falsch geheizt ist halb gestorben. München 1975.
Eisenschink, Alfred: Falsch geheizt ist halb gestorben. In: Öl- und Gasfeuerung 10/1976.
Frank, Walther: Thermische Behaglichkeit: interdisziplinäre Aufgabe. In: Beratende Ingenieure 12/77.
Geiger, R.: Das Klima der bodennahen Luftschicht. Braunschweig 1961.
Grandjean, E.: Wohnphysiologie. Zürich 1973.
Grün, Dr. Wolfgang: Angewandte Klimatologie. In: DBZ 4/76.
Hall, E. T.: Die Sprache des Raumes. Düsseldorf 1976.
Kempf, Dr.-Ing. Christian: Die Anpassung der Bauernhaustypen des Schwarzwaldes an das Klima ihrer Verbreitungsgebiete. Dissertation TU Hannover 1973.
Meyers Lexikon: Wie funktioniert das? Umwelt. Mannheim 1975.
Opitz, Dr. B.: Die medizinische Bedeutung des Raumklimas. In: Stadt- und Gebäudetechnik 4/5/75.
Palm, Hubert: Das gesunde Haus. Konstanz 1977.
Pichotka, H. J.: Gibt es ein ideales Raumklima? In: Wohnungsmedizin 1–2/73.
Rat der Sachverständigen für Umweltfragen: Umweltgutachten 1974. Stuttgart/Berlin/Köln/Mainz 1974.
Skurka, Norma; Naar, John: Design for a limited planet. New York 1976.
Strassburger: Lehrbuch der Botanik. Stuttgart.
Vester, Frederic: Das Überlebensprogramm. Frankfurt 1975.
Beeinflußt die Luftelektrizität das Wohlbefinden von Menschen? – Interviews – In: Klima und Kälteingenieur 11/76.

2. Kolloquium „Bioklimatische Wirkung luftelektrischer und elektromagnetischer Faktoren". In: Klima und Kälteingenieur 12/76.

„So leben wir, so leben wir, so leben wir alle Tage ...!"

Energiehaushalt

Der Energiehaushalt ist ein wesentlicher Bestandteil in der Betriebsbilanz von Haus und Siedlung. Entsprechend wurden die einzelnen Maßnahmen zur aktiven und passiven Energiebewahrung und -gewinnung ausführlich dargestellt.
Der Entwurf des Energiehaushaltes setzt bereits sehr früh ein, wenn Überlegungen zum klimagerechten Bauen, zur Biotopgestaltung, zur Hausform, zur Ausrichtung und zur Öffnung angestellt werden. Alle sog. „passiven" Maßnahmen zur Energiebewahrung und -gewinnung, die durch entwurfliche Qualitäten ohne hohen Aufwand zu erreichen sind, vermindern den aktiven Energieumsatz und die dazu notwendigen baulichen, technischen und betrieblichen Aufwendungen.
Parallel dazu werden mit dem in der Bestandsaufnahme ermittelten Potential an natürlichen Energiequellen (Sonne, Wind, Wasser, Biomasse) aktive Energiegewinnungssysteme entwickelt, die eine optimale Nutzung der gegebenen Energiemenge anstreben.
In einem Optimierungsprozeß werden – gemeinsam mit allen anderen Entwurfsfaktoren – die Maßnamen der Energiebewahrung und die der Energiegewinnung aufeinander abgestimmt. Ziel ist eine ausgeglichene Energiebilanz über das ganze Jahr. Je geringer dabei die gewinnbare Energiemenge ist, desto höher sind die Aufwendungen für Energiebewahrung. Je größer die jahreszeitlichen Temperaturunterschiede sind, desto aufwendiger wird ein Speichersystem.
Die ausgeglichene Input-Output-Bilanz auf der Basis des örtlichen Energiepotentials ist das äußere Merkmal eines ökologisch funktionierenden Energiehaushaltes. Für Haus und Siedlung ist ein den vorhandenen Energiequellen und den angestrebten Nutzungen entsprechendes qualitativ und quantitativ abgestimmtes Gesamtsystem zu entwerfen, das mit optimaler Effizienz arbeitet.

Energieangebot

Neben der energietechnischen Qualitätsstufe muß für das Energieangebot auch eine Wertung erfolgen, die Verfügbarkeit, höhere Nutzwerte und Schadstofferzeugung bei der Aufbereitung und Nutzung einbezieht.
Über die Eigenschaften und Möglichkeiten der natürlichen Energiequellen wurde bereits ausführlich berichtet. Im Vergleich läßt sich folgende Abstufung darstellen:

1. Grundsätzlich ist alle Sonnenstrahlungswärme, die das Bauwerk trifft, aktiv oder „passiv" für den Energiehaushalt zu nutzen. Die „passiven" Maßnahmen sind den aktiven ebenso vorzuziehen wie integrierte Anlagen den aufgesetzten. Stromerzeugung durch Solarzellen ist noch aufwendig und bedarf eines guten Speichersystems.
2. Windenergienutzung ist wegen der baulichen Anlagen mit höheren Investitionen verbunden. Je nach örtlichen Windverhältnissen und im Vergleich mit anderen Alternativen ist diese Nutzung und ihre Größenordnung abzuschätzen.
3. Wasserenergienutzung kann bei entsprechender Ausbildung der Stau- und Wasserkraftanlagen positive ökologische Auswirkungen haben. Je kleiner die Anlagen sind, desto besser sind sie in das Ökosystem des Fließgewässers zu integrieren.

4. Die Nutzung von Biomasse als Energiequelle sollte vor allem über die anaerobe Vergärung mit Gasgewinnung geschehen, da eine Weiternutzung zur Kompostierung und Düngung möglich ist. Verbrennung und Verkokung von organischen Stoffen sollte nur der Regenerationsfähigkeit entsprechend erfolgen. Gewinnung von Treibstoff aus Pflanzen im großtechnischen Maßstab stellt keine Alternative dar, da sie alle Folgeauswirkungen von monokulturellem Anbau beinhaltet.
5. Restwärme aus anderen Prozessen ist besonders in dicht bebauten Gebieten nutzbar zu machen und als Energiequelle für Haushalte einzusetzen.

Netzstrom als Energiequelle ist zu minimieren. Keinesfalls darf er zur Wärmeproduktion herangezogen werden. Fossile Energieträger wie Kohle, Öl und Erdgas sind zur Herstellung von Wärme zu vermeiden, da ihre Verwendungsmöglichkeiten für andere Zwecke wesentlich höher zu bewerten sind.

Energiequalität

Jeder energetische Prozeß braucht eine Energiemenge von bestimmter Qualität.
Je höher der Qualitätsanspruch eines Prozesses ist, desto mehr Restenergie (Energie in Form von Abwärme o. ä.) bleibt von dem zur Verfügung stehenden Energiepotential übrig. Geringe Qualitätsansprüche nutzen die vorhandene Energiemenge besser aus.

Elektrischer Strom ist von höchster Energiequalität und am vielseitigsten zu verwenden. In Anbetracht des Aufwandes, mit dem er heute in thermischen Kraftwerken erzeugt wird, sollte Strom nur dort eingesetzt werden, wo er nicht durch Energie geringerer Qualität ersetzt werden kann. Für mechanische Leistung ist elektrischer Strom besonders geeignet, zur Wärmeerzeugung ist er jedoch zu wertvoll.

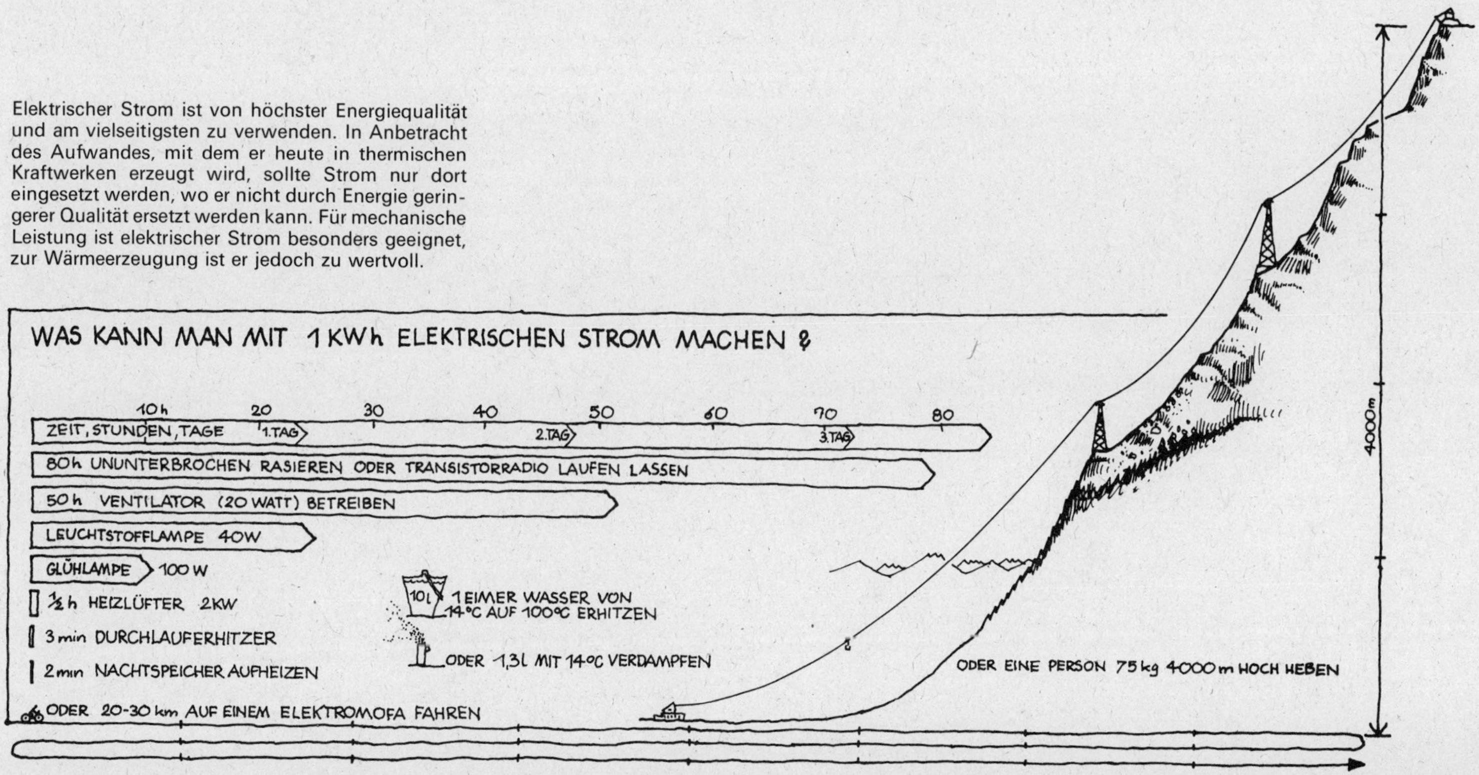

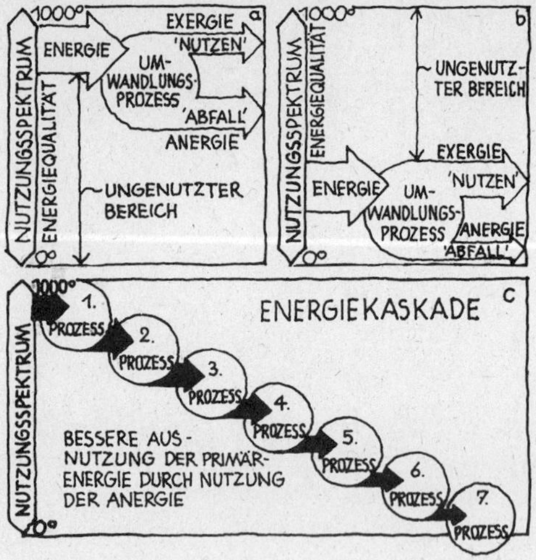

Jede zur Verfügung stehende Primärenergie sollte auf der höchstmöglichen Qualitätsstufe genutzt werden, so daß die entstehende Restenergie für Prozesse geringerer Energiequalität genutzt werden kann.

a) Für einen qualitativ hochwertigen Prozeß (Schmelzen, Stromerzeugung u. a.) wird nur ein kleiner Teil der Energie „verbraucht"; der Rest (meist Abwärme) wird als „Abfall beseitigt".
b) Eine hochwertige Energieform wird für ein geringes Qualitätsniveau genutzt (z. B. Raumheizung). Es entsteht zwar weniger Restenergie, die eingesetzte Energie ist aber für hochwertige Prozesse verloren.
c) In einer Kaskadenschaltung wird der Inhalt eines Energieträgers bestmöglich nach Qualität und Quantität genutzt. Die Restenergie eines Prozesses ist die Energiequelle für den nächstfolgenden. Diese mehrstufige Ausnutzung des Energiepotentials muß Ziel des Energiehaushaltes in Haus und Siedlung sein. In einer fein abgestimmten Energiekaskade kann der Einsatz von Primärenergie gegenüber den Einzelnutzungen auf $^1/_4$ bis $^1/_8$ reduziert werden. Kombinationen aus Gewerbebetrieben und angeschlossenen Haushaltungen sind für den Aufbau von Energiekaskaden besonders geeignet.

Die Abstimmung erfolgt qualitativ am wirkungsvollsten in der Hintereinanderschaltung von Prozessen mit unterschiedlichen Qualitätsansprüchen an die Energiequellen, der sog. Energiekaskade. In der Energiekaskade nutzt jeder nachfolgende Prozeß die Restenergie des vorhergehenden als Energie. So entsteht eine mehrstufige Verwendung von Restenergien, also eine energetische „Abfall"nutzung (wie z. B. bei der Wärmekraftkopplung).
Mit qualitativ hochwertiger Energie können schon bei geringsten Energiemengen große Leistungen vollbracht werden, die z. B. auch eine Verringerung des Energie- und Materialverbrauchs bewirken. Das gilt besonders für menschliche Energien, für viele biologische Vorgänge, aber auch für Elektronik. Die Erschließung all dieser Qualitäten ist noch lange nicht zu Ende.
Der Qualitätsanspruch der im Haus benötigten Wärme steigt dabei von der Niedertemperaturheizung (20 bis 40° C) über die Warmwasserbereitung (40 bis 60° C) zu Kochen (100° C) und Backen (ca. 250° C).
Setzt man z. B. die Leistungsaufnahme eines elektrischen Gerätes als Maßstab für die Energiequalität der Elektrizität, dann haben Rasierapparate und Transistorradio (ca. 1 W) den geringsten, Beleuchtung und Kleingeräte wie Mixer etc. (25 bis 200 W) einen mittleren und Farbfernseher (ca. 350 W) sowie größere Haushaltsgeräte wie Waschmaschine usw. (bis 1000 W) einen höheren Qualitätsanspruch.
Für den Entwurf und die Bemessung eines Energiesystems sind festzustellen:

- Energieangebot,
- Energienutzungen.

Die Energiekaskade im Haushalt zeigt, daß der größte Verbraucher, die Raumheizung, an niedrigster Stelle liegt. Ihr Energiebedarf kann durch Abwärme der höherwertigen Prozesse, durch Wärmerückgewinnung und durch einfache Sonnenenergienutzung gedeckt werden.
So abgestimmte Haushalte können mit 6000 kWh/Jahr ohne Komforteinbuße voll versorgt werden.
Die Küchennutzung bestimmt den Zeitpunkt des Generatorbetriebes. Im Netzverbund tritt dadurch sogar eine Entlastung der Stromspitze ein. Diese antizyklische Netzeinspeisung ergibt sich auch im Winter bei erhöhtem Wärmebedarf.
Für die Raumheizung setzt sich die Energiekaskade in der Wärmehierarchie fort.

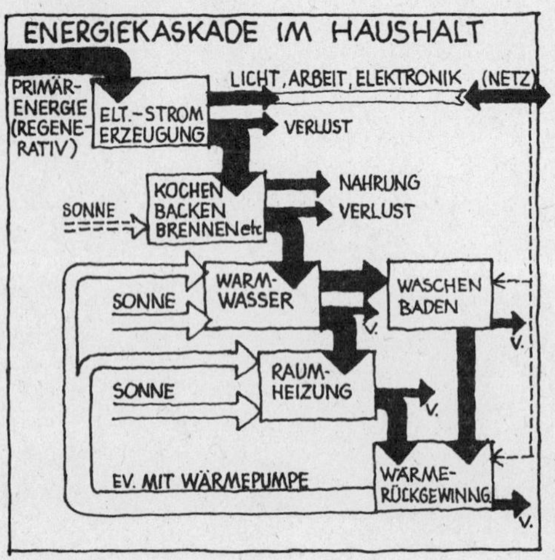

Energienutzung

Die für das Haus benötigte Energie läßt sich vereinfacht in Wärme und Elektrizität unterteilen.
Der jeweilige Energiebedarf soll möglichst mit der geringsten Energiequalität abgedeckt werden. Erst wenn alle Möglichkeiten der Bedarfsdeckung auf geringster Qualitätsstufe ausgeschöpft sind, sollte die nächsthöherwertige Energie herangezogen werden.
Werden (wie z. B. für Wasch- oder Spülmaschine) unterschiedliche Energiequalitäten für einen Prozeß benötigt, so sollte die jeweils niedrigste Qualitätsstufe gewählt werden, selbst wenn sich der Installationsaufwand erhöht.

Energiebedarf eines Vierpersonenhaushaltes mit Angabe der angemessenen Reduzierung und der optimalen Energienutzung

Funktion	Energiebedarf in kWh/Jahr		Energienutzung							
	konventionell	angemessen	Sonne (passiv)	Sonne (aktiv)	Holz	Solar-Zellen	Wind	Biogas	Wärme-Kraft-Kopplung	Handbetrieb
Heizung	35000	6000	+	+	+		●	●	+	
Warmwasser	8000	4000		+	+			●	+	
Kochen	600	600		+	+			+	+	
Backen	50	50						+	+	
Kühlen	200	300					+	●	+	
Gefrieren	400						+		+	
Beleuchtung	400	300								
Steuerung	20	20				+	+			●
Ventilation	100	100				+	+		+	
Radio	50	20				+	+		+	
Farbfernseher	350	300					+		+	
Tonband/Plattensp.	20	20				●	+		+	
Dia-Projektor	5	5				●	+		+	
Nähmaschine	10	10					+		+	●
Küchenmaschine	20	20					+		+	●
Staubsauger	50	30					+		+	
Waschmaschine	700	700		+[1]	+[1]		+[2]		+[2]	
Wäschetrockner	500	–	+	+			+		+	
Bügeleisen	50	50					+		+	
Spülmaschine	600	600		+[1]	+[1]		+[2]		+[2]	
Bohrmaschine	10	20					+		+	●
Kreissäge	20	50					+		+	
Sonstige (Fön, Rasierapp. etc.)	50	20				●	+		+	●
	~47000	~14000								

+ bevorzugt zu verwenden
● Verwendung möglich
1 Warmwasser
2 Kraftantrieb

Die Tabelle zeigt den Energiebedarf eines konventionellen Vierpersonenhaushaltes und die Möglichkeit einer angemessenen Reduzierung. Bei Berücksichtigung aller baulichen Maßnahmen (vgl. Kap. Bauliche Energiebewahrung), bewußter und sparsamer Energienutzung (z. B. beim Warmwasser) sowie Einsatz effizienter, energiesparender Haushaltsgeräte, läßt sich der Energieverbrauch um mehr als $^2/_3$ ohne Komfortverzicht reduzieren. Qualitativ und quantitativ sind alle im Haushalt benötigten Energieformen durch regenerative Energiequellen zu decken.

Elektrizität

Der elektrische Strom ist die hochwertigste technische Energieform, die in Haus und Siedlung genutzt wird. Die Anwendbarkeit ist äußerst vielseitig.
Nach dem ökologischen Prinzip der Angemessenheit darf der elektrische Strom in Haus und Siedlung nur für Funktionen eingesetzt werden, die nicht von Energieformen minderer Qualitätsstufe bereits erfüllt werden können. Damit entfällt generell der gesamte Bereich der Niedrigwärme (Raumheizung, Warmwasser und auch Kochen) für den Einsatz von elektrischem Strom.

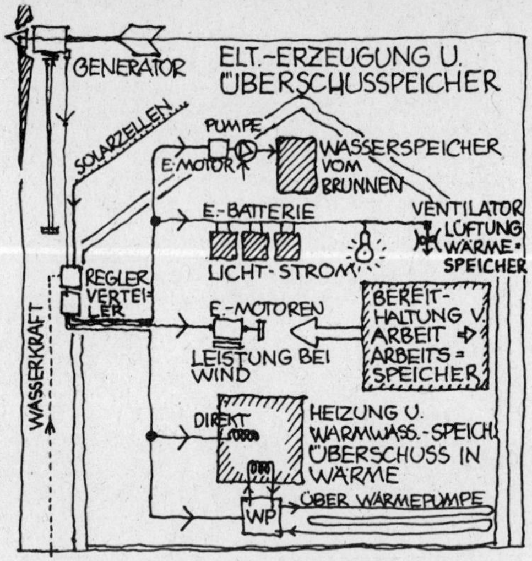

Windkraftumwandlung in Elektrizität mit verschiedenen Anwendungs- und Speichermöglichkeiten. Das gleiche Anwendungsspektrum ergibt sich für kleine Wasserkraftanlagen und Solarzellennutzung. Da die Angebotsschwankungen gering sind, werden nur kleine Speicher benötigt. Kombinationen sind denkbar. Regelung und Verteilung können automatisch Bedarf und Überschüsse steuern.

Die im Haushalt erforderliche Elektrizität erstreckt sich auf die Bereiche Beleuchtung, Arbeit und Elektronik. Zur Deckung dieses Strombedarfs bieten sich im wesentlichen folgende dezentrale Stromerzeugungsmöglichkeiten an:

- Solarzellen,
- Windkraftanlagen,
- Wasserkraftanlagen,
- Wärme-Kraft-Kopplung mit Biogas, Holzgas, Alkohol usw.

Bei Solarzellen und Windkraftanlagen ist wegen des zeitlich und mengenmäßig unterschiedlichen Energieangebotes eine Speicherung erforderlich. Dafür bieten sich derzeit marktgängige Autobatterien an (s. Kap. Speicherung). Ein daraus resultierendes Niederspannungssystem (max. 24 V) erfordert jedoch sehr hohe Leitungsquerschnitte und möglichst geringe Leitungswege von Batterien zu den wesentlichen Stromverbrauchern. Ein solches System verträgt keine Spitzenlasten. Geräte mit hohem Anschlußwert müsen dann einzeln und nacheinander genutzt werden. So können z. B. die Spülmaschine mittags, die Waschmaschine danach und abends das Fernsehgerät betrieben werden.
Ein eventuelles Energieüberangebot (an windigen oder sonnigen Tagen) kann für nicht zeitgebundene Maschinen (Bohrmaschine, Kreissäge usw.) oder andere Arbeiten wie Wasserpumpen usw. genutzt werden.
Kleine Wasserkraftanlagen (bis ca. 1 kW) in Verbindung mit einem Niederspannungssystem benötigen wegen des regelmäßigeren Energieangebotes nur eine geringe Speicherkapazität.
Große Wasserkraft- oder Wärme-Kraft-Kopplungsanlagen lassen die heute üblichen Netzspannungen (220 V, 50 Hz) zu, die einen nahezu verlustfreien Elektrizitätstransport und somit eine Einspeisung in ein Verbundnetz ermöglichen.
Dezentral eingespeiste Elektrizität kann dann zur Abdeckung von Spitzenlasten an anderer Stelle beitragen, so daß ein sich gegenseitig stützendes Netz entstehen kann.

Beleuchtung

Licht ist ein wesentlicher Faktor im Lebensablauf der Natur und des Menschen. Zeitliche und mengenmäßige Veränderungen der Lichtverhältnisse im Tagesrhythmus bringen auch biologische Veränderungen mit sich.
Künstliche Beleuchtung kann das natürliche Licht in keinem Falle ersetzen. Aus diesem Grunde erscheint es vorrangig, durch Entwurfsmaßnahmen und Farbgestaltung, aber auch durch Anpassung des Lebensrhythmus an die Tages- und Jahreszeiten (z. B. früheres Aufstehen im Sommer) die Vielfalt des natürlichen Lichtes auszuschöpfen.
Räume, deren Lichtverhältnisse im Tagesverlauf wechseln, in denen Wetter und Jahreszeit spürbar sind, wirken reicher und vielfältiger als solche, in denen das weniger oder kaum spürbar ist. Wechselnde Orte der Helligkeit im Tagesverlauf schaffen besondere Tätigkeitszonen wie z. B. den Frühstücksplatz, den Arbeitstisch oder die Leseecke. Gleichmäßig ausgeleuchtete Räume sind eher neutral und weniger anregend.
Die künstliche Beleuchtung sollte gerade den Wechsel der natürlichen Lichtverhältnisse durch Schaffung verschiedener Beleuchtungssituationen, Lichtintensitäten und Beleuchtungsregeln usw. nachahmen. Eine punktförmige Beleuchtung ist einer großflächigen, monotonen Beleuchtung vorzuziehen, die bei Dauerbelastung physi-

sche und psychische Schäden durch fehlende optische Reize und Gegensätze hervorruft. Dabei muß das Objekt ausreichend beleuchtet sein, denn zu geringe Helligkeit kann zu Augenschäden führen. Bei dem relativ geringen Anteil der Beleuchtung am gesamten Elektrizitätsverbrauch eines Hauses sollte nicht am falschen Platz gespart werden.
Die heute verwendeten Glühlampen verfügen nur über einen geringen Wirkungsgrad. Sie wandeln etwa 10% der elektrischen Energie in Licht und 90% in Wärme um. Neonröhren haben gegenüber der Glühlampe etwa die 5fache Lichtausbeute, sind aber wegen ihrer unnatürlichen Lichtfarbe nicht überall einsetzbar. Halogenlampen, die in Autos, Film- und Diaprojektoren verwendet werden, wandeln die eingesetzte Elektrizität sogar bis zu 70% in Licht um, so daß sich die höheren Anschaffungskosten relativ schnell amortisieren.
Die Lichtausbeute kann bei allen Lampenarten durch entsprechende Ausbildung der Reflektoren bzw. durch die Farbgestaltung der zu beleuchtenden Flächen optimiert werden. So können helle Farben im Innenbereich den beleuchtungstechnischen Wirkungsgrad um ca. 20% erhöhen und gleichzeitig die Beleuchtungsdauer um etwa 10% reduzieren.

Elektrische Antriebe

Mechanische Arbeit ist elektrisch mit hohem Wirkungsgrad, sauber und unkompliziert zu leisten. Elektromotoren nutzen die eingegebene Energie zu 95% aus. Sie sind in allen Bereichen direkt und ohne energiezehrende mechanische Übertragungselemente einsetzbar, da sie keine Schadstoffe erzeugen und die Energiezufuhr sehr einfach ist.
Im allgemeinen ist die elektrisch geleistete Arbeit in Haus und Siedlung eine große Erleichterung des täglichen Lebens und setzt Zeit im Haushalt für andere Dinge frei. Das gilt besonders für regelmäßige und zeitaufwendige Tätigkeiten, wie Waschen usw.
Wasch- und Spülmaschinen haben von allen Haushaltsgeräten den höchsten Stromverbrauch. Dabei wird jedoch der größte Teil der Energie zur Erwärmung des Wasch- oder Spülwassers benötigt. Die Zufuhr von warmem Wasser, das mit niedriger Energiequalität hergestellt wird, ist günstiger (siehe Warmwasser).
Eine hohe Leistungsaufnahme allein garantiert nicht die Tauglichkeit des Haushaltsgerätes. Es gibt z. B. Staubsauger, die 300 W verbrauchen und ebenso gut sind wie solche mit dreifachem Bedarf.
Ein angemessener Handbetrieb ist anzustreben. Mindestens Tätigkeiten wie Brotschneiden, Dosenöffnen und Rühren per Hand sollten selbstverständlich bleiben.

Elektronik

Die Halbleitertechnik ermöglicht hohe Leistungen bei relativ geringem Energiebedarf. Elektronische Bauteile sind wartungsfrei, platz- und materialsparend und langlebig.
Neben den fast zur Selbstverständlichkeit gewordenen Radio- und Fernsehgeräten können elektronische Einrichtungen in manchen Fällen zur Selbststeuerung der einzelnen Hauskreisläufe (z. B. Steuerung von Klappen, Ventilatoren, Stromzufuhr usw.) beitragen. Die Überschaubarkeit muß jedoch gewährleistet bleiben. Jede Steuer- und Regeleinrichtung sollte auch manuell bedienbar bleiben.

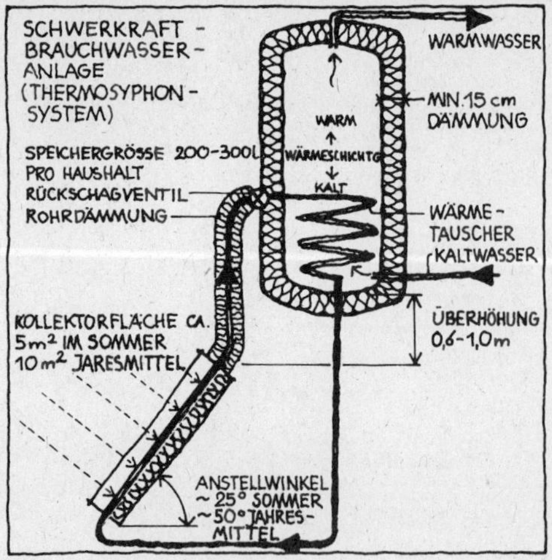

Schema einer Thermosiphon-Brauchwasseranlage (schwerkraftbetrieben). Ausreichend für Warmwasser im Sommer und in den Übergangszeiten; im Winter muß zugeheizt werden, z. B. Nachwärmung durch Gasdurchlauferhitzer (Biogas), Widerstandsheizung (Wind). Der Speichertank liegt über dem Kollektor, die Leitungswege sollten möglichst kurz gehalten werden.

Warmwasserbereitung

Für die Brauchwassererwärmung werden etwa 10 bis 30% des Gesamtenergiebedarfs eines Haushaltes benötigt.
Die dafür erforderliche Wärmeenergie ist quantitativ und qualitativ abhängig von:

- der Menge des Warmwassers,
- dem Temperaturniveau,
- der Art der Warmwasserbereitung,
- den Verlusten durch Leitungen bzw. Abwasserwärme.

Menge und Temperaturniveau lassen sich durch einen bewußten, sparsamen Umgang mit Warmwasser reduzieren, so daß sich ohne Komforteinbuße mehr als ein Drittel der Energie einsparen läßt.
Der Warmwasserbedarf ist das ganze Jahr über relativ konstant. Die Erwärmung kann im Sommerhalbjahr nahezu vollständig mittels Sonnenkollektoren erfolgen (ca. 8 bis 12 m² Kollektorfläche reichen für einen Fünfpersonenhaushalt aus), in kälteren Jahreszeiten ist die Warmwassererzeugung durch Windkraft (Widerstandsheizung, Wasserwirbelbremse), Wärmepumpe oder Herdkombination möglich. Neben der Wärmerückgewinnung aus dem Abwasser sollte auch die Abwärme anderer Aggregate (Wärmekraftkopplungsanlage, Gaswärmepumpe usw.) zur Wasservor- bzw. -erwärmung herangezogen werden.
Die Speicherung des Warmwassers ist abhängig vom Bedarf und von der Verfügbarkeit der Wärmequellen. Da die Sommersonne einerseits, die Abwärme andererseits diskontinuierlich anfallen, sollte die Speichergröße auf die jeweils zu überbrückenden Perioden abgestimmt werden.

Warmwasserbereitung im doppelten Thermosiphonprinzip (nur mit Schwerkraft). Bei weniger Sonne im Winter übernimmt die Zusatzheizung die Wassererwärmung. Zusätzliche Kombinationsmöglichkeiten ergeben sich durch Windkrafterwärmung über Wasserwirbelbremse oder elt. Widerstandsheizung.

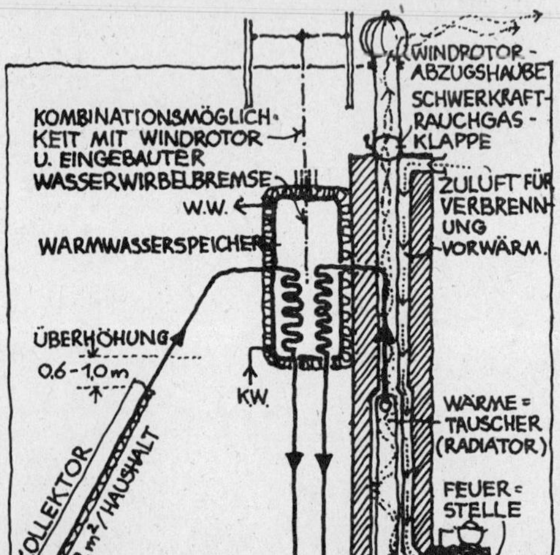

Solare Brauchwasseranlage mit Umwälzpumpe und verschiedenen Möglichkeiten der Nachwärmung im Winter. Statt automatisch geregelter Anlage ist auch ein Schwerkraftsystem mit „handgeschalteter" Nachwärmung denkbar.

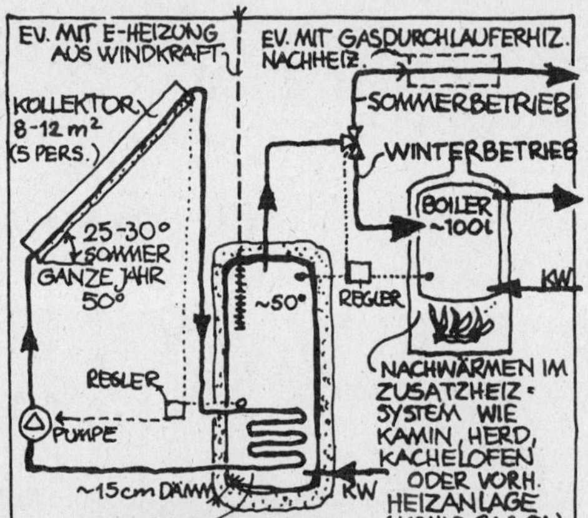

Das Haushaltswärmezentrum ist eine Gaszentralheizung mit Warmwasserspeicher, an den weitere Haushaltsgeräte angeschlossen werden können. In der Vollausbaustufe werden alle Geräte mit Wärme aus dem Umlauf-Wasserheizer des Zentrums gespeist. Nur Arbeit und Steuerung werden elektrisch betrieben. So ist ein angemessener Energieeinsatz mit hoher Effizienz möglich.

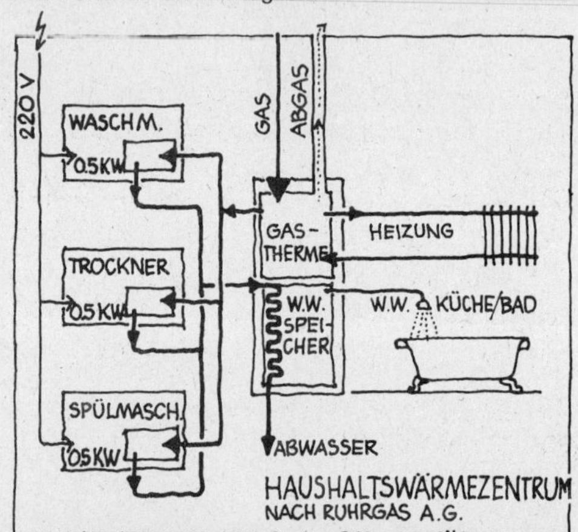

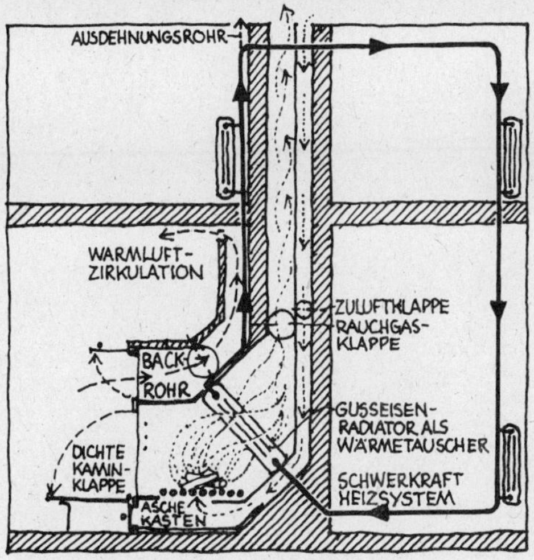

Kamin mit integriertem Warmwasserkreislauf zur Raumheizung oder Brauchwassererzeugung zusammen mit geschlossenem Brennkreislauf mit Zulufterwärmung und Kaminklappe läßt sich die Effizienz von (offen) 20% auf über 80% erhöhen. Backrohr und Warmluftzirkulationssysteme sind zusätzlich möglich. Steuerung über Klappen.
Vorhandene offene Kamine lassen sich durch solche Maßnahmen auch nachträglich verbessern. Bei wärmeoptimierten Häusern können sie so als einziges Heizsystem ausreichen.

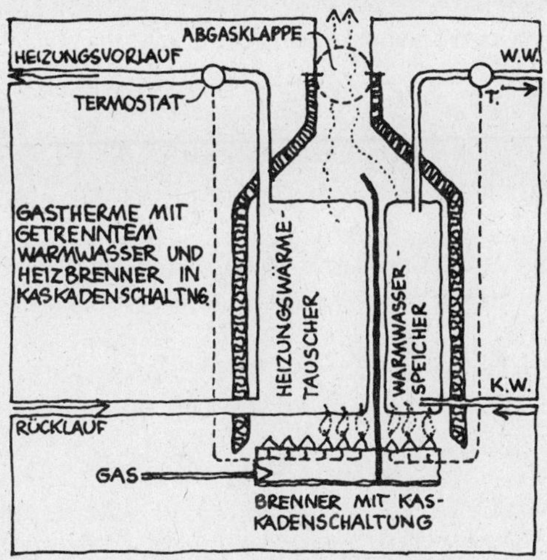

Thermostatgesteuerte Kaskadenschaltung kleiner Brennereinheiten. Wassererwärmung kann getrennt laufen. Je nach eingestelltem Verlauf springen eine gewisse Anzahl Brenner an. Das garantiert jeweils optimale Verbrennung und durch Dauerflamme eine kontinuierliche, energiesparende Heizung. Noch besser wäre eine stufenlos einstellbare Brennerflamme mit jeweils optimaler Verbrennung wie am Gasherd.

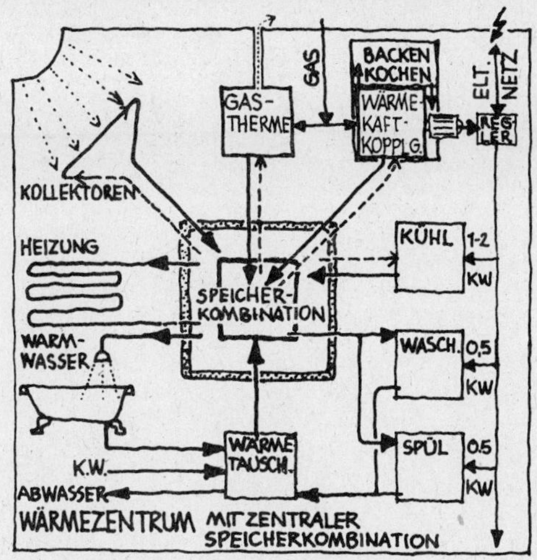

Verbesserte Wärmezentrale geeignet für Mehrfamilienhäuser.
Einspeisung aller Wärmequellen wie Sonne, Wärmekraftkopplung, Abwärme von Kühlraum, Abwasser, Abluft (Wärmepumpe) in ein zentrales Speichersystem. Die thermisch abgestuften Speicher können direkt bzw. indirekt über Wärmetauscher alle Geräte und Heizsysteme entsprechend ihren Temperaturniveaus versorgt werden. Auch die Kombination mit Langzeitspeichern ist möglich.

Die im Haushalt erforderlichen Wassertemperaturen liegen je nach Nutzung etwa zwischen 35°C (Duschen) und 90°C (Kochwäsche). Eine Wärmeschichtung bei senkrechten Speichern bzw. eine Temperaturhierarchie innerhalb eines Speichers ermöglicht die Warmwasserentnahme auf dem jeweils erwünschten Temperaturniveau, so daß uneffizientes Beimischen von Kaltwasser weitgehend vermieden werden kann.
Alle Wärmequellen können dann so in den Speicher eingespeist werden, daß für jeden erforderlichen Temperaturbereich die entsprechende Wassermenge verfügbar ist. Ein solches System sollte den gesamten Warmwasserbedarf im Haushalt decken, auch den für Wasch- und Spülmaschine.
Das Gebäude könnte so konzipiert sein, daß Warmwassererzeugung, -rückgewinnung und -speicherung eine geschlossene, kompakte Installationseinheit bilden, die bei zentraler Anordnung im Haus mit der Raumheizung einen Wärmeverbund schafft.

Raumheizung

Der Wärmebedarf eines Gebäudes entspricht dem Wärmeverlust. Art und Größe einer Heizanlage sind daher direkt abhängig von den Maßnahmen der Wärmebewahrung und -gewinnung, wie sie in Teil III (Energiebewahrung und -gewinnung) beschrieben wurden.
Der Wärmebedarf wird nach DIN 4108 und nach DIN 4701 ermittelt. Dabei kann auch der reduzierte Wärmebedarf durch Wärmehierarchien erfaßt werden. Nicht erfaßbar sind in dieser Rechenmethode der solare Einstrahlungsgewinn mit den Möglichkeiten

Tabelle zum Vergleich verschiedener Wärmequellen.
Der geringe Restwärmebedarf eines hochgedämmten Sonnenhauses wird zum Teil durch die Abwärme von Menschen und Haushaltsgerät gedeckt. Zur Abdeckung des Spitzenbedarfs etwa 8 kW in den kältesten Wintermonaten stehen verschiedene kleine Wärmeerzeuger zur Verfügung.
Je nach Haussystem mit oder ohne Wärmespeicherung reicht ein kleiner Ofen oder Herd, eine kleine Wärmepumpe oder ein kleiner Motor im Wärmekraftkopplungsbetrieb.

Wärmeerzeuger	Leistung bei Betrieb kW	Leistung im Mittel der Heizperiode kW
Warmwassererz.	1,0	0,4
Kochen u. Backen	1,5	0,06
Waschmaschine	1,2	0,08
Spülmaschine	1,0	0,06
1 Kerze	0,1	
1 Glühlampe	0,1	
Σ Beleuchtung	0,5	0,03
Farbfernseher	0,3	0,03
Kühlen	0,1	0,05
Σ Kleingeräte	0,2	0,03
Mensch in Ruhe	0,1	0,4 (4 Pers. 12 h anwesend)
Mensch in Bewegung	0,3	
1 GVE (Kuh)	1,0	1,0 (im Stall)
10 m² Südfenster	7,0 bei Einstrahlung	0,25
Wärmepumpen		
klein	1,8	0,9 (50%iger
mittel	10,0	5,0 Betrieb)
groß	30,0	15,0
Verbrennungsmotor (Wärmekraftkopplung)		
klein 6 kW	4,0	2,0 (50%iger
klein 15 kW	10,0	5,0 Betrieb)
mittel 50 kW	34,0	17,0
Küchenfeuer-Herd	5,0 bis 10,0	1,0 bis 2,0 (5 h/Tag)
Stubenofen		
klein	5,0	2,5 bei halber
mittel	10,0	5,0 Leistung
groß	20,0	10,0

des passiven Wärmeausgleichs durch die massiven Bauteile. Daher muß der Wärmegewinn gesondert berechnet werden. Ebenfalls nicht berücksichtigt ist die Reduzierung des Wärmebedarfs durch Senkung der Raumlufttemperaturen, wie sie bei großflächigen Strahlungsheizungs-Systemen ohne Behaglichkeitsverluste möglich werden. Da solche Systeme aus physiologischen und energetischen Gründen anzustreben sind, ist die reduzierte Innenraumtemperatur (16 bis 18°C) bei der Berechnung mit den entsprechenden Hinweisen zu begründen.
Bei Nutzung aller Möglichkeiten der Wärmebewahrung und -gewinnung beschränkt sich die Zusatzheizung auf einen Spitzenlastausgleich für die kältesten Tage und eine minimale Dauerlast für die kältesten Monate (1. 11. bis 1. 3.), sofern nicht eine Langzeitspeicherung als Wärmequelle vorgesehen ist (s. Kap. Wärmespeicher).
Als ständige Zusatzheizleistung reicht für ein energieoptimiertes Einfamilienhaus ca. 4 kW, im günstigen Falle sogar nur 2 kW. Als Quelle kommen verschiedene Möglichkeiten in Betracht (siehe nebenstehende Tabelle). Besonders einfach sind Küchenherd-Systeme mit einem Pufferspeicher als Kachelofen oder Wasserspeicher. Aber auch eine kleine Wärmepumpenanlage zur vollständigen Wärmerückgewinnung und Solarspeichernutzung oder eine Beheizung über eine Wärmekraftkopplungsanlage mit oder ohne Wärmepumpe sind denkbar.
Wenn mit größeren Mengen Abwärme von Geräten, Menschen oder Tieren zu rechnen ist, kann die Heizleistung weiter reduziert werden (Tabelle), so daß unter Umständen nur noch steuerbare Pufferspeicher nötig sind.
Die winterlichen Spitzenlasten an besonders kalten und windigen Tagen können für Lüftung 3 kW, für Heizung 5 kW, insgesamt also 8 kW, betragen. Das bedeutet, daß das Grundheizsystem so ausgelegt ist, daß es mit doppelter Last gefahren werden kann (was jedoch die Effizienz des Normalbetriebs herabsetzen kann) oder daß additiv ein Heizgerät zugeschaltet wird. Hier bieten sich ebenfalls vielfältige Möglichkeiten. Am einfachsten ist ein in das Haussystem integrierter Zusatzofen oder eine Kaminkombination, die noch eine Reihe weiterer Funktionen übernehmen kann (siehe Abbildungen).
Die Heizsysteme sollten den örtlichen Verhältnissen und den einsetzbaren regenerierbaren Brennstoffen entsprechend errichtet werden. Es können zum Beispiel Gemeinschafts- oder Verbundanlagen mit Gewerbebetrieben, Nutzung von Windkraft zu Heizzwecken u. a. zu jeweils angemessenen Lösungen führen. Die zusätzliche Wärmeerzeugung sollte möglichst immer innerhalb einer Energienutzungskaskade als Abwärme eines höherwertigen Arbeitsprozesses anfallen. Innerhalb des Gebäudes sollte sich die Energiekaskade in Form einer räumlichen Wärmehierarchie fortsetzen.

Strahlungsheizung

Heizkörper übertragen ihre Wärme durch Leitung, Konvektion und Strahlung. Wärmestrahlung verläuft gradlinig, benötigt keine Transportmedien und durchdringt weitgehend verlustfrei die Luft. Angestrahlte Körper absorbieren oder reflektieren die Strahlung. Je dunkler und matter ihre Körperoberflächen sind, desto stärker sind die Absorption und ihre Aufheizung. Diese Eigenschaften machen es möglich, daß in einem Raum mit kühler Luft und Strahlungsheizung die Oberflächentemperaturen am menschlichen Körper und an den Raumwänden angenehm hoch sind.
Von Strahlungsheizungen wird gesprochen, wenn der überwiegende Anteil der Wärmeabgabe durch Strahlung erfolgt. Bei Konvektorheizung überwiegt der Anteil der

Konvektion, ebenso bei der Radiatorheizung. Hier ist der Anteil der Strahlung schon 30%, während noch 70% auf die Konvektion entfallen. Beim Kachelofen und bei großflächigen Wandheizungen kann das Verhältnis umgekehrt sein.

Da aus energetischen und physiologischen Gründen eine Strahlungsheizung vorzuziehen ist, sollte das Haus selbst ein Strahlungsheizungssystem darstellen (s. Kap. Lufthaushalt). Insgesamt sollte es ein selbstregelndes solares Sammel-Speichersystem sein, in das die Zusatzwärmequelle integriert ist. Die Wärmeverteilung sollte vom Zentrum des Hauses als strahlender Wärmekörper übernommen werden. Die angrenzenden Räume sollten in Form einer Wärmehierarchie von diesem Zentrum aus beheizt werden, so daß das Haus wie ein lebendiger Organismus verschieden temperierte Bereiche hat.

Es gibt historische Beispiele, bei denen die Heizanlage integrierter strahlender Bestandteil des Gebäudes war und nicht eine zusätzlich installierte Konvektionsheizung, wie es heute üblich ist. Solche Häuser hatten häufig ein hervorragendes Raumklima; sie waren gelegentlich selbst große Wärmekörper.

Die Strahlungswärme des altbewährten Kachelofens und die der Hypokaustenheizungen gelten nach wie vor als die gesündesten Heizsysteme. Ihre Vorteile sollten auch bei neuen Anlagen wieder berücksichtigt und mit Sonnenenergienutzung kombiniert werden.

Die typische Hypokaustenheizung war Fußboden- und Wandheizung zugleich. Die Verbrennungsluft eines außenliegenden Feuers wurde durch Boden- und Wandhohlräume geleitet.

Ähnlich funktionierte die Kanalheizung, die auch mit den Hypokausten kombiniert wurde.

Steinöfen nutzten die Speicherfähigkeit des Gesteins. Solange das Feuer brannte, wurden die Abgase durch den Schornstein geleitet. Nach Erlöschen des Feuers wird der Abzugskanal geschlossen, und die Wärme steigt durch Bodenschlitze in die zu beheizenden Räume; Beginn der Warmluftheizung mit sicher noch intensiver Geruchsbelästigung. Dieses Prinzip wurde heute für Sonnenenergie wiederentdeckt, ohne daß die Nachteile der Steinofenheizung auftreten.

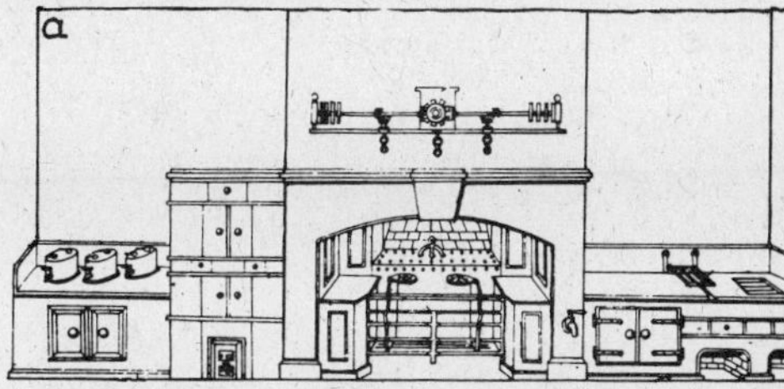

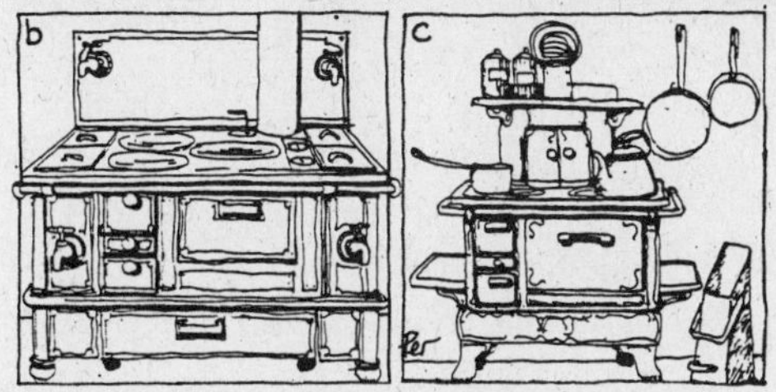

a) Die Küchen des 19. Jh. waren ausgeklügelte Systeme zum Kochen, Backen, Braten, Grillen, Warmwasserspeichern, Warmhalten, Trocknen u. a. Sie waren integrierter Bestandteil des Hauses und können in ihrer Kombination Vorbild für moderne Wärmezentren in Gebäuden sein.

Abb. aus: Lawrence Wright, Home fires burning.

b, c) Die zu Anfang dieses Jahrhunderts gebräuchlichen Küchenherde waren kompakte Koch-, Back- und Heizsysteme, die durch gute Regulierbarkeit eine hohe Effizienz (≧ 80%) erreichten. Oft waren Wasserkessel und Wärmefächer integrierter Bestandteil. Bei richtiger Lage im Haus können sie als einziges Zusatzheizsystem mit Warmwasserbereitung ausreichen.

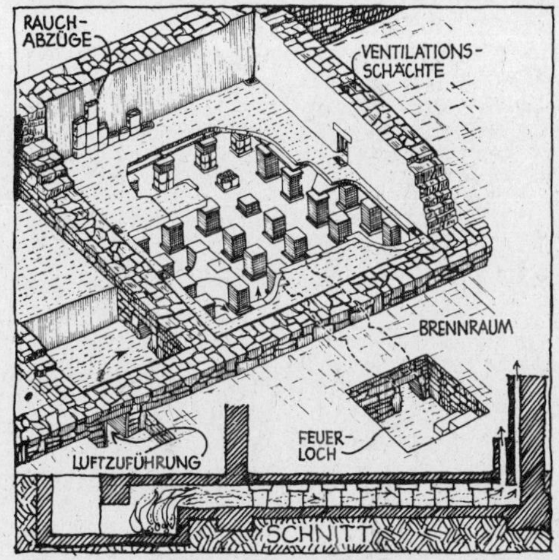

Hypokaustenheizung im römischen Kastell Saalburg.
Isometrie der Ausgrabung und Schnittrekonstruktion mit außenliegender Feuerstelle.

Die erste Anlage einer Zentralheizung ist um 800 v. Chr. in Olympia nachgewiesen, das sog. Hypokausten (von unten geheizt). Es ist eine Art Heißluft-Boden- und -Wandheizung, die voll ins Gebäude integriert wurde.

Transportable Kleinstheizkörper wie die Hand- und Fußwärmer oder die offenen Holzkohlebecken unter dem Eßtisch in Japan waren Möglichkeiten, in unbeheizten Räumen behagliche Orte zu schaffen. Wärmflasche oder Heizstrahler sind heute gebräuchlich. Für Sonnenhäuser, die nur noch gelegentlich geringen Zusatzwärmebedarf haben, könnten transportable Kleinstheizer ausreichen. Eine andere Möglichkeit ist die Integration kleiner Heizquellen in die Orte mit erhöhten Wärmebedarf wie z. B. im Bad oder einer Sitznische.

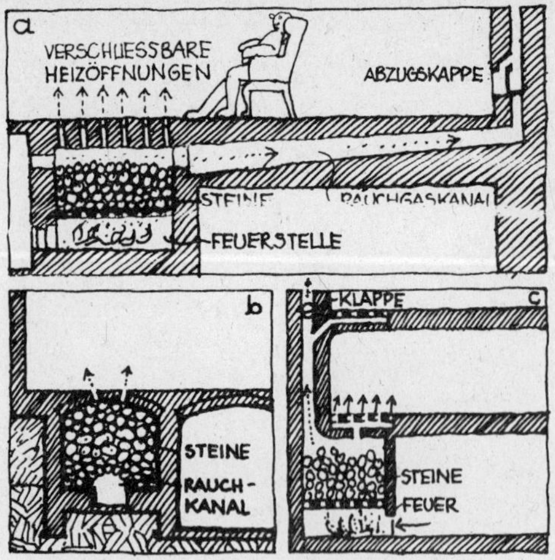

Steinspeicheröfen in historischen Beispielen.
a) Steinofen in der Marienburg mit beheiztem Fußboden.
b) Steinofen in einem Lüneburger Patrizierhaus.
c) Steinofen für mehrgeschossige Bauten.

Sehr anregend sind auch die vielfältigen Kombinationen von Kachelöfen, Herd, Backofen, Warmwasserbereitung, Sitzplatz oder Schlafnische, wie sie z. B. in skandinavischen und russischen Häusern üblich waren. Sie sind zentraler Bestandteil des Hauses, fassen speichernd alle Wärmequellen zusammen und strahlen gleichzeitig großflächig die Wärme ab.
Heizsysteme mit überwiegendem Strahlungsanteil werden heute meist in raumbegrenzende Bauteile integriert. Sie haben nach Bobran folgende Vorteile:

- Verhinderung von Bauschäden durch Kondensationswasser;
- weniger Luftkonvektion, dadurch geringer Staubumtrieb und geringe Reizung der Atmungsorgane;
- geringere Lufttemperatur, dadurch geringere Lüftungs- und Transmissionswärmeverluste, dadurch 15 bis 27% Heizkostenersparnis gegenüber der Radiatoren-Konvektionsheizung;
- keine störenden Heizkörper.

Einen weiteren Vorteil kann die zur Strahlungsquelle zunehmende Strahlungsintensität bieten. Wird die Raumnutzung speziell darauf abgestimmt, ergibt sich eine eindeutige Zuordnung und Orientierung, die dem Wärmeempfinden entspricht. Voraussetzung für ein ausgeglichenes Raumklima durch Strahlungsheizung sind die hervorragende Wärmedämmung und Fugendichtung der Außenwände sowie dichte Fenster mit temporärem Wärmeschutz (s. Kap. bauliche Energiebewahrung und -gewinnung).

Standort im Haus

Strahlungsheizkörper sollten im Gegensatz zu Konvektionsheizkörpern, die üblicherweise an der Außenwand stehen, im Zentrum des Hauses stehen, da sie rundum ein Wärmefeld aufbauen. Sie strahlen auf die äußeren Wände, die sich aufgrund von Strahlungsabsorption erwärmen und dann wieder zurückstrahlen. Die Luft bleibt dabei relativ kühl. Energietechnisch ergeben sich von selbst Wärmezonen unterschiedlicher Temperaturen von innen nach außen. Installationstechnisch könnten so die Leitungen einer Zentralheizung auf ein Fünftel bis ein Zehntel verringert werden.
Ideal ist, wenn nur die Kernwände eines Hauses zur Wärmeabgabe (aktive Beheizung), die übrigen Innenwände und Decken zum Wärmeausgleich (passive Sonnenenergienutzung) und die Außenwände und Fußböden als rückstrahlende Wärmestauflächen ausgebildet werden wie z. B. hochgedämmte Außenwand mit hölzerner Innenschale und Holzfußboden. So haben Boden und Außenwand schlecht leitende „warme" Oberflächen, die außerdem sehr atmungsaktiv sind. Ist die Außenwand massiv, sollte sie zur Ausgleichsspeicherung dienen und keinesfalls direkt beheizt werden, da sonst die Wärmeverluste ansteigen würden.

Heizflächen und Temperaturen

Um einem Raum die notwendige Wärmemenge zuzuführen, können kleine Oberflächen mit hohen Temperaturen oder große Abstrahlungsflächen mit niedrigen Temperaturen eingesetzt werden. Der Vorteil der kleinen Hochtemperaturheizung besteht im geringen Raumbedarf und im niedrigen Installationsaufwand. Als Wärmequelle ist sie gut zu orten. Nachteilig ist die hohe Lufterwärmung und die damit verbundene Bewegung und Staubverwirbelung. Dazu kommt der hohe qualitative Energieanspruch für den weniger hohen Anspruch der Raumtemperierung.

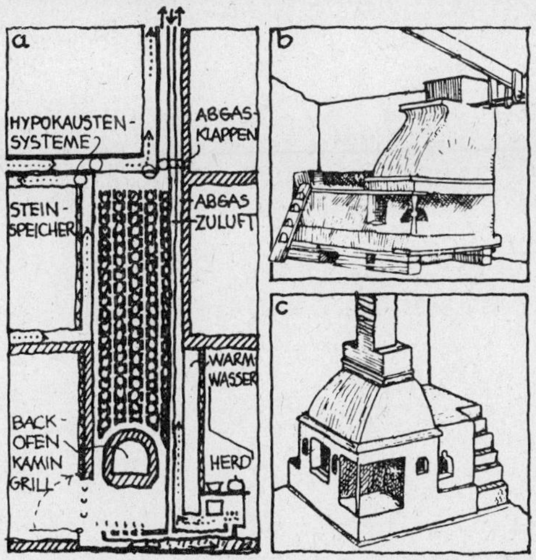

a) Steinspeicher kombiniert mit Herd, Warmwasserspeicher, Kamin mit Grill, Backofen und angeschlossener Luftkanalheizung. Wird der Speicher gedämmt, reicht der gelegentliche Betrieb von Herd und Backofen für einen stets nutzbaren Wärmevorrat.

b) und c) Alte gemauerte Öfen aus Finnland zum Kochen, Backen, Trocknen und als warmer Sitz- und Schlafplatz. Die große Masse und die große Oberfläche sorgen für eine anhaltende milde Wärme.

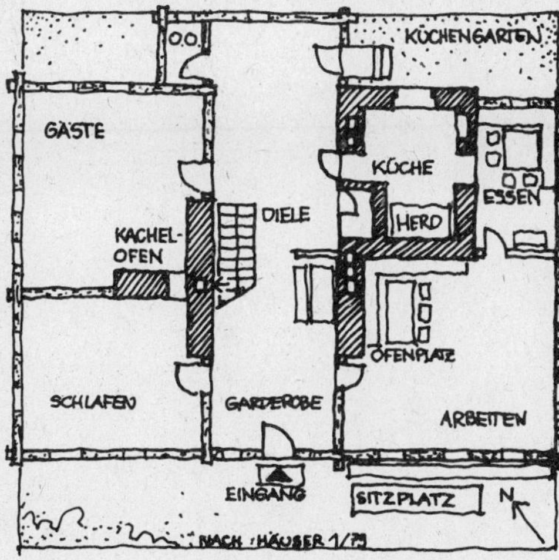

Dieses Bauernhaus aus der Steiermark hat zentrale Kachelofenheizung, die mit der Küche kombiniert ist. Die Feuerstellen sind aus Feldstein, sonst ist das Haus in Blockbauweise erstellt. Für jeden Raum strahlt die Kachelofenwand ideal diagonal auf die Außenwände. Die vollgemauerte Küche kann wärmster Rückzugsbereich sein.

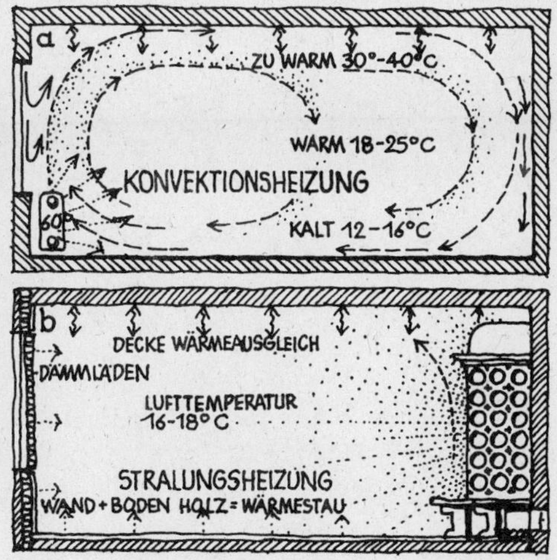

a) Konvektionsheizung erwärmt die Raumluft und stellt so einen thermischen Schwerkraftumlauf her. Die Wärme ist vorwiegend an der Decke, der Boden ist kühl. Staub wird in Umlauf gebracht. Der Strahlungsanteil ist gering und geht vor allem vom Heizkörper und von der erwärmten Decke aus.
Die Konvektion erhöht sich:

- mit der Temperaturdifferenz zwischen Wärmequelle und wärmeableitenden Wänden,
- mit der Höhe der Wärmeleiteigenschaften des Heizkörpers und der ableitenden Wände,
- mit der Raumhöhe,
- mit geringem Luftwiderstand am Heizkörper.

b) Das Strahlungsklima des Kachelofens geht vom Zentrum des Hauses aus. Die bestrahlten Raumteile absorbieren die Wärme und strahlen sie ihrerseits zurück. Die Luftbewegung ist gering, ebenso die Lufttemperaturen.
Die Strahlung erhöht sich:

- bei geringen Temperaturdifferenzen zwischen Wärmequelle und ableitenden Wänden,
- bei geringer Wärmeleiteigenschaft der Wärmequelle und bei ableitenden Wänden,
- bei großem Luftströmungswiderstand an der Heizquelle.

Große Heizflächen können die gleiche Energiemenge mit niedriger Temperatur „sanfter" in den Raum bringen. Ihr Anspruch an die Energiequalität ist angemessener, das Raumklima ist gleichmäßiger.
Die heute wieder häufig ausgeführte Fußbodenheizung hat den Vorteil, großflächig mit niedrigen Temperaturen auszukommen, wodurch sie in den erreichbaren Temperaturbereich von Wärmepumpen und Sonnenwärme kommt. Bei manchen Anlagen wird jedoch die für den Bewohner angenehme Fußbodentemperatur von 20 bis 24°C weit überschritten, so daß Gefäß- und Kreislaufbeschwerden bei älteren Menschen auftreten können. Auch wird der Feinstaub immer wieder durch aufsteigende Warmluft aufgewirbelt. Das gilt auch für Deckenstrahlungsheizung, die ebenfalls den Fußboden aufheizt. Beide Heizungsarten haben außerdem den Nachteil, daß sie die Menschen von der kleinsten Projektionsfläche treffen, von oben oder unten.
Gute Strahlungsheizungen senden ihre Wärme wie der Kachelofen von der Seite aus, und zwar auch oberhalb der meistens von Möbeln verstellten Sitzebene. So trifft die Wärmestrahlung den Bewohner von schräg oben.
Die Oberfläche bei Strahlungsheizung muß gut abstrahlen und die Konvektion hemmen. Bei Flächen mit hoher Temperatur darf keine Verbrennungsgefahr bestehen. Das Keramikmaterial des Kachelofens ist dafür ideal. Das poröse Material mit mäßiger

Eine Vergrößerung der Abstrahlungsfläche und die Bildung von Luftpolstern sind Gründe für die besonderen Formen von Ofenkacheln. Sie haben sich von einfachen Funktionsformen zu schönen Kunstformen entwickelt.
Keramisches Material strahlt besonders angenehm die Wärme ab, da die relativ geringe Wärmeleitfähigkeit auch bei hohen Temperaturen nicht zu Verbrennungen führt.

Bei Boden- oder Deckenstrahlungsheizung kommt es in der fußbodennahen Luftschicht zu einer Inversionslage. Die stabile Schichtung wird von Zeit zu Zeit durch die am Fußboden entstehende Warmluft durchbrochen, die als rasch aufsteigender Luftwirbel Feinstaub mitreißt. So wird ständig neu die Luft belastet (nach Eisenschink).

Die Anordnung der Strahlungsflächen beeinflußt das Wohlbefinden.
a) Deckenheizung verursacht stabile Luftschichtung und kann besonders bei stehender Arbeit unangenehm werden.
b) Fußbodenheizung kann außer verstärkter Staubbildung für Füße und Beine lästig werden.
c) Wandheizung im unteren Bereich kann durch Möbel unwirksam werden bzw. zu Konvektion führen.
d) Wandheizung im oberen Bereich ist günstiger und ist der Sonnenstrahlung am ähnlichsten.

Wärmeleitzahl erwärmt die Umgebungsluft nur gering, strahlt aber gut ab. Ebenso wird auch die berührende Hand so langsam erwärmt, daß ein Zurückziehen vor der Verletzung erfolgt, im Gegensatz zu Stahlöfen. Die starke Profilierung der Kacheln erhöht deren Oberfläche und bremst die Konvektionsbildung.
Kachelöfen haben eine Abstrahlungstemperatur bis zu 150°C. Die Ofenbank wird so vom Sitzplatz zum gelegentlichen „Wärmebad". Großflächige Wandheizungen oder Fußboden- und Deckenheizung kommen schon mit 25°C aus. Besonders angenehm sind Räume, wo großflächige milde Strahlung mit einer konzentrierten Strahlungsquelle kombiniert ist.
Für Neubauten können Wandheizsysteme in Form von Kachelöfen, Solarwärmespeichern, Hypokaustenwandheizungen, Warmwasserwandheizungen, Elektrowandheizungen (bei Stromüberschuß) in vielfältigen Kombinationsmöglichkeiten ausgebildet werden.
Als Wandheizsysteme können nach Eisenschink auch Fußleistenheizungen angesehen werden, die zwar selbst als Mini-Konvektoren arbeiten, deren Warmluftschleier aber an der Wand hochstreicht, diese erwärmt und als Abstrahlungsfläche für die Raumheizung benutzt. Dabei gibt die aufsteigende Luft fast alle Wärme an die Wand ab, so daß ihr Auftrieb zur Decke hin abnimmt und keine Luftzirkulation in Gang setzt. Diese einfache Methode ist preiswert und besonders gut in der Altbausanierung zur Verbesserung bestehender Zentralheizungen einzusetzen.

Wärmeverteilung

Für die Beheizung der einzelnen Wärmezonen eines Hauses gibt es folgende Möglichkeiten:

1. Heizung des warmen Kernbereiches allein. Die Erwärmung der kühleren Räume erfolgt durch den Wärmeverlust der Trennwände, die mit entsprechenden k-Werten geplant werden, und durch Lüftungswärmeverteilung.
2. Beheizung nach Energiequalitäten, z. B. die Außenzone „passiv" mit Sonne, den Kernbereich aktiv mit Sonne über Wärmepumpe usw. Jede Energiequelle wird entsprechend dem Temperaturbereich angemessen genutzt.
3. Beheizung der kühleren Pufferzone durch Energien mit niedrigem Temperaturniveau. Dadurch stabilisiert sich die warme Kernzone, die allein mit der Abwärme der Bewohner, Beleuchtung, Herd usw. mit Pufferspeicher das angestrebte Temperaturniveau hält. Diese Beheizungsart ist besonders für eine direkte Umsetzung der Sonnenenergie günstig, die in der kalten Jahreszeit nur geringe Temperaturen erreicht.
4. Heizen in der Energiekaskade, wobei ein Heizungsumlauf vom Kernbereich zu den Außenbereichen verläuft. Diese Methode ist besonders geeignet für die Nutzung von Wärme aus der Wärme-Kraft-Kopplung als Fernwärme oder aus der Eigenproduktion.
5. Dimensionierung der Heizflächen entsprechend dem Temperaturniveau der einzelnen Räume oder Regelung durch Thermostate mit jeweiliger Einstellung der Temperaturen bei zentralen Heizungsanlagen und konventioneller Verteilung.

Diese Methoden sind miteinander kombinierbar, so daß entsprechend den örtlichen Bedingungen und Anforderungen optimal angepaßte Lösungen gefunden werden können. Heizsysteme, die durch einfache entwurfliche und konstruktive Maßnahmen möglich werden, sind den rein haustechnischen Installationen vorzuziehen (s. Abb. zu Wärmehierarchie, Kap. Bauliche Energiebewahrung).
Wenn es entwurfsmäßig nicht gelingt, das Haus mit einer Wärmequelle direkt zu beheizen, müssen entweder mehrere vorgesehen werden, oder die Wärme wird von einer zentralen Heizung aus im Gebäude verteilt. Das kann mit einem Flüssigkeitskreislauf, meist Wasser, oder im geschlossenen Luftumlauf geschehen. Als direkte Luftheizung mit offenem Kreislauf treten allerdings wieder Staubprobleme auf. Die Kreisläufe können mit Schwerkraft- oder Pumpen- bzw. Ventilatorumlauf betrieben werden. Der Schwerkraftumlauf hat weniger technische Einrichtungen und läuft ruhiger. Der Mehraufwand an Rohrquerschnitten und die größere Trägheit gegenüber

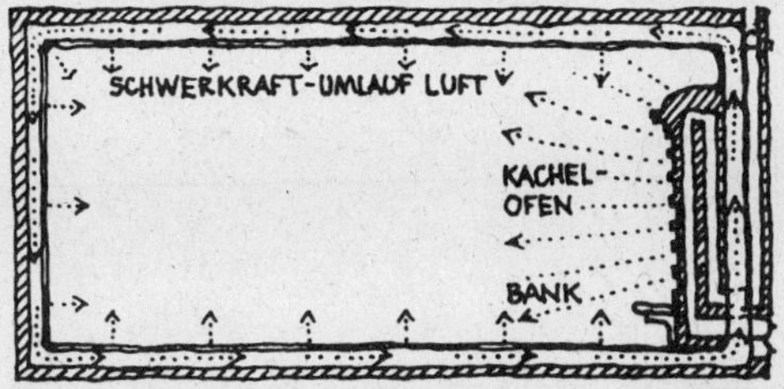

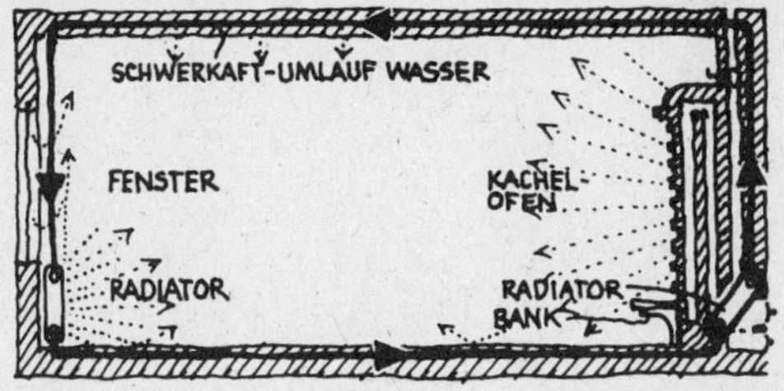

Kachelofen kombiniert mit Schwerkraftheizung zur Wärmeverteilung in weiter entfernte Raumteile oder zur Beheizung weiterer Räume.

a) Luftheizung im geschlossenen Kreislauf (staubfrei) als indirektes „Hypokaustensystem" in den Konstruktionshohlräumen. Durch die warmen sanft strahlenden Oberflächen kann die Raumluft unter 16°C gehalten werden.
b) Heizkreislauf durch Wasserrohre. Es können gezielt Radiatoren angeschlossen werden wie z. B. unter Fenstern.

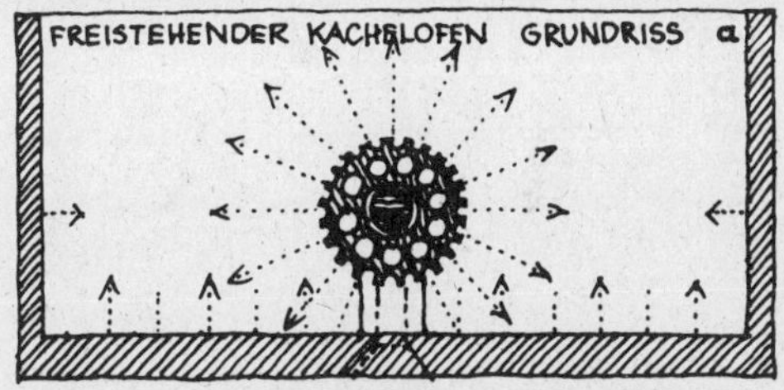

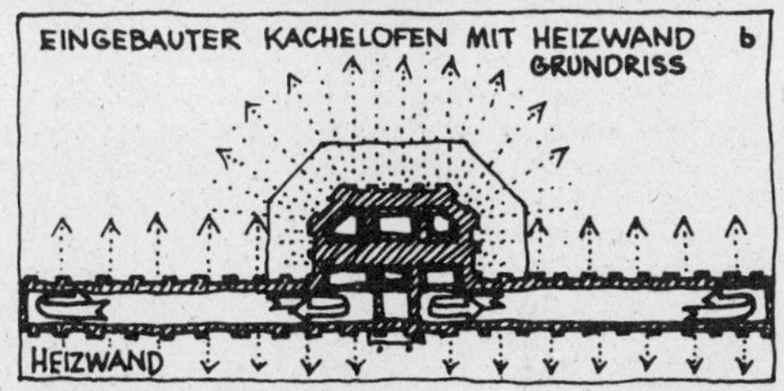

a) Ein freistehender Kachelofen strahlt direkt ab und indirekt über die Erwärmung seiner Rückwand. Die Mischung von kräftiger Ofenstrahlung und milder Wandstrahlung gibt ein gutes differenziertes Wärmeklima.
b) Kachelofen mit Heizwand im geschlossenen „Hypokaustensystem" zur großflächigen Wärmeverteilung für zwei oder mehr Räume. Wärmetransport durch thermische Luftzirkulation in der Wand.

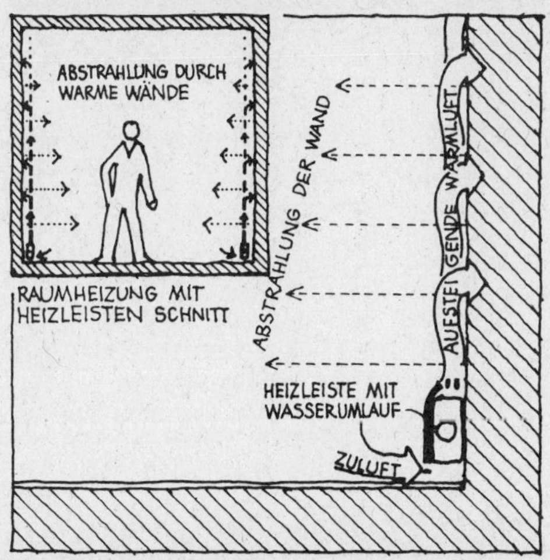

Die Fußleistenheizung erwärmt hauptsächlich die Wände, die die absorbierte Wärme in den Raum abstrahlen. Die Luftbewegung ist dabei sehr gering.

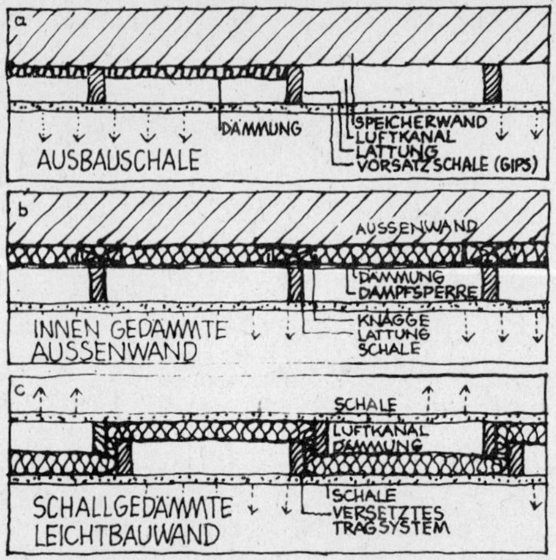

Beispiele von Wandausbildungen, die zur indirekten Beheizung mit Warmluft geeignet sind. Die Wandhohlräume werden über Kanäle an die Wärmequelle (Kamin, Herd, Kollektor, Wärmespeicher) angeschlossen. Die Verteilung sollte durch Schwerkraft erfolgen oder, falls nicht ausreichend, mit Ventilator unterstützt werden.

a) Wand mit Vorsatzschale. Wird die Wand abgedämmt (ca. 2 cm), so entfällt die Speicherwirkung, und sie reagiert schneller. Bei Holz als Vorsatzschale wird der Wärmefluß geringer (Dämmwirkung), was u. U. erwünscht ist.

b) Außenwand mit nachträglicher Innendämmung als Wandheizung ausgebildet. Eine Dampfsperre ist unbedingt erforderlich. Außenwände sollten in der Regel nicht als Heizwände ausgebildet werden, da die erhöhte Temperatur in der Zwischenschicht einen erhöhten Wärmeverlust zur Folge hat und kein Dampfausgleich mit dem Außenraum möglich ist. Stattdessen sollten Außenwände auf der Innenseite eine schlecht wärmeleitende Oberfläche erhalten (Wärmestaueffekt bei Strahlungsheizung).

c) Innenleichtbauwand in schalldämmender Ausführung zugleich als Heizwand.

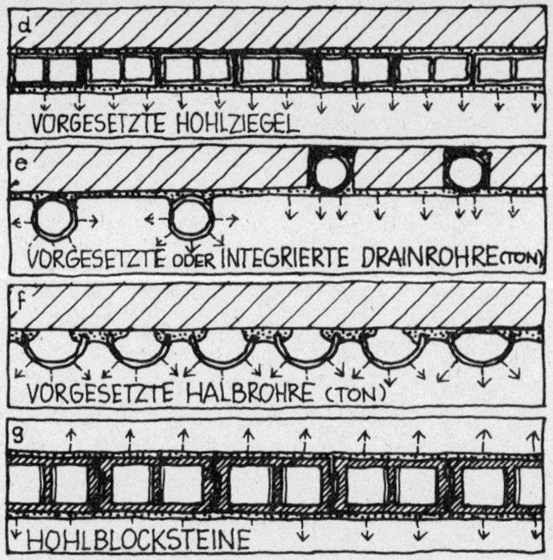

d) Vorgesetzte Hohlziegel als luftführende Kanäle sauber vermauert.

e, f) Tonrohre oder Halbrohre als Heizkanäle vor die Mauer gesetzt ergeben eine rasch ansprechende Heizwand mit hoher Oberfläche. Vermauerte Kanäle reagieren in Verbindung mit dem speichernden Mauerwerk sehr viel träger.

g) Innenwand aus Hohlblocksteinen, genutzt als Heizwand.

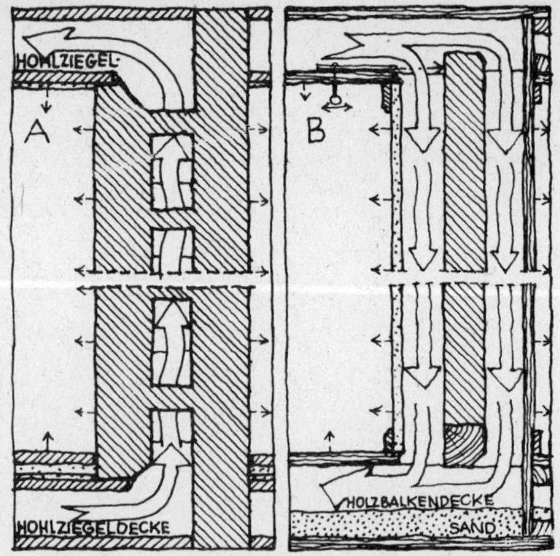

Vertikalschnitte durch Heizwände mit Deckenanschluß.

Je mehr Masse eine Wand aufweist, desto mehr Wärme kann sie speichern, aber auch um so träger reagiert sie. Bei unregelmäßigem Wärmeangebot ist viel Masse zum Phasenausgleich erwünscht. Bei gelegentlicher Nutzung sowie als Zusatzheizung ist eine schnell reagierende Wand mit geringer Masse erwünscht.

A) Heizspeicherwand mit Zuführung der Warmluft über Hohlziegeldecken die als Warmluftkanal ausgebildet sind (zugleich Heiz- und Speichermasse). Die Wand wird durch die gemauerte Luftschicht zentral beheizt.

B) Heizwand mit geringer Masse. Anschlüsse an eine Holzbalkendecke, die als Warmluftzuführung ausgebildet ist. Die angrenzenden Räume können durch Schieber getrennt beheizt werden.

dem Pumpenumlauf kann durch die zentrale Lage der Heizungseinheiten kompensiert werden. Wer Metallrohre und Wasserumlauf scheut, muß größere Querschnitte für Luftkanäle einplanen.

Die Luftkanäle können bereits beim Entwurf berücksichtigt und die Baukonstruktion darauf abgestimmt werden. So können die Hohlräume in Decken, Wänden und Dach als Kanäle und damit auch als großflächiges Heizsystem ausgebildet werden, das bei guter Detailausbildung keine Mehrkosten verursacht. Sollen die luftführenden Bauteile außerdem eine Speicherwirkung besitzen, bieten sich Hohlblocksteine, Hohlziegeldecken und ähnliche auf dem Markt befindliche Baustoffe an. In Kombination mit Luftkollektoren und Schotterspeichern können solche „Hypokausten"-Luftheizsysteme günstige Lösungen darstellen, die ein gutes Raumklima erzeugen.

Heizkombinationen

Die Summe aller verfügbaren Wärmequellen muß ausreichen, ein Haus an den kältesten Tagen des Jahres zumindest in den warmen Kernräumen zu beheizen. Oft ist es sinnvoll, diese „Vollast" auf mehrere Beheizungsmöglichkeiten zu verteilen, damit in der übrigen Zeit einzelne Systeme mit optimaler Effizienz arbeiten können.

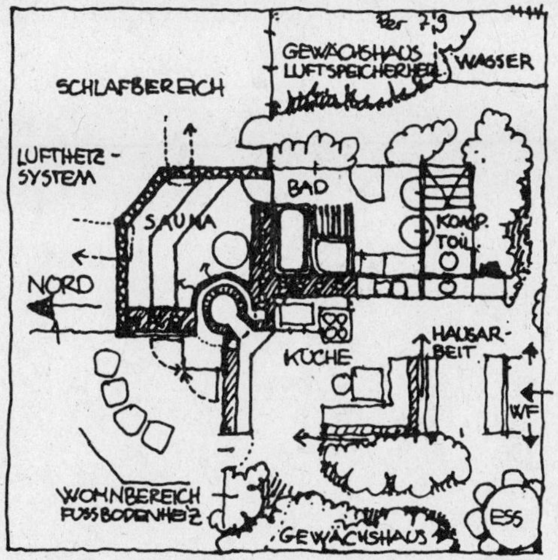

Der Wärmekern ist Zentrum der Wärmehierarchie. Er kann zu den Wohnbereichen geöffnet bzw. als Wärmerückzugsbereich geschlossen werden. Kamin, Saunaofen und Backofen bilden mit Speicherwärmewänden ein System, an das auch der Küchenherd mit Warmwasserbereitung angeschlossen ist. Im Untergeschoß befindet sich die Abwasserwärmerückgewinnung, im Dach das Abluftwärmetauschsystem, Küche, Bad, Hausarbeits- und Eßplatz sind in eine Gewächshauslandschaft eingebettet, die zugleich Puffer, Wohnraum, Zierde, Spielfläche und Anbaufläche ist. Entsprechend der Jahreszeit öffnet sich das Gewächshaus und geht in den Garten über.

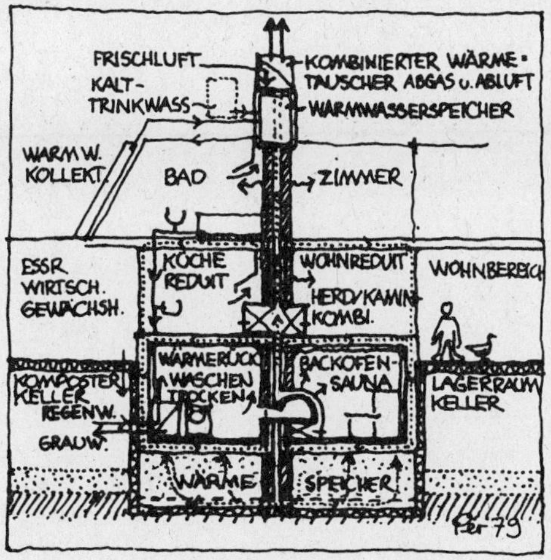

Beispiel eines Wärmekerns im vertikalen Aufbau. Alle Wärmeerzeuger- und Speicheranlagen sowie die wärmsten Raumzonen sind miteinander kombiniert und bilden ein kompaktes System, in dem Wärmeverluste rückgewonnen und Überschüsse gespeichert werden. Die Beheizung der Kernzone erfolgt durch Wärmestrahlung über die Speicherwand und durch ein im Tragsystem integriertes Hypokaustensystem. Die äußere Raumzone geringeren Temperaturniveaus wird als passives Solarhaus und durch gesteuerte Wärmeverluste der Kernzone beheizt.

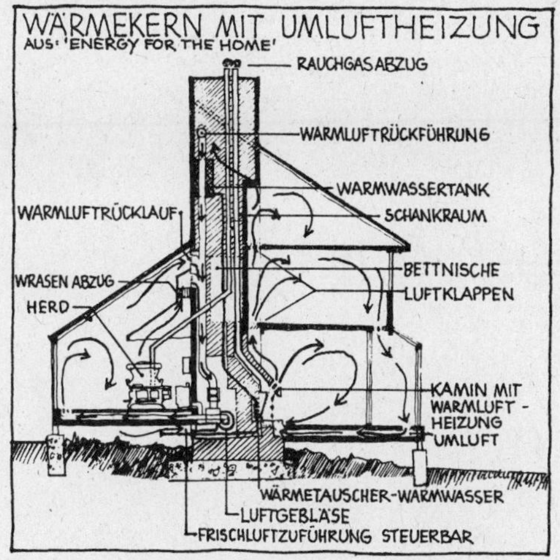

Haus mit vertikalem Wärmekern, in dem Warmwasserbereitung, Kamin und offene Umluftheizung kombiniert sind. Der Kern bildet für den Leichtbau die einzige massive Baumasse zum Wärmeausgleich. In ihm sind sogar Bettnischen und Schränke integriert.

Die Grundheizlast kann bei Neubauten immer von der Sonnenenergie gedeckt werden, bei extremer Ausbildung auch die Vollbeheizung (s. Teil III Energiebewahrung und -gewinnung).

Das Sonnenheizsystem sollte mit der Brauchwasseranlage kombiniert werden. Die noch notwendigen Zusatzheizungen können mit dem Heizspeicher verbunden oder mit den Abstrahlungsflächen in Form von Herd-, Ofen- oder Kachelofenheizungen, so daß möglichst nur noch eine zusätzliche Feuerstelle notwendig wird.

Besondere Kombinationen der Wärme- und Energienutzung ergeben sich durch den Einsatz von Wärmepumpen, der Wärmekraftkopplung sowie von Wärmetauschern zur Wärmerückgewinnung (s. Kap. Haustechnische Einrichtungen).

In den folgenden Abbildungen werden beispielhaft Heizkombinationen als Schemazeichnungen dargestellt. Die ,,aktiven Solarsysteme" über Sonnenkollektor mit Langzeitspeicherung oder verschiedene Formen der Solarabsorber werden mit einer Wärmepumpe gekoppelt, so daß verschiedene Beheizungsformen möglich werden. So ausgestattete Häuser werden als ,,aktive Sonnenhäuser" bezeichnet. Sie sind überall dort sinnvoll, wo die Maßnahmen der Wärmebewahrung und der passiven Gewinnung nicht weiter optimiert werden können, wie es z. B. bei städtischen mehrgeschossigen Gebäuden häufig der Fall ist.

Kombiniertes Heizspeichersystem für einen Gebäudewärmekern. Der Kollektorkreislauf erwärmt im Kaskadendurchlauf das Brauchwasser, den Heizspeicher und Langzeitspeicher. Die natürliche Wärmeschichtung ermöglicht unten Abwasserwärmerückgewinnung und oben hohe Entnahmetemperaturen. Der Heiz- und Warmwasserspeicher wird durch ein Koch-Heizsystem unterstützt. Für größeren Energiebedarf ist die Anlage mit Windrad, Wärmekraftkopplung oder Wärmepumpe zu ergänzen.

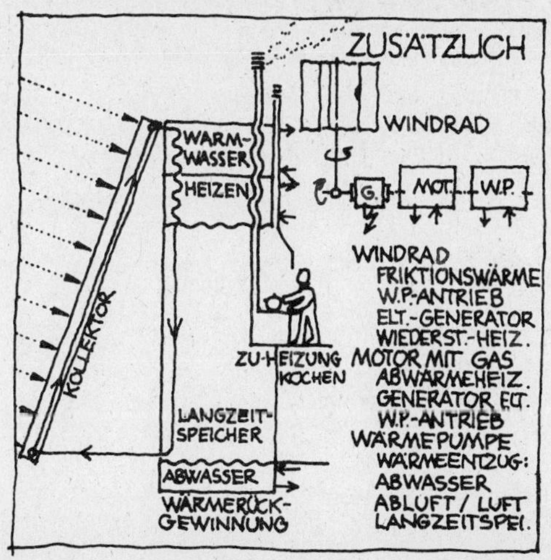

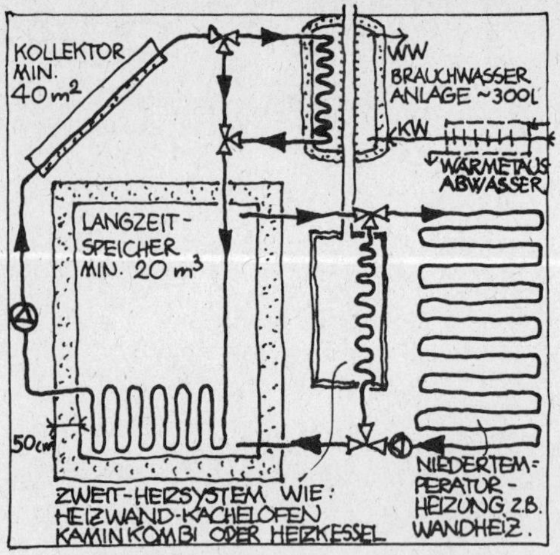

Heizschema einer Solaranlage mit Langzeitspeicher, Brauchwasserbereitung und Zusatzheizung für Einfamilienhausgröße. Die Anlage läuft im „Alternativbetrieb", d. h., wenn der Langzeitspeicher ausgekühlt ist, übernimmt das Zweitsystem die Heizleistung; Abwasserwärmerückgewinnung im Brauchwassersystem. Bei entsprechender Zuordnung und Rohrdimensionierung läßt sich dieses System auch durch Schwerkraft betreiben (Bemessung für ca. 150 m² Einfamilienhaus mit Vollwärmeschutz).

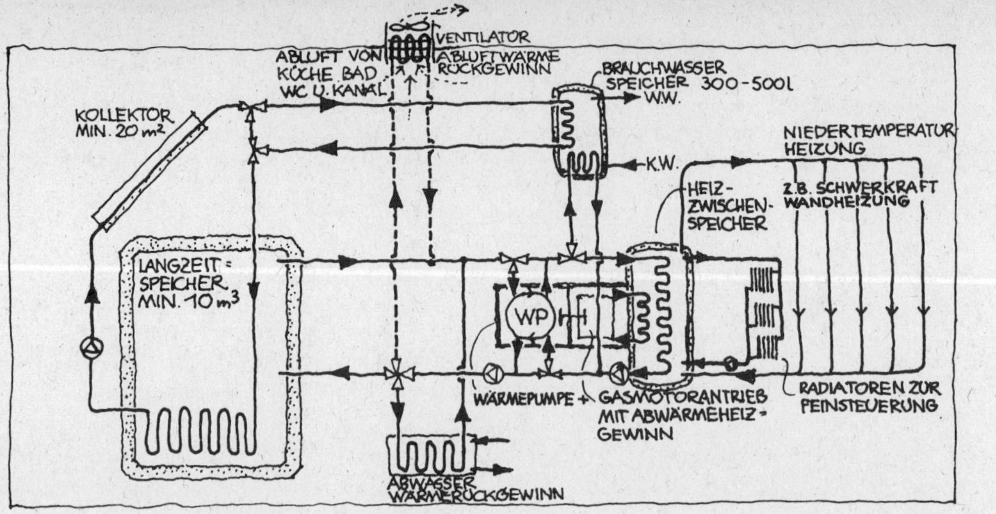

Heizschema mit gasmotorbetriebener Wärmepumpe zur Vollversorgung, kombiniert mit Brauchwasseranlage und Abwärmerückgewinnung. Wahlweise Zuschaltung von Abluftabsorber oder Wärmeabsorber in Wegen, Dach oder Fassade.

Die Wärmepumpe braucht erst zugeschaltet zu werden, wenn die Temperatur des Langzeitspeichers unter die Vorlauftemperatur sinkt; großflächige Wandstrahlungsheizung; Feinsteuerung durch leichte Radiatoren, damit passiver Solargewinn genutzt werden kann (Bemessung für ca. 150 m² Einfamilienhaus mit Vollwärmeschutz).

Die Auswahl der Systeme zeigt nur einen kleinen Teil der Möglichkeiten des derzeitigen Angebots. Für den jeweils speziellen Wärmehaushalt sollten stets „maßgeschneiderte" Systeme aus serienmäßigen Einzelkomponenten zusammengestellt und keine kompletten Bausätze übernommen werden, da nur so – angepaßt auf die örtlichen Verhältnisse – eine hohe Effizienz erreicht werden kann.

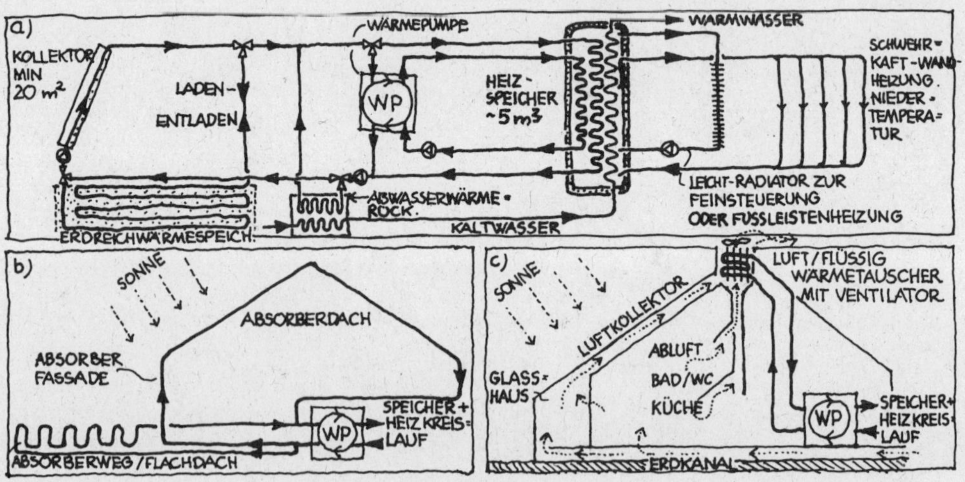

a) Heizungsschema mit Wärmepumpe zur Vollversorgung. Die sommerliche Überschußwärme geht in einen Erdspeicher unter dem Haus oder unter Wegen. Im Winter werden die ganze Kollektorleistung, der Erdreichspeicher und die Abwasserwärme über die Wärmepumpe genutzt, bei gasmotorgetriebener Wärmepumpe wird die Motorwärme ebenfalls in den Heizspeicher geleitet. Die Wärmeschichtung im Speicher wird ausgenutzt für eine Schwerkraft-Niedertemperatur-Wandheizung für Radiatoren zur Feinsteuerung und zur Brauchwassererwärmung. Speicherung und Wärmepumpenantrieb erfordern eine genaue Regelung.

b) Heizbetrieb nur über Wärmepumpe mit Absorberflächen, die zugleich Dach, Fassade, Wege sind oder z. B. Flachdächer mit frei im nassen Kiesbett verlegten Absorberleitungen. Das übrige Heizschema entspricht a).

c) Heizbetrieb nur über Wärmepumpe mit Luftabsorber. Der Luftabsorber kann mit vorgewärmter Luft über Erdkanal, Glashaus, Luftkollektor, Abluft und Abgas gespeist werden. So sind vielfache Kombinationen, wie z. B. Kollektor-, Fenster-Abluft-Fassade denkbar. Weiteres Heizschema etwa wie a).

Alle Systeme sind, wenn sie nicht zur Vollversorgung ausgelegt sind, mit verschiedenen Zusatzheizungen kombinierbar.

Regelung

Eine Regelung der Heizsysteme ist in jedem Fall erforderlich. Neben der üblichen Anpassung an die Jahres- und Tageszeiten sowie an die wechselnden Wetterbedingungen wird die Aussteuerung des diskontinuierlichen passiven Einstrahlungsgewinns und der Abwärmequellen wichtig.
Die Anpassung an die wechselnde Befindlichkeit der Bewohner sollte nach Möglichkeit durch ein differenziertes Raumklima-Angebot sowie durch Kleidung und Gewohnheit erreicht werden. In jedem Falle sollte zusätzlich zur automatischen Regeltechnik eine bewußte Regelung durch die Bewohner möglich sein. Die Anlagen sollten so einfach sein, daß unter Umständen eine einfache Handregelung und jahreszeitliche Anpassung ausreicht. Die Feinregelung sollte sich durch natürliche Schwerkraft und bauphysikalische Prinzipien „vegetativ" selbst steuern (s. Kap. Klimagerechtes Bauen und Bauliche Energiebewahrung).
Im einzelnen kann die Regelung erfolgen:

- Bei Schwerkraftluftsystemen durch Zu- und Abschalten von Kreisläufen durch Schieber und Klappen (evtl. automatische Schwerkraftklappen);
- bei Zwangsluftsystemen durch Ventilatorgeschwindigkeit, bei besonderer Ausbildung mit Umkehrschaltung für Kühlung im Sommer (automatisch steuerbar);
- bei Schwerkraftwassersystemen durch Zuschalten von Kreislaufzweigen durch Schieber und Ventile (evtl. automatisch);
- bei Zwangswassersystemen durch Umwälzpumpengeschwindigkeit und Zuschalten von Kreisläufen (automatisch);
- bei direkter Speicherabstrahlung durch variable Dämmung;
- bei Feuerstellen durch bekannte Maßnahmen; möglichst Feuerstelle im geschlossenen System mit eigener Brennluftzuführung und Regulierung als Voraussetzung einer hohen Effizienz.

Die Feinsteuerung ist besonders bei hohem „passiven" Einstrahlungsgewinn großer Südfenster ein Problem, da es dann bei der Trägheit der massiven Strahlungskörper trotz Abstellung der Wärmezufuhr zur Überheizung kommen kann. Damit der wertvolle Wärmegewinn nicht abgelüftet werden muß, gibt es folgende Möglichkeiten, die einzeln oder in Kombination angewandt werden können:

- Die von der Sonne direkt beschienenen Flächen sollten gut leitende Speicherflächen sein, damit die Sonnenwärme primär die Massen aufheizt. Diese Speichermasse sollte keine Wärmebrücke zu den aktiv beheizten Flächen haben. Ebenso sollte die Decke als Ausgleichsspeicher für die Warmluft ausgebildet sein.
- Konvektionsmöglichkeit über Türen und Klappen mit schattigen Hausbereichen (s. Kap. Bauliche Energiebewahrung).
- Die Kanalführung in den Strahlungskörpern wird so konstruiert, daß auf der Raumseite weniger Speichermasse liegt.

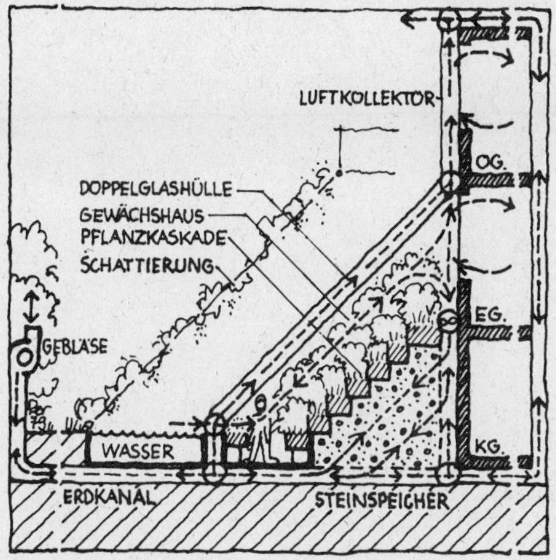

Luftklima und Heizungskombination von

- Erdkanal
  Vorwärmen im Winter (+10°C)
  Kühlen im Sommer
  Lufttrocknen durch Kondensieren
- Gewächshaus
  Filtern, Befeuchten, Sauerstoffanreicherung, Wärmen
- Luftkollektor
  Heizen im Winter
  Entlüften im Sommer
- Speicher
  Ausgleichen, Heizen

Hierdurch kann je nach Bedarf unterschiedlich klimatisiert werden (s. Kap. Lufthaushalt).

Lüftungs- und Heizsystem, bestehend aus:

- Glashaus zum Filtern, Luftbefeuchten, Kondensieren, Erwärmen und CO_2/O_2-Tausch;
- Luftkollektor zum Aufheizen der Luft für den Steinspeicher bzw. zur Entlüftung;
- Steinspeicher zur Aufheizung im Sommer und Wasserbecken als Ausgleichsspeicher;
- Erdkanal zum Vorwärmen, Filtern und Trocknen der Zuluft und zur Kühlung im Sommer;
- Badebecken (Regenwasser) zur passiven Ausgleichsspeicherung.

So entsteht ein System mit vielseitigen Lüftungsmöglichkeiten und direkter wie indirekter Heizung. Die Abluft kann über Wärmetauscher abgeführt werden.

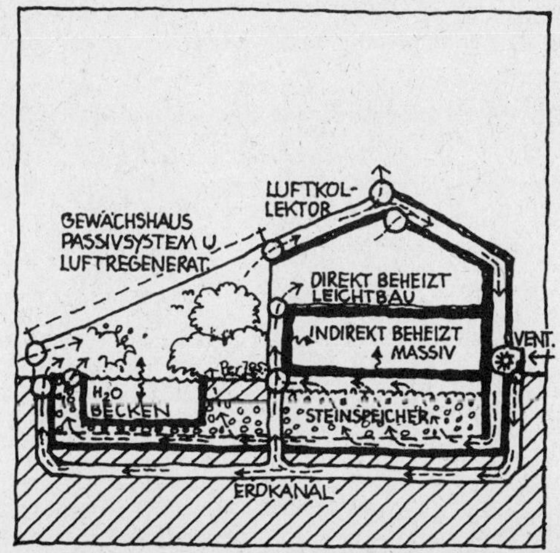

- Heizungsregelung, die bereits auf die Direkteinstrahlung reagiert (Fotozellensteuerung) und nicht erst nach Temperaturanstieg.
- Feinsteuerung durch Ablüften der überwärmten Luft durch Türen und Klappen, Sammlung im höchsten Gebäudeteil und Absaugen durch thermostatgesteuerten Ventilator in einen Schotter-Ausgleichsspeicher, der im Sommer auch als Kühlspeicher zu verwenden ist.
- Feinsteuerung durch klappbare Dämmpaneele oder Dämmvorhänge.
- Feinsteuerungsmöglichkeit einer geschlossenen Luftkanalheizung durch zusätzlichen offenen Luftkreislauf.
- Feinsteuerungsmöglichkeit einer Wasserwandheizung durch zusätzlichen leichten Radiatorkreislauf, z. B. als Fußleistenheizung.
- Feinsteuerung durch unabhängige Ofen- oder Herdsysteme.

Ein Haus zu planen, das in sich ein selbstregelndes Energiesammel-, -speicher- und Heizsystem mit optimalem Raumklima ist, verlangt vom Architekten einen erhöhten Planungsaufwand und ein intensives Verständnis der Wärmevorgänge und Materialeigenschaften.

Literatur

AME-Gedenkschrift: Das künstliche Klima. Hannover 1965.

Bayrische Landeskohlenstelle (Hrsg.): Heiz- und Kochanlagen für Kleinhäuser. München 1921.

Blümel, Fritz: Deutsche Öfen. München 1965.

Bobran, Hans W.: Handbuch der Bauphysik. Gütersloh 1972.

Bolle, Fritz: Der Ofensetzer. Gräfenhainichen 1943.

Boyle, Godfrey; Harper, Peter: Radical Technology. New York 1976.

Clegg, Peter: Energy for the home. Charlotte/Vermont 1975.

Eisenschink, A.: Falsch geheizt ist halb gestorben. München 1975.

Fischer, O. G.: Kachelofen-Luftheizung. Berlin 1963.

Franz, R.: Der Kachelofen. Graz 1969.

Gibbins, Olaf: Dezentrale Energieversorgung durch Blockheizkraftwerke. In: Bauwelt 11/79.

Grohmann, H.: Kachelofen und Kamin. München.

Grün, Dr. Ingo: Ist Heizen noch zeitgemäß? In: DBZ 5/79.

Kollmer, Dr.-Ing. A.: Abhängigkeit des Wärmebedarfs vom Heizsystem. In: TAB 3/79.

Leutmann, J. G.: Feuer-Nutzung. Wittenberg 1764.

Moore-Lappé, Frances: Die Öko-Diät. Frankfurt 1978.

Müller-Fehn, Gert: Gesund heizen. In: Hannoversche Allgemeine Zeitung, 21. 2. 1979.

Nagel, Herbert: Kachelöfen des 15.–17. Jahrhunderts. Darmstadt 1954.

Palm, H.: Das gesunde Haus. Konstanz 1977.

Schneider, Anton: Die gesunde Heizung. Rosenheim 1979.

Seymour, John: Das große Buch vom Leben auf dem Lande. Ravensburg 1978.

Verband der Arbeitgeber für das Töpfer- und Ofensetzergewerbe Deutschlands (Hrsg.): Kachelofenheizung und Küchenherd. Oldenburg 1916.

Wright, Lawrence: Home Fires Burning. London 1964.

Wasserhaushalt

Wasser ist eines der wichtigsten Lebensmittel und Hauptbestandteil aller Lebewesen. Es erfüllt eine bedeutende Funktion innerhalb der weitverzweigten Netze komplexer Ökosysteme. Das Wasser wird durch den globalen Wasserkreislauf ständig umgesetzt und ist so das verbindende Element zwischen der Atmosphäre, den Land- und Wasserökosystemen und der Lithosphäre. Menschliche Einflüsse haben daher Folgewirkungen für auch weit entfernte Natursysteme.
Im Zuge dieses Wasserkreislaufes wirken drei natürliche Verschmutzungsquellen:

- Luftverunreinigungen durch Wüstenstaub, Vulkane und Brände,
- organische Verunreinigungen durch Stoffwechselvorgänge,
- mineralische Auswaschungen im Grundwasser und Meer.

Entsprechend dazu wirken ständig drei natürliche Reinigungssysteme:

- Die Verdunstung und Kondensation durch die Sonne, die Transpiration der Organismen (hauptsächlich der Pflanzen),
- die biologische Reinigung innerhalb der Gewässer (Selbstreinigung) und der Pedosphäre,
- die mechanische Filterung des Grundwassers in den Gesteinsschichten.

Durch menschliche Einwirkung sind diese Systeme nachhaltig gestört. Nach wie vor werden die Gewässer als Abfallentsorgungssysteme mißbraucht, und nahezu jeder „Abfallstoff" gelangt langfirstig in den Wasserkreislauf:

- Weltweit wirkende künstliche Luftverschmutzungen verseuchen die Niederschläge, was regional bereits zur Vergiftung der Vegetation führt. Zugleich wird das Landverdunstungssystem durch Kahlschlag und Kanalisation ständig dezimiert.
- Die biologische Selbstreinigung der Gewässer und des Bodens ist fast überall gestört, oft schon tot; selbst die Meere sind gefährdet.
- Die Filterung des Grundwassers in den Gesteinsschichten ist durch übermäßige Belastung, z. B. durch Überdüngung und Einleitungen von Schadstoffen, nicht mehr gesichert; das Grundwasser ist teilweise bereits vollständig verseucht.

Aus diesen Tatsachen leitet sich die Forderung ab, Wasser nach Gebrauch durch den Menschen wieder schadlos in den Naturhaushalt zurückzuführen und die Reinigungskraft der Natursysteme wiederherzustellen. Ver- und Entsorgungssysteme müssen sich demzufolge den natürlichen Prozessen anpassen und sich eng mit ihnen verknüpfen. Dies ist nur durch kleine naturnahe Anlagen möglich.

Der weltweite Wasserkreislauf
$^1/_4$ der eingestrahlten Sonnenenergie hält 12300 km^3 H_2O in der Atmosphäre, das sich 40mal/Jahr niederschlägt. Die Niederschläge auf die Landmasse stammen zu 37% vom Meer, zu 63% durch die Verdunstung des Landes selber. Hierbei ist die Transpirationskraft der Pflanzen, insbesondere des Waldes, und ihr Wasserrückhaltevermögen entscheidend. Je mehr Wasser im Boden, in den Pflanzen und Landgewässern gebunden wird, desto ausgeglichener und stabiler sind der Wasserhaushalt und das Klima.

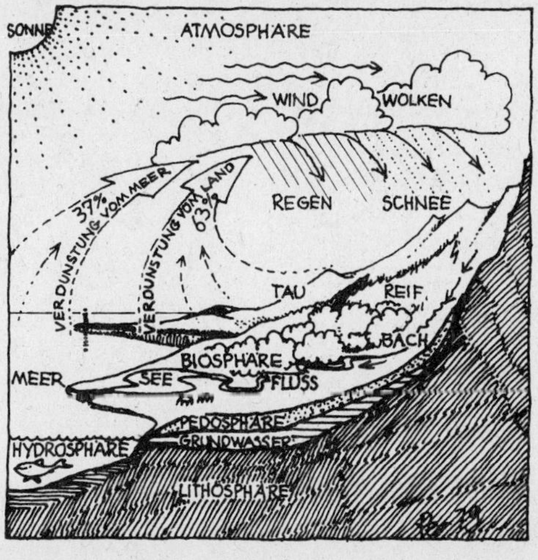

Die derzeitige Wassernutzung

Alles uns zur Verfügung stehende Wasser stammt aus Niederschlägen, in der Bundesrepublik 200 Mrd. m^3/jährl. 1969 schon wurden 27 Milliarden Kubikmeter Wasser verbraucht, für 1985 wird ein Verbrauch von 66,7 Milliarden prognostiziert (nach Olschowy). So werden Grundwasserreserven stark angegriffen, in Ballungsgebieten reichen sie schon lange micht mehr aus. Es muß auf verschmutztes Oberflächenwasser zurückgegriffen werden, das mit kostspieligen Verfahren gereinigt wird.

Wasserbilanz und Wasserverteilung in der Bundesrepublik

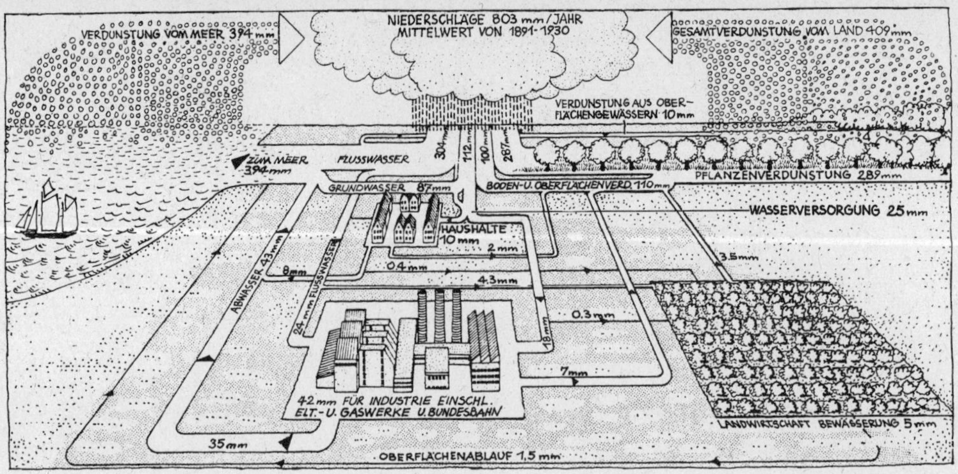

Der Verbrauch der 27 Milliarden m³ schlüsselt sich auf in:

Industrie	10,7 Mrd. m³ (39,8%)
Elektrizitätswerke	12,5 Mrd. m³ (46,1%)
Private Haushalte	2,6 Mrd. m³ (9,7%)
Gewerbe	0,2 Mrd. m³ (0,7%)
Öffentl. Einrichtungen	0,3 Mrd. m³ (1,1%)
Landwirtschaft	0,7 Mrd. m³ (2,6%)

Fast 90% des Wasserverbrauchs geht also auf das Konto der heute üblichen Produktionsverfahren in Industrie, Energieerzeugung und Gewerbe. Dabei könnten gerade hier geschlossene Kreislaufsysteme eingeführt und die Schadstoffe am Ort der Erzeugung durch gezielte Trennverfahren entfernt werden. Dezentrale Energieversorgung, gekoppelt mit Energiebewahrungsmaßnahmen, können indirekt über Senkung des Elektrizitätsverbrauchs auch den Kühlwasserverbrauch senken.

Der Wasserbedarf für private Haushalte schafft gerade in Ballungsgebieten ein besonderes Problem, da er dort mit dem Großverbrauch der Industrie zusammenfällt und gleichzeitig die stärkste Verschmutzung vorliegt. So macht z. B. 1 l Öl die millionenfache Menge an Wasser ungenießbar. Andere Stoffe wirken noch intensiver und sind besonders in ihren langfristigen Summenwirkungen nicht abzuschätzen.

Nach F. Vester werden 40% unseres Trinkwassers aus stark verschmutzten Gewässern gewonnen. „Selbst die aufwendigsten Aufbereitungsverfahren können eine genügende Entfernung von Salzen, Pestiziden, Hormonen sowie krebserzeugenden Stoffen nicht garantieren."

Die Wasserver- und -entsorgung im großtechnischen Maßstab benötigt gewaltige Investitionen und Energiemengen für die Aufbereitung, Verteilung, Kanalisation und Klärung. Die beschriebenen Umweltschädigungen werden noch erweitert durch die Tatsache, daß einerseits konzentriert Wassermengen aus dem Kreislauf entnommen und an anderer Stelle ebenso konzentriert und belastet eingeleitet werden.

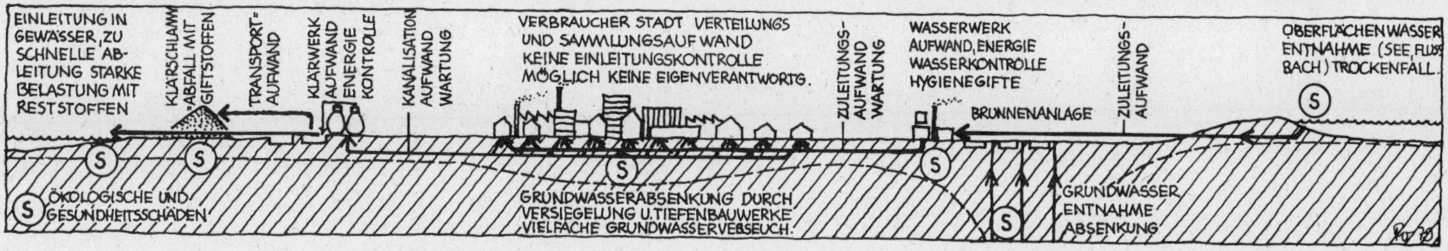

Zentrale Wasserwirtschaft im linearen Verbrauchssystem
Die Wasserentnahme an noch ökologisch intakten Orten verursacht Schäden, ebenso die extensive Grundwasserentnahme und die mit Reststoffen belastete konzentrierte Ableitung.
Das System benötigt einen riesigen Aufwand für Betrieb und Kanalisation, verschlechtert ständig den Wasserhaushalt, was wieder einen höheren Aufwand nach sich zieht (ein unendliches System). Eigenverantwortlichkeit der Nutzer ist nicht möglich, da es kaum Kontroll- oder Selbststeuerungsmöglichkeiten gibt.

Dezentrale Wasserversorgung

Da die Niederschläge und das Grundwasser dezentral anfallen und verteilt sind, kann eine ökologische Wassernutzung auch nur ebenso dezentral gehandhabt werden.
Kleine Versorgungssysteme können zwar der allgemeinen Verschmutzung nicht entgehen, sie erreichen jedoch bei maximaler Aktivierung der Naturkräfte eine größere Sicherheit in der Wasserqualität, sind ein Beitrag zur Verbesserung des Wasserhaushalts und lassen Selbstkontrolle zu. Sie bieten die Möglichkeit, die Systeme des Wasserkreislaufs selbstregelnd und ohne zusätzlichen Aufwand im Gleichgewicht zu halten. Mit der steigenden Zahl von „Kurzschlüssen" im Wasserzyklus stabilisiert sich auch das ökologische Gesamtsystem.
Dezentrale Versorgung benötigt neue verbesserte Systeme in der Wassergewinnung, der Abwasserbehandlung und der Nutzung. Leider gibt es hier wenig Weiterentwicklungen, da die Forschungen sich mit zentralen Aufbereitungsanlagen und Klärsystemen beschäftigt haben. Die Anwendung im kleinen Maßstab blieb damit auf einem relativ niedrigen Stand stehen. Neue, ökologisch voll integrierte Kleinsysteme könnten zu einem neuen Schwerpunkt der Forschung und der praktischen Experimente führen.
Zusammengefaßt hat dezentrale Wasserver- und -entsorgung folgende Vorteile:

- Höchste Wasserqualität bei sachgerechter Anwendung, keine oder nur geringe Beimengungen nötig, stets frisch wegen kurzer Wege und kurzer Speicherung;
- nur kurzes Ver- und Entsorgungsnetz, geringere Anlage- und Unterhaltungskosten, bessere Kontrollmöglichkeiten;
- Stabilisierung des örtlichen Wasserhaushaltes; Niederschläge und Grundwasserentnahme werden ausgeglichen;

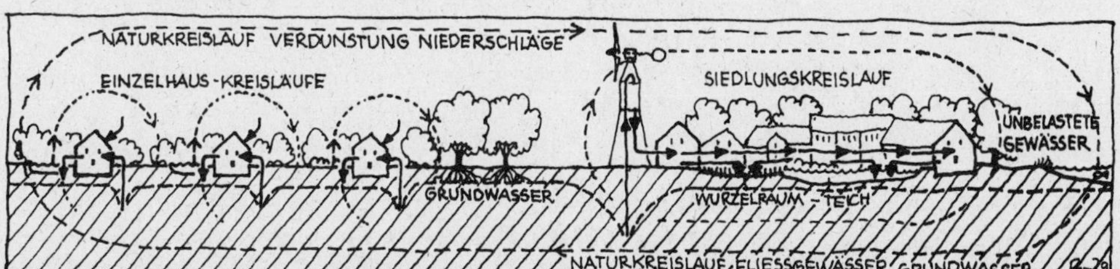

Dezentrale, ökologische Kreislaufwirtschaft
Regenwasser wird genutzt und örtlich wieder rückgeführt (Teiche, Bewässerung). Grundwasser wird in geringen Mengen entnommen, Abwasser durch Nutzung gereinigt und wieder rückgeführt, dadurch keine ökologischen Verluste und Verunreinigungen, geringer Energieaufwand (Naturkräfte), geringer Verteileraufwand. Das System stabilisiert den Wasserhaushalt und verbessert so die eigenen Grundlagen. Dezentrale Eigenverantwortlichkeit sowie selbststeuernde Rückkopplung durch Fische, Pflanzen und die Nutzer selbst.

Schema für Trinkwasser, Abwasser und Fäkaliennutzung im Nährstoff- und Energiekreislauf.

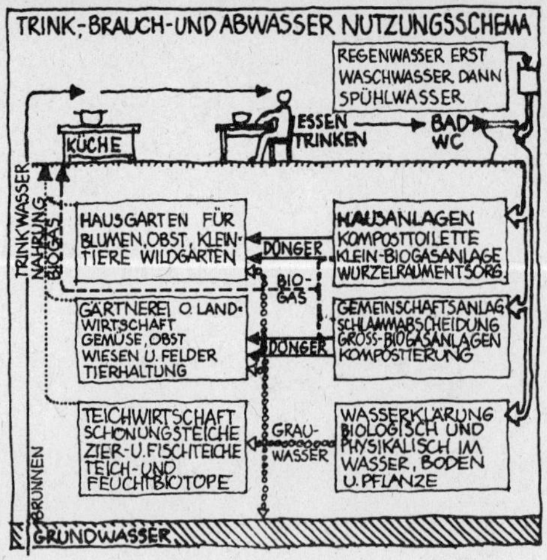

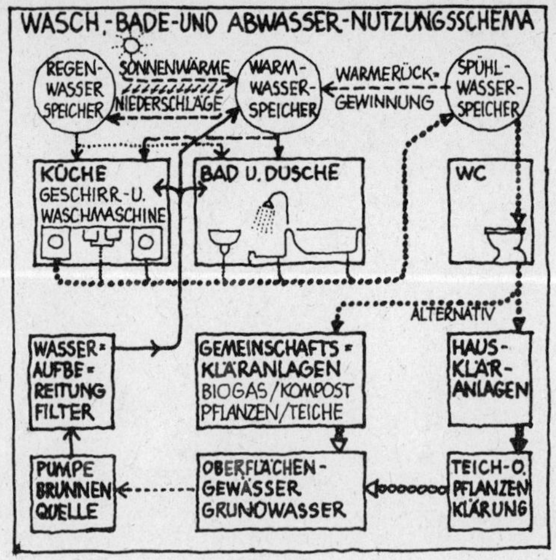

Schema für Waschwasserkreislauf mit verschiedenen Kombinationen, wie Wärmerückgewinnung und Doppelnutzung WC. Biologische Aufbereitung ist nur im kleinen Maßstab mit Kontroll- und Rückkopplungsmöglichkeit der Einleitung sinnvoll.

- direkte Nutzung der Abwässer ist möglich, die Nährstoffe werden in den Stoffwechsel wieder eingebracht;
- geringer Energiebedarf, Anwendung von natürlichen Energien ist möglich;
- keine Gefahr großräumiger Verseuchungen;
- Entlastung der zentralen Versorgung, statt dessen Selbstkontrolle und Selbststeuerung;
- Unabhängigkeit.

Die allgemeine Entwicklung und die Wassergesetzgebung (Anschlußzwang) stehen einer dezentralen Ver- und Entsorgung entgegen. Es werden folgende Nachteile eines dezentralen Konzepts aufgeführt:

- Keine kontinuierliche Wasserversorgung gewährleistet (natürliche Schwankungen der Menge und Qualität);
- keine ständige öffentliche Qualitätskontrolle möglich;
- Gefahr unkontrollierter privater Verunreinigungen;
- im Stadtbereich nicht anwendbar.

Ein Teil der Bedenken ist gerade in ländlichen Bereichen unnötig, da dort seit altersher eine Selbstversorgung praktiziert wird. Hier eine zentrale Versorgung zu installieren, ist eine vergeudete Investition mit negativen Folgen. Statt dessen sollten die Mittel dazu verwendet werden, den natürlichen Wasserreichtum durch Forst- und Wasserbaumaßnahmen wiederherzustellen bei gleichzeitiger Kontrolle über den landwirtschaftlichen Düngemittel- und Biozideinsatz.
Nötig ist auch eine Umstrukturierung bestehender zentraler Anlagen, insbesondere auch in städtischen Bereichen. Dies erfordert gegebenenfalls großen Mitteleinsatz, der aber schrittweise die Gesamtsituation verbessern könnte. Sparmaßnahmen, Regenwassernutzung, Mehrfachnutzung, geschlossene Systeme für Betriebe könnten sofort angewendet werden. Sanierung der offenen Gewässer und des Grundwassers sind langfristigere Ziele.

Frischwassergewinnung und -verwendung

Als Qualitätsmaßstab für Trinkwasser können die Toleranzgrenzen herangezogen werden, die 1970 von der WHO für Europa festgesetzt wurden. (European Standards for Drinking Water, 2nd Edition Kopenhagen 1970, World Health Organisation.)
Höchste Trinkwasserqualität ist jedoch nur für einen kleinen Teil der „verbrauchten" Wassermenge nötig (siehe Verbrauchsschema).
Die Trink- bzw. Brauchwassermengen für Haushalte können nach dem Verbrauchsdiagramm und nach den folgenden Daten für besondere Nutzung ermittelt werden.

Geschirrspülmaschine	15 bis 45 l/Vollwaschgang
Waschmaschine 4 kg	100 bis 180 l/Vollwaschgang
Handwaschen 4 kg	250 bis 350 l
PKW-Waschen	20 bis 200 l/Auto
Gartenbewässerung	0,3 bis 3 l/m^2 und Tag in Vegetationsperiode
Schwimmbecken	3% Volumen Erneuerung täglich
Pferd/Rind	40 bis 50 l/Tag
Kleintiere	10 l/Tag
Mensch (Stoffwechsel des Körpers)	3 l/Tag

Die Werte sind gemittelt nach Angaben von Mutschmann und Stimmelmeyer, „Taschenbuch der Wasserversorgung" und „Daten und Fakten", BMFT.
Alternative Nutzungen und Sparmaßnahmen können die tatsächlich nötige Wassermenge erheblich reduzieren. Bisher wurden die vielfältigen Möglichkeiten der Wassereinsparung nicht genutzt, sondern der Wasserverbrauch wurde ständig ausgeweitet. Doppelnutzungen (Waschwasser für WC-Spülung), wassersparende Waschprogramme in Geschirr- und Waschmaschinen oder einfache Gewohnheitsänderungen (wie z. B. das Absperren des Wasserhahnes zwischen einzelnen Arbeitsgängen) sind Maßnahmen, die eigentlich keinen Komfortverlust bedeuten. Einsparung erreicht man bereits durch sogenannte Aeratoren an Duchköpfen und Wasserhähnen, die Luft in den Wasserstrahl mischen und einen Einsparungseffekt bis zu einem Drittel des Normalgebrauchs erreichen. Das bedeutet auch Energiesparen bei Warmwassergebrauch.
Einzelne Sparmaßnahmen werden hier nicht weiter vertieft, sondern es soll im folgenden auf Hausverbundsysteme zur dezentralen Wassergewinnung und -nutzung eingegangen werden.
Eine Übersicht der anfallenden Wasser- und Abwassermengen eines 5-Personen-Haushaltes gibt die folgende Bildreihe. Es sind 12 alternative Wasserver- und -entsorgungsmodelle dargestellt mit unterschiedlichen Sparmaßnahmen, Mehrfachnutzungen, Regennutzung sowie dezentraler Ver- und Entsorgung. Die einzelnen Modelle können wahlweise miteinander kombiniert werden.

Modell 1 bis 4
Einsparungen bei Beibehaltung der öffentlichen, zentralen Netzversorgung und Abwasserklärung.

Modell 5 bis 8
Einsparungen bei zentralen Netzversorgungen und Abwasserkanalanschluß, aber eigener, dezentraler Fäkalienbehandlung und -nutzung. Dezentrale Nutzung der schwach verschmutzten Abwässer ist hier möglich.

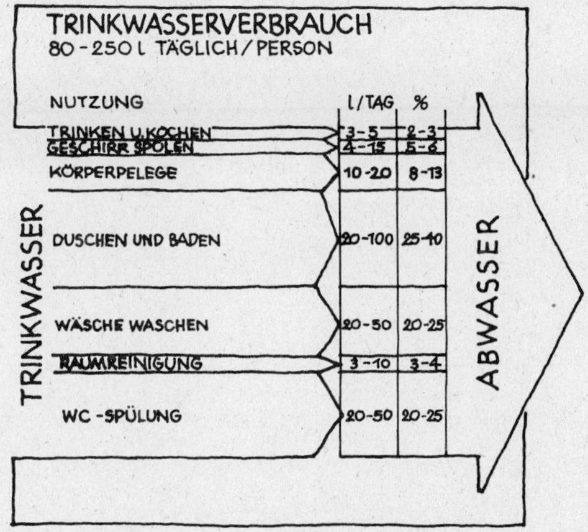

Trinkwasserverbrauch im Jahresschnitt in der Bundesrepublik Deutschland 150 l/Tag u. Pers. Nur 10% davon brauchen hochwertiges Trinkwasser zu sein (interessant für Selbstversorgung!). Ohne Qualitäts- und Komforteinbußen können durch Doppelnutzung 50% der Wassermenge eingespart werden, Dusch- und Badewasser zum Wäschewaschen und dann zum WC-Spülen benutzen (nach dem Waschen ist noch Wärmerückgewinnung möglich). Der dazu notwendige Aufwand an Grobfilter, Pumpen und Pufferspeicher mit Wärmetauscher ist gering. Nachinstallation auch im städtischen Bereich möglich; der Warmwasserbedarf schwankt zwischen 40 bis 150 l/Tag u. Pers., davon: 60% Baden, 25% Küche und 15% Haushalt.

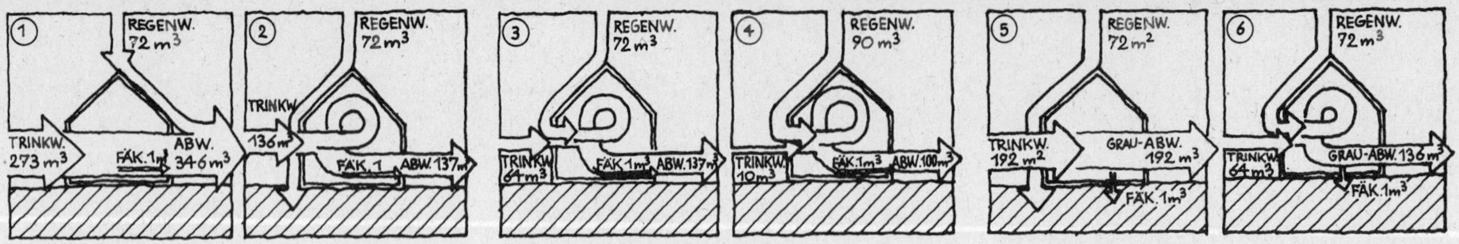

Jahreswasserbilanzen für einen Fünfpersonenhaushalt. Durchschnittsverbrauch Bundesrepublik Deutschland 150 l/Pers. und Tag. Niederschlagsmenge 900 mm/Auffangfläche.

1) bis 4) Zentrale Wasserversorgung und Klärung

1) Derzeitige Situation: Hoher Wasserverbrauch, keine Regenwassernutzung, Verschmutzung im Mischsystem, riesige Abwassermenge, allein für WC 80 m³/Jahr.
2) Regenwassertrennsystem, örtliche Verrieselung oder Gewässereinleitung. Hausinternes Doppelnutzungssystem (geringer Aufwand), Badewasser und Waschmaschine für WC-Spülung. Reduzierung von Frisch- und Abwasser auf 136 m³/Jahr. Überall nachträglich installierbar. Bedeutender volkswirtschaftlicher und ökologischer Gewinn!
3) Nutzung des Regenwassers für Wasch- und Badewasser, sonst wie 2). Zusätzlich Ausgleichsspeicher für Regenwasser und einfache Filter notwendig; ohne Wassersparmaßnahmen bessere Wasserqualität für Haut und Wäsche, benötigt außerdem weniger Waschmittel.
4) wie 3), nur Reduzierung des Frischwassers auf den benötigten Trinkwasseranteil. Das Defizit wird ausgeglichen durch eine größere Regenauffangfläche mit entsprechenden Zwischenspeichern, durch Wassersparmaßnahmen oder durch beides. Sparmaßnahmen: Reduzierung der WC-Spülmenge auf 5 l/Spülung = 40 m³/Jahr. Bei sparsamem Verbrauch von 80 l/Pers. u. Tag (keine Komfort- und Hygieneeinbußen) reichen sogar nur 68 m² Regenauffangfläche aus.

5) bis 7) Zentrale Ver- und Entsorgung und dezentrale Fäkaliennutzung (Kompost, Biogas im Siedlungsverbund).

5) Regenwasser örtlich rückgeführt (Garten- und Teichnutzung), 192 m³ Frischwasser und schwach belastete Abwässer (gute Weiternutzung möglich).
6) wie 3), nur keine Fäkalien im Doppelnutzungssystem, dadurch gute Aufbereitungsmöglichkeiten des Abwassers.

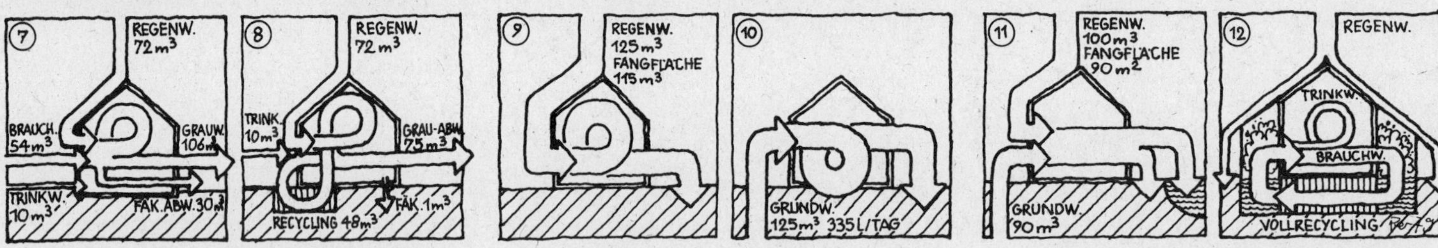

7) Getrenntes Brauchwasser- und Trinkwassernetz, wahlweise Regenwasser, öffentliches Brauchwasser oder Trinkwasser, Doppelnutzung und getrenntes Abwassernetz: schwach belastetes Abwasser und Fäkalienabwasser mit Spar-WC für Gruppenbiogasanlage.
8) wie 4), nur Abwasser ohne Fäkalien, dadurch dreifache Nutzung über Recycling, Filteranlage möglich. Durchflußmenge je nach Bedarf variabel, bei sparsamem Gebrauch nur relativ geringer Aufwand nötig. Nur geringe öffentliche Investitionen nötig, oder dezentrale kleine Brunnenanlage bzw. kleine Trinkwasseraufbereitung. Abwasser gut ökologisch rückführbar.

9) bis 12) Dezentrale Selbstversorgungsanlagen, Fäkalien und Abwasser werden immer getrennt aufbereitet und genutzt (siehe Abwasser und Toiletten)

9) Vollversorgung nur durch Regenwasser bei einem Drittel Doppelnutzung.
10) Dasselbe nur durch Grundwasser, 9) und 10). In beiden Fällen ist je nach Wasserqualität nur einfache oder aufwendigere Aufbereitung notwendig.
11) Vollversorgung aus Grundwasser und Regenwasser (bei Doppelnutzung und/oder Sparen kann sich der Bedarf auf ein Drittel reduzieren). Die Anteile können nach Bedarf variiert werden; bei natürlich reinem Vorkommen ist diese die einfachste und beste Lösung.
12) Hausintern geschlossener Kreislauf, nur in Trockengebieten und bei Verseuchung sinnvoll. Trinkwasseranteil wird über Kondensation aufbereitet; Durchlaufgeschwindigkeit und Aufwand sind abhängig von der Gebrauchsmenge und der Gesamtmenge. Normalerweise nur mit 11) kombiniert sinnvoll.

Modell 9 bis 12
Dezentrale Selbstversorgungsanlagen, eigene Nutzung der Fäkalien und Abwässer. Beispiel 11 zeigt die volle autonome Eigenversorgung und örtliche Rückführung. Die örtliche Wasserentnahme steht hier im Gleichgewicht zur Wasserrückführung. Auf Siedlungsebene und in überschaubaren Bereichen sind solche Konzepte langfristig anzustreben.

Öffentliches Netz

Ist ein öffentliches Netz vorhanden, so besteht meist ein Anschlußzwang. Sparmaßnahmen, Doppel- und Regenwassernutzungen sind trotzdem möglich, ebenso kann eine Abwassernutzung erfolgen. Gegebenenfalls ist trotz Zentralanschluß eine eigene Wasserversorgung sinnvoll.
Da das Leitungswasser immer für den Transport mit stabilisierenden Zusätzen (Hygienegifte) versehen ist und andere Verunreinigungen möglich sind, kann es sinnvoll sein, die kleine zum Genuß bestimmte Menge im Haushalt durch Neutralisations- und Mineralisierungsfilter nachzubereiten und zu verbessern.
Einige Städte ziehen bereits wieder ein öffentliches Brauchwassernetz in Erwägung, um die Trinkwassermenge und somit die Aufbereitungskosten zu senken. Durch Trennung der Abwässer und Nutzung des Regenwassers ließe sich dies auch ohne weiteres in kleineren Einheiten durchführen.

Grundwasser

Grundwasser könnte beste Trinkwasserqualität haben, ohne daß teuere Aufbereitungsanlagen notwendig wären. Es kommt in unseren Breiten nahezu überall vor, wenn auch in unterschiedlichen Tiefen, so daß eine dezentrale Versorgung mit diesem wichtigen Lebensmittel durchaus möglich wäre.
Leider sind diese Eigenschaften heute vielfach erheblich gestört, so daß besondere Schutzgebiete zur Wassergewinnung ausgewiesen werden müssen. Insbesondere die Landwirtschaft mit breitenwirksam ausgebrachten Düngemitteln und Giftstoffen, aber auch Sickerwässer aus Industrie und Abfalldeponien oder Verkehrsanlagen und einer Vielzahl kleiner Verschmutzungsquellen machen das Grundwasser teilweise unbrauchbar oder nur nach Aufbereitung genießbar.
Bei der Planung von Brunnenanlagen muß dies berücksichtigt werden (s. Kap. Bestandsaufnahme). Das Brunnenwasser muß in regelmäßigen Abständen untersucht werden, bei Verunreinigung kann die Aufbereitungsmethode darauf abgestimmt werden. Gut handhabbare Bestimmungsmethoden für die Selbstkontrolle sollten entwickelt werden, ansonsten können Wasserproben zu Untersuchungsstellen geschickt werden (Gesundheitsamt). Eine ständige und verläßliche Kontrolle können empfindliche Fischarten (z. B. Forellen) als Indikatoren sein; sie können zugleich Zierde und Nahrung sein. Außerdem sollte das Wassereinzugsgebiet bekannt sein und kontrolliert werden.
In städtischen Gebieten ist eine Grundwasserentnahme heute kaum noch möglich; wenn sich überhaupt noch Grundwasserreserven sammeln sollten, ist gerade dort die Schadstoffkonzentration besonders hoch.
Zur Sicherung und Stabilisierung eines reinen Grundwassers ist ein Laubmischwald auf dem Wassereinzugsbereich des Brunnens die beste Voraussetzung. Die Größe des Wäldchens kann direkt auf die Entnahmemenge bzw. auf die Zahl der Bewohner abgestimmt werden. Außer für den Wasserhaushalt würde das Wäldchen noch für Klima- und Luftverbesserung, für Energie, Material, Tierlebensraum und nicht zuletzt für Spiel und Erholung sorgen. Bei Neuplanung kann sich aus Grundwasserfluß, Hauptwindrichtung und Einwohnerzahl die Größe und Zuordnung von Wald, Siedlung und Brunnen ergeben (s. Kap. Biotopgestaltung).

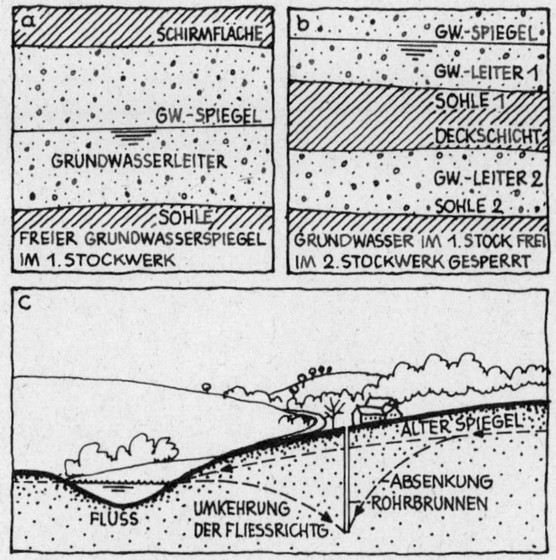

a) und b) Lage und Grundwasserstrom sind abhängig von Geländeoberfläche, Grundwasserleiter von dichter Grundwassersohle. Je komplizierter der Schichtaufbau ist, desto vielfältiger sind die Grundwasserbewegungen.
c) Punktförmige Absenkung des Grundwassers durch einen Brunnen.
(Nach: Mutschmann und Stimmelmayr)

Verschiedene Quellarten
A) Quellen treten zutage durch Schichtverschiebungen in speziellen topographischen Situationen.
B) Quellen treten zutage durch artesische Spannungen (Staudruck). Sie können dann auch aus tieferen Schichten durch Spalten und Verwerfungen nach oben treten.
(Nach Mutschmann und Stimmelmayr)

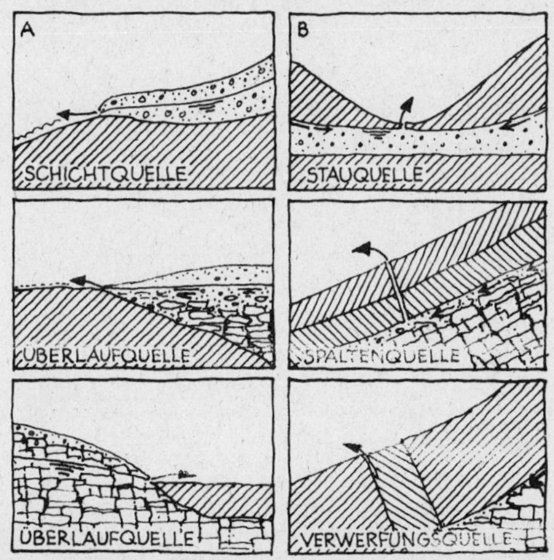

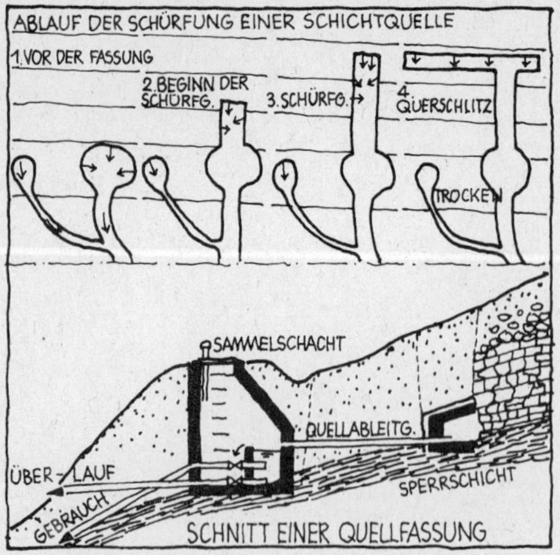

Im hügeligen Gelände tritt gelegentlich das Grundwasser als Quelle zutage. Auch wenn nur geringe Wassermengen an die Oberfläche treten (z. B. feuchte Stellen in Wiesen) kann eine Quellfassung genügend Wasser für einzelne Haushalte liefern. Beim Anstich ist darauf zu achten, daß die wasserundurchlässige Sperrschicht nicht durchstoßen wird, damit das Quellwasser nicht in tiefere Schichten absickert. Das Wassereinzugsgebiet oberhalb der Quelle sollte von Verschmutzungen, insbesondere von Überdüngung und Biozideinsatz, freigehalten werden.

In seltenen Fällen tritt das Grundwasser als Quelle zutage; normalerweise ist ein Brunnen erforderlich. Bohrbrunnen sind einfach, ungefährlich, verschmutzungssicher und preiswert. Bei gleichmäßiger Bodenschichtung kann die Bohrung an jedem beliebigen Ort niedergebracht werden. Bei Unregelmäßigkeiten und bei nicht genau bekannter geologischer Schichtung kann man unter Umständen die wasserhaltigsten Stellen aus Art und Zusammensetzung des Bewuchses erkennen. Erfolge werden auch berichtet über den Einsatz von Wünschelruten.
Zusammengefaßt hat die eigene Versorgung aus dem Grundwasser folgende Vorteile:

- Ideal bei reinem Grundwasser, gut auch noch, wenn einfache Aufbereitung möglich ist;
- ökologisch keine Belastung, wenn das Wasser nach Gebrauch über biologische Klärung (Teich usw.) rückgeführt wird;
- kurze Leitungswege (geringer Aufwand, stets frisch);
- bei Verunreinigungen immer noch gutes Brauchwasser;
- Unabhängigkeit und Selbstverantwortlichkeit.

Die Nachteile:

- Abhängig von natürlichen Schwankungen;
- private Investition für Bohrung, Förderung und eventuelle Aufbereitung nötig;
- regelmäßige Qualitätskontrolle nötig;
- nicht möglich bei Grundwasserverseuchung.

Niederschläge

Da bislang genügend sauberes Grundwasser vorhanden war, wurde die direkte Regenwassernutzung vernachlässigt. Heute sollte das von den Dächern und anderen „versiegelten" Flächen aufgefangene Regenwasser nicht – wie üblich – beschleunigt abgeleitet und so dem Wasserzyklus vorzeitig entzogen werden, sondern über Speichersysteme gepuffert und zu verschiedenen Zwecken genutzt werden. Der dadurch verlangsamte Abfluß stabilisiert und verbessert den Wasser- und Klimahaus-

Siedlung mit großzügigen Wasseranlagen. Aushub zu Geländemodellierung, den Wasser- und Klimabedingungen angepaßt. Gartenterrassen mit Reinigungsfischteichen an tiefster Stelle.

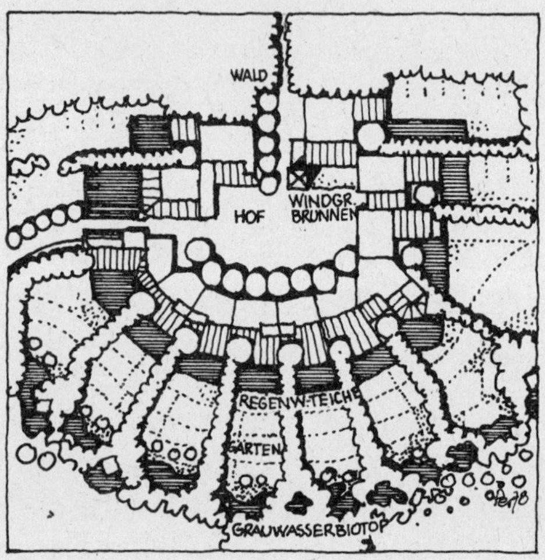

Schnitt durch ein autarkes Haus mit innerer und äußerer Wassernutzung.

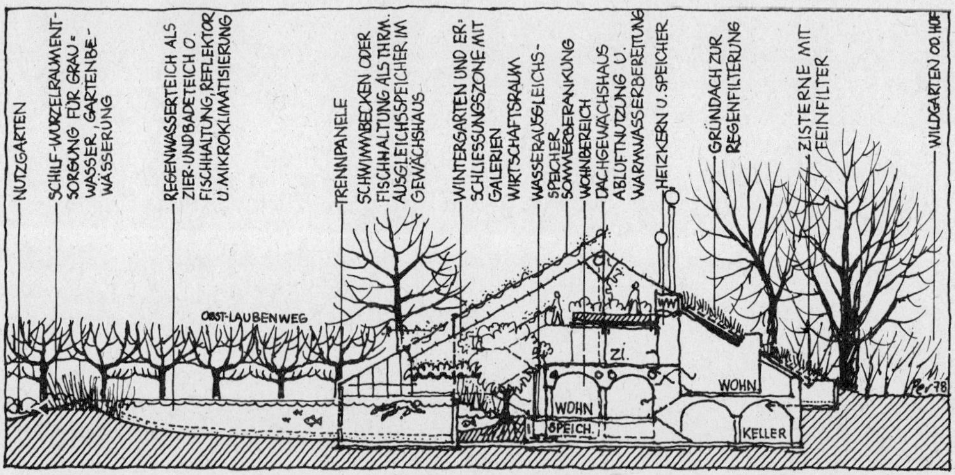

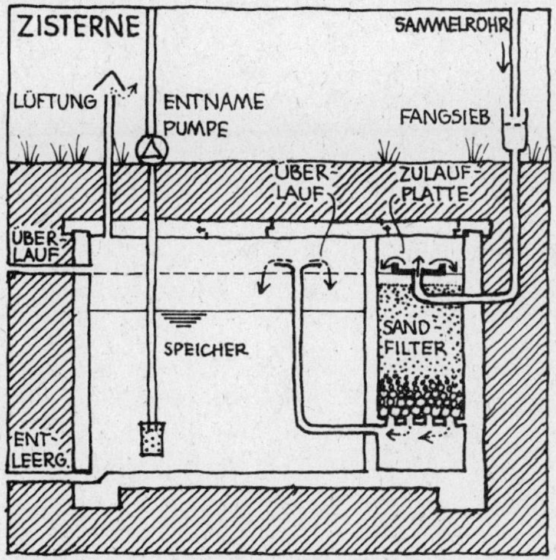

Zisterne im Erdreich außerhalb des Hauses. Zulauf über einfachen Sand- und Kiesfilter. So können größere Mengen Regenwasser sauber und kühl gespeichert werden. Auch nachträglich zu installieren. Der Überlauf sollte Gartenweiher speisen.

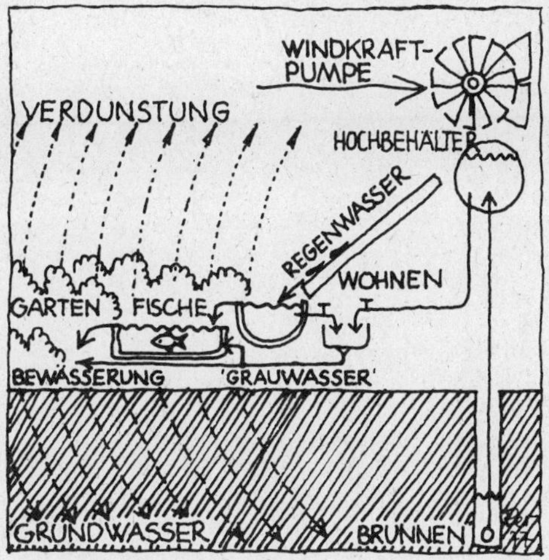

Einfaches Selbstversorgungssystem, das sauberen Regen und Grundwasser voraussetzt. Pumpen mit Windkraft verteilen über Schwerkraft. Rückführung über Bewässerung.

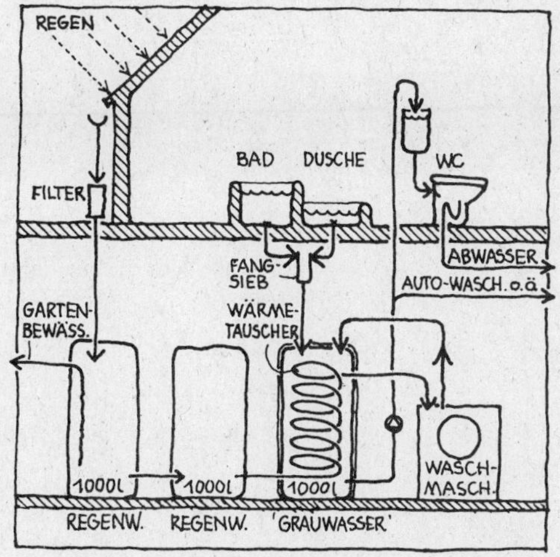

Komplette, nachträglich einbaubare Wassersparanlage von Heinrich Schäfer. Sammlung des Regenwassers für Waschmaschine und Garten. Bad-, Dusch- und Waschwasser zum WC-Spülen und Autowaschen etc., wärmt Waschwasser vor. Die Anlage spart Trinkwasser (bis zu 60%), Heizenergie und ist eine Notreserve. Amortisationszeit 2 bis 4 Jahre bei nachträglichem Einbau!

halt. Die Speicherung kann durch Regenfässer, Zisternen, Teichanlagen mit Bachsystemen oder durch Gärten, Feuchtbiotope o.ä. geschehen (s. Kap. Klimagerechtes Bauen und Biotopgestaltung).
Daraus ergeben sich vielfältige Gestaltungsmöglichkeiten, die noch weiteren Nutzen bieten:

- ständiger Brauchwasservorrat, Möglichkeiten zur Gartenbewässerung und Grundwasserspeisung;
- für Dürreperioden Reserven und Löschwasservorrat;
- Fische, Wassergeflügel und anderes Wassergetier, Wasser- und Uferpflanzen zur Nutzung und Zierde;
- Bade- und Spielplätze, im Winter Eislaufen;
- wenn zugleich Drainage erforderlich sein sollte, können Wassereinfriedigungen oder Grachtensysteme, ähnlich den holländischen, entstehen.

Das Regenwasser hat als Kondensat keine Mineralsalze und keinen Kalk gelöst und ist daher ein hervorragendes Waschwasser, das nur sehr wenig Waschmittel benötigt und somit die Abwässer entlastet. Regenwasser nimmt jedoch auch die Verschmutzung aus der Luft auf (Staubpartikel, Abgase), so daß vor Gebrauch eine Filterung oder Neutralisation erforderlich werden kann (einfache Durchlauffilter). Der erste Regen nach Trockenperioden sollte zum Spülen der Auffangflächen benutzt und nicht gespeichert werden.
Schnee und Kondenswasser haben die gleichen Eigenschaften wie Regen und können, sofern keine besonderen Verunreinigungen vorliegen, in das Regenwassersystem integriert werden.
Über Gewächshaus und Lüftungssysteme können relativ große Mengen Kondenswasser gewonnen werden; sie können zur Wasserreinigung oder für geschlossene Wassersysteme interessant sein. (Zur Nutzung und Aufbereitung als Trinkwasser s. Kap. Filterung und Strukturverbesserung.)

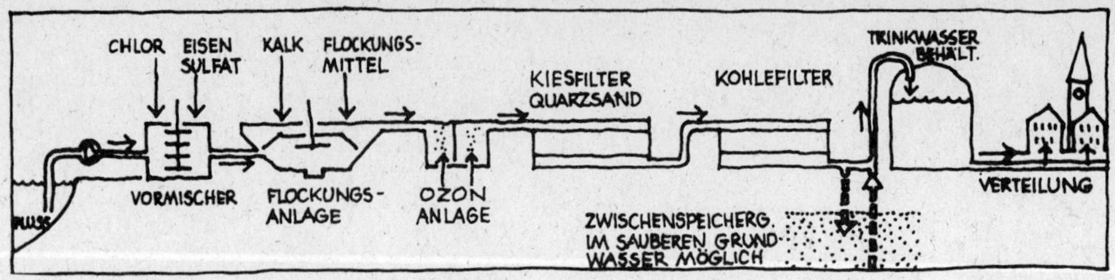

Aufwendige Flußwasseraufbereitungsanlage, wie sie für zentrale Wasserversorgung nötig ist. 1. Entkeimung durch Chlor, „Herausflocken" der Verunreinigungen, 2. Entkeimung durch Ozon, danach Feinfilterung. Falls saubere Quellgebiete vorhanden sind, kann zur weiteren Verbesserung das Wasser im Grundwasser zwischengelagert werden.

Oberflächenwasser

Bei direkter Lage an offenen Gewässern kann die Wassernutzung (besonders für Brauchwasser) für dezentrale Anlagen dann interessant sein, wenn die Verschmutzung zu hoch ist. Durch Belebungsteiche und einfache Filter kann die Wasserqualität verbessert werden. Für Trinkwasser benötigt man einen höheren Aufwand. Häufig lassen aber nicht abbaubare und giftige Substanzen eine Trinkwassernutzung nicht mehr zu (Auskunft einholen und Analysen erstellen lassen).

Auch wenn keine direkte Nutzung sinnvoll ist, so sollte doch die Selbstreinigung der Gewässer durch entsprechende Biotopgestaltung verbessert und die gestalterischen und klimatischen Vorteile der Wasserlage genutzt werden.

Besonders ideal ist die Möglichkeit, durch Wasserkraftnutzung die Qualität von Fließgewässern zu verbessern. So ergeben natürlich angelegte Staukaskaden mit Wasserrädern zugleich eine Wasserregulierung, Reinigung und Belüftung (s. Kap. Wasserkraft).

Wasserversorgung aus dem Meerwasser ist nur für Trockengebiete sinnvoll. Wenn dort zugleich die Sonneneinstrahlung besonders hoch ist, sind Kondensationssysteme nach dem Kollektorprinzip am besten geeignet. Sie können gleichzeitig Vorzugsbedingungen für die Vegetation schaffen und so doppelten Nutzen bieten (s. Kap. Sonnenenergie).

Durch den Mangel an verfügbarem sauberen Wasser sind die zentralen Versorgungssysteme gezwungen, trotz größter Verschmutzung Oberflächenwasser zu benutzen. Das Meer wird als das einzige Reservoir bezeichnet, das zumindest in größeren Tiefen noch reines, wenn auch salziges Wasser bietet. Der technologische und energetische Aufwand, dies zu fördern und aufzubereiten, dürfte in unseren Breitengraden allerdings ökologisch nicht vertretbar sein.

Wasseraufbereitung

Die beste und wirtschaftlichste Aufbereitung ist der Anschluß an den natürlichen Wasserhaushalt sowie jede Bestrebung, diesen in seiner Funktion zu erhalten.

In der mechanischen, chemischen und biologischen Aufbereitung von „Rohwasser" zu Trinkwasser sollten deshalb die natürlichen Methoden und Verfahren angewendet werden und die „künstliche" Aufbereitung in die natürliche integriert werden.

Der Behandlungsaufwand richtet sich nach dem Verschmutzungsgrad und den Qualitätsforderungen der entsprechenden Nutzung. Die Trinkwasserqualität ist sehr genau festgelegt (Bestimmungen der WHO). Nicht nur Krankheitserreger wie Viren,

Bakterien und Pilzsporen, sondern auch der pH-Wert, die gelösten Mineralsalze, der Anteil an karbonalen (Härtegrad) und anderen Salzen, organischen und metallischen Verbindungen und auch Radioaktivität entscheiden über den Nutzwert und die Genießbarkeit des Wassers. Auswahl, Kombination der Filter und Aufbereitungsart richten sich nach der Rohwasserqualität. Rücksprache und Zusammenarbeit mit Wasserspezialisten ist notwendig. Der Hauptanteil selbstaufbereiteten Wassers kann ohne kostspielige Apparatur gewonnen werden. Der Vorteil gegenüber zentralen Anlagen liegt ja in den geringen Mengen, die aufbereitet werden müssen (nur 10 bis 30 l/Tag und Person müssen Trinkwasserqualität haben). Wenn es notwendig ist, kann das Wasser in biologischen Wasserkulturen wesentlich länger aufbereitet werden als dies großtechnisch möglich ist; dabei entsteht vielfacher Nutzen für Siedlung und Gärten. Die Filter und Aufbereitungsanlagen lassen sich in die architektonische Konzeption integrieren, die eine neue auf das Wasser und seinen Wert bezogene Ästhetik möglich macht. Die Feinaufbereitung des Wassers sollte in eine kühle, helle, gut belüftete und hygienisch einwandfreie Umgebung eingebaut werden.
Im einzelnen sollen kurz folgende Punkte angesprochen werden:

- Biologische Selbstreinigung,
- Filterung,
- Entkeimung,
- Strukturverbesserung,
- Installation und Nutzung im Haus.

Selbstreinigungskraft von Gewässern.
In einem vielfältig verflochtenen Nahrungsnetz über Bakterien, Protozoen, Kleinkrebse und Fische werden die „Schmutzstoffe" abgebaut. Die dadurch entstehenden und die vorhandenen anorganischen Stoffe werden von niederen und höheren Pflanzen aufgenommen. Bei diesem Prozeß nimmt die Nährstoffmenge ab und der Sauerstoffgehalt zu.

Biologische Selbstreinigung

Die „Selbstreinigungskraft" ist der wichtigste, selbsttätig ablaufende Prozeß innerhalb der Nahrungskette der Wasserökosysteme, der sowohl zur Vorreinigung bei der Wassergewinnung als auch zur Reinigung von Abwässern geeignet ist.
Vereinfacht läuft folgender Vorgang ab: Die im Wasser gelösten anorganischen „Verschmutzungen" werden von Pflanzen, besonders Algen und höheren Pflanzen am Grund, am Ufer und an der Oberfläche, aufgenommen und mit Licht durch Photosynthese in organische Substanz umgesetzt, wobei Sauerstoff frei wird. Diese organische Substanz sowie die vorhandene organische „Verschmutzung" wird von Bakterien abgebaut. Bakterien und Algen bilden die Nahrung verschiedener Einzeller, diese werden wiederum von Kleinkrebsen und anderem Getier gefressen. Am Ende der Nahrungskette stehen die Fische und Wasservögel, gefolgt von ihren Freßfeinden. Durch Insekten, Wasservögel, Fisch- und Wasserpflanzenfresser wird ein Teil der Nährstoffe wieder dem Landsystem zugeführt, ein Teil scheidet als Sediment aus, ein anderer Teil verbleibt im Kreislauf. Die Nahrungskette ist nicht linear, sondern vielfach vernetzt und kurzgeschlossen, alle Tiere in ihr verbrauchen Sauerstoff und geben CO_2 und organisches Material ab, wodurch der Prozeß vielfach wiederholt wird.
Neben der biologischen Reinigung finden chemische Oxydations- und Reduktionsvorgänge statt.

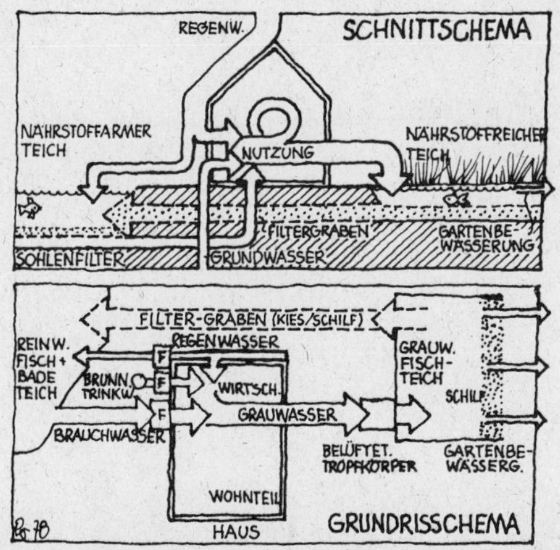

Schema für eine kombinierte Selbstversorgungsanlage mit biologischer und mechanischer Selbstreinigung.
Versorgung durch Regen, Grundwasser und Frischwasserteich.
Abwasser (ohne Fäkalien) geht über belüfteten Filter in belüfteten Fischteich (Gartenbewässerung), über einen Filtergraben (evtl. mit Schilf) mit Regenwasserteich verbunden als natürliches Recyclingsystem.
Große, vielseitig verwendbare Wassermengen, große Verweildauer in den Teichen; Fische und Pflanzen als Indikatoren und Nutzung.

Der gesamte Prozeß ist abhängig von der Sonneneinstrahlung, der Schmutzkonzentration und besonders vom Sauerstoffgehalt, der durch Belüftung (z. B. mit Windkraft verbessert werden kann).
Bei gesundem Wasser hält sich der im Kreislauf befindliche Nährstoff selbsttätig im Gleichgewicht. Wenn zusätzlich Nährstoffe (z. B. Abwasser) eingeleitet werden, kann der entstehende Zuwachs in Form von Wasserpflanzen, Fischen usw. abgeerntet werden.
Die Stabilität solcher angewandten Ökosysteme hängt von der Vielfältigkeit der beteiligten Organismen ab, die ihre entsprechend vielfältige, natürliche Umgebung benötigen.

Filterung

Nach der biologischen Selbstreinigungskraft der Gewässer ist die Filterung in Boden- und Gesteinsschichten entsprechend dem Grundwasserweg für die Wasserqualität entscheidend.
In mechanischen Filtern werden verunreinigende Schwebeteilchen aus dem Wasser herausgetrennt und aufgefangen. Die Filtersubstanz, durch die das Rohwasser fließt oder sickert, muß deswegen periodisch ausgewechselt oder gereinigt werden. Der Zeitraum hängt von der Durchflußmenge und dem Filtervolumen ab. Je feiner die Filtersubstanz ist, desto besser wird das Wasser selbst von mikroskopisch kleinen Teilchen und Organismen befreit.
Künstliche Filter werden in verschiedenen Schichten angeordnet, als Filtermaterialien dienen: Kies (Grobfilterung), grober und feiner Sand, Holzspäne, Torf und Holzkohle. Amorpher Kohlenstoff – (z. B. Holzkohle) – hat die Fähigkeit, an seiner Oberfläche feinste Partikel anzulagern und festzuhalten. Eine Alternative zu dieser „Aktiv-Kohle" ist Aluminiumoxyd-Pulver mit ähnlicher Absorptionswirkung.
Aktiv-Filter sind nur in besonderen Fällen notwendig. Die Materialien können schichtweise nacheinander in Durchlaufrichtung angeordnet sein oder auch in einzelnen Behältern abschnittsweise zum besseren Wechsel gestapelt werden („Schubkästen").
Besonders sinnvoll für verunreinigtes Wasser (siehe Abwasser) sind Filter, die sich biologisch selbst reinigen. Belebte Bodenschichten und Pflanzen halten die Verunreinigungen fest und verarbeiten sie zu pflanzenverfügbaren Nährstoffen. Laub und belüfteter grober Kies wirken ähnlich, wobei Algen und Bakterien die Nährstoffe aufzehren. Für solche Vorfilteranlagen gibt es noch eine Vielzahl von Entwicklungsmöglichkeiten, die mit Belebungsteichen und Feinfilteranlagen kombiniert und in Garten und Gewächshaus integriert werden können.

Filter mit einfachem Schichtaufbau
Links: mehrschichtiger Filter mit Entlüftung.
Rechts: dreischichtiger Filter aus einem gereinigten Ölfaß.

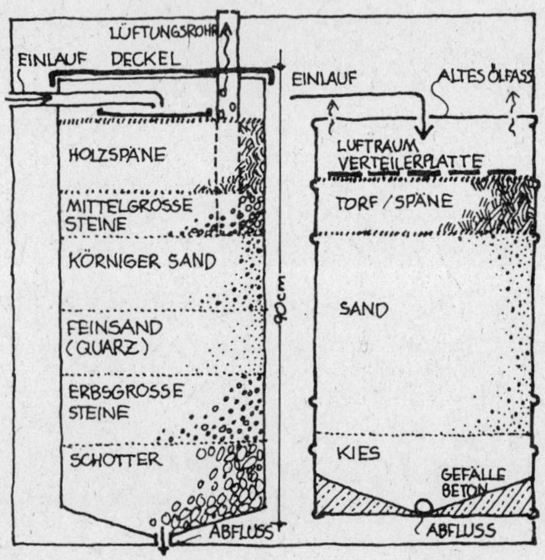

Entkeimung

Krankheitskeime werden von den Filtern gerade bei stärker verschmutztem „Rohwasser" nicht vollständig abgefangen. Für kleinere Wassermengen gibt es Membran-Bakterienfilter, die als zusätzliche Filterstufe für den Trinkwasseranteil genutzt werden können. Viren werden allerdings nicht abgehalten.
Für gemeinschaftliche Wasseraufbereitungsanlagen auf Siedlungsebene, die sich für die Trinkwasserversorgung empfehlen, sind bakteriologische Untersuchungen (Koli-Test) in regelmäßigen Abständen über die Gesundheitsämter möglich. Ist die „Roh-

wasserqualität" nicht stark beeinträchtigt, ist eine Aufbereitung auch ohne Hygienegifte möglich. Im allgemeinen ist reines, biologisch noch aktives Wasser für Menschen bekömmlicher als aufbereitetes, mit chemischen Zusätzen „abgetötetes" Wasser.
Ist Sterilisation notwendig, gibt es folgende Möglichkeiten:

- Zusätze von Giften wie beispielsweise Chlor; im öffentlichen Leitungswasser üblich und nötig, sollte aber wegen möglicher Gesundheitsschädigung vermieden werden.
- Abtötung der Organismen durch Ozonierung; wirkt nur in der Ozonanlage, nicht vorbeugend wie Chlor, erscheint ideal für kleinere Siedlungseinheiten. Für Einzelversorgung sind die hohen elektrischen Spannungen, die zur Ozonherstellung notwendig sind, zu aufwendig.
- Sterilisierung durch Erhitzen ($^1/_2$ Std. Abkochen sterilisiert vollkommen).
- Erhitzen oder Verdampfen durch Sonnenenergie mit parabolischen Kollektoren; oder UV-Bestrahlung mit ähnlichen Kollektoren, indem das Wasser durch ein Quarzglasrohr geführt wird (aufwendiger, funktioniert nur bei Sonne).
- Eine spezielle Möglichkeit ist die Kondensation über Pflanzen im Gewächshaus. Das Wasser wird über Bodenfilter kapillar zu den Pflanzenwurzeln geführt, die Pflanzen transpirieren, die angereicherte Luft wird an kühlen Glasflächen kondensiert, gesammelt, wieder mit Mineralien angereichert und verwendet. „Antrieb" ist die Sonne, und die Pflanzen können genutzt werden. So könnten vollkommen geschlossene Kreisläufe installiert werden, die auch bei einer lebensfeindlichen Außenwelt funktionieren können.

Strukturverbesserung

Die Bedeutung der Wasserstruktur für die Trinkwasserqualität ist noch ziemlich unbekannt. Zahlreiche Strukturen verschiedener Wassersorten sind in sogenannten Tropfbildern sichtbar gemacht worden. Die ausgeprägtesten besaßen höchstwertiges Quellwasser. Nach dem Institut für Strömungswissenschaften in Herrischried läßt sich „strukturschwaches" Wasser durch hydrodynamische Verfahren ähnlich natürlichen Strömungsprozessen in Quellen und Bergbächen verbessern.
Stark alkalische oder saure Wasservorkommen können neutralisiert werden. Chemische Zusätze erhöhen den Salzgehalt, daß er unter Umständen gesundheitsschädlich wird. Eine biologische Neutralisation ist sinnvoller und billiger. Einfache Neutralisationsfilter können bei alkalischem Wasser Torf, bei saurem Wasser kalkhaltiges Gestein (Splitt) sein.
Zu stark kalkhaltiges Wasser kann für Waschzwecke durch elektrische Ionenaustauscher im Haushalt entkalkt werden. Das bedeutet Aufwand für Produktion und Energie. Wesentlich besser ist hier Regenwasser zu verwenden oder, falls keines zur Verfügung steht, das Waschwasser in Kalkabscheidern zu erhitzen. Im Heizkessel oder Heizspeicher wird die innere Oberfläche durch herausnehmbare Einsätze (Gestein, Blechlamellen, Drahtgeflecht) vergrößert, an der sich bei Erwärmung der Kalk ablagert.
Soll Regenwasser, Kondenswasser, Schneewasser zu Trinkwasser aufbereitet werden, so können genau dosierte Mineralsalzmischungen zur Lösung beigemengt werden. Besser noch sind Filterwege (natürliche Grundwasser-Quellsimulation), die in ihrer Materialzusammensetzung ein natürliches Herauslösen aller notwendigen Mineralien und Spurenelemente erlauben. So kann verunreinigtes Regenwasser neutralisiert, gefiltert, angereichert und strukturverbessert zu quellfrischem Wasser werden (s. Kap. Niederschläge).

Regenauffangdach als Quelldach ausgebildet. Filterung durch Pflanzen, Boden, Torfschicht und Sandschicht, Filterdrainage mit Kalksteinsplitt und Quarzsand. Speichereinheit mit auswechselbarem Feinfilter. Integrierte Anlage macht aus Regenwasser quellfrisches Trinkwasser. Langsamer großflächiger Durchsatz ist nötig.

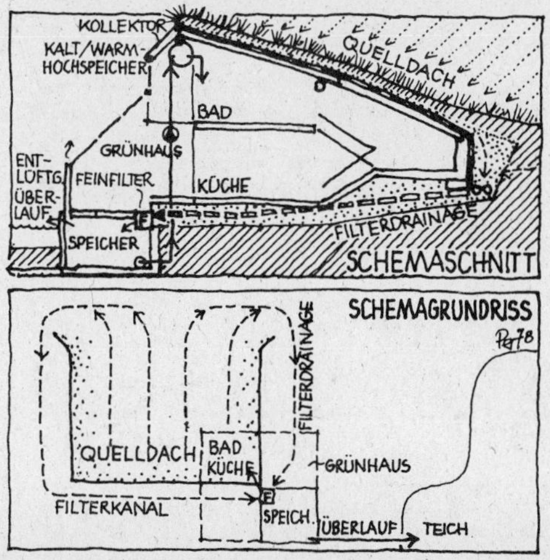

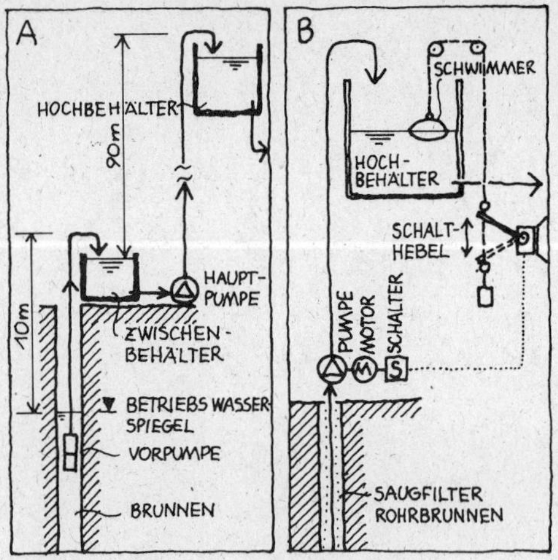

Brunnenanlagen mit Hochbehältern

Nach: Mutschmann/Stimmelmayr

A: Bei großen Förderhöhen sind Zwischenspeicher mit anschließender Hauptpumpe sinnvoll.

B: Automatische Schaltung des Pumpenmotors durch einfachen Schwimmerschalter. Bei windbetriebenen Pumpen muß der Speicher dem Bedarf entsprechend die Windpausen puffern können. Gegebenenfalls kann dann eine Schaltung entfallen, wenn ein Überlauf (Teich, Springbrunnen) vorhanden ist.

Installationen, Nutzung und Gestaltung

Zur Förderung des Wassers gibt es eine große Auswahl verschiedener Pumpen. Der Antrieb richtet sich nach der Energieversorgung des Hauses (siehe „natürliche Energiequellen" und Energiehaushalt). Bei der bewährten Förderung durch Windkraft sind ausreichende Speicher zur Pufferung von Flauten vorzusehen. Der Speicher sollte als Hochbehälter ausgebildet werden, damit die Verteilung durch Schwerkraft geschehen kann (der Wasserdruck richtet sich nach der Höhe des Behälters). Außer Hochbehältern gibt es Druckbehälter und Druckfilteranlagen mit Speicher. Sie sind teurer und benötigen mehr Energie.

Trinkwasserspeicher sollten so klein wie möglich bleiben, damit das Trinkwasser stets frisch ist. Ebenso sollten die Leitungswege so kurz wie möglich sein. Speicher und Leitungswege sollten kühl und sauber gehalten werden und Kontrolle ermöglichen. Unter Umständen ist es sinnvoll, mit einer vorhandenen Wärmepumpe das Trinkwasserreservoir herunterzukühlen (es bleibt keimarm und frisch) und den Wärmegewinn zu nutzen.

Ist eine besondere Wasseraufbereitung notwendig oder örtlich nur eine ergiebige Wasserstelle vorhanden, werden Gemeinschaftsanlagen sinnvoll. Die Größe sollte jedoch eingeschränkt bleiben, damit eine kompakte Leitungsführung und gemeinsame Verantwortung möglich sind und keine ökologischen Schäden im Grundwasserhaushalt entstehen (Grundwasserabsenkung bei starker punktueller Entnahme).

Brauchwasser kann meist vollkommen dezentral gewonnen werden und sollte eindeutig getrennt vom Trinkwasser geführt werden.

Zur Trinkwasserführung sind spezielle Metallrohre (Kupfer; kein Blei!) im Hause üblich. Besser noch wären Glas- oder Keramikrohre; leider sind die Anschlüsse bei verzweigten Netzen und bei stärkerem Wasserdruck problematisch.

Für Abwasser werden derzeit fast nur noch Kunststoffrohre verwendet, die zumindest für warme Abwässer problematisch erscheinen (Ausdünstungen). Keramikrohre sind neutral und dauerhaft sind aber dafür schwerer und kostenaufwendiger (s. Kap. Baustoffe).

Alle Leitungen sollen frei verlegt werden zur besseren Kontrolle und Reparaturmöglichkeit (Kondenswasser, Undichtigkeiten), das kann billiger sein und bietet neue Gestaltungsmöglichkeiten.

Bei der Lage der Wasserinstallationen (Leitungen, Pumpen, Speicher, Warmwasser) und der anderen technischen Einrichtungen (Elektr. Heizanlagen, Kollektoren, Kraftmaschinen) sollte darauf geachtet werden, sie dem „unruhigen Wohnbereich" (Küche, Wirtschaftsräume, Bad) zuzuordnen und von den ruhigen Wohnbereichen abzuschirmen, so daß menschliche Dynamik mit der mechanischen und elektrischen Dynamik zusammenfällt. Dieser Grundsatz kann die Gestalt und die Atmosphäre eines Hauses stark prägen.

Die Wasseraufbereitung und Speicherung, die Wasserwege und „Zapfstellen" können integrative Bestandteile des Hauses sein, die neben ihrem Nutzen hohe Gestaltungsqualität besitzen und eine wichtige Bereicherung darstellen.

So brauchen Aufbereitungsanlagen nicht in einen düsteren „Laborkeller" verbannt werden, sondern können in Kombination mit Küche, Bad, Gewächshaus und Außenanlagen einen nachvollziehbaren Wasserkreislauf bilden. Das kann teilweise ein Nachbau von natürlichen Vorgängen sein mit Becken, Fischen und Pflanzen, offenen Wasserläufen, Grobfilter und Kaskaden und teilweise den Charakter technischer Kunstwerke erhalten mit Feinfilter, Pumpen, Ventilen und Leitungsführungen. Sauerstoffanreicherung kann z. B. durch Einperlen von Luft in Glasbehälter oder durch kleine Springbrunnen erlebbar gemacht werden.

Anstelle der herkömmlichen engen „Naßzellen" mit Krankenhauscharakter können Sanitär- und Küchenräume zu Wohnräumen gestaltet werden, in denen die Wassernutzung einen besonderen Genuß bereitet.
Eine wichtige Maßnahme zur Hygiene und Wohnlichkeit der Naßräume ist die volle Durchsonnung und gute Lüftung. Die Räume werden so entworfen, daß sie sich voll zur Sonne hin öffnen und die Gegenstände keine dauerhaften Schattenzonen bilden, die zu Bakterienbrutstätten werden können. Schon eine halbe Stunde direkte Sonnenstrahlung (UV-Anteil) vernichtet die meisten Bakterien, längere Einstrahlung sterilisiert vollkommener als jedes Reinigungsmittel. Toiletten sollten deshalb in Zukunft nicht mehr in dunklen Räumen ohne Tageslicht vorgesehen werden.
Diese „Sonnenräume" sollten trotz des höheren Preises mit Quarzglas (UV-durchlässig) verglast werden, ebenso angrenzende Gewächshäuser, mit denen die Naßräume gut zu klimatisieren sind.
Passive Solarnutzung über das Gewächshaus, Wärmegewinnung und -bewahrung führen in Verbindung mit den Heizsystemen für die Naßräume zu ganz speziellen Ausformungen. Im Sommer sollte ein großzügiges Öffnen möglich sein, wobei mit mikroklimatischer Gestaltung ein Freiluftbad entstehen kann. So bekommt der Baderaum seinen spezifischen Charakter, der durch eine auf den direkten Körperkontakt abgestimmte Materialwahl noch verstärkt wird.
Die Küche hat wiederum einen anderen Charakter, der sich durch die Kombination der Wasserstelle mit den Kochstellen ergibt, den Eßplätzen in Haus und Garten, dem Gewächshaus und den Wirtschaftsbereichen mit Brauchwasseranlagen, Teich und Fischen.

Abwasser

Das Ziel der Abwasserbeseitigung und -klärung ist es immer noch, sich möglichst problemlos des Abwassers zu entledigen, dabei wird nicht an Möglichkeiten der ökologischen Wiedereinbindung im Stoffwechselhaushalt gedacht.
Folgende Verfahren werden benutzt (nach Imhoff):

- Faulgruben mit zwei oder drei Kammern (Bemessung 300 l/E, Mindestgröße 3000 l). Die Grube muß ca. zweimal/Jahr entschlammt, das Überschußwasser verrieselt werden. Ab Größen von 1500 l/E (Mindestgröße 6000 l) reicht die Verweildauer des Abwassers zum Ausfaulen (daher Ausfaulgrube).
- Zweistöckige Absetzgruben sind komplizierter im Aufbau, entsprechen etwa den Faulgruben und sind erst ab 50 Einwohner sinnvoll.
- Sickerschächte mit offener Sohle und Wandungen zum Versickern des Überlaufes aus Faulgruben und anderen Wässern (Bemessung mind. 1 m^2/E Sickerfläche) nur bei tiefem Grundwasser.
- Unterirdische Verrieselung über Drainagerohre im Kiesbett für vorgeklärtes Abwasser (Bemessung 10 bis 20 lfm/E je nach Bodenart). Bei größeren Anlagen muß eine Durchspülungsmöglichkeit installiert werden.
- Sandfiltergraben ähnlich der Verrieselung im Verrieselungsgraben, mit Sand- und Kiesschichten und Bewässerungsrohr in der oberen Ebene (Bemessung 6 lfm/E).

Faulgruben (nach Imhoff) für Haus- und Kleinkläranlagen.
Sind solche Anlagen vorhanden, so sollte geprüft werden, ob sie nicht in geschlossene Ausfaulgruben mit Biogasgewinnung umgewandelt werden können.

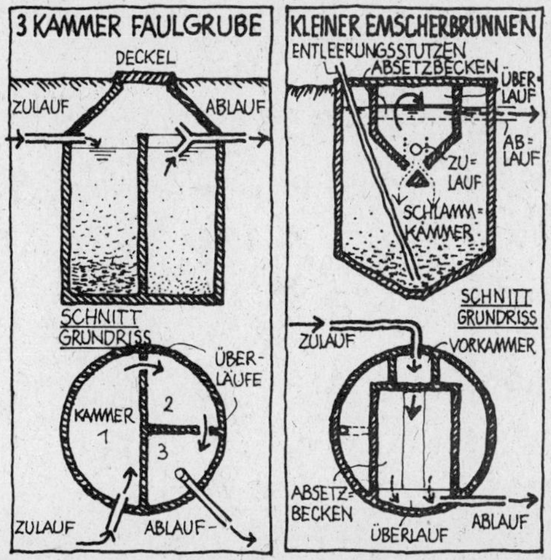

- Tropfkörper sind durchlüftete Gesteinsbehälter, die vom Abwasser durchflossen werden. An den Gesteinsoberflächen setzt ein aerober Abbauvorgang ein. Wenn genügend Gefälle vorhanden ist oder Pumpen eingesetzt werden können, sind sie eine gute Vorreinigung (Bemessung 200 l/E, Mindestgröße 4000 l).
- Überlüftungsanlagen sind kleine Teiche, die ständig belüftet werden und so eine vollkommene aerobe Abbauleistung haben. Sie benötigen Energie (Windkraftbelüfter sind denkbar). Der Schlamm ist unproblematisch zu verwenden.

Darüber hinaus gibt es noch eine große Zahl von Verrieselungsmöglichkeiten, die hier nicht weiter genannt sein sollen. Die angegebenen Größen reduzieren sich auf die Hälfte, wenn Trockenaborte benutzt werden.
Diese Haus- und Kleinkläranlagen verursachen den Nutzern Kosten für Bau und Unterhalt, werden meist nicht zuverlässig betreut und sorgen so für Belästigung oder gar Gesundheitsgefährdung. Für die Gewässerreinhaltung sorgen sie nur wenig, da letztlich ein großer Nährstoffanteil dem Grund- und Oberflächenwasser zugeführt wird. Der anfallende Faulschlamm wird meist nicht regelmäßig entfernt und nur selten der Landwirtschaft oder dem Gartenbau zugeführt, sondern als „Abfall" häufig umweltschädigend beseitigt.
So werden überall dort, wo ein Entwässerungsnetz gebaut wird, die Hauskläranlagen verboten und nur noch dort gestattet, wo keine Kanalisation besteht.
Die zentrale Entwässerung über Klärwerke, die meist eine Kombination aus Absetzbekken, Faulräumen, chemischen Fällungsbecken, biologischen Tropfkörpern, Belebungsbecken sind, weist trotz des großen Vorteils der Seuchenvermeidung folgende Nachteile auf:

- Ungenügende biologische Klärung aufgrund des großen Mengenanfalls;
- zentrale Rückführung in die Gewässer, Schadstoff- und Nährstoffbelastung (Eutrophierung);
- giftige Faulschlammrückstände, da keine Kontrolle über die Einleitungen möglich ist, keine oder nur völlig ungenügende Nutzung der Nährstoffe;
- aufwendige Kanalsysteme und Anlagen.

Zentrale Entsorgungsanlagen erschweren die ökologische Integration von Siedlungen.
Auch die Heißkompostierung des Klärschlamms und des organischen Müllanteils, vielfach als Weiterverbesserung und Kompromiß gesehen, da die derzeitig installierten Systeme nicht umgestellt werden müssen, bietet zwar eine bessere Auswertung der Nährstoffe, verhindert aber nicht die Entstehung giftiger Schadstoffe und Rückstände.

Rückführung und Nutzung

Alternative Wasserentsorgungssysteme setzen die Trennung der industriellen, gewerblichen und Hausabwässer in eigenen „Kreisläufen" voraus. Sie versuchen statt der linearen Entsorgung eine Rückführung der nährstoffangereicherten Hausabwässer in den Stoffkreislauf zu erreichen, der die volle biologische Reinigung und direkte oder indirekte Nutzung der Nährstoffe ermöglicht.
Die besten Voraussetzungen für solche Lösungen ergeben sich durch Trennung der Fäkalien von dem übrigen Hausabwasser. Dadurch werden die hygienisch problematischen Stoffe nicht unnötig verdünnt, bleiben im Verantwortungsbereich der Erzeuger, können in kleinen geschlossenen Systemen problemlos aufbereitet und ohne Umweltbelastung und Transportaufwand örtlich wieder nutzbringend rückgeführt werden.

Im städtischen Bereich ist die haushaltsweise Trennung nur mit erheblichem Aufwand durchzuführen. Rückführung im Mischsystem unter Verwendung von Teilen der vorhandenen Kanalisation ist dort sinnvoller.
Im Prinzip gibt es drei grundsätzliche Möglichkeiten der nutzbringenden Rückführung in die Naturhaushalte:

1. Trennung von Fäkalien und Abwasser, System-Komposttoilette für Fäkalien und organische Abfälle, vollbiologische Reinigung des „Grauwassers".
2. Klärung und Nutzung des Fäkalien- und Abwassergemischs in natürlichen, biologischen Kläranlagen als Teich- oder Landklärung (Wurzelraumentsorgung) für Pflanzenprodukte oder Biotopgestaltung; gesonderte Kompostierung der organischen Abfälle im Hausgarten oder in Gemeinschaftsanlagen.
3. Trennung des Fäkalien-Abwasser-Gemischs über Schlammabscheider. Ausfaulung des Schlamms in einer Biogasanlage und Nachkompostierung des Faulschlamms. Die festen organischen Abfälle können getrennt oder zusammen mit dem Faulschlamm kompostiert werden. Eine weitere Möglichkeit ist die Zerkleinerung des organischen Abfalls durch „Abfallwölfe" und die Ableitung mit dem Abwasser zur Biogasanlage. Die vorgereinigten Abwassermengen können vollbiologisch weitergenutzt und geklärt werden.

Alle drei Methoden sind kombinierbar und in verschiedenen Größenordnungen für ländliche oder städtische Bereiche anwendbar.

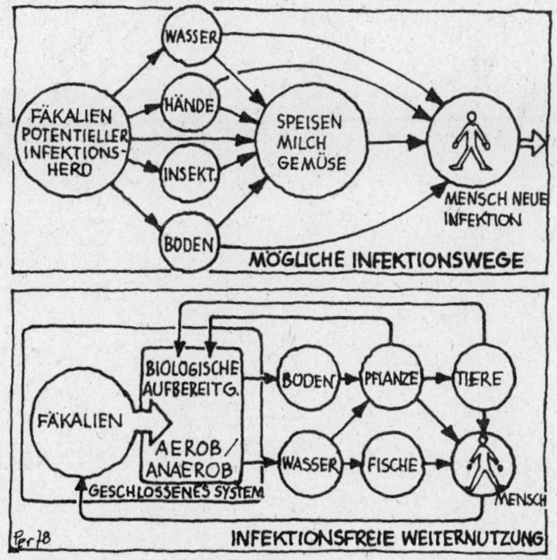

Die Fäkalien sind bei unsachgemäßer Behandlung immer potentielle Infektionsherde. Bei richtiger biologischer Aufbereitung und gezielter Weitergabe in der Nahrungskette sind Fäkalien unschädlich und nützlich.

Komposttoiletten

Natürliches Desinteresse und zivilisatorisch überspitzter Ekel erschweren den Schritt, selber Verantwortung für seine eigenen Fäkalien zu übernehmen. Das Wegspülen auf Nimmerwiedersehen ist eine technische Verdrängungsleistung, die viel Peinliches erspart.
Die Spültoilette mit Kanalisation leistet diese Aufgabe perfekt. Die meisten angebotenen Alternativen dazu sparen zwar Wasser und kommen ohne Kanalisation aus, haben aber das gleiche Ziel, die Fäkalien der Nutzer schnell verschwinden zu lassen, ohne daß eine spätere ökologische Rückführung möglich ist. Beispiele:

- Kübeltoiletten mit und ohne Chemikalien;
- Gefriertoiletten mit elektrischem Gefrieren der eingehängten Fäkalienbeutel;
- Verpackungstoiletten mit einer automatischen Verpackungsmaschinerie für die einzelnen „Portionen" (Einschweißen in Plastiksäckchen!);
- Verbrennungstoiletten mit elektrischer Fäkalienverbrennung (verunreinigt Luft statt Wasser);
- Öl-Spültoilette mit Mineralöl im geschlossenen Spülkreislauf;
- Klärtoiletten mit „eingebauter" biologischer Selbstreinigung in mehreren kleinen Kammern und Filtern, so daß die Spülflüssigkeit im Kreislauf geführt werden kann;
- WC und Faulgrube (bereits angesprochen).

Die Systeme sind zum Teil aufwendig und energieintensiv. Das anfallende Material kann bei einigen Systemen in einem weiteren Arbeitsgang aufbereitet und verwendet werden.
Einen grundsätzlich anderen Ansatz, nämlich die ökologische Umwandlung, Wiedereinbindung und Nutzung verfolgen Komposttoiletten. Sie verwandeln Fäkalien und andere organische Stoffe in Humus, so daß die wertvollen Nährstoffe nicht verlorenge-

Schemaschnitt durch die einfache „Toa-Throne"-Komposttoilette. Die organischen Materialien verrotten auf einer schiefen Ebene, die von unten belüftet wird und über einen Abzugskamin entlüftet wird. Der reife Humus sammelt sich selbsttätig vor der Entleerungsklappe.

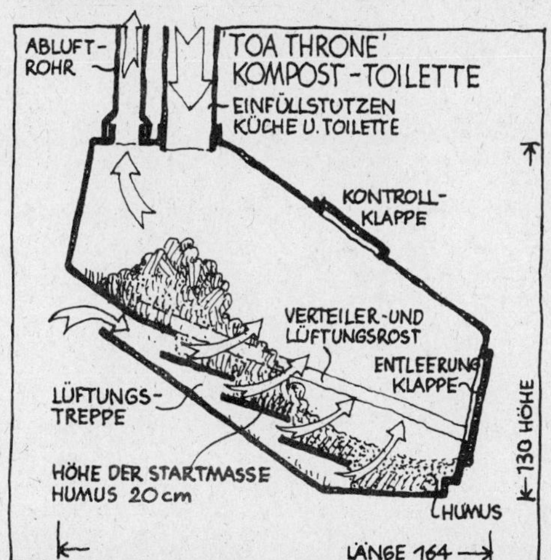

hen. Dazu wird kein Wasser und bei den meisten Systemen keine Energie (mit bzw. ohne Ventilator oder Heizung) benötigt. Sie sind ästhetisch und hygienisch einwandfrei, da sie mit aerober Verrottung in geschlossenen Systemen arbeiten.
Ein sehr einfaches und sicheres Verfahren, das hier beispielhaft beschrieben werden soll, ist die Kompostanlage, die Rikard Lindström 1940 in Schweden entwickelt hat und die inzwischen serienmäßig auch in den USA gebaut wird.
Die Anlage kann in verschiedenen Größen als fester Bestandteil des Hauses eingeplant oder auch nachträglich ein- oder ausgebaut werden. Die Kompostkammer aus GFK umfaßt je nach Größe mehrere Kubikmeter und wird von U-förmigen, nach unten geöffneten Lüftungskanälen durchzogen. Ein Lüftungskamin sorgt für leichten Unterdruck, wodurch eine ständige Durchlüftung erreicht wird und beim Öffnen der Toilettenschale oder des Küchenabwurfes Gerüche abgezogen werden. Fäkalien und Küchenabfälle fallen auf eine geneigte Grundfläche, die anfangs mit Kompost und Laub bedeckt wird, um überschüssige Feuchtigkeit aufzunehmen und den Rotteprozeß ingangzusetzen. Während sich die Kompostkammer langsam füllt, kompostiert das Material und rutscht langsam der Entnahmekammer zu. Nach drei bis vier Jahren kommt es dort vollkommen durchkompostiert an und ist dann auf ein Fünftel bis ein Zehntel des ursprünglichen Massevolumens reduziert. Der reife Kompost bzw. reine Humus kann dann je nach Bedarf kontinuierlich oder erst nach größeren Ansammlungen etwa jährlich entnommen und genutzt werden.
Die Mischung von Fäkalien und Küchenabfällen garantiert normalerweise einen einwandfreien Kompostierungsvorgang, der in mehreren Stufen abläuft. Die erste Stufe bilden Bakterien, Algen, Protozoen, Schimmelpilze und Kleintiere. Die zweite Stufe übernehmen die artenreichen Aktinomizyten (sie sind für den charakteristischen Waldbodengeruch verantwortlich). Die letzte Stufe zur vollkommenen Umwandlung in Humus übernehmen hauptsächlich Regenwürmer. Die Lebewesen bilden eine komplette Biozönose, die vielfach vernetzt und rückgekoppelt ist.
Die Vernichtung von Krankheitskeimen geschieht durch selbsttätige Erhitzung bei der Rotte bis 60°C (eine Stunde tötet bereits die meisten Keime) und durch die antibiotische Wirkung der aeroben Mikroorganismen. Der lange Kompostierungszeitraum bietet große Sicherheit, so daß alle Krankheitskeime und eventuell vorhandene Parasiteneier zerstört werden.
Eine kontrollierte Fäkalienkompostierung wird von der WHO (World Health Organisation) und vielen anderen Institutionen empfohlen. Diese und andere Kompostierungstoiletten ergaben bei hygienischen Untersuchungen keine Bedenken und werden von skandinavischen und amerikanischen Behörden zugelassen.
Die Bedingungen der Kompostierung sind Dunkelheit, Sauerstoffzufuhr durch gute Belüftung, gleichmäßige Feuchtigkeit (wie ein ausgedrückter Schwamm) und warme, gleichmäßige Umgebungstemperatur.
Der Feuchtigkeitshaushalt ist besonders beim Start der Anlage labil. Zuviel Feuchtigkeit (Urin) läßt die aerobe Rottung in eine anaerobe Faulung umschlagen, wobei Geruchsbelästigung entstehen kann und Krankheitskeime nicht zuverlässig abgetötet

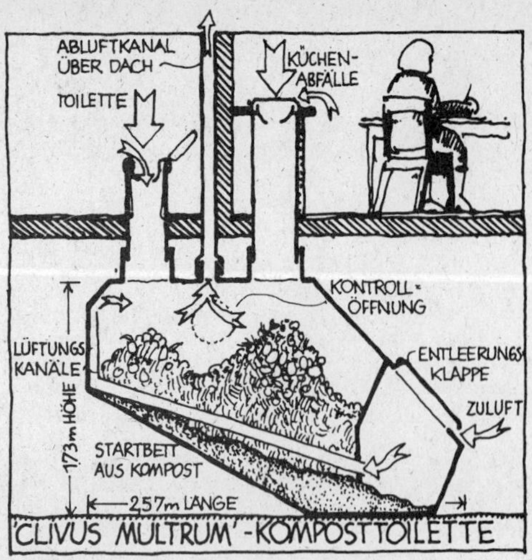

Die „Clivus multrum"-Komposttoilette arbeitet nach dem gleichen Prinzip mit schiefer Ebene. Die Belüftung erfolgt hier durch spezielle Kanäle. Der Entlüftungskamin mit/ohne Ventilator erzeugt einen leichten natürlichen Unterdruck in der Kammer, der jede Geruchsbelästigung vermeidet. Es können mehrere Fallschächte angeschlossen werden.

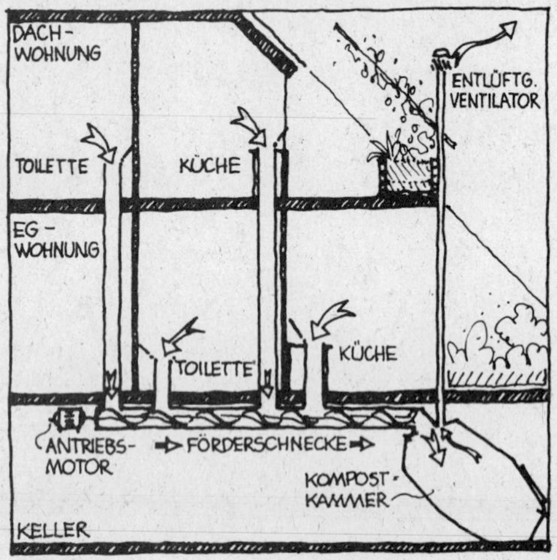

Horizontalspiralenförderung, wenn es die Hauskonzeption nicht erlaubt, alle Einlässe senkrecht über der Komposttoilette anzuordnen.

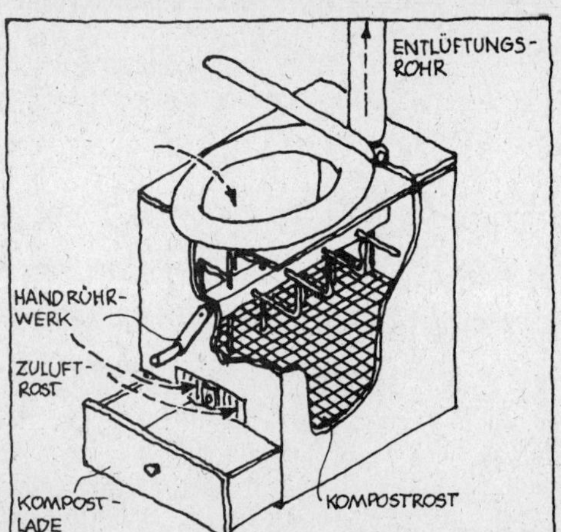

Kleine Komposttoilette mit handbetriebenem Mischer über einem Kompostrost. Nur für kleine Belastung geeignet, dafür aber geringer Raumbedarf und somit gute Eignung für nachträgliche Installation.

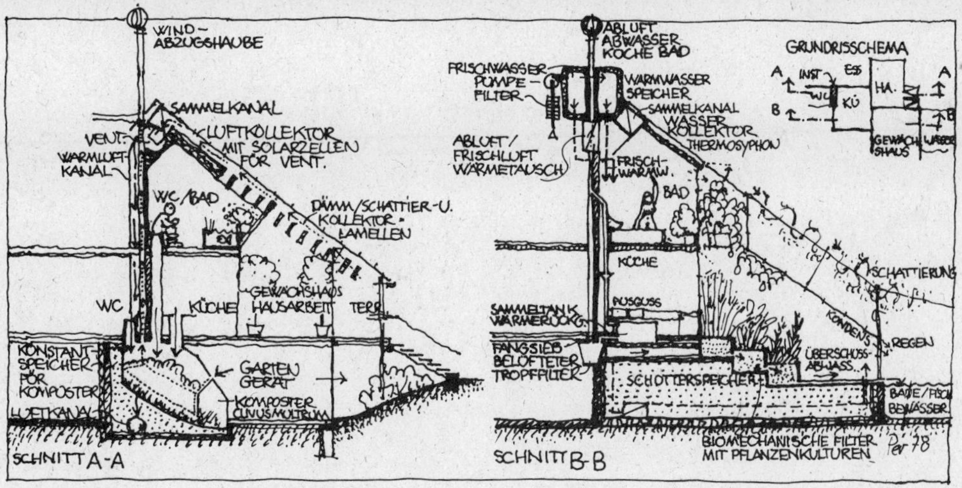

Die Vernetzung von Wasser- und Stoffkreislauf im Gewächshaus.
Die Abwässer von Küche und Bad gelangen über Sammeltank mit Abwasserwärmerückgewinnung und Tropfkörper in die Pflanzbehälter zur Bewässerung, Nährstoffabbau und Filterung mit Überlauf in den Fischteich.
Das Wasser wird teilweise verdunstet und als Kondensat an der Glashaut bzw. im Schotterspeicher aufgefangen. Die Regenwassersammlung geschieht in Hochbehältern und ist im Haushalt und zur Gartenbewässerung bzw. im Fischteich zu benutzen.
Die Warmwasserbereitung erfolgt über Kollektoranlagen nach dem Thermosiphonprinzip.
Die Fäkalien und die organischen Küchenabfälle fallen in den Komposter – Typ Clivus multrum; durch die Anordnung am Schotterwärmespeicher wird der Kompostierungsvorgang aktiviert, die Entnahmestelle hat Zugang zum Garten. Durch die Anordnung der Pflanzbehälter über dem Schotterspeicher wird die Abwärme zum ganzjährigen Anbau genutzt. Küche/Hausarbeitsraum und Gewächshaus sind eng miteinander verbunden und haben Zugang zum Garten.

werden. Durch verstärkte Entlüftung (evtl. mit Ventilator) oder durch gelegentlichen Einstreu (Torf, Späne) kann nachgesteuert werden. Falls es einmal zu trocken sein sollte, gibt man Wasser zu. Bei bestimmten Nutzungen kann eine zusätzliche Drainage mit Auffang installiert werden oder, falls nötig, eine getrennte Urinsammlung durch Urinale betrieben werden. Ableitung, Aufbereitung und Nutzung (verdünnt mit Wasser 1:5) sind unproblematisch.
Der Wärmehaushalt läßt sich durch sachgerechten Einbau im Hause erreichen (evtl. angrenzend an Wärmespeicher). Der Wärmeverlust durch die Lüftung kann im Winter durch Wärmetausch rückgewonnen werden.
Der Lufthaushalt (Sauerstoffzufuhr und Feuchteabtransport) ist durch den Abzugskamin gewährleistet. Der Kaminzug wird durch Rohrlänge und warme Lage im Hause verbessert und kann noch durch eine Windrotorhaube verstärkt werden, so daß im Normalfall ein Ventilator überflüssig wird (s. Kap. Lufthaushalt).
Bei fortlaufender Benutzung stabilisiert sich die Anlage selbsttätig und braucht bis auf Humusentnahme nicht gewartet und bedient zu werden. Die Reinigung beschränkt sich auf die Sitzmuschel, die sich beim Aufsitzen selbsttätig öffnet und so sauber bleibt. Zusätzlich zum Humusgewinn und der Umweltfreundlichkeit kann die Anlage als Komfortverbesserung angesehen werden, da der Küchenabwurf die Arbeit erleichtert, die Toilette entlüftet ist und wesentlich weniger Gerüche als beim normalen WC entstehen.
Die Anlage sollte eine Randlage im Hause bekommen (getrennt von Nahrungsmitteln, Küche und Wohnräumen) und dem Garten oder Gewächshaus zugeordnet sein. Bei mehrgeschossigem Anschluß sollten die Fallschächte möglichst senkrecht in die Kompostkammer führen. Diese Forderungen können eine sehr starke Grundrißbindung bedeuten; gegebenenfalls muß mit Förderschnecken gearbeitet werden.
Außer dem angesprochenen System werden noch viele andere Formen von Komposttoiletten angeboten (besonders in Skandinavien). Es sind zum Teil sehr kleine Anlagen, die mit Heizsystem, Mischeinrichtung und Ventilator arbeiten. Kompostierungsanlagen können aber auch für jedes Haus „maßgeschneidert" entworfen und gebaut werden.

Kleinere Anlagen, in denen die kürzere Verrottungsdauer durch stärkere Durchlüftung und Beheizung, die den Kompostierungsvorgang beschleunigen, wettgemacht werden.
Hier mechanische Zwangsbelüftung mit Ventilator und Beheizungselement. Besonders günstig ist die Belüftung mit Raumabluft, bei genügend hohem Entlüftungsschacht und natürlichem Unterdruck geschieht dies selbsttätig. Solche Systeme könnten auch an das Hausentlüftungssystem sowie an eine Kollektorbeheizung angeschlossen werden (s. Kap. Lufthaushalt).

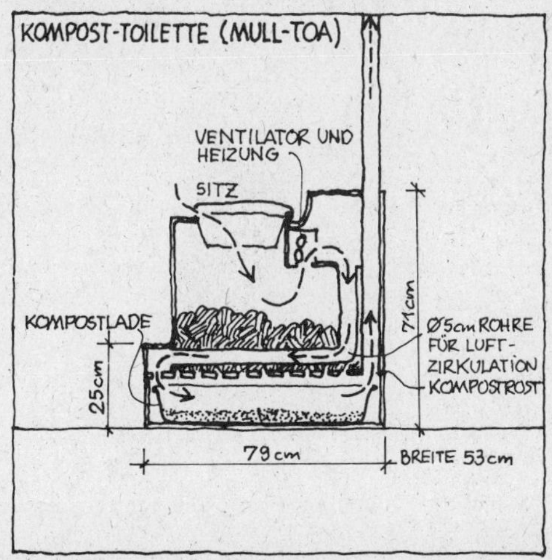

Der gewonnene reife Kompost kann dem Gartenkompost zugesetzt oder überall im Garten und Gewächshaus als wertvoller „Edelhumus" verwandt werden. Die volle Kontrolle über Herkunft und Aufbereitung des Humus ist gerade für biologischen Anbau von großem Wert.

Natürliche Abwasserreinigung

Zur biologischen Klärung von Abwässern mit oder ohne Fäkalien gibt es eine Vielzahl natürlicher Verfahren, die mit geringerem Aufwand für Einrichtung und Betrieb bessere Arbeit leisten als die technisch durchgebildeten Kläranlagen. Außerdem bieten sie eine Möglichkeit, die anfallenden Nährstoffe sofort zu nutzen.
Als Methoden zur natürlichen Abwasserreinigung lassen sich grundsätzlich die Landbehandlung (Mikroorganismen in Boden und Pflanzenwurzeln) und die Teichbehandlung unterscheiden. Die Teichbehandlung wird in der folgenden Übersicht weiter untergliedert.

EINTEILUNG VON TEICHANLAGEN ZUR BIOLOGISCHEN ABWASSERREINIGUNG NACH E. OTTMANN

	OHNE KÜNSTLICHE BELÜFTUNG UND UMWÄLZUNG		MIT KÜNSTLICHER BELÜFTUNG UND UMWÄLZUNG	
AEROB	SCHÖNUNGTEICHE	DURCHFLOSSENE TEICHE	BELÜFTETE SCHÖNUNGSTEICHE	AEROB
	OXYDATIONSTEICHE		BELÜFTETE OXYDATIONSTEICHE	
	(ABWASSER-) FISCHTEICHE			
FAKULTATIV	ERD-(FAUL-)BECKEN		BELÜFTETE ERDBECKEN	
ANAEROB	FAULTEICHE, GÄRTEICHE			VORWIEGEND ANAEROB
	SCHLAMMTEICHE		UMGEWÄLZTE GÜLLETEICHE	
NACHEINANDER ANAEROB FAKULTATIV AEROB	STAPELTEICHE	STAPELTEICHE	BELÜFTETE STAPELTEICHE	NACHEINANDER ANAEROB FAKULTATIV AEROB
	SCHLAMMPOLDER		BELÜFTETE GÜLLESTAPELTEICHE	

Bei der Abwasserbehandlung in Teichen wird die biologische Selbstreinigung der Gewässer genutzt, wie sie im Kap. Biologische Selbstreinigung beschrieben wurde. Je nach Art des Teiches findet vorwiegend ein aerober oder anaerober Zersetzungsprozeß durch Mikroorganismen statt; beide Prozesse können auch gleichzeitig (fakultativ) ablaufen.
Bei geringerem Platz oder bei stärker belastetem Abwasser sind Überlüftungsteiche (mit künstlichen Zusatzbelüftern z. B. mit Wind) gut geeignet. Je nach Verweildauer und Teichkombination ist der biologische Reinigungsprozeß vollkommen. Die Abnahme pathogener Keime ist nahezu vollständig und beträgt z. B. im Oxidationsbereich 99% (nach E. Ottmann).
Bei der Landbehandlung wirkt analog das mikrobiologische Lebenssystem im Boden gemeinsam mit der Sieb- und Eliminationswirkung durch physikalisch-chemische Anlagerungen. Die sich ablagernden Nährstoffe können von höheren Pflanzen wieder aufgenommen werden, wodurch sich der Nährstoffkreislauf schließen kann. Ähnlich dem Wasser-Ökosystem können die Pflanzen abgeerntet und genutzt werden (z. B. als Futtermittel, Baustoff, zur Energiegewinnung usw.).

Die üblichen Verfahren der Landbehandlung sind Beregnung, Verrieselung und Bodenfilterung. Die Bodenfilterung weist in Verbindung mit nährstoffliebenden Sumpfpflanzen als sog. Wurzelraumentsorgung die besten Ergebnisse auf.
Die Beregnung ist aufwendiger und bakteriologisch bedenklich. Die übrigen Verrieselungsmethoden sind nicht sinnvoll, da das Schmutzwasser relativ schnell und nicht ausreichend geklärt ins Grundwasser gelangen kann. Werden sie jedoch durch Hügel- oder Beetanlagen mit Pflanzen verbessert, so sind sie wie die „Wurzelraumentsorgung" geeignete Methoden, da die Wassermengen genügend langsam abfiltern und der Abbauprozeß entsprechend vollkommen stattfinden kann. Die Nährstoffaufnahme durch Pflanzen kann in Naturbiotopen geschehen oder mit Garten- und Feldbau, Hecken- und Forstwirtschaft usw. kombiniert werden.
Folgendes Schema verdeutlicht die vielfachen Möglichkeiten, die sich aus einer ökologischen Abwassernutzung ergeben können.
Die verschiedenen Teich- und Erdsysteme und ihre vielfältigen Kombinationen sollen hier nicht weiter beschrieben werden; hierzu sei auf die entsprechende Fachliteratur verwiesen.

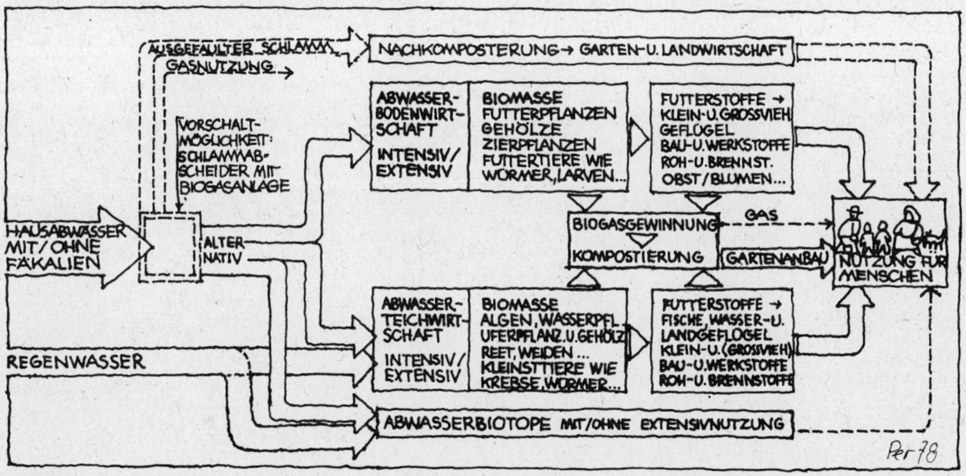

Für beide Verfahren kann bei Fäkalien-Abwasser-Gemisch eine Vorklärung durch Absetzbecken und einfachen Durchflußtropfkörper angeordnet sein, das Absatzgut kann zum Teil kompostiert oder in Biogasanlagen ausgefault werden.
Bei größeren Mengen antibakterieller und biologisch nicht abbaubarer Bestandteile im Abwasser sind die natürlichen Klärverfahren nicht geeignet. Toxische Abwässer sind grundsätzlich auszuschließen; sie müssen gesondert erfaßt und mit jeweils speziellen Methoden aufbereitet werden.
Je kleiner der Einzugsbereich ist, desto einfacher und billiger sind die Anlagen, und um so besser sind die Kontrollmöglichkeiten, die Erfassung und Verwertung von Sonderabwässern und die Möglichkeit zur großzügigen Dimensionierung mit landschaftlicher und ökologischer Einbindung.
Die natürlichen Verfahren werden vom Gesetzgeber anerkannt; die Teichanlagen unterliegen wasserrechtlichen Bestimmungen. Für den Bau, die Dimensionierung und Zuordnung müssen entsprechende Fachleute zugezogen werden. Die Anlagen sollten nicht in unmittelbarer Nähe von bewohnten Gebäuden und Brunnenanlagen geplant

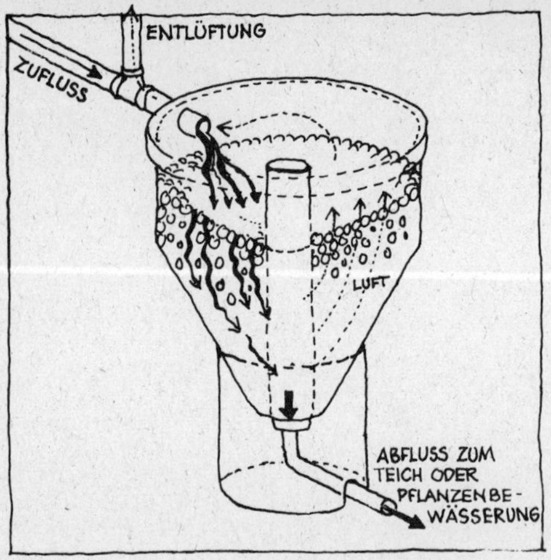

Clivus Multrum's Trickle Filter als biologisch-mechanische Vorreinigung der Grauwässer.
Das eingeleitete Wasser fließt durch die Kiesschicht und sammelt sich im unteren Bereich. Ab einer gewissen Stauhöhe wird es automatisch abgepumpt oder fließt selbständig zur Pflanzenbewässerung ab.
Algen- und Bakterienkulturen bauen zum Teil die Verunreinigungen ab. Das „Grauwasser" wird mit Sauerstoff angereichert und ist geruchsfrei.

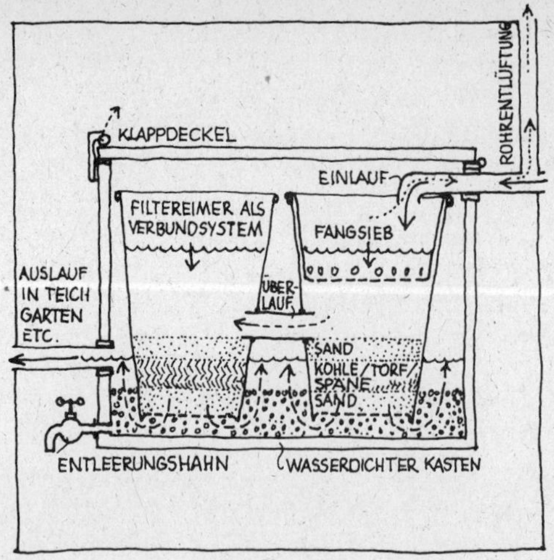

Grauwasserfilteranlage nach P. Franchino. Das Grauwasser läuft über ein Fangsieb in zwei verbundene Filtereimer (leicht auswechselbar), drückt sich infolge seines Eigengewichts durch die Filter und das Kiesbett zum Überlauf und zur Weiterverwendung. Solche Filter sind selbst einfach herzustellen, ersetzen die Revisionskammer und sind mit Wärmerückgewinnungsanlagen kombinierbar. So gefiltertes Grauwasser wird bereits wieder klar.

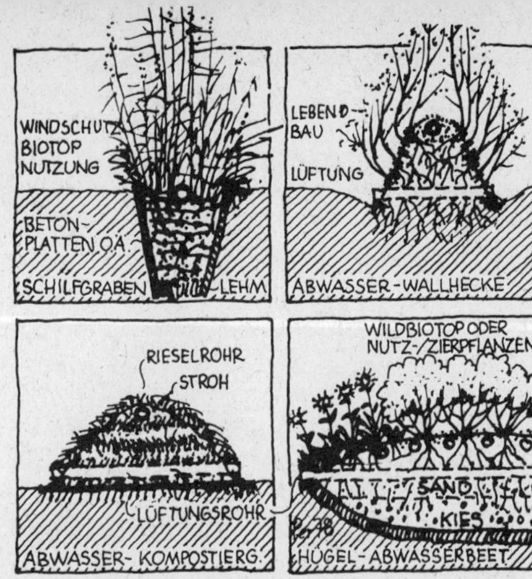

Kleinstanlagen für natürliche Abwasserreinigung (ohne Fäkalien) über Pflanzenklärung, integrierbar in Gärten oder Siedlungsfreiflächen. Bei verminderten Abwassermengen von ca. 75 l/Pers. täglich durch Recyclingsysteme im Haushalt ist folgender Platzbedarf nötig:

Schilfsumpfgraben:	1 m^2/Person
Abwasserwallhecke:	2 m^2/Person
Hügel. Abwasserbeet:	4 m^2/Person
Abwasserkompostierung:	2 bis 5 m^2/Person

Solche selbstregenerierende Filteranlagen können Nutz- und Zierpflanzen produzieren, die gut in die Außenanlagen integrierbar sind.

Bei gleichzeitigem Anfall können Abluft und Abwasser zum gegenseitigen Vorteil in kombinierten Systemen aufbereitet werden. Selbst stark belastete Abwässer lassen sich so schnell biologisch klären. Ist keine Abluft vorhanden, so kann durch Windkraftbelüfter der Abbauprozeß auf die gleiche Weise beschleunigt werden.

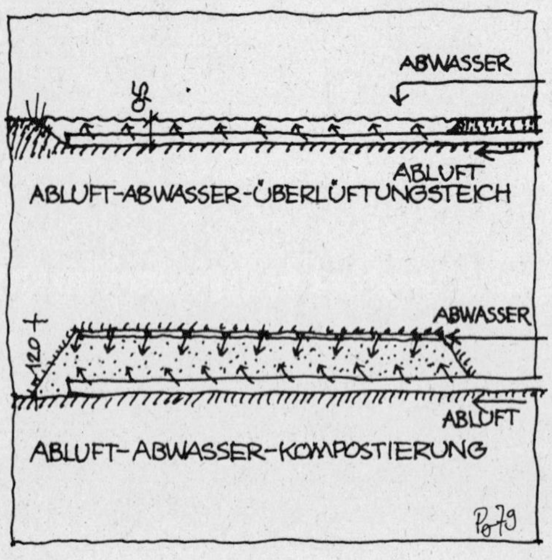

werden. Normalerweise genügen einfache Erdbecken, die sich durch Sedimentation selbsttätig abdichten; ist der Boden sehr durchlässig, müssen die Teiche abgedichtet werden (Ton, Lehm u. a.). Sie können prinzipiell in jeder beliebigen Form gebaut werden und sich so gestalterisch den örtlichen Gegebenheiten anpassen.
Die einfachsten Verfahren und die beste Selbststeuerung durch direkte Rückkopplung ergeben sich durch haushaltsweise Nutzung schwach belasteter Abwasser (ohne Fäkalien), sofern genügend Gartenfläche vorhanden ist. Sie können dann zur Bewässerung (falls biologisch verträgliche Reinigungsmittel, die bereits im Handel sind, benutzt werden) in Kombination mit Regenwasserteichen mit Fischhaltung, kleinen Tropfkörpern, Kompostfiltern usw. genutzt werden.
Zusammenfassend bietet natürliche Abwasserreinigung folgende Vorteile:

- Kostensenkung durch geringe Investitions- und Betriebskosten; Pflege beschränkt sich auf gelegentliches Freimachen der Abflüsse, Entkrauten, eventuelles Abfischen und Zurücknahme des Uferbewuchses.
- Ständige Wasserreserve für Notfälle (Löschen, Dürre).
- Land- und gartenwirtschaftlicher Nutzen durch Rückgewinnung der Nährstoffe und Bewässerungsmöglichkeiten (s. Kap. Materialhaushalt, Kreislauf organischer Stoffe).

Natürliche Abwasserreinigung und -rückführung der Gemeinde Othfresen, für ca. 2500 Einwohner.
Die Abwässer (Hausabwässer und gewerbliche Abwässer) der Gemeinde werden gesammelt, über einen Bogenrechen von allen groben Stoffen gereinigt und in eine Betonverteilerrinne von 60 m Länge gepumpt. Von dort fließt das Abwasser über eine Längsseite in das angrenzende Schilfrohrfeld, ein etwa 10000 m² großes Feuchtbiotop. Die Mikroorganismen im Wurzelbereich bauen die Schadstoffe so gründlich ab, daß nur noch reines Wasser in die Umgebung abfließt, hier in angrenzende Teich- und Sumpflandschaft, die zum Austrocknen verurteilt waren. Nach einer geplanten Vergrößerung soll das Überschußwasser in einen nahegelegenen Fluß abfließen.
Die Anlage ist das Ergebnis der Forschungen von Prof. Kickuth, GSH Kassel.
Das Schilfrohr lockert in dichtem Bestand bis 1,20 m Tiefe den Boden für die Mikroorganismen und transportiert durch Halme und Wurzelwerk Luft in die Tiefe. So ist ein rasches Versickern des Abwassers möglich, und aerobe und anaerobe Bakterienstämme können in direkter Nähe und gegenseitiger Ergänzung die Stoffe abbauen. Geruchsbelästigung gibt es nur im direkten Bereich der Verteilerrinne.
Die Anlage kostete nur 20 bis 30% der Baukosten konventioneller Kläranlagen vergleichbarer Größenordnungen und erfordert nur ca. 15% der Betriebskosten. Sie ist für kleinere Gemeinden mit ca. 10000 Einwohnern den Kläranlagen eindeutig wirtschaftlich überlegen bei einer „ewig" dauernden Lebenszeit (sonstige Anlagen 40 Jahre) (nach D. Zimmermann).
Die Anlage zeigt Möglichkeiten, durch natürliche Abwasserklärung wertvolle Feuchtbiotope zu schaffen. Mit vorgeschalteten Absatzbecken, Emscher Brunnen o.ä., lassen sich die Abwässer wie die sonstigen „Grauwässer" noch leichter zur abwechslungsreichen Gestaltung von Biotopen nutzen (Gräben, Sümpfe, Teiche, Bäche, Kaskaden usw.).

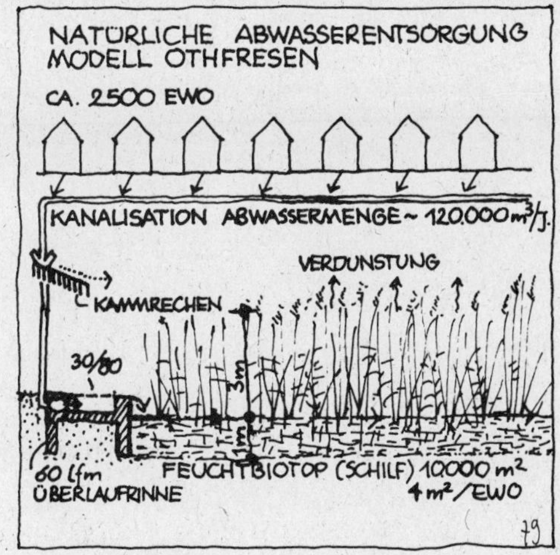

Lageplan einer natürlichen Abwasserreinigungsanlage – gestaltet als Biotoplandschaft mit extensiver Fisch- und Pflanzennutzung.
Nach Erfahrungen des Modells Othfresen dürfte die Größenordnung ca. 4 ha für 10000 Einwohner betragen.
Überlüftungsbecken mit Windbelüftung, Oxidationsteiche, Abwasserfischteiche, Schilf- und Gehölzbiotope sowie größere Teiche (Schönungsteiche) können miteinander kombiniert werden.
Die einzelnen Elemente passen sich den jeweiligen landwirtschaftlichen Gegebenheiten an.
Die Biotopvielfalt läßt sich weiter steigern durch die Kombination von Regenwasser- und Grundwasserteichen. Durch Wind- und Sonnenkraftnutzung für Belüftung und für Pumpen- und Strömungsantrieb sowie zur Erwärmung in den Übergangszeiten ergeben sich erweiterte Nutzungsmöglichkeiten.

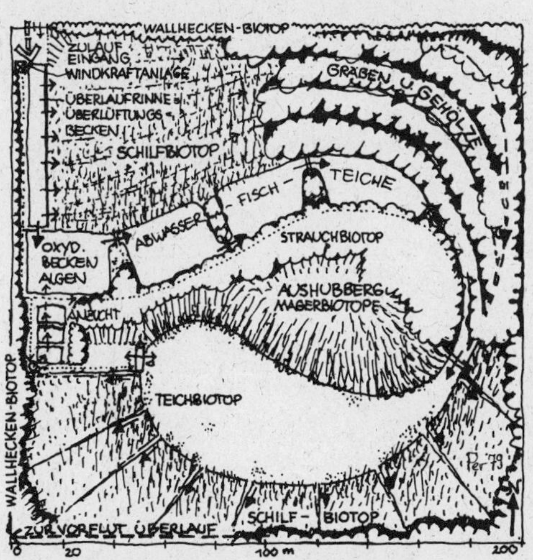

Natürliche Abwasserreinigung für Grauwässer in Gärten.

a) Pflanzenklärung über gemeinschaftlichen Biotopbereich (z. B. Schilfgraben, Wallhecke usw.) mit vorgeschalteter Abwasserwärmerückgewinnung und Tropfkörper, Bemessung ca. 4 bis 10 m²/Haushalt. Regenwassersammlung für Teiche, durch leichte Geländemodellierung zur Gartenbewässerung und mit Überlauf in die Siedlungsgewässeranlagen.
b) Teichklärung über Laubfilter und Fischteichkaskaden, Anschluß an das Siedlungswassernetz, Bemessung ca. 4 m²/Haushalt. Regenwassersammlung über Zisterne, Überlauf in die Fischteiche.

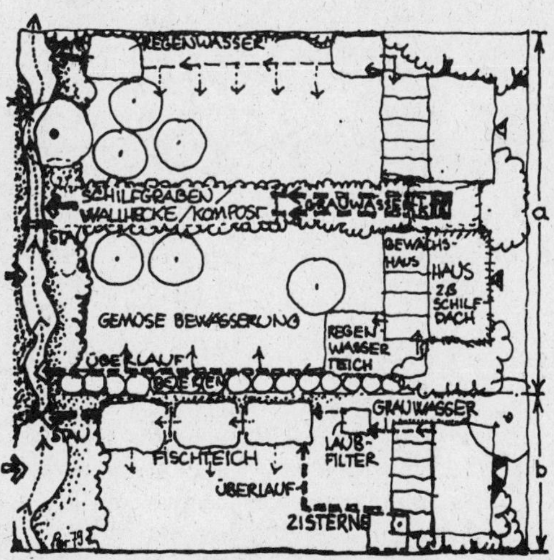

Verschiedene Arten der Fischzucht mit Abwässern.

a) Kaltwasser-Fischkulturen,
b) Warmwasser-Fischkulturen in Gewächshäusern, in Verbindung mit Pflanzenproduktion.

Nach Durchlauf eines Erdfilters Erzeugung von Algen, Kleinkrebsen und Würmern, damit Fütterung von Kleinfischen, die Futter für Speisefische bilden oder Direktfütterung der Speisefische. Durch Nutzung von Regenwasser und Grundwasser sowie Strömungsantrieb- und Belüftungsanlagen durch Wind und Sonne ist eine Vielfalt von Fisch- und Wasserpflanzenerzeugung möglich.

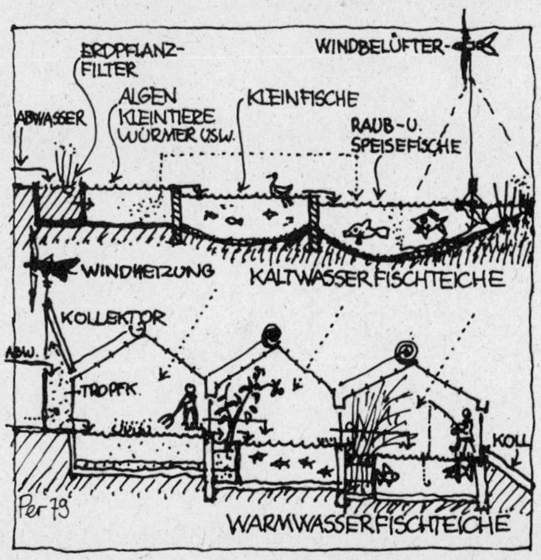

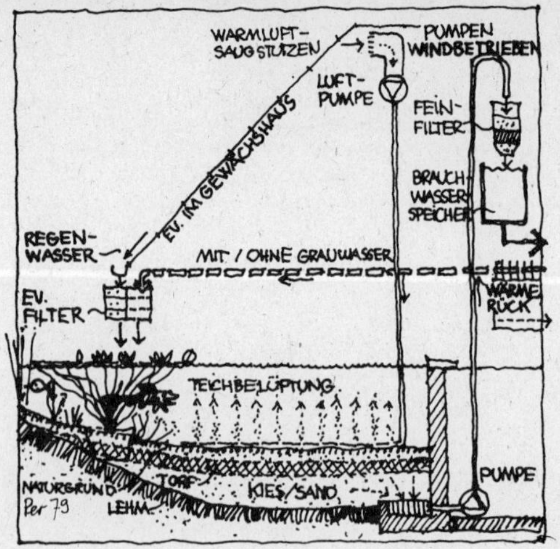

Brauchwasser-Aufbereitung: Regenwasser, Oberflächenwasser usw. werden in biologisch aktiven Teichen mit Sauerstoffanreicherung durch Belüftung gereinigt, über den Teichgrund gefiltert und in einen Speicher mit Feinfilter gepumpt. Mit nährstoffarmem Wasser gefüllt, ist der Teich auch Bademöglichkeit. Die Belüftung kann mit Warmluft geschehen, so daß die Nutzungszeit verlängert wird. Grauwasser kann mit Regenwasser gemischt eingeleitet und biologisch geklärt werden. Es entsteht so ein eutropher Teich mit entsprechendem Leben, der zum Baden weniger geeignet ist.

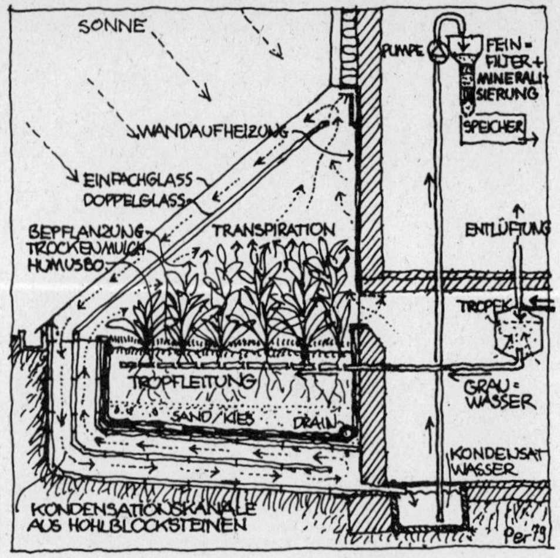

Schema einer Versuchsanlage zur Grauwasserverwendung und Wasserrückgewinnung über Pflanzentranspiration. Das Grauwasser wird kontinuierlich über einen Tropfkörper durch einen Tropfschlauch den Pflanzenwurzeln zugeführt. Die Bodenbakterien und Pflanzen verarbeiten die Nährstoffe (Produktion von Biomasse), nehmen das Wasser auf und transpirieren es. Die mit Wasserdampf angereicherte Luft kondensiert bei ihrem Kreislauf an der äußeren Gewächshausscheibe und im Erdkanal (bei Bedarf mit Ventilator unterstützt). Das Kondensat kann gesammelt, gefiltert und mineralisiert wieder genutzt werden.

- Nutzen durch Zucht von Algen, Wasserpflanzen, Uferpflanzen für Futtermittel, Baustoffe (Schilf, Reet), Biomasse für Kompost und zur Energiegewinnung (s. Kap. Baustoffe, Biologische Energien und Materialhaushalt).
- Nutzen durch Fischzucht, speziell Karpfen und Schleie (ohne Zusatzfütterung kann nach H. Liebmann mit einem Ertrag von 500 kg/ha gerechnet werden), das erfordert nur den in der Fischzucht üblichen Aufwand; oder extensive Fischhaltung ohne Pflegeaufwand im ausgewogenen Ökosystem von Nachklärteichen.
- Ausgleich des örtlichen Wasserhaushaltes durch Verdunstung; natürlicher und sauberer Rückfluß ins Grundwasser bzw. in die Fließgewässer.
- Verbesserung des Kleinklimas (s. Kap. Gestaltung des Lokalklimas).
- Verbesserung der naturnahen Ökosysteme durch Schaffung neuer, vielfältiger Biotope, zugleich Reinhaltung natürlicher Gewässer (s. Kap. Biotopgestaltung).
- Landschaftliche Bereicherung durch ansprechende Gestaltung und Bepflanzung.
- Verbesserung der örtlichen Selbständigkeit und Verstärkung der bürgerlichen Selbstverantwortung.

In der ökologischen Abwassernutzung stecken gerade für kleine Einheiten noch viele Möglichkeiten, die bisher nur experimentell oder noch gar nicht genutzt wurden.

Biogasverbundanlagen

Fäkalien-Abwasserreinigung über Biogasanlagen durch die anaerobe Zersetzung der organischen Stoffe bei gleichzeitiger Gasgewinnung ist überall dort sinnvoll, wo kontinuierlich größere Mengen Abfall anfallen, in der Landwirtschaft, in Siedlungsgemeinschaften und in Stadtgebieten.
Biogasanalagen sind hygienisch hervorragend zu kleinen Einheiten zusammenfaßbar und erzeugen einen ausgezeichneten Düngestoff. Voraussetzung ist ein kurzes Zuleitungsnetz mit optimalem Gefälle und einer Kontrollmöglichkeit gegen anonyme Schadstoffeinleitung, etwa eine durch Revisionskammer mit Indikatorbehälter o. ä.

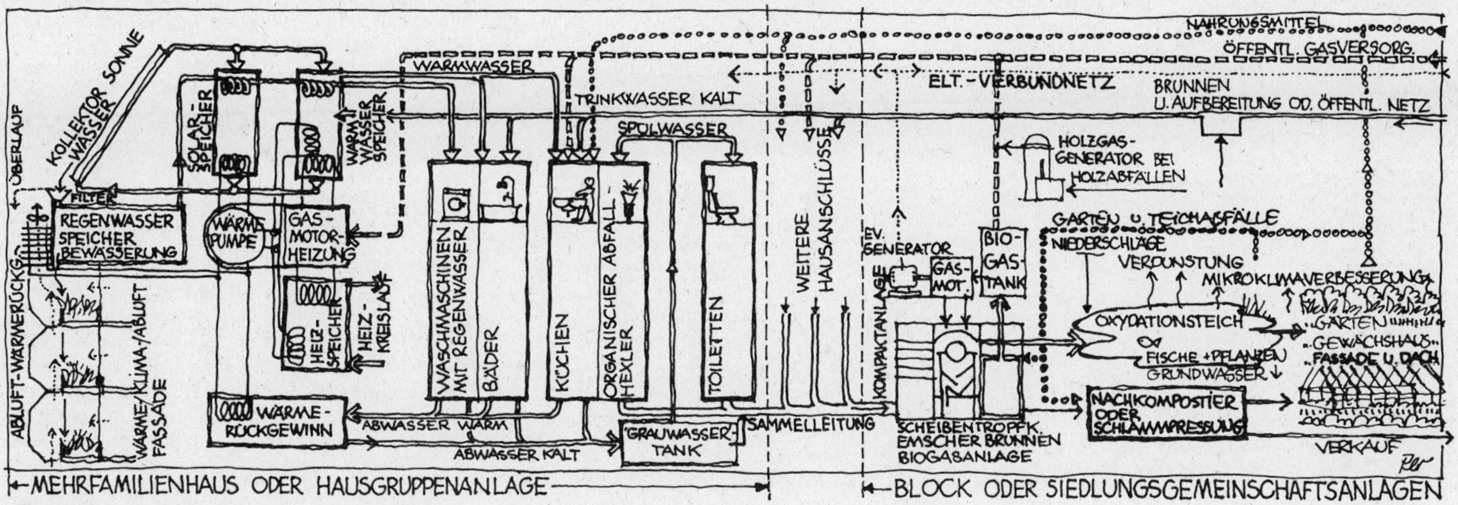

Beispiel vernetzter Hauskreisläufe (nach OEKOTOP, Küenzlen/Schaffernicht u.a., Berlin) für Wasser, Energie, Nahrungs- und Abfallstoffe.
Der Vorschlag ist geeignet für städtische Sanierungsvorhaben und kompakte neue Siedlungen, die dann auch weitgehend auf die öffentlichen Versorgungsnetze verzichten können.
Regenwasser wird gesammelt und zur Bewässerung für Fassaden und Dachgewächshäuser genutzt, die zugleich Puffer und Warmluftkollektoren sind, den Lufthaushalt verbessern und Nahrungsmittel erzeugen können. Das Regenwasser wird durch Wärmetauscher über Solar- und Warmwasserspeicher für die Waschmaschinen vorerwärmt (nur $^1/_3$ Waschmittel bei Regenwasser nötig). Das warme Abwasser läuft über eine Wärmerückgewinnung in einen „Grauwassertank" und wird anschließend als Spülmittel für die Toiletten und die Küchenhexler für organische Abfälle (Abfallwolf) genutzt.
Herz der Heizanlage ist ein Gasmotor mit angeschlossener Wärmepumpe. Die Abwärme des Motors und die Wärmepumpe heizen nach Bedarf den Warmwasser- oder den Heizungskreislauf. Die Wärmepumpe gewinnt die Wärme aus dem Abwasser, dem Solarspeicher und aus der Warmluft und Abluft der Klima-Kollektor-Fassade. Temperaturfühler und automatische Regelung sorgen für die jeweils optimale Schaltung. Im Sommer deckt die Kollektoranlage den Warmwasserbedarf ohne die Heizanlage. Das Abwasser mit allen organischen Abfallstoffen wird einer Kompaktaufbereitungsstation zugeleitet, die mit Tropfkörper und Emscher Brunnen das Abwasser vorklärt; eine Biogasanlage fault die organischen Bestandteile weiter aus. Die abgeschiedenen Abwässer werden in einen Oxidationsteich geleitet, der zugleich Zier- und Nutzteich mit Wasserpflanzen und Fischen sein kann. Das Teichwasser dient zur Bewässerung von Garten und Gewächshaus und verbessert das Mikroklima. Es nimmt auch das überschüssige Regenwasser auf, beispielsweise bei Wolkenbrüchen. Reicht die Teichgröße nicht aus, solche Belastungsspitzen zu puffern, so muß eine Verrieselungsanlage oder ein Kanalanschluß vorhanden sein.
Die Kompaktkläranlage wird durch einen Gasmotor betrieben, der zugleich mit einem Generator Strom erzeugt, der in ein Verbundnetz eingespeist wird (Wärmekraftkopplung). Die Wärme beheizt die Biogasanlage und ein angebautes Gewächshaus. Das Gasnetz kann durch eine Holzgasanlage (falls Holzabfälle von Produktionsbetrieben vorhanden sind) ergänzt werden. Das Gas wird für die Küche sowie für die gasmotorbetriebenen Wärmepumpen benutzt; Fehlbedarf wird durch Flaschengas oder öffentlichen Gasanschluß ausgeglichen. Der anfallende Düngeschlamm wird nachkompostiert und in Gewächshaus, Gärten, Balkons und Dächern genutzt oder preßgetrocknet und verkauft. Der gesamte Klärungs- und Abfallnutzungsvorgang ist weitgehend geruchslos. Sind die Anbauflächen und Tierhaltungen richtig bemessen, so kann eine solche Siedlungseinheit auch weitgehend nahrungsmittelautonom sein. Die Biogasanlage wird dann je nach Mist- und Grünzeuganfall vergrößert.
Die Gesamtklär- und -versorgungsanlage sollte aus mehreren additiv aneinandergeschalteten Kleineinheiten bestehen, um Reparaturausfälle zu vermeiden und Spitzenlasten abfangen zu können.

Sie sind im Verhältnis zu beiden vorher genannten Methoden zwar aufwendiger, sind aber gleichzeitig eine zusätzliche Energiequelle. Da der Faulschlamm nachkompostiert werden sollte, um optimale Düngequalität zu erreichen, sind entsprechende Flächen am Ort vorzusehen. Andernfalls kann der Schlamm an Gärtnereien oder an die Landwirtschaft abgegeben werden.
Biogasanlagen sind ebenfalls gut koppelbar mit der zuvor beschriebenen natürlichen Abwasserklärung, wenn ein Schlammabscheider vorgeschaltet wird. Der so rückgehaltene Schlamm kann problemlos ausgefault werden. Auf die gleiche Art können die Haushaltsabwässer mit Tierhaltungsbetrieben oder anderen Einrichtungen gekoppelt werden, bei denen der Betrieb einer Biogasanlage sinnvoll ist.

Zur Einspeisung der Fäkalien und der organischen Küchen- und Gartenabfälle kann bei ausreichender Zerkleinerung der sperrigen Abfälle (Küchenwolf) durchaus das vorhandene Kanalisationssystem verwandt werden. In jedem Falle sollten damit gekoppelt werden

- die getrennte, z. T. offene Regenwasserführung mit Sammel- und Rückhaltebecken zur Nutzung im Haushalt, zur Bewässerung und Klimatisierung, zur Fischzucht in Teichanlagen usw.; die baulichen Einrichtungen sind einfach auch nachträglich anzubringen;
- Wasserrecyclingsysteme im Haushalt mit Grauwassertoilettenspülung zur weiteren Reduzierung der Gesamtabwassermenge; auch hier sind die dazu nötigen Sammelbehälter, Pumpen, Rohrleitungen usw. einfach einzubauen.

Die organischen Küchen- und Gartenabfälle können in städtischen Gebieten auch separat in geschlossenen Mülltonnen oder Containern gesammelt und periodisch zu größeren Kompostierungsanlagen, Gärtnereien oder Biogasstationen abtransportiert werden.
Eine Reihe anderer Beschickungsmethoden für Biogasanlagen sind möglich – als Beispiel sei hier nur das Doppelröhren-Vakuumsystem mit angeschlossener Fäkalienextraktfabrik erwähnt. Das System stellte brikettförmigen, hervorragenden und hygienisch einwandfreien Dünger her, war dem WC hygienisch überlegen und arbeitete sogar gewinnbringend in Augsburg und Amsterdam. Ähnliches wäre heute mit Biogasstationen denkbar.
Langfristig sollte in den Städten das derzeitige zentrale Abwassersystem in überschaubare Kleinanlagen auf Block- oder Stadtteilebene unterteilt werden und je nach Situation und Bedarf in organischen Abfallstationen nutzbringend aufbereitet werden. Das gewonnene Biogas, der Dünger und die Folgeprodukte können dann ohne großen Transportaufwand den Haushalten zugute kommen. Das folgende Verbundsystem ist ein Vorschlag, der nach dem Sanierungsmodell von OEKOTOP für Berlin-Kreuzberg entstanden ist.
Je nach Dichte und Bebauungsart werden verschiedene Anlagearten, Größen, Kombinationen und Einzugsbereiche zu definieren sein, die ein Optimum an Abfallnutzung und Klärung darstellen, dezentrale Energie- und Nahrungsgewinnung auch in urbanen Bereichen ermöglichen und eine Bereicherung der städtischen Umwelt bedeuten (s. Kap. Materialhaushalt/Nahrungsmittelselbstversorgung).

Literatur

Bayerisches Landesamt für Wasserwirtschaft: IPAT, Interdisziplinare Projektgruppe für angepaßte Technologie, Reihe Forschung III/4. Technische Universität Berlin 1978.

Berger, W.: Sinn und Unsinn der Fäkalienbeseitigung. Abschlußarbeit Gesamthochschule Kassel 1977.

Buchwald, K.; Engelhardt, W.: Handbuch für Landschaftspflege und Naturschutz. München, Basel, Wien.

Haase, G.: Die Landesbauordnungen. Wiesbaden und Berlin 1971.

Hupping-Stoner, C. (Hrsg.): Goodbye to the Flush Toilet. Rodale Press, Emmaus, PA 1977.

Imhoff, K. u. K.: Taschenbuch der Stadtentwässerung. München, Wien 1976.

Meyers Lexikonverlag: Die Umwelt des Menschen. Mannheim 1975.

Mutschmann/Stimmelmayr: Taschenbuch der Wasserversorgung. Stuttgart 1975.

Ottmann, E.: Überlegungen zur Abwasserbehandlung in Teichen. In: „Wasser und Boden", 5/1977.

Schäfer, H.: Wasser-Wärme-Energie-Sparanlage. Selbstverlag. 5558 Schweich.

Schürg, R.: Abwasserprobleme kleiner ländlicher Gemeinden. In: „Wasser und Boden", 5/1976.

Vester, F.: Das Überlebensprogramm. Frankfurt 1975.

Wolter, W.: Natürliche Verfahren der biologischen Abwasserreinigung und Schlammbehandlung. Diplomarbeit TU Berlin 1979.

Zimmermann, D.: Pflanzenklärung, Manuskript des NDR. Hannover 1979.

Materialhaushalt

Pflanzen als stationäre Lebewesen verwerten ihre eigenen Abfälle gemeinsam mit den Mikroorganismen des Bodens auf vorbildliche Weise. Dieser Kreislauf ist Basis für ein langfristiges Gleichgewicht ihres Lebensraumes. Bei einer Ansammlung nicht zu verwertender Rohstoffe wäre die Pflanze bald nicht mehr lebensfähig.
Mobile Lebewesen, auch der Mensch, sind nur scheinbar auf diesen „geschlossenen" Haushalt nicht angewiesen. Mangelnde Sorgfalt im Materialhaushalt hat in der Geschichte mehrmals Seuchen wie Pest und Cholera verursacht. Die heutige „Müllentsorgung" verlagert das Problem lediglich außer Sichtweite. Bezieht man Hygiene nicht nur auf den Menschen und seinen unmittelbaren Wohnraum, sondern auf die gesamte Umwelt, so sind die Mängel weiterhin vorhanden.
Das Problem ist nicht, wie man mit dem entstehenden Müll technologisch und organisatorisch am besten fertig wird, sondern daß Müllbeseitigung nahezu immer Material- und Energievernichtung sowie Umweltbelastung bedeutet. Je größer die Müllmenge, desto größer die „verbrauchten" Energie- und Rohstoffmengen, die nur zum Teil rückgewinnbar sind, und desto größer die Umweltbelastungen (Herstellung, Vertrieb, Gebrauch, Beseitigung, Verbrennung, Deponie und Folgewirkungen).
Orientiert am Stoffhaushalt der Natur, wo die „Reststoffe" eines biologischen Prozesses immer die „Rohstoffe" des nächsten Prozesses sind, kann für Haushalts- und Produktionsabfälle jeweils eine geeignete Weiternutzung gefunden werden. „Abfälle sind Rohstoffe am falschen Ort" (Vester).
Müll als Konglomerat verschiedener Abfallstoffe erschwert eine Weiternutzung ganz erheblich und macht sie trotz aufwendiger Mülltrennanlagen zum Teil ganz unmöglich. Ökologisch sinnvoller ist es, Müll gar nicht erst entstehen zu lassen; das bedeutet, die Menge der anfallenden Abfallstoffe zu reduzieren und die Restmenge direkt während des entsprechenden Arbeitsprozesses haushalts- und betriebsweise zu trennen, zu sammeln und einer Weiternutzung zuzuführen.
Langfristiges Ziel ist es, eine vollständige Versorgung für Verbrauchsgüter und Lebensmittel im kleinräumigen Verbund mit Weiternutzung der Abfälle ohne Umweltschädigung zu erreichen. Das gleiche gilt im großräumigen Verbund für langlebige Gebrauchsgüter, die geeignet sind, dezentral handwerklich gewartet und repariert zu werden.

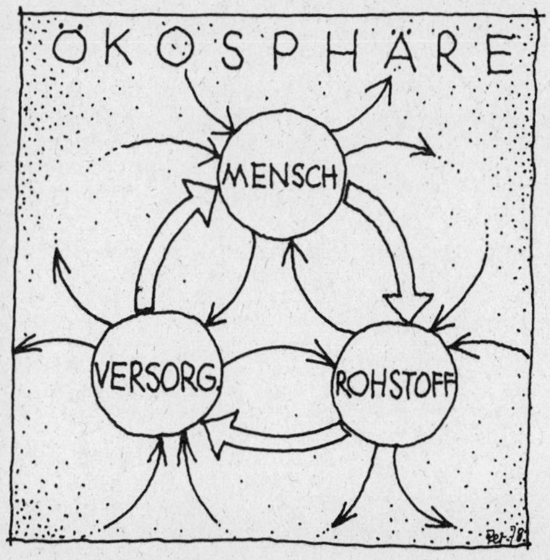

Unsere heutige Wirtschaftsform kann als „lineare Verbrauchswirtschaft" bezeichnet werden. Die Rohstoffe werden abgebaut oder über Raubbau gewonnen und in einem inhumanen Arbeitsprozeß mit hohem Energieaufwand in große Mengen kurzlebiger Verbrauchsgüter verwandelt, die nach schnellem Konsum zusammen mit der Produktionsemission als Schadstoffe Boden, Wasser und Luft verseuchen.
Die bedrohlichen Langzeitwirkungen im Naturhaushalt sind durch die differenzierten Akkumulationsketten und durch das biochemische und physikalische Zusammenwirken überhaupt nicht abzuschätzen.
Ersatzloser Raubbau und Umweltverseuchung können als perfekter Doppelselbstmord bezeichnet werden.
Die Alternative zur heutigen Wirtschaft ist eine ökologisch eingebundene Kreislaufwirtschaft. Ein Lebenssystem – und sei es noch so hochtechnisiert – kann langfristig nur dann existieren, wenn es vollständig in die Kreislaufsysteme der Natur eingebunden ist. „Der Kulturstand eines Volkes ist die Fähigkeit, das ökologische Gleichgewicht zu wahren" (W. V. Haller).

Hausabfälle

Materialverbundsysteme von Haushaltungen und Betrieben sind vorrangig eine Frage der Wirtschafts- und Organisationsform und weniger ein bauliches Problem. Die baulichen Einrichtungen für das Haus und die Siedlung, die zum reibungslosen Betrieb des Materialumlaufs nötig sind, sind von geringem Umfang, aber nicht weniger wichtig als die baulichen Konsequenzen aus Luft-, Wasser- oder Energiehaushalt. Sie beschränken sich zumeist auf eine Bereitstellung von sachgerechten Behältern und Lagerflächen.
Für den Kreislauf der organischen Stoffe ist insbesondere die Größe der Freifläche, deren Zuordnung und deren Nutzung entscheidend. Je unmittelbarer Haus und Garten verbunden sind, desto einfacher und ausgewogener in technischer und energetischer Hinsicht kann die Rückführung geschehen, und desto effektiver können die Hausabfälle genutzt werden.
Konsumverhalten und Verpackungsanteil bestimmen entscheidend Art und Menge der anfallenden Hausabfälle und damit die Hausausstattung.

Konsum

Im heutigen Wirtschaftssystem wird die Zielgruppe für ein Produkt im allgemeinen als „Verbraucher" bezeichnet. Dieses Wort schließt bereits die Zerstörung des Produktes nach „Ver"-Brauch ein. Zur Umsatzsteigerung wird die Beschleunigung des Verbrauchs bewußt eingesetzt. Eingebauter Verschleiß und Reparaturuntauglichkeit sind ebenso Mittel dazu wie Modewellen und geringfügige Neuerungen, um die Kauflust der Verbraucher zu schüren. Die moderne Absatzforschung investiert hohe Summen für wirkungsvolle Methoden der Verbraucherbeeinflussung. Aus marktpolitischen Überlegungen wird eine Kluft zwischen dem Stand der Technik und dem realen Produkt gehalten.
Die höchste Stufe dieser Verbrauchsideologie bildet die Einweg-Wirtschaft und das sogenannte Ex-und-Hopp-System, in dem sich besonders deutlich die Leichtfertigkeit der Überflußgesellschaft zeigt.
Als Folge dieses Systems ist der Niedergang des mittelständischen Handwerks im Umfang und in der Qualifikation zu beobachten. Kaum ein Handwerker will oder kann Geräte und Teile reparieren. Vielmehr wird Neukauf empfohlen. Am Automobil oder an den Elektrokleingeräten ist das besonders offensichtlich. Damit werden vielseitige, interessante und selbstbestimmte Arbeitsplätze gegen einseitige Industriearbeit ausgetauscht.
Um einen sinnvollen Materialhaushalt führen zu können, sind folgende Punkte zu beachten, wenn Produkte in den Haushalt aufgenommen werden sollen:

- Solidität, Haltbarkeit,
- Reparaturmöglichkeit,
- angemessener Stand der Technik,
- spätere Verwertbarkeit,
- Notwendigkeit des Bedarfs.

Die Anschaffung eines neuen Gegenstandes ist oft eine emotionalisierte Entscheidung. Obwohl sie reiflich überlegt sein sollte, kann generell nicht ein rationales Abwägen oder gar eine Verzichtshaltung angenommen werden. Wird aber ein Gerät oder ein Gegenstand angeschafft, so ist sachgerechte Pflege als Grundvoraussetzung für eine hohe Lebensdauer zu fordern.

Verpackung

Das jährliche Anwachsen unseres Müllberges ist der Verpackung von Waren und der eigens dafür entstandenen Verpackungsindustrie zuzuschreiben. Dies ist auf einige Erscheinungsformen des derzeitigen Wirtschaftssystems zurückzuführen:

- Erhöhter Transportaufwand durch zentralisierte Produktion;
- erhöhte Empfindlichkeit und Anfälligkeit der Nahrungsmittel aufgrund monokultureller Großproduktion;
- erhöhte Hygieneansprüche für Ware, die „durch viele Hände geht";
- Produktion mit zentralen Großlagern und dadurch notwendige konservierende Verpackung;
- Werbeträger;
- Mogel- und Täuschungsmittel;
- Kaufgewohnheiten (kleine Mengen, keine Vorratshaltung, z. T. wegen fehlender Lagerräume).

Folgende Nutzverhaltensweisen allein können anstelle eines „Verbraucher"-Verhaltens den Materialhaushalt von Verpackungen wesentlich entlasten:

- Bevorzugter Kauf von „losen Gütern" auf Märkten, vom Einzelhandel (z. T. noch vom Faß oder vom Stück usw. erhältlich) oder direkt vom Produzenten, Mitbringen eigener Behälter (Taschen, Körbe, Kannen usw.);
- Bevorzugung von Pfandbehältern und -verpackungen zur Mehrfachnutzung;
- Einkauf in größeren Mengen, wenn möglich direkt vom Produzenten (insbesondere für Nahrungsmittel) bzw. vom örtlichen Händler (Herstellungsort und Entfernung beachten!), Einrichten von entsprechenden Lagerräumen und Verbundsystemen.
- Beachten der Verwertbarkeit unumgänglicher Verpackungen.

In unserem „Vorbildland" USA bestand der Müll 1977 zu fast 40% aus Verpackungsmaterial. 75% des in den USA hergestellten Glases, 40% des Papiers, 29% des Kunststoffs, 14% des Aluminiums und 8% des Stahls werden für Verpackungszwecke benutzt.
Oft ist die Verpackung teuerer als das Produkt. 1977 haben die Amerikaner 1,9 Milliarden m^2 Aluminiumfolie und 24 Milliarden Al-Folienbehälter „ver"braucht und weggeworfen (nach Danis Hayes). Empfohlen werden Pfandkreisläufe für möglichst viele Verpackungsmaterialien, so z. B. auch für Eierpappen, Dosen mit wiederverwendbarem Verschluß, Gläser, Kunststoffkisten u. v. a.
Wenn jeder Kunde in Kaufhäusern und Supermärkten die gekaufte Ware unter Zurücklassen der Verpackung mitnehmen würde, ergäbe sich ein äußerst demonstratives Bild des gegenwärtigen Verpackungsunsinns und der damit verbundenen Abfallprobleme.

Müllmenge und -zusammensetzung

Die anfallende Müllmenge aller Haushalte in der Bundesrepublik beträgt nach Durchschnittswerten rund 19 Mio t/Jahr bzw. 95 Mio m^3/Jahr (Umweltgutachten 1974). Diese Werte beinhalten auch Abfälle kleiner Gewerbebetriebe, die in der Regel mit dem Hausmüll eingesammelt werden und rund 30 bis 40% ausmachen.
R. Turowski prognostizierte für 1980 eine Gesamtmenge von 27 Mio t bis 32 Mio t bei einer jährlichen Zuwachsrate von 3,5 bis 6 Gew.-%. Da diese Werte nur Hochrechnun-

a) In Westeuropa fällt in einem Haushalt mit vier Personen im Jahr durchschnittlich 1 Tonne Hausmüll an. Das ist zusammengepreßt ein Paket von etwa vier Kubikmetern.
b) In den USA ist dieses die jährliche Müllmenge einer einzigen Person (Kramer).
c) Der Hausmüll macht ca. 60% der gesamten Abfallmenge der Bundesrepublik Deutschland aus. Das bedeutet etwa 1 bis 1,5 m^3/Pers., Jahr. Rechnet man allerdings die gesamten Abfälle, die in hochtechnisierten Ländern wie der Bundesrepublik Deutschland anfallen, auf eine Person um, so dürfte sich dieser Wert um mehr als das Doppelte erhöhen; ganz zu schweigen von Abfällen, die in anderen Ländern ursächlich durch unseren Konsum entstehen (Rohstoffabbau, Produktion im „billigen" Ausland usw.).

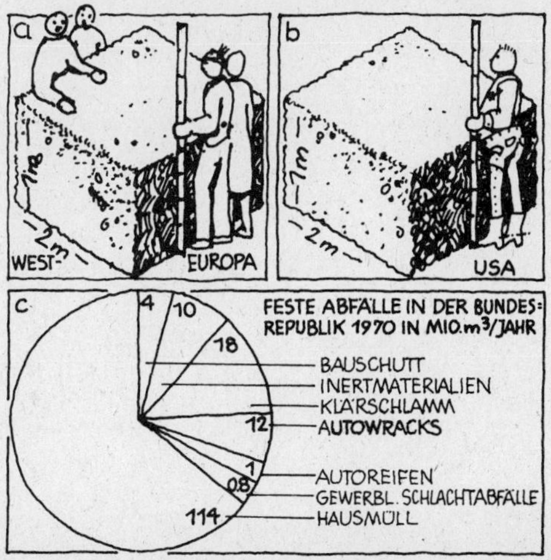

gen aus Landeswerten sind, bestehen örtlich starke Abweichungen. Ein Großstadtbewohner sammelt mindestens die doppelte Menge an Hausmüll (ca. 0,32 t oder 2 m^3/Jahr) an als ein Landbewohner (ca. 0,15 t oder 0,7 m^3/Jahr).
Eingeteilt nach Materialgruppen setzt sich der Hausmüll etwa folgendermaßen zusammen (starke regionale und saisonale Schwankungen):

Organische Küchenabfälle	10 bis 20 Gew.-%
Papier	20 bis 35 Gew.-%
Glas	8 bis 10 Gew.-%
Metalle	4 bis 9 Gew.-%
Kunststoffe	2 bis 3 Gew.-%
Textilien	2 bis 4 Gew.-%
Brennbare Materialien (Holz, Leder usw.)	2 bis 4 Gew.-%
Steine, Ton, Porzellan	2 bis 6 Gew.-%
Feinmüll (Asche, Kehricht)	20 bis 35 Gew.-%

(aus: Planungsfaktor Umweltschutz 1976)

Der hohe Anteil an Papier, Glas und Metallen resultiert vorwiegend aus der Verpakkung. Bei verändertem Konsumverhalten werden sich die Prozentzahlen daher verändern. Die Anteile von Glas und Kunststoff steigen mit fortschreitender Einführung von Einwegflaschen und -behältern weiter an.
Bislang wird bis auf die teilweise Aussonderung von Glas, Metall, Papier und Textilien das Müllgemenge zentral beseitigt. Mittlerweile ist auch die letzte Dorfgemeinschaft mit einer Müllabfuhr ausgestattetet.
Zur zentralen Beseitigung entwickelten sich folgende Methoden und Verfahren:

- Ungeordnete Deponien ohne Vorkehrung gegen Schadstoffversickerung in Boden und Grundwasser;
- „geordnete" Deponie mit Drainagevorkehrungen gegen direkte Schadstoffeinsickerung in das Grundwasser, Auftrag in Schichten mit Erdabdeckung und anschließender „Rekultivierung"; Gasaustritte und Schadstoffeinleitungen durch die Drainage sind auch hier die Regel;
- Verbrennungsanlagen mit hoher Luftbelastung oder aufwendiger Abgasreinigung (Energiegewinn);
- Müllverhüttungsanlagen mit hohem Energieverbrauch und Wasserversalzung durch die Abgasreinigung;
- Pyrolyse-Anlagen, ein dem Kohlemeiler ähnliches, neueres Verfahren zur Müllvergasung und Verkokung (Gasgewinn).
- Kompostierungsanlagen.

Erschreckend viel Müll wird in den sog. ungeordneten Deponien gelagert, die Grundwasser und Boden mit Schadstoffen verseuchen. Eine nachträgliche Behebung der Schäden ist kaum möglich.

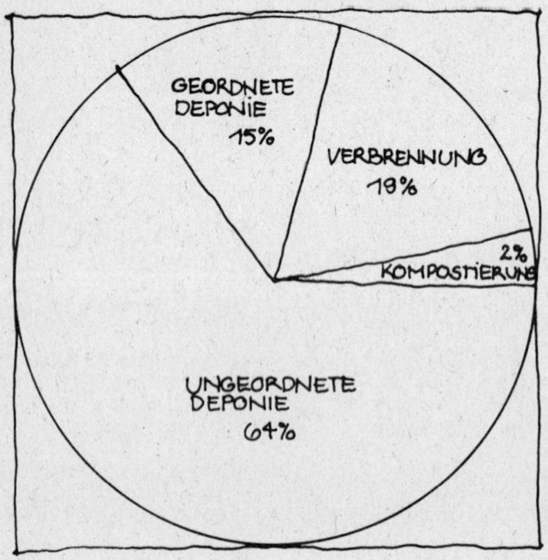

Den technischen Anlagen ist gemeinsam, daß sie einen hohen Energieverbrauch zum Betrieb benötigen, der nur zum Teil aus der eigenen Erzeugung gedeckt werden kann, daß sie selbst wieder Schadstoffe abgeben und daß der Reststoff, meist Schlacke, nur zum Teil im Straßenbau verwendbar ist, ansonsten auf die Deponie wandert. Somit wird keine Rückführung der Abfallstoffe als Rohstoffe in einen anderen Produktionskreislauf gewährleistet, sondern eine Vernichtung von Material vollzogen.
Mülltrennungssysteme zentraler und großtechnischer Art versuchen, die angeführten Verfahren zu verbessern, wobei sie selber aber ein weiteres Glied in der Kette Energieverbrauch und Schadstoffproduktion sind.
Zentrale Kompostierungsanlagen sind auf Mülltrennanlagen angewiesen. Bei nachträglicher Trennung besteht aber die große Gefahr von Giftrückständen, die nicht abgebaut werden können.

Der großtechnische Ansatz der Müllverwertung sollte nicht weiter vorangetrieben werden. Jeder technologische Fortschritt auf diesem Gebiet verschleiert das ursächliche Problem und ist nicht an dessen Verminderung und Beseitigung beteiligt.

Für einen 4-Personen-Haushalt kann man überschlägig von rd. 1 t Hausmüll/Jahr ausgehen. Die Tabelle verdeutlicht Prozentanteile und Gesamtmengen anhand geläufiger Haushaltsgüter.

Müllmenge eines 4-Personen-Haushalts im Durchschnitt 1000 kg/Jahr

Material	kg Im Jahr	In der Woche	Am Tag	/Tag vergleichbar
Organ. Küchenabfälle	100 bis 200	1,9 bis 3,8	0,3 bis 0,6	3 bis 6 Kartoffeln
Glas	80 bis 100	1,5 bis 1,9	0,2 bis 0,3	1 leere Bierflasche
Papier	200 bis 350	3,8 bis 6,7	0,6 bis 1,0	3 bis 6 Tageszeitungen
Metalle	10 bis 90	0,8 bis 1,7	0,1 bis 0,2	2 bis 6 Eßlöffel
Textilien	20 bis 40	0,4 bis 0,8	0,05 bis 0,1	1 bis 2 Wollsocken
Kunststoffe	20 bis 30	0,4 bis 0,6	0,05 bis 0,08	2 bis 3 Plastiktüten
Brennbare Materialien	20 bis 40	0,4 bis 0,8	0,05 bis 0,1	2-m-Zollstock
Steine/Ton	20 bis 60	0,4 bis 1,2	0,05 bis 0,2	1 Tasse
Feinmüll	200 bis 350	3,8 bis 6,7	0,6 bis 1,0	3 bis 5 Liter

Materialtrennung

Solange die Abfallmaterialien getrennt bleiben, sind sie als „Rohstoffe" leicht zu handhaben. Erst das Konglomerat vieler Materialien wird zu „Müll". Er ist abstoßend und läßt vor der Weiternutzung zurückschrecken.
Wird der Abfall jedoch gleich im Arbeitsprozeß getrennt, so treten keine abschreckenden Hygienebedenken auf. Voraussetzung dafür sind:

- Entsprechend ausgestattete Arbeitsplätze in Küche und Werkstätten;
- getrennte Sammeleinrichtungen und -lager im Haus, in der Siedlung;
- Abtransport der einzelnen Materialien in getrennten Systemen.

Getrennte Materialsammlung bedeutet bei entsprechender Einrichtung und Organisation kaum einen Mehraufwand.

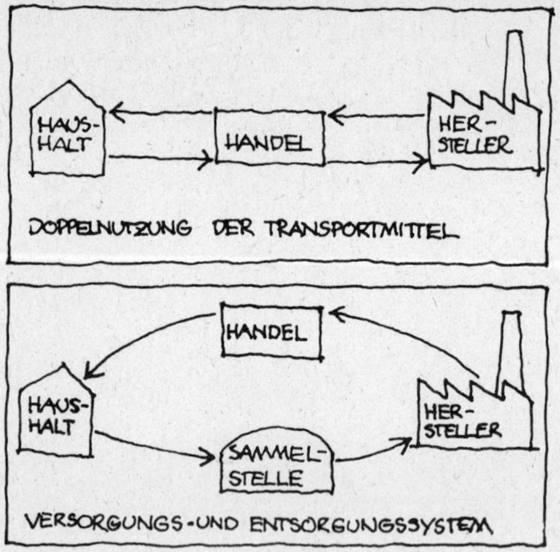

Verpackungsmaterial in Kreislaufnutzung – verschieden organisierte Pfandkreisläufe mit direkter Rückführung oder Rückführung über Sammelstellen.

Ob die Sammlung von der öffentlichen Hand, von privaten Unternehmen oder in Eigeninitiative im Austauschverfahren usw. vorgenommen wird, ist zunächst weniger von Bedeutung. Wichtiger erscheint es, die Haushalte zur Trennung zu bewegen. Eine Durchsetzung scheint manchmal lediglich über finanziellen Gewinn bzw. finanzielle Belastung möglich zu sein. Drastische Erhöhung der Müll-Gebühren und eventuelle Prämien für Abgabe sauber getrennter Rohstoffe sind Wege dazu, die von noch höheren Strafen für „wilde" Müllentsorgung in der Landschaft begleitet sein müssen. Am wichtigsten erscheint aber die ausführliche, bewußtseinsbildende Information und Aufklärung über die Materialflüsse in allen Lebensbereichen, die Aufdeckung und Kennzeichnung der Güter nach Rohstoffen und Beimengungen, Energieverbrauch, Herstellungsart usw., Unterrichtung über Möglichkeiten und Methoden der Weiterverarbeitung, möglichst auch der örtlichen, um Anreize für den Bewohner durch sichtbaren Nutzen und Eigeninitiative zu bieten.

Recycling

Die zu trennenden Materialgruppen werden nach Art und Möglichkeit der Weiterverwendung und nach dem spezifischen Anfall örtlich variieren.
Im allgemeinen erscheint folgende Materialeinteilung sinnvoll:

Organische Abfälle Küchen- und Gartenabfälle, Kehricht, zerkleinertes Holz, Papier, Naturtextilien, Leder usw. Holz- und Papierasche und sonstig Verrottbares einschließlich Fäkalien, Filtergut und Tierdung usw. Sie können je nach Haus- und Siedlungskonzeption, Gartenzuordnung, Mengenanfall und Nutzabsicht in privaten, gemeinschaftlichen oder zentraleren Anlagen (im Stadtbereich) aerob oder anaerob bei gleichzeitiger Methangasgewinnung zersetzt und als Dünger in den Nährstoffkreislauf rückgeführt werden. Die dezentrale Trennung ist hierbei wichtig, um Kompost ohne giftige Rückstände zu erhalten.
Bei zentralen Ausfaul- und Kompostierungsanlagen, die im nachhinein die organischen Stoffe aus dem Müll aussondern, ergeben sich Probleme durch giftige Rückstände im Faulschlamm oder im Kompost (s. ausführlich im nächsten Kapitel: „Kreislauf der organischen Stoffe").

Organische Abfälle sind letztlich auch Stoffe, die durch die Photosynthese der Pflanzen entstanden. Durch Mikroorganismen lassen sie sich aufbereiten und nutzen. Über die aerobe Zersetzung kann Kompost hergestellt werden, über die anaerobe Zersetzung Biogas oder Alkohol.

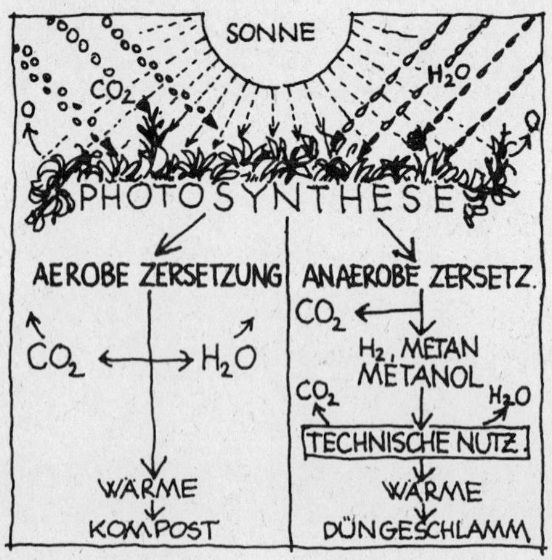

Papier hochveredeltes Material, zu dessen Herstellung viel Holz, Energie und besonders Wasser benötigt wurde. Die Ausgabe einer Tageszeitung verschlingt einen kleinen Wald, um die notwendige Zellulose zu gewinnen. Die Produktion einer Tonne Papier benötigt durchschnittlich 250000 l Wasser, 4700 kWh Energie und 2 Bäume. Bei der Wiederverwendung von Altpapier kann man rd. 2000 kWh und fast das ganze Wasser sparen, die 2 Bäume bleiben erhalten (Kubisch). Das Verbrennen von Papier ist gesamtwirtschaftlich bei dem Veredelungsstand nicht zu vertreten. Die Rückführung von Papier und dessen „Wiederaufbereitung" haben seit langer Zeit eingesetzt; Altpapier kann derzeit rd. 28% des Papier- und Pappeverbrauchs decken (Turowski). Allerdings scheint hier das Problem vorzuliegen, daß die Industrie das fleißig gesammelte Altpapier nicht vollständig aufnehmen will,

- weil die Recyclingtechnologie nicht ausgereift ist;
- weil bestimmte Papierarten sich nicht zur Wiederverwendung eignen;
- weil Holz- und Papierimporte (aus Skandinavien) auch im Vergleich zur Altpapieraufbereitung häufig preisgünstiger sind;
- weil kaum kleine Papierfabriken zur Altpapierverwertung in jeder Stadt vorhanden sind.

Glas tritt im Haushalt vornehmlich als Verpackungsmaterial auf und sollte deshalb möglichst im Pfandkreislauf kursieren. Was für Bierflaschen noch üblich ist, sollte wieder für Wein, Milch, Milchprodukte, Säfte, Konserven usw. Standard werden. Der Transportaufwand ist kaum höher, da mit Lieferung oder Kauf das Leergut zurückgeführt werden kann. Die Reinigung des Leergutes ist in diesem Falle maßgebend für den wachsenden Einsatz von Einwegflaschen oder gar Aluminiumdosen als vordergründig wirtschaftliche Alternative. Bessere Reinigungsverfahren, besonders mit geringerem Wasserbedarf, sind zu entwickeln, Gefäßformen und Verschlüsse sind darauf abzustimmen.

Altglasrückführung in den Herstellungsprozeß bringt zwar bis zu 30% Reduktion des Primärenergieaufwandes und bedeutende Rohstoffeinsparungen, allerdings sind die Aufnahmekapazitäten der Glasindustrie begrenzt. Nur die Hälfte des Glasmülls (nach Turowski) kann derzeit rückgeführt werden.

Metalle fallen meist als Konservendosen oder sonstige Verpackungsmaterialien im Haushalt an und könnten entsprechend reduziert werden. Sie benötigen bei der Herstellung einen hohen Primärenergieaufwand, die Rückführung als Metallrohstoffe wirft weitere Probleme auf.

So kann nach Turowski nur ein Teil unentzinnter Weißblechkonservendosen zur Stahlherstellung wiederverwendet werden. Die Entzinnung selbst würde einen ungleich höheren Energieaufwand zur Folge haben, der dreimal so hoch wäre als der für Zinnimporte. Die Dosen könnten dann auch nicht gepreßt werden. Es ist mit verbesserten Recyclingmethoden zu rechnen.

Kunststoffe gelangen vornehmlich als Verpackungsmaterialien in die Haushalte (ständige Zunahme in den letzten Jahren) und sollten, soweit wie möglich, bereits beim Kauf vermieden werden. So „hygienisch" Kunststoffverpackungen als hermetisch verschließbare Verpackungen auch angepriesen werden, so „unhygienisch" ist ihre energieaufwendige Herstellung, bei der in den verschiedenen chemischen Reaktionsstufen und Arbeitsgängen eine Reihe erheblich gesundheits- und umweltschädigende Gase, Dämpfe und Schwebestoffe frei werden (s. Kap. Baustoffe). Zudem hat man bereits nachgewiesen, daß Kunststoffbehälter, -folien oder beschichtete Verpackungsmaterialien Stoffe an das Nahrungsgut abgeben (PCB in einem schwedischen Beispiel nach ANS, 1975).

Das Einschmelzen, selbst bei säuberlichster Trennung, ist nur begrenzt wiederholbar und führt zu erheblichen Material- und Qualitätseinbußen. Die Pyrolyse als Methode der Zerlegung in die einzelnen Kohlenwasserstoffe benötigt erhebliche Energiemengen, die nach Turowski ähnliche Größenordnungen wie bei der Herstellung aus primären Quellen erreichen. An dieser Stelle sei darauf hingewiesen, daß bei der Flut von neuen chemischen Verbindungen, die jährlich auf den Markt kommen, es kaum einer staatlichen Stelle mehr möglich ist, ihre Giftigkeit festzustellen und zu kontrollieren. Der Schutz des Bürgers vor umwelt- und gesundheitsbeeinträchtigenden chemischen Substanzen der Industrie ist schwer zu gewährleisten. Viele chemische Produkte und Kunststoffe sind durch natürliche Stoffe ersetzbar; Umwelt- und Müllprobleme lassen sich auch durch bewußtes Kaufverhalten verringern.

Textilien — neben der Wiederverwendung, Änderung und Umnutzung sind sie als Rohstoffe für Teppiche, Füll- und Dämmaterial, Papiere, Filze usw. weiterzuverarbeiten.

Textilien aus Naturfasern sind für Recyclingprozesse besser geeignet, außerdem für den Körper gesünder und in ihrer Erzeugung umweltfreundlich. Wenn sich keine bessere Weiterverwendung findet, sind sie sogar zerkleinert mit kompostierbar.

Textilien aus Kunstfasern können bei ihrer Rohstofferzeugung (s. Kunststoffe) und im Gebrauch Gesundheitsschäden (elektrostatische Aufladung, Abrieb, Ausdünstung, Krebserregung) verursachen. Ihr Anteil sollte durch entsprechendes Konsumverhalten reduziert werden.

Holz — sofern nicht mehr als Baustoff weiterzuverwenden kann es zur eigenen oder gemeinschaftlichen Verbrennung (z. B. Holzvergaser) gesammelt werden. Kleinteiliger Holzabfall kann kompostiert werden. Alle brennbaren Materialien, die starke Abgasentwicklung zeigen wie Gummi, beschichtetes Holz usw., sollten zur Verbrennung in speziellen Anlagen mit Abgasfilterung abgegeben werden.

Verbrannt werden sollten nicht Papier und Pappe wegen des hohen Veredelungsstandes und der möglichen Weiternutzung sowie organische Abfälle wie Stroh, Heu usw. Auch sie sind gesamtwirtschaftlich zu wertvoll zur Verbrennung, da hier ihre stofflichen Substanzen zu CO_2, Abgasen und Ascheteilchen unter Verbrauch von Sauerstoff abgewertet, in Kompostierungsanlagen hingegen zu Düngesubstanzen aufgewertet werden.

Baustoffe/Bauteile — aller Arten wie Holz, Steine, Keramik (als Füllmaterial), Metalle, Bindemittel, Anstriche, Geräte, Werkzeuge, Maschinen, sollten in jedem Falle auf Nachbarschafts- und Siedlungsebene zum gegenseitigen Austausch und zur Weiterverarbeitung in Werkstattnähe gesammelt und sortiert werden.

Sperrmüll — wie Möbel, Geräte, Verpackung etc. sollte auf jeden Fall vor dem Abtransport örtlich ausgetauscht werden können. So gesehen bieten Straßensammlungen, Flohmärkte usw. dazu mehr Möglichkeiten als individueller Abtransport nach Telefonanruf.

Sondermüll — wie Öl, Benzin, Kohleasche, Chemikalien, Farben und Anstriche, Gummi, Medikamente, insbesondere toxische Stoffe, hochgiftige Abfälle usw. müssen in jedem Falle getrennt zu besonderen Sammelstellen abtransportiert werden zur Weiterverarbeitung oder zur Vernichtung (s. Handbuch gefährlicher Stoffe in Sonderabfällen).

Restmüll — ist diejenige geringe Menge tatsächlichen Mülls, die weder kompostierbar noch wieder- oder weiterzuverwenden ist.
Dazu gehören Kompositmaterialien, Nichtzerlegbares, Undefinierbares, seltene und in geringen Mengen anfallende Materialien.
In ökologischen Haushalten sollten solche Stoffe kaum noch vorkommen. Sie können zusammen mit Sondermüll vernichtet oder sorgfältig deponiert werden.

Sammelstellen

Die Dimensionierung der einzelnen Materiallager und ihres Fassungsvermögens ist von mehreren, sehr variablen Faktoren abhängig:

- Konsumbewußtsein der Bewohner (Müllvermeidung),
- Anzahl der angeschlossenen Haushalte,
- Siedlungsorte und -dichte,
- Leerungsfrequenz.

Für die verschiedenen Materialien bieten sich unterschiedliche Sammelschwerpunkte an, die vom Einzelhaushalt bis zu Siedlungsgemeinschaften, Blockeinheiten oder Stadtvierteln reichen können. Maßgebend für den Standort und das Einzugsgebiet der Sammelschwerpunkte sind:

- Häufigkeit des Materialanfalls,
- Zumutbare Weglängen,
- Eigenverwertung, Weiterverarbeitung und Nutzung,
- Lagerräume und Lagerflächen,
- Werkstätten zur Handhabung des Materials,
- Gartenflächen, Größe und Zuordnung für organische Stoffe.

Die folgende Tabelle versucht, einen Überblick über mögliche Materialgruppen und Sammelstellen zu geben und schätzungsweise deren Flächenbedarf bei heutigem Konsumverhalten zu umschreiben. Es ist zu ersehen, daß ein beträchtlicher Teil sich bereits in Siedlungs- und Blockgemeinschaften nutzen und weiterverarbeiten läßt. Derjenige Anteil, der die Siedlungs- oder Blockebene über Containersammlung verläßt, sollte, getrennt nach Grundstoffen, eine direkte Weiternutzung als Rohstoff ohne zusätzlichen Trennungs- und Säuberungsaufwand ermöglichen. Im Prinzip könnte dies auch für Sonder- und Restmüll gelten. Dieser Anteil, der eigentliche „Müll"-Anteil, wird sich bei sauberer Trennung erheblich reduzieren und könnte bei entsprechenden Herstellungsprinzipien und entsprechendem Kaufverhalten ganz entfallen.
Die zu trennenden Materialgruppen variieren örtlich nach Art und Möglichkeit der Wiederverwendung und Weiterverarbeitung und nach dem spezifischen Anfall.
Eine Siedlungsgemeinschaft kann in mehreren Stufen die Art der Sammlung und Nutzung optimieren, bis sie letztendlich in einem Verbundsystem zu ausgewogenen Materialeinflüssen kommt, die an keiner Stelle zu Belastungen führen.
Langfristig ließen sich durchaus Materialkreisläufe auf Siedlungsebene organisieren, die in sich geschlossen funktionieren; bei organischen Stoffen ist dies leicht nachvollziehbar, bei anderen Materialien und Gütern aber auch vorstellbar.

Material	Haushalt	Hausgemeinschaft Nachbarschaft	Siedlung/Block Stadtteil	Gemeinde/Stadt Kreis
Organische Abfälle	Kompostanlagen PB: 2 bis 4 m^2 Gartenfläche Komposttoilette s. u. Verfütterung an Tiere	Ⓢ Abfallcontainer → Abtransport Zerkleinerung und Einspeisung in Biogasstationen über Fäkalienspülsystem	Biogasstationen, Kompostereien, Gärtnereien, Landwirtschaft	
Fäkalien	Komposttoilette PB: 2 m^2 raumhoch	Natürliche Abwasserreinigung über Teich oder Pflanzenklärung PB: 1 bis 4 m^2/Haushalt für Teiche oder Pflanzenbiotop Klärung in Biogasanlagen PB: rd. 300 l/E		
Abwässer (Grauwasser)	Natürliche Abwasserreinigung über Teich- oder Pflanzklärung PB: rd. 4 m^2 Teich oder Pflanzbiotop	PB: 1 bis 4 m^2 Teich (je nach Tiefe) oder Pflanzbiotop Klärung in Biogasanlagen PB: w. o.		
Papier/Pappe	Ⓢ — periodischer Abtransport → PB: $^1/_2$ m Regalfläche wöchentlich			Rohstoff zur Weiterverarbeitung
Glas	Ⓢ → PB: $^1/_2$ m Regalfläche als Zwischenlagerung		Ⓢ Containersammlung → Farbtrennung	Rohstoff zur Weiterverarbeitung
Metalle	Ⓢ → PB: 3 bis 5 l/wöchentlich	Ⓢ periodischer Abtransport → PB: 1 Mülltonne/10 Haushalte 2-wöchentl. Ⓢ Austausch, Weiterverarbeitung PB: Werkstatt		Rohstoff zur Weiterverarbeitung
Kunststoffe	Ⓢ → PB: 5 bis 10 l/wöchentl.	Ⓢ periodischer Abtransport → PB: 1 Mülltonne/10 Haushalte/wöchentl.		Rohstoff zur Weiterverarbeitung
Textilien	Ⓢ → PB: Schrank	Ⓢ Austausch → Weiterverarbeitung PB: Werkstätte, Lager, Geschäft	Austausch → Weiterverarbeitung	Rohstoff zur Weiterverarbeitung
Holz	Ⓢ → bei Eigenbedarf PB: Abstellraum	Ⓢ für gemeinschaftl. Feuerung PB: Lagerräume		
Baustoffe	Ⓢ →	Ⓢ Austausch → Weiterverarbeitung PB: Werkstatt		Geordnete gewerbliche Baustoffsammlung und „Börse"
Sperrmüll	Ⓢ →	Ⓢ Austausch Weiterverwendung Zerlegung zu Bau- und Brennstoffen PB: Werkstatt	öffentliche Sammelstellen zum Austausch	Zerlegung, Rohstoffe zur Weiterverarbeitung
Sondermüll	Ⓢ —		Weiterverwendung → teilweise	getrennt als Rohstoff, sonst Vernichtung, Deponie
Restmüll	Ⓢ — PB: 1 Mülltonne/8-wöchentlich	periodischer Abtransport → PB: 2 Mülltonnen/10 Haushalte, 2-wöchentl.		Verbrennung, Verhüttung, Deponie

◀ Übersichtstabelle der einzelnen Materialgruppen, die im Haushalt getrennt werden sollten. Der Platzbedarf (PB) zur Zwischenlagerung ist nur schätzungsweise angegeben und entspricht dem heutigen Müllanfall. Für die organischen Stoffe sind verschiedene Verwertungsmöglichkeiten auf privater, gemeinschaftlicher und städtischer Ebene angegeben, die im folgenden Kapitel ausführlicher erläutert werden. (S) Abkürzung für Sammlung.

Einige auch heute noch weitgehend autonome Siedlungsgemeinschaften, beispielsweise die Mormonen oder Amishgemeinschaften, zeigen eine vorbildliche Verwertung und Nutzung aller ihrer „Abfälle". Voraussetzung dafür ist die Einfachheit aller ihrer Gebrauchsgüter und Geräte, die dadurch mit einfachen Mitteln zu reparieren, umzuwandeln und weiterzunutzen sind.
Heutige Produkte sind häufig aus „hochveredelten" Materialien in unlösbaren Verbindungen ausgesprochen ungeeignet konstruiert, um eine Umnutzung, eine Reparatur oder ein Rohstoffrecycling zu erleichtern. Durch entsprechende Materialwahl und Konstruktionsprinzipien könnten aber auch moderne Produkte ohne Funktionseinbußen diese Nachteile vermeiden.

Kreislauf der organischen Stoffe

Organische Abfallstoffe sind ohne Schwierigkeit in den natürlichen Kreislauf rückführbar. Die Zerlegung in die einzelnen Bestandteile und die Wiedereingliederung besorgen die „Reduzenten", die Bodenlebewesen aller Art. Sie halten im Verbund mit den „Produzenten" und den „Konsumenten" den Kreislauf der organischen Stoffe in Gang.
Dieser einfache Eingliederungsprozeß wird erschwert und unmöglich gemacht, wenn organische Stoffe in Müll und Abwässern zentral anfallen. Trotz aufwendiger Klär- und Ausfaulanlagen bleiben Beimengungen wie Schwermetalle, PCB usw. zurück, die den Faulschlamm als Dünger unbrauchbar machen. Eine ausreichende Kontrolle der Verursacher ist bisher nicht möglich. Dezentral anfallende organische Abfallstoffe sollten getrennt gesammelt und direkt nach der Umwandlung in Kompost- oder Biogasanlagen dezentral genutzt werden. Sie sind dann wertvolle Düngestoffe, die das Haus als „Ressourcen" verwenden kann und die nicht mehr wie bislang die Umwelt über Mülltonne und Kanal belasten.
Bis zu zwei Drittel des heutigen Hausmülls könnte kompostiert werden. In einem 5-Personen-Haushalt fallen derzeit täglich 400 bis 700 g organische Abfälle und ungefähr 750 l Abwasser an. Versucht man die Abwassermenge nach bereits erläuterten Methoden durch Trennung und Mehrfachnutzung zu minimieren, so kann täglich mit rd. 375 l schwach verschmutztem Abwasser („Grauwasser") und 2,5 l Kot- und Harnstoffen gerechnet werden. Genutzt werden können sie über Kompost und Abwasserdüngung zum Pflanzenanbau (s. Kap. Wasserhaushalt).
Die Effektivität der Nutzung hängt allerdings entscheidend von zwei Grundprinzipien ab:

- Dezentrale Nahrungserzeugung,
- ökologische Anbaumethoden.

Der Nahrungskreislauf als Beispiel für Rückkopplung und Stoffrückführung.

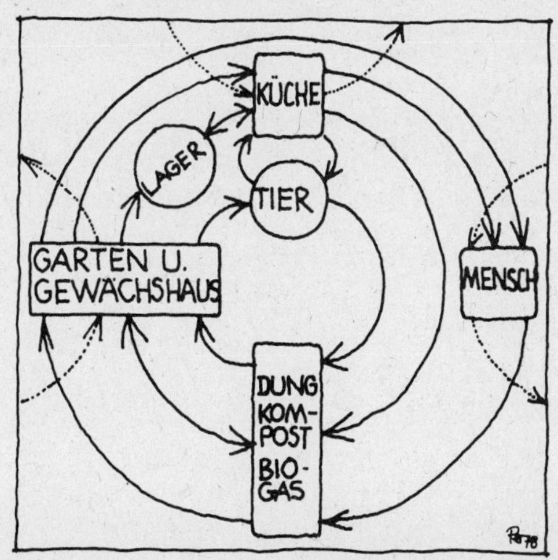

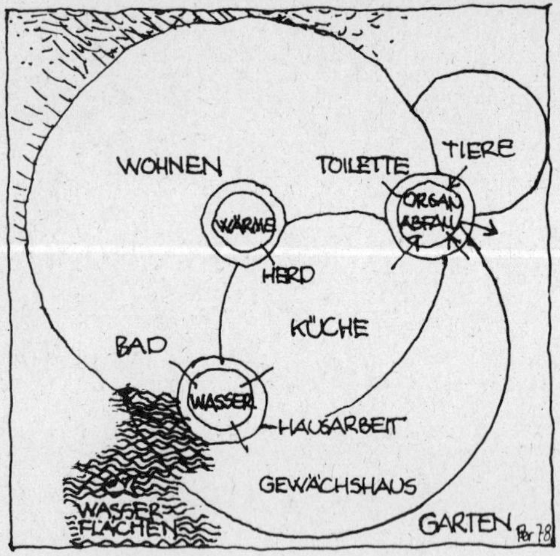

Drei Installationsfestpunkte bestimmen den Hausentwurf:

- Der Wasserkern mit Regenwasserspeicher, solare Warmwasserbereitung, Trinkwasseranschluß, Speicher und Wärmerückgewinnung, Filterung der Grauwässer;
- der Wärmekern mit Solarspeicher, Wärmeverteilung, Zusatzheizung, Herd- und Wärmerückgewinnung;
- der Materialkern mit den Trenn- und Sammelbehältern, Zerkleinerungswolf, Kompostierungsanlage, Garten- und Stallanschluß.

Alle drei Kerne sind mehrfach miteinander verbunden.

Dezentrale Nahrungserzeugung

Dezentralität bedeutet Rückführung der organischen Abfälle dort, wo sie anfallen, und Erzeugung der Nahrung dort, wo sie gebraucht wird.
Dies führt zu spezifischen Siedlungskonzeptionen mit enger Haus-Gartenbeziehung in neuer Ausformung. Es sind vielseitige Zuordnungen denkbar, die, angefangen von der selbständigen Haus-Garten-Einheit hin zu Nachbarschaften, Siedlungsgemeinschaften und Gemeinschaften mit anliegenden Gärtnern und Bauern, je nach Organisationsart einzeln, gemeinsam oder delegiert die Abfallressourcen und die Erträge nutzen. Dezentrale Nahrungserzeugung bedeutet auf beiden Seiten erhebliche Einsparungen von Energie, sowohl im Transport- und Handelswesen, in der Verarbeitungs- und Verpackungsindustrie als auch in der einfacheren „Entsorgung" und Einsparung künstlicher Düngestoffe. Sie bietet vor allem auch Existenzgrundlage und Sicherheit für Klein- und Gärtnerbauern, die sich im engen Verbund mit ihren Abnehmern der Konkurrenz der Großlandwirtschaft entziehen könnten. Durch ihre verschiedenartigen Betriebsstrukturen könnten sie eher den vielseitigen Bedarfsstrukturen entsprechen; eine gegenseitige Abstimmung ist durch persönlichen Kontakt eher möglich. Wie heute noch in Dörfern mit gemischter Berufsstruktur z. T. der Fall, ließen sich Arbeitshilfen in der Erntezeit oder auch Eigenernte organisieren.
Dezentralität ermöglicht auch die vermehrte gärtnerische Bewirtschaftung. Bekanntlich wird dadurch das vorhandene Flächenpotential besser genutzt als durch landwirtschaftliche Nutzung (dreimal höhere Erträge nach Alwin Seifert). Das Konzept des „Gärtnerhofs" als eine mögliche kreisläufig wirtschaftende Betriebsstruktur greift diese Zusammenhänge auf und vereinigt sie mit Viehhaltung und intensiver landwirtschaftlicher Nutzung. Eine Reihe solcher oder ähnlicher Kleinbetriebe lassen sich gut in Siedlungsgemeinschaften integrieren.

Ökologische Anbaumethoden

Nur kreisläufig wirtschaftende, biologische Anbaumethoden sind in der Lage, organische Abfälle über Kompostierung und andere natürliche Verfahren vollständig und optimal zu nutzen und in den Nährstoffkreislauf an richtiger Stelle zu integrieren.
Im Gegensatz dazu steht die chemo-technische, weitgehend monokulturelle Anbauweise als linear wirtschaftende Methode, der es nicht gelingt, den Kreislauf Produzenten – Konsumenten – Reduzenten aufrecht zu halten und zum gegenseitigen Nutzen zu fördern. So müssen hier fehlender Humusauftrag durch chemische Düngung, fehlende Durchlüftung durch tiefes Pflügen und monokulturell bedingter Schädlings- und Krankheitsbefall durch Biozide aller Art bekämpft werden.

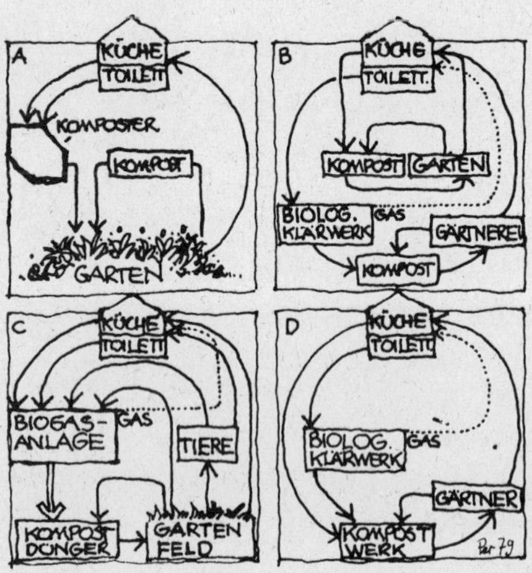

Einige Möglichkeiten der Rückführung der organischen Stoffe:

A) Komposttoiletten wie die schwedische Clivus-Multrum-Toilette können auch alle organischen Materialien des Haushaltes aufnehmen und liefern besten Kompost.

B) Während Küchen- und Gartenabfälle im Garten kompostiert werden, fließen die Fäkalien in eine biologische Kläranlage mit Gasgewinnung. Der Faulschlamm wird nachkompostiert und Gärtnereien zugeführt, deren Produkte wieder in die Haushalte gelangen.

C) Eigene Biogasanlagen lohnen sich bei Siedlungsgemeinschaften mit Gärten und Tierhaltung und in der Landwirtschaft.

D) In städtischen Bereichen kann organisches Material getrennt gesammelt und den Biogasanlagen oder Kompostereien zugeführt werden. Die Komposterde fließt Gärtnereien zu, die die anliegenden städtischen Haushalte versorgen.

Derartige Bearbeitungs- und Düngemethoden wirken sich äußerst negativ auf das Bodenleben als Quelle der Fruchtbarkeit aus. Weitere Fehler sind:

- Verdichtung des Bodens durch immer schwerere Maschinen;
- Störung und Zerstörung des Bodenlebens durch Pflügen (gerade die oberste Schicht ist besonders belebt) und klimatischer Schock für nackte, belebte Schollen;
- chemischer Schock durch Dünger- und Biozid-Chemikalien;
- fehlende „Fütterung" mit organischem Material;
- chemische, medikamentöse Substanzen aus dem Mist von Intensivstallhaltungen u.ä.;
- Humusabschwemmungen durch fehlende, ganzjährig geschlossene Vegetationsdecke, Abwehungen durch Abholzen der äckerbegrenzenden Windschutzhecken aus arbeitstechnischen Anforderungen des Groß-Maschineneinsatzes.

Die Folgen solcher Garten- und Landwirtschaft sind chemische Vergiftung des Grundwassers, Eutrophierung der Gewässer, Verarmung der Pflanzen- und Tierwelt, vergiftete Erzeugnisse, Vergiftung der Gärtner und Bauern selbst.
Die hohe energetische Ineffizienz wurde bereits vielfach nachgewiesen. Um Nahrung im Gegenwert von 1 Joule zu erzeugen, wird Energie in verschiedener Form im Gegenwert von 9 Joule verbraucht, bei Intensivtierhaltung bis zu 20 Joule.
Der landwirtschaftliche Umstrukturierungsprozeß zu den kapitalintensiven industriellen Erzeugungsmethoden mit Einsatz von Chemie, Fremdenergie und Groß-Technik hat nicht nur die Gesamtanzahl der selbständigen Bauern und Gärtner reduziert (in den letzten 20 Jahren haben über die Hälfte der Bauern ihre Höfe aufgegeben), er hat nahezu jeden landwirtschaftlichen Betrieb aus seinem betriebsinternen Gleichgewicht von Tierhaltung – Düngung – Anbau herausgerissen. Übriggeblieben ist eine verschwindend geringe Anzahl von biologisch/ökologisch wirtschaftenden Betrieben.
Im folgenden sei kurz auf die Prinzipien biologischer Anbauweisen eingegangen. Es sind dieselben, die teilweise im Kapitel Natureinbindung/Biotopgestaltung angesprochen wurden. Biologische Anbauweisen können somit „Nutzgärten" als besondere Biotope in die natürliche Freiraumgestaltung einbinden. Gemeinsames Merkmal und zentrales Anliegen aller verschiedenen biologischen Anbaumethoden ist der qualitative und quantitative Aufbau der Humusschicht mit reichhaltigem Bodenleben.
Die wesentlichen Arbeits- und Anbaumethoden sind:

- Organische Düngung,
- ständige Bodenbedeckung,
- Mischkulturenanbau,
- günstiges Kleinklima,
- sanfte Bearbeitungsmethoden,
- biologischer Pflanzenschutz.

Organische Düngung

Die ständige breitflächige Düngung über die Oberfläche mit organischen Materialien wird Mulchung genannt. Es ist eine naturnahe Flächenkompostierung, die viele Vorteile bietet. Genutzt werden können Mist, Grasschnitt, Unkrautabfälle vor der Samenreife, Küchen-, Holz- und Strohabfälle, Holzasche, Zeitungs- und Pappeschnitzel usw.

Das Konzept des Gärtnerhofs vereinigt intensiven Gartenbau mit Viehhaltung und intensiver landwirtschaftlicher Nutzung auf Basis der Kompostwirtschaft. Es wurde in den Nachkriegsjahren von Mitgliedern der „Gärtnerhof-Gesellschaft", insbesondere Max K. Schwarz, Dr. W. Laatsch und Dr. E. Hagemann, entwickelt. Aus arbeitstechnischen Gründen haben sich Größen von $2^1/_2$ bis 4 ha bei familiärer Bewirtschaftung als günstig erwiesen, wobei $^1/_2$ bis 2 ha intensiv gärtnerisch in Mischkulturen bebaut werden. Die Viehhaltung umfaßt je nach Größe 2 Kühe, 2 bis 4 Schafe, 2 Schweine, 2 Dutzend Hühner und sonstiges Kleinvieh, Bienen und Fischzucht usw.
Die räumliche Aufteilung sollte sich, vergleichbar einer Zelle, zum Zellkern hin verdichten, so daß sich nach der Intensität der Nutzung eine Einteilung in Intensivzone, Großanbauzone und Extensivzone mit begrenzenden Wildbereichen ergibt. Das Konzept ist betriebswirtschaftlich kreisläufig und autonom; Tierhaltung, gärtnerische und landwirtschaftliche Bewirtschaftung sind aufeinander abgestimmt.

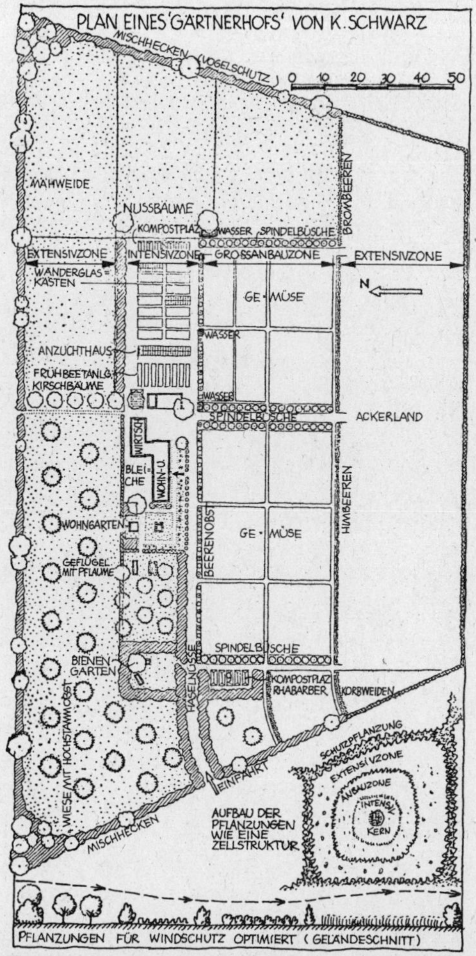

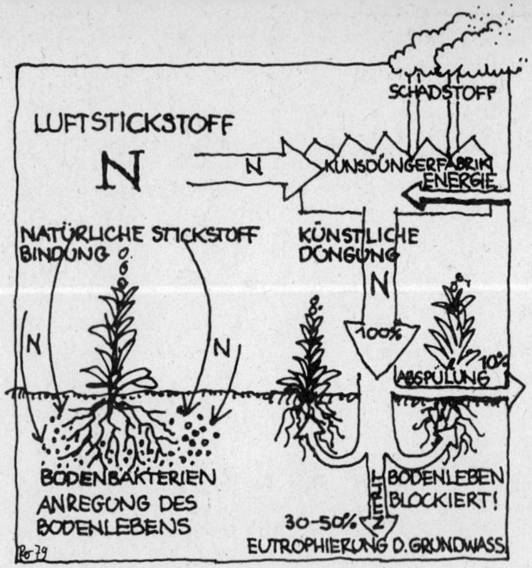

Im natürlichen Regelsystem wandeln zahlreiche Arten frei oder in Symbiose mit Pflanzen lebender Bakterienstämme Luftstickstoff in pflanzenverfügbaren Stickstoffdünger um.
Künstlicher Stickstoffdünger, durch Regen zur äußerst konzentrierten Salzlösung gelöst, blockiert und zerstört die biologische Bakterientätigkeit und stört die Harmonie des Pflanzenwachstums (= Qualität). Eine beträchtliche Menge fließt ungenutzt ins Grundwasser. Ein Teufelskreis wird in Gang gesetzt, denn dieser Boden braucht mehr und mehr Kunstdüngung, da mit seinem Bodenleben seine natürliche Regenerationsfähigkeit zerstört wurde.

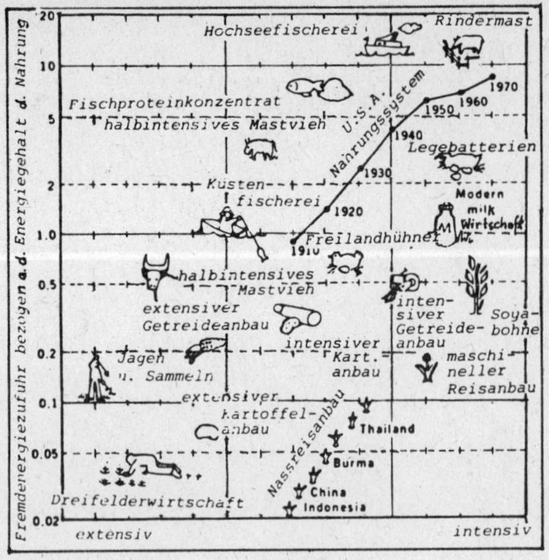

Input-Output-Verhältnis der Energie verschiedener Nahrungsmittelgewinnungen.
Die Tabelle zeigt die Effektivität verschiedener Anbauweisen und Tierhaltungen.
Mit zunehmender Mechanisierung, Monokultivierung und zunehmendem Chemieeinsatz erhöht sich der Einsatz von Fremdenergie, der zunächst geleistet werden muß, um Energie in Form von Nahrung zu erzeugen.

Weitere Düngemethoden sind Reifekompostauftrag aus den Kompostanlagen als qualitativ hochwertigster, aber arbeitsintensiverer Dünger einschl. kompostierter Tier- und Menschenfäkalien, Gründüngung mit Leguminosen als Luftstickstoffsammler und Abwasserdüngung (gefiltertes Grauwasser).

Ständige Bodenbedeckung

Als Klima- und Erosionsschutz und zur Anregung der Bodentätigkeit können die bereits erwähnten Mulchdecken oder/und eine dichte, möglichst ganzjährige Vegetationsdecke vorgesehen werden. Das bedeutet:

- Höhengestaffelte Kulturen mit Zwischen- und Randsaaten;
- Wintersaaten, die insbesondere in den frost- und windstarken Monaten die abgeräumten Beete schützen;
- Stehenlassen der „Unkräuter", die – solange nicht überwüchsig – bodenverbessernde „Beikräuter" und Nahrungspflanzen für Insekten sind. Wenn das Jäten unumgänglich ist, können sie vor der Samenreife zur Mulchung verwendet werden.

Mischkulturenanbau

Um eine einseitige Bodenbeanspruchung (Nährstoffe, Bakterien, Pflanzenrückstände) zu umgehen, werden in direkter Reihennachbarschaft verschiedene Kulturen im abgestimmten Wechsel angebaut. Der Schädlings- und Krankheitsbefall kann dadurch reduziert werden, da die Abstände zur selben Kultur für manche Schädlinge zu groß werden. Auch gibt es Kulturengemeinschaften, die sich durch ihre Duftstoffe oder sonstigen Ausscheidungen gegenseitig schützen und fördern. Bekannt ist das Beispiel von Möhren- und Zwiebelkulturen, die gegenseitig durch ätherische Öl- und Duftstoffausscheidungen die Möhren- bzw. Zwiebelfliege abwehren. Forschungen und Experimente auf dem Gebiet des biologischen Pflanzenschutzes sollten unbedingt vorangetrieben werden.

Günstiges Kleinklima

Alle Möglichkeiten der Klimagestaltung (s. Teil III Klima und Vegetation) können hier zur Anwendung kommen. Neben möglichen Terrassierungen, Reflexionsmauern usw. zur Erhöhung der Einstrahlung gewinnen Wasserflächen zum Temperatur- und Feuchteausgleich und Windschutzanlagen besondere Bedeutung. Gartenumgebende Windschutzhecken, die Unterteilung der Gartenfläche in windberuhigte Innenräume (Vergleich: Zellartiger Aufbau von Gärtnerhöfen) und dichter, hochgestaffelter, sich gegenseitig schützender Pflanzenbestand sind Maßnahmen dazu, unterstützt durch Kleinstwindschutzanlagen (s. Kap. Windschutz). Mistbeete und andere wärmefördernde wall- oder hügelartige Beete, Glaswanderkästen mit arbeitssparendem jährlichen Fahrplan, Folientunnel, Strohmatten, Tuchabspannungen usw. fördern den frühen Austrieb und bieten Schutz vor Spät- und Frühfrösten.
Bodenbedeckung durch Mulchung, Zwischen- und Wintersaaten ist Mikroklimatisierung für die Lebewesen im Boden.
Gewächshäuser bieten das Optimum an Klimaschutz. Durch wesentlich verbesserten und regulierbaren Feuchte- und Wärmehaushalt können sie bei entsprechender Konzeption die Vegetationsperiode ganzjährig ohne Zusatzheizung verlängern und schließen.

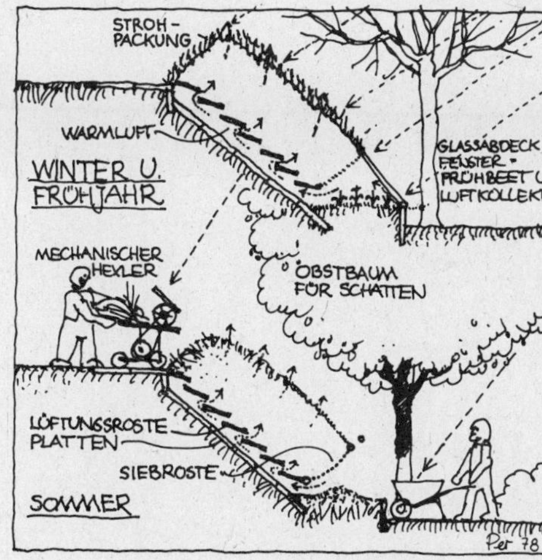

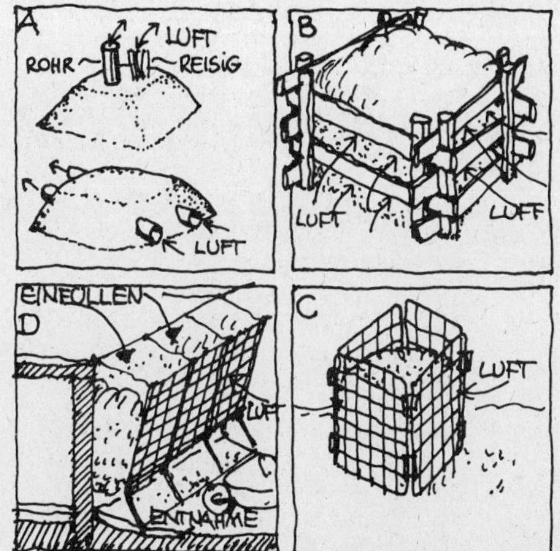

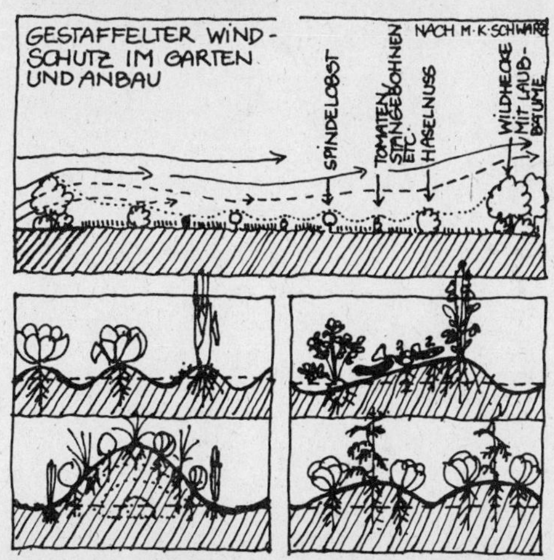

Kompoststätte auf schiefer Ebene – spart Platz und Arbeit, da kein Umsetzen notwendig ist, der reife Kompost wird unten durch Rüttelsieb oder bewegliche Roste entnommen. Beschickung durch fahrbaren mechanischen Häcksler (Hand-, Pedal- oder Windbetrieb möglich, auch für Futter und Silage). Die anfallende Menge bestimmt die Breite der Anlage. Die Belüftung ist in den Übergangszeiten und im Winter als Luftkollektor ausgebildet, so daß der Kompostierungsvorgang verlängert und beschleunigt wird und im Frühjahr ein bevorzugtes Frühbeet entsteht. Besonnung im Winter und Beschattung im Sommer durch richtig gesetzte Obstbäume, Kürbisse u. ä.

Kompost muß zur Verrottung gut durchlüftet sein.
A entsprechende Lüftungsstützen vorsehen
BC vertikale Silos als Holzgatter und Drahtgeflecht benötigen weniger Platz und sind beim Umsetzen abklappbar

D Kompostwand mit Drahtrost; Arbeitserleichterung, Einfüllen und Entnahme auf zwei Ebenen.

Windschutz im Garten:
- Neben eingangs erwähnten Hecken aller Größen, hier insbesondere auch Kleinsthecken im Maßstab der Beete (Buchsbaum, Rosmarin usw.; s. Kap. Naturgärten);
- veränderbare Windzäune aus Rohrmatten, Reisiggeflechtwerk, Kokosmatten, Strohmatten usw.;
- einjährige, höhere Kulturen in gewissen Breiten (2 m), die empfindlichere Anpflanzungen schützen können wie Sonnenblumen, Mais, Getreide, Stangenbohnen aller Art, Erbsen (Gerüst), Tabak, Zwiebel (rote Kartoffelzwiebel, Beispiel aus dem Memelland), Blütenstauden aller Art usw., im Kreuzverband oder schachbrettartig;
- Stichstoppeln, Klee oder Senfsaaten als winterlicher Windschutz für die Acker-Anbauflächen.

Taubenschlag in einer Gartenlaube als Beispiel für Kleintierhaltung im Garten.

Sanfte Bearbeitungsmethoden

Humoser Boden hat einem Waldboden vergleichbar eine krümelige Sturktur mit guter Durchlüftung, ausreichender Wasserspeicherung und günstigem Wärmehaushalt und benötigt keine weitere Bearbeitung. Tiefes Umackern und Umgraben stört die Tätigkeit des Bodenlebens und wirkt zum Teil sogar abtötend. Der Boden sollte zur Neuaussaat also nicht umgewendet, sondern lediglich angehoben, die Kompostdüngung nur aufgelegt werden. Ähnlich schonende Bearbeitungsmethoden lassen sich auch für größere Anbauflächen im Landbau mit speziellen leichten Maschinen entwickeln, die nur oberflächlich bearbeiten und in einem Arbeitsgang mehrere Arbeitsschritte vollziehen.

Biologischer Pflanzenschutz

Eine gesunde Pflanze, durch reiches Bodenleben gut versorgt, wird nach A. Seifert bedeutend weniger oder kaum von Krankheiten oder Schädlingen befallen und ist aus sich heraus fähig, den Befall abzuwehren. Somit ist eine gute Humusversorgung der erste Krankheits- und Schädlingsschutz. Mischkulturenanbau reduziert den Befall weiter, Mulchung und Zwischensaaten verdrängen oder unterdrücken aufkommende „Unkräuter".
In besonderem Maße sollten aber alle „Nützlinge" wie Marienkäfer, Spinnen, Laufkäfer, Frösche, Igel bis hin zu den Vögeln geschützt und durch Anlegen von Nistplätzen, Biotopen und ökologischen Nischen, Heckenanlagen und Winterfütterung gefördert werden.
Die Eingliederung von Anbauflächen in Biotopgärten und Naturlandschaften, eine jahrhundertelange Praxis, scheint mehr als nur indirekten Nutzen zu haben.

Nahrungsmittelselbstversorgung

Der Selbstversorgergedanke als Wunsch nach wirtschaftlicher Unabhängigkeit und Sicherheit hat bereits eine lange Tradition. Immer in Zeiten wirtschaftlicher Not, beispielsweise in den beiden Nachkriegszeiten, lebte der Gedanke der Selbsthilfemöglichkeit wieder auf. Je nach den politischen und weltanschaulichen Standorten ihrer Verfechter wurde der Grad der Selbstversorgung mit den Grundnahrungsmitteln bis hin zur völligen autarken Selbstversorgung, auch mit Arbeitsmöglichkeiten und Sozialeinrichtungen, definiert.
Heute kommt vor allem der Gesichtspunkt der ökologischen Einbindung als wesentliches Merkmal hinzu. Nur selbständige, überschaubare Siedlungseinheiten, gekennzeichnet durch effektive Nutzung des Natur- und Energiepotentials, kurzgeschlossene Materialkreisläufe und somit fehlende Schadstoffemissionen sind in die Naturabläufe zu integrieren.
Die dezentrale, selbständige Nahrungsmittelversorgung ist ein Schritt zu naturintegrierten Siedlungen.

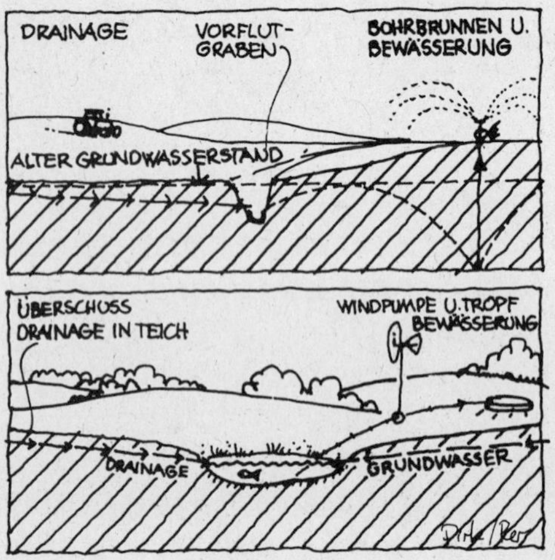

Wasserhaushaltung in der Landwirtschaft.
Statt bedenkenloser Drainage von Feucht- und Sumpfgebieten, sowie künstlicher Bewässerung über Grundwasserbrunnen – Vorschlag eines Drainagesystems mit Speicherteich für Überschußwasser, das in Trockenzeiten verregnet wird. So werden auch ausgewaschene Düngemittel zurückbefördert, das Klima verbessert und der Wasserhaushalt stabilisiert.

Haus und Garten als Produktionseinheit

Haus und Garten können eine hochproduktive Einheit zur Nahrungsmittelselbstversorgung darstellen, die bei geringem Flächenbedarf sogar eine Vollversorgung ermöglichen.
Im folgenden sind einige Möglichkeiten und Prinzipien dargestellt, das Potential von Haus und Garten zu optimieren. Die vorgeschlagenen Maßnahmen der Lebensmittelerzeugung und Nutzung können den zum Anbau benötigten Flächenbedarf stark reduzieren, ohne die biologische Qualität zu beeinträchtigen.

- Bewässerung zur Ertragssteigerung
  Durch regelmäßige Zusatzbewässerung in der Vegetationsperiode mit gesammeltem Regenwasser und vorgereinigtem Grauwasser kann der Ertrag stark erhöht werden.
  Bei einem Bedarf von rd. 500 mm (0,5 m^3/m^2) in der trockenen Zeit der Vegetationsperiode (meist Mai bis Juli) und bei Niederschlägen von 180 bis 350 mm in dieser Zeit ergibt sich ein zusätzlicher Wasserbedarf von 0,2 bis 0,3 m^3/m^2. In einem 5-Personen-Haushalt fallen in derselben Zeit (ca. 130 Tage) rd. 63 m^3 leicht verschmutzte Abwässer an (100 l pro Person und pro Tag, bei minimiertem Wasserverbrauch nach Recyclingprozessen, ohne Fäkalien) und rd. 15 m^3 Regenwasser, die über Dachflächen von 90 m^2 bei 200 mm Niederschlag, abzüglich der Verdunstungsmenge, gesammelt werden könnten. Mit dieser Wassermenge könnte bereits ein 260 m^2 großer Nutzgarten in der Trockenzeit ausreichend bewässert werden. Da die Bewässerung der Gemüsekulturen ohnehin nicht direkt mit den Abwässern geschehen sollte, sondern über Teiche, Gräben und sonstige Selbstreinigungsanlagen, bleibt ein genügend großer Spielraum in der Gartenbewässerung, der sich durch eine ganzjährige Regen- und Abwassersammlung und -speicherung noch weiter erhöht. Die Wasserquellen (natürliche und häusliche) sind in unseren Breiten, bezogen auf den Bedarf, also eher üppig und lassen so verschiedene Reinigungs- und Aufbereitungsphasen im Verbund mit Fischnutzung und großzügigen Umgang mit Wassermengen selbst zu. Die Gartenbewässerungsanlagen sind die feinsten Äderchen des gesamten Wassernetzes einer Siedlung und sollten somit auch mit diesem verbunden werden.
- Spezielle Anbausorten wie Zwergobst oder Ziehobst eignen sich bei beengten Anbauverhältnissen, möglich sind auch Obstlaubengänge zur Nutzung der Wegfläche, Beerensträucher in Bäumchenform, um Bodenfläche für Nutzpflanzen zu gewinnen u. ä. Bislang unübliche Kulturen, wie Sojabohnen mit hohem Eiweißgehalt oder Rosensträucher mit großen Früchten und viel Vitamin C, sollten wegen des hohen Nährgehalts Eingang in die Gärten finden. Je vielseitiger das Kulturenangebot ist, desto vollwertiger können Gärten die Nahrungsmittelversorgung gewährleisten.
- Spezielle Anbaumethoden erhöhen den Flächenertrag, wie bereits bei der Kleinklimagestaltung des Gartens angedeutet wurde. Hier sei nur kurz auf Hügelbeete zur Vergrößerung der Pflanzflächen, auf Fruchtwände und Terrassierungen hingewiesen. Mehrfachnutzung des Flächenpotentials durch Vor-, Haupt-, Zwischen- und Nachkulturen oder auch durch Anbau von Gemüsesorten mit kürzerer Vegetationszeit können den Gesamtertrag erheblich steigern, setzen allerdings z. T. gute Kenntnisse der Anbautechniken und Artenauswahl (örtlich angepaßte Arten) voraus.
  Zum Herbst hin können alle Wege und Trittreihen bestellt werden, was rd. 5% zusätzliche Anbaufläche bedeutet.

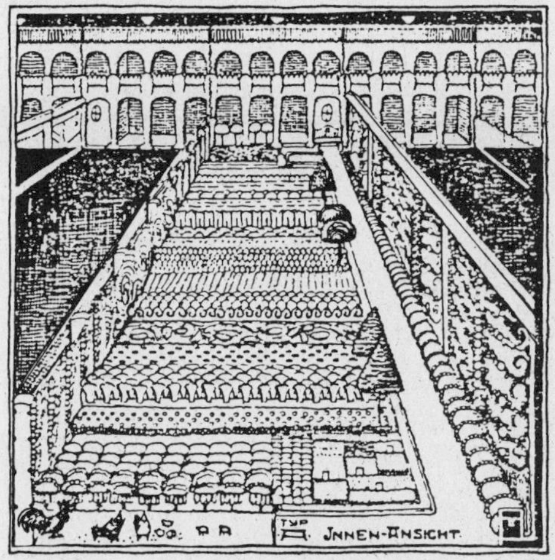

Gartenvorstellungen von Lebrecht Migge.
Das Ziel, „jedermann sei Selbstversorger", setzt eine intensive Bewirtschaftung der Hausgärten voraus, hier durch Obstlaubengänge als Wirtschaftsweg, Wind-, Wetter- und Sonnenschutz, durch „Fruchtmauern", Mischkulturen, hochwüchsige Beerenbäumchen usw.

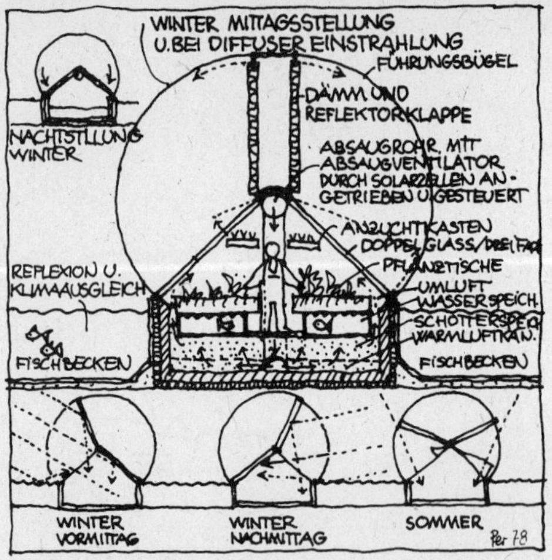

Kleines Gewächshaus mit Ausgleichsspeicher aus Schotter und Wasserbecken, mit nächtlicher Abdämmung. Bei Überschußwärme leitet ein Ventilator, evtl. über Solarzellen angetrieben, die Warmluft in den Schotterspeicher. Die Wärme wird über Wasserbecken (die Fischbecken sein können) oder Kompostbehälter (CO_2-Ausgleich) langsam wieder abgegeben. Die Dämm- und Reflektorklappen können je nach Einstrahlung von Hand oder automatisch gesteuert werden. Die äußeren Wasserbecken verbessern das Außenklima, sind Fisch- und Bewässerungsbecken und erhöhen mit den Reflektoren die Einstrahlung.

Gewächshaus mit Wasserspeicherung.
Die reflektierende Nordbedachung des Gewächshauses erwärmt das Wasserbecken für Warmwasserfischzucht oder Bad. Zusätzlich kann die Wärme der Gewächshausinnenluft über einen Bodenkanal gespeichert werden. In Winternächten kann durch die Reflektorenpaneele abgedämmt werden.

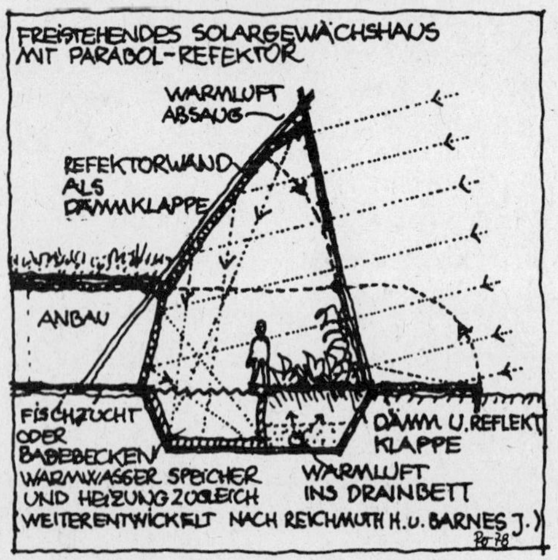

- Fruchttragende Fassaden
  Besonnte Fassaden sind wertvolle Flächen, die insbesondere zur Obst- und Weinproduktion beitragen. Entsprechende Farbgebung stimuliert den Ertrag. Die Abwärme des Hauses und die reflektierte und absorbierte Sonneneinstrahlung verlängern die Vegetationsperiode und erhöhen die Qualität und Quantität des Ertrags. Kompostwände nutzen in enger Wechselwirkung die Abwärme des Hauses und die Eigenwärme der Kompostverrottung, Nistfassaden bieten Höhlen und Nischen für die „Schädlingsvertilger" (Eulen, Schwalben usw.).
- Balkone, Veranden, Terrassen sind insbesondere zur Produktion von Sommergemüse gerade in Städten nutzbar und können, einfach verglast, in Wintergärten mit Lagerfunktionen umgestaltet werden. Es soll aber grundsätzlich auf die Probleme hingewiesen werden, die Gemüseanbau in Städten mit sich bringt, denn hohe Luftverschmutzung führt zu Staub- und Schadstoffablagerungen (Schwermetalle usw.) gerade über Gärten und Grünflächen. Die Lösung des Problems kann hier nur in der Beseitigung der Ursache liegen.
- Öffentliche Siedlungsfreiflächen, auch in den Städten, bieten unzählige Möglichkeiten der unmittelbaren Nahrungsproduktion. Straßenbaumobst- und Straßennußbäume, Fruchtsträucher, Kräuter- und Pilzwiesen usw. bedeuten bei gleichzeitiger Steigerung der Biotopvielfalt auch Zierde und Erholung.
  Alle Naturbereiche und Biotope in Hausnähe oder weiterer Umgebung liefern ohne Zutun hochwertige Wildsorten an Beeren, Nüssen, Obst, Kräutern, Pilzen, Wurzeln usw.
- Bienenzucht ist in ökologischen Siedlungen nahezu unumgänglich. Der indirekte Nutzen (höherer Obstertrag) soll mindestens das Zwanzigfache des direkten Nutzens aus Honigertrag betragen. In Wanderkästen benötigen die Völker nahezu keine Fläche. Bienenkästen auf Dächern sollen einmal den Flugumkreis der Bienen vergrößern und zum anderen Belästigungen vermeiden.
- Gewächshäuser übernehmen wie sonst kaum ein anderer Bereich im Haus gleichzeitig viele Funktionen wie passiver Wärmeschutz und -puffer, Luftkollektor und Wärmespeicherung, Wasser- und Luftreinigung, -filterung und -erneuerung, Wohn-, Arbeits- und Spielraum, Treibhaus, Überwinterungs- und Lagerraum. Durch die mehrgeschossigen Anzuchtsbeete und Pikierkästen wird der Raum optimal genutzt (Champignonzucht in der untersten, dunklen Koje). Fenster ermöglichen Temperierung, ein Bewuchs mit fruchttragenden Kletterpflanzen u. ä. sorgt für Schattierung, Fischzuchtbecken oder ein durchlaufender Bach liefern nicht nur zusätzliche Nahrung, sondern lassen als Klimapuffer und Wärmespeicher die Temperaturen im Winter kaum unter den Gefrierpunkt sinken.
- Gewächshaus-Fischzucht-Verbundsysteme (Algenfütterung der Fische und Hydrokultur mit Fischteichwasser) lassen als geschlossene Kreislaufsysteme durch Sonnenenergie auf kleinstem Raum hohe tierische und pflanzliche Erträge erzielen, wie Experimente bislang zeigten. Diese und ähnliche Systeme scheinen gerade für städtische Selbstversorgung auf gemeinschaftlicher Basis interessant.
  Auch für offene Kaltwasser-Fischzuchtanlagen lassen sich Verbundsysteme entwikkeln, die auf Nahrungsketten aufbauend über Kleingetier, Futterfische, Raubfische hohe Erträge ergeben können (s. Kap. Wasserhaushalt).
- Tierhaltung benötigt in jedem Fall einen größeren Flächenbedarf, weniger an Stallfläche als zur Futterversorgung. Bei Kleintierhaltung (Hühner, Schafe, Kaninchen usw.) ist dieser noch relativ gering, insbesondere, wenn von der reinen Stallhaltung Abstand genommen wird. Freilandhühner beispielsweise brauchen 50% weniger Futter, auch können sie nach der Getreideernte übers Feld geführt

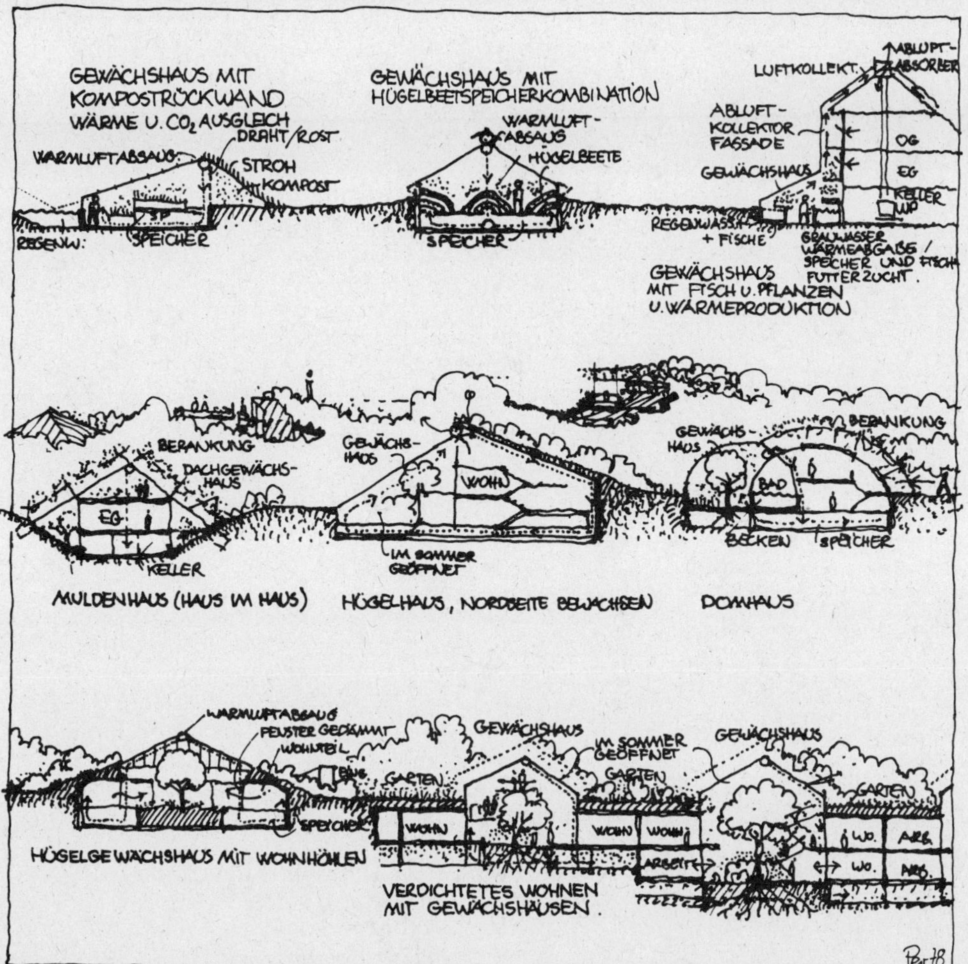

Einzelstehende oder Anlehngewächshäuser in verschiedenen Variationen und Kombinationen als Wärmepuffer, zur Sonnenenergiesammlung und -speicherung; nutzbar zur Hauserwärmung, für Anzucht, Anbau und Überwinterung von Pflanzen, und als erweiterte Wohnräume usw.

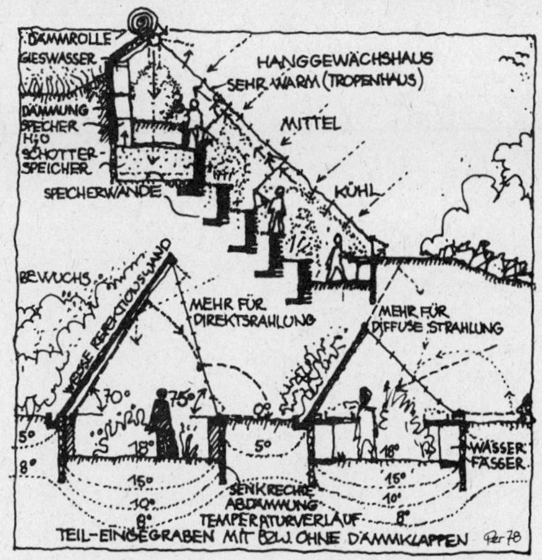

Typen freistehender Solargewächshäuser.
Hanglagen bieten viele Vorteile für Gewächshäuser, so ist eine Wärmezonierung entsprechend der aufsteigenden Warmluft möglich. Die oberste Zone kann Tropenklima mit Vollüberwinterung bei Warmluftspeicher und Dämmung bieten. Wärmespeicherkapazität auch in den Stützwänden und den Wassertanks.
Gewächshäuser in das Erdreich eingegraben mit senkrechter Wärmesperre im Boden. Reflexionsklappen, gute Dämmung und Wärmespeichermassen machen diese Häuser winterfest.

Das Fischzucht-Treibhaus-Verbundsystem – als Beispiel einer hocheffizienten, raumsparenden Nahrungsmittelerzeugung durch Nutzung von Sonnenenergie in Gewächshäusern und fein abgestimmten Nährstoffketten (nach IPAT-Berlin, New Alchemy Institute, CDN), Düngeschlamm aus der Biogasanlage, Kompost oder Abwässer fördern in einem Becken den Wuchs von Algen, die als Nahrung den Tilapia-Fischarten in anzustrebender Polykulturhaltung im nächsten Becken dienen (die tropischen Tilapia-Arten benötigen rd. 30°C Wassertemperatur, sind widerstandsfähig und vermehrungsfreudig und verlangen – laut IPAT – als Maulbrüter kein großes züchterisches Können. Die Fischabwässer werden über ein Absatzbecken in einen Hochbehälter zur automatischen Bewässerung und Düngung der Hydrogemüsekulturen gepumpt. Als biologisch gereinigtes, durch das Pflanzenkiesbett mit Sauerstoff angereichertes Wasser fließt es in den Fischteich zurück. Der geschlossene Nährstoffkreislauf innerhalb eines Gewächshauses läßt bei minimalem Platzbedarf auch in städtischen Bereichen hochwertige pflanzliche und tierische Nahrungserzeugung zu.

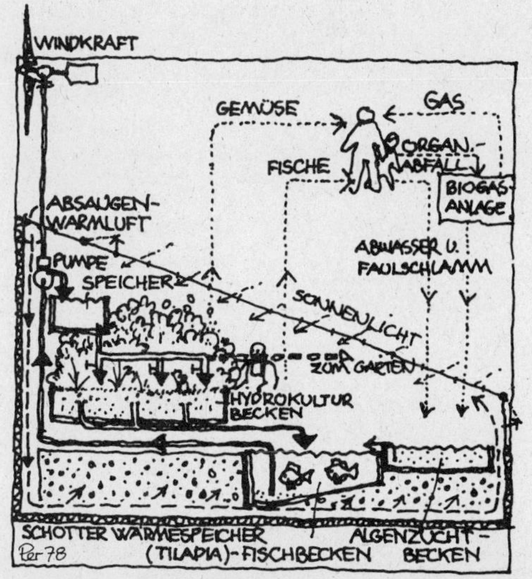

werden. Ohne weiteren Flächenbedarf ist z. B. Taubenzucht; ein Dachraum dazu findet sich überall. Nicht zufällig erfreut sich gerade diese Liebhaberei in den Arbeitersiedlungen des Ruhrgebietes mit den traditionell kleinen Gärten und knappen Haushaltsbudgets so großer Beliebtheit.
Großtierhaltung benötigt ungleich mehr Fläche; sie sollte deshalb auch gemeinschaftlich (mind. 8 Haushalte für 2 Kühe) betrieben werden. Generell sollte die Tierhaltung nach ethologischen und tiersoziologischen Erkenntnissen den natürlichen Lebensweisen angepaßt werden, unbefriedigende Umwelt- und Haltungsbedingungen führen zu Streß und schweren Verhaltensanomalien, Aggressivität, Krankheiten und Unfruchtbarkeit.

- Andere Formen der landwirtschaftlichen Nutzung, beispielsweise eine mehretagige integrierte „Baum-Strauch-Landwirtschaft", stellen eine gesteigerte Form der Mehrfachnutzung eines Flächenpotentials dar (Grünlandnutzung bei Stallhaltung nutzt das Biomassepotential nur zu einem Viertel – R. Dörnach). So liefert sie neben Gras- und Kräuterfutter wertvolles Blattfutter für die Weidetiere, bietet klimatischen Schutz und erfüllt größere ökologische Funktionen als eine reine Grasgesellschaft bezüglich Wasserhaushalt, Tierhabitate usw. Obstbäume, Beerensträucher und -bäume, Nußbäume und -sträucher, Fruchtbäume für Tiermastfutter wie Eicheln und Kastanien, Lichtungen mit Teich- und Gemüsewirtschaft, halbwilde Tierhaltung, Brenn- und Bauholz, insbesondere Knüppelholz, usw., alles in allem könnte dieser „Nutzwald" in vielen Variationen alle Lebensmittel einschließlich reiner Luft und reinem Wasser gewährleisten. Das Ganze könnte sich in ein Jahr für Jahr produktiveres, sich selbst regenerierendes Ökosystem verwandeln, in das der Mensch integriert ist, vorausgesetzt, er stimmt seine Lebensform auf die biologischen Bedingungen ab. Auf dieser Grundlage ist theoretisch eine hohe Bevölkerungsdichte (nahezu städtisch) denkbar, die ein behutsames, wachstumsförderndes Umgehen des Menschen mit den Pflanzen und Tieren voraussetzt.
- Gute Lagerbedingungen für Nahrungsmittel verringern Lager- und Putzverluste. Ein Haus sollte dazu verschiedene Klimabereiche bieten.
  1. Lagerraum für Obst und Gemüse, Wein, Säfte, Eingemachtes, Kartoffeln usw. mit niedriger, konstanter Temperatur und hoher relativer Feuchte (80 bis 85%, keine Nässe). Der Raum ist zu den wärmeren Räumen gedämmt, eine offene Kalksteinschotterschicht gewährleistet konstante Erdtemperatur und Feuchtwerte und unterbindet aufsteigende Nässe. Traditionelle Lebensmittelaufbewahrung außer Haus in Mieten oder Hügelkellern mit losen Holzbohlen am Boden und seitlicher Bretterabdeckung gewährleistet in ähnlicher Weise gleichmäßige Erdkälte und Feuchteregulierung.

Polykulturelle chinesische Karpfenzucht als uraltes, traditionelles Beispiel intensiver Fischzucht. Sie läßt, wie Mischkultur im Garten, das Nährstoffpotential durch die unterschiedlichen Nahrungsansprüche verschiedener Karpfenarten besser nutzen. Im oberen Teil des Teiches leben Arten, die mit Pflanzen gefüttert werden, im mittleren Bereich ernähren sich Arten vom Zoo- und Phytoplankton und am Teichgrund finden sich Arten, die von Bodengetier und festsitzenden Algen sowie von den Ausscheidungen des Großkarpfens leben.

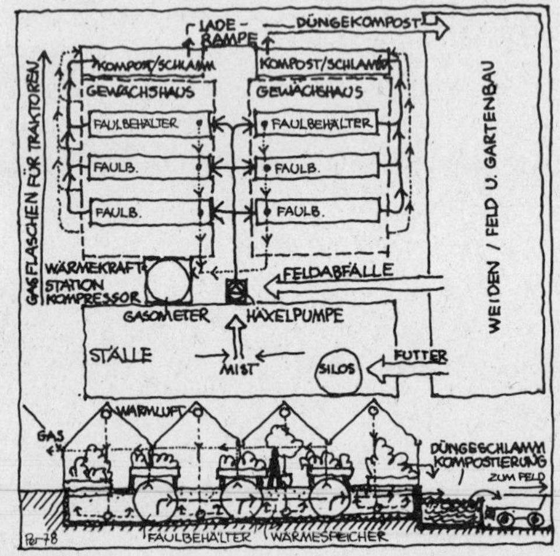

Schemagrundriß einer Kombination von Gärtnerei mit Feld- und Viehwirtschaft als Biogas-Düngewirtschaft.
Die Faulbehälter sind im Gewächshaus mit dem Luftspeichersystem kombiniert, so daß die Wärmeverluste zur Gewächshauserwärmung genutzt werden können. Die Faulbehälter werden umschichtig über eine Häckselpumpe mit Mist und Feldabfällen beschickt.

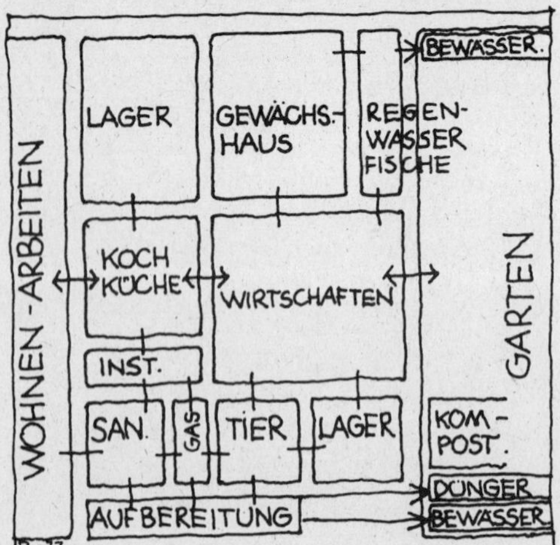

Die verschiedenen Lager- und Aufbereitungsbereiche nehmen in Selbstversorgerhaushalten größeren Raum ein. Ihre Zuordnung sollte dem Materialfluß entsprechen, um Arbeitsaufwand zu sparen.

2. Trocknungsräume als gut durchlüftete, nicht direkt beschienene Trockenveranden usw. zum Trocknen von Mais, Hülsenfrüchten, Kräutern, Pilzen, Obst, Beeren, Nüssen usw.
3. Trockenlagerräume, gut durchlüftet für Getreide und sonstiges Trockengut.
4. Darrvorrichtungen, die gut mit Sonnenenergie (Luftkollektorsysteme) arbeiten für Pilze, Kräuter, Obst, Gemüse, Getreide (Dextrination) usw.
5. Kühlräume mit tiefen Temperaturen für Milch, Käse, Butter, Frischfleisch, Speisen usw.
6. Räucherkammern für Fleisch und Fische lassen sich ohne großen Aufwand in das Kamin-Heizungssystem integrieren. Diese Anlage sollte auch für natürliche Lufttrocknung geeignet sein, für Schinken, Würste, Fische usw.

- Der Flächenbedarf wird vor allem auch durch die Art der Ernährung modifiziert. Im allgemeinen nimmt man heute an, daß ein Mensch rd. 12600 J im Durchschnitt pro Tag verbraucht (10000 J bei leichter Tätigkeit). Dabei muß berücksichtigt werden, daß zur Produktion von tierischem Eiweiß ungleich mehr pflanzliches Eiweiß verfüttert werden muß, als später beim Verzehr von tierischen Produkten wieder genutzt werden kann (nur ca. 20%). Für 1 J tierisches Eiweiß werden 7 bis 10 J pflanzliches Eiweiß benötigt. Milch steht im Nutzwert noch an höchster Stelle. So muß man zur Verdeutlichung den „Primär-Verbrauch" anführen, der in den westlichen Ländern nicht 12000, sondern 30000 bis 40000 J beträgt (in den USA 46000, in Indien nur 10000 J), um die Energieverschwendung in Form von Nahrungsmitteln bei übermäßigem Fleischverzehr ermessen zu können. Beispielsweise kann 1 ha Getreideland in Kilo-Joule umgerechnet 10 Menschen versorgen, als Weideland genutzt hingegen nur einen Menschen. „Zuviele Nutztiere belasten den Gesamthaushalt" (nach W. v. Haller).
  In der Bundesrepublik Deutschland sind rd. 50% aller Höfe futtermittelanbauende Betriebe. Sie bewirtschaften 52% der landwirtschaftlichen Nutzfläche (Agrarbericht 1975).
- Aufbereitung und angepaßte gesunde Nahrungsauswahl.
  Ebenso modifizierend auf den Flächenbedarf wirkt sich die Art der Aufbereitung und der jahreszeitlich angemessenen Auswahl von Gemüsen, Getreide usw. aus. Der Verzehr in möglichst naturbelassener Form (Rohkost, Schrote, Vollkörnung) sorgt für die Versorgung mit Mineralien, Spurenelementen, Vitaminen, Aroma- und Duftstoffen und Fermenten, die als Vitalstoffe zum Abbau von Eiweiß, Fetten und Kohlehydraten notwendig sind. Sie sorgen für eine effiziente Nutzung der Nahrungsmittel. Beispielsweise entspricht 25 g Vollkornweizen einer ähnlich vollwertigen Nudelmahlzeit aus 250 g Weizen (nach W. v. Haller).

Beispiel eines Vorratshauses aus Dänemark (hier auf Färöer), das als das wichtigste unter den vielen Kleinbauten traditionell zu den dortigen Bauernhöfen gehörte. Das Häuschen bestand auf der einen Seite aus Knüppelholzwänden, die den Wind durchließen und so die Konservierung von Fisch, Fleisch und anderen Nahrungsmitteln durch Lufttrocknung ermöglichten. Loses Mauerwerk auf der anderen Seite und begrüntes Dach mit Grassoden sorgen auch im Sommer für tiefe Temperaturen.

Aus: Frilandmuseet/Lyngby

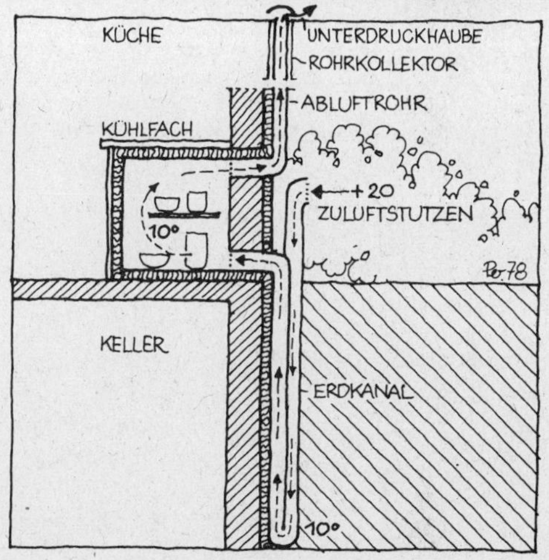

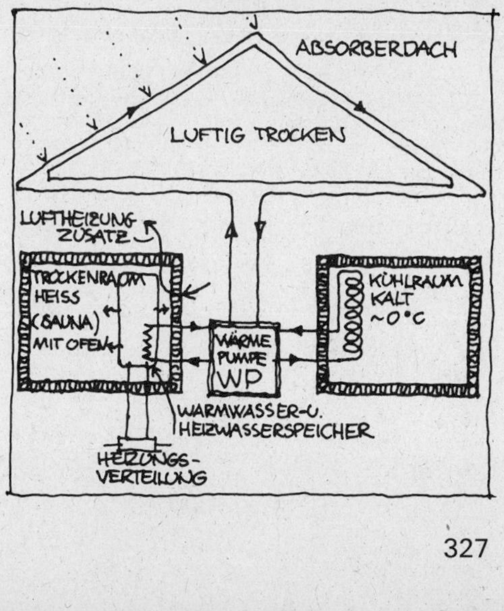

Kühltrockenfach
Die Außenluft wird über einen Erdkanal angesaugt (Schwerkraft, Unterdruck), kühlt ab, kondensiert und entstaubt sich.
Dadurch bleibt die Luft im Kühlfach konstant bei etwa 10°C und ist stets trocken.
(System-Bootstrockner)
Wird mit einer Wärmepumpe beheizt, lassen sich relativ einfach drei Klimabereiche im Hause ausbilden.
1. Kühlraum durch ständigen Anschluß an die Wärmepumpe.
2. Trockenraum, in dem die Warmwasserspeicher aufgestellt sind, wahlweise Nachheizung durch Saunaofen.
3. Luftig-trockener Dachraum des Absorberdaches.

Dichte, städtische, mehrgeschossige Reihenhausbebauung mit vorgelagerten, intensiven Gewächshauskulturen, geschützten Freilandbeeten, Tierhaltung und Fischteichen. Eine solche Siedlung erreicht einen hohen Selbstversorgungsgrad bei hohem Freizeitwert und großem Erlebnisreichtum, besonders für Kinder. Die Vielfalt wird noch gesteigert durch Biotopbereiche, Windschutz und Wasserläufe. Energieversorgung durch Windrotoren, konzentrierende Kollektoren, Abfallausfaulung zur Biogaserzeugung.

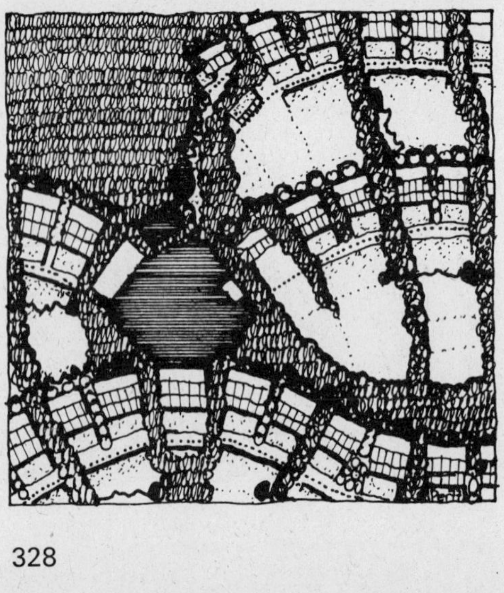

Flächenbedarf

Die benötigte Fläche zur Nahrungsmittelselbstversorgung hängt also von einer Reihe variabler Faktoren ab. Ähnlich weitgestreut sind die Erfahrungswerte und die in der Literatur angeführten Größenwerte zur Versorgung einer Person oder eines Haushalts.

„Jedermann Selbstversorger auf 100 m²" sagt Lebrecht Migge, 1919, einer der wichtigen Verfechter des Selbstversorgergedankens in den 20er Jahren. Er meint damit die Versorgung mit Gemüse, Obst und Kartoffeln. Andere Quellen geben abweichende Größendaten an. Die Weiterentwicklungen in neuerer Zeit, die kreisläufig wirtschaftend die Effektivität der Erzeugung durch zusätzliche Nutzung der Sonnenenergie, durch Aktivierung der biologischen Vorgänge und durch genau aufeinander abgestimmte Nährstoffketten zu steigern versuchen, lassen den Flächenbedarf noch um ein weiteres bis auf ein Drittel senken.

Die folgende Übersichtstabelle mit maßstäblicher Vergleichsdarstellung bezieht sich auf häufig genannte Größenwerte derzeitiger biologisch-intensiver Anbaumethoden.

	Flächenbedarf für Nahrungsmittelselbstversorgung		1 Person	1 Haushalt = 5 Personen
1	Versorgung mit Sommergemüse (bes. f. städtische Bereiche, Balkone, Terrassen, kleine Hofgärten, Dachgärten)		~2 m²	5 bis 10 m²
2	Ganzjährige Gemüseversorgung bei entsprechender Lagerung	bei 250 g pro Tag	25 bis 35 m²	125 bis 175 m²
		bei 500 g pro Tag	50 bis 75 m²	250 bis 350 m²
	einschließlich Kartoffel		+10 bis 35 m²	+50 bis 175 m²
	einschließlich Beerenobst, Rhabarber, teilweise Obst		+25 m²	+100 m²
	einschließlich Getreide		+200 m²	+1000 m²
3	Völlige Nahrungsmittelversorgung einschl. Kleintier, ohne Kühe		250 bis 325 m²	1250 bis 1700 m²
	einschließlich Milchviehhaltung*)		+500 m²	+2500 m²
4	Völlige Selbstversorgung einschl. Kleidung etc. durch Verkauf von Überschüssen**)			2 ha bis 4 ha

*) Gemeinschaftliche Milchviehhaltung ca. 2 ha Weideland für Sommer- und Winterfütterung für 2 Kühe, Milchleistung täglich 20 l (Jahresdurchschnitt), ausreichend für 8 Haushalte

**) Theoretische Größe, nach Gärtnerhof-Konzept, M. K. Schwarz

Die Vierteilung in

- Versorgung mit Sommergemüse,
- ganzjährige Versorgung mit Gemüse – Obst – Kartoffeln,
- vollständige Nahrungsmittelversorgung,
- Güter- und Nahrungsvollversorgung durch Überschußverkauf,

könnte in weitere Zwischenstufen aufgeschlüsselt werden und soll hier nur zur Übersicht dienen. Die letzte Aussage der Vollversorgung durch Überschußverkauf

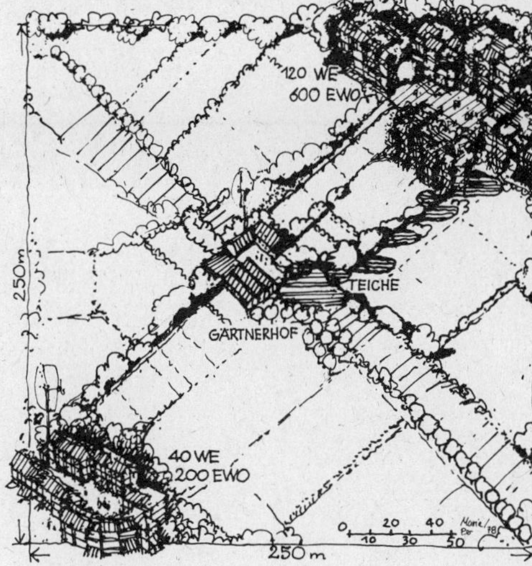

Maßstäblicher Vergleich von Bebauung und Anbaufläche:
120 Wohneinheiten mit nur geringen Selbstversorgungseinrichtungen mit ca. 600 Einwohnern können von rd. 6 ha (250 × 250 m) durch Gärtnerhöfe aus der unmittelbaren Umgebung versorgt werden (ohne Getreide und Milch). Mit Getreidevollversorgung können 40 WE mit 200 Einw. versorgt werden. Für Milchvollversorgung muß mit rd. 1 ha/Kuh bei 10 l Milch/Tag im Jahresmittel zusätzlich gerechnet werden. Das bedeutet, daß bei Vollversorgung einschl. Milch (4 Kühe) ca. 16 Haushalte mit 80 Personen von 6 ha leben können. Bei guter Lagerhaltung entfällt durch die unmittelbare Zuordnung ein großer Teil von Aufwand und Flächen für Transport, Verarbeitung, Verpackung, Verteilung und Entsorgung.

Zugleich erhöht sich die Wohnqualität bedeutend, ohne die Vorteile städtischer Dichte zu verlieren. Werden zusätzlich noch intensive Nahrungsmittelproduktionen in den Stoffkreislauf der Wohnbereiche integriert wie Fischzucht, Gewächshausanbau, Pilze, Kleintiere, Berankungs- und Baumfrüchte, so reduziert sich der Flächenbedarf noch erheblich.

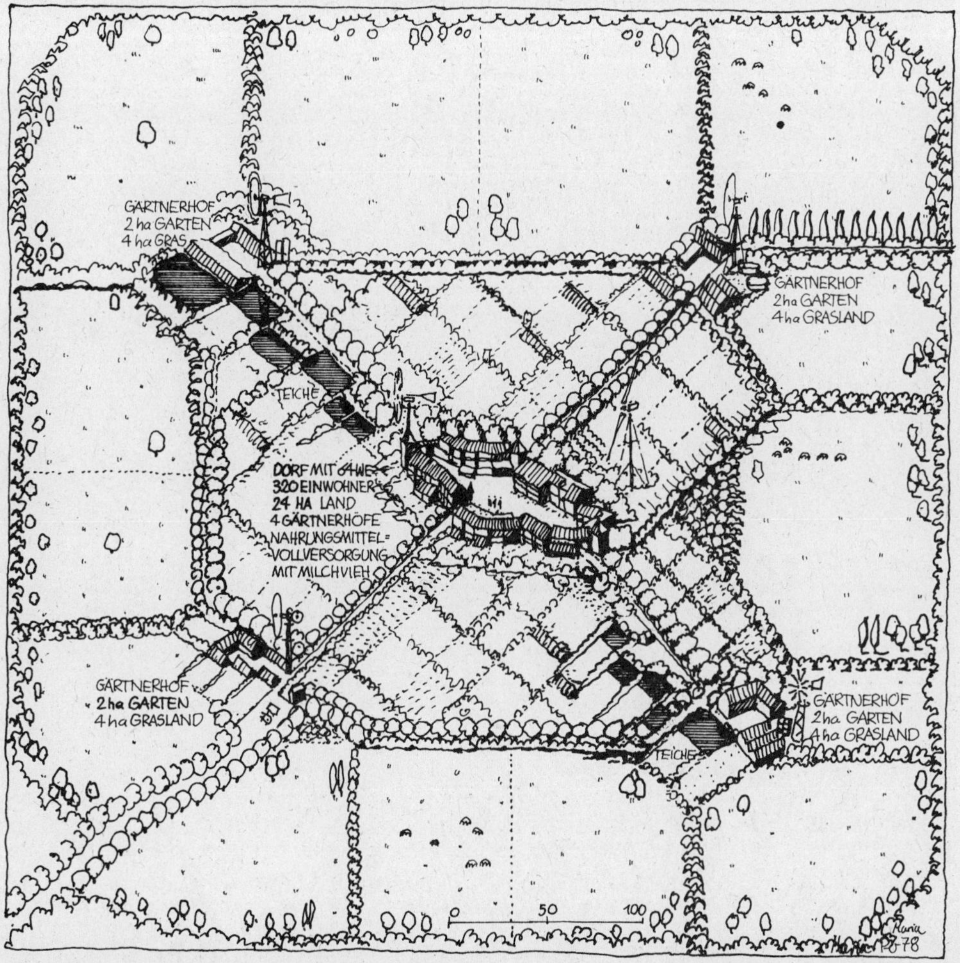

Maßstäbliche Darstellung der Flächeneinheiten bei verschiedenen Selbstversorgeranteilen. Erkennbar ist der ungleich größere Bedarf einmal für Getreide und zum anderen für Milchviehhaltung, die ohnehin nur gemeinschaftlich betrieben werden könnte.

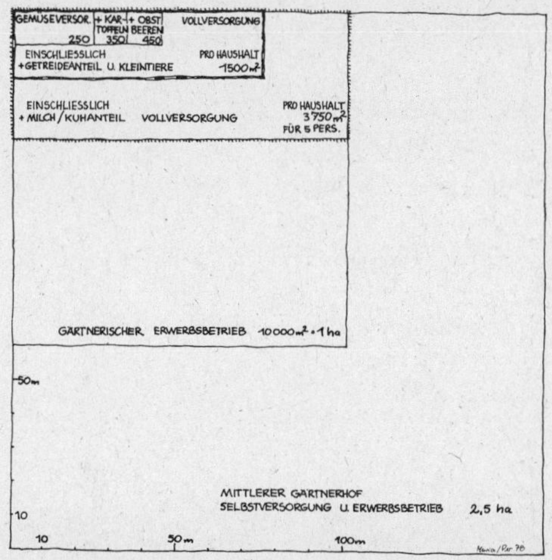

beruht nur auf dem Gärtnerhof-Konzept und müßte entsprechend modifiziert werden. Die Werte variieren je nach Anbaumethode, klimatischen Verhältnissen und individueller Ernährungsart z. T. erheblich. Im Vergleich zu den Flächen, die bei der derzeitigen Nahrungsmittelproduktion und bei ca. 25%igem Nahrungsmittelimport (!) zur Ernährung in der Bundesrepublik Deutschland gebraucht werden, nehmen sich diese Werte äußerst bescheiden aus. Danach könnte das tatsächliche Ernährungspotential hier bedeutend höher sein, wie durch folgende Daten leicht zu ermitteln ist:

1977 wurden 13218000 ha landwirtschaftlich genutzt, davon 7497000 ha als Ackerland und 5205000 ha als Dauergrünland bei einer Bevölkerungszahl von rd. 61400000 Einwohnern (aus: Agrarberichte der Bundesrepublik Deutschland, nach: Agrimente/IMA). Auf 1 Person entfielen hiernach ca. 2150 m^2 bei nur 75%iger Nahrungsmittelversorgung.

„Mit einer Anbaufläche, die kleiner ist als ein halbes Fußballfeld, könne heute ein Mensch ernährt werden." Diese Feststellung trifft die Deutsche Gesellschaft für Agrar-

Nahrungsmittelproduktion in engen Atriumhaustypen. Bei gegenseitiger Verschattungsfreiheit sind die Dachgärten und die glasbedeckten Atriumhöfe für Anbau zu nutzen. Unterbodenwärmespeicherung und gegenseitiger Wärmeschutz durch die angrenzenden Zimmer läßt im Atriumhof Gemüse über's ganze Jahr wachsen.

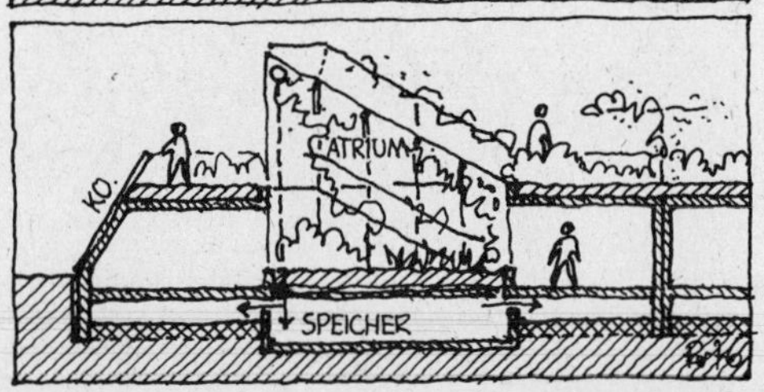

Minimierter Flächenbedarf für Nahrungsmittelselbstversorgung mit biologisch aktiven Methoden, bei voller Besonnung und fein abgestimmter Bewirtschaftung. Zum Vergleich erreichen die ersten beiden Strukturbilder städtische bis innerstädtische Dichtewerte (GFZ rd. 0,8). Das vierte Strukturbild mit einer GFZ von 0,4 bis 0,5 und einer Einwohnerdichte von max. 90 Einwohner/ha entspricht der Dichte von Welwyn Garden City (engl. Gartenstadt; 1920 von E. Howard gegründet).

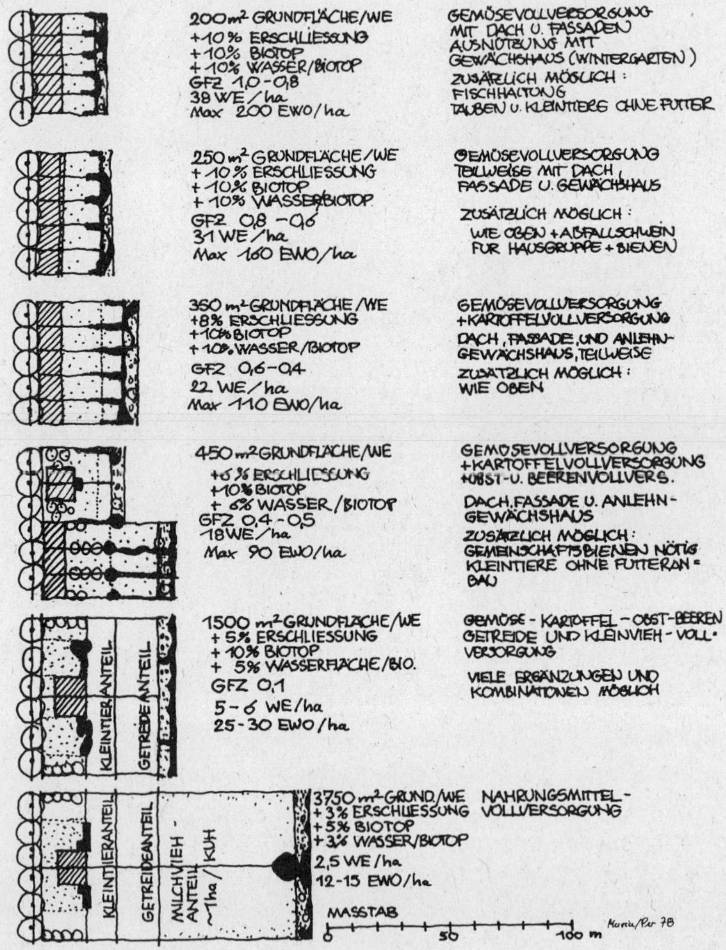

und Umweltpolitik, Frankfurt. Sie sollte den Fortschritt und die Steigerung der Effektivität in der Nahrungsproduktion verdeutlichen. Zur Information: Ein kleines Fußballfeld hat die Abmessungen 90 × 45 m; seine halbe Fläche beträgt ca. 2000 m^2, somit ein 2- bis 3faches der eigentlich benötigten Fläche.
Ökologische Siedlungen versuchen diese Fehlentwicklungen in der Nahrungserzeugung und Landnutzung rückgängig zu machen durch dezentrale kleinteilige Produktion, durch Nutzung der natürlichen Ressourcen sowie der Haus- und Abfallressourcen, durch Klima-, Wasserhaushalt- und Bodenverbesserung und durch unmittelbare Nahrungsmittelverteilung, die im Rahmen der Sozialkontakte vollzogen werden könnte.

Siedlungsstrukturen

Noch bei einer „städtischen" Dichte von 1,0 GFZ ist bei intensiven Erzeugungsmethoden ein hoher Anteil eigenständiger Nahrungsversorgung möglich. Damit kann dem Argument widersprochen werden, Selbstversorger-Siedlungen müßten wegen des Anbauflächenbedarfs eine „Zersiedlung" der Landschaft bedeuten. Solche Siedlungen stellen im Gegenteil eine besonders günstige Form von Flächennutzung dar, die den Aufbau und Ausbau des natürlichen Potentials (Bodenfruchtbarkeit, Wasserhaushalt, Artenreichtum usw.) zum Ziel haben. Sie können der heutigen Landschaftszersiedelung in Form von Flächen„verbrauch" für Verkehr, Industrie, Verwaltung, Rohstoffabbau, Abraumhalden, Deponien und monofunktionale Wohnsiedlungen entgegenwirken.
Ökologische Siedlungen befriedigen außerdem noch eine Vielzahl anderer Anforderungen ihrer Bewohner. Eine stabile Basis für alle Aktivitäten bietet die eigene Versorgung mit den Grundlebensmitteln – reine Luft – Wasser – Energie – Nahrung.
Ihre Dichte und Größenausdehnung wird von verschiedenen Kriterien beeinflußt, für die bisher kaum Richtwerte bestehen. Einige wesentliche sind:

- Örtlich gewinnbare natürliche Energiemengen;
- eigene Frischwasserversorgung, Abwasseraufbereitung und -rückführung;
- günstige Zuordnung von Gartenflächen, land- und gartenwirtschaftlichen Betrieben zur Nahrungsselbstversorgung und zur Abfallrückführung;
- ausreichende Biotopflächen und Wildbereiche zur Erhaltung, Förderung und Wiederherstellung der biologischen Regenerationsfähigkeit und des Naturpotentials;
- günstige Betriebsgrößenstrukturen aus sozialen, produktionstechnischen und energetischen Gesichtspunkten bei Gesamtbilanzierungen, die auch alle Folge- und Nebenwirkungen berücksichtigen;
- angemessene Einwohnerzahlen und Gruppengrößen nach sozialen und kommunikativen Aspekten.

Die Organisationsstrukturen (familiär, genossenschaftlich usw.) können je nach örtlichen Gegebenheiten, innergemeinschaftlichen Zielsetzungen und Größenordnungen vielfältig variieren. Ökologische Siedlungen können durch die begreifbare und selbststeuerbare Vernetzung aller Lebensvorgänge ein hohes Maß an Lebensqualität, Erlebnisreichtum und Geborgenheit bieten.

Siedlungsgemeinschaftshaus als
- Wasserzentrale mit windbetriebenen Pumpen, Brunnenanlagen, Trink- und Brauchwasserspeicherung und -Aufbereitung, eventuell Abwasseraufbereitung mit Gewächshäusern, Fischzucht, Vieh, mit Gemeinschaftsbad, Sauna, Massage, Schwimmbecken, mit Waschhaus, Trokken- Näh- und Bügelraum.
- Energiezentrale für Wind- oder Wasserkraft, Wärme und Biogas, mit Backhaus, Wirtschaftsküche, Vorratshaltung, Mühle, Schlachtraum.
- Materiallager mit Werkstätten für Kleidung, Holz, Metall, Baustoffe, Sperrmüll, Obst- und Gemüse-, Korn-, Kartoffel-, Futter- und Einstreulagern.
- Gäste-, Kinder-, Gesellschaftshaus.

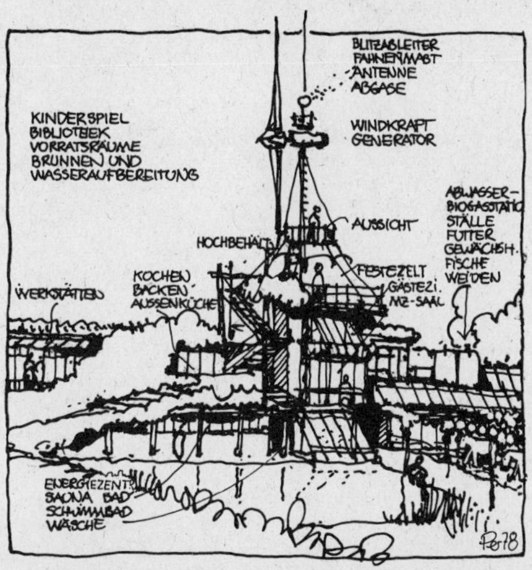

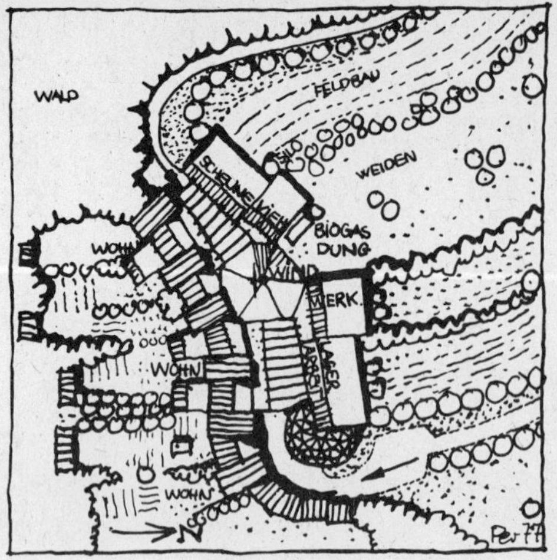

Entstehung eines kleinen Dorfes in gegenseitiger Selbsthilfe.
Ähnlich der Sukzession natürlicher Ökosysteme entwickelt sich eine kleine Siedlung entsprechend den Wünschen der Bewohner und den örtlichen Gegebenheiten. Hier werden in der ersten Phase zunächst kleine Grundeinheiten von Häusern erstellt, die bereits die 3 baulichen Kernbereiche für Wärme, Wasser und Abfall beinhalten. Gleichzeitig werden Bodenverbesserungsmaßnahmen, Windschutzanpflanzungen und Grobbiotopgestaltungen vorgenommen. In der nächsten Phase geschehen die feineren Maßnahmen zur Klima- und Biotopgestaltung, Gewächshausbauten, Speicheranlagen und die Aufstellung eines Windrades beispielsweise. Eine Phase weiter zeigt bereits die Nutzung der Anbauflächen; Nebengebäude, Stallungen und Hauserweiterungen werden getätigt; die „Schlußphase" ist eine nie endende Phase, in der das „Dorf-Ökosystem" sich wandelt, verbessert und anpaßt.

Siedlungen entlang eines rekultivierten Bachlaufs mit Wasserkraftpumpwerk, Fischzucht und Bewässerungsgräben.
Durch biologische Anbaumethoden, natürliche Flußbettgestaltung und Uferbepflanzung können eutrophierte Gewässer entlastet werden.

Räumliche Zuordnung verschiedener Organisationsstrukturen.

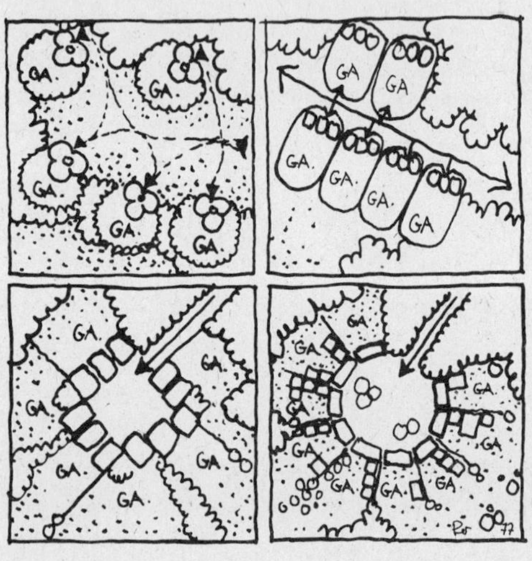

Beispiel eines kleinen Ökodorfes, mit ca. 12 WE, 60 Einwohner bei weitgehender Nahrungsmittelselbstversorgung.
Ausgehend von dem Begriff „Habitat", der Haus und Nahrung bedeutet, sollten Siedlungen immer eingebettet sein in die entsprechenden Anbau-, Wiesen-, Wald-, Wasser- und Biotopflächen, ausgestattet mit Ställen, Scheunen, Werkstätten und Gemeinschaftshäusern usw. In diesem Beispiel ermöglicht die Anordnung im Rundling eine ausgesprochene Südorientierung der Wohnhäuser, Windschutz durch Wald, Hecken, Wirtschafts- und Stallgebäude.

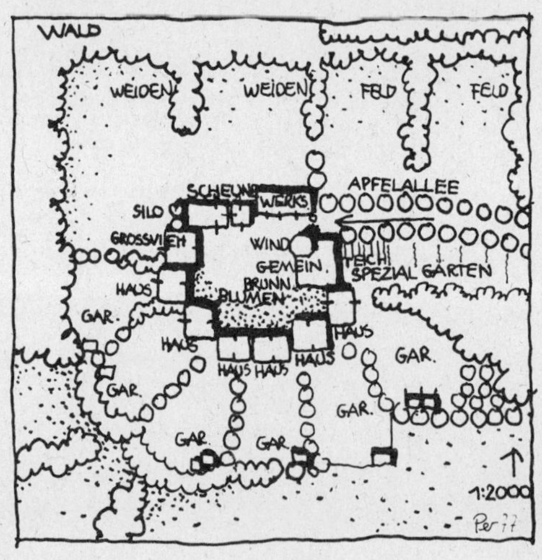

Addition von autonomen Gruppen zu Dörfern und Kleinstädten.
Selbständige Dörfer oder Siedlungseinheiten formen sich je nach örtlichen Verhältnissen (hier an einem See) zu Landschaften mit üppigen Naturbereichen (heute Flächen für Autobahn, Umgehungsstraße, Wohnwagenkolonie, Parkplätze).
Auch Stadtlandschaften könnten umgestaltet werden und langfristig in selbständige Stadtbereiche gegliedert werden.

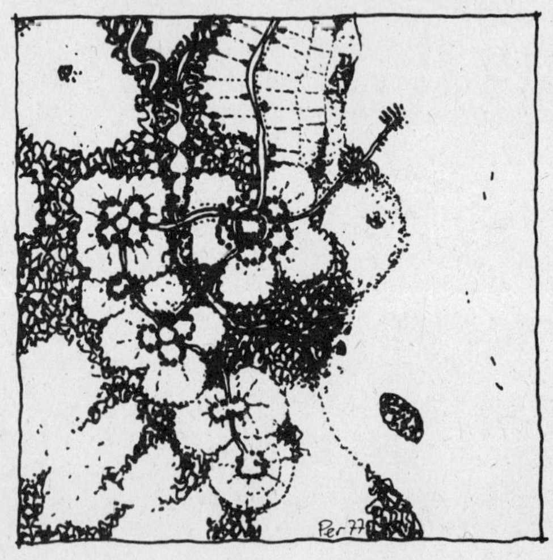

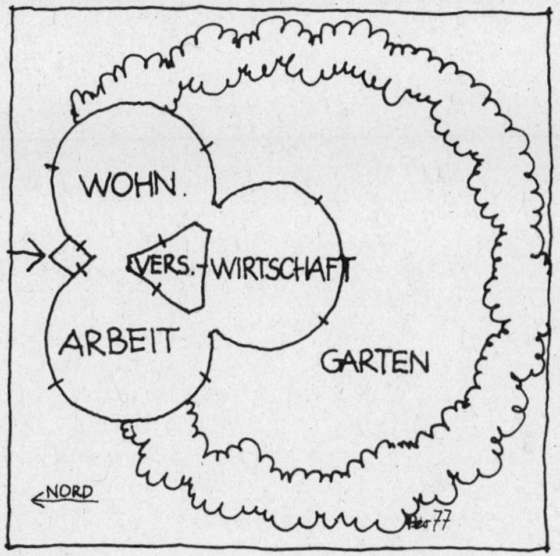

Grundrißschema und Ansicht eines autonomen Hauses zum Selbstbau.
Um einen massiven Versorgungskern der Kollektoren, Wärmespeicher, Wasserversorgung, Lüftung mit Wärmerückgewinnung und auch ein Windrad tragen kann, gruppiert sich der Wohn-, Arbeits- und Wirtschaftsbereich der sich zu einem Selbstversorgergarten mit radial angeordneten Hügelbeeten öffnet. Ein zentral angelegter Regenwasserteich bewässert über Schwerkraft den Garten, der von Fruchthecken umschlossen ist.
Das Haus kann, ausgehend von dem Versorgungskern, in Etappen selbst gebaut werden.

Literatur

Hausabfälle

Alternativkatalog 1: Dezentrale. Porrentruy CH, 1976.

Arbeitsgemeinschaft Umwelt (AGU): Umdenken – Umschwenken. Züricher Hochschulen 1977.

Arbeitskreis für Nutzbarmachung von Siedlungsabfällen e.V. (ANS): ANS-Mitteilungen Sonderhefte:

- Schwermetalle, ihre Bedeutung und mögliche Anreicherung im Boden durch Müll- und Müllschlammkomposte;
- Polychlorierte Biphenyle (PCPs), Bedeutung, Verbreitung und Vorkommen in Müll- und Müllschlammkomposten. München 1975.

Bose, P. u.a.: Planungsfaktor Umweltschutz. Grafenau 1976.

Brunner, P.: Die Pyrolyse als Möglichkeit der dezentralisierten Müllverwertung. In: Alternative Technologie, Hrsg.: S. Baer, W. Edelmann. Berlin 1977.

Bundesministerium des Innern: Abfallwirtschaftsprogramm '75 der Bundesregierung.

Bundesministerium für Forschung und Technologie (BMFT): Daten und Fakten. Bonn 1976.

Kubisch, B.: „Aus alt mach' neu" – beim Papier eine Leerformel. In: Frankfurter Rundschau 26. 9. 1979.

Meyers Lexikon: Wie funktioniert das? Umwelt. Mannheim 1975.

RKW (Hrsg.): Symposium: Recycling – eine Aufgabe der Zukunft. Frankfurt 1975.

TNO Dokumentationsblatt 37d, Abteilung Physische und Chemische Technologie: Die mechanische Trennung von städtischem Müll in nützliche Bestandteile und ihre Verwendung als Rohstoff in der Industrie. Apeldoorn NL, 1978.

Turowski, R.: Entlastung der Rohstoff- und Primärenergiebilanz der Bundesrepublik Deutschland durch Recycling von Hausmüll. Jülich 1977.

Rat der Sachverständigen für Umweltfragen: Umweltgutachten 1974. Stuttgart.

Hayes, D.: In: Kramer, Die Wegwerfgesellschaft erstickt im eigenen Müll. Handbuch gefährlicher Stoffe in Sonderabfällen; Materialien 5/78. Erich Schmidt Verlag, Berlin.

Nahrungsmittelselbstversorgung

Arbeitsgemeinschaft Umwelt (AGU): Umdenken – Umschwenken. Züricher Hochschulen 1977.

Arbeitsgruppe Alternativen (AGA): Schluß mit der ewiggestrigen Zukunft. Wien 1977.

Buess, O.: Die Gesundheit von Boden und Landwirtschaft aus der Sicht des alternativen Landbaus. In: Schriftenreihe des Deutschen Rates für Landespflege „Zur Ökologie des Landbaus". Heft 31/1978.

Franck, G.: Der Mischkulturengarten. Ulm 1974.

Grosch, P.: Alternative Betriebsmodelle in ökonomischer und ökologischer Hinsicht. In: Schriftenreihe des Deutschen Rates für Landespflege „Zur Ökologie des Landbaus". Heft 31/1978.

Haller, A. v.; Haller, W. v.: Die Wurzeln der gesunden Welt, Bd. 1, 2. Langenburg 1976, 1978.

Haller, W. v.: Der alle und alles umfassende Haushalt. Sonderdruck Nr. 34. Langenburg.

Henning, E.: Die Bodenfruchtbarkeit im Kleingarten. München.

Henning, R.; Onken, A.; Werner, U.: Kostengünstige Erzeugung von hochwertigen Nahrungsprodukten. In: Alternative Technologie. Hrsg.: S. Baer, W. Edelmann. Berlin 1977.

IMA – Informationsgesellschaft für Meinungspflege und Aufklärung e.V.: Agrimente '78. Hannover.

Initiativkreis Biologische Landwirtschaft (Hrsg.): Anregungen für eine zukunftsorientierte Landwirtschaft. Texte des Symposiums biolog. Landwirtschaft, Universität Göttingen 1977.

IPAT Interdisziplinare Projektgruppe für angepaßte Technologie: Reihe Forschung III/4. Technische Universität Berlin 1978.

Land- und Hauswirtschaftlicher Auswertungs- und Informationsdienst (AID): Nutzgarten – ja oder nein, Nr. 331. Bonn-Bad Godesberg.

Magazin Brennpunkte 9: Landbau heute: Nahrung mit Gift. Frankfurt/M. 1977.

Mattern, H.: Die Wohnlandschaft. Stuttgart 1950.

Merrill, R.: Radical Agriculture. New York 1976.

Migge, L.: Jedermann Selbstversorger. Eine Lösung der Siedlungsfrage durch neuen Gartenbau. Jena 1919.

Migge, L.: Die wachsende Siedlung nach biologischen Gesetzen. Stuttgart 1932.

Moore-Lappé, F.: Die Öko-Diät. Fischer alternativ, Frankfurt/M. 1978.

Pfeiffer, E.; Riese, E. I.: Der erfreuliche Pflanzgarten. Dornach CH, 1977.

Ronnenberg, A.: Ökonomische Aspekte der biologisch-dynamischen Wirtschaftsweise – Konsequenzen für den Einzelbetrieb und für den Produktmarkt. Dipl.-Arbeit, Göttingen 1977.

Schwarz, M. K.: Ein Weg zum praktischen Siedeln. Düsseldorf 1933.
Neubearbeitet 1947 unter dem Titel „Der Gartenbürger". Hamburg.

Schwarz, M.; Laatsch, W.; Hagemann, E.: Der Gärtnerhof. Langenburg 1974.

Seymour, J.: Leben auf dem Lande. Ravensburg 1978.

Staub, H. A.: Energiebilanzen in der Landwirtschaft. In: Schriftenreihe des Deutschen Rates für Landespflege „Zur Ökologie des Landbaus", Heft 31/1978.

Teufel, D.: Möglichkeiten der Einsparung und Erzeugung von Energie in der Landwirtschaft. In: Umweltpolitik und Umweltplanung, Bd. 8, Energie richtig genutzt. Karlsruhe 1976.

Vester, F.: Das kybernetische Zeitalter. Frankfurt/M. 1974.

Teil V Beispiele und Anhang

Das ökologische Bauen hat viele Wurzeln in der Vergangenheit. Die Siedlungen der ‚Sozialutopisten', der Pioniere und Sekten in den USA, die Künstlerkolonien wie Worpswede oder die Gruppe vom Monte Veritas haben in ihrem Bemühen, sich von ihrer jeweiligen Gesellschaft unabhängig zu machen, viele Ansätze vorweg genommen. Versuche, die eingebunden in die Gesellschaft und zum Teil öffentlich gefördert wurden, waren z. B. die genossenschaftlichen Selbstversorgersiedlungen, die Gartenstadtbewegungen und auch das Schrebergartenwesen.

Die Entwicklung der Landschaftsparks bis hin zu den Wildgärten, die Entwicklung ‚biologischer' Garten-, Feld- und Viehwirtschaft, die Entdeckung von Lebens- und Bauformen naturnaher Kulturen sowie die Wiederentdeckung des Wissens vergangener Epochen wie ‚Klimagerechtes Bauen' und standortbezogene Materialverwendung sind Beiträge zum ökologischen Bauen. Ergänzt durch neueste Erkenntnisse der Sonnenenergienutzung und anderer regenerativer Energien sowie der ökologischen Wasser- und Abfallnutzung wurden neue ökologische Gesamtkonzepte möglich. Heute stellen die ‚alternativen' Bauten, besonders in den USA, Pionierleistungen dar.

Die Warnungen des Club of Rome, die Gedanken E. F. Schumachers sowie letztlich die ‚Energiekrise' beschleunigten die Entwicklung, die weitgehend durch Privatinitiativen getragen wurde. Von der Vielzahl der entstandenen Versuchshäuser sind die ‚Arche' in Kanada sowie das ‚Naturhuset' in Schweden besonders hervorzuheben, da sie erstmalig außer der Energieversorgung die Nahrungsmittel- und Wasserversorgung sowie die Abfall- und Abwasserentsorgung ökologisch zu lösen versuchten.

Im folgenden werden diese beiden Häuser vorgestellt sowie ein Projekt von 1977 als Beispiel einer ökologischen Siedlung (Veröffentlichung in Werk und Archithese, Okt. 1978).

Zur Zeit laufen weltweit Planungen zum Bau von ökologischen Siedlungen oder ökologischen Stadtteilsanierungen. Für die Zukunft ist daher mit einer Fülle von neuen Beispielen zu rechnen, welche die Entwicklung zum ökologischen Bauen weiter vorantreiben.

Die Idee der Einheit von gebauter und gewachsener Umwelt, von technischen und lebendigen Systemen, kann in Zukunft zu Lebensräumen führen, die den Charakter einer gebauten Landschaft mit fließenden Übergängen zwischen Außen- und Innenräumen haben. Solche Landschaften könnten in einem sukzessiven Planungs- und Wachstumsprozeß die Lebensbedingungen ihrer Bewohner, der Menschen, Tiere, Pflanzen und Mikroorganismen schrittweise optimieren, so daß ein symbiotisches Gesamtsystem entsteht, das sich selbst steuert und erhält.

Da ökologische Planungen wesentlich umfassender sind und genauer auf die Standortgegebenheiten abgestimmt sein müssen, ist im Anhang ein Katalog für eine Bestandsaufnahme zusammengestellt.

Eingebettet in eine künstlich geschaffene Naturlandschaft mit vielfältig gestalteten Biotopen liegt eine autonome Siedlung, deren Nutzgärten nahtlos in die Wildbereiche übergehen. Nur die Gewächshäuser durchbrechen wie Kristalle die Vegetation.

Das „Naturhaus" bei Stockholm

Dem „Naturhaus" am Rande Stockholms liegt die Idee des Architekten Bengt Warne zugrunde, „von der Natur Entliehenes mit Verzinsung zurückzugeben". Das bedeutet, das Naturpotential des Standortes durch Besiedlung nicht nur ohne Schäden zu nutzen, sondern es zu verbessern und zu vermehren.

Vier Hauskreisläufe, entsprechend den vier Naturelementen Erde (Material) – Luft – Wasser – Feuer (Wärme), sind in einfachen gut überschaubaren technischen Systemen ausgeführt.

Das Haus besteht aus einem Ortbetonuntergeschoß für Technik, Vorräte, Wäsche, Trocknung und Werkstatt sowie einem Wohngeschoß aus zwei gut gedämmten, seriengefertigten Raumzellen. Eine Holzkonstruktion bildet das Traggerüst für die das ganze Gebäude umschließende Glashaube. So entsteht ein Pufferbereich um das ganze Haus. Dieser wird auf dem Dach des Wohngeschosses als Gewächshaus und seitlich als Laubengang genutzt. An den Stirnseiten sind jeweils Treppenhaus bzw. Wasserbecken angebracht.

Der durch Dämmung und Pufferung minimierte Wärmebedarf des Hauses wird primär durch Sonnenenergie gedeckt. Durch das Glasdach bildet das gesamte Gebäude einen Kollektor. Die sommerliche Überschußwärme wird in den unter dem Haus liegenden Schotterspeicher abgeführt und von dort bei Bedarf zurückgeholt. Die Abwärme aus der Küche und den Haushaltsgeräten fließt in die Wärmebilanz ebenso ein wie die menschliche Strahlungswärme. Ein hocheffizienter Kamin mit geschlossenem Brennkreislauf und Abwärmerückgewinnung dient als Zusatzheizung. Das Brennholz wird dem hauseigenen „Energiewald" entnommen, in dem besonders schnellwachsende Weiden stehen. Als Reserve wurde eine Nachtstromheizung installiert.

Geplante thermoelektrische Elemente im Kamin und Solarzellen auf dem Dach sollten zumindestens im Niederspannungsbereich den eigenen Stromverbrauch decken.

Der Lufthaushalt wird weitgehend über das Gewächshaus und den Schotterspeicher geregelt. Die verbrauchte Luft wird dem Gewächshaus zugeführt und so erneuert. Die Kühle des Erdspeichers kann im Sommer zur Raumklimatisierung herangezogen werden.
Die Basis des Materialkreislaufes bildet die Clivus-Multrum-Komposttoilettenanlage. Darin werden alle organischen Küchen- und Gartenabfälle sowie Fäkalien in hochwertigen Kompost umgewandelt. Dieser dient zur Düngung im Gewächshaus und im Garten. Der ganzjährige Gemüseanbau im Gewächshaus führt zu einem hohen Selbstversorgungsgrad. Ferner findet eine konsequente Abfalltrennung statt, so daß die Abfälle als Rohstoffe einem eventuellen Recyclingprozeß zugeführt werden können.
Regenwasser und Kondenswasser aus dem Gewächshaus werden in einem Wasserbecken gesammelt, wo es durch biologische Selbstreinigung (Algen, Fische usw.) und anschließender Filterung für Waschen, Duschen, Spülen usw. verwendbar gemacht

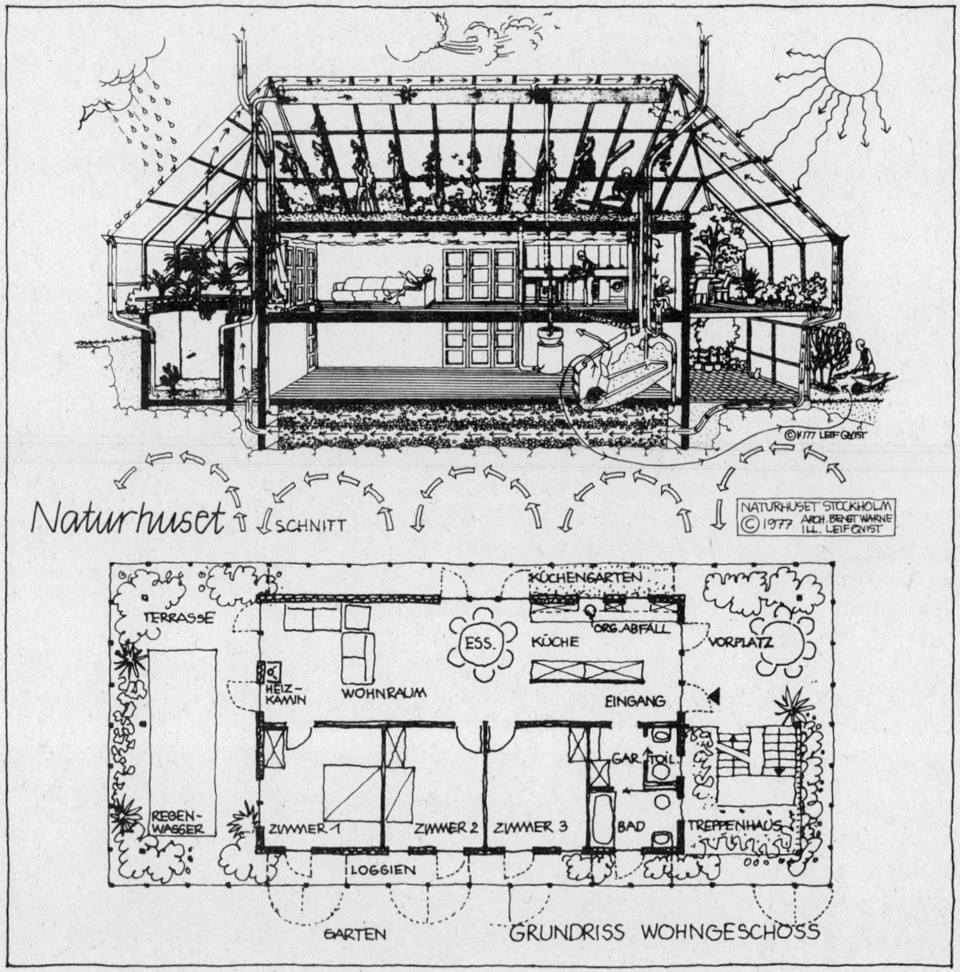

Orientiert an den 4 Naturelementen Wasser – Luft – Feuer – Erde bilden sich die Hauskreisläufe aus, die hier in der Überlagerung und Vernetzung ein hocheffizientes, weitgehend selbständiges Haussystem ergeben. Der Knotenpunkt ist das Gewächshaus mit den Pflanzenkulturen.

Der Grundriß (hier Wohngeschoß) des „Naturhauses".
Die schraffierten Bereiche umschließen als Puffer das gesamte Haus; zusammen mit hochgedämmter Holzbauweise, dichten Fenstern und Isolier-Verglasung im Umgangsbereich wird der Wärmeverlust auf ein Minimum reduziert.

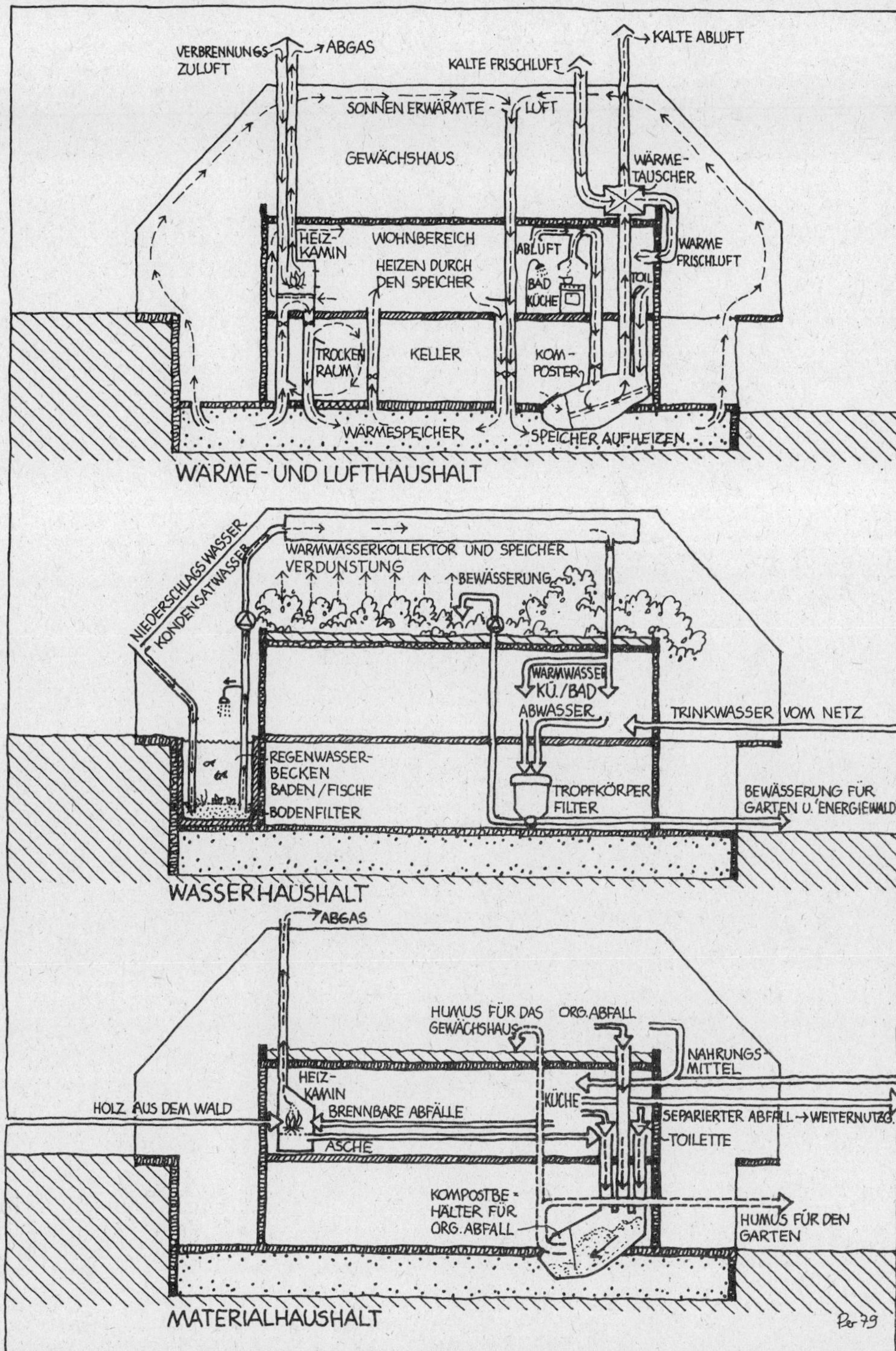

Der Lufthaushalt übernimmt in diesem Beispiel auch die Versorgung mit Wärme.
Der Schotterspeicher wird im Sommer über die Gewächshauswärme geladen. Bei Bedarf beheizt ein direkter Luftkreislauf die Wohnräume durch die Speicherwärme. Die Abluft aus Küche und Wohnraum gelangt zur zusätzlichen Belüftung in die Komposttoilette. Frischluft wird im Abluftschacht durch Wärmetauscher vorgewärmt. Das Kaminzusatzheizsystem mit geschlossenem Brennerkreislauf ist in das Haus-Speicher-Luftsystem integriert.

Wasserhaushalt
Der Brauchwasserbedarf wird eigenständig über ein Regenwassersammelbecken, das als kleines Ökosystem eine natürliche Klärung gewährleistet, gedeckt. Über eine Pumpe gelangt ein Teil in den Warmwasserkollektor im Gewächshausfirst, der zugleich Speicher für den regelmäßigen Tagesverbrauch ist. Die Abwässer werden über einen Tropfkörper vorgefiltert und zur Bewässerung und Düngung im Gewächshaus und im „Energie-Wald" genutzt.

Der Kreislauf der organischen Stoffe wird vor allem durch die Komposttoilette geregelt, in die alle verrottbaren Abfälle des Hauses über verschiedene Abwürfe gelangen. Nach ca. 3jähriger Verrottungsdauer gelangt der Humus zur Düngung in das Gewächshaus oder in den Garten.

Schnitte, Grundrisse und Isometrie der „Arche" auf Prince Edward Island.

Quelle: New Alchemy Institute

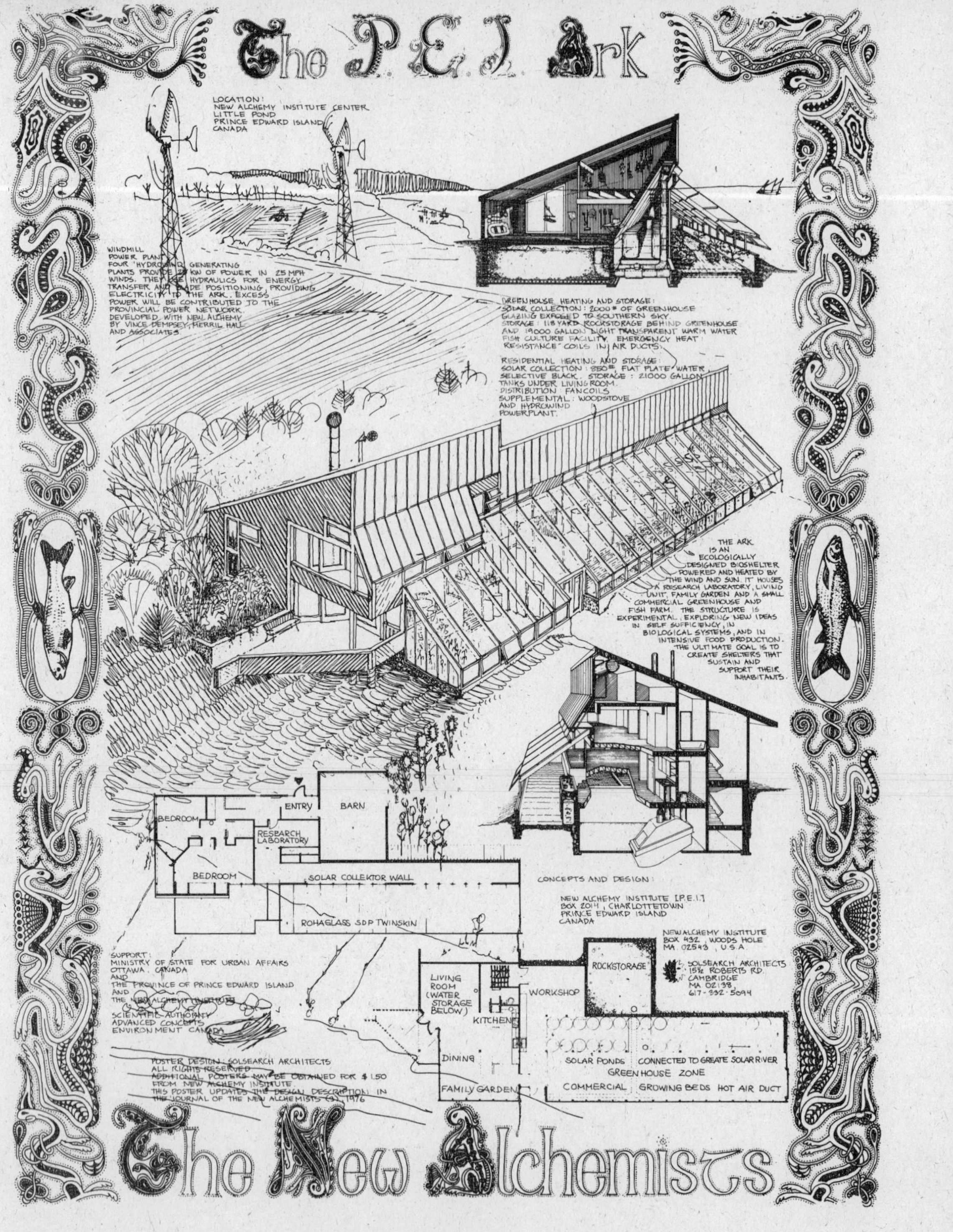

wird. Das Abwasser wird in einem Steinfilter gereinigt und zur Bewässerung im Garten und Gewächshaus verwendet. Trinkwasser wird aus dem öffentlichen Netz bezogen.
Das Naturhaus war aufgrund seiner einfachen Konzeption nur unwesentlich teurer als ein konventionelles Wohnhaus. Es ist ohne Einschränkung auf verdichtete Gebiete übertragbar.

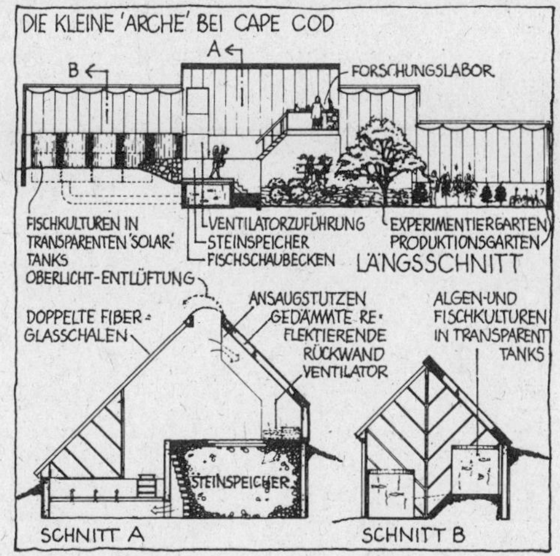

Schnitt durch den Gewächshausteil der kleinen „Arche" des New Alchemy Institutes.

Die „Arche" des New Alchemy Institute, Kanada

Die „Arche" entstand als eine sich selbstversorgende „Überlebensinsel", in der die Bereiche Wohnen, Arbeiten, Nahrungsmittelerzeugung und Energiegewinnung vereinigt sind.
Sie wurde von den „New Alchemists" erbaut, einer Gruppe von Wissenschaftlern verschiedener Fachbereiche mit dem Ziel, nützliche Alternativen auf biologischer und ökologischer Basis zu verwirklichen.
Standort ist Prince Edward Island/Kanada auf dem 47. Breitengrad mit rauhen klimatischen Verhältnissen.
Das Gebäude deckt nahezu seinen gesamten Wärmebedarf durch passive und aktive Sonnennutzung. Die langgestreckte Südfassade besteht aus 2000 m^2 Glashaus und 850 m^2 Kollektorfläche. Nordseite und Dach sind sehr gut wärmegedämmt. Das Gewächshaus funktioniert als passives System in Verbindung mit einem 80 m^3-Steinspeicher. Die elektrische Widerstandsheizung wurde nur für Notfälle installiert. Der Wohnbereich wird über zumeist senkrecht stehende Kollektoren und einen 5000-Liter-Wassertank, der sommerliche Überschüsse speichert, beheizt. Die tiefstehende winterliche Sonne kann direkt durch das Glashaus in die Wohnräume gelangen. Ein zusätzlicher Holzofen deckt den Spitzenbedarf. Windgeneratoren versorgen die „Arche" mit elektrischem Strom. Bei starkem Wind erfolgt sogar eine Einspeisung ins öffentliche Netz.
Im großen Glashaus (UV-durchlässiges Acrylglas) werden Gemüseanbau, Kompostwirtschaft und Fischzucht betrieben. Diese Kombination bildet eine sich gegenseitig fördernde Einheit mit weitgehend geschlossenem Nährstoffkreislauf. Über Kompostierungsanlagen und -toiletten werden die Fäkalien und die organischen Küchen- und Gartenabfälle in hochwertigen Kompostdünger umgewandelt. Der Gemüseanbau kann durch die ausreichende Wärmespeicherung (Steinspeicher, Algentanks, Mikroklimagestaltung usw.) ganzjährig betrieben werden.
Die Fischzucht bildet die Grundlage für die Eiweißversorgung. In großen, lichtdurchlässigen Kunststofftanks bilden hochwertige Speisefische (Tilapia, Forellen usw.) zusammen mit Algenkulturen, Sonnenstrahlung und künstlicher „Flußbildung" ein eigenes Ökosystem, das nur geringfügige Pflege erfordert. Die Fischtanks, die anfangs im Freien aufgestellt waren, hielten auch an frostigen Tagen noch Temperaturen von über 20° C. Später wurden sie im Pufferbereich zwischen Wohnräumen und Gewächshaus untergebracht und dienen dort als zusätzliche Wärmequelle.
Der spätere Bau eines zweiten Selbstversorgermodells in Cape Cod beruht auf den Grundprinzipien der ersten „Arche". Zusätzlich fand eine Verknüpfung von ökologischen und ökonomischen Gegebenheiten statt. So entstand ein kleiner landwirtschaftlicher Betrieb, der durch die ständige Haltung von ca. 20000 Fischen sowie Nahrungs- und Futterpflanzen den gesamten Lebensunterhalt einer ganzen Familie decken sollte.
Flächensparende Betriebe dieser und ähnlicher Art sind ohne weiteres auf mitteleuropäische Verhältnisse übertragbar und sogar in städtischen Bereichen möglich.

Besiedlung einer verlassenen Tagebaugrube

Das Siedeln auf ökologisch mehr oder weniger intakten Standorten bedeutet biologisch gesehen die Einwanderung einer neuen Art. Die vorhandenen Ökosysteme werden sich deshalb verändern. Will man die noch wenigen intakten Landschaftsbereiche belassen, so sollte man Standorte aufsuchen, die bereits Zerstörungsmerkmale aufweisen. Nach ökologischen Prinzipien besiedelt, können solche Bereiche rekultiviert bzw. neu belebt werden, menschliche Behausungen integrierend.
Das folgende Beispiel zeigt im Konzept die Besiedelung einer ehemaligen Tagebaugrube als Raffung eines Belebungsprozesses, der sich sonst auf natürliche Weise in natürlicher Sukzession vollzieht, aber geraume Zeit länger dauern würde.
Die Belebung biologisch nahezu verarmten bzw. toten Geländes kann überall stattfinden, auch in Großstädten (Beispiel in New York usw.), denn auch Häuser, Plätze und Straßen sind Biotope und können belebt werden.

Das Projekt

Da dem Ideenentwurf kein konkreter Standort zugewiesen ist, entfällt die spezifische Aufnahme der Daten über Klima, Boden, Wasser und Biologie, wie sie für solche Projekte notwendig wären. Vielmehr werden hier allgemeine Prinzipien zugrunde gelegt und am Entwurf dargestellt; sie sollten den örtlichen Gegebenheiten entsprechend modifiziert werden.
Als Standort für die Siedlung innerhalb der Tagebaugrube wurde der Südhang angenommen, der optimale Besonnung und Wetterschutz gegen Norden bietet. Im Bereich eines möglichen Kältesees in der Talsohle stehen keine Wohnhäuser mehr.
Die terrassenförmige Anordnung der Häuser setzt sich in den Gärten am Südhang fort, die für intensive Bewirtschaftung sehr gut geeignet sind. Auch Gewächshäuser sind hier am Hang möglich.

Verlassene Tagebaugruben können auch durch Besiedelung rekultiviert werden. Hier eine Reihe von „Grubensiedlungen", die auf dem Höhenrücken durch Gemeinschaftseinrichtungen usw. verbunden sind.

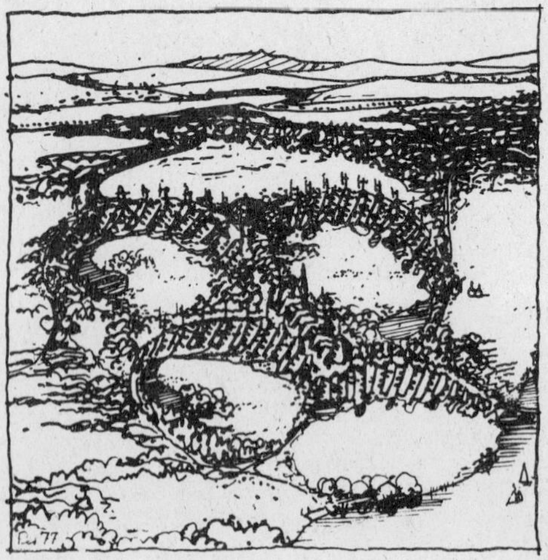

Südhänge bilden ein vorzügliches Kleinklima aus mit erhöhter Einstrahlungsintensität, Windschutz und nächtlichem Ausstrahlungs-Schutz. Größere Tagebaugruben, etwa aus dem Braunkohleabbau, könnten so ganze autonome Städte aufnehmen.

Die Hangneigung wird in den verschiedenen Kaskaden zur Energiegewinnung und zum Transport genutzt; durch Schrägaufzug mit Schwerkraft und Wassergewichten wird das obere Wasserbecken im Zusammenwirken mit Windkraft zur Speicherung genutzt.

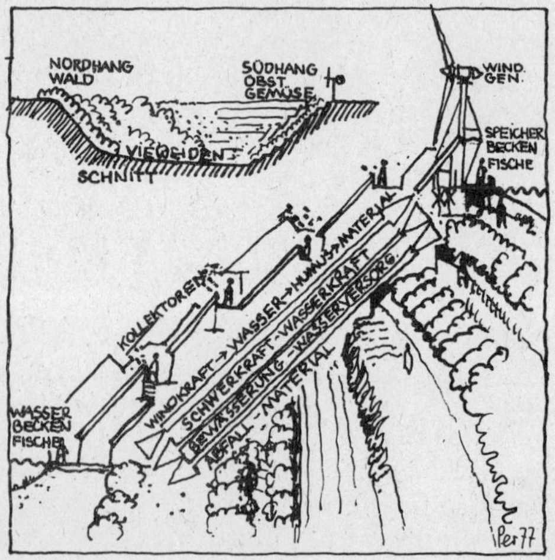

Die Talsohle soll vorwiegend Weideland sein, kombiniert mit Obstbau. Feldanbau ist ebenfalls möglich. Die anderen Hänge werden bewaldet und je nach Neigung und Eignung gelegentlich auch mit Obstbäumen und Sträuchern besetzt.
Bei sorgfältiger Planung der Wiederbelebung des Bodens ist eine schnelle Verbesserung der Bodengüte möglich. Menschliches Eingreifen und biologische Selbstregelung müssen dabei in eine harmonische Ergänzung gebracht werden.
Zunächst werden die Hänge durch Terrassen und Lebendverbaumaßnahmen befestigt und alle Maßnahmen zur Bodenbelebung wie Anreicherung mit organischen Materialien, Kompost, Gründüngung, Mikroklimagestaltung, Regelung des Wasserhaushaltes und insbesondere Bepflanzung, eingeleitet. Die erste Generation der Pflanzen hat die Aufgabe, den Boden aufzuschließen und vor Erosion zu schützen.
Die Bebauung und Besiedelung selbst wird schrittweise erfolgen. Das Wassersystem wird vom Grundwasserteich, der sich in fast allen Tagebaugruben bildet, gespeist. Ein zweiter Teich wird am oberen Rand der Grube angelegt; ein Windkraftwerk pumpt das Wasser nach oben. Von dort aus fließt es wahlweise zur Bewässerung in die Gärten, betreibt bei Bedarf oder Windflaute eine kleine Turbine zur Stromerzeugung in der

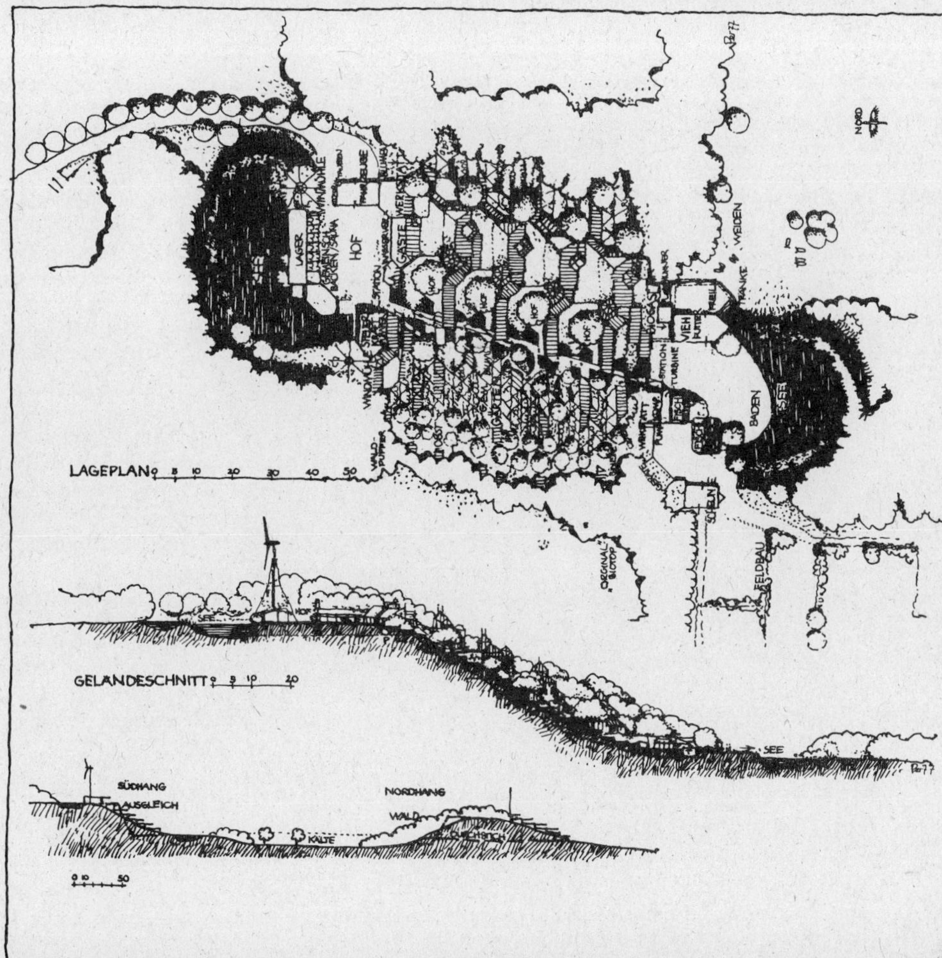

Lageplan und Geländeschnitte einer Einheit, die in den folgenden Bildern im Detail dargestellt wird. Die Gärten seitlich der Häuser sind individuell zu bewirtschaften; der Hangrücken und der Talgrund sind gemeinschaftlich zu nutzen.

Talsohle oder fließt über Wasserräder in Kaskaden dem Grundwasserteich zu. Auch ein Aufzugssystem für Lasten kann mit Wasserkraft auf einfachste Weise funktionieren. Das Regenwasser, über die Dächer gesammelt, wird in den Wasserkreislauf integriert. In den offenen Gewässern wird gleichzeitig Fischhaltung betrieben. Das bewegte Wasser enthält genügend Sauerstoff selbst für Forellen und/oder bietet Erlebnisreichtum, Spiel-, Bademöglichkeit und Kühlung im Sommer, Temperaturausgleich im

Details gärtnerischer Hangnutzung.
Ingenieurbiologische Hangbefestigungen und sukzessive Pflanzenentwicklungen werden genutzt, um optimal klimatisierte, erosionsgeschützte Gartenanbauflächen zu erhalten.

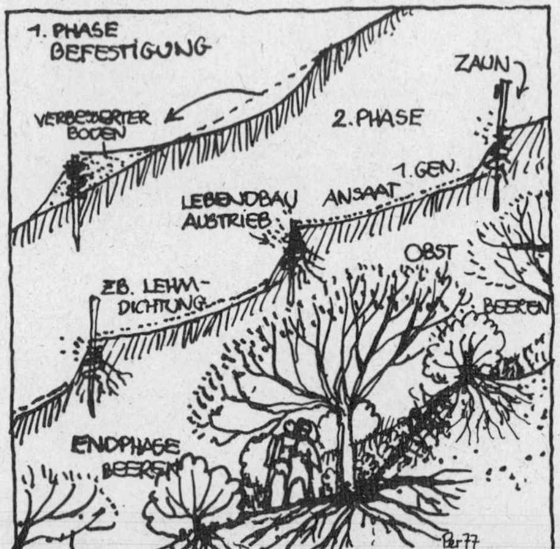

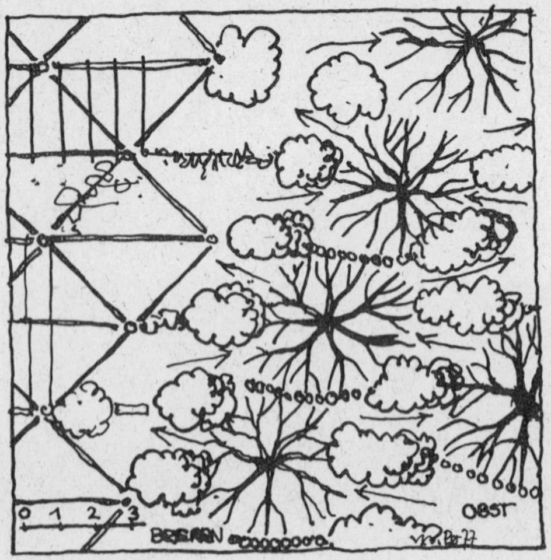

Die Räume in den Wohnhäusern sind so angeordnet, daß sich eine Folge vom öffentlichen Bereich zur privaten Zone, gleichzeitig auch eine Temperaturhierarchie vom warmen Kernbereich nach außen ergibt. Je nach Jahreszeit können die Aktivitäten der Bewohner sich vom warmen zentralen Bereich über Pufferbereiche bis in die Gartenzone verlagern.

Das Erdgeschoß ist massiv in einfacher Wölbetechnik gemauert und dient insgesamt als Speicher für Wärme und Feuchtigkeit. Das Obergeschoß ist einfache, gut wärmedämmende Holzkonstruktion.
Das ganze Haus ist als Sonnenkollektor ausgebildet, der alle Einstrahlung von Südost bis Südwest über Pufferzonen, Gewächshäuser, Veranden, Fenster, Luft- und Wasserkollektoren oder Trombe-Wand aufnimmt. „Passive" Systeme ohne technischen

Erdgeschoßgrundriß eines Hauses

Winter usw. Die Trinkwasserversorgung erfolgt über Brunnen bzw. über eigene Filterungs- und Aufbereitungsanlagen.
Die organischen Abfälle aus Haus, Garten und Stall werden wahlweise in der Biogasanlage im Tal anaerob zersetzt oder im Garten kompostiert, wobei der Schwerpunkt dieser oder jener Methode saisonal unterschiedlich sein kann.

Aufwand nur durch sinnvolle Anordnung von Bauteilen werden den „Aktiven" technischen Systemen vorgezogen. Einen Teil der Wärmespeicherung übernehmen die Wände und Decken des Erdgeschosses. Weitere sommerliche Überschußwärme wird im Erdspeicher unter dem Gebäude gesammelt.
Wirtschaftsküche, Küche, WC und Bad sowie Versorgungsräume in Keller und Dach bilden mit Sonnenenergieanlage, Abluft- und Abwasserwärmerückgewinnung, Sammler für organische Abfälle und der Wasserversorgung eine technische Einheit, die weitgehend in sich geschlossen ist. Das Bad im Obergeschoß bildet mit dem Technikraum, dem Wasserspeicher und der „Wasserkunst" ein kleines tropisches Gewächshaus als Rückzugsort auch für die Stammkulturen der Gewächshäuser in Kälteperioden.

Obergeschoßgrundriß eines Hauses.

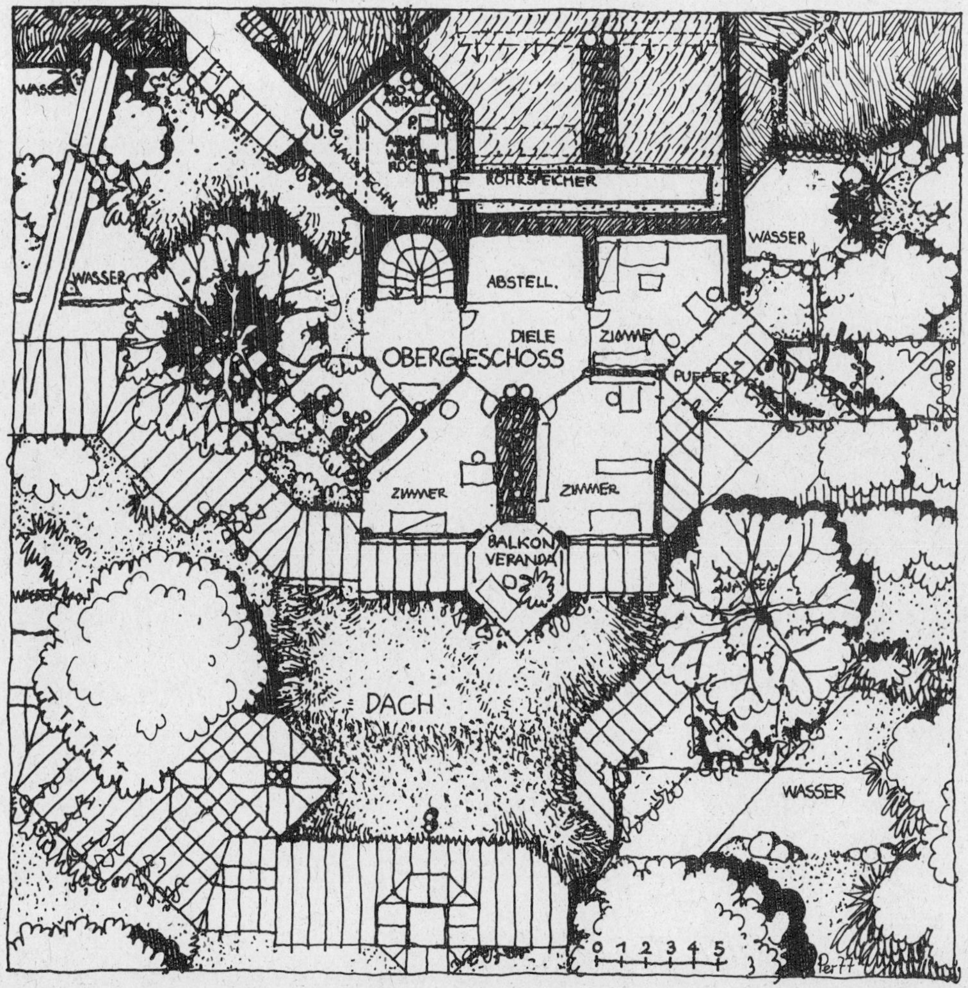

Terrassen- und Raumfachwerke, auch in Lebendbauweise, sind vielfältig nutzbar für Schattierung, Frost- und Windschutz, Bewässerung, Laubgerüst, Stellage, Trocknungsgerüst, Traggerüst für Glasabdeckung etc. Einfache Baumaterialien wie Stangenholz werden verwendet. Das System ist variabel und umbaubar und kann darüber hinaus Basis für weitere Bauten, wie Schuppen, Ställe u.ä. sein. Mischkulturanbau von selbstdüngendem Obst und Beeren mit Gemüseanbau ergeben Höchsterträge bei nur geringem Arbeitsaufwand.

Die Gebäude sind weitgehend in den Hang und die angrenzenden Gärten eingebunden. Sie sind so konzipiert, daß nur geringe Energieverluste auftreten. Hohe Wärmedämmung und gute Detailausbildung bewahren die Wärme im Haus. Die Räume sind nach dem Schalenprinzip angeordnet; der warme Kernbereich ist in mehreren Stufen von Räumen mit niedrigerem Temperaturniveau umgeben. Der Außenbereich wirkt durch seine Mikroklimagestaltung (Windschutz, Fassaden- und Dachbegrünung, Abstrahlungsschutz, Wasserflächen usw.) als schützende Pufferzone am Haus. Die passiven Maßnahmen zur Sonnenenergienutzung wie eindeutige Südorientierung, Öffnung der Südfassade, Glashäuser, Trombe-Wände und Speicherwände, -decken und -böden im Hausinneren decken bereits einen erheblichen Teil des Wärmeverlustes. Der Rest wird über Schotterwärmespeicher (als Langzeitspeicher), die im Sommer mit Überschußwärme geladen werden, gedeckt. Die Beheizung erfolgt über Wandstrahlungsheizungen, die als geschlossene Hypokaustensysteme ausgebildet und in die Herd- und Kaminsysteme integriert sind.

Schnitt durch Wohn- und Wirtschaftsteil

Eine kleine Ausgleichsspeichereinheit kann bei Bedarf im Sommer zur Kühlung im Tag-Nacht-Ausgleich eingesetzt und im Herbst ebenso mit Wärme „beladen" werden.
Die Warmwasseraufbereitung erfolgt über Kollektoren und das Herd-Kamin-System; die Abwasserwärme wird über Wärmetauscher zurückgewonnen.
Kochwärme bieten die Kamin-Herd-Kombination und das aus der Biogasanlage gewonnene Methangas. Zusätzlich können Gasflaschen das Energiedefizit ausgleichen. Zusatzenergie wird nur in Portionen eingekauft, nicht über Leitungsnetz.
Elektrizität können wahlweise und je nach Situation ein Windgenerator, Wasserräder bzw. -turbinen, ein Biogas-Motorgenerator oder Solarzellen liefern. Die Speicherung kann primär über das mit den zwei Teichen erstellte Pumpspeicherwerk geschehen.
Die Speicherung der Nahrungsmittel für den Winter geschieht über vielfältige Lager- und Konservierungsmethoden; in den Gebäuden sind deshalb unterschiedliche Lagerräume z. B. für kühltrockene oder kühl-feuchte Bewahrung vorgesehen. Der dafür notwendige Mehraufwand kann besonders bei gemeinschaftlicher Verarbeitung Arbeit und Fest zugleich sein.

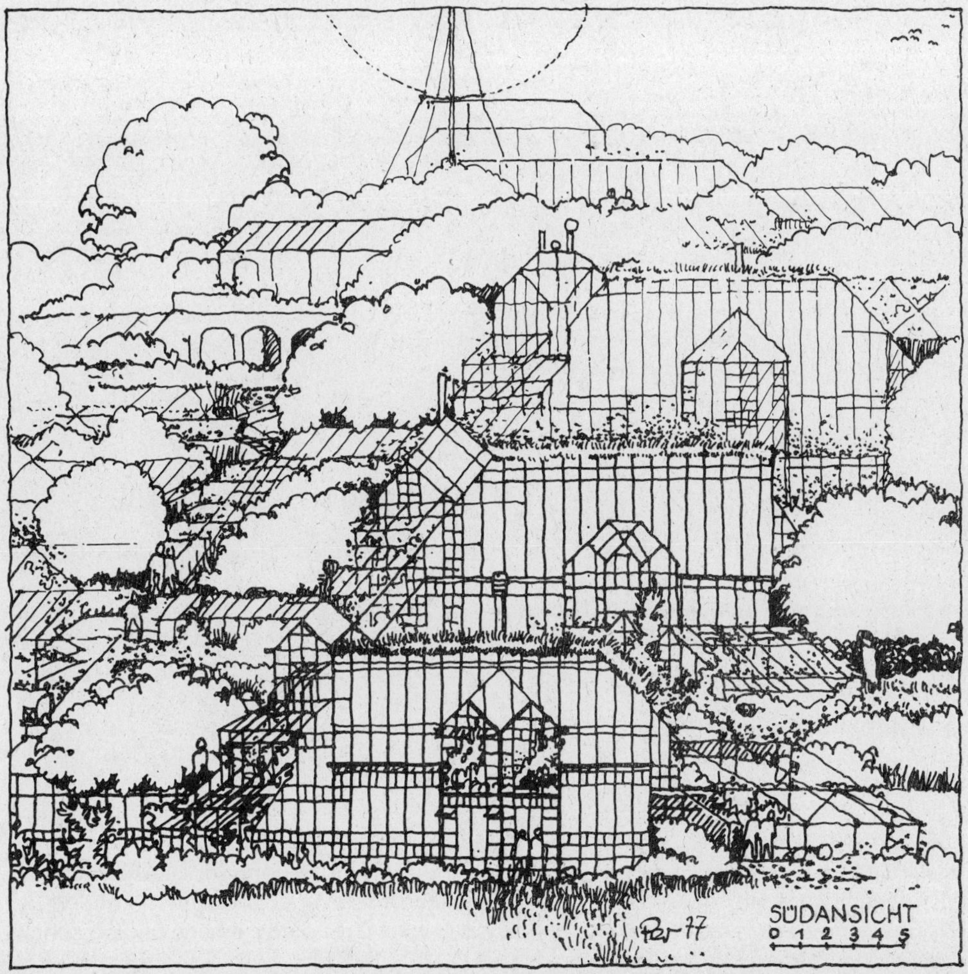

Südansicht

Die Gesamtsiedlung könnte sich je nach Größe der Abbaugrube mehrmals wiederholen; Eigenständigkeit und Selbstverantwortung der verschiedenen Gruppen werden auch verschiedene Formen der Besiedlung zur Folge haben. Ausreichende Biotopflächen für Hecken und Gehölze, Wasser- und Sumpfbiotope usw. trennen die einzelnen Dörfer. Talgrund und Nordseite könnte gemeinschaftlich genutzt werden. Die Lebensweise wird durch die weitgehende Einbindung in die Natur und durch das hohe Maß an Eigenständigkeit in Nahrungs-, Wasser- und Energiehaushalt geprägt; Wetter, Jahreszeiten und andere Saisoneinflüsse könnten spürbarer werden, Geist und Sinne durch die vielfältigen Tätigkeiten gleichermaßen beansprucht werden.

Ökologische Bestandaufnahme

Für ökologische Planung ist eine detaillierte Kenntnis aller Gegebenheiten eines Standortes notwendig. Das ist aus der Darstellung der einzelnen Maßnahmen für ökologisches Bauen ablesbar. Daraus ergibt sich für die Bestandsaufnahme ein höherer Aufwand als bisher üblich.
Prinzipiell sollten ortsansässige Planer, Geologen, Meteorologen, Botaniker u. a. Fachleute herangezogen werden, die den Standort zu allen Jahreszeiten kennen und nur noch die speziellen Verhältnisse am Bauplatz ermitteln müssen.
Einen großen Teil der in den folgenden Tabellen aufgeführten Daten sollte jede Gemeinde für sich ermitteln und vor der Planung Architekten und Bauherren zur Verfügung stellen. Ebenso müßten die ökologischen Planungsabsichten der Gemeinden aufgrund der lokalen Bestandsaufnahme dargestellt und in der Flächennutzungs- sowie der Bebauungsplanung realisiert werden. Eine „ökologische Baufibel", die im wesentlichen die ökologischen Problemgebiete der Gemeinde aufzeigt, könnte eine öffentliche Diskussion in Gang setzen und die Eigeninitiative fördern und ermöglichen.
Der folgende Katalog gliedert sich in Fragen, die durch Begehung, Befragung (mit jeweiligem Adressat) oder durch Tests (Messungen usw.) geklärt werden können.
Das zusammengetragene Material stellt eine erste Grundlage einer „ökologischen Bestandsaufnahme für Bauvorhaben" dar.

		Begehung	Befragung	Adressat	Test
● **Daten zum Klima des Standortes**	Sonnen-einstrahlung	● Geländeformung und Relief ● relative Höhenverhältnisse (Tal, Mulde, Hang, Berg) ● genauere Angaben über Lage am Hangfuß, Mitte, Oberende, Hangkante, Talgrund, Hochebene, Senken, Mulden, usw. ● Hangorientierung und -neigung ● Verschattungszonen (tages- und jahreszeitlich) ● Lage zu Gewässern (stehende, fließende) ● Nebelfelder (Nebelobergrenze bestimmen) ● Gebiete mit ausgesprochen viel Rauhreif- und Tauniederschlag ● Frostschäden, -gebiete (Kaltluftstau- und Fließgebiete) ● Schneeverwehungen ● Verlauf der Schneeschmelze ● Vegetationsbestand (hoch/niedrig, dicht usw., Verdunstungsgrad) ● Orientierung, Stellung und Form traditioneller Bauernhäuser, Hofbepflanzung ● Hecken- und Walleingrenzungen ● Anbaumethoden	● Höhe über Meereshöhe ● Relative Höhe ● Lage im Großrelief (Kontinentalität) Meteorologische Daten und Karten zu ● Jahrestemperaturverlauf als Zeit- und Ortsaussage (Tages- und Monatsmittel) ● Temperaturspitzenwerte, Häufigkeitsverteilungen ● Tagesschwankungen (minima und maxima) im Mittel pro Monat ● Häufigkeitsverteilung der verschiedenen Wettertypen (bisher kaum erfaßt) ● Häufigkeitsverteilung von Inversionswetterlagen (Zeit- und Ortsaussage) ● Häufigkeit bestimmter Schwellenwerte wie: ● Vegetationsperioden (Tage über 5°C bzw. 10°C) ● Sommertag (ab 25°C) ● Tropentage (ab 30°C) ● Schwüle Tage (25°C/60%; 30°C/45%) ● Frosttage (bes. Früh- und Spätfröste) ● Schneetage (Tage mit 5 cm geschlossener Schneedecke) ● Nebeltage ● Gewitterhäufigkeit ● Schlagregenhäufigkeit (Zeit und Ortsaussage) ● Dauer der sicher-frostfreien Zeit ● Heizgradtage	Alle Daten und Unterlagen der Klimameßstationen (im Netz von 35 bis 40 km) sind von den Wetterämtern Hamburg, Berlin, Essen, Frankfurt (Zentralamt), München, Stuttgart zu erhalten sowie in den Veröffentlichungen zu ersehen: ● Monatlicher Witterungsbericht ● Deutsches meteorologisches Jahrbuch ● Klimaatlanten der Bundesländer im M = 1:1000000 und M = 1:200000 für Niederschlagsverhältnisse Sonderstellen: Agrarmeteorologische Beratungsstellen Ahrensburg, Bremen, Braunschweig, Schleswig, Bonn, Geisenheim, Trier, Weihenstephan, Würzburg, Freiburg	Messungen haben nur für spezielle Aufgaben Sinn, da sie über sehr lange Zeiträume stattfinden müssen, um Richtwerte zu erhalten. Temperatur-Messungen Boden und Luft Feuchte Messungen Aufstellen einer Wetterstatistik
	Wind	● Windverformungen an Bäumen und Sträuchern Zwergwuchs, Scherwuchs ● Bemooste Schlagregenseiten an Bäumen, Zäunen, Gebäuden ● Bodenerosionen durch Wind ● Windhindernisse, Düsen- und Zwangswege ● Windfeldverteilung, beeinflußt durch Vegetation, Gebäude, Topographie usw. ● Dauer und Beginn des Laubabfalls (= windexponente Standorte)	● Verteilung der Windrichtungen und -stärken, Häufigkeitsverteilung ● Großmaßstäbliche Kartierung typischer Lokalwinde, ebenso von Kaltluftschneisen und -seen	Zum Teil sind detaillierte Geländeklimaaufnahmen für Kurorte, Obstanbaugebiete, usw. sowie Städte und Planungsverbände vorhanden	Windmessungen

		Begehung	Befragung	Adressat	Test
Fortsetzung • **Daten zum Klima des Standortes**	Niederschläge	• Luv- bzw. leeseitige Lage • Trockenrißbildungen bei längeren Trockenzeiten • Ortsübliche Anbaukulturen (Wein, Wintergetreide, Weizen, Walnüsse, usw. als Indikatoren für günstige Klimate)	• Niederschlagsmengen und -verteilung (Orts- und Zeitaussage) • Phänologische Daten und Karten, bes. für ortsspezifische Aussagen, wie z. B. Beginn der Schneeglöckchenblüte Beginn der Laubentfaltung von Rotbuche, Linde, Ahorn Beginn der Apfelblüte Beginn der Winterroggenvollblüte	Wetterämter Deutsches meteorologisches Jahrbuch Klimaatlanten des Deutschen Wetterdienstes für alle Klimafragen: Wetterkundige Einheimische besonders über die lokaltypischen Erscheinungen befragen sowie Sport- und Berufsflieger und Luftfahrteinrichtungen	Niederschlagsmessungen
		• Rückschlüsse anhand natürl. bzw. naturnaher Vegetation auf mikroklimatische Verhältnisse durch Pflanzengesellschaften und Zeigerpflanzen (Experten befragen)	• Dauer der Vegetationsperioden (Tagesmittel für „Maisklima" über 10°C, für „Weinanbauklima" über 9°C, für Anbau von Wintergetreide über 8°C) • Für einzelne Bundesländer existieren bereits Bio-Klimakarten, die nach phänologischen Gesichtspunkten erstellt wurden bisher nur bei: Hessen: Windesklimagliederung M = 1:200000, 1974 Baden-Württemberg: Ökologische Klimakarte M = 1:350000, 1974 (In Vorbereitung für weitere Bundesländer)	Hessisches Ministerium für Landwirtschaft und Umwelt B.-W. Ministerium für Ernährung, Landwirtschaft und Umwelt	
	Stadtklima	• Bebauungsdichte und -art • Trübungs- und Luftverschmutzungsgrad (siehe Immissionen) • Begrünungsdichte, Art der Begrünung • Frischluftverhältnisse • Windverhältnisse	• Zusätzliche Aussagen für Verdichtungs- und Ballungsgebiete • Trübungsfaktor, Helligkeitswerte Bewölkungshäufigkeit Gewitter- und Nebelhäufigkeit, Häufigkeit von Inversionswetterlagen und Smog, lokale Überwärmungen, Windverhältnisse	Gemeinde/Stadt Wetterämter	Meßfahrten und Infrarottestaufnahmen zur Feststellung von „Wärmeinseln" Staub- und Aerosolmessungen CO_2-Messungen SO_2-Messungen usw.
			• Immissionen	Wetter- und Gesundheitsämter Gewerbeaufsicht	
• **Daten zum örtlichen Energiepotential**	Sonnenenergie	• Verschattungszonen und -zeiträume durch Vegetation, Topographie, Bebauungen	• Sonnenhöhe und Azimut für den 15. jedes Monats • Tages- und jahreszeitliche Verteilung der direkten und diffusen Einstrahlungsintensität auf die Ebene ($W/m^2 \cdot h$) • Maxima und Minima der Globalstrahlung (Wh/m^2) sowie der direkten Einstrahlung	w. o. In Vorbereitung: „Sonnenatlas" der deutschen Wetterämter für die BRD	

		Begehung	Befragung	Adressat	Test
Fortsetzung ● **Daten zum örtlichen Energiepotential**			● Sonnenscheinstunden im Jahresverlauf der direkten Einstrahlung (Mittelwerte, Extremwerte) ● Sonnenscheindauer – Häufigkeitsverteilung ● Zahl der sonnenlosen Tage im Jahresverlauf ● Trübungsfaktor und seine Veränderung im Jahresverlauf ● Mittlere Globalstrahlung auf verschiedene Hausflächen		Entsprechende Messungen über längere Zeiträume
	Windenergie	● Luv-leeseitige Lage ● Windhindernisse, Windverformungen, Windschattenlagen ● Traditionelle Windnutzung ● Lokale Windverhältnisse	● Windstärke und Häufigkeitsverteilung im Jahresverlauf ● Windrichtungsverteilung ● Überlagerung von Windstärke und häufigste Windrichtung ● Windstille Tage im Jahresverlauf ● Evtl. vorhandene Untersuchungen und Kartierung der typischen Lokalwinde	Gemeinde/Stadt Wetterämter	Evtl. Messungen zu lokalen Windverhältnissen und Besonderheiten
	Wasserkraft	● Neigung des Geländes und Höhenunterschiede ● Staustufen und Wasserterrassen ● Wassermengen ● Abschwemmungen, Überflutungsbereiche ● Traditionelle Wasserkraftnutzung in der Umgebung	● Reliefenergie, geographische Verhältnisse ● Niederschlagsmengen, jahreszeitliche Verteilung und Schwankung ● Jahreszeitliche Wasserführung der Fließgewässer ● Häufigkeit von Überflutungs- bzw. Trockenperioden ● Schneehöhen und Schmelzwasser	Gemeinde/Stadt Wetterämter Wasserwirtschaftsämter	Messungen von Wassermengen, Fließgeschwindigkeit, Fallhöhe, Saisonale Unterschiede
	Bioenergie	● In größeren Mengen verfügbare organische Abfälle aus Land- und Forstwirtschaft, Gewerbe, Haushaltungen, usw. ● Anbaumöglichkeiten		Gemeinde/Stadt Gewerbeaufsicht Müllabfuhr	
	Restwärme	● Abwärme aus Nachbarschaftsbebauung und -nutzung von Industrie und Gewerbe-Betrieben		Gemeinde/Stadt Gewerbeaufsicht Einheimische Wetterkundige befragen	Temperatur- und Wärmemengenmessungen
● **Daten zum Wasserhaushalt des Standortes**	Oberflächengewässer	Kartierung von: ● Dichte der stehenden und fließenden Gewässer ● Wasserführung (Menge), Wasserstandshöhe (in der jahreszeitlichen Veränderung), Fließgeschwindigkeit	● Darstellungen und Kartenmaterial im größtmöglichen Maßstab des Gewässernetzes, der Einzugsbereiche, der Quellbereiche, Wasserstandshöhen	Wasserwirtschaftsverwaltungen der Regierungspräsidien Obere und untere Wasserbehörden Wasserwirtschaftsämter	Verschiedene Meßmethoden des techn. Wasserbaus

		Begehung	Befragung	Adressat	Test
Fortsetzung ● **Daten zum Wasserhaushalt des Standortes**		● Beschaffenheit der Uferzonen (natürlich, verwildert, erodiert, befestigt usw.) ● Sonstige Feuchtgebiete (als Biotope) ● Hochwasser- und Überschwemmungsgebiete ● Einzugsgebiete, Verschmutzungsquellen und Wasserscheiden bei größeren Gebieten ● Anliegende Industrie- und Gewerbebetriebe	● Darstellung der Trinkwassereinzugsbereiche und des Versorgungsnetzes der Gemeinde (FNPL) ● Dauer und Höhe von Hochwasser, Gefährdungsgrade ● Topographische und geologische Karten und Schnitte (s. o. b.)		
	Qualität	● Grobe Einschätzung — ● Qualität gut: Saubere, klare, freie Oberfläche, natürl. Flußbett, vielgestaltige Uferbeschaffenheit mit artenreichen Pflanzengesellschaften und insbes. Gehölze; reiches Tierleben im Wasser und am Ufer, geringer oder kein Bodensatz	● Gewässerverschmutzungskarten ● Angaben und Standorte der Verschmutzungsquellen sowie Reinigungsvorhaben und -anlagen	Gesundheitsämter Zuständige Umweltschutzbehörde Landwirtschaftsministerium und Ämter Gemeinde/Stadt	Physikalische, chemische und bakteriologische Tests
		● Qualität schlecht: Verunreinigungen an der Oberfläche, künstliches Flußbett, versiegelt und eintönige Ausbildung, gleichförmige Fließgeschwindigkeit, fehlende Ufergehölze, massenhafte Entwicklung einer oder weniger Pflanzenarten, starke Verlandung (insbes. bei stehenden Gewässern), Fischsterben, Faulschlammabsatz, ohne oder mit nur wenigen Tieren oder massenhaftes Auftreten einer Art	● Tier-, Pflanzen- und Fischvorkommen bes. empfindliche Pflanzen und Fische als Indikatoren ● Auffälliges Fisch- oder Pflanzensterben in der Vergangenheit	Einheimische Naturkundler u. a.	Tier- und Pflanzen-Indikatoren vor Ort testen
	Grundwasser	● Gebiete mit Staunässe (mit jahreszeitl. Angabe), Anzeichen: moorige, sumpfige Vegetation, Auswinterungsstellen, kümmerl. gelbl. Wuchs von landwirtschaftl. Kulturen, längere Schneedecke, häufige Nebelbildung usw. ● Rückschlüsse anhand natürl. bzw. naturnaher Vegetation auf den lokalen Wasserhaushalt durch Pflanzengesellschaften und Zeigerpflanzen (Experten befragen) ● Nahe Brunnenanlagen nach Wasserstandshöhe und Wasserqualität besichtigen	● Karten der Grundwasservorkommen und Stände ● Grundwassereinzugsgebiete, Schutzgebiete in Flächennutzungsplänen ● Wassermangelgebiete mit Grundwasserabsenkungen (jährlich und saisonal) ● Grundwasserqualität	w. o.	● Geologische Aufschlußbohrungen ● Bodenfeuchtemessungen ● Auch Wünschelrutennutzungen ● Grundwasserpegelbeobachtungen (Holzkästen u. ä.) bei hohen Ständen ● Brunnenpfeifen und Lichtlote usw.

		Begehung	Befragung	Adressat	Test
Fortsetzung ● **Daten zum Wasserhaushalt des Standortes**		● Nähe von Fließgewässern, Grundwassernetz und Grundwasserfließrichtung (Urstromtäler) ● Rückschlüsse aus landwirtschaftlicher Nutzung, Feststellen des Drainagenetzes ● Ansiedlungen von Industrie und Gewerbebetrieben, Mülldeponien, auch stillgelegte	● Gülledung, Kunstdünger- und Biozideinsatz	Stadt/Gemeinde Müllabfuhr Gewerbeämter	● Wasserqualität prüfen lassen
	Quellen	● Feststellung des Quelleinzugsgebietes in entgegengesetzter Richtung der Grundwasserfließrichtung. (Siedlungsgebiete, Straßen, Industrien, Mülldeponien u. ä., monokulturelle landwirtschaftliche Nutzflächen usw.)	● Karten der Quellbereiche, Einzugsgebiete und Wasserscheiden, Flächennutzungs- und Bebauungspläne	Baubehörden und -ämter Gemeinden Wasserbehörden w. o. Einheimische	● Schüttungsmengenmessungen über längeren Zeitraum Raum- und Geschwindigkeitsmessungen
	Niederschläge	● Bemooste Schlagregenseiten an Bäumen, Sträuchern, Zäunen, Gebäuden usw. ● Schneeverwehungen (niederschlagsreiche Gebiete) ● Rückschlüsse aus der Topographie über Abregen oder Stauregengebiete (Windablenkung, Hindernisse, Verstärkungen) ● Höhere Strauch- und Baumvegetation (Regenschutz) ● Schmelzwasserabflüsse bzw. -stauungen, ebenso Platzregenstauungen u. ä. ● Ortsübliche Wetterseitenausbildungen an traditionellen Gebäuden, bes. Bauernhäusern	Meteorologische Unterlagen über: ● Jährliche Niederschlagsmenge (Mittelwerte, maxima, minima und die zeitliche Verteilung) ● Niederschlagsmengenverteilung bes. während der Vegetationsperiode ● Dauer und Häufigkeit der Trockenperioden ● Häufigkeit von Gewitter, Hagel und Schlagregen ● Örtliche Niederschlagssummenverteilung ● Hauptwindrichtung ● Topographische Karten zur Bestimmung von luv- und leeseitigen Lagen ● Alle Unterlagen über ortstypische Windfeldverteilungen (siehe 1), falls im lokalen Maßstab vorhanden ● Durchschnittliche Schneemengen und damit verbundene frühjährliche Schmelzwasserüberflutungsbereiche, zeitliche Verteilung	Wetterämter Klimaatlanten mit Niederschlagskarten im M = 1:200000 Deutsches meteorologisches Jahrbuch Monatliche Witterungsberichte Agrarmeteorologische Beratungsstellen Wasserwirtschaftsämter	Regenwassermesser
● **Daten über die Bodenverhältnisse**	Topographie	● Erfassen des Geländereliefs nach relativen Höhen, Orientierung, Neigungsgrad, Ausdehnungen ● Strukturen und Besonderheiten ● Einpassung in das Großrelief	● Höhenlinien- und Reliefkarten, topographische Schnitte ● Geographisches Kartenmaterial ● Karten des Naturraumpotentials		● Nivellement ● Höhenbarometer

		Begehung	Befragung	Adressat	Test
Fortsetzung ● **Daten über die Bodenverhältnisse**		● Oberflächenbeschaffenheit (felsig, Rohboden, bewachsen ...) ● Wind- und Regenerosionen bzw. Anwehungen, Anschwemmen	● Karten mit Rutsch- und Erosionsgefährdungen		
		● Künstliche Geländeformationen (Ausbaggerungen, Abbau, Anschüttungen)	● Tiefbau- und Bergbauplanungen	Bundesanstalt sowie Landesämter für Bodenforschung	
	Geologische Struktur	● Feststellen des Ausgangsgesteins an offenen Felspartien, Steinbesatz auf Äckern, Sand- und Mergelgruben in der Umgebung, Wegbeläge, traditionelle Baumaterialien usw.	● Karten und Schnitte der geologischen und morphologischen Struktur M = 1:25000	Katasterämter Gemeinden und Planungsverbände, Bauämter Forschungsinstitute für regionale Aufgabenbereiche	● Tiefenbohrungen in Ausnahmefällen
	Bodenart	● Einfachtest: Bodenprobe durch Spatenaushub (bei bewachsenem Boden unter der Vegetationsdecke), Feststellen der Konsistenz und des Humusanteils: krümelig, verdichtet, verschlemmt, Anteil der organischen Bestandteile, sowie Ton, Lehm, Sand, Steine; Korngrößenverteilung, flach- oder tiefgründig, Farbe, Bodenlebenbesatz, usw. mit erfahrenem Fachmann vornehmen ● Grad der Überdüngung, Auszehrung, Austrocknung, Verbrennung, Versteinerung und Humuserosion ● Rückschlüsse anhand natürl. bzw. naturnaher Vegetation durch Pflanzengesellschaften und Zeigerpflanzen auf Nährstoffgehalt, pH-Wert, Wasser- und Wärmehaushalt (Experten einbeziehen)	● Bodenkundliche Übersichtskarten in verschiedenen Maßstäben M = 1:200000, 1:100000 bis M = 1:5000 für einzelne Gemeinden vorhanden ● Bodenschätzungskarten im M = 1:100000 bis M = 1:25000 (mit Angaben über Bodenart, Gründigkeit, geologische Struktur, Wasserverhältnisse, Erosionsschäden usw.) ● Ackerschätzungsrahmen und Karte mit Bodenwertzahlen ● Luftbildaufnahmen, Karten mit Infrarottestaufnahmen zu Art und Wärmehaushalt des Bodens	Private Gutachterinstitute Bundesanstalten und Landesämter für Land- und Forstwirtschaft Entsprechende Forschungs- und Gutachterinstitute (staatlich und privater Art) Landvermessungsabteilungen Tiefbauämter	● Bodenproben mit verschiedenen Handbohrern, Stechrohren und Probenehmern und analysieren lassen
		● bei Vegetationslücken – möglicherweise Bodenvergiftungen, Wasserverseuchungen, Bauschutt oder sonstige Müllauffüllungen	● Immissionsrückstände bes. Pestizide, Schwermetalle, PCBs usw.	Umweltschutz-Organisationen	Analysen auf Umweltgifte erstellen, Anreicherung in bestimmten Pflanzen
● **Daten zu Störzonen** (durch Grundwasserströme, geol. Besonderheiten und Strahlungen) unterschiedliche wissenschaftliche Einschätzungen hierzu		● Krankhafter Wuchs von Bäumen und Sträuchern (insbesondere an Apfel-Birnenbäumen, Buchen, Linden, Walnußbäumen) ● Häufige Blitzeinschlagstellen ● Häufige „Krankheitsorte" bei Stalltieren, Verhalten der Haustiere	● Geologische und seismographische Kartierungen ● Grundwasser- und Quellgebietskartierungen (s. o.)	w. o. zusätzlich – Forschungskreise für Geobiologie und Radiästhesie, Rutengängerfachschaften Erfahrene Einheimische befragen	● Eventuelle Wünschelruten – Pendler – Mutungen ● Messungen von Minimalstrahlungen und elektromagnetischen Feldern

		Begehung	Befragung	Adressat	Test
Fortsetzung ● **Daten zu Störzonen** (durch Grundwasserströme, geol. Besonderheiten und Strahlungen) unterschiedliche wissenschaftliche Einschätzungen hierzu		● Verkabelungen, unterirdische bzw. verbaute und kanalisierte Bachläufe, sonstige Kanalsysteme ● Hochspannungsleitungen, Sendestationen, usw. ● Überhöhte Radioaktivität (Bodengestein, Müll usw.)			
● **Daten zur Vegetation** (Beobachtungen zur Vegetationsperiode)	Art und Flächenverteilung	● Flächenverteilung bedeckter – unbedeckter Boden natürliche/naturnahe – künstliche Vegetation ● Grobkartierung der wichtigsten Pflanzengesellschaften (natürl. und anthropogene) Typenausbildung, Strukturen in Höhen- und Tiefenausformung (evtl. mit Fachmann) ● Stadien der Sukzessionsentwicklung der verschiedenen Bestände (Initial-, Übergangs-, Endstadium) ● Mögliche Klimaxbestände und Dauergesellschaften feststellen (unzulängliche, verwilderte oder alte Bestände usw.) Rückschlüsse auf potentielle natürliche Vegetation ● Feststellen von Biozönosen und ihrer Biotope ● Betrachtung der „Randzonen" verschiedener Biotope (bes. belebte Übergangszonen) ● Vorkommen von seltenen oder gefährdeten Pflanzen- und Tierarten ● Feststellen bereits ausgestorbener oder bedrohter Arten ● Gesonderte Betrachtung aller Bäume – nach Anzahl, Art, Höhe, Alter, Kronenraumdurchmesser und Wurzelraum, Ausformung und Zustand, Krankheitsbild und Verletzungen ● Verschattungszonen (Jahresabwicklung) und windgeschützte Bereiche durch Vegetation (klimatische Auswirkung)	● Karten der realen existierenden Vegetation (wie Wälder, Acker, Weiden, Moore usw.) im M = 1:25000 bis M = 1:5000 (1000) besonders in Naturschutzgebieten oder entsprechenden Landschaftsplanungen ● Karten der potentiellen Vegetation im M = 1:200000 bis M = 1:25000 bisher für ca. $^1/_3$ der Fläche der BRD ● Übersichtskarten der potentiellen Vegetation, bislang von 3 Bundesländern Baden-Württemberg Bayern Nordrhein-Westfalen ● geplant Vegetationskarte der BRD M = 1:200000 (potentielle Vegetation) ● Biotopkartierungen, in allen Bundesländern in Bearbeitung (bereits vorhanden: Bayern) ● Rote Listen der gefährdeten Pflanzen und Tierarten der BRD und der Länder ● Regionale Untersuchungen ● Natur- und Landschaftsschutzgebiete, Wasserschutzgebiete ● Naturwaldzonen, Bannwälder ● Art der akuten Gefährdungen und der möglichen Schutzmaßnahmen ● Wiederansiedelungsmöglichkeiten früher vorhandener Arten	Bundesanstalten und Forschungsanstalten zu Naturschutz und Landschaftsökologie Umweltbundesamt Landesministerien und Landesforschungsanstalten Obere und Untere Naturschutzbehörden mit Fachbehörden Universitätsinstitute sowie Forschungsstätten staatl. und privater Art ● Verbände des Natur- und Umweltschutzes auf Bundes-, Landes-, Gemeindeebene ● Bürgerinitiativen und ● Privatpersonen wie Heimat-, Denkmalspfleger, Natur-, Heimatkundelehrer usw. Bundesministerium für Ernährung, Landwirtschaft und Forsten Landschaftsplaner	● Biotopkartierungen ● Bestandszählungen Durch Infrarottestaufnahmen Feststellen von kranken Bäumen (gestörter Wärmehaushalt)

		Begehung	Befragung	Adressat	Test
Fortsetzung ● **Daten zur Vegetation** (Beobachtungen zur Vegetationsperiode)	Land-, garten- und forstwirtschaftl. Nutzung	● Nutzungs- und Artenverteilung der künstlichen Vegetation ● Bewirtschaftungsform von Acker und Grünland – Bearbeitungs- und Düngemethoden, Anwendung von Chemikalien Wald – ● Bewirtschaftungsform von Waldflächen, Verjüngungsart, Holznutzung usw.	● Flächennutzungskarten ● Flurkarten Forstwirtschaftliche Unterlagen	Gemeinde/Landkreise Forstämter Landwirte und Gärtner Verkaufsdaten von Landwirtschaftschemikalien Naturschutzvereinigungen	● Bodenanalysen
● **Daten über die Tierwelt**		Im wesentlichen reicht dazu die Erfassung der Biotope als Lebensort aus, da die Tiere im allgemeinen an Pflanzenbestände, Böden und Oberflächenausformungen gebunden sind. Ergänzt werden müssen: ● Sonderbiotope ● Bemerkenswerte oder besonders seltene Tierarten ● Besondere Aufenthaltsstätten wie Brutkolonien, Rast- und Schlafplätze, Weideplätze, Zug- oder Wanderstrecken usw. ● Massenhaftes Auftreten bestimmter Arten (Schädlinge) ● Angaben über den Fischbestand	● Listen der ortsansässigen besonders geschützten oder seltenen Tiere ● Schutzgebiete ● „Rote Listen" der bereits ausgestorbenen und stark gefährdeten Tierbestände ● Art der Gefährdung besonderer Arten ● Art der möglichen Schutzmaßnahmen ● Wiederansiedelungsmöglichkeiten früher vorhandener Arten	Gemeinde Natur- und Tierschutzverbände Heimatpfleger Förster Schule – Heimatkundelehrer	● Bestandszählungen
● **Daten zum örtl. Baustoffpotential**		● Verfügbare Erdbaustoffe wie Natursteine, Lehm, Ton, Sand, Kies, Kalk, usw., auffindbar: am Bauplatz: Baugrube offene Rohböden Sammelstellen; in der direkten Umgebung: Abbaugruben Steinbrüche Schotterabrutsch Steinansammlungen (siehe auch Straßennamen und Ortsbezeichnungen usw.) ● Verfügbare organische Baustoffe, tierischer und pflanzlicher Art wie: Heidekraut, Seegras, Seetang, Ried und Schilf, Reisig, Abfallholz, Knüppel- und Stangenholz ● Alte örtliche Volksarchitekturen studieren	● Geologische und bodenkundliche Karten ● Flurkarten mit Abbaugruben und Lagerstätten (ehemalige) ● Flächennutzungspläne ● Abbaumöglichkeit ● Gemeindeflächen, Brachland ● Anbaumöglichkeit ● Nutzungsrechte ● Naturschutzansprüche	Gemeinde Heimatkundler Forstämter	

	Begehung	Befragung	Adressat	Test
● **Daten über verwertbare Abfall- und Reststoffe** (aus der näheren Umgebung)	● Landwirtschaftliche und gärtnerische Abfälle, Stroh, Häcksel, Biomasse, allg. ● Forstwirtschaftliche Abfälle ● Betriebliche und industrielle Abfälle aller Art ● Tischlerei- und Sägewerkabfälle ● Schlächterei-, Gerberei- und Meiereiabfälle ● In Sanierungsgebieten Abbruch- und Umbauabfallmaterial ● Schutt, Schrottplätze, Mülldeponien, Abraumhalden	● Flächennutzungs- und Bebauungspläne ● Sanierungsgebiete ● Industrie und Betriebsstandorte ● Sondermüllabfallbeseitigungspläne der Landes- und Bezirksregierungen ● Nutzungsrechte	Gemeinde Bauämter Zuständige (Beseitigungs-) Aufsichtsbehörde Gewerbeaufsichtsämter Technische Ausführungsbehörden usw.	
● **Daten über die ortsspezifischen Immissionen**	● Staub-, Ruß- und sonstige Partikelablagerungen ● Geruchsbelästigung ● Straßennähe, Verkehrsaufkommen, tages- und wochenzeitliche Verteilung ● Nähe von Schloten, Abluftschächten und Entlüftungskanälen ● Spärliche bzw. fehlende Vegetation, insbesondere Bäume und Sträucher als Filterschutz für jede Art von Immission ● Verätzungen und Verwitterungsprozeß an Kunstwerken u. ä. ● Verdunstungen der Gewässer — Verfärbungen, Schaumbildungen, Oberflächenfilm, Ufersatz usw. fehlendes Leben, tote Fische ● Abwassereinleitungen bzw. Abschwemmungen von verunreinigenden und gleichgewichtsstörenden Stoffen ● Feststellen von chemisch bearbeiteten Land- und Gartenanbauflächen	● Immissionsstichprobenmessungen für Luft, in Schwerpunktsgebieten im 1-km-Raster ● „Emissionskataster" in Vorbereitung für bestimmte Auswahlgebiete als Kartierung der Verursacher von Luftverunreinigungen Zur Ortspezifizierung ist notwendig die Feststellung von Großemittenten, insbes. in Hauptwindrichtung und in Quellrichtung der Grundwasserströme und Oberflächengewässer, mit Sicherheitsradius — wie ● Heizkraftwerke (Kohle, Öl, Gas), Kernkraftanlagen, Kernforschungsanlagen, Wiederaufbereitungsanlagen und atomare Lagerstätten aller Art ● Sonstige Quellen ionisierender Strahlung wie medizinische Anwendung, Forschung und Technik ● Immittierende Industrien, Betriebe und Labors usw. bes. chemische Industrie und Lagerstellen ● Atomwaffenlager, militärische Übungsplätze u. ä. ● Mülldeponien, Lagerstätten aller Art, Abraumhalden, Abfallbeseitigungspläne	Zuständige Landesministerien Veröffentlichungen in Schriftenreihen Bislang FNPL und Bebauungspläne sowie die zuständigen Genehmigungsbehörden und Gewerbeaufsichtsämter Zuständige (Beseitigungs-) Aufsichtsbehörden der Landkreise und Städte, Gewerbeaufsichtsämter, Techn. Ausführungsbehörden Wehrbereichsverwaltungen	Alle Arten der Immissionsmessung Indikatorentests mit Tieren und Pflanzen
	● Lärm- und Schalltest zu verschiedenen Tages- und Wochenzeiten (Nachbarbefragung), zusätzlich zu Berechnungen nach DIN 18005	● Verkehrsaufkommen in der direkten wie weiteren Umgebung und Neuplanungen ● Karte der Hauptwindrichtung, Verteilung und Häufigkeit	Verkehrs- und Stadtplanungsämter usw.	

	Begehung	Befragung	Adressat	Test
Fortsetzung ● **Daten über die ortsspezifischen Immissionen**	● Krankheitssymptom und Wachstumsstörungen an Pflanzen, insbes. Bäume und Sträucher wie abgestorbene Teile, Verfärbungen, Fehlbestand ● Bestimmte Pflanzenarten bzw. -gesellschaften als Bioindikatoren wie ● Zeigerflechten und -moose (auf Baumrinden oder speziell angelegten Flechtenexplantagen) als Anzeiger für Luftverschmutzungen ● höhere Wasserpflanzen – bei Gewässerverschmutzung	● Häufigkeit von Inversionswettertagen (bes. in Tallagen) und Smoghäufigkeit ● Geräusch- und Lärmpegelmessungen der Gemeinden (falls vorhanden) ● Flechtentests der Gemeinde, sowie sonstiger Institute (Gärtnereien evtl.) ● Technische Infrastruktur wie Öl-, Gas-Leitungen (Undichtigkeiten)		
	● Wiesen- und Moorpflanzengesellschaften bei Veränderung des Bodenhaushaltes usw. ● Arten- und zahlenarmes Tierleben (Vögel, Insekten, Amphibien usw.) lassen auf ge- bzw. zerstörte Habitate und Nahrungsketten schließen. (Befragung älterer Anwohner)	● Orttypische Krankheiten ● Krebskataster (in Vorbereitung) ● Tier- und pflanzenschützerische Untersuchungen, Beobachtungen und Gutachten (oft privater Art sind bereits in weitem Umfang vorhanden)	Einrichtungen des Gesundheitswesens Naturschutzbehörden Verbände des Natur- und Umweltschutzes auf Bundes-, Landes- und Gemeindeebene Bürgerinitiativen und Privatpersonen	

Literatur

Bauer/Weinitschke: Landschaftspflege und Naturschutz als Teilaufgaben der sozialistischen Landschaftskultur. Jena 1973.

Buchwald, K.; Engelhard, W. (Hrsg.): Handbuch für Planung, Gestaltung und Schutz der Umwelt. Band II: Die Belastung der Umwelt. München 1978.

Buchwald, K.; Engelhard, W. (Hrsg.): Handbuch für Landschaftspflege und Naturschutz. Bd. 2, 1968; Bd. 4.

Dahlhaus/Damrath: Wasserversorgung. Stuttgart 1978.

DIN 2001: Leitsätze für die Einzeltrinkwasserversorgung.

Eimern, J. v.: Zur Methodik der Geländeklimatologie.

Ellenberg, H.: Die Vegetation Mitteleuropas. 1963.

Ellenberg, H.: Zeigerwerte für Gefäßpflanzen Mitteleuropas. 1974.

Knapp, R.: Einführung in die Pflanzensoziologie, 3. Aufl., 1971.

Mutschmann/Stimmelmayr: Taschenbuch der Wasserversorgung.

Olschowy, G.: Natur und Umweltschutz in der BRD. 1978.

Petermann/Tschirner: Interessante Botanik. Leipzig 1975.

Schroeder, G.: Landwirtschaftlicher Wasserbau. 3. Aufl. (4) 1958.

Seibert, P.: Übersichtskarte der natürlichen Vegetationsgebiete von Bayern (H-Karte, M = 1:500000 mit Erläuterungen).

Verordnung über Trinkwasser und Brauchwasser für Lebensmittelbetriebe (Trinkwasserversorgung). 1975 Bundesgesetzblatt.

Stichwortverzeichnis